冲压技术丛书

冲 压 技 术 基 础

中国锻压协会　编著

主　编　宋拥政
参　编（按姓氏笔画排序）

马　瑞　　王卫卫　　王野青　　刘振堂　　许发樾
李光瀛　　肖金福　　张　琦　　陈　军　　陈劼实
范建文　　赵　军　　赵升吨　　高　军　　管延锦

机 械 工 业 出 版 社

本书介绍冲压制造技术中新的综合性的共性基础内容。重点介绍冲压变形基础理论、冲压用金属板材料、冲压工艺、冲压模具、冲压数值模拟与模具数字化制造、省力与近均匀冲压技术、冲压设备和冲压生产设施。

本书可供冲压领域工程技术人员参考，也可作为理工科中高等院校的教学或培训教材，还适合机械制造与材料工程方向的研究生作为拓展性学习材料。同时还可作为政府部门、行业协会、科研院所和高等院校了解行业现状、制订发展规划、探究科研项目等的参考文献。

图书在版编目（CIP）数据

冲压技术基础/中国锻压协会编著. —北京：机械工业出版社，2013.8（2014.3重印）
（冲压技术丛书）
ISBN 978-7-111-43836-6

Ⅰ.①冲… Ⅱ.①中… Ⅲ.①冲压–工艺 Ⅳ.①TG31

中国版本图书馆 CIP 数据核字（2013）第 203674 号

机械工业出版社（北京市百万庄大街22号　邮政编码100037）
策划编辑：孔　劲
责任编辑：孔　劲　张丹丹　章承林　王海霞　韩　冰　吕　芳
版式设计：霍永明　责任校对：刘志文
封面设计：姚　毅　责任印制：李　洋
北京市四季青双青印刷厂印刷
2014 年 3 月第 1 版第 2 次印刷
184mm×260mm·51.25印张·1271 千字
3 001－4 000册
标准书号：ISBN 978-7-111-43836-6
定价：158.00 元

冲压技术丛书

出版委员会

主　任　张　金

委　　员　齐俊河　韩木林　朱继美　高丽红

顾问委员会

名誉主任　何光远　李社钊

主　　任　缪文民

副主任　王仲仁　周贤宾

委　　员　(按姓氏笔画排序)

王红旗　卢险峰　阮雪榆　孙友松　李志刚　李硕本　宋玉泉

宋宝蕴　苑世剑　周开华　周永泰　荣惠康　俞新陆　涂光祺

编写委员会

主　　编　宋拥政

编　　委　(按姓氏笔画排序)

王野青　任运来　祁三中　许发樾　苏娟华　李光瀛

李继贞　宋拥政　张　一　张　琦　陈　军　赵　军

赵升吨　赵彦启　侯英玮　徐伟力　舒鑫源　管延锦

丛书序一

继"锻件生产技术丛书"出版之后，锻压行业另一套大型技术文献"冲压技术丛书"也与冲压业界的广大同仁见面了。编辑出版"冲压技术丛书"是中国冲压行业一项具有里程碑意义的重要工作！

锻压是人类发明的最古老的生产技术之一。人类发现和使用金属已有数千年，锻压生产技术随之不断发展。锻压技术对人类具有宝贵的实用价值。迄今人类生产的大部分金属材料，都是用锻压方法加工成成品零件。锻压产品无处不在。

锻压加工是指通过设备和模具，使材料受力变形获得要求的成品零件。锻压加工材料大部分为金属材料，金属材料受力变形在学术上称为塑性成形，可分为体积成形和板材成形，有冷、温、热多种成形方式。锻压加工分为锻造、冲压和钣金三大领域。

冲压加工主要针对金属板材的冷态成形，所以被称之为冷冲压或板料冲压，简称冲压。冲压生产与冲压行业在制造业中占有重要地位，冲压制造技术是现代制造技术的重要组成部分。

我国的冲压生产几乎遍布制造业的各个领域，涉及方面广泛，工艺内容繁杂，生产布局分散，且企业群体众多，同时受"工艺性"行业观念的影响，一直没有受到制造业界的应有重视。虽然改革开放以来，尤其是随着汽车制造业的发展，我国冲压行业整体水平明显提高，但与先进工业国家相比，仍有很大差距。从总体上看，冲压行业内的相互交流与合作明显不够，发展不平衡且较为缓慢，这不但影响了冲压行业自身的发展，也影响到与之紧密相关产业的发展与进步。

中国锻压协会本着服务行业、推动进步与发展的宗旨，历时3年多，组织了110余位行业专家、学者和工程技术人员编撰了这套共6个分册的"冲压技术丛书"，它对我国冲压行业的生产技术状况进行了系统的梳理、归纳和总结，内容涉及冲压件的材料、工艺、模具、装备、生产实例，及其相互关系与各自的发展趋势，有基础应用理论，更有实践经验总结，还有对沿革的概述和对未来的展望，是从事冲压技术研究、教学和生产实践者的必不可少的学习资料，也是培养年轻冲压技术人员的重要教材，将有助于冲压行业企业取得更大的进步和发展。

在这套丛书出版之际，请允许我代表中国锻压协会，代表冲压行业的同仁们，向所有参加编撰辛勤工作的专家、学者和工作人员，致以衷心的祝贺和感谢！

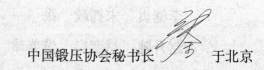

中国锻压协会秘书长　　　　　于北京

丛书序二

冲压成形是应用广泛、历史悠久的产品制造工艺，是汽车、飞机、农机、机车、电子产品等的基本制造方法，几乎没有一种现代工业装备上不采用冲压成形零件。全世界约70%以上的金属材料要通过变形加工制成产品，其中大部分零件又要以板材、管材或型材作为原材料或半成品进行冲压加工成形。所以，发展冲压制造技术对于发展制造业具有十分重要的意义，冲压行业在国民经济中占有重要的地位。

我国的冲压行业和冲压制造技术经历了六十余年的发展历程。尤其是改革开放三十多年来，冲压行业从小到大、从旧到新、由内向外不断发展壮大，为我国制造业和各行各业的快速发展起到了重要的支撑作用。冲压制造技术随着发展制造业和先进制造技术而不断发展，尤其在汽车工业迅猛发展的推动下，冲压制造技术在深度和广度上取得了前所未有的进展，正在朝着与高新技术结合，用信息技术、计算机技术、现代测控技术和先进适用技术与装备，改造提升传统冲压技术的方向迅速迈进。同时，也为我国冲压行业逐步走上专业化道路，与汽车工业、航空航天工业、装备制造业和材料工业的协调发展，与国际冲压行业和市场接轨奠定了基础。

面对我国冲压行业和冲压制造技术的巨大进步，中国锻压协会秉持服务行业、推动进步和发展的宗旨，历时3年多，组织110余位行业专家、学者和工程技术人员，编撰大型技术文献"冲压技术丛书"，旨在对国内代表性行业的冲压制造技术现状进行系统的梳理、归纳和总结及展望，以满足冲压行业发展的需要，为冲压业界各方面的读者都带来阅读价值。

"冲压技术丛书"共分六册，包括《冲压技术基础》《汽车冲压件制造技术》《航空航天钣金冲压件制造技术》《农业机械工程机械冲压件制造技术》《轨道机车车辆冲压件制造技术》和《电机电器电子高速精密冲压件制造技术》。

《冲压技术基础》分册，介绍冲压制造技术中新的综合性的共性基础内容。重点介绍冲压变形基础理论、冲压用金属板材、冲压工艺、冲压模具、冲压数值模拟与模具数字化制造、省力与近均匀冲压技术、冲压设备和冲压生产设施。

《汽车冲压件制造技术》分册，重点介绍汽车的冲压技术概况、中小件冲压技术、精冲件制造技术、覆盖件成形技术、冲压同步工程与质保体系、车架件冲压技术、车轮冲压技术、桥壳冲压成形技术、拉弯件成形技术、车身轻量化新工艺新技术。

《航空航天钣金冲压件制造技术》分册，重点介绍飞机的蒙皮类零件、框肋类零件、型材类零件、弯管类零件、旋压类零件及其他成形零件的冲压制造技术。

《农业机械工程机械冲压件制造技术》分册，重点介绍农业机械工程机械的中小件冲压技术、覆盖件成形技术、管材件成形技术、钣金件制作技术。

《轨道机车车辆冲压件制造技术》分册，重点介绍机车、客车、货车和城际机车的分离件、弯曲件、拉深件、胀形件、翻边件和校平件的冲压制造技术。

《电机电器电子高速精密冲压件制造技术》分册，重点介绍电机铁心件、换热器翅片、电子引线框架、电连接器和精密微薄件的冲压制造技术，高效精密压力机及其自动化周边设备。

在"冲压技术丛书"编撰过程中，中国锻压协会与丛书主编始终坚持从企业中来，到企业中去的"企业路线"，从丛书的分册与架构，到章节设置与内容安排等，一切遵循从冲压生产实际出发，满足行业发展需要的原则，尤其重视来自冲压生产一线技术专家的参与和意见；始终贯穿以代表性冲压制造业的典型冲压件制造技术为主线，内容涉及冲压成形的材料、工艺、模具、设备和生产实例，及其相互关系与各自的发展趋势，并注重综合性、典型性、纲目化、实用性和新颖性。这些理念、做法、要求和目标，得到了冲压行业参编单位及其专家、学者、工程技术人员的大力支持和一致赞同，丛书的编辑出版工作也受到机械工业出版社的高度重视并列入重点出版项目。大家为了这个共同的目标，积极努力，不畏艰辛，甘于奉献，终成正果。

应该说，这套凝结着我国冲压行业的专家、学者和工程技术人员心血与智慧的丛书，是国内外冲压业界首套基于冲压生产现状，跨行业、多学科、综合性的技术文献。它的问世，是在我国当今市场经济下，唯有行业协会才能运作完成的具有里程碑意义的大事，它凝聚了我国冲压行业冲压制造技术的精华，体现了我国冲压行业的技术软实力，将为我国冲压行业薪火相传、永续发展做出贡献！

在此，我谨代表丛书编写委员会向所有参与丛书编撰出版的专家、学者、工程技术人员和工作人员表示衷心感谢！在丛书编写过程中，得到了哈尔滨工业大学王仲仁先生、北京航空航天大学周贤宾先生、南昌大学卢险峰先生、华中科技大学李志刚先生、广东工业大学孙友松先生、中国模具协会周永泰先生等老一辈学者、专家的热情帮助，在此深表谢意！

这套丛书由于涉及的业务面广，专业类多，内容浩繁，加上时间仓促，经验有限，错误与不足之处在所难免，恳请广大读者批评指正。丛书出版后，随着时间的推移和技术的发展，未来还要再进行修订，以求进一步更新、完善和提高。

中国锻压协会"冲压技术丛书"主编　宋拥政　于北京

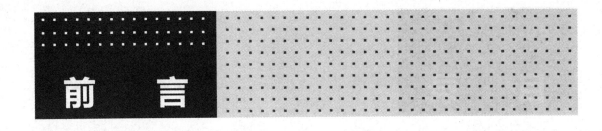

前　言

本书根据中国锻压协会"冲压技术丛书"主编提出的丛书编撰规划和与参编者进一步商定的编写大纲，由丛书主编组织国内相关高等院校、科研院所和行业协会的专家学者进行编撰。

参编单位有：燕山大学、钢铁研究总院、山东大学、中国模具协会、上海交通大学、西安交通大学、济南铸造锻压机械研究所有限公司、中国汽车工业工程公司、中国锻压协会。

本书介绍冲压制造技术中新的综合性的共性基础内容。重点介绍冲压变形基础理论（第1章）、冲压用金属板材料（第2章）、冲压工艺（第3章）、冲压模具（第4章）、冲压数值模拟与模具数字化制造（第5章）、省力与近均匀冲压技术（第6章）、冲压设备（第7章）和冲压生产设施（第8章）。

第1章由燕山大学赵军、马瑞撰写，第2章由钢铁研究总院李光瀛、王卫卫、肖金福、范建文撰写，第3章由山东大学管延锦、高军撰写，第4章由中国模具协会许发樾撰写，第5章由上海交通大学陈军、陈劼实撰写，第6章由西安交通大学张琦撰写，第7章由西安交通大学赵升吨、中国锻压协会宋拥政、山东大学管延锦、济南铸造锻压机械研究所有限公司刘振堂撰写，第8章由中国汽车工业工程公司王野青撰写。全书由中国锻压协会宋拥政统稿。

在此谨向参与本书编撰的全体专家、学者和出版工作人员表示衷心感谢！

编　者

目　录

第1章 冲压变形基础理论

1.1 概述

塑性加工是利用材料塑性在外力作用下使材料发生塑性变形，制备具有一定外形尺寸及组织性能产品的一种加工方法。外力是塑性加工的外因。

在塑性理论中，需要从静力学、几何学和物理学的角度来考虑问题。静力学角度是指从变形体中质点的应力分析出发，根据静力平衡条件得到应力平衡微分方程。几何学角度是指根据变形体的连续性和均匀性假设，用几何的方法导出小变形几何方程。物理学角度是指根据实验和基本假设导出变形体的应力应变的关系式，即本构方程；还要建立变形体由弹性状态进入塑性状态的力学条件，即屈服准则。

在研究板材成形时，不可能用各向同性塑性理论加以描述。关于每个物质单元体保持各向同性的假定只是一种近似，随着变形的加剧，这种近似越来越偏离真实情况。即各个晶粒在最大拉应变的方向上要伸长，因而试件的材料组织呈纤维状。于是，滑移过程的后果就使单晶体在变形时发生转动，使它们趋向于一定的方位，而这个方位表征着特定的应变路径。例如，当六角形的单晶体受拉伸长时，底平面逐渐转向平行于加载方向的位置；同样，多晶体的颗粒有一种转向某一极限方位的趋势（由于晶粒间的相互相束，不一定等同于单晶体的方位）。因此，在两块有润滑的平板间受挤压的面心立方金属中，其面对角线将趋向与压缩方向平行。通过这样的结构，开始时由于随机的晶粒方位而显示各向同性的金属，在塑性变形过程中变成各向异性，且各晶粒间方位的分布（可按百分比作为度量的基础）有一个或几个最大值。如果存在一个十分明确的最大值，则该方位称为择优方位。如果单个晶体的方位不是随机分布的，那么屈服应力和宏观应力应变关系将随着方向而改变。例如，经过强烈冷轧后的黄铜，正交于轧制方向的拉伸屈服应力要比平行于轧制方向的应力大 10%。经过一些精密的机械和热处理工序后，其多晶体最终产生一种接近于单晶体的再结晶结构。例如，可以通过辊轧铜片，使立方轴为平行于铜片边缘的晶粒，且占据不同的分量。

随着有限元数值分析技术的不断进步及计算机硬件条件的不断提高，用数值模拟的方法求解复杂的塑性成形问题已经成为可能。一些商业软件（如 ANSYS 等）已将经典的 R. Hill 各向异性塑性理论纳入其求解器之中，并为研究各向异性特性对板材成形过程的影响，获得更精确的板材成形模拟结果提供了有效的手段。因此，了解和掌握各向异性塑性理论具有重要的实际应用价值，发展和完善各向异性塑性理论具有重要的理论意义。

1.2 应力应变基本概念

1.2.1 点的应力状态

1. 应力状态的表达方式

在外力作用下，物体内各质点之间会产生相互作用的力，称为应力。通过一点可有无限个微分面，不同微分面法线方向的应力不同。任意3个相互垂直的微分面的应力可以表示一个确定点的应力状态，而3个微分面的应力需要用9个分量描述；根据切应力互等定理，点的应力状态需要用6个独立的分量描述。这样一点的应力状态的9个分量便构成了张量，张量存在不变量，且含有3个主方向和3个主值。为了研究 P 点的应力状态，需要3个相互垂直的微分面，并用3个微分面上的应力表示 P 点的应力状态，如图1-1所示。

2. 主应力

如果已知一点应力状态的9个应力分量，则过该点的斜切微分面上的正应力 σ 和切应力 τ 都将随外法线的方向余弦 l、m、n 的变化而变化。任意斜切微分面的应力如图1-2所示。

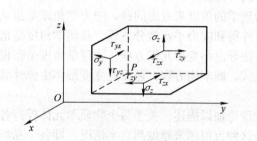

图1-1 3个微分面上的应力分布

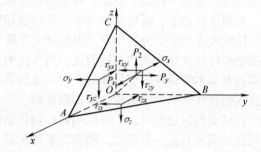

图1-2 任意斜切微分面的应力

当 l、m、n 在某一组合情况下，斜切微分面上的全应力 S 和正应力 σ 重合，而切应力 $\tau=0$。这种切应力为零的微分面称为主平面，主平面上的正应力称为主应力。主平面的法线方向（即主应力方向）称为应力主方向或应力主轴。

3. 主切应力

与分析斜切微分面上的正应力一样，切应力也随斜切微分面的方位变化而改变。切应力达到极值的平面称为主切应力平面，其面上作用的切应力称为主切应力。在主轴坐标系下，主切应力平面如图1-3所示。

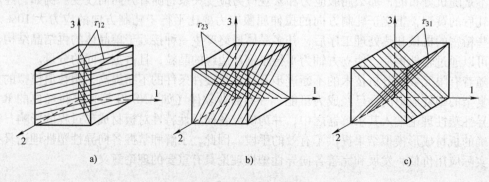

图1-3 主切应力平面

4. 应力强度

取八面体切应力绝对值的 $3/\sqrt{2}$ 倍所得的参量称为等效应力，即应力强度。

$$\bar{\sigma} = \frac{1}{\sqrt{2}}\sqrt{(\sigma_x - \sigma_y)^2 + (\sigma_z - \sigma_y)^2 + (\sigma_x - \sigma_z)^2 + 6(\tau_{xy}^2 + \tau_{yz}^2 + \tau_{zx}^2)} \tag{1-1}$$

5. 应力张量变换关系

在一定的外力条件下，受力物体内部任意点的应力状态已被确定。如果取不同的坐标系，则表示该点的应力状态的 9 个应力分量将有不同的数值，而该点的应力状态并没有变化。因此，不同坐标系中的应力分量之间应存在以下关系

$$\sigma_{kr} = \sigma_{ij}l_{ki}l_{rj}(i, j = 1, 2, 3; k, r = 1, 2, 3) \tag{1-2}$$

因此，表示点应力状态的 9 个应力分量构成了一个二阶张量。

1.2.2 点的应变状态

1. 微元的应变状态

为了描述一点的应变状态，在空间选取 3 个相互垂直的线素，线素的伸长或缩短表示正应变，线素间夹角的变化表示切应变。根据质点 3 个相互垂直线素方向上的 9 个应变分量，可以确定过该点任意方向的应变分量，即这点的应变状态就确定了。其详细确定方法与一点应力状态的确定方法相同。

2. 主应变

过变形体内一点存在 3 个相互垂直的应变主方向，该方向上线元没有切应变，只有线应变，称为主应变。

3. 主剪应变

与主应变方向成 45°角的方向上存在 3 对各自相互垂直的线元，它们的切应变有极值，称之为主切应变。

4. 等效应变

取八面体切应变绝对值的 $\sqrt{2}$ 倍所得的参量称为等效应变，即应变强度。

$$\bar{\varepsilon} = \frac{\sqrt{2}}{3}\sqrt{(\varepsilon_x - \varepsilon_y)^2 + (\varepsilon_z - \varepsilon_y)^2 + (\varepsilon_x - \varepsilon_z)^2 + 6(\varepsilon_{xy}^2 + \varepsilon_{yz}^2 + \varepsilon_{zx}^2)} \tag{1-3}$$

5. 应变张量形式

一点的应变状态可以用通过该点 3 个相互正交方向上的 9 个应变分量来表示。当坐标轴旋转后，在新坐标系下的 9 个应变分量与原坐标系中的 9 个应变分量之间的关系符合数学中张量的定义，即

$$\varepsilon_{kr} = \varepsilon_{ij}l_{ki}l_{rj}(i, j = 1, 2, 3; k, r = 1, 2, 3) \tag{1-4}$$

所以，一点的应变状态是张量，且为二阶张量。

1.3 屈服准则

1.3.1 各向同性屈服准则

屈服准则是有关金属弹性极限状态的一种假说。金属由弹性变形转变为塑性变形，主要取决于以下两个方面的因素：

1）在一定变形条件（变形温度与变形速度）下金属的物理性质。

2）金属所处的应力状态。

第一种因素是转变的根据，第二种因素是转变的条件。对于一定的材料，在一定的变形温度与变形速度下，屈服完全取决于金属所处的应力状态。当应力分量的组合满足以下函数关系

$$f(\sigma_{ij}) = c \tag{1-5}$$

时，应力状态所构成的外部条件与金属屈服时的内在因素恰好相符，金属即从弹性变形转变为塑性变形。

对于上述规律的探索，除了从金属的微观世界寻求物理根据外，主要依靠实验和在实验基础上的逻辑推断。因而产生了有关屈服准则的各种假说，然而经过实践验证，获得公认的只有两种，即 Tresca 准则和 Mises 准则。

1. Tresca 准则——最大切应力理论

1864 年，Tresca 在金属的挤压试验中，观察到金属塑性流动的痕迹与最大切应力的方向一致，提出了最大切应力理论。1870 年 Saint – Venant 将此理论作了进一步发展，提出了这一理论的数学表达方法。

最大切应力理论可以表述如下：在一定的变形条件下，金属的塑性变形只有当物体内的最大切应力达到一定值时才有可能发生，这个数值视物体的种类而定，与应力状态无关。

假设任一应力状态 σ_{ij}，如果主应力的大小次序尚未确定，则微元体内可能发生的最大切应力为

$$\begin{cases} \tau_{12} = \pm \dfrac{\sigma_1 - \sigma_2}{2} \\[2mm] \tau_{23} = \pm \dfrac{\sigma_2 - \sigma_3}{2} \\[2mm] \tau_{31} = \pm \dfrac{\sigma_3 - \sigma_1}{2} \end{cases} \tag{1-6}$$

在这 3 对主切应力中，任一者最先达到某一定值，材料即开始屈服。但因为它们的代数和必须为零，所以同时达到某一定值的主剪应力最多只能有两个（符号相反，绝对值相等），而第 3 个主切应力必定为零。

又因屈服准则与应力状态无关，确定此定值时可以利用一种最简单的应力状态，如通过单向拉伸。单向拉伸时，拉应力 $\sigma = \sigma_s$（σ_s 为材料的单向拉伸屈服应力，部分标准中 σ_s 已被 R_{eL} 代替，但此处仍沿用），金属即开始屈服。这时最大切应力为

$$\tau_{max} = \frac{\sigma - 0}{2} = \frac{\sigma_s}{2} \tag{1-7}$$

因此，在复杂应力状态下，只要 3 对主切应力中任何一个或最多两个的数值等于 $\dfrac{\sigma_s}{2}$，金属即开始屈服，于是最大切应力理论可表示为

$$\begin{cases} \tau_{12} = \pm \dfrac{\sigma_s}{2} \\[2mm] \tau_{23} = \pm \dfrac{\sigma_s}{2} \\[2mm] \tau_{31} = \pm \dfrac{\sigma_s}{2} \end{cases} \tag{1-8}$$

若用主应力表示，则为

$$\begin{cases} |\sigma_1 - \sigma_2| = \sigma_s \\ |\sigma_2 - \sigma_3| = \sigma_s \\ |\sigma_3 - \sigma_1| = \sigma_s \end{cases} \tag{1-9}$$

最大切应力理论虽然可以很简单地表述金属的屈服条件，但在实际问题中，应力分量是未知的，难以确切判断其大小次序，因而也就难以从以上三式中作出正确选择，给实际应用带来了困难。能否用一个统一的连续函数将以上三式加以概括？当然，这种概括是否正确，最终还必须通过实践的检验。

2. Mises 准则

1913 年，Mises 从纯粹的数学观点出发，对 Tresca 准则提出了一个修正。他以主切应力为坐标轴，将式 (1-9) 表示为一个正六面体，此六面体各棱边边长为 σ_s，其重心恰为坐标原点。主切应力等于常数的几何图形如图 1-4 所示。因为 3 个主切应力之和必须满足 $\tau_{12} + \tau_{23} + \tau_{31} = 0$，该式代表通过原点与 3 个坐标轴成等倾角的平面。此平面与正六面体的交线为一正六边形，顶点 A、B、C、D、E、F 恰为正六边形中 6 条棱边的中点（见图 1-4）。满足 Tresca 准则的应力状态，其 3 个主切应力都在这六条边上；换言之，此六边形即代表 Tresca 准则的图形。可以看出：此正六边形的边长为 $\sigma_s/\sqrt{2}$。

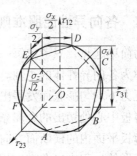

图 1-4 主切应力等于常数的几何图形

Mises 提出：为了便于数学运算，可用连续曲线来代替正六边形。此连续曲线即正六边形的外接圆，其方程为

$$\begin{cases} \tau_{12}^2 + \tau_{23}^2 + \tau_{31}^2 = \left(\dfrac{\sigma_s}{\sqrt{2}}\right)^2 \\ \tau_{12} + \tau_{23} + \tau_{31} = 0 \end{cases} \tag{1-10}$$

在式 (1-11) 中，第一式代表圆心为原点，半径为 $\sigma_s/\sqrt{2}$ 的圆球；第二式为通过原点与坐标轴成等倾角的平面。式 (1-11) 为它们的交线，将主切应力用主应力表示，则式 (1-11) 变为

$$(\sigma_1 - \sigma_2)^2 + (\sigma_2 - \sigma_3)^2 + (\sigma_3 - \sigma_1)^2 = 2\sigma_s^2 \tag{1-11}$$

Mises 在对 Tresca 准则作出以上修正的同时指出：当前（指 1913 年以前）对 Tresca 准则的试验验证，还只限于正六边形的 6 个角点，其余应力状态究竟如何尚待验证。虽然如此，他仍然认为 Tresca 准则是准确的，而他的修正则是近似的。后来许多人的试验却证明 Mises 准则更加接近韧性材料的实际情况。

1924 年，H. Hencky 给出了 Mises 准则的物理意义：材料开始屈服时所吸收的弹性形变能为一常数，这就是所谓常数形变能量理论。即

$$U_\phi = 常数$$

1937 年，A. Nadai 对 Mises 准则作了另一解释：材料开始屈服时其八面体切应力为一常数。即

$$\tau_8 = 常数$$

Mises 准则的另一常用表述形式为：材料进入屈服状态时，等效应力等于单向拉伸屈服应力。即

$$\bar{\sigma} = \frac{1}{\sqrt{2}} \left[(\sigma_x - \sigma_y)^2 + (\sigma_y - \sigma_z)^2 + (\sigma_z - \sigma_x)^2 + 6(\tau_{xy}^2 + \tau_{yz}^2 + \tau_{zx}^2) \right]^{\frac{1}{2}} = \sigma_s \quad (1-12)$$

这就是 А. А. Ильюшин 提出的应力强度一定理论。这一理论将复杂的应力状态与单向拉伸这种简单的应力状态直接联系了起来。等效应力既可作为各种应力状态的一种可比指标，又可将其理解为材料在复杂应力状态下塑性变形的变形抵抗力。这就给人们研究复杂应力状态下应力与应变之间的关系提供了很大的便利。

1.3.2　各向异性屈服准则

为简单起见，只考虑每一点上具有 3 个互相垂直的对称平面的各向异性体，这些平面的交线称为各向异性体的主轴。在整个试件中，这些轴的方向可能变动。例如，如果一个圆管在内压力下均匀膨胀而发展出各向异性，那么，3 根主轴必须位于径向、周向和轴向上。从冷轧薄板中心处切出的金属条则是一个方向均匀的各向异性体，它的 3 根主轴位于轧制方向、薄板平面内的横断面方向及垂直于薄板平面的方向，即厚度方向。给定单元体的主轴在继续变形的过程中也会产生相对于单元体本身的变动，如简单剪切的情形。

考虑某一具有 3 个相互垂直的各向异性状态主轴的特殊单元体，并取各向异性主轴为直角坐标轴。对各向同性材料来说，Mises 准则能够近似地描述屈服状态。因此，对各向异性材料来说，最简单的屈服准则应当在各向异性程度趋于零时归转为 Mises 准则。因此，如果假定屈服准则是应力分量的二次式，则必须有以下形式

$$2f(\sigma_{ij}) \equiv F(\sigma_y - \sigma_z)^2 + G(\sigma_z - \sigma_x)^2 + H(\sigma_x - \sigma_y)^2 +$$
$$2L\tau_{yz}^2 + 2M\tau_{zx}^2 + 2N\tau_{xy}^2 = 1 \quad (1-13)$$

其中，F、G、H、L、M、N 是瞬时各向异性状态的特征变量。正如各向同性塑性理论一样，假定没有 Bauschinger 效应，所以不包含一次项。由于对称的要求，任何切应力出现为线性的二次项也都被去除。最后，如果假定叠加静水应力不会影响屈服，则只有正应力分量的差才会出现。应当注意，只有当各向异性主轴是参考坐标轴时，屈服准则才具有这种形式；否则，此形式要改变，其改变方式可以从转换应力分量得到。

如果 X、Y、Z 是在各向异性的主方向上的单向拉伸屈服应力，则不难证明

$$\begin{cases} \dfrac{1}{X^2} = G + H, \quad 2F = \dfrac{1}{Y^2} + \dfrac{1}{Z^2} - \dfrac{1}{X^2} \\[2mm] \dfrac{1}{Y^2} = H + F, \quad 2G = \dfrac{1}{Z^2} + \dfrac{1}{X^2} - \dfrac{1}{Y^2} \\[2mm] \dfrac{1}{Z^2} = F + G, \quad 2H = \dfrac{1}{X^2} + \dfrac{1}{Y^2} - \dfrac{1}{Z^2} \end{cases} \quad (1-14)$$

显然，F、G、H 之中只有一个量可以为负，并且只有当各屈服应力相差很大时，才有可能出现。同时，当且仅当 $X \geqslant Y$ 时，才有 $F \geqslant G$。

如果 R、S、T 是相对于各向异性主轴的剪切屈服应力，那么

$$2L = \frac{1}{R^2}, \quad 2M = \frac{1}{S^2}, \quad 2N = \frac{1}{T^2} \quad (1-15)$$

由此可见，L、M、N 为正。

上述内容就是英国学者 R. Hill 给出的各向异性屈服准则的一般形式。

要完全描述一个单元体中的各向异性状态，就需要知道各主轴的方位及 6 个互相独立的屈服应力 X、Y、Z、R、S、T 的值。因为这一单元体以前是各向同性的，因此必须把屈服应力看做机械处理和热处理的函数；一般说来，它们还将随变形的继续发展而变化。至今人们仍不能定量地把屈服应力和微观结构（如择优方位的程度）联系起来，因此必须假定它们已由实验确定。

1.4　材料模型

在复杂应力状态下，材料的本构关系可归结为函数的关系，即

$$\bar{\sigma} = f(\bar{\varepsilon}) \text{ 或 } \bar{\sigma} = f(\mathrm{d}\bar{\varepsilon}) \tag{1-16}$$

这种函数关系与材料性质和变形条件有关，而与应力状态无关。可以选择单向应力状态来建立这种函数关系，例如选择单向均匀拉伸、压缩及纯剪切等。这样建立的应力应变关系之间的函数关系是具有普遍意义的。

单向均匀拉伸或压缩试验是反映材料力学行为的基本试验。材料开始塑性变形时的应力即为屈服应力。一般材料在进入塑性状态之后，继续变形时会产生强化，这样屈服应力不断变化。不断更新的屈服应力即为后继屈服应力，并可通过单向试验所记录的后继流动应力应变的规律，来获得各种复杂变形条件下的应力应变规律。

试验获得的真实应力 – 应变曲线一般都不是简单的函数关系。在解决实际塑性成形问题时，将试验所得的真实应力 – 应变曲线表达为以下几种简化形式。

1. 考虑材料的硬化

（1）弹塑性硬化模型（见图 1-5）

（2）刚塑性硬化模型（见图 1-6）

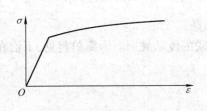

图 1-5　弹塑性硬化模型

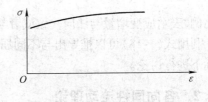

图 1-6　刚塑性硬化模型

2. 不考虑材料的硬化

（1）理想弹塑性模型（见图 1-7）

（2）理想刚塑性模型（见图 1-8）

在考虑材料的硬化行为时，对屈服后的曲线可以选择不同的硬化曲线进行描述。为了便于使用函数描述这段曲线形式，通常可以简化为几种函数形式，如幂指数函数形式 $Y = B\varepsilon^n$、线性硬化曲线 $Y = \sigma_s + B_2\varepsilon$、无硬化曲线 $Y = \sigma_s$ 等。

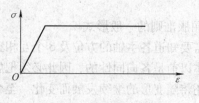

图 1-7　理想弹塑性模型

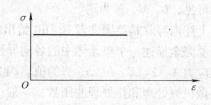

图 1-8　理想刚塑性模型

1.5　应力应变关系

1.5.1　塑性应力应变关系与屈服准则的相关性

　　一般应力状态下塑性变形的发生、发展可以理解为一系列弹性极限状态——初始屈服曲面与继续屈服曲面（加载或强化曲面）的连续突破。所以，塑性应力应变关系与屈服准则之间必然直接相关。例如，Levy – Mises 方程实际上包含了 Mises 准则，是与 Mises 准则相关联的流动规律。

　　D. Drucker 从加工硬化材料加载时必须完成正功（$d\sigma_{ij}d\varepsilon_{ij}>0$）的前提出发，假定应力增量与应变增量成比例，通过严密的数学推导得出了加工硬化材料与屈服准则（加载函数）相关联的一般性流动规律，即

$$d\varepsilon_{ij} = dc\frac{\partial f(\sigma_{ij})}{\partial \sigma_{ij}}\tag{1-17}$$

式中　　$d\varepsilon_{ij}$——塑性应变增量；

　　$f(\sigma_{ij})$——加载函数（屈服准则）；

　　　　dc——与应力、应变、变形历史有关的常数因子，由试验确定。

　　式（1-17）的几何意义是明显的。$\dfrac{\partial f(\sigma_{ij})}{\partial \sigma_{ij}}$为加载曲面 $f(\sigma_{ij})$ 法向的方向数。$d\varepsilon_{ij}$ 与 $\dfrac{\partial f(\sigma_{ij})}{\partial \sigma_{ij}}$ 成比例，表示应变增量与法向一致或者与加载曲面垂直。

　　利用式（1-18）可以推导出与不同屈服准则相关联的流动规则。为简单起见，下面在主轴坐标下进行讨论。

1.5.2　各向同性流动理论

　　假定材料服从 Mises 准则，即

$$f(\sigma_{ij}) = \frac{1}{2}\left[(\sigma_1 - \sigma_2)^2 + (\sigma_2 - \sigma_3)^2 + (\sigma_3 - \sigma_1)^2\right]\tag{1-18}$$

则有 $\dfrac{\partial f}{\partial \sigma_1} = 2\sigma_1 - (\sigma_2 + \sigma_3) = 3\sigma_1 - (\sigma_1 + \sigma_2 + \sigma_3) = 3(\sigma_1 - \sigma_{\mathrm{m}}) = 3\sigma_1'$

同理

$$\frac{\partial f}{\partial \sigma_2} = 3\sigma_2'$$

$$\frac{\partial f}{\partial \sigma_3} = 3\sigma_3'$$

代入式（1-17）可得

$$\begin{cases} d\varepsilon_1 = 3dc\sigma_1' \\ d\varepsilon_2 = 3dc\sigma_2' \\ d\varepsilon_3 = 3dc\sigma_3' \end{cases} \tag{1-19}$$

或

$$d\varepsilon_{ij} = 3dc\sigma_{ij}'$$

不难证明

$$3dc = d\lambda = \frac{3d\bar{\varepsilon}}{2\bar{\sigma}}$$

结果即为 Levy – Mises 方程。

假定材料服从 Tresca 准则，即

$$f(\sigma_{ij}) = \sigma_1 - \sigma_3$$

则

$$\frac{\partial f}{\partial \sigma_1} = 1, \quad \frac{\partial f}{\partial \sigma_2} = 0, \quad \frac{\partial f}{\partial \sigma_3} = -1$$

代入式（1-17）可得

$$d\varepsilon_1 = dc, \quad d\varepsilon_2 = 0, \quad d\varepsilon_3 = -dc \tag{1-20}$$

以上结果表明：与 Tresca 准则相关联的流动规律（或塑性应力应变关系），其形式完全不同于与 Mises 准则相关联的形式。这就意味着每一种屈服准则都有一个与之相适应的流动规律。这一点往往被人们忽略。在分析计算一些具体问题时，通常将 Tresca 准则与 Levy – Mises 流动规律同时应用，这种做法虽然所得结果是可以接受的，但是却没有理论上的根据。

由于 Tresca 准则的线性性质，与之相关联的流动规律形式简单、使用方便，但在屈服曲面的棱角处，塑性应变增量的确定比较复杂，需视具体问题的约束条件而定。

1.5.3　各向异性流动理论

设各向异性体的各向异性主轴为 x、y、z。在同一坐标系中，其应力状态为

$$\boldsymbol{\sigma}_{ij} = \begin{pmatrix} \sigma_x & \tau_{xy} & \tau_{xz} \\ \tau_{yx} & \sigma_y & \tau_{yz} \\ \tau_{zx} & \tau_{zy} & \sigma_z \end{pmatrix}, \quad \text{其中 } \tau_{ij} = \tau_{ji} \tag{1-21}$$

其应变增量为

$$d\varepsilon_{ij} = \begin{pmatrix} d\varepsilon_x & d\gamma_{xy} & d\gamma_{xz} \\ d\gamma_{yx} & d\varepsilon_y & d\gamma_{yz} \\ d\gamma_{zx} & d\gamma_{zy} & d\varepsilon_z \end{pmatrix}, \quad \text{其中 } d\gamma_{ij} = d\gamma_{ji} \tag{1-22}$$

且应变增量 $d\varepsilon_{ij}$ 与位移增量 du_i 之间满足以下几何方程，即

$$d\varepsilon_{ij} = \frac{1}{2}\left[\frac{\partial(du_j)}{\partial x_i} + \frac{\partial(du_i)}{\partial x_j}\right] \tag{1-23}$$

如果材料服从 R. Hill 的各向异性屈服准则［见式（1-14）］，则有

$$f(\sigma_{ij}) \equiv \frac{1}{2}\left[F(\sigma_y - \sigma_z)^2 + G(\sigma_z - \sigma_x)^2 + H(\sigma_x - \sigma_y)^2 + \right.$$

$$2L\tau_{yz}^2 + 2M\tau_{zx}^2 + 2N\tau_{xy}^2\,]$$

$$\begin{cases} \dfrac{\partial f}{\partial \sigma_x} = H\,(\sigma_x - \sigma_y) + G\,(\sigma_x - \sigma_z), \quad \dfrac{\partial f}{\partial \tau_{yz}} = \dfrac{\partial f}{\partial \tau_{zy}} = L\tau_{yz} \\[3mm] \dfrac{\partial f}{\partial \sigma_y} = F\,(\sigma_y - \sigma_z) + H\,(\sigma_y - \sigma_x), \quad \dfrac{\partial f}{\partial \tau_{zx}} = \dfrac{\partial f}{\partial \tau_{xz}} = M\tau_{zx} \\[3mm] \dfrac{\partial f}{\partial \sigma_z} = G\,(\sigma_z - \sigma_x) + F\,(\sigma_z - \sigma_y), \quad \dfrac{\partial f}{\partial \tau_{xy}} = \dfrac{\partial f}{\partial \tau_{yx}} = N\tau_{xy} \end{cases}$$

代入式（1-17）得

$$\begin{cases} \mathrm{d}\varepsilon_x = \mathrm{d}c\big[H(\sigma_x - \sigma_y) + G(\sigma_x - \sigma_z)\big], \quad \mathrm{d}\gamma_{yz} = \mathrm{d}\gamma_{zy} = \mathrm{d}cL\tau_{yz} \\[2mm] \mathrm{d}\varepsilon_y = \mathrm{d}c\big[F(\sigma_y - \sigma_z) + H(\sigma_y - \sigma_x)\big], \quad \mathrm{d}\gamma_{zx} = \mathrm{d}\gamma_{xz} = \mathrm{d}cM\tau_{zx} \\[2mm] \mathrm{d}\varepsilon_z = \mathrm{d}c\big[G(\sigma_z - \sigma_x) + F(\sigma_z - \sigma_y)\big], \quad \mathrm{d}\gamma_{xy} = \mathrm{d}\gamma_{yx} = \mathrm{d}cN\tau_{xy} \end{cases} \tag{1-24}$$

应注意：$\mathrm{d}\varepsilon_x + \mathrm{d}\varepsilon_y + \mathrm{d}\varepsilon_z = 0$ 是一个恒等式（体积不变条件），并且如果应力反向的话，应变增量也反向；另外，如果应力主轴和各向异性主轴重合，那么应变增量主轴也和各向异性主轴重合，否则，应力和应变增量主轴一般是不重合的。

若希望通过试验来确定各向异性的状态，则要求在足够大的体积内各向异性的分布是均匀的，使能在其中的任意方向上切取拉伸试件。于是，如果有一单向拉应力 X 作用在沿平行于各向异性 x 主轴所切取的一个长条或圆柱试件上时，其应变增量的比例为

$$\mathrm{d}\varepsilon_x : \mathrm{d}\varepsilon_y : \mathrm{d}\varepsilon_z = (G + H) : -H : -G$$

可见，在每一横断面方向上的应变是收缩的，除非屈服应力的差非常大，以致 G 或 H 中有一个量为负。如果 $H > G$，也即 $Z > Y$，则在 y 方向的收缩是较大的；因此，在屈服应力较大的方向上应变较小。同样，在 y 和 z 方向上的拉伸试验可得到比值 F/H 和 G/F。在理论可以应用的情形下，在沿着 x 和 y 方向切取的拉伸试件上量度应变比值，并借助式（1-15）来确定 3 个拉伸屈服应力比值的间接方法；如果屈服现象不显著，这样做要比直接方法更好。对于薄板材料，通过这种方法来决定厚度方向上的屈服应力特别方便。

为了确定式（1-24）中的比例系数 $\mathrm{d}c$ 值，必须设法将它与单向拉伸应力应变曲线联系起来。与各向同性材料塑性理论的处理方法相仿，对于一般应力状态下的各向异性材料也要定义一个与单向拉伸等效的等效应力和等效应变。

等效应力的定义方法如下：

1）等效应力是一个决定材料塑性流动是否发生的量，所以可以假定加载函数 $f(\sigma_{ij})$ 与等效应力 $\bar{\sigma}$ 之间有以下关系，即

$$f(\sigma_{ij}) = p\bar{\sigma}^q$$

式中，p、q 均为常数。

2）等效应力又可作为一个可比指标，将一般应力状态等效地简化为单向拉伸状态下的应力。单向拉伸时，设 x 轴为拉伸方向，则 $\sigma_x = X$，$\sigma_y = \sigma_z = \tau_{xy} = \tau_{yz} = \tau_{zx} = 0$，此时 $\bar{\sigma} = \sigma_x = X$，又因 $f(\sigma_{ij}) = p\bar{\sigma}^q$，则可得

$$\frac{1}{2}(G + H)X^2 = pX^q$$

显然有

$$p = \frac{1}{2}(G+H), \quad q = 2$$

同理，取 $\sigma_y = Y$，$\sigma_x = \sigma_z = \tau_{xy} = \tau_{yz} = \tau_{zx} = 0$，此时 $\bar{\sigma} = \sigma_y = Y$，可得

$$p = \frac{1}{2}(F+H), \quad q = 2$$

取 $\sigma_z = Z$，$\sigma_x = \sigma_y = \tau_{xy} = \tau_{yz} = \tau_{zx} = 0$，此时 $\bar{\sigma} = \sigma_z = Z$，可得

$$p = \frac{1}{2}(F+G), \quad q = 2$$

则有

$$p = \frac{1}{3}(F+G+H), \quad q = 2$$

所以，等效应力为

$$\bar{\sigma} = \left[\frac{f(\sigma_{ij})}{p}\right]^{\frac{1}{2}}$$

$$= \sqrt{\frac{3}{2}}\left[\frac{F(\sigma_y - \sigma_z)^2 + G(\sigma_z - \sigma_x)^2 + H(\sigma_x - \sigma_y)^2 + 2L\tau_{yz}^2 + 2M\tau_{zx}^2 + 2N\tau_{xy}^2}{F+G+H}\right]^{\frac{1}{2}}$$

$$(1\text{-}25)$$

定义等效应变增量 $\mathrm{d}\bar{\varepsilon}$ 时，可从单位体积的塑性变形功 $\mathrm{d}W$ 考虑。塑性变形功 $\mathrm{d}W$ 可表示为

$$\mathrm{d}W = \bar{\sigma}\mathrm{d}\bar{\varepsilon}$$

塑性变形功 $\mathrm{d}W$ 又可表示为

$$\mathrm{d}W = \sigma'_{ij}\mathrm{d}\varepsilon_{ij}$$

所以，等效应变增量 $\mathrm{d}\bar{\varepsilon}$ 可表示为

$$\mathrm{d}\bar{\varepsilon} = \frac{\sigma'_{ij}}{\bar{\sigma}}\mathrm{d}\varepsilon_{ij} = \mathrm{d}c\,\frac{\sigma'_{ij}}{\bar{\sigma}}\frac{\partial f}{\partial \sigma_{ij}}$$

可以证明

$$\sigma'_{ij}\frac{\partial f}{\partial \sigma_{ij}} = F(\sigma_y - \sigma_z)^2 + G(\sigma_z - \sigma_x)^2 + H(\sigma_x - \sigma_y)^2 + 2L\tau_{yz}^2 + 2M\tau_{zx}^2 + 2N\tau_{xy}^2$$

$$= \frac{2}{3}(F+G+H)\bar{\sigma}^2$$

所以

$$\mathrm{d}\bar{\varepsilon} = \mathrm{d}c\,\frac{\sigma'_{ij}}{\bar{\sigma}}\frac{\partial f}{\partial \sigma_{ij}} = \frac{2}{3}(F+G+H)\bar{\sigma}\mathrm{d}c$$

其中，$\mathrm{d}c$ 可由式（1-24）推导出，将式（1-24）的前三式作如下处理，即

$$\begin{cases} F\mathrm{d}\varepsilon_x - G\mathrm{d}\varepsilon_y = \mathrm{d}c(FG+GH+HF)(\sigma_x - \sigma_y) \\ G\mathrm{d}\varepsilon_y - H\mathrm{d}\varepsilon_z = \mathrm{d}c(FG+GH+HF)(\sigma_y - \sigma_z) \\ H\mathrm{d}\varepsilon_z - F\mathrm{d}\varepsilon_x = \mathrm{d}c(FG+GH+HF)(\sigma_z - \sigma_x) \end{cases}$$

将以上三式和式（1-24）的后三式等号两边取平方再乘以相应的各向异性参数，使其等号右侧的应力分量平方项与等效应力定义式（1-25）的对应项相同，即

$$\begin{cases} H\ (Fd\varepsilon_x - Gd\varepsilon_y)^2 = \ (dc)^2\ (FG + GH + HF)^2 H\ (\sigma_x - \sigma_y)^2 \\ F\ (Gd\varepsilon_y - Hd\varepsilon_z)^2 = \ (dc)^2\ (FG + GH + HF)^2 F\ (\sigma_y - \sigma_z)^2 \\ G\ (Hd\varepsilon_z - Fd\varepsilon_x)^2 = \ (dc)^2\ (FG + GH + HF)^2 G\ (\sigma_z - \sigma_x)^2 \end{cases}$$

$$\begin{cases} \dfrac{2d\gamma_{yz}^2}{L} = \ (dc)^2 \cdot 2L\tau_{yz}^2 \\[2mm] \dfrac{2d\gamma_{zx}^2}{M} = \ (dc)^2 \cdot 2M\tau_{zx}^2 \\[2mm] \dfrac{2d\gamma_{xy}^2}{N} = \ (dc)^2 \cdot 2N\tau_{xy}^2 \end{cases}$$

将上述六式中的前三式除以 $(FG + GH + HF)^2$ 后，再将该六式相加，并应用式（1-25），可得

$$\frac{F\ (Gd\varepsilon_y - Hd\varepsilon_z)^2 + G\ (Hd\varepsilon_z - Fd\varepsilon_x)^2 + H\ (Fd\varepsilon_x - Gd\varepsilon_y)^2}{(FG + GH + HF)^2} +$$

$$\frac{2d\gamma_{yz}^2}{L} + \frac{2d\gamma_{zx}^2}{M} + \frac{2d\gamma_{xy}^2}{N} = (dc)^2 \cdot \frac{2}{3}\ (F + G + H)\ \bar{\sigma}^2$$

由此得到等效应变增量的定义式为

$$d\bar{\varepsilon} = \sqrt{\frac{2}{3}}(F + G + H)^{\frac{1}{2}} \cdot$$

$$\left[F\left(\frac{Gd\varepsilon_y - Hd\varepsilon_z}{FG + GH + HF} \right)^2 + G\left(\frac{Hd\varepsilon_z - Fd\varepsilon_x}{FG + GH + HF} \right)^2 + H\left(\frac{Fd\varepsilon_x - Gd\varepsilon_y}{FG + GH + HF} \right)^2 + \frac{2d\gamma_{yz}^2}{L} + \frac{2d\gamma_{zx}^2}{M} + \frac{2d\gamma_{xy}^2}{N} \right]^{\frac{1}{2}}$$

$$(1\text{-}26)$$

进而得到 dc 的表达式为

$$dc = \frac{3}{2} \cdot \frac{1}{F + G + H} \cdot \frac{d\bar{\varepsilon}}{\bar{\sigma}} \qquad (1\text{-}27)$$

代入式（1-24）则得

$$\begin{cases} d\varepsilon_x = \dfrac{3}{2} \cdot \dfrac{d\bar{\varepsilon}}{\bar{\sigma}}\left[\dfrac{H}{F + G + H}\ (\sigma_x - \sigma_y)\ + \dfrac{G}{F + G + H}\ (\sigma_x - \sigma_z) \right] \\[3mm] d\varepsilon_y = \dfrac{3}{2} \cdot \dfrac{d\bar{\varepsilon}}{\bar{\sigma}}\left[\dfrac{F}{F + G + H}\ (\sigma_y - \sigma_z)\ + \dfrac{H}{F + G + H}\ (\sigma_y - \sigma_x) \right] \\[3mm] d\varepsilon_z = \dfrac{3}{2} \cdot \dfrac{d\bar{\varepsilon}}{\bar{\sigma}}\left[\dfrac{G}{F + G + H}\ (\sigma_z - \sigma_x)\ + \dfrac{F}{F + G + H}\ (\sigma_z - \sigma_y) \right] \\[3mm] d\gamma_{yz} = \dfrac{3}{2} \cdot \dfrac{d\bar{\varepsilon}}{\bar{\sigma}} \cdot \dfrac{L}{F + G + H}\tau_{yz} \\[3mm] d\gamma_{zx} = \dfrac{3}{2} \cdot \dfrac{d\bar{\varepsilon}}{\bar{\sigma}} \cdot \dfrac{M}{F + G + H}\tau_{zx} \\[3mm] d\gamma_{xy} = \dfrac{3}{2} \cdot \dfrac{d\bar{\varepsilon}}{\bar{\sigma}} \cdot \dfrac{N}{F + G + H}\tau_{xy} \end{cases} \qquad (1\text{-}28)$$

当 $L = M = N = 3F = 3G = 3H$ 时，各向异性流动理论完全退化为各向同性塑性理论中的

Levy – Mises 塑性流动方程，即

$$d\varepsilon_{ij} = d\lambda\sigma_{ij}' = \frac{3}{2} \cdot \frac{d\bar{\varepsilon}}{\bar{\sigma}}\sigma_{ij}' \tag{1-29}$$

其中

$$\bar{\sigma} = \frac{1}{\sqrt{2}}[(\sigma_x - \sigma_y)^2 + (\sigma_y - \sigma_z)^2 + (\sigma_z - \sigma_x)^2 + 6(\tau_{xy}^2 + \tau_{yz}^2 + \tau_{zx}^2)]^{\frac{1}{2}} \tag{1-30}$$

$$d\bar{\varepsilon} = \frac{\sqrt{2}}{3}[(d\varepsilon_x - d\varepsilon_y)^2 + (d\varepsilon_y - d\varepsilon_z)^2 + (d\varepsilon_z - d\varepsilon_x)^2 + 6(\gamma_{xy}^2 + \gamma_{yz}^2 + \gamma_{zx}^2)]^{\frac{1}{2}} \tag{1-31}$$

1.5.4 面内同性厚向异性薄板的平面应力问题

1. 屈服准则

设 σ_s 为板材的面内单向拉伸屈服应力，σ_{ts} 为板材厚度方向的单向拉伸屈服应力，τ_s 为板材的面内剪切屈服应力。因为面内同性，即 $F = G$，所以 $X = Y = \sigma_s$，另外有 $Z = \sigma_{ts}$，$T = \tau_s$。将平面应力条件和面内同性条件代入式（1-13），得

$$2f(\sigma_{ij}) \equiv (G + H)\sigma_x^2 - 2H\sigma_x\sigma_y + (F + H)\sigma_y^2 + 2N\tau_{xy}^2 = 1 \tag{1-32}$$

由式（1-32）和式（1-14）可得

$$\sigma_x^2 - \frac{2H}{G+H}\sigma_x\sigma_y + \sigma_y^2 + \frac{2N}{G+H}\tau_{xy}^2 = \frac{1}{G+H} = X^2$$

令

$$R = \frac{H}{G} = \frac{H}{F} \tag{1-33}$$

R 称为板厚方向性指数，或简称为厚向异性系数。因为 $N = F + 2H$，$\frac{N}{F} = 1 + \frac{2H}{F} = 1 + 2R$，所以

$$\sigma_x^2 - \frac{2R}{1+R}\sigma_x\sigma_y + \sigma_y^2 + \frac{2(1+2R)}{1+R}\tau_{xy}^2 = \sigma_s^2 \tag{1-34}$$

在主轴坐标下

$$\sigma_1^2 - \frac{2R}{1+R}\sigma_1\sigma_2 + \sigma_2^2 = \sigma_s^2 \tag{1-35}$$

此外，因为 $\frac{1}{X^2} = G + H$，$\frac{1}{Z^2} = F + G$，所以 $\frac{Z^2}{X^2} = \frac{G+H}{F+G} = \frac{1+R}{2}$，即

$$\sigma_{ts} = \sqrt{\frac{1+R}{2}}\sigma_s \tag{1-36}$$

或

$$R = 2\left(\frac{\sigma_{ts}}{\sigma_s}\right)^2 - 1 \tag{1-37}$$

式（1-37）表明：R 值虽然由应变比定义引入，但它本质上反映的是面内同性厚向异性板材面内屈服应力与厚向屈服应力的差异。当 $R = 1$ 时，为各向同性材料。

又因为 $2N = \frac{1}{T^2}$，所以 $\frac{T^2}{X^2} = \frac{G+H}{2N} = \frac{G+H}{2(F+2H)} = \frac{1+R}{2(1+2R)}$，即

$$\tau_s = \sqrt{\frac{1+R}{2(1+2R)}}\sigma_s \tag{1-38}$$

可见，对于平面应力状态下的面内同性厚向异性薄板成形问题，不仅屈服准则大大简

化，而且 4 个试验参数 X、Y、Z、T 减少为两个板材性能参数 σ_s 和 R，它们均可通过一个单向拉伸试验获得，避免了试验确定 σ_{ts} 和 τ_s 所遇到的困难。

当 $R = 1$ 时为各向同性板材，此时，$\tau_s = \dfrac{1}{\sqrt{3}}\sigma_s$。

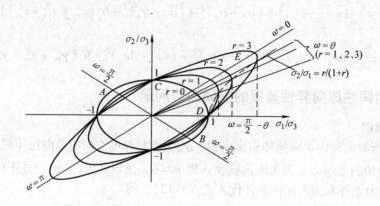

图 1-9　厚向异性薄板的屈服轨迹

式（1-34）和式（1-35）给出了平面应力条件下面内同性厚向异性薄板的屈服准则。图 1-9 所示为在主轴坐标下按式（1-35）作出的厚向异性薄板的屈服轨迹——椭圆族，明显地表示出了厚向异性对于材料屈服的影响：材料的厚向异性系数 R 越大，椭圆的长轴越长，短轴越短。所以 R 值大的材料不仅具有较强的变薄抵抗力，而且同号应力状态下变形抵抗力大。所以拉伸时危险断面的强度高，而异号应力状态下变形抵抗力小，有利于剪切或拉伸法兰区的变形。

经过变换，式（1-35）也可以用参数角 ω 表示为

$$
\begin{cases}
\sigma_1 = \dfrac{\sigma_s\cos(\omega + \theta)}{\sin 2\theta} \\[2mm]
\sigma_2 = \dfrac{\sigma_s\cos(\omega - \theta)}{\sin 2\theta}
\end{cases}
$$

式中　θ ——厚向异性参数角，$\theta = \arctan\dfrac{1}{\sqrt{1 + 2R}}$。

参数角 ω 可用于表示板面内的主应力状态。例如在 $0 \leqslant \omega \leqslant \dfrac{\pi}{2}$ 的象限内：

当 $\omega = 0$ 时，$\sigma_1 = \sigma_2$，为双向等拉应力状态；

当 $\omega = \theta$ 时，$\dfrac{\sigma_2}{\sigma_1} = \cos 2\theta = \dfrac{R}{1 + R}$，为平面变形应力状态；

当 $\omega = \dfrac{\pi}{2} - \theta$ 时，$\sigma_1 = \bar{\sigma}$，$\sigma_2 = 0$，为单向拉伸应力状态；

当 $\omega = \dfrac{\pi}{2}$ 时，$\sigma_2 = -\sigma_1$，为纯切应力状态。

其余象限可依此类推。总之，若以 AB 为分界线，板材的应力状态在 AB 的右上方，当

$-\pi/2<\omega<\pi/2$ 时，就绝对值而言，拉应力大于压应力，应力状态以拉为主，板材的变形特点是厚度减薄；在 AB 的右上方，当 $\pi/2<\omega<3\pi/2$ 时，就绝对值而言，拉应力小于压应力，应力状态以压为主，板材的变形特点是厚度增厚。

2. 应力应变关系

面内同性厚向异性薄板平面应力问题的应力应变关系可采用类似于第 1.3 节的方法获得。因为 $N=F+2H=G+2H$，由式（1-32）可知其加载函数为

$$f(\sigma_{ij})\equiv\frac{1}{2}\left[(G+H)\sigma_x^2-2H\sigma_x\sigma_y+(F+H)\sigma_y^2+2N\tau_{xy}^2\right]$$

$$=\eta\left[\sigma_x^2-\frac{2H}{F+H}\sigma_x\sigma_y+\sigma_y^2+\frac{2(F+2H)}{F+H}\tau_{xy}^2\right]$$

$$=\eta\left[\sigma_x^2-\frac{2R}{1+R}\sigma_x\sigma_y+\sigma_y^2+\frac{2(1+2R)}{1+R}\tau_{xy}^2\right]$$

其中，$\eta=\frac{1}{2}(F+H)$ 为材料常数。设厚向异性薄板的加载函数 $f(\sigma_{ij})$ 与等效应力 $\bar{\sigma}$ 之间有以下关系，即

$$f(\sigma_{ij})=p\,\bar{\sigma}^q$$

沿 x 方向单向拉伸时，$\sigma_y=\tau_{xy}=0$，$\bar{\sigma}=\sigma_x$，则 $f(\sigma_{ij})=\eta\sigma_x^2=p\sigma_x^q$；沿 y 方向单向拉伸时，$\sigma_x=\tau_{xy}=0$，$\bar{\sigma}=\sigma_y$，则 $f(\sigma_{ij})=\eta\sigma_y^2=p\sigma_y^q$。所以，$p=\eta=\frac{1}{2}(F+H)$，$q=2$，等效应力可定义为

$$\bar{\sigma}=\left[\frac{f(\sigma_{ij})}{p}\right]^{1/q}=\sqrt{\sigma_x^2-\frac{2R}{1+R}\sigma_x\sigma_y+\sigma_y^2+\frac{2(1+2R)}{1+R}\tau_{xy}^2} \tag{1-39}$$

利用厚向异性薄板的屈服准则，由式（1-17）可得应变增量各分量为

$$\begin{cases} \mathrm{d}\varepsilon_x=\mathrm{d}c\,\dfrac{\partial f}{\partial\sigma_x}=2\eta\mathrm{d}c\left(\sigma_x-\dfrac{R}{1+R}\sigma_y\right) \\[2mm] \mathrm{d}\varepsilon_y=\mathrm{d}c\,\dfrac{\partial f}{\partial\sigma_y}=2\eta\mathrm{d}c\left(\sigma_y-\dfrac{R}{1+R}\sigma_x\right) \\[2mm] \mathrm{d}\varepsilon_z=-(\mathrm{d}\varepsilon_x+\mathrm{d}\varepsilon_y)=-2\eta\mathrm{d}c\,\dfrac{\sigma_x+\sigma_y}{1+R} \\[2mm] \mathrm{d}\gamma_{xy}=\mathrm{d}\gamma_{yx}=2\eta\mathrm{d}c\,\dfrac{1+2R}{1+R}\tau_{xy} \end{cases} \tag{1-40}$$

其中，$2\eta\mathrm{d}c$ 可根据等比定理按如下方法推得。由式（1-40）可得

$$2\eta\mathrm{d}c=\frac{\mathrm{d}\varepsilon_x}{\sigma_x-\dfrac{R}{1+R}\sigma_y}=\frac{\mathrm{d}\varepsilon_y}{\sigma_y-\dfrac{R}{1+R}\sigma_x}=\frac{-\mathrm{d}\varepsilon_z\sqrt{R}}{\dfrac{\sigma_x+\sigma_y}{1+R}\sqrt{R}}=\frac{\mathrm{d}\gamma_{xy}\times\sqrt{2}}{\dfrac{1+2R}{1+R}\tau_{xy}\times\sqrt{2}}$$

$$=\frac{(\mathrm{d}\varepsilon_x^2+\mathrm{d}\varepsilon_y^2+R\mathrm{d}\varepsilon_z^2+2\mathrm{d}\gamma_{xy}^2)^{1/2}}{\left[\left(\sigma_x-\dfrac{R}{1+R}\sigma_y\right)^2+\left(\sigma_y-\dfrac{R}{1+R}\sigma_x\right)^2+\dfrac{R}{(1+R)^2}(\sigma_x+\sigma_y)^2+\dfrac{2(1+2R)^2}{(1+R)^2}\tau_{xy}^2\right]^{1/2}}$$

因为

$$\left(\sigma_x - \frac{R}{1+R}\sigma_y\right)^2 + \left(\sigma_y - \frac{R}{1+R}\sigma_x\right)^2 + \frac{R}{(1+R)^2}(\sigma_x + \sigma_y)^2$$

$$= \left[1 + \frac{R^2}{(1+R)^2} + \frac{R}{(1+R)^2}\right]\sigma_x^2 + \left[1 + \frac{R^2}{(1+R)^2} + \frac{R}{(1+R)^2}\right]\sigma_y^2 - \left[\frac{4R}{1+R} - \frac{2R}{(1+R)^2}\right]\sigma_x\sigma_y$$

$$= \frac{1+2R}{1+R}(\sigma_x^2 + \sigma_y^2) - \frac{2R}{1+R} \cdot \frac{1+2R}{1+R}\sigma_x\sigma_y$$

又因为

$$d\varepsilon_x + d\varepsilon_y + d\varepsilon_z = 0$$

$$d\varepsilon_x^2 + d\varepsilon_y^2 + Rd\varepsilon_z^2 = d\varepsilon_x^2 + d\varepsilon_y^2 + R(d\varepsilon_x + d\varepsilon_y)^2$$

$$= (1+R)d\varepsilon_x^2 + (1+R)d\varepsilon_y^2 + 2Rd\varepsilon_x d\varepsilon_y$$

$$= (1+R)\left(d\varepsilon_x^2 + \frac{2R}{1+R}d\varepsilon_x d\varepsilon_y + d\varepsilon_y^2\right)$$

所以

$$2\eta dc = \frac{1+R}{\sqrt{1+2R}}\left(d\varepsilon_x^2 + \frac{2R}{1+R}d\varepsilon_x d\varepsilon_y + d\varepsilon_y^2 + \frac{2}{1+R}d\gamma_{xy}^2\right)^{\frac{1}{2}} \cdot \frac{1}{\bar{\sigma}}$$

因为单位体积内的塑性变形功可以表示为 $dW = \sigma_{ij}'d\varepsilon_{ij} = \bar{\sigma}d\bar{\varepsilon}$，所以

$$d\bar{\varepsilon} = \frac{dW}{\bar{\sigma}} = \frac{1}{\bar{\sigma}}\sigma_{ij}'d\varepsilon_{ij} = \frac{1}{\bar{\sigma}}\sigma_{ij}d\varepsilon_{ij}$$

而

$$\sigma_{ij}d\varepsilon_{ij} = 2\eta dc\left(\sigma_x - \frac{1}{1+R}\sigma_y\right)\sigma_x + 2\eta dc\left(\sigma_y - \frac{1}{1+R}\sigma_x\right)\sigma_y + 2\eta dc\frac{2(1+2R)}{1+R}\tau_{xy}^2$$

$$= 2\eta dc\left[\sigma_x^2 - \frac{2R}{1+R}\sigma_x\sigma_y + \sigma_y^2 + \frac{2(1+2R)}{1+R}\tau_{xy}^2\right] = 2\eta dc\bar{\sigma}^2$$

因此可得

$$d\bar{\varepsilon} = \frac{1+R}{\sqrt{1+2R}}\sqrt{d\varepsilon_x^2 + \frac{2R}{1+R}d\varepsilon_x d\varepsilon_y + d\varepsilon_y^2 + \frac{2}{1+R}d\gamma_{xy}^2} \tag{1-41}$$

即 $2\eta dc = \dfrac{d\bar{\varepsilon}}{\bar{\sigma}}$，将此关系代入式（1-40），可得

$$\begin{cases} d\varepsilon_x = \dfrac{d\bar{\varepsilon}}{\bar{\sigma}}\left(\sigma_x - \dfrac{R}{1+R}\sigma_y\right) \\[3mm] d\varepsilon_y = \dfrac{d\bar{\varepsilon}}{\bar{\sigma}}\left(\sigma_y - \dfrac{R}{1+R}\sigma_x\right) \\[3mm] d\varepsilon_z = -\dfrac{d\bar{\varepsilon}}{\bar{\sigma}}\dfrac{\sigma_x + \sigma_y}{1+R} \\[3mm] d\gamma_{xy} = d\gamma_{yx} = \dfrac{d\bar{\varepsilon}}{\bar{\sigma}}\dfrac{1+2R}{1+R}\tau_{xy} \end{cases} \tag{1-42}$$

简单加载时，全量应变与应变增量主轴重合且方向不变，对式（1-42）进行积分，可

得用全量应变表示的应力应变关系为

$$
\begin{cases}
\varepsilon_x = \dfrac{\bar{\varepsilon}}{\bar{\sigma}}\left(\sigma_x - \dfrac{R}{1+R}\sigma_y\right) \\[2mm]
\varepsilon_y = \dfrac{\bar{\varepsilon}}{\bar{\sigma}}\left(\sigma_y - \dfrac{R}{1+R}\sigma_x\right) \\[2mm]
\varepsilon_z = -\dfrac{\bar{\varepsilon}}{\bar{\sigma}}\dfrac{\sigma_x + \sigma_y}{1+R} \\[2mm]
\gamma_{xy} = \gamma_{yx} = \dfrac{\bar{\varepsilon}}{\bar{\sigma}}\dfrac{1+2R}{1+R}\tau_{xy}
\end{cases}
\tag{1-43}
$$

其中

$$
\bar{\varepsilon} = \frac{1+R}{\sqrt{1+2R}}\sqrt{\varepsilon_x^2 + \frac{2R}{1+R}\varepsilon_x\varepsilon_y + \varepsilon_y^2 + \frac{2}{1+R}\gamma_{xy}^2}
\tag{1-44}
$$

如果将平面应力条件 $\sigma_z = \tau_{yz} = \tau_{zx} = 0$ 和面内同性条件 $N = F + 2H = G + 2H$ 以及 $R = \dfrac{H}{F}$ 直接代入式（1-25）和式（1-26），则有

$$
\bar{\sigma} = \sqrt{\frac{3(1+R)}{2(2+R)}}\sqrt{\sigma_x^2 - \frac{2R}{1+R}\sigma_x\sigma_y + \sigma_y^2 + \frac{2(1+2R)}{1+R}\tau_{xy}^2}
\tag{1-39a}
$$

$$
\mathrm{d}\bar{\varepsilon} = \sqrt{\frac{2(1+R)(2+R)}{3(1+2R)}}\sqrt{\mathrm{d}\varepsilon_x^2 + \frac{2R}{1+R}\mathrm{d}\varepsilon_x\mathrm{d}\varepsilon_y + \mathrm{d}\varepsilon_y^2 + \frac{2}{1+R}\mathrm{d}\gamma_{xy}^2}
\tag{1-41a}
$$

将上述条件和关系式代入式（1-28），结果与式（1-42）完全相同。

应特别指出，等效应力和等效应变增量的两种定义式是不同的，式（1-39a）和式（1-41a）也不直接等于单向拉伸时的应力和应变增量，各自相差一个关于 R 值某种组合的系数。但是，它们所给出的单位体积塑性变形功增量 $\mathrm{d}W = \bar{\sigma}\mathrm{d}\bar{\varepsilon}$ 相同，所以最终给出的应力应变关系式相同。鉴于此，板材成形塑性理论中均采用式（1-39）~式（1-44），可以直接引入单向拉伸时应力应变的关系给出 $\bar{\sigma} = f(\bar{\varepsilon})$。

利用式（1-42）和式（1-43），可以立即得到以下几点结论：

1）单向拉伸时，如果取 l、b、t 分别为拉伸试件的长度方向、宽度方向和厚度方向，则有 $\sigma_x = \sigma_t$，$\sigma_y = \tau_{xy} = 0$，$\varepsilon_x = \varepsilon_l$，$\varepsilon_y = \varepsilon_b$，$\varepsilon_z = \varepsilon_t$，$\gamma_{xy} = 0$。由式（1-43）可知，$R = \dfrac{\varepsilon_b}{\varepsilon_t}$，即厚向异性系数 R 恰为试件宽向与厚向应变之比，这是由厚向异性应力应变关系决定的。

2）复杂应力状态时，由式（1-42）可知，因为 $\mathrm{d}\varepsilon_z = -\dfrac{\mathrm{d}\bar{\varepsilon}}{\bar{\sigma}}\dfrac{\sigma_x + \sigma_y}{1+R}$，所以，$R$ 值越大，则 $|\mathrm{d}\varepsilon_z|$ 越小，即厚度方向的变形越小。

3）复杂应力状态时，由式（1-42）可知，如果 $\sigma = \max\{|\sigma_x|,\ |\sigma_y|\} > 0$，则 $\mathrm{d}\varepsilon_z < 0$；如果 $\sigma = \max\{|\sigma_x|,\ |\sigma_y|\} < 0$，则 $\mathrm{d}\varepsilon_z > 0$。即如果面内绝对值大的正应力为拉应力，则板坯减薄；如果面内绝对值大的正应力为压应力，则板坯增厚。

1.6　塑性变形的基本方程

1. 几何方程

小变形几何方程描述了变形场内质点的位移与质点间线素的变化之间的关系，即

$$\varepsilon_{ij} = \frac{1}{2}(u_{i,j} + u_{j,i}) \qquad (i = 1,\ 2,\ 3)$$

2. 平衡方程

平衡方程为

$$\sigma_{ij,j} + f_i = 0 \qquad (i = 1,\ 2,\ 3)$$

式中　f_i——微元体所受的体力分量。

3. 能量方程

凡是物体几何约束所允许的位移就成为可能位移，取其任意微小的变化量就是虚位移 δu_i，也就是几何上可能位移的变分。根据能量守恒定律，外力在虚位移上所做的功（虚功）必等于物体内部应力在虚应变上所做的功，这就是虚功原理。

$$\int_V f_i \delta u_i \mathrm{d}V + \int_{s_\sigma} \bar{p}_i \delta u_i \mathrm{d}S = \int_V \sigma_{ij} \delta \varepsilon_{ij} \mathrm{d}V$$

4. 屈服函数

屈服函数为

$$f(\sigma_{ij}) = c$$

5. 一般塑性本构关系

D. Drucker 从加工硬化材料加载时必须完成正功（$\mathrm{d}\sigma_{ij}\mathrm{d}\varepsilon_{ij} > 0$）的前提出发，假定应力增量与应变增量成比例，得出了加工硬化材料与屈服准则（加载函数）相关联的一般性流动规律，即

$$\mathrm{d}\varepsilon_{ij} = \mathrm{d}c \frac{\partial f(\sigma_{ij})}{\partial \sigma_{ij}}$$

1.7　板材失稳理论

拉断和起皱是板料成形的两个缺陷，分别称为拉伸失稳和压缩失稳。

1.7.1　单向拉伸失稳理论

1. 载荷失稳

假设一理想均匀板条，其原始长度为 l_0、原始宽度为 w_0、原始厚度为 t_0，在拉力 F 作用下产生塑性变形，变形后板条的各尺寸分别为 l、w、t。设材料面内同性、厚向异性，厚向异性系数为 r，从试件的承载能力看，当 $F = F_{max}$ 时，材料已经作出了最大的贡献，外载荷不可能再有所增加，通常把这种现

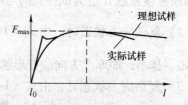

图 1-10　单向拉伸曲线

象称为载荷失稳，单向拉伸曲线如图 1-10 所示。此时有

$$dF = d\left[A_0 K \left(\ln \frac{l}{l_0} \right)^n \cdot \left(\frac{l_0}{l} \right) \right] = 0 \tag{1-45}$$

其中，$A_0 = w_0 t_0$，$A = wt$，$\varepsilon = \ln \dfrac{l}{l_0} = \ln \dfrac{A_0}{A}$。

载荷失稳条件为

$$\frac{d\sigma}{d\varepsilon} = \sigma \tag{1-46}$$

载荷失稳时的应变为

$$\varepsilon_1 = n \tag{1-47}$$

2. 变形失稳

加载失稳以前，理想均匀板条和实际板条的变形行为基本一致。但从板条形状变化的角度看，理想均匀板条遵循宏观塑性力学的规律，应保持均匀变形，即沿着板条长度方向，轴向伸长与剖面收缩完全一致。而实际板条则不能保持均匀伸长，出现缩颈，变形局限在缩颈区内发展，曲线段较短。从变形的角度看这也是一种失稳现象。

（1）分散性失稳 加载失稳以后，缩颈在板条的较大一个区间内扩展，称为分散性失稳。根据试验观察，板条单向拉伸时，外载荷的加载失稳点和变形的分散性失稳点基本同时出现。所以，单向拉伸的分散性失稳条件也是式（1-46），或可表达为（Swift 失稳理论）

$$\frac{d\sigma}{\sigma} = d\varepsilon \tag{1-48}$$

式（1-48）可解释如下：因为 $d\varepsilon = -\dfrac{dA}{A}$，所以材料的强化率恰好等于断面的减缩率。故分散性失稳又可称为宽向失稳。

（2）集中性失稳 分散性失稳的缩颈扩散发展到一定程度后，变形集中在某一狭窄条带内（与板厚为同一数量级），发展成为沟槽，称为集中性失稳。集中性失稳开始以后，沟槽加深，外载急剧下降，板条最后分离为两部分。集中性失稳产生的条件是：材料的强化率与其厚度的减缩率恰好相等。这就是 R. Hill 的集中性失稳理论，即

$$\frac{d\sigma}{\sigma} = -\frac{dt}{t} = -d\varepsilon_t \tag{1-49}$$

故集中性失稳也可称为厚向失稳。

因为 $d\varepsilon_t = \dfrac{dt}{t} = -\dfrac{1}{1+r} d\varepsilon_1$，所以可求得单向拉伸集中缩颈开始发生时的应变为

$$\varepsilon_1 = (1+r)n \tag{1-50}$$

（3）集中缩颈的方位 分散性失稳发展到一定阶段，实际板条的最薄弱环节开始集中在某一狭窄条带内，发展成为沟槽。沟槽的发生、发展主要依靠板料的局部变薄，而沿沟槽没有长度的变化，即 $d\varepsilon_y = 0$（见图 1-11），所以有

$$d\varepsilon_1 \cos^2\theta + d\varepsilon_2 \sin^2\theta = 0$$

单向拉伸时，因为 $R = \dfrac{d\varepsilon_2}{d\varepsilon_3}$，$d\varepsilon_1 + d\varepsilon_2 + d\varepsilon_3 = 0$，所以有 $\dfrac{d\varepsilon_2}{d\varepsilon_1}$

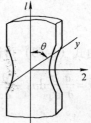

图 1-11 集中缩颈示意图

$= -\dfrac{R}{1+R}$，故此可得

$$\theta = \arctan\sqrt{\frac{1+R}{R}} \tag{1-51}$$

对于各向同性材料，$r=1$，$\theta=54°44'$。材料的单向拉伸试验已证实了该结论。

单向拉伸失稳理论是讨论板材在双向受力而以受拉为主的变形方式下变形失稳问题的基础。但是还有许多问题有待深入研究。由于几何尺寸与材料性质不均，实际板条加载失稳时产生分散性缩颈，其起始部位具有随机性。缩颈区内因应变速率 $\dot{\varepsilon}$ 与应变比 $\beta = \dfrac{\varepsilon_2}{\varepsilon_1}$ 的变化产生的强化效应，可获得缩颈区内亚稳定流动条件，这决定了分散缩颈的范围大小与集中缩颈的出现时刻。

1.7.2　双向拉伸失稳理论

1.　基本方程

根据 R. Hill 的各向异性塑性理论，仅考虑厚向异性时有

$$\frac{\mathrm{d}\varepsilon_1}{\sigma_1 - \dfrac{R}{1+R}\sigma_2} = \frac{\mathrm{d}\varepsilon_2}{\sigma_2 - \dfrac{R}{1+R}\sigma_1} = \frac{-\mathrm{d}\varepsilon_3}{\dfrac{\sigma_1+\sigma_2}{1+R}} = \frac{\mathrm{d}\bar{\varepsilon}}{\bar{\sigma}} \tag{1-52}$$

其中

$$\bar{\sigma} = \sqrt{\sigma_1^2 - \frac{2R}{1+R}\sigma_1\sigma_2 + \sigma_2^2} \tag{1-53}$$

$$\mathrm{d}\bar{\varepsilon} = \frac{1+R}{\sqrt{1+2R}}\sqrt{\mathrm{d}\varepsilon_1^2 + \frac{2R}{1+R}\mathrm{d}\varepsilon_1\mathrm{d}\varepsilon_2 + \mathrm{d}\varepsilon_2^2} \tag{1-54}$$

$$\alpha = \frac{\sigma_2}{\sigma_1}, \quad \beta = \frac{\mathrm{d}\varepsilon_2}{\mathrm{d}\varepsilon_1} \tag{1-55}$$

则

$$\bar{\sigma} = \sigma_1\sqrt{1 - \frac{2R}{1+R}\alpha + \alpha^2} \tag{1-56}$$

$$\mathrm{d}\bar{\varepsilon} = \frac{(1+R)\sqrt{1 - \dfrac{2R}{1+R}\alpha + \alpha^2}}{1+R-R\alpha}\mathrm{d}\varepsilon_1 \tag{1-57a}$$

$$= \frac{(1+R)\sqrt{1 - \dfrac{2R}{1+R}\alpha + \alpha^2}}{\alpha - R + R\alpha}\mathrm{d}\varepsilon_2 \tag{1-57b}$$

$$= \frac{-(1+R)\sqrt{1 - \dfrac{2R}{1+R}\alpha + \alpha^2}}{1+\alpha}\mathrm{d}\varepsilon_3 \tag{1-57c}$$

由式（1-53）可得

$$\mathrm{d}\bar{\sigma} = \frac{\partial\bar{\sigma}}{\partial\sigma_1}\mathrm{d}\sigma_1 + \frac{\partial\bar{\sigma}}{\partial\sigma_2}\mathrm{d}\sigma_2 = \frac{1+R-R\alpha}{(1+R)\sqrt{1 - \dfrac{2R}{1+R}\alpha + \alpha^2}}\mathrm{d}\sigma_1 + \frac{\alpha - R + R\alpha}{(1+R)\sqrt{1 - \dfrac{2R}{1+R}\alpha + \alpha^2}}\mathrm{d}\sigma_2$$

用式（1-57a）和式（1-57b）除以上式，再用式（1-56）除以上式，注意到 $\sigma_1 = \dfrac{\sigma_2}{\alpha}$，

则有

$$
\frac{1}{\bar{\sigma}}\frac{\mathrm{d}\bar{\sigma}}{\mathrm{d}\bar{\varepsilon}} = \frac{(1+R-R\alpha)^2}{(1+R)^2\left(1-\dfrac{2R}{1+R}\alpha+\alpha^2\right)^{\frac{3}{2}}}\frac{1}{\sigma_1}\frac{\mathrm{d}\sigma_1}{\mathrm{d}\varepsilon_1} +
$$

$$
\frac{(\alpha-R+R\alpha)^2}{(1+R)^2\left(1-\dfrac{2R}{1+R}\alpha+\alpha^2\right)^{\frac{3}{2}}}\frac{\alpha}{\sigma_2}\frac{\mathrm{d}\sigma_2}{\mathrm{d}\varepsilon_2} \tag{1-58}
$$

假设材料的应力应变关系符合幂次式，即

$$
\bar{\sigma} = K\bar{\varepsilon}^n \tag{1-59}
$$

则

$$
\frac{1}{\bar{\sigma}}\frac{\mathrm{d}\bar{\sigma}}{\mathrm{d}\bar{\varepsilon}} = \frac{n}{\bar{\varepsilon}} \tag{1-60}
$$

上述各式即为推导失稳应变的基本方程。

2. 平板双拉的载荷失稳

平板受双向拉伸的情况如图 1-12 所示。

由应力、应变的定义可知

$$
F_1 = bt\sigma_1 = b_0 t_0 \mathrm{e}^{-\varepsilon_1}\sigma_1 \tag{1-61}
$$

$$
F_2 = at\sigma_2 = a_0 t_0 \mathrm{e}^{-\varepsilon_2}\sigma_2 \tag{1-62}
$$

（1）Dorn 准则——$\mathrm{d}F_1 = 0$ 由式（1-61）可推导出，即

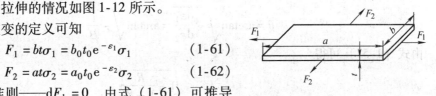

图 1-12 平板受双向拉伸的情况

$$
\frac{\mathrm{d}\sigma_1}{\mathrm{d}\varepsilon_1} = \sigma_1 \tag{1-63}
$$

将式（1-63）代入式（1-58）和式（1-60），注意到 $\mathrm{d}\varepsilon_2 = \dfrac{\alpha-R+R\alpha}{1+R-R\alpha}\mathrm{d}\varepsilon_1$，且在简单加载时 $\alpha = \mathrm{const}$，$\mathrm{d}\sigma_2 = \alpha\mathrm{d}\sigma_1$，化简后可得

$$
\bar{\varepsilon}_{1\mathrm{d}F_1=0} = \frac{(1+R)\sqrt{1-\dfrac{2R\alpha}{1+R}+\alpha^2}}{1+R-R\alpha}n \tag{1-64}
$$

（2）Swift 准则——$\mathrm{d}F_1 = \mathrm{d}F_2 = 0$ 由式（1-61）和式（1-62）可将此准则表达为

$$
\begin{cases}
\dfrac{\mathrm{d}\sigma_1}{\mathrm{d}\varepsilon_1} = \sigma_1 \\[3mm]
\dfrac{\mathrm{d}\sigma_2}{\mathrm{d}\varepsilon_2} = \sigma_2
\end{cases} \tag{1-65}
$$

将式（1-65）代入式（1-58）和式（1-60）化简后可得

$$
\bar{\varepsilon}_{1\mathrm{d}F_1=\mathrm{d}F_2=0} = \frac{\sqrt{\left(1-\dfrac{2R}{1+R}\alpha+\alpha^2\right)^{\frac{3}{2}}}}{(1+\alpha)\left[1-\dfrac{1+4R+2R^2}{(1+R)^2}\alpha+\alpha^2\right]}n \tag{1-66}
$$

式（1-66）则为 Swift 理论给出的产生分散性失稳时的等效应变。

3. 平板双拉的集中性失稳

双向拉应力状态($0 < \alpha \leqslant 1$)下的板料，其应变状态也有两种可能，如图 1-13 所示。

1）拉 – 压状态：$\dfrac{-R}{1+R} < \beta \leqslant 0$。

2）拉 – 拉状态：$0 \leqslant \beta \leqslant 1$。

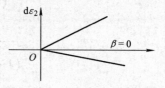

图 1-13　双向拉应力对应的应变状态

在拉 – 拉应变区不存在应变零线，失去了产生集中性失稳的前提，则 Hill 的集中性失稳理论失效。1967 年，波兰学者马辛尼克（Z. Morciniak）和库祖斯基（K. Kuczyski）为了解决准则与实际之间的分歧，提出了一种凹槽假说，文献中称为 M – K 理论，但此理论尚不完善。

在拉 – 压应变区，集中性失稳产生的条件是：板面内必须存在一条应变零线，且在这种条件下，板料厚度的减薄率（软化因素）恰好可由板料的强化率得到补偿，凹槽才得以产生、发展。设凹槽的方位是 y，与式（1-51）的推导类似，则有

$$\mathrm{d}\varepsilon_y = \mathrm{d}\varepsilon_1 \cos^2\theta + \mathrm{d}\varepsilon_2 \sin^2\theta = 0$$

$$\theta = \arctan\sqrt{-\frac{\mathrm{d}\varepsilon_1}{\mathrm{d}\varepsilon_2}} = \arctan\sqrt{-\frac{1}{\beta}} \tag{1-67}$$

由式（1-57）可得

$$\theta = \arctan\sqrt{\frac{1 - \dfrac{R}{1+R}\alpha}{\dfrac{R}{1+R} - \alpha}} \tag{1-68}$$

显然，处于平面应变状态时（$\beta = 0$，或 $\alpha = \dfrac{R}{1+R}$），$\theta = 90°$，槽与 1 轴（图 1-11 中）垂直。如果 $\beta > 0$ 或 $\alpha > \dfrac{R}{1+R}$，即超过平面应变的双拉状态，则式（1-67）无解。

当应力状态在单向拉伸和平面应变之间时（$0 \leqslant \alpha \leqslant \dfrac{R}{1+R}$，$-\dfrac{R}{1+R} \leqslant \beta \leqslant 0$），板面内有应变零线存在。当板料达到某一变形程度时，材料的强化率与厚度的减薄率恰好相等，凹槽开始出现集中性失稳（满足 Hill 理论），此时

$$\frac{\mathrm{d}\bar{\sigma}}{\bar{\sigma}} = -\frac{\mathrm{d}t}{t} = -\mathrm{d}\varepsilon_3 \tag{1-69}$$

将式（1-57c）和式（1-60）代入式（1-69），即可得到产生集中性失稳时的等效应变，即

$$\bar{\varepsilon}_j = \frac{(1+R)\sqrt{1 - \dfrac{2R}{1+R}\alpha + \alpha^2}}{1+\alpha}n \tag{1-70}$$

1.7.3　理论成形极限图

在简单加载条件下，$\alpha = \dfrac{\sigma_2}{\sigma_1}$，$\beta = \dfrac{\varepsilon_2}{\varepsilon_1}$，则式（1-57）变为

$$\bar{\varepsilon} = \frac{(1+R)\sqrt{1 - \dfrac{2R}{1+R}\alpha + \alpha^2}}{1+R-R\alpha}\varepsilon_1 \tag{1-71a}$$

$$= \frac{(1+R)\sqrt{1 - \dfrac{2R}{1+R}\alpha + \alpha^2}}{\alpha - R + R\alpha}\varepsilon_2 \tag{1-71b}$$

$$= \frac{-(1+R)\sqrt{1 - \dfrac{2R}{1+R}\alpha + \alpha^2}}{1+\alpha}\varepsilon_3 \tag{1-71c}$$

在拉 - 拉应变区，可采用 Swift 理论导出结果。将式（1-66）代入式（1-71a）和式（1-71b）得

$$\begin{cases} \varepsilon_{1f} = f(\alpha, R)(1 + R - \alpha R)n \\ \varepsilon_{2f} = f(\alpha, R)(\alpha - R + \alpha R)n \\ f(\alpha, R) = \dfrac{1 - \dfrac{2R\alpha}{1+R} + \alpha^2}{(1+R)(1+\alpha)\left[1 - \dfrac{1+4R+2R^2}{(1+R)^2}\alpha + \alpha^2\right]} \\ 1 > \beta > 0, \ \alpha > \dfrac{R}{1+R} \end{cases} \tag{1-72}$$

在拉 - 压应变区，可采用 Hill 理论导出结果。将式（1-70）代入式（1-71a）和式（1-71b）可得

$$\begin{cases} \varepsilon_{j1} = \dfrac{1 + R - R\alpha}{1+\alpha}n \\ \varepsilon_{j2} = \dfrac{\alpha - R + R\alpha}{1+\alpha}n \\ 0 \leqslant \alpha \leqslant \dfrac{R}{1+R}, \ -\dfrac{R}{1+R} \leqslant \beta \leqslant 0 \end{cases} \tag{1-73}$$

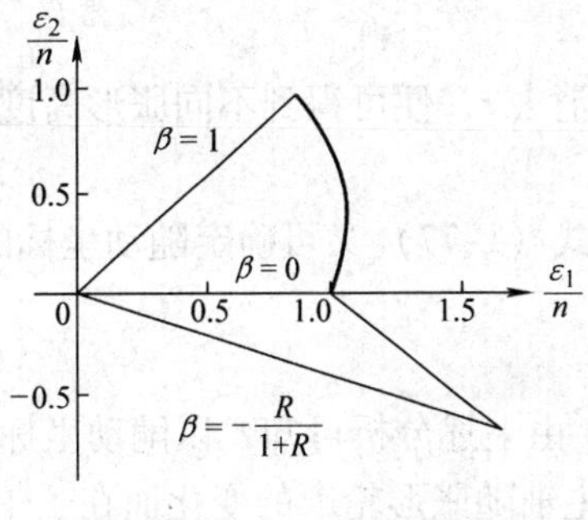

图 1-14　理论成形极限图

消去 α 则有

$$\varepsilon_{j1} + \varepsilon_{j2} = n \tag{1-74}$$

这是一个直线方程。理论成形极限图如图 1-14 所示。

1.8　轴对称薄板自由胀形解析

1.8.1　轴对称薄板自由胀形的几何和力学特点

纵观塑性理论的研究历史，试验研究或实验验证的方法除单向拉伸、单向压缩外，大多采用薄壁管拉扭复合加载和薄板自由胀形，而对于复杂应力状态下的塑性理论问题，必须采用后两种试验方法。如图 1-15 所示，轴对称薄板自由胀形具有下列显著特点：

1）由于是轴对称问题，胀形前毛坯又是平板，所以仅用一个径向坐标 r 就可以完整地描述质点的几何位置。

2）胀形开始后，平板毛坯变为空间壳体，但由于是轴对称问题，胀形轮廓和质点的运动轨迹均可表示在一个子午剖面内，如图 1-15 所示。质点的位置可用瞬时坐标 ξ 和 w 表示，也可用 ξ 和 ϕ 表示，还可用 ξ 和 ρ_r 表示。后两种均为间接表示。胀形极点高度是时间的单值函数，$H = H(t)$，因此可作为胀形时间的间接度量参数。

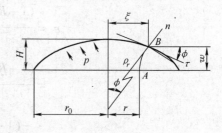

图 1-15　轴对称薄板自由胀形示意图

3）薄板胀形时表面积的增加靠板厚的不均匀变薄来补偿，变形区是确定的，即为直径为 $2r_0$ 的原始毛坯。板面内是双向伸长应变，板厚方向是压缩应变。应变主轴的方向是随胀形过程的进行而不断变化的。但由于是轴对称问题且受力状态简单（见后述），应变主轴的方向与胀形轮廓的变化有明确的关系，即质点所在位置胀形轮廓子午剖面的切线方向 τ、法线方向 n 及周向 θ 是 3 个应变主方向。如图 1-15 所示，可以 3 个主轴建立随动坐标，其位置由 (ξ, w) 确定，其空间方位由 ϕ 确定。由此可见，求解薄板自由胀形的变形过程，最终就是要确定质点的瞬时坐标与原始坐标及胀形高度之间的关系，即

$$\xi = \xi(r, H), w = w(r, H) \tag{1-75}$$

消去 H 便可得到表示胀形中质点运动轨迹的方程，即

$$f(\xi, w, r) = 0 \tag{1-76}$$

若消去 r，便可得到不同胀形高度时的胀形轮廓方程，即

$$g(\xi, w, H) = 0 \tag{1-77}$$

由式（1-77）又可确定随动坐标的空间方位，即

$$\tan \phi = -\frac{\partial w}{\partial \xi} \tag{1-78}$$

4）由上述分析可知，以随动坐标表示的 3 个应变主轴中，θ 主轴的方向始终不变，τ 和 n 两个主轴随胀形轮廓的变化而在子午剖面内改变方向。应变速率的概念是应变分量对时间的变化率，由于是轴对称问题，θ 方向必定也是应变速率的一个主方向，且该主方向始终不变。对于薄板问题，厚度方向必定是应变速率的另一个主方向。根据张量的性质，第三个应变速率主方向则必定是胀形轮廓子午剖面的切线方向。所以，在薄板自由胀形过程中，质点的应变主轴与应变速率主轴始终是重合的。

5）薄板自由胀形的受力状态简单，唯一的外载荷是均布的胀形压力 p，不存在摩擦因素。塑性成形中的摩擦无论是理论研究还是实测方法均不完善。自由胀形避免了摩擦的影响，质点的应力状态仅取决于材料本身的性质和胀形压力。薄板问题又可作为平面应力考虑，所以，薄板自由胀形属于板面内的双向拉应力状态。考虑到问题的轴对称性，图 1-15 中的随动坐标同时也是质点应力状态的主轴坐标。至此可得出结论：薄板自由胀形过程中，应变主轴、应变速率主轴及应力主轴三者始终重合。

1.8.2　轴对称薄板自由胀形解析的理论基础

如图 1-15 所示，尽管图中引入了表明质点应变、应变速率及应力主轴的随动坐标 τ、

θ、n，但为了统一，上述 3 个张量主分量的下脚标仍用 r、θ 和 s 表示。前文已给出推导过程，此处不再重复介绍。

1. 轴对称几何方程

变形前位于 A 处的质点变形后位于 B 点（见图 1-15）根据对数应变的定义及几何关系可得到切向应变

$$\varepsilon_r = \ln \sqrt{\left(\frac{\partial \xi}{\partial r}\right)^2 + \left(\frac{\partial w}{\partial r}\right)^2} = \ln \left[\frac{\partial \xi}{\partial r}\sqrt{1 + \left(\frac{\partial w}{\partial \xi}\right)^2}\right] \tag{1-79a}$$

由式（1-78）又可推导出

$$\varepsilon_r = \ln \left(\frac{\partial \xi}{\partial r}\frac{1}{\cos \phi}\right) \tag{1-79b}$$

周向应变及法向应变可由基本概念直接给出，即

$$\varepsilon_\theta = \ln \frac{\xi}{r} \tag{1-80}$$

$$\varepsilon_s = \ln \frac{s}{s_0} \tag{1-81}$$

2. 轴对称平衡方程

（1）轴向平衡（推导过程略）

$$\frac{p}{s} = 2\sigma_r \frac{\sin \phi}{\xi} = -2\frac{\sigma_r}{\xi}\frac{\partial w}{\partial \xi}\left[1 + \left(\frac{\partial w}{\partial \xi}\right)^2\right]^{-\frac{1}{2}} \tag{1-82}$$

（2）切向平衡（推导过程略）

$$\frac{\partial(s\xi\sigma_r)}{\partial \xi} - s\sigma_\theta = 0 \tag{1-83}$$

（3）法向平衡　法向平衡方程即为无矩薄壳理论中著名的拉普拉斯方程（推导过程略），即

$$\frac{\sigma_r}{\rho_r} + \frac{\sigma_\theta}{\rho_\theta} = \frac{p}{s} \tag{1-84}$$

其中，ρ_r 和 ρ_θ 为胀形轮廓子午剖面 B 点处的曲率半径和胀形轮廓过随动坐标 n 轴并垂直于子午面剖面上 B 点处的曲率半径。它们分别为

$$\rho_r = \frac{\partial \xi}{\partial \phi}\frac{1}{\cos \phi} \tag{1-85}$$

$$\rho_\theta = \frac{\xi}{\sin \phi} \tag{1-86}$$

3. 物理方程

（1）塑性流动理论　对于轴对称平面应力问题，根据 R. Hill 关于各向异性材料的经典塑性理论，同时考虑面内同性、厚向异性时应有

$$\frac{\dot{\varepsilon}_r}{\sigma_r - \dfrac{R}{1+R}\sigma_\theta} = \frac{\dot{\varepsilon}_\theta}{\sigma_\theta - \dfrac{R}{1+R}\sigma_r} = \frac{\dot{\varepsilon}}{\sigma} \tag{1-87}$$

式中　R——板材的厚向异性系数。

$$\sigma = \sqrt{\sigma_r^2 + \sigma_\theta^2 - \frac{2R}{1+R}\sigma_r\sigma_\theta} \tag{1-88}$$

$$\dot{\varepsilon} = \frac{1+R}{\sqrt{1+2R}}\sqrt{\dot{\varepsilon}_r^2 + \dot{\varepsilon}_\theta^2 + \frac{2R}{1+R}\dot{\varepsilon}_r\dot{\varepsilon}_\theta} \tag{1-89}$$

此外

$$\varepsilon = \frac{1+R}{\sqrt{1+2R}}\sqrt{\varepsilon_r^2 + \varepsilon_\theta^2 + \frac{2R}{1+R}\varepsilon_r\varepsilon_\theta} \tag{1-90}$$

σ、$\dot{\varepsilon}$ 和 ε 分别为等效应力、等效应变速率和等效应变。

经典塑性理论认为，塑性变形时应力张量主轴总是与应变增量张量（或应变速率张量）主轴重合的，复杂应力状态下应力张量主轴不一定与全量应变张量的主轴重合。如前所述，轴对称薄板自由胀形时，σ_{ij}、$\dot{\varepsilon}_{ij}$ 和 ε_{ij} 三个张量的主轴始终重合。此时，等效应力 σ 与等效应变速率 $\dot{\varepsilon}$ 之间或等效应力 σ 与等效应变 ε 之间的关系满足单向拉伸时的本构方程。

（2）超塑性材料单向拉伸时的本构关系　超塑性材料是对应变速率敏感的，描述其本构关系最常用的是 Backofen 方程，即

$$\sigma = K_B\dot{\varepsilon}^m \tag{1-91}$$

式中　K_B——材料常数；

m——应变速率硬化指数。

（3）常规塑性材料单向拉伸时的本构关系　常规塑性材料是对应变敏感的，常用 Hollomon 公式来描述，即

$$\sigma = K_H\varepsilon^n \tag{1-92}$$

式中　K_H——材料常数；

n——应变硬化指数。

（4）考虑两种敏感性并存时的本构关系　Rosserd 的粘塑性方程考虑了两种硬化并存情况，即

$$\sigma = K_R\varepsilon^n\dot{\varepsilon}^m \tag{1-93}$$

1.8.3 主应力之比与胀形轮廓之间的关系

由式（1-82）可知

$$\sigma_r = \frac{1}{2\sin\phi}\frac{\xi}{s}p \tag{1-94}$$

所以

$$s\xi\sigma_r = \frac{\xi^2}{2\sin\phi}p$$

$$\frac{\partial(s\xi\sigma_r)}{\partial\xi} = \frac{p}{2}\frac{1}{\sin^2\phi}\left(2\xi\sin\phi - \xi^2\cos\phi\frac{\partial\phi}{\partial\xi}\right)$$

$$= \frac{p}{2}\frac{\xi}{\sin\phi}\left(2 - \frac{\xi}{\sin\phi}\cos\phi\frac{\partial\phi}{\partial\xi}\right)$$

$$= s\sigma_r\left(2 - \frac{\rho_\theta}{\rho_r}\right)$$

代入式（1-83）可得

$$\frac{\sigma_\theta}{\sigma_r} = 2 - N \tag{1-95}$$

其中，$N = \dfrac{\rho_\theta}{\rho_r}$ 为胀形轮廓两个主曲率半径之比，它仅与胀形轮廓的几何形状有关，是标志胀形轮廓几何形状的特征参数，也是瞬时坐标 ξ 的函数。当 $N \equiv 1$ 时，胀形轮廓为球壳。

因为 $\tan \phi = -\dfrac{\partial w}{\partial \xi}$，所以 $\dfrac{\partial \phi}{\partial \xi} = -\cos^2 \phi \dfrac{\partial^2 w}{\partial \xi^2}$，将式（1-85）和式（1-86）代入式（1-95）可得

$$\sigma_\theta = F(\xi, H)\sigma_r \tag{1-96}$$

其中

$$F(\xi, H) = 2 - N = 2 - \frac{\xi \dfrac{\partial^2 w}{\partial \xi^2}}{\dfrac{\partial w}{\partial \xi}\left[1 + \left(\dfrac{\partial w}{\partial \xi}\right)^2\right]} \tag{1-97}$$

另一方面，由式（1-82）和式（1-86）还可推出，即

$$\frac{p}{s} = 2\frac{\sigma_r}{\rho_\theta} \tag{1-98}$$

将式（1-98）代入式（1-84）也可得到式（1-95），而且推导更为简单。

综合上述分析，可得以下结论：

1）式（1-82）～式（1-84）所给出的 3 个薄板自由胀形平衡方程并不完全独立。

2）两个主应力分量成比例，比例系数仅与胀形轮廓的几何形状有关，而胀形轮廓与材料性质有关。

3）定义轮廓形状特征参数 $N = \dfrac{\rho_\theta}{\rho_r}$ 有两个优点：①直观地给出胀形轮廓的几何特点；②同时可以给出质点的应力状态特点，见表 1-1。

表 1-1　胀形轮廓与应力特点之间的关系

特征参数	胀形轮廓	比例系数	应力特点
$N < 1$，$\rho_\theta < \rho_r$	禽蛋形	$F > 1$	$\sigma_\theta > \sigma_r$
$N = 1$，$\rho_\theta = \rho_r$	球形	$F = 1$	$\sigma_\theta = \sigma_r$
$N > 1$，$\rho_\theta > \rho_r$	扁球形	$F > 1$	$\sigma_\theta < \sigma_r$

1.8.4　薄板自由胀形的力学解析

1. 几何的约束方程

因为 $H = H(t)$，$\xi = \xi(r, H)$，所以 $\dot{\varepsilon}_r = \dfrac{\partial \varepsilon_r}{\partial t} = \dfrac{\partial \varepsilon_r}{\partial H}\dfrac{\mathrm{d}H}{\mathrm{d}t}$，$\dot{\varepsilon}_\theta = \dfrac{\partial \varepsilon_\theta}{\partial t} = \dfrac{\partial \varepsilon_\theta}{\partial H}\dfrac{\mathrm{d}H}{\mathrm{d}t}$。由式（1-87）、式（1-96）和式（1-97）可得

$$\frac{\partial \varepsilon_r}{\partial H} = G(\xi, H)\frac{\partial \varepsilon_\theta}{\partial H} \tag{1-99}$$

其中
$$G(\xi, H) = \frac{1 - \dfrac{R}{1 + R}F}{F - \dfrac{R}{1 + R}}$$
(1-100)

自由胀形时应变速率与应变主轴重合，故可对式（1-99）积分，根据自由胀形的初值条件，即

$$\varepsilon_{r1H=0} = \varepsilon_{\theta 1H=0} = 0$$
(1-101)

则有
$$\varepsilon_r = \int_0^H G(\xi, H)\frac{\partial \varepsilon_\theta}{\partial H}\mathrm{d}H$$

即
$$\varepsilon_r = G(\xi, H)\varepsilon_\theta - \int_0^H \varepsilon_\theta \frac{\partial G}{\partial H}\mathrm{d}H$$
(1-102)

将式（1-79）和式（1-80）代入式（1-102），经整理后可得到

$$\frac{\partial \xi}{\partial r} = \frac{1}{\sqrt{1 + \left(\dfrac{\partial w}{\partial \xi}\right)^2}}\left(\frac{\xi}{r}\right)^{G(\xi, H)}\exp\left[-\int_0^H \ln\left(\frac{\xi}{r}\right)\frac{\partial G}{\partial H}\mathrm{d}H\right]$$
(1-103)

至此，问题归结为求解方程（1-103），其边值条件为

$$\xi_{1r=r_0} = r_0,\ w_{1\xi=0} = H,\ w\Big|_{\xi=r_o} = 0$$
(1-104)

引入球壳假设后，胀形过程中轮廓方程便是已知的了，由图 1-16 所示的球面胀形假设示意的几何关系可知

$$\left(w + \frac{r_0^2 - H^2}{2H}\right)^2 + \xi^2 = \left(\frac{r_0^2 + H^2}{2H}\right)^2$$
(1-105)

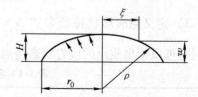

图 1-16　球面胀形假设

2. 球壳假设条件下的解析解

均匀球壳假设包括两层含义：①胀形过程中板厚 s 只随胀形高度 H 变化，不随几何坐标变化；②胀形轮廓是球壳的一部分。

由宏观体积不变条件（$\pi r_0^2 s_0 = 2\pi \rho H s$）及图 1-16 所示的几何关系 $[\rho^2 = (\rho - H)^2 + r_0^2]$ 可得

$$\begin{cases} \rho = \dfrac{r_0^2 + H^2}{2H} \\[4mm] \dfrac{s_0}{s} = 1 + \dfrac{H^2}{r_0^2} \end{cases}$$
(1-106)

由于引入了球壳假设，则有 $\rho_r = \rho_\theta = \rho$，即 $N = 1$，代入式（1-95）可得 $\sigma_\theta = \sigma_r$，所以由式（1-96）可知 $F = 1$，再由式（1-100）可得 $G = 1$。代入式（1-99）和式（1-102）又可得 $\dot{\varepsilon}_r = \dot{\varepsilon}_\theta$，$\varepsilon_r = \varepsilon_\theta$。至此，由式（1-98）可求得应力场，由式（1-81）和体积不变条件

$\varepsilon_r + \varepsilon_\theta + \varepsilon_s = 0$ 可求得应变场。为简化表达式，令 $h = \dfrac{H}{r_0}$，则有

$$\begin{cases} \sigma_r = \sigma_\theta = \dfrac{r_0}{4s_0} \dfrac{(1+h^2)^2}{h} p \\[3mm] \varepsilon_r = \varepsilon_\theta = -\dfrac{1}{2}\varepsilon_s = \dfrac{1}{2}\ln(1+h^2) \end{cases} \tag{1-107}$$

应变分量对时间求导可得应变速率场

$$\dot{\varepsilon}_r = \dot{\varepsilon}_\theta = -\dfrac{1}{2}\dot{\varepsilon}_s = \dfrac{h}{1+h^2}\dfrac{\mathrm{d}h}{\mathrm{d}t} \tag{1-108}$$

再将式（1-107）和式（1-108）代入式（1-88）~式（1-90）可得

$$\begin{cases} \sigma = \sqrt{\dfrac{2}{1+R}} \cdot \dfrac{r_0}{4s_0} \cdot \dfrac{(1+h^2)^2}{h} \cdot p \\[3mm] \varepsilon = \sqrt{\dfrac{1+R}{2}} \cdot \ln(1+h^2) \\[3mm] \dot{\varepsilon} = \sqrt{2(1+R)} \cdot \dfrac{h}{1+h^2} \cdot \dfrac{\mathrm{d}h}{\mathrm{d}t} \end{cases} \tag{1-109}$$

（1）常规塑性材料的解　对于常规塑性材料，将式（1-109）代入式（1-92）可得到胀形压力 p 与胀形高度 H 之间的关系，再代回式（1-107）则有

$$\begin{cases} p = \dfrac{4s_0}{r_0}K_H \left(\dfrac{1+R}{2}\right)^{\frac{1+n}{2}} \dfrac{h}{(1+h^2)^2}[\ln(1+h^2)]^n \\[3mm] \sigma_r = \sigma_\theta = K_H \left(\dfrac{1+R}{2}\right)^{\frac{1+n}{2}} [\ln(1+h^2)]^n \\[3mm] \varepsilon_r = \varepsilon_\theta = -\dfrac{1}{2}\varepsilon_s = \dfrac{1}{2}\ln(1+h^2) \end{cases} \tag{1-110}$$

只有当胀形压力 p 与时间 t 的关系给定时，应变速率场才能确定。

（2）超性材料的解　对于超塑性材料，将式（1-109）代入式（1-91）可得到胀形高度 H（$h = H/r_0$，下同）与胀形时间 t 之间的关系，再代入式（1-107）和式（1-108）可得到用胀形高度 H 表示的解析解为

$$\begin{cases} t = [2(1+R)]^{\frac{1+m}{2m}} \displaystyle\int_0^h \left(\dfrac{2s_0}{r_0} \cdot \dfrac{K_B}{p}\right)^{\frac{1}{m}} \dfrac{h^{\frac{1+m}{m}}}{(1+h^2)^{\frac{2+m}{m}}}\mathrm{d}h \\[3mm] \sigma_r = \sigma_\theta = \dfrac{r_0}{4s_0} \cdot \dfrac{(1+h^2)^2}{h} p \\[3mm] \varepsilon_r = \varepsilon_\theta = -\dfrac{1}{2}\varepsilon_s = \dfrac{1}{2}\ln(1+h^2) \\[3mm] \dot{\varepsilon}_r = \dot{\varepsilon}_\theta = -\dfrac{1}{2}\dot{\varepsilon}_s = [2(1+R)]^{-\frac{1+m}{2m}} \left[\dfrac{r_0}{2s_0} \cdot \dfrac{p}{K_B} \cdot \dfrac{(1+h^2)^2}{h}\right]^{\frac{1}{m}} \end{cases} \tag{1-111}$$

（3）讨论　引入均匀球壳假设，相当于把薄板自由胀形看做内部存在压力源的封闭球壳的变形过程，而薄板自由胀形是由平板成为空间壳体，两种变形的质点位移不相同，所以

上述解不满足约束方程式（1-103），因而也不满足几何方程式（1-79）和式（1-80）。

3. 不均匀球壳假设条件下的解析解

假设胀形的任一时刻轮廓形状均为球壳的一部分，但球壳的厚度分布是不均匀的。由式（1-105）可知，球壳的曲率半径为 $\rho = \dfrac{r_0^2 + H^2}{2H}$。将式（1-105）代入式（1-97）可得 $F = 1$，再代入式（1-100）可得 $G = 1$，因此，式（1-103）变为

$$\frac{\partial \xi}{\partial r} = \sqrt{1 - \left(\frac{\xi}{\rho}\right)^2} \frac{\xi}{r} \tag{1-112}$$

考虑边值条件式（1-104），求解该微分方程可得

$$\frac{\xi}{r} = \frac{H}{r_0^2}\left(\rho + \sqrt{\rho^2 - \xi^2}\right) \tag{1-113}$$

由此可得质点瞬时坐标与原始坐标及胀形高度之间的关系为

$$\begin{cases} \xi = \dfrac{r_0^2(r_0^2 + H^2)}{r_0^4 + H^2 r^2} r \\[3mm] w = \dfrac{r_0^2(r_0^2 - r^2)}{r_0^4 + H^2 r^2} H \end{cases} \tag{1-114}$$

将式（1-114）代回式（1-79a）～式（1-82），并将应变分量对时间求导可得不均匀球壳在假设条件下的解析解为

$$\begin{cases} \sigma_r = \sigma_\theta = \dfrac{p}{4s_0 H} \dfrac{r_0^4 (r_0^2 + H^2)^3}{(r_0^4 + H^2 r^2)^2} \\[4mm] \varepsilon_r = \varepsilon_\theta = -\dfrac{1}{2}\varepsilon_s = \ln \dfrac{r_0^2(r_0^2 + H^2)}{r_0^4 + H^2 r^2} \\[4mm] s = s_0 \left[\dfrac{r_0^4 + H^2 r^2}{r_0^2 (r_0^2 + H^2)}\right]^2 \\[4mm] \dot{\varepsilon}_r = \dot{\varepsilon}_\theta = -\dfrac{1}{2}\dot{\varepsilon}_s = \dfrac{2H r_0^2 (r_0^2 - r^2)}{(r_0^2 + H^2)(r_0^4 + H^2 r^2)} \dfrac{\mathrm{d}H}{\mathrm{d}t} \end{cases} \tag{1-115}$$

用质点的瞬时径向坐标表示上述结果则有

$$\begin{cases} \sigma_r = \sigma_\theta = \dfrac{p}{4s_0} \dfrac{H(r_0^2 + H^2)}{r_0^4} \left(\rho + \sqrt{\rho^2 - \xi^2}\right)^2 \\[4mm] \varepsilon_r = \varepsilon_\theta = -\dfrac{1}{2}\varepsilon_s = \ln\left[\dfrac{H}{r_0^2}\left(\rho + \sqrt{\rho^2 - \xi^2}\right)\right] \\[4mm] s = s_0 \dfrac{r_0^4}{H^2 \left(\rho + \sqrt{\rho^2 - \xi^2}\right)^2} \\[4mm] \dot{\varepsilon}_r = \dot{\varepsilon}_\theta = -\dfrac{1}{2}\dot{\varepsilon}_s = \dfrac{1}{\rho}\left[1 - \dfrac{\xi^2}{H(\rho + \sqrt{\rho^2 - \xi^2})}\right]\dfrac{\mathrm{d}H}{\mathrm{d}t} \end{cases} \tag{1-116}$$

当胀形高度超过半球时，用质点的瞬时纵向坐标表示上述结果更为有利。为此，令 $h = \dfrac{H}{r_0}$，$y = \dfrac{w}{r_0}$，则有

$$\begin{cases} \sigma_r = \sigma_\theta = \dfrac{pr_0}{4s_0} \dfrac{1+h^2}{h} (1+hy)^2 \\[2mm] \varepsilon_r = \varepsilon_\theta = -\dfrac{1}{2}\varepsilon_s = \ln(1+hy) \\[2mm] s = \dfrac{s_0}{(1+hy)^2} \\[2mm] \dot{\varepsilon}_r = \dot{\varepsilon}_\theta = -\dfrac{1}{2}\dot{\varepsilon}_s = \dfrac{2y}{1+h^2}\dfrac{\mathrm{d}H}{\mathrm{d}t} \end{cases} \tag{1-117}$$

在胀形极点，即对称轴处，$\xi = 0$，将此值及式（1-117）代入式（1-88）~式（1-90）可得

$$\begin{cases} \sigma = \sqrt{\dfrac{2}{1+R}} \dfrac{r_0}{4s_0} \dfrac{(1+h^2)^3}{h} p \\[2mm] \varepsilon = \sqrt{2(1+R)} \ln(1+h^2) \\[2mm] \dot{\varepsilon} = \sqrt{2(1+R)} \dfrac{2h}{1+h^2}\dfrac{\mathrm{d}h}{\mathrm{d}t} \end{cases} \tag{1-118}$$

（1）常规塑性材料的解　将式（1-118）代入式（1-92）可得胀形压力 p，再代回式（1-117）可得

$$\begin{cases} p = \dfrac{2s_0}{r_0} K_H [2(1+R)]^{\frac{n+1}{2}} \dfrac{h}{(1+h^2)^3}[\ln(1+h^2)]^n \\[2mm] \sigma_r = \sigma_\theta = \dfrac{1}{2} K_H [2(1+R)]^{\frac{n+1}{2}} \dfrac{(1+hy)^2}{(1+h^2)^2}[\ln(1+h^2)]^n \\[2mm] \varepsilon_r = \varepsilon_\theta = -\dfrac{1}{2}\varepsilon_s = \ln(1+hy) \end{cases} \tag{1-119}$$

（2）超塑性材料的解　将式（1-118）代入式（1-91）可得胀形高度 H（$h = H/r_0$，下同）与胀形时间 t 之间的关系，再代回式（1-117）可得到解析解为

$$\begin{cases} t = C\displaystyle\int_0^h \left(\dfrac{pr_0}{4s_0 K_B}\right)^{-\frac{1}{m}} \dfrac{h^{\frac{m+1}{m}}}{(1+h^2)^{\frac{m+3}{m}}}\mathrm{d}h \\[3mm] \sigma_r = \sigma_\theta = \dfrac{pr_0}{4s_0}\dfrac{1+h^2}{h}(1+hy)^2 \\[2mm] \varepsilon_r = \varepsilon_\theta = -\dfrac{1}{2}\varepsilon_s = \ln(1+hy) \\[2mm] \dot{\varepsilon}_r = \dot{\varepsilon}_\theta = -\dfrac{1}{2}\dot{\varepsilon}_s = \dfrac{2}{C}\left(\dfrac{pr_0}{4s_0 K_B}\right)^{\frac{1}{m}}\dfrac{(1+h^2)^{\frac{3}{m}}}{h^{\frac{m+1}{m}}}y \end{cases} \tag{1-120}$$

其中
$$C = 2^{\frac{3m-1}{2m}}(1+R)^{\frac{m+1}{2m}}$$

（3）讨论　不均匀球壳假设虽然考虑了厚度的变化，比均匀球壳假设前进了一步，但仍存在明显的问题：①无论是常规塑性材料还是超塑性材料，厚度分布相同；②仅在胀形极点处满足本构方程，其他变形质点均不满足。所以，仅在胀形极点附近上述结果才有意义，可以用来进行极限分析。

1.9　圆锥形件拉深过程的能量法解析

1.9.1　轴对称曲面件拉深过程的力学模型

轴对称拉深件就其成形的难易程度而言，平底筒形件的成形最为简单，球底锥形件的成形最为困难。就几何构型而言，平底锥形件最为典型。图1-17给出了平底锥形件变形前后的几何关系。为便于分析，将毛坯厚度 t_0 平均分配于凸模和凹模之上，考虑几何关系时排除了料厚的影响，即令

$$\begin{cases} d_{10} = d_1 + t_0, \quad d_{20} = d_2 - t_0 \\ r_{10} = r_1 + \dfrac{t_0}{2}, \quad r_{20} = r_2 + \dfrac{t_0}{2}, \quad a = r_{10} + r_{20} \end{cases} \tag{1-121}$$

如图1-17所示，设变形前平板毛坯的直径为 $D_0 = 2R_0$，变形前毛坯上某质点 x 的原始坐标为 ρ，当拉深至高度为 h 时，该质点 x 的瞬时径向坐标为 ξ，瞬时轴向坐标为 w，则有

$$\xi = \xi(\rho, h), \quad w = w(\xi, h) \tag{1-122}$$

其中，拉深高度 h 是时间的一元函数，即 $h = h(t)$。因为

$$u = \xi - \rho \tag{1-123}$$

所以，式（1-122）给出了质点的径向位移和轴向位移，同时还是变形过程中工件的轮廓方程。由图1-15中的几何关系可知：当 $d_2 = d_1 + 2t_0$，

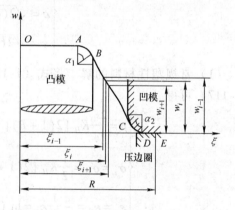

图1-17　锥形件拉深成形结构示意图

$r_1 < \dfrac{d_1}{2}$ 时，变形过程为平底筒形件拉深；当 $d_2 = d_1 + 2t_0$，$r_1 = \dfrac{d_1}{2}$ 时，变形过程为球底筒形件拉深；当 $d_2 > d_1 + 2t_0$，$r_1 < \dfrac{d_1}{2}$ 时，变形过程为平底锥形件拉深；当 $d_2 > d_1 + 2t_0$，$r_1 = \dfrac{d_1}{2}$ 时，变形过程为球底锥形件拉深。

因此，以锥形件为对象建立力学模型，可描述上述四种典型轴对称拉深件的成形过程。根据网格分析试验结果及拉深过程中的受力特点，可将变形过程中的工件分为五个区，并进行相应的简化。

1) 1区，$0 \leqslant \xi \leqslant R_A$，工件变形之初便贴于凸模的部分不产生塑性变形。对于球底筒形件和球底锥形件，该区不存在。

2) 2区，$R_A \leqslant \xi \leqslant R_B$，工件与凸模圆角的接触部分是已变形区，不产生新的塑性变形，但在 B 处存在弯曲。

3) 3区，$R_B \leqslant \xi \leqslant R_C$，工件与凸、凹模及压边圈均不接触的悬空侧壁部分是塑性变形区。

4) 4区，$R_C \leqslant \xi \leqslant R_D$，工件与凹模圆角的接触部分是塑性变形区，且 D 处有弯曲，C 处有反向弯曲，整个区内存在单面摩擦。

5) 5区，$R_D \leqslant \xi \leqslant R$，工件与凹模端面及压边圈相接触的平法兰部分是塑性变形区，由

压边圈传递的压边力作用在该区上，且该区内存在双面摩擦。

1.9.2　接触摩擦的简化处理

在 4 区和 5 区内存在接触摩擦的作用。迄今为止，与其他影响因素相比，摩擦应力的分布及其对变形过程的影响是人们所知最少的。如图 1-18 所示，5 区下表面因压边圈作用而产生的摩擦已公认可简化为仅作用在法兰的外侧周边上，因为此处在拉深过程中变厚的程度最大。所以，法兰外侧单位弧长上的单面摩擦力为

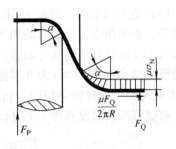

图 1-18　接触摩擦的简化

$\dfrac{\mu F_Q}{2\pi R}$。4 区和 5 区上表面摩擦应力分布是未知的，以往的分析是在 4 区对传动带采用欧拉公式近似考虑该区摩擦的影响，而在 5 区上表面仍是仅考虑压边力 F_Q 引起的摩擦，没有考虑拉深力 F_P 引起的摩擦。

现在将工件与凹模在接触面处分离开来，可从工件所受的轴向外力平衡的角度来重新考虑 4 区和 5 区上表面摩擦的影响。如图 1-18 所示，设 5 区上表面的摩擦应力均匀分布，并符合库仑摩擦条件

$$\tau_5 = \mu \sigma_N \tag{1-124}$$

则 4 区上表面的摩擦应力分布有如下两个边界条件：$\tau_4 \mid_{\xi = R_C} = 0$ 和 $\tau_4 \mid_{\xi = R_D} = \mu \sigma_N$。设其分布为

$$\tau_4 = \mu \sigma_N \frac{\sin(\alpha - \theta)}{\sin \alpha} \quad 0 \leqslant \theta \leqslant \alpha \tag{1-125}$$

其中，σ_N 是 5 区上表面均布的接触正应力，可根据分离后工件所受外力的轴向平衡关系来确定，即

$$\sigma_N = \frac{F_P + F_Q}{\pi r_{20}^2} K(\alpha) \tag{1-126}$$

$$K(\alpha) = \frac{r_{20}^2}{R^2 - R_D^2 + \alpha r_{20} R_D - \frac{2}{3} r_{20}^2 (1 - \cos\alpha) + \mu \left[r_{20} R_D (1 - \alpha \cot\alpha) - \frac{2}{3} r_{20}^2 \frac{(1 - \cos\alpha)^2}{\sin\alpha} \right]} \tag{1-127a}$$

在式（1-127a）中，令 $Y_1(\alpha) = 1 + \mu \dfrac{1 - \alpha \cot\alpha}{\alpha}$，$Y_2(\alpha) = 1 + \mu \dfrac{1 - \cos\alpha}{\sin\alpha}$。经分析可知，在 $0 \leqslant \alpha \leqslant \dfrac{\pi}{2}$ 范围内，$Y_1(\alpha)$ 和 $Y_2(\alpha)$ 都是单调递增函数，且有 $Y_{1min} = Y_1(0) = 1$，$Y_{1max} = Y_1(\pi/2) = 1 + 0.64\mu$；$Y_{2min} = Y_2(0) = 1$，$Y_{2max} = Y_2(\pi/2) = 1 + \mu$。拉深过程中的摩擦系数是较小的，所以 $Y_1(\alpha)$ 和 $Y_2(\alpha)$ 的变化都不大。并且在式（1-127a）中，两者一正一负，相互抵消，对 $K(\alpha)$ 的影响就更小了，因此可近似地取 $Y_1(\alpha) = 1$，$Y_2(\alpha) = 1$，则有

$$K(\alpha) = \frac{r_{20}^2}{R^2 - R_D^2 + \alpha r_{20} R_D - \frac{2}{3} r_{20}^2 (1 - \cos\alpha)} \tag{1-127b}$$

1.9.3　拉深力 – 行程曲线的能量法解析

1. 基本假设

（1）直母线假设　试验表明，在锥形件的拉深过程中，其 3 区悬空部分径向剖面的轮廓线是一未知曲线。该曲线的曲率变化与材料的性能参数、坯料的相对厚度、润滑条件、压边力大小及模具几何参数等因素有关，但其曲率变化并不大。为便于进行解析分析，可将该曲线近似为一直线，即认为变形过程中任一时刻 3 区悬空侧壁部分的母线均为一直线，并在 B、C 处与凸、凹模圆角相切，如图 1-17 所示。

根据直母线假设和图 1-17 所示的几何关系可知，即

$$\begin{cases} R_A = \dfrac{d_{10}}{2} - r_{10}, \ R_D = \dfrac{d_{20}}{2} + r_{20} \\ R_B = R_A + r_{10}\sin\alpha, \ R_C = R_D - r_{20}\sin\alpha \end{cases} \tag{1-128}$$

令

$$D_a = 1 + \frac{d_{20} - d_{10}}{2a}, \quad H_a = 1 - \frac{h}{a} \tag{1-129}$$

则由图 1-17 可得拉深高度 h 与 α 之间的关系为

$$\frac{h}{a} = \frac{d_{20} - d_{10}}{2a}\tan\alpha - \frac{\cos\alpha}{1 + \sin\alpha} + 1 \tag{1-130a}$$

$$\sin\alpha = \frac{D_a - H_a\sqrt{D_a^2 + H_a^2 - 1}}{D_a^2 + H_a^2} \tag{1-130b}$$

（2）面积不变假设　轴对称曲面件拉深过程中毛坯厚度的变化是不均匀的，凸模底部及凸模圆角部分略有变薄，凹模圆角和法兰部分略有增厚。为便于分析，设其平均厚度与变形前相同，则塑性变形的体积不变条件转化为面积不变。

根据面积不变假设，拉深过程中法兰外边缘的半径 R 可通过变形前后毛坯的总面积不变直接给出，即

$$R^2 = R_0^2 + R_D^2 - R_A^2 - \frac{R_C^2 - R_B^2}{\cos\alpha} - 2(r_{10}R_A + r_{20}R_D)\alpha + 2(r_{20}^2 - r_{10}^2)(1 - \cos\alpha) \tag{1-131}$$

各变形区内质点的瞬时径向坐标 ξ 与凸模行程 h 及原始径向坐标 ρ 之间的关系 $\xi = \xi(\rho, h)$，可由变形前后质点所在位置以内（或以外）的面积不变直接给出，即

$$\begin{cases} \xi = \rho & 0 \leqslant \xi \leqslant R_A \\ \xi = R_A + r_{10}\sin\theta & R_A \leqslant \xi \leqslant R_B(0 \leqslant \theta \leqslant \alpha) \\ \rho^2 = R_A^2 + 2r_{10}[R_A\theta - r_{10}(\cos\theta - 1)] & \\ \rho^2 = R_A^2 + 2r_{10}[R_A\alpha - r_{10}(\cos\alpha - 1)] + \dfrac{\xi^2 - R_B^2}{\cos\alpha} & R_B \leqslant \xi \leqslant R_C \\ \xi = R_D - r_{20}\sin\theta & R_C \leqslant \xi \leqslant R_D(0 \leqslant \theta \leqslant \alpha) \\ R_0^2 - \rho^2 = R^2 - R_D^2 + 2r_{20}[R_D\theta + r_{20}(\cos\theta - 1)] & \\ R_0^2 - \rho^2 = R^2 - \xi^2 & R_D \leqslant \xi \leqslant R \end{cases}$$

$$\tag{1-132}$$

（3）似直梁弯曲假设　如图 1-15 所示，轴对称曲面件拉深时在 B、C 和 D 处曲率有突变，即存在塑性弯曲变形，但属于三维壳体塑性变形中的复杂塑性弯曲，目前尚无简便且合适的处理方法。此处参照直梁的塑性弯曲理论，假设弯曲面上的弯矩由中性层以内使金属产生塑性流动的 $-\sigma$ 和中性层以外使金属产生塑性流动的 $+\sigma$ 构成。因此，周向单位弧长上的弯矩应为 $t_0^2\sigma/4$，整个弯曲面上的弯矩为

$$M_i = \frac{\pi}{2} t_0^2 R_i \sigma_i \tag{1-133}$$

式中　　σ——弯曲面上的等效应力；

　　　　i——弯曲面所在的位置。

2. 基本方程

（1）薄板成形轴对称几何方程　对于轴对称薄板成形问题，当变形前为平板毛坯，变形后成为轴对称空间壳体时，板面内的两个主应变取决于变形后壳体的轮廓形状及质点的瞬时径向坐标与原始径向坐标之间的关系，即其几何方程可表达为

$$\varepsilon_r = \ln\left[\sqrt{1 + \left(\frac{\partial w}{\partial \xi}\right)^2 \frac{\partial \xi}{\partial \rho}} \right], \quad \varepsilon_\theta = \ln\frac{\xi}{\rho} \tag{1-134}$$

（2）塑性流动方程　忽略弹性变形，考虑板材面内同性、厚向异性特点，符合 R. Hill 的塑性流动方程，即

$$\frac{\dot{\varepsilon}_r}{\sigma_r - \dfrac{R}{1+R}\sigma_\theta} = \frac{\dot{\varepsilon}_\theta}{\sigma_\theta - \dfrac{R}{1+R}\sigma_r} = \frac{\dot{\varepsilon}}{\sigma} \tag{1-135}$$

式中

$$\sigma = \sqrt{\sigma_r^2 + \sigma_\theta^2 - \frac{2R}{1+R}\sigma_r\sigma_\theta} \tag{1-136}$$

$$\dot{\varepsilon} = \frac{1+R}{\sqrt{1+2R}} \sqrt{\dot{\varepsilon}_r^2 + \dot{\varepsilon}_\theta^2 + \frac{2R}{1+R}\dot{\varepsilon}_r\dot{\varepsilon}_\theta} \tag{1-137}$$

类似地

$$\varepsilon = \frac{1+R}{\sqrt{1+2R}} \sqrt{\varepsilon_r^2 + \varepsilon_\theta^2 + \frac{2R}{1+R}\varepsilon_r\varepsilon_\theta} \tag{1-138}$$

式中　　R——板材的厚向异性系数；

σ、ε 和 $\dot{\varepsilon}$——质点的等效应力、等效应变和等效应变速率。

（3）塑性本构方程　设板材变形过程中等效应力与等效应变之间的关系与单向拉伸时的真实应力和真实应变之间的关系相同，符合指数硬化规律，即

$$\sigma = B\varepsilon^n \tag{1-139}$$

式中　　B——板材的强度系数；

　　　　n——硬化指数。

（4）基本能量方程　设刚塑性变形体的体积为 V，总表面积为 S，受表面力 T_i 作用而处于塑性状态，其应力场为 σ_{ij}，位移速度场为 $\dot{u}_i$，应变速率场为 $\dot{\varepsilon}_{ij}$，则其基本能量方程为

$$\int_S T_i \dot{u}_i \mathrm{d}S = \int_V \sigma_{ij} \dot{\varepsilon}_{ij} \mathrm{d}V \tag{1-140}$$

对于图 1-17 所示的轴对称曲面件拉深成形，式（1-140）的左端应包括外载荷单位时间内所做的功及 4 区和 5 区接触面摩擦力单位时间内所消耗的功；式（1-140）的右端应包

括 3、4、5 区单位时间内的塑性变形功以及 B、C、D 处单位时间内的弯曲变形功。

3. 各变形区质点的等效应变

将面积不变假设及轴对称几何方程（1-134）代入等效应变表达式（1-138）可知

$$\varepsilon = 2\omega\ln\frac{\rho}{\xi} \tag{1-141}$$

其中

$$\omega = \sqrt{\frac{1+R}{2(1+2R)}} \tag{1-142}$$

再将式（1-132）代入式（1-141）可得各变形区的等效应变为

$$\varepsilon = \begin{cases} 0 & 0 \leqslant \xi \leqslant R_A \\[2mm] \omega\ln\dfrac{R_A^2 + 2r_{10}[R_A\theta - r_{10}(\cos\theta - 1)]}{(R_A + r_{10}\sin\theta)^2} & R_A \leqslant \xi \leqslant R_B(0 \leqslant \theta \leqslant \alpha) \\[4mm] \omega\ln\left\{\dfrac{1}{\xi^2}[R_A^2 + 2r_{10}(R_A\alpha + r_{10}(1-\cos\alpha))] + \dfrac{1}{\cos\alpha}\left(1 - \dfrac{R_B^2}{\xi^2}\right)\right\} & R_B \leqslant \xi \leqslant R_C \\[4mm] \omega\ln\dfrac{R_0^2 + R_D^2 - R^2 - 2r_{20}[R_D\theta + r_{20}(\cos\theta - 1)]}{(R_D - r_{20}\sin\theta)^2} & R_C \leqslant \xi \leqslant R_D(0 \leqslant \theta \leqslant \alpha) \\[4mm] \omega\ln\left(1 + \dfrac{R_0^2 - R^2}{\xi^2}\right) & R_D \leqslant \xi \leqslant R \end{cases} \tag{1-143}$$

4. 各变形区质点的流动速度和等效应变速率

设冲头的位移速度 $\dot{v} = \dfrac{\mathrm{d}h}{\mathrm{d}t}$，则根据式（1-123）可知各变形区质点的径向位移速度为

$$\dot{u} = \frac{\partial u}{\partial t} = \frac{\partial \xi}{\partial t} = \frac{\partial \xi}{\partial h}\frac{\mathrm{d}h}{\mathrm{d}t} = \frac{\partial \xi}{\partial h}\dot{v} \tag{1-144}$$

由式（1-130a）和式（1-131）可得到两个推导过程中非常有用的中间导数关系，即

$$\begin{cases} \dfrac{\mathrm{d}\alpha}{\mathrm{d}h} = \dfrac{\cos^2\alpha}{R_C - R_B} \\[4mm] \dfrac{\mathrm{d}R}{\mathrm{d}\alpha} = -\dfrac{\sin\alpha}{\cos^2\alpha}\dfrac{R_C^2 - R_B^2}{2R}, \quad \left(\dfrac{\mathrm{d}R}{\mathrm{d}h} = -\dfrac{R_C + R_B}{2R}\sin\alpha\right) \end{cases} \tag{1-145}$$

将式（1-132）代入式（1-144）并用式（1-145）化简，便可得到各变形区质点的径向位移速度为

$$\dot{u} = \begin{cases} 0 & 0 \leqslant \xi \leqslant R_B \\[2mm] -\dfrac{\xi^2 - R_B^2}{2\xi}\dfrac{\sin\alpha\cos\alpha}{R_C - R_B}\dot{v} & R_B \leqslant \xi \leqslant R_C \\[4mm] -\dfrac{1}{2}\sin\alpha(R_B + R_C)\dfrac{\cos\theta}{R_D - r_{20}\sin\theta}\dot{v} & R_C \leqslant \xi \leqslant R_D(0 \leqslant \theta \leqslant \alpha) \\[4mm] -\dfrac{1}{2\xi}\sin\alpha(R_B + R_C)\dot{v} & R_D \leqslant \xi \leqslant R \end{cases} \tag{1-146}$$

如图 1-18 所示，4 区和 5 区的摩擦应力作用方向与质点的绝对流动速度方向相反，但都是沿着质点所在位置成形件轮廓线的切线方向。设质点绝对流动速度方向与径向位移速度

之间的夹角为 θ，则摩擦面上的质点绝对流动速度 $\dot{u}_f$ 应为

$$\dot{u}_f = \frac{\dot{u}}{\cos\theta} \tag{1-147}$$

在第 4 变形区，$0 \le \theta \le \alpha$；在第 5 变形区，$\theta = 0$。

因为 $\dot{\varepsilon}_{ij} = \dfrac{\mathrm{d}\varepsilon_{ij}}{\mathrm{d}t}$，应用面积不变假设及式（1-134）和式（1-138）则有

$$\dot{\varepsilon} = 2\omega \frac{|\dot{u}|}{\xi} \tag{1-148}$$

将式（1-146）代入式（1-148）可得各变形区质点的等效应变速率为

$$\dot{\varepsilon} = \begin{cases} 0 & 0 \le \xi \le R_B \\[2mm] \omega \dfrac{\xi^2 - R_B^2}{\xi^2} \dfrac{\sin\alpha\cos\alpha}{R_C - R_B} \dot{v} & R_B \le \xi \le R_C \\[2mm] \omega\sin\alpha(R_B + R_C) \dfrac{\cos\theta}{(R_D - r_{20}\sin\theta)^2} \dot{v} & R_C \le \xi \le R_D (0 \le \theta \le \alpha) \\[2mm] \omega \dfrac{1}{\xi^2}\sin\alpha(R_B + R_C)\dot{v} & R_D \le \xi \le R \end{cases} \tag{1-149}$$

5. 拉深力 – 行程曲线的解析公式

利用塑性流动方程式（1-135）～式（1-137）不难证明 $\sigma_{ij}\dot{\varepsilon}_{ij} = \sigma\dot{\varepsilon}$。将此结论及式（1-147）、式（1-148）代入基本能量方程式（1-140），可得轴对称曲面件拉深力的一般表达式为

$$F_P = \int_{A_f} \tau \frac{|\dot{u}|}{\dot{v}} \frac{\mathrm{d}A_f}{\cos\theta} + \int_V \sigma \frac{|\dot{u}|}{\dot{v}} \frac{\mathrm{d}V}{\xi} + \sum M_i \frac{\dot{\phi}_i}{\dot{v}} \tag{1-150}$$

式中　　$\dot{v}$——冲头的位移速度；

A_f——摩擦接触面的面积；

$\dot{u}$——质点径向位移速度；

$\dot{\phi}$——弯曲面的弯曲角速度，具体表达方式见式（1-151）。

$$\begin{cases} \dot{\phi}_B = \dot{\phi}_C = \dfrac{\mathrm{d}\alpha}{\mathrm{d}t} = \dfrac{\cos^2\alpha}{R_C - R_B} \dot{v} \\[3mm] \dot{\phi}_D = \dfrac{\dot{u}}{r_{20}} = \sin\alpha \dfrac{R_B + R_C}{2R_D} \dfrac{\dot{v}}{r_{20}} \end{cases} \tag{1-151}$$

将摩擦应力分布式（1-124）～式（1-127）、质点径向位移速度分布式（1-146）及弯曲面弯矩式（1-133）、弯曲面弯曲角速度式（1-151）代入式（1-150）化简整理，可得到拉深力 – 行程曲线的解析公式为

$$F_P = \frac{C(\alpha)}{1 - \mu K_1(\alpha)}\left[\mu F_Q F(\alpha) + 2\omega I(\alpha) + J(\alpha)\right] \tag{1-152a}$$

其中

$$
\begin{cases}
C(\alpha) = \pi t_0 (R_B + R_C) \sin \alpha \\[2mm]
F(\alpha) = \dfrac{1}{2\pi t_0 R}\left[1 + \dfrac{2R}{r_{20}^2}\left(\dfrac{\sin \alpha}{1 + \cos \alpha}r_{20} + R - R_D\right)K(\alpha)\right] \\[2mm]
I(\alpha) = I_3(\alpha) + I_4(\alpha) + I_5(\alpha) \\[2mm]
I_3(\alpha) = \displaystyle\int_{R_B}^{R_C} \sigma_3 \dfrac{\xi^2 - R_B^2}{R_C^2 - R_B^2}\dfrac{\mathrm{d}\xi}{\xi} \\[2mm]
I_4(\alpha) = \displaystyle\int_0^{\alpha} \sigma_4 \dfrac{r_{20}\cos \theta}{R_D - r_{20}\sin \theta}\mathrm{d}\theta \\[2mm]
I_5(\alpha) = \displaystyle\int_{R_D}^{R} \sigma_5 \dfrac{\mathrm{d}\xi}{\xi} \\[2mm]
J(\alpha) = \dfrac{t_0}{4r_{20}}\left[G(\alpha)\left(\dfrac{R_B}{R_C}\sigma_{3B} + \sigma_{4C}\right) + \sigma_{5D}\right] \\[2mm]
G(\alpha) = \dfrac{2r_{20}R_C}{R_C^2 - R_B^2}\cot\alpha\cos\alpha \\[2mm]
K_1(\alpha) = \dfrac{\sin \alpha}{r_{20}^2}(R_B + R_C)\left(\dfrac{\sin \alpha}{1 + \cos \alpha}r_{20} + R - R_D\right)K(\alpha) \\[2mm]
K(\alpha) = \dfrac{r_{20}^2}{R^2 - R_D^2 + r_{20}R_D\alpha - \dfrac{2}{3}r_{20}^2(1 - \cos \alpha)}
\end{cases}
\tag{1-152b}
$$

1.10　板材拉深起皱失稳

　　起皱与拉断是板料成形过程顺利进行的两种主要障碍，这两种障碍实质上都是板料塑性变形不能稳定进行的结果。可以说失稳理论是研究板料成形性能的理论基础。本节将对近些年来国内外学者在板材成形失稳方面所取得的一些成果进行介绍。

1.10.1　法兰起皱失稳

　　一般而言，法兰起皱时能量的变化主要有三个方面：

　　1）法兰失稳起皱，波纹隆起所需的弯曲功，设单波的弯曲功为 U_w。

　　2）法兰失稳起皱后，周长缩短，切向应力因周长缩短而释出的能量，设单波释出的能量为 U_θ。

　　3）波纹隆起时，压边力所消耗的功，设单波上压边力所消耗的功为 U_Q。

　　在临界状态下，有

$$
U_\theta = U_w + U_Q
\tag{1-153}
$$

以下分析中要用到切线模量 D，其定义为硬化曲线的切线斜率，在此应提前给出。

　　设板材变形过程中等效应力与等效应变之间的关系与单向拉伸时的真实应力和真实应变之间的关系相同，符合 Hollomon 给出的指数硬化规律，即

$$\sigma = B\varepsilon^n \tag{1-154}$$

式中　B——板材的强度系数；

　　　n——硬化指数，则

$$D = \frac{\mathrm{d}\sigma}{\mathrm{d}\varepsilon} \tag{1-155}$$

发生弹性弯曲时的弯矩公式为

$$M = EI\frac{\mathrm{d}^2 y}{\mathrm{d}x^2} \tag{1-156}$$

发生塑形弯曲时的弯矩公式为

$$M = E_r I\frac{\mathrm{d}^2 y}{\mathrm{d}x^2} \tag{1-157}$$

其中

$$E_r = \frac{4ED}{\left(\sqrt{E} + \sqrt{D}\right)^2} \tag{1-158}$$

式中　E——材料的弹性模量；

　　　E_r——材料的折减模量。

1. 筒形件无压边压延时的失稳临界条件（见图1-19）

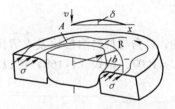

图 1-19　压延时凸缘失稳起皱

（1）U_w　假设 $\overline{R}$ 为凸缘变形区的平均半径，b 为凸缘宽度，失稳起皱后，皱纹的高度为 δ，波形为正弦曲线，波纹数为 N，则半波的长度 l 为

$$l = \frac{\pi \overline{R}}{N} \tag{1-159}$$

若以坐标 y 表示任意点波纹的挠度，坐标 x 表示此点在半径 $\overline{R}$ 的圆周上的投影位置，于是半波的数学模型可以表示为

$$y = \delta\sin\left(\frac{Nx}{\overline{R}}\right) \tag{1-160}$$

材料力学中有关弹性弯曲的能量公式为

$$U = \int_0^l \frac{M^2}{2EI}\mathrm{d}x = \int_0^l \frac{EI}{2}\left(\frac{\mathrm{d}^2 y}{\mathrm{d}x^2}\right)^2\mathrm{d}x \tag{1-161}$$

用折减模量 E_r 代替式（1-161）中的弹性模量 E。假定切线模量 D 不变，则 E_r 为一常值。于是可以求得半波的弯曲功 U_w 为

$$U_w = \frac{E_r I}{2}\int_0^l \left(\frac{\mathrm{d}^2 y}{\mathrm{d}x^2}\right)^2\mathrm{d}x \tag{1-162}$$

将式（1-160）代入式（1-162），积分后可得

$$U_w = \frac{\pi E_r I\delta^2 N^3}{4\overline{R}^3} \tag{1-163}$$

（2）U_θ　凸缘失稳起皱后，周长缩短，半波的缩短量为

$$S' = \int_0^l \mathrm{d}S - \int_0^l \mathrm{d}x \tag{1-164}$$

式中　$\mathrm{d}S$、$\mathrm{d}x$——半波微分段的弧长及其在 x 轴上的投影长度。又因

$$\mathrm{d}S = \sqrt{\mathrm{d}x^2 + \mathrm{d}y^2} = \left[1 + \frac{1}{2}\left(\frac{\mathrm{d}y}{\mathrm{d}x}\right)^2\right]\mathrm{d}x \tag{1-165}$$

所以

$$S' = \int_0^l \left[1 + \frac{1}{2}\left(\frac{\mathrm{d}y}{\mathrm{d}x}\right)^2\right]\mathrm{d}x - \int_0^l \mathrm{d}x = \frac{1}{2}\int_0^l \left(\frac{\mathrm{d}y}{\mathrm{d}x}\right)^2\mathrm{d}x \tag{1-166}$$

假定凸缘上的平均切向压应力为 $\bar{\sigma}_\theta$，则半波上 $\bar{\sigma}_\theta$ 因长度缩短而释放出的能量为

$$U_\theta = \bar{\sigma}_\theta bt \times \frac{1}{2}\int_0^l \left(\frac{\mathrm{d}y}{\mathrm{d}x}\right)^2\mathrm{d}x = \bar{\sigma}_\theta bt \frac{\pi\delta^2 N}{4\bar{R}} \tag{1-167}$$

（3）U_Q　不用压边力时，凸缘内边沿在凸模与凹模圆角之间加持得很紧，实际上也有阻止起皱的作用。计算 U_Q 时应考虑以上因素。

利用有关薄板弯曲的现有公式：宽度为 b 的环形板，内周边固支，在均布载荷 q 的作用下，其平均半径 $\bar{R}$ 处的挠度为

$$y = \frac{Cqb^5}{8EI} \tag{1-168}$$

其中，C 为与材料泊松比及 $b/\bar{R}$ 比值有关的系数，介于 1.03 ~ 1.11 之间。如果取平均值，则 $C = 1.07$，则式（1-168）可以写作

$$q = 7.47\frac{EI}{b^5}y = Ky \tag{1-169}$$

其中，$K = 7.47\frac{EI}{b^5}$ 为常数，所以载荷 q 与挠度 y 成正比。

凸缘内边沿夹持得很紧，相当于周边固支的环形板，其阻止起皱的作用可以用上述均布载荷 q 的效应加以模拟，称为虚拟压边力。

起皱时，波纹隆起。虚拟压边力 q 所消耗的功 U_Q 为

$$U_Q = \int_0^l \int_0^y bq\mathrm{d}y\mathrm{d}x \tag{1-170}$$

将式（1-160）与式（1-168）代入式（1-170）可得

$$U_Q = \frac{\pi\bar{R}bK\delta^2}{4N} \tag{1-171}$$

临界状态时，平均切向应力所释放出的能量恰好等于起皱所消耗的能量。根据式（1-153），将 U_θ、U_w 和 U_Q 值代入，可得

$$\bar{\sigma}_\theta bt = \frac{E_r IN^3}{\bar{R}^3} + bK\frac{R^2}{N^2} \tag{1-172}$$

式（1-172）对波数微分，令 $\dfrac{\partial\bar{\sigma}_\theta}{\partial N} = 0$，即可得临界状态下的波数 N 为

$$N = 1.65\frac{\bar{R}}{b}\sqrt[4]{\frac{E}{E_r}} \tag{1-173}$$

将 N 值代入式（1-172），即可求得凸缘起皱时的最小切向应力 $\overline{\sigma}_\theta$ 为

$$\overline{\sigma}_\theta = 0.46E_r \left(\frac{t}{b} \right)^2 \tag{1-174}$$

不需压边的极限条件可以表示为

$$\overline{\sigma}_\theta \leqslant 0.46E_r \left(\frac{t}{b} \right)^2 \tag{1-175}$$

如果材料的一般性实际应力曲线为式（1-154），假定压延时，整个凸缘宽度上均为平均切向应力 $\overline{\sigma}_\theta$ 作用。与 $\overline{\sigma}_\theta$ 相应的平均切向应变为 $\overline{\varepsilon}_\theta$，则

$$\overline{\sigma}_\theta = B\varepsilon_\theta^n \tag{1-176}$$

$$D = \frac{\mathrm{d}\overline{\sigma}_\theta}{\mathrm{d}\overline{\varepsilon}_\theta} = Bn\varepsilon_\theta^{n-1} \tag{1-177}$$

为简化计算，取

$$E_r = \frac{4DE}{(\sqrt{D}+\sqrt{E})} = \frac{4D}{\left(1+\sqrt{\dfrac{D}{E}}\right)^2} \approx 4D = 4Bn\,\overline{\varepsilon}_\theta^{\,n-1} \tag{1-178}$$

将式（1-178）代入式（1-174）可得

$$\overline{\sigma}_\theta \leqslant 1.84Bn\varepsilon_\theta^{n-1} \left(\frac{t}{b} \right)^2 \tag{1-179}$$

又因 $\overline{\sigma}_\theta = B\varepsilon_\theta^n$，所以式（1-179）为

$$\left(\frac{t}{b} \right)^2 \geqslant 0.544\frac{\overline{\varepsilon}_\theta}{n} \tag{1-180}$$

假定 R_0 为毛坯的半径，R_t 为压延某一瞬时的凸缘外半径，r 为凸缘内半径（即压延件半径），并以 $\rho = \dfrac{R_t}{R_0}$ 表示压延时刻，$m = \dfrac{r}{R_t - r}$ 表示压延系数，式（1-180）中的 $\dfrac{t}{b}$ 为

$$\frac{t}{b} = \frac{r}{R_t - r} = \frac{t}{R_0(\rho - m)}$$

将 $\dfrac{t}{b}$ 的值代入式（1-180），则压延时不需压边的条件可表示为

$$\frac{t}{2R_0} \geqslant 0.37(\rho - m)\sqrt{\frac{\varepsilon_\theta}{n}} \tag{1-181}$$

假定凸缘上任意点 R 处的切应变与其位置半径成反比，即

$$\varepsilon_\theta = \frac{R_t}{R}\left(1 - \frac{R_t}{R_0} \right) \tag{1-182}$$

凸缘外边沿的切应变　　$(\varepsilon_\theta)_{R_t}$ 为 $(\varepsilon_\theta)_{R_t} = 1 - \dfrac{R_t}{R}$

凸缘内边沿的切应变　　$(\varepsilon_\theta)_r$ 为 $(\varepsilon_\theta)_r = \dfrac{R_t}{r}\left(1 - \dfrac{R_t}{R_0} \right)$

所以凸缘上的平均切应变为

$$\overline{\varepsilon}_\theta = \frac{1}{2}\left[(\varepsilon_\theta)_{R_t} + (\varepsilon_\theta)_r \right] = \frac{1}{2}(1-\rho)\left(1 + \frac{\rho}{m}\right) \tag{1-183}$$

将 $\overline{\varepsilon}_\theta$ 值代入式（1-181），可得不需压边的条件为

$$\frac{t}{2R_0} \geq 0.37(\rho - m)\sqrt{\frac{(1-\rho)(m+\rho)}{2mn}} \tag{1-184}$$

式（1-184）对 ρ 微分，令 $\dfrac{\partial}{\partial \rho}\left(\dfrac{t}{2R_0}\right) = 0$，可得凸缘最易失稳的 ρ 值为

$$\rho = 0.675 + 0.325m$$

将此值代入式（1-181），可得不需压边的条件为

$$100\left(\frac{t}{2R_0}\right) \geq \frac{17}{\sqrt{n}}(1-m)(1.18-m) \tag{1-185}$$

式（1-185）表明：压延时，材料的切线模量、压延系数和毛坯的相对厚度越大，不用压边的可能性也越大。

图 1-20 所示为按式（1-185）绘出的无压边压延起皱的临界曲线。此曲线与贝尔德文（P. Baldwin）的试验结果基本相符。

2. 筒形件有压边压延时起皱的临界条件

首先，在试验研究的基础上，假定凸缘起皱后波纹表面的数学模型为（见图 1-21）

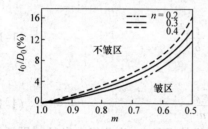

图 1-20　无压边压延起皱的临界曲线　　　　图 1-21　凸缘起皱后波纹的几何图形

$$y = \frac{y_0}{2}\left(1 - \cos 2\pi \frac{\phi}{\phi_0}\right)\left(\frac{R-r}{R_t - r}\right)^{\frac{1}{2}} \tag{1-186}$$

式中　R_t——某一压延瞬间凸缘的外半径；

　　　r——凸缘的内半径（即筒形件的半径）；

　　　R——凸缘上任意点的位置半径；

　　　ϕ_0——单波所对的圆心角；

　　　ϕ——单波中任意弧段所对的圆心角；

　　　y_0——单波的最大挠度；

　　　y——凸缘上任意点［坐标为 (R,ϕ)］处的挠度。

显然，当 R 为任意值，但 $\phi = 0$ 或 $\phi = \phi_0$ 时，$y = 0$；只有当 $R = R_t$，$\phi = \dfrac{1}{2}\phi_0$ 时，$y = y_0$。

其次，确定每一压延阶段凸缘上的应力分布。

假设材料的实际应力曲线为式（1-154），为了简化计算，用式（1-179）计算任一点 R 处的切应变 ε_θ，因为 ε_θ 为最大主应变，所以可以近似认为

$$\sigma_i = B\varepsilon_i^n = B\left[\frac{R_t}{R}\left(1 - \frac{R_t}{R_0}\right)\right]^n \tag{1-187}$$

将式（1-184）与平衡方程、塑性方程联立求解可得

$$\sigma_r = \frac{B}{n}\left(1 - \frac{R_t}{R_0}\right)^n \left[\left(\frac{R_t}{R}\right)^n - 1\right]^n \tag{1-188}$$

$$\sigma_r = \frac{B}{n}\left(1 - \frac{R_t}{R_0}\right)^n \left[1 - (1-n)\left(1 - \frac{R_t}{R_0}\right)\right]^n \tag{1-189}$$

最后，由于采用了压边，波纹挠度不大，可以认为失稳是在加载条件下发生的。分析计算中可用切线模量 D 代替弹性模量 E，有

$$D \approx \frac{\mathrm{d}\sigma_i}{\mathrm{d}\varepsilon_\theta} = Bn\varepsilon_\theta^{n-1} = Bn\left[\frac{R_t}{R}\left(1 - \frac{R_t}{R_0}\right)\right]^{n-1} \tag{1-190}$$

用能量法，将 U_θ、U_w、U_Q 各项按单波逐一计算如下：

（1）U_θ（见图1-22）假定任意 R 处的切应力为 σ_θ，σ_θ 的作用面积为 $t\mathrm{d}R$（t 为板厚），将式（1-186）及 $x = R\phi$ 的关系代入式（1-154）可得 R 处单波的缩短量 S 为

$$S = \frac{1}{2}\int_0^{\phi_0} \frac{\pi^2 y_0}{\phi_0^2}\frac{1}{R}\frac{R-r}{R_t-r}\sin^2\frac{2\pi\phi}{\phi_0}\mathrm{d}\phi \tag{1-191}$$

在一个单波内，切应力 σ_θ 由于长度缩短而释放出的功为

$$U_\theta = \int_r^{R_t} \sigma_\theta St\mathrm{d}R$$

将式（1-186）和式（1-188）代入上式可得

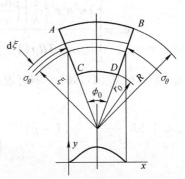

图 1-22　筒形件有压边压延时凸缘起皱后单波纹的受力分析

$$U_\theta = \frac{\pi^2 y_0^2 Bt\left(1 - \frac{R_t}{R_0}\right)^n}{2n(R_t-r)\phi_0^2}\int_r^{R_t}\int_0^{\phi_0}\frac{R-r}{R}\left[1 - (1-n)\left(\frac{R_t}{R_0}\right)^n\right]\sin^2\frac{2\pi\phi}{\phi_0}\sigma_\theta\mathrm{d}R\mathrm{d}\phi$$

$$= \frac{\pi^2 y_0^2 Bt\left(1 - \frac{R_t}{R_0}\right)^n r}{4n(R_t-r)\phi_0}\left\{\frac{1}{n}\left[\left(\frac{R_t}{r}\right)^n - 1\right] - \ln\frac{R_t}{r}\right\} \tag{1-192}$$

（2）U_w　利用式（1-161），并以 D 代替 E，可得失稳时单波所需的弯曲能为

$$U_w = \int_r^{R_t}\int_0^l \frac{1}{2}D\left(\frac{\mathrm{d}^2 y}{\mathrm{d}x^2}\right)\mathrm{d}I\mathrm{d}x \tag{1-193}$$

式中　$\mathrm{d}I$——在半径 R 处，厚为 t、宽为 $\mathrm{d}R$ 剖面的惯性矩：$\mathrm{d}I = \frac{1}{12}t^2\mathrm{d}R$。将此关系与式（1-186）、式（1-190）代入式（1-193）可得

$$U_w = \frac{\pi^4 y_0^2 Bnt^3\left[R_t\left(1 - \frac{R_t}{R_0}\right)\right]^{n-1}}{6(R_t-r)\phi_0^4}\int_r^{R_t}\int_0^{\phi_0}\frac{R-r}{R^{n+2}}\cos^2\frac{2\pi\phi}{\phi_0}\mathrm{d}R\mathrm{d}\phi \tag{1-194}$$

$$= \frac{\pi^4 y_0^2 Bnt^3\left(1 - \frac{R_t}{R_0}\right)^{n-1}}{12R_t(R_t-r)\phi_0^3}\left\{\frac{1}{n}\left[\left(\frac{R_t}{r}\right)^n - 1\right] - \frac{r}{(1+n)R_t}\left[\left(\frac{R_t}{r}\right)^{n+1} - 1\right]\right\}$$

（3） U_Q　忽略虚拟压边力的作用。假定总压边力为 F_Q，总波数为 N，压边力基本上作用在凸缘边沿 $R = R_t$ 处，此处挠度最大，等于 y_0，因此每一波纹上所消耗的压边功 U_Q 为

$$U_Q = \frac{y_0 \phi_0 F_Q}{2\pi} \tag{1-195}$$

将式（1-192）~式（1-194）代入式（1-153），可以解得压边力 F_Q 为

$$F_Q = \frac{2\pi}{y_0 \phi_0}(U_\theta - U_w) \tag{1-196}$$

将式（1-196）对 ϕ_0 微分，令 $\frac{\partial F_Q}{\partial \phi_0} = 0$，即可求得最小压边力下的 ϕ_0 为

$$\phi_0 = \left[\frac{2\pi^2 n^2 t^3 \left\{\frac{1}{n}\left[\left(\frac{R_t}{r}\right)^n - 1\right] - \frac{r}{(1+n)R_t}\left[\left(\frac{R_t}{r}\right)^{n+1} - 1\right]\right\}}{3R_t r\left(1 - \frac{R_t}{r}\right)\left\{\frac{1}{n}\left[\left(\frac{R_t}{r}\right)^n - 1\right] - \ln\frac{R_t}{r}\right\}}\right]^{\frac{1}{2}} \tag{1-197}$$

将 ϕ_0 值代入式（1-196），即可求得最小压边力 F_Q 为

$$F_Q = 1.5B\frac{y_0}{t}\frac{\pi r^2}{4}\frac{1}{n^3}(1-\rho)^{1+n}\frac{\frac{\rho}{m}\left\{\frac{1}{n}\left[\left(\frac{\rho}{m}\right)^n - 1\right] - \ln\frac{\rho}{m}\right\}^2}{\left(\frac{\rho}{m} - 1\right)\left\{\frac{1}{n}\left[\left(\frac{\rho}{m}\right)^n - 1\right] - \frac{1}{n+1}\left[\left(\frac{\rho}{m}\right)^n - \frac{m}{\rho}\right]\right\}} \tag{1-198}$$

其中，$\rho = \frac{R_t}{R_0}$ 表示压延时刻，$m = \frac{r}{R_0}$ 为压延系数。由式（1-198）可知：在不同的压延阶段，压边力也不同。其值与板料性质（B、n）、压延系数（m）、压边后的波纹最大相对高度（y_0/t）（一般取为 0.13 左右）、1/4 筒形件面积（$\pi r^2/4$）等因素有关。

在式（1-198）中，取

$$F(F_Q) = \frac{1}{n^3}(1-\rho)^{1+n}\frac{\frac{\rho}{m}\left\{\frac{1}{n}\left[\left(\frac{\rho}{m}\right)^n - 1\right] - \ln\frac{\rho}{m}\right\}^2}{\left(\frac{\rho}{m} - 1\right)\left\{\frac{1}{n}\left[\left(\frac{\rho}{m}\right)^n - 1\right] - \frac{1}{n+1}\left[\left(\frac{\rho}{m}\right)^n - \frac{m}{\rho}\right]\right\}} \tag{1-199}$$

于是压边力 F_Q 为

$$F_Q = 1.5B\frac{y_0}{t}\frac{\pi r^2}{4}F(F_Q) \tag{1-200}$$

$F(F_Q)$ 称为压边力系数，它是随压延系数、材料的切线模量、压延时刻而变化的函数。图 1-23 所示即为 $F(F_Q)$ 的变化规律。$F(F_Q)$ 的变化规律与压边力 F_Q 的变化规律基本一致。

试验结果证明，式（1-198）是成立的，以此设计压延机床或调节压边力，可以大大改进压延过程。

3. 考虑摩擦的法兰起皱临界条件

燕山大学的赵军教授在研究平底圆锥形件的过程中，在前人研究的基础上发展了法兰起皱的临界压边力的解析解。其基本原理是相同的，不同之处就是考虑了摩擦的影响，使得结果更接近实际情况，具体过程如下。

假定法兰起皱后波纹表面的数学模型为（见图1-24）

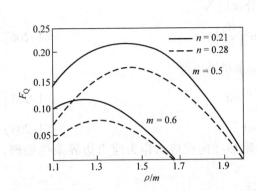

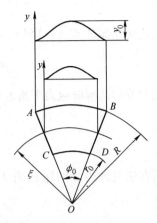

图 1-23　压延过程中压边力的变化规律　　　　图 1-24　法兰起皱后波纹表面的数学模型

$$y = \frac{y_0}{2}\Big(1 - \cos 2\pi \frac{\phi}{\phi_0}\Big)\Big(\frac{\xi - r_0}{R - r_0}\Big)^{\frac{1}{2}} \tag{1-201}$$

式中　R——拉深任意时刻的法兰外半径；

　　　r_0——法兰内半径；

　　　ξ——法兰上任一质点的径向坐标；

　　　ϕ_0——单波所对应的圆心角；

　　　ϕ——单波任一弧段所对应的圆心角；

　　　y_0——单波的最大挠度；

　　　y——法兰上任一质点［坐标为（ξ, ϕ）］处的挠度。

显然，当 ξ 为任意值，但 $\phi = 0$ 或 $\phi = \phi_0$ 时，$y = 0$；只有当 $\xi = R$，$\phi = \frac{\phi_0}{2}$ 时，$y = y_0$，此时波纹的挠度最大。

在以下分析中要用到波纹挠度的一阶导数和二阶导数，在此一并给出，即

$$\frac{dy}{d\phi} = \frac{\pi}{\phi_0}y_0\Big(\frac{\xi - r_0}{R - r_0}\Big)^{\frac{1}{2}}\sin 2\pi \frac{\phi}{\phi_0} \tag{1-202}$$

$$\frac{d^2y}{d\phi^2} = \frac{2\pi^2}{\phi_0^2}y_0\Big(\frac{\xi - r_0}{R - r_0}\Big)^{\frac{1}{2}}\cos 2\pi \frac{\phi}{\phi_0} \tag{1-203}$$

数值分析和试验研究结果都表明，无论是筒形件还是锥形件，拉深过程中法兰变形区等效应变从法兰外缘到法兰内缘是逐渐增大的，即等效应变值与径向位置坐标成反比。鉴于此，为了简化计算，使能量法求解的后续处理能够得以继续，设等效应变与瞬时径向坐标成简单的反比例关系，即

$$\varepsilon = \frac{C}{\xi} \tag{1-204}$$

法兰外边缘可近似为单向压缩应力状态，其等效应变等于周向应变的绝对值，即 $\varepsilon_{1\xi = R}$ $= |\varepsilon_\theta|_{\xi = R} = \ln \frac{R_0}{R}$，所以

$$\varepsilon = \frac{R}{\xi} \ln \frac{R_0}{R} \tag{1-205}$$

假设硬化规律服从式（1-154），则等效应力分布应为

$$\sigma = B \left(\frac{R}{\xi} \right)^n \ln^n \left(\frac{R_0}{R} \right) \tag{1-206}$$

应用法兰变形区瞬时应力平衡方程和 Tresca 屈服准则可得

$$\frac{\partial \sigma_r}{\partial \xi} + \frac{\sigma_r - \sigma_\theta}{\xi} = 0 \tag{1-207}$$

$$\sigma_r - \sigma_\theta = \sigma \tag{1-208}$$

将作用在法兰外边缘的压边力 F_Q 所引起的附加径向拉应力作为应力边界条件处理，则有

$$\sigma_{r1\xi = R} = \frac{\mu F_Q}{\pi R t_0} \tag{1-209}$$

这样可得应力分布近似解为

$$\sigma_r = \frac{B}{n} \ln^n \left(\frac{R_0}{R} \right) \left[\left(\frac{R}{\xi} \right)^n - 1 \right] + \frac{\mu F_Q}{\pi R t_0} \tag{1-210}$$

$$\sigma_\theta = \frac{B}{n} \ln^n \left(\frac{R_0}{R} \right) \left[(1 - n) \left(\frac{R}{\xi} \right)^n - 1 \right] + \frac{\mu F_Q}{\pi R t_0} \tag{1-211}$$

上述应力分布近似分析中忽略了法兰变形区板厚变化的影响，但考虑了压边力 F_Q 所引起的径向附加拉应力的影响。这样便将润滑条件（即摩擦系数 μ）引入了法兰起皱临界压边力的分析中，可以得到润滑条件对法兰起皱临界压边力影响的定量分析结果。

将式（1-153）中各项能量按单波逐一计算如下。

如图 1-25 所示为法兰起皱后单波纹的受力分析。假定任意 ξ 处的周向应力为 σ_θ，σ_θ 的作用面积为 $t_0 d\xi$（t_0 为板厚）。失稳起皱后周长缩短，单波的周长缩短量为

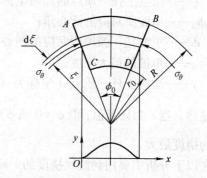

图 1-25　法兰起皱后单波纹的受力分析

$$\Delta S = \int_0^{\phi_0} dS - \int_0^{\phi_0} dx \tag{1-212}$$

式中　dS、dx——单波微分段的弧长及其在 x 轴上的投影长度。

又因为

$$dS = \sqrt{dx^2 + dy^2} \approx \left[1 + \frac{1}{2} \left(\frac{dy}{dx} \right)^2 \right] dx$$

所以

$$\Delta S = \frac{1}{2} \int_0^{\phi_0} \left(\frac{dy}{dx} \right)^2 dx \tag{1-213}$$

因为 $\dfrac{dy}{dx} = \dfrac{dy}{d\phi} \dfrac{d\phi}{dx} = \dfrac{1}{\xi} \dfrac{dy}{d\phi}$，则可得

$$\Delta S = \frac{1}{4} \cdot \frac{\pi^2 y_0^2}{\phi_0} \frac{1}{\xi} \frac{\xi - r_0}{R - r_0} \tag{1-214}$$

在一个单波内，周向应力 σ_θ 由于长度缩短而释放出的功为

$$U_\theta = \frac{1}{\phi_0} f_\theta(R) - \frac{F_Q}{\phi_0} f_m(R) \tag{1-215}$$

其中

$$f_\theta(R) = \frac{\pi^2 y_0^2 t_0 B r_0}{4n(R - r_0)} \ln^n\left(\frac{R_0}{R}\right) \left\{ \frac{1}{n}\left[\left(\frac{R}{r_0}\right)^n - 1\right] - \ln\frac{R}{r_0} \right\} \tag{1-216}$$

$$f_m(R) = \frac{\pi y_0^2 r_0 \mu}{4(R - r_0)R}\left(\frac{R - r_0}{r_0} - \ln\frac{R}{r_0}\right) \tag{1-217}$$

材料力学中有关梁的弹性弯曲能量公式为

$$U = \int_0^l \frac{EI}{2}\left(\frac{\mathrm{d}^2 y}{\mathrm{d}x^2}\right)^2 \mathrm{d}x \tag{1-218}$$

式中　E——材料的弹性模量；

　　　I——梁的截面惯性矩；

　　　l——梁的长度；

　　$y(x)$——梁的挠度曲线。

法兰起皱波纹隆起时是塑性弯曲，不是弹性弯曲。但由于采用了压边圈，波纹挠度不大，可以认为失稳是在加载条件下发生的，并仍然满足弹性弯曲时有关变形的假设，分析计算中可用切线模量 D 代替式（1-218）中的弹性模量 E。波纹挠度与坐标 ξ 有关，求解弯曲能时还需对 ξ 进行积分，因此，失稳时单波所需的弯曲能应为

$$U_w = \iint_{r_0}^{R}\int_0^l \frac{D}{2}\left(\frac{\mathrm{d}^2 y}{\mathrm{d}x^2}\right)^2 \mathrm{d}I\mathrm{d}x \tag{1-219}$$

其中，$\mathrm{d}I$ 为半径 ξ 处，厚度为 t_0、宽度为 $\mathrm{d}\xi$ 剖面的惯性矩，$\mathrm{d}I = \frac{1}{12}t_0^3\mathrm{d}\xi$。因为 $x = \xi\phi$，$\mathrm{d}x = \xi\mathrm{d}\phi$，并且

$$\frac{\mathrm{d}^2 y}{\mathrm{d}x^2} = \frac{\mathrm{d}}{\mathrm{d}x}\left(\frac{\mathrm{d}y}{\mathrm{d}x}\right) = \frac{\mathrm{d}}{\mathrm{d}x}\left(\frac{1}{\xi}\frac{\mathrm{d}y}{\mathrm{d}\phi}\right) = \frac{1}{\xi}\frac{\mathrm{d}}{\mathrm{d}\phi}\left(\frac{\mathrm{d}y}{\mathrm{d}\phi}\right)\frac{\mathrm{d}\phi}{\mathrm{d}x} = \frac{1}{\xi^2}\frac{\mathrm{d}^2 y}{\mathrm{d}\phi^2} \tag{1-220}$$

将式（1-220）及式（1-201）和式（1-155）代入式（1-217），积分后化简可得

$$U_w = \frac{1}{\phi_0^3} f_w(R) \tag{1-221}$$

其中

$$f_w(R) = \frac{nBt_0^3\pi^4 y_0^2}{12R(R - r_0)} \ln^{n-1}\left(\frac{R}{R_0}\right) \left\{ \frac{1}{n}\left[\left(\frac{R}{r_0}\right)^n - 1\right] - \frac{r_0}{(1 + n)R}\left[\left(\frac{R}{r_0}\right)^{n+1} - 1\right] \right\} \tag{1-222}$$

假定总压边力为 F_Q，总波数为 N，则 $N = \frac{2\pi}{\phi_0}$，压边力基本上作用在法兰外边缘 $\xi = R$ 处，此处挠度最大，其值为 y_0，因此每个波纹上所消耗的压边功为

$$U_Q = \frac{F_Q}{N} y_0 = \frac{y_0\phi_0}{2\pi}F_Q \tag{1-223}$$

将式（1-214）、式（1-218）及式（1-223）代入式（1-153），可解得压边力 F_Q 为

$$F_Q = \frac{\phi_0^2 f_\theta(R) - f_w(R)}{\dfrac{y_0 \phi_0^4}{2\pi} + \phi_0^2 f_m(R)} \tag{1-224}$$

将式（1-222）对 ϕ_0 进行微分，令 $\dfrac{\partial F_Q}{\partial \phi_0} = 0$，即可求得最小压边力下的 ϕ_0 为

$$\phi_0^2 = \frac{f_w(R)}{f_\theta(R)}\left[1 + \sqrt{1 + \frac{2\pi}{y_0}\frac{f_\theta(R)f_m(R)}{f_w(R)}}\right] \tag{1-225}$$

将该值代回式（1-222）即可求得法兰起皱的临界压边力理论计算公式为

$$F_{Qfwr} = \frac{\pi}{2y_0}\frac{f_\theta^2(R)}{f_w(R)}\frac{4}{\left[1 + \sqrt{1 + \dfrac{2\pi}{y_0}\dfrac{f_\theta f_m}{f_w}}\right]^2} \tag{1-226}$$

式（1-224）中最后一个分式是润滑条件对临界压边力值的影响因子。当 $\mu = 0$ 时，$f_m(R) = 0$，该分式值为 1；当 $\mu > 0$ 时，$f_m(R) > 0$，该分式值小于 1。所以，考虑摩擦影响时的临界压边力曲线比不考虑摩擦时要低，摩擦系数越大，所需的防皱压边力越小。

为了能够更清楚地了解影响法兰起皱临界压边力的各种因素，将式（1-216）、式（1-217）和式（1-222）代入式（1-224），化简后进行整理。为此令

$$m = \frac{r_0}{R_0}, \quad \rho = \frac{R}{R_0} \tag{1-227}$$

其中，ρ 表示拉深时刻，m 是拉深系数，则有 $\dfrac{R}{r_0} = \dfrac{R}{R_0}\dfrac{R_0}{r_0} = \dfrac{\rho}{m}$。再重新定义几个无量纲因子，则法兰起皱临界压边力可表示为

$$F_{Qfwr} = \frac{3}{8}\pi r_0^2 B \frac{y_0}{t_0} F(n, m, \rho) F_m(\lambda_m) \tag{1-228}$$

其中，
$$F(n, m, \rho) = \frac{1}{n^3}\ln^{n+1}\left(\frac{1}{\rho}\right)\frac{\dfrac{\rho}{m}\left\{\dfrac{1}{n}\left[\left(\dfrac{\rho}{m}\right)^n - 1\right] - \ln\dfrac{\rho}{m}\right\}^2}{\left(\dfrac{\rho}{m} - 1\right)\left\{\dfrac{1}{n}\left[\left(\dfrac{\rho}{m}\right)^n - 1\right] - \dfrac{1}{1+n}\left[\left(\dfrac{\rho}{m}\right)^n - \dfrac{m}{\rho}\right]\right\}} \tag{1-229}$$

$$F_m(\lambda_m) = \frac{4}{\left(1 + \sqrt{1 + \lambda_m}\right)^2} \tag{1-230}$$

$$\lambda_m = \frac{3}{4}\cdot\frac{D_0}{t_0}\frac{y_0}{t_0}\frac{\mu}{n^2}\frac{m}{\left(\dfrac{\rho}{m} - 1\right)}\ln\frac{1}{\rho}\frac{\left(\dfrac{\rho}{m} - \ln\dfrac{\rho}{m} - 1\right)\left\{\dfrac{1}{n}\left[\left(\dfrac{\rho}{m}\right)^n - 1\right] - \ln\dfrac{\rho}{m}\right\}}{\left\{\dfrac{1}{n}\left[\left(\dfrac{\rho}{m}\right)^n - 1\right] - \dfrac{1}{1+n}\left[\left(\dfrac{\rho}{m}\right)^n - \dfrac{m}{\rho}\right]\right\}} \tag{1-231}$$

由式（1-228）~ 式（1-231）可知：在不同的拉深阶段，法兰起皱的临界压边力也不同，其值与板材性质（B、n）、拉深系数 m、压边后的波纹最大相对高度 y_0/t_0（一般取为 0.13 左右）、凹模口面积 πr_0^2、摩擦系数 μ 以及毛坯相对厚度 t_0/D_0 等因素有关。

图 1-26 所示为三种板材锥形件拉深时法兰起皱临界压边力 F_{Qfwr} 变化规律的理论计算曲线。钢板的拉深系数为 $m = 0.615$，铝合金板的拉深系数为 $m = 0.64$。临界压边力在拉深过程的中后期出现极大值 $F_{Qfwr}^{\max}$，采用恒力压边时，$F_{Qfwr}^{\max}$ 即为恒定压边力选择范围的下限值。

图 1-27 所示为板材的硬化指数 n 及拉深系数 m 变化时对法兰起皱临界压边力的影响。

图中的纵坐标是临界压边力无量纲因子，它与临界压边力 F_{Qfwr} 的变化规律相同。拉深系数 m 对临界压边力 F_{Qfwr} 的影响极为显著。拉深系数越小，法兰区的变形程度越大，所需的防皱压边力也越大。其他条件相同时，材料的硬化指数 n 越大，所需的防皱压边力则越小，这说明材料的应变硬化效应对法兰起皱有明显的抑制作用。此外，n 值较大时，临界压边力的极大值向拉深过程的后期偏移。这种现象有利于变压边力拉深时提高拉深极限。

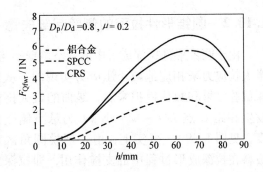

图 1-26　法兰起皱临界压边力
变化规律的理论计算曲线

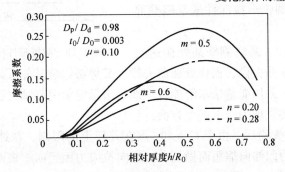

图 1-27　拉深系数和硬化指数对法兰起皱临界压边力的影响

　　图 1-28 所示为摩擦系数 μ 和毛坯相对厚度 t_0/D_0 对法兰起皱临界压边力变化的影响。毛坯相对厚度 t_0/D_0 较大时，摩擦系数 μ 对临界压边力 F_{Qfwr} 的影响不大，但当毛坯相对厚度 t_0/D_0 较小时，摩擦系数 μ 对临界压边力 F_{Qfwr} 的影响却非常显著。当毛坯相当厚度较小而摩擦系数较大时，最大临界压边力 F_{Qfwr}^{max} 可以减小 $1/3 \sim 1/4$。

　　以往对法兰起皱临界压边条件的认识没有考虑润滑条件的影响，无论是理论分

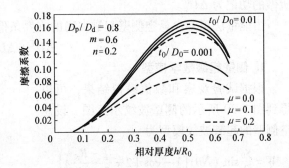

图 1-28　摩擦系数和毛坯相对厚度
对法兰起皱临界压边力的影响

析公式还是经验公式，也均未涉及摩擦系数 μ。在大型汽车覆盖件拉深成形时，毛坯相对厚度值都很小，且在很多情况下按经验公式确定的压边力值远大于拉深力值。因此，要求拉深设备的压边滑块（外滑块）应具有不低于成形滑块（内滑块）的吨位。通过以上分析可知，当毛坯相对厚度较小时，可以通过改变润滑条件的方式大大降低防皱压边力，这对大型汽车覆盖件的拉深成形具有重要意义。即采取适当改变润滑条件的措施可大大降低对成形设备压边吨位的要求。进而把润滑条件作为工艺参数来调节，可达到改善拉深工艺的目的（应增大摩擦系数，而不是减小摩擦系数），这也开拓了一种新的工艺调节方法。

1.10.2　圆锥形件拉深的侧壁起皱失稳

　　由于圆锥形件拉深成形中的悬空侧壁不与模具接触，因此防止侧壁起皱失稳通常是通过增大拉应力来相应地减小压应力实现的。从拉深试验结果和数值模拟来看，皱曲的最大挠度发生在距 C 点 $L/4 \sim L/3$ 处（L 为悬空侧壁长度，见图1-29）。事实上，由于凹模圆角区对板料在拉深成形过程中的支撑作用，即拉深力 F_P、压边力 F_Q 和压边圈、凹模共同作用，会对凹模圆角部分的板料产生一定的夹持作用，因而 C 处不容易成为圆锥形拉深件悬空侧壁部分的易起皱区。

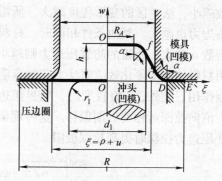

图 1-29　圆锥形件拉深前后的几何关系

　　基于以上分析可知，悬空侧壁某处在达到其压缩失稳极限后会屈曲失稳，而该处屈曲失稳后又势必影响其邻近区域。因此，对于悬空侧壁起皱失稳的研究，采用能量法求解能合理地给出悬空侧壁起皱失稳的判断依据。悬空侧壁起皱后能量变化主要表现为以下两个方面：

　　1）悬空侧壁起皱失稳后，由于 C 点和 f 点在几何上的限制，在纬向和经向都出现波纹隆起，其中纬向压应力因纬向缩短而做正功，经向拉应力因经向缩短而做负功。半波上边界应力所做的功记为 ΔU^T。

　　2）悬空侧壁起皱后，波纹出现所引起的弯矩和扭矩都会消耗能量。半波的弯矩、扭矩所做的功记为 ΔU^B。

　　由能量法可知，悬空侧壁起皱失稳的临界条件是

$$\Delta U^T = \Delta U^B \tag{1-232}$$

1. 侧壁起皱数学模型

　　根据试验观察和数值模拟结果，可以得到图1-30所示的侧壁波纹示意图。设悬空侧壁的起皱波纹模型为

$$W = \frac{y_0}{2}\sin\left(N\theta\right)\left[1 - \cos\left(2\pi\frac{\xi - R_f}{R_C - R_f}\right)\right]$$
$$\tag{1-233}$$

式中　R_f——拉深某瞬时应力分界圆半径；

　　　　R_C——质点 C 的径向半径；

　　　　ξ——悬空侧壁上任一质点的径向坐标；

　　　　N——悬空侧壁起皱时的波纹数；

　　　　θ——单波任意弧段所对应的圆心角，$\theta \in [0, \pi/N]$；

　　　　y_0——单波最大波幅。

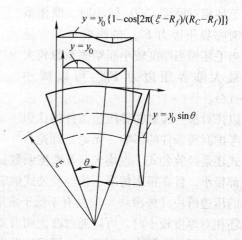

图 1-30　侧壁波纹示意图

2. 主应力分布规律

侧壁发生皱曲的拉深成形区的应力状态对应图 1-31 中的 I 区。为简化推导过程，利用图示的特殊点连接而成的多边形来近似其外接椭圆，并用 D、f 两点的连线方程近似表示屈服方程，即

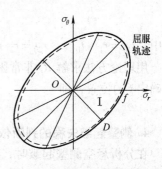

图 1-31　侧壁发生皱曲的拉伸成形区的应力状态对比

$$\sigma = \sigma_r - K_\sigma \sigma_\theta \tag{1-234}$$

式中　σ——等效应力。

设拉深力为 F_P，假设悬空侧壁母线为直线，由轴向的力平衡可知

$$\sigma_r = \frac{F_P}{2\pi t \xi \sin \alpha} \tag{1-235}$$

假设硬化规律满足

$$\sigma = B\varepsilon^n \tag{1-236}$$

式中　ε——等效应变；

B、n——强度系数和硬化指数。

将式（1-235）和式（1-236）代入式（1-234），可得纬向应力分布规律为

$$\sigma_\theta = \frac{\sigma_r - B\varepsilon^n}{K_\sigma} \tag{1-237}$$

其中，$K_\sigma = 2\sqrt{\dfrac{2r+1}{2r+2}} - 1$，$r$ 为各向异性参数。

假设板材成形过程中符合比例加载条件，由 Hill 各向异性流动方程可得

$$\sigma_{ij} = L_{ijkl}\varepsilon_{kl}(i, j, k, l = 1, 2) \tag{1-238}$$

式中，L_{ijkl}——应力、应变之间的瞬时模量。有 $L_{1111} = L_{11}$，$L_{2222} = L_{22}$，$L_{1122} = L_{12}$，其余根据假设均为零，其中

$$L_{11} = \frac{1 + 2r + r^2}{1 + 2r}\frac{\sigma}{\varepsilon} = L_{22}, L_{12} = \frac{1 + r^2}{1 + 2r}\frac{\sigma}{\varepsilon} \tag{1-239}$$

其中，σ 按式（1-236）给出，ε 按锥形件拉深侧壁变形区等效应变表达式给出，即

$$\varepsilon = \sqrt{\frac{1+r}{2(1+2r)}}\ln\left\{\frac{1}{\xi^2}[R_A^2 + 2r_1(R_A\alpha + r_1(1 - \cos\alpha))] + \frac{1}{\cos\alpha}\left(1 - \frac{R_B^2}{\xi^2}\right)\right\} \tag{1-240}$$

3. 应力分界圆位置近似解

起皱失稳并非发生在全部存在压应力的成形区域，而是发生在起皱许可区。起皱失稳并非在 fE 区都发生，而是发生在 fC 区（内皱）和 DE 区（外皱），因此在侧壁皱曲分析过程中，应该首先确定 f 的位置（见图 1-31），即确定应力分界圆的位置。

根据直母线假设和图 1-29 所示的几何关系可知

$$\begin{cases} R_A = d_{10}/2 - r_{10}, \ R_D = d_2/2 + r_{20} \\ R_B = R_A + r_{10}\sin\alpha, \ R_C = R_D - r_{20}\sin\alpha \end{cases} \tag{1-241}$$

令 $D_a = 1 + \dfrac{d_2 - d_1}{2a}$，$H_a = 1 - \dfrac{h}{a}$，$a = r_{10} + r_{20}$，则

$$\sin \alpha = \frac{D_a - H_a \sqrt{D_a^2 + H_a^2 - 1}}{D_a^2 + H_a^2} \tag{1-242}$$

其中，$r_{10} = r_1 + t_0/2$，$r_{20} = r_2 + t_0/2$。

用理论方法求解 R_f 非常困难，但数值分析及试验研究表明，可以用近似公式（1-243）来确定 f 的位置，即

$$R_f = 2R_B/3 + R_C/3 \tag{1-243}$$

4. 侧壁起皱失稳的判断依据

在分析悬空侧壁起皱时，在此只考虑了塑性皱曲失稳。故在起皱分析过程中，仍采用悬空侧壁直母线假设，于是求出悬空侧壁中曲面的经向和纬向曲率分别为：$b_r = 0$，$b_\theta = \sin \alpha / \xi$。下面的计算过程对厚向异性的 Hill 修正屈服准则进行了线性近似简化，并采用 Donnell – Mushtari – Vlasov（DMV）双曲薄壳模型给出了悬空侧壁的起皱失稳判断依据。

（1）ΔU^T 值的计算　当皱纹出现后，假设悬空侧壁母线的长度不变，因而拉深力会因悬空侧壁同凸模相接处 B 点和悬空侧壁同凸模相接处 C 点直线距离的缩短而对皱曲的产生起负作用，纬向应力因周向缩短而做正功。皱曲出现后通过计算可得

$$\Delta U^T = -\frac{t}{2} \int_0^L \int_0^{\frac{\pi}{N}} \left[\sigma_r \left(\frac{\partial W}{\partial x} \right)^2 + \sigma_\theta \left(\frac{1}{x} \frac{\partial W}{\partial \theta} \right)^2 \right] x \mathrm{d}x \mathrm{d}\theta \tag{1-244}$$

式中　L——直母线假设时悬空侧壁皱曲许可区母线方向长度，$L = (R_C - R_f)/\cos \alpha$；

x——母线方向任意质点到应力分界圆的经向距离，$x = (\xi - R_f)/\cos \alpha$。

（2）ΔU_w^B 值的计算　为了求解方便，忽略因起皱产生的切应力。

$$\Delta U^B = \frac{t^3}{24} \int_0^L \int_0^{\frac{\pi}{N}} \left[L_{11} \left(\frac{\partial^2 W}{\partial x^2} \right)^2 + L_{22} \left(\frac{1}{x} \frac{\partial W}{\partial x} + \frac{1}{x^2} \frac{\partial^2 W}{\partial \theta^2} \right)^2 + \frac{12}{t^2} L_{22} (Wb_\theta)^2 \right] x \mathrm{d}x \mathrm{d}\theta \tag{1-245}$$

其中，L_{11} 和 L_{22} 是应力应变之间瞬时模量张量，可根据式（1-239）求得；式（1-244）、式（1-245）的能量求解过程是基于（DMV）双曲薄壳模型给出的。

影响 ΔU^B 的有弯曲能和扭曲能，但主要是弯曲能，即皱曲后经向和纬向的波纹隆起引起的能量变化。试验结果表明，式（1-245）可以式（1-246）近似代替，即

$$\Delta U^B = \frac{t^3}{24} \int_0^L \int_0^{\frac{\pi}{N}} \left[L_{11} \left(\frac{\partial^2 W}{\partial x^2} \right)^2 + L_{22} \left(\frac{1}{x^2} \frac{\partial^2 W}{\partial \theta^2} \right)^2 \right] x \mathrm{d}x \mathrm{d}\theta \tag{1-246}$$

虽然式（1-246）的能量因素考虑少了，但因 ΔU^B 的减小，从而使得求解的临界成形力（也是临界压边力）增大了。从侧壁防皱基本原理来看，这样更安全，从实用角度来看也是合理的。

把式（1-233）、式（1-235）、式（1-237）、式（1-242）及 L、x 值代入式（1-244），再把式（1-233）、式（1-241）及 L、x 值代入式（1-246），然后根据式（1-232）可得悬空侧壁无皱临界拉深力的表达式为

$$F_P = \frac{N^2 f_\sigma(h) - f_{Br}(h) - N^2 f_{B\theta}(h)}{f_{F_P}(h) + N^2 f_\theta(h)} \tag{1-247}$$

将式（1-247）对 N 微分，令 $\partial F_P/\partial N = 0$，即可求得最小无皱拉深力下的 N 为

$$N_{\mathrm{wr}} = \sqrt{-\frac{f_{F_{\mathrm{P}}}(h)}{f_{\theta}(h)} + \sqrt{\left[\frac{f_{F_{\mathrm{P}}}(h)}{f_{\theta}(h)}\right]^2 + \frac{f_{\sigma}(h)f_{F_{\mathrm{P}}}(h) + f_{\theta}(h)f_{Br}(h)}{f_{B\theta}(h)f_{\theta}(h)}}} \tag{1-248}$$

然后将 N 值代回式（1-247），即可得到悬空侧壁起皱的临界拉深力的理论计算公式为

$$F_{\mathrm{Pwwr}} = \frac{N_{\mathrm{wr}}^2 f_{\sigma}(h) - f_{Br}(h) - N_{\mathrm{wr}}^4 f_{B\theta}(h)}{f_{F_{\mathrm{P}}}(h) + N_{\mathrm{wr}}^2 f_{\theta}(h)} \tag{1-249}$$

式（1-247）～式（1-249）中有

$$\begin{cases} f_{F_{\mathrm{P}}}(h) = \dfrac{\cos\alpha}{2\pi\sin\alpha} \int_{R_f}^{R_C} \left(\dfrac{2\pi}{R_C - R_f}\right)^2 \left[\sin\left(2\pi\dfrac{\xi - R_f}{R_C - R_f}\right)\right]^2 \mathrm{d}\xi \\[3mm] f_{\sigma}(h) = \cos\alpha \dfrac{1}{K_{\sigma}} B \int_{R_f}^{R_C} \varepsilon^n \dfrac{t}{\xi} \left[1 - \cos\left(2\pi\dfrac{\xi - R_f}{R_C - R_f}\right)\right]^2 \mathrm{d}\xi \\[3mm] f_{\theta}(h) = \dfrac{\cos\alpha}{2\pi K_{\sigma}\sin\alpha} \int_{R_f}^{R_C} \dfrac{1}{\xi^2} \left[1 - \cos\left(2\pi\dfrac{\xi - R_f}{R_C - R_f}\right)\right]^2 \mathrm{d}\xi \\[3mm] f_{Br}(h) = \dfrac{\cos^3\alpha}{24} \int_{R_f}^{R_C} L_{11} t^3 \left(\dfrac{2\pi}{R_C - R_f}\right)^4 \cos^2\left(2\pi\dfrac{\xi - R_f}{R_C - R_f}\right)\xi\mathrm{d}\xi \\[3mm] f_{B\theta}(h) = \dfrac{\cos^3\alpha}{24} \int_{R_f}^{R_C} L_{22} \dfrac{t^3}{\xi^3} \left[1 - \cos\left(2\pi\dfrac{\xi - R_f}{R_C - R_f}\right)\right]^2 \mathrm{d}\xi \end{cases} \tag{1-250}$$

利用能量法导出了更为准确的拉深力和压边力的关系，悬空侧壁无皱临界压边力 F_{Qwwr} 为

$$F_{\mathrm{Qwwr}} = \frac{1}{\mu F(\alpha)} \left\{ \frac{F_{\mathrm{Pwwr}}[1 - \mu K_1(\alpha)]}{C(\alpha)} - 2\omega I(\alpha) - J(\alpha) \right\} \tag{1-251}$$

5. 侧壁起皱临界压边力的实验验证

从式（1-248）和式（1-249）可以看出：侧壁起皱临界压边力随着成形高度的变化而变化，板材成形过程中的几何尺寸、材料性能参数（B，r，n）、润滑条件 μ 和毛坯相对厚度 t_0/D_0 都会影响侧壁起皱临界压边力。图 1-32 给出了侧壁起皱临界压边力的理论计算和试验结果的比较。试验用模具尺寸为 $D_d = 160\mathrm{mm}$、$D_p = 128\mathrm{mm}$、$r_d = r_p = 8\mathrm{mm}$，材料为 SPCC，毛坯尺寸 $D_0 = 260\mathrm{mm}$、$t_0 = 0.7\mathrm{mm}$，材料性能参数 $B = 518.79\mathrm{MPa}$、$n = 0.242$、$r = 2.07$，摩擦系数 $\mu = 0.2$。

从图 1-32 可以看出，理论计算同试验结果的吻合程度良好。但在成形高度小于 41mm 时，同试验结果相比，理论计算偏大，这主要是由于等效应变解析不是十分准确而引起的。但从板厚均匀的要求来看，这样对成形更为有利。

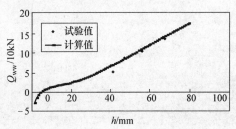

图 1-32　侧壁起皱临界压边力的理论计算和试验结果的比较

参 考 文 献

[1] 李硕本. 冲压工艺学 [M]. 北京：机械工业出版社，1982.

[2] 肖景容，姜奎华. 冲压工艺学 [M]. 北京：机械工业出版社，1999.

[3] 俞汉清，陈金德. 金属塑性成形原理 [M]. 北京：机械工业出版社，1998.

[4] 杨嵩，赵军，马瑞，等. 金属板材拉深智能化控制系统 [J]. 电子科技大学学报，2007，36 (5)：4.

[5] 赵军，曹宏强，马丽霞，等. 轴对称曲面件拉深智能化控制技术研究 [J]. 塑性工程学报，2004，11 (6)：7.

[6] 赵军，马瑞，李建，等. 金属板材成形智能化控制技术研究及展望 [J]. 精密成形工程，2009，1 (2)：6.

[7] 马瑞，赵军，杨嵩，等. 简单形状零件拉深成形智能化控制技术研究 [J]. 材料科学与工艺，2008，16 (4)：5.

[8] 赵军，苏春建，官英平，等. 帽型件弯曲智能化控制过程的影响因素分析 [J]. 塑性工程学报，2007，14 (6)：6.

[9] 苏春建，赵军，官英平，等. 盒形件拉深智能控制实时识别及预测 [J]. 中国机械工程，2008，19 (3)：4.

[10] 赵军，杨嵩，马瑞，等. 智能化拉深控制中的侧壁起皱临界条件 [J]. 塑性工程学报，2007，14 (3)：4.

[11] 杨嵩，赵军，马瑞，等. 智能化拉深控制中的法兰起皱临界条件 [J]. 制造业自动化，2007，29 (6)：4.

[12] 官英平，王凤琴，赵军，等. 宽板V型自由弯曲智能化控制过程的影响因素分析 [J]. 锻压技术，2005，30 (3)：5.

[13] 赵军，郑祖伟，潘文武，等. 拉深过程智能化控制中的破裂失稳临界条件 [J]. 燕山大学学报，2000，24 (4)：8.

[14] 赵军，马瑞. 板材成形新技术及其发展趋势（Ⅰ）[J]. 精密成形工程，2002，20 (6)：5.

[15] 赵军，马瑞. 板材成形新技术及其发展趋势（Ⅱ）[J]. 精密成形工程，2003，21 (2)：6.

第2章 冲压用金属板材料

为满足现代制造业和各种工程构件对冲压成形构件的使用功能需求，冲压成形用板材的强塑性、表面状态和成形性能不断提高，从而使各类冲压成形构件的几何精度、表面质量和使用性能达到更高的技术指标要求。然而，任何冲压成形构件必须首先解决其成形性问题，获得所需的几何形状，才能发挥其使用功能的作用和潜力。大量的试验研究结果表明，冲压成形构件的成形性取决于以下几个方面因素：

1）金属板材性质，包括化学成分、冶金质量、尺寸形状和力学性能。

2）冲压工艺参数，包括应力状态、应变速率、成形温度、构件形状、润滑状态等。

3）模具设计制作，包括几何特征、曲面函数、圆角曲率半径、冲头与压模配置、模具材质等。

4）构件质量判据，包括构件撕裂、局部应变、起皱、回弹、表面缺陷等。

对于某一冲压成形构件，采用一定化学成分、力学性能和强度级别的金属板材和相应的模具设计，通过适当的冲压成形工艺，即可以获得所需的构件。但是，当构件的使用性能要求提高，金属板材的强度级别提高而塑性相应降低时，如果仍然采用原有模具设计和冲压成形工艺及参数，就很难满足新型构件的质量判据，包括在撕裂、起皱、回弹和局部应变等方面的限定。

随着现代制造业和各种工程结构的发展，尤其是汽车和飞机制造业的迅速发展，还必须满足低碳社会对节能、环保、安全与循环使用寿命的要求，各种高强度材料开始大量用于冲压成形构件的制作。这些高性能、高强度构件，一方面对高强度、高塑性新材料的开发提出了迫切的要求，另一方面对相应的模具设计制作和冲压工艺及参数也提出了新的改进和开发课题。如正在进行的国际合作项目"未来钢制汽车（FSV）"研制的新车型，其各种高强度钢构件已经达到车身重量的97%，不仅用于B柱、加强筋和底板等抗冲撞和承载构件，而且用于门内板、门外板和各种覆盖件。新一代超轻钢车身的各种高强度钢构件的冲压成形，将引起汽车制造行业在冲压设备能力、模具设计制作与冲压成形工艺方面的全面更新换代。

冲压成形用金属板材料具有的塑性变形机理、应力应变关系、加工硬化特征、成形性能基本参数、强塑化机理与工艺途径、表面状态和结构、界面摩擦与润滑等基本特性，是研究冲压成形工艺的技术基础，也是冲压模具与设备的设计依据。即冲压成形技术的发展，是建立在成形用板材的发展及其技术特性之上的。因此，了解冲压成形用金属板材料的基本性能及其发展趋势，对于冲压设备、模具的设计和冲压工艺的不断改进和更新是十分重要的。

本章以冲压成形用金属板材料为核心，介绍了新型金属板材料的品种性能及其技术特征，金属板材料的分类，金属材料的晶体结构与强塑性，金属板材料冲压成形性能，材料成形性能的评定试验方法，国内外常用金属板材料的标准、牌号与性能，典型冲压成形材料的成分、工艺、组织与性能，金属材料的强塑化机理与途径，金属板材料的发展及应用趋势。

2.1　新型金属板材料的品种性能及其技术特征

冲压成形用原材料绝大多数是金属材料，其中90%以上是各种类型的钢与铁基合金，主要用于汽车、家电、轻工、电子等制造业及船舶、油气管线、压力容器、工程机械等工程构件。同时，铝、镁、钛、铜等有色金属及其合金正在扩展其应用范围，主要用于航空、汽车、电子和电器等领域。按照成形工艺，金属成形（Metal Forming）可以分为体积成形（Bulk Forming）和板材成形（Sheet Forming）两大类。冲压成形用原材料最主要的是各种薄钢板、铁基合金板材和铝、镁、钛等有色金属与合金板材。各种工程机构用热轧中厚钢板也是冲压成形用的重要材料。

为满足现代制造业和新型工程结构对构件使用性能不断提高的技术指标要求，特别是减重、节能、承载、抗冲撞性能对高强度级别的要求，正在开发各具特色的高强度新材料。然而，对于冲压成形构件使用的各种金属板材料来说，无论强度高低，首要的性能要求就是板材的成形性能。因此，多年来在新型金属板材料的开发与应用过程中，首先要解决的技术关键问题就是板材成形性能的提高，以及相应的板材成形性能的评估方法和评定指标。

2.1.1　材料成形性指数

金属板材料在冲压过程中，主要承受四种基本成形操作和变形方式，包括拉深（或深冲，Deep Drawing）、胀形（Bulging）、翻边（Flanging）、弯曲（Bending），如图 2-1 所示。对于金属板材的成形性，目前主要有三大类测试与评定方法。

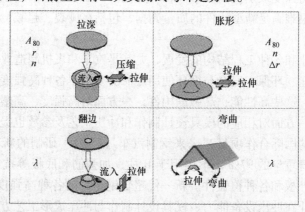

图 2-1　金属板材料构件冲压成形的基本方式

1）基于各类模拟试验的测试与评定方法，包括测试拉深或深冲能力的斯威夫特冲杯试验、测试胀形能力的杯突试验（即埃里克森试验、奥尔森试验）和极限拱高试验等。

2）基于成形极限图的测试与评定方法，如图 2-2 所示，可以清晰地表征薄板材料分别在拉深（或深冲）条件下（左侧象限 $\varepsilon_{major} > 0$、$\varepsilon_{minor} < 0$ 区内）和在胀形条件下（右侧象

限 $\varepsilon_{\text{major}} > 0$、$\varepsilon_{\text{minor}} > 0$ 区内）的成形应变极限，可以比较不同材料在拉深和胀形成形条件下的安全区和失效区的应变水平。

3）基于单向拉伸试验的力学性能检验，主要成形性能评定参数包括：均匀伸长率 El_{u}（美国 ASTM 金属拉伸试验标准中的力学性能符号，对应于我国的最大力总延伸率 A_{gt}）、应变硬化指数 n、塑性应变比 r 等。

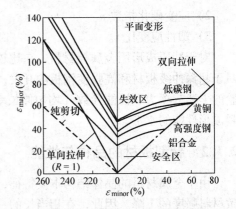

图 2-2　金属板材料的成形极限图

对于传统可成形和普通强度金属板材料，通过上述三大类测试与评定方法的大量试验研究与对比分析可以看到，对于拉深（或深冲）成形，构件良好的成形性要求板材具有较高的断后伸长率 El_{t}（美国 ASTM 金属拉伸试验标准中的力学性能符号，对应于我国的 A，根据标距可以分别采用 A_{80}、A_{50} 等测定）、均匀伸长率 El_{u}、应变硬化指数 n 和塑性应变比 r；对于胀形成形，则要求板材具有较高的断后伸长率 El_{t}（A_{80}、A_{50} 或 A）、均匀伸长率 El_{u}、应变硬化指数 n 和各向同性特征值 Δr（即较低的塑性应变比差值）或较高的塑性应变比平均值 r_{m}；对于翻边和弯曲成形，还要求较高的扩孔率 λ。

在模拟成形试验和构件质量判据分析的基础上，马辛尼雅克（Marciniak）拓展了考克可罗夫特与拉汉姆（Cockcroft and Latham）的想法，引入了成形性指数。其中，基于力学性能试验的材料成形性指数 F_{kl} 可以表达为

$$F_{\text{kl}} = F(\varepsilon_{\text{u}},\ n,\ r,\ m,\ f) \tag{2-1}$$

式中　ε_{u}——单向拉伸时的均匀应变值，或者近似地表述为均匀伸长率 El_{u}，即最大力总延伸率 A_{gt}；

　　　n——应变硬化指数；

　　　r——塑性应变比；

　　　m——应变速率敏感系数；

　　　f——非均质性系数。

材料成形性指数的增量 $\text{d}F$ 可以表示为

$$\text{d}F_{\text{kl}} = \frac{\partial F_{\text{kl}}}{\partial \varepsilon_{\text{u}}}\text{d}\varepsilon_{\text{u}} + \frac{\partial F_{\text{kl}}}{\partial n}\text{d}n + \frac{\partial F_{\text{kl}}}{\partial r}\text{d}r + \frac{\partial F_{\text{kl}}}{\partial m}\text{d}m + \frac{\partial F_{\text{kl}}}{\partial f}\text{d}f \tag{2-2}$$

对于一定的薄板成形工艺，材料成形性指数增量 $\text{d}F$ 方程（2-2）中的每一项微分值都可以通过理论计算或通过试验测量确定。

在冲压成形的应变速率不太高和金属板材料均质性比较好的条件下，应变速率敏感系数 m 和非均质性系数 f 的影响比较小，材料成形性指数的增量方程可以简化为

$$\text{d}F_{\text{kl}} = \frac{\partial F_{\text{kl}}}{\partial \varepsilon_{\text{u}}}\text{d}\varepsilon_{\text{u}} + \frac{\partial F_{\text{kl}}}{\partial n}\text{d}n + \frac{\partial F_{\text{kl}}}{\partial r}\text{d}r \tag{2-3}$$

从式（2-3）可以看到，对于冲压成形用金属板材料，评定材料自身成形性能优劣的方法通常可以简化为单向拉伸试验，并且集中在三项基本力学性能参数上，即：

1）均匀应变值 ε_{u} 或均匀伸长率 El_{u}（即最大力总延伸率 A_{gt}）。

2）应变硬化指数 n。

3）塑性应变比 r。

对于冲压成形用金属板材料，在比较和分析传统与新型板材品种的成形性能时，尤其是对于超深冲级板材和高强度钢板的开发，可以显著简化评定试验方法，即可根据单向拉伸试验的上述三项力学性能参数（均匀伸长率 El_u、应变硬化指数 n 和塑性应变比 r）来评估材料成形性能的水平。

2.1.2　新型板材的品种与性能

由于金属材料的晶体结构本质特征，在提高上述各项塑性成形性能指标的同时，必然导致材料强度的下降。因此，在相当长的一段时期内，为了提高汽车板的深冲性能而不断降低汽车板强度和碳含量，以至在20世纪80~90年代发展到屈服强度仅有100~140MPa级的超低碳无间隙原子钢（IF）。此时，为了使钢铁材料获得最佳超深冲性能，而放弃了任何可行的强化方法，使其强度降低到了超纯铁素体的极限。

然而，由于汽车和各种工程结构对减重、节能、安全、环保的需求，以汽车业为代表的制造业和各种大型工程结构，不断向金属板材料提出了高强度、高塑性、高成形性、高抗冲撞能力和高使用性能的迫切要求。

2000年以来的最近10年间，以汽车钢板为代表的冲压成形用金属板材料的新品种开发正在继续向超深冲、高强度、涂镀层与复合材料（包括激光拼焊板）的方向发展，并且已经分别形成系列化的产品。

1. 超深冲板材

对于普通强度的超深冲板材，各国以汽车板为主体的冷轧薄板，早已在20世纪90年代就从一般低碳软钢的 DDQ 深冲级钢板发展到超低碳 IF 钢的 EDDQ 特深冲级和 SEDDQ 超深冲级钢板，并在美国、欧洲、日本等主要汽车与钢铁生产国家与地区形成系列深冲级别产品与技术标准。我国在汽车与钢铁生产技术取得重大发展的基础上，于2008年颁布了经过全面修订的国家标准（GB/T 5213—2008），在普通强度深冲级和超深冲级冷轧钢板产品系列化与标准化方面，开始与国际先进标准接轨。

至今，世界上最主要的汽车与钢铁生产国家，包括美国、德国、日本和中国，在普通强度冷轧钢板的生产与应用方面，已经建立起比较一致的产品系列与技术标准，并覆盖了普通商用级 CQ、冲压级 DQ、深冲级 DDQ、特深冲级 EDDQ、超深冲级 SEDDQ 冷轧钢板。尤其是对于深冲级以上至超深冲级冷轧钢板，各国标准的力学性能指标比较接近，例如美国材料试验协会标准 ASTM A1008：2007 的 DDS、EDDS 级，德国工业标准 DINEN10130：2006 的 DC04、DC05、DC06 级，日本工业标准 JISG 3141：2009 的 SPCE、SPCE–N、SPCF 级，我国标准 GB/T 5213—2008 的 DC04、DC05、DC06 级。这对于我国汽车行业广泛采用和生产美国、欧洲、日本各国车型，分别按照各国标准和各国材料牌号选用适合的深冲级、特深冲级和超深冲级冷轧钢板，加工与制造高质量汽车构件是十分重要和有利的。

在上述各国冷轧钢板的技术标准中，德国工业标准 DINEN10130：2006 内容比较全面，如对力学性能按照屈服强度 $R_{P0.2}$、抗拉强度 R_m、断后伸长率 A_{80} 或 A_{50}、应变硬化指数 n 和塑性应变比 r 这五项指标来检验；而美国材料试验协会标准 ASTMA1008：2007 没有提出对抗拉强度的指标要求，日本工业标准 JISG 3141：2009 没有提出对应变硬化指数 n 和塑性应

变比 r 的指标要求（除了对 SPCG 级提出平均 r 值 $\bar{r} \geq 1.5$ 的要求以外）。我国标准 GB/T 5213—2008 基本上与德国工业标准 DIN EN 10130：2006 相同。

在美国、德国、日本和中国对冷轧钢板的技术标准中，均未直接提出对均匀伸长率 El_u 或最大力总延伸率 A_{gt} 的技术指标要求来考核材料的成形性能。这是因为一方面，对于低碳钢冷轧板，材料的均匀伸长率是随着断后伸长率的提高而增大的，在保证断后伸长率达到一定指标的条件下，均匀伸长率可以满足成形性能要求；另一方面，在单向拉伸试验条件下，应变硬化指数 n 实际上等于材料的均匀应变值 ε_u，近似地等于材料的均匀伸长率 El_u 或最大力总延伸率 A_{gt}。可见应变硬化指数 n 实质上也是材料均匀应变能力的表征值。另外，美国标准 ASTM A1008：2007 对塑性应变比 r 的要求比较严格，采用了平均值 r_m 作为技术指标，这对于胀形成形十分重要；而德国和我国标准采用横向拉伸试样检验的塑性应变比 r_{90} 作为考核指标。

近年来，各国超深冲级冷轧钢板进一步向更高级别发展，使最重要的三个基本成形参数提高到新的水平，并列入各国技术标准，如德国和欧盟标准 DIN EN 10130：2006 的 DC07 级、我国标准 GB/T 5213—2008 的 DC07 级和日本 JIS G3141：2009 标准的 SPCG 级。按照技术指标要求，DC07 级在屈服强度可以降低到 100MPa 的条件下，断后伸长率 $A_{80} \geq 44\%$（日本 $A_{50} \geq 44\%$）、应变硬化指数 $n_{90} \geq 0.23$、塑性应变比 $r_{90} \geq 2.50$（日本 $\bar{r} \geq 1.5$）。不仅如此，有些钢铁企业还进一步开发出具有本企业特色甚至独家生产的更高等级的超深冲级冷轧钢板。如日本 JFE 公司开发的特超深冲级冷轧钢板 JFE-CGX，在屈服强度降低到 100MPa 级的条件下，板厚 $0.8\text{mm} \leq t < 1.0\text{mm}$ 时，断后伸长率 $A_{50} \geq 48\%$，三个方向的塑性应变比平均值高达 $\bar{r} \geq 2.1$，实际产品的 $\bar{r} = 2.9 \sim 3.0$。

目前，深冲级和超深冲级冷轧钢板，如美国的 DDS 和 EDDS，德国和我国的 DC04、DC05、DC06、DC07，日本的 SPCE、SPCE-N、SPCF、SPCG，基本上都是采用超低碳无间隙原子 IF 钢生产的。表 2-1 对比了世界主要汽车与钢铁生产国（美国、德国、日本、中国）的冷轧钢板标准与级别。

表 2-1　世界主要汽车与钢铁生产国（美国、德国、日本、中国）的冷轧钢板标准与级别

冷轧钢板冲压级别	ASTM A1008：2007	DIN EN10130：2006	JIS G3141：2009	GB/T 5213—2008
普通商用级 CQ	CS	DC01	SPCC	DC01
冲压级 DQ	DS	DC03	SPCD	DC03
深冲级 DDQ	DDS	DC04	SPCE	DC04
特深冲级 EDDQ	EDDS	DC05	SPCE-N	DC05
超深冲级 SEDDQ		DC06	SPCF	DC06
特超深冲级 ESEDDQ		DC07	SPCG	DC07

2. 高强度板材

高强度可成形薄钢板可以分为传统高强度钢（Conventional High Strength Steels，CHSS）和先进高强度钢（Advanced High Strength Steels，AHSS）两大类。

传统高强度钢 CHSS 是指采用传统的晶体材料强化途径来获得高强度的钢，例如高强度 IF 钢、烘烤硬化钢（BH）、含磷钢（RP）、微合金钢（MA）和高强度低合金钢（HSLA）

等。它们通过在钢中设置各种阻止位错运动和塑性滑移的障碍物来提高钢板的强度，包括固溶（零维）、位错（一维）、晶界（二维）、析出（三维）和相结构强化等方法。这些传统强化方法在提高金属材料强度的同时，均会导致材料的塑性显著下降。

例如，冷轧超深冲级 IF 钢 DC06 在屈服强度 YS（美国 ASTM 金属拉伸试验标准中的力学性能符号）= 120 ~170MPa 和抗拉强度（美国 ASTM 金属拉伸试验标准中的力学性能符号，相当我国的 R_m）TS = 270 ~330MPa 条件下，典型厚度规格 t = 0.8mm 钢板具有伸长率 $A_{80} \geq 41\%$、应变硬化指数 $n_{90} \geq 0.22$ 和塑性应变比 $r_{90} \geq 2.10$ 的高塑性。当传统高强度钢汽车板的屈服强度和抗拉强度分别在 YS = 180 ~550MPa 和 TS = 300 ~620MPa 区间内逐步提高时，其伸长率也相应地在 El_t（A_{80} 或 A_{50}）= 34% ~14% 范围内逐步降低。

同时，各国技术标准对高强度钢板一般不再提出应变硬化指数 n 和塑性应变比 r 的技术指标要求，只对强度级别提高 I 级和 II 级的高强度 IF 钢 CR180IF 和 CR220IF 及烘烤硬化钢 CR180BH 和 CR220BH，保留了对应变硬化指数 $n_{90} \geq 0.16$ ~0.19 和塑性应变比 $r_{90} \geq 1.4$ ~1.7 降低的指标要求。可见，传统高强度钢在有限的高强度范围内显著降低了钢板的成形性和汽车构件的抗冲撞能力，并已成为制约汽车车身大量采用高强度钢以实现轻量化和节能、减排、安全、环保的瓶颈。

因此，如何在提高钢材强度的同时保持良好的塑性，多年来一直是冲压成形用钢铁材料面临的技术难题。虽然人们早就发现，具有面心立方 fcc 晶体结构的金属材料（例如奥氏体不锈钢等），由于具有 12 个以密排面和密排方向组成的滑移系，因而塑性显著优于体心立方 bcc 结构的金属材料（例如一般低碳钢和低合金高强度钢），但是镍铬合金昂贵的成本使这类面心立方材料难于普遍应用。

先进高强度钢 AHSS 汽车板的开发和应用，成功地解决了高强度汽车板的强塑化问题。按照强塑化的组织和性能特征及开发年代的先后，先进高强度钢可以分为第一代、第二代和第三代 AHSS 钢。

第一代先进高强度钢 AHSS 是以铁素体为基体的复相钢，包括双相钢（DP）、相变诱导塑性钢（TRIP）、复相钢（CP）等，如双相钢的 CR340/590DP、CR420/780DP、CR550/980DP 级，相变诱导塑性钢 TRIP 的 CR380/590TR、CR420/780TR、CR450/980TR 级等。这些钢通过复相强塑化在高强度条件下保持良好的塑性，例如，双相钢在铁素体基体内引入弥散的第二相颗粒马氏体岛；TRIP 钢在铁素体基体内引入少量贝氏体 + 马氏体岛 + 残留奥氏体，使钢板的抗拉强度在提高到 600MPa 以上时，仍然可以获得 20% 以上的伸长率；而 TRIP600 的伸长率实测值可以保持在 30% ~35% 的平均水平。

以德国蒂森克虏伯公司的 RA – K40/70 级（TRIP700 级）为例，在屈服强度和抗拉强度分别达到 YS = 410 ~510MPa 和 TS = 690 ~790MPa 的同时，伸长率保持在 $A_{80} \geq 23\%$，实测值一般可以达到 $A_{80} \geq 30\%$，其应变硬化指数高达 $n_{10-UE} \geq 0.18$，因而具有优良的均匀塑性应变能力和冲压成形性能。同时，该钢有良好的烘烤硬化能力 BH ≥ 40MPa。一般 TRIP600 级和 TRIP700 级钢板的强塑积实测值可以达到 20 ~22GPa% 以上，具有良好的抗冲撞能力。

TRIP 钢获得高强塑性的关键因素是在复相组织中存在残留奥氏体，通过它在应变过程中的马氏体相变作用，从而显著提高了钢板的强塑性。鉴于残留奥氏体对 TRIP 效应和提高塑性的作用，2008 年，德国首先在双相钢中引入少量残留奥氏体，进一步提高了双相钢的伸长率。

　　目前，第一代先进高强度钢已广泛应用于国内外各种车型的承载结构件和抗冲撞构件。同时，在新一代超轻钢轿车（ULSAB）和未来钢制汽车（FSV）的开发中，双相钢和 TRIP 钢正被用于多种构件的制造。在 2011 年试制的 FSV 样板车型中，各种高强度钢占 97%，双相钢和 TRIP 钢等先进高强度钢用量达到了 64.8%。其中各级别双相钢 DP500 ~ DP1000 占 31.3%，TRIP980 占 9.5%，复相钢 CP1000 占 9.3%，热成形钢 HF1500 占 11.1%，TWIP980 占 2.3%，MS1200 占 1.3%。

　　第二代先进高强度钢 AHSS 是以奥氏体为基体的复相钢，主要有高锰（质量分数为 15% ~ 25%）的孪晶诱导塑性钢（Twinning Induced Plasticity，TWIP）和高铬镍（Cr 质量分数 18%、Ni 质量分数为 9%）奥氏体不锈钢，其抗拉强度可以达到 900 ~ 1500MPa 级，总伸长率保持在 50% ~ 70%。典型的 TWIP 钢在抗拉强度高达 800MPa 的条件下，伸长率可以达到 $El = 60% ~ 70%$，强塑积可以达到 48000MPa% 以上。在抗拉强度 1000MPa 以上的超高强度下，TWIP 钢的伸长率仍然高达 50% 以上，n 值高达 0.40 以上，具有非常优异的强塑性、成形性和抗冲撞能力。但是合金元素含量与合金化成本很高，同时 TWIP 钢的高锰含量（质量分数为 15% ~ 25%）对实际生产中的冶炼、连铸、加热和热轧工艺提出了新的技术难题。

　　第三代先进高强度钢 AHSS 是以马氏体为基体并含有相当比例奥氏体的复相钢，主要是淬火 - 碳分配 Q - P（Quenching - Partitioning）处理的系列化高强塑性钢，其抗拉强度可以达到 700 ~ 1300MPa 级，总伸长率保持在 15% ~ 60%，而合金化成本显著低于第二代高锰 TWIP 钢和高镍铬奥氏体不锈钢，其强塑性如图 2-3 所示。2006 年 10 月美国 Matlock 和 Speer 教授提出了以 Q - P 工艺为核心技术的第三代先进高强度钢的概念，引起世界各国的关注，并使第三代 AHSS 成为近年来全球汽车钢的研究开发热点。

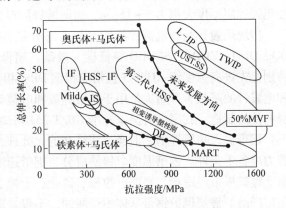

图 2-3　第三代先进高强度钢 AHSS 的强塑性

　　实际上，采用淬火 - 碳分配处理技术也是为了获得一定数量的亚稳态的富碳奥氏体，从而在形变过程中通过奥氏体向马氏体的相变获得高强度和高塑性。Q - P 钢的强塑化机理实质上是相变诱导塑性 TRIP 效应，因此把 Q - P 钢称为新型 TRIP 钢（日本武智弘（Hiroshi Takechi）教授）。可见，第一代和第三代先进高强度钢的核心技术是残留奥氏体 RA 及其相变诱导塑性 TRIP 效应。

　　徐祖耀院士从相变动力学的角度分析了 Q - P 处理工艺，认为在碳分配等温处理（Partitioning）过程中，不可避免地会同时发生碳化物析出和马氏体 - 奥氏体相界移动两种相变过程。因此，为在 Q - P 处理钢强塑性的基础上进一步提高钢板的强度，提出了对 SiMn 系 Q - P 钢添加少量复杂碳化物形成元素，并进行淬火 - 碳分配 - 回火（Q - P - T）等温处理工艺。实验室试验结果表明，这种 Q - P - T 处理钢可以获得马氏体 + 5%（体积分数）左右奥氏体 + 弥散析出的共格碳化物的组织，使抗拉强度高于 1500MPa 时伸长率保持在 17%，强塑积高达 25.5GPa%，如图 2-4 所示，图中所示为化学成分（质量分数）为 0.2% C、

1.5% Mn、1.5% Si、0.05% Nb、0.13% Mo、0.044% Al 的试验钢在 400℃ 下进行碳分配与回火（P - T）处理，等温时间从 0s 增加至 180s。

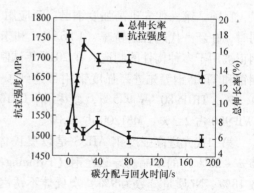

图 2-4　Q - P - T 钢的抗拉强度和总伸长率

3. 涂镀层板材

用于汽车车身的镀层板主要是热镀锌板和电镀锌板。由于锌的电极电位低于铁，在电化学腐蚀条件下，锌层作为阳极保护了作为阴极的钢板基体，因而是镀锌板具有良好的耐大气腐蚀性能。镀锌层可以保证汽车使用 10 年无锈斑、无穿孔。镀锌板在汽车车身上的使用量在过去 20 年里大幅度增加。欧洲的镀锌板产量在这期间也翻了两番。

在热镀锌线上可直接用冷轧板生产热镀锌板、锌铁合金镀层板和锌铝合金镀层板。在电镀锌线上可用经过冷轧 - 退火 - 平整的板带生产电镀锌板、锌镍合金或铅锡合金镀层板。一般热镀锌层厚度大都为 7 ~ 15μm，而电镀锌层厚度通常为 2.5 ~ 10μm。

传统热镀锌板和电镀锌板的基板大部分是各冲压级别的普通强度冷轧钢板，包括 CQ、DQ、DDQ、EDDQ、SEDDQ 等低碳、微碳、超低碳 IF 钢冷轧板。近年来，各类高强度钢，特别是先进高强度钢 AHSS（包括双相钢 DP、相变诱导塑性钢 TRIP）冷轧板，作为热镀锌和电镀锌的基板，开始大量用于热镀锌板和电镀锌板的生产，并应用于新一代超轻钢汽车车身构件的制造。我国已有国家标准 GB/T 2518—2008《连续热镀锌钢板及钢带》。

钢带进入热镀锌槽之前经过清洗和退火处理，洁净的表面和再结晶组织为良好的锌层附着力准备了条件。锌槽温度、锌液成分、钢带速度和气刀喷射强度是控制锌层厚度的重要因素。镀锌板带经冷却、平整、拉校、磷化、干燥、剪边、检查、锌层测厚、涂油和卷取成为出厂产品。锌层保护钢带基体不受腐蚀，不仅是覆盖钢带表面避免腐蚀直接作用，更主要的是利用锌的阴极保护作用。因为锌的电极电位（Zn^{2+} - 763mV）比铁低（Fe^{2+} - 440mV），即使锌层被划破钢板未被覆盖，锌也总是首先与腐蚀物质（例如氧）起反应而保护了铁基体。如果锌层厚度控制得当，镀锌板具有良好成形性和焊接性。

电镀锌有水平和竖直两种镀槽。经过冷轧 - 退火 - 平整的钢带来到电镀生产线，依次经过清洗、电镀、磷化和精整处理。电镀锌层的厚度可通过计算机系统对电流密度、钢带速度和电解液流动速率的控制进行调节。一般说来，所有的冷轧板都可以电镀。这对于各种强度较高、形状复杂又需耐腐蚀的汽车构件十分有益，因为它们所需的高强度和高牌号深冲钢都可以进行电镀锌。由于组织细化，很薄的电镀锌层可以获得很强的耐蚀性和精细的表面形貌。因此电镀锌板多用于门外板、门里板、侧翼框架和各种外露耐腐蚀部件。

4. 复合材料

为提高产品竞争力，国际汽车工业广泛采用平台战略、零部件全球采购、系统开发、模块化供货等方式，使新产品开发费用和工作量部分地转嫁到零部件供应商，风险共担，实现在全球范围内合理配置资源，提高产品通用化程度，有效地控制产品质量，大幅度降低成本。以钢铁原材料直接供给汽车制造厂家的原始产业链正在向以汽车构件和零部件模块提供给汽车制造厂家的新型产业链转化。国际上的先进钢铁企业，例如德国蒂森克虏伯公司、法国阿塞洛（现米塔尔－阿塞洛）公司等钢铁厂家，正在向汽车制造厂家大量提供汽车车身所需的激光拼焊板、液压成形构件和热冲压成形构件。

激光拼焊板是将不同材质、不同厚度、不同涂镀层表面的钢板，采用激光焊接技术拼焊成一块整体冲压原料板，使冲压成形后的汽车车身构件的各个部位满足不同的使用性能要求。1985 年德国蒂森克虏伯钢铁公司与德国大众汽车公司合作，开发出全球第一块激光拼焊板并使用在奥迪 100 车身上。20 世纪 90 年代，欧洲、北美和日本各大汽车制造厂家开始大量采用激光拼焊板，目前激光拼焊板主要用于车身的前后车门内板，底板，前后纵梁，A、B、C 立柱，轮罩等构件。

美国福特公司是世界上使用激光拼焊板最多的汽车厂家，其中皮卡车型（包括 F－150S 新车型）每年使用 100 万件激光拼焊板，并且正在向轿车、面包车和 SUV 等车型扩展，显著节省了材料、减轻了车身重量、提高了燃油效率，并提高了车身的抗冲撞能力。

目前全世界已建有 100 多条激光拼焊板生产线，其中德国蒂森克虏伯公司和法国阿塞洛公司是当今世界最大的两家激光拼焊板生产商和配套商。目前，欧洲生产的激光拼焊板占世界总产量的 70%，美国占 20%，日本占 10%。我国的第一条激光拼焊板生产线是 2002 年10 月在武汉建成的，是德国蒂森克虏伯公司在世界上的第八条海外生产线。

激光束可聚焦于很小的直径（<0.5mm）。激光在钢板边部引导出的淡蓝色等离子体可加热并融合两边。焊接不需要任何金属填料。通常使用的是功率强大的 CO_2 激光器。焊接设备已经被改进为固定的激光光束系统与钢板导入辊道台架系统。裁剪的板料被成对地送入焊机之下。这种设计致使连续焊接生产线出现并提高了异种板料间拼焊的生产率，激光拼焊板制造过程示意图如图 2-5 所示。焊缝可通过以下因素进行调节：激光功率，强度分布，焊接速度，聚焦调节，切边几何形状和质量，两个对接边部的相对位置。激光焊接是端部结合的，焊缝体积很小，例如其宽度可小于 1mm。由于没有使用任何填充材料（焊丝、焊剂等），不存在额外的焊缝高度问题。热影响区很小。静态和动态测试表明焊接样品的断裂总是位于基体处，焊缝并不影响成形过程。对于裁剪的镀锌板，阴极保护仍然有效。激光拼焊板冲压前后及其制造的车门内板如图 2-6 所示。

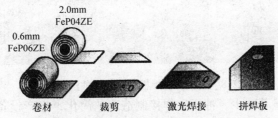

图 2-5　激光拼焊板制造过程示意图

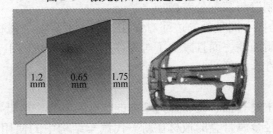

图 2-6　激光拼焊板冲压前后及其制造的车门内板

蒂森克虏伯激光拼焊板公司（TKTB）一般会在新车型投产两年前和汽车制造厂家一起来完成激光拼焊板的开发和设计工作，主要是对车身构件进行数字模拟分析（例如构件的撞击模拟）、激光拼焊板的设计、产品样本的设计和制造、模具的调试和深冲试验，并对模具的设计和制造及总装工艺提出参考意见。德国蒂森克虏伯公司的激光焊接设备如图 2-7 所示。用裁剪拼焊板制作的各种汽车构件如图 2-8 所示。

图 2-7　德国蒂森克虏伯公司的激光焊接设备
（这里激光束系统是固定的，裁剪的钢板成对沿辊道导入并在焊机下移动焊接，可以连续操作。）

激光拼焊板车身构件的主要优点是：

1）根据构件不同部位的受力、承载和腐蚀状况，将不同强度级别、不同厚度、不同表面处理状态的板材拼焊在一起，成为同一块冲压板料和成形构件。不仅充分利用了不同板料的使用性能，而且可以对构件进行优化设计，减轻构件的重量，对于汽车轻量化、节能、抗冲撞和安全十分有益。

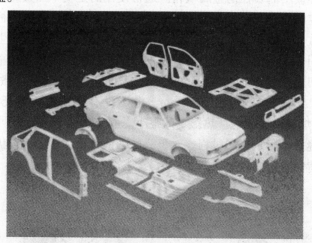

图 2-8　用裁剪拼焊板制作的各种汽车构件

2）车身构件数量显著减少，冲压和焊接制造工艺简化，生产设备减少，效率提高，整车制造与装配成本显著降低。汽车构件板料在成形前通过激光焊接工艺连接在一起，使成形构件产品的精度提高，制造与装配公差减小。

3）由于激光拼焊是把不同基板的边部对焊在一起，不需要加强板，也没有搭接缝，不仅提高了拼焊板构件的耐蚀性，而且减少了对构件进行密封处理的工艺措施，同时，还提高了车身构件设计的灵活性。

5. 轻金属材料

常用的轻金属材料主要有铝、镁、钛为基体的合金，具有密度低、比强度高、表面色泽银亮美观等优点。这些轻金属合金的板材在新一代汽车结构中的使用量比例正在逐年增加，成为汽车轻量化的重要材料之一。

欧洲轿车车身的铝合金用量比例已经从 1975 年的 3.5% 提高到 2005 年的 11.5%。铝合金板材在汽车车身中的使用总量以每年 5%～6% 的速度增长。(2005 年欧洲每辆轿车的平均铝合金用量已经增加到 124.9kg 以上。2006 年，欧、美、日等国的轿车平均用铝量达到了 127kg/辆。)欧洲铝协(EAA)预测，在 2015 年前，欧洲轿车用铝量将增至 300kg/辆。(在汽车用铝合金中，铸造铝合金占 80% 左右，主要用于发动机、传动机构、转向系统、制动器等，变形铝合金占 20% 左右，包括板、带、管、型材等，主要用于各种车身构件的制作。德国奥迪 A8 全铝管式车架(Aluminum Space Frame，ASF)的质量比传统一体式钢制车架减轻 40%，而整体车架刚度提高了 40%。在轿车中每使用 1kg 铝，可在其使用寿命期内减少 20kg 尾气排放。)

世界各国汽车车身用铝合金板材主要有 Al－Mg 系、Al－Mg－Si 系和 Al－Cu－Mg 系铝合金，其典型牌号与力学性能参见表 2-2。同时，各国开发与应用的铝合金板材各有特色，例如美国的 5182、6009、6010 和 2036 铝合金，德国的 AlMg3 铝合金，法国的 AlMg5、CP483 铝合金，日本的 GC45(Al－4.5Mg－Cu)、GZ45(Al－4.5Mg－Zn－Cu)、GC150(Al－4.5Mg－Cu)、GV10(Al－1.1Mg－0.5Si－Cu)、X660 铝合金等。这些铝合金板材大都应用于车身构件，包括覆盖件、行李箱盖、引擎盖板和油箱等。

表 2-2　汽车车身冲压构件常用铝合金板的牌号与力学性能

DIN 牌号	国标牌号	状态	R_m/MPa	$R_{p0.2}$/MPa	A (%)	A_{gt} (%)	n	r	IE[1]/mm	B_{0max}
第 1 组：纯铝										
Al99.5 W7	1050－O	退火	80	40	40	28	0.25	0.85	10.5	2.1
第 2 组：AlMg (Mn, Cr) 不可热处理强化										
AlMg2.5 W18	5052－O	退火	190	90	28	24	0.30	0.68	—	2.1
AlMg3 W19	5754－O	退火	210	100	28	19	0.30	0.75	9.4	2.1
AlMg5Mn W27	5182－O	退火	280	140	30	23	0.31	0.75	10.0	2.1
AlMg5Mn	5182－ssf	退火	270	125	24		0.31	0.67		
第 3 组：AlMgSi (Cu, Mn) 可热处理强化										
—	6009－T4	自然时效	230	125	27		0.23	0.70		
—	6010－T4	自然时效	290	170	24		0.22	0.70		
(AlMg0.4Si1.2)	6016－T4	自然时效	240	120	28		0.27	0.65	10.2	2.1
	6111－T4	自然时效	275	160	28		0.26	0.56		
第 4 组：AlCuMg (Si) 可热处理强化										
	2002－T4	自然时效	330	180	26		0.25	0.63	9.6	
	2008－T4	自然时效	250	140	28		0.28	0.58		
	2036－T4	自然时效	340	190	24		0.23	0.70		
	2038－T4	自然时效	320	170	25		0.24	0.70		
第 5 组：AlMgCu (Zn) 不确定能否热处理强化										
	GZ45/30－30	自然时效	300	155	30		0.29	0.68	9.8	
	KS5030－T4	自然时效	275	135	30	28	0.30	0.65	9.8	2.08

注：资料来源 F. Ostermann。

①　IE 为 1mm 厚板材的埃里克森杯突值。

在 AlMg 系合金板中，镁含量较低的 5052 合金板的强度较低，屈服强度 YS 低至 90MPa 左右，抗拉强度为 190MPa 的水平，接近于超低碳 IF 钢为基体的超深冲级 DC07 冷轧钢板的强度水平($YS \leqslant 100MPa$)。但是，5052 铝镁合金板的塑性水平和成形性能，则显著低于 DC07 冷轧钢板，例如其断后伸长率 $A=28\%$，远低于 DC07 的 $A_{80} \geqslant 44\%$；其应变硬化指数

n 值可以达到 0.30，与 DC07 钢板的实际水平相似；其塑性应变比 r 值仅达到 0.67，远低于 DC07 钢板对横向 r 值的技术指标要求 $r_{90} \geqslant 2.50$。

在 AlMg 系中镁含量较高（4.5% ~ 5.0%）的 5182 铝合金板，强度比 5052 提高一级，达到 $YS = 140MPa$ 和 $TS = 270MPa$ 的水平，相当于冷轧深冲级 DC05 和超深冲级 DC06 钢板的强度水平，但是，其断后伸长率 A 仅达到 30%，显著低于 DC05 的 $A_{80} \geqslant 40\%$ 和 DC06 的 $A_{80} \geqslant 41\%$ 的塑性水平，在其应变硬化指数 n 值达到较高水平（$n = 0.31$）的同时，其塑性应变比 r 值（0.75）却远低于 DC05（$r_{90} \geqslant 1.9$）和 DC06（$r_{90} \geqslant 2.1$）的水平。

可见，典型铝镁合金板 5052 和 5182 在强度水平与冷轧超低碳钢板 DC05、DC06 和 DC07 相似的条件下，其塑性水平和成形性能参数显著低于冷轧超深冲钢板。同时，铝合金板在冲压成形后，构件的回弹量比钢板大，对构件几何精度的控制难度比较高。另外，铝合金板的屈服延伸易导致成形构件表面出现吕德斯线和起皱缺陷，例如 AlMg 系铝合金板在冲压成形时的表面滑移线，使得 5000 系铝板只能用于内部结构件。

马鸣图教授对国内外铝合金板开发与应用状况的调查研究结果表明，AlMgSi 系可热处理铝合金是可成形铝合金汽车板的适用材料。这类铝合金汽车板可以通过适当的 Mg 和 Si 含量及其中间相 Mg_2Si 的固溶和时效析出获得强化效果，并具有良好的成形性和一定的烘烤硬化能力，无屈服延伸，在冲压成形时不出现滑移线，适合用作汽车外覆盖件，例如发动机罩盖板，与钢制零件相比可减重 50%。同时，铝合金的导热性好，可以有效保证发动机的散热，并且在满足汽车碰撞对行人的保护方面也发挥了重要作用。美国铝业公司、加拿大铝业公司及神户钢铁公司都进行了 6000 系和 5000 系变形铝合金汽车板的生产和应用研究，并已批量生产和应用。例如 Acura NSX 轿车使用 5052 合金板作为内部面板，使用 6000 系合金板作为外部面板，Jaguar XJ220 和 GM EV1 轿车采用 5754 铝合金板作为车身覆盖件材料。

为进一步提高铝合金板的抗时效稳定性、成形性、烘烤硬化性、翻边延性、抗凹陷性和表面质量，尤其是用于汽车外板的综合性能，需要进一步优化合金元素（Mg、Si、Fe、Mn、Zn 等）的选择、组合与含量，热轧工艺对晶粒细化和均匀化的影响和控制，冷轧工艺和技术对表面质量的影响和控制，热处理工艺（固溶处理、淬火工艺、时效处理等）对晶粒尺寸、形状和第二相尺寸、分布的影响和控制。但是，对于铝合金板来说，提高塑性应变比 r 值和深冲性能仍然比较困难。另一方面，改进和控制冲压成形工艺参数，例如润滑状态、压边力、变形温度、冲压速度、模具圆角半径等，均对构件的成形性具有重要影响。

2.1.3　新型板材的主要技术特征

在力学性能和成形性能达到各强塑性级别板材的技术指标要求的同时，成形用板材必须在几何精度、表面质量和均质性几方面满足不同级别的技术指标要求。

1）几何精度：包括板厚精度、板凸度［厚度沿横截面的凸度分布（Profile）］、平直度（Flatness）和平面形状（Contour）。

2）表面质量：包括表面缺陷控制、表面粗糙度 Ra 值、纹理形貌（Texture）和清洁度。

3）均质性：各品种、牌号、规格产品的每一项性能和质量参数在每一炉罐、每一带卷的全部长度与宽度上保持均匀、稳定、连续和一致的性能。

1. 几何精度

冷轧带钢的厚度一般在 $t = 0.25 \sim 2.5mm$ 范围内，有些厂家（例如日本 JFE）的冷轧板最薄规格可以达到 0.14mm，而最厚规格可以达到 3.2mm。冷轧宽带钢的宽度一般在 $w = 1000 \sim 2050mm$ 范围内，窄带钢宽度 $w = 100 \sim 800mm$。冷轧带钢的卷重一般为 30t，每卷带钢的长度，根据厚度和宽度的不同，可以在 $L = 1000 \sim 4000m$ 范围内变化。

　　板厚精度是冷轧板最重要的质量参数之一。它对于汽车和其他各鉨制造业的构件冲压成形工艺的稳定控制和构件的形状精度，尤其是对于全自动冲压线和机器人组装线的汽车制造厂家，十分重要。因此板厚精度一向是冷轧板带生产的第一控制目标。例如，厚度为0.8mm、宽度为 1500mm 的冷轧汽车板，在其 30t 带卷的约 3000m 长度方向上，头尾加减速轧制时的厚度公差不得超过 20μm，稳态轧制时的厚度公差不得超过 7μm。冷轧板的板厚精度取决于热轧板来料的板厚精度均匀性和冷连轧机鏖的板厚自动控制（AGC）系统。

　　板形控制主要指板厚凸度和平直度控制。板厚凸度是板带厚度在其宽度横断面上的分布不均造成的，可用板带中心线处的厚度与边缘处的厚度之差 $C = h_c - h_e$ 来表示。一般边缘处的厚度 h_e 是在距离板带边缘 25mm 处测量的。对于不同厚度的板带，其凸度值的直接对比是没有准确物理意义的。板带厚度沿横向的分布状态也可用比例凸度 $C_P = (h_c - h_e)/h_c$ 来描述，即板带凸度与中心厚度之比，不同厚度板带的比例凸度具有一定的可比性。平直度是板带纵向延伸在宽度轴上各处均匀性的量度，可用延伸应变差来表示，即 $F_L = 10^5 \Delta \varepsilon = 10^5 \Delta L/L$。平直度越高，延伸应变差越小。平直度也可以直观地用波峰高度 H 与波峰间距 L 之比来量度，称为瓢曲度（或相对波形度），$\lambda = H/L \times 100\%$。对于平面应变条件下的宽带钢轧制，如果轧后出现边浪 $\Delta \varepsilon > 0$，则板带纵向延伸应变差 $\Delta \varepsilon$ 恰好等于板带轧制前后的比例凸度差，$\Delta \varepsilon = C_{P2} - C_{P1} = \Delta C_P$。冷轧板的平直度对于随后的罩式退火处理、汽车厂的冲压成形工艺及构件的成形精度，均有直接而明显的影响。因此平直度控制往往比板厚凸度更为重要。

2. 表面质量

　　表面质量包括表面缺陷控制、表面粗糙度 Ra 值、表面纹理形貌（Texture）和清洁度四个方面的技术指标要求。冷轧板的表面质量将影响随后的镀层、冲压和喷漆过程，进而影响到轿车外观、耐蚀性和耐用性。

　　对于冷轧板的表面缺陷控制，我国国家标准 GB/T 5213—2008 要求钢板表面不允许存在结疤、裂纹、夹杂等缺陷，并且按照不同用途分为较高级 FB、高级 FC 和超高级 FD 三种级别。目前，汽车外板 O5 板对表面缺陷的控制最为严格，不允许钢板表面存在任何肉眼可见的划伤、压痕、麻点、辊印、氧化色、暗线、翘皮（夹层）等表面缺陷，以保证喷漆或镀层后的外观质量。

　　根据随后加工制造工艺的要求，表面粗糙度可分成两个不同的级别：A 为满足冲压或镀层要求的普通冷轧表面级别，B 为满足高级喷漆或电镀要求的高质量级别。

　　A 级别的钢板通常表面粗糙度 $Ra = 0.9 \sim 1.6 \mu m$ 或更为粗糙，并应双面合格以保证成形性和可涂镀性。钢板表面具有一定的表面粗糙度是必要的。这样可以获得足够的表面波谷以储存润滑剂，从而降低冲压时模具与板料之间的摩擦并改善应变分布。

　　B 级别的钢板表面可以与 A 级别钢板相同或更光滑，包括光亮、半光亮、一般和粗糙几类。平整轧制后的钢板可按 4 级（表面质量分级）见表 2-3。B 级表面经常只要求在一侧达标。

表 2-3　平整轧制后的钢板表面质量分级

定　　义	符　　号	特　　征	
		表面状态	表面粗糙度 $Ra/\mu m$
光亮	b	光亮均匀	<0.40
半光亮	g	均匀平滑	<0.90
一般	m	均匀	0.90~1.60
粗糙	R	均匀	>1.60

钢板表面粗糙度和纹理形貌是在平整时由工作辊表面纹理传递给钢带表面而得到的。工作辊表面纹理是用不同的毛化制纹方法加工的，例如抛丸（SBT）、电火花（EDT）和激光（LT）毛化。所用的毛化方法不同，所得的轧辊表面纹理形貌不同，平整后钢带表面粗糙度和纹理形貌也随之不同。而不同的表面粗糙度和纹理形貌会影响到喷漆质量，如在喷过漆的构件表面上有时可见到长波浪形状的被称为桔皮的组织，这种缺陷经常是由抛丸毛化的轧辊所引起的。当使用电火花毛化轧辊时，这种桔皮缺陷可明显减少，表面粗糙度也更为均匀；这样冲压成形时的润滑和喷漆后的外观均可得到改善。国外在采用电火花或激光毛化方法加工平整轧辊表面时，可使钢板表面粗糙度的波动控制在 $\Delta Ra = 0.1\mu m$。国产冷轧汽车板的表面粗糙度还不够均匀，波动值 $\Delta Ra = 0.4\mu m$，这可能与抛丸毛化方法有关。平整过程中轧辊表面粗糙度由于磨损而随时间的变化是影响钢带表面质量的关键因素。

清洁度是对冷轧钢板表面单位面积内的残留乳化液和残留铁粉数量的控制，以保证喷漆或涂镀层的质量。

3. 均质性

由于汽车制造业采用全连续、全自动化的冲压、焊接、组装等生产线技术，因此对于汽车板特别是高等级汽车板产品性能与质量的稳定性（Consistency）要求极为严格。即要求各品种、各牌号、各规格产品的每一项性能和质量参数在每一炉罐的每一带卷的全部长度与宽度上保持均匀、稳定、连续和一致，从而保证汽车构件和车身整体的尺寸与形状的高精度和可靠性。虽然没有任何国家的任何技术标准曾经对金属板材的力学性能、几何精度、表面质量提出均质性的技术指标要求，但是，每一家用户历来都是在反复考核、验证、对比所需板材的均质性水平之后，才决定是否选择，以保证其冲压成形构件的几何精度、表面质量、使用性能及其稳定性、均质性和可靠性。

2.2　金属板材料的分类

2.2.1　按晶体结构分类

原子或原子团、离子或分子在空间按一定规律呈周期性地排列构成的固体称为晶体。构成晶体的原子（离子或分子）在空间规则排列的方式称为晶体结构。由于晶体中的原子呈周期性规则排列，因此，可从晶格中选取一个能够完全反映晶格特征的最小几何单元来分析晶体中原子排列的规律，这个最小的几何单元称为晶胞，如图 2-9 所示。晶格的大小和形状等几何特征以晶胞的棱边长度 a、b、c 及棱间夹角 α、β、γ 等参数来描述，其中晶胞的棱边长度 a、b、c 一般称为晶格常数，金属的晶格常数大多为 $0.1 \sim 0.7nm$。按照以上 6 个参数组合的可能方式或根据晶胞自身的对称性，可将晶体结构分为 7 个晶系，每种晶系又分为若干种晶格，共 14 种晶格。

冲压材料按照其晶体结构，可以划分为三种类型。

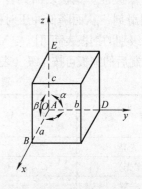

图 2-9　晶胞

1. 面心立方

金属原子分布在立方体的 8 个角上和 6 个面的中心。面中心的原子与该面 4 个角上的原子紧靠，如图 2-10a 所示。面心立方晶胞的特征如下。

晶格常数：$a = b = c$，$\alpha = \beta = \gamma = 90°$。

晶胞原子数：$1/8 \times 8 + 1/2 \times 6 = 4$。

原子半径：$r_{原子} = \dfrac{\sqrt{2}}{4}a$。

致密度：0.74（74%）。

四面体间隙半径：$r_四 = 0.225r_{原子}$。

八面体间隙半径：$r_八 = 0.414r_{原子}$。

配位数：12。

具有这种晶体结构的冲压材料有 $\gamma - Fe$、Al、Cu、$\beta - Ti$、Ag、Au。

2. 体心立方

体心立方晶格的晶胞中，8 个原子处于立方体的角上，一个原子处于立方体的中心，角上 8 个原子与中心原子紧靠，如图 2-10b 所示。体心立方晶胞的特征如下。

晶格常数：$a = b = c$，$\alpha = \beta = \gamma = 90°$。

晶胞原子数：$1/8 \times 8 + 1 = 2$。

原子半径：$r_{原子} = \dfrac{\sqrt{3}}{4}a$。

致密度：0.68（68%）。

四面体间隙半径：$r_四 = 0.29r_{原子}$。

八面体间隙半径：$r_八 = 0.15r_{原子}$。

配位数：8。

具有体心立方晶格的冲压材料有 Ti、$\alpha - Fe$。

3. 密排六方

密排六方晶格的晶胞中 12 个金属原子分布在六方体的 12 个角上，在上下底面的中心各分布一个原子，上下底面之间均匀分布 3 个原子，如图 2-10c 所示。密排六方晶胞的特征如下。

晶格常数：用底面正六边形的边长 a 和两底面之间的距离 c 来表达，两相邻侧面之间的夹角为 120°，侧面与底面之间的夹角为 90°。

晶胞原子数：$1/6 \times 12 + 1/2 \times 2 + 3 = 6$。

原子半径：$r_{原子} = \dfrac{1}{2}a$。

致密度：0.74（74%）。

四面体间隙半径：$r_四 = 0.225r_{原子}$。

八面体间隙半径：$r_八 = 0.414r_{原子}$。

配位数：12。

具有密排六方晶体结构的冲压材料有 Mg、$\alpha - Ti$、Zn。

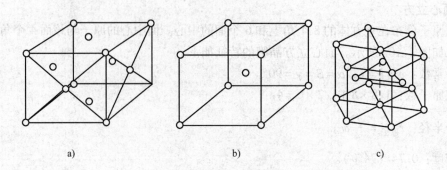

图 2-10　冲压材料常用的三种晶体结构模型

a）面心立方结构　b）体心立方结构　c）密排六方结构

2.2.2　按基体金属种类与化学成分分类

根据金属的颜色和性质等特征，将金属分为黑色金属（Ferrous Metal）和有色金属（Non‑ferrous Metal）。

1. 黑色金属

黑色金属包括铁、铬、锰及其合金。黑色金属中的冲压材料主要是钢，按其碳含量和合金含量的不同，分为低碳钢、微碳钢、IF 钢、低合金、微合金钢、中合金钢和高合金钢。

（1）低碳钢（Low‑carbon Steel）　碳质量分数低于 0.25% 的碳素钢，因其强度低、硬度低而软，故又称为软钢。它包括大部分普通碳素结构钢和一部分优质碳素结构钢，大多不经热处理即用于工程结构件。低碳钢退火组织为铁素体和少量珠光体，其强度和硬度较低，但塑性和韧性较好。

（2）微碳钢（Micro‑carbon Steel）　碳质量分数低于 0.04% 的低碳铝镇静钢称为微碳钢，是在传统的低碳铝镇静钢基础上进一步降碳和纯净钢质发展而来的，主要牌号有 SPCE（N）、St15、03Al 等。

（3）IF 钢（Interstitial‑free Steel）　IF 钢即无间隙原子钢，有时也称为超低碳钢。在 IF 钢中，由于 C、N 含量低，加入一定量的 Ti、Nb 使钢中的 C、N 原子被固定成为碳化物、氮化物或者碳氮化物，从而使钢中没有间隙原子存在，碳氮质量分数的和应小于 0.0005%，现在先进的炼钢工艺已把钢中的碳氮质量分数降低到 0.0003% 以下。IF 钢具有极优异的深冲性能，伸长率和 r 值可分别达 50% 和 2.0 以上，在汽车制造业上得到了广泛应用。

（4）低合金钢（Low‑alloy Steel）　合金元素总质量分数小于 3% 的合金钢称为低合金钢。低合金钢是相对于碳素钢而言的，是在碳素钢的基础上，为了改善钢的一种或几种性能，而有意向钢中加入一种或几种合金元素。与碳素钢相比，强度更高、韧性更好，且具有足够的塑性、良好的成形性能和焊接性以及耐蚀性。

（5）微合金钢（Micro‑alloy Steel）　通常指在低碳钢或者低合金钢成分的基础上，再添加微量的 Nb、V、Ti 等碳氮化物形成元素，添加量不多于 0.20%（质量分数）。添加微量合金元素后，使钢的一种或几种性能得到明显的改善。

（6）中合金钢（Medium‑alloy Steel）　合金元素总质量分数为 3% ~10% 的合金钢称为中合金钢，如硅钢。

（7）高合金钢（High‑alloy Steel）　合金元素总质量分数为 10% 以上的合金钢称为高

合金钢，如不锈钢、TWIP 钢等。

2. 有色金属

狭义的有色金属又称为非铁金属，是铁、锰、铬以外的所有金属的统称。广义的有色金属还包括有色合金。有色合金是以一种有色金属为基体（通常质量分数大于50%），加入一种或几种其他元素而构成的合金。

（1）铝合金　纯铝具有银白色金属光泽，耐大气腐蚀，易于加工成形，具有面心立方晶格，无同素异构转变，无磁性。以铝为基，添加其他元素的合金称为铝合金。主要合金元素有铜、硅、镁、锌、锰，次要合金元素有镍、铁、钛、铬、锂等。铝合金密度低，但强度比较高，接近或超过优质钢，且塑性好，可加工成各种型材；具有优良的导电性、导热性和耐蚀性，工业上被广泛使用，使用量仅次于钢。常用冲压铝合金有：

1000 系，不含有其他元素，又称为纯铝板，常见牌号有 1050、1060、1070。

2000 系，是一种可热处理强化的铝合金，以 Cu 和 Mg 为主要的添加元素，其强化相为 $CuAl_2$ 或 $CuMgAl_2$。该系合金表现出良好的可锻性，而且具有较高的强度和一定的烤漆硬化性，耐蚀性比其他系列的铝合金差，主要应用于航空领域。常见牌号有 2017、2022、2024 和 2036。

3000 系：Mn 元素为其主要合金元素，Mn 质量分数为 1% ~1.5%，防锈功能较好，又称为防锈铝板，主要应用于汽车底板和家电产品中，常见牌号有 3003、3004、3005、3105。

4000 系：Si 元素为其主要合金元素，Si 质量分数为 4.5% ~6%，具有耐热耐磨的特性，主要用于建筑、机械零件等。

5000 系，Mg 是主要的合金元素，质量分数为 3% ~5%，抗拉强度高，伸长率高，具有良好的耐蚀性和焊接性。常见牌号有 5005、5052、5083。

6000 系，合金中主要的合金元素是 Mg 和 Si，属于热处理可强化铝合金。具有较高的强度、较好的塑性和优良的耐蚀性。常见牌号有 6009、6010、6016、6061、6063、6082。

7000 系，主要合金元素是 Zn，高硬度，高强度，属于超硬铝，常见牌号有 7005、7039、7075。

（2）镁合金　镁合金是以镁为基加入其他元素组成的合金。其特点是：密度小（1.8g/cm^3左右）、比强度高、弹性模量大、消振性好、承受冲击载荷能力比铝合金大、耐有机物和碱腐蚀的性能好。主要合金元素有铝、锌、锰、铈、钍及少量锆或镉等。目前使用最广的是镁铝合金，其次是镁锰合金和镁锌锆合金。常用的镁合金牌号有 AZ31、AZ40、AM50、AM60 等。

（3）钛合金　纯钛密度小，比强度高，塑性、低温韧性和耐蚀性好。具有同素异构体，低于882℃时呈密排六方晶格结构，称为 α 钛；在882℃以上呈体心立方晶格结构，称为 β 钛。利用钛的上述两种结构的不同特点，添加适当的合金元素，使其相变温度及相含量逐渐改变而得到不同组织的钛合金（Titanium Alloys）。钛合金强度高而密度小，力学性能好，韧性和耐蚀性很好。

按退火组织，钛合金分为三类：α 合金、β 合金和 α + β 合金。我国分别以 TA、TB、TC 表示，其中 TA0 ~TA4 为纯钛。

α 合金主要添加元素是 Al，还有 Sn 和 B，代表牌号有 TA5、TA7。

β 合金主要添加元素是 Mo、Cr、V、Al，代表牌号有 TB2、TB3 和 TB4。

α + β 合金主要添加元素是 Al、V、Mo、Cr，代表牌号有 TC4。

（4）铜合金　纯铜具有面心立方晶格，无同素异构转变，无磁性，具有优良的导电性和导热性，具有良好的耐蚀性，且塑性好。以纯铜为基体加入一种或几种其他元素所构成的合金称为铜合金。常用的合金元素为 Zn、Sn、Al、Mn、Ni、Fe、Be、Ti、Zr、Cr 等，铜合金既提高了强度，又保持了纯铜特性。铜合金分为黄铜、青铜、白铜三大类。

黄铜是以锌为主要添加元素的铜合金，另外特殊黄铜中，还添加 Sn、Al、Mn、Ni、Fe、Pb 等，常见牌号有 H59，H62、H68、H70、H80、HPb63 – 3、HSn62 – 1。

白铜是以镍为主要添加元素的铜合金。

青铜原指铜锡合金，后除黄铜、白铜以外的铜合金均称为青铜，并常在青铜名字前冠以第一主要添加元素的名称，常用的青铜有锡青铜（QSn4 – 3、QSn6.5 – 0.4）、铝青铜（QAl5、QAl7）、铍青铜（QBe2、QBe1.7）等。

2.2.3　按生产工艺分类

1. 热轧板

热轧板是一种优质碳素钢，碳质量分数为 0.10% ~ 0.25%，属于低碳钢。按其厚度规格，分为薄板和中厚板。厚度小于 4mm 的称为薄板，厚度为 4 ~ 20mm 的称为中板，厚度为 20 ~ 60mm 的称为厚板。用于冲压生产的热轧板厚度一般 ≤16mm，深冲压一般 ≤8mm。热轧板表面质量可分为 FA 和 FB 两个级别。热轧板的表面处理可采用酸洗表面和非酸洗表面两种方式。热轧钢板没有冷轧钢板的组织结构，所以它的冲压成形性能不如冷轧钢板。另一方面，热轧钢板的厚度和性能波动性大，对冲压过程也是不利的。除了材料化学成分外，其晶粒大小排列也影响它的强度和 n 值。

常见的冲压用非酸洗表面热轧板多为优质碳素结构钢材质。优质碳素结构钢是碳质量分数小于 0.8% 的碳素钢，这种钢中所含的硫、磷及非金属夹杂物比碳素结构钢少，力学性能较为优良。按含碳量不同可分为三类：低碳钢（w_C ≤ 0.25%）、中碳钢（w_C = 0.25% ~ 0.6%）和高碳钢（w_C > 0.6%）。按含锰量不同分为正常含锰量（w_{Mn} 0.25% ~ 0.8%）和较高含锰量（w_{Mn} 0.70% ~ 1.20%）两组，后者具有较好的力学性能和加工性能。此类板多应用于汽车、航空工业及其他部门。该类钢的牌号有沸腾钢 08F、10F、15F；镇静钢 08、08Al、10、15、20、25、30、35、40、45、50。

热轧酸洗板是以优质热轧薄板为原料，经酸洗机组去除氧化层、切边、精整后，表面质量和使用要求（主要是冷弯成形或冲压性能）介于热轧板和冷轧板之间的中间产品，是部分热轧板和冷轧板理想的替代产品。常用牌号为 SPHC、SPHD、SPHE。

2. 热处理板

对热轧板进行热处理以获得所需要的组织和性能。常见的热处理工艺有正火（常化）、调质（淬火 + 回火、正火 + 回火）、高温回火、退火等，通常以正火处理最为普遍。

3. 热轧形变热处理板

将塑性变形同热处理有机结合在一起，获得形变强化和相变强化综合效果的工艺方法，称为形变热处理（Thermo – mechanical Treatment），采用形变热处理生产的热轧板称为热轧形变热处理板。

4. 冷轧板

冷轧板卷是以热轧卷为原料，在室温下在再结晶温度以下进行轧制而成的，包括板和卷。与热轧板相比，钢板的表面质量好、尺寸精度高，产品的性能和组织能满足一些特殊的使用要求，如电磁性能、深冲性能等。冷轧板的力学性能比较差，以及硬度太高，所以要经过退火工艺，消除加工硬化及内部缺陷，并赋予钢板一些特殊的使用性能，例如深冲性、导磁性等。冲压冷轧板的常用牌号有：Q195、Q215、Q235、Q275、08、08F、10、10F、SPCC、St1208A1、SPCD、SPCE、St13、St14、St15。

5. 涂镀层板

为防止钢板制件在使用中发生腐蚀，在冷轧和热轧后，经电镀或在 450 ~ 500℃ 的耐腐蚀金属溶液中进行热浸，然后制成表面处理钢板。由于它是在冶金工厂完成表面涂层的卷材，可供用户直接加工成产品，所以也称为预涂卷材。根据基材和涂镀工艺的不同，分为热镀锌板、热镀锌铁合金板、热镀锌铝合金板、电镀锌板、电镀锌铁合金板、电镀锌镍合金板、镀锡板、电镀铬薄钢板、彩涂钢板。

(1) 热镀锌板 热镀锌板是厚度为 0.25 ~ 2.5mm 的冷轧连续热镀锌薄钢板和钢带，钢带先通过火焰加热的预热炉，烧掉表面残油，同时在表面生成氧化铁膜，再进入含有 H_2、N_2 混合气体的还原退火炉加热到 710 ~ 920℃，使氧化铁膜还原成海绵铁，表面活化和净化了的带钢冷却到稍高于熔锌的温度后，进入 450 ~ 460℃ 的锌锅，利用气刀控制锌层表面厚度。最后经铬酸盐溶液钝化处理，以提高耐白锈性。由于具有锌铁合金层，因此具有电镀锌无法比拟的强耐蚀性和很强的耐磨性。常用牌号有 Zn100 - PT、Zn200 - SC、Zn275 - JY、SGCC、SGCD1、SGCD2、SGCD3、St01Z、St02Z、St03Z、St04Z、St05Z。

(2) 热镀锌铁合金板 钢带出锌浴炉后，进入合金化炉处理，使镀层形成锌铁合金镀层。钢板表面无锌花且粗糙，涂装性良好，焊接性佳，适用于制造汽车、家电等。

(3) 热镀锌铝合金板 采用连续熔融镀层工艺把锌—铝合金液镀覆到钢板表面。具有良好的耐久性及耐热性；与镀锌钢板相比，寿命更长、耐热性好；在高温下更不容易变色，加工性能和喷涂性能相近。按镀层中铝含量的不同，分为两种，55% 铝锌板（含质量分数为 55% 的 Al、质量分数为 43.4% 的 Zn 和质量分数为 1.6% 的 Si）和 5% 铝锌板（含质量分数为 5% 的 Al 及少量的稀土，其余为 Zn）。

(4) 电镀锌板 利用电解，在钢板表面形成均匀、致密、结合良好的锌金属沉积层。电镀锌的锌镀层较厚，结晶细致，均匀且无孔隙，耐蚀性良好。锌镀层经铬酸钝化后形成白色、彩色、军绿色等，美观大方，具有一定的装饰性。常用牌号有 SECC（原板 SPCC）、SECD（原板 SPCD）、SECE（原板 SPCE）

(5) 电镀锌铁合金板 按镀层中铁的质量分数分为高铁含量和低铁含量两种，0.4% ~ 0.8% 为低铁，3% ~ 25% 为高铁，前者比后者应用更广泛。锌铁合金层的耐蚀性是纯锌层的 5 ~ 20 倍，硬度为 110 ~ 130HV，在汽车和家电制造业中得到广泛应用。

(6) 电镀锌镍合金 锌质量分数为 80% ~ 90%，镍质量分数为 10% ~ 20%，盐雾试验效果可达 2000h 以上，是普通电镀锌的 5 ~ 10 倍。

(7) 镀锡板 英文缩写为 SPTE，是指两面镀有商业纯锡的冷轧低碳薄钢板或钢带，通常厚度≤0.6mm。锡主要起防止腐蚀与生锈的作用。有一定的强度和硬度，成形性好，易焊接，表面光亮，印制图画可以美化商品。主要用于食品罐头工业，其次用于化工油漆、油类、医药等包装材料。镀锡板按生产工艺分为热镀锡板和电镀锡板。

（8）电镀铬薄钢板（Electrolytic Chromium Coated Steel，ECCS）　将冷轧薄钢板在铬酐的水溶液中进行阴极还原，在钢板表面形成一层极薄的金属铬和水合氧化物铬膜的产品。由于金属铬层有很强的钝化能力，因而镀铬板具有较高的化学稳定性和耐蚀性。价格低，涂料附着力强，可达镀锡板的 3～4 倍以上；耐温性好，可采用高温烘烤，从而提高涂印生产的效率；耐硫性好，可防止硫化斑的产生，用于鱼、肉和部分含硫罐头，不易变黑。但在耐蚀性、美观方面不如镀锡板。

（9）彩涂钢板　在连续机组上以冷轧带钢、镀锌带钢（电镀锌和热镀锌）为基板，经过表面预处理（脱脂和化学处理），用辊涂的方法，涂上一层或多层液态涂料，再经过烘烤和冷却所得的板材即为涂层钢板。由于涂层可以有各种不同的颜色，习惯上把涂层钢板称为彩涂钢板。依基板和涂层的不同，主要有以下几种。

1）冷轧基板彩涂钢板。由冷轧基板生产的彩色板，具有平滑美丽的外观，且具有冷轧板的加工性能；但是表面涂层的任何细小划伤都会把冷轧基板暴露在空气中，从而使划伤处很快生成红锈。因此这类产品只能用于要求不高的临时隔离措施和作为室内用材。

2）热镀锌彩涂钢板。把有机涂料涂覆在热镀锌钢板上得到的产品即为热镀锌彩涂钢板。热镀锌彩涂钢板除具有锌的保护作用外，表面上的有机涂层还起了隔绝保护、防止生锈的作用，使用寿命比热镀锌板更长。

3）热镀铝锌彩涂钢板。采用热镀铝锌钢板作为彩涂基板（55% 铝锌板和 5% 铝锌板）。

4）电镀锌彩涂钢板。用电镀锌板为基板，涂上有机涂料烘烤所得的产品为电镀锌彩涂钢板，由于电镀锌板的锌层薄，该产品不适合使用在室外制作墙、屋顶等。但因其具有美丽的外观和优良的加工性能，因此主要应用于家电、音响、家具、室内装潢等。

5）彩涂印刷钢板（Printed Steel Sheet）。彩涂印刷钢板也称为印刷钢板，在热浸镀锌钢板或电镀锌钢板上先涂上一层油，烘烤后，再以照相凹版印刷或胶版印刷等方式，印刷出油墨图案，然后涂上清漆经烘烤而成，主要用途为装饰品。

6）彩涂贴皮钢板（Laminated Steel Sheet）。在底材上先涂烤一层粘结剂，再将 PVC 或者 PVF 材质的薄膜与底材压合，属于最高级彩涂产品，美观、耐用。

7）涂层压花钢板（Film - Embossed Sheet）。在镀锌板上涂以 PVC 的溶胶，经烘烤后，利用压花滚轮在薄膜上压出花纹。应用于建筑物、室内装潢和家具等。

8）金属压花钢板（Metal - Embossed Sheet）。金属底板被压出凹凸的图纹，具有优良立体感，应用于室内装潢。

2.2.4　按用途分类

1. 汽车板

构成车身的部件大致分为面板部件、结构部件、行走部件及增强部件。汽车板包括车身结构板、车身覆盖件用板（车身内板、车身外板）、汽车大梁板、车轮轮辋板，这些部件对应不同的用途要求，具有不同的性能。从生产工艺特点划分为热轧钢板、冷轧钢板和涂镀层钢板；从强度角度可划分为普通钢板（软钢板）、低合金高强度钢板（HSLA）、普通高强度钢板（高强度 IF 钢、BH 钢、RP 钢和 IS 钢等）和先进高强度钢板（AHSS）等。

2. 家电板

主要用于家电（如电冰箱、洗衣机、空调、计算机等）的外面板，主要使用 PCM、普冷板和镀锌板、花纹板等。

3. 航空板

主要指飞机所用材料，最主要的是机体结构材料。机翼蒙皮因上下翼面的受力情况不同，分别采用抗压性能好的超硬铝及抗拉和疲劳性能好的硬铝；机身采用抗拉强度高、耐疲劳的硬铝作为蒙皮材料。机身隔框一般采用超硬铝，承受较大载荷的加强框采用高强度结构钢或钛合金。

4. 船体结构用钢

船体结构用钢又称为船板钢，主要指用于制造远洋、沿海和内河航运船舶船体、甲板等的船板材料。钢种包括一般强度船板（A ~ E 4 个等级）、高强度船板（AH32 ~ EH40 共 12 个等级）、超高强度船体钢（AH42 ~ FH69）。

5. 锅炉钢板

锅炉钢板主要是用来制造过热器、主蒸汽管和锅炉火室受热面的热轧中厚板材料，主要材质有优质结构钢及低合金耐热钢，由于锅炉钢板处于中温（350℃左右）高压状态下工作，除承受较高压力外，还受到冲击、疲劳载荷及水和气的腐蚀，对锅炉钢板的性能要求主要是有良好的焊接及冷弯性能、一定的高温强度和耐碱性腐蚀、耐氧化等。常见的牌号有 Q245R、Q345R、15CrMoR。

6. 压力容器钢

压力容器钢是用于制造石油、化工、气体分离和储运气体的压力容器或其他类似设备的钢种。包括碳素钢、碳锰钢、微合金钢、低合金高强度钢以及低温用钢，主要钢号有 Q245R、Q345R、Q370R。

2.2.5　按使用性能分类

1. 冲压钢

碳质量分数 ≤0.20%，屈服强度在 275MPa 以下的碳素结构钢。塑性非常好，具有优良的拉深特性，所以被广泛用于结构比较复杂的拉深的制品上。分为一般商品用（CQ 级，如 08Al、St12、SPCC 等）、冲压用（DQ 级，如 08Al、St13、SPCD 等）、深冲用（DDQ 级，如 08Al、St14、SPCE 等）、特深冲用（SDDQ 级，如 St15）和超深冲用（EDDQ，如 St16）。

2. 传统高强钢（CHSS）

抗拉强度为 300 ~ 600MPa 的钢，主要包括碳锰（C - Mn）钢、烘烤硬化钢（BH）、各向同性钢（IS）、高强度无间隙原子钢（HSS - IF）和高强度低合金钢（HSLA）。

（1）高强度无间隙原子钢（HSS - IF）　高强度无间隙原子钢属于固溶强化钢，主要通过在无间隙原子钢中添加 P、Mn、Si 等固溶强化元素来提高强度，其 r 值可增至 2.0，抗拉强度可达 400MPa，而加入 Ti、Nb 和 B 的高强度无间隙原子钢的抗拉强度可达 400 ~ 450MPa。由于高强度无间隙原子钢兼具高强度和深冲性能，可以加工成复杂形状的零件，并提高汽车的抗凹陷性、减轻汽车重量，符合汽车安全、减重、节能、环保的要求。

（2）各向同性钢（IS）　各向同性钢是对塑性应变比（r 值）进行限定的钢。由于这种钢具有各向同性性能，因此具有良好的拉深成形性能，适合于汽车外覆盖件的制造。

（3）烘烤硬化钢（Bake Hardening Steel，BH）　　烘烤硬化钢是一种将冲压用钢的深冲性与合金元素 P（或 Mn）的固溶强化机制相结合，并通过烘烤硬化的应变硬化机制而获得高强度、深冲性与良好抗凹陷性等优异综合性能的冷轧钢板。目前，开发出的 BH 钢板主要有四大类，即渗氮钢板、双相钢板、含磷铝镇静烘烤硬化钢板和超低碳烘烤硬化钢板（ELC－BH 钢板）。BH 钢板具有良好的冲压成形性能和塑性、较高的抗凹陷性和强度，适合于汽车零件，特别是汽车车身外覆盖件的冲压成形，在汽车制造业中得到了广泛应用。

（4）高强度低合金钢（High Strength Low Alloy，HSLA）　　高强度低合金钢是在碳质量分数≤0.20% 的碳素结构钢基础上，加入少量的合金元素发展起来的，其屈服强度高于 275MPa。此类钢中除含有一定量的硅（Si）或锰（Mn）基本元素外，还含有微量的其他元素，如钒（V）、铌（Nb）、钛（Ti）、铝（Al）、钼（Mo）、氮（N）和稀土（RE）等。与碳素结构钢相比，其具有强度高、综合性能好、使用寿命长、应用范围广、比较经济等优点。广泛用于桥梁、船舶、锅炉、车辆及重要建筑结构中。牌号有 Q345（A、B、C、D、E），Q390（A、B、C、D、E），Q420（A、B、C、D、E），Q460（C、D、E）等。

3. 先进高强度钢（Advanced High Strength Steel，AHSS）

先进高强度钢也称为高级高强度钢。主要包括双相钢（DP）、相变诱导塑性钢（TRIP）、复相钢（CP）、马氏体钢（M）、热成形钢（HF）和孪晶诱导塑性钢（TWIP）钢。AHSS 的抗拉强度为 500～1500MPa，具有很好的吸能性，在汽车轻量化和提高安全性方面起着非常重要的作用，并已经广泛用于汽车工业，主要用来制造汽车结构件、安全件和加强件等。

（1）双相钢（Dual Phase Steel，DP）　　由低碳钢或低碳微合金钢经两相区热处理或控轧控冷而得到，其显微组织主要为铁素体 + 马氏体或者铁素体 + 贝氏体。强化相赋予材料高的抗拉强度，铁素体基体赋予材料良好的塑性和韧性，双相钢在化学成分上的主要特点是低碳低合金。主要合金元素为 Si、Mn，另外根据生产工艺及使用要求不同，还可加入适量的 Cr、Mo、V、Nb 元素，组成了以 C－Si－Mn 系、C－Mn－Mo 系、C－Si－Mn－Cr－V 系和 C－Si－Mn－Cr－Mo 系为主的双相钢成分系列。

（2）相变诱导塑性钢（Transformation Induced Plasticity，TRIP）　　相变诱导塑性钢是存在多相组织的钢。这些相通常为铁素体、贝氏体、残留奥氏体和马氏体。在形变过程中，稳定存在的残留奥氏体向马氏体转变时引起了相变强化和塑性增长，为此残留奥氏体必须有足够的稳定性，以实现渐进式转变，一方面强化基体；另一方面提高均匀伸长率，以达到强度和塑性同步提高的目标。TRIP 钢的性能为：屈服强度 340～860MPa，抗拉强度 610～1080MPa，伸长率 22%～37%。TRIP 钢主要用来制造汽车的挡板、底盘部件、车轮轮辋和车门冲击梁等。

（3）复相钢（Complex Phases Steel，CP）　　组织与 TRIP 钢类似，其主要组织是细小的铁素体和高比例的硬化相（马氏体、贝氏体），含有 Nb、Ti 等元素。通过马氏体和贝氏体及析出强化的复合作用，CP 钢的强度可达 800～1000MPa，具有较高的冲击吸收能量和扩孔性能，特别适合用来制造汽车的车门防撞杆、保险杠和 B 立柱等安全零件。

（4）马氏体钢（Martensitic Steel，MART）　　马氏体钢是通过高温奥氏体组织快速淬火转变为板条马氏体组织生产的，可通过热轧、冷轧、连续退火或成形后退火来实现，其最高强度可达 1600MPa，是目前商业化高强度钢板中强度级别最高的钢种。由于受成形性的限制，只能冲压形状简单的零件，主要用于成形要求不高的车门防撞杆等零件的制造。

（5）孪晶诱导塑性钢（Twinning induced plasticity，TWIP） 孪晶诱导塑性钢是一种低层错能的奥氏体钢，该钢在无外载荷条件下使用时，冷却到室温的组织是稳定的残留奥氏体，但是在有外载荷时，由于应变诱导产生机械孪晶，会产生大的无缩颈延伸，显示出非常优异的力学性能，高的应变硬化率、高的塑性和强度。孪生是影响其塑性变形的主要机制，其力学性能主要取决于堆垛层错能。TWIP 钢具有极高的塑性指标（断后伸长率为 60% ~80%）、高的强度（抗拉强度为 600 ~800MPa）和高的应变硬化率，对冲击能量的吸收程度是现有高强钢的两倍。此外，TWIP 钢还具有高的能量吸收能力且没有低温脆性转变温度。TWIP 钢的成分通常主要是 Fe，添加质量分数为 15% ~30% 的 Mn，并加入质量分数为 2% ~4% 的 Al 和 Si，也可以再加入少量的 Ni、V、Mo、Cu、Ti、Nb 等。

4. 耐候钢

耐候钢属于低合金高强度钢，通过在钢中加入少量 Cu、P、Cr、Ni 等合金元素，使钢铁材料在锈层和基体之间形成一层 50 ~100μm 厚的致密且与基体金属粘附性好的非晶态尖晶石型氧化物层，阻止了大气中的氧和水向钢铁基体渗入，保护锈层下面的基体，减缓了锈蚀向钢铁材料纵深发展，从而大大提高了钢铁材料的耐大气腐蚀能力。耐候钢广泛应用于机车车辆、房屋等的各种金属结构件的制造。常见的牌号有 CortenA、CortenB、10CrNiCuP、09CuPTiRE、SPA - H 等。

5. 不锈钢

不锈钢指耐空气、蒸汽、水等弱腐蚀介质和酸、碱、盐等化学浸蚀性介质腐蚀的钢，又称为不锈耐酸钢。不锈钢通常按基体组织分为：奥氏体不锈钢、铁素体不锈钢、奥氏体 - 铁素体双相不锈钢和马氏体不锈钢。用作冲压材料的不锈钢主要为前三种。

（1）奥氏体不锈钢 奥氏体不锈钢是指在常温下具有奥氏体组织的不锈钢。钢中各成分质量分数分别为 Cr 约 18%、Ni8% ~10%、C 约 0.1% 时，具有稳定的奥氏体组织。奥氏体不锈钢无磁性而且具有高韧性和塑性，但强度较低，不可能通过相变使之强化，仅能通过冷加工进行强化。

（2）铁素体不锈钢 铁素体不锈钢是指在使用状态下以铁素体组织为主的不锈钢。Cr 的质量分数为 11% ~30%，具有体心立方晶体结构。这类钢一般不含 Ni，有时还含有少量的 Mo、Ti、Nb 等元素，这类钢具有热导率大、膨胀系数小、抗氧化性好、抗应力腐蚀优良等特点，多用于制造耐大气、水蒸气、水及氧化性酸腐蚀的零部件。典型品种有 AISI409（L）、06Cr13Al、00Cr12Ni、430（10Cr17）、444（019Cr19Mo2NbTi）、44629（000Cr26Mo1）、447J1（000Cr30Mo2）等。

（3）双相不锈钢 其固溶组织中铁素体相与奥氏体相约各占一半，一般量少相的体积分数也需要达到 30%。在含 C 较低的情况下，Cr 质量分数为 18% ~28%，Ni 质量分数为 3% ~10%。有些钢还含有 Mo、Cu、Nb、Ti，N 等合金元素。该类钢兼有奥氏体不锈钢和铁素体不锈钢的特点，与铁素体不锈钢相比，塑性、韧性更高，无室温脆性，耐晶间腐蚀性能和焊接性均显著提高，同时还保持有铁素体不锈钢的 475℃ 脆性以及热导率高、具有超塑性等特点。与奥氏体不锈钢相比，强度高且耐晶间腐蚀和耐氯化物应力腐蚀性能有明显提高。双相不锈钢具有优良的耐孔蚀性能，也是一种节镍不锈钢。

6. 硅钢

硅钢是硅质量分数在3%左右的硅铁合金，是电力、电子和军事工业不可缺少的重要软磁合金，主要用作各种电动机、发电机和变压器的铁心材料。分为热轧硅钢片（用于发电机的制造）、冷轧无取向硅钢片（用于发电机制造）、冷轧取向硅钢片（用于变压器制造）和高磁感冷轧取向硅钢片（用于电信与仪表工业中的各种变压器、扼流圈等电磁元件的制造）。

2.2.6　按加工与成形工艺特性分类

1. 激光拼焊板

拼焊板是将几块不同材质、不同厚度、不同涂层的钢材用激光把边部对焊，焊接成一块整体板，以满足零部件对材料性能的不同要求。经过冲压等工序后成为汽车的部件。主要解决冷轧不能生产超宽板及不等厚板的问题，目前用于激光拼焊的材料有低碳钢、低合金钢、高强度钢、铝合金和镁合金等，冲压件主要用来制造汽车门内板、底板、立柱等零部件。

2. 液压成形板（管）

金属板料液压成形技术是指利用液体介质代替凹模或凸模，靠液体介质的压力使板料成形的一种工艺。此工艺不仅可以成形形状复杂的工件，而且成形后零件的精度高、表面质量好、加工成本也较普通工艺低。

3. 复合夹芯板

以彩色钢板、不锈钢板等为面层，以玻璃丝棉、岩棉、聚苯乙烯等轻质、防火、阻燃的材料作为芯层的新型复合材料。具有防火、保温、隔热、隔声、防振、质量轻等优点，广泛地应用于航天、航空、造船、车辆及工业和民用建筑等方面。

4. 热成形钢板

把特殊的高强度硼合金钢加热使之奥氏体化，随后将红热的板料送入有冷却系统的模具内冲压成形，同时对其进行快速均匀的冷却淬火，钢板组织由奥氏体转变成马氏体，得到超高强度的钢板。可广泛用于汽车前后保险杠、A柱、B柱、C柱及车门内板、车门防撞梁等构件的制造中。

5. 超塑性材料

超塑性是指在特定的条件下，即在低的应变速率（$\dot{\varepsilon} = 10^{-4} \sim 10^{-2}\,\mathrm{s}^{-1}$）、一定的变形温度（约为热力学熔化温度的一半）和稳定而细小的晶粒度（$0.5 \sim 5\,\mu\mathrm{m}$）条件下，某些金属或合金的伸长率超过100%，如钢的伸长率超过500%，纯钛超过300%，铝锌合金超过1000%，具有这种性能的材料称为超塑性材料。目前常用的超塑性材料主要有铝合金、镁合金、钛合金、低碳钢、不锈钢等。

2.3　金属材料的晶体结构与强塑性

除了在极端工艺条件下合成的具有特定物理性能的非晶功能材料，以及少数控制生长条件获得的单晶体、双晶体等结构以外，绝大多数的金属材料都具有多晶体结构。晶体结构具有均匀性、对称性特点，以及具有由此形成的物理性能、力学性能等在不同取向的差异性即各向异性。金属原子之间通过金属键彼此连接在一起，原子的最外层电子则处于自由移动状态。在外界电磁场的作用下，自由电子的运动将变得具有方向性，且宏观体现出金属材料的导电性和导磁性。可以认为，沉浸在由自由电子形成的海洋里的排列有序的金属原子，形成了金属材料的基本晶体结构。除金属单质以外，为达到不同的使用要求，金属材料的晶体结构中均有一定量的异类原子或化合物存在，同时还存在一些晶体缺陷，但仍保持基本的排列有序性。这种保持基本排列有序性的晶体结构即是晶粒，而不同晶粒之间存在晶界。根据相邻晶粒之间排列取向夹角大小，又划分为大角晶界和小角晶界。数量庞大的晶粒结合在一起即形成常用的金属材料。此外，金属材料微观结构可能由于原子间距和排列方式的不同而存在多种晶体结构，即多相结构，且不同相之间存在相界。晶粒特征、晶界结构、相结构的多样性，形成了金属材料微观组织的多样性，由此产生包括物理和力学性能在内的金属材料的多种宏观性能的差异性。

2.3.1　金属材料的晶体结构

从点对称的角度出发，所有晶体划分为 7 种晶系；再从晶体的平移对称特性出发，所有的晶体可能对应 14 种不同的点阵，即 14 种布拉菲点阵。最常见的金属材料的晶体结构是体心立方、面心立方和密排六方 3 种。表 2-4 为典型结构的配位数与致密度。

表 2-4　典型结构的配位数与致密度

结 构 类 型	配 位 数	致 密 度
面心立方或密排六方	12	74.0%
体心立方	8	68.1%

金属原子可近似看做相互吸引的刚性球体，能量最低条件使得这些球体倾向于密集排列，并形成密集结构。图 2-11 所示，为刚性球密排面的堆垛，可以看到密排面上球体的排列具有六重对称轴，即每个球体的配位数（最近邻球体数）为 6，在平面内沿着三个不同的方向（相差 60°或 120°）形成密排的行列，设密排面内各球体的位置用 A 表示。密排面内三角形间隙的数目正好为面内球体数的两倍，可将间隙位置分为 B、C两组，各自形成六角的网络。将密排面一层层堆垛起来且每一密排面的球体应正好填入邻近密排

图 2-11　刚性球密排面的堆垛
a）密排六方结构　b）面心立方结构

面的空隙中，可获得球体的空间密堆。如果第一层密排面上球体占据了 A 位置，第二层球体就应处在 B 位置或 C 位置，球体密堆积的配位数为 $z=12$。

密排面堆垛的层序如果按照 AB、AB、AB……排列，垂直于密排面有六重对称轴（通过 A 层的球体），就形成密排六方结构（hcp，图 2-12a）；如果按照 ABC、ABC……排列，则形成面心立方结构（fcc，图 2-12b）。

体心立方结构（bcc，图 2-12c）的致密度比密集堆垛结构（hcp 和 fcc）略小，配位数为 8。在体心立方结构中，次近邻原子间的距离和最近邻原子间的距离相差很小（约15%），因此需要考虑次近邻原子间的相互作用。体心立方结构中没有密排面，排列得最密的面是 {110}（见图 2-13）。

图 2-12　金属材料常见的晶体结构

a）密排六方结构（hcp）　　b）面心立方结构（fcc）　　c）体心立方结构（bcc）

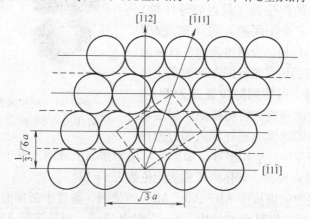

图 2-13　体心立方晶体 {110} 面上原子的排列

2.3.2　位错理论与塑性变形

基于 X 射线衍射、晶体生长等试验结果和对材料抗剪强度实际值与理论值的差异分析，

1934 年泰勒（G. I. Taylor）、奥罗万（E. Orowan）和波朗伊（M. Polanyi）三人几乎同时提出了晶体中位错的概念。认为晶体中的原子排列具有不完整性，即存在着尺度在两个方向上较小而在另一个方向上较大的线型区域，且该区域内的原子排列严重不规则，即存在线缺陷。在常温和低温下，单晶体的塑性变形主要通过滑移方式进行，此外，还有孪生和扭折等方式。

1. 位错理论

刃形位错和螺形位错是两种最简单的位错组态，如图 2-14 所示。设想晶体内有一个原子平面中断在晶体内部，这个原子平面中断处的边缘就是一个刃形位错。而螺形位错则是原子面沿一根轴线（近似和原子面垂直）盘旋上升。每绕轴线一周，原子面上升一个原子间距，在中央轴线处即为一螺形位错。图 2-15a、b 分别示出了简单立方晶体中沿 x 轴的刃形位错和螺形位错周围原子排列的情况。由图可见，在距离位错线较远的区域，除了弹性畸变外，原子的排列接近于完整的晶体；但是在位错线的近旁，则产生了严重的原子错排情况。

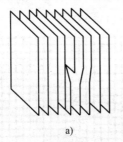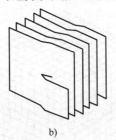

a)　　　　　　　　　　　　　　b)

图 2-14　晶体中刃形位错和螺形位错
a）含有刃形位错的晶体　b）含有螺形位错的晶体

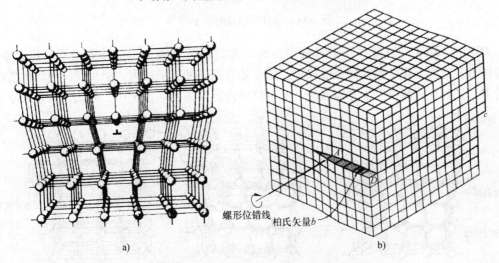

a)　　　　　　　　　　　　　　b)

图 2-15　刃形位错和螺形位错的原子组态
a）含有刃形位错的晶体　b）含有螺形位错的晶体

位错线可以理解为晶体中已经滑移区域与没有滑移区域的分界线。刃形位错的滑移矢量与位错线垂直，螺形位错的滑移矢量与位错线平行。在一般情况下，位错线不是直线，与滑移矢量之间的夹角可以是 0°~90° 的任意角。图 2-16 所示为混合型位错，图 2-17 所示为混合型位错的原子排列。

位错运动包括刃形位错的运动、螺形位错的运动、混合型位错的运动。

位错线与滑移矢量确定的平面即为滑移面。刃形位错的滑移面是确定的；螺形位错的滑移面不确定，任一包含位错线的平面都可以作为螺形位错的滑移面。位错线在滑移面内的运动相当于晶体中滑移的逐步发展，晶体的塑性变形可以通过位错运动实现。图2-18所示为正刃形位错（附加的半原子面在上部）在切应力作用下的滑移。图2-19示出了螺形位错在切应力作用下的滑移。试验已经证明，晶体的滑移是逐步实现的。

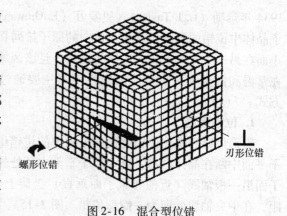

图2-16　混合型位错

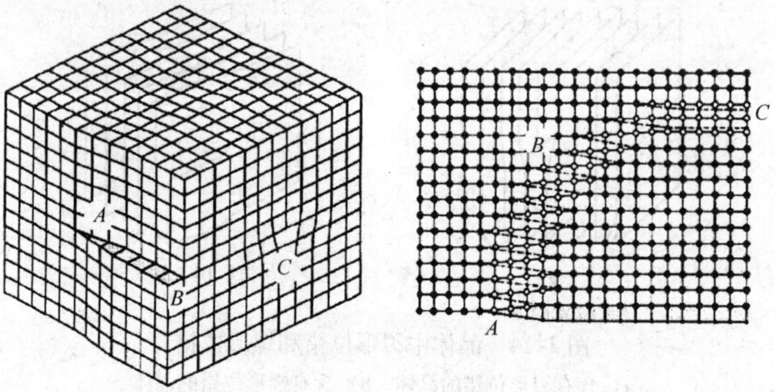

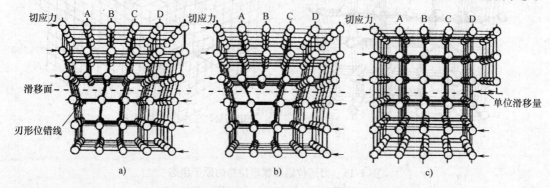

图2-17　混合型位错的原子排列

刃形位错除了可以滑移（沿滑移面运动）外，还可以垂直于滑移面运动，称为攀移。攀移相当于附加半原子面的伸张或收缩，通常依靠原子的扩散过程才能实现，因此比滑移困难得多，只有在较高温度下才能实现。螺形位错没有附加的半原子面，因此不能直接攀移。

图2-18　正刃形位错的滑移

2. 塑性变形的位错滑移机制

单晶体在拉伸条件下，表面总是出现许多带纹（实际为台阶）。试验证明，被拉长晶体

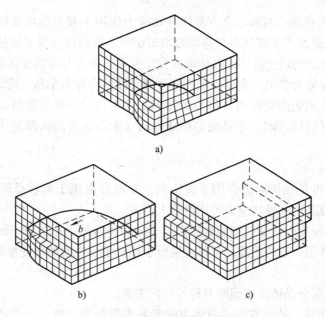

图 2-19　螺形位错的滑移

表面的带纹就是做平动滑移的面在表面上造成的台阶痕迹，称为滑移带（有时也称为滑移线）。如果晶体表面是平面，则滑移带一般呈直线状。在电子显微镜下观察时发现每个滑移带实际上是由一群靠得很紧的细线所构成的。对于不同的晶体和不同的条件，滑移线间距 s 和滑移量 d 的数值变化很大，但每条滑移线都是由该线附近的原子面相对滑移了一个很大距离（几百至几千个原子间距）而形成的。另外从滑移线的分布可见形变是不均匀的，滑移集中在某些晶面上，滑移带之间的晶面就没有发生滑移。如果在一个磨光的晶体上观察形变过程中滑移带的发展，那么首先是出现曲线，后来才发展成带。许多试验证实，滑移不仅是原子逐步滑移的过程，即位错运动的结果，而且滑移集中在某些面上，滑移量 d（即台阶高度）可达几百纳米。这必须有成百上千个位错在同一面上滑出晶体，而晶体内的位错并没有减少反而增加（试验检测结果）。位错增殖的弗–瑞机制及双交滑移机制很好地说明了这一现象。

　　滑移通常是沿一定的结晶面和结晶方向发生的，而不受外加负载的影响，仅与晶体结构有关。这一定的结晶面和结晶方向称为滑移面和滑移方向，也是晶体的两个滑移要素。晶体中能量最低（也是最稳定）的位错是具有最短柏氏矢量的位错，这种位错扫出晶体造成的滑移方向自然就是原子最密排的方向。

　　晶体中各晶面上的派纳力会随着温度和成分发生变化，位错滑移总是在派纳力最小的晶面上发生。位错滑移面随着晶体温度和成分发生变化。但在一般情况下，原子密排面的间距最大，位错沿着密排面运动所受到的派纳阻力最小，滑移常发生在原子排列最密的面上。滑移方向是唯一的，即原子排列最密的方向。

　　位错滑移存在单系滑移、多系滑移、螺形位错交滑移，此外位错运动还包括刃形位错攀移。

3. 塑性变形的孪生机制
孪生是塑性变形的另一种重要形式，它常作为滑移不易进行时的补充。

（1）孪生变形过程　当面心立方晶体在切应力作用下发生孪生变形时，晶体内局部区域的各个（111）晶面产生彼此相对移动的均匀切变。这样的切变并未使晶体的点阵类型发生变化，但它却使均匀切变区中的晶体取向发生变更，变为与未切变区晶体呈镜面对称的取向，这一变形过程称为孪生。变形与未变形两部分晶体合称为孪晶，均匀切变区与未切变区的分界面（即两者的镜面对称面）称为孪晶界，发生均匀切变的那组晶面称为孪晶面（面心立方晶体即为（111）面），孪晶面的移动方向（面心立方晶体即为 [1，1，-2] 方向）称为孪生方向。

（2）孪生的特点

1）孪生变形也是在切应力作用下发生的，并通常出现于滑移受阻而引起的应力集中区，因此，孪生所需的临界切应力要比滑移大得多。

2）孪生是一种均匀切变，即切变区内与孪晶面平行的每一层原子面均相对于其毗邻晶面沿孪生方向位移了一定的距离，且每一层原子相对于孪生面的切变量跟它与孪生面的距离成正比。

3）孪晶的两部分晶体形成镜面对称的位向关系。

（3）孪晶的形成　按形成方式晶体中的孪晶主要分为三种：一是通过机械变形产生的孪晶，也称为变形孪晶或机械孪晶，它通常呈透镜状或片状；二是生长孪晶，它包括晶体自气态（如气相沉积）、液态（液相凝固）或固体中长大时形成的孪晶；三是变形金属在其再结晶退火过程中形成的孪晶，也称为退火孪晶，它往往以相互平行的孪晶面为界横贯整个晶粒，是在再结晶过程中通过堆垛层错的生长形成的，它实际上也应属于生长孪晶，是在固体生长过程中形成的。

通常，对称性低、滑移系少的密排六方金属如 Cd、Zn、Mg 等往往容易出现孪生变形。

（4）孪生的位错机制　孪生变形时，整个孪晶区发生均匀切变，其各层晶面的相对位移是借助一个不全位错（肖克莱不全位错）运动而实现的。

4. 塑性变形的扭折机制

由于各种原因，晶体中不同部位的受力情况和变形方式可能有很大的差异，对于那些既不能进行滑移也不能进行孪生的区域，晶体将通过其他方式进行塑性变形。

为了使晶体的形状与外力相适应，当外力超过某一临界值时晶体将会产生局部弯曲，这种变形方式称为扭折，变形区域则称为扭折带。扭折变形与孪生不同，它使扭折区晶体的取向发生了不对称的变化。扭折是一种协调性变形，它能引起应力松弛，保证晶体不致断裂。

2.3.3　临界分切应力与屈服强度

1. 临界分切应力和晶体滑移系

导致晶体开始产生滑移，必须有一定的临界应力存在，试验证明不同取向（指晶体滑移方向和外力方向存在差异）的金属单晶体在不同的外加应力作用下开始滑移，但这些应力在滑移面和滑移方向上的分量也即临界分切应力是完全相同的（临界分切应力定律）。一般金属的临界分切应力为 0.1~100MPa，具体数值和其纯度有很大关系。对于单晶体的单向拉伸，如图 2-20a 所示，外拉力 P 与晶体滑移面法向量之间的夹角为 φ，与晶体滑移方向之间的夹角为 λ，则临界分切应力 τ 与拉伸应力 σ_0 之间的关系可表示为

$$\tau = \sigma_0 \cos \varphi \cos \lambda$$

对于确定的金属材料，临界分切应力 τ 为常数，$\cos\varphi\cos\lambda$ 定义为取向因子 Ω，则 σ_0 与 Ω 之间为反比例关系，试验结果与此很好地吻合，如图 2-20b 所示。在晶体内部，随着材料塑性变形的进行，外力与滑移面和滑移方向之间的夹角发生变化，取向因子 Ω 也发生变化。当取向因子逐渐减小时，需要的外力则逐渐增大，在到达一定程度后，该滑移系将停止运动。而金属材料的滑移系很多，在一个滑移系取向因子减小导致该滑移系逐渐趋于不利于运动的状态时，其他滑移系可能就转到有利于开动的位置而产生运动。一定阶段两个滑移系同样有利于开动时，就发生双滑移，还可能产生三滑移等。此外，两个相邻滑移系滑移方向相同而滑移面不同时，一定条件下可以产生交滑移，螺形位错在一定条件下可产生交滑移。通过多系滑移和螺形位错的交滑移以及刃形位错的攀移等，晶体内部产生相对运动。

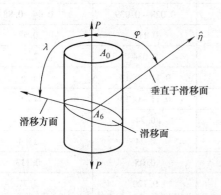

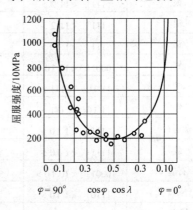

a)　　　　　　　　　　　　　　　　　　　b)

图 2-20　材料临界分切应力和外力之间的关系
a）拉伸应力与临界分切应力之间的几何关系　b）镁晶体的屈服强度与晶体取向的关系

多晶体是由取向不同的许多小晶粒组成的。在外力作用下，有些晶粒处于有利取向，较易产生滑移；有些取向不利导致滑移困难。此外，每一晶粒的滑移难易程度还取决于临近晶粒的取向及晶界性质。滑移从一个晶粒过渡到相邻晶粒是困难的。多晶体中每个晶粒不可能只在取向最有利的一个滑移系上进行滑移，如果这样，在晶界处就要产生空隙。但实际上材料在变形过程中一直保持连续性，因而每个晶粒必须与邻近的晶粒产生协调变形，即形状能任意变化，这样就需要晶粒至少在五个独立的滑移系上进行滑移。多晶体是否具有塑性，首先要看它是否具备五个独立滑移系以保证各晶粒变形的协调性。

2. 屈服强度

金属材料屈服是指材料发生永久性不可恢复变形，即塑性变形的开始。晶体的理论屈服强度为

$$\tau = \frac{\mu}{2\pi}\frac{b}{a}$$

式中　τ——理论屈服强度；

　　　μ——切变模量；

　　　π——圆周率；

b——滑移方向的点阵周期；

a——原子层的间隔。

理论屈服强度的计算值见表 2-5。

表 2-5　几种元素的理论屈服强度的计算值

材　　料	滑移面和滑移方向	切变模量/GPa	实际屈服强度/GPa	理论屈服强度/GPa
铜（10K）	$\{111\}$　$<11\bar{2}>$	32.5	0.028 ~ 0.039	0.91 ~ 1.27
铜	$\{111\}$　$<11\bar{2}>$	30.2	0.028 ~ 0.039	0.84 ~ 1.18
金	$\{111\}$　$<11\bar{2}>$	18.6	0.028 ~ 0.039	0.52 ~ 0.72
银	$\{111\}$　$<11\bar{2}>$	19.3	0.028 ~ 0.039	0.54 ~ 0.75
铝	$\{111\}$　$<11\bar{2}>$	22.5	0.028 ~ 0.039	0.64 ~ 0.88
铝	$\{111\}$　$<1\bar{1}0>$	22.5	0.114	0.52
锌	$\{0001\}$　$<10\bar{1}0>$	37	0.034	2.25
铁	$\{1\bar{1}0\}$　$<111>$	59	0.11 ~ 0.13	6.5
钨	$\{1\bar{1}0\}$　$<111>$	147	0.11 ~ 0.13	15.9
金刚石	$\{111\}$　$<1\bar{1}0>$	495	0.24	119
硅	$\{111\}$　$<1\bar{1}0>$	56	0.24	13.4
石墨	$\{0001\}$　$<10\bar{1}0>$	2.3	0.05	0.113
NaCl	$\{110\}$　$<1\bar{1}0>$	23.2	0.120	2.77
Al_2O_3	$\{0001\}$　$<10\bar{1}0>$	144	0.115	16.6

然而，实际单晶体的临界分切应力随试样材料的纯度、位错密度等而变化，一般数量级为 0.1 ~ 1GPa，比理论屈服强度低好几个数量级。这表明实际金属单晶体的屈服，不是原子面发生刚性滑移的结果，而是位错滑移的结果，因为金属晶体中位错在很低的应力作用下就可以运动。晶体的理论屈服强度标志着晶体屈服强度的上限，即晶体处于最硬状态（原子键合强度充分发挥作用的情况下）的屈服强度，它指出了各种强化金属方法的奋斗目标。晶体屈服强度的下限，即位错最容易运动情况下的屈服强度，就相当于晶体中其他缺陷全部被扫清以后使位错滑移所需的临界切应力，这就是位错的点阵阻力。

理论上提高金属强度有两条途径：第一，完全消除内部位错和其他缺陷，使它的强度接近于理论强度，例如无位错高强度的金属晶须，但这样的高强度不稳定，位错一旦产生，强度就大大下降；第二，在晶体中引入大量的缺陷，阻碍位错的运动，例如加工硬化、合金强化、细晶强化、组织强化、沉淀强化等，有效综合利用这些强化手段，也可以从另一方面接近理论强度，这是目前生产实践中广泛使用的方法。

3. 屈服准则

材料某点的应力张量为对称二阶张量，可以表示为

$$\sigma_{ij} = \begin{Bmatrix} \sigma_{11} & \sigma_{12} & \sigma_{13} \\ \sigma_{21} & \sigma_{22} & \sigma_{23} \\ \sigma_{31} & \sigma_{32} & \sigma_{33} \end{Bmatrix}$$

由切应力互等定理可知

$$\begin{cases} \sigma_{12} = \sigma_{21} \\ \sigma_{23} = \sigma_{32} \\ \sigma_{31} = \sigma_{13} \end{cases}$$ 通过矩阵变换角度及旋转，σ_{ij} 可以用主应力表示为

$$\sigma_{ij} = \begin{Bmatrix} \sigma_1 & 0 & 0 \\ 0 & \sigma_2 & 0 \\ 0 & 0 & \sigma_3 \end{Bmatrix}$$

下面介绍材料的两个屈服准则。

（1）Tresca 屈服准则　最大切应力达到某一数值时，材料进入屈服状态，表示为

$$\tau_{max} = \tau_0 = \frac{1}{2} max \left\{ |\sigma_1 - \sigma_2|, |\sigma_2 - \sigma_3|, |\sigma_3 - \sigma_1| \right\}$$

其中，τ_0 为最大切应力屈服值，等于简单拉伸屈服应力值的一半，即三个主应力中，两个主应力之差的最大值达到某一数值时，材料进入屈服状态。它表示主应力空间内与坐标轴成等倾斜的各边相等的正六角柱体，通常称为 Tresca 六角柱体。

（2）Von Mises 屈服准则　与物体中一点的应力状态对应的畸变能达到某一数值时该点便屈服，以主应力表示的畸变能屈服条件为

$$J_2 = \frac{1}{6} \left[(\sigma_1 - \sigma_2)^2 + (\sigma_2 - \sigma_3)^2 + (\sigma_3 - \sigma_1)^2 \right] = k^2$$

其中，k 为表征材料屈服特征的参数，恒等于纯剪切应力状态时的最大切应力，与简单拉伸屈服应力 σ_0 之间存在如下关系

$$k = \frac{1}{\sqrt{3}} \sigma_0$$

Von Mises 屈服准则在主应力空间与坐标轴成等倾斜的圆柱体，进一步可证明，Von Mises 圆柱体外接于 Tresca 六角柱体。Tresca 屈服准则和 Von Mises 屈服准则的几何表示如图 2-21 所示。

2.3.4　金属材料屈服强度的影响因素

1. 变形条件（外因）

（1）变形温度　变形温度对塑性影响的一般规律是，温度的升高，有利于回复和再结晶，可在变形过程中实现软化以消除加工硬化，降低变形抗力，使在塑性变形过程中造成的破坏和缺陷的修复可能性增加；同时，随着温度的升高，可能由多相组织转变为单相组织，从而使得塑性提高和变形抗力降低。

（2）应变速率　应变速率对塑性的影响比较复杂，一般认为，当应变速率不大时，随应变速率的提高塑性降低，变形抗力增大；而在应变速率较大时，随着应变速率的提高塑性提高。从工艺性能的角度来看，提高应变速率会在以下几个方面起到有利作用：

1）降低摩擦因数，从而降低金属的流动阻力、改善金属的填充性及变形的不均匀性。

2）减少热成形时的热量损失，从而减少毛坯温度的下降和温度分布的不均匀性，这对于工件形状复杂且材料锻造温度许可范围又较窄的生产场合是有利的。

3）出现惯性流动效应，从而改善金属的填充性，这对于薄辐板类齿轮、叶片等复杂工件的模锻成形是有利的。

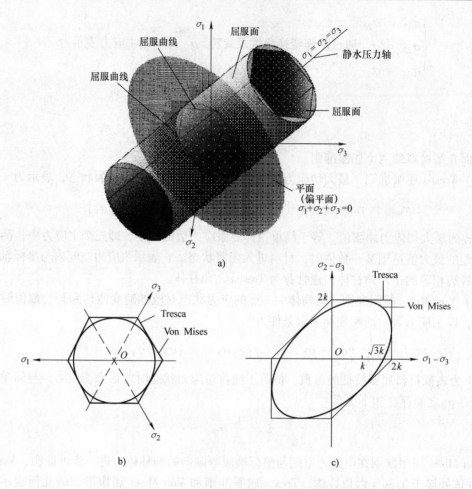

图 2-21 Tresca 屈服准则和 Von Mises 屈服准则的几何表示

a) 空间模型　b) π 平面　c) $(\sigma_1 - \sigma_3) - (\sigma_2 - \sigma_3)$ 平面

（3）应力状态　在成形应力状态中，压应力的作用越大、拉应力的作用越小，则材料的塑性变形能力越大；反之，拉应力的作用越大、压应力的作用越小，则材料的塑性变形能力越小。

（4）其他因素

1）不连续变形的影响。在不连续变形（或多次分散变形）的情况下，金属的塑性也能得到提高。其原因主要有：在不连续变形中每次给予的变形量都较小，远低于起始金属的塑性极限，所以在金属内产生的应力也较小，不足以引起金属的断裂；同时，在各次变形的间歇时间内材料能进行一定程度的软化，使塑性在一定程度上得到恢复；此外，经过不连续变形的铸态金属，其组织结构和致密程度一次次得到改善。所有这些，都为后续的不连续变形创造了有利条件，积累的结果使断裂前所能获得的总变形程度较之一次采用连续变形时提高。

2）变形体尺寸（体积）的影响。尺寸越大，其化学成分和组织越不均匀，内部缺陷越多，导致塑性越低；但当变形体的尺寸（体积）达到某一临界值时，塑性将不再随体积的增大而降低。对于锭料，这种塑性的降低更为明显。

3）坯料表面状况的影响。坯料表面越光滑，镦粗时的极限变形程度就越大；反之，坯料表面粗糙或有微裂纹、夹杂等缺陷时，变形过程中应力集中，塑性低导致锻件开裂，特别是在冷变形中坯料表面质量尤为重要。

4）工具、模具型腔表面状况的影响。金属与工具或模具型腔之间在锻造过程中发生相对滑动，产生摩擦力，引起不均匀变形，从而产生附加应力和残余应力。残余应力对塑性成形造成许多不良影响，如使制品的尺寸和形状发生变化，缩短制品寿命，增大变形抗力，降低金属塑性、冲击韧度及疲劳强度，大幅度缩短模具寿命等。

2. 材料性质（内因）

（1）化学成分　合金成分对材料塑性影响很大，一般来说，合金中元素越复杂或合金化程度越高，则塑性越低。其中某些合金元素对一些合金的塑性影响较大，例如铝和钛对高温合金的塑性影响较大。这就是复杂合金化的高性能合金多是难变形合金的原因。

（2）材料组织

1）金相组织。单相组织（纯金属或单相固溶体）比多相组织塑性好，变形抗力也低。合金中组元越多、杂质越多和分布越不均匀，显微组织和宏观组织越不均匀，则合金的塑性越低。

2）铸造组织。铸造组织中有较粗大的柱状晶和偏析、气泡、夹杂、裂纹等缺陷，会降低金属的塑性，不利于金属的塑性成形。

3）金属的晶格结构。面心立方晶格结构的金属塑性良好，而体心立方晶格结构的金属塑性就较差，密排六方晶格结构的金属塑性最差。

（3）多晶体特性　随着晶粒细化，材料的塑性下降。根据位错塞积理论，当晶粒尺寸减小时，位错运动的路径缩短，前锋位错对后续位错运动的阻力将增大，在导致材料屈服强度上升的同时，位错运动受到阻碍，晶粒内滑移受到的限制增强，进而塑性下降。

2.3.5　晶体结构对塑性的影响

一个滑移面和位于该面中的滑移方向构成一个滑移系。由于晶体具有对称性，相应地存在由对称性决定的多重滑移系族。

（1）面心立方金属的滑移系　面心立方金属有 4 个 {111} 面，每一个面中有 3 个 <110> 方向，具有 12 个滑移系。

（2）体心立方金属的滑移系　体心立方金属的滑移面比较复杂，位错运动的微观滑移面可以肯定的有 {110} 和 {112}，不能肯定的是 {123}。体心立方金属如果可以在 3 组滑移面（{110}、{112}、{123}）上进行滑移，每个面上有 2 组滑移方向，则可有 48 个滑移系。

（3）密排六方金属的滑移系　密排六方金属一般只有基面滑移，故只有 3 个滑移系。但在和密集结构有偏差的情况下，密排六方晶体各晶面上的原子密排程度差常随轴比（c/a）值的变化而改变。当 $c/a < 1.633$ 时，基面 {0001} 不再是唯一的密排面，其他棱柱面 {10$\bar{1}$0} 或棱锥面 {10$\bar{1}$1} 具有相近的密排程度，甚至可以超过基面，例如 Ti，$c/a = 1.589$，棱柱面 {10$\bar{1}$0} 的滑移比基面更重要；再如 Mg，$c/a = 1.624$，接近理想值 1.633，在室温时 {0001} 是主要滑移面，在 225℃ 以上，则有棱锥面 {10$\bar{1}$1} 的滑移出现；Mg 中

加少量 Li 使轴比减小到 1.61 时，可同时出现基面 {0001} 和棱柱面 {10$\bar{1}$0} 的滑移，而滑移方向是唯一确定的，即 <11$\bar{2}$0> 晶向。

位错滑移面随温度发生变化，这种现象在上述三种晶体结构的金属中都存在。除上面已经提到的密排六方金属 Mg 以外，对于面心立方结构的 Al，在室温下滑移面是 {111}，在 225℃ 以上则沿 {100} 面滑移；体心立方结构的硅铁，在 343℃ 以下只有 {110} 面的滑移，较高温度下开始有 {112} 面或其他面的滑移。滑移面随温度变化的本质是各晶面上的派纳力随温度变化而变化的程度不同，高温下派纳力最小的晶面与低温的不同。另一种观点认为次密排面上滑移的产生是由螺型位错的交滑移所控制的，而交滑移是一种热激活过程，在较高温度下才能出现次密排面的滑移。几种重要金属的滑移系见表 2-6。

表 2-6　几种重要金属的滑移系

金　属	点阵类型	温度/℃	滑　移　面	滑移方向
Al, Cu, Ag, Au, Ni, Pb	面心立方	20	{111}	<110>
Al		$T/T_m > 0.72$	{100}	<110>
α – Fe, Mn, Nb	体心立方		{110}, {112}, {123}	<111>
α – Fe + 4%Si（质量分数）			{110}	<111>
Zn, Cd, Mg	密排六方		{0001}	<11$\bar{2}$0>
Mg		$T/T_m > 0.54$	{10$\bar{1}$1}	<11$\bar{2}$0>
Mg + 14%Li（质量分数）		20	{0001}, {10$\bar{1}$1}	<11$\bar{2}$0>
α – Ti		20	{10$\bar{1}$0}, {10$\bar{1}$1}, {0001}	<11$\bar{2}$0>

此外，温度对不同晶体材料屈服强度的影响不同，可以划分为三类：第一类，在所有温度屈服强度都不高，晶体滑移很容易，塑性良好，包括一般的面心立方金属，如 Cu、Al 等，以及密排六方金属（如 Mg）沿基面的滑移；第二类，只有在高温（$T/T_m > 0.5$）才表现出塑性，在 $T/T_m < 0.5$ 时，屈服强度急剧上升，表现为硬而且脆，如共价键晶体 Si、Ge，离子晶体 Al_2O_3、NiAl 等；第三类，介于两者之间，屈服强度在低温（$T/T_m < 0.15$）时很高，表现出脆性，在室温以上就显著降低，塑性接近典型的金属，如具有体心立方结构的过渡金属 Fe、W、Mo、Nb、Ta 等。

2.4　金属板材料冲压成形性能

2.4.1　单向拉伸试验

1. 试样与试验方法

冲压成形用板料的厚度一般为 0.1～3.0mm，根据 GB/T 228.1—2010《金属材料　拉伸试验　第一部分：室温试验方法》中附录 B 和 D 规定制备拉伸试验试样。根据 GB/T 228.1—2010《金属材料拉伸试验　第一部分：室温试验方法》中第 7～22 节的内容进行拉伸试验。

2. 应力应变曲线

应力分为条件应力和真应力，应变分为相对应变和真应变（自然应变）。在拉伸试验中，一般得到的是条件应力和相对应变曲线，涉及真应力 - 相对应变曲线和真应力 - 真应变（自然应变）曲线需要数据处理。对于最大力之后的真应力和真应变，由于试样产生缩颈，其应力、应变状态复杂，在提出一些假设条件后，才能处理计算，且结果不直接，拉伸试验中一般不用这两类曲线。使用最多的是条件应力 - 相对应变曲线，它更直接、更客观，是其他两种应力应变曲线的基础。为了便于读者准确把握和使用拉伸试验中的常用指标，下面列出 GB/T 228.1—2010 中的一些定义。

（1）屈服强度　当金属材料呈现屈服现象时，在试验期间达到塑性变形发生而力不增加的应力点。根据应用领域及试验目的不同，屈服强度在实际测定及表示时有以下几种。

1）上屈服强度（R_{eH}）：试样发生屈服而力首次下降前的最大应力。

2）下屈服强度（R_{eL}）：在屈服期间，不计初始瞬时效应时的最小应力。

3）规定塑性延伸强度（R_p）：塑性延伸率等于规定的引伸计标距百分率时的应力，如 $R_{p0.2}$ 表示规定塑性延伸率为 0.2% 时的应力。

4）规定总延伸强度（R_t）：总延伸率等于规定的引伸计标距百分率时的应力，如 $R_{t0.5}$ 表示规定总延伸率为 0.5% 时的应力。

5）规定残余延伸强度（R_r）：卸除应力后残余延伸率等于规定的原始标距或引伸计标距百分率时对应的应力，如 $R_{r0.2}$ 表示规定残余延伸率为 0.2% 时的应力。

（2）抗拉强度（R_m）　单向拉伸试验中，试样屈服以后所能抵抗的最大力（F_m）除以试样原始横截面积（S_o）的商。

（3）屈强比　屈服强度和抗拉强度的比值，由于屈服强度的定义有多种，必须指明屈服强度的类别，如 $R_{t0.5}/R_m$。

（4）伸长率　原始标距的伸长与原始标距（L_o）之比的百分率。

（5）引伸计标距（L_e）　用引伸计测量试样延伸时所使用的试样平行长度部分的长度。测定屈服强度和规定强度性能时，建议 L_e 尽可能跨越试样平行长度。理想的 L_e 应大于 $L_o/2$ 但小于约 $0.9L_c$。这将保证引伸计检测到发生在试样上的全部屈服。最大力时或在最大力之后的性能，推荐 L_e 等于 L_o 或近似等于 L_o，但测定断后伸长率时 L_e 应等于 L_o。

（6）延伸　延伸指试验期间任一给定时刻引伸计标距（L_e）的增量。

断后伸长率（A）：断后标距的残余伸长（$L_u - L_o$）与原始标距（L_o）之比的百分率。

（7）延伸率　用引伸计标距表示的延伸百分率。

1）断裂总延伸率（A_t）：断裂时刻原始标距的总延伸（弹性延伸加塑性延伸）与原始标距（L_o）之比的百分率。

2）最大力塑性延伸率（A_g）：试样加载到最大力时原始标距的塑性延伸与原始标距（L_o）之比的百分率。

3）最大力总延伸率（A_{gt}）：试样加载到最大力时原始标距的总延伸（弹性延伸加塑性延伸）与原始标距（L_o）之比的百分率。

4）残余延伸率：试样施加并卸除应力后引伸计标距的延伸与引伸计标距之比的百分率。

5）断裂总延伸率（A_t）　断裂时刻原始标距的总延伸（弹性延伸加塑性延伸）与引伸计标距之比的百分率。

6）屈服点延伸率（A_e）：呈现明显屈服（不连续屈服）现象的金属材料，屈服开始至均匀加工硬化开始之间引伸计标距的延伸与引伸计标距之比的百分率。

（8）断面收缩率（Z）　断裂后试样横截面积的最大缩减量与原始横截面积之比的百分率。

2.4.2　冲压成形用材料的强度

冲压成形用材料的范围很广，不仅是材料的种类，而且还有材料的强度。材料强度对于模具设计及材料选择具有重要的参考价值，常用冲压材料的强度范围具体如下所述。

1. 需要涂镀层防腐的冲压用钢板

需要涂镀层防腐的冲压成形用钢材料包括普通碳素钢板 08F、优质碳素钢板 08Al、深冲用冷轧钢板（IF 钢）、深冲热镀锌 IF 钢板、深冲高强度 IF 钢板、深冲高强度烘烤硬化（BH）IF 钢板、440MPa 级以上含铜高强度 IF 钢板、高强度低合金钢板、双相钢、TRIP 钢等。由表 2-7 可见，普通 08Al 钢板的屈服强度为 160～190MPa，抗拉强度为 290～310MPa；为改进深冲性能，IF 钢的屈服强度下降约 50MPa，抗拉强度也有所下降。较高强度的冲压用钢，屈服强度上升到 220～350MPa，抗拉强度上升到 340～450MPa；而高强度的冲压用钢，特别是双相钢（DP）和相变诱导塑性钢（TRIP），屈服强度则提高到 340MPa 以上，抗拉强度提高到 600～1000MPa。所以涂镀层防腐的冲压用钢板可划分为许多级别，跨度范围也很大，可满足不同的使用要求。

表 2-7　冲压用钢板的力学性能

钢　种	屈服强度/MPa	抗拉强度/MPa	n（伸长率为 10%）	A（%）
08F	180～190	290～310	≤0.22	44～48
08Al	160～180	290～300	≤0.23	44～50
IF	100～150	250～300	0.23～0.28	44～55
DQSK	170	300	0.22	43
BH340	220	345	0.19	37
IF－rephos	220	345	0.22	38
HSLA340	350	445	0.17	28
TRIP600	380	631	0.23	34
TRIP800	470	820	0.23	28
DP600	340	600	0.17	27
DP800	450	840	0.11	17
DP1000	720	1000	0.06	11

2. 冲压用不锈钢板

不锈钢种类及牌号众多，强度范围跨度很大，除一些高强度及超高强度钢种以外，冲压用不锈钢板的力学性能见表 2-8。对于使用量很大、常用牌号的奥氏体不锈钢、铁素体不锈钢和马氏体不锈钢，屈服强度为 200～350MPa，抗拉强度为 450～550MPa。至于常用的双相不锈钢，相对而言，强度很高，塑性也很好，但成本高。

表 2-8　冲压用不锈钢板的力学性能

类　　别	常用牌号	屈服强度/MPa	抗拉强度/MPa	A（%）	Z（%）
铁素体不锈钢		170~350	265~500	16~24	50~60
	10Cr17（430）	205	450	22	50
奥氏体不锈钢		170~350	400~700	35~40	45~60
	06Cr19Ni10（304）	205	520	40	50
	022Cr17Ni12Mo2（316L）	275	550	35	50
马氏体不锈钢		345~540	490~750	12~25	40~60
	06Cr13（410S）	350	500	24	60
	12Cr13（410）	345	540	25	55
部分双相不锈钢		440~700	630~860	≥25	
	14Cr18Ni11Si4AlTi	441~598	716~859	25~61.5	50~73.5
	022Cr19Ni5Mo3Si2N	≥441	≥637	≥30	
	022Cr23Ni5Mo3N（2205）	580~670	730~820	28~34	

注：括号中为美国 ASTM 标准牌号。

3. 有色金属及合金

冲压成形常用的有色金属及合金材料包括铝合金、镁合金、铜合金和钛合金。

铝及铝合金密度低，塑性和导热性较好，变形抗力小，用于制造测量仪表的面板、各种罩壳和支架等产品。铜及铜合金导电性与导热性良好，塑性优良，耐蚀性和焊接性优良，用于制造仪表和壳体等产品制造。根据合金成分和热处理状态不同，铝合金和铜合金的强度变化范围很大。铜合金的强度相对高一些。

钛合金是航空航天工业中使用的一种重要结构件材料，其密度、强度和使用温度介于铝和钢之间，但比强度高并具有优异的抗海水腐蚀性能和超低温性能。钛合金的工艺性能差，切削加工困难。使用最广泛的钛合金是 Ti-6Al-4V（TC4）、Ti-5Al-2.5Sn（TA7）和工业纯钛。

镁合金具有密度小、比强度高、比刚度高、阻尼性好、电磁屏蔽特性优越、抗振性好、耐蚀性良好等特点，它是减轻机械装备质量、提高机械装备各项性能的理想结构材料。适于加工成板材构件、挡板、燃油箱焊接件等零部件。

典型冲压用有色金属及合金的力学性能见表 2-9。

表 2-9　典型冲压用有色金属及合金的力学性能

类　别	常用牌号	材料状态	弹性模量/GPa	屈服强度/MPa	抗拉强度/MPa	抗剪强度/MPa	A（%）
纯铝	1060，1050A 1200	已退火	71	49~78	74~108	78	25
		冷作硬化	71	—	118~147	98	4
铝锰合金	3A21	已退火	70	49	108~142	69~98	19
		半冷作硬化	70	127	152~196	98~137	13
铝镁合金	5A02	已退火	69	98	177~225	127~158	
		半冷作硬化	69	206	225~275	158~196	

（续）

类　别	常用牌号	材料状态	弹性模量/GPa	屈服强度/MPa	抗拉强度/MPa	抗剪强度/MPa	A（%）
高强度铝铜镁合金	7A04	已退火			245	167	
		淬火并人工时效	69	451	490	343	
硬铝	2A12	已退火			147～211	103～147	12
		淬火并人工时效	71	361	392～432	275～304	15
		淬火并冷作硬化	71	333	392～451	275～314	10
纯铜	T1，T2 T3	软	106	69	196	157	30
		硬	127		294	235	3
黄铜	H62	软	98		294	255	35
		半硬		196	373	294	20
		硬			412	412	10
	H68	软	108	98	294	235	40
		半硬	108		343	275	25
		硬	113	245	392	392	15
铅黄铜	HPb59-1	软	91	142	343	294	25
		硬	103	412	441	392	5
锰黄铜	HMn58-2	软	98	167	383	333	25
		半硬	98		441	392	15
		硬	98		588	511	5
锡青铜	QSn4-4-2.5 QSn4-3	软	98	137	294	255	38
		硬	98		539	471	3～5
		特硬	122	535	637	490	1～2
铝青铜	QA17	退火		182	588	511	10
		不退火	113～127	245	637	549	5
	QA19-2	软	90	294	441	353	18
		硬		490	588	471	5
硅青铜	QSi3-1	软	118	234	343～373	275～294	40～45
		硬		530	588～637	471～511	3～5
		特硬			686～736	549～588	1～2
铍青铜	QBe2	软	115	245～343	294～588	235～471	30
		硬	129～138		647	511	2
钛合金	TA2	退火			441～588	353～471	25～30
	TA3	退火			539～736	432～588	20～25
	TA5	退火	102		785～834	628～667	15
	TA7	退火			785		10
	TC4	退火		824	902		10

（续）

类　别	常用牌号	材料状态	弹性模量/GPa	屈服强度/MPa	抗拉强度/MPa	抗剪强度/MPa	A（%）
镁锰合金	M2M	已退火	43	96	167 ~ 186	118 ~ 235	3 ~ 5
	ME20M	已退火	39	137	216 ~ 225	167 ~ 186	12 ~ 14
		冷作硬化	39	157	235 ~ 245	186 ~ 196	8 ~ 10
	M2M	预热300℃	39		29 ~ 49	29 ~ 49	50 ~ 52
	ME20M		40		49 ~ 69	49 ~ 69	58 ~ 62

2.4.3　成形性能基本参数的物理意义

材料成形性能可以用多种指标衡量，且不同的成形工艺偏重的指标有差异。但其常规性能可以用下列基本参数衡量。

1. 伸长率

断后伸长率是材料成形的重要指标，除低碳、低强度钢以外，其他金属也可以作为冲压材料，在材料均匀伸长以后，又有不同的后继伸长量。后继伸长量对拉深、弯曲、翻孔等工序的变形有较重要的影响。目前认为断后伸长率比均匀伸长率更合理。

2. 应变硬化指数 n

应变硬化指数 n 是表示金属变形时应变均化能力的指标。板料的 n 值越大，则成形时越易强化，塑性应变可在较广的范围内扩散均化，即 n 值大，可减小应变梯度，增大极限变形，反映出材料具有较好的拉深性能。

3. 塑性应变比 r（厚向异性指数）

塑性应变比 r 指板料在单向拉伸试验中，宽度方向的真实应变与厚度方向的真实应变的比值，即 $r = \varepsilon_b / \varepsilon_t$，由于厚度方向的应变不容易测准，也可改写为

$$r = -\frac{\varepsilon_b}{\varepsilon_l + \varepsilon_b} = -\frac{\ln（b/b_0）}{\ln（l/l_0） + \ln（b/b_0）}$$

式中　l_0、l、b_0、b——变形前后板料试样的长度、宽度和厚度；

　　　ε_l、ε_b、ε_t——试样长度、宽度和厚度方向的真应变（对数应变），一般均取均匀伸长约为15%时的数值。

因为 r 值有方向性，所以通常取平均值，即

$$\bar{r} = \frac{r_0 + 2r_{45} + r_{90}}{4}$$

式中　0、45、90——单向拉伸试样轴向与板材轧制方向的夹角。

$\bar{r}$ 值高，表示厚度方向难于变形，则板料成形时，塑性流动易于在板面范围内发展，而不易于发生厚度的变化，受拉时也不易因局部过度变薄而破裂，所以 $\bar{r}$ 值高标志着板料拉深性能好。

4. 平面各向异性系数 Δr

平面各向异性与厚向异性密切相关，而以后者不同方向的差值 Δr 来表示，最常用的表

达式为 $\Delta r = \dfrac{r_0 + r_{90} - 2r_{45}}{2}$。$\Delta r$ 与拉深容器口部产生凸耳有关：$\Delta r > 0$ 时，0°、90°方向产生凸耳；$\Delta r < 0$ 时，45°方向产生凸耳。凸耳的最高峰总是位于 r 值最大的方向。凸耳除受材料内部组织和纹路方向影响外，还受变形程度和模具几何参数的影响。变形程度越大，凸耳越显著；模具间隙小于板厚部分，凸耳较高。

2.4.4　平面应变拉伸试验

在单向拉伸条件下，试样的宽度与长度比足够大时，宽度方向的应变近似为零，可忽略不计。这样，只剩下拉伸轴向的应变和厚度方向的应变，从而材料的拉伸变形处于平面应变状态，如图 2-22 所示为一种材料平面应变拉伸试验装置。试验结果表明，拉伸试样长度标距为 20 ~ 50mm、宽度为 200mm（长宽比为 1:4 ~ 1:10）时，材料的拉伸应力应变曲线完全重合在一起，说明这种试验方法有效、可行。

2.4.5　双向拉伸试验

自板壳理论建立以来，世界上大量使用双向受力的板壳结构。由于计算的复杂性，特别是航空和航天方面的太空容器都属于双向受力结构，不少人致力于寻找双向拉伸试验方法。目前，双向拉伸试验仍是世界上尚未很好解决的课题。目前，有多种双向拉伸试验方法。

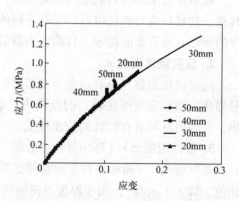

图 2-22　一种材料平面应变拉伸试验装置

1. 单向拉伸条件下的双向拉伸试验

（1）平滑宽板试件的双向拉伸试验方法　设板宽为 b，厚度为 t，利用 $b/t > 30$ 产生双向拉力，当 $b/t < 30$ 时则不出现双向应力状态。板的计算长度为 $L = 5.65\sqrt{S_0}$（S_0 为板的横截面积）。试验证明：$-\varepsilon_2 = 1/4\varepsilon_1$（$\varepsilon_1$、$\varepsilon_2$ 分别为试样的纵向应变和横向应变）。

（2）宽板弯曲试件的双向拉伸试验方法　宽板在弯曲时下表面产生双向拉伸，要求 $b/t \geqslant 5$，使用断面收缩率 $z < 50\%$ 的材料，否则不能破坏，只有在塑性范围内才是双向拉伸，其双向应力比约为 1:2。

（3）中央有横向双面窄槽的宽板试件的双向拉伸试验方法　在槽中心部分的塑性区产生应力比为 1:2 的双向拉伸应力，要求 $b/t \geqslant 20$。

板中央双向带加固轮缘，中心处产生 $\sigma_1 = \sigma_2$ 的双向拉伸状态（见图 2-23a），但仅在弹性和小弹塑性区才能得到可能的结果，因为载荷进一步增高，将导致平板稳定性的丧失。国外有人设计了一种在单向拉伸试验机上实现等双向拉伸的试验装置（见图 2-23b），其中的剪刀臂将试验机夹头的单向运动转化为 ±45°方向试样的双向拉伸。

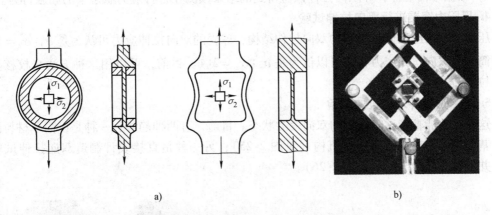

图 2-23　单向拉伸条件下的双向拉伸试验设计

a）带加固轮缘的试件结构　b）实现等双向拉伸的试验装置

2. Marcinlak 双向拉伸试验

Marcinlak 双向拉伸试验为试件在圆柱形或椭圆形平底凸模的作用下进行拉伸，并在试件中心产生了均匀的平面双向拉伸变形，而两个方向的应变比由凸模的最大与最小直径之比决定。大多数试验是用圆柱形凸模进行的，因而产生的是等双向拉伸。凸模中心有孔，以消除该区域摩擦的影响。在试件和凸模之间安放垫板。垫板的材料和外径与试件相同，其中心有孔。当试件和垫板沿凸模拉伸时，垫板孔扩大，试件处于均匀平面等双向拉伸状态。为了使试件处于自由拉伸状态，凹模和凸模的圆角必须足够大（相对于试验材料厚度，垫板和凸模中心孔的直径比应为 1:3）。

Marcinlak 试验的实际用途为：

1）测定无表面摩擦时均匀平面双向拉伸变形的极限应变。

2）对大面积的试件进行平面双向拉伸，当达到预定的均匀应变量后将其应用于其他试验，如测定不同应变路径对极限应变的影响。

3）对均匀拉伸变形后的试样进行缺陷检查，防止缺陷引起早期的集中断裂。

3. 液压胀形试验

Marcinlak 试验使试件处于平面双向拉伸下，但不确定应力。液压胀形试验则确定了应力，但试件变形成拱形，它包括了非平面的应力应变。液压胀形试验时，如图 2-24 所示，圆形试件的周边由圆形凹模和压边圈夹紧，在试件的侧面施加高压液体，使之变形成拱形，并由凹模圈与压边圈上的拉深筋限制试件边缘移动。使用圆形凹模圈时，试件拱顶中心区域近似为球面。该区的应力应变状态取决于拱顶曲率、液压胀形高度和液体压力。采用接触曲率仪和引伸仪测量球面曲率和胀形高度，液体压力由压力传感器测出。

液压胀形试验的用途为：

1）测量板料在无摩擦双向拉伸应力状态下的胀形成形性指标——极限拱顶高度 LBH 值，双向拉伸应变硬化指数 n 值及加工硬化各向异性指数 X 值（指定应变量时，为薄板等双向拉伸应力值/单向拉伸应力值）。

2）得到比普通拉伸试验高得多的应变量水平（有时高达 10 倍）。

3）根据单向拉伸和等双向拉伸试验得到的结果预测在各种应力状态下的屈服行为。

4. 用压力容器进行双向拉伸试验

压力容器内压壳体是典型的双向拉伸结构，球壳的双向拉伸应力可认为是 $\sigma_1 : \sigma_2 = 1:1$；而圆筒壳的双向拉伸应力状态可以认为是 $\sigma_1 : \sigma_2 = 2:1$。目前，可以用这种方法来校核其他双向拉伸的试验结果。

5. 十字形试件双向拉伸试验

这种试件能直接反映板壳的双向受力状态。目前，有两种趋势：一种是以简单材料试验机为基础，设计试样夹持变形机构（见图 2-25）；另一种是直接设计制造双向拉伸试验装置，并已有成熟的产品（见图 2-26）。

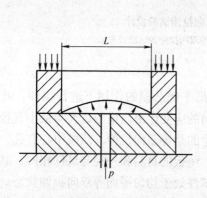

图 2-24　液压胀形试验原理

图 2-25　Zwick 材料双向拉伸试验夹持变形机构

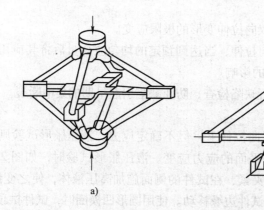

图 2-26　十字形试件双向拉伸试验装置

a）法国专利双向拉伸仪　b）任家陶等设计的双向拉伸仪

2.4.6　剪切试验

测定材料在剪切力作用下的力学性能，是材料力学性能试验的基本试验方法之一，主要用于承受剪切载荷的零件和材料。剪切试验在万能试验机上进行，试样置于剪切夹具上，加载形式有单剪和双剪两种，试样在剪切载荷 P 的作用下被切断。单剪时，P 除以试样截面积 A，可得出抗剪强度 τ_b，$\tau_b = P/A$；双剪加载时 $\tau_b = P/2A$。

2.5　材料成形性能的评定试验方法

　　材料成形性能的评定是从共性（材料的基本特征性能）和个性（材料适应特定成形过程的能力）两个方面的结合与统一来进行的，这就是基本成形性能与模拟成形性能。材料的冲压成形性能可以用基本成形性试验所得的材料特性值与模拟成形试验所得的材料某种成形性能指标来共同表达。

　　因此，对材料冲压成形性的评定应从基本成形性与模拟成形性两个方面进行，并将这两个方面的试验指标归纳、综合比较后，才能对材料的冲压成形性作出评价。本节主要介绍冲压成形的基本类型及其对材料成形性能的要求、成形性能的专项评定试验方法、成形极限图及其测试方法三个方面的内容。

2.5.1　冲压成形的基本类型及其对材料成形性能的要求

　　虽然冲压成形过程复杂多样，但从应变特点、变形机理和破裂形式来看，一般可分为拉深、胀形、翻边和弯曲四种冲压成形基本类型（见图 2-27）。拉深试验、成形极限图、扩孔试验、锥杯试验则是最具典型代表意义的模拟成形试验。上述四种模拟成形试验基本代表了这四大类型的变形状况，所得试验指标可用来评估板材适应这四种基本成形类型的能力（详见 GB/T15825.1—2008《金属薄板成形性能与试验方法　第 1 部分：成形性能和指标》）。

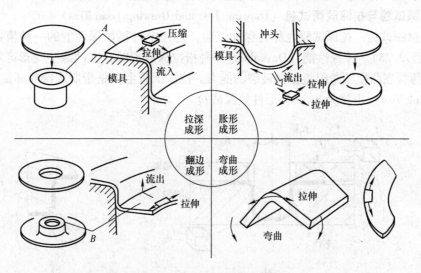

图 2-27　冲压成形的基本类型

　　（1）拉深　拉深也称为深冲，模具给板料边缘部分施加的压边力仅是为了防止零件产生翘曲，板料在凹模内可以自由流动，变形主要发生在板料边缘部分，特点是拉–压变形。

　　（2）胀形　在冲压成形过程中通过上下模具或模具上的加强筋将板料压紧，使板料不能向冲头内部很自由地流动，变形只发生在冲头周围。主要用于平板毛坯的局部变形，如冲制局部突起、凹坑、加强筋等。胀形是一种基本形式，包括圆管类的胀形、平板毛坯的拉胀、曲面形状零件的拉深、毛坯曲面部位的胀形变形，并能与其他变形方式组合成复杂零件的冲压工艺。

（3）翻边　翻边成形多数是在毛坯的平面或曲面部分使板料沿一定的曲线翻成竖立边缘，其作用在于提高零件的刚性，冲制成内孔进行翻边以连接其他零件，有的则利用翻边进行焊接。

翻边成形可分为内凹翻边和外凸翻边。前者的变形特点是边缘在切向拉应力作用下产生切向伸长变形，厚度变薄，伸长翻边成形，如圆孔翻边时，越接近口部变形越大，主要危险在于边缘被拉裂。而后者的变形特点是边缘在切向压应力作用下产生切向压缩变形和径向伸长成形，与拉深变形相似。翻边成形的极限变形程度受毛坯变形区失稳起皱的限制。

（4）弯曲　弯曲又称为压弯，是将材料弯成一定角度、曲率和形状的工艺方法。它在冲压生产过程中占有很大比例。

2.5.2　成形性能的专项评定试验方法

评定成形性能的模拟成形试验又称为相似试验，是从成形几何条件与技术物理属性的相似性出发，对各种冲压成形过程和工艺条件所设计的典型试验。在相似的条件下，以小尺寸的典型零件来模拟某一类成形方法的变形方式（材料在变形过程中所承受的应力应变状态），由试验获得某种钣金在这类成形方法下的极限变形程度，作为评定该种钣金对这类成形方法适应能力的指数。该类试验是根据 GB/T 15825.1～15825.8—2008《金属薄板成形性能与试验方法》（共分八个部分）的规定进行的，主要包括以下内容。

1. 拉深试验与拉深载荷试验（Drawing Test and Drawing Load Test）

（1）拉深试验　拉深试验也称为深冲试验，是评定材料拉深性能的一种模拟成形试验方法（见图 2-28）。拉深性能（Drawability）是指拉深成形时，在凸缘主变形区不起皱条件下，金属薄板在凸模圆角附近抵抗破裂的能力。拉深试验主要是指斯威特冲杯试验（Swift's Cup Drawing Test）也称为 Swift 杯形件拉深试验。

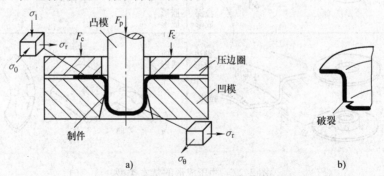

图 2-28　拉深与拉深破裂模拟试验
a）拉深　b）拉深破裂

斯威特冲杯试验是以极限拉深比 LDR 作为评定板材拉深性能指标的试验方法，详见

GB/T 15825.3—2008《金属薄板成形性能与试验方法　第 3 部分：拉深与拉深载荷试验》。拉深试验模具如图 2-29 所示，拉深试验模具尺寸见表 2-10。

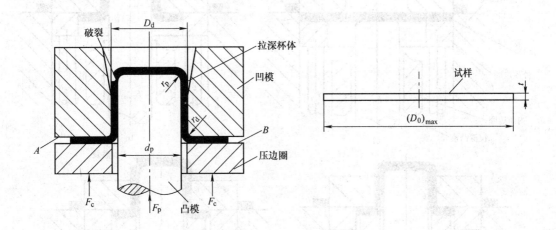

图 2-29　拉深试验模具

表 2-10　拉深试验模具尺寸　　　　　　　　　　　　　（单位：mm）

板料公称厚度 t_0	凸模直径 d_p	凸模圆角半径 r_p	凹模直径 D_d	凹模圆角半径 r_d
0.45 ~ 0.64			$51.80^{+0.05}_{0}$	6.4 ± 0.10
>0.64 ~ 0.91			$52.56^{+0.05}_{0}$	9.1 ± 0.10
>0.91 ~ 1.30	$5.0^{0}_{-0.05}$	5.0 ± 0.1	$53.64^{+0.05}_{0}$	13.0 ± 0.15
>1.30 ~ 1.86			$55.20^{+0.05}_{0}$	18.6 ± 0.15
>1.86 ~ 2.50			$57.00^{+0.05}_{0}$	25.0 ± 0.20

试验时，将不同直径的平板毛坯置于模具中，按规定的条件进行试验。确定出不发生破裂条件下拉深成形件的最大毛坯直径 $(D_0)_{max}$ 与凸模直径 d_p 之比，此比值称为极限拉深比，用 LDR 表示，即

$$LDR = \frac{(D_0)_{max}}{d_p}$$

LDR 值越大，板材的拉深性能就越好，这种方法简单易行，缺点是压边力不能准确地给定，影响试验值的准确性。

（2）拉深载荷试验　拉深载荷试验也称为拉深力对比试验法，其基于 W. Engelhardt 和 H. Gross 提出的拉深潜力试验法（也称为 Engelhardt 试验或 TZP 试验）原理，虽然试验装置比较复杂，对试验机有一定的要求，但是其操作过程简单。拉深载荷试验方法如图 2-30 所示，具体见 GB/T 15825.3—2008。

试验时将圆片试样置于凹模与内外压边圈之间，先用外压边圈对试样施加一定的压边

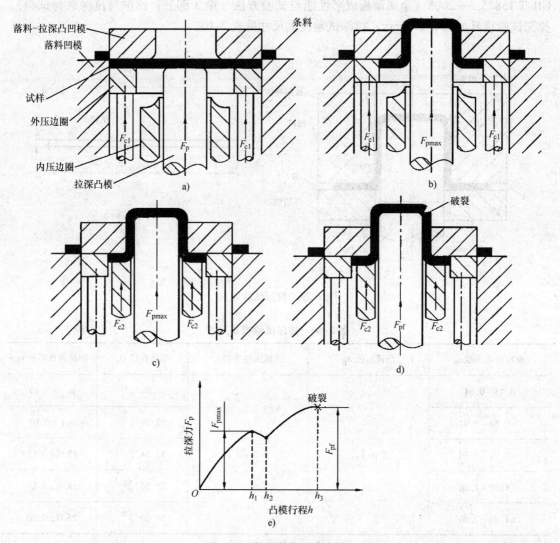

图 2-30　拉深载荷试验方法
a）外压边圈施压拉深　b）达到最大拉深力　c）内压边圈加压　d）拉深破裂　e）拉深载荷曲线

力，并通过凸模对试样进行拉深，测出最大拉深力 $F_{p\,max}$（不允许试样发生破裂）；然后用内压边圈将试样压牢，通过凸模继续加载，测定凹模内试样底部圆角附近壁部发生破裂时的极限拉深力 F_{pf}，试验结束后用 $F_{p\,max}$ 和 F_{pf} 来计算拉深潜力指标 TZP 值（也称为 T 值），即

$$TZP = \left(F_{pf} - F_{p\,max} \right) / F_{pf}$$

TZP 值越大时，说明最大拉深力与拉断力之差越大，工艺稳定性越好，板材拉深性能越好。

拉深试验与拉深载荷试验条件及参数见表 2-11。

表 2-11　拉深试验与拉深载荷试验条件及参数

试验方法	试样尺寸（长度 L_0 或直径 D_0）/mm	数量	评价指标及计算公式	试验参数	停止试验条件	备注
拉深试验	初始直径根据经验确定，相邻两级试样的直径级差为 1.25mm，各级试样的外径偏差 ≤0.05mm	组数 ≥2，每组 6 个	$LDR = (D_0)_{max}/d_p$	试验速度为 $(1.6\sim12)\times10^{-4}$ m/s，进行预试验或用经验公式确定压边力	一组试样中，3 个试样破裂、3 个试样未破裂或当某一级试样破裂个数小于 3，而直径增大一级后，破裂个数 ≥4	逐级增大直径，拉深杯底底部圆角附近壁部不破裂
拉深载荷试验	85、90、95	组数 =3，每组 ≥4 个	① $TZP = (F_{pf} - F_{p\,max})/F_{pf}$ ② 通过作图或回归法确定最大试样直径 $(D_0)_{maxT}$ ③ 计算 $LDR(T) = (D_0)_{maxT}/d_p$	试验速度为 $(1.6\sim12)\times10^{-4}$ m/s，进行预试验或用经验公式确定压边力		当拉深杯底底部圆角附近壁部发生破裂时可逐级减 5mm 重新试验

2. 胀形试验（Stretching Test）

胀形试验通常是反映胀形性能的模拟成形试验，而胀形性能是指胀形成形时，金属薄板在双向拉应力作用下抵抗其厚度减薄而引起局部缩颈或破裂的能力（见图 2-31）。

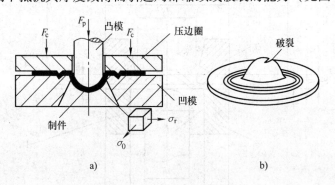

图 2-31　胀形模拟成形试验
a）胀形　b）胀形破裂

通常的试验方法有杯突试验、极限拱高试验、扩孔试验等。

（1）杯突试验

1）埃里克森试验（Ericksen Cupping Test）埃里克森试验也称为艾利克辛试验，如图 2-32 所示。采用材料胀形深度 h 值作为衡量胀形工艺的性能指标。试验时材料向凹模孔中有一定的流入，并非纯胀形，略带拉深工艺的特点，比较接近于实际生产的胀形工艺，数据能够比较好地比较反映实际情况，且操作简单，所以应用较广。该试验满足国家标准 GB/T

4156—2007《金属材料　薄板和薄带埃里克森杯突试验》和 GB/T 15825.1～15825.8—2008《金属薄板成形性能与试验方法》中所规定的试验规范。表 2-12 列出了埃里克森试验符号及模具尺寸，部分材料的标准杯突值如图 2-33 所示。

表 2-12　埃里克森试验符号及模具尺寸　　　　　　　　单位：mm

符号	说　明	试验和模具尺寸，埃里克森杯突值			
		标准试验	较厚或较窄薄板的试验		
a	试样厚度	$0.1 \leqslant a \leqslant 2$	$2 < a \leqslant 3$	$0.1 \leqslant a \leqslant 2$	$0.1 \leqslant a \leqslant 1$
b	试样宽度或直径	$\geqslant 90$	$\geqslant 90$	$55 \leqslant b < 90$	$30 \leqslant b < 55$
d_1	冲头球形部分直径	20 ± 0.05	20 ± 0.05	15 ± 0.02	8 ± 0.02
d_2	压模孔径	27 ± 0.05	40 ± 0.05	21 ± 0.02	11 ± 0.02
d_3	垫模孔径	33 ± 0.1	33 ± 0.1	18 ± 0.1	10 ± 0.1
d_4	压模外径	55 ± 0.1	70 ± 0.1	55 ± 0.1	55 ± 0.1
d_5	垫模外径	55 ± 0.1	70 ± 0.1	55 ± 0.1	55 ± 0.1
R_1	压模、垫模外侧圆角半径	0.75 ± 0.1	1.0 ± 0.1	0.75 ± 0.1	0.75 ± 0.1
R_2	压模内侧圆角半径	0.75 ± 0.05	2.0 ± 0.05	0.75 ± 0.05	0.75 ± 0.05
h_1	压模内侧圆形部分高度	3.0 ± 0.1	6.0 ± 0.1	3.0 ± 0.1	3.0 ± 0.1
h	试验过程压痕深度	—	—	—	—
IE[①]	埃里克森杯突值	IE	IE_{40}	IE_{21}	IE_{11}

① 埃里克森杯突值对应的是标准试验。对于较厚材料或较窄的薄板试样，将 d_2 尺寸作为下标附注在杯突符号中。

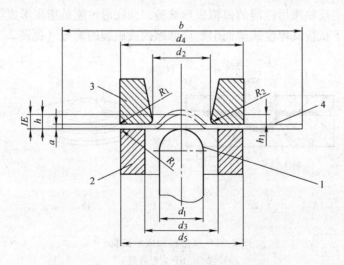

图 2-32　埃里克森试验
1—冲头　2—压边圈　3—凹模　4—试样

2）奥尔森试验（Olsen Cupping Test）。试验中只是采用大压边力及齿形压边，基本上限制了试件凸缘的向内流动，消除了在埃里克森试验中凸缘向内流动情况的不利因素，试验数据分散度较小。

（2）极限拱高试验（Limit Dome Height Test，LDH 试验）　极限拱高试验也称为钢球模

拉胀试验，是一种评估金属薄板成形性
的试验方法，也是杯突试验的改进，可
用以确定金属薄板在各种应变状态下的
极限应变值。由于成形极限图的精度、
重复性和稳定性较差，而一般的双向拉
伸试验也只能提供等双向拉伸应变状态
的试验参数，因此发展了极限拱高试
验。该试验方法类似于双向拉伸试验。
工具有半球形凸模、凹模和带压边筋的
压边圈。试验时，用半球形凸模将金属
板压入凹模。试样被压边圈压紧，以保
证试样边缘的金属不能向凹模孔内流
动。试验前，在不同宽度的试样表面印
制上网格。试验时在板料发生失稳或断
裂的瞬间停机，并测量试样的横向应变
（短轴应变）ε_2 和拱顶高度 H_{max} 作为试

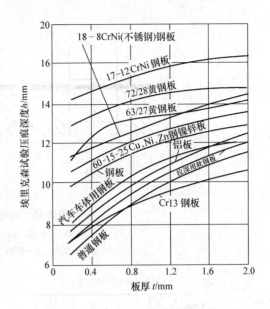

图 2-33　部分材料的标准杯突值

验值（LDH 值），并在分别以 ε_2 和 H/凸模半径为横、纵坐标轴的坐标系中标出不同宽度试
样的试验点，再把试验点相连即得图 2-34 所示的 LDH 曲线。LDH 曲线与成形极限曲线形状
相似，但要比制作成形极限曲线简便，并且在润滑条件相同的情况下，试验结果的重复性和
稳定性都大大优于成形极限曲线。试验中，改变试样宽度，并测定各试件的成形深度，在平
面应变状态的成形深度最小处，记为 LDH_0，作为材料变形极限的指标。

　　（3）扩孔试验（Hole Flanging Test）
扩孔试验是反映钢板扩孔性能的一种模拟成
形试验方法。扩孔性能（也称为延伸凸缘性
能）是指扩孔（内孔翻边）成形过程中，金
属薄板抵抗因孔缘（竖缘）局部伸长变形过
大而发生孔缘（竖缘）开裂的能力，是主要
取决于极限变形能（极限变形能反映给钢板
施加超过其均匀延伸的大应变量变形时的延
展性）的一种特性。在实际应用中，钢板冲
压加工时，其端部呈有剪切边的状态，因而
在剪切面附近一般是以含有加工硬化层和微
小空隙的状态冲压成形的。所以，实际冲压
时的扩孔性能大多利用对冲孔（见图 2-35）
进行扩孔试验得出的扩孔率来评价。

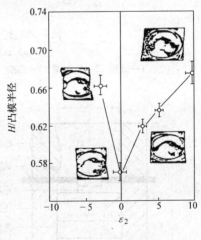

图 2-34　LDH 曲线

　　扩孔试验分为圆锥冲压法（见图 2-36）和圆柱凸模法（也称为 K. W. I. 试验法，见图
2-37）两种方法（参照 GB/T 15825.4—2008《金属薄板成形性能与试验方法　第 4 部分：
扩孔试验》分别用锥头凸模和圆柱凸模成形。表 2-13 列出了圆柱凸模扩孔试验试样与模具
尺寸。

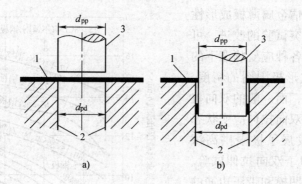

图 2-35　冲孔工艺

a）冲孔前　b）冲孔后

1—试样　2—凹模　3—凸模

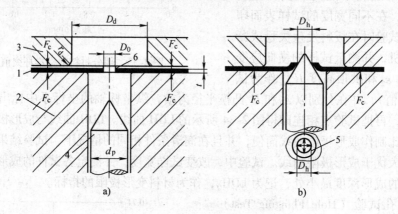

图 2-36　扩孔试验（圆锥冲压法）

a）试验前　b）试验后

1—试样　2—压边圈　3—凹模　4—锥头凸模　5—孔缘裂纹　6—冲孔毛刺

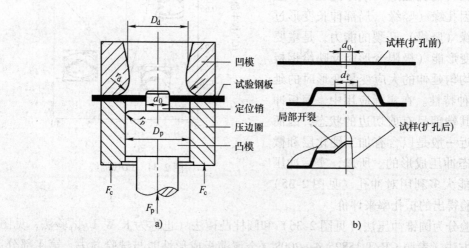

图 2-37　扩孔试验（圆柱凸模法）

a）模具示意图　b）原理示意图

表 2-13　圆柱凸模扩孔试验试样与模具尺寸　　　　　　（单位：mm）

板材厚度 t	凸模		凹模		预制圆孔初始直径 D_0	导销直径 d'_0	圆形/方形试样尺寸（直径/边长）
	直径 d_p	圆角半径 r_p	内径 D_d	圆角半径 r_d			
0.20 ~ 1.00	$25_{-0.05}^{\ 0}$	3 ± 0.1	$27_{\ 0}^{+0.05}$	1 ± 0.1	$7.50_{\ 0}^{+0.05}$ $6.25_{\ 0}^{+0.05}$ $5.00_{\ 0}^{+0.05}$	$7.50_{-0.05}^{\ 0}$ $6.25_{-0.05}^{\ 0}$ $5.00_{-0.05}^{\ 0}$	$\geqslant 45 ~ 70$
>1.00 ~ 2.00	$40_{-0.05}^{\ 0}$	5 ± 0.1	$44_{\ 0}^{+0.05}$	1 ± 0.1	$12.0_{\ 0}^{+0.05}$ $10.0_{\ 0}^{+0.05}$ $8.0_{\ 0}^{+0.05}$	$12.0_{-0.05}^{\ 0}$ $10.0_{-0.05}^{\ 0}$ $8.0_{-0.05}^{\ 0}$	$\geqslant 70 ~ 100$
>2.00 ~ 4.00	$55_{-0.05}^{\ 0}$	8 ± 0.1	$63_{\ 0}^{+0.05}$	1 ± 0.1	$16.5_{\ 0}^{+0.05}$	$16.5_{-0.05}^{\ 0}$	$\geqslant 100$

注：预制圆孔初始直径优先取大值，当孔缘不发生开裂时，按表中数值依次取较小值并更换相应的导销。

　　圆柱凸模扩孔试验是将中心带有预制圆孔的试样置于凹模与压边圈之间并压紧，通过凸模将下部的试样材料压入凹模，迫使预制圆孔直径不断胀大，直至孔边缘局部发生开裂的瞬时停止凸模运动，测量试样扩孔后孔径的最大值和最小值，用它们的平均值来计算扩孔率 λ。

　　计算预制圆孔胀裂后孔径的平均值 $\overline{D}_h$，计算结果保留一位小数，其计算公式为

$$\overline{D}_h = \frac{1}{2}\left(D_{hmax} + d_{hmin} \right)$$

　　则扩孔率 λ 为

$$\lambda = \frac{\overline{D}_h - D_0}{D_0} \times 100\%$$

式中　$\overline{D}_h$——预制圆孔胀裂后的平均孔径；

　　　　D_0——试样预制圆孔的初始直径。

　　（4）液压胀形试验　用液压胀形法评定材料的纯胀形性是比较好的。试验参数用极限胀形系数 K 表示，即

$$K = \left(h_{max}/a \right)^2$$

式中　h_{max}——开始产生裂纹时的高度；

　　　　a——模口半径。

　　极限胀形系数 K 值越大，材料的胀形性能越好。

　　表 2-14 列出了胀形试验条件及参数。

表 2-14　胀形试验条件及参数

试验方法	试样尺寸/mm		数量	评价指标及计算公式	试验参数	停止试验条件
	长度 L_0 或直径 D_0	宽度				
圆柱凸模扩孔试验	45 ~ 70（板厚 0.20 ~ 1.00）、70 ~ 100（板厚 >1.00 ~ 2.00）、$\geqslant 100$（板厚 >2.00 ~ 4.00）		每组 $\geqslant 3$	$\lambda = \dfrac{\overline{D}_h - D_0}{D_0} \times 100\%$	试验速度为（0.8 ~ 3.3）$\times 10^{-4}$ m/s，压边力推荐为 10kN	孔边缘局部发生开裂
埃里克森杯突试验	$\geqslant 90$	$\geqslant 90$		$IE = h$	试验速度为 5 ~ 20mm/min，压边力推荐为 10kN	出现贯穿厚度的裂纹

（续）

试验方法	试样尺寸/mm		数量	评价指标及计算公式	试验参数	停止试验条件
	长度 L_0 或直径 D_0	宽度				
极限拱高试验				$LDH = h_{max}$		发生破裂
液压胀形试验				$K = \left(\dfrac{h_{max}}{\alpha} \right)^2$		开始出现裂纹

3. 弯曲试验（Bending Test）

弯曲性能是指弯曲成形时，金属薄板抵抗变形区外层拉应力引起破裂的能力。弯曲试验是评定拉深性能的一种模拟成形试验方法（见图 2-38）。该试验满足国家标准 GB/T 15825.5—2008《金属薄板成形性能与试验方法　第 5 部分：弯曲试验》中所规定的试验规范。

（1）简单弯曲和弯曲成形　通常直线弯曲称为简单弯曲，变形只发生在弯曲的圆角部位，变形大小与圆角的半径有关。弯曲成形主要是指曲线成形（拉伸和压缩）。因此变形不仅仅局限于圆角部分，壁部和底部都参与变形。弯曲成形就其变形特征，包括拉－拉变形、拉－压变形和平面应变共存，实际上是三种成形方式的组合。划分弯曲成形和翻边成形的主要依据是：如果零件是开口式的拉伸或压缩弯曲（包括曲线弯曲），则应属于弯曲成形；而封闭的外翻边或翻内孔则应属于翻边成形。

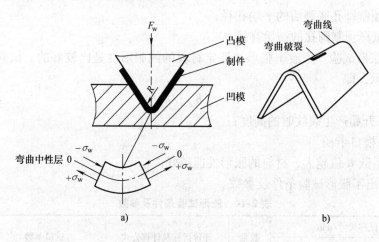

图 2-38　弯曲试验
a）弯曲　b）弯曲破裂

（2）拉伸弯曲　拉伸弯曲（见图 2-39）就是在板材弯曲的同时施加切向拉应力，改变薄板内部的应力状态和分布情况，所施加拉应力的大小应使弯曲变形区内各点的合成应力稍大于材料的屈服强度，让整个断面处于塑性拉伸变形范围内，这样内、外区应力、应变方向取得了一致；卸载后，内、外层的回弹趋势相互抵消，减小了回弹。这种方法主要用于相对弯曲半径很大的零件成形。

　　模拟弯曲试验通常包括压弯试验和 180° 弯曲试验（见图 2-40 和图 2-41），推荐使用宽度 50mm ± 0.5mm、长度 150mm ± 2.0mm 的条形试样。表 2-15 列出了弯曲试验凸模尺寸，表 2-16 列出了弯曲试验条件及参数。试验后计算最小相对弯曲半径 R_{min}/t。其中压弯试验或 180° 带垫模弯曲试验时，最小弯曲半

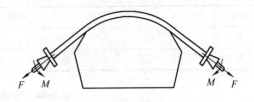

图 2-39　拉伸弯曲

径 $R_{min} = R_{pf} + 0.1mm$。无垫模弯曲试验时，最小弯曲半径 $R_{min} = 0.1mm$（试样变形区外侧表面在 5 倍放大镜下出现裂纹或显著凹陷时）或者 $R_{min} = 0mm$（试样变形区外侧表面在 5 倍放大镜下不出现裂纹或显著凹陷时）。

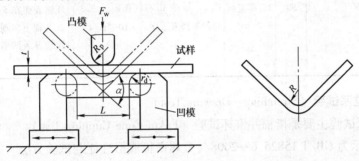

图 2-40　压弯试验

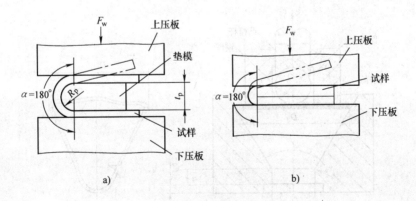

图 2-41　180°弯曲试验

a) 带垫模弯曲　b) 折叠弯曲

表 2-15　弯曲试验凸模尺寸

组号	凸模底部弧面半径 R_p/mm
I	0.1, 0.2, 0.3, 0.4, 0.5, 0.6, 0.7, 0.8, 0.9, 1.0, 1.1, 1.2, 1.3, 1.4, 1.5
II	1.6, 1.8, 2.0
III	2.2, 2.5

（续）

组号	凸模底部弧面半径 R_p/mm		
IV	2.8，3.2		
V	由 3.2mm 起始按级差 0.4mm 连续或隔级选取		

表 2-16　弯曲试验条件及参数

试验方法	试样尺寸/mm		数量	评价指标	试验参数	停止试验条件	备注
	长度 L_0 或直径 D_0	宽度					
弯曲试验	150	50	组数 = 2，每组 ≥ 3 个	最小弯曲半径 R_{min}、最小相对弯曲半径 R_{min}/t	试验速度为 (0.8 ～ 3.3) $\times 10^{-4}$ m/s	由大到小选择凸模或垫模尺寸，直到试样变形区外侧表面在 5 倍放大镜下出现裂纹或显著凹陷时停止	试样长度方向垂直于轧制方向

4. 胀形 – 拉深试验（Stretching – Drawing Test）

胀形 – 拉深试验主要是指福井锥杯试验（Fukui Cone Cupping Test）。

图 2-42 所示为 GB/T 15825.6—2008《金属薄板成形性能与试验方法　第 6 部分：锥杯试验》中锥杯试验方法的示意图。表 2-17 列出了试样与模具工作部分尺寸。表 2-18 列出了锥杯试验条件及参数。

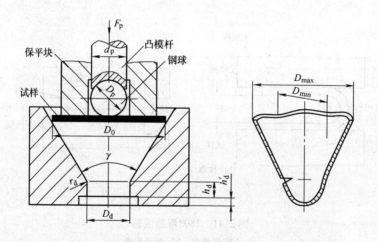

图 2-42　锥杯试验方法的示意图

试验时，试样放在锥形凹模孔内，钢球压入试样成形为锥杯，锥杯上部靠材料流入凹模成形，为拉深成形；底部球面靠材料变薄成形，为胀形成形。钢球继续压入材料，直至杯底侧壁发生破裂时停止试验，测量锥杯口部最大直径 D_{max} 和最小直径 D_{min}，其平均值称为锥杯值 CCV，即

$$CCV = \frac{1}{2}\left(D_{\max} + D_{\min}\right)$$

CCV 值越大，拉深 – 胀形成形性能越好。

表 2-17　锥杯试验试样与模具工作部分尺寸

名　　称	模 具 类 型			
	I	II	III	IV
	试样厚度/mm			
	0.50 ~ < 0.80	0.80 ~ < 1.00	1.00 ~ < 1.30	1.30 ~ < 1.60
钢球直径 D_p/mm	12.70	17.46	20.64	26.99
凸模杆直径 d_p/mm	$= D_p$	$= D_p$	$= D_p$	$= D_p$
试样直径 D_0/mm	36 ± 0.02	50 ± 0.02	60 ± 0.02	78 ± 0.02
凹模孔直端直径 D_d/mm	14.60 ± 0.02	19.95 ± 0.02	24.40 ± 0.02	32.00 ± 0.02
凹模过渡圆角半径 r_d/mm	3.0	4.0	6.0	8.0
凹模孔锥角 γ/ (°)	60 ± 0.05	60 ± 0.05	60 ± 0.05	60 ± 0.05
凹模孔直端有效高度 h_d/mm	> 20	> 20	> 25	> 25
凹模孔直端开口高度 h_d'/mm	> 5	> 5	> 5	> 5

表 2-18　锥杯试验条件及参数

试验方法	试样尺寸/mm		数量	评价指标及计算公式	试验参数	停止试验条件
	长度 L_0 或直径 D_0	宽度				
锥杯试验	36（板厚 0.5 ~ 0.8） 50（板厚 0.8 ~ 1.0） 60（板厚 1.0 ~ 1.3） 78（板厚 1.3 ~ 1.6）	—	每组 ≥ 6 个	$CCV = \frac{1}{2}\left(D_{\max} + D_{\min}\right)$，并取平均值	未规定	杯底侧壁发生破裂

5. 起皱和起浪试验（Wrinkling Test）

吉田起浪试验（Yoshida Wrinkling Test，YWT 或 YBT）也被称为方板对角拉伸试验，是由吉田清太（Yoshida）提出的，用以评价板料在非均匀拉伸下抗皱能力的试验，得到广泛的重视。试验基本方法有两种：单向对角拉深（YBT – 1）及双向对角拉深（YBT – 2）。两种方法的试样尺寸、拉深标距、夹持宽度均相同。试验时，采用方板试件（100mm × 100mm）沿对角线方向施加拉力，夹持宽度为 40mm。通常以中部标距 75mm 内的拉应变 λ_{75} 为准，以加载 – 拱曲曲线临界点的应变 $(\lambda_{75})_{cr}$ 与 $\lambda_{75} = 1$ 时的中心跨度 $s = 25$mm 内的拱曲高度 h 值作为抗皱性的评价指标。

6. 回弹试验（Springback Test）

回弹是冲压成形过程中不可避免的物理现象。由于冲压件在成形过程中不但存在塑性变形，还存在弹性变形，卸载后由于弹性变形的恢复，即产生回弹现象。回弹问题的存在造成零件形状及尺寸与模具工作表面不符，直接影响冲压件质量，包括表面质量和装配性能等。在冲压件的后续装配工艺中，由于相邻零件的回弹不一致，给装配带来困难，影响装配效率，并可能造成过大的装配残余应力，从而影响焊装件的使用可靠性。要使零件的形状及尺寸达到设计要求，就必须使冲压模具工作部分的形状和尺寸与零件要求的尺寸和形状产生一定的偏离，这个偏离程度取决于回弹量的大小及分布情况。

回弹试验以工件宽度方向中心线处的回弹角 $\Delta\theta$ 来衡量各工件的回弹量，$\Delta\theta = \theta - 90°$。由于对称线在翻边凸缘处可能不是一条直线，存在微小波动，故取平均值 $\theta = (\theta_{外} + \theta_{内}) / 2$，回弹角测量示意图如图

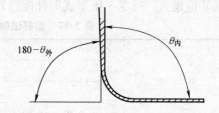

图 2-43　回弹角测量示意图

2-43 所示。图 2-44 所示为采用弯曲试验（V 形弯曲试验和 U 形弯曲试验）测定板料的回弹量。

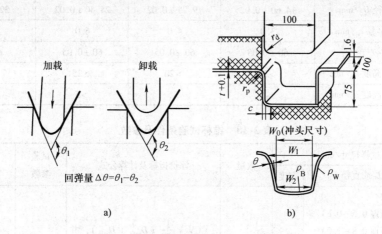

图 2-44　采用弯曲试验测定板料的回弹量
a）V 形弯曲试验　b）U 形弯曲试验

7. 凸耳试验

该试验适用于厚度 0.10 ~ 3.00mm 的金属薄板。由于金属薄板的塑性平面各向异性，经常会使拉深成形零件的口部边缘凸凹不齐，其中的突出部分称为凸耳。凸耳是一种比较普遍的现象，它作为一种成形缺陷在冲压生产中非常值得关注。凸耳试验是以凸耳高度和凸耳率 Z_e 为指标的金属薄板塑性平面各向异性试验方法。该模拟试验根据国家标准 GB/T 15825.7—2008《金属薄板成形性能与试验方法　第 7 部分：凸耳试验》进行，凸耳试验模具示意

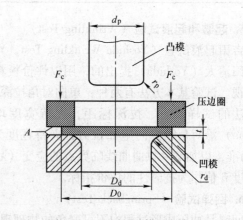

图 2-45　凸耳试验模具示意图

图如图 2-45 所示。表 2-19 列出了凸耳试验模具工作尺寸及性能要求，表 2-20 列出了凸耳试验条件及参数。

表 2-19　凸耳试验模具工作尺寸及性能要求

试样厚度 t/mm	凹模内径 D_d/mm		凹模圆角半径 r_d/mm		凹模和压边圈工作面 A 的表面粗糙度 Ra/μm
	$d_p = 33$mm	$d_p = 50$mm	$d_p = 33$mm	$d_p = 50$mm	
$0.1 \leqslant t \leqslant 0.2$	33.44	50.44	$2.0_{-0.2}^{\ 0}$	$2.5_{-0.2}^{\ 0}$	0.1
$0.2 < t \leqslant 0.4$	33.88	50.88	$2.5_{\ 0}^{+0.2}$	$3.0_{\ 0}^{+0.2}$	0.1
$0.4 < t \leqslant 0.8$	34.76	51.76	$3.5_{\ 0}^{+0.2}$	4.5 ± 0.1	0.8
$0.8 < t \leqslant 1.6$	36.52	53.52	$5.0_{\ 0}^{+0.2}$	6.5 ± 0.1	0.8
$1.6 < t \leqslant 3.0$	39.60	56.60	$7.0_{\ 0}^{+0.2}$	$9.0_{-0.2}^{\ 0}$	1.6

注：$d_p = 33$mm 时，$r_p = 3.3 \pm 0.05$mm；$d_p = 50$mm 时，$r_p = 5.0 \pm 0.05$mm。

表 2-20　凸耳试验条件及参数

试验方法	试样尺寸/mm 长度 L_0 或直径 D_0	数量	计算值	试验参数	停止试验条件
凸耳试验	60（凸模直径 d_p = 33mm），90（凸模直径 d_p = 50mm）	每组 $\geqslant 3$ 个	最大凸耳高度：$h_{emax} = h_{tmax} - h_{vmin}$ 平均凸耳峰高： $\bar{h}_t = \dfrac{h_{t1} + h_{t2} + h_{t3} + \cdots}{\text{凸耳峰数量}}$ 平均凸耳谷高： $\bar{h}_v = \dfrac{h_{v1} + h_{v2} + h_{v3} + \cdots}{\text{凸耳谷数量}}$ 平均凸耳高度：$\bar{h}_e = \bar{h}_t - \bar{h}_v$ 凸耳率：$Z_e = \dfrac{\bar{h}_e}{\bar{h}_v} \times 100\%$	试验速度为（1.6 ~ 12）$\times 10^{-4}$ m/s；钢材料的初始压边力为 2kN（$d_p = 33$mm），4kN（$d_p = 50$mm）	试样拉深成形为直壁圆形杯体，不能出现凸耳部分厚度减薄现象、杯体非圆形状或不对称、试样破裂或出现影响测量凸耳特征的缺陷

　　板材的成形性是板料极为重要的属性之一（通常用 F 表示），在实际冲压过程中它不仅与材料特性（R_{eL}、R_m、A_{gt}、n、r、E 等）有关，也取决于设计变量 $f(d)$（包括毛料、零件的形状、尺寸，模具）、过程变量 $f(p)$（包括应力应变状态、温度、摩擦与润滑、变形速度）以及材料变量 $f(m)$（包括成分、结构、晶粒度、第二相粒子尺寸、形状和分布等），不能用一两个或两三个指标概括和确切表征。但是在现实生产中为了用从一般试验中获得的 n、r 值等基本材料参数来评价板料的成形性能，需要在两者之间建立关系。大量的试验研究结果表明，任一典型的模拟成形试验的性能指标只与基本成形性能的某些材料特性参数密切相关，而各国都在寻求用函数来建立两者的联系。通常确定该函数原则上有两种方法，即数理统计法和分析计算法。王先进等人根据国内外研究情况总结了几种经验关系式，如拉深试验 LDR $= 1.93 + 0.00216n + 0.226r_m$，杯突试验 $h_{max}/D_{凸模} = 0.217 + 0.00474n + 0.00392r_m$，锥杯试验 CCV $= 0.525 + 0.0134n + 0.0207r_m$。

2.5.3　成形极限图及其测试方法

　　金属薄板在不同的应变路径下可以取得不同的极限应变，这些极限应变值在坐标系中构成的极限应变分布区域，以及根据极限应变点绘成的曲线称为成形极限图（Forming Limit

Diagram，FLD），其中由极限应变点绘成的曲线称为成形极限曲线（Forming Limit Curve，FLC）。成形极限图和成形极限曲线在冲压生产中是分析冲压成形工艺过程能否稳定发展的判据，而在材料学方面表征金属薄板在冲压过程中抵抗局部缩颈或破裂的成形能力。

材料成形极限图（FLD）是按照国家标准 GB/T 15825.8—2008《金属薄板成形性能与试验方法　第 8 部分：成形极限图（FLD）测定指南》进行的测试的。FLD 试验模具如图 2-46 所示。表

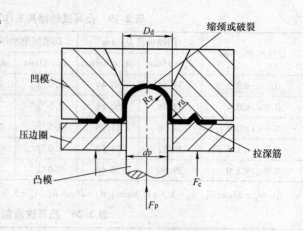

图 2-46　FLD 试验模具

2-21 列出了成形极限图试验条件及参数。通常使用网格应变分析法（ISO/TR14936：1998）或其他应变分析法检测冲压成形时的极限应变。成形极限图和成形极限曲线既可以用实验室方法检测的极限应变数据确定，也可以用实际冲压生产中积累的极限应变数据确定。

表 2-21　成形极限图试验条件及参数

试验方法	试样尺寸/mm		数量	计算值	试验参数	停止试验条件	备注
	长度 L_0 或直径 D_0	宽度					
成形极限图	180	180	同一尺寸规格、相同润滑条件的材料多于 3 个	$e_1 = \dfrac{d_1 - d_0}{d_0} \times 100\%$ $e_2 = \dfrac{d_2 - d_0}{d_0} \times 100\%$ 计算极限应变值	试验速度未规定，凸模推荐使用直径为 100mm 圆柱形球头	局部出现缩颈或开裂	网格圆直径 d_0 = 1.5～2.5mm，大尺寸凸模可以取 d_0 = 5.0mm
	长度自行确定	160					
		140					
		120					
		100					
		80					
		60					
		40					
		20					

试验时，将一侧表面制有网格的试样置于凹模与压边圈之间，压紧拉深筋以外的材料，试样中部在外力作用下产生变形，其表面上的网格圆发生变形。当某个局部产生缩颈或破裂时，停止试验，测量缩颈区或破裂区附近的网格圆长轴和短轴尺寸，计算板料允许的局部表面极限主应变量（e_1、e_2）或（ε_1、ε_2）。

临界网格圆为试样上紧靠缩颈或裂纹的网格圆。临界网格圆的长、短轴采用显微镜进行测量，并计算极限应变，随后将试验点（e_2、e_1）绘制在直角坐标系中便得到成形极限图（FLD）（见图 2-47），成形极限图中平面应变区域最低点的 e_1 便是 FLD_0。

$$e_1 = \frac{d_1 - d_0}{d_0} \times 100\%，\quad e_2 = \frac{d_2 - d_0}{d_0} \times 100\%$$

$$\varepsilon_1 = \ln \frac{d_1}{d_0} = \ln \ (1 + e_1), \ \varepsilon_2 = \ln \frac{d_2}{d_0} = \ln \ (1 + e_2)$$

式中　e_1、e_2——工程主应变；
　　　ε_1、ε_2——真实主应变；
　　　d_1——临界网格圆长轴直径；
　　　d_2——临界网格圆短轴直径；
　　　d_0——网格圆初始直径。

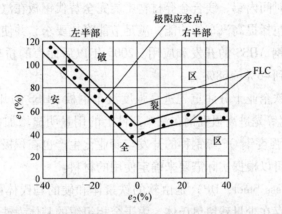

图 2-47　成形极限图（FLD）和成形极限曲线（FLC）

　　成形极限图表示金属板材在各种应变比时所能承受的极限应变。金属成形必须在塑性范围内进行，从而获得永久变形并保持由成形所得到的零件形状。成形必须超过弹性范围，但不超过缩颈的失稳阶段，这样讨论的范围就是由弹性极限到失稳前的均匀塑性变形区。薄板成形时受力状态难以测定，而变形结果比较容易获得，因此薄板成形主要研究应变状态而非应力状态，尤其是极限应变状态，成形性能主要处于极限应变附近。薄板成形中的应变状态如图 2-48 所示，可以用胀形和拉深两种形式概括，对应于失稳就是缩颈和起皱。

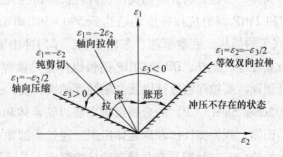

图 2-48　薄板成形中的应变状态

2.6　国内外常用金属板材料的标准、牌号与性能

　　冲压材料的开发和使用是实现制造业可持续发展的前提和基础。目前常见的冲压材料包括钢铁材料（热轧钢板、冷轧钢板、不锈钢板、涂镀层板等）、铝合金板、镁合金板、钛合

金板等。传统的低强度钢板包括软钢、无间隙原子钢，冲压性能非常好，但强度较低。传统的高强度钢板包括高强度无间隙原子钢、烘烤硬化钢、各向同性钢、高强度低合金钢、马氏体钢等，虽然强度较软钢有所提高，冲压性能也不错，但强度仍然偏低。铝合金、镁合金、钛合金等材料具有密度较小，比强度、比刚度较高，成形性、加工性能优良的优点，在材料的节能、减重、安全过程中起着至关重要的作用，但这些材料也具有一些目前无法克服的缺点，如焊接性差、冲压成形性不好、原材料成本和技术成本均较高等，这些因素决定了在目前乃至今后较长一段时间内铝、镁合金等材料不能完全替代钢板在汽车中的使用。为提高钢铁材料的竞争能力，包括提高汽车的功能，满足节能降耗要求，并使汽车制造成本下降，就必然导致先进高强度钢 AHSS 的开发和应用。2005 年以后面市的轿车中，高强度钢、超高强度钢的使用比例达到 45% ~68% 。

因此，国内外钢铁企业十分注重先进高强度汽车钢板 AHSS 的开发研究，DP 钢、TRIP 钢、CP 钢和 MART 钢等先进高强度钢在汽车部件上的用量明显增加，第二代先进高强度钢 TWIP、第三代先进高强度钢 QP 等钢种的开发与商业化生产也在积极探索中。先进高强度钢都具有各自的特点，可以根据实际需要来确定使用的材料。

双相钢（Dual Phase Steel，DP）是由软的铁素体和硬的马氏体两种相组成的，但在实际生产过程中也可能存在少量残留奥氏体。由于金相组织的基体为铁素体，所以它的伸长率相当高，塑性相当好，接近于添加 P 等元素形成固溶体的传统高强度钢板。由于钢中硬质相马氏体和软质相铁素体之间的应变不协调，进行压力加工时会引起相当高的加工硬化，致使 DP 钢具有高的抗拉强度，良好的延展性和成形性。因此它被用于对加工性有严格要求的薄板冲压件，如车门加强板、行李箱盖板和保险杠等。

相变诱导塑性钢（Transformation Induced Plasticity，TRIP），在铁素体和贝氏体构成的基体相中，分散着马氏体以及体积分数为百分之几到 30% 的残留奥氏体，这些残留奥氏体在加工时，会再转变为马氏体，引起材料强度的提高，并且抗冲击性大大提高。目前世界各大钢铁公司生产的 DP 钢和 TRIP 钢的抗拉强度均已达到 590 ~980MPa，已进入实用化阶段。TRIP 钢主要用来制作汽车的挡板、底盘部件、车轮轮辋、车门冲击梁、前端车架纵梁、转向拉杆下臂以及各车身立柱等。此外，DP 和 TRIP 钢板也作为热镀锌和 Zn - Ni 电镀锌的基板，以生产高强度、高塑性、高拉深胀形性以及高耐蚀性的镀锌板。

复相钢（Complex Phases Steel，CP）的金相组织主要以铁素体和（或）贝氏体为基体，并且通常分布少量的马氏体、残留奥氏体和珠光体组织。通过添加微合金元素 Ti 或 Nb，形成细化晶粒或析出强化的效应。这种钢具有非常高的抗拉强度，与同等抗拉强度的双相钢相比，其屈服强度明显要高很多。通过相变强化以及析出强化的复合作用，CP 钢的强度可达 800 ~1000MPa，具有较高的冲击吸收能量和扩孔性能，特别适合于汽车的车门防撞杆、保险杠和 B 立柱等安全零件。

马氏体钢（Martensitic Steel，MART）的显微组织几乎全部为马氏体组织。主要是通过高温奥氏体组织快速淬火转变为板条马氏体组织，可通过热轧、冷轧、连续退火或成形后退火来实现，马氏体钢具有较高的抗拉强度，最高可达 1600MPa，需进行回火处理以改善塑性，使其在如此高的强度下，仍具有足够的成形性能，是目前商业化高强度钢板中强度级别最高的钢种。通常只能用辊压成形生产或冲压形状简单的零件，主要用于成形要求不高的车门防撞杆等零件以代替管状零件，降低制造成本。

铁素体-贝氏体钢（FB）也称为延伸翻边（凸缘）钢（Stretch Flangable Steel）或高扩孔钢（High Hole Expansion Steel），这是因为它具有良好的扩孔性能（即凸缘翻边能力）。FB 钢的金相组织由铁素体和贝氏体组成。FB 钢可用来制造热轧产品，其主要优点是具有良好的扩孔性能、抗碰撞性能和优良的抗疲劳性能。与 HSLA 钢相比，FB 钢在同等屈服强度的情况下，增大了总的伸长率，同时也具有较高的加工硬化指数 n。此外由于 FB 钢具有良好的焊接性，所以它被考虑用来生产冲压大、中型车身覆盖件的激光拼焊板坯或汽车底盘、车轮等载重件。

孪晶诱导塑性钢（Twinning Induced Plasticity，TWIP）室温下的显微组织为稳定的奥氏体，而在变形过程中由于应变的作用使其晶粒内部产生机械孪晶并诱导塑性（即 TWIP 效应），从而保证了其优良的塑性。TWIP 钢的成分通常主要是 Fe，添加质量分数为 25% ~ 30% 的 Mn，并加入少量 Al 和 Si，也可再加入少量的 Ni、V、Mo、Cu、Ti、Nb 等微合金元素。TWIP 钢兼有极高的强度和极高的成形性，其抗拉强度高于 1000MPa，最新的研究成果表明，它的伸长率可达 60% ~ 95%，n 值增至 0.4。高的加工硬化率使其具有很强的能量吸收能力，所以该钢种是非常有前途的汽车用结构材料。但 TWIP 钢的冶炼、连铸工艺，钢材的延迟断裂、切口敏感性以及可涂镀性能都是阻碍此钢得到广泛应用的生产技术难题。

热成形钢（Heat Forming Steel，HFS）是为了解决高强度钢在热处理过程中和热处理后，难于保持其几何形状的问题而开发的高强度钢。主要工艺过程是将高强度钢制品先在模具中夹紧，而后在加热炉中加热或是采用感应加热，并随即在模具中冷却硬化。这种钢都具有良好的焊接性，且适合后续进行电镀锌和热浸锌处理。常见钢种牌号为 22MnB5。目前达到 U - NCAP 碰撞 4 星级或 5 星级水平的乘用车型，其安全件（A、B、C 柱，保险杠，防撞梁等）大多数采用了抗拉强度为 1500MPa、屈服强度为 1200MPa 的热成形高强度钢。

淬火分离钢（Quenching and Partitioning，QP）是 J. G. Speer 等人提出的，是一种具有良好成形性和断裂韧度的高强度钢。Q - P 工艺的机理是基于碳在马氏体和奥氏体混合组织中扩散规律的一种新的认识与理解。主要是控制完全奥氏体化后淬火形成部分马氏体的量，然后通过碳分配热处理工艺使得碳从过饱和的马氏体中转移到残留奥氏体中，使残留奥氏体稳定存在于室温条件下。在受到外力作用时，发生类似 TRIP 效应，获得高强度的同时获得高伸长率。QP 钢属于第三代先进高强度钢 AHSS，通常可以达到的力学性能范围为：抗拉强度 800 ~ 1500MPa，伸长率 15% ~ 40%。目前，国内外对 Q - P 工艺的研究还处于起步阶段，主要研究集中于中碳高硅合金棒材，或在 TRIP 钢的基础上使用 Q - P 工艺进行改进研究，不够系统深入，而相关的理论研究仅处于初步探索阶段。由于 QP 钢具有高强度和高塑性的综合性能，作为汽车结构用钢，可大大减轻车体重量，增强车体抵抗撞击的能力，提高汽车运行的安全性，具有很好的发展前景。

虽然高强度钢的种类较多，强度和塑性匹配也好，具有良好的发展前景，但是要大规模使用 AHSS 还存在一些困难，主要的限制性因素有：

1）制造工艺复杂，获得较为困难。

2）传统的成形技术不适合加工高强度钢，汽车制造厂需要改造或更换现有设备，在设备方面进行大规模投资。

3）目前还有一些应用性能试验需要完善，需要大量实践数据来指导生产，需要研究适合于高强度钢的冲压成形方法，解决各类高强度钢的激光拼焊及拼焊板成形，高强度钢零件之间的点焊，高强度钢零件的磷化、后续涂装、回弹、延迟断裂等问题。

本节内容主要是介绍国内外常见的冲压材料牌号和相关标准，以及典型牌号的化学成分及其相关的力学性能。主要针对冷轧钢板，冷轧热镀锌、电镀锌及彩涂钢板，热轧钢板与钢带，不锈钢板，铝合金板，镁合金板，钛合金板七个方面进行了典型牌号和最新材料标准介绍，包括美国、欧洲（英国、德国等）、日本以及中国等国家标准，以及典型生产企业标准和材料的实际性能指标，同时从成分和性能的角度阐述和对比冲压材料，并对照了各国典型牌号，更方便科技工作者研究和使用这些冲压材料。

2.6.1　冷轧钢板

1. 各国冷轧钢板标准（规格、成分与性能）概述

目前关于普通强度各冲压级冷轧钢板的标准主要有：

1）美国 ASTM A1008/A1008M：2007《冷轧钢板钢带》。

2）德国 DIN EN 10130：2006《冷轧钢板钢带》。

3）日本 JIS G3141：2009《冷轧钢板及钢带》。

4）中国 GB/T 5213 – 2008《冷轧低碳钢板及钢带》。

GB/T 5213—2008《冷轧低碳钢板及钢带》主要根据国内冷轧低碳钢板及钢带的生产、使用情况，同时参考 EN 10130：2006《冷成形用冷轧低碳扁平钢材——交货技术条件》（英文版），对 GB/T 5213—2001《深冲压用冷轧薄钢板及钢带》的标准名称进行了修订，改为《冷轧低碳钢板及钢带》，适用于汽车、家电等行业使用的厚度为 0.30 ~ 3.5mm 的冷轧低碳钢板及钢带。同时对主要技术内容进行了大量的修改，从而部分指标达到和超过国外标准要求，以下为主要修改内容：修改了牌号命名方法；增加了一般用和冲压用钢级 DC01、DC03 以及特超深冲用钢级 DC07；表面质量级别由两种修改为三种；尺寸、外形、重量及允许偏差直接采用 GB/T 708；调整了对化学成分的规定；取消了 SC1 按拉深级别分为 F、HF 和 ZF 三个级别的规定以及杯突、弯曲和金相的规定；表面结构中增加了表面粗糙度 Ra 的要求；对于以钢带状态交货的产品，其表面有缺陷的部分的长度由 8% 调整为 6%。参照 EN 10130：2006，设置了 DC01、DC03、DC04、DC05、DC06、DC07 六个冲压级别，其屈服强度分别为不大于 280MPa、240MPa、210MPa、180MPa、170MPa、150MPa，对应的抗拉强度要求分别为 270 ~ 410MPa、270 ~ 370MPa、270 ~ 350MPa、270 ~ 330MPa、270 ~ 330MPa、250 ~ 310MPa，对应的断后伸长率 A_{80} 值分别要求不小于 28%、34%、38%、40%、41%、44%，r_{90} 值除了 DC01 无限制外，其余分别要求不小于 1.3、1.6、1.9、2.1、2.5，n_{90} 值只

对 DC04、DC05、DC06、DC07 进行了规定，分别要求不小于 0.18、0.20、0.22、0.23。由此可见，GB/T 5213—2008 与 EN 10130：2006 接轨，性能指标要求相比基本一致，伸长率测定均为 A_{80} 值，只是在成分上对 DC06、DC07 的 Mn 元素的质量分数上限分别由 EN 10130：2006 规定的 0.25% 和 0.20% 提高到 0.30% 和 0.25%，并增加了对铝含量的要求，同时 DC05 的屈服强度下限由 140MPa 调整到 120MPa。

GB/T 5213—2008 与美国 ASTM A1008/A1008M：2007 相比，增加了 DC06、DC07 两个牌号，但比 ASTM A1008M：2007 缺少了对成分中微合金元素的详细规定，ASTM A1008/A1008M：2007 分为 CS、DS、DDS、EDDS 四个级别，其对应的屈服强度范围为 140 ~ 275MPa、150 ~ 240MPa、115 ~ 200MPa、105 ~ 170MPa，对应的伸长率 A_{50} 值分别为不小于 30%、36%、38%、40%，对 DS、DDS、EDDS 的 r 值和 n 值规定了上下限范围，r 值分别为 1.3 ~ 1.7、1.4 ~ 1.8、1.7 ~ 2.1，n 值分别为 0.17 ~ 0.22、0.20 ~ 0.25、0.23 ~ 0.27。

GB/T 5213—2008 与 JIS G3141：2009 相比成分上增加对 Al_t 和 Ti 的要求，与 SPCC、SPCCT、SPCD、SPCE、SPCF、SPCG 相对应并增加了 DC07 级别，力学性能方面最大的区别在于不同板厚的断后伸长率由 JIS G3141：2009 规定的 A_{50} 值的 28% ~ 39%、30% ~ 41%、32% ~ 43%、40% ~ 45%、42% ~ 46% 调整到 A_{80} 值的不小于 28%、34%、38%、40%、41%，DC07 为 44%（标准对应的试样分别为 JIS Z2201：1998 的 5#试样、GB/T 228 的 P6 试样）。屈服强度上限随着冲压级别的增加而降低，JIS G3141：2009 中各级别上限要求为 190 ~ 240MPa，抗拉强度 ≥270MPa。

关于高强度可成形冷轧钢板的标准主要有：

1）美国冷轧钢板及钢带标准 ASTM A1008/A1008M：2007。

2）美国汽车工程师协会标准 SAE J2745：2007《汽车用先进高强度钢板及钢带产品的分类和性能》。

3）美国汽车工程师协会标准 SAE J2340：1999《高强度和超高强度汽车钢板》。

4）欧洲标准 EN 10268：2006《冷成形用高屈服强度冷轧扁平材的一般交货技术条件》。

5）日本汽车用高强度可成形冷轧钢板和钢带标准 JIS G3135：2006。

6）中国汽车用高强度冷连轧钢板及钢带系列标准 GB/T 20564.1 ~ 20564.7

7）中国标准 GB/T 13237—1991《优质碳素结构钢冷轧薄钢板和钢带》。

目前国内先进高强度汽车用钢板及钢带的标准已完善，GB/T 20564《汽车用高强度冷连轧钢板及钢带》分为 7 个部分：第 1 部分烘烤硬化钢、第 2 部分双相钢、第 3 部分高强度无间隙原子钢、第 4 部分低合金高强度钢、第 5 部分各向同性钢、第 6 部分相变诱导塑性钢、第 7 部分马氏体钢。另外虽然标准 GB/T 13237—1991《优质碳素结构钢冷轧薄钢板和钢带》已落后，但由于目前国内汽车用冷轧高强度钢板的旧牌号仍有部分企业在使用，因此也进行了列举。

目前普通强度钢板包括软钢和无间隙原子钢，通常屈服强度在 180MPa 以下；传统高强度钢主要包括高强度无间隙原子钢、烘烤硬化钢、各向同性钢、含磷钢和高强度低合金钢等，屈服强度不小于 180 ~ 420MPa，抗拉强度不小于 280 ~ 470MPa；先进高强度钢包括 DP

钢、TRIP 钢和 MART 钢，目前 QP 钢等还没有相关标准制定。通常先进高强钢强度级别较高，屈服强度不小于 260~1200MPa，抗拉强度不小于 390~1500MPa。

2. 国内外普通强度各冲压级冷轧钢板牌号及标准

以下是国内外普通强度各冲压级冷轧钢板部分典型标准的内容简介（表 2-22 ~ 表 2-29），主要包括美国、德国、日本及中国的各强度级别对化学成分、力学性能和表面质量的要求。由于篇幅有限，只摘录部分内容供参考，详细内容请参照相关最新标准内容。

表 2-22　美国普通强度各冲压级冷轧钢板 CS、DS、DDS、EDDS 的化学成分

（质量分数，除特殊说明外均为不大于）[①]　（ASTM A1008M：2007）　　　　（%）

钢　种	C	Mn	P	S	Al	Si	Cu	Ni	Cr[②]	Mo	V	Nb	Ti[③]	N	B
CS – A[④,⑤,⑥,⑦]	0.10	0.60	0.030	0.035	—	—	0.20[⑧]	0.20	0.15	0.06	0.008	0.008	0.025	—	—
CS – B[④]	0.02 ~ 0.15	0.60	0.030	0.035	—	—	0.20[⑧]	0.20	0.15	0.06	0.008	0.008	0.025	—	—
CS – C[④,⑤,⑥,⑦]	0.08	0.60	0.10	0.035	—	—	0.20[⑧]	0.20	0.15	0.06	0.008	0.008	0.025	—	—
DS – A[⑤,⑨]	0.08	0.50	0.020	0.030	>0.01	—	0.20	0.20	0.15	0.06	0.008	0.008	0.025	—	—
DS – B	0.02 ~ 0.08	0.50	0.020	0.030	>0.02	—	0.20	0.20	0.15	0.06	0.008	0.008	0.025	—	—
DDS[⑥,⑦]	0.06	0.50	0.020	0.025	>0.01	—	0.20	0.20	0.15	0.06	0.008	0.008	0.025	—	—
EDDS[⑩]	0.02	0.40	0.020	0.020	>0.01	—	0.10	0.10	0.15	0.03	0.10	0.10	0.15	—	—

① —表示无特殊要求，但成分报告中须注明。

② 当 w_C 不高于 0.05% 时，$w_{Cr} \leqslant 0.25\%$。

③ 当 w_C 高于 0.02% 时，允许添加 $w_{Ti} \leqslant 3.4 w_N + 1.5 w_S$ 或 $w_{Ti} \leqslant 0.025\%$。

④ 当要求铝脱氧时，对于 CS 来说，$w_{Al} \geqslant 0.01\%$。

⑤ 类型 B 的 w_C 应高于 0.02%。

⑥ 根据客户要求，允许选择真空脱气、成分均匀化处理。

⑦ 当 $w_C \leqslant 0.02\%$ 时，允许添加 $w_V \leqslant 0.10\%$，$w_{Cr} \leqslant 0.10\%$，$w_{Ti} \leqslant 0.15\%$。

⑧ 当为合金钢时，Cu 为最低加入量，非合金钢时，合金 Cu 为最高加入量。

⑨ 如果最终为连续退火工序，客户可以选择⑥和⑦状态。

⑩ 可以选择真空脱气、成分均匀化处理。

表 2-23　美国普通强度各冲压级冷轧钢板 CS、DS、DDS、EDDS 的力
学性能[①,②]　（ASTM A1008/A1008M：2007）

钢　种	屈服强度最小值[③]		伸长率 A_{50}[③]	r_m[④]	n[⑤]
	/ksi	/MPa			
CS – (A，B，C)	20 ~ 40	140 ~ 275	≥30	⑥	⑥
DS – (A，B)	22 ~ 35	150 ~ 240	≥36	1.3 ~ 1.7	0.17 ~ 0.22
DDS	17 ~ 29	115 ~ 200	≥38	1.4 ~ 1.8	0.20 ~ 0.26
EDDS	15 ~ 25	105 ~ 170	≥40	1.7 ~ 2.1	0.23 ~ 0.27

① 力学性能适应于全部厚度，随着厚度的较小，屈服强度增大，而伸长率降低、成形性能指标下降。

② 典型力学性能是正常值，当提供特殊用途时可以选择超出该范围的指标。

③ 屈服强度和伸长率的测量根据试验方法和 A370 标准选择轧向试样。

④ r_m 值的测量根据试验方法 E517。

⑤ n 值测量的根据试验方法 E646。

⑥ 无限制。

表 2-24　德国普通强度各冲压级冷轧钢板及钢带化学成分和力学性能（DIN EN 10130：2006）

钢种	欧盟钢号	表面质量	拉伸应变痕	化学成分（质量分数，%），不大于						R_{eL} /MPa	R_m /MPa	A_{80} （%）不小于	r_{90} 不小于	n_{90} 不小于
				C	P	S	Mn	Ti						
DC01	1.0330	A	—	0.12	0.045	0.045	0.60	—	—/280	270/410	28	—	—
		B	3 个月不出现											
DC03	1.0347	A	6 个月	0.10	0.035	0.035	0.45	—	—/240	270/370	34	1.3	
		B	6 个月											
DC04	1.0338	A	6 个月	0.08	0.030	0.030	0.40	—	—/210	270/350	38	1.6	0.180
		B	6 个月											
DC05	1.0312	A	6 个月	0.06	0.025	0.025	0.35	—	—/180	270/330	40	1.9	0.200
		B	6 个月											
DC06	1.0873	A	无限制	0.02	0.020	0.020	0.25	0.3j	—/170	270/330	41	2.1	0.220
		B	无限制											
DC07	1.0898	A	无限制	0.01	0.020	0.020	0.15	0.2j	—/150	270/310	44	2.5	0.230
		B	无限制											

注：根据客户需要，DC01、DC03、DC04、DC05 的屈服强度下限可以考虑到 140MPa，DC01 的屈服强度上限 280MPa 只保证 8 天以内有效。DC06 的屈服强度下限为 120MPa，而 DC07 的屈服强度低至 100MPa。j 表示其中 Ti 可以被 Nb 代替，但是 C 和 N 元素必须完全固定。

表 2-25　德国普通强度各冲压级冷轧钢板及钢带表面质量要求（DIN EN 10130：2006）

质量等级	表 面 特 征
FD（O5）	产品两个表面中较好的一面不低于 FC 表面的要求，并经油石研磨后不存在辊印、压痕等产生的明显亮点，另一面至少达到 FC 表面的要求。两个表面不得存在明显残碳、灰尘、油斑等影响洁净度的缺陷
FC（O4）	产品两个表面中较好的一面与 FB 等级相比对缺陷进一步限制，即不能影响涂漆后或镀层后的外观质量。另一面必须至少达到 FB 表面的要求
FB（O3）	允许存在不影响成形性能及涂、镀附着力的缺陷，如无手感少量小气泡、小划痕、小辊印、轻微划伤、轻微氧化色及轻微乳化液斑
FA	适合于客户对表面质量没有规定和要求的产品

表 2-26　日本普通强度各冲压级冷轧钢板及钢带化学成分（质量分数）（JIS G3141：2009）（%）

钢种	C	Mn	P	S
SPCC	<0.15	<0.60	<0.100	<0.050
SPCD	<0.12	<0.50	<0.040	<0.040
SPCE	<0.10	<0.45	<0.030	<0.030
SPCF	<0.08	<0.45	<0.030	<0.030
SPCGa[①]	<0.02	<0.25	<0.020	<0.020

① 按照客户要求，Mn、P 的成分上限值可以变化，也可以添加除表中所列以外的微合金元素。

表 2-27　日本普通强度各冲压级冷轧钢板及钢带力学性能（JIS G3141：2009）

钢种	屈服强度/MPa	抗拉强度/MPa	伸长率 A_{50}（%）						
	厚度/mm		厚度/mm						
	≥0.25	≥0.25	0.25~0.30	0.30~0.40	0.40~0.60	0.60~1.0	1.0~1.6	1.6~2.5	≥2.5
SPCC	—	—	—	—	—	—	—	—	—
SPCCT[①]	—	>270	>28	>31	>34	>36	>37	>38	>39
SPCD	（<240）	>270	>30	>33	>36	>38	>39	>40	>41
SPCE	（<220）	>270	>32	>35	>38	>40	>41	>42	>43
SPCF[②]	（<210）	>270			>40	>42	>43	>44	>45
SPCG[②]	（<190）	>270			>42	>44	>45	>46	—

① SPCC 为无特殊要求，但成分报告中须注明。

② SPCF、SPCG 的非时效期为出厂 6 个月内。SPCG 的 r 值要求≥1.5（板厚 0.5~1.0mm）或≥1.4（板厚 1.0~1.6mm）。

表 2-28　中国普通强度各冲压级冷轧钢板及钢带化学成分及力学性能
（旧版标准 GB/T 5213—2001）

牌号	化学成分（质量分数,%）							公称厚度/mm	屈服强度/MPa	抗拉强度/MPa	断后伸长率 A_{80}（%）	n	r
	C	Si	Mn	P	S	Al_s	Ti				（$b_0=20mm$，$l_0=80mm$）		
SC1	≤0.08	≤0.03	≤0.40	≤0.020	≤0.025	0.02~0.07	—	≤0.50 / >0.50~0.70 / >0.70	≤240 / ≤230 / ≤210	270~350	≥34 / ≥36 / ≥38	$n_{90}≥0.18$	$r_{90}≥1.6$
SC2	≤0.01	≤0.03	≤0.30	≤0.020	≤0.020	—	≤0.20	0.70~1.50	≤180	270~330	≥40	$n_{90}≥0.20$	$r_{90}≥1.9$
SC3	≤0.008	≤0.03	≤0.30	≤0.020	≤0.020	—	≤0.20	0.70~1.50	≤180	270~350	≥38	$\bar{n}≥0.22$	$\bar{r}≥1.8$

注：SC1 可适当添加 Ti、Nb 等元素，SC2、SC3 可适当添加 Nb 等元素。拉伸试样取横向试样。b_0 为宽度，I_0 为试样标距；n_{90}、r_{90} 值仅适于厚度≥0.5mm 的情况；当厚度 >2mm 时，r_{90} 值允许降低 0.2。$n=(n_0+2n_{45}+n_{90})/4$，$\bar{r}=(r_0+2r_{45}+r_{90})/4$。

表 2-29　中国普通强度各冲压级冷轧低碳钢板及钢带化学成分及力学性能
（新版标准 GB/T 5213—2008）

钢种	化学成分（质量分数, %）						R_{eL} 或 $R_{P0.2}$[①②]/MPa 不大于	R_m/MPa	A_{80}[③④]（%）（$L_0=80mm$，$b=20mm$）不小于	r_{90}[⑤] 不小于	n_{90}[⑤] 不小于	拉伸应变痕
	C	Mn	Al_t[⑦]	P	S	Ti[⑧]						
DC01[⑥]	≤0.12	≤0.60	≥0.020	≤0.045	≤0.045	—	280[⑥]	270~410	28	—	—	3 个月不出现
DC03	≤0.10	≤0.45	≥0.020	≤0.035	≤0.035	—	240	270~370	34	1.3	—	6 个月不出现
DC04	≤0.08	≤0.40	≥0.020	≤0.030	≤0.030	—	210	270~350	38	1.6	0.18	6 个月不出现

（续）

钢种	化学成分（质量分数，%）						R_{eL} 或 $R_{p0.2}$ [①②] / MPa 不 大于	R_m /MPa	A_{80} [③④] （%）($L_0=80mm$, $b=20mm$) 不小于	r_{90} [⑤] 不小于	n_{90} [⑤] 不小于	拉伸应变痕
	C	Mn	Al$_t$ [⑦]	P	S	Ti [⑧]						
DC05	≤0.06	≤0.35	≥0.015	≤0.025	≤0.025	—	180	270~330	40	1.9	0.20	6个月不出现
DC06	≤0.02	≤0.30	≥0.015	≤0.020	≤0.020	≤0.3 [⑨]	170	270~330	41	2.1	0.22	不出现
DC07	≤0.01	≤0.25	≥0.015	≤0.020	≤0.020	≤0.2 [⑨]	150	270~310	44	2.5	0.23	不出现

① 无明显屈服时采用 $R_{p0.2}$，否则采用 R_{eL}。当厚度大于 0.50mm 且不大于 0.70mm 时，屈服强度上限值可以增大 20MPa；当厚度不大于 0.50mm 时，屈服强度上限值可以增大 40MPa。

② 经供需双方协商，DC01、DC03、DC04 屈服强度的下限可以设定为 140MPa，DC05、DC06 屈服强度的下限可以设定为 120MPa，DC07 屈服强度的下限可以设定为 100MPa。

③ 试样为 GB/T 228 中的 P6 试样，方向为横向。

④ 当厚度大于 0.50mm 且不大于 0.70mm 时，断后伸长率最小值可降低 2%（绝对值）；当厚度不大于 0.50mm 时，断后伸长率最小值可降低 4%（绝对值）。

⑤ r_{90} 值和 n_{90} 值的要求仅适用于厚度不小于 0.50mm 的产品，当厚度大于 2.0mm 时，r_{90} 值可以降低 0.2。

⑥ DC01 的屈服上限值的有效期仅为从生产完成之日起 8 天内。

⑦ 对于牌号 DC01、DC03、DC04，当 w_C≤0.01 时，w_{Al_t}≥0.015。

⑧ DC01、DC03、DC04 和 DC05 也可以添加 Nb 或 Ti。

⑨ 可以用 Nb 代替部分 Ti，钢中 C 和 N 应全部被固定。

3. 国内外高强度可成形冷轧钢板及钢带牌号及标准

高强度钢在减重的同时可节约能源，钢材的强度级别每提高 100MPa，可节约钢材 10%~20%。汽车整车重量每降低 10%，燃油效率便可提高 6%~8%。这不仅减少了钢材消耗量，而且提高了安全性能，对于降低汽车成本、减少环境污染具有重要意义，因此得到广泛推广使用。以下是国内外高强度可成形冷轧钢板及钢带部分典型标准的内容简介（表 2-30 ~ 表 2-34），由于篇幅有限，只摘录部分内容供参考，详细内容请参照相关最新标准内容。

表 2-30　美国高强度冷轧钢板及钢带 SS、HSLAS、HSLAS-F、SHS、BHS 的化学成分（质量分数）[①]
（ASTM A1008/A1008M：2007）

钢种	C	Mn	P	S	Al	Si	Cu [②]	Ni	Cr	Mo	V	Nb	Ti	N
SS [③]														
25 [170]	0.20	0.60	0.035	0.035	—	—	0.20	0.20	0.15	0.06	0.008	0.008	0.025	—
30 [205]	0.20	0.60	0.035	0.035	—	—	0.20	0.20	0.15	0.06	0.008	0.008	0.025	—
33 [230] 类型 1	0.20	0.60	0.035	0.035	—	—	0.20	0.20	0.15	0.06	0.008	0.008	0.025	—
33 [230] 类型 2	0.15	0.60	0.20	0.035	—	—	0.20	0.20	0.15	0.06	0.008	0.008	0.025	—
40 [275] 类型 1	0.20	0.90	0.035	0.035	—	—	0.20	0.20	0.15	0.06	0.008	0.008	0.025	—
40 [275] 类型 2	0.15	0.60	0.20	0.035	—	—	0.20	0.20	0.15	0.06	0.008	0.008	0.025	—

（续）

钢种	C	Mn	P	S	Al	Si	Cu②	Ni	Cr	Mo	V	Nb	Ti	N
50 [340]	0.20	0.70	0.035	0.035	—	—	0.20	0.20	0.15	0.06	0.008	0.008	0.025	—
60 [410]	0.20	0.70	0.035	0.035	—	—	0.20	0.20	0.15	0.06	0.008	0.008	0.025	—
70 [480]	0.20	0.70	0.035	0.035	—	—	0.20	0.20	0.15	0.06	0.008	0.008	0.025	—
80 [550]	0.20	0.60	0.035	0.035	—	—	0.20	0.20	0.15	0.06	0.008	0.008	0.025	—
HSLAS④														
45 [310] 类别1	0.22	1.65	0.04	0.04	—	—	0.20	0.20	0.15	0.06	<0.005	<0.005	<0.005	—
45 [310] 类别2	0.15	1.65	0.04	0.04	—	—	0.20	0.20	0.15	0.06	<0.005	<0.005	<0.005	—
50 [340] 类别1	0.23	1.65	0.04	0.04	—	—	0.20	0.20	0.15	0.06	<0.005	<0.005	<0.005	—
50 [340] 类别2	0.15	1.65	0.04	0.04	—	—	0.20	0.20	0.15	0.06	<0.005	<0.005	<0.005	—
55 [380] 类别1	0.25	1.65	0.04	0.04	—	—	0.20	0.20	0.15	0.06	<0.005	<0.005	<0.005	—
55 [380] 类别2	0.15	1.65	0.04	0.04	—	—	0.20	0.20	0.15	0.06	<0.005	<0.005	<0.005	—
60 [410] 类别1	0.26	1.65	0.04	0.04	—	—	0.20	0.20	0.15	0.06	<0.005	<0.005	<0.005	—
60 [410] 类别2	0.15	1.65	0.04	0.04	—	—	0.20	0.20	0.15	0.06	<0.005	<0.005	<0.005	—
65 [450] 类别1	0.26	1.65	0.04	0.04	—	—	0.20	0.20	0.15	0.06	<0.005	<0.005	<0.005	⑤
65 [450] 类别2	0.15	1.65	0.04	0.04	—	—	0.20	0.20	0.15	0.06	<0.005	<0.005	<0.005	⑤
70 [480] 类别1	0.26	1.65	0.04	0.04	—	—	0.20	0.20	0.15	0.16	<0.005	<0.005	<0.005	⑤
70 [480] 类别2	0.15	1.65	0.04	0.04	—	—	0.20	0.20	0.15	0.16	<0.005	<0.005	<0.005	⑤
HSLAS-F④														
50 [340] / 60 [410]	0.15	1.65	0.020	0.025	—	—	0.20	0.20	0.15	0.06	<0.005	<0.005	<0.005	⑤
70 [480] / 80 [550]	0.15	1.65	0.020	0.025	—	—	0.20	0.20	0.15	0.16	<0.005	<0.005	<0.005	⑤
SHSF⑥	0.12	1.50	0.12	0.030	—	—	0.20	0.20	0.15	0.06	0.008	0.008	0.008	—
BHS⑥	0.12	1.50	0.12	0.030	—	—	0.20	0.20	0.15	0.06	0.008	0.008	0.008	—

① —表示无特殊要求，但成分报告中须注明。

② 当合金有要求时，Cu 为最低加入量，无要求时，Cu 为最高加入量。

③ 根据客户要求 SS 钢的钛含量允许添加 $w_{Ti} \leqslant 3.4 w_N + 1.5 w_S$ 或 $w_{Ti} \leqslant 0.025\%$。

④ HSLAS 和 HSLAS-F 单独或复合添加 Cr、Ni、V、Ti、Mo，只提供微合金元素的选择。

⑤ 选择添加 N 元素时，应严格限制 N 含量，同时考虑固氮的微合金元素 V、Ti 的添加。

⑥ 当 $w_C \leqslant 0.02\%$ 时，允许添加 $w_V \leqslant 0.10\%$，$w_{Cr} \leqslant 0.10\%$，$w_{Ti} \leqslant 0.15\%$。

表 2-31　美国高强度冷轧钢板钢带 SS、HSLA、SHS、BHS 力学性能

(ASTM A1008/A1008M：2007)

钢　种	屈服强度最小值		抗拉强度最小值		伸长率
	/ksi	/MPa	/ksi	MPa	
SS					
25 ［170］	25	170	42	290	26
30 ［205］	30	205	45	310	24
33［230］类型 1／类型 2	33	230	48	330	22
40 ［275］	40	275	52	360	20
50 ［340］	50	340	65	410	18
60 ［410］	60	410	75	480	12
70 ［480］	70	480	85	540	6
80 ［550］	80	550	82	565	
HSLAS					
45 ［310］ 类别 1	45	310	60	410	22
45 ［310］ 类别 2	45	310	55	380	22
50 ［340］ 类别 1	50	340	65	450	20
50 ［340］ 类别 2	50	340	60	410	20
55 ［380］ 类别 1	55	380	70	480	18
55 ［380］ 类别 2	55	380	65	450	18
60 ［410］ 类别 1	60	410	75	520	16
60 ［410］ 类别 2	60	410	70	480	16
65 ［450］ 类别 1	65	450	80	550	15
65 ［450］ 类别 2	65	450	75	520	15
70 ［480］ 类别 1	70	480	85	585	14
70 ［480］ 类别 2	70	480	80	550	14
HSLAS - F					
50 ［340］	50	340	60	410	22
60 ［410］	60	410	70	480	18
70 ［480］	70	480	80	550	16
80 ［550］	80	550	90	620	14

表 2-32　欧洲高强度成形用冷轧扁平材的一般交货技术条件——成分及力学性能（EN10268：2006）

牌号	欧盟钢号	化学成分（质量分数,%）								屈服强度/MPa	烘烤硬化值 BH_2 /MPa	抗拉强度/MPa	断后伸长率 A_{80} 不小于 (%)	r (%) 不小于	n (%) 不小于
		C 不大于	Si 不大于	Mn 不大于	P 不大于	S 不大于	Al 不小于	Ti 不大于	Nb 不大于						
HC180Y	1.0922	0.01	0.3	0.7	0.06	0.025	0.01	0.12	—	180 ~ 230		340 ~ 400	36	1.7	0.19
HC180P	1.0342	0.05	0.4	0.6	0.08	0.025	0.015			180 ~ 230		280 ~ 360	34	1.6	0.17
HC180B	1.0395	0.05	0.5	0.7	0.06	0.025	0.015			180 ~ 230	35	300 ~ 360	34	1.6	0.17
HC220Y	1.0925	0.01	0.3	0.9	0.08	0.025	0.01	0.12		220 ~ 270		350 ~ 420	34	1.6	0.18
HC220I	1.0346	0.07	0.5	0.5	0.05	0.025	0.015	0.05		220 ~ 270		300 ~ 380	34		0.18
HC220P	1.0397	0.07	0.5	0.7	0.08	0.025	0.015			220 ~ 270		320 ~ 400	32	1.3	0.16
HC220B	1.0396	0.06	0.5	0.7	0.08	0.025	0.015			220 ~ 270	35	320 ~ 400	32	1.5	0.16

（续）

牌号	欧盟钢号	化学成分（质量分数,%）								屈服强度 /MPa	烘烤硬化值 BH₂ /MPa	抗拉强度 /MPa	断后伸长率 A₈₀ 不小于 (%)	r (%) 不小于	n (%) 不小于
		C 不大于	Si 不大于	Mn 不大于	P 不大于	S 不大于	Al 不小于	Ti 不大于	Nb 不大于						
HC260Y	1.0928	0.01	0.3	1.6	0.1	0.025	0.01	0.12		260 ~ 320		380 ~ 440	32	1.4	0.17
HC260I	1.0349	0.07	0.5	0.5	0.05	0.025	0.015	0.05		260 ~ 310		320 ~ 400	32		0.17
HC260P	1.0417	0.08	0.5	0.7	0.1	0.025	0.015			260 ~ 320		360 ~ 440	29		
HC260B	1.0400	0.08	0.5	0.7	0.1	0.025	0.015			260 ~ 320	35	360 ~ 440	29		
HC260LA	1.0480	0.1	0.5	0.6	0.025	0.025	0.015	0.15		260 ~ 330		350 ~ 430	26		
HC300I	1.0447	0.08	0.5	0.7	0.08	0.025	0.015	0.05		300 ~ 350		340 ~ 440	30		0.16
HC300P	1.0448	0.1	0.5	0.7	0.12	0.025	0.015			300 ~ 360		400 ~ 480	26		
HC300B	1.0444	0.1	0.5	0.7	0.12	0.025	0.015			300 ~ 360	35	400 ~ 480	26		
HC300LA	1.0489	0.1	0.5	1.0	0.025	0.025	0.015	0.15	0.09	300 ~ 380		380 ~ 480	23		
HC340LA	1.0548	0.1	0.5	1.1	0.025	0.025	0.015	0.15	0.09	340 ~ 420		410 ~ 510	21		
HC380LA	1.0550	0.1	0.5	1.4	0.025	0.025	0.015	0.15	0.09	380 ~ 480		440 ~ 560	19		
HC420LA	1.0556	0.1	0.5	1.6	0.025	0.025	0.015	0.15	0.09	420 ~ 520		470 ~ 590	17		

注：Y—高强 IF 钢、P—加磷钢、B—烘烤硬化钢、I—各向同性钢、LA—高强度低合金钢。

表 2-33　日本汽车用高强度可成形冷轧钢板和钢带力学性能（JIS G3135：2006）

钢种	抗拉强度 /MPa	屈服强度 /MPa	伸长率（%） 厚度 t/mm		烤漆硬化量 /MPa	拉伸试验片	弯曲性能		
			0.6 ~ 1.0	1.0 ~ 2.3			弯曲角度	弯曲半径	弯曲试验片
SPFC 340	>340	>175	>34	>35	—			—	
SPFC 370	>370	>205	>32	>33	—			—	
SPFC 390	>390	>235	>30	>31	—			—	
SPFC 440	>440	>265	>26	>27	—			—	
SPFC 490	>490	>295	>23	>24	—	5 号试样，垂直于轧制方向	180°	—	3 号试样，垂直于轧制方向
SPFC 540	>540	>325	>20	>21	—			0.5t	
SPFC 590	>590	>355	>17	>18	—			1.0t	
SPFC490Y	>490	>225	>24	>25	—			—	
SPFC540Y	>540	>245	>21	>22	—			0.5t	
SPFC590Y	>590	>265	>18	>19	—			1.0t	
SPFC780Y①	>780	>365	>13	>14	—			3t	
SPFC980Y①	>980	>490	>6	>7	—			4t	
SPFC340H②,③	>340	>185	>34	>34	>30				

① SPFC780Y 的伸长率适用板厚 t 的范围为 0.6≤t＜1.0，1.0＜t≤2.3mm；SPFC980Y 的伸长率适用于 0.8≤t＜1.0、1.0＜t≤2.0mm。

② SPFC340H 的伸长率适用板厚 t 的范围为 1.0≤t≤2.3mm。

③ SPFC340H 生产后在常温条件下 3 个月内不发生时效。

表 2-34　中国冷轧 TRIP 钢板牌号、化学成分及力学性能（GB/T 20564.6—2010）

牌号	化学成分[1]（质量分数,%）						力学性能[2][3][4]			
	C 不大于	Si 不大于	Mn 不大于	P 不大于	S 不大于	Al_t	屈服强度 $R_{p0.2}$/MPa	抗拉强度 R_m/MPa 不小于	断后伸长率 A_{80}（%） 不小于	n_{90} 不小于
CR380/590TR							380 ~ 480	590	26	0.20
CR400/690TR							400 ~ 520	690	24	0.19
CR420/780TR	0.30	2.2	2.5	0.12	0.015	0.015 ~ 2.0	420 ~ 580	780	20	0.15
CR450/980TR							450 ~ 700	980	14	0.14

① 成分中允许添加其他合金元素，如 Ni、Cr、Mo、Cu 等，但 $w_{Ni+Cr+Mo} \leqslant 1.5\%$，$w_{Cu} \leqslant 0.20\%$。

② 明显屈服时采用 R_{eL}；

③ 试样采用 GB/T228 中的 P6 横向试样。

④ 当产品公称厚度大于 0.50mm，但小于等于 0.70mm 时，断后伸长率允许下降 2%；当产品公称厚度不大于 0.50mm 时，断后伸长率允许下降 4%。

4. 各国企业内控标准与实际产品的性能质量

以下是部分典型企业内控标准与实际产品的性能质量，包括中国宝钢、英国 Corus、日本 JFE、美国通用公司的典型冷轧冲压用钢和先进高强度钢 AHSS 中冷轧 TRIP 钢板的实际成分和力学性能，见表 2-35 ~ 表 2-42。

表 2-35　中国宝钢普通强度冷轧钢板牌号及化学成分（质量分数）（Q/BQB 408—2009）　（%）

级别	C 不大于	Mn 不大于	P 不大于	S 不大于	Al_t 不小于	Nb + Ti 不大于
BLC	0.10	0.50	0.035	0.025	0.020	—
BLD	0.08	0.45	0.030	0.025	0.020	—
BUSD	0.010	0.40	0.030	0.020	0.015	0.20
BUFD	0.008	0.25	0.025	0.020	0.015	0.20
BSUFD	0.006	0.30	0.020	0.020	0.015	0.20

表 2-36　中国宝钢普通强度冷轧钢板牌号及力学性能（Q/BQB 408—2009）

牌号	屈服强度 /MPa	抗拉强度 /MPa	断后伸长率（%）（$b_0 = 25mm$, $l_0 = 50mm$）不小于				r	n
			公称厚度/mm					
			<0.60	0.60 ~ <1.0	1.0 ~ <1.6	≥1.6		
BLC	140 ~ 270	≥270	36	38	40	42	—	—
BLD	120 ~ 240	≥270	38	40	42	44	≥1.4	0.18
BUSD	120 ~ 210	≥260	40	42	44	46	≥1.6	0.20
BUFD	120 ~ 190	≥250	42	44	46	48	≥1.8	0.21
BSUFD	110 ~ 180	≥250	44	46	48	50	≥2.0	0.22

表 2-37　中国宝钢冷轧 TRIP 钢板牌号、化学成分及力学性能（Q/BQB 417—2009）

牌号	化学成分[1]（质量分数, %）						力学性能[2][3][4]			
	C 不大于	Si 不大于	Mn 不大于	P 不大于	S 不大于	Al_t	屈服强度 $R_{p0.2}$/MPa	抗拉强度 R_m/MPa 不小于	断后伸长率 $A_{80}\%$ 不小于	n_{90} 不小于
HC380/590TR	0.30	2.2	2.5				380 ~ 480	590	26	0.20
HC400/690TR	0.28	2.0	2.0	0.090	0.015	0.015 ~ 2.00	400 ~ 520	690	24	0.19
HC420/780TR	0.30	2.2	2.5				420 ~ 580	780	20	0.15
HC450/980TR							450 ~ 700	980	14	0.14

① 成分中允许添加其他合金元素，如 Ni、Cr、Mo、Cu 等，但 $w_{Ni+Cr+Mo} \leqslant 1.5\%$，$w_{Cu} \leqslant 0.20\%$。

② 明显屈服时采用 R_{eL}。

③ 试样采用 GB/T228 中的 P6 横向试样。

④ 当产品公称厚度大于 0.50mm，但小于等于 0.70mm 时，断后伸长率允许下降 2%；当产品公称厚度不大于 0.50mm 时，断后伸长率允许下降 4%。

表 2-38　英国 Corus 冷轧产品化学成分（质量分数）　　　　　　（%）

级别	C 不大于	Mn 不大于	P 不大于	S 不大于	Ti 不大于
DC01	0.12	0.60	0.045	0.045	—
DC03	0.10	0.45	0.035	0.035	—
DC04	0.08	0.40	0.030	0.030	—
DC05	0.06	0.35	0.025	0.025	—
DC06	0.02	0.25	0.020	0.020	0.30

表 2-39　英国 Corus 冷轧产品力学性能

级别	R_{eL} /MPa 不大于	R_m /MPa	A_{80}（%）不小于	r_{90} 不小于	$\bar{r}$ 不小于	n_{90} 不小于	$\bar{n}$ 不小于
DC01	280	270 ~ 410	28	—	—	—	—
DC03	240	270 ~ 370	34	1.3	—	—	—
DC04	210	270 ~ 350	38	1.6	—	0.180	—
DC05	180	270 ~ 330	40	1.9	—	0.210	—
DC06	180	270 ~ 350	38	—	1.8	—	0.220

表 2-40　CXK 与 CMN 的化学成分及力学性能

级别	化学成分（质量分数，%）不大于						R_p /MPa	R_m /MPa	A_{80}（%）不小于
	C	Mn	Si	P	S	Nb + V + Ti			
CXK300	0.10	1.20	0.50	0.025	0.020	0.30	300 ~ 450	400 ~ 550	22
CXK350	0.10	1.20	0.50	0.025	0.020	0.30	350 ~ 500	430 ~ 580	20
CMN300	0.18	1.00	0.03	0.025	0.020	—	280 ~ 360	440 ~ 500	26

表 2-41　日本 JFE 冷轧产品牌号及力学性能

分类	钢种	拉伸试验											$\bar{r}$ 不小于		BH /MPa 不小于
		屈服强度/MPa 厚度/mm			抗拉强度 /MPa 不小于	伸长率（%）不小于 厚度/mm								厚度/mm		
		0.4 ~ 0.8	0.8 ~ 1.0	1.0 ~ 3.2		0.4 ~ 0.6	0.6 ~ 0.8	0.8 ~ 1.0	1.0 ~ 1.2	1.2 ~ 1.6	1.6 ~ 2.0	2.0 ~ 2.5	2.5 ~ 3.2	0.5 ~ 1.0	1.0 ~ 1.6	
CQ	JFE – CA340	205	195	185	340	33	34	35	36	37	38			—	—	—
DQ	JFE – CA340F	185	175	165	340	33	34	35	36	37	38			1.4	1.3	—
DDQ	JFE – CA340P	165	155	145	340	35	36	37	38	39	40		—	1.5	—	—
EDDQ	JFE – CA340G	155	145	135	340	35	36	37	38	39	40		—	1.7	1.6	—
CQ	JFE – CA370	205	195	185	370	30	31	32	33	34	35			—	—	—
DQ	JFE – CA370F	195	185	175	370	31	32	34			35			1.4	1.3	—
DDQ	JFE – CA370P	175	165	155	370	33	34	35	36	37	38		—	1.5	—	—
EDDQ	JFE – CA370G	165	155	145	370	33	34	35	36	37	38		—	1.7	1.6	—

（续）

分类	钢种	拉伸试验												$\bar{r}$ 不小于		BH /MPa 不小于
		屈服强度/MPa 厚度/mm			抗拉强度 /MPa 不小于	伸长率（%）不小于 厚度/mm								厚度/mm		
		0.4~0.8	0.8~1.0	1.0~3.2		0.4~0.6	0.6~0.8	0.8~1.0	1.0~1.2	1.2~1.6	1.6~2.0	2.0~2.5	2.5~3.2	0.5~1.0	1.0~1.6	
CQ	JFE-CA390	245	235	225	390	29	30	31	32	33	34			—	—	—
DQ	JFE-CA390F	225	215	205	390	29	30	31	32	33	34			1.4	1.3	—
DDQ	JFE-CA390P	205	195	185	390	31	32	33	34	35	36		—	1.5	1.4	—
EDDQ	JFE-CA390G	195	185	175	390	31	32	33	34	35	36		—	1.7	1.6	—
CQ	JFE-CA440	285	275	265	440	26	27	28	29	30	31			—	—	—
DQ	JFE-CA440F	265	255	245	440	26	27	28	29	30	31			1.3	1.2	—
DDQ	JFE-CA440P	245	235	225	440	28	29	30	31	32	33		—	1.5	1.4	—
EDDQ	JFE-CA440G	235	225	215	440	28	29	30	31	32	33		—	1.6	1.5	—
	JFE-CA490	305	295	285	490		23	24	25	25	26			—	—	—
	JFE-CA590	430	420	410	590	—	17			18				—	—	—
	JFE-CA780	420	410	400	780	—	12	13	14					—	—	—
	JFE-CA980	600	590	580	980		8	9	10					—	—	—
	JFE-CA1180			825	1180				6	7	8			—	—	—
	JFE-CA1370			950	1370					5				—	—	—
	JFE-CA1470			1000	1470					4				—	—	—
DQ-BH	JFE-CA340H	185	175	165	340	34	35	36	37	38	39			1.5	1.4	30

表 2-42　美国通用公司冷轧 TRIP 钢板牌号、化学成分及力学性能（GMW 3399：2003，已有 2008 版）

牌号	化学成分[1]（质量分数，%）								力学性能[2][3][4][5]					
	C	Si	Mn	P	S	Al_t	Cu	B	$R_{p0.2}$ 或 R_{eL}/MPa	R_m /MPa	A_{80} (%)	A_{50}（%） 不小于		n_{90}
	不大于	不大于	不大于	不大于	不大于	不小于	不大于	不大于		不小于	不小于	ISO	JIS	不小于
CR590T/ 380Y TR									380~480	590	26	27	29	0.19
CR690T/ 400Y TR	0.30	2.2	2.5	0.090	0.015	0.010	0.20		400~510	690	24	TBD	27	0.19
CR780T/ 420Y TR									440~560	780	20	21	23	0.17

① 成分中允许添加其他合金元素，如 Ni、Cr、Mo、Cu 等，但 $w_{Ni+Cr+Mo} \leqslant 1.5\%$，$w_{Cu} \leqslant 0.20\%$。

② 明显屈服时采用 R_{eL}。

③ 当产品公称厚度大于 0.50mm，但小于等于 0.70mm 时，断后伸长率允许下降 2%；当产品公称厚度不大于 0.50mm 时，断后伸长率允许下降 4%。

④ n 值通常测量 10%~20% 的值，当均匀伸长率小于 20% 时，测量范围为 10%~均匀伸长率。

⑤ 当用户要求时，屈服强度和 n 值可以调整。

表 2-43　汽车用钢的典型钢种及其实际力学性能汇总

钢　　种	R_{eL}/MPa	R_m/MPa	A_{80}（%）	n	r
Mild 140/270	140	270	38 ~ 44	0.05 ~ 0.15	1.8
BH 210/340	210	340	34 ~ 39	0.23	1.8
BH 260/370	260	370	29 ~ 34	0.18	1.6
IF 260/410	260	410	34 ~ 38	0.13	1.7
DP 280/600	280	600	30 ~ 34	0.20	1.0
IF 300/420	300	420	29 ~ 36	0.21	1.6
DP 300/500	300	500	30 ~ 34	0.20	1.0
HSLA 350/450	350	450	23 ~ 27	0.16	1.0
DP 350/600	350	600	24 ~ 30	0.22	1.1
DP 400/700	400	700	19 ~ 25	0.14	1.0
TRIP 450/800	450	800	26 ~ 32	0.14	0.9
HSLA 490/600	490	600	21 ~ 26	0.24	1.0
DP 500/800	500	800	14 ~ 20	0.13	1.0
SF 570/640	570	640	20 ~ 24	0.14	1.0
CP 700/800	700	800	10 ~ 15	0.08	1.0
DP700/1000	700	1000	12 ~ 17	0.13	0.9
MART 950/1200	950	1200	5 ~ 7	0.09	0.9
MnB	1200	1600	1 ~ 5		0.9
MART 1250/1520	1250	1520	1 ~ 6	0.07	0.9

5. 国内外标准牌号对照以及典型车系汽车用钢牌号

为了方便用户更好地使用钢铁产品，了解各国不同牌号的对应关系，本文对比了各国冷轧用钢常用牌号，表 2-44 列出了目前常见的各国代表产品的典型标准，表 2-45 ~ 表 2-52 列出了冷轧冲压用钢、冷轧各向同性钢、冷轧加磷钢、冷轧烘烤硬化钢、冷轧低合金高强度钢、冷轧双相钢、冷轧 TRIP 钢、冷轧马氏体钢的国内外相关标准及牌号对比，表 2-53 列出了部分国家典型车系汽车用钢牌号及标准。

表 2-44　各国代表产品的典型标准

标准种类	标准制定	主要标准范例
国际标准	国际组织制定	ISO（国际标准化组织标准） CEN（欧洲标准化委员会标准）
国家标准	各个国家分别制定	GB（中国标准）、ASTM（美国材料与试验协会标准）、 DIN（德国标准）、BS（英国标准）、 NF（法国标准）、JIS（日本工业标准）、 GOST（俄罗斯标准）
团体标准	专业团体制定，不同领域也具有 国际标准性质	AISI（美国钢铁协会标准）、JFS（日本钢铁联盟标准）、 SAE（美国汽车协会标准）、JASO（日本汽车协会标准）
企业标准	企业制定	宝钢标准（Q/BQB）、新日铁标准（NIPPON）、JFE 标准
协议标准	生产商与用户之间协议制定	
购入标准	材料用户独自制定	东风汽车公司 Q/EQL—25—2009 《汽车用冷轧高强度钢板和钢带》
使用标准	用户按生产技术要求制定	

表 2-45　冷轧冲压用钢标准及牌号汇总

钢板冲压级别	ASTM A 1008M：2007	EN 10130：2006	JIS G 3141：2009	JFS A2001 1998	GB/T 5213—2008	Q/BQB 408—2009	Q/ASB 312—2006	ISO 3574：2012
一般用 CQ	CS	DC01	SPCC	JSC270C	DC01	BLC	DC01（St12）	CR1
冲压用 DQ	DS	DC03	SPCD	JSC270D	DC03	BLD	DC03（St13）	CR2
深冲压用 DDQ	DDS	DC04	SPCE	JSC270E	DC04	BUSD	DC04（St14）	CR3
特深冲压用 EDDQ	EDDS	DC05	SPCEN、SPCF	JSC270F	DC05	BUFD	DC05（St15）	CR4
超深冲压用 SEDDQ	—	DC06	SPCG	JSC260G	DC06	BSUFD	DC06（St16、St17）	CR5
特超深冲压用		DC07	SPCG		DC07			

表 2-46　冷轧各向同性钢标准及牌号汇总

标　准　号	EN 10268：2006	Q/BQB 412—2009	GB/T 20564.5—2010
牌号	HC220I	B220IS	CR220IS
	HC260I	B260IS	CR260IS
	HC300I	B300IS	CR300IS

表 2-47　冷轧加磷钢常用标准及牌号汇总

标准号	Q/BQB 411—2009	JFS A2001：1998	JIS G3135：2006	EN 10268：2006
牌号	B180P2	JSC340W	SPFC 340	—
	B220P2	JSC390W	SPFC 390	—
	HC180P	—	SPFC 440	HC180P
	HC220P	—		HC220P
	HC260P	—		HC260P
	HC300P	—		HC300P

表 2-48　冷轧烘烤硬化钢常用标准及牌号汇总

标准号	GB/T 20564.1—2007	Q/BQB 416—2009	JFS A 2001：1998	JIS G 3135：2006	EN 10268：2006	ASTM A 1008M：2007
牌号	CR140BH	B140H1	JSC270H	—	—	—
	—	B180H1	JSC340H	SPFC340H	—	—
	CR180BH	B180H2、HC180B	—	—	HC180B	BHS Grade 180
	CR220BH	HC220B	—	—	HC220B	BHS Grade210
	CR260BH	HC260B	—	—	HC260B	BHS Grade240、BHS Grade280
	CR300BH	HC300B	—	—	HC300B	BHS Grade300

表 2-49　冷轧低合金高强度钢常用标准及牌号汇总

标准号	GB/T 20564.4—2010	Q/BQB 419—2009	JFS A2001：1998	SAE J2340：1999	EN 10268：2006	ASTM A1008M：2007a
牌号	CR260LA	HC260LA	JSC440R	340X	HC260LA	
	CR300LA	HC300LA	JSC590R	—	HC300LA	HSLAS grade 310 class 2
	CR340LA	HC340LA			HC340LA	HSLAS grade 340 class 2
		B340LA			—	HSLAS grade 340 class1
	CR380LA	HC380LA			HC380LA	HSLAS grade 380 class 2
	CR420LA	HC420LA			HC420LA	HSLAS grade 410 class 2
		B410LA			—	—
		HC460LA			—	HSLAS grade 450 class 1
		HC500LA		—	—	HSLAS grade 480 class 2

表 2-50　冷轧双相钢常用标准及牌号汇总

标准号	GB/T 20564.2—2006	Q/BQB 418—2009	EN 10338：2007	SAE J2340：1999	SAE J2745：2007	JFS A2001：1998
牌号	CR 260/450DP	HC250/450DP	HCT450X	—	DP440T/250Y	—
	CR 300/500DP	HC300/500DP	HCT500X	500DL	DP490T/290Y	
		HC280/590DP	—	600DL1	—	
	CR 340/590DP	HC340/590DP	HCT600X	600DL2	DP590T/340Y	JSC590Y
		HC550/690DP		600DH	DP690T/550Y	
	CR 420/780DP	HC420/780DP	HCT780X	—	DP780T/420Y	JSC780Y
		HC500/780DP		800DL	—	
	CR 550/980DP	HC550/980DP	HCT980X		DP980T/550Y	JSC980Y
		HC820/1180DP		1000DL	—	JSC1180Y

表 2-51　冷轧 TRIP 钢常用标准及牌号汇总

标准号	GB/T 20564.6—2010	Q/BQB 417—2009	EN 10338：2007	SAE J2745：2007	GMW 3399：2008
牌号	CR380/590TR	HC380/590TR	—	TRIP 590T/380Y	CR590T/380Y—TR
	CR400/690TR	HC400/690TR	HCT690T	TRIP 690T/400Y	CR690T/410Y—TR
	CR420/780TR	HC420/780TR	HCT780T	TRIP 780T/420Y	CR780T/440Y—TR
	CR450/980TR	HC450/980TR	—	—	

表 2-52　冷轧马氏体钢常用标准及牌号汇总

标准号	GB/T 20564.7—2010	Q/BQB 415—2009	SAE J2340：1999	SAE J2745：2007	GMW 3399：2008
牌号	CR500/780MS	HC500/780MS	800M	—	CR780T/500Y—MS
	CR700/900MS	HC700/900MS	900M	MS900T/700Y	CR900T/700Y—TR
	CR700/980MS	HC700/980MS	1000M	—	CR980T/700Y—TR
	CR860/1100MS	HC860/1100MS	1100M	MS1100T/860Y	CR1100T/860Y—MS
	CR950/1180MS	HC950/1180MS	1200M		
	CR1030/1300MS	HC1030/1300MS	1300M	MS1300T/1030Y	CR1300T/1030Y—MS
	CR1150/1400MS	HC1150/1400MS	1400M		
	CR1200/1500MS	HC1200/1500MS	1500M	MS1500T/1200Y	CR1500T/1200Y—MS

表 2-53 部分国家典型车系汽车用钢牌号及标准

车系	汽车用户	钢种级别	常用标准	汽车用典型牌号
德系车	一汽大众、上海大众	深冲钢系列	Q/BQB 403—2009	DC04、DC05、DC06
		加磷高强度钢系列	Q/BQB 411—2009、EN10268：2006	HC180P、HC220P
		BH 钢系列	Q/BQB 416—2009	BH180H1
		低合金高强度钢系列	Q/BQB 419—2009、EN10268：2006	HC300LA
美系车	上汽通用	深冲钢系列	GMW2M	GMW2M – ST – S CR3
		加磷高强度钢系列	GMW3032	GMW3032M – ST – S180P
		BH 钢系列	GMW3032	GMW3032M – ST – S – CR180B2
		低合金高强度钢系列	GMW3032	GMW3032M – ST – S – CR340LA
日系车	广州本田、一汽丰田	深冲钢系列	JISG 3141、JFS A2001	SPCD、SPCEN
		加磷高强度钢系列	JISG 3135：2006、JFS A2001	SPFC390
		BH 钢系列	JISG 3135：2006	SPFC340H
		低合金高强度钢系列	JFS A2001	JSC440R
韩系车	韩国现代、东风悦达	深冲钢系列	KS 标准、POSCO 标准	SPCE
		加磷高强度钢系列	KS 标准、POSCO 标准	CHSP35R
		BH 钢系列	KS 标准、POSCO 标准	CHSP35EB
		低合金高强度钢系列	KS 标准、POSCO 标准	CHSP45C
国产车	华晨、奇瑞	深冲钢系列	Q/BQB 403—2009、Q/BQB 408—2009	DC04、DC06、BUFD、BSUFD
		加磷高强度钢系列	Q/BQB 411—2009	HC180P、HC220P
		BH 钢系列	Q/BQB 416—2009	BH180H1
		低合金高强度钢系列	Q/BQB 419—2009	HC340LA

2.6.2 冷轧热镀锌、电镀锌及彩涂钢板

1. 各国冷轧热镀锌、电镀锌及彩涂钢板标准概述

目前各国及部分企业冷轧热镀锌、电镀锌和彩涂钢板的标准主要有：

1）美国 ASTM A653/A653M：2010《热镀锌与热镀锌铁合金的钢板与钢带》（《Standard Specification for Steel Sheet，Zinc – Coated（Galvanized）or Zinc – Iron Alloy – Coated（Galvannealed）by the Hot – Dip Process》）。

2）德国 DIN EN 10142：2000《热镀锌钢板及钢带交货技术条件》。

3）德国 DIN EN 10143：2000《热镀锌钢板尺寸与形状偏差》。

4）德国 DIN EN 10147：2000《连续热浸镀结构用钢板和钢带交货技术条件》。

5）德国 DIN EN 10346：2009《连续热浸镀钢平板产品交货技术条件》。

6）德国 DIN EN 10326：2004《连续热浸涂覆结构钢带材和板材交货技术条件》。

7）日本 JIS G3302：2010《热浸镀锌钢板及钢带》。

8）日本 JIS G 3317：2005《热浸镀锌 5% 铝合金镀层薄钢板和钢带》。

9）日本 JFS A3011：2008《汽车用热镀锌与热镀锌铁合金的钢板与钢带》。

10）日本 JFS A3021：2008《汽车用电镀锌钢板与钢带》。

11）中国 GB/T 2518—2008《连续热镀锌钢板及钢带》。

12）中国（宝钢）Q/BQB 420—2009《连续热镀锌/锌铁合金钢板及钢带》。

13）中国 YB/T 5356—2006《宽度小于 700mm 连续热镀锌钢带》。

14）中国 GB/T 15675—2008《连续电镀锌、锌镍合金镀层钢板及钢带》。

15）中国（宝钢）Q/BQB 430—2009《连续电镀锌/锌镍合金钢板及钢带》。

16）欧洲 EN 10169.1：2006、EN 10169.2：2006、EN 10169.3：2003《连续有机涂层（带卷涂层）扁产品》。

17）日本 JIS G3312：2008《预涂膜热浸镀锌薄钢板和钢带》。

18）日本 JIS G 3322：2005《预涂膜热浸 55% 铝锌合金涂覆钢薄板和钢带》。

19）中国 GB/T 12754—2006《彩色涂层钢板及钢带》。

2. 国内外热镀锌冷轧基板典型牌号及标准

以下列举了国内外部分有代表性的标准进行说明，包括美国、德国、日本、中国的热镀锌冷轧基板牌号、化学成分及相关力学性能，主要内容见表2-54 ~ 表2-59。

表 2-54　美国普通强度各冲压级冷轧钢板 CS、FS、DDS、EDDS 的化学成分[①]

（ASTM A653M：2005）

钢种	C	Mn	P	S	Al	Si	Cu	Ni	Cr	Mo	V	Nb	Ti[②]	N
CS – A[③,④,⑤]	0.10	0.60	0.030	0.035	—	—	0.20	0.20	0.15	0.06	0.008	0.008	0.025	—
CS – B[③,⑥]	0.02 ~ 0.15	0.60	0.030	0.035	—	—	0.20	0.20	0.15	0.06	0.008	0.008	0.025	—
CS – C[③,④,⑤]	0.08	0.60	0.100	0.035	—	—	0.20	0.20	0.15	0.06	0.008	0.008	0.025	—
FS – A[③,⑦]	0.10	0.50	0.020	0.035	—	—	0.20	0.20	0.15	0.06	0.008	0.008	0.025	—
FS – B[③,⑥]	0.02 ~ 0.10	0.50	0.020	0.030	—	—	0.20	0.20	0.15	0.06	0.008	0.008	0.025	—
DDS[④,⑤]	0.06	0.50	0.020	0.025	>0.01	—	0.20	0.20	0.15	0.06	0.008	0.008	0.025	—
DDS – C[⑧]	0.02	0.50	0.020 ~ 0.100	0.025	>0.01	—	0.20	0.20	0.15	0.06	0.10	0.10	0.15	—
EDDS[⑧]	0.02	0.40	0.020	0.020	>0.01	—	0.20	0.20	0.15	0.06	0.10	0.10	0.15	—

① —表示无特殊要求，但成分报告中须注明。

② 当 w_C 高于 0.02% 时，在保证 $w_{Ti} \leq 3.4 w_N$ 条件下允许添加 $w_{Ti} \leq 0.025\%$。

③ 当要求铝脱氧时，对于 CS、FS 来说，$w_{Al_t} \geq 0.01\%$。

④ 根据客户要求，允许选择真空脱气、成分均匀化处理。

⑤ 当 $w_C \leq 0.02\%$ 时，允许添加 $w_V \leq 0.10\%$，$w_{Cr} \leq 0.10\%$，$w_{Ti} \leq 0.15\%$。

⑥ 对于 CS – B、FS – B，$w_C \geq 0.02\%$。

⑦ 可以不经过真空脱气、成分均匀化处理。

⑧ 需要真空脱气、成分均匀化处理。

表 2-55　美国普通强度各冲压级冷轧钢板 CS、FS、DDS、EDDS 的力学性能[①,②]

（ASTM A653M：2005）

名称	屈服强度最小值		伸长率 A_{50}	r_m[③]	n[④]
	/ksi	/MPa			
CS – A	25 ~ 55	170 ~ 380	≥20	⑤	⑤
CS – B	30 ~ 55	205 ~ 380	≥20	⑤	⑤
CS – C	25 ~ 60	170 ~ 410	≥15	⑤	⑤
FS – A、B	25 ~ 45	170 ~ 310	≥26	1.0 ~ 1.4	0.17 ~ 0.21
DDS – A	20 ~ 35	140 ~ 240	≥32	1.4 ~ 1.8	0.19 ~ 0.24
DDS – C	25 ~ 40	170 ~ 280	≥32	1.2 ~ 1.8	0.17 ~ 0.24
EDDS[⑥]	15 ~ 25	105 ~ 170	≥40	1.6 ~ 2.1	0.22 ~ 0.27

① 典型力学性能是正常值，当提供特殊用途时可以选择超出该范围的指标。

② 力学性能适应于全部厚度，随着厚度的减小，屈服强度趋于提高，而伸长率降低、成形性能指标下降。屈服强度和伸长率的测量根据试验方法和 A370 标准选择轧向试样。

③ r_m 值的测量根据试验方法 E517。

④ n 值的测量根据试验方法 E646。

⑤ 无限制。

⑥ 无时效。

表 2-56　德国热镀锌钢板的等级和力学性能（DIN 10142：2000）

钢种级别			热镀锌类型	屈服强度 $R_{p0.2}$（R_{eL}）/MPa	抗拉强度 R_m/MPa	伸长率 A_{80}（%）不小于	r_{90} 不小于	n_{90} 不小于
钢种	钢号	冲压等级						
DX51D	1.0226		+Z	—	270～500	22	—	—
DX51D	1.0226	CQ	+ZF					
DX52D	1.0350		+Z	140～300	270～420	26	—	—
DX52D	1.0350	DQ	+ZF					
DX53D	1.0355		+Z	140～210	270～380	30	—	—
DX53D	1.0355	DDQ	+ZF					
DX54D	1.0306		+Z	140～220	270～350	36	1.6	0.18
DX54D	1.0306	SDDQ	+ZF			34	1.4	
DX56D	1.0322		+Z	120～180	270～350	39	1.9	0.21
DX56D	1.0322	EDDQ	+ZF			37	1.7	0.20

注：当厚度大于 1.5mm 时，r_{90} 降低 0.2；当厚度小于 0.7mm 时，r_{90} 降低 0.2，n_{90} 降低 0.01，A_{80} 降低 0.2%。

表 2-57　日本热镀锌冷轧基板的牌号、化学成分和力学性能

（JIS G3302：2010）

牌号	化学成分（质量分数，%）不大于				屈服强度 /MPa 不小于	抗拉强度 /MPa 不小于	断后伸长率 A_{50}（%）不小于 公称厚度/mm						试样方向
	C	Mn	P	S			0.25～0.40	>0.40～0.60	>0.60～1.00	>1.0～1.60	>1.60～2.50	>2.50	
SGCC	0.15	0.80	0.05	0.05	(205)	(270)	—	—	—	—	—	—	5 号，轧制方向
SGCH	0.18	1.20	0.08	0.05	—	—	—	—	—	—	—	—	
SGCD1	0.12	0.60	0.04	0.04	—	270	—	34	36	37	38	—	
SGCD2	0.10	0.45	0.03	0.03	—	270	—	36	38	39	40	—	
SGCD3	0.08	0.45	0.03	0.03	—	270	—	38	40	41	42	—	
SGCD4	0.06	0.45	0.03	0.03	—	270	—	40	42	43	44	—	
SGC340	0.25	1.70	0.20	0.05	245	340	20	20	20	20	20	20	5 号，轧制方向或垂直于轧制方向
SGC400	0.25	1.70	0.20	0.05	295	400	18	18	18	18	18	18	
SGC440	0.25	2.00	0.20	0.05	335	440	18	18	18	18	18	18	
SGC490	0.30	2.00	0.20	0.05	365	490	16	16	16	16	16	16	
SGC570	0.30	2.50	0.20	0.05	560	570	—	—	—	—	—	—	

注：合同双方可协商调整交货产品的 C、Mn、P 和 S 成分。

表 2-58　中国连续热镀锌钢板及钢带的等级和力学性能（GB/T 2518—2008）

钢种级别		热镀锌类型	屈服强度[①②⑥] $R_{p0.2}$（R_{eL}）/MPa	抗拉强度 R_m/MPa	伸长率[③]		
钢种					A_{80}（%）不小于	r_{90} 不小于	n_{90} 不小于
DX51D		+Z	—	270～500	22	—	—
		+ZF					

（续）

钢种级别	热镀锌类型	屈服强度[1],[2],[6] $R_{p0.2}$ (R_{eL})/MPa	抗拉强度 R_m/MPa	伸长率[3]		
钢种				A_{80}（%）不小于	r_{90}不小于	n_{90}不小于
DX52D	+Z	140~300	270~420	26	—	—
	+ZF					
DX53D	+Z	140~260	270~380	30	—	—
	+ZF					
DX54D	+Z	120~220	260~350	36	1.6	0.18
DX54D	+ZF			34	1.4	0.18
DX56D	+Z	120~180	260~350	39	1.9[4]	0.21
DX56D	+ZF			37	1.7[4],[5]	0.20[5]
DX57D	+Z	120~170	260~350	41	2.1[4]	0.22
DX57D	+ZF			39	1.9[4],[5]	0.21[5]

① 明显屈服时采用 R_{eL}。

② 试样采用 GB/T228 中 P6 横向试样。

③ 当产品公称厚度大于 0.50mm，但小于等于 0.70mm 时，断后伸长率允许下降 2%；当产品公称厚度不大于 0.50mm 时，断后伸长率允许下降 4%。

④ 当厚度大于 1.5mm 时，r_{90} 降低 0.2。

⑤ 当厚度小于等于 0.7mm 时，r_{90} 降低 0.2，n_{90} 降低 0.01。

⑥ 屈服强度值仅适用于光整的 FB、FC 级表面的钢板和钢带。

　　彩涂钢板主要以热镀锌、热镀锌铁合金、热镀铝锌合金、热镀锌铝合金和电镀锌钢板作为基板，成分为基板成分要求，表2-59 列出了 GB/T 12574—2006 中典型彩涂钢板的牌号及力学性能。

表2-59　彩涂钢板牌号及力学性能（GB/T 12754—2006）

冲压级别	钢　　种	拉伸试样	屈服强度 $R_{p0.2}$ (R_{eL})/MPa	抗拉强度 R_m/MPa	伸长率 A_{80}（%）不小于		
					公称厚度/mm		
					≤0.5	>0.5~0.7	>0.7
一般用	TDC51D + Z/ZF/ZA/AZ	横向	—	270~500	20		22
冲压用	TDC52D + Z/ZF/ZA/AZ	横向	140~300	270~420	24		26
深冲压用	TDC53D + Z/ZF/ZA/AZ	横向	140~260	270~380	28		30
特深冲压用	TDC54D + Z/ZA/AZ	横向	140~220	270~350	34		36
特深冲压用	TDC54D + ZF	横向	140~220	270~350	32		34
结构用	TS250GD + Z/ZF/ZA/AZ	纵向	≥250	≥330	17		19
	TS280GD + Z/ZF/ZA/AZ	纵向	≥280	≥360	16		18
	TS300GD + AZ	纵向	≥300	≥380	16		18
	TS320GD + Z/ZF/ZA/AZ	纵向	≥320	≥390	15		17
	TS350GD + Z/ZF/ZA/AZ	纵向	≥350	≥420	14		16
	TS550GD + Z/ZF/ZA/AZ	纵向	≥550	≥560	—		
一般用	TDC01 + ZE	横向	140~280[1],[2]	270	24[1]	26[2]	28
冲压用	TDC03 + ZE	横向	140~240[1],[2]	270	30	32	34
深冲压用	TDC04 + ZE	横向	140~220[1],[2]	270	33	35	37

① 公称厚度≤0.5mm 时，屈服强度允许增大 40MPa。

② 公称厚度为 >0.5~0.70mm 时，屈服强度允许增大 20MPa。

3. 国内外典型标准牌号对照

合理的选材不仅可以满足使用要求，而且可以最大限度地降低成本。如果选材不当，其结果可能是材料性能超过了使用要求，造成不必要的浪费，也可能是达不到使用要求，造成降级或无法使用。因此，在选择热镀锌、电镀锌、彩涂钢板材料时，要从力学性能、基板类型和镀层重量、正面涂层性能、反面涂层性能和用途、使用环境的腐蚀性、首次大修寿命、耐久性、加工方式和变形程度等来进行选择。为了便于选择材料，有必要详细对比国内外典型牌号。以下列举了国内外部分有代表性的标准进行说明，并对热镀锌冷轧低碳钢板及钢带、热镀锌冷轧高强度钢板及钢带、热镀锌冷轧先进高强度钢板及钢带、热镀铝锌合金冷轧钢板及钢带、电镀锌冷轧低碳钢板及钢带、彩涂钢板常用基板的相关牌号进行了对比，详见表 2-60 ~ 表 2-68。

表 2-60　热镀锌冷轧低碳钢板及钢带牌号对照

材料类别	ASTM A653M：2008	DIN EN10327：2004	JIS G3302：2010	JFS A3011：2008	Q/BQB 420—2009	GB/T 2518—2008
一般用（CQ）	CS - C	DX51D + Z/ZF	SGCC、SGCH	JAC270C	DX51D + Z/ZF、DD51D + Z	DX51D + Z/ZF
冲压用（DQ）	CS - A、CS - B	DX52D + Z/ZF	SGCD1	JAC270D	DX52D + Z/ZF	DX52D + Z/ZF
深冲用（DDQ）	FS - A、FS - B	DX53D + Z/ZF	SGCD2	JAC270E	DX53D + Z/ZF	DX53D + Z/ZF
特深冲用（EDDQ）	DDS - C	DX54D + Z/ZF	SGCD3	JAC270F	DX54D + Z/ZF、DD54D + Z	DX54D + Z/ZF
超深冲用（SEDDQ）	DDS - A	DX56D + Z/ZF	SGCD4	JAC260G	DX56D + Z/ZF	DX56D + Z/ZF
超深冲用（SEDDQ）	EDDS	DX57D + Z/ZF	—		DX57D + Z/ZF	DX57D + Z/ZF

表 2-61　热镀锌冷轧高强度钢板及钢带牌号对照

材料类别	ASTMA653M：2008	EN 10292：2007	GMW 3032：2007	Q/BQB 420—2009
高强度 IF 钢	SHS180	HX180YD	CR180IF	HC180YD + Z,
	SHS210	HX220YD	CR210IF	HC180YD + ZF
	SHS240	—	CR240IF	HC220YD + Z, HC220YD + ZF
	—	HX260YD		B240P1D + ZF
				HC260YD + Z, HC260YD + ZF,
				B260LYD + ZF
高强度烘烤硬化冲压用钢	BHS180	HX180BD	CR180B2	HC180BD + Z, HC180BD + ZF
	BHS210	HX220BD	CR210B2	HC220BD + Z, HC220BD + ZF
		HX260BD	CR270B2	HC260BD + Z, HC260BD + ZF
	BHS300	HX300BD	CR300B2	HC300BD + Z, HC300BD + ZF
低合金高强度钢	HSLAS - F275	HX260LAD	CR270LA	HC260LAD + Z, HC260LAD + ZF
		HX300LAD	CR300LA	HC300LAD + Z, HC300LAD + ZF
	HSLAS - F340	HX340LAD	CR340LA	HC340LAD + Z, HC340LAD + ZF
	HSLAS - F380	HX380LAD	CR380LA	HC380LAD + Z, HC380LAD + ZF
	HSLAS - F410	HX420LAD	CR420LA	HC420LAD + Z, HC420LAD + ZF

表 2-62　热镀锌冷轧先进高强度钢板及钢带牌号对照

材料类别	EN 10336：2007	GMW 3399：2008	SAE J2745：2007	Q/BQB 420—2009
双相钢	HCT450X	CR450T/250Y – DP	DP 440T/250Y	HC250/450DPD + Z，HC250/450DPD + ZF
	HCT500X	CR490T/290Y – DP	DP 490T/250Y	HC300/500DPD + Z，HC300/500DPD + ZF
		CR590T/280Y – DP		HC280/590DPD + Z，HC280/590DPD + ZF
	HCT600X	CR590T/340Y – DP	DP 590T/340Y	HC340/590DPD + Z，HC340/590DPD + ZF，B340/590DPD + Z，B340/590DPD + ZF
	HCT780X	CR780T/420Y – DP	DP 780T/420Y	HC420/780DPD + Z，HC420/780DPD + ZF
		CR780T/500Y – DP		HC500/780DPD + Z，HC500/780DPD + ZF
	HCT980X	CR980T/550Y – DP	DP980T/550Y	HC550/980DPD + Z
相变诱导塑性钢	—	CR590T/380Y – TR	TRIP 590T/380Y	HC380/590TRD + Z，HC380/590TRD + ZF
	HCT690T	CR690T/410Y – TR	TRIP 690T/400Y	HC400/690TRD + Z，HC400/690TRD + ZF
	HCT780T	CR780T/440Y – TR	TRIP 780T/420Y	HC420/780TRD + Z，HC420/780TRD + ZF
复相钢	HCT600C	—	—	HC350/600CPD + Z，HC350/600CPD + ZF
	HCT780C	—	—	HC500/780CPD + Z，HC500/780CPD + ZF
	HCT980C	—	—	HC700/980CPD + Z，HC700/980CPD + ZF

表 2-63　热镀铝锌合金冷轧钢板及钢带牌号对照

材料类别	ASTM A792M：2008	EN 10326：2004 EN10327：2004	JIS G3321：2007	GB/T 14978—2008	Q/BQB 425—2009	ISO 9364：2001
一般用（CQ）	CS – B CS – C	DX51D + AZ	SGLCC	DX51D + AZ	DC51D + AZ	01
冲压用（DQ）	DS	DX52D + AZ	SGLCD	DC52D + AZ	DC52D + AZ	02
深冲用（DDQ）	—	DX53D + AZ	SGLCDD	DX53D + AZ	DC53D + AZ	—
特深冲用（EDDQ）	—	DX54D + AZ	—	DX54D + AZ	DC54D + AZ	—

表 2-64　电镀锌冷轧低碳钢板及钢带牌号对照

材料类别	JIS G3313：1998	德国工业标准	EN 10152：2003	ASTM A591M：1998
商用级	SECC	St12ZE	DC01 + ZE	CQ（CS）
冲压级	SECD	RRSt13ZE	DC03 + ZE	DQ（DS）
深冲级	SECE	St14ZE	DC04 + ZE	DQSK（DDS）
超深冲级			DC06 + ZE	
结构板	SEFC370			SQ（SS）

表 2-65　彩涂钢板常用基板牌号对照（热镀锌基板）

材料类别	ASTM A653M：2004	EN10142：2000 EN 10147：2000	JIS G3312：2008	JFS A3011：2008	GB/T 2518—2008
一般用（CQ）	CS	DX51D + Z/ZF	CGCC	JAC270C	DX51D + Z/ZF
冲压用（DQ）	FS	DX52D + Z/ZF	CGCD1	JAC270D	DX52D + Z/ZF

（续）

材料类别	ASTM A653M：2004	EN10142：2000 EN 10147：2000	JIS G3312：2008	JFS A3011：2008	GB/T 2518—2008
深冲用（DDQ）	DDS	DX53D + Z/ZF	CGCD2	JAC270E	DX53D + Z/ZF
特深冲用（EDDQ）	—	DX54D + Z/ZF	CGCD3	JAC270F	DX54D + Z/ZF
结构板	SS255 SS275 SS340 SS550	S250GD + Z/ZF S280GD + Z/ZF S320GD + Z/ZF S350GD + Z/ZF S550GD + Z/ZF	CGC340 CGC400 CGC440 CGC490 CGC570		

表 2-66　彩涂钢板常用基板牌号对照（热镀铝锌合金基板）

EN 10215：1995	JIS G3321：1998	ASTM A792M：2003	AS/NZS 1397：2001
DX51D + AZ	SGLCC	CS	G2
DX52D + AZ	SGLCD	FS	G3
DX53D + AZ	—	DS	—
DX54D + AZ	—	—	—
S250GD + AZ	—	SS255	G250
S280GD + AZ	—	SS275	—
—	SGLC400	—	G300
S320GD + AZ	—	—	—
S350GD + AZ	SGLC440	SS340	G350
S550GD + AZ	SGLC570	SS550	G550

表 2-67　彩涂钢板常用基板牌号对照（热镀锌铝合金基板）

EN 10214：1995	JIS G3317：1994	ASTM A875M：2002a
DX51D + ZA	SZACC	CS
DX52D + ZA	SZACD1	FS
DX53D + ZA	SZACD2	DDS
DX54D + ZA	SZACD3	—
S250GD + ZA	SZAC340	SS255
S280GD + ZA	—	SS275
S320GD + ZA	—	—
S350GD + ZA	SZAC440	SS340
S550GD + ZA	SZAC570	SS550

表 2-68　彩涂钢板常用基板牌号对照（电镀锌基板）

EN 10152：2003	JIS G3313：1998	ASTM A591M：1998
DC01 + ZE	SECC	CS
DC03 + ZE	SECD	DS
DC04 + ZE	SECE	DDS

4. 典型企业内控标准牌号与力学性能

本文列举了日本 JFE 和中国宝钢的企业标准牌号，两家企业的典型牌号可以从某个侧面反映国内钢铁水平与国际水平的差距，以此为企业和科研工作者提供一些参考，详见表2-69 ~ 表2-71。

表 2-69　日本 JFE 热镀锌冷轧板标准牌号

基板类别	热镀锌冷轧板牌号	热镀锌铁合金冷轧板牌号	热镀铝锌合金冷轧板牌号	热镀锌铝合金冷轧板牌号
参考标准	JIS G3302	JIS G3302	JIS G3321	JIS G3317
一般用（CQ）	JFE – CB – GZ	JFE – CB – GA	JFE – CB – GL	JFE – CB – GF
加工用	JFE – CC – GZ	JFE – CC – GA	JFE – CC – GL	JFE – CC – GF
冲压用（DQ）	JFE – CD – GZ	JFE – CD – GA	JFE – CD – GL	JFE – CD – GF
深冲用（DDQ）	JFE – CE – GZ	JFE – CE – GA	JFE – CE – GL	JFE – CE – GF
特深冲用1类（EDDQ）	JFE – CF – GZ	JFE – CF – GA		
特深冲用2类（EDDQ）	JFE – CG – GZ	JFE – CG – GA		
烘烤硬化冲压用	JFE – CH – GZ	JFE – CH – GA		
结构用	JFE – C400 – GZ JFE – C490 – GZ	JFE – C400 – GA JFE – C490 – GA	JFE – C400 – GL JFE – C570 – GL	
高强度钢类一般加工用	JFE – CA340 – GZ JFE – CA370 – GZ JFE – CA400 – GZ JFE – CA440 – GZ JFE – CA490 – GZ JFE – CA590 – GZ	JFE – CA340 – GA JFE – CA370 – GA JFE – CA400 – GA JFE – CA440 – GA JFE – CA490 – GA		
高强度钢类高延伸凸缘深冲用	JFE – CA440SF – GZ	JFE – CA440SF – GA		
高强度、低屈强比钢	JFE – CA590Y – GZ	JFE – CA590Y – GA		
高强度钢类烘烤硬化冲压用	JFE – CA340H – GZ JFE – CA440H – GZ	JFE – CA340H – GA		
高强度高屈强比钢	JFE – CA590R – GZ	JFE – CA590R – GA		
高强度钢类深冲用	JFE – CA340P – GZ JFE – CA370P – GZ JFE – CA400P – GZ JFE – CA440P – GZ	JFE – CA340P – GA JFE – CA370P – GA JFE – CA400P – GA JFE – CA440P – GA		
高强度钢类超深冲用	JFE – CA590G – GZ	JFE – CA590G – GA		

表 2-70　中国宝钢热镀锌板标准牌号

基板类别	热镀锌、热镀锌铁合金冷轧板牌号	热镀铝锌合金冷轧板牌号	热镀锌铝合金冷轧板牌号
参考标准	Q/BQB 420—2009	Q/BQB 425—2009	Q/BQB 425—2009
一般用（CQ）	DC51D + Z/ZF，DD51D + Z	DC51D + AZ	
加工用	DC52D + Z/ZF，DC53D + Z/ZF	DC52D + AZ	
冲压用（DQ）	DC54D + Z/ZF，DD54D + Z	DC53D + AZ	
深冲用（DDQ）	DC56D + Z/ZF	DC54D + AZ	

（续）

基板类别	热镀锌、热镀锌铁合金冷轧板牌号	热镀铝锌合金冷轧板牌号	热镀锌铝合金冷轧板牌号
特深冲用（EDDQ）	DC57D + Z/ZF		
结构用	S220GD + Z/ZF		
	S250GD + Z/ZF		
	S280GD + Z/ZF		
	S320GD + Z/ZF		
	S350GD + Z/ZF		
	S550GD + Z		
高强度无间隙原子钢	HC180YD + Z，HC180YD + ZF		
	HC220YD + Z，HC220YD + ZF		
	B240P1D + ZF		
	B260LYD + ZF		
	HC260YD + Z，HC260YD + ZF		
高强度钢类烘烤硬化冲压用	HC180BD + Z，HC180BD + ZF		
	HC220BD + Z，HC220BD + ZF		
	HC260BD + Z，HC260BD + ZF		
	HC300BD + Z，HC300BD + ZF		
低合金高强度钢	HC260LAD + Z，HC260LAD + ZF		
	HC300LAD + Z，HC300LAD + ZF		
	HC340LAD + Z，HC340LAD + ZF		
	HC380LAD + Z，HC380LAD + ZF		
	HC420LAD + Z，HC420LAD + ZF		
双相钢	HC250/450DPD + Z，HC250/450DPD + ZF		
	HC300/500DPD + Z，HC300/500DPD + ZF		
	HC280/590DPD + Z，HC280/590DPD + ZF		
	HC340/590DPD + Z，HC340/590DPD + ZF		
	B340/590DPD + Z，B340/590DPD + ZF		
	HC420/780DPD + Z，HC420/780DPD + ZF		
	HC550/980DPD + Z		
相变诱导塑性钢	HC380/590TRD + Z，HC380/590TRD + ZF		
	HC400/690TRD + Z，HC400/690TRD + ZF		
	HC420/780TRD + Z，HC420/780TRD + ZF		
复相钢	HC350/600CPD + Z，HC350/600CPD + ZF		
	HC500/780CPD + Z，HC500/780CPD + ZF		
	HC700/980CPD + Z，HC700/980CPD + ZF		

注：新版标准中原 H 系列牌号整体调整为 HC 系列牌号和 HD 系列牌号。其中，C 代表冷轧基板，D 代表热轧基板；
Z 代表热镀锌、ZF 代表热镀锌铁合金。

表 2-71　中国宝钢热镀锌冷轧基板力学性能

牌　　号	拉伸试验[①,②,③]				
	屈服强度/MPa	抗拉强度/MPa	断后伸长率 A_{80}（%） 不小于	r_{90} 不小于	n_{90} 不小于
DC51D + Z，DC51D + ZF	—	270 ~ 500	22	—	—
DD51D + Z	—	270 ~ 500		—	—
DC52D + Z，DC52D + ZF	140 ~ 300	270 ~ 420	26	—	—

（续）

牌　　号	拉伸试验[①,②,③]				
	屈服强度/MPa	抗拉强度/MPa	断后伸长率 A_{80}（%）	r_{90}	n_{90}
			不小于	不小于	不小于
DC53D + Z，DC53D + ZF	140 ~ 260	270 ~ 380	30	—	—
DC54D + Z	120 ~ 220	260 ~ 350	36	1.6	0.18
DC54D + ZF			34	1.4	0.18
DD54D + Z	≤260	≤360	36	—	—
DC56D + Z	120 ~ 180	260 ~ 350	39	1.9[④]	0.21
DC56D + ZF			37	1.7[④,⑤]	0.20[⑤]
DC57D + Z	120 ~ 170	260 ~ 350	41	2.1[④]	0.22
DC57D + ZF			39	1.9[④,⑤]	0.21[⑤]

① 无明显屈服时采用 $R_{P0.2}$，否则采用 R_{eL}。

② 试样为 GB/T 228 中的 P6 试样，试样方向为横向。

③ 当产品公称厚度大于 0.50mm，但小于等于 0.70mm 时，断后伸长率允许下降 2%；当产品公称厚度不大于 0.50mm 时，断后伸长率允许下降 4%。

④ 当产品公称厚度大于 1.5mm 时，r_{90} 允许下降 0.2。

⑤ 当产品公称厚度小于等于 0.70mm 时，r_{90} 允许下降 0.2，n_{90} 允许下降 0.01。

2.6.3　热轧钢板与钢带

1. 各国热轧钢板与钢带标准（规格、成分与性能）概述

目前各国普通强度各冲压级热轧低碳钢钢板与钢带的标准主要有：

1）美国 ASTM A1011/A1011M：2007《热轧钢板与钢带》。

2）欧洲 EN 10111：2008《冷成形用热连轧低碳钢钢板和钢带——交货技术条件》。

3）国际标准 ISO 3573：2008《一般用和冲压用热轧碳素钢》。

4）日本 JIS G3131：2010《热轧低碳钢板及钢带》。

5）中国 GB/T 25053—2010《热连轧低碳钢板及钢带》。

6）中国 GB/T 710—2008《优质碳素结构钢热轧薄钢板和钢带》。

7）中国宝钢 Q/BQB 302—2009《冷成形用热连轧钢板及钢带》。

GB/T 25053—2010《热连轧低碳钢板及钢带》标准主要参考 JIS G3131：2005《热轧低碳钢板及钢带》，另外还参考了 ISO 3573：2008《一般用和冲压用热轧碳素钢》及 EN 10111：2008《冷成形用热连轧低碳钢钢板和钢带——交货技术条件》，并结合国内的实际生产情况进行起草，部分指标高于 JIS G3131：2005 标准。

GB/T 710—2008《优质碳素结构钢热轧薄钢板和钢带》代替了 GB/T 710—1991，增加了热轧薄钢板和钢带订货内容和冷弯试验厚度要求；取消了沸腾钢系列牌号；调整了各牌号拉伸性能指标和杯突试验厚度范围指标；提高了最深拉深级、深拉深级晶粒度级别；修改了复验的规定。牌号有 08、08Al、10、15、20、25、30、35、40、45、50，最深拉深级只有 08（08Al）、10、15、20，抗拉强度为 275 ~ 340MPa，伸长率为 36% ~ 30%，深拉深级包括 08（08Al）、10、15、20、25、30、35，抗拉强度为 300 ~ 530MPa，伸长率为 35% ~ 22%，普通拉深级抗拉强度为 300 ~ 610MPa，伸长率为 34% ~ 16%。

美国 ASTM A1011/A1011M：2007《热轧钢板与钢带》标准只有 CS、DS 两个冲压级别，其中各个级别的屈服强度均大于等于 205MPa，伸长率 A_{50} 值分别不小于 25%、28%，对化学成分的要求比我国国家标准详细。

欧洲 EN 10111：2008《冷成形用热连轧低碳钢钢板和钢带——交货技术条件》标准分为 DD11、DD12、DD13、DD14 四个冲压级别，屈服强度均大于 170MPa，对应的抗拉强度上限分别为 440MPa、420MPa、400MPa、380MPa，当厚度在 1.0～3mm 范围时各个冲压级别对应的最低伸长率 A_{80} 值从 22% 增大到 30%，当厚度在 3.0～11mm 范围时伸长率 $A_{5.65}$ 值由 28% 增大到 36%。

日本标准 JIS G3131 的 2010 版中牌号大致与冷轧牌号相对应，分为 SPHC、SPHD、SPHE、SPHF 四个级别，厚度大于等于 1.6mm 时各个级别的抗拉强度均大于等于 270MPa，对应的抗拉强度上限分别为 440MPa、420MPa、400MPa、380MPa，对应的伸长率 A_{50} 值范围分别为 27%～31%、30%～39%、32%～41%，37%～42%。

热轧传统高强度钢板包括冷成形用高屈服强度钢、高强度低合金钢、马氏体钢等，热轧先进高强钢包括高扩孔钢、DP 钢、TRIP 钢等。目前各国汽车用高强度冷成形热轧低碳钢板与钢带的标准主要有：

1）美国汽车工程师协会标准 SAE J2745：2007《汽车用高强度热连轧钢板及钢带》。

2）欧洲 EN 10338：2010《冷成形用热轧冷轧非涂镀多相钢产品——交货技术条件》（《Hot Rolled and Cold Rolled Non‑Coated Products of Multiphase Steels for Cold Forming—Technical Delivery Conditions》）。

3）日本 JIS G3113：2006《汽车结构用热轧钢板及钢带》。

4）日本 JFS A1001：2008《汽车用热轧板带》。

5）中国 GB/T 20887.1～20887.5《汽车用高强度热连轧钢板和钢带》。（第 1 部分：冷成形用高屈服强度钢；第 2 部分：高扩孔钢；第 3 部分：双相钢；第 4 部分：相变诱导塑性钢；第 5 部分：马氏体钢）。

6）中国宝钢 Q/BQB 312—2009《冷成形用先进高强度热连轧钢板及钢带》。

7）中国 GB/T 3273—2005《汽车大梁用热轧钢板》。

国内其他用途的热轧钢板标准还有：

1）中国 GB 712—2011《船舶及海洋工程用结构钢》。

2）中国 GB 713—2008《锅炉和压力容器用钢板》。

2. 各国热轧钢板与钢带的标准简介及相应牌号对照

以下仅列举国内外部分有代表性的标准进行说明，主要包括美国、欧洲、日本、中国的热轧钢板典型牌号、成分及力学性能，见表 2-72～表 2-81。同时由于国内外对热轧板也进行热镀锌工艺处理，因此对日本热镀锌热轧基板的牌号、化学成分、力学性能及日本 JFE 公司热镀锌热轧基板的典型牌号进行了介绍，见表 2-82 和表 2-83。

表 2-72　美国热轧钢板与钢带 CS 和 DS 牌号及化学成分（质量分数）[①]

（ASTM A1011/A1011M：2007）　　　　　　　　　　　　（%）

钢　　种	C	Mn	P	S	Al	Si	Cu	Ni	Cr[②]	Mo	V	Nb	Ti[③]	N	B
CS‑A[④,⑤,⑥,⑦]	0.10	0.60	0.030	0.035	—	—	0.20[⑧]	0.20	0.15	0.06	0.008	0.008	0.025	—	—

（续）

钢　种	C	Mn	P	S	Al	Si	Cu	Ni	Cr[②]	Mo	V	Nb	Ti[③]	N	B
CS – B[④]	0.02 ~ 0.15	0.60	0.030	0.035	—	—	0.20[⑧]	0.20	0.15	0.06	0.008	0.008	0.025	—	—
CS – C[④,⑤,⑥,⑦]	0.08	0.60	0.10	0.035	—	—	0.20[⑧]	0.20	0.15	0.06	0.008	0.008	0.025	—	—
CS – D	0.10	0.70	0.030	0.035	—	—	0.20[⑧]	0.20	0.15	0.06	0.008	0.008	0.025	—	—
DS – A[④,⑤,⑦]	0.08	0.50	0.020	0.030	>0.01	—	0.20	0.20	0.15	0.06	0.008	0.008	0.025	—	—
DS – B	0.02 ~ 0.08	0.50	0.020	0.030	>0.01	—	0.20	0.20	0.15	0.06	0.008	0.008	0.025	—	—

① 一表示无特殊要求，但成分报告中须注明。

② 当 w_C 不高于 0.05% 时，$w_{Cr} \leqslant 0.25\%$。

③ 当 w_C 高于 0.02% 时，允许添加 $w_{Ti} \leqslant 3.4 w_N + 1.5 w_S$ 或 $w_{Ti} \leqslant 0.025\%$。

④ 类型 B 的 w_C 应高于 0.02%。

⑤ 当 $w_C \leqslant 0.02\%$ 时，允许添加 $w_V \leqslant 0.10\%$，$w_{Cr} \leqslant 0.10\%$，$w_{Ti} \leqslant 0.15\%$。

⑥ 要求铝脱氧时，$w_{Al_t} \geqslant 0.01\%$。

⑦ 可以选择真空脱气、成分均匀化处理。⑧当为合金钢时，合金元素采用最低加入量，非合金钢时，合金元素采用最高加入量。

表 2-73　美国热轧钢板与钢带牌号及化学成分（质量分数）
（ASTM A1011/A1011M：2007）　　　　　　（%）

钢　种	C	Mn	P	S	Al	Si	Cu	Ni	Cr	Mo	V	Nb	Ti	N
SS														
30 ［205］	0.25	0.90	0.035	0.04	—	—	0.20	0.20	0.15	0.06	0.008	0.008	0.025	—
33 ［230］	0.25	0.90	0.035	0.04	—	—	0.20	0.20	0.15	0.06	0.008	0.008	0.025	—
36 ［250］ 类型 1	0.25	0.90	0.035	0.04	—	—	0.20	0.20	0.15	0.06	0.008	0.008	0.025	—
36 ［250］ 类型 2	0.25	1.35	0.035	0.04	—	—	0.20	0.20	0.15	0.06	0.008	0.008	0.025	—
40 ［275］	0.25	0.90	0.035	0.04	—	—	0.20	0.20	0.15	0.06	0.008	0.008	0.025	—
45 ［310］	0.25	1.35	0.035	0.04	—	—	0.20	0.20	0.15	0.06	0.008	0.008	0.025	—
50 ［340］	0.25	1.35	0.035	0.04	—	—	0.20	0.20	0.15	0.06	0.008	0.008	0.025	—
60 ［410］	0.25	1.35	0.035	0.04	—	—	0.20	0.20	0.15	0.06	0.008	0.008	0.025	—
70 ［480］	0.25	1.35	0.035	0.04	—	—	0.20	0.20	0.15	0.06	0.008	0.008	0.025	—
80 ［550］	0.25	1.35	0.035	0.04	—	—	0.20	0.20	0.15	0.06	0.008	0.008	0.025	—
HSLAS														
45 ［310］ 类别 1	0.22	1.35	0.04	0.04	—	—	0.20	0.20	0.15	0.06	<0.005	<0.005	<0.005	—
45 ［310］ 类别 2	0.15	1.35	0.04	0.04	—	—	0.20	0.20	0.15	0.06	<0.005	<0.005	<0.005	—
50 ［340］ 类别 1	0.23	1.35	0.04	0.04	—	—	0.20	0.20	0.15	0.06	<0.005	<0.005	<0.005	—
50 ［340］ 类别 2	0.15	1.35	0.04	0.04	—	—	0.20	0.20	0.15	0.06	<0.005	<0.005	<0.005	—
55 ［380］ 类别 1	0.25	1.35	0.04	0.04	—	—	0.20	0.20	0.15	0.06	<0.005	<0.005	<0.005	—
55 ［380］ 类别 2	0.15	1.35	0.04	0.04	—	—	0.20	0.20	0.15	0.06	<0.005	<0.005	<0.005	—
60 ［410］ 类别 1	0.26	1.50	0.04	0.04	—	—	0.20	0.20	0.15	0.06	<0.005	<0.005	<0.005	—
60 ［410］ 类别 2	0.15	1.50	0.04	0.04	—	—	0.20	0.20	0.15	0.06	<0.005	<0.005	<0.005	—
65 ［450］ 类别 1	0.26	1.50	0.04	0.04	—	—	0.20	0.20	0.15	0.06	<0.005	<0.005	<0.005	—
65 ［450］ 类别 2	0.15	1.50	0.04	0.04	—	—	0.20	0.20	0.15	0.06	<0.005	<0.005	<0.005	—
70 ［480］ 类别 1	0.26	1.65	0.04	0.04	—	—	0.20	0.20	0.15	0.16	<0.005	<0.005	<0.005	—

(续)

钢 种	C	Mn	P	S	Al	Si	Cu	Ni	Cr	Mo	V	Nb	Ti	N
70 [480] 类别 2	0.15	1.65	0.04	0.04	—	—	0.20	0.20	0.15	0.16	<0.005	<0.005	<0.005	
HSLAS - F														
50 [340] /60 [410]	0.15	1.65	0.020	0.025	—	—	0.20	0.20	0.15	0.06	<0.005	<0.005	<0.005	
70 [480] /80 [550]	0.15	1.65	0.020	0.025	—	—	0.20	0.20	0.15	0.16	<0.005	<0.005	<0.005	
UHSS - E														
90 [620] /100 [690] 类型 1	0.15	2.00	0.020	0.025	—	—	0.20	0.20	0.15	040	<0.005	<0.005	<0.005	
90 [620] /100 [690] 类型 2	0.15	2.00	0.020	0.025	—	—	0.60	0.20	0.15	0.40	<0.005	<0.005	<0.005	

表 2-74 美国热轧钢板与钢带牌号及力学性能（ASTM A1011/A1011M：2007）

钢 种	屈服强度最小值 /ksi [MPa]	抗拉强度最小值 /ksi [MPa]	伸长率 A_{50}（%）不小于			伸长率 A_{200}（%）
			厚度/in [mm]			
			0.230[6.0] ~0.097 [2.5]	0.097[2.5mm] ~0.064 [1.6mm]	0.064[1.6mm] ~0.025 [0.65mm]	<0.230 [6]
CS (A, B, C, D)	30 ~50 [205 ~340]		25			
DS (A, B)	30 ~50 [205 ~310]		28			
SS						
30 [205]	30 [205]	49 [340]	25	24	21	19
33 [230]	33 [230]	52 [360]	23	22	18	18
36 [250] 类型 1	36 [250]	53 [365]	22	21	17	17
36 [250] 类型 2	36 [250]	58 ~80 [400 ~550]	21	20	16	16
40 [275]	40 [275]	55 [380]	21	20	15	16
45 [310]	45 [310]	60 [410]	19	18	13	14
50 [340]	50 [340]	65 [450]	17	16	11	12
55 [380]	55 [380]	70 [480]	15	14	9	10
60 [410]	60 [410]	75 [480]	14	13	8	9
70 [480]	70 [480]	85 [550]	13	12	7	8
80 [550]	80 [550]	95 [620]	12	11	6	7
HSLAS			>0.097 [2.5]	≤0.097 [2.5]		
45 [310] 类别 1	45 [310]	60 [410]	25	23		
45 [310] 类别 2	45 [310]	55 [380]	25	23		
50 [340] 类别 1	50 [340]	65 [450]	22	20		
50 [340] 类别 2	50 [340]	60 [410]	22	20		
55 [380] 类别 1	55 [380]	70 [480]	20	18		
55 [380] 类别 2	55 [380]	65 [450]	20	18		

（续）

钢　　种	屈服强度最小值 /ksi［MPa］	抗拉强度最小值 /ksi［MPa］	伸长率 A_{50}（%）不小于			伸长率 A_{200}（%）
			厚度/in ［mm］			< 0.230 ［6］
			0.230［6.0］ ~0.097 ［2.5］	0.097［2.5mm］ ~0.064 ［1.6mm］	0.064［1.6mm］ ~0.025 ［0.65mm］	
60［410］类别1	60［410］	75［520］	18	16		
60［410］类别2	60［410］	70［480］	18	16		
65［450］类别1	65［450］	80［550］	16	14		
65［450］类别2	65［450］	75［520］	16	14		
70［480］类别1	70［480］	85［585］	14	12		
70［480］类别2	70［480］	80［550］	14	12		
HSLAS－F						
50［340］	50［340］	60［410］	24	22		
60［410］	60［410］	70［480］	22	20		
70［480］	70［480］	80［550］	20	18		
80［550］	80［550］	90［620］	18	16		
UHSS						
90［620］ 类型1，类型2	90［620］	100［690］	16	14		
100［690］ 类型1，类型2	100［690］	110［760］	14	12		

表 2-75　欧洲普通强度冷成形用热连轧低碳钢钢板和钢带——交货技术条件（EN 10111：2008）

钢种	欧盟 钢号	化学成分（质量分数，%）不大于				R_{eL}（$R_{P0.2}$）/MPa		R_m /MPa 不大于	A_{80}（%）不小于			$A_{5.65}$（%）不小于	有效 期 /月
		C	Mn	P	S	1.0mm≤e <2.0mm	2.0mm≤e ≤11mm		1.0mm≤e <1.5mm	1.5mm≤e <2.0mm	2.0mm≤e <3.0mm	3.0mm≤e ≤11mm	
DD11	1.0332	0.12	0.60	0.045	0.045	170~360	170~340	440	22	23	24	28	—
DD12	1.0398	0.10	0.45	0.035	0.035	170~340	170~320	420	24	25	26	30	6
DD13	1.0335	0.08	0.40	0.030	0.030	170~330	170~310	400	27	28	29	33	6
DD14	1.0389	0.08	0.35	0.025	0.025	170~310	170~290	380	30	31	32	36	6

注：如果产品宽度允许，拉伸试验应改为采用轧向试样。

表 2-76　日本普通强度各冲压级热轧钢板与钢带的化学成分

（质量分数）（JIS G3131：2010）　　　　　　　　　　（%）

钢种	C	Mn	P	S
SPHC	≤0.15	≤0.60	≤0.045	≤0.035
SPHD	≤0.10	≤0.45	≤0.035	≤0.035
SPHE	≤0.10	≤0.40	≤0.030	≤0.030
SPHF	≤0.08	≤0.35	≤0.025	≤0.025

注：按照客户要求，成分 Mn、P 的上限值可以变化。

表 2-77　日本普通强度各冲压级热轧钢板与钢带的力学性能（JIS G3131：2010）

钢种	抗拉强度/MPa	伸长率 A_{50}（%）（5 号试样，轧制方向）						弯曲性能（3 号试样，轧制方向）		
		厚度/mm						弯曲角度	内侧半径	
		1.2 ~ <1.6	1.6 ~ <2.0	2.0 ~ <2.5	2.5 ~ <3.2	3.2 ~ <4.0	≥4.0		厚度<3.2mm	厚度≥3.2mm
SPHC	≥270	≥27	≥29	≥29	≥29	≥31	≥31	180°	紧密贴合	厚度的 0.5 倍
SPHD	≥270	≥30	≥32	≥33	≥35	≥37	≥39	—	—	—
SPHE	≥270	≥32	≥34	≥35	≥37	≥39	≥41	—	—	—
SPHF	≥270	≥37	≥38	≥39	≥39	≥40	≥42	—	—	—

注：SPHC、SPHD、SPHE、SPHF 的抗拉强度上限分别为 440MPa，420MPa、400MPa、380MPa。两端夹持段性能不适用于本表。

表 2-78　热轧高扩孔钢常用标准及牌号

标准号	GB/T 20887.2—2010	Q/BQB 417—2009	EN 10338：2007	SAE J2745：2007
牌号	HR300/450HE	HC380/590TR	HDT450F	HHE440T/310Y
	HR440/580HE	HC400/690TR	HCT560F	HHE590T/440Y
	HR420/780HE	HC420/780TR	—	HHE780T/600Y

表 2-79　热轧 DP 钢常用标准及牌号

标准号	GB/T 20887.3—2010	Q/BQB 312—2009	EN 10338：2007	SAE J2745：2007	JIS G3134：2006	JFS A1001：1998
牌号					SPFH540 - Y	JSH540Y
	HR330/580DP	BR330/580DP	HDT580X	DP590T/300Y	SPFH590 - Y	JSH590Y
	HR450/780DP	BR450/780DP	—	DP780T/380Y	—	JSH780Y

表 2-80　热轧 TRIP 钢常用标准及牌号

标准号	GB/T 20887.4—2010	Q/BQB 417—2009	SAE J2745：2007	GMW 3399：2008
牌号	HR400/590TR	HC380/590TR	TRIP 590T/380Y	HR590T/400Y TR
	HR450/780TR	HC400/690TR	TRIP 690T/400Y	HR780T/450Y TR

表 2-81　热轧马氏体钢常用标准及牌号

标准号	GB/T 20887.5—2010	EN 10338：2007
牌号	HR900/1200MS	HDT1200M
	HR1050/1400MS	

表 2-82　日本热镀锌热轧基板的牌号、化学成分和力学性能（JIS G 3302：2010）

牌号	化学成分（质量分数，%）不大于				屈服强度/MPa 不小于	抗拉强度/MPa 不小于	断后伸长率 A_{50}（%）不小于、					试样方向
	C	Mn	P	S			公称厚度/mm					
							1.6 ~ 2.0	>2.0 ~ 2.5	>2.5 ~ 3.2	>3.2 ~ 4.0	>4.0 ~ 6.0	
SGHC	0.15	0.80	0.05	0.05	(205)	(270)	—	—	—	—	—	5 号，轧制方向
SGH340	0.25	1.70	0.20	0.05	245	340	20	20	20	20	20	

（续）

牌号	化学成分（质量分数，%）不大于				屈服强度 /MPa 不小于	抗拉强度 /MPa 不小于	断后伸长率 A_{50}（%）不小于、					试样方向
							公称厚度/mm					
	C	Mn	P	S			1.6～2.0	>2.0～2.5	>2.5～3.2	>3.2～4.0	>4.0～6.0	
SGH400	0.25	1.70	0.20	0.05	295	400	18	18	18	18	18	5号，轧制方向或垂直于轧制方向
SGH440	0.25	2.00	0.20	0.05	335	440	18	18	18	18	18	
SGH490	0.25	2.00	0.20	0.05	365	490	16	16	16	16	16	
SGH540	0.30	2.50	0.20	0.05	400	540	16	16	16	16	16	

表2-83　日本 JFE 公司热镀锌热轧基板标准牌号

基板类别	热镀锌热轧板牌号	热镀锌铁合金热轧板牌号	热镀铝锌合金热轧板牌号
参考标准	JIS G3302	JIS G3302	JIS G3321
一般用（CQ）	JFE – HB – GZ	JFE – HB – GA	JFE – HB – GL
加工用	JFE – HC – GZ	JFE – HC – GA	
冲压用（DQ）	JFE – HD – GZ	JFE – HD – GA	
深冲用（DDQ）	JFE – HE – GZ	JFE – HE – GA	
结构用	JFE – H400 – GZ, JFE – H490 – GZ	JFE – H400 – GA, JFE – H490 – GA	JFE – H400 – GL
高强度钢类一般加工用	JFE – HA310 – GZ JFE – HA370 – GZ, JFE – HA400 – GZ JFE – HA440 – GZ, JFE – HA490 – GZ JFE – HA590 – GZ	JFE – HA310 – GA JFE – HA370 – GA, JFE – HA400 – GA JFE – HA440 – GA, JFE – HA490 – GA JFE – HA590 – GA	
高强度钢类高延伸凸缘深冲用	JFE – HA440SF – GZ	JFE – HA440SF – GA	
高强度低屈强比钢	JFE – HA590Y – GZ	JFE – HA590Y – GA	

2.6.4　不锈钢板

1. 不锈钢板概述

（1）奥氏体不锈钢　在常温下具有奥氏体组织的不锈钢称为奥氏体不锈钢。钢中含 Cr 约18%、Ni 8%～10%、C 约0.1%（均为质量分数）时，具有稳定的奥氏体组织。奥氏体铬镍不锈钢包括 18 – 8CrNi 钢和在此基础上增加 Cr、Ni 含量并加入 Mo、Cu、Si、Nb、Ti 等元素发展起来的高 Cr – Ni 系列钢。奥氏体不锈钢无磁性且具有高韧性和塑性，但强度较低。当加入 S、Ca、Se、Te 等元素时，则具有易切削性。此类钢除耐氧化性酸介质腐蚀外，如果含有 Mo、Cu 等元素还能耐硫酸、磷酸以及甲酸、醋酸、尿素等的腐蚀。此类钢的含碳量若低于0.03%或含 Ti、Ni，就可显著提高其耐晶间腐蚀性。高硅的奥氏体不锈钢也有良好的耐蚀性。由于奥氏体不锈钢具有全面和良好的综合性能，因此在各行各业中获得了广泛的应用。

（2）铁素体不锈钢　在使用状态下以铁素体组织为主的不锈钢称为铁素体不锈钢。铬的质量分数为 11% ~ 30%，具有体心立方晶体结构。这类钢一般不含镍，有时还含有少量的 Mo、Ti、Nb 等元素，具有热导率大、膨胀系数小、抗氧化性好、耐应力腐蚀性优良等特点，多用于制造耐大气、水蒸气、水及氧化性酸腐蚀的零部件。虽然这类钢存在塑性差、焊后塑性和耐蚀性明显降低等缺点，但是随着炉外精炼技术（AOD 或 VOD）的应用，碳、氮等间隙元素含量大大降低，从而使这类钢获得广泛应用。

（3）奥氏体 - 铁素体双相不锈钢　奥氏体和铁素体组织各占约一半的不锈钢称为奥氏体 - 铁素体双相不锈钢。在含 C 量较低的情况下，Cr 的质量分数为 18% ~ 28%，Ni 的质量分数为 3% ~ 10%。有些钢还含有 Mo、Cu、Si、Nb、Ti、N 等合金元素。该类钢兼有奥氏体和铁素体不锈钢的特点，与铁素体不锈钢相比，塑性、韧性更高，无室温脆性，耐晶间腐蚀性和焊接性均显著提高，同时还保持有铁素体不锈钢的 475℃ 脆性以及热导率高、超塑性等特点。双相不锈钢是一种节镍不锈钢，与奥氏体不锈钢相比，强度高且耐晶间腐蚀性和耐氯化物应力腐蚀性有明显提高。

（4）马氏体不锈钢　通过热处理获得马氏体从而调整其力学性能的不锈钢称为马氏体不锈钢，通俗地说，是一类可硬化的不锈钢。根据化学成分的差异，马氏体不锈钢可分为马氏体铬钢和马氏体铬镍钢两类。根据组织和强化机理的不同，还可分为马氏体不锈钢、马氏体和半奥氏体（或半马氏体）沉淀硬化不锈钢以及马氏体时效不锈钢等。典型牌号为 Cr13 型，如 20Cr13、30Cr13 等。淬火后硬度较高，不同温度回火后具有不同的强韧性组合，主要用于蒸汽轮机叶片、餐具、外科手术器械。

表 2-84 列出了常用不锈钢的化学成分，详见国家标准 GB/T 3280—2007。

表 2-84　常用不锈钢的化学成分（质量分数）　　　　（%）

牌号	C	Si	Mn	P	S	Ni	Cr	Mo	N
06Cr19Ni10	≤0.080	≤0.75	≤2.00	≤0.045	≤0.030	8.00 ~ 10.50	18.00 ~ 20.00	—	≤0.10
022Cr19Ni10	≤0.030	≤0.75	≤2.00	≤0.045	≤0.030	8.00 ~ 12.00	18.00 ~ 20.00	—	≤0.10
06Cr17Ni12Mo2	≤0.030	≤0.75	≤2.00	≤0.045	≤0.030	10.00 ~ 14.00	16.00 ~ 18.00	2.00 ~ 3.00	≤0.10
022Cr17Ni12Mo2	≤0.030	≤0.75	≤2.00	≤0.045	≤0.030	10.00 ~ 14.00	16.00 ~ 18.00	2.00 ~ 3.00	≤0.10
10Cr17	≤0.12	≤1.00	≤1.00	≤0.040	≤0.030	≤0.75	16.00 ~ 18.00	—	—
12Cr13	≤0.15	≤1.00	≤1.00	≤0.040	≤0.030	≤0.60	11.50 ~ 13.00	—	—

2. 各国不锈钢标准的比较

表 2-85 为世界各国不锈钢牌号对照表。

表 2-85　世界各国不锈钢牌号对照表

序号	中国（GB）		日本（JIS）	美国（ASTM）	韩国（KS）	欧盟（EN）	印度（IS）	澳大利亚（AS）	中国台湾（CNS）
	旧牌号	新牌号							
	奥氏体型不锈钢								
1	1Cr17Mn6Ni5N	12Cr17Mn6Ni5N	SUS201	201(S20100)	STS201	1.4372	10Cr17Mn6Ni4N	201 - 2	201
2	1Cr18Mn8Ni5N	12Cr18Mn9Ni5N	SUS202	202(S20200)	STS202	1.4373		—	202

（续）

序号	中国(GB)		日本(JIS)	美国(ASTM)	韩国(KS)	欧盟(EN)	印度(IS)	澳大利亚(AS)	中国台湾(CNS)
	旧牌号	新牌号							
奥氏体型不锈钢									
3	1Cr17Ni7	12Cr17Ni7	SUS301	301(S30100)	STS301	1.4319	10Cr17Ni7	301	301
4	0Cr18Ni9	06Cr19Ni10	SUS304	304(S30400)	STS304	1.4301	07Cr18Ni9	304	304
5	00Cr19Ni10	022Cr19Ni10	SUS304L	304L(S30403)	STS304L	1.4306	02Cr18Ni11	304L	304L
6	0Cr19Ni9N	06Cr19Ni10N	SUS304N1	304N(S30451)	STS304N1	1.4315	—	304N1	304N1
7	0Cr19Ni10NbN	06Cr19Ni9NbN	SUS304N2	XM21(S30452)	STS304N2	—	—	304N2	304N2
8	00Cr18Ni10N	022Cr19Ni10N	SUS304LN	304LN(S30453)	STS304LN	1.4311	—	304LN	304LN
9	1Cr18Ni12	10Cr18Ni12	SUS305	305(S30500)	STS305	1.4303	—	305	305
10	0Cr23Ni13	06Cr23Ni13	SUS309S	309S(S30908)	STS309S	1.4833	—	309S	309S
11	0Cr25Ni20	06Cr25Ni20	SUS310S	310S(S31008)	STS310S	1.4845	—	310S	310S
12	0Cr17Ni12Mo2	06Cr17Ni12Mo2	SUS316	316(S31600)	STS316	1.4401	04Cr17Ni12Mo2	316	316
13	0Cr18Ni12Mo3Ti	06Cr17Ni12Mo2Ti	SUS316Ti	316Ti(S31635)	—	1.4571	04Cr17Ni12MoTi	316Ti	316Ti
14	00Cr17Ni14Mo2	022Cr17Ni12Mo2	SUS316L	316L(S31603)	STS316L	1.4404	02Cr17Ni12Mo2	316L	316L
15	0Cr17Ni12Mo2N	06Cr17Ni12Mo2N	SUS316N	316N(S31651)	STS316N	—	—	316N	316N
16	00Cr17Ni13Mo2N	022Cr17Ni12Mo2N	SUS316LN	316LN(S31653)	STS316LN	1.4429	—	316LN	316LN
17	0Cr18Ni12Mo2Cu2	06Cr18Ni12Mo2Cu2	SUS316J1	—	STS316J1	—	—	316J1	316J1
18	00Cr18Ni14Mo2Cu2	022Cr18Ni14Mo2Cu2	SUS316J1L	—	STS316J1L	—	—	—	316J1L
19	0Cr19Ni13Mo3	06Cr19Ni13Mo3	SUS317	317(S31700)	STS317	—	—	317	317
20	00Cr19Ni13Mo3	022Cr19Ni13Mo3	SUS317L	317L(S31703)	STS317L	1.4438	—	317L	317L
21	0Cr18Ni10Ti	06Cr18Ni11Ti	SUS321	321(S32100)	STS321	1.4541	04Cr18Ni10Ti	321	321
22	0Cr18Ni11Nb	06Cr18Ni11Nb	SUS347	347(S34700)	STS347	1.4550	04Cr18Ni10Nb	347	347
奥氏体－铁素体型不锈钢（双相不锈钢）									
23	0Cr26Ni5Mo2	—	SUS329J1	329(S32900)	STS329J1	1.4477	—	329J1	329J1
24	00Cr18Ni5Mo3Si2	022Cr19Ni5Mo3Si2N	SUS329J3L	—(S31803)	STS329J3L	1.4462	—	329J3L	329J3L
铁素体型不锈钢									
25	0Cr13Al	06Cr13Al	SUS405	405(S40500)	STS405	1.4002	04Cr13	405	405
26	—	022Cr11Ti	SUH409L	409(S40900)	STS409	1.4512	—	409L	409L
27	00Cr12	022Cr12	SUS410L	—	STS410L	—	—	410L	410L
28	1Cr17	10Cr17	SUS430	430(S43000)	STS430	1.4016	05Cr17	430	430
29	1Cr17Mo	10Cr17Mo	SUS434	434(S43400)	STS434	1.4113	—	434	434
30	—	022Cr18NbTi	—	(S43940)	—	1.4509	—	439	439
31	00Cr18Mo2	019Cr19Mo2NbTi	SUS444	444(S44400)	STS444	1.4521	—	444	444
马氏体型不锈钢									
32	1Cr12	12Cr12	SUS403	403(S40300)	STS403	—	—	403	403
33	1Cr13	12Cr13	SUS410	410(S41000)	STS410	1.4006	12Cr13	410	410
34	2Cr13	20Cr13	SUS420J1	420(S42000)	STS420J1	1.4021	20Cr13	420	420J1
35	3Cr13	30Cr13	SUS420J2	420(S42000)	STS420J2	1.4028	30Cr13	420J2	420J2
36	7Cr17	68Cr17	SUS440A	440A(S44002)	STS440A	1.4109	—	440A	440A

常用国内外不锈钢标准有：

1）ASTM A240：2010（M）《不锈钢钢板》。

2）ASTM A 480（M）《不锈钢钢板》。

3）EN 10028《压力容器用不锈钢》。

4）EN 10088.2：2005《一般用途耐腐蚀钢薄板板材和带材的交货技术条件》

5）JIS 4304：2005《热轧不锈钢钢板》。

6）JIS 4305：2005《冷轧不锈钢钢板》。

7）GB/T 3280—2007《不锈钢冷轧钢板和钢带》。

3. 部分典型冲压用奥氏体系和铁素体系不锈钢板的力学性能和成形性能

表 2-86 和表 2-87 列出了 0.6mm 厚度的部分典型冲压用奥氏体系和铁素体系不锈钢板的实际力学性能和成形性能数据。

表 2-86　奥氏体系不锈钢板的实际力学性能和成形性能

JIS 记号	成分系	Md_{30} (℃)	R_{eL} /MPa	R_m /MPa	A（%）	n	r	杯突值 /mm	CCV /mm	LDR /mm	λ （%）
SUS 301	0.10C – 17Cr – 7Ni	45.7	305	710	62.0	0.60	1.02	14.5	27.3	2.200	50.0
SUS 304	0.06C – 18Cr – 8Ni	18.0	295	689	59.5	0.52	1.04	13.1	27.5	2.275	52.0
SUS 304	0.06C – 18Cr – 9Ni	7.0	290	650	61.0	0.46	0.97	12.6	27.5	2.300	57.0
SUS 304J1	0.01C – 17Cr – 7Ni – 2Cu	43.5	264	579	65.0	0.56	0.95	13.6	26.8	2.475	63.0
SUS 305J1	0.01C – 18Cr – 12Ni	– 34.4	249	551	53.4	0.40	0.95	11.9	—	2.300	—
SUS XM7	0.03C – 18Cr – 9Ni – 5Cu	– 46.7	280	560	48.1	0.37	1.04	12.5	27.7	2.300	97.0

表 2-87　铁素体系不锈钢板的实际力学性能和成形性能

JIS 记号	成分系	R_{eL} /MPa	R_m /MPa	A（%）	n	r	杯突值 /mm	CCV /mm	LDR /mm	λ（%）
SUS430	0.06C – 17Cr	365	521	26.5	0.19	1.25	8.5	28.5	2.275	51.0
SUS434	0.06C – 17Cr – 1Mo	386	564	25.6	0.18	1.45	9.2	—	2.250	50.0
SUS430J1L	低 C，N – 17Cr – 0.5Nb – 0.4Cu	349	500	30.0	0.20	1.70	9.6	27.2	2.425	85.0
SUS430LX	低 C，N – 17Cr – 0.3Ti	335	485	29.7	—	1.71	9.5	—	—	—
SUS444	低 C，N – 19Cr – 2Mo – 0.1Ti – 0.3Nb	400	585	28.0	0.20	1.60	9.3	27.6	2.350	90.0
SUS410L	低 C，N – 12Cr	307	460	34.6	0.22	1.45	8.8	27.9	2.300	65.0
SUH409L	低 C，N – 11Cr – 0.3Ti	273	440	33.0	0.25	1.75	10.1	27.6	2.450	857.0

2.6.5　铝合金板

1. 常用铝合金板

常用部分有代表性的汽车、航空用铝合金牌号及成分见表 2-88，详见 GB/T 3190—2008。常见铝合金在民用飞机上的应用实例见表 2-89。

常用铝合金有：

1）AlMg 系 5052 – O、5754 – O、5152 – O。

2）AlMgSi 系 6009、6010、6111、6016、6061。

3）AlCuMg 系 2002、2006、2024、2036。

4）AlZn 系 7075、7178。

表 2-88　常用部分有代表性的汽车、航空用铝合金牌号及成分（质量分数）　　（%）

牌号	Si	Fe	Cu	Mn	Mg	Cr	Ni	Zn	Ti	Al
2002	0.35~0.80	≤0.30	1.5~2.5	≤0.20	0.50~1.0	≤0.20	—	≤0.20	≤0.20	余量
2024	≤0.50	≤0.50	3.6~4.9	0.30~0.90	1.2~1.8	≤0.10	—	≤0.25	—	余量
2036	≤0.50	≤0.50	2.2~3.6	0.10~0.40	0.30~0.60	≤0.10	—	≤0.25	≤0.15	余量
5052	≤0.25	≤0.40	≤0.10	≤0.10	2.2~2.8	0.15~0.35	—	≤0.15	—	余量
5754	≤0.40	≤0.40	≤0.10	≤0.10	2.6~3.6	≤0.30	—	≤0.20	≤0.15	余量
5182	≤0.20	≤0.35	≤0.15	0.20~0.50	4.0~5.0	≤0.10	—	≤0.25	≤0.10	余量
6009	0.60~1.0	≤0.50	0.15~0.60	0.20~0.80	0.40~0.80	≤0.10	—	≤0.25	≤0.10	余量
6010	0.80~1.2	≤0.50	0.15~0.6	0.20~0.80	0.60~1.0	≤0.10	—	≤0.25	≤0.10	余量
6111	0.60~1.1	≤0.50	0.50~0.90	0.10~0.45	0.50~1.0	≤0.10	—	≤0.15	≤0.10	余量
6016	1.0~1.5	≤0.50	≤0.20	≤0.20	0.25~0.60	≤0.10	—	≤0.20	≤0.15	余量
6061	0.40~0.80	≤0.70	0.15~0.40	≤0.15	0.8~1.2	0.04~0.35	—	≤0.25	≤0.15	余量
7075	≤0.40	≤0.50	1.2~2.0	≤0.30	2.1~2.9	0.18~0.28	—	5.1~6.1	≤0.20	余量
7178	≤0.50	≤0.70	1.6~2.4	≤0.30	2.4~3.1	0.15~0.40	—	6.3~7.3	≤0.20	余量

表 2-89　常见铝合金在民用飞机上的应用实例

型号	机　身		机　翼			尾　翼	
	蒙皮	桁条	部位	蒙皮	桁条	垂直尾翼蒙皮	水平尾翼蒙皮
L-1011	2024-T3	7075-T6	上	7075-T6	7075-T6	7075-T6	7075-T6
			下	7075-T6	7075-T6		
DC-3-80	2024-T3	7075-T6	上	7075-T6	7075-T6	7075-T73	7075-T73
			下	2024-T3			
DC-10	2024-T3	7075-T6	上	7075-T6	7075-T6	7075-T6	7075-T6
			下	2024-T3	7178-T6		
B-7373	2024-T3	7075-T7	上	7178-T6	7075-T6	7075-T6	7075-T6
			下	2024-T3	2024-T3		

2. 各国铝合金板标准与牌号对比（见表 2-90）

表 2-90　各国变形铝及铝合金牌号对比表

中国（GB）	国际（ISO）	美国（AA）	日本（JIS）	原苏联（ΓOCT）	德国（DIN）	英国（BS）	法国（NF）
1A99	—	1199	1N99	AB000	Al99.98R	S1	—
1A90	—	1090	1N90	AB1	Al99.9	—	—
1A85	Al99.8	1080	A1080	AB2	Al99.8	1A	—
1070A	Al99.7	1070	A1070	A00	Al99.7	—	1070A
1060	Al99.6	1060	A1060	A0	Al99.6	—	—
1050A	Al99.5	1050	—	A1	Al99.5	1B	1050A
1100	Al99.0Cu	1100	A1100	A2	Al99.0	3L54	1100

（续）

中国 （GB）	国际 （ISO）	美国 （AA）	日本 （JIS）	原苏联 （ГОСТ）	德国 （DIN）	英国 （BS）	法国 （NF）
1200	Al99.0	1200	A1200	—	Al99	1C	1200
5A02	AlMg2.5	5052	A5052	AMr	AlMg2.5	N4	5052
5A03	AlMg3	5154	A5154	AMr3	AlMg3	N5	—
5083	AlMg4.5Mn0.7	5038	A5038	AMr4	AlMg4.5Mn	N8	5083
5056	AlMg5	5056	A5056	—	AlMg5	N6	—
5A05	AlMg5Mn0.4	5456	—	AMr5	—	N61	—
3A21	AlMn1Cu	3003	A3003	AMu	AlMnCu	N3	3003
6A02		6165	A6165	AB			
2A70	AlCu2MgNi	2618	2N01	AK4	—	H16	2618A
2A90		2018	A2018	AK2			
2A14	AlCu4SiMg	2014	A2014	AK8	AlCuSiMg	—	2014
4A11		4032	A4032	AK9		38S	4032
6061	lMg1SiCu	6061	A6061	AΠ33	AlMg1SiCu	H20	6061
6063	AlMg0.7Si	6063	A6063	AΠ31	AlMgSi0.5	H19	—
2A01	AlCu2.5Mg	2217	A2217	AΠ18	AlCu2.5Mg0.53	L86	—
2A11	AlCu4MgSi	2017	A2017	AΠ1	AlCuMg1	H15	2017A
2A12	AlCu4Mg1	2024	A2024	AΠ16	AlCuMg2	GB-24S	2024
7A03	AlZn7MgCu	7174	—	B94			
7A09	AlZn5.5MgCu	7075	A7075	—	AlZnMgCu1.5	L95	7075
7A10		7079	7N11	—	AlZnMgCu0.5		
4A01	AlSi5	4043	A4043	AK	AlSi5	N21	—
4A17	AlSi12	4047	A4047	—	AlSi12	N2	—
7A01	—	7072	A7072		SlZn1	—	—

2.6.6 镁合金板

镁合金板分为中强度、高强度、高温高强度和超轻镁合金等几类。板材的厚度为 0.5～80mm，宽度为 600～1200mm，长度最大为 3500mm；带材的厚度为 0.2～0.8mm，宽度为 5～100mm。此外还有各种小规格的片材和条材。厚度大于 10mm 的厚板，以热加工状态供货，厚度 10mm 及以下的称为薄板，常以再结晶退火状态、不完全再结晶退火状态、固溶-时效或固溶-冷加工-时效的热处理状态供货。镁合金板带产品广泛用于制造弹道导弹、飞机和其他飞行器的机舱、机翼、内外蒙皮及各种结构器件，通信、气象测量和航标等领域。表 2-91 列出了常见部分有代表性的变形镁合金牌号及成分。表 2-92 为部分常见变形镁合金新、旧国家标准牌号与美国牌号对照表。详细成分及性能参见 GB/T 5153—2003《变形镁及镁合金牌号和化学成分》。各种变形镁合金板材的室温力学性能见表 2-93。

表 2-91　常见部分有代表性的变形镁合金牌号及成分（质量分数）　　　　（%）

牌号	Al	Zn	Mn	Zr	Si	Cu	Ni	Fe	Be	Mg
AM50	4.5~5.3	≤0.20	0.28~0.50	—	≤0.05	≤0.008	≤0.001	≤0.004	≤0.0005~0.0015	余量
M2M	≤0.2	≤0.30	1.3~2.5	—	≤0.10	≤0.05	≤0.007	≤0.05	≤0.01	余量
AZ40M	3.0~4.0	0.20~0.80	0.15~0.50	—	≤0.10	≤0.05	≤0.005	≤0.05	≤0.01	余量
AZ41M	3.7~4.7	0.80~1.4	0.30~0.60	—	≤0.10	≤0.05	≤0.005	≤0.05	≤0.01	余量
AZ61M	5.5~7.0	0.50~1.5	0.15~0.50	—	≤0.10	≤0.05	≤0.005	≤0.05	≤0.01	余量
AZ80M	7.8~9.2	0.20~0.80	0.15~0.50	—	≤0.10	≤0.05	≤0.005	≤0.05	≤0.01	余量
ZK61M	≤0.05	5.0~6.0	≤0.10	0.30~0.90	≤0.05	≤0.05	≤0.005	≤0.05	≤0.01	余量

表 2-92　部分常见变形镁合金新、旧国家标准牌号与美国牌号对照表

类　型	合金系	镁合金牌号		
		中国（新）	中国（旧）	美国
变形镁合金	Mg – Mn 系	M2M	MB1	M1
		ME20M	MB8	M2
	Mg – Al – Zn 系	AZ40M	MB2	AZ31
		AZ61M	MB5	AZ61
		AZ62M	MB6	AZ63
		AZ80M	MB7	AZ80
	Mg – Zn – Zr 系	ZK61M	MB15	ZK60

表 2-93　各种变形镁合金板材的室温力学性能

牌号	供货状态	板材厚度/mm	抗拉强度/MPa 不小于	规定非比例强度/MPa 不小于		延伸率A（%） 不小于	
				延伸 $R_{p0.2}$	压缩 $R_{pc0.2}$	5D	50mm
M2M	O	0.80~3.00	190	110	—	—	6.0
		>3.00~5.00	180	100	—	—	5.0
		>5.00~10.00	170	90	—	—	5.0
	H112	10.00~12.50	200	90	—	—	4.0
		>12.50~20.00	190	100	—	4.0	—
		>20.00~32.00	180	110	—	4.0	—
AZ40M	O	0.80~3.00	240	130	—	—	12.0
		>3.00~10.00	230	120	—	—	12.0
	H112	10.00~12.50	230	140	—	—	10.0
		>12.50~20.00	230	140	70	8.0	—
		>20.00~32.00	230	140		8.0	—

（续）

牌号	供货状态	板材厚度/mm	抗拉强度/MPa 不小于	规定非比例强度/MPa 不小于		延伸率 A（%）不小于	
				延伸 $R_{p0.2}$	压缩 $R_{pc0.2}$	5D	50mm
AZ41M	H18	0.50 ~ 0.80	290	—	—	—	2.0
	O	0.50 ~ 3.00	250	150	—	—	12.0
		> 3.00 ~ 5.00	240	140	—	—	12.0
		> 5.00 ~ 10.00	240	140	—	—	10.0
		10.00 ~ 12.50	240	140	—	—	10.0
	H112	> 12.50 ~ 20.00	250	150	—	6.0	—
		> 20.00 ~ 32.00	240	140	80	10.0	—
ME20M	H18	0.50 ~ 0.80	260	—	—	—	2.0
	H24	0.50 ~ 3.00	250	160	—	—	8.0
		> 3.00 ~ 5.00	240	140	—	—	7.0
		> 5.00 ~ 10.00	240	140	—	—	6.0
	O	0.50 ~ 3.00	230	120	—	—	12.0
		> 3.00 ~ 5.00	220	110	—	—	10.0
		> 5.00 ~ 10.00	220	110	—	—	10.0
		10.00 ~ 12.50	220	110	—	—	10.0
	H112	> 12.50 ~ 20.00	210	110	—	10.0	—
		> 20.00 ~ 32.00	210	110	70	7.0	—
		> 32.00 ~ 70.00	200	90	50	6.0	—

注：板材厚度 >12.5 ~ 14.0mm 时，规定非比例强度圆形试样平行部分直径取 10.0mm，板材厚度 > 14.5 ~ 70.0mm 时，规定非比例强度圆形试样平行部分直径取 12.5mm。

2.6.7　钛合金板

钛合金板强度高而且密度小，力学性能和耐蚀性很好。但钛合金板的工艺性能、耐磨性差，生产工艺复杂，切削加工困难，在热加工中，非常容易吸收氢、氧、氮、碳等杂质。钛合金板主要用于制作飞机发动机压气机部件，其次为火箭、导弹和高速飞机的结构件。目前钛合金板牌号近 30 种。使用最广泛的钛合金板是 Ti - 6Al - 4V（TC4）、Ti - 5Al - 2.5Sn（TA7）和工业纯钛（TA1、TA2）。常见钛合金的牌号、成分及力学性能见表 2-94 和表 2-95，具体请参照国家标准 GB/T 3620.1—2007。

表 2-94　常见钛合金的牌号及成分（质量分数）　　　　（%）

成分系	级别	C	O	N	Fe	Al	V	Pd	Mo	Ni	H
Ti	1	≤0.08	≤0.18	≤0.03	≤0.20						≤0.015
Ti	2	≤0.08	≤0.25	≤0.03	≤0.30						≤0.015
Ti	3	≤0.08	≤0.35	≤0.05	≤0.30						≤0.015
Ti	4	≤0.08	≤0.40	≤0.05	≤0.50						≤0.015

（续）

成分系	级别	C	O	N	Fe	Al	V	Pd	Mo	Ni	H
Ti – 6Al – 4V	5	≤0.08	≤0.20	≤0.05	≤0.30	5.5~6.75	3.5~4.5				≤0.015
Ti（Gr2）– 0.2Pd	7	≤0.08	≤0.25	≤0.03	≤0.30			0.12~0.25			≤0.015
Ti – 3Al – 2.5V	9	≤0.08	≤0.12	≤0.05	0.25	2.0~3.5	1.5~3.0				≤0.015
Ti（Gr1）– 0.2Pd	11	≤0.08	≤0.18	≤0.03	≤0.20	2.0~3.5		≤0.20			≤0.015
Ti – 0.3Mo – 0.8Ni	12	≤0.08	≤0.25	≤0.03	≤0.30				0.12~0.25	0.6~0.9	≤0.015
Ti（Gr2）0.05Pd	16	≤0.08	≤0.25	≤0.03	≤0.30			0.04~0.08			≤0.015
Ti（Gr1）0.05Pd	17	≤0.08	≤0.18	≤0.03	≤0.20			0.04~0.08			0.015
Ti（Gr9）0.05Pd	18	≤0.05	≤0.15	≤0.03	≤0.25	≤3	≤2.5	0.04~0.08			≤0.015

表2-95　常见钛合金的力学性能

成分系	级　别	抗拉强度/ksi 不大于	规定非比例强度 /ksi	伸长率/2（%） 不小于
Ti	1	35	25~45	24
Ti	2	50	40~65	20
Ti	3	64	55~75	18
Ti	4	80	70~95	
Ti – 6Al – 4V	5	130	≥120	10
Ti（Gr2）– 0.2Pd	7	50	40~65	20
Ti – 3Al – 2.5V	9	90	≥70	15
Ti（Gr1）– 0.2Pd	11	35	25~45	24
Ti – 0.3Mo – 0.8Ni	12	70	≥50	12
Ti（Gr2）0.05Pd	16	50	40~65	20
Ti（Gr1）0.05Pd	17	35	25~45	24
Ti（Gr9）0.05Pd	18	90	≥70	15

注：1ksi = 6.895MPa。

2.7　典型冲压成形材料的成分、工艺、组织与性能

2.7.1　超深冲钢薄板

IF 钢具有高的塑性应变比（r 值高）和应变硬化指数（n 值高），故其成形性好，无时效，无屈服平台，是具有极优深冲性能的第三代冲压用钢，特别适用于形状复杂、表面质量要求特别严格的冲压件，在汽车工业上得到了广泛应用。IF 钢的主要生产工艺流程如图2-49所示。

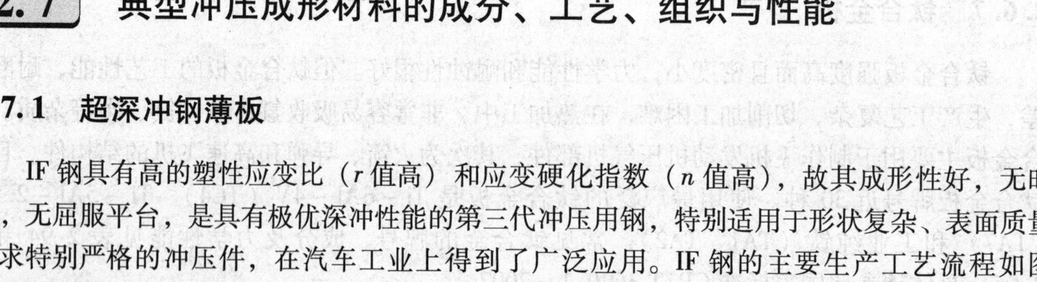

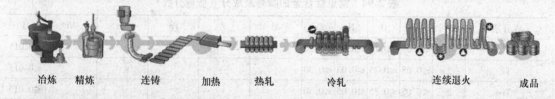

冶炼　精炼　　　连铸　　加热　　热轧　　　冷轧　　　　连续退火　　　成品

图2-49　IF 钢的主要生产工艺流程

（1）化学成分　IF 钢在成分上的特点是超低 C 微合金化，基本无 C、N 间隙原子，钢质纯净。根据微合金化元素的不同，目前工业生产的 IF 钢主要可分为 Ti – IF 钢、Nb – IF 钢和 Ti + Nb – IF 钢三类。P、Mn、Si 是强化铁素体基体的元素，但 P、Mn、Si 在提高强度的同时，使成形性受到损害，对于超深冲 IF 钢，P、Mn、Si 含量不宜高。

现代 IF 钢的成分大致为：$w_C \leq 0.005\%$、$w_N \leq 0.003\%$，Ti 或 Nb 的质量分数一般约为 0.05%。国内外部分钢铁厂 IF 钢的化学成分见表 2-96。

表 2-96　国内外部分钢铁厂 IF 钢的化学成分（质量分数）　　（%）

厂名	C	Si	Mn	S	P	Al	N	Ti	Nb
阿姆柯	0.002 ~ 0.005	0.007 ~ 0.025	0.25 ~ 0.50	0.008 ~ 0.020	0.001 ~ 0.010	0.003 ~ 0.012	0.004 ~ 0.005	0.080 ~ 0.310	0.060 ~ 0.250
新日铁	0.001 ~ 0.006	0.009 ~ 0.020	0.10 ~ 0.20	0.002 ~ 0.013	0.003 ~ 0.015	0.020 ~ 0.050	0.001 ~ 0.006	0.004 ~ 0.060	0.004 ~ 0.039
神户	0.002 ~ 0.006	0.010 ~ 0.020	0.10 ~ 0.20	0.002 ~ 0.013	0.003 ~ 0.020	0.020 ~ 0.070	0.001 ~ 0.004	0.010 ~ 0.060	0.005 ~ 0.015
浦项	0.002 ~ 0.005	0.010 ~ 0.020	0.10 ~ 0.20	0.002 ~ 0.013	0.003 ~ 0.020	0.020 ~ 0.070	0.001 ~ 0.004	0.010 ~ 0.060	0.005 ~ 0.015
宝钢	0.002 ~ 0.005	0.010 ~ 0.030	0.10 ~ 0.20	0.007 ~ 0.010	0.003 ~ 0.015	0.020 ~ 0.070	0.001 ~ 0.004	0.010 ~ 0.060	0.004 ~ 0.010

（2）铁液预处理　生产优质 IF 钢必须进行铁液脱硫预处理，以减少转炉炼钢渣量，进而减少出钢下渣量，降低转炉终点钢液和炉渣的氧化性，提高转炉终点炉渣的碱度。喷吹金属镁和活性石灰或使用复合脱硫剂，可将铁液硫含量脱至 0.01%（质量分数）以下。

（3）冶炼　采用高纯度氧气，炉内保持正压；转炉冶炼后期，增大底部惰性气体流量，加强熔池搅拌，采用低枪位操作；保持吹炼终点钢液中合适的氧含量；出钢过程中不脱氧，只进行锰合金化处理；多数钢厂使用钢包顶渣改质，降低钢包顶渣氧化性。

（4）真空精炼　RH 真空精炼是生产超低碳 IF 钢的关键工序，该工序的任务是降碳、提高钢液的洁净度、控制夹杂物的形态以及微合金化和成分微调。IF 钢的真空精炼工序应严格控制真空精炼之前钢液中的碳含量、氧含量和温度。

（5）连铸　钢包与长水口之间密封良好，采用浸入式水口，中间包使用前用氩气清扫，优化中间包钢液流场，采用结构合理、大容量中间包；保证连铸中间包内钢液液面相对稳定，且在临界高度之上；中间包采用低碳碱性包衬和覆盖剂，结晶器使用低碳高粘度保护渣；结晶器液面自动控制，确保液面波动小于 ±3mm。

（6）热轧　在板坯加热过程中要发生第二相粒子的溶解。碳、氮化物的溶解和析出由热力学和动力学条件决定，与温度和钢中 C、N、Ti、Nb、Al 的含量有关，由溶度积控制。因此低温加热是保证 IF 钢热轧后产生粗大的第二相粒子和细小的铁素体晶粒的重要工艺条件。在保证终轧温度的前提下，加热温度应尽量低，一般应为 1050 ~ 1200℃。终轧温度对 IF 钢的 r 值有很大的影响。对于 Ti – IF 钢，终轧温度对 r 值的影响较小，而对于 Nb – IF 钢则有明显的影响，这可能与 Ti 的化合物比 Nb 的化合物析出温度高有关。而在 Ti + Nb – IF 钢中，终轧温度的影响要复杂些，这是多种析出相共同作用的结果。高温有利于碳、氮化物的析出和粗化，特别是对于在较低温度热轧后发生的析出，而这对提高 IF 钢的 r 值是有利的，所以一般采用高温卷取。另外，由于 NbC 的析出温度比 TiCN 低，所以卷取温度对 Nb – IF钢的影响比 Ti + Nb – IF 钢及 Ti – IF 钢显著。

（7）冷轧　冷轧工艺对 IF 钢的深冲性能，即 IF 钢的 r 值和（111）织构会产生较大的影响。在材料成分和热轧工艺一定的条件下，随着冷轧压下率的增大，材料的深冲性能得到提高。目前主要采用控制冷轧压下率的方法来提高材料的深冲性能。

（8）连续退火　连续退火按连续退火炉炉型的不同可分为两种。一种是明火加热，其特点是炉温较高，最高可达 1300℃，带钢加热速度较快，可达 50℃/s；另一种采用全辐射管加热，炉温一般不超过 1000℃，带钢加热速度略慢。退火工艺中采用高温退火以保证再结晶充分进行以及保证有利再结晶组织的形成。退火工艺中影响 IF 钢力学性能的第一要素是退火温度，但退火温度也不宜过高，以避免晶粒过分粗化；退火张力对钢板的力学性能有不利的影响，在条件允许的情况下，应尽可能减少炉子的退火张力；光整 + 拉矫对钢板的屈服强度和 n 值有明显的影响，故在满足板面光整质量的前提下，应尽量减小光整的延伸率，一般光整 + 拉矫的延伸率控制在 1.2% 以下为宜。

（9）显微组织　IF 钢冷轧供应态钢板具有典型的冷轧组织，此时晶粒沿轧制方向被拉长，呈纤维状，退火态冷轧钢板由等轴晶组成，基体是单相铁素体，IF 钢冷轧退火板在高温退火后组织发生了重结晶，与 IF 钢冷轧板相比晶粒更加细化，组织也更为均匀（见图 2-50）。

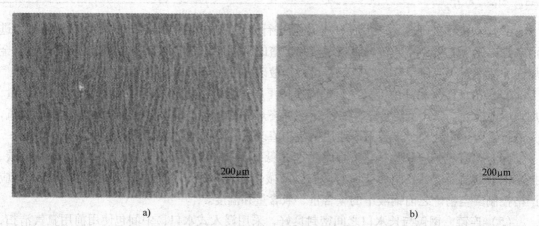

　　　　a)　　　　　　　　　　　　　　　　　b)

图 2-50　IF 钢冷轧与退火后的显微组织
a) 冷轧态　b) 退火后

不同冷变形和退火条件下再结晶织构是不同的，有人研究过冷轧压下率和退火温度对 IF 钢再结晶织构的影响，结果表明，退火温度为 680℃ 时，α 取向线上，在压下率为 80% 时，{001} <110> 和 {111} <110> 织构组分有较理想的分布形态。压下率为 80% 时获得最强的 γ 纤维织构。退火温度为 720℃ 时，α 取向线上，压下率为 84% 时，{001} <110> 和 {111} <110> 织构组分有较理想的分布形态，压下率为 84% 时获得最强的 γ 纤维织构。

（10）性能　IF 钢优越的深冲性能使其得到广泛应用，n 值和 r 值越高，深冲性能越好，Δr 越低，冲压越不易产生制耳。r 值与织构密切相关，有利织构 {111} 越强，不利织构 {100} 越弱，r 值越高。

2.7.2　铝合金薄板

3XXX 系合金属于热处理不可强化的铝合金。3003 合金是目前产量较大的单一薄板合金，其生产工艺为熔炼—连续铸轧—冷轧。

(1) 化学成分（质量分数）　0.20% Si、1.10% Mn、0.5% Fe、0.095% Cu、0.008% Zn、其余为 Al。

(2) 熔炼　铝合金在熔炼过程中，熔体中存在气体、各种夹杂物及其他金属杂质等，需要通过炉内净化处理和炉外连续处理来降低气体、夹杂物及金属杂质的含量。对于一般用途铝合金，氢含量通常在 $0.15 \sim 0.2 cm^3/g$ 以下，特殊要求的如航空材料应在 $0.1 cm^3/g$ 以下；钠含量一般控制在 5×10^{-6} 以下。

(3) 连续铸轧　直接将液态金属连续"轧制"成半成品或成品的工艺，称为连续铸轧（Continuous Cast Rolling）。铸轧机为双辊式，其结晶器是两个带冷却系统的旋转铸轧辊，铝液在两个轧辊的辊缝间完成凝固和热轧两个过程，形成铸轧带坯，厚度一般为 6～8mm，铸轧速度为 1～3m/s。最近推出的薄带坯高速连续铸轧机，带坯厚度可降到 1～2mm，铸轧速度提高到 15m/s。

(4) 冷轧　铸轧带坯在冷轧机上进行冷轧，常用的有 2 辊、4 辊或者多辊轧机，可以是单机架可逆或者多机架连轧。

(5) 退火　再结晶退火主要用于消除金属及合金因冷变形而造成的组织与性质亚稳定状态。其目的是恢复与提高金属塑性，以利于后续工序顺利进行；满足产品使用性能要求，以获取塑性与强度性能的配合，良好的耐蚀性和尺寸稳定性等。晶粒大小及其均匀性是再结晶后的主要组织特征，直接影响到材料的使用性能和工艺性能以及表面质量等。影响晶粒大小的主要因素有内在因素（合金元素及杂质的含量）和工艺条件（变形程度及退火工艺参数）。

(6) 显微组织　铝合金铸轧板的显微组织呈明显的水波纹状。这是由于铸轧结晶器的特殊性，使铝液在很短的时间内完成凝固和热轧两个过程，冷却速度高达 100～1000K/s，比半连续铸造（2～3K/s）高得多，溶质元素在固溶体中的过饱和程度大大提高，该系合金又具有很大的过冷能力，在快速冷却时，产生很大的晶内偏析，Mn 的浓度分布不均匀，所以它产生的晶内偏析也远比半连续铸造要严重得多。铸轧板的组织形态直接影响到冷轧态铝板的再结晶温度，从而影响再结晶退火后铝板的晶粒大小（见图 2-51a）。

冷轧后，金属内部晶粒变长，晶格畸变严重，位错密度增大，化合物破碎后沿压延方向排列，组织呈明显的层状，由于铸轧板内易产生晶内偏析，并且在轧制过程中变形不均匀，因此导致冷轧态铝板内部组织不均匀，这也将影响铝板退火后的晶粒大小和成形性能（见图 2-51b）。

随着退火温度的升高，会发生回复与再结晶过程。再结晶晶粒形成后，若继续提高退火温度，再结晶晶粒将粗化（见图 2-51c）。

(7) 性能　退火温度低于 360℃时，力学性能变化很小，随保温时间的延长抗拉强度略微降低，伸长率略微增大。当退火温度高于 360℃时，材料的性能开始发生变化，随着退火温度的升高，抗拉强度降低，伸长率增大，在同一温度下，随着保温时间的延长，抗拉强度下降，伸长率增大。420℃ 退火时，保温 0.5h，轧向抗拉强度为 171MPa，屈服强度为

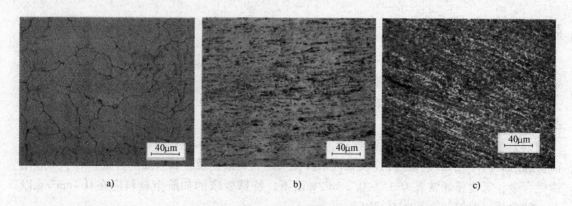

图 2-51　铝合金的组织

a）铸轧板　b）冷轧后　c）退火后（420℃退火）

94MPa，断后伸长率为7%；保温1h，轧向抗拉强度为170MPa，屈服强度为96MPa，断后伸长率为10%；保温2h，轧向抗拉强度为160MPa，屈服强度为90MPa，断后伸长率为11%。

2.7.3　中厚钢板

　　DH36 高强度船板主要用于建造大型船舶及海上石油、钻井平台等，其构件具有使用环境恶劣、巨大的设计载荷和极高的应力集中、维护和修理难度大、破坏造成的损失严重等问题。因此，要求船板不仅强度高、低温韧性好，且具有一定的耐蚀性、耐疲劳性，以及碳当量低、良好的焊接性和加工成形性。下面以 DH36 为典型产品，来阐述热轧中厚板的生产工艺及组织性能控制。

　　工艺流程如图 2-52 所示。

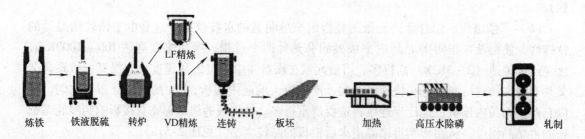

炼铁　　铁液脱硫　　转炉　　VD精炼　　连铸　　板坯　　　加热　　高压水除磷　　　　轧制

LF精炼

图 2-52　船板生产工艺流程

　　（1）化学成分　根据国家标准 GB 712—2011《船舶及海洋工程用结构钢》及各国船规，采用低碳微合金 Nb 成分设计，低碳当量可以保证良好的焊接性和低温冲击韧度，同时降低碳含量可以减少偏析。Mn 的质量分数不超过 1.6%，Si 的质量分数不超过 1.0%。为晶粒细化，保证钢的纯净度及夹杂物分散细小，$w_{Al_t} = 0.030\%$。考虑工艺可行性和经济性，一般控制 $w_P \le 0.015\%$，$w_S \le 0.008\%$。DH36 船板钢的化学成分为：$w_C = 0.14\% \sim 0.18\%$，$w_{Si} = 0.20\% \sim 0.50\%$，$w_{Mn} = 1.30\% \sim 1.60\%$，$w_P \le 0.025\%$，$w_S \le 0.025\%$，$w_{Nb} = 0.020\% \sim 0.030\%$，$w_{Al} \ge 0.02\%$。

　　（2）冶炼　通常采用脱硫铁液（$w_S \le 0.010\%$），转炉控制重点是确保 P、S 含量，合理控制终点 C 含量。转炉出钢后，在精炼炉进行精炼，通过钢包喷粉、喂丝等来进行合金化和成分微调。精炼钢液进行底吹氩，进行真空处理，减少气体含量，同时喂适量铝线，软吹一定时间，严格控制精炼终点温度，最大限度地去除夹杂物。

（3）连铸　采用全保护浇注，浇注过程保持拉速稳定，二冷采用汽水喷雾冷却并采用连续矫直。结晶器及而二冷控制是连铸的重要环节，对于含 Nb 钢种尤其重要，当结晶器出口铸坯温度低于 950℃时，会有 Nb（C，N）大量析出，导致钢的高温性能变差，使铸坯产生横裂。采取的措施是结晶器采取弱冷，矫直区末端温度一般高于 950℃，以避免 Nb（C，N）大量析出，有利于减少矫直裂纹。

（4）轧制　船板生产的关键是采用控轧控冷技术。控制轧制是在轧制过程中对钢板不同的温度区间给予不同的压下变形，以细化晶粒、获得良好的综合性能。具体措施为：选择较低的加热温度以避免奥氏体晶粒粗大；在完全再结晶区，利用反复的形变再结晶和微合金化元素的拖曳作用即析出颗粒的钉扎作用来使奥氏体晶粒充分细化；在未再结晶区，进行多道次的变形累积，总压下量应大于 65%，以便在奥氏体晶粒内产生大量的位错亚结构和形变带；尽可能降低终轧温度和冷却速度，促使奥氏体晶粒内的位错亚结构有效遗传和阻止析出颗粒粗化。

（5）显微组织　对于厚度大于 20mm 的 DH36，钢板表面常发现有一层过冷组织，为铁素体 + 珠光体 + 粒状贝氏体，过渡层和心部为铁素体 + 珠光体，如图 2-53 所示。

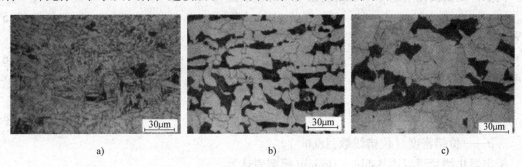

a)　　　　　　　　　　　b)　　　　　　　　　　　c)

图 2-53　船板钢的显微组织
a）表面　b）过渡区　c）心部

（6）力学性能　屈服强度（R_{eL}）为 385 ~ 450MPa，平均为 415MPa，抗拉强度（R_m）为 520 ~ 570MPa，平均为 547MPa；断后伸长率（A）为 26% ~ 32%，平均为 29.3%；−20℃冲击吸收能量基本上为 100 ~ 200J，平均在 140J 以上。

2.8　金属材料的强塑化机理与途径

对于高强塑性钢，最主要的性能特点是在高屈服强度的水平上，具有较高的均匀伸长率 El_u 和总伸长率 El_t（或 A、A_{50}、A_{80}）、较低的屈强比 YS/TS、较高的应变硬化指数 n 值和较高的强塑积 $TS \cdot El$（单位为 MPa·%），尤其是表征材料均匀塑性应变能力的性能指标均匀伸长率 El_u 和应变硬化指数 n 值较高，因而钢材具有良好的成形、抗冲撞、抗震和在超载条件下（即超过钢材屈服强度的应力条件下）工作的高强塑性和使用性能。

2.8.1　金属材料的强化机理与途径

对于金属多晶体材料，提高屈服强度的方法是建立在塑性变形机理——滑移与位错运动理论的基础之上的。在金属晶体内设置和增加阻止位错运动的各类障碍物，提高晶体发生塑性滑移的阻力，从而提高材料的屈服强度。

根据多晶体材料基体中位错运动障碍物的三维几何特征和显微组织的复相结构，金属及钢铁材料的屈服强度主要由以下几方面强化机理与途径决定，即

$$YS = \sigma_0 + \Delta\sigma_{SS} + \Delta\sigma_{DIS} + \Delta\sigma_{GB} + \Delta\sigma_{PP} + \Delta\sigma_{Ph} \tag{2-4}$$

式中　σ_0——基体强度，由晶格点阵结构和内耗确定；

　　$\Delta\sigma_{SS}$——固溶强化增量，零维，由置换固溶和间隙固溶元素含量决定；

　　$\Delta\sigma_{DIS}$——位错强化增量，一维，由加工硬化、位错密度和回复亚结构决定；

　　$\Delta\sigma_{GB}$——晶界强化增量，二维，由晶粒尺寸和晶界密度决定；

　　$\Delta\sigma_{PP}$——析出强化增量，三维，由析出相颗粒尺寸、形貌、数量、分布决定；

　　$\Delta\sigma_{Ph}$——相变强化增量，由珠光体、贝氏体、马氏体等第二相和第三相的数量、形貌、
　　　　　尺寸和分布决定。

在这个强化理论基本公式中，每一项强化增量可以根据各自的强化机理分别进行理论计算。例如，位错强化增量可以根据位错基本理论表达为

$$\Delta\sigma_{DIS} = \alpha\mu b\rho^{0.5} \tag{2-5}$$

或者用简化的 Pickering 方程表达为

$$\Delta\sigma_{DIS} = 1.2 \times 10^{-3}\rho^{0.5} \tag{2-6}$$

式中　α——经验常数；

　　μ——切变模量（MPa）；

　　b——柏氏矢量（cm）；

　　ρ——位错密度（位错线数目/cm^2）。

析出强化增量可以用 Ashby – Orowan 模型表达为

$$\Delta\sigma_{PP} = \frac{5.9\sqrt{f}}{\bar{x}}\ln\left(\frac{\bar{x}}{2.5 \times 10^{-4}}\right) \tag{2-7}$$

式中　f——析出相体积分数；

　　$\bar{x}$——析出相的平均面截距直径。

最重要的是晶界强化增量的计算公式 Hall – Petch 公式（1953），即

$$\sigma_y = \sigma_0 + Kd^{-\frac{1}{2}} \tag{2-8}$$

式中　σ_y——材料在没有其他强化因素（固溶、位错、析出、相变）条件下的屈服强度；

　　K——晶界强化系数；

　　d——平均晶粒尺寸（mm）。

Hall – Petch 公式的重要性在于晶界强化是所有强化方法中唯一可以同时提高屈服强度和低温韧性的强化途径。随着晶粒尺寸的减小，在屈服强度按照 Hall – Petch 规律增大的同时，材料的韧脆转变温度降低，如 Helslop – Petch 公式所示为

$$T_{TR} = A - Bd^{-\frac{1}{2}} \tag{2-9}$$

式中　T_{TR}——材料的韧脆转变温度（Ductile - Brittle Transition Temperature）；

　　　A——由材料晶体结构和相结构决定的常数；

　　　B——晶界韧化系数。

　　由此引起的细化强韧化导致了钢铁工业 20 世纪后半叶的一场技术革命，在全世界范围内建立起各种现代热轧形变热处理 TMCP 工艺线和机组，大幅度提高了低碳钢、低合金钢和微合金钢的屈服强度、低温韧性、焊接性和综合性能，包括热轧钢筋和棒线材。

　　但是，在 20 世纪 70 年代—90 年代钢材细化强韧化技术在全球迅速发展的 30 多年间，钢材的强塑化技术发展却十分缓慢。

2.8.2　提高材料塑性与成形性能的方法与工艺

　　金属材料的塑性和形成性能主要取决于以下几方面因素：

　　1）多晶体材料的晶体结构及其滑移系。

　　2）高强度材料采用的强化方法与机理及其对塑性的影响。

　　3）材料中的杂质元素、夹杂物和各类缺陷等降低基体洁净度和均质性的"异物"。

　　因此，提高金属材料的塑性和形成性的主要方法和工艺，是围绕这三方面因素进行的。

　　（1）晶体结构及其滑移系　对于多晶体金属材料，基体的塑性应变能力首先取决于基体的晶体结构及其滑移系。例如体心立方 bcc 结构（铁素体）的金属多晶基体，可以在几个较低密排指数面（包括 {110}、{112}、{123} 等）的密排方向 <111> 上发生塑性滑移；而面心立方 fcc 结构（奥氏体）的金属基体，具有沿密排面和密排方向 {111} <110> 的 12 个滑移系。因此，具有面心立方结构的金属（例如铝 Al、铜 Cu、镍 Ni、金 Au、银 Ag、γ - 铁等）比体心立方结构的金属（例如钾 K、钼 Mo、钨 W、钒 V、α - 铁等）具有更为良好的塑性。

　　由于铁的晶体结构随温度变化而发生多形性转变，而且铁基合金中的合金元素种类与含量会直接影响它在常温下的晶体结构（相结构），因此对于钢铁材料可以通过合金化的方法获得面心立方（奥氏体）或者体心立方（铁素体）结构，从而改变它的塑性与成形性。例如，通过添加镍、铬合金元素可以获得具有面心立方结构的奥氏体不锈钢，从而获得沿密排面和密排方向 {111} <110> 的 12 个滑移系以及非常优良的塑性和成形性能。在实际工程应用中，奥氏体不锈钢的塑性显著高于具有体心立方结构和铁素体基体的低碳低合金钢。

　　（2）强化方法与机理　对于多晶体金属材料来说，任何强化方法在提高屈服强度的同时都会导致总伸长率、均匀伸长率和 n 值等塑性指标的下降。例如，通常对金属材料采用在晶体结构中设置各种阻止位错运动和塑性滑移的障硬物来提高屈服强度，包括间隙和置换固溶强化（零维点状）、位错强化（一维线状）、晶界强化（二维界面）、析出强化（三维颗粒）以及不同的相结构强化（珠光体、贝氏体、马氏体、渗碳体等）。所有这些不同的强化方法，均会在提高强度的同时，不同程度地降低材料的塑性和成形性，包括最重要的伸长率、应变硬化指数 n 值和塑性应变比 r 值。

　　（3）杂质元素与夹杂物　金属材料中的任何杂质元素、气体和夹杂物均会降低材料的塑性，例如 P、S、N、H、O 等元素和气体，以及各种硫化物、氧化物、硅酸盐等非金属夹杂物。这些"异物"的不同尺寸、形貌、分布、数量，破坏了金属材料的连续性和均匀性，均会在不同程度上降低材料的塑性。

目前世界上没有任何成熟的理论方程和经验公式可以比较准确地定量描述钢铁材料的最基本塑性指标伸长率与化学成分和组织结构等因素之间的函数关系。因此，衡量钢材塑性最重要、最基本指标伸长率的本构方程，是根据以下强塑化的基本原理和假设导出的：

1）在以铁素体为基体的钢中，纯净的均匀粗化的铁素体钢具有最大的塑性和最高的伸长率。

2）任何强化因素均导致基体塑性的降低，包括固溶强化元素、析出强化元素、晶粒细化和各种其他相结构（珠光体、贝氏体、马氏体、渗碳体等）。

3）钢中的任何杂质元素和夹杂物均会降低纯净铁素体钢的伸长率。

因此，低碳低合金钢和微合金钢的伸长率可以用以下本构方程计算为

$$A = A_0 - a \cdot CE - bw_P - cw_S - kd^{-0.5} - fw_{Nb} \tag{2-10}$$

式中　A_0——纯净铁素体钢的伸长率（%）；

CE——碳当量，$CE = w_C + w_{Mn}/6 + w_{Si}/24$；

w_P——磷的质量分数（%）；

w_S——硫的质量分数（%）；

d——平均晶粒尺寸（mm）；

w_{Nb}——铌的质量分数（%）；

a、b、c、k、f——各伸长率增量项的系数。

因此，复相强塑化 MPSP（Multi – Phase Strengthening – Plasticization）技术成为近年来世界新一代高强塑性钢研究开发的热点，并为超轻钢汽车的开发与制造提供了全新的材料技术支撑。

第一代以铁素体为基体和第三代以马氏体为基体的先进高强度钢，其共同特征与核心技术是在多尺度（Multi – Scale）的复相（Multi – Phase）组织中含有一定数量的亚稳态（Metastability）残留奥氏体。

2.9　金属板材的发展及应用趋势

2.9.1　高强度无间隙原子（IF）钢板

超深冲汽车板开发的典型代表是无间隙原子钢。由于钢中的超低碳（$w_C < 0.005\%$）和氮（$w_N < 0.005\%$）被铌（$w_{Nb} < 0.05\%$）和钛（$w_{Ti} < 0.05\%$）固定成为碳氮化物 NbCN 和TiCN，铁素体中不存在任何间隙固溶的 C 和 N 原子，因此得名无间隙原子钢（Interstitial Free Steel）。IF 钢在冷轧和连续退火后可获得低屈强比（0.50）、高伸长率（50%）、高 n 值（>0.20）和高 r 值（>2.0），因而具有极为优良的深冲性能，可以用来冲制各种形状复杂的汽车难冲件。该钢对炼钢工艺要求较高，微量化学元素 C、N、Nb、Ti 的含量必须严格控制，并经 RH 真空处理去除气体和夹杂以获得高纯净钢，$[P]+[S]+[N]+[H]+[O]$ 的质量分数不大于 150×10^{-6}。在轧制过程中最关键的技术是热轧带卷的晶粒细化和冷连轧时的大压下量，这样退火后就能获得所需的 {111}//RP 再结晶织构从而提高 r 值和改善深冲性能。最初研制 IF 钢是为了解决汽车构件中一些难冲部件的制作问题。由于该钢具有极为良好而稳定的成形性，无过时效敏感性，可大幅度降低冲制废品率，显著提高构件的几何精

度，降低对模具和冲压工艺参数的敏感性，提高生产率，因此它的应用范围正在从难冲构件向其他构件扩展。尤其是高强度 IF 钢的开发和以 IF 钢为基板的镀锌板的开发，更使 IF 钢的生产和应用范围进一步扩大。

高强度 IF 钢不仅继承了超低碳 IF 软钢的良好塑性，而且可以在 RH 真空处理—板坯连铸—热连轧—冷连轧—连续退火工艺线上高效化、连续化、均质化地批量生产，也可以在冷连轧后通过热镀锌机组的连续退火线生产热镀锌高强度 IF 钢板。

以 HS – IF – YS180/TS340、YS220/TS370、YS260/TS390 级为典型牌号的高强度 IF 钢在提高了屈服强度的条件下，具有良好的成形性。同时，与普通强度 IF 钢相比进一步提高了钢板的抗凹陷性能，可以取而代之用于汽车面板。更高抗拉强度级别的 HS – IF – YS260/TS440 级高强度 IF 钢可以用于汽车结构件，对于汽车车身减薄减重和节能环保具有重要意义。

同时，高强度 IF 钢正在争取像 IF 软钢一样用于大型复杂构件的整体冲压，例如轿车两侧的门板连接框架，用 1 块整体构件取代了原来的 6 块构件，大大减少了汽车制造厂的冲压和焊接工序，仅模具和冲压成本就降低了 20%，为汽车厂提高构件质量和生产率并降低制造成本开创了光明的前景。

武钢二冷轧的 2230 机组是目前国内最宽的带钢轧机，是国内唯一的具备批量生产2000mm 以上冷轧宽板能力的机组，为国内外主体汽车厂家进行大型复杂构件的整体冲压提供了难得的必要条件。

2.9.2　相变诱导塑性（TRIP）钢板

在先进高强度钢汽车板的开发中，最早开发并应用的是 DP 钢和 TRIP 钢。经不断开发，目前先进高强度钢汽车板主要包括：低合金双相钢（DP 钢）、铁素体 – 贝氏体钢（FB 钢）、相变诱导塑性钢（TRIP 钢）、复相钢（CP 钢）、淬火分离钢（Q – P 钢）、热成形钢（HF钢）、成形后热处理钢（PFHT 钢）和孪晶诱导塑性钢（TWIP 钢）等。目前，在超轻钢车身 – 先进概念车辆（Ultra Light Steel Auto Body – Advanced Vehicle Concept, ULSAB – AVC）和未来钢制汽车（Future Steel Vehicle, FSV）开发项目中，主要应用的先进高强度钢汽车板包括：双相钢 DP300/500、DP350/600、DP500/800、DP700/1000 级，相变诱导塑性钢TRIP350/600、TRIP400/700、TRIP450/800、TRIP600/980 级，孪晶诱导塑性钢 TWIP500/980，复相钢 CP500/800、CP600/900、CP800/1000、CP1000/1200、CP1050/1470 级，热成形钢 HF1050/1500 级等。

在先进高强度钢中，最具代表性的是 TRIP 钢、Q – P 钢和 TWIP 钢。它们不再采用传统高强度钢的强化途径，如零维固溶、一维位错、二维晶界、三维析出等，而采用新型的动态强塑化机理，即应变诱导相变和相变诱导塑性，或者应变诱导孪晶和孪晶诱导塑性的新途径，获得了高强度条件下的高塑性。这种相变诱导塑性机制摆脱了传统强化方法提高强度而降低塑性的制约，走出了为提高塑性和成形性而降低强度的困境。在高强度钢板难于成形，而超深冲钢板不得不降低强度至最低点（超深冲级 DC06 冷轧钢板的屈服强度 ≤140MPa）的困惑中，相变诱导塑性（TRIP）效应为汽车板材料向高强度、轻量化、高塑性、可成形的发展开拓出全新的道路，为新一代超轻钢汽车的开发与制造提供了全新的材料技术支撑。

TRIP 钢和 Q – P 钢都是含有残留奥氏体（Retained Austenite）的多相钢，但残留奥氏体的数量、尺寸、形貌和分布不同，而且其他各相的体积分数也不同，因此强塑性级别不同。

TWIP 钢是这一组新型材料中唯一的高合金钢，其中锰的质量分数高达 15% ~25%。

TRIP 钢中铁素体和少量贝氏体基体上弥散分布的富碳、亚稳态残留奥氏体，可以在塑性应变条件下发生马氏体相变，使汽车板能够在较高的屈服强度水平上，通过动态相变强化同步提高钢板的应变硬化指数 n 值、均匀伸长率 El_u 和抗拉强度 TS，因而获得高强度和高塑性。其强塑积 $TS \cdot El$ 可以达到 20 ~30GPa ·% 以上，使钢板具有良好的成形、抗冲撞和在超载条件下（即超过钢材屈服强度的应力条件下）工作的高强塑性和优异的使用性能。

TRIP 钢是目前先进高强度钢中强塑性最好的高强度低合金钢。在强度比低碳软钢提高 2~3 倍以上的条件下，其伸长率 El_t 仍然可以达到低碳冲压级 DQ 软钢的性能指标要求（34%），比强度水平相同的双相钢提高 10% 左右。TRIP 钢的应变硬化指数 n 值可以满足超深冲级 SEDDQ 钢（超低碳 IF 钢）的性能指标要求（$n > 0.20$），保证了材料在高强度下的深冲性能。

同时，在应变条件下 TRIP 钢中的残留奥氏体向马氏体转变，不仅提高了抗拉强度 TS、均匀伸长率 El_u 和应变硬化指数 n 值，而且在深冲过程中起到了与低碳软钢中的 {111} // RP 晶体织构相同的板厚方向强化作用，使 TRIP 钢具有良好的深冲性能。

TRIP 钢的强塑积可以高达 20000 ~25000MPa · %，约是低碳软钢和传统高强度钢强塑积（10000 ~12000MPa · %）的 2 倍，显著提高了构件在高应变速率下吸收冲击功的能力和抗冲撞能力。同时，TRIP 钢具有较高的疲劳极限和良好的烘烤硬化能力（$\Delta BH = 60MPa$）。

TRIP 钢的化学成分目前有低碳 SiMn 系和 AlMn 系两种，分别利用 Si 和 Al 在贝氏体等温处理过程中阻止碳化物析出和贝氏体转变，使奥氏体中的富碳区（$w_C \geqslant 1.0\%$）在随后的冷却中以残留奥氏体的形式保留下来。TRIP 钢可以采用冷轧、热镀锌和热轧工艺生产，残留奥氏体的体积分数为 10% ~15%，其稳定性取决于残留奥氏体富碳的程度。TRIP 钢的 C、Mn、Si、Al、Cr、Nb 等元素含量，冷轧 TRIP 钢的连续退火工艺（双相区等温处理温度、冷却速度、贝氏体等温处理温度等），热轧 TRIP 钢的轧后冷却工艺和卷取温度等因素对残留奥氏体的数量、富碳浓度、尺寸、分布和相应的强塑性有重要影响，是开发与生产的重要研究课题。

目前各国已经开发的 TRIP 钢有四个强度级别，分别为 TRIP600 级、TRIP700 级、TRIP800 级、TRIP1000 级，分别对应我国的 CR380/590TR、CR400/690TR、CR420/780TR、CR450/980TR，其力学性能指标按照国家标准 GB/T 20564.6—2010 规定执行，见表 2-97。

表 2-97　冷轧 TRIP 钢的力学性能

牌　号	拉伸试验[①,②,③]			n_{90}
	规定塑性延伸强度 $R_{p0.2}$/MPa	抗拉强度 R_m/MPa 不小于	断后伸长率 A_{80}（%） 不小于	不小于
CR380/590TR	380 ~480	590	26	0.20
CR400/690TR	400 ~520	690	24	0.19
CR420/780TR	420 ~580	780	20	0.15
CR450/980TR	450 ~700	980	14	0.14

① 明显屈服时采用 R_{eL}。

② 试样为 GB/T 228 中的 P6 试样，试样方向为横向。

③ 当产品公称厚度大于 0.50mm，但小于等于 0.70mm 时，断后伸长率允许下降 2%；当产品公称厚度不大于 0.50mm 时，断后伸长率允许下降 4%。

德国蒂森克虏伯钢公司是目前世界上开发 TRIP 钢品种最齐全的公司，不仅能够生产三个强度级别的冷轧 TRIP 钢，按企业标准称为冷轧残留奥氏体钢 RA‑K38/60（40/70，42/80），还能够生产上述各级别的热镀锌板（RA‑K+Z）、热镀锌铁合金板（RA‑K+ZF）、电镀锌板（RA‑K+ZE）和电镀锌镍合金板（RA‑K+ZN）四种冷轧镀层 TRIP 钢板。日本新日铁公司开发了超延性（Super‑Ductile）冷轧高强度钢板 SAFC590T、SAFC690T、SAFC780T，强度水平相当于 TRIP600、TRIP700 和 TRIP800。新日铁企业标准对这三个强度级别 TRIP 钢典型厚度规格 0.8～1.0mm 冷轧板伸长率的要求分别是 26%、23% 和 19%，钢板实际伸长率的平均水平为 34%、32% 和 30%。

国内宝钢和武钢已经试制了冷轧和热镀锌 TRIP600 钢，宝钢 2005 年投产的 1800 冷轧机组采用新日铁技术、武钢 2006 年投产的二冷轧 2230 机组采用 SMS Demag 连续退火和热镀锌设备技术，均能够生产 TRIP600～800 级冷轧板和镀锌板。鞍钢、本钢、马钢和首钢等厂家也已具备生产冷轧 TRIP 钢的设备条件，并进行了或正在进行冷轧 TRIP 钢的开发。

目前 TRIP 钢主要用来制作汽车的车门冲击梁、底盘构件、座椅结构件、横梁、纵梁、挡板、车轮轮辋、防护强化件和液压成形抗冲撞构件等。由于残留奥氏体的良好强塑化作用，近年来，在双相钢的铁素体‑马氏体岛组织中也导入了少量残留奥氏体或马氏体‑奥氏体岛，提高了双相钢的均匀伸长率和总伸长率，因而提高了双相钢的冲压成形性能和抗冲撞能力。

热轧 TRIP 钢的技术难点在于轧后在线冷却设备与工艺的控制，目前世界上只有德国蒂森克虏伯钢公司于 2006 年开发成功并工业试制了热轧 TRIP 钢。

TRIP 钢板的深冲性能显著优于同等强度级别的传统高强度钢板，其并不是像低碳深冲软钢那样通过增强 {111} //RP 组织和提高各向异性指数 r 值来实现的。在深冲的初始阶段，翻边区域主要发生较小的收缩应变，TRIP 钢板中的残留奥氏体转变为马氏体的数量较少，使钢板在较低的应变硬化状况下平滑拉入冲模区。随后钢板在杯壁深冲区发生单向拉伸和平面应变过程中，残留奥氏体转变为马氏体的数量随应变而显著增加，使得板厚方向强度提高，因而提高了钢板抵抗减薄的能力和深冲性能。

对于高强度 TRIP 钢板，压力机和模具的载荷会提高，冲压过程的能耗增加。高强度和高加工硬化率会产生较高的回弹，因此对回弹补偿和控制的要求也随之提高。可以采用计算机模拟技术提高回弹预测能力和精确度，并改进和调整冲压成形工艺参数。汽车板成形的计算机模拟已经在汽车工业应用十几年，可以精确重现薄板和模具在成形过程中的应力应变特性。回弹预测精确度的提高，取决于成形材料和成形工艺详细参数、输入数据的准确性以及软件使用者的工程经验。过去，模拟软件通常采用简单的加工硬化指数方程，把 n 值处理为常数。但是，TRIP 钢的 n 值是随应变的增加而变化的。因此，TRIP 钢成形的模拟软件把 n 值处理为应变的函数，以提高回弹预测精确度。

2.9.3　孪晶诱导塑性（TWIP）钢板

高锰含量（质量分数为 15%～25%）和硅或者铝的添加使 TWIP 钢在常温下完全保持奥氏体组织。主要变形方式为晶内孪晶，导致很高的即时应变硬化率 n 值。同时形成孪晶界，从而细化晶粒并提高了强度，因此具有极高的强塑性。例如，奥氏体型 TWIP 钢 25Mn‑3Si‑3Al 可以在很宽的应变速率范围内（$\dot{\varepsilon}=10^{-3}\sim\dot{\varepsilon}=10^{2}\,s^{-1}$）保持高强度（$YS=$

280MPa、TS = 650MPa）和超高塑性（伸长率 El = 80% ~ 95%）。这种高合金钢通过大量的晶内机械孪晶来阻止位错运动，通过提高抗拉强度而获得超高塑性，称为孪晶诱导塑性（TWIP）效应。

亚稳奥氏体钢 15Mn – 3Si – 3Al 含有少量铁素体和 ε 相马氏体，在常温塑性应变过程中，奥氏体通过多重马氏体相变来实现相变诱导塑性（TRIP）效应，使材料获得 $TS \geqslant 1100$MPa 级的抗拉强度和 $El \geqslant 55\%$ 的高伸长率。

FeAl 型合金的主要优点是通过固溶强化提高抗拉强度，而总伸长率可以保持在 30% 以上，同时密度降低 10% 左右。

典型的 TWIP 钢在抗拉强度高达 800MPa 的条件下，伸长率可以达到 60% ~ 70%，强塑积可以达到 48000MPa. % 以上。在抗拉强度为 1000MPa 以上的超高强度下，TWIP 钢的伸长率仍然高达 50% 以上，n 值高达 0.40 以上。

2.9.4　淬火分离（Q – P）钢板

淬火分离钢（Quenching – Partitioning Steel，Q – P）将钢板从奥氏体淬火至马氏体转变开始温度 Ms 以下，而后进行等温分离处理使奥氏体富碳并在室温下亚稳定化，因而获得多相组织（Multiphase），包括铁素体（贝氏体）、马氏体和残留奥氏体，使冷轧钢板具有高强度和良好的塑性。其中，弥散分布的细小富碳残留奥氏体可以在钢板发生塑性应变的条件下转变为马氏体，通过相变诱导塑性（TRIP）效应提高材料的抗拉强度和均匀伸长率，获得动态的应变硬化和应变诱导塑性，因而提高钢板的成形性和抗冲撞能力。Q – P 钢的抗拉强度可以达到 1000MPa、1200MPa、1400MPa，而伸长率相应地达到 15%、10%、5%，因此成形性显著优于马氏体钢。同时该钢的强塑积水平较高，在高应变速率下能够吸收很高的冲击能量，具有优良的抗冲撞性能，适合制作汽车的安全构件。

对于一定化学成分的冷轧 Q – P 钢，通过调整连续退火过程中的淬火 – 分离工艺，可以获得不同体积分数的奥氏体和马氏体组织，以及相应的一系列不同强度 – 塑性级别的超高强度汽车板系列产品。美国专家 David Matlock 预计，以 Q – P 钢为代表的第三代先进高强度钢系列产品的抗拉强度可以覆盖 600 ~ 1400MPa 级范围，相应地伸长率可以达到 10% ~ 40% 以上。因此，目前 Q – P 钢已经成为世界上先进高强度钢汽车板最前沿的热点开发领域。

按照钢铁材料强塑化的组织特征，第一代先进高强度钢以铁素体 + 马氏体为基体，包括低合金的双相钢、相变诱导塑性钢、复相钢、马氏体钢等；第二代先进高强度钢以奥氏体为基体，主要有高锰含量的孪晶诱导塑性钢；第三代先进高强度钢以奥氏体 + 马氏体为基体，主要是淬火分离钢系列。

参 考 文 献

[1] Banabic D. Sheet Metal Forming Processes：Chapter 3 Formability of Sheet Metals［M］. Berlin：Springer – Verlag，2010.

[2] Kalpakjian，Schmid. Manufacturing Processes for Engineering Materials［M］.5th ed. London：Pearson Education，2008.

[3] Marciniak Z，DuncanJ L，Hu S J. Mechanics of Sheet Metal Forming［M］. London：Buttherworth – Heinemann.

[4] William F Hosford, John L Duncan. Sheet Metal Forming: A Review [J] . JOM, 1999, 51 (11): 39 – 44.

[5] Keiji Nishimura, Hidetaka Kawabe, Yoshimitsu Fukui . Cold Rolled Steel Sheets with Ultra High Lankford Value and Excellent Press Formability [J]. Kawasaki Steel Technical Report, 2000 (42): 8 – 11.

[6] Edward G Opbroek, et al. IISI – AutoCo Report : Advanced High Strength Steel (AHSS) Application Guidelines: Version 4 [R] New York: International Iron and Steel Institute, Committee on Automotive Applications, 2009.

[7] Sriram Sadagopan, Dennis Urban. Formability Characterization of A New Generation of High Strength Steels [R] . Pittsburgh: American Iron and Steel Instiute, Technology Roadmap Program Office, 2003.

[8] Hiroshi Takechi . Recent Development of High Strength Steels for Automotives in Japan [R] . Beijing: CISRI, 2011.

[9] Wolfgang Bleck. High – strength Steels for Car Bodies [C] . Dalian: 2009 Internaional Symposium on Automobile Steel, September 6 – 8, 2009.

[10] Thomas Heller . New Steel Solutions for the Worldwide Car Industry [R] . Beijing: China – Germany Symposium on New Steel Materials, 2006.

[11] ThyssenKrupp Stahl – Service – Center. Steel Needs a Concept——Services and Product Range [R] . Heidbergsweg: ThyssenKrupp Stahl – Service – Center GmbH, 2007.

[12] Manabu Takahashi. Development of High Strength Steels for Automobiles [J] Nippon Stseel Technical Report, 2003 (88): 2 – 7.

[13] 王利, 杨雄飞, 陆匠心. 汽车轻量化用高强度钢板的发展 [J]. 钢铁, 2006. 41 (7): 1 – 8.

[14] Sakuma Y, Matsumura O, Akisue O. Influence of Annealing Temperature on Microstructure and Mechanical Properties of 400℃ Transformed Steel Containing Retained Austenite [J] . ISIJ International 1991, 31 (11): 1348 – 1353.

[15] Pichler A, Traint S, Pauli H, et al 43rd MWSP [C] // Processing and Properties of Cold – Rolled Trip Steels, 2001: 411 – 424.

[16] Sandra Traint, Andreas Pichler, Robert Sierlinger, et al. Low – alloyed TRIP – Steels with Optimized Strength, Forming and Welding Properties [J]. Steel Research int, 2006, 77 (9 – 10): 641 – 649.

[17] 李光瀛. 北京市科委重大项目技术研究报告冷轧 TRIP 钢的研究与开发: [R] . 北京: 钢铁研究总院, 2007.

[18] Georg Frommeyer, Udo Brux, Peter Neumann Supra – Ductile and High – Strength Manganese – TRIP/TWIP Steels for High Energy Absorption Purposes [J]. ISIJ International, 2003, 43 (3): 438 – 446.

[19] Ponge. D Structural Materials——Steels [R]: Hürtgenwald Knowledge Based Materials Seminar, Marie Curie Summer School, Max – Planck – Institut fur Eisenforschung GmbHa, 2006.

[20] John G Speer, Fernando C Rizzo Assuncão, David K Matlock, et al. The "Quenching and Partitioning" Process: Background and Recent Progress [J]. Materials Research, 2005, 8 (4): 417 – 423.

[21] David K Matlock. Micro – structural Aspects of Advanced High – Strength Sheet Steels [R] . Arlington Virginia: AHSS Workshop, NSF – ASP, 2006.

[22] B C De Cooman, J G Speer. Quench and Partitioning Steel: a New AHSS Concept for Automotive Anti – Intrusion Applications [J]. Steel Research Int, 2006, 77 (9 – 10): 634 – 640.

[23] 徐祖耀. 淬火 – 碳分配 – 回火 (Q – P – T) 工艺浅介 [J]. 金属热处理, 2009, 34 (6): 1 – 8.

[24] Manfred Nagel. Downstream Activities in Example from the Perspective of ThyssenKupp's Automotive Customers [C]. Beijing: 10th International Conference on Steel Rolling, September, 15, 2010.

[25] 李光瀛, 周积智. 高等级汽车板的开发与应用 [J]. 钢铁研究学报, 2012, 24 (增刊): 1 – 10.

[26] 马鸣图, 毕祥玉, 游江海, 路洪洲. 铝合金汽车板性能及其应用的研究进展 [J]. 机械工程材料,

2010，34（6）：1-6.

[27] 张开华，常军，李军．微碳钢热轧温度参数的实验室研究 [J]．钢铁钒钛，2002，3（1）：1.

[28] 张鹏，汪凌云，任正德．微合金化超深冲无间隙原子（IF）钢生产技术的进展 [J]．特殊钢，2005，26（2）：2.

[29] 王祝堂，田荣璋．铝合金及其加工手册 [M]．长沙：中南大学出版社，2005

[30] Leyens C Peters M．钛与钛合金 [M]．陈振华，等译．北京：化学工业出版社，2005.

[31] 陈振华．变形镁合金 [M]．北京：化学工业出版社，2005.

[32] 刘平，任凤章，贾淑果，等．铜合金及其应用 [M]．北京：化学工业出版社，2007.

[33] 曾祥德．电镀锌-铁合金与热浸镀锌的比较 [J]．电镀与环保，2003，1（23）：18-19.

[34] 王衍平，蔡恒君，刘仁东，等．鞍钢高品质汽车板的研制开发 [J]．鞍钢技术，2010，（2）：8-11，16.

[35] 李俊．宝钢高品质家电外板生产技术 [J]．宝钢技术，2004，（2）：1-4.

[36] 江海涛，唐荻，米振莉．汽车用先进高强度钢的开发及应用进展 [J]．钢铁研究学报，2007，19（8）：1-6.

[37] 许荣昌，亓显玲，代永娟．高塑性奥氏体 TWIP 钢研究进展与应用 [J]．莱钢科技，2009，（8）：1-3.

[38] 于千．耐候钢发展现状及展望 [J]．钢铁研究学报，2009，19（11）：1-4.

[39] 李晓波．国内铁素体不锈钢的最新发展 [J]．铸造设备研究，2006，（4）：52-54.

[40] 谷净巍，单忠德，徐虹，等．汽车高强度钢板冲压件热成形技术研究 [J]．模具工业，2009，35（4）：27-29.

[41] 李光瀛，唐荻，王先进．汽车板深加工技术的发展 [J]．轧钢，2013，30（1）：1-8.

[42] 危民喜，张军民．复合夹芯板的制造简介 [J]．粘接，2004，25（5）：50-57.

[43] 杨潘．液压成形技术在汽车轻量化中的应用 [J]．模具制造，2009，（5）：15-18.

[44] 李梁，孙建科，孟祥军．钛合金超塑性研究及应用现状 [J]．材料开发与应用，2004，19（6）：34-38.

[45] 冯端．金属物理学：第一卷　结构与缺陷 [M]．北京：科学出版社，1987.

[46] 毛卫民．金属材料结构与性能 [M]．北京：清华大学出版社，2008.

[47] Warnes W H．ENGR322：Midterm Two Spring 1998 [OL] http：//．www．oregonstate．edu.

[48] 冯端．金属物理学第三卷——金属力学性质 [M]．北京：科学出版社，1987.

[49] 陆延清．塑性变形理论及应用 [M]．北京：国防工业出版社，1988.

[50] Jacob Lubliner．Plasticity Theory [M]．London：Pearson Education，2006.

[51] 孙智．现代钢铁材料及其工程应用 [M]．北京：机械工业出版社，2007.

[52] 陆世英，张廷凯，杨长强，等．不锈钢 [M]．北京：原子能出版社，1995.

[53] 郑可锴．实用冲压模具设计手册 [M]．北京：宇航出版社，1990.

[54] 任家陶．双向拉伸试验的进展与钛板双向拉伸的强化研究 [J]．实验力学，2001，16（3）：196-206.

[55] 于长生，王静．板料弯曲回弹分析 [OL]．[2006-01-17]．中国科技论文在线，http：// www．paper．edu．cn/releasepaper/content/2006 01-183.

[56] 胡世光，陈鹤峥．板料冷成形的工程解析 [M]．北京：国防工业出版社，2004.

[57] Yoshida K，Hayashi H．Usuda Metal Process [R]．Japan：1st ICTP，1984.

[58] 康永林．现代汽车板工艺及成形理论与技术 [M]．北京：冶金工业出版社，2009.

[59] 符仁钰，许珞萍，陈洁，等．ST14 双相钢钢板的组织与性能研究 [J]．机械工程材料，2000，24（1）：23-25.

［60］唐荻，米振莉，陈雨来. 国外新型汽车用钢的技术要求及研究开发现状［J］. 钢铁，2005，40（6）：1 - 5.

［61］王四根，花礼先，王绪，等. 低碳硅锰系冷轧相变诱发塑性钢研究［J］. 钢铁，1995，30（6）：48 ~ 51.

［62］Speer J G，Matlock D K，DeCooman B C，et al. Carbon Partitioning Into Austenite After Martensit Transformation［J］. Acta Materialia，2003，51：2611 - 2622.

［63］Speer J G，Matlock DK. Developments in the Quenching and Partitioning Process［J］. World Iron & Steel，2009（1）：31 - 35.

［64］Zhao Pei. Technical Handbook of Secondary Refining and Hot Metal Pretreatment［M］. Beijing：Metallurgical Industry Press，2004.

［65］张锦刚，蒋奇武，刘沿东，等. 热轧工艺中加热温度对 IF 钢组织性能的影响［J］. 东北大学学报，2005，26（11）：1066 - 1069.

［66］商建辉，王先进，蒋冬梅，等. 卷取温度对 Ti - IF 钢第二相粒子及晶粒尺寸的影响［J］. 钢铁，2002，37（3）：43 - 47.

［67］李艳娇，刘战英，李晋霞，等. 冷轧压下量对铁素体区热轧 Ti - IF 钢冷轧板深冲性能的影响［J］. 钢铁研究学报，2003，15（1）：34 - 37，66.

［68］康永林. 现代汽车板的质量控制与成型性［M］. 北京：冶金工业出版社，1999.

［69］王野. 再结晶退火对 IF 钢组织、织构影响的研究［D］. 鞍山：辽宁科技大学，2006.

［70］杨余良，张安乐，张芳，等. 3003 合金铸轧板坯冷轧中晶粒组织的控制［J］. 轻合金加工技术，2008，36（10）：17 - 19.

［71］Gomaa E，Mohsen M，Taha A S. A Study of Annealing Stages in Al - Mn（3004）Alloy after Cold Roling Using Positron Annihiltion lifetime Technique and Viekers Microhardness Measurements［J］. Materials Seience and Engineering，2003，A 362：274 - 279.

［72］徐丽珠. 退火工艺对 3003 铝合金的组织及力学性能的影响［D］. 兰州：兰州理工大学，2008.

［73］张全刚，马志军，李钢花，等. 厚规格船板钢 DH36 的生产实践［J］. 中国冶金，2007，17（11）：24 - 26.

［74］许荣昌. 船板钢的发展与生产技术［J］. 莱钢科技，2007，（2）：5 - 9.

第3章 冲压工艺

3.1 冲压工艺概论

冲压即在室温下，利用安装在压力机上的冲压模具对材料（板料、条料或带料）施加压力，使其产生分离或发生塑性变形，从而获得所需形状和尺寸并具有一定力学性能的零件的一种压力加工方法。由于冲压通常在常温下进行，因此冲压习惯上也叫做冷冲压或冷冲，而冲压时使用的材料大多是金属板料，故冲压也常被称为金属板料成形。

冲压模具（冷冲模、冲模）是指在冲压加工中，将材料（金属或非金属）加工成零件（或半成品件）的一种特殊工艺装备。冲压成形加工必须具备相应的模具，而模具是技术密集型产品，其制造属单件小批量生产，具有难加工、精度高、技术要求高、生产成本高（约占产品成本的10%～30%）的特点。所以，只有在生产批量大的情况下，冲压成形加工的优势才能充分体现。

优秀的设计、制造、组织管理人员，合理的冲压成形工艺方案，先进的模具设计、制造技术，高效率、高精度的冲压和机械制造设备，优化的外部环境，是实现冲压件连续、稳定、优质生产的必要条件。

由于冲压生产率高，材料利用率高，生产的工件精度高、复杂程度高、一致性高等一系列突出的优点，因此在批量生产中得到了广泛的应用，在现代工业生产中占有十分重要的地位，是国防及民用工业生产中必不可少的加工方法。

3.1.1 冲压成形的特点及发展趋势

冲压是机械制造工业中加工成形零件的重要方法之一，其应用范围非常广泛。与其他成形方法相比，冲压技术具有以下特点：

1）工件精度高。冲压产品一般不再需要大量的后续机械加工就能获得强度高、刚性好、重量轻、互换性好的零件。

2）生产效率高。每分钟可冲压成形工件几件、几十件，甚至几百件。

3）可成形复杂形状的工件。

4）材料利用率高，可达70%～80%。

5）易于实现机械化和自动化，工人劳动强度低，劳动条件好。

冲压生产广泛应用于航空航天、汽车、军工、轮船、农机、电机、电子仪表、家用电器及轻工等行业。现代社会，每个人都会直接与冲压制品发生联系，日常生活中随时随地都离不开冲压制品，冲压生产水平的高低在一定程度上代表了一个国家的工业化水平。

随着科学技术的进步和工业生产的发展，冲压技术也在不断发展，主要表现在以下几个方面：

1) CAD/CAM/CAE 技术的飞速发展及应用为冲压工艺分析和模具设计、制造提供了高效可靠的方法。

2) 冲压生产的机械化、自动化不仅提高了生产效率和产品质量，而且减轻了劳动强度。

3) 模具结构与零部件的标准化，降低了模具设计与制造的复杂程度，缩短了制造周期，提高了模具设计和制造的质量，并在很大程度上减轻了设计和制造人员的重复劳动。

4) 新模具材料的研制，替代了常规的价格较高的模具钢，降低了生产成本。

5) 金属板料成形性能的提高，既能保证产品成形质量和结构强度，又能减轻产品重量，节约材料。

3.1.2 冲压工艺分类

根据材料变形特点，可将冲压工序分为分离工序和成形工序两大类。分离工序是指毛坯在冲压力作用下，变形部分的应力达到强度极限 R_m 以后，使毛坯发生断裂而产生分离，包括落料、冲孔等，其目的是通过冲压使毛坯沿一定的轮廓线相互分离的同时，分离断面的质量也要满足要求。成形工序是指毛坯在冲压力作用下，变形部分的应力达到屈服极限 σ_s，但尚未达到强度极限 R_m，使毛坯产生塑性变形，成为具有一定形状、尺寸与精度工件的加工工序，主要有弯曲、拉深和翻边等。成形工序的目的是使毛坯在不产生破坏的情况下发生塑性变形，以获得形状、尺寸和精度都能满足要求的制品。有关冲压工序的详细分类与特点，见表 3-1 和表 3-2。

表 3-1 分离工序分类与特点

工序名称	简 图	特点及常用范围	工序名称	简 图	特点及常用范围
切断		用剪刀或冲压模具切断板材，切断线不封闭	切口		在毛坯上沿不封闭线冲出缺口，切口部分发生弯曲
落料	废料　零件	用冲压模具沿封闭线冲切板料，冲下来的部分为冲压件	切边		将冲压件的边缘部分切掉
冲孔	零件　废料	用冲压模具沿封闭线冲切板料，冲下来的部分为废料	剖切		把半成品件一分为二

表 3-2　成形工序分类及特点

工序名称		简　图	特点及常用范围	工序名称	简　图	特点及常用范围
弯曲	弯曲		把板料弯成一定的形状	拉深		把平板形毛坯制成空心冲压件，壁厚基本不变
	卷圆		把板料端部卷圆			
	扭曲		把冲压件扭转一定的角度	变薄拉深		把空心冲压件拉深成侧壁比底部薄的工件
成形	翻孔		把冲压件上有孔的边缘翻出竖立边缘	成形		把空心件的边缘卷成一定的形状
	翻边		把冲压件的外缘翻起圆弧或曲线状的竖立边缘			使冲压件的一部分凸起，呈凸肚形
	扩口		把空心件的口部扩大			把平板形毛坯用小滚轮旋压出一定形状
	缩口		把空心件的口部缩小	整形		把形状不太准确的冲压件校正成形
	辊弯		用一系列轧辊把平板卷料辊弯成复杂形状	校平		压平平板形冲压件，以提高其平面度
	压加强筋		在冲压件上压出筋条、提高刚性	压字		在冲压件上压出文字或花纹

3.1.3　冲压成形的基本规律

1. 冲压毛坯分析

　　为使板料毛坯在冲压成形过程中改变其原始形状成为最终的工件，必须在毛坯各部分形成一定的受力与变形之间的关系，这是能够顺利进行冲压成形的基本要求。

　　图 3-1 所示为几种典型冲压成形中的毛坯分析。其中，A 是变形区，在冲压过程中产生

塑性变形；B 是传力区，其作用是把变形力传递给变形区。图 3-1b 中的 D 是暂不变形的待变形区，随着冲压成形过程的进行，该区将不断地被拉入变形区参与变形。图 3-1b 中的 C 是整个过程基本上都不参与变形的不变形区（或称微变形区）。有时传力区也会参与变形，在变形的同时将变形力传给下一个变形区，如图 3-1c 中的球面零件成形。

2. 冲压变形分类

冲压成形就是冲压毛坯的变形区在力的作用下产生相应的塑性变形，所以变形区内的应力、应变状态是决定冲压成形性质的基本因素，因此通常根据变形区应力状态和变形特点来进行冲压成形分类。大多数冲压成形时毛坯变形区

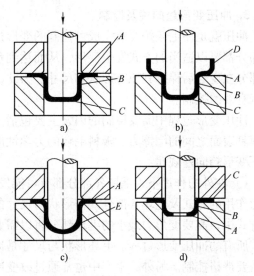

图 3-1　几种典型冲压成形中的毛坯的分析
a）拉深　b）再次拉深　c）球面零件成形　d）翻边

均处于平面应力状态，且通常在板料表面上不受外力的作用，即使受力其数值也较小，所以可以认为垂直于板面方向上的应力为零。而使板料毛坯产生塑性变形的是作用于板面方向上相互垂直的两个主应力；由于板厚较小，通常都假定这两个主应力在厚度方向上是均匀分布的。

基于上述分析，冲压变形概括地可分为两大类别，即伸长类与压缩类。当作用于冲压毛坯变形区内的拉应力的绝对值最大时，在这个方向上的变形一定是伸长变形，这种冲压变形被称为伸长类变形。当作用于冲压毛坯变形区的压应力的绝对值最大时，在这个方向上的变形一定是压缩变形，这种变形被称为压缩类变形。由于这个分类方法的理论基础是以冲压毛坯变形区的应力状态与变形的分析为基础的，所以可以充分地反映不同类别的成形方法在变形方面的特点及与变形密切相关的实际问题的差别。表 3-3 中列出了伸长类变形与压缩类变形在成形工艺方面的特点。

表 3-3　伸长类变形与压缩类变形的对比

项　目	伸长类变形	压缩类变形
变形区质量问题的表现形式	变形程度过大引起变形区破坏	压应力作用下失稳起皱
成形极限	主要取决于板材的塑性，与厚度无关； 可用伸长率及成形极限图 FLD 判断	主要取决于传力区的承载能力； 取决于抗失稳能力； 与板材厚度有关
变形区板厚的变化	减薄	增厚
提高成形极限的方法	改善板材塑性； 使变形均匀化，降低局部变形程度； 工序间热处理	采用多道工序成形； 改变传力区与变形区的力学关系； 采用防起皱措施

3. 冲压变形趋向性及控制

冲压就是使毛坯按要求完成可控制的变形过程。在冲压过程中，冲压毛坯的某个或某几个部分都要以适当的方式发生变形，从而达到预期的目的；同时又要保证其他不应发生变形的部分在变形后保持其原有形状和尺寸。为此，必须遵循冲压变形趋向性规律，对变形过程实行有效的控制。

冲压变形过程中需要控制的因素主要包括毛坯尺寸、模具工作部分的形状与尺寸、毛坯与模具表面之间的摩擦力、板料毛坯的力学性能等。要实现冲压变形过程的控制，必须遵循以下变形趋向性规律：

1）在外力作用下，毛坯各部分都有可能发生某种形式和程度的塑性变形。但是由于受外力作用的方式及毛坯各部分几何形状与尺寸的不同，在所有可能发生变形的部分和各类变形方式中，需要变形力最小的毛坯部分将以需要变形力最小的方式首先发生变形，该规律适用于所有的冲压变形过程。毛坯形状与尺寸是冲压变形趋向性的决定因素，因此在实际生产中需要严格控制。另外，生产中也常通过改变冲模工作部分的几何形状、摩擦条件、压边方式及模具的约束条件等方法实现对冲压变形过程的控制。

2）外力会引起毛坯变形区产生与其方向一致的内应力，并产生与之相应的变形。如果变形区的变形受到毛坯的几何形状或其他因素的影响或牵制，就会在变形区和与之相邻的其他部分之间产生诱发应力。诱发应力与外力的方向不一致，但是这种诱发应力都是以拉应力和压应力的形式同时并存；虽然它们分别作用在毛坯的不同部分，但是它们之间却是相互平衡的。由于受诱发应力作用的两个部分的形状与尺寸大多数情况下是不同的，即使在内力相等的条件下，作用于这两个部分的诱发应力的大小也不同。而且，这两个部分产生塑性变形的方式也可能不同，同时所需力的大小也不同。因此，在数值相等的内力作用条件下，必定有一个部分首先进入塑性变形状态。

当冲压毛坯某个部分出现由诱发应力引起的变形问题，并阻碍冲压成形过程正常进行时，不仅可以从该部分本变形与受力方面寻找原因及解决问题的办法，而且还可以通过改善其相邻部分的变形与受力条件来改变其本身所受诱发应力的数值，进而使问题得到解决。

3）在变形性质相同的同一个变形区内，应变分布决定于变形区的宽度尺寸，只要板材是连续的，而且板厚与性能是均匀一致的，在各相邻部分之间也存在有力的相互作用关系。即在变形区宽度小的部位上变形所需的内力也小，该部位的变形也最大。由于这部分的变形硬化也大于其相邻部分，结果使变形得以扩展，因此加工硬化性能较强的材料可使变形区内应变的分布更趋均匀。

虽然上述冲压变形趋向性规律适用于不同的冲压变形问题，其含义也完全不同，但从本质上看却是完全一致的。如果把冲压毛坯中需要变形力最小的部分称为弱区，而把其他部分称为强区，则可以把上述变形趋向性规律统一起来。即在冲压成形过程中毛坯内产生塑性变形的区域一定是所需变形力最小的弱区，而且该变形区将以所需变形力最小的方式发生变形。

冲压过程中毛坯的变形趋向性并不是始终不变的，在变形过程中出现的冷作硬化、变形区尺寸与厚度的变化等因素都会改变毛坯变形区塑性变形所需的变形力。这些因素都可能使冲压变形初期已形成的变形趋向性条件发生变化，致使非变形区逐渐变为所需变形力最小的弱区，即成为新的变形区。因此，在制订冲压工艺规程时，不但要保证变形初期的冲压变形趋向性，还要考虑变形趋向性的稳定性条件，使在冲压成形的整个过程都能保证变形的趋向性条件。

4. 冲压变形中的应力

在冲压变形过程中，来自压力机的外力通过模具施加到毛坯上，毛坯内部产生内应力，从而改变了毛坯的形状，得到所需工件。因此，对冲压变形过程中各种应力的性质、特点、产生的原因、冲压成形各因素（参数）对应力的影响、各种应力之间的相互影响及它们引起的变形结果等，都是实现对冲压变形过程的控制、获得高质量的冲压产品所必须进行的研究。

从对冲压变形分析的需要出发，可以把冲压毛坯中的应力分为加载应力、诱发应力与残余应力三大类别。

加载应力是由模具作用于板料上的外力或外力矩直接引起的内应力。加载应力的数值可以利用模具外作用力与内应力相平衡的条件求得。一般情况下，当外力去除以后，加载应力也随之消失。加载应力既可以作用于变形区，也可以作用于非变形区。加载应力可能是模具与板料毛坯的表面接触压力直接作用的结果，也可能经接触表面接受外力之后再由传力区把加载应力传递到变形区。

诱发应力可根据其产生的原因分为两种情况：第一种情况，冲压毛坯变形区在加载应力的作用下会产生塑性变形，使毛坯的形状发生变化，如果形状变化受到毛坯其他部分或其本身形状刚度的阻碍而不能顺利地实现时，就会在毛坯内引起诱发应力；第二，冲压过程毛坯变形的不均匀也会引起诱发应力，由于产生不均匀变形的原因不同，诱发应力的产生机理也不尽相同。

残余应力是冲压毛坯中产生的另一种形式的内应力。当冲压过程结束、压力机回程、冲压件从模具内脱出时，外力已完全消失，但原来在冲压毛坯中的内应力则以残余应力的形式保留下来。由于不存在外力的作用，所以残余应力必然以拉压性质相反的形式存在，而且也一定是相互平衡的。残余应力也是冲压变形的结果，是冲压毛坯历经冲压变形和卸载两个过程之后而形成的。因此为了研究残余应力，必须首先正确地了解冲压成形时毛坯内部的应力分布与数值，并进一步研究内应力在卸载过程中的变化。

5. 冲压变形中的失效形式

（1）冲压变形中的破裂　变形过程中毛坯某个部位发生破裂在冲压生产中经常出现。一旦出现破裂，冲压变形就不能继续下去，因此必须认真对待和处理。

从本质上看，变形过程中毛坯的破裂与其他情况下的破裂机理完全一样，所以从金属材料的破裂角度研究所得的结果对研究冲压过程的破裂也完全适用。但是，为了便于从冲压变形条件与各种工艺参数的影响来分析与研究冲压成形中产生的破裂现象，并且进一步有针对性地采取相应的措施以避免破裂的发生，也有必要对冲压成形中的破裂现象从另一个角度出发作必要的分析。冲压变形过程中的破裂可分为 α 破裂、β 破裂与弯曲破裂三种形式，α 破裂是材料强度不足引起的，β 破裂是材料塑性不足引起的，而弯曲破裂是弯曲变形过大引起的。有时也把冲压变形过程中的破裂分为拉伸破裂、弯曲破裂和剪切破裂三种形式。

冲压变形过程中出硯的破裂现象很多，无论是哪种形式的破裂，也无论破裂发生在毛坯的哪个部位，只要是材料产生了破裂现象，在这个位置上的应力与应变一定都达到了某个极限数值。而且当变形的条件（温度、加载方式、应力状态、应变梯度、应变路径等）确定时，这个极限值也一定是固定的。因此，在冲压变形时，从应力或应变角度来分析破裂问题就是为了便于分析各种工艺参数与成形条件对破裂的影响规律，达到防止破裂和正确确定成形极限及提高成形极限的目的。基于这种应力应变分析，研究破裂可从以下几个方面考虑：

1）在冲压过程中变形区的破裂主要发生在伸长类变形，这包括伸长类翻边、伸长类曲面翻边、胀形、扩口、拉弯等。由于冲压时毛坯转变成为冲压件的实质就是冲压毛坯变形区形状的变化，所以在生产中均采用应变值来衡量毛坯变形区的变形能力。虽然可以用简单拉伸试验所得的延伸率来衡量变形区的变形功能，但是由于变形方式与变形条件的影响，目前还不可能应用延伸率的方法确切地从数量上对这种破裂进行预测和确定合理的工艺参数。对于形状复杂的曲面形状零件的成形，目前多应用成形极限图（FLD）来判断和预测破裂。冲压成形时板材的破裂是一个由量变到质变的过程，从开始时的晶内损伤，空洞的形成、扩展与贯通，直到形成宏观的破裂，所以如何确切地判断和预测破裂目前仍然是个相当复杂的问题。

2）传力区破裂是冲压成形中另一种常见的形式。在冲压成形时，传力区的功能是把冲模的作用力传递到变形区。如果变形区产生塑性变形所需的力超过了传力区的承载能力，传力区就会发生破裂。这种破裂多发生在传力区内应力最大的危险断面。

3）局部破裂是冲压成形中破裂的一种特殊形式。这种破裂多发生在非轴对称形状零件的冲压过程。这种破裂具有非常明显的局部特点，可能发生在变形区，也可能发生在传力区，还有可能发生在兼有变形区和传力区功能的部位，但不会发生在通常认为是危险断面的部位。当板料毛坯的某个部分通过凹模圆角区或通过拉深筋时，会产生多次弯曲与反向弯直的变形，其结果不但使这部分毛坯的厚度变薄，而且也由于这部分毛坯经历了过多的冷变形，其硬化性能处于硬化的后期，接近于硬化饱和状态。当这部分毛坯进入传力区或变形区后，如果受到不均匀应力场中过大拉应力的集中作用时，它已不可能靠硬化性能使局部变形向周围扩展，于是便在这个局部部位上发生破裂。

4）残余应力引起的破裂是在冲压完成后在脱模时立即产生的，但有时候也发生在冲压成形后放置一段时间，甚至发生在安装、使用的过程中，所以有时也叫时效破裂。消除这种形式破裂的措施，除了在板料金属的组织与性能方面采取必要的方法外，从冲压成形方面最根本的办法就是减小或消除引起破裂的残余应力。

（2）冲压变形中的起皱　起皱也是冲压过程中的一种失效形式。轻微的起皱会影响冲压件的形状精度和表面质量，而严重的起皱则会妨碍和阻止冲压成形过程的正常进行。因此，深入地研究起皱产生的机理、科学地掌握起皱产生的规律，非常有意义。起皱是一种塑性失稳过程，其产生机理和各种因素的影响十分复杂，而且冲压毛坯起皱部分的几何形状和尺寸各异，其周边的约束条件也各不相同。

冲压过程中的起皱现象都是压应力作用的结果，而且起皱部分的材料多余。为了深入地研究冲压成形中的起皱问题，必须以对毛坯在冲压成形中的变形与受力的具体情况的分析为基础，进行起皱机理的研究，才有可能正确地认识引起起皱的原因，找出防止起皱的正确措施，基于此可以把冲压成形过程中出现的起皱现象划分为以下两大类：

1）冲压成形时为使毛坯的形状发生变化并成为最终冲压件，毛坯的某些部分一定要产生逐渐趋近于模具表面的位移运动。这个位移运动，可能是其本身变形的结果，也可能是毛坯其他部分的变形引起的。另一方面，为了实现这样的位移，常常要求毛坯本身产生一定大小的伸长变形或压缩变形。如果毛坯的位移要求其本身产生压缩变形,而这部分毛坯的内力作用条件又不足以使其产生足够大的压缩变形时,这部分毛坯就有可能产生起皱现象。生产中防止和消除这种类型起皱的措施主要有两种方法:第一种方法是如果起皱部位在成形过程中始终具有平面或其他规则的形状,允许在垂直于板面方向对起皱部位施加并保持一定的压力时,可以采用防起皱的压料装置,即在增强毛坯抗起皱能力的条件下,使这部分毛坯产生足够大的压缩变形,以保证它顺利地完成靠模的位移运动;第二种方法是从根本上消除起皱的措施,其本质是用加大径向拉应力使毛坯在产生靠模位移的部位产生径向伸长变形的办法,使毛坯在与之垂直的圆周方向产生压缩变形,从而使靠模位移运动得以顺利进行,达到防止起皱的目的。

2) 冲压过程中的起皱是由于某些特殊力的作用引起的,它与毛坯的靠模位移的运动没有关系。首先是不均匀拉力作用下的起皱,除拉力的大小、不均匀的程度、拉力作用点的距离与板材的厚度等因素对起皱形成的波纹高度、宽度与长度等有直接的影响外,板材的性能也是一个重要的影响因素。板材的 n 值影响拉应力不均匀分布的程度,而板材的 r 值则影响横向压缩变形的大小,所以它们是影响不均匀拉力下起皱过程与结果的另一方面的条件。在生产中,虽然可以用更换不同性能板材的方法来消除或减轻这种起皱缺陷,但是最有效的方法还是改变模具工作部分的几何形状与尺寸,从而改变拉力作用的方式,消除产生不均匀拉力的根本原因。另外,也可以在成形的中后期在与桔皮相垂直的方向上施加拉力或在垂直于板面方向施加正压力,来消除已形成的桔皮。另外一种就是剪力作用下的起皱,如果作用在冲压毛坯某个部位上有两个方向相反的拉力,而且这两个拉力又不处在同一条直线上时,两个拉力就构成了一对剪力。板料毛坯在剪力的作用下,如果条件具备,也能出现起皱现象。这两种类型的起皱主要发生在厚度小的薄板大型非轴对称的曲面类零件的冲压成形过程。在这种零件冲压时,由于凸模的三维曲面形状,凹模口、凹模工作面与压料面的多样与复杂的特点及拉深筋的配置等原因,使凹模口内的板料受到随位置不同而变化的拉力。虽然这样的拉力是这类零件冲压成形所必需的,可是同时它们也形成了不均匀拉力或剪力的作用形式并引起毛坯的起皱。生产中如果出现这种起皱现象时,首先应该判断起皱的原因,然后适当通过改变毛坯形状、冲压方向、压料面的形状、拉深筋的布置等,以改变不均匀拉力或剪力的作用形式,消除起皱现象。

3.2 分离

3.2.1 冲裁

1. 冲裁变形机理

(1) 材料在冲裁过程中的受力分析 不采用压边装置的冲裁过程中材料所受外力如图3-2 所示。从图 3-2 中可以看出,板料由于受到模具表面的力偶作用而弯曲,并从模具表面上翘起,使模具和板料的接触面仅局限在刃口附近的狭小区域,宽度约为板厚的 0.2 ~ 0.4。接触面间相互作用的垂直压力分布并不均匀,随着向模具刃口的逼近而急剧增大。

在冲裁过程中,板料变形在以凸、凹模刃口连线为中心而形成的纺锤形区域内最大,如图 3-3a 所示,即从模具刃口向板料中心变形区逐步扩大。凸模挤入材料一定深度后,变形区也同样按纺锤形区域来考虑，但变形区被在此以前已经变形并加工硬化了的区域所包围，如图 3-3b 所示。

由于冲裁时板料弯曲的影响，变形区的应力状态是复杂的，且与变形过程有关。在无卸料板压紧材料冲裁过程中，塑性变形阶段变形区有五个特征点。图 3-4 所示为冲裁过程变形区应力状态。

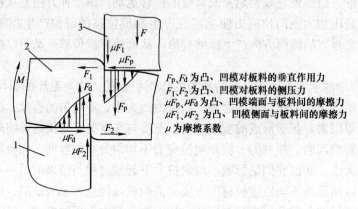

F_p、F_d 为凸、凹模对板料的垂直作用力
F_1、F_2 为凸、凹模对板料的侧压力
μF_p、μF_d 为凸、凹模端面与板料间的摩擦力
μF_1、μF_2 为凸、凹模侧面与板料间的摩擦力
μ 为摩擦系数

图 3-2 不采用压边装置的冲裁过程中材料所受外力
1—凹模 2—板料 3—凸模

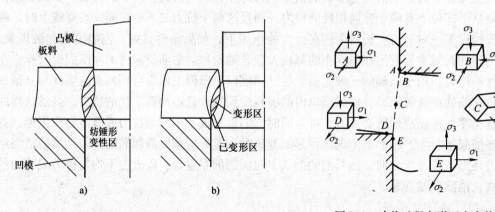

图 3-3 冲裁变形区　　　　图 3-4 冲裁过程变形区应力状态

A 点（凸模侧面）：σ_1 为板料弯曲与凸模侧压力引起的径向压应力，切向应力 σ_2 为板料弯曲引起的压应力与侧压力引起的拉应力的合成应力，σ_3 为凸模下压引起的轴向拉应力；B 点（凸模端面）：凸模下压与板料弯曲引起的三向压应力；C 点（切割区中部）：σ_1 为板料受拉伸而产生的拉应力，σ_3 为板料受挤压而产生的压应力；D 点（凹模端面）：σ_1、σ_2 分别为板料弯曲引起的径向拉应力和切向拉应力，σ_3 为凹模挤压板料而产生的轴向压应力；E 点（凹模侧面）：σ_1、σ_2 为由板料弯曲引起的拉应力与凹模侧压力引起的压应力而形成的合成应力，其正负（拉、压）与间隙大小有关，σ_3 为凸模下压引起的轴向拉应力。

（2）冲裁断面质量　由于冲裁变形的特点，使冲出的工件断面与板料上下平面并不完全垂直，粗糙而不光滑。冲裁断面可明显地分成圆角带、光亮带、断裂带和飞边四个特征区，如图 3-5 所示。

圆角带的形成主要是当凸模下降，刃口刚压入板料时，刃口附近产生弯曲和伸长变形，刃口附近的材料被带进模具间隙的结果。光亮带发生在塑性变形阶段。由于板料产生剪切变形时，材料在和模具侧面接触时被模具侧面挤光而形成光亮垂直的断面，占整个断面的 1/3 ~ 1/2。断裂带在断裂阶段形成。刃口处的微裂纹在拉应力的作用下不断扩展而形成撕裂面，其断面粗糙，具有金属本色，且带有斜度。在塑性变形阶段后期，凸、凹模刃口切入板料一定

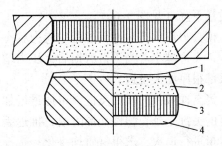

图 3-5 冲裁断面
1—飞边 2—断裂带 3—光亮带 4—圆角带

深度时，刃口正面材料被压缩，刃尖部分为高的静水压应力状态，使裂纹起点不会在刃尖处发生，而是在模具侧面距刃尖不远的地方发生。在拉应力作用下，裂纹加长，材料断裂而产生飞边。裂纹的产生点和刃尖的距离称为飞边的高度。需要注意的是，在普通冲裁中飞边是不可避免的。

冲裁件的四个特征区在断面上所占的比例大小并非一成不变，而是随着材料的力学性能、模具间隙、刃口状态、模具结构、冲裁件轮廓形状、刃口的摩擦润滑条件、是否热冲及热冲温度等的不同而变化，其主要影响因素包括材料的力学性能、模具的间隙及其刃口状态。

材料塑性好，冲裁时裂纹出现得较迟，材料被剪切的深度较大，所得断面光亮带所占比例就大，圆角也大。材料塑性差，冲裁时容易拉裂，裂纹出现得较早，所得断面光亮带所占比例较小，圆角也小，大部分是粗糙的断裂面。

冲裁时，断裂面上下裂纹是否重合与凸、凹模间隙大小有关。当凸、凹模间隙合适时，凸、凹模刃口附近沿最大切应力方向产生的裂纹在冲裁过程中会合成一条线，此时尽管断面与材料表面不垂直，但还是比较平直、光滑，飞边较小，工件的断面质量较好（见图 3-6a）。当间隙过小时，最初从凹模刃口附近产生的裂纹，指向凸模下面的高压应力区，裂

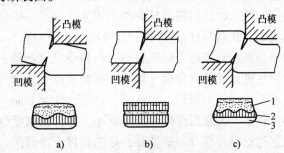

图 3-6 间隙对冲裁件断面质量的影响
a）间隙合适 b）间隙过小 c）间隙过大
1—断裂带 2—光亮带 3—圆角带

纹成长受到抑制而成为滞留裂纹。凸模刃口附近产生的裂纹进入凹模上面的高压应力区，也停止成长。当凸模继续下压时，在上、下裂纹中间将产生二次剪切，这样在光亮带中部夹有残留的断裂带，部分材料被挤出材料表面形成高而薄的飞边（见图 3-6b）。这种飞边比较容易去除，只要工件中间撕裂得不是很深，仍可应用。当间隙过大时，材料的弯曲和拉伸增大，接近胀形破裂状态，容易产生裂纹，使光亮带所占比例减小，且在光亮带形成以前，材料已发生较大的塌角。材料在凸、凹模刃口处产生的裂纹会错开一段距离而产生二次拉裂。第二次拉裂产生的断裂层斜度增大，断面的垂直度差，飞边大而厚，难以去除，使冲裁件断

面质量下降（见图 3-6c）。

模具刃口状态对冲裁过程中应力状态和冲裁件断面有较大的影响。刃口越锋利，拉力越集中，飞边越小。当刃口磨损后，压力增大，飞边也增大。飞边按照磨损后的刃口形状，成为根部很厚的大飞边。

提高冲裁件的断面质量，可通过增加光亮带的高度或采用整修工序来实现。增加光亮带高度的关键是延长塑性变形阶段，推迟裂纹的产生，这就要求材料的塑性要好，对硬质材料要尽量进行退火，求得材质均一化；选择合理的模具间隙值，并使间隙均匀分布，保持模具刃口锋利；要求光滑断面的部位要与板料轧制方向成直角。

（3）冲裁间隙　冲裁间隙是指冲裁模凸、凹模刃口之间的间隙，分单边间隙和双边间隙两种，单边间隙用 C 表示，双边间隙用 Z 表示。间隙大小对冲裁件质量、模具寿命、冲裁力的影响很大，是冲裁工艺与模具设计中的一个极其重要的工艺参数。

1）间隙对冲裁件质量的影响。冲裁件的质量主要是指断面质量、尺寸精度和形状误差。断面应平直、光滑；圆角小；无裂纹、撕裂、夹层和飞边等缺陷；零件表面应尽可能平整；尺寸应满足公差要求。影响冲裁件质量的因素包括凸、凹模间隙大小及其分布的均匀性，模具刃口锋利状态，模具结构与制造精度，材料性能等，其中间隙值大小与分布的均匀程度是主要因素。

冲裁件的尺寸精度是指冲裁件实际尺寸与标称尺寸的差值，差值越小，精度越高。冲裁件的尺寸精度包括两方面的偏差，一是冲裁件相对凸模或凹模尺寸的偏差，二是模具本身的制造偏差。冲裁件相对凸模或凹模尺寸的偏差，主要是由于冲裁过程中，材料受拉伸、挤压、弯曲等作用引起的变形，在加工结束后工件脱离模具时，会产生弹性恢复而造成的。偏差值可能是正的，也可能是负的。影响这一偏差值的因素主要是凸、凹模的间隙。

当间隙较大时，材料受拉伸作用增大，冲裁完毕后，因材料弹性恢复，冲裁件尺寸向实体方向收缩，使落料件尺寸小于凹模尺寸，而冲孔件的孔径则大于凸模尺寸。当间隙较小时，凸模压入板料接近于挤压状态，材料受凸、凹模挤压力大，压缩变形大，冲裁完毕后，材料的弹性恢复使落料件尺寸增大，而冲孔件孔径则变小。

尺寸变化量还与材料力学性能、厚度、轧制方向、冲裁件形状等因素有关。材料软，弹性变形量较小，冲裁后弹性恢复量就小，零件的精度也就高；材料硬，弹性恢复量就大。

上述讨论是在模具制造精度一定的前提下进行的，间隙对冲裁件精度的影响比模具本身制造精度的影响要小得多，若模具刃口制造精度低，冲裁出的工件精度也就无法得到保证。模具磨损及模具刃口在压力作用下产生的弹性变形也会影响到间隙及冲裁件应力状态的改变，对冲裁件的质量会产生综合性影响。

2）间隙对模具寿命的影响。冲裁模具的寿命以冲出合格制品的冲裁次数来衡量，分两次刃磨间的寿命与全部磨损后总的寿命。冲裁过程中，模具的损坏有磨损、崩刃、折断、啃坏等形式。

影响模具寿命的因素包括模具间隙；模具材料和制造精度、表面粗糙度；被加工材料特性；冲裁件轮廓形状和润滑条件等。其中，模具间隙是最为重要的一个。

在冲裁过程中，模具端面受到很大的垂直压力与侧压力，而模具表面与材料的接触面仅局限在刃口附近的狭小区域，这就意味着即使整个模具在许用压应力下工作，模具刃口处所受压力也非常大。这种高压力会使冲裁模具和板材的接触面之间产生局部附着现象，当接触面发生相对滑动时，附着部分便发生剪切而引起磨损—附着磨损，其磨损量与接触压力、相对滑动距离成正比，与材料屈服强度成反比。附着磨损被认为是模具磨损的主要形式。模具间隙减小时，接触压力会随之增大，摩擦距离随之增长，摩擦发热严重，磨损加剧，甚至会使模具与板料间产生粘结现象，冲裁间隙与磨损的关系如图3-7所示。而接触压力的增大还会引起刃口的压缩疲劳破坏，使之崩刃。小间隙还会产生凹模胀裂，小凸模折断，凸、凹模相互啮刃等。适当增大模具间隙，可使凸、凹模侧面与材料间摩擦减小，并减缓间隙不均匀的不利因素，从而提高模具寿命。但间隙过大时，板料

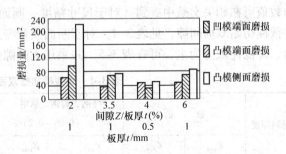

图 3-7 冲裁间隙与磨损的关系

弯曲拉伸相应增大，使模具刃口端面上正压力增大，容易产生崩刃或产生塑性变形使磨损加剧，降低模具寿命；同时，间隙过大，卸料力会随之增大，也会增加模具的磨损，所以间隙是影响模具寿命的一个重要因素。

从图3-7可以看出，凹模端面的磨损比凸模大，这是由于凹模端面上材料的滑动比较自由，而凸模下面的材料沿板面方向的移动受到限制。凸模侧面的磨损最大，这是因为从凸模上卸料，长距离摩擦加剧了侧面的磨损。若采用较大间隙，可使孔径在冲裁后因回弹增大，卸料时减少与凸模的摩擦，从而减少凸模侧面的磨损。模具刃口磨损，带来刃口的钝化和间隙的增加，使工件尺寸精度降低，冲裁能量增大，断面粗糙。刃口的钝化会使裂纹发生点由刃口端面向侧面移动，发生在刃口磨损部分终点处，从而产生大小和磨损量相当的飞边（凸模刃口磨钝，飞边产生在落料件上，凹模刃口磨钝，飞边产生在孔上），所以必须注意尽量减少模具的磨损。为提高模具寿命，一般需采用较大间隙，若工件精度要求不高时，采用合理大间隙，使$2C/t$达到15%～25%，模具寿命可提高3～5倍，若采用小间隙，就必须提高模具硬度与模具制造精度，在冲裁刃口进行充分的润滑，以减少磨损。

3）间隙对冲裁力及卸料力的影响。当间隙减小时，凸模压入板材接近于挤压状态，材料所受拉应力减小，压应力增大，板料不易产生裂纹，因此最大冲裁力增大。当间隙增大时，材料所受拉应力增大，材料容易产生裂纹，因此冲裁力减小。继续增大间隙值，凸、凹模刃口产生的裂纹不重合，会发生二次断裂，冲裁力下降变缓。当间隙增大时，冲裁件光亮带窄，落料件尺寸偏差为负，冲孔件尺寸偏差为正，因而使卸料力、推件力或顶件力减小。间隙继续增大时，工件飞边增大，卸料力、顶件力迅速增大。

间隙是冲裁过程最重要的工艺参数，对冲裁件质量、模具寿命、冲裁力和卸料力等都有很大的影响。因此设计模具时，一定要选择合理的间隙，使冲裁件的断面质量好、尺寸精度高、模具寿命长、冲裁力小。但严格说来，并不存在一个同时满足所有理想要求的合理间隙。考虑到模具制造中的偏差及使用中的磨损，生产中通常是选择一个适当的范围作为合理间隙，只要模具间隙在这个范围内，就可以基本满足以上各项要求，冲出合格工件。这个范围的最小值称为最小合理间隙，最大值称为最大合理间隙。考虑到模具在使用过程中的逐步磨损，设计和制造新模具时应采用最小合理间隙。

间隙选取主要与材料种类、板料厚度有关，但由于各种冲压件对其断面质量和尺寸精度

的要求不同，以及冲裁件尺寸与形状、模具材料和加工方法、冲压方法和生产率、生产条件等的差异，各种资料中所给的间隙值并不相同，选用时应按使用要求分别选取。

确定合理间隙的方法主要有理论计算法和查表选取法，目前一般采用查表法，合理间隙的数值可在相关文献中查到。对于尺寸精度、断面质量要求高的工件，应选用较小间隙值，冲裁模初始双面间隙，见表 3-4。对于断面质量与尺寸精度要求不高的工件，以提高模具寿命、降低冲裁力为主，可查表 3-5，并采用大间隙值。

表 3-4　冲裁模初始双面间隙 Z（一）　　　　　　　　　（单位：mm）

材料厚度	软　铝		纯铜、黄铜、软钢 $w_C^{①}$ = (0.08 ~ 0.2)%		杜拉铝、中等硬钢 w_C = (0.3 ~ 0.4)%		硬　钢 w_C = (0.5 ~ 0.6)%	
	Z_{min}	Z_{max}	Z_{min}	Z_{max}	Z_{min}	Z_{max}	Z_{min}	Z_{max}
0.2	0.008	0.012	0.010	0.014	0.012	0.016	0.014	0.018
0.3	0.012	0.018	0.015	0.021	0.018	0.024	0.021	0.027
0.4	0.016	0.024	0.020	0.028	0.024	0.032	0.028	0.036
0.5	0.020	0.030	0.025	0.035	0.030	0.040	0.035	0.045
0.6	0.024	0.036	0.030	0.042	0.036	0.048	0.042	0.054
0.7	0.028	0.042	0.035	0.049	0.042	0.056	0.049	0.063
0.8	0.032	0.048	0.040	0.056	0.048	0.064	0.056	0.072
0.9	0.036	0.054	0.045	0.063	0.054	0.072	0.063	0.081
1.0	0.040	0.060	0.050	0.070	0.060	0.080	0.070	0.090
1.2	0.050	0.084	0.072	0.096	0.084	0.108	0.096	0.120
1.5	0.075	0.105	0.090	0.120	0.105	0.135	0.120	0.150
1.8	0.090	0.126	0.108	0.144	0.126	0.162	0.144	0.180
2.0	0.100	0.140	0.120	0.160	0.140	0.180	0.160	0.200
2.2	0.132	0.176	0.154	0.198	0.176	0.220	0.198	0.242
2.5	0.150	0.200	0.175	0.225	0.200	0.250	0.225	0.275
2.8	0.168	0.224	0.196	0.252	0.224	0.280	0.252	0.308
3.0	0.180	0.240	0.210	0.270	0.240	0.300	0.270	0.330
3.5	0.245	0.315	0.280	0.350	0.315	0.385	0.350	0.420
4.0	0.280	0.360	0.320	0.400	0.360	0.440	0.400	0.480
4.5	0.315	0.405	0.360	0.450	0.405	0.490	0.450	0.540
5.0	0.350	0.450	0.400	0.500	0.450	0.550	0.500	0.600
6.0	0.480	0.600	0.540	0.660	0.600	0.720	0.660	0.780
7.0	0.560	0.700	0.630	0.770	0.700	0.840	0.770	0.910
8.0	0.720	0.880	0.800	0.960	0.880	1.040	0.960	1.120
9.0	0.870	0.990	0.900	1.080	0.990	1.170	1.080	1.260
10.0	0.900	1.100	1.000	1.200	1.100	1.300	1.200	1.400

注：1. 初始间隙的最小值相当于间隙的公称数值。

　　2. 初始间隙的最大值是考虑到凸模和凹模的制造公差所增加的数值。

　　3. 在使用过程中，由于模具工作部分的磨损，间隙将有所增加，因而间隙的使用最大数值要超过表列数值。

①　w_C 为碳的质量分数，表示钢中的含碳量。

GB/T 16743—2010《冲裁间隙》根据冲压件剪切面质量、尺寸精度、模具寿命和力能消耗等因素，将冲裁间隙分成 Ⅰ、Ⅱ、Ⅲ 三种类型：Ⅰ 类为小间隙，适用于尺寸精度和断面质量都要求较高的冲裁件，但模具寿命较低；Ⅱ 类为中等间隙，适用于尺寸精度和断面质量要求一般的冲裁件，采用该间隙冲裁的工序件的残余应力较小，用于后续成形加工可减少破裂现象；Ⅲ 类为大间隙，适用于尺寸精度和断面质量都要求不高的冲裁件，但模具寿命较高，应优先选用。

表 3-5 冲裁模初始双面间隙 Z（二）（单位：mm）

材料厚度	08、10、35 09Mn2、Q235		16Mn		40、50		65Mn	
	Z_{min}	Z_{max}	Z_{min}	Z_{max}	Z_{min}	Z_{max}	Z_{min}	Z_{max}
小于0.5	极小间隙							
0.5	0.040	0.060	0.040	0.060	0.040	0.060	0.040	0.060
0.6	0.048	0.072	0.048	0.072	0.048	0.072	0.048	0.072
0.7	0.064	0.092	0.064	0.092	0.064	0.092	0.064	0.092
0.8	0.072	0.104	0.072	0.104	0.072	0.104	0.064	0.092
0.9	0.090	0.126	0.090	0.126	0.090	0.126	0.090	0.126
1.0	0.100	0.140	0.100	0.140	0.100	0.140	0.090	0.126
1.2	0.126	0.180	0.132	0.180	0.132	0.180		
1.5	0.132	0.240	0.170	0.240	0.170	0.240		
1.75	0.220	0.320	0.220	0.320	0.220	0.320		
2.0	0.246	0.360	0.260	0.380	0.260	0.380		
2.1	0.260	0.380	0.280	0.400	0.280	0.400		
2.5	0.360	0.500	0.380	0.540	0.380	0.540		
2.75	0.400	0.560	0.420	0.600	0.420	0.600		
3.0	0.460	0.640	0.480	0.660	0.480	0.660		
3.5	0.540	0.740	0.580	0.780	0.580	0.780		
4.0	0.640	0.880	0.680	0.920	0.680	0.920		
4.5	0.720	1.000	0.680	0.960	0.780	1.040		
5.5	0.940	1.280	0.780	1.100	0.980	1.320		
6.0	1.080	1.440	0.840	1.200	1.140	1.500		
6.5			0.940	1.300				
8.0			1.200	1.680				

注：冲裁皮革、石棉和纸板时，间隙取08钢的25%。

2. 冲裁关键工艺参数及其确定

（1）凸、凹模刃口尺寸的计算　凸、凹模刃口尺寸精度是影响冲裁件尺寸精度的首要因素，模具的合理间隙值也要靠模具刃口尺寸及其公差来保证。从生产实践中知道，由于凸、凹模之间存在间隙，从而使落下的料或冲出的孔都带有一定的锥度。而且落料件的大端尺寸等于凹模尺寸，冲孔件的小端尺寸等于凸模尺寸；在测量和使用时，落料件以大端尺寸为基准，冲孔件以小端尺寸为基准；冲裁时，凸、凹模要与冲裁零件或废料发生摩擦，凸模越磨越小，而凹模则越磨越大，凸、凹模之间的间隙必定越来越大，因此在决定凸、凹模刃口尺寸及其制造公差时要考虑以下几项原则：

① 冲孔模先确定凸模刃口尺寸，其标称尺寸应取接近或等于工件的上极限尺寸，以保证凸模磨损到一定尺寸范围内，也能冲出合格的孔，凹模刃口的标称尺寸应比凸模大一个最小合理间隙。

② 落料模先确定凹模刃口尺寸，其标称尺寸应取接近或等于工件的下极限尺寸，以保证凹模磨损到一定尺寸范围内，也能冲出合格工件，凸模刃口的标称尺寸比凹模小一个最小合理间隙。

③ 选择模具刃口制造公差时，要考虑工件精度与模具精度的关系，既要保证工件的精度要求，又要保证有合理的间隙。一般冲模精度较工件精度高 2 ~ 3 级。若零件没有标注公差，则对于非圆形件，按国家相关标准非配合尺寸的 IT14 级精度来处理，圆形件一般可按 IT10 级精度来处理，工件尺寸公差应按"入体"原则标注为单向公差。所谓"入体"原则，是指标注工件尺寸公差时应向材料实体方向单向标注，即落料件正公差为零，只标注负公差；冲孔件负公差为零，只标注正公差。工件精度与模具制造精度的关系见表 3-6。

表 3-6　工件精度与模具制造精度的关系

板料厚度/m 模具精度	0.5	0.8	1.0	1.5	2	3	4	5	6	8	10	12
IT6 ~ IT7	IT8	IT8	IT9	IT10	IT10	—	—	—	—	—	—	—
IT7 ~ IT8	—	IT9	IT10	IT10	IT12	IT12	IT12	—	—	—	—	—
IT9	—	—	—	IT12	IT12	IT12	IT12	IT12	IT14	IT14	IT14	IT14

根据模具加工工艺和测量方法的不同，凸、凹模刃口尺寸的计算方法与制造公差的标注方式分为两种类型。

1）凸、凹模分开加工。对于圆形或简单形状的工件常常采用凸、凹模分开加工。采用这种方法时，分别标注凸、凹模刃口尺寸与制造公差。为了保证间隙值，必须满足下列条件：

$$\delta_a + \delta_t \leqslant Z_{max} - Z_{min} \tag{3-1}$$

式中　δ_t——凸模制造公差（mm）；

　　　δ_a——凹模制造公差（mm）；

　　Z_{min}——最小合理间隙，（mm）；

　　Z_{max}——最大合理间隙，（mm）。

或　　　　　　$\delta_t = 0.4(Z_{max} - Z_{min})$，$\delta_a = 0.6(Z_{max} - Z_{min})$

凸、凹模分别加工时的间隙变化范围如图 3-8 所示，制造的模具间隙若已超过了允许的变动范围，就会影响了模具的使用寿命。

以下对冲孔和落料两种情况分别进行讨论：

① 冲孔。设工件孔的尺寸为 $d^{+\Delta}_{\ 0}$，根据以上原则，冲孔时首先确定凸模刃口尺寸，使凸模公称尺寸接近或等于工件孔的上极限尺寸，再增大凹模尺寸，以保证最小合理间隙 Z_{min}。凸模制造偏差取负偏差，凹模取正偏差。凸、凹模分开加工可使凸、凹模自身具有互换性，便于模具成批制造。但需要较高的公差等级才能保证合理间隙，模具制造困难，加工成本高。刃口尺寸计算公式为

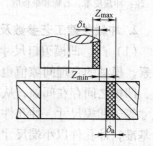

图 3-8　凸、凹模分别加工时的
间隙变化范围

$$d_t = (d + x\Delta)^{\ 0}_{-\delta_t} \tag{3-2}$$

$$d_a = (d_t + Z_{min})^{+\delta_a}_{\ 0} = (d + x\Delta + Z_{min})^{+\delta_a}_{\ 0}$$

式中　d_t——冲孔凸模直径（mm）；

d_a——冲孔凹模直径（mm）；

d——冲孔工件的公称尺寸（mm）；

Δ——工件制造公差（mm）；

x——为了使冲裁件的实际尺寸尽量接近公差带的中间尺寸而给定的系数，与工件制造精度有关，见表3-7。

表3-7 系数 x

板料厚度 /mm	非圆形			圆形	
	1	0.75	0.5	0.75	0.5
	工件公差/mm				
1	<0.16	0.17 ~ 0.35	≥0.36	<0.16	≥0.16
1 ~ 2	<0.20	0.21 ~ 0.41	≥0.42	<0.20	≥0.20
2 ~ 4	<0.24	0.25 ~ 0.49	≥0.50	<0.24	≥0.24
>4	<0.30	0.31 ~ 0.59	≥0.60	<0.30	≥0.30

冲孔、落料时各部分分配位置如图 3-9a 所示。

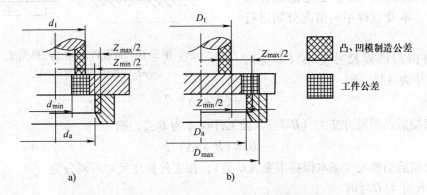

图 3-9 冲孔、落料时各部分分配位置

a）冲孔 b）落料

② 落料。设工件尺寸为 $D_{-\Delta}^{\ 0}$，根据上述原则，落料时首先确定凹模尺寸，使凹模公标尺寸接近或等于工件的下极限尺寸，再减小凸模尺寸，以保证最小合理间隙。落料时各部分分配位置如图 3-9b 所示。其计算公式为

$$D_a = (D - x\Delta)_0^{+\delta_a} \tag{3-3}$$

$$D_t = (D_a - Z_{min})_{-\delta_t}^{\ 0} = (D - x\Delta - Z_{min})_{-\delta_t}^{\ 0}$$

式中 D_a——落料凹模尺寸（mm）；

D_t——落料凸模尺寸（mm）；

D——落料工件的公称尺寸（mm）；

Δ——工件制造公差（mm）；

Z_{min}——最小合理间隙（mm）；

x——为了使冲裁件的实际尺寸尽量接近公差带的中间尺寸而给定的系数，与工件制造精度有关，可查表3-7；

δ_t——凸模制造公差（mm）；

δ_a——凹模制造公差（mm）。

2）凸、凹模配合加工。对于冲制形状复杂或薄板工件的模具，实际冲裁间隙值小，其凸、凹模往往采用配合加工的方法。此方法是先加工好凸模（或凹模）作为基准件，然后根据此基准件的实际尺寸，配作凹模（或凸模），使它们保持一定的间隙。因此只需在基准件上标注尺寸及公差，配作工件只标注公称尺寸，并注明"××尺寸按凸模（或凹模）配作，保证双面间隙××"。这样可放大基准件的制造公差，其公差不再受凸、凹模间隙大小的限制，制造容易，并容易保证凸、凹模间隙。

由于复杂形状工件各部分尺寸性质不同，也就是说在凸模和凹模磨损后，有的部分尺寸变大，有的部分尺寸变小，有的部分尺寸基本保持不变，所以基准件的刃口尺寸计算的方法也不相同。以下对冲孔和落料两种情况分别进行讨论：

① 冲孔。应以凸模为基准件，然后配作凹模。图 3-10a 所示为一冲孔件。先做凸模时按凸模磨损后（见图 3-10b 中双点画线位置）尺寸变化也是有增大、减小、不变三种不同情况分别进行计算：

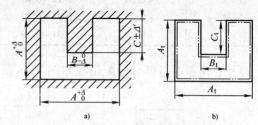

图 3-10　冲孔件和冲孔凸模尺寸
a）冲孔件　b）冲孔凸模

a. 磨损后凸模尺寸变小（A 类），设工件尺寸为 $A^{+\Delta}_{0}$，则

$$A_t = (A + x\Delta)^{\ 0}_{-\delta_t} \tag{3-4}$$

b. 磨损后凸模尺寸变大（B 类），设工件尺寸为 $B^{\ 0}_{-\Delta}$，则

$$B_t = (B - x\Delta)^{+\delta_t}_{0} \tag{3-5}$$

c. 磨损后凸模尺寸基本保持不变（C 类），按工件标注尺寸不同分为

工件尺寸为 $C^{+\Delta}_{0}$ 时

$$C_t = (C + 0.5\Delta) \pm \delta_t/2 \tag{3-6a}$$

工件尺寸为 $C^{\ 0}_{-\Delta}$ 时

$$C_t = (C - 0.5\Delta) \pm \delta_t/2 \tag{3-6b}$$

工件尺寸为 $C \pm \Delta'$ 时

$$C_t = C \pm \delta_t/2 \tag{3-6c}$$

式中　A_t、B_t、C_t——凸模刃口尺寸（mm）；

　　　　δ_t——凸模制造偏差（mm），$\delta_t = \Delta/4$；

　　A、B、C——工件标称尺寸（mm）；

　　　　Δ——工件公差（mm）；

　　　　Δ'——工件偏差（mm），对称偏差时，$\Delta' = \Delta/2$；

　　　　x——为了使冲裁件的实际尺寸尽量接近公差带的中间尺寸而给定的系数，与工件制造精度有关，可查表 3-7。

② 落料。应以凹模为基准件，然后配作凸模。

图 3-11a 所示为一落料件。先做凹模时，凹模刃口尺寸应按凹模磨损后（见图 3-11b 中双点画线位置）刃口尺寸的增大、减小、不变三种不同变化情况分别进行计算。

a. 凹模磨损后尺寸变大（见图3-11中 A 类）。计算这类尺寸，先把工件尺寸化为 $A_{-\Delta}^{\ 0}$，再按落料凹模公式进行计算，即

$$A_a = (A - x\Delta)_{\ 0}^{+\delta_a} \qquad (3-7)$$

b. 凹模磨损后尺寸变小（见图3-11中 B 类）。计算这类尺寸，先把工件图尺寸化为 $B_{\ 0}^{+\Delta}$，再按冲孔凸模公式进行计算，即

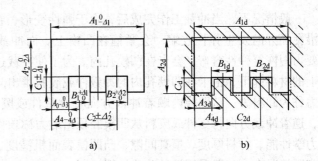

图3-11 落料件和落料凹模尺寸
a）落料件 b）落料凹模

$$B_a = (B + x\Delta)_{-\delta_a}^{\ 0} \qquad (3-8)$$

c. 凹模磨损后尺寸基本保持不变（见图3-11中 C 类）。计算这类尺寸则按下述三种情况进行计算：

工件尺寸为 $C_{\ 0}^{+\Delta}$时

$$C_a = (C + 0.5\Delta) \pm \delta_a/2 \qquad (3-9a)$$

工件尺寸为 $C_{-\Delta}^{\ 0}$时

$$C_a = (C - 0.5\Delta) \pm \delta_a/2 \qquad (3-9b)$$

工件尺寸为 $C \pm \Delta'$时

$$C_a = C \pm \delta_a/2 \qquad (3-9c)$$

式中 A_a、B_a、C_a——凹模刃口尺寸（mm）；

A、B、C——工件公称尺寸（mm）；

δ_a——凹模制造偏差（mm），$\delta_a = \Delta/4$；

Δ——工件公差（mm）；

Δ'——工件偏差（mm），对称偏差时，$\Delta' = \Delta/2$；

x——为了使冲裁件的实际尺寸尽量接近公差带的中间尺寸而给定的系数，与工件制造精度有关，可查表3-7。

需要注意的是，如果采用电火花或成形磨削加工冲裁模时，不论是冲孔还是落料，都只在凸模上标注尺寸和公差，凹模标明"与凸模配合加工，保证最小间隙××"。

（2）冲裁力的计算 冲裁模设计过程中，必须计算冲裁力，以合理地选用压力机。压力机的吨位必须大于所计算的冲裁力，以适应冲裁的要求。

平刃模冲裁时，其冲裁力 F_0 可按下式计算，即

$$F_0 = Lt\tau_b$$

式中 F_0——冲裁力（N）；

t——材料厚度（mm）；

τ_b——材料抗剪强度（MPa）；

L——冲裁件周长（mm）。

考虑到模具刃口的磨损，凸、凹模间隙的波动，材料力学性能的变化，材料厚度偏差等因素，实际所需冲裁力还需增加30%，即

$$F = 1.3F_0 = 1.3Lt\tau_b$$

一般情况下，当冲裁工作完成后，由于弹性变形，在板料上冲裁出的废料（或冲裁件）孔沿孔径方向发生弹性收缩，会紧箍在凸模上。而冲裁下来的工件（或废料）径向扩张，并要力图恢复弹性穿弯，会卡在凹模孔内。为了使冲裁过程连续，操作方便，需要将套在凸模上的材料卸下，把卡在凹模孔内的冲裁件或废料推出。从凸模上将冲裁件或废料卸下所需的力称为卸料力。从凹模内顺着冲裁方向将冲裁件或废料从凹模模腔中推出的力称为推件力，逆着冲裁方向将零件或废料从凹模腔顶出的力称顶件力。影响这些力的因素主要有材料的力学性能、材料厚度、模具间隙、凸凹模表面粗糙度、零件形状和尺寸以及润滑情况等。在实际情况中，一般采用经验公式计算

$$F_{推} = nK_{推}F$$
$$F_{顶} = K_{顶}F$$
$$F_{卸} = K_{卸}F$$

式中　　　　　　　F——冲裁力（N）；

$K_{推}$、$K_{顶}$、$K_{卸}$——推件力、顶件力及卸料力系数，见表3-8；

　　　　　　　n——同时卡在凹模腔内的零件数或废料数，其计算式为

$$n = h/t$$

　　　　　t——材料厚度（mm）；

　　　　　h——凹模孔口直壁高度（mm）。

冲裁时，所需冲压力为冲裁力、卸料力和推件力之和，应根据不同模具结构区别对待。采用刚性卸料装置和下出料方式的冲裁模总冲压力为

$$F_{总} = F + F_{推}$$

采用弹性卸料装置和下出料方式的总冲压力为

$$F_{总} = F + F_{卸} + F_{推}$$

采用弹性卸料装置和上出料方式的总冲压力为

$$F_{总} = F + F_{卸} + F_{顶}$$

表3-8　推件力系数、顶件力系数和卸料力系数

料厚/mm		$K_{推}$	$K_{顶}$	$K_{卸}$
钢	≤0.1	0.1	0.14	0.065 ~ 0.075
	0.1 ~ 0.5	0.063	0.08	0.045 ~ 0.055
	0.5 ~ 2.5	0.055	0.06	0.04 ~ 0.05
	2.5 ~ 6.5	0.045	0.05	0.03 ~ 0.04
	>6.5	0.023	0.03	0.02 ~ 0.03
铝、铝合金		0.03 ~ 0.07		0.025 ~ 0.08
纯铜、黄铜		0.03 ~ 0.09		0.02 ~ 0.06

3. 冲裁模工作零件设计

凸模、凹模和凸凹模是冲裁模的工作零件，是完成冲裁工艺的关键，除正确计算刃口尺寸外，选择合理的结构形式也是非常重要的。

（1）凸模设计

1）凸模的结构形式。凸模按其工作断面的形式可分为圆形凸模和非圆形凸模，它主要

根据工件的形状和尺寸而确定。

圆形凸模指凸模端面为圆形的凸模，常见圆形凸模的结构形式如图 3-12 所示。图 3-12a、b 适用于冲裁直径 $d = 1 \sim 20mm$ 的工件，为了避免台肩处的应力集中和保证凸模强度、刚度，做成圆滑过渡形式或在中间加过渡段。图 3-12c 适用的冲裁直径 $d = 8 \sim 30mm$。图 3-12d 适用于冲制孔径与板料厚度相近的小孔，由于采用了保护套结构，可以提高凸模的抗弯能力，并能节省模具材料。图 3-12e 适用于冲大孔或落料用凸模，以减少磨削面积，凸模外径与端面都加工成凹形，以减轻重量。图 3-12f 形式的凸模有利于快速换凸模。

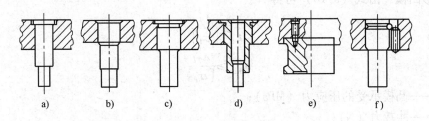

图 3-12　圆形凸模

非圆形凸模的形状复杂多变，可将其近似分为圆形类和矩形类。圆形类凸模的固定部分可做成圆柱形，但需注意凸模定位，常用骑缝销来防止凸模的转动（见图 3-13a）。矩形类凸模的固定部分一般做成矩形体（见图 3-13b）。如果用线切割加工凸模，则固定部分和工作部分的尺寸及形状一致，即为直通式凸模（见图 3-13c）。

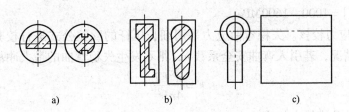

图 3-13　非圆形凸模

大尺寸凸模常用螺钉、销钉与模座直接连接，一般不再使用固定板，从加工方便出发，大尺寸凸模也可采取分块拼合方法。

2）凸模长度的确定。凸模长度应根据冲模的整体结构来确定，一般情况下，在满足模具结构要求的前提下，凸模越短，其强度越高，材料越省。在确定凸模的长度时，应留有修磨余量，并且模具在闭合状态下，卸料板至凸模固定板间应留有避免压手的安全距离。

凸模长度可用下式计算，即

$$L = h_1 + h_2 + h_3 + a$$

式中　h_1——固定板的厚度；

　　　h_2——固定卸料板的厚度；

　　　h_3——导尺厚度；

　　　a——附加长度，它包括凸模的修磨量、凸模进入凹模的深度及凸模固定板与卸料板的安全距离等。这一尺寸如无特殊要求，可取 10～20mm。

3）强度校核。凸模一般不必进行强度校验，但对于特别细长的凸模或凸模断面尺寸小而冲裁的板料厚度大时，则应进行强度校验。

① 承压应力校验。冲裁时，凸模承受的压应力为 σ_t，其必须小于凸模材料强度允许的压应力 $[\sigma_t]$，即

$$\sigma_t = \frac{F}{A} \leqslant [\sigma_t] \tag{3-10}$$

对圆形凸模，由式（3-10）可得

$$\frac{d}{t} \geqslant \frac{4\tau}{[\sigma_t]}$$

即

$$d_{min} \geqslant \frac{4\tau t}{[\sigma_t]}$$

式中　σ_t——凸模承受的压应力（MPa）；

F——冲裁力（N）；

A——凸模最小截面积（mm²）；

$[\sigma_t]$——凸模材料的许用压应力（MPa）；

d——凸模最小直径（mm）；

t——毛坯厚度（mm）；

τ——毛坯材料的抗剪强度（MPa）。

凸模的许用应力决定于凸模材料的热处理和凸模的导向性。一般工具钢，凸模淬火至 58～62HRC，$[\sigma_t] = 1000～1600$MPa。

② 失稳弯曲应力校核。失稳弯曲应力采用细长压杆的欧拉公式进行校验。对于凸模自身无导向装置的情况，若引入弯曲安全系数 n，则不发生失稳弯曲的最大冲裁力为

$$F = \frac{\pi^2 EJ}{4nL^2} \tag{3-11}$$

不发生失稳弯曲的凸模最大长度为

$$L_{max} \leqslant \sqrt{\frac{\pi^2 EJ}{4nF}} \tag{3-12}$$

式中　F——冲裁力（N）；

E——凸模材料的弹性模量，一般模具钢为 2.2×10^5MPa；

J——凸模最小横截面的最小轴惯性矩（mm⁴），直径为 d 的圆形凸模，$J = \frac{\pi d^4}{64} \approx 0.05d^4$；

n——稳定安全系数，对于淬火钢，$n = 2～3$；

L——凸模长度（mm）。

将 n、E 及圆凸模的 J 值代入式（3-12），则得到无导向装置的圆形凸模不发生失稳弯曲的最大长度为

$$L_{max} \leqslant 95 \frac{d^2}{\sqrt{F}}$$

对于一般形状的凸模，则有

$$L_{\max} \leqslant 425 \sqrt{\frac{I}{F}}$$

对于自身有导向的凸模，相当于一端固定，另一端铰支的压杆，不发生失稳的最大冲裁力为

$$F = \frac{2\pi^2 EI}{nL^2} \tag{3-13}$$

根据上述方法可求得不发生失稳弯曲的凸模最大长度为

圆形凸模　　　　　　　　　　　$L_{\max} \leqslant 270 \dfrac{d^2}{\sqrt{F}}$

一般形状凸模　　　　　　　　　$L_{\max} \leqslant 1200 \sqrt{\dfrac{I}{F}}$

（2）凹模设计

1）凹模刃口形式如图 3-14 所示。图 3-14a 形式的特点：扩大部分可使凹模加工简单，也使工件落下容易；应用场合：用于冲裁直径较小的工件。图 3-14b 形式的特点：刃口强度较好，刃磨后工作部分尺寸不变，间隙大小不变。但孔口积存废料或工件，尤其在间隙较小时，推件力大，且磨损大；应用场合：用于冲裁形状复杂或精度要求较高的工件。图 3-14c 形式的特点：与第一种情况相比，其刃口强度略差，刃磨后尺寸稍有改变。但由于锥形不易积存冲件或废料，下漏的冲件或废料对孔口的摩擦力及胀力小；应用场合：用于冲裁形状简单、精度要求不高、板料厚度较薄的工件。图 3-14d 形式的特点：与第一种情况相似；应用场合：用于冲裁大型或精度较高的工件以及复合模和装有反向顶出装置的情况。图 3-14e 形

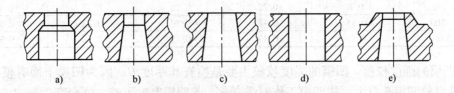

图 3-14　凹模刃口形式

式的特点：淬火硬度为 35 ~ 40HRC，可用锤子敲打斜面以调整间隙，直到试出满意的冲件为止；应用场合：适于冲裁软而薄的材料。

2）凹模结构尺寸。凹模外形尺寸如图 3-15 所示，一般按经验方法确定。

① 查表。根据冲件的最大外形尺寸和料厚，从表 3-9 中直接根据工件的最大尺寸 b 查出凹模厚度 H 和壁厚 c。

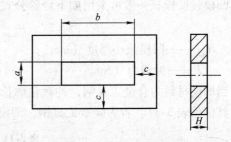

图 3-15　凹模外形尺寸

表 3-9　凹模外形尺寸　　　　　　　　　　　（单位：mm）

板料厚度	≤0.8		0.8~1.5		1.5~3		3~5		5~8		8~12	
凹模外形尺寸　　　b	c	H	c	H	c	H	c	H	c	H	c	H
<75	26	20	30	22	34	25	40	28	47	30	55	35
75~150	32	22	36	25	40	28	46	32	55	35	65	40
150~200	38	25	42	28	46	32	52	36	60	40	75	45
>200	44	28	48	30	52	35	60	40	68	45	85	50

② 按经验公式计算。凹模厚度为

$$H = Kb \tag{3-14}$$

式中　H、b——如图 3-15 所示。

　　　　K——系数，可查表 3-10。

但 H 不应小于 15~20mm。

凹模壁厚（凹模刃口与外边缘的距离）：小凹模，$c = (1.5~2) H$；大凹模，$c = (2~3) H$。但 c 不应小于 26~40mm。

对多孔凹模，凹模刃口间的距离按复合模的凸凹模最小壁厚选用。一般不小于 5mm，凹模型腔为圆形时可适当减小些，凹模型腔复杂时应取大些。

确定凹模的外形尺寸后，即可选择模架的形式和规格。如果采用标准模架，一般先根据凹模形状和冲压工艺特点选择模架形式，然后再按凹模外形尺寸选定模架规格。

表 3-10　系数 K 的数值　　　　　　　　　　（单位：mm）

料厚 t　　　b	0.5	1	2	3	>3
<50	0.3	0.35	0.42	0.50	0.60
50~100	0.2	0.22	0.28	0.35	0.42
100~200	0.15	0.18	0.20	0.24	0.30
>200	0.10	0.12	0.15	0.18	0.22

③ 凹模的强度校核。凹模的强度校核主要是检查其厚度 H，因为凹模下面有模座或垫板，其孔口较凹模孔口大，使凹模工作时受弯曲，若凹模厚度不够，便会产生弯曲，以致损坏模具。

凹模强度校核一般可采用如下经验公式，即

$$H_{min} = \sqrt[3]{P/10} \tag{3-15}$$

式中　H_{min}——凹模最小厚度（mm）；

　　　　P——冲裁力（N）。

当凹模材料为合金工具钢，冲裁轮廓长度超过 50mm 时，应将计算结果乘上一个修正系数，其值见表 3-11。若为碳素工具钢，凹模厚度应再增加 30%。

表 3-11　修正系数值

冲裁轮廓长度/mm	50~75	75~150	150~300	300~500	>500
修正系数	1.12	1.25	1.37	1.5	1.6

（3）凸凹模设计　复合模的结构特点是一定至少有一个凸凹模。凸凹模的内外缘均为刃口，内外缘之间的壁厚决定于冲裁件的尺寸。为保证凸凹模的强度，凸凹模应有一定的最小壁厚，如冲裁件尺寸要求小于凸凹模壁厚时，则不宜采用复合模。

表 3-12　复合模用凸凹模的最小壁厚　　　　　　　（单位：mm）

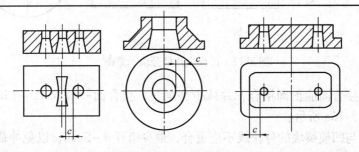

板料厚度 t	0.4	0.6	0.8	1.0	1.2	1.4	1.6	1.8	2.0	2.2	2.4	2.6
最小壁厚 c	1.6	2.0	3	3.0	3.5	3.9	4.4	4.9	5.3	5.8	6.3	6.7
板料厚度 t	2.8	3.0	3.2	3.4	3.6	3.8	4.0	4.2	4.4	4.6	4.8	5.0
最小壁厚 c	7.2	7.6	8.0	8.5	9.0	9.5	10.0	10.5	11.2	11.8	12.4	13.0

凸凹模的最小壁厚受模具结构的影响：凸凹模装于上模时（正装），内孔不积存废料，胀力小，最小壁厚可以小些；凸凹模装于下模（倒装）时，内孔积存废料，胀力大，最小壁厚要大些。

凸凹模的最小壁厚值，目前一般按经验数据决定。

不积存废料的凸凹模最小壁厚：对于黑色金属和硬质材料，约为 1.5 倍料厚（须大于 0.7mm）；对于有色金属和软质材料，约为 1 倍料厚（须大于 0.5mm）。

积存废料的凸凹模最小壁厚见表 3-12。

（4）凸、凹模镶块结构设计　大、中型和形状复杂、局部容易损坏的整体凸模或凹模，往往给锻造、机械加工或热处理带来很大的困难，而且当它局部磨损后，又会造成整个凸、凹模的报废。为了解决这个问题，常采用镶拼结构。

1）镶拼结构的分块要点。

① 刃口形状为直线部分的镶块，长度可适当大些；复杂部分或凸出、凹进易损部分应单独分块，尺寸应尽量小；圆弧部分应单独分块，圆弧与直线部分连接处，镶块分块线应在距切点 4～5mm（对中型冲模）或 5～7mm（对大型冲模）处，如图 3-16a 所示。凹模有尖角时，应在尖角处分块，如图 3-17 所示。

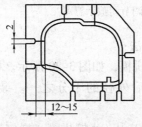
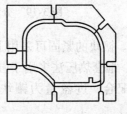

a)　　　　　　　　　　b)

图 3-16　部分分块示意图

a）正确分块　b）不正确分块

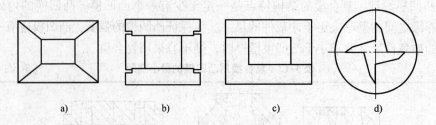

图 3-17　凹模尖角处分块示意图

② 为使镶块接合面能正确接合，并减少磨削量，接合面一般取 12 ~ 15mm，其后部留 2mm 空隙，如图 3-16a 所示。

③ 凸模镶块与凹模镶块的分块线不应重合，最少错开 3 ~ 5mm，以免冲裁时产生飞边。

④ 大型冲模的镶块采用螺钉紧固时，每块应以两个销钉定位。螺钉位置必须接近刃口和接合面，并作参差布置；销钉则离刃口越远越好，相对距离应尽量大，如图 3-18a 中螺钉、销钉的布置就不好，必须改成图 3-18b 所示的布置。

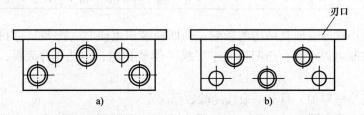

图 3-18　螺钉、销钉的布置示意图

⑤ 镶块分块应便于调节间隙，如图 3-19a 所示间隙就不便于调整，改成图 3-19b 就好多了。

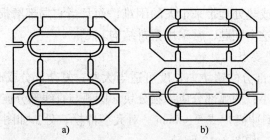

图 3-19　分块便于调节间隙示意图

2）镶块的紧固。镶块的紧固可采用下列方法：

① 框套热压法。框套热压法多用于圆形镶拼模，如图 3-20 所示。框套与镶块采用基轴制 IT6 级精度过盈配合，过盈量为镶块拼合后外径的千分之一。装配时，框套加热至 400 ~ 500℃ 。

② 框套螺钉紧固法。框套螺钉紧固法多用于中、小镶拼模，螺钉通过框套拉紧或顶紧镶块，使镶块之间获得紧密配合，如图 3-21 所示。

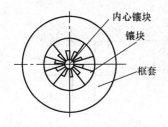

图 3-20　框套热压法

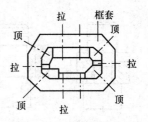

图 3-21　框套螺钉紧固法

③ 螺钉、销钉紧固法。对于大、中型镶拼模，可直接用螺钉、销钉紧固，常见形式如下：螺钉、销钉紧固，如图 3-22a 所示，用于冲裁料厚小于或等于 1.5mm 的工件；螺钉、销钉加止推键紧固，如图 3-22b 所示，用于冲裁料厚大于 1.5 ~ 3mm 的工件；模座与螺钉、销钉紧固，如图 3-22c 所示，用于冲裁料厚大于 3mm 的工件。

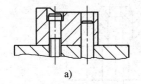

a)

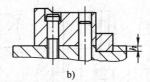

b)

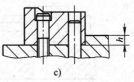

c)

图 3-22　螺钉、销钉紧固法

（5）镶块尺寸　设计大型冲模时，其镶块尺寸应尽可能按图 3-23 及表 3-13 选用。

（6）凸、凹模紧固和固定方式

1）机械固定。机械固定凸模和凹模，一般采用螺钉紧固、压紧配合等方法。

图 3-24 所示为凸模固定方法。其中，图 3-24a 适用于冲裁数量较少的单工序模，图 3-24b 适用于冲裁中型和大型零件的模具。图 3-24c 所示凸模与固定板采用 H7/m6 配合，这种形式常用于零件形状较简单和较厚材料的冲裁。图 3-24d 所示凸模采用铆接固定，凸模上面无台阶，全部长度的尺寸形状一致，装配时在上面铆合后磨平。这种形式适用于形状较复杂的薄料零件，便于凸模进行线切割和成形磨削。

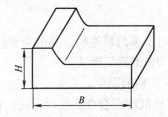

图 3-23　大型冲模镶块尺寸的选择

$H : B : L = (0.6 ~ 0.8) : 1 : (3 ~ 5)$

尺寸范围：$H = 30 ~ 75mm$，$B = 60 ~ 170mm$，

L 最大至 300mm

表 3-13　大型冲模镶块尺寸　　　　　　　　　　　　（单位：mm）

H	B							
38	50	60	70	80	90	100	110	
50	60	70	80	100	110	120	135	150
65	70	80	90	100	110	120	130	150
75	80	90	100	100	130	150	170	

注：长度 L 根据需要选取，其规格有 150mm、175mm、200mm、225mm、250mm、275mm、300mm。

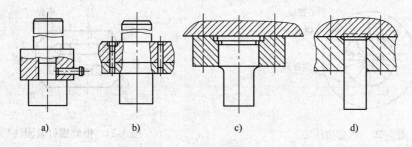

图 3-24　凸模固定

图 3-25 所示为凹模的固定方法。其中，图 3-25a 适用于冲裁数量较少的单工序模，图 3-25b 适用于冲裁中型和大型零件的模具。图 3-25c 所示凸模与固定板采用 H7/m6 配合，这种形式常用于零件形状较简单和较厚材料的冲裁。

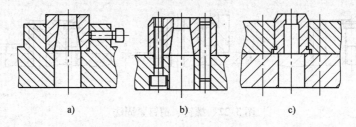

图 3-25　凹模固定

对于多凸模冲模，其中个别凸模或凹模特别易损时，需经常更换，此时采用快速更换凸模和凹模的固定形式。

2）粘结固定。

① 低熔点合金浇注固定法。低熔点合金浇注固定法是利用低熔点合金冷却膨胀的原理，使凸、凹模与固定板之间获得有一定强度的连接，其常见形式如图 3-26 所示。低熔点合金的各元素质量分数见表 3-14，工厂较多采用第一种配方，其浇注温度为 150 ~ 200℃，抗拉强度为 91.2MPa，抗压强度为 112MPa。

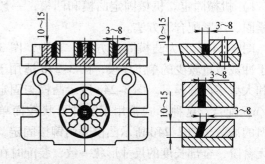

图 3-26　镶块凹模固定结构

表 3-14　低熔点合金各元素质量分数（%）

合金配方	元素名称	锑 Sb	铅 Pb	铋 Bi	锡 Sn
	各元素熔点/℃	630.5	327.4	271.0	232.0
序号	合金熔点/℃				
1	120	9.0	28.5	48.0	14.5
2	100	5.0	35	45.0	15.0
3	139	—	—	42.0	58.0
4	106	19.0	28.0	39.0	14.0
5	170	—	—	30.0	70.0

② 环氧树脂粘结固定法。环氧树脂粘结固定的结构形式如图 3-27 所示。常用环氧树脂粘结剂的配方见表 3-15。

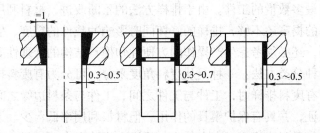

图 3-27 环氧树脂粘结固定的结构形式

表 3-15 常用环氧树脂粘结剂的配方

组成成分	名 称	配方（按重量百分比）				
		一	二	三	四	五
粘结剂	环氧树脂 6110	100	100	100	100	100
	环氧树脂 634					
填充剂	铁粉 200 ~ 300 号筛	250	250	250		
	石英粉 200 号筛				200	100
增塑剂	邻苯二甲酸二丁酯	15 ~ 20	15 ~ 20	15 ~ 20	10 ~ 12	15
固化剂	无水乙二酸	8 ~ 10				
	羟基乙基乙二胺		16 ~ 19			
	二乙烯三胺					10
	间苯二胺			14 ~ 16		
	邻苯二甲酸酐				35 ~ 38	

注：环氧树脂 6110 和环氧树脂 634 可替换使用。

③ 无机粘结剂固定法。无机粘结剂固定的结构形式如图 3-28 所示。粘结表面要求粗糙，单面粘合间隙可采用 0.2 ~ 0.5mm。

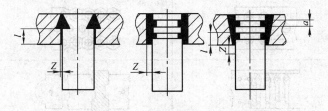

图 3-28 无机粘结剂固定的结构形式

无机粘结剂的配方为：氧化铜，3 ~ 5g；磷酸溶液，1mL。

磷酸溶液是由每 100mL 磷酸中加入氢氧化铝 4 ~ 8g 配制成的。一般来说，天热多加，天冷少加，天气干燥多加，天气潮湿少加。

4. 材料的经济利用

（1）排样 排样是指冲裁件在条料、带料或板料上布置的方法，合理的排样是降低成本的有效措施，因为通常材料费用为工件制造费用的 60%～80%。

　　冲裁件的排样与材料的利用率有密切关系，对零件的成本影响很大，为此应设法在有限的材料面积上冲出最多数量的工件。由于排样方法的不断改进，材料利用率逐渐提高，但仅仅考虑材料利用率的提高还不够，排样的好坏同时影响冲裁件的精度、生产率的高低、模具寿命及经济效益等，还必须考虑生产操作的方便性和模具结构的合理性等问题。

　　冲裁排样有两种分类方法：一种是从废料角度来分，可分为有废料排样、少废料排样和无废料排样三种。有废料排样时，工件与工件之间、工件与条料边缘之间都有搭边存在，冲裁件质量较容易保证，并具有保护模具的作用，但材料利用率低；少、无废料排样时，工件与工件之间、工件与条料边缘之间存在较少，或没有搭边存在，材料的利用率高，但冲裁时由于凸模刃口受不均匀侧向力的作用，使模具易于遭到破坏。

　　另一种是按工件在材料上的排列形式来分，可分为直排法、斜排法、对排法、混合排法、多排法和冲搭边等多种形式，这种分类法在实际生产中应用较为广泛。排样方法见表3-16。

表 3-16　排样方法

排样形式		有废料排样	少、无废料排样	适用范围
直排				方、矩形零件
斜排				椭圆形、T 形、Γ 形、S 形零件
直对排				梯形、三角形、半圆形、T 形、Ⅲ 形、Ⅱ 形零件
混合排				材料和厚度相同的两种零件
多行排				大批量生产中尺寸不大的圆形、六角形、方形、矩形零件
冲搭边	整裁法			细长零件、级进模
	逐次裁法			

（2）搭边 搭边是指冲裁时工件与工件之间、工件与条（板）料边缘之间的余料尺寸。搭边虽然是废料，但在冲压工艺上起着很大的作用。首先，搭边能够补偿定位误差，保证冲出合格的工件；其次，搭边能保持条料具有一定的刚性，便于送料；再次，搭边能起到保护模具的作用，以免模具过早地磨损而报废。

搭边值大小决定于工件形状、材质、料厚及板料的下料方法。搭边值小，材料利用率较高，但给定位和送料造成很大困难，同时工件精度也不易保证，而且过小的搭边容易挤进凹模，增加刃部磨损，影响模具寿命；搭边值太大，则材料利用率降低。因此正确选择搭边值是模具设计中不可忽视的重要问题。在实际生产过程中应尽量减小搭边值，冲裁时的最小搭边值见表 3-17 或表 3-18。多工位级进模、硬质合金模和精密冲裁模的搭边值要适当放大。

表 3-17 金属材料冲裁的搭边值 （单位：mm）

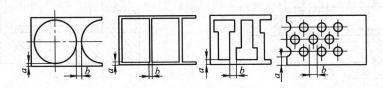

料厚	手送料						自动送料	
	圆形		非圆形		往复送料			
	a	b	a	b	a	b	a	b
<1	1.5	1.5	2	1.5	3	2		
1~2	2	1.5	2.5	2	3.5	2.5	3	2
2~3	2.5	2	3	2.5	4	3.5		
3~4	3	2.5	3.5	3	5	4	4	3
4~5	4	3	5	4	6	5	5	4
5~6	5	4	6	5	7	6	6	5
6~8	6	5	7	6	8	7	7	6
>8	7	6	8	7	9	8	8	7

注：冲非金属材料（皮革、纸板、石棉等）时，搭边值应乘以 1.5~2。

表 3-18 搭边值 （单位：mm）

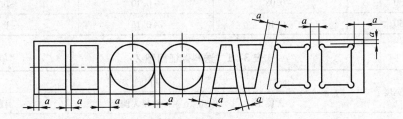

板料厚度 t	≤1.2	1.2~3	>3
金属搭边 a	1.2	t	$0.8t$
非金属搭边 a	2	$1.4t$	$1.2t$

计算条料宽度的公式如下：

有侧压装置（见图 3-29）时

$$b = D + 2a + \Delta \qquad\qquad (3\text{-}16a)$$

无侧压装置（见图 3-30）时

$$b = D + 2a + 2\Delta + Z \qquad\qquad (3\text{-}16b)$$

式中　b——条料宽度的公称尺寸；

　　　D——冲裁件垂直于送料方向的尺寸；

　　　a——侧搭边的最小值（见表 3-17 或表 3-18）；

　　　Δ——条料宽度的允许偏差（负向），见表 3-19、表 3-20；

　　　Z——导尺与条料最大可能宽度之间的保证间隙，其值见表 3-21。

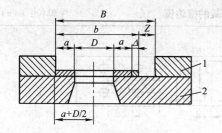　　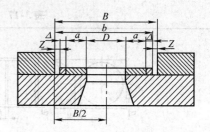

　　　　图 3-29　有侧压装置　　　　　　　　　　图 3-30　无侧压装置
　　　　　1—导尺　2—凹模

表 3-19　用斜刃剪床剪裁条料的宽度公差（允许偏差）　　（单位：mm）

条料宽度	板料厚度			
	< 1	1 ~ 2	2 ~ 3	3 ~ 5
≤ 100	- 0.6	- 0.8	- 1.2	- 2.0
> 100	- 0.8	- 1.2	- 2.0	- 3.0

表 3-20　用滚剪机剪裁条料的宽度公差（允许偏差）　　（单位：mm）

条料宽度	板料厚度		
	< 0.5	0.5 ~ 1	1 ~ 2
< 20	- 0.05	- 0.08	- 1.0
20 ~ 30	- 0.08	- 0.10	- 0.15
30 ~ 50	- 0.10	- 0.15	- 0.20

表 3-21　送料保证间隙 Z　　（单位：mm）

条料宽度	导向方式		
	无侧压	对排无侧压	有侧压
< 100	0.5 ~ 1.0	2	5
> 100	1.0 ~ 1.5	3	8

注：对较厚材料用较大的数值。

5. 冲裁件的工艺性分析

冲裁工艺设计是冲裁工艺过程设计的简称，是冲裁设计工作的重要组成部分。工艺设计主要包括冲裁件的工艺分析和工艺方案制订两个方面的内容，即对具体的冲裁零件，首先从其结构形状、尺寸大小、精度要求及原材料选用等方面开始，进行冲裁的工艺审查，必要时提出改进意见；然后根据具体的生产条件，并综合分析研究各方面影响因素，从而制订出一种技术上先进可行、经济上合理的工艺方案，其中包括工序数量的确定、工序顺序的排列、工序的组合方式确定及与实现工序内容有关的模具类型、设备规格、工艺定额的确定等。

冲裁工艺规程作为表达工艺设计内容的技术文件，既是生产准备的基础，又是模具设计人员进行设计和生产部门用于生产调度的重要依据。冲裁工艺规程的编制，是一项复杂的技术工作，它对于产品的质量、成本、生产效率及减轻劳动强度和保证安全生产等方面都有重要影响。一种合理的工艺规程不仅能确保产品质量和降低生产成本，而且能达到安全方便组织生产的目的，相反，如果工艺规范编制不够合理，则会造成产品报废、成本提高或导致生产周期延长、效率降低、模具返工维修频繁、不利于生产组织管理等一系列不良后果，所以冲裁工艺规程的编制，是冲裁生产前必须完成的一项重要的技术工作。

在实际生产中，为了能编制出合理的冲裁工艺规程，不仅要求工艺设计人员应具有较好的工艺设计知识和较丰富的冲裁生产实践经验，而且还要求工艺设计人员在实际工作中与产品设计人员、模具设计人员、模具制造工人及冲裁生产工人紧密结合，及时采纳他们的合理化建议，不断吸取国内、外的先进经验并将其贯穿到工艺设计中。同时在分析和制订工艺规程时应从工厂的具体生产条件出发，综合地考虑能保证产品质量、提高生产效率、降低生产成本、减轻工人劳动强度和保证安全操作等方面的因素后，尽量采用国内、外的先进技术，制订出合理的冲裁工艺规程。

这里需要说明的是，其他冲压工艺的设计可参考冲裁工艺的设计过程，以后不再赘述。

在了解并掌握上述原始资料的前提下进行冲裁工艺设计，冲裁工艺设计的基本内容与步骤如下：

（1）分析冲裁件的工艺性　冲裁件的工艺性是指冲裁件对冲裁工艺的适应性，即冲裁件的结构形状、尺寸大小、精度要求及所用原材料等方面是否符合冲裁加工的工艺要求。一般来说，工艺性良好的冲裁件可保证材料消耗少、工序数量少、模具结构简单、模具寿命长、成本低且产品质量稳定，还有利于生产的组织管理。在工艺设计时，首先要分析冲裁件的工艺性，这是制订工艺方案的基础。分析冲裁件的工艺性主要包括以下两个方面的内容：

首先，要对产品零件图样或产品实体进行工艺性审查。根据产品零件图样认真分析研究冲裁件的形状特点、尺寸大小及精度要求，所用原材料的力学性能、工艺性能和使用性能，产生弹性回复等缺陷的可能性，由此了解上述因素对冲裁加工难易程度的影响情况。在分析图样时，尤其应注意零件的极限尺寸（最小冲孔尺寸、最小冲槽宽度、最小孔间距等）、尺寸公差、设计基准及其他特殊要求。因为上述因素对所需工序性质、工序顺序的确定、冲裁定位方式、模具结构形式与制造精度的选择均有显著影响。

然后，要对冲裁件图样提出修改意见。在对产品图样进行工艺审查过程中，如果发现冲裁工艺性很差，则应同产品设计人员，在不影响产品使用要求的前提下，对冲裁件的形状、尺寸精度要求及原材料的选用等进行适当的修改。必要时，应建议产品设计部门重新设计。具体来说，若发现产品图样中零件形状过于复杂，或尺寸精度和表面质量要求太高，或尺寸标注基准选择不合理，或通过改变零件的局部形状和尺寸，能有利于排样和节约原材料的，均可向产品设计部门提出修改意见。

下面对冲裁件的工艺性作进一步的详细论述。

1）结构工艺性。冲裁件形状应尽可能简单、对称，有利于无废料、少废料排样方式的采用，减少废料损失，降低工件成本。冲裁件外形应避免尖角，有可能时尽量采用适宜的圆角相连（见图 3-31）。

冲裁工件的凸出或凹入部分宽度和深度，应不小于 $1.5t$，同时应避免冲裁件上有过长的悬臂和狭槽，如图 3-32 所示。

冲孔时孔的最小尺寸和形状与材料的力学性能和厚度有关，用自由凸模冲孔的类型和最小尺寸如图 3-33 和表 3-22 所示。

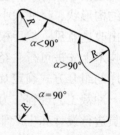

图 3-31　冲裁件的交角

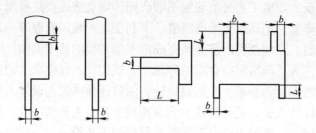

图 3-32　冲裁件悬臂、狭槽尺寸

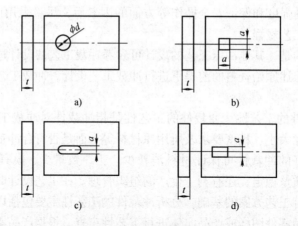

图 3-33　用自由凸模冲孔类型

表 3-22　用自由凸模冲孔的最小尺寸

材　　料	图 3-33a	图 3-33b	图 3-33c	图 3-33d
钢 $\sigma_{cp} > 700\text{MPa}$	$d \geq 1.5t$	$a \geq 1.35t$	$a \geq 1.1t$	$a \geq 1.2t$
钢 $\sigma_{cp} = 400 \sim 700\text{MPa}$	$d \geq 1.3t$	$a \geq 1.2t$	$a \geq 0.9t$	$a \geq t$
钢 $\sigma_{cp} = 400\text{MPa}$	$d \geq t$	$a \geq 0.9t$	$a \geq 0.7t$	$a \geq 0.8t$
黄铜、钢	$d \geq 0.9t$	$a \geq 0.8t$	$a \geq 0.6t$	$a \geq 0.7t$
铝、锌	$d \geq 0.8t$	$a \geq 0.7t$	$a \geq 0.5t$	$a \geq 0.6t$
纸胶板、布胶板	$d \geq 0.7t$	$a \geq 0.6t$	$a \geq 0.4t$	$a \geq 0.5t$
硬纸、纸	$d \geq 0.6t$	$a \geq 0.5t$	$a \geq 0.3t$	$a \geq 0.4t$

冲裁件上的孔与孔、孔与边缘间的距离不能太小。如图 3-34 所示，对矩形孔，孔与孔、孔与边缘间的距离 $b \geq 1.5t$；对圆形孔，孔与孔、孔与边缘间的距离 $b \geq t$；冲裁不规则形状

孔时，孔与孔、孔与边缘间的距离请参考相关手册。

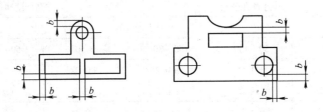

图 3-34　最小孔边距

在弯曲件或拉深件上冲孔时，孔的尺寸除应符合上述原则外，其孔壁与工件直壁之间应保持一定的距离。若距离太小，在冲孔时会使凸模受水平推力而折断。当 $t < 2mm$ 时，$L \geq t + R$；当 $t \geq 2mm$ 时，$L \geq 2t + R$，如图 3-35 所示。

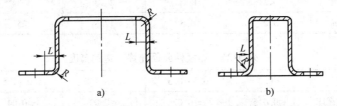

图 3-35　弯曲件、拉深件冲孔位置
a）弯曲件　b）拉深件

2）冲裁件的精度要求。冲裁件的精度要求是指冲裁件的尺寸精度和表面粗糙度要求，精度要求应在经济精度范围以内，对于普通冲裁件，其经济精度不高于 IT11 级，冲孔件比落料件高一级。冲裁件外形与内孔尺寸公差可见表 3-23。如果工件精度高于上述要求，则需在冲裁后整修或采用精密冲裁。冲裁件两孔中心距所能达到的公差见表 3-24。

表 3-23　冲裁件外形与内孔尺寸公差　　　　（单位：mm）

板料厚度	工件尺寸							
	一般公差等级的工件				较高公差等级的工件			
	<10	10~50	50~150	150~300	<10	10~50	50~150	150~300
0.2~0.5	0.08 0.05	0.10 0.08	0.14 0.12	0.2	0.025 0.02	0.03 0.04	0.05 0.08	0.08
0.5~1	0.12 0.05	0.16 0.08	0.22 0.12	0.3	0.03 0.02	0.06 0.04	0.06 0.08	0.10
1~2	0.18 0.06	0.22 0.10	0.30 0.16	0.50	0.04 0.03	0.06 0.06	0.08 0.10	0.12
2~4	0.24 0.08	0.28 0.12	0.40 0.20	0.70	0.06 0.04	0.08 0.08	0.10 0.12	0.15
4~6	0.30 0.10	0.31 0.15	0.50 0.25	1.0	0.10 0.06	0.12 0.10	0.15 0.15	0.20

表 3-24　冲裁件两孔中心距所能达到的公差　　　　　　（单位：mm）

板料厚度	普通冲孔公差			高精度冲孔公差		
	孔距公称尺寸					
	≤50	50~150	150~300	≤50	50~150	150~300
≤1	±0.1	±0.15	±0.2	±0.03	±0.06	±0.08
1~2	±0.12	±0.2	±0.3	±0.04	±0.06	±0.1
2~4	±0.15	±0.25	±0.35	±0.06	±0.08	±0.12
4~6	±0.2	±0.3	±0.40	±0.08	±0.10	±0.15

冲裁件断面的表面粗糙度和允许的飞边高度可见表 3-25 和表 3-26。

表 3-25　冲裁件断面的近似表面粗糙度　　　　　　（单位：μm）

板料厚度/mm	<1	1~2	2~3	3~4	4~5
表面粗糙度 Ra/μm	3.2	6.3	12.5	25	50

表 3-26　冲裁件断面允许飞边的高度　　　　　　（单位：mm）

冲裁板料厚度	<0.3	0.3~0.5	0.5~1.0	1.0~1.5	1.5~2.0
新模试冲时允许飞边高度	≤0.015	≤0.02	≤0.03	≤0.04	≤0.05
生产时允许飞边高度	≤0.05	≤0.08	≤0.10	≤0.013	≤0.15

3）冲裁件的尺寸基准。冲裁件的结构尺寸基准应尽可能和制造时的定位基准重合，以避免产生基准不重合误差。冲孔件的孔位尺寸基准应尽量选择在冲裁过程中自始至终不参加变形的面或线上，不要与参加变形的部位联系起来。如图 3-36 所示，原设计尺寸的标注（见图 3-36a），对冲裁图样是不合理的，因为这样标注，尺寸 L_1、L_2 必须考虑到模具的磨

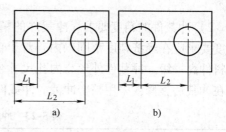

图 3-36　冲裁件尺寸标注

损而相应给以较宽的公差，造成孔心距的不稳定，孔心距公差会随着模具的磨损而增大。改用图 3-36b 的标注，两孔的孔心距才不受模具磨损的影响，比较合理。

（2）分析、比较和确定冲裁工艺方案　在对冲裁件进行冲裁工艺性分析的基础上，根据生产批量和工厂现有的生产条件，综合考虑产品质量、生产效率、模具寿命、材料消耗及操作安全等因素后，通过各种方案的分析与比较，然后确定最佳工艺方案。工艺方案的步骤如下：

1）进行必要的工艺计算。根据产品图样，计算所需冲裁力、卸料力、推件力和冲裁功，计算模具的压力中心等，这些工艺计算是确定工艺方案所必需的。

2）提出各种可能的工艺方案。在工艺计算的基础上，通过对冲裁件的工序性质、工序数量、工序顺序及工序组合方式等的综合分析，提出各种可能的工艺方案。冲裁件的工序性质是指冲裁件加工成形所需的工序种类（如落料、冲孔等基本工序），根据冲裁件的几何形状直观确定。工序数量主要取决于冲裁件几何形状的复杂程度、尺寸精度、生产批量等因

素。工序顺序的安排主要取决于冲裁件的质量稳定性、经济性、工序的变形特点和尺寸要求。工序的组合方式主要指复合冲裁或级进冲裁，工序组合的必要性取决于生产批量，工序组合的可行性受冲压变形特点、产品质量、模具结构、制造条件的制约。

3）最佳工艺方案的确定。冲裁件的加工往往有几种工艺方案，因此需综合考虑多方面的影响因素，并通过分析、比较，从现有的生产条件出发，在保证产品质量、满足生产批量的前提下，从中选择一种技术上可行、经济上最合理的工艺方案。

（3）确定模具的结构形式、绘制模具原理图　工艺方案确定后，即确定了冲裁的工序性质和工序的组合方式，由此确定与之对应的模具种类。在确定模具结构形式时，应综合考虑冲裁件的形状特点、精度要求及模具制造条件、操作安全性等因素。选择模具结构形式主要包括以下内容：正、倒装结构形式的选择；卸料方式的选择；出件方式的选择；定位方式的选择；导向方式的选择。

（4）确定冲裁设备　选择冲裁设备是工艺设计中的一项重要内容，它直接关系到设备的合理使用、安全、产品质量、模具寿命、生产效率和成本等一系列复杂问题。选择冲裁设备主要包括设备类型和设备规格的选择。

1）冲裁设备类型的选择。根据冲裁工艺特点和常用冲压设备特点，一般情况下，冲裁设备选用机械压力机，如中、小型冲裁件选用开式曲柄压力机，大、中型冲裁件选用闭式曲柄压力机，进行大批量冲裁生产时，一般采用高速自动压力机。

2）冲裁设备规格的选择。设备类型选定之后，应进一步根据冲裁力（包括推件力、顶件力和卸料力）、冲裁功、冲裁件尺寸、模具结构形式、模具闭合高度和轮廓尺寸确定设备规格。设备规格的选择与模具设计有密切关系，应使设计的模具与所选择设备的规格（如曲柄压力机的公称压力、行程、装模高度、工作台面尺寸及滑块模柄孔尺寸等）相适应。

（5）编写冲裁工艺卡　完成上述工作程序后，即确定了冲裁件的加工工艺路线和实施其工艺路线所需的工序种类、数量、顺序、相应的模具与设备类型规格等，据此应正式编制出冲裁工艺卡。工艺卡作为冲裁设计的重要工艺文件，不仅是模具设计的基本依据，也是指导生产过程及其有关生产环节的主要依据。

为方便工厂的生产组织与管理，应根据生产类型的不同，编写出不同详细程度的工艺卡。一般情况下，在大批量生产中，需分别编制冲裁件的工艺卡、每道工序的工序卡和材料的排样卡。在成批和小批量生产中，需编制冲裁件的工艺卡。

在冲裁生产中，一般工艺卡的内容主要包括：工序序号、工序名称、工序草图、模具种类和形式、选用的设备型号、工序检验要求、板料的种类规格等。

6. 非金属材料的冲裁

非金属材料的冲裁所需冲裁力一般不大。对于非金属材料，可以采用与金属材料相似的冲裁方法。但由于非金属材料的组织结构和力学性能与金属材料有很大的差异，所以冲裁工艺和模具都具有一定的特殊性。根据非金属材料组织与力学性能的不同，通常采用的冲裁方式有普通冲裁和尖刃凸模冲裁两种。

对于一些较硬的非金属材料，如云母、酚醛纸胶板、酚醛布胶板、环氧酚醛玻璃布胶板等，通常采用普通形式的冲裁模。这些材料都具有一定的硬度而且较脆。为了减小冲裁裂纹、脱层等质量缺陷，应适当加大压边力与反顶力，减小模具间隙。搭边值也应比一般金属材料大些。对于厚度大于1.5mm且形状比较复杂的各种纸胶板和布胶板，冲裁前需将毛坯预热。

对于具有一定柔软性的材料，如皮革制品材料、塑料薄膜、纤维材料和弹塑性材料等，则通常采用尖刃凸模冲裁。尖刃冲裁模的结构如图 3-37 所示。从图中可以看出，凸模刃口都是由直面和斜面组成的尖刃，而且刃口的斜面都面对着废料。另外，在板料下面垫一块硬木或层板、纸板一类的材料，用以配合冲裁，从而可以省去刃口凹模。

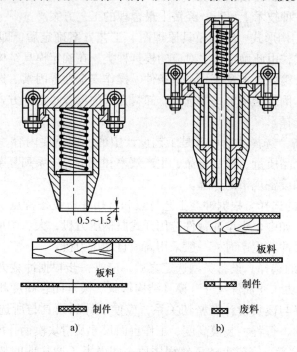

图 3-37　尖刃冲裁模的结构

7. 提高冲裁件质量的方法

冲裁件的质量主要包括断面质量、尺寸精度和形状误差三方面。断面应平直、光滑；圆角小；无裂纹、撕裂、夹层和飞边等缺陷；零件表面应尽可能平整；尺寸应满足公差要求。影响冲裁件质量的因素包括凸、凹模间隙大小及其分布的均匀性，模具刃口锋利状态，模具结构与制造精度，材料性能等，其中间隙值大小与分布的均匀程度是主要因素。

冲裁时，断裂面上下裂纹是否重合与凸、凹模间隙大小有关。当凸、凹模间隙合适时，凸、凹模刃口附近沿最大切应力方向产生的裂纹在冲裁过程中能会合成一条线，此时尽管断面与材料表面不垂直，但还是比较平直、光滑，飞边较小，工件的断面质量较好（见图 3-38a）。当间隙过小时，最初从凹模刃口附近产生的裂纹，指向凸模下面的高压应力区，裂纹成长受到抑制而成为滞留裂纹。凸模刃口附近产生的裂纹进入凹模上面的高压应力区，也停止成长。当凸模继续下压时，在上、下裂纹中间将产生二次剪切，这样在光亮带中部夹有残留的断裂带，部分材料被挤出材料表面形成高而薄的飞边（见图 3-38b）。这种飞边比较容易去除，只要工件中间撕裂不是很深，仍可应用。当间隙过大时，材料的弯曲和拉伸增大，接近胀形破裂状态，容易产生裂纹，使光亮带所占比例减小，且在光亮带形成以前，材料已发生较大的塌角。材料在凸、凹模刃口处产生的裂纹会错开一段距离而产生二次拉裂。第二次拉裂产生的断裂层斜度增大，断面的垂直度差，飞边大而厚，难以去除，使冲裁件断面质量下降（见图3-38c）。

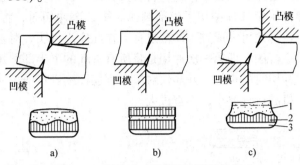

图 3-38 间隙对冲裁件断面质量的影响

a）间隙合适 b）间隙过小 c）间隙过大

1—断裂带 2—光亮带 3—圆角带

冲裁件的尺寸精度是指冲裁件实际尺寸与标称尺寸的差值，差值越小，精度越高。冲裁件的尺寸精度包括两方面的偏差，一是冲裁件相对凸模或凹模尺寸的偏差，二是模具本身的制造偏差。冲裁件相对凸模或凹模尺寸的偏差，主要是由于冲裁过程中，材料受拉伸、挤压、弯曲等作用引起的变形，在加工结束后工件脱离模具时，会产生弹性恢复而造成的。偏差值可能是正的，也可能是负的。影响这一偏差值的因素主要是凸、凹模的间隙。

当间隙较大时，材料受拉伸作用增大，冲裁完毕后，因材料弹性恢复，冲裁件尺寸向实体方向收缩，使落料件尺寸小于凹模尺寸，而冲孔件的孔径则大于凸模尺寸。当间隙较小时，凸模压入板料接近于挤压状态，凸、凹模作用于材料的挤压力大，压缩变形大，冲裁完毕后，材料的弹性恢复使落料件尺寸增大，而冲孔件孔径则变小。

尺寸变化量还与材料力学性能、厚度、轧制方向、冲裁件形状等因素有关。材料软，弹性变形量较小，冲裁后弹性恢复量就小，零件的精度也就高；材料硬，弹性恢复量就大。

上述讨论是在模具制造精度一定的前提下进行的，间隙对冲裁件精度的影响比模具本身制造精度的影响要小得多，若模具刃口制造精度低，冲裁出的工件精度也就无法得到保证。模具磨损及模具刃口在压力作用下产生的弹性变形也会影响到间隙及冲裁件应力状态的改变，对冲裁件的质量会产生综合性影响。目前的模具基本上都采用数控加工、线切割加工、电火花加工，模具加工的速度、精度都已经发生了很大的变化。

3.2.2 管材与型材的冲裁

1. 端面切断模具

经过切断后的管材，成为制造管件所需的管坯。根据管件的使用要求，有时还需对其端口加工出各种形状。以往加工这类端口形状时，大多采用铣削加工，刀具易损坏，效率低，也不很安全。目前广泛采用冲裁加工不但提高了生产效率，而且质量稳定，安全可靠。

常见的管材端口形式如图3-39所示。管材直径一般为（$\phi 10 \sim \phi 70$）mm，壁厚 0.5 ~ 5mm。由于端口形式不同，其模具结构应经过具体分析后进行合理设计。以下是几种已在生产中采用的典型模具结构，可供设计时参考。

（1）端口圆弧冲裁 管材端口冲切圆弧的模具结构如图3-40所示。凸模 3 压装在固定板 2 中，固定板以支板 1 和凹模 5 的一端面导向，借以保证凸模与凹模的单面冲裁间隙。支板和凹模装在下模座 7 上。开始冲裁前，应将凸模调整到与凹模圆弧面离开一个管材壁厚稍大一点的位置，以便管料送进。模具工作时，将端口分两次冲切。第一次冲切时，将管坯6套在凸模上，以定位螺钉4定长，冲切下半部圆弧。第二次冲切时，将管坯翻转180°，以冲成的管端口圆弧面定位，便可完成整个冲裁过程。在此应当说明，对管材端口圆弧分两次冲切是分两道工序分批进行的，即第一次冲切是将所有管坯的下半部圆弧冲切掉，然后调节定位螺钉，以便第二次冲切时的定位，并非仅对单个管坯连续进行两次冲切。采用这种模具结构进行冲裁，其压力机的行程要小，不宜过大。

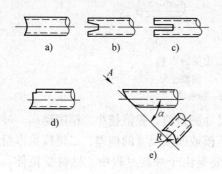

图 3-39　常见的管材端口形式

a) 端口圆弧　b)、c) 端口开槽　d) 端口异形

e) 端口倾斜圆弧

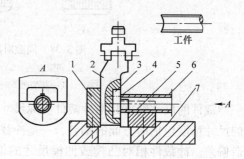

图 3-40　管材端口冲切圆弧的模具结构

1—支板　2—固定板　3—凸模　4—定位螺钉

5—凹模　6—管坯　7—下模座

（2）端口开槽冲裁　管材端口冲切开槽的模具结构如图3-41所示。芯模6紧固在固定板3上，固定板借弹簧2和导柱4可相对下模座1进行上下活动。冲裁时应在固定板上施加压力，一般可采用在压力机滑块下垫橡胶的方法。待芯模连同管坯紧贴下模座后，凸模5再开始冲裁。为提高芯模的刃口强度，凸模采用3°～5°的斜刃。冲裁另一面时，将管坯转180°，依靠已冲好的缺口定位再进行冲裁，从而分两次完成整个冲裁过程。

（3）端口异形冲裁　管材端口冲切异形的模具结构如图3-42所示。凸模2借支板1进行导向，芯模4的头部形状与凹模3一致，管坯5套在芯模上便能冲裁，芯模可以借销钉6向上提起并转动，以便装卸管坯。

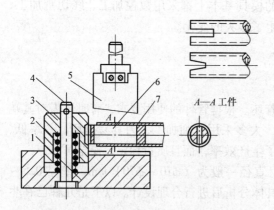

图 3-41　管材端口冲切开槽的模具结构

1—下模座　2—弹簧　3—固定板　4—导柱　5—凸模

6—芯模　7—管坯

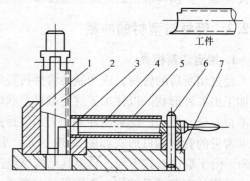

图 3-42　管材端口冲切异形的模具结构

1—支板　2—凸模　3—凹模　4—芯模

5—管坯　6—销钉　7—下模座

（4）端口倾斜圆弧冲裁 管材端口冲切倾斜圆弧的模具结构如图 3-43 所示。该管端口的圆弧 R 与管坯轴线成 α 斜角。它一般在卧式压力机上进行冲裁。具有特形刃面和刃口的凸模 1 装在压力机滑块中，凹模 2 是对开式的，借支板 4 固定在可绕 O 点转动的凹模底座上（图 3-43 中未示出）。管坯 3 插入凹模后，利用压杆 5 夹紧，凸模下冲便可进行冲裁。压杆靠横楔 7 和纵楔 6 施压，纵楔与压力机滑块相连。两楔紧固在另一带滑槽的底座上，底座也以 O 点为中心，可在压力机台面上回转，同时可绕压杆头部的圆弧切点摆动，这种回转和摆动与可转动的凹模底座一样，是为了适应各种不同的管端口斜角 α。当然，当 α 角改变时，与管径尺寸改变一样，必须另行设计相应的凹模；当冲切的圆弧 R 改变时，则还需另行设计凸模。斜角 α 在 30°~75° 范围内均能冲裁。如管材端口要求冲切出互成角度的多道 R，则可分几次冲裁完成。

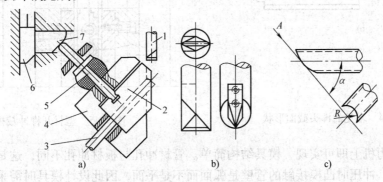

图 3-43 管材端口冲切倾斜圆弧的模具结构
a）模具结构 b）凸模结构 c）工件
1—凸模 2—凹模 3—管坯 4—支板 5—压杆 6—纵楔 7—横楔

由上述可知，由于管材端口要求冲切的形状不同，采用的模具结构亦不相同。这就需要针对管材端口的不同形式，具体分析研究端口形状的几何特点，进而合理地设计相应的模具结构。模具结构既要满足冲裁管材端口形状的功能要求，而且还应操作方便，安全可靠。

2. 型材冲裁模具

型材零件按切断后的截面形状不同可分为直角切断、45° 切断、开榫冲切三大类型。常见的榫头截面形状如图 3-44 所示。型材开榫冲裁模如图 3-45 所示，其主要特点：凸模边刃做成双斜刃式，在凸模下行时，保持凸模有水平和垂直两个方向的切割动作，使料筋和侧面一次分离，冲出工件。凸模边刃斜度一般选取 35°~40° 为好。凹模采用镶块结构，分别由件 1、2、3 共六块镶块组成，镶块位置呈左右对称组合而成，且镶块自身设计成对称形式，一侧刃口冲坏，颠倒对换仍能继续使用。冲裁时，把料放在图 3-45 中 A 所示位置上，由于设计时使凸模一侧斜刃升起的高度与型材两翼高度差值相等，这就保证凸模下行时，双斜刃同时接触型材两侧，由于两侧接触点上水平分力左右相等，下模工作稳定程度相应提高。凸模继续下行，在凸模底平面切断料筋的同时，凸模双斜刃沿型材两翼剖切，直到完全切断为止。

3. 侧壁冲孔模具

批量生产时，管材零件中的孔用冲孔的方法代替钻孔、铣孔等方法加工，具有生产效率高、工件表面美观，并可满足某些产品的特殊需要等优点。同时，管材冲孔不需要特殊的设

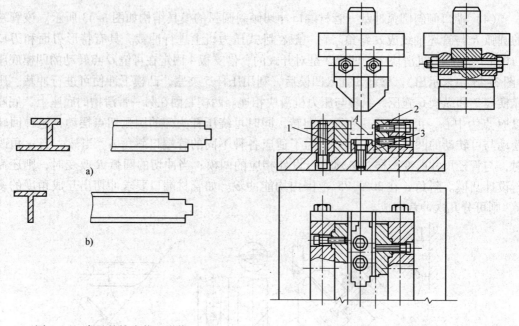

图 3-44　常见的榫头截面形状　　　　图 3-45　型材开榫冲裁模

备，在一般压力机上即可实现，模具结构简单。管材冲孔与板材冲孔不同，这是因为管材是空心筒状毛坯，冲压时凸模接触的管壁是弧面而不是平面，因此设计模具时需采取特殊的工艺措施及结构形式。管壁冲孔模具，按其结构特征不同可分为有凹模冲孔模、无凹模冲孔模和橡皮模冲孔模三类。

（1）有凹模冲孔模　管壁有凹模冲孔时，根据模具工作时凸模运动方向与压力机滑块运动方向的关系，又可分为垂直冲孔和水平冲孔两种。所谓垂直冲孔，即凸模运动方向与压力机滑块运动方向相同，它是将凸模装于上模，随压力机滑块作上、下往复运动，而凹模则装于下模的悬臂支架上，凸模下行便可进行冲孔加工。由于这类模具的凹模是悬臂式安装，故常称为悬臂式冲孔模。水平冲孔时，凸模运动方向与压力机滑块运动方向垂直，它是将凸、凹模都装在下模上，即利用装在上模的斜楔推动下模上装有凸模的滑块作水平运动，达到对管壁冲孔的目的。由于这类模具用斜楔机构驱动凸模作水平运动，因而可称为斜楔式冲孔模。

图 3-46 所示为悬臂式单冲冲孔模。凹模 10 压装在凹模支架 5 上，支架装于支座 2 中并由螺钉紧固。该管件管壁上的两个孔用两次行程冲出。冲完第一个孔后将管坯转动 180°，当定位销 11 插入已冲的孔后，再冲第二个孔。该模具结构简单，适用于小批或成批生产。但缺点是悬臂支架受力情况差，当冲裁力或力臂较大时，产生的弯矩大，故应进行强度校核。

图 3-47 所示为悬臂式对冲冲孔模。两凸模 7、12 分别装于上、下模上，凹模 10 压装在凹模支架 9 上。支架由导向柱 1 导向，可作上下运动，滑键 3 装于支架上并沿导向柱的滑槽滑动，以保证支架相对导向柱不发生转动。该模具在压力机的一次行程中，可同时冲出管壁上两个相对的孔。由于该模具采用对冲工艺，支架受力平衡，故可避免悬臂式单冲时产生较大弯矩而引起强度不足的问题。

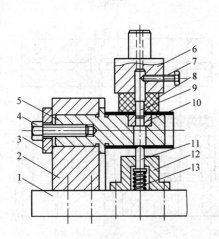

图 3-46 悬臂式单冲冲孔模

1—下模板 2—支座 3—压板 4、7—螺钉
5—凹模支架 6—模柄 8—橡胶 9—凸模
10—凹模 11—定位销 12—弹簧座 13—弹簧

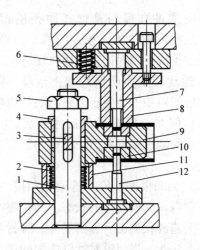

图 3-47 悬臂式对冲冲孔模

1—导向柱 2、6—弹簧 3—滑键 4—衬套
5—螺母 7、12—凸模 8—卸料板 9—凹模支架
10—凹模 11—限位器

图 3-48 所示为单斜楔式冲孔模。当斜楔 6 下行时，靠斜面 A 使上滑块 5 向右移动，靠斜面 B 使下滑块 3 向左移动，则左、右凸模 9、11 同时进入凹模 10，将管壁上两孔冲出。斜楔上行，上、下滑块靠弹簧 15 复位（上滑块的复位弹簧图 3-48 中未示出）。冲孔废料则通过漏料孔排出。

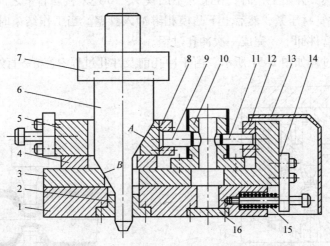

图 3-48 单斜楔式冲孔模

1—下模板 2—导向套 3—下滑块 4—支撑板 5—上滑块 6—斜楔 7—模柄
8、12—凸模固定板 9—左凸模 10—凹模 11—右凸模 13—防护罩 14—挡板
15—弹簧 16—盖板

图 3-49 所示为双斜楔式冲孔模。该模具采用两个斜楔 6，且模具结构左右对称。在压力机的一次行程中，可同时冲出管件左右侧壁上的孔。斜楔上行时，左、右滑块 3 靠斜楔及辅助弹簧 5、15 复位。冲孔废料则通过压力机工作台孔漏下。

斜楔式冲孔模与悬臂式冲孔模相比，左、右凸模同时进入凹模，凹模工作稳定，凹模强度更能得到保证；斜楔将压力机滑块的垂直运动转变为凸模的水平运动，因此凸、凹模的对中不会受压力机滑块导向精度的影响；但是，模具平面尺寸较大，且斜楔、滑块的制造精度及凸、凹模的装配精度要求较高。

（2）无凹模冲孔模　管壁无凹模冲孔，即是在管内无凹模支撑的状态下，仅靠凸模对管壁实施冲孔加工。显而易见，管材在空心状态下冲孔，当凸模对管壁施加的压力超过管壁本身所能承受的能力时，管材就会被压扁，使冲孔加工无法完成。要想在管材上进行无凹模冲孔，首要的条件是最大程度地提高管材的承压能力。因此，无论是在工艺还是在模具结构方面，都必须采取特殊措施，才能满足这一要求，从而保证冲孔加工得以进行。

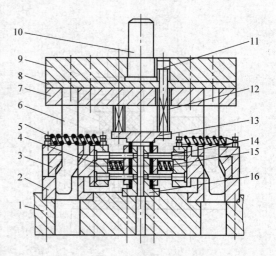

图 3-49　双斜楔式冲孔模

1—下模板　2—导向板　3—滑块　4—凸模固定板
5、12、15—弹簧　6—斜楔　7—固定板　8—垫板
9—上模板　10—模柄　11—卸料螺钉　13—压料板
14—凸模　16—凹模

图 3-50 所示为管材对冲双孔模具简图，该模具呈上、下对称布置，是管材无凹模冲孔的典型结构之一。模具开始工作时，在上、下凸模 9、10 还未接触管壁之前，首先由上、下活动压料板 5、4 对管材压紧，然后上下凸模相继冲入管壁。当工作结束时，压力机滑块回程，活动压料板将管件卸下，完成一次冲孔过程。

管材冲孔加工过程如图 3-51 所示。由于冲孔前及冲孔过程中管材一直处于被压紧状态，

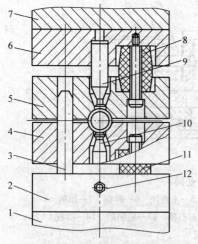

图 3-50　管材对冲双孔模具简图

1—下模座　2—下凸模固定板　3—导向柱
4—下活动压料板　5—上活动压料板　6—上凸模固定板
7—上模座　8、11—橡胶弹性体　9—上凸模
10—下凸模　12—顶丝

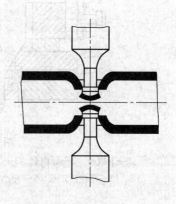

图 3-51　管材冲孔加工过程

这就大大增强了管材自身的刚度，使得管材在冲孔过程中避免了非稳定变形的可能性。因此，管材冲孔加工时，是由凸模将孔区的管壁逐渐顶入管壁内部，使材料由弹性弯曲到塑性变形，最后产生断裂分离的。

管材无凹模冲孔与有凹模冲孔相比较，主要有以下特点：在管材上进行无凹模冲孔加工，首要的条件是在冲孔开始前就必须使被冲孔以外的全部管材都处于被压紧的状态下，直至冲孔过程全部结束；否则管材在凸模压力作用下将产生压扁变形而使冲孔加工无法进行。在模具上必须设置压紧装置，以提供足够的压紧力；管材冲孔时由于无凹模支撑，材料的弹性变形过程较长，弯曲变形程度也较大，因此在冲出孔的周围形成一个"凹坑"，其大小与管材的尺寸、管材种类、冲孔尺寸、模具结构、压紧力等因素有关；管材无凹模冲孔只适用于允许被冲孔周围有"凹坑"的管件。管材在冲孔过程中，由于材料始终紧紧地靠在凸模上，因而凸模的发热及磨损比一般冲孔时严重，在设计模具时应合理确定凸模的结构形式、材质及其热处理要求等。

管壁无凹模冲孔，除用于冲制圆孔、长圆孔或异形孔外，还可用于冲制切口。该工艺与机加工孔相比，制造成本低，生产效率高，使用效果好，特别适用于农机、电器、轻工等产品上的管件冲孔，经济效益显著。

（3）橡皮模冲孔模　利用橡胶的易变形性和不易流散的聚合性，将其置于管坯内部作为弹性凸模，从而对管壁上任意形状的孔实施冲切的工艺方法，称为橡皮模冲孔。用于冲孔加工的橡胶包括天然橡胶和橡胶弹性体两类，由于前者所能承受的单位压力不高（一般小于 40MPa），因而只能用于小批量生产中软材料和薄壁管件的冲切工作。橡胶弹性体是介于天然橡胶与塑料之间的弹性体，具有一系列独特的物理力学性能，不仅强度高，允许的单位压力大（一般可达 500MPa），如果生产批量不大，其允许单位压力可高达 1000MPa，而且硬度范围大，耐磨、耐油、耐老化及抗撕裂性能也较好，因此寿命长，可用于大批量生产。

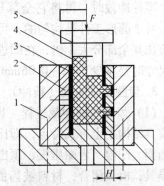

橡皮模冲孔模具结构如图 3-52 所示，主要由整体的凹模护套 1、凹模 2、橡胶弹性体棒 4 和压头 5 等零件组成。模具工作时，首先将管坯 3 置于凹模中，再将橡胶弹性体棒连同压头（用聚氨酯粘胶液将橡胶弹性体棒和压头粘接起来）一起插入到管坯内。随着压力机滑块下行，压头下压，使橡胶棒产生轴向压缩变形而充满管坯内腔，此时先对管径起校正作用。当压头继续下压时，封闭在管坯内的橡胶单位压力急剧上升，直至使材料在凹模刃口附近产生微裂纹而最终分离，便完成了整个冲孔加工过程。

图 3-52　橡皮模冲孔模具结构
1—凹模护套　2—凹模（分块结构）
3—管坯　4—橡胶弹性体棒
5—压头

3.2.3　精密冲裁

精密冲裁（简称精冲）直接采用板料、条料或带料就能冲出断面质量好、尺寸精度高的工件。前已述及，在冲裁变形过程中，由于凸、凹模之间间隙的存在，冲裁件会出现锥度，同时使冲裁变形过程不能形成纯剪切变形，而伴随着材料的弯曲与拉伸，由于拉应力的作用，材料产生撕裂，形成粗糙的断面。因此，精密冲裁均采用极小的间隙，甚至负间隙。

另一方面，采用带有小圆角或椭圆角的凹模（落料时）和凸模（冲孔时）刃口，以避免刃口处应力集中，从而增大压应力，减小拉应力，消除或延缓裂纹的出现，且圆角凹模还有挤光冲切面的作用，故可得到光亮垂直的断面。

1. 小间隙圆角凹模冲裁

落料时，凹模刃口采用小的圆角或椭圆角，凸模仍为普通形式，凸、凹模双面间隙值小于 0.01～0.02mm，且与材料厚度无关。落料时金属被均匀地挤进凹模腔口，形成光亮的断裂面。带椭圆角的凹模还能增加模具对毛坯的径向压应力，以提高金属塑性。图 3-53 所示为带圆角或椭圆角凹模的两种结构形式。图 3-53a 是带椭圆角凹模，其圆弧与相连部分应

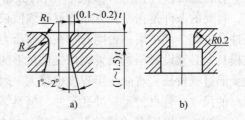

图 3-53　带椭圆或圆角的凹模

光滑连接，圆弧要均匀一致。为了制造方便，也可采用图 3-53b 所示的凹模。

2. 负间隙冲裁

负间隙冲裁如图 3-54 所示，此时凸模尺寸大于凹模尺寸，冲裁过程中出现的裂纹方向与普通冲裁相反，形成一个倒锥形毛坯。凸模继续下压时将倒锥毛坯压入凹模，相当于整修过程。因此，负间隙冲裁是落料与整修的复合工序。由于凸模尺寸大于凹模，因此在冲裁完毕时，凸模不应挤入凹模孔内，而应与凹模表面保持 0.1～0.2mm 的距离。此时，毛坯尚未全部压入凹模，要待下一个零件冲裁时，再将它全部压入。凸模与凹模的直径

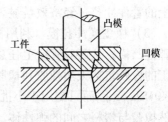

图 3-54　负间隙冲裁

差，对于圆形工件是均匀的，可采用 1/10～1/5 板厚度，而对于形状复杂工件，在凸出的角部应比其余部分大 1 倍，在凹进的角部则应减少一半。因工件有弹性变形，设计凹模工作部分尺寸时要减少 0.02～0.06mm。

3. 齿圈压板冲裁（精冲）

（1）齿圈压板冲裁过程　齿圈压板冲裁除了凸、凹模间隙极小以及凹模刃口带圆角外，在模具结构上也有其特点，即比普通冲裁模多了一个齿圈压板与顶出器。因此，其工作部分由凸模、凹模、齿圈压板、顶出器四部分组成。精冲工艺过程如图 3-55 所示，包括材料送进模具；模具闭合，材料被齿圈压板、凹模、凸模和顶出器压紧；材料在受压状态下被冲裁；冲裁完毕，上、下模分开；齿圈压板卸下废料，并向前送料；顶出器顶出零件，并排走零件。先卸废料，再顶出零件，这是为了防止零件卡入废料，以免影响零件断面质量。

由于精冲法增添了齿圈压板与顶出器，使材料在受压状态下进行冲裁，故可防止材料在冲裁过程中的拉伸流动。加之间隙极小，使切割区的材料处于三向压应力状态。

此法不仅能提高冲裁周边金属的塑性，还会消除材料剪切区的拉应力，圆角凹模刃口还能消除应力集中，因此不会产生由拉应力引起的宏观裂纹，从而不会出现普通冲裁时的撕裂断面。同时，顶出器又能防止工件产生穹弯现象，故能得到冲裁断面光亮、锥度小、表面平整、尺寸精度高的工件。实践证明，在精冲时压紧力、冲裁间隙及凹模刃口圆角三者是相辅相成的，而间隙是第一位的。

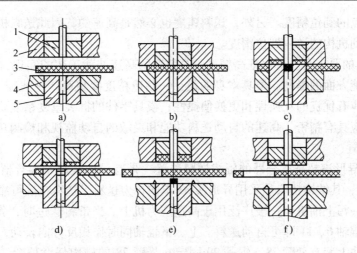

图 3-55　精冲工艺过程

1—顶出器　2—凹模　3—材料　4—齿圈压板　5—凸模

（2）适用于精冲的材料与零件的结构工艺性　精冲材料必须具有良好的变形特性，以便在冲裁过程中不致发生撕裂现象。低碳钢精冲效果最好。含碳量较高的碳钢及铬、镍、钼含量低的合金钢经退火处理后仍可获得良好的精冲效果。值得注意的是材料的金相组织对精冲断面质量影响很大（特别对含碳量高的材料），最理想的组织是球化退火后均布的细粒碳化物（即球状渗碳体）。有色金属包括纯铜、黄铜、软青铜、铝及其合金都能精冲，铅黄铜精冲质量不好。

精冲零件所允许的孔边距和孔径的最小值都比普通冲裁要小。

精冲件不允许有尖角，必须是圆角，否则在工件相应的剪切面上会发生撕裂，而且易使凸模损坏。工件的最小圆角半径是一个关键参数，与工件的尖角角度、材料厚度及其力学性能等因素有关。精冲允许的最小孔径主要从冲孔凸模所能承受的最大压应力来考虑，其值与被冲材料性质及材料厚度等因素有关。冲窄长槽时，凸模将受到侧压力，所能承受的压力比断面同样大的圆孔凸模小，故需要按槽长与槽宽的比值来考虑。工件的最小圆角半径、最小孔径与槽宽等数值可参考有关手册。

3.2.4　高速冲裁

1. 高速冲裁特点

与普通冲裁相比，高速冲裁具有以下特点：

1）高速冲裁生产效率高，相对投资成本低，经济效益好。

2）冲裁断面质量好。

3）模具磨损小、寿命长。

4）变形速度和冲裁力大，由此会引起振动、噪声以及模具升温，特别在凸、凹模的刃口部位和各种上、下导向部位，有可能导致烧蚀；同时，凸模的折损率也会明显上升。

5）惯性力影响因素增大。压力机运动部分质量所产生的惯性力与运动速度的平方成正比地增大。当压力机行程次数高达 400 次/min 时，压力机便会出现共振现象，压力机在运转中的不平衡现象明显增强，出现剧烈的晃动，滑块下死点动态性能急剧恶化，从而影响到稳定滑块下死点的到位精度。另外，送料速度也必然是高速的，因此送料机构所产生的惯性力同样会影响到机构的送料到位精度。

6）对模具的要求高。要保证高精度、高效率的高速冲裁工艺的实现，必然有赖于模具本身性能和功能方面的提高。模具本身的设计、制造精度要更高，一般需达到微米级；凸、凹模及易损件应有优良的互换性和更换便捷性；模具零件的拆装重复精度要高；模具使用寿命要长；模具应具有精密、高速的自动送料功能和灵敏的自动监视和检测功能等。

2. 送料装置

（1）带有异形滚超越离合器的辊式送料装置　带有异形滚超越离合器的辊式送料装置如图3-56所示，其结构特点是采用异形滚33单向传力送料，送料精确可靠，且带有进料调节机构及带料去污上油机构，被广泛用于高速压力机上。当带料送进时，先通过两片油毡3去污后，通过辊轴6、11即可自动送料。上、下辊轴同时作相反方向转动，转动动力来自压力机滑块。滑块上装有悬臂28，辊子29固定在悬臂28的槽内任意位置。滑块上升时，辊子29带动固定在离合器外壳13上的摇臂15，使外壳13与摇臂15同时逆时针旋转。因此外壳13通过异形滚33带动轴10与上辊轴11一起旋转，从而将滑块的上升运动转换为辊轴的旋转运动，带动带料送进。当滑块下降时，外壳13在拉簧19的作用下复位。因为异形滚33只能单向传力，而辊轴11又带动制动轮9，故辊轴11不转动，使带料保持静止位置，压

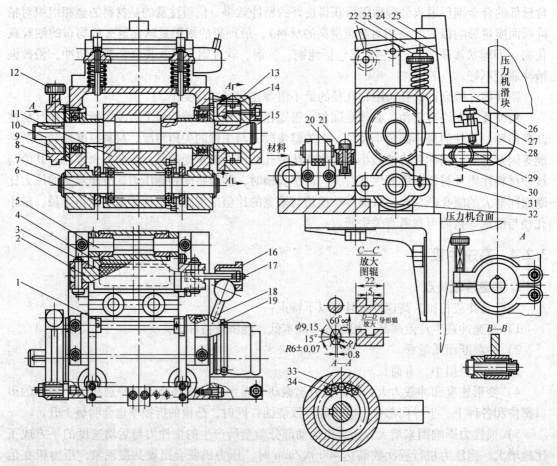

图3-56　带有异形滚超越离合器的辊式送料装置

力机开始冲压。变更辊子 29 在悬臂 28 槽内的位置，摇臂 15 的转动角度也随之变化，从而可调节带料送料进距的大小，以适应不同进距的要求。对带有导正销的级进模，为实现导正销精确导正，送料装置应具备瞬时释料功能。当滑块下降到一定距离时，固定在滑块上的撞块 26 开始与螺栓 27 接触，把由杆 23、24、25 组成的杠杆向下压，使杆 23 压住拉杆 30，下杠杆 31 带着下辊轴 6 也往下移动，带料不再被压紧，此时，导正销即时插入带料上导孔，实现精确定位。

（2）蜗杆凸轮—滚子齿轮分度机构的辊式送料装置　蜗杆凸轮—滚子齿轮分度机构的辊式送料装置如图 3-57 所示，该分度机构应用广泛，在高速压力机辊式送料装置中处于主导地位。

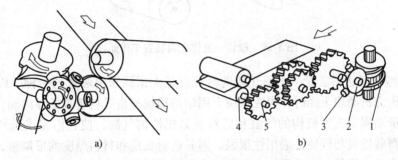

图 3-57　蜗杆凸轮—滚子齿轮分度机构的辊式送料装置
a）更换料辊式　b）更换齿轮式
1—蜗杆凸轮　2—星形轮　3—滚子　4—送料辊　5—齿轮

如图 3-58 所示，在送料开始和结束时，加速度都等于零，因为不发生加速度突变，所以该分度机构是最理想的高速分度机构。其结构类似于蜗轮副传动装置，蜗杆凸轮的梯形螺纹与星形轮上的滚子相啮合，当蜗杆凸轮旋转一周时，以两个滚子夹住蜗杆的啮合方式使星形轮旋转一个齿距。当蜗杆凸轮不停地作等速旋转时，星形轮却作精确的间歇运动。因为滚子圆柱素线总是平行于蜗杆凸轮剖面梯形的斜边，所以滚子作径向调节，并不改变机构的运动性能。因此通过安装调整，可以调节滚子在蜗杆凸轮梯形筋上接触的过盈量或补偿磨损，以消除侧隙，从而避免冲击与振动，在高速运行下获得很高的传动精度。

蜗杆凸轮—滚子齿轮分度机构的辊式送料装置有更换料辊式和更换齿轮式两种结构形式。如图 3-57a 所示，更换料辊式送料装置把下送料辊直接连接在分度机构的输出轴上，改变送料进距时需要更换不同直径的下送料辊。对

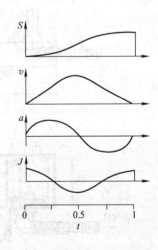

图 3-58　修正正弦曲线
S—位移　v—速度　a—加速度
J—转动惯量　t—时间

于这种结构来说，送料进距不能无级调节，一种送料进距就需要一个相应直径的下送料辊。更换齿轮式送料装置如图 3-57b 所示，在分度机构输出轴和送料辊之间增加了 4 个变换齿轮，以达到改变送料进距的目的，这种送料装置能够基本实现送料进距在一定范围内的无级调节。更换齿轮式由于多了两级齿轮传动，因而其送料精度比更换料辊时低。

（3）摆辊—夹钳式送料装置 摆辊—夹钳式送料装置的工作原理如图 3-59 所示，送料辊不是单方向回转，而是通过一套行星齿轮机构产生的往复运动转化为上、下辊的摆动送进带料。辊轴只有在送料时才压紧带料。回程时上辊上升，带料被定位夹钳夹住。这种送料装置的缺点和机械夹钳式送料装置基本相同，主要是其加速度特性差，不适合在超高速压力机上使用。

图 3-59 摆辊—夹钳送料装置工作原理

（4）小型气动送料装置 小型气动送料装置是夹钳式送料装置的一种，以压缩空气为驱动动力，压力机滑块下降时，由在滑块上固定的撞块撞击送料装置的导向阀，气动送料装置的主气缸推动固定夹紧机构的气缸和送料夹紧机构的气缸，使它们完成送料和定位的工作。气动送料装置灵巧轻便，通用性很强。因其送料长度和材料厚度均可调整，所以不但适用于大量生产的冲压件，也适用于多品种、小批量的冲压生产。AF 系列小型气动送料装置的外形如图 3-60 所示。

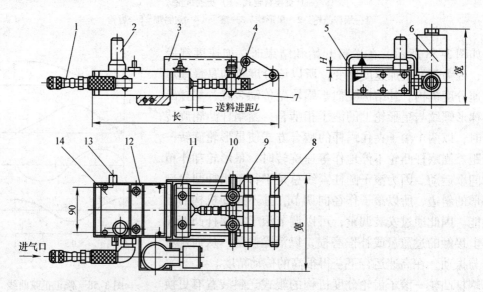

图 3-60 AF 系列小型气动送料装置的外形
1—气嘴接头 2—导向阀 3—安全罩 4—调节螺钉 5—调速阀 6—电磁阀
7—锁紧螺钉 8—托料架 9—导轮 10—调节垫 11—移动夹紧板
12—固定夹紧板 13—消声器 14—阀体

小型气动装置有推式和拉式两种。推式气动送料装置安装于模具最初工位的前面，拉式气动送料装置安装于模具最后工位的后面。

推式气动送料装置工作时，送料装置通入压缩空气，如图 3-61a 所示，固定夹钳开启，移动夹钳停留在送料装置本体的远侧，并夹紧带料；送料装置接通工作信号，如图3-61b所示，移动夹钳夹住带料运动到送料装置的近侧，移动夹钳松开带料，固定夹钳夹紧带料定位；切断进给的工作信号，如图 3-61a 所示，松开的移动夹钳回到送料装置本体的远侧，移动夹钳夹紧，固定夹钳松开，并开始新的循环。

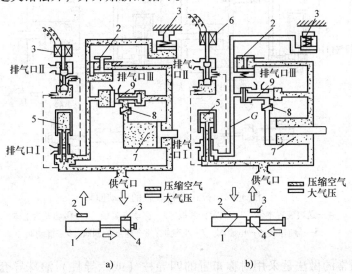

图 3-61　推式送料装置的气动原理

1—送料装置本体　2—固定夹紧板　3—移动夹紧板　4—移动夹紧主体
5—导向阀　6—电磁阀　7—主气缸　8—速度控制阀　9—推动阀

拉式气动送料装置工作时，送料装置通入压缩空气，如图 3-62a 所示，移动夹钳停留在送料装置本体的近侧，并开始夹紧带料，固定夹钳松开，送料装置接通工作信号，如图 3-62b 所示，移动夹钳夹着带料运动到送料装置本体的远侧，移动夹钳松开带料，固定夹钳夹紧带料定位；切断进给的工作信号，如图 3-62b 所示，松开的移动夹钳回到送料装置本体的近侧，移动夹钳夹紧，固定夹钳松开，并进行新的循环。

气动送料装置的最大特点是送料进距精度较高且稳定可靠，一致性好。由于气动送料装置在冲压速度、材料厚度、材料宽度、送料长度、原材料平整度等方面均有一定的要求，因此在使用气动送料装置的同时，最好具备相应的开卷装置、校平装置、材料张弛控制架和收卷装置或废料切断装置，从而可以在保证冲压质量的前提下，最大程度地提高气动送料装置的利用率，即提高冲压加工的劳动生产率。

3. 模具设计与制造要点

根据高速冲裁工艺的特点，设计相应模具时必须遵循以下设计和制造要点：

（1）防松措施得当有效　由于在高速运转和冲击下，模具必然伴随振动，模具各连接部分的螺钉与销钉、导正销和镶件等都容易受振而出现松动。

（2）确保模架刚性和精度　高速冲压生产的顺利进行必须在充分保证冲压设备的刚度和精度的前提下，确保模架的刚度和精度。模架的微小变形，不仅会直接损害模具的精度，而且会影响冲件质量和模具本身的使用寿命。所以在高速冲模设计中，应首先着力强化模架

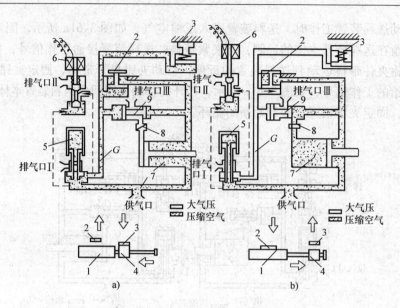

图 3-62 拉式送料装置的气动原理

1—送料装置本体 2—固定夹紧板 3—移动夹紧板 4—移动夹紧主体
5—导向阀 6—电磁阀 7—上气缸 8—速度控制阀 9—推动阀

的结构刚性。通常的做法是采用对称布置的四导柱（或六导柱）滚珠导套结构；对上、下模座进行加厚设计（或补充专用垫板），并采用铸铁或强度较高的预硬钢制造。为了保证模架的高精度，高速冲裁模尤其是级进模都采用双重导向，即除上、下模座间采用四导柱（或六导柱）滚珠导套结构外，在凸模固定板、卸料板和凹模固定板之间还采用辅助导向结构。

（3）尽量减轻上模重量 由于高速冲压时，活动部分往下的惯性力极大，如果上模重量可以减轻，则这种惯性力可随之减小，从而可以减小振动，有益于保证上模下死点的到位精度。因此，模具结构设计时应力求减轻上模的重量，能够安排在下模的机构就不要设计在上模上。同时，基于这种考虑，上模座等零件可选用密度小的高强度铝合金或塑料制造。

（4）采用浮动导料结构 在常规的级进模冲压中，带料是紧贴着凹模表面送进的，这不仅会在板面与凹模表面之间产生粘吸，而且会在带料送进过程中产生较大的摩擦阻力，从而影响送料精度；另外，对于包含冲裁、成形等工序的多工位级进模，带料更无法贴模送进，而必须浮离凹模平面一定的高度。因此，在高速运行下的多工位级进模应采用浮动导料结构。

（5）采用双重定位结构 在高速多工位级进模冲压生产过程中，由于存在逐级送料过程中累积的送料误差、高速冲压带来的振动和材料成形过程中所带来的带料窜动，通常自动送料机构难以保证定位准确的要求，因此，在模具结构设计中应在自动送料粗定位的基础上，再辅以精定位结构设计，构成双重定位结构。通常的做法是在带料上冲出导正孔，而在模具上设置导正销，以达到精定位的目的。一般在第一工位就先冲出导正孔，在第二工位开始设置导正销，并在以后的工位中，根据工位数优先在容易窜动的部位设置合适数量的导正销。导正孔位置，应尽可能设在废料上，或者借用冲件上的孔，以免额外增加料宽。借用冲件上的孔作导正时，应先在其孔位上冲出供导正用的孔，再在最后一道工位前将孔修大到冲件要求的尺寸。

（6）防止冲件和废料回升　在高速冲压生产中，冲件和废料的失控回升会引起严重的不良后果。诱发这种现象的原因较多，除了在高速冲压下凸模头部微磁化加重的诱因之外，诸如与压力机共振、润滑油过稠或过多、凸模进入凹模过浅，以及凸凹模之间的间隙不均匀或凸模、凹模形状设计不合理等都可能是引起冲件或废料失控回升的直接原因。模具结构设计中，应尽量周全地采取一些预防措施来防止冲件和废料回升。

（7）采用冲件集件机构　由于高速冲压的生产率高，若冲件与废料由凹模型孔中落下混杂在一起，会为冲后留下极大的分拣工作量，因此通常应在高速冲模上采用冲件集件机构，其冲件导出管固定在下模座上，常见固定方式有灯头插口式和螺钉顶紧式两种。

（8）方便安装监测装置　为了保证高速冲压作业的正常、平稳进行，及时发现各种可能干扰生产正常进行的现象，是必须把握的一个重要环节，需要在模具上装设各种监视和检测装置，例如冲压过载检测装置、带料厚度检测装置、送料步距异常检测装置、凸模折断等模具异常情况的检测装置和模具润滑情况的检测装置等。在模具设计时，要妥善考虑这些装置的安装位置和固定方式，排除可能的干扰。

（9）方便保证模具的高精度　高速冲模的精度比普通冲模的高，模具精度要通过设计、加工、装配才能最终获得，并通过使用维护才能持久保持。因此，模具设计应该考虑到各个加工制造环节，尽可能为保证实物模具的高精度提供优势及方便。

（10）全方位提高模具寿命　高速冲压模具必须具有高的寿命才有投入实际生产的意义，因此必须把握好设计等各个技术环节的质量关，全方位地注重提高模具的使用寿命，例如，注意把握冲件的结构工艺性；认真做好模具各种结构的设计和计算，并相互协调；合理选用模具材料，特别是凸、凹模及其他活动零件的用材，并严格其热处理效果等。

3.3　弯曲

3.3.1　板料弯曲

1. 概述

弯曲是将平板金属或管子毛坯等按照一定的曲率或角度进行变形，从而获得一定的不封闭形状零件的冲压成形工序。进行弯曲的材料可以是板料、型材，也可以是棒料、管材。弯曲工艺在汽车工业、航空航天工业中具有广泛的应用，同时也用于其他板料件生产。用弯曲方法加工的零件种类非常多，如汽车纵梁、自行车车把、仪表电器外壳等，常见的弯曲件如图 3-63 所示。其中，以板料弯曲应用最多。

弯曲工序除了使用模具在普通压力机上进行外，还可使用其他专门的弯曲设备进行，如在折弯机上进行折弯，在拉弯设

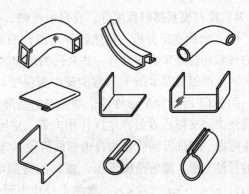

图 3-63　常见弯曲件

备上进行拉弯，在辊弯机上进行辊弯及辊压成形等（见图3-64）。虽然成形方法不同，但变形过程及特点却存在某些相同的规律。

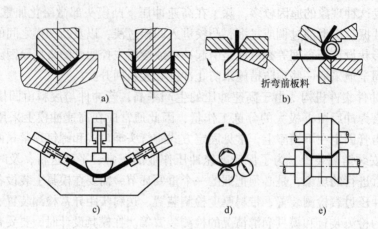

图 3-64　弯曲件的加工方式
a）模具压弯　b）折弯　c）拉弯　d）辊弯　e）辊形

（1）弯曲变形分类　弯曲变形可根据变形区的力学特性、工件形状、使用设备及弯曲方式等方面进行分类。

1）按变形区的力学特性分。

弹性弯曲：变形区内各部分的应力数值均小于材料的屈服强度，变形区仅产生弹性变形。

弹—塑性弯曲：靠近变形区内，外层的应力数值大于材料的屈服强度，而弯曲毛坯中心部分的应力数值仍小于材料的屈服强度，变形区内既有弹性变形，也有塑性变形。

纯塑性弯曲：变形区内的塑性变形很大，中性层附近的弹性变形可忽略，且从中性层到内、外层的应力与应变成线性关系。

无硬化纯塑性弯曲：在纯塑性弯曲中假设无加工硬化效应。

2）按工件形状分，有 L 形弯曲、V 形弯曲、U 形弯曲、Z 形弯曲、多角弯曲等。

3）按弯曲设备分，有压弯（普通压力机上）、折弯（折弯机上）、滚弯（滚弯机上）及拉弯（拉弯机上）等。

4）按与模具接触程度分，有自由弯曲、接触弯曲和校正弯曲等。

（2）弯曲变形分析　虽然各种弯曲件的形状及其使用的弯曲方式有所不同，但从其变形的过程和特点来看却具有一些共同的规律。其中，板料压弯工艺是弯曲变形中运用最多的一种。下面以最基本的 V 形弯曲模中板料受力变形的基本情况为例，来分析弯曲变形过程。

图 3-65 所示为 V 形件校正弯曲时的变形过程。在板料 A 处，凸模施加弯曲力 $2F$，在凹模圆角半径支撑点 B 处产生反作用力 F，并与弯曲力构成弯曲力矩，$M = F \cdot (l/2)$，使板料产生弯曲。弯曲开始阶段为自由弯曲阶段，弯曲圆角半径 r 很大，弯曲力矩很小，仅引起材料的弹性变形。随着凸模下压，板料的弯曲半径与支撑点距离逐渐减小，即 $l_n < \cdots < l_3 < l_2 < l_1$，$r_n < \cdots < r_3 < r_2 < r_1$。弯曲半径减小到一定值时，由于弯曲力 $2F$ 和弯矩 M 的逐渐增大，毛坯变形区内板料的内外表面首先进入塑性变形，并逐渐向毛坯内部扩展，进入弹塑性

弯曲。凸模继续下行到使板料支撑点 B 以上部分与凸模的 V 形斜面接触后被反向弯曲，并逐渐贴近凹模斜面，直至板料与凸、凹模完全贴合。变形由弹—塑性弯曲逐渐过渡到纯塑性变形，此时，板料内部基本上全是塑性变形区，只有中间极薄的一层弹性变形区可以忽略不计，这时的弯曲称为纯塑性弯曲。

若凸模、板料、凹模三者贴合后凸模不再下压，则称作自由弯曲；若凸模继续下压，对板料施加的弯曲力急剧上升，此时板料处于校正弯曲。

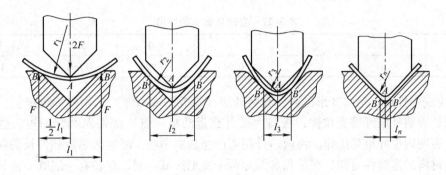

图 3-65　V 形件校正弯曲时的变形过程

为了观察板料弯曲时金属的流动情况，便于分析弯曲变形的特点及规律，在弯曲前的板料侧表面用机械刻线或照相腐蚀制作网格，用工具显微镜观察、测量弯曲前后网格的尺寸、形状及断面形状的变化情况。从图 3-66 可看出：

1）弯曲变形区主要在弯曲件的圆角部分。通过对网格的观察，可见圆角部分的网格由正方形变成了下宽上窄的扇形。靠近圆角部分的直边有少量变形，而远离圆角的直边部分，则仍保持原状，没有变形。

2）变形区横断面的变化。b/t 称为板料的相对宽度（b 是板料的宽度，t 是板料的厚度）。一般将相对宽度 $b/t > 3$ 的板料称为宽板，相对宽度 $b/t \leq 3$ 的板料称为窄板。

如图 3-67 所示，窄板弯曲时，横断面发生了畸变，原矩形断面变成了上宽下窄的扇形。这是因为窄板弯曲时，宽度方向的变形不受约束。而宽板弯曲时，横断面形状几乎不变。这是因为宽板弯曲时，宽度方向的变形会受到相邻部分材料的制约，材料不易流动所致。生产中，一般为宽板弯曲。

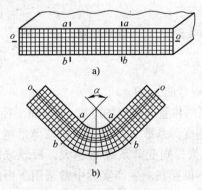

图 3-66　弯曲前后坐标网格的变化

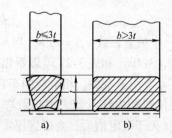

图 3-67　板料弯曲前后横断面形状

3）变形区材料厚度变薄。材料弯曲变形程度较大时，变形区外侧材料受拉伸长，厚度方向的材料流动过来进行补充，从而使厚度减薄，内侧材料受压，使厚度方向的材料增厚。由于应变中性层位置随弯曲变形程度的增大逐渐内移，所以外侧的减薄区域随之扩大，内侧的增厚区域逐渐缩小，外侧的减薄量大于内侧的增厚量，最终使弯曲变形区的材料厚度减薄。变形程度越大，变薄越严重。材料厚度由 t 变薄至 t_1，其比值 $\eta = t_1/t$ 称为变薄系数。由于 $t_1 < t$，故 $\eta < 1.0$，可查表 3-27。

表 3-27　变薄系数 η 的数值

r/t	0.1	0.5	1.0	2.0	5.0	>10.0
η	0.8	0.93	0.97	0.99	0.998	1.0

4）应变中性层。弯曲变形区内，板料外层（靠近凹模一侧）的切向纤维伸长，越靠近外层越长，表明外层纤维受拉伸；板料内层（靠近凸模一侧）的切向纤维缩短，越靠近内层越短，表明内层纤维受压缩。由内、外层表面至板料中心，纤维的缩短和伸长的程度逐渐减小。由材料的连续性可知，在伸长和缩短两个变形区域之间，存在着一层既不伸长也不压缩的纤维层，此纤维层称为应变中性层。

应变中性层长度的确定是计算弯曲件毛坯展开长度的重要依据。当弯曲变形程度很小时，应变中性层的位置基本上处于材料厚度的中心；当弯曲变形程度较大时，应变中性层将向材料内侧移动，变形量越大，内移量越大。设板料原来的长度、宽度和厚度分别为 L、b 和 t，弯曲后成为外径为 R、内径为 r、宽度为 b'、厚度为 ηt（η 为变薄系数，）和弯曲中心角为 α 的形状（见图 3-68）。根据弯曲变形前后金属体积不变的原理，有

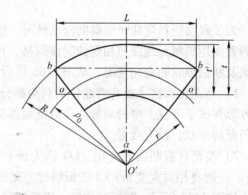

图 3-68　板料弯曲时的中性层

$$tLb = \pi(R^2 - r^2)\frac{\alpha}{2\pi}b' \qquad (3-17)$$

由应变中性层长度在弯曲变形前后保持不变，得

$$L = \alpha\rho_0 \qquad (3-18)$$

式（3-17）和式（3-18）联立求解，并将 $R = r + \eta t$ 代入，整理后得

$$\rho_0 = \left(\frac{r}{t} + \frac{\eta}{2}\right)\eta\beta t \qquad (3-19)$$

式中　β——板宽系数，$\beta = b'/b$，当 $b/t > 3$ 时（宽板弯曲），$\beta = 1$。

从式（3-19）和表 3-27 可以看出，应变中性层的位置与板料的厚度 t、弯曲半径 r 以及变薄系数 η 等因素有关。相对弯曲半径 r/t 越小，则变薄系数 η 越小，板厚减薄量越大，应变中性层位置的内移量越大。相对弯曲半径 r/t 越大，则变薄系数 η 越大，板厚减薄量越小。当 r/t 大于一定值后，变形区厚度减薄的问题不再存在。生产实际中常采用下面的经验公式确定应变中性层的位置，即

$$\rho_0 = r + xt \qquad (3-20)$$

式中　　x——与变形程度有关的中性层内移系数，其值可查表3-28。

表 3-28　中性层内移系数 x 的值

r/t	0.1	0.2	0.3	0.4	0.5	0.6	0.7	0.8	1.0	1.2
x	0.21	0.22	0.23	0.24	0.25	0.26	0.28	0.30	0.32	0.33
r/t	1.3	1.5	2.0	2.5	3.0	4.0	5.0	6.0	7.0	≥8.0
x	0.34	0.36	0.38	0.39	0.40	0.42	0.44	0.46	0.48	0.50

　　板料在外弯曲力矩作用下，先产生较小的弯曲变形。设弯曲变形区应变中性层曲率半径为 ρ_0，弯曲中心角为 α（见图3-68），则距应变中性层为 y 处的材料的切向应变和切向应力为

$$\begin{cases} \varepsilon_\theta = \ln \dfrac{(\rho+y)\alpha}{\rho\alpha} = \ln\left(1+\dfrac{y}{\rho}\right) \approx \dfrac{y}{\rho} \\[3mm] \sigma_\theta = E\dfrac{y}{\rho} \end{cases} \tag{3-21}$$

式中　　E——材料的弹性模量。

　　此时，板料中切向应力和切向应变的分布情况如图3-69所示。弹性弯曲变形区材料的变形程度及应力的大小，完全取决于该层至应变中性层的距离与应变中性层曲率半径的比值 $\dfrac{y}{\rho}$，而与弯曲中心角 α 的大小无关。显然，在弯曲变形区的内、外表面的切向应力和应变为最大。对于厚度为 t 的板料，当其内弯曲半径为 r 时，板料表面的切向应力 $\sigma_{\theta\max}$ 与切向应变 $\varepsilon_{\theta\max}$ 为

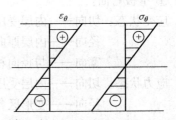

图 3-69　弹性弯曲时板料中的
应力应变分布

$$\begin{cases} \varepsilon_{\theta\max} = \pm\dfrac{t/2}{r+t/2} = \pm\dfrac{1}{1+2\dfrac{r}{t}} \\[4mm] \sigma_{\theta\max} = \pm E\varepsilon_{\theta\max} = \pm\dfrac{E}{1+2\dfrac{r}{t}} \end{cases} \tag{3-22}$$

　　假定材料的屈服应力为 σ_s，弹性弯曲的条件是：$|\sigma_{\theta\max}| < \sigma_s$ 或 $\dfrac{E}{1+2\dfrac{r}{t}} < \sigma_s$，则

$$\frac{r}{t} > \frac{1}{2}\left(\frac{E}{\sigma_s}-1\right) \tag{3-23}$$

　　可见，r/t 若不满足式（3-23），则板料内、外表面的应力水平超过板料的屈服应力而进入塑性弯曲变形；r/t 越小，则板料中的塑性变形比例越大。因此，可用 r/t（即相对弯曲半径）来表示板料弯曲时的变形程度。相对弯曲半径 r/t 越小，表示弯曲变形程度越大。

　　如图3-70所示，取材料的微小单元体表示板料弯曲变形区的应力和应变状态（指主应力、主应变状态，后同）。设板料弯曲变形区的主应力和主应变的方向分别为切向（σ_θ，ε_θ）、宽度方向（σ_b，ε_b）和厚度方向（径向，σ_r，ε_r）。板料在弯曲变形时，变形区内的应力状态和应变状态与弯曲毛坯的相对宽度 b/t 以及弯曲变形程度 r/t 等因素有关。随着变

形程度的增加，内、外层的切向应力和应变发生明显的变化，宽度方向和厚度方向的应力和应变也随之发生变化。根据前文中板料弯曲变形特点的分析可知，板料的相对宽度 b/t 不同，弯曲时的应力、应变状态也不同。板料弯曲时，变形区主要表现为内、外层纤维的压缩与伸长，切向应变是最大的主应变，其外层应变为正，内层应变为负。根据材料塑性变形时体积不变条件（即 $\varepsilon_\theta + \varepsilon_b + \varepsilon_r = 0$）可知，宽度方向应变 ε_b 和厚度方向（径向）应变 ε_r 的符号均与切向应变 ε_θ 的符号相反。下面分别讨论相对厚度不同的板料在自由弯曲时的应力、应变状态。

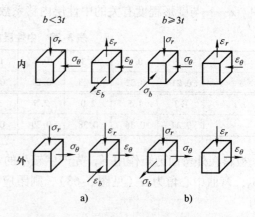

图 3-70　弯曲变形的应力与应变状态
a）窄板　b）宽板

① 窄板弯曲。

应变状态：切向——内层受压，切向应变 ε_θ 为负，外层受拉，切向应变 ε_θ 为正；

径向——内层厚向为拉应变，ε_r 为正，外层厚向为压应变，ε_r 为负；

宽向——与径向相同，内层 ε_b 为正，外层 ε_b 为负。

应力状态：切向——内层受压，切向压应力 σ_θ 为负，外层受拉，切向拉应力 σ_θ 为正；

径向——变形区各层材料间相互挤压，内、外层均受压，应力 σ_r 均为负；

宽向——由于材料在宽度方向的变形不受约束，故内、外层的应力均为零。

根据以上分析可见：窄板弯曲时变形区为平面应力、立体应变状态。

② 宽板弯曲。

应变状态：切向和径向的应变状态与窄板弯曲相同，但宽度方向由于材料流动受阻，弯曲后板宽基本不变，故内、外层宽向应变几乎为零。

应力状态：切向和径向的应力状态与窄板弯曲相同，宽度方向上，因材料流动受阻，变形困难，因此在弯曲变形区外层产生抑制材料沿宽度方向收缩的拉应力 σ_b，而在内层则产生抑制材料沿宽度方向伸长的压应力 σ_b。因此可认为宽板弯曲时变形区为平面应变、立体应力状态。

生产中弯曲成形所用的板料，一般均为 $b/t > 3$ 的宽板。宽板弯曲时变形区为平面应变、立体应力状态。为了认识弯曲时出现的各种现象以及弯曲时所需的弯矩和弯曲力，必须求解出三个主应力 σ_θ、σ_b、σ_r 的值及其分布规律。

根据宽板弯曲平面应变状态的特点，假定：

a. 塑性弯曲后，弯曲区的横截面仍保持平面。

b. 板料宽度方向的变形忽略不计，变形区为平面应状态，$\varepsilon_b = 0$。

c. 弯曲变形区等效应力 $\bar{\sigma}$ 和等效应变 $\bar{\varepsilon}$ 之间的关系与单向拉伸时的应力应变关系完全一致。

在变形区取一微元体，如图 3-71a 所示，分析微元体的受力。要求出三个主应力，即三个未知数，就要列出三个方程，分别为

力的平衡方程式：沿径向有

$$d\sigma_\rho = (\sigma_\theta - \sigma_\rho)\frac{d\sigma_\rho}{\rho}$$

Mises 屈服条件：平面应变条件下有 $\sigma_\theta - \sigma_\rho = 1.155\,\overline{\sigma}$

式中 $\overline{\sigma}$——材料的等效应力，是等效应变的函数，即 $\overline{\sigma} = f(\overline{\varepsilon})$。

将平面应变下的屈服条件代入力平衡方程得

$$\sigma_\rho = \int 1.155\,\overline{\sigma}\,\frac{d\sigma_\rho}{\rho}$$

边界条件：在外表面，$\rho = R$，$\sigma_\rho = 0$；在内表面，$\rho = r$，$\sigma_\rho = 0$。

将边界条件代入即得所求。

假设材料是理想刚塑性体，即 $\overline{\sigma} = f(\overline{\varepsilon}) = \sigma_s$，则有

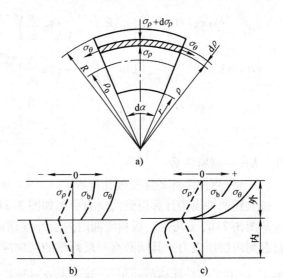

图 3-71　宽板弯曲时的应力分析
a）变形区微元　b）理想刚塑性体的应力曲线
c）幂次强化材料的应力曲线

内层：
$$\begin{cases} \sigma_\rho = -1.155\sigma_s\ln\dfrac{\rho}{r} \\[2mm] \sigma_\theta = -1.155\sigma_s\left(1 + \ln\dfrac{\rho}{r}\right) \quad (r < \rho < \rho_0) \\[2mm] \sigma_b = -1.155\sigma_s\left(\dfrac{1}{2} + \ln\dfrac{\rho}{r}\right) \end{cases} \qquad (3\text{-}24)$$

外层：
$$\begin{cases} \sigma_\rho = 1.155\sigma_s\ln\dfrac{\rho}{R} \\[2mm] \sigma_\theta = 1.155\sigma_s\left(1 - \ln\dfrac{\rho}{R}\right) \quad (\rho_0 < \rho < R) \\[2mm] \sigma_b = \dfrac{1.155}{2}\sigma_s \end{cases} \qquad (3\text{-}25)$$

假设材料按幂指数模型硬化，即 $\overline{\sigma} = f(\overline{\varepsilon}) = K\overline{\varepsilon}^n$，而 $\overline{\varepsilon} = 1.155|\varepsilon_\theta|$，于是有

内层：
$$\begin{cases} \sigma_\rho = 1.155^{n+1}\dfrac{K}{n+1}\left[\left(-\ln\dfrac{\rho}{\rho_0}\right)^{n+1} - \left(-\ln\dfrac{r}{\rho_0}\right)^{n+1}\right] \\[3mm] \sigma_\theta = 1.155^{n+1}\dfrac{K}{n+1}\left[\left(-\ln\dfrac{\rho}{\rho_0}\right)^{n+1} - \left(-\ln\dfrac{r}{\rho_0}\right)^{n+1}\right] - 1.155^{n+1}K\left(-\ln\dfrac{\rho}{\rho_0}\right)^n \quad (r < \rho < \rho_0) \\[3mm] \sigma_b = 1.155^{n+1}\dfrac{K}{n+1}\left[\left(-\ln\dfrac{\rho}{\rho_0}\right)^{n+1} - \left(-\ln\dfrac{r}{\rho_0}\right)^{n+1}\right] - \dfrac{1.155^{n+1}}{2}K\left(-\ln\dfrac{\rho}{\rho_0}\right)^n \end{cases}$$

$$(3\text{-}26)$$

外层：

$$\begin{cases} \sigma_\rho = 1.155^{n+1} \dfrac{K}{n+1} \left[\left(\ln \dfrac{\rho}{\rho_0} \right)^{n+1} - \left(\ln \dfrac{R}{\rho_0} \right)^{n+1} \right] \\[2mm] \sigma_\theta = 1.155^{n+1} \dfrac{K}{n+1} \left[\left(\ln \dfrac{\rho}{\rho_0} \right)^{n+1} - \left(\ln \dfrac{R}{\rho_0} \right)^{n+1} \right] + 1.155^{n+1} K \left(\ln \dfrac{\rho}{\rho_0} \right)^n \quad (\rho_0 < \rho < R) \\[2mm] \sigma_b = 1.155^{n+1} \dfrac{K}{n+1} \left[\left(\ln \dfrac{\rho}{\rho_0} \right)^{n+1} - \left(\ln \dfrac{R}{\rho_0} \right)^{n+1} \right] + \dfrac{1.155^{n+1}}{2} K \left(\ln \dfrac{\rho}{\rho_0} \right)^n \end{cases}$$

$$(3-27)$$

式中　K——材料常数；

　　　n——弯曲毛坯的应变硬化指数。

按上述两种模型计算得到的应力分布如图3-71b、c所示。

从图3-71b、c可见，板料弯曲时内层纤维切向受压，外层纤维切向受拉，由外层拉应力过渡到内层压应力，其间必有一层纤维的切向应力为零，称为应力中性层。应力中性层的位置 ρ_σ 可由 $\rho = \rho_\sigma$ 处径向应力 σ_ρ 连续的条件确定，即 $\ln \dfrac{\rho_\sigma}{R} = -\ln \dfrac{\rho_\sigma}{r}$，因此有

$$\rho_\sigma = \sqrt{Rr} \qquad (3-28)$$

应变中性层位置 ρ_ε 由式（3-29）确定，由假定②有

$$\rho_\varepsilon = \left(r + \frac{1}{2} \eta t \right) \eta \qquad (3-29)$$

由于 $\rho_\sigma = \sqrt{Rr} = \sqrt{(r+\eta t)r}$，所以

$$\rho_\varepsilon^2 - \rho_\sigma^2 = -(1-\eta^2)(r+\eta t)r + \left(\frac{1}{2}\eta^2 t \right)^2 > 0$$

由此可知，应力中性层总是先于应变中性层向曲率中心移动，从而板料的弯曲变形区可分为三个不同的区域：

Ⅰ区：曲率半径在 $R > \rho > \sqrt{\dfrac{1}{2}(R^2+r^2)}$ 区域内的金属，在弯曲过程中切向始终受拉，受拉层金属厚度会变薄。

Ⅱ区：曲率半径在 $r < \rho < \sqrt{Rr}$ 区域内的金属，在弯曲过程中切向始终受压，受压层金属厚度会增厚。

Ⅲ区：曲率半径在 $\sqrt{Rr} < \rho < \sqrt{\dfrac{1}{2}(R^2+r^2)}$ 区域内的金属，在弯曲过程中切向先受压后受拉，会出现塑性卸载并可能受到 Baushinger 效应的影响。

因此，板料弯曲时，应变中性层位置向内移动的结果是，外层受拉，变薄区范围逐渐扩大，而内层受压增厚区范围不断减小，外层的变薄量会大于内层的增厚量，从而使弯曲变形区板料厚度总体变薄。

2. 最小相对弯曲半径

（1）最小相对弯曲半径的概念　由弯曲变形区的应力应变分析可知，相对弯曲半径 r/t 越小，弯曲变形程度越大，弯曲变形区外表面材料所受的拉应力和拉伸应变越大。当相对弯曲半径减小到某一数值时，弯曲件外表面纤维的拉伸应变超过材料塑性变形的极限时就会产生裂纹。因此，为了防止外表面纤维拉裂和保证弯曲件质量，相对弯曲半径 r/t 应有一定限

制。防止外表面纤维拉裂的极限弯曲半径称为最小相对弯曲半径，用 r_{min}/t 表示。

式 (3-22) 给出了最外层纤维的拉伸应变与相对弯曲半径 r/t 的关系式，将式中的 $\varepsilon_{\theta max}$ 用材料的最大伸长率 A_{max} 来代替，考虑到断面收缩率 Z 与伸长率 A 间的关系 $Z = A/(1 + A)$，可以得到最小相对弯曲半径 r_{min}/t 与材料塑性极限指标 A_{max} 和 Z_{max} 的关系式，即

$$\frac{r_{min}}{t} = \frac{1 - A_{max}}{2A_{max}} = \frac{1}{2A_{max}} - \frac{1}{2} \tag{3-30}$$

或

$$\frac{r_{min}}{t} = \frac{1}{2Z_{max}} - 1 \tag{3-31}$$

显然，材料的 A_{max} 和 Z_{max} 值越大，则最小相对弯曲半径 r_{min}/t 越小。生产实践表明，按上述公式计算得到的最小相对弯曲半径的数值大于生产中允许的数值，因为最小相对弯曲半径还受其他因素的影响。

注意，在弯曲工艺设计中不仅要求了解材料的最小相对弯曲半径，为了保证弯曲件的质量，还应了解材料的最大相对弯曲半径 r_{max}/t。

式 (3-23) 给出了弹性弯曲的条件，即 $\frac{r}{t} > \frac{1}{2}\left(\frac{E}{\sigma_s} - 1\right)$，因此，若相对弯曲半径的值大于 $\frac{r_{max}}{t} = \frac{1}{2}\left(\frac{E}{\sigma_s} - 1\right)$，弯曲变形中就只有弹性变形而没有塑性变形成分，卸载后弹性回复的结果使全部变形回复，从而得不到所需的弯曲件，因此，弯曲件生产中要求工件的相对弯曲半径 r/t 符合下式，即

$$r_{min}/t < r/t < r_{max}/t \tag{3-32}$$

(2) 影响最小相对弯曲半径 r_{max}/t 的因素

1) 材料的力学性能。材料的塑性指标 (如伸长率 A 和断面收缩率 Z) 值越高，其弯曲时塑性变形的稳定性越好，允许采用的最小相对弯曲半径越小。这一点从理论计算公式中也可以明显看出。

2) 弯曲中心角 α 的大小。板料弯曲变形时，一般认为变形仅局限在弯曲圆角部分，直边部分不参与变形，因此，弯曲变形程度与弯曲中心角 α 无关。但在实际弯曲过程中，由于材料的连续性，板料纤维之间相互牵制，圆角附近直边部分的材料也参与了变形，分散了圆角部分的弯曲应变，有利于降低圆角部分外表面纤维的拉伸应变，从而有利于防止材料外表面的拉裂。弯曲中心角 α 越小，直边部分参与变形的分散效应越显著，允许采用的最小相对弯曲半径就越小；且 $\alpha < 90°$ 时，弯曲中心角 α 的变化对最小相对弯曲半径的影响较大，$\alpha > 90°$ 后，其变化产生的影响较小 (见图 3-72)。

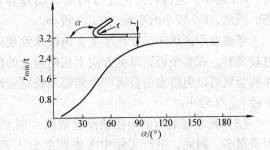

图 3-72　弯曲中心角对 r_{min}/t 的影响

3) 弯曲线与板料纤维方向的关系。板料经过多次轧制后，其力学性能具有方向性 (即各向异性)。顺着纤维方向的塑性指标大于垂直于纤维方向的塑性指标，因此，如图 3-73 所示，弯曲件的弯曲线与板料的纤维方向垂直时，r_{min}/t 最小；弯曲件的弯曲线与板料的纤

维方向平行时，r_{min}/t 最大。因此，对于 r/t 较小或塑性较差的弯曲件，弯曲线应尽可能与纤维方向垂直。当弯曲件为有两个以上相互垂直的弯曲线，且 r/t 又较小时，排样时应设法使弯曲线与板料的纤维方向成一定角度（一般可采用45°左右）。

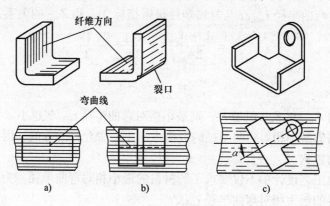

图3-73　弯曲线与板料纤维方向的关系

a) 垂直　b) 平行　c) 45°左右

　　4）板料的冲裁断面质量和表面质量。板料弯曲用的毛坯一般由冲裁或剪裁获得，切断面上的飞边、裂口、冷作硬化、板料表面的划伤与裂纹等缺陷的存在，会造成应力集中，在弯曲过程中易在弯曲外表面处产生裂纹。因此，在生产中需要较小的 r_{min}/t 时，弯曲前应将飞边去除并将有小飞边的一面置于弯曲内侧（见图3-74a）；表面质量和断面质量差的板料弯曲时的 r_{min}/t 较大（见图3-74b）。

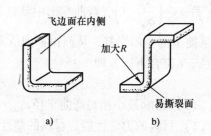

图3-74　冲裁断面质量和表面质量

a) 在弯曲内侧　b) 在弯曲外侧

　　5）弯曲件的宽度和板料厚度。窄板弯曲和宽板弯曲时的应力应变状态不同。弯曲件的相对宽度 b/t 越大，材料沿宽度方向流动的阻碍越大；b/t 越小，遇材料沿宽度方向的流动越容易，从而改善圆角变形区外侧的应力应变状态。因此，b/t 较小的窄板，r_{min}/t 较小。

　　弯曲变形区切向应变在厚度方向按线性规律变化，外表面上最大，中性层处为零。当板材较薄时，在整个板料厚度方向上切向应变的梯度大。当板料较厚时，与切向应变最大值相邻的金属可以阻碍表面金属产生局部不稳定塑性变形，使总变形程度提高，使最小相对弯曲半径 r_{min}/t 较小。

　　（3）最小相对弯曲半径的经验取值　　以上分析表明，影响弯曲件最小相对弯曲半径的因素很多，因此，生产实际中考虑到部分工艺因素的影响，经试验得到的 r_{min}/t 数值见表3-29。从表3-29中可以明显看出，最小相对弯曲半径值随着被弯曲材料种类的不同、弯曲材料供货状态的不同以及弯曲线方向的不同而有较大区别。

　　3. 弯曲时的回弹

　　（1）**弯曲回弹现象**　弯曲变形和所有的塑性成形工艺一样，均伴有弹性变形。弯曲卸载后，由于中性层附近的弹性变形以及内、外层总变形中弹性变形部分的回复，使弯曲件的弯曲角和弯曲半径与模具相应尺寸不一致，这种现象称为弯曲回弹。

表 3-29 最小相对弯曲半径 r_{min}/t 的数值

材　料	正火或退火		硬　化	
	弯曲线方向			
	与轧纹垂直	与轧纹平行	与轧纹垂直	与轧纹平行
铝			0.3	0.8
退火纯铜	0.0	0.3	1.0	2.0
黄铜 H68			0.4	0.8
05、08F			0.2	0.5
08、10、Q215	0.0	0.4	0.4	0.8
15、20、Q235	0.1	0.5	0.5	1.0
25、30、Q255	0.2	0.6	0.6	1.2
35、40	0.3	0.8	0.8	1.5
45、50	0.5	1.0	1.0	1.7
55、60	0.7	1.3	1.3	2.0
硬铝（软）	1.0	1.5	1.5	2.5
硬铝（硬）	2.0	3.0	3.0	4.0
镁合金 MA1－M	300℃热弯		冷　弯	
	2.0	3.0	6.0	8.0
	1.5	2.0	5.0	6.0
钛合金 BT1	300～400℃热弯		冷　弯	
	1.5	2.0	3.0	4.0
	3.0	4.0	5.0	6.0
钼合金 BM1、BM2	400～500℃热弯		冷　弯	
	2.0	3.0	4.0	5.0

注：本表用于板材厚度 $t < 10mm$，弯曲角大于90°，剪切断面良好的情况。

图 3-75 所示为弯曲变形过程中在毛坯横断面上切向应力的变化。图 3-75a 是在弯矩 M 的作用下毛坯横断面切向应力的分布；图 3-75b 是毛坯在受到反向弯矩 $M' = -M$ 时的切向应力分布；图 3-75c 是对受弯矩 M 作用的弯曲毛坯施加反向力矩 M' 时（相当于卸载状态下外作用力矩为零的状态），毛坯内切向应力的分布。实际上，图 3-75c 所示的切向应力就是卸载后的残余应力。

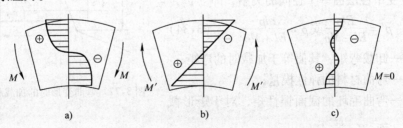

a)　　　　　　　b)　　　　　　　c)

图 3-75 弯曲卸载时横断面上切向应力的变化

弯曲回弹的表现形式有两种，如图 3-76a 所示。弯曲半径的改变，由回弹前的工件弯曲半径 r 变为回弹后的 r'，弯曲半径的改变量可由应变中性层曲率半径的变化量 ΔK 来表示，$\Delta K = \frac{1}{\rho} - \frac{1}{\rho'}$（$\rho$ 为卸载前应变中性层的曲率半径，ρ' 为卸载回弹后应变中性层的曲率半径）；弯曲中心角的改变，由回弹前工件弯曲中心角 α 变为回弹后的 α'。弯曲中心角的变化值称为回弹角 $\Delta \alpha$，$\Delta \alpha = \alpha - \alpha'$。曲率变化量和回弹角均称为弯曲件的回弹量。这里要注意的是，若弯曲中心两侧有直边，则应同时保证两侧直边之间的夹角 θ（称为弯曲角）的精度，如图 3-76b 所示。弯曲角 θ 与弯曲中心角 α 之间的关系为：$\theta = 180° - \alpha$，两者之间互为补角。

（2）弯曲回弹值的确定　弯曲件的回弹直接影响弯曲件的精度，因此，为了保证弯曲件的精度，在模具设计和制造时，必须考虑材料的回弹值，修正模具相应工作部分的形状与尺寸。

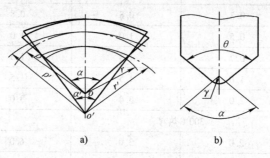

图 3-76　弯曲回弹
a）弯曲回弹的表现形式　b）弯曲角与弯曲中心角

1）回弹值的计算。图 3-77 所示为弯曲变形区外表面的加载和卸载过程。加载为沿折线 OAB，总应变值 $\varepsilon_{be} = \frac{t}{2\rho}$；卸载沿线段 BC，卸载过程结束时，毛坯外表面材料因回弹产生的弹性应变值和残余塑性应变值分别为 $\varepsilon_{sp} = \frac{Mt}{2EI}$ 和 $\varepsilon_{re} = \frac{t}{2\rho'}$。

由图 3-77 中曲线的卸载部分所表示的应变间的关系 $\varepsilon_{sp} = \varepsilon_{be} - \varepsilon_{re}$，可得

$$\Delta K = \frac{1}{\rho} - \frac{1}{\rho'} = \frac{M}{EI} \tag{3-33}$$

将式（3-33）进行简单的变换，可得回弹前后弯曲件应变中性层曲率半径间的关系，即

$$\rho' = \frac{EI\rho}{EI - M\rho} \text{或} \rho = \frac{EI\rho'}{EI + M\rho} \tag{3-34}$$

式中　M——卸载弯矩，其值等于加载时的弯矩；

　　　E——弯曲材料的弹性模量；

　　　I——弯曲毛坯的截面惯性矩，对于矩形截面，$I = \frac{bt^2}{12}$。

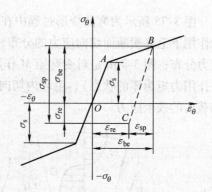

图 3-77　弯曲变形时的加载和卸载过程

当弯曲半径较大、材料厚度较小时，为简化计算，设 $\rho = r$，$\rho' = r'$，则式（3-34）可

写为

$$r' = \frac{EIr}{EI - Mr} \quad \text{或} \quad r = \frac{EIr'}{EI + Mr'} \tag{3-35}$$

利用式（3-35），可以根据凸模的圆角半径来计算工件回弹后的实际内弯曲半径，或根据工件实际所需的内弯曲半径来确定凸模的圆角半径。

根据弯曲卸载前后弯曲件应变中性层长度不变条件 $\rho'\alpha' = \rho\alpha$，弯曲回弹角 $\Delta\alpha = \alpha - \alpha'$ 可改写为：$\Delta\alpha = \rho\alpha\left(\dfrac{1}{\rho} - \dfrac{1}{\rho'}\right)$，即有

$$\Delta\alpha = \frac{M}{EI}\rho\alpha = \frac{M}{EI}\rho'\alpha' \tag{3-36}$$

不难发现，曲率回弹量 ΔK 和角度回弹量 $\Delta\alpha$ 之间有如下关系，即

$$\Delta\alpha = \Delta K\rho\alpha$$

2）回弹经验值的选用。按式（3-33）和式（3-36）计算回弹量，计算方法较繁复，在实际弯曲时影响回弹值的因素又较多，而且各因素相互影响，因此计算结果往往不准确，与实际生产中的回弹存在一定差距，因此，生产实践中采用经验数值，而式（3-33）和式（3-36）可作为分析影响回弹因素的基础。各种弯曲方法与弯曲角度的回弹经验值可查有关手册或相关资料。

还需注意：当弯曲件的相对弯曲半径 $r/t < 5 \sim 8$ 时，弯曲半径的变化一般很小，可以不予考虑，只考虑弯曲角度的回弹；而当弯曲件的相对弯曲半径 $r/t > 5 \sim 8$ 时，弯曲半径的回弹和弯曲角度的回弹均要考虑。

（3）影响弯曲回弹的因素　　由回弹量的理论计算可知，影响回弹量的因素有弯曲毛坯的弹性模量、弯曲时的弯矩 M、弯曲毛坯横截面的惯性矩 I、弯曲半径 r 和弯曲中心角 α。其中，弯曲时施加的弯矩 M 与弯曲毛坯内、外表面所受到的切向应力 σ_θ 成正比，而弯曲毛坯中的切向应力取决于弯曲毛坯材料的屈服强度、应变硬化指数等力学性能指标，还受模具结构及模具间隙的影响；弯曲毛坯横截面的惯性矩 I 与弯曲毛坯的厚度和宽度相关。归纳起来，影响弯曲件回弹的因素主要有以下几种：

1）材料的力学性能。材料的屈服强度 σ_s 越大，弹性模量 E 越小，应变硬化越严重（应变硬化指数 n 越大），弯曲件的回弹量也越大。若材料的力学性能不稳定，其回弹值也不稳定。材料的屈服强度 σ_s 越高，在一定的变形程度下，弯曲变形区断面内的应力也越大，从而引起更大弹性变形，故回弹值也越大；弹性模量 E 越大，则抵抗弹性变形的能力越强，故回弹值越小；总变形量相同时，应变硬化指数 n 越大，弹性变形在总变形中所占的比例越大，卸载后回弹值就越大。

2）相对弯曲半径 r/t。相对弯曲半径 r/t 越小，表明弯曲变形程度越大，在总变形中塑性变形所占比例越大，而弹性变形所占比例则相应越小，因而卸载后的回弹值越小。相反，相对弯曲半径 r/t 越大，卸载后弯曲件的回弹值越大，因此，弯曲半径较大的零件弯曲成形较困难。

3）弯曲中心角 α。弯曲中心角 α 越大，表示弯曲变形区的长度越大，在相同的弯曲情况下，单位长度上的变形量就越小，总变形中的弹性变形所占的比例就相应越大，从而卸载后角度的回弹值就越大，但不影响曲率半径的回弹值。式（3-36）也明确地表示出了同样

的影响趋势。

4）弯曲件的形状。由于两边互相牵制，U 形件的回弹小于 V 形件。复杂形状的弯曲件，若一次弯曲成形，由于在弯曲时各部分材料互相牵制及弯曲件表面与模具之间摩擦力的影响，改变了弯曲件弯曲时各部分材料的应力状态，使回弹困难，回弹角减小。

5）弯曲方式与校正力。校正弯曲时，回弹值较小。校正弯曲时校正力比自由弯曲时大得多，变形区的应力应变状态与自由弯曲时不同。极大的校正弯曲力迫使变形区内侧产生了与外侧切向应变方向一致的拉应变，内、外侧纤维均被拉长。这样内、外层材料回弹的趋势互相抑制，使回弹量比自由弯曲时大为减少。

需要注意，V 形件校正弯曲时，若相对弯曲半径 $r/t < 0.2 \sim 0.3$，回弹角 $\Delta\alpha$ 可能为零或负值。

弯曲回弹量的大小，还受材料厚度偏差、毛坯与模具表面间的摩擦、模具间隙和模具圆角半径等因素的影响。但可以采取一些工艺措施，使回弹量控制在许可的范围内，以提高弯曲件的质量。

（4）减少弯曲回弹的措施　根据影响弯曲回弹的因素不同，可从以下几个方面来减小回弹：

1）合理设计产品。在满足弯曲件使用要求的条件下，尽量选用屈服强度 σ_s 小、弹性模量 E 大、应变硬化指数 n 小、力学性能稳定的材料；还可以在弯曲区压制加强筋，增加弯曲角的截面惯性矩（见图 3-78a），或通过成形折边提高弯曲件的刚度（见图 3-78b）来减小回弹。

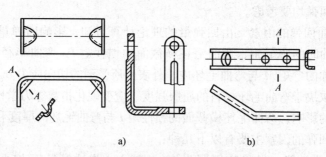

a)　　　　　　　　　　　　　　　b)

图 3-78　改进弯曲件的结构设计

a）在弯曲区压制加强筋　b）成形折边

2）改变应力状态。改变弯曲区外层切向受拉而内层切向受压的应力状态，使内、外层切向应变方向一致，使回弹减小。

① 校正法。把弯曲角部的凸模做成局部突起的形状（见图 3-79）。在弯曲变形终了时，凸模力集中作用在变形区，使内层产生切向拉伸应变，减缓内、外层材料的压、拉应变差别程度，使卸载后内、外层纤维的回弹趋势互相抑制，从而减小回弹量。一般认为，弯曲区的校正压缩量为料厚的 2% ~5% 时，可得到较好的效果。

② 纵向加压法。纵向加压法也称为切向推力弯曲法。在弯曲过程结束时，利用凸模上的凸肩在弯曲件的端部纵向加压（见图 3-80），使弯曲变形区的横断面上都受到压应力，卸载时弯曲件内、外层回弹趋势互相抑制，使回弹减小。这种方法可获得精确的弯边高度。

③ 拉弯法。板料在拉力下弯曲，可以改变弯曲变形区的应力状态，使弯曲中性层内侧

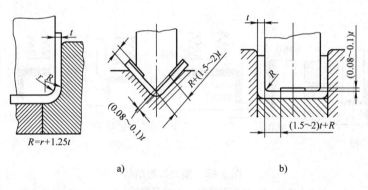

图 3-79 校正弯曲法

a) 单角弯曲 b) 双角弯曲

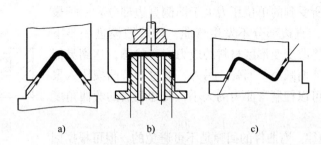

图 3-80 纵向加压弯曲法

a) 单角弯曲 b) 双角弯曲 c) Z 形弯曲

的切向压应力转变为拉应力（见图 3-81a），此时，板料整个剖面都被拉应力作用，卸载后内、外层纤维的回弹趋势相互抵消，从而使回弹值减小。

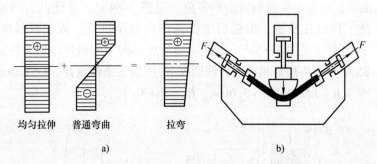

均匀拉伸 普通弯曲 拉弯

图 3-81 拉弯法

a) 拉弯时变形区的切向应力分布 b) 拉弯机上拉弯

大曲率半径弯曲件的拉弯可以在拉弯机上进行（见图 3-81b）。一般小型弯曲件可在模具上采用拉弯结构，也可取得明显的拉弯效果。如可采用在毛坯直边部分加压边力的方法限制非变形区材料的流动（见图 3-82a），或减小凸、凹模间隙（见图 3-82b），或在凸模端部做出凸台，使变形区材料作变薄挤压拉伸（见图 3-82c），或将凹模倒角，使工件过量弯曲（见图 3-82d）。

④ 软模法。利用弹性聚氨酯凹模代替刚性金属凹模进行弯曲成形（见图 3-83）。弯曲

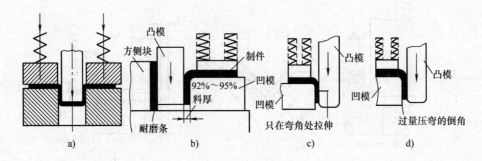

图 3-82　模具拉弯结构

a) 压边力拉弯　b) 小间隙拉弯　c) 变薄挤压拉弯　d) 凹模倒角拉弯

时随着金属凸模逐渐进入聚氨酯凹模，对板料的单位压力不断增加，弯曲件变形区所受到的单位压力大于两侧直边部分。由于聚氨酯侧压力的作用，直边部分不发生弯曲，随着凸模进一步下压，激增的弯曲力将改变变形区材料的应力应变状态，达到类似校正弯曲的效果，从而减小了回弹。另外，通过调节凸模压入聚氨酯凹模的深度，可以控制弯曲力的大小，使卸载后的弯曲角度符合精度要求。

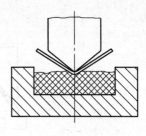

图 3-83　软模法

3) 利用回弹规律。弯曲件的回弹是不可避免的，但可根据回弹趋势和回弹量的大小，在设计模具时预先对模具工作部分做相应的形状和尺寸修正，使出模后的弯曲件获得要求的形状和尺寸。这种方法也称为补偿法。

单角弯曲时，根据估算的回弹量，将凸模的圆角半径 r_p 和顶角 α 预先做小些，经调试修磨补偿回弹。有压板时可将回弹量做在下模上（见图 3-84a），并使上下模间隙小于最小板厚。双角弯曲时，可在凸模两侧做出回弹角（见图 3-84b），并使凸、凹模的间隙保持小于最小板厚，使工件贴住凸模，出模后工件两侧回弹至垂直；或在模具底部做成圆弧形（见图 3-85a）或斜面（见图 3-85b），利用出模后底部向下的回弹作用来补偿工件两侧向外的回弹。图 3-85 中与冲头顶部相应的内凹圆弧 R_r 按以下条件设计：$t < 1.6mm$，$R_r = R$；$t = 1.6 \sim 3.0mm$，$R_r = R = 1/2mm$；$t > 3.0mm$，$R_r = R + 3t/4$。

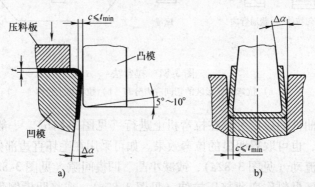

图 3-84　角度补偿法

a) 单角凸模角度补偿　b) 双角凸模角度补偿

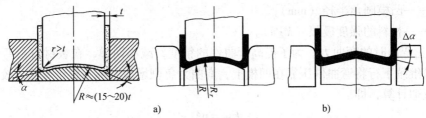

图 3-85 模具底部做成圆弧或斜面

a）圆弧 b）斜面

4. 弯曲力计算

（1）弯曲力 弯曲力是设计冲压工艺过程和冲压设备的重要依据之一。已知板料弯曲时，开始是弹性弯曲，其后是变形区内、外层纤维首先进入塑性变形，并逐渐向板料中心扩展进行自由弯曲，最后是凸、凹模与板料互相接触并冲击零件的校正弯曲。

图 3-86 所示为各弯曲阶段弯曲力随弯曲行程的变化。可以看出，各阶段的弯曲力是不同的，弹性弯曲阶段的弯曲力较小，自由弯曲阶段的弯曲力不随行程的变化而变化，校正弯曲力随行程的变大而急剧增加。

1）自由弯曲时的弯曲力。板料弯曲时变形区内的切向应力 σ_θ 在内层为压（$\sigma_\theta < 0$），外层为拉（$\sigma_\theta > 0$），形成的弯矩为

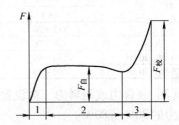

图 3-86 各弯曲阶段弯曲力的变化

1—弹性弯曲阶段 2—自由弯曲阶段

3—校正弯曲阶段

$$M = \int_r^R \sigma_\theta \rho b \mathrm{d}\rho \qquad (3\text{-}37)$$

将式（3-26）、式（3-27）中的 σ_θ 代入式（3-37）中，即可算出 M。

无加工硬化板料（$n=0$，$K=\sigma_s$）纯弯曲时，$M = \dfrac{bt^2}{4}\sigma_s$。

作用于毛坯上的外载所形成的弯矩 M' 应等于 M。如图 3-87 所示，在 V 形件弯曲时，$M = \dfrac{Fl}{4}$，则有

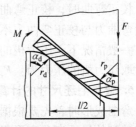

图 3-87 单角弯曲力的计算

$$F_{自} = \frac{bt^2}{l}\sigma_s \qquad (3\text{-}38)$$

从式（3-38）可看出，弯曲力的大小与毛坯尺寸（b，t）、板料的力学性能、凹模支点间距 l 等因素有关，同时还与弯曲方式和模具结构等多种因素有关。因此生产实际中通常采用经验公式来计算弯曲力，即

$$F_{自} = \frac{CKbt^2}{r+t}R_m \qquad (3\text{-}39)$$

式中 $F_{自}$——最大自由弯曲力（N）；

C——与弯曲方式有关的系数，V 形件取 0.6，U 形件取 0.7；

K——安全系数，一般取 1.3；

b——板料宽度（mm）；

t——板料厚度（mm）；

r——凸模圆角半径（mm）；

R_m——材料的强度极限（MPa）。

2）校正弯曲时的弯曲力。为了提高弯曲件的精度，减小回弹，在板材自由弯曲的终了阶段，凸模继续下行将弯曲件压靠在凹模上，弯曲力急剧增大，称为校正弯曲。校正弯曲力可按下式近似计算，即

$$F_{校} = pA \tag{3-40}$$

式中　p——单位面积上的校正力（N/mm^2），其值见表3-30；

　　　A——校正部分的垂直投影面积（mm^2）。

需指出，一般在机械压力机上弯曲时，压力机闭合高度的调整及工件厚度的微小变化会极大地改变校正力的数值。

表3-30　单位面积上的校正力 p 的值　　　　　　（单位：N/mm^2）

材　　料	材料厚度 t/mm			
	<1	1～3	3～6	6～10
铝	15～20	20～30	30～40	40～50
黄铜	20～30	30～40	40～60	60～80
10钢、20钢	30～40	40～60	60～80	80～100
25钢、30钢	40～50	50～70	70～100	100～120

（2）顶件力或压料力　对设置顶件或压料装置的弯曲模，顶件力或压料力 F_Q 可近似取弯曲力的 30% ～80% 。

（3）压力机公称压力的确定　选择冲压设备时，除考虑弯曲模尺寸、模具高度、模具结构和动作配合以外，还应考虑弯曲力大小。选用的原则是：

自由弯曲时，总的工艺力为　　　　　$F_{总} \geqslant F_{自} + F_Q$

校正弯曲时，校正弯曲力比自由弯曲力、顶件力和压料力大得多，而且在弯曲过程中，自由弯曲力与校正弯曲力不同时存在，因此总的工艺力 $F_{总} \geqslant F_{校}$。

一般情况下，压力机的公称压力应大于或等于冲压总工艺力的 1.3 倍，因此，选择压力机时取压力机的压力为：$F_{压机} \geqslant 1.3F_{总}$。

5. 弯曲毛坯尺寸的计算

弯曲成形时首先要根据弯曲件的形状、尺寸确定所需毛坯尺寸，然后根据毛坯尺寸确定可能达到的最大弯曲变形程度（最小相对弯曲半径），最后还要确定完成弯曲成形所需的工序次数。

弯曲件毛坯展开长度与弯曲件的形状、弯曲半径大小以及弯曲方法等有关，因此，其计算方法应按不同的情况分别对待。

（1）圆角半径较大的弯曲件（$r > 0.5t$，见图3-88）　这类弯曲件变形区材料变薄不严重，且断面畸变较小，可按弯曲前后应变中性层长度不变的原则进行计算，即毛坯长度等于弯曲件直边部分长度与弯曲部分中性层展开长度的总和：

$$L = \sum l_i + \sum \frac{\pi \alpha_i}{180°}(r_i + x_i t) \tag{3-41}$$

式中　L——弯曲件毛坯的总长度（mm）；

　　　l_i——各直边部分长度（mm）；

　　　α_i——各圆弧段弯曲中心角（°）；

　　　r_i——各圆弧段内弯曲半径（mm）；

x_i——各圆弧段应变中性层内移系数。

（2）无圆角半径或圆角半径 $r < 0.5t$ 的弯曲件 这类弯曲件由于变形区变薄严重，断面畸变大，只能根据弯曲前后材料体积不变的原则进行毛坯尺寸的计算。由于弯曲时不仅变形区材料变薄严重，而且与其相邻的直边部分也产生一定程度的变薄，所以按变形区体积不变原则算出的毛坯尺寸往往偏大，还需要加以修正。表3-31 列出了这类弯曲件毛坯尺寸的计算公式。

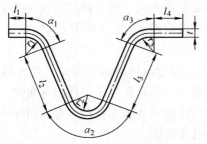

图 3-88 弯曲件毛坯展开长度的计算

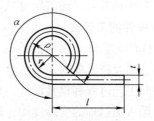

图 3-89 铰链式弯曲件

（3）铰链式弯曲件 $r = (0.6 \sim 3.5)t$ 的铰链件（见图3-89），常用推弯方法成形。在卷圆弯曲的过程中，毛坯受到挤压和弯曲作用，板厚不是变薄而是增厚，应变中性层外移，此时毛坯长度可按下式近似计算，即

$$L = l + 1.5\pi(r + x_1 t) + r \approx l + 5.7r + 4.7x_1 t \tag{3-42}$$

式中 x_1——卷圆弯曲时中性层外移系数，其值可查表3-32。

表 3-31 $r < 0.5t$ 的弯曲件毛坯尺寸计算表

弯曲特征	简 图	计算公式
弯曲一个角		$L = l_1 + l_2 + 0.4t$
弯曲一个角		$L = l_1 + l_2 - 0.43t$
一次同时弯曲两个角		$L = l_1 + l_2 + l_3 + 0.6t$
一次同时弯曲三个角		$L = l_1 + l_2 + l_3 + l_4 + 0.75t$
第一次弯曲两个角，第二次弯曲另一个角		$L = l_1 + l_2 + l_3 + l_4 + t$
一次同时弯曲四个角		$L = l_1 + 2l_2 + 2l_3 + t$
分两次弯曲四个角		$L = l_1 + 2l_2 + 2l_3 + 1.2t$

表 3-32　铰链卷圆时的中性层外移系数 x_1

r/t_1	0.5~0.6	0.6~0.8	0.8~1.0	1.0~1.2	1.2~1.5	1.5~1.8	1.8~2.0	2.0~2.2	>2.2
x_1	0.76	0.73	0.70	0.67	0.64	0.61	0.58	0.54	0.50

另外，由于在实际弯曲过程中，还会受到多种因素的影响，所以上述公式只适用于形状比较简单、尺寸精度要求不高的弯曲件。对于形状比较复杂或尺寸精度要求高的弯曲件，在初步确定毛坯长度后，还需反复试弯，不断修正，才能最后确定合适的毛坯长度。

6. 弯曲件的工艺性

弯曲件的工艺性是指弯曲件对冲压工艺的适应性，即弯曲件的结构形状、尺寸精度要求、材料选用及技术要求是否适合于弯曲加工的工艺要求。具有良好工艺性的弯曲件，不仅能简化弯曲工艺过程和模具设计，而且能提高弯曲件的精度和节省原材料。对弯曲件的工艺分析应遵循弯曲过程的变形规律，通常主要考虑以下几个方面：

（1）弯曲件的精度　弯曲件的精度与板料的力学性能、板料的厚度、模具结构、模具精度、工序的数量和先后顺序，以及工件本身的形状尺寸等因素有关。弯曲件外形尺寸与角度公差所能达到的精度，分别见表 3-33 和表 3-34。

表 3-33　弯曲件直线尺寸的公差等级

板料厚度/mm	弯曲件直边尺寸/mm	公差等级
≤1	≤100	IT12~IT13
	100~200	IT14
	400~700	IT15
1~3	≤100	IT14
	200~400	IT15
3~6	≤100	
	200~400	IT16

表 3-34　弯曲件的角度公差

角短边长度/mm	非配合的角度偏差	最小的角度偏差	角短边长度/mm	非配合的角度偏差	最小的角度偏差
<1	$\dfrac{\pm7°}{0.25}$	$\dfrac{\pm4°}{0.14}$	80~120	$\dfrac{\pm1°}{2.79~4.18}$	$\dfrac{\pm25'}{1.61~1.74}$
1~3	$\dfrac{\pm6°}{0.21~0.63}$	$\dfrac{\pm3°}{0.11~0.32}$	120~180	$\dfrac{\pm50'}{3.49~5.24}$	$\dfrac{\pm20'}{1.40~2.10}$
3~6	$\dfrac{\pm5°}{0.53~1.05}$	$\dfrac{\pm2°}{0.21~0.42}$	180~260	$\dfrac{\pm40'}{4.19~6.05}$	$\dfrac{\pm18'}{1.89~2.72}$
6~10	$\dfrac{\pm4°}{0.84~1.40}$	$\dfrac{\pm1°45'}{0.32~0.61}$	260~360	$\dfrac{\pm30'}{4.53~6.28}$	$\dfrac{\pm15'}{2.72~3.15}$
10~18	$\dfrac{\pm3°}{1.05~1.89}$	$\dfrac{\pm1°30'}{0.52~0.94}$	360~500	$\dfrac{\pm25'}{5.23~7.27}$	$\dfrac{\pm12'}{2.52~3.50}$
18~30	$\dfrac{\pm2°30'}{1.57~2.62}$	$\dfrac{\pm1°}{0.63~1.00}$	500~630	$\dfrac{\pm22'}{6.40~8.06}$	$\dfrac{\pm10'}{2.91~3.67}$
30~50	$\dfrac{\pm2°}{2.09~3.49}$	$\dfrac{\pm45'}{0.79~1.31}$	630~800	$\dfrac{\pm20'}{7.33~9.31}$	$\dfrac{\pm9'}{3.30~4.20}$
50~80	$\dfrac{\pm1°30'}{2.62~4.19}$	$\dfrac{\pm30'}{0.88~1.40}$	800~1000	$\dfrac{\pm20'}{9.31~11.6}$	$\dfrac{\pm8'}{3.72~4.65}$

注：横线上部数据为弯曲件角度的正负偏差，横线下部数据表示角度偏差引起的直线偏差，其值为正负偏差之和。

（2）弯曲件的结构形状

1）弯曲半径。弯曲件的弯曲半径不宜过大和过小。过大因受回弹的影响，弯曲件的精度不易保证；过小时会产生拉裂。弯曲半径应大于材料许可的最小弯曲半径，否则应采用多次弯曲并增加中间退火的工艺，或者是先在弯曲角内侧压槽后再进行弯曲（见图 3-90）。

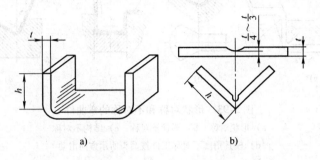

图 3-90 压槽后进行弯曲

a）U 形件　b）V 形件

2）直边高度。保证弯曲件直边平直的直边高度 H 不应小于 $2t$，否则需先压槽（见图 3-91a）或加高直边（弯曲后再切掉）。如果所弯直边带有斜度，且斜线达到了变形区，则应改变零件的形状（见图 3-91b）。

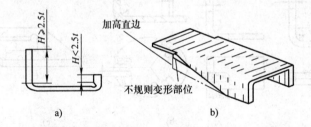

图 3-91 弯曲件直边的高度

3）孔边距离。当弯曲有孔的毛坯时，为使孔型不发生变化，必须使孔置于变形区外，即孔边距（从孔边到弯曲半径 r 中心的距离）L（见图 3-92a）应符合下列关系：

当 $t < 2$mm 时，$L \geqslant t$；$t \geqslant 2$mm 时，$L \geqslant 2t$。

如果孔边距过小而不能满足上述条件时，须弯曲成形后再进行冲孔。如工件的结构允许，可在弯曲处预先冲出工艺孔（见图 3-92b）或切槽（见图 3-92c）。

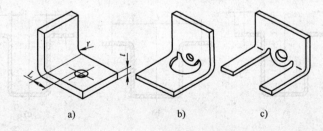

图 3-92 弯曲件的孔边距离

a）孔与弯曲部位的最小距离　b）预冲工艺孔　c）切槽

4）形状与尺寸的对称性。弯曲件的形状与尺寸应尽可能对称、高度也不应相差太大（见图3-93a）。当冲压不对称的弯曲件时，因受力不均匀，毛坯容易偏移（见图3-93b、c、d）。

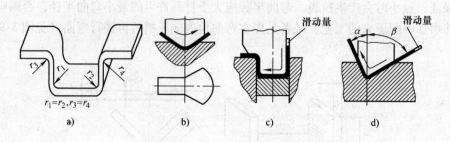

图3-93　形状对称和不对称的弯曲件
a）形状对称　b）形状不对称　c）结构不对称
d）模具角度不对称工件按箭头所示方向滑动

5）部分边缘弯曲。如图3-94所示，当局部弯曲某一段边缘时，为了防止尖角处由于应力集中而产生撕裂，可将弯曲线移动一段距离，以离开尺寸突变处（见图3-94a），或开工艺槽（见图3-94b），或增添工艺孔（见图3-94c）。图3-94中，弯曲线移动的距离 $s \geq r$，工艺槽的宽度 $b \geq t$，工艺槽的深度 $h = t + r + b/2$，工艺孔的直径 $d \geq t$。

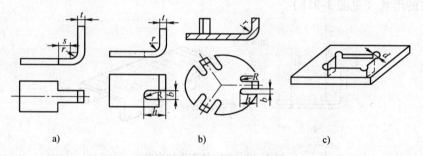

图3-94　防止尖角处撕裂的措施
a）移动弯曲线　b）开工艺槽　c）开工艺孔

6）弯曲件尺寸标注。图3-95所示的弯曲件有三种尺寸标注方法，图a可以先落料冲孔（复合工序）后弯曲成形，工艺比较简单。图3-95b、c所示的尺寸标注方法，冲孔只能在弯曲成形后进行，增加了工序。当孔无装配要求时，可采用图3-95a所示的标注方法。

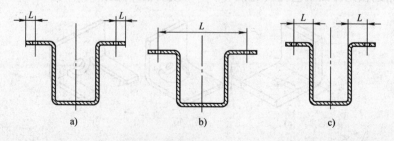

图3-95　弯曲件的尺寸标注

（3）弯曲工序安排 弯曲件的工序安排应根据工件形状复杂程度、精度高低、生产批量以及材料的力学性能等因素综合考虑。合理安排弯曲工序，可以简化模具结构、便于操作定位、减少弯曲次数、提高工件质量和劳动生产率。弯曲工序安排的原则如下：

1）形状简单、精度不高的弯曲件，如 V 形、U 形、Z 形件等，可一次弯曲成形。

2）形状复杂的弯曲件，一般需采用两次或多次弯曲成形。一般先弯外角，后弯内角。前次弯曲要给后次弯曲留出可靠的定位，并保证后次弯曲不破坏前次已弯曲成形的形状。

3）批量大、尺寸较小的弯曲件（如电子产品中的元器件），为了提高生产效率，可采用多工序的冲裁、弯曲、切断等连续工艺成形。

4）单面不对称几何形状的弯曲件，若单个弯曲时，毛坯容易发生偏移，可采用成对弯曲成形，弯曲后再切开。

5）如果弯曲件上孔的位置会受到弯曲过程的影响，而且孔的精度要求较高时，该孔应在弯曲后再冲制，否则孔的位置精度无法保证。

根据上述的工序安排原则，下面给出一些具体的弯曲工序安排的示例。图 3-96 所示为一道工序弯曲成形，图 3-97 所示为两道工序弯曲成形，图 3-98 所示为三道工序弯曲成形，图 3-99 所示为对称弯曲件的成对弯曲成形。

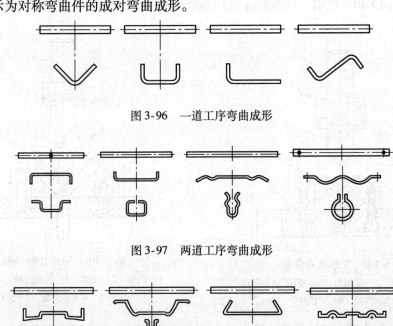

图 3-96 一道工序弯曲成形

图 3-97 两道工序弯曲成形

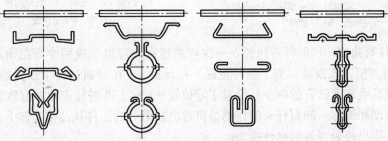

图 3-98 三道工序弯曲成形

7. 典型弯曲模具

弯曲件的形状及弯曲工序决定了弯曲模的类型。简单的弯曲模只有垂直方向的动作，复杂的弯曲模除了垂直方向的动作外，还有一个至多个水平方向的动作。下面简单介绍几种典型的弯曲模。

（1）单工序弯曲模　单工序弯曲模是指在模具中只完成一道弯曲工序的弯曲模。V 形件弯曲模和 U 形件弯曲模是典型的单工序弯曲模。

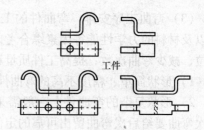

图 3-99　成对弯曲成形

1）V 形件弯曲模。V 形件即单角弯曲件，其形状简单，能够一次弯曲成形。V 形件弯曲模的基本结构如图 3-100 所示。图 3-100 中弹簧顶杆 1 是为了防止压弯时板料偏移而采用的压料装置。除了压料以外，它还能在弯曲后顶出工件。这种模具结构简单，对材料厚度公差的要求不高，在压力机上安装调试也较方便。而且工件在弯曲行程终端得到校正，因此回弹较小，工件的平面度较好。

对于精度要求较高、形状复杂、定位较困难的 V 形件，可采用 V 形件精弯模，如图 3-101 所示。毛坯在活动凹模 3 上定位后，当凸模下压时，活动凹模 3 随同材料一起弯折，定位板与材料间无相对滑动，从而提高了工件的质量。活动凹模 3 依靠顶杆 7 复位。

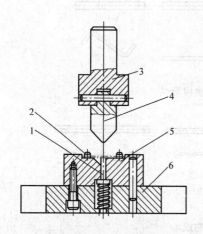

图 3-100　V 形件弯曲模

1—弹簧顶杆　2—定位钉　3—模柄　4—凸模
5—凹模　6—下模座

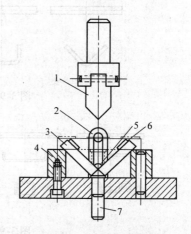

图 3-101　V 形件精弯模

1—凸模　2—支架　3—活动凹模　4—靠板
5—轴销　6—定位板　7—顶杆

2）U 形件弯曲模。U 形件弯曲模在一次弯曲过程中可以形成两个弯曲角。图 3-102 所示为 U 形件弯曲模，该模具设置了顶料装置 7 和顶板 8，在弯曲过程中顶板始终压住工件。同时利用半成品毛坯上已有的两个孔设置了定位销 9，对工件进行定位并有效防止毛坯在弯曲过程中的滑动和偏移。卸料杆 4 的作用是将弯曲成形后的工件从凸模上卸下。卸料杆的推力也可将刚性推出改为弹簧的弹性推出。

图 3-103 所示为带斜楔的 U 形件弯曲模，弯曲开始时凸模 5 先将毛坯弯成 U 形，随着上模的继续下行，凸模到位，弹簧 3 被压缩，两侧的斜楔 1 压向滚柱 11，使装有滚柱的左右活动凹模 7 和 8 向中间运动，将 U 形件两侧压弯成形。当上模回程时，弹簧 9 使活动凹模复位。

弯曲角小于 90°的 U 形件,可以采用图 3-104 所示的装有活动凹模镶块的模具结构。弯曲时,凸模首先将毛坯弯曲成 U 形件,凸模继续下行时,凸模与活动凹模镶块相接触,并使其绕中心向凸模回转,使材料包在凸模上而弯曲成形。凸模上行时,弹簧使活动凹模镶块复位。

除 V 形件和 U 形件外,复杂形状的弯曲件也可通过设计采用单工序模弯曲成形,如 Z 形件弯曲模(见图 3-105)和 O 形件弯曲模(见图 3-106)。

(2)级进弯曲模 对于批量大、尺寸小的弯曲件,为提高生产率和安全性,保证零件质量,可以采用级进弯曲模进行多工位的冲裁、弯曲、切断等工艺成形。图 3-107 所示为冲孔、弯曲级进模,在第一工位上冲出两个孔,在第二工位上由上模 1 和下剪刃 4 将带料剪断,并将其压弯在凸模 6 上。上模上行后,由顶件销 5 将工件顶出。

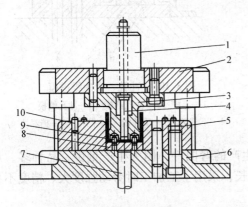

图 3-102 U 形件弯曲模

1—模柄 2—上模模座 3—凸模 4—卸料杆
5—凹模 6—下模座 7—顶料装置 8—顶板
9—定位销 10—挡料销

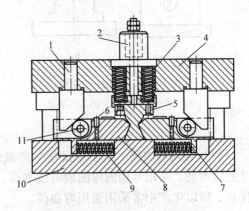

图 3-103 带斜楔的 U 形件弯曲模

1—斜楔 2—凸模支杆 3—弹簧 4—上模座
5—凸模 6—定位销 7、8—活动凹模 9—弹簧
10—下模座 11—滚柱

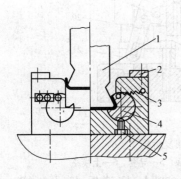

图 3-104 弯曲角小于 90°的 U 形件弯曲模

1—凸模 2—定位板 3—弹簧
4—回转凹模 5—限位钉

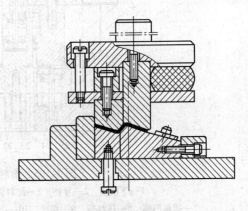

图 3-105 Z 形件弯曲模

(3)复合弯曲模 对于尺寸不大的弯曲件,还可以采用复合模,即在压力机一次行程内,在模具同一位置上完成落料、弯曲、冲孔等几种不同的工序。图 3-108 所示为落料、冲

孔、弯曲复合模，落料凸模 24 上有一部分为弯曲模。当上模下行完成落料、冲孔工序后，安装在落料凹模 7 外侧的滚轮 19 接触转动板 18，抽动滑块 21 脱离活动凸模块，使上模继续下行时，不阻碍活动凸模块向下运动，弯曲凹模 17 接触材料并完成弯曲工序。上模回升时，零件由上模中设置的打料杆 14 打出。在回程过程中，滚轮接触转动板，推动滑块 21 复原，为再次冲压做好准备。

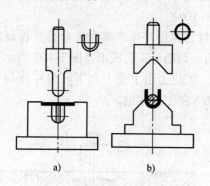

图 3-106 O 形件弯曲模

a）第一次弯曲 b）第二次弯曲

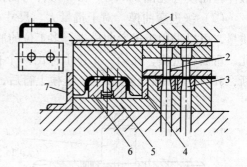

图 3-107 冲孔、弯曲级进模

1—上模 2—冲孔凸模 3—冲孔侧模
4—下剪刃 5—顶件销 6—凸模 7—挡料块

（4）通用弯曲模 对于小批量生产或试制生产的弯曲件，因为生产量少、品种多、尺寸经常改变，采用专用的弯曲模时成本高、周期长，采用手工加工时劳动强度大、精度不易保证，所以生产中常采用通用弯曲模。

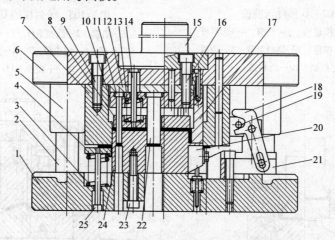

图 3-108 落料、冲孔、弯曲复合模

1—下模座 2—导柱 3—卸料弹簧 4—卸料板 5—导套 6—上模座
7—落料凹模 8—压料板 9—螺栓 10—凸模固定板 11—冲头Ⅰ 12—垫板 13—压料弹簧
14—打料杆 15—模柄 16—螺栓 17—弯曲凹模 18—转动板 19—滚轮 20—活动凸模块
21—滑块 22—冲头Ⅱ 23—螺栓 24—落料凸模 25—推杆

采用通用弯曲模不仅可以成形一般的 V 形件、U 形件，还可成形精度要求不高的复杂形状件。图 3-109 所示为通用 V 形件弯曲模，该模具用于弯曲大型弯曲件，根据不同工件

尺寸要求调节定位板1、6和支承板2，分数次冲压，可得到不同形状尺寸的工件。

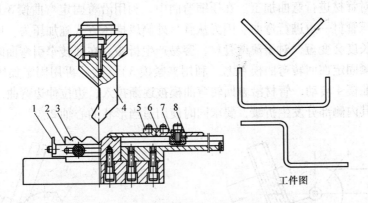

工件图

图3-109　通用V形件弯曲模

1、6—定位板　2—支承板　3—凹模　4—凸模　5—固定板　7—方螺母　8—导轨

3.3.2　管材弯曲

管材弯曲的变形机理与板料弯曲基本相同，但由于管材断面是中空的，被弯曲的管材外侧与内侧的壁厚变化是相反的，管材横断面形状的变化以及在弯管时内侧管面上产生折皱等都是与板料弯曲不同的。

观察图3-110所示的弯曲管的断面，外侧壁厚发生拉伸变形，内侧壁厚发生压缩变形。但由于管材弯曲时，内外侧壁厚之间有空间，所以在厚度方向上的伸长、压缩变得更自由了。随着弯曲的进行，外侧壁厚逐渐减薄，内侧厚壁则逐渐增加。此外，管材的壁厚与直径相比，如果薄到一定程度，则内侧的管壁在压应力的作用下会失去稳定而发生折皱。而且，弯管外侧管壁材料受切向拉伸而被拉向内侧，内侧部分材料受切向压缩也更靠向内侧，但由于模具阻碍了其向内靠的倾向，从而导致整个断面形状变成椭圆形。

最简单的管材弯曲方法称为压弯法，如图3-111所示，该方法采用两个支承模来支承管材，使用带有一定弯曲半径的弯曲模在中间进行加压弯曲。这种弯曲方法对于薄壁管，若不先在管内灌满砂子、松香或低熔点合金等填充物，就会很容易发生折皱，断面的椭圆变形也会更加明显。该方法与板料的V形弯曲类似，对于管材在加工中发生的不良变形没有有效的约束，所以仅在精度要求不高的厚壁管或弯曲半径大的场合被采用。

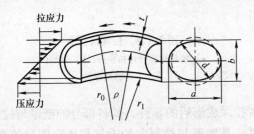

图3-110　管材弯曲时的变形

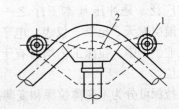

图3-111　压弯法

1—支承模　2—弯曲模

　　图 3-112 所示的压缩弯曲以及图 3-113 所示的回转牵引弯曲都是在对变形材料施加更大的约束的同时对管材进行弯曲加工。在压缩弯曲中，利用沿着固定弯曲模 3 运动的加压模 2 或滚子，一边压管材一边进行弯曲。因为从管材外侧以推压方式施加压力，所以在多数情况下整个管材的长度会变短，对于薄壁管材，容易产生折皱。在回转牵引弯曲时，管材弯曲部分的前部被夹紧固定在回转弯曲模 4 上（利用夹紧模 3），然后再用固定加压模 1 对管材加压的同时使弯曲模 4 转动，管材沿着回转弯曲模被逐渐拉入，边拉伸边弯曲。为了防止断面的椭圆变形及其内侧部分发生折皱，要求同时使用适当形状的心轴 2。

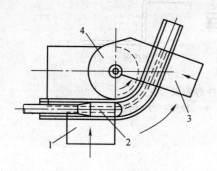

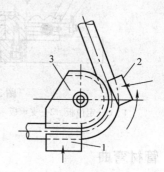

图 3-112　回转牵引弯曲　　　　　　　　　　图 3-113　压缩弯曲图
1—加压模　2—心轴　3—夹紧模　4—弯曲模　　　　1—夹紧模　2—加压模　3—固定弯曲模

3.4　拉深

3.4.1　拉深基本原理及其工艺性

　　拉深是利用模具使平板毛坯变成开口的空心零件的冲压加工方法。拉深也称为拉延。

　　用拉深工艺可以制得筒形、阶梯形、球形、锥形、抛物面形等旋转体零件，也可制成盒形和其他不规则形状等非旋转体零件，如图 3-114 所示。

　　若将拉深与其他成形工艺（如胀形、翻边等）复合，还可加工出形状更为复杂的零件，如汽车车门等。因此拉深的应用非常广泛，是冲压基本工序之一，在汽车、航空航天、电器、仪表、电子、轻工等工业生产中，拉深工艺均占有十分重要的地位。

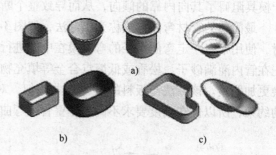

图 3-114　拉深件类型
a）轴对称旋转体拉深件　b）盒形件
c）不对称拉深件

　　拉深可分为不变薄拉深和变薄拉深。前者拉深成形后的零件，其各部分的壁厚与拉深前的毛坯相比基本不变；后者拉深成形后的零件，其壁厚与拉深前的毛坯相比有明显的变薄，这种变薄是产品要求的，零件呈现底厚、壁薄的特点。在实际生产中，应用较多的是不变薄拉深。

拉深过程中，材料的变形程度由底部向口部逐渐增大，因此拉深过程中毛坯各部分的硬化程度不一，应力与应变状态各不相同。随着拉深的不断进行，留在凹模表面的材料不断被拉进凸、凹模的间隙而变为筒壁，因而即使是变形区同一位置的材料，其应力和应变状态也在时刻发生变化。

现以带压边圈的直壁圆筒形件的首次拉深为例，说明在拉深过程中的某一时刻（见图 3-115）毛坯的变形和受力情况。假设 σ_1、ε_1 为毛坯的径向应力与应变，σ_2、ε_2 为毛坯的厚向应力与应变，σ_3、ε_3 为毛坯的切向应力与应变。

根据圆筒形件各部位的受力和变形性质的不同，将整个毛坯分为以下五个部分：

（1）平面凸缘部分 这是拉深变形的主要变形区，这部分材料在径向拉应力 σ_1 和切向压力 σ_3 的作用下，发生塑性变形而逐渐进入凹模。由于压边圈的作用，在厚度方向产生压应力 σ_2 的作用。通常，σ_1 和 σ_3 的绝对值比 σ_2 大得多，

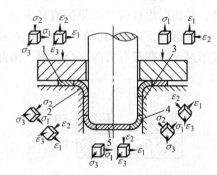

图 3-115 拉深过程的应力应变状态
1—平面凸缘部分 2—凹模圆角部分 3—筒壁部分
4—凸模圆角部分 5—筒底部分

材料的流动主要是向径向延展，同时也向毛坯厚度方向流动而加厚，这时厚度方向的应变 $\varepsilon_2 > 0$。由于越靠外缘需要转移的材料越多，因此，越到外缘材料变得越厚，硬化也越严重。

如果不用压边圈，则 $\sigma_2 = 0$。此时的 ε_2 要比有压边圈时大。当需要转移的材料面积较大而板料相对又较薄时，毛坯的凸缘部分，尤其是最外缘部分，受切向压应力 σ_3 的作用极易失去稳定而拱起，出现起皱。

（2）凹模圆角部分 这属于过渡区，材料变形比较复杂，除有与平面凸缘部分相同的特点外，还有由于承受凹模圆角的压力和弯曲作用而产生的压应力 σ_2。

（3）筒壁部分 这部分材料已经变形完毕成为筒形，此时不再发生大的变形。在继续拉深时，凸模的拉深力要经由筒壁传递到凸缘部分，因此是传力区。该部分受单向拉应力 σ_1 的作用，发生少量的纵向伸长和厚度变薄。

（4）凸模圆角部分 这部分是筒壁和圆筒底部的过渡区，材料除承受径向拉应力 σ_1 和切向拉应力 σ_3 外，厚度方向还受到凸模圆角的压力和弯曲作用，产生较大的压应力 σ_2，因此这部分材料变薄严重。尤其是在底部圆角稍上处，由于传递拉深力的截面积较小，但产生的拉压力 σ_1 较大；同时该处所需要转移的材料较少，变形程度很小，加工硬化较弱，而使材料的屈服强度较低；加之该处材料又不像底部圆角处存在较大的摩擦阻力，因此在拉深过程中，该处变薄最为严重，成为整个拉深件强度最薄弱的地方，易出现变薄超差甚至拉裂，是拉深过程中的"危险断面"。

（5）筒底部分 这部分材料与凸模底面接触，直接接收凸模施加的拉深力并传给筒壁，由于凸模圆角处的摩擦制约了底部材料的向外流动，故圆筒底部变形不大，只有 1% ~3%，一般可忽略不计。但由于作用于底部圆角部分的拉深力，使材料承受双向拉应力，厚度略有变薄。

3.4.2 圆筒形件拉深工艺性分析

图 3-116 所示为平板毛坯拉深。圆形毛坯逐渐被拉进凸、凹模间的间隙中形成直壁，而

处于凸模下面的材料则成为拉深件的底，当板料全部进入凸、凹模间的间隙时，拉深过程结束，平板毛坯就变成具有一定直径和高度的开口空心件。与冲裁相比，拉深凸、凹模的工作部分不应有锋利的刃口，而应具有一定的圆角；凸、凹模间的单边间隙稍大于料厚。

如果不用模具，则只要去掉图 3-117 中的阴影部分，再将剩余部分沿直径 d 的圆周弯折起来，并加以焊接就可以得到直径为 d，高度为 $h = (D - d)/2$，周边带有焊缝，口部呈波浪的开口筒形件。这说明圆形平板毛坯在成为筒形件的过程中必须去除多余材料。但在实际拉深成形过程中并没有去除多余材料，因此只能认为多余的材料在模具的作用下产生了流动。

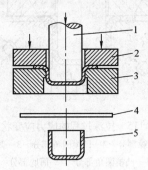

图 3-116　平板毛坯拉深
1—凸模　2—压边圈　3—凹模
4—板料　5—拉深件

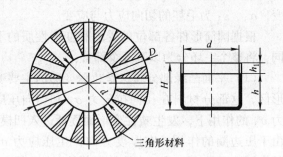

图 3-117　拉深时的材料转移

为了了解材料产生了怎样的流动，可以做坐标网格试验，即拉深前在毛坯上画一些由等距离的同心圆和等角度的辐射线组成的网格（见图 3-118），然后进行拉深，通过比较拉深前后网格的变化来了解材料的流动情况。拉深后筒底部的网格变化不明显，而侧壁上的网格变化很大，拉深前等距离的同心圆拉深后变成了与筒底平行的不等距离的水平圆周线，越到口部圆周线的间距越大，即

$$a_1 > a_2 > a_3 > \cdots > a$$

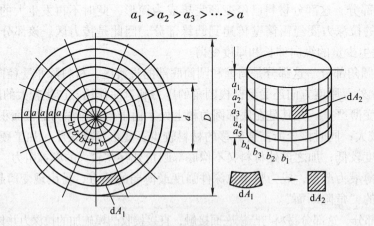

图 3-118　拉深网格的变化

拉深前等角度的辐射线拉深后变成了等距离、相互平行且垂直于底部的平行线，即

$$b_1 = b_2 = b_3 = \cdots = b$$

原来的扇形网格 dA_1，拉深后在工件的侧壁变成了等宽度的矩形 dA_2，离底部越远，矩形的高度越大。测量此时工件的高度，发现筒壁高度大于环行部分的半径差 $(D-d)/2$，这

说明材料沿高度方向产生了塑性流动。

为分析金属是如何往高度方向流动的，可从变形区任选一个扇形格子来分析，如图 3-119 所示。从图 3-119 中可看出，扇形的宽度大于矩形的宽度，而高度却小于矩形的高度，因此扇形格拉深后要变成矩形格，必须宽度减小而长度增加。很明显扇形格只要切向受压产生压缩变形，径向受拉产生伸长变形就能产生这种情况。而在实际的变形过程中，由于有多余材料存在，拉深时材料间的相互挤压产生了切向压应力，凸模提供的拉深力产生了径向拉应力（见图 3-119）。故(D-d)的圆环部分在径向拉应力和切向压应力的作用下径向伸长，切向缩短，扇形格子就变成了矩形格子，多余金属流到工件口部，使高度增加。

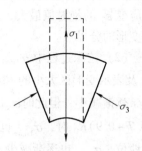

图 3-119　拉深时扇形单元的受力与变形情况

综上所述，拉深变形过程可描述为：处于凸缘底部的材料在拉深过程中变化很小，变形主要集中在处于凹模平面上的(D-d)圆环形部分。该处金属在切向压应力和径向拉应力的共同作用下沿切向被压缩，且越到口部压缩得越多；沿径向伸长，且越到口部伸长得越多。该部分是拉深的主要变形区。

3.4.3　拉深过程的力学分析及尺寸确定

1. 凸缘变形区的应力分析

（1）拉深中某时刻凸缘变形区的应力分布　拉深时，凸缘的应力状态为径向受拉应力 σ_1，切向受压应力 σ_3，厚度方向的压应力 σ_2 可忽略不计，则只需求 σ_1 和 σ_3 的值，即可知变形区的应力分布。

径向拉应力 σ_1 和切向压应力 σ_3 的大小为

$$\sigma_1 = 1.1\,\overline{\sigma_{\mathrm{m}}}\ln\frac{R_{\mathrm{t}}}{R}$$

$$\sigma_3 = -1.1\,\overline{\sigma_{\mathrm{m}}}\left(1 - \ln\frac{R_{\mathrm{t}}}{R}\right) \tag{3-43}$$

式中　$\overline{\sigma_{\mathrm{m}}}$——变形区材料的平均抗力（MPa）；

　　　R_{t}——拉深中某时刻的凸缘半径（mm）；

　　　R——凸缘区内任意点的半径（mm）。

拉深毛坯凸缘变形区各点 σ_1、σ_3 的分布如图 3-115 所示。在变形区的内边缘（即 $R = r$ 处）径向拉应力 σ_1 取最大值，即

$$\sigma_{1\max} = 1.1\,\overline{\sigma_{\mathrm{m}}}\ln\frac{R_{\mathrm{t}}}{R} \tag{3-44}$$

在变形区外边缘（$R = R_{\mathrm{t}}$ 处）切向压应力 σ_3 取最大值，即

$$|\sigma_3|_{\max} = 1.1\,\overline{\sigma_{\mathrm{m}}} \tag{3-45}$$

从凸缘外边缘向内边缘 σ_1 由低到高变化，$|\sigma_3|$ 则由高到低变化，在凸缘中间必有一交点，$\sigma_1 = |\sigma_3|$，易由式（3-43）得：$R = 0.6R_{\mathrm{t}}$，也就是说，半径为 R 的圆将凸缘变形区分成两部分，由此圆向凹模腔口方向的部分，拉应力占优势（$\sigma_1 > |\sigma_3|$），拉应变 ε_1 的绝对

值最大，材料厚度是减薄的；由此圆向外到毛坯边缘的部分，压应力占优势（$|\sigma_3| > \sigma_1$），压应变 ε_3 的绝对值最大，材料厚度是增厚的。交点处就是变形区在厚度方向发生增厚和减薄变形的分界点。

（2）拉深过程中 σ_{1max} 的变化规律　由式（3-44）可知，σ_{1max} 与变形区材料的平均抗力 $\overline{\sigma_m}$ 及表示变形区大小的 R_t/r 的乘积有关。随着拉深的进行，因加工硬化使 $\overline{\sigma_m}$ 逐渐增大，而 R_t/r 逐渐减小，但此时 $\overline{\sigma_m}$ 的增大占主导地位，所以 σ_{1max} 逐渐增加，大约在拉深进行到 $R_t = (0.7 \sim 0.9)R_0$ 时，σ_{1max} 也出现最大值 σ_{1max}^{max}。以后随着拉深的进行，由于 R_t/r 的减小占主导地位，σ_{1max} 也逐渐减少，直到拉深结束（$R_t = r$）时，σ_{1max} 减少为零。

（3）拉深过程中 $|\sigma_3|_{max}$ 的变化规律　由式（3-45）可知，$|\sigma_3|_{max}$ 仅取决于 $\overline{\sigma_m}$，只与材料有关，即随着拉深的进行，变形程度增加，$\overline{\sigma_m}$ 增加，故 $|\sigma_3|_{max}$ 也增加。随着拉深的进行，变形程度增加会使毛坯有起皱的危险。

2. 筒壁传力区的受力分析

凸模的压力 F 通过筒壁传递至凸缘的内边缘（凹模入口处），将变形区的材料拉入凹模（见图3-120）。显然，筒壁所受的拉应力主要是由凸缘材料的变形抗力 σ_{1max} 引起的，此外还有：

1）由于压边力 F_Q 在凸缘表面所产生的摩擦力，引起的摩擦阻力应力 σ_M，其计算式为

$$\sigma_M = \frac{2\mu F_Q}{\pi dt} \qquad (3-46)$$

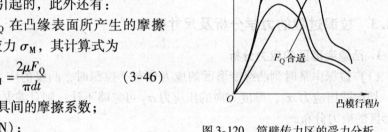

图 3-120　筒壁传力区的受力分析

式中　μ——材料与模具间的摩擦系数；

F_Q——压边力（N）；

d——凹模内径（mm）；

t——材料厚度（mm）。

2）凸缘材料流过凹模圆角时，产生弯曲变形的阻力引起的拉应力 σ_W，其计算式为

$$\sigma_W = \frac{1}{4} R_m \frac{t}{r_d + t/2} \qquad (3-47)$$

式中　r_d——凹模圆角半径（mm）；

R_m——材料的强度极限（MPa）。

3）材料流过凹模圆角后又被拉直成筒壁的反向弯曲力 σ'_W，仍按式（3-47）进行计算，即

$$\sigma'_W = \sigma_W = \frac{1}{4} R_m \frac{t}{r_d + t/2} \qquad (3-48)$$

拉深初期，凸模圆角处的弯曲应力 σ''_W 也仿式（3-47）计算，即

$$\sigma''_W = \frac{1}{4} R_m \frac{t}{r_p + t/2} \qquad (3-49)$$

式中　r_p——凸模圆角半径（mm）。

4）材料流过凹模圆角时的摩擦阻力，近似用摩擦阻力系数 $e^{\mu\alpha}$ 来进行修正，其中，α 为包角（材料与凹模圆角处相接触的角度）。因此，筒壁的拉应力总和为

$$\sigma_p = (\sigma_{1max} + \sigma_M + \sigma_W + \sigma'_W + \sigma''_W)e^{\mu\alpha} \tag{3-50}$$

由式（3-50）知，σ_p 在拉深中是随 σ_{1max} 和包角 α 的变化而变化的。当拉深中材料凸缘的外缘半径 $R_t = (0.7 \sim 0.9)R_0$ 时，σ_{1max} 达最大值，此时包角 α 接近于 $\pi/2$，则摩擦阻力系数为 $e^{\mu\pi/2}$，展开后略去高阶项，则近似为

$$e^{\mu\pi/2} = 1 + \mu\pi/2 \approx 1 + 1.6\mu$$

故 σ_p 的最大值为

$$\sigma_{pmax} = (\sigma_{1max}^{max} + \sigma_M + \sigma_W + \sigma'_W + \sigma''_W)(1 + 1.6\mu) \tag{3-51}$$

拉深中如果 σ_{pmax} 值超过了危险断面的强度 R_m，则产生破裂。

3. 毛坯形状和尺寸确定的依据

拉深时，金属材料按一定的规律流动，毛坯的形状必须适应金属流动的要求。实践证明旋转体零件的拉深可采用圆形毛坯。对于复杂形状的拉深件，通常都是先制造拉深模，根据分析，初步确定毛坯的形状，经多次试压和反复修改，直至符合要求后将毛坯形状最后确定下来，再做落料模。当然，毛坯轮廓的周边应圆滑过渡，不可有尖角或突变。

在不变薄拉深中，圆形毛坯的直径是按"拉深前后毛坯与工件的表面积不变"的原则来确定的。计算毛坯尺寸时，应以零件厚度的中线为基准来计算，即零件尺寸从料厚中间算起。

应当说明，拉深件毛坯受材料性能、模具几何参数、润滑条件、拉深系数以及零件几何形状等因素的影响，因此按上述原则确定毛坯尺寸时，应予以修正。

另外，由于材料的各向异性以及拉深时金属流动条件的差异，为了保证零件的尺寸，必须留出切边余量。在计算毛坯尺寸时，必须计入修边余量。修边余量见表 3-35 和表 3-36。

4. 简单旋转体拉深件毛坯尺寸的确定

求简单几何形状的拉深件的毛坯尺寸时，一般可将零件分解成若干个简单几何体，分别求出其表面积后，再相加，求出工件的总表面积。由于旋转体拉深件的毛坯为圆形，故可算出毛坯直径。拉深件的毛坯直径为

表 3-35　无凸缘拉深件的修边余量　（单位：mm）

拉深高度 h	拉深相对高度 h/d 或 h/B			
	$>0.5 \sim 0.8$	$>0.8 \sim 1.6$	$>1.6 \sim 2.5$	$>2.5 \sim 4$
≤10	1.0	1.2	1.5	2
$>10 \sim 20$	1.2	1.6	2	2.5
$>20 \sim 50$	2	2.5	3.3	4
$>50 \sim 100$	3	3.8	5	6
$>100 \sim 150$	4	5	6.5	8
$>150 \sim 200$	5	6.3	8	10
$>200 \sim 250$	6	7.5	9	11
>250	7	8.5	10	12

注：1. B 为正方形的边宽或长方形的短边宽度。

2. 高拉深件必须规定中间修边工序。

3. 对材料厚度小于 0.5mm 的薄材料作多次拉深时，应按表值增加 30%。

表 3-36　有凸缘拉深件的修边余量　　　　　　　　（单位：mm）

凸缘直径 d_t	相对凸缘直径 d_t/d（或 B_t/B）			
（或 B_t）	≤1.5	>1.5 ~ 2	>2 ~ 2.5	>2.5 ~ 3
≤25	1.8	1.6	1.4	1.2
>25 ~ 50	2.5	2.0	1.8	1.6
>50 ~ 100	3.5	3.0	2.5	2.2
>100 ~ 150	4.3	3.6	3.0	2.5
>150 ~ 200	5.0	4.2	3.5	2.7
>200 ~ 250	5.5	4.6	3.8	2.8
>250	6.0	5.0	4.0	3.0

$$D = \sqrt{\frac{4}{\pi}A} = \sqrt{\frac{4}{\pi}\sum A_f} \qquad (3\text{-}52)$$

式中　D——毛坯直径（mm）；

　　　A——包括修边余量在内的拉深件表面积（mm^2）；

　　　$\sum A_f$——拉深件各部分表面积的代数和（mm^2）。

图 3-121 所示的零件可看成由圆筒直壁部分（A_1），圆弧旋转而成的球台部分（A_2）以及底部圆形平板（A_3）三部分组成。

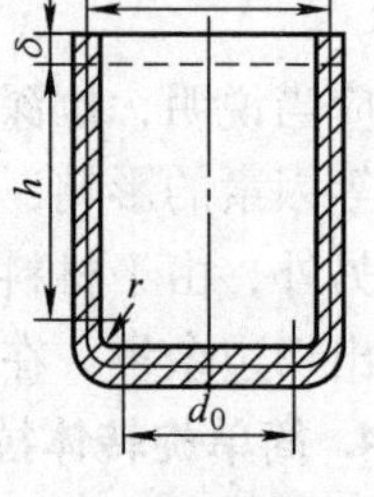

圆筒直壁部分的表面积为　　　$A_1 = \pi d(h + \delta)$

圆角球台部分的表面积为　　　$A_2 = \dfrac{\pi r}{2}(\pi d_0 + 4r)$

式中　d_0——底部平板部分的直径（mm）；

　　　r——工件中线在圆角处的圆角半径（mm）。

图 3-121　圆筒零件毛坯
尺寸的计算

底部表面积为　　　　　$A_3 = \dfrac{\pi}{4}d_0^2$

将 $\sum A_f = A_1 + A_2 + A_3$ 代入式（3-52）得

$$D = \sqrt{d_0^2 + 4d(h + \delta) + 2\pi r d_0 + 8r^2} \qquad (3\text{-}53)$$

5. 复杂旋转体拉深件毛坯尺寸的确定

对于各种复杂形状的旋转体零件，其毛坯直径的确定原则是：任何形状的母线绕轴旋转一周所得到的旋转体表面积，等于该母线的长度 L 与其重心绕旋转轴一周所得的周长 $2\pi R_s$ 的乘积，即

$$A = 2\pi R_s L = 2\pi R_s \sum l_i \qquad (3\text{-}54)$$

式中　A——旋转体表面积（mm^2）；

　　　L——旋转体母线长度，其值等于各部分长度之和（mm），即 $L = l_1 + l_2 + \cdots + l_n$；

　　　R_s——旋转体母线重心至旋转体轴的距离（mm）。

由式（3-52）得出毛坯直径为

$$D = \sqrt{8LR_s} = \sqrt{8\sum(l_i r_i)} \qquad (3\text{-}55)$$

式中　r_i——旋转体各组成部分母线的重心至旋转体轴的距离（mm）。

3.4.4 拉深过程易出现的缺陷及防止措施

1. 起皱及防皱措施

拉深过程中，凸缘变形区材料在切向压应力 σ_3 的作用下，可能产生塑性失稳而起皱（见图 3-122），起皱在拉深薄料时更容易发生，而且首先在凸缘的外边缘开始，因为此处的 σ_3 值最大。实验证明，凸缘起皱最强烈的时刻，基本上也就是 σ_{1max}^{max} 出现的时刻，即大约在拉深进行到 $R_t = (0.7 \sim 0.9)R_0$ 时。

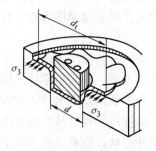

图 3-122 毛坯凸缘的起皱情况

变形区一旦起皱，对拉深的正常进行是非常不利的。因为毛坯起皱后，拱起的折皱很难通过凸、凹模间隙被拉入凹模，如果强行拉入，则拉应力迅速增大，容易使毛坯受过大的拉力而导致破裂报废；即使模具间隙较大，或者起皱不严重，拱起的折皱能勉强被拉进凹模内形成筒壁，折皱也会留在工件的侧壁上，从而影响零件的表面质量；同时，起皱后的材料在通过模具间隙时与模具间的压力增加，导致与模具间的摩擦加剧，磨损严重，使得模具的寿命大为降低。因此，起皱应尽量避免。

拉深是否失稳，与拉深件受的压力大小和拉深中凸缘的几何尺寸有关。主要取决于下列因素：

（1）凸缘部分材料的相对厚度 $\dfrac{t}{d_t - d}$ 或 $\dfrac{t}{R_t - r}$（d_t 为凸缘外径） 凸缘相对厚度越大，即说明 t 越大，而（$d_t - d$）越小，即变形区较小、较厚，因此抗失稳能力强，稳定性好，不易起皱；反之，材料抗纵向弯曲能力弱，容易起皱。

（2）切向压应力 σ_3 的大小 拉深时 σ_3 的值取决于变形程度，变形程度越大，需要转移的剩余材料越多，加工硬化现象越严重，则 σ_3 越大，就越容易起皱。

（3）材料的力学性能 板料的屈强比 σ_s / R_m 小，则屈服极限小，变形区内的切向压应力也相对减小，因此板料不容易起皱。当板料厚向异性系数 $r > 1$ 时，说明板料在宽度方向上的变形易于厚度方向，材料易于沿平面流动，因此不容易起皱。

（4）凹模工作部分的几何形状 与普通的平端面凹模相比，锥形凹模允许用相对厚度较小的毛坯而不致起皱。

平端面凹模拉深时，毛坯首次拉深不起皱的条件是

$$\frac{t}{D} \geqslant (0.09 \sim 0.07)\left(1 - \frac{d}{D}\right) \tag{3-56}$$

锥形凹模首次拉深时，材料不起皱的条件是

$$\frac{t}{D} \geqslant 0.03\left(1 - \frac{d}{D}\right) \tag{3-57}$$

式中 D——毛坯的直径（mm）；

d——工件的直径（mm）。

生产中，可用式（3-56）、式（3-57）估算拉深件是否会起皱。

如果不能满足式（3-56）、式（3-57）的要求，就要起皱。常见的防皱措施是采用便于

调节压边力的压边圈、拉深筋或拉深槛，把凸缘紧压在凹模表面上，强迫材料在压边圈和凹模平面间的间隙中流动，稳定性得到增加，起皱也就不容易发生。

压边装置有刚性和弹性两种。刚性压边装置是在双动压力机上，利用外滑块压边；弹性压边装置用于单动压力机，压边力由气垫、弹簧和橡皮产生。气垫压边力不随凸模行程变化，压边效果较好。

此外，防皱措施还应从零件形状、模具设计、拉深工序的安排、冲压条件以及材料特性等方面考虑。在满足零件使用要求的前提下，应尽可能降低拉深深度，以减小切向压应力；应避免形状的急剧改变；减少零件的平直部分，应使平直部分稍有曲率，或增设凹坑、凸筋，以提高刚性，从而减少出现起皱的可能性。在模具设计方面，应注意压边圈和拉深筋的位置和形状；模具表面形状不要过于复杂。在考虑拉深工序的安排时，应尽可能使拉深深度均匀，使侧壁斜度较小；对于必须深拉深的零件，或者直径相差较大的阶梯零件，可分两（多）道工序进行拉深成形，以减小一次拉深的深度和阶梯差。多道工序拉深时，也可用反拉深防止起皱。应注意提供均衡的压边力和润滑等冲压条件，应尽量选用屈服强度低的材料，增加板料厚度对防止起皱有较大的效果。

2. 拉裂

拉深后得到工件的厚度沿底部向口部方向是不同的，如图3-123所示。在圆筒件侧壁的上部厚度增加最多，约为30%；而在筒壁与底部转角稍上的地方板料厚度最小，厚度减少了将近10%，该处拉深时最容易被拉断，通常称此断面为"危险断面"。当该断面的应力超过材料此时的强度极限时，零件就在此处产生破裂。即使拉深件未被拉裂，由于材料变薄过于严重，也可能使产品报废。

为防止拉裂，可根据板材的成形性能，采用适当的拉深比和压边力，增加凸模的表面粗糙度，改善凸缘部分变形材料的润滑条件，合理设计模具工作部分的形状，选用屈强比 σ_s / R_m 小、n 值和 $\overline{r}$ 值大的材料等。

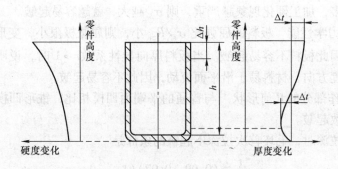

图 3-123　拉深件厚度和硬度的分布

3. 硬化

拉深是一个塑性变形过程，材料变形后必然发生加工硬化，使其硬度和强度增加，塑性下降。但由于拉深时变形不均匀，从底部到筒口部塑性变形由小逐渐加大，因而拉深后变形材料的性能也是不均匀的，拉深件硬度的分布由工件底部向口部是逐渐增加的（见图3-123）。这恰好与工艺要求相反，从工艺角度看工件底部硬化要大，而口部硬化要小。

加工硬化一方面使工件的强度和刚度高于毛坯材料，另一方面塑性降低又使材料进一步拉深时变形困难。工艺设计时，特别是多次拉深时，应正确选择各次的变形量，并考虑半成品件是否需要退火，以恢复其塑性。对一些硬化能力强的金属（不锈钢、耐热钢等）更应注意。

4. 凸耳

拉深后的圆筒端部，一般有四个凸耳，有时是两个或六个，甚至八个凸耳。产生凸耳的原因是毛坯的各向异性。凸耳需用修边去除掉，这样增加了工序。

3.4.5　无凸缘圆筒形件的拉深工艺计算

1. 拉深系数

（1）拉深系数的概念和意义　当拉深件由板料拉深成工件时，往往一次拉深不能够使板料达到工件所需要的尺寸和形状，否则工件就会因为变形太大而产生破裂或起皱。只有经过多次拉深，每次拉深变形都在允许范围内，才能制成合格的工件。因此，在制订拉深件的工艺过程和设计拉深模时，必须首先确定所需要的拉深次数。为了用最少的拉深次数制成一个拉深件，每次拉深既要使板料的应力不超过强度极限，又要充分利用板料的塑性潜力，变形程度尽可能大。拉深时板料允许的变形量通常用拉深系数 m 表示。拉深系数是指拉深后圆筒形件的直径与拉深前毛坯（或半成品）的直径之比，即首次拉深：

$$m_1 = d_1/D$$

以后各次拉深：

$$m_2 = d_2/d_1,\ m_3 = d_3/d_2,\ \cdots,\ m_n = d_n/d_{n-1}$$

式中　m_1、m_2、m_3、$\cdots$、m_n——各次的拉深系数；

　　　　　D——毛坯直径（mm）；

　d_1、d_2、d_3、$\cdots$、d_n——各次半成品（或工件）的直径（mm），如图 3-124 所示。

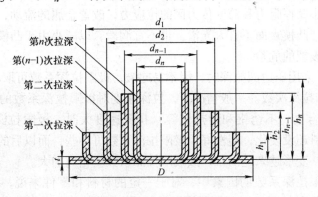

图 3-124　拉深工序示意图

工件直径 d 与毛坯直径 D 之比称为总拉深系数，即

$$m_\Sigma = \frac{d_n}{D} = m_1 m_2 m_3 \cdots m_{n-1} m_n \tag{3-58}$$

由此可知，拉深系数是一个小于 1 的数值，其值越小，表示拉深前后毛坯的直径变化越大，即变形程度越大；反之，其值越大，则毛坯的直径变化越小，即变形程度越小。拉深系数是一个重要的工艺参数，因为在工艺计算中，只要知道每道工序的拉深系数值，就可以计

算出各道工序中工件的尺寸。

在实际生产中，采用的拉深系数值的合理与否更关系到拉深工艺的成败。若采用的拉深系数过大，则拉深变形程度小，材料的塑性潜力未被充分利用，每次毛坯只能产生很小的变形，拉深次数就要增加，冲模套数增多，成本增加而不经济；若采用的拉深系数过小，则拉深变形程度过大，工件局部严重变薄甚至材料被拉破，得不到合格的工件。因此，拉深时采用的拉深系数既不能太大，也不能太小，应使材料的塑性被充分利用的同时又不致被拉破。生产上为了减少拉深次数，一般希望采用小的拉深系数。但是，拉深系数的减小有一个限度，这个限度称为极限拉深系数。极限拉深系数就是使拉深件不破裂的最小拉深系数。

（2）影响极限拉深系数的因素　在不同的条件下，极限拉深系数 m_m 是不同的，影响极限拉深系数的因素包括以下方面：

1）板料的内部组织和力学性能。一般来说，板料塑性好、组织均匀、晶粒大小适当、屈强比 σ_s/R_m 小、厚向异性指数 r 和硬化指数 n 大时，板料的拉深性能好，可以采用较小的极限拉深系数。

2）毛坯的相对厚度 t/D。毛坯的相对厚度 t/D 大时，凸缘抵抗失稳起皱的能力增强，因而所需压边力减小（甚至不需要），这就减小了因压边力而引起的摩擦阻力，从而使总的变形抗力减小，故极限拉深系数可相应减小。

3）凹模圆角半径 r_d 和凸模圆角半径 r_p。r_d 过小时，毛坯沿凹模圆角流动时的阻力增加，引起拉深力加大，故极限拉深系数应取较大值；r_p 过小时，筒壁部分与底部过渡区的弯曲变形程度增加，使危险断面的强度受到削弱，故极限拉深系数应取较大值。

但凸、凹模圆角半径也不宜过大，过大的圆角半径，会减少板料与凸模和凹模端面的接触面积及压边圈的压料面积，板料悬空面积增大，容易产生失稳起皱。

4）润滑条件及模具情况。凹模和压边圈与板料接触的表面光滑、润滑条件良好、模具间隙正常，都能减小摩擦阻力和筒壁传力区的拉应力，改善金属的流动，使极限拉深系数减小。值得注意的是，凸模表面不宜太光滑，也不宜润滑，以减小由于凸模与板料的相对滑动而使危险断面变薄破裂的危险。

5）拉深方式。采用压边圈拉深时，因不易起皱，极限拉深系数可取小些。

6）拉深速度和拉深次数。一般情况下，拉深速度对极限拉深系数的影响不大，但速度敏感的金属（如钛合金、不锈钢和耐热钢等）拉深速度大时，极限拉深系数应适当加大。第一次拉深时，材料还没硬化，塑性好，极限拉深系数可小些，而以后的拉深因材料已经硬化，塑性越来越低，变形越来越困难，故极限拉深系数应相应加大。

在这些影响极限拉深系数的因素中，对于一定的材料和零件来说，相对厚度是主要因素，其次是凹模圆角半径。总之，凡是能增加筒壁传力区拉应力及减小危险断面强度的因素，均会使极限拉深系数增大，反之将使极限拉深系数减小。

实际生产中，并不是在所有的情况下都采用极限拉深系数。因为选用过小的拉深系数会引起底部圆角部分过分变薄，而且在以后的拉深工序中，这部分变薄严重的缺陷会转移到成品零件的侧壁上去，降低零件的质量。所以，当对零件质量有较高的要求时，必须采用大于极限值的较大拉深系数。常用的各种材料极限拉深系数见表3-37、表3-38和表3-39。

表 3-37　无凸缘圆筒形件带压边圈的极限拉深系数

拉深系数	毛坯相对厚度 t/D（%）					
	0.08 ~ 0.15	0.15 ~ 0.3	0.3 ~ 0.6	0.6 ~ 1.0	1.0 ~ 1.5	1.5 ~ 2.0
m_1	0.60 ~ 0.63	0.58 ~ 0.60	0.55 ~ 0.58	0.53 ~ 0.55	0.50 ~ 0.53	0.48 ~ 0.50
m_2	0.80 ~ 0.82	0.79 ~ 0.80	0.78 ~ 0.79	0.76 ~ 0.78	0.75 ~ 0.76	0.73 ~ 0.75
m_3	0.82 ~ 0.84	0.81 ~ 0.82	0.80 ~ 0.81	0.79 ~ 0.80	0.78 ~ 0.79	0.76 ~ 0.78
m_4	0.85 ~ 0.86	0.83 ~ 0.85	0.82 ~ 0.83	0.81 ~ 0.82	0.80 ~ 0.81	0.78 ~ 0.80
m_5	0.87 ~ 0.88	0.86 ~ 0.87	0.85 ~ 0.86	0.84 ~ 0.85	0.82 ~ 0.84	0.80 ~ 0.82

注：1. 表中拉深数据适用于 08、10 和 15Mn 等普通拉深钢及 H62。对拉深性能较差的材料 20、25、Q215、Q235 钢、硬铝等，应比表中数值大 1.5% ~ 2.0%；而对塑性更好的 05 钢及软铝，应比表中数值小 1.5% ~ 2.0%。

2. 表中数据应用于未经中间退火的拉深。若采用中间退火，表中数值应小 2% ~ 3%。

3. 表中较小值适用于大的凹模圆角半径 $r_d = (8 ~ 15) t$，较大值适用于小的凹模圆角半径 $r_d = (4 ~ 8) t$。

表 3-38　无凸缘圆筒形件不带压边圈的极限拉深系数

拉深系数	毛坯相对厚度 t/D（%）				
	1.5	2.0	2.5	3.0	> 3
m_1	0.65	0.60	0.55	0.53	0.50
m_2	0.80	0.75	0.75	0.75	0.70
m_3	0.84	0.80	0.80	0.80	0.75
m_4	0.87	0.84	0.84	0.84	0.78
m_5	0.90	0.87	0.87	0.87	0.82
m_6	—	0.90	0.90	0.90	0.85

注：此表适用于 08、10 及 15Mn 等材料。其余各项目见表 3-37 注。

表 3-39　其他金属板料的极限拉深系数

材　料	牌　号	首次拉深 m_1	以后各次拉深 m_n
铝和铝合金	L6M、L4M、LF21M	0.52 ~ 0.55	0.70 ~ 0.75
杜拉铝	LY11M、LY12M	0.56 ~ 0.58	0.75 ~ 0.80
黄铜	H62	0.52 ~ 0.54	0.70 ~ 0.72
	H68	0.50 ~ 0.52	0.68 ~ 0.72
纯铜	T2、T3、T4	0.50 ~ 0.55	0.72 ~ 0.80
无氧铜		0.52 ~ 0.58	0.75 ~ 0.82
镍、镁镍、硅镍		0.48 ~ 0.53	0.70 ~ 0.75
康铜（铜镍合金）		0.50 ~ 0.56	0.74 ~ 0.84
白铁皮		0.58 ~ 0.65	0.80 ~ 0.85
酸洗钢板		0.54 ~ 0.58	0.75 ~ 0.78
不锈钢、耐热钢及其合金	Cr13	0.52 ~ 0.56	0.75 ~ 0.78
	Cr18Ni	0.50 ~ 0.52	0.70 ~ 0.75
	1Cr18Ni9Ti	0.52 ~ 0.55	0.78 ~ 0.81
	Cr18Ni11Nb、Cr23Ni18	0.52 ~ 0.55	0.78 ~ 0.80
	Cr20Ni75Mo2AlTiNb	0.46	—
	Cr25Ni60W15Ti	0.48	—
	Cr22Ni38W3Ti	0.48 ~ 0.50	—
	Cr20Ni80Ti	0.54 ~ 0.59	0.78 ~ 0.84
	30CrMnSiA	0.62 ~ 0.70	0.80 ~ 0.84

（续）

材　料	牌　号	首次拉深 m_1	以后各次拉深 m_n
钢		0.65 ~ 0.67	0.85 ~ 0.90
可伐合金		0.72 ~ 0.82	0.91 ~ 0.97
钼铱合金		0.65 ~ 0.67	0.84 ~ 0.87
钽		0.65 ~ 0.67	0.84 ~ 0.87
铌		0.58 ~ 0.60	0.80 ~ 0.85
钛合金	TA15	0.60 ~ 0.65	0.80 ~ 0.85
锌		0.65 ~ 0.70	0.85 ~ 0.90

注：1. 凹模圆角半径 $r_d < 6t$ 时，拉深系数取大值；$r_d \geqslant (7 \sim 8) \, t$ 时，拉深系数取小值。

2. 材料相对厚度 $(t/D) \times 100 < 0.6$ 时，拉深系数取大值；$(t/D) \times 100 \geqslant 0.62$ 时，拉深系数取小值。

2. 拉深次数

多次拉深时，拉深次数按以下方法确定（见图 3-124）：

取首次拉深系数为 m_1，则 $m_1 = d_1/D$，故 $d_1 = m_1 D$。

取第二次拉深系数为 m_2，则 $m_2 = d_2/d_1$，故 $d_2 = m_2 d_1 = m_1 m_2 D$

取第三次拉深系数为 m_3，则 $m_3 = d_3/d_2$，故 $d_3 = m_1 m_2 m_3 D$

……

依次类推，则第 n 次拉深时，工件直径则为

$$d_n = m_1 m_2 m_3 \cdots m_n D$$

因而

$$m_\Sigma = m_1 m_2 m_3 \cdots m_n$$

所以，只要求得总的拉深系数 m_Σ，然后查得各次的拉深系数值，就能估计出拉深次数来。生产实际中常采用查表法，即根据零件的相对高度 h/d 和毛坯相对厚度 t/D，由表 3-40 查得拉深次数。

表 3-40　无凸缘圆筒形拉深件相对高度 h/d 与拉深次数的关系（材料：08F、10F）

拉深次数	毛坯相对厚度 t/D（%）					
	0.08 ~ 0.15	0.15 ~ 0.3	0.3 ~ 0.6	0.6 ~ 1.0	1.0 ~ 1.5	1.5 ~ 2.0
1	0.38 ~ 0.46	0.45 ~ 0.52	0.50 ~ 0.62	0.57 ~ 0.71	0.65 ~ 0.84	0.77 ~ 0.94
2	0.7 ~ 0.9	0.83 ~ 0.96	0.94 ~ 1.13	1.10 ~ 1.36	1.32 ~ 1.60	1.54 ~ 1.88
3	1.1 ~ 1.3	1.3 ~ 1.6	1.5 ~ 1.9	1.8 ~ 2.3	2.2 ~ 2.8	2.7 ~ 3.5
4	1.5 ~ 2.0	2.0 ~ 2.4	2.4 ~ 2.9	2.9 ~ 3.6	3.5 ~ 4.3	4.3 ~ 5.6
5	2.0 ~ 2.7	2.7 ~ 3.3	3.3 ~ 4.1	4.1 ~ 5.2	5.1 ~ 6.6	6.6 ~ 8.9

注：大的 h/d 适用于首次拉深工序的大凹模圆角半径 $r_d = (8 \sim 15) t$；小的 h/d 适用于首次拉深工序的小凹模圆角半径 $r_d = (4 \sim 8) t$。

3. 以后各次拉深的特点和方法

（1）以后各次拉深的特点　与首次拉深时不同，以后各次拉深时所用的毛坯不是平板，而是圆筒形件。因此，它与首次拉深相比，有许多不同之处：

1）首次拉深时，平板毛坯的壁厚及力学性能都是均匀的；而以后各次拉深时，圆筒形毛坯的壁厚及力学性能都不均匀，材料不仅已有加工硬化，而且毛坯的筒壁要经过两次弯曲才被凸模拉入凹模内，变形更为复杂，所以它的极限拉深系数要比首次拉深大得多，而且后

一次都应略大于前一次。

2）首次拉深时，凸缘变形区是逐渐缩小的；而以后各次拉深时，变形区（$d_{i-1} - d_i$）（$1 < i \leqslant n$）保持不变，直至拉深终了之前。

3）首次拉深时，拉深力的变化是变形抗力的增加与变形区的减小这两个相反的因素互相消长的过程，因而在开始阶段较快地达到最大拉深力，然后逐渐减小到零；而以后各次拉深时，其变形区保持不变，但材料的硬度和壁厚都是沿着高度方向逐渐增加的，所以其拉深力在整个拉深过程中一直增加（见图 3-125），直到拉深的最后阶段才由最大值下降到零。

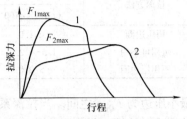

图 3-125　首次拉深与二次拉深的
拉深力变化
1—首次拉深　2—二次拉深

4）首次拉深时，破裂往往出现在拉深的初始阶段；而以后各次拉深时，破裂往往出现在拉深的终了阶段。

5）以后各次拉深中，变形区的外缘受到筒壁的刚性支撑，所以稳定性较首次拉深为好，不易起皱。只是在拉深的终了阶段，筒壁边缘进入变形区后，变形区的外缘失去了刚性支撑才有起皱的可能。

为了保证拉深工序的顺利进行和变形程度的合理，设实际采用的拉深系数为 m_1'、m_2'、m_3'、…、m_n'，应使各次拉深系数依次增加，即

$$m_1' < m_2' < m_3' < \cdots < m_n'$$

且
$$m_1' - m_1 \approx m_2' - m_2 \approx m_3' - m_3 \approx \cdots \approx m_n' - m_n \qquad (3\text{-}59)$$

（2）以后各次拉深的方法　以后各次拉深有正拉深与反拉深两种方法：正拉深的拉深方向与上一次拉深方向一致；反拉深的拉深方向与上一次拉深方向相反，工件的内外表面相互转换。

反拉深具有如下特点：材料的流动方向有利于相互抵消拉深时形成的残余应力；材料的弯曲与反弯曲次数较少，加工硬化也少，有利于成形；毛坯与凹模接触面大，材料的流动阻力也大，材料不易起皱，因此一般反拉深可不用压边圈，这就避免了由于压边力不适当或压边力不均匀而造成的拉裂；反拉深力比正拉深力大 20% 左右。反拉深的拉深系数比正拉深时可降低 10% ~ 15%。

反拉深的主要缺点是：拉深凹模壁厚不是任意的，它受拉深系数的影响，如果拉深系数很大，凹模壁厚又不大，强度就会不足，因而限制其应用。反拉深后的圆筒直径也不能太小，最小直径大于 $(30 \sim 60)t$。

3.4.6　压边力、拉深力和拉深功

1. 采用压边的条件

解决拉深工作中起皱问题的主要方法是采用防皱压边圈。至于是否需要采用压边圈，可按表 3-41 的条件决定。

2. 压边力的计算

压边力的作用是防止毛坯起皱，它的大小对拉深过程有很大的影响。压边力的数值应适当，太小时防皱效果不好，太大时则会增加危险断面处的拉应力，引起拉裂或严重变薄超差

（见图 3-126）。在生产中，压边力都有一定的调节范围（见图 3-127），介于最大压边力 F_{Qmax}

表 3-41　采用或不采用压边圈的条件

拉深方法	首次拉深		以后各次拉深	
	$(t/D) \times 100$	m_1	$(t/d_{n-1}) \times 100$	m_n
用压边圈	< 1.0	< 0.6	< 1	< 0.8
可用可不用	1.5 ~ 2.0	0.6	1 ~ 1.5	0.8
不用压边圈	> 2.0	> 0.6	> 1.5	> 0.8

和最小压边力 F_{Qmin} 之间。当拉深系数小至接近极限拉深系数时，这个变动范围就小，压边力的变动对拉深工作的影响就显著。通常是使压边力 F_Q 稍大于防皱作用所需的最低值，并按式（3-60）进行计算，即

$$F_Q = Aq \tag{3-60}$$

式中　A——在压边圈下毛坯的投影面积（mm^2）；

　　　q——单位压边力（MPa），可按表 3-42 选用。

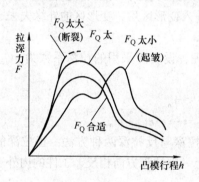

图 3-126　拉深力与压边力的关系

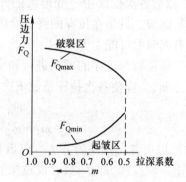

图 3-127　压边力对拉深的影响

表 3-42　单位压边力 q

材料名称		单位压边力 q/MPa
铝		0.8 ~ 1.2
纯铜、硬铝（退火）		1.2 ~ 1.8
黄铜		1.5 ~ 2.0
软钢	$t < 0.5mm$	2.5 ~ 3.0
	$t > 0.5mm$	2.0 ~ 2.5
镀锌钢板		2.5 ~ 3.0
耐热钢（软化状态）		2.8 ~ 3.5
高合金钢、高锰钢、不锈钢		3.0 ~ 4.5

在生产中，首次拉深时的压边力 F_Q 也可按拉深力的 1/4 选取，即

$$F_Q = \frac{F_1}{4} \tag{3-61}$$

3. 压边形式

目前在生产实际中常用的压边装置有以下两大类：

（1）弹性压边装置　这种装置多用于普通压力机。通常有三种：橡皮压边装置（见图3-128a）、弹簧压边装置（见图3-128b）和气垫式压边装置（见图3-128c）。这三种压边装置压边力的变化曲线如图3-128d所示。另外，氮气弹簧技术也逐渐在模具中使用。随着拉深深度的增加，需要压边的凸缘部分不断减少，故需要的压边力也就逐渐减小。从图3-128d可以看出橡皮及弹簧压边装置的压边力恰好与需要的相反，随拉深深度的增加而增加。因此，橡皮及弹簧结构通常只用于浅拉深。

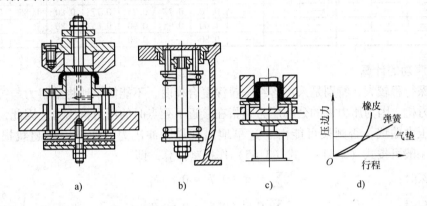

图 3-128　弹性压边装置

气垫式压边装置的压边效果较好，但也不是十分理想。它结构复杂，制造、使用及维修都比较困难。

弹簧与橡皮压边装置虽有缺点，但结构简单，单动的中小型压力机采用橡皮或弹簧装置还是很方便的。

在拉深宽凸缘件时，为了克服弹簧和橡皮的缺点，可采用图 3-129 所示的限位装置（定位销、柱销或螺栓），使压边圈和凹模间始终保持一定

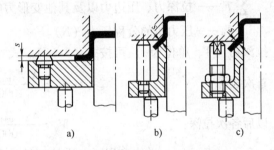

图 3-129　有限位装置的压边装置
a）、b）固定式　c）调节式

的距离 s。图 3-129a 用于首次拉深模；图 3-129b、c 用于以后各次拉深模。限制距离 s 的大小，根据拉深件的形状及材料分别为

拉深有凸缘零件：　　　　　　　$s = t + (0.05 \sim 0.1) \mathrm{mm}$

拉深铝合金零件：　　　　　　　$s = 1.1t$

拉深钢零件：　　　　　　　　　$s = 1.2t$

（2）刚性压边装置　这种装置的特点是压边力不随行程变化，拉深效果较好，且模具结构简单。这种结构用于双动压力机，凸模装在压力机的内滑块上，压边装置装在外滑块上。

4. 拉深力的计算

圆筒形工件采用压边拉深时，可用式（3-62）计算拉深力，即

$$F = k\pi dt R_{\mathrm{m}} \tag{3-62}$$

式中　k——修正系数，见表3-43。

横截面为矩形、椭圆形等拉深件，可用式（3-63）计算拉深力，即

$$F = (0.5 \sim 0.8) L t R_{\mathrm{m}} \tag{3-63}$$

式中　L——横截面周边长度（mm）。

表 3-43　修正系数 k、λ 的数值

m_1	0.55	0.57	0.60	0.62	0.65	0.67	0.70	0.72	0.75	0.77	0.80	—	—	—
k_1	1.00	0.93	0.86	0.79	0.72	0.66	0.60	0.55	0.50	0.45	0.40	—	—	—
λ_1	0.80	—	0.77	—	0.74	—	0.70	—	0.67	—	0.64	—	—	—
m_2	—	—	—	—	—	—	0.70	0.72	0.75	0.77	0.80	0.85	0.90	0.95
k_2	—	—	—	—	—	—	1.00	0.95	0.90	0.85	0.80	0.70	0.60	0.50
λ_2	—	—	—	—	—	—	0.80	—	0.80	—	0.75	—	0.70	—

5. 拉深功的计算

当拉深行程较大，特别是采用落料—拉深复合模时，不能简单地将落料力与拉深力叠加来选择压力机，因为压力机的公称压力是指在接近下死点时的压力机压力。因此，应该注意压力机的压力曲线，否则很可能由于过早地出现最大冲压力而使压力机超载损坏（见图 3-130）。一般可按式（3-64）、式（3-65）作概略计算，即

浅拉深时：

$$\sum F \leqslant (0.7 \sim 0.8) F_0 \tag{3-64}$$

深拉深时：

$$\sum F \leqslant (0.5 \sim 0.6) F_0 \tag{3-65}$$

式中　$\sum F$——拉深力、压边力以及其他变形力的总和（N）；

　　　　F_0——压力机的公称压力（N）。

拉深功（W，单位为 J）可按式（3-66）、式（3-67）计算（见图 3-131），即

首次拉深：

$$W_1 = \frac{\lambda_1 F_{1\max} h_1}{1000} \tag{3-66}$$

以后各次拉深：

$$W_n = \frac{\lambda_2 F_{n\max} h_n}{1000} \tag{3-67}$$

式中　$F_{1\max}$、$F_{n\max}$——首次和以后各次拉深的最大拉深力（N）；

　　　　λ_1、λ_2——平均变形力 F_{m} 与最大变形力 $F_{\max}$ 的比值，见表 3-43；

　　　　h_1、h_n——首次和以后各次的拉深高度（mm）。

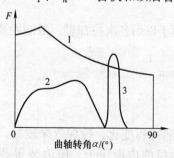

图 3-130　拉深力与压力机的压力曲线

1—压力机压力曲线　2—拉深力　3—落料力

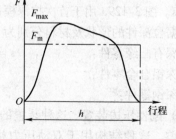

图 3-131　$F_{\max}$ 和 F_{m}

拉深所需压力机的电动机功率（kW）为

$$P = \frac{W \xi n}{6120 \eta_1 \eta_2} \tag{3-68}$$

式中　ξ——不均衡系数，取 $\xi = 1.2 \sim 1.4$；

η_1——压力机效率，取 $\eta_1 = 0.6 \sim 0.8$；

η_2——电动机效率，取 $\eta_2 = 0.9 \sim 0.95$；

n——压力机每分钟的行程次数。

若所选压力机的电动机功率小于计算值，则应另选功率较大的压力机。

3.4.7　有凸缘圆筒形件的拉深

1. 有凸缘圆筒形件的拉深特点

有凸缘圆筒形拉深件可以看成是一般圆筒形件在拉深未结束时的半成品，即只将毛坯外径拉深到等于法兰边（即凸缘）直径 d_t 时，拉深过程就结束，因此其变形区的应力状态和变形特点应与圆筒形件相同。

根据凸缘的相对直径 d_t/d 比值的不同，可将有凸缘圆筒形件分为窄凸缘圆筒形件（$d_t/d = 1.1 \sim 1.4$）和宽凸缘圆筒形件（$d_t/d > 1.4$）。窄凸缘件拉深时的工艺计算完全按一般圆筒形零件的计算方法，若 h/d 大于一次拉深的许用值时，只在倒数第二道拉深才拉出凸缘或者拉成锥形凸缘，最后校正成水平凸缘，如图3-132所示。若 h/d 较小，则第一次可拉成锥形凸缘，最后校正成水平凸缘。

下面着重对宽凸缘件的拉深进行分析，主要介绍其与直壁圆筒形件的不同点。

当 $r_p = r_d = r$ 时（见图3-133），宽凸缘件毛坯直径按式（3-69）计算，即

$$D = \sqrt{d_t^2 + 4dh - 3.44dr} \tag{3-69}$$

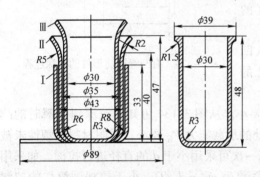

图3-132　窄凸缘件拉深

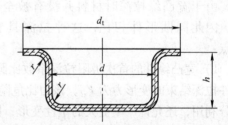

图3-133　凸缘件毛坯的计算

根据拉深系数的定义，宽凸缘件总的拉深系数仍可表示为

$$m = \frac{d}{D} = \frac{1}{\sqrt{\left(\dfrac{d_t}{d}\right)^2 + \dfrac{4h}{d} - 3.44\dfrac{r}{d}}} \tag{3-70}$$

式中　D——毛坯直径（mm）；

d_t——凸缘外径（包括修边余量，mm）；

d——筒部直径（中径，mm）；

r——底部和凸缘部的圆角半径（当料厚大于1mm时，r 值按中线尺寸计算），而当 $r_p \neq r_d$ 时，总的拉深系数为：

$$m = \frac{d}{D} = \frac{1}{\sqrt{\left(\dfrac{d_t}{d}\right)^2 + \dfrac{4h}{d} - 1.72\dfrac{r_d + r_p}{d} + 0.56\left(\dfrac{r_d^2 - r_p^2}{d^2}\right)}} \tag{3-71}$$

由式（3-70）、式（3-71）可知，凸缘件的拉深系数取决于三个尺寸因素：相对凸缘直径 d_t/d，相对拉深高度 h/d 和相对圆角半径 r/d，其中 d_t/d 的影响最大，而 r/d 的影响最小。

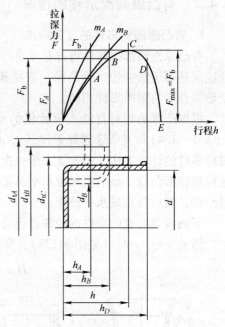

图 3-134　有凸缘圆筒形件的拉深过程

对于两个无凸缘圆筒形零件，只要它们的总拉深系数相同，则表示它们的变形程度就相同，这个原则对于宽凸缘件则不能成立，可从图 3-134 来分析。该图表示用直径为 D 的毛坯拉深直径为 d、高为 h 的圆筒形零件的变形过程，F_b 表示危险断面的强度。设图 3-134 中的 A、B 两种状态即为所求的宽凸缘零件，两者的高度及凸缘直径不同，但筒部的直径相同，即两者的拉深系数完全相同（$m = d/D$）。很明显，B 状态时的变形程度比 A 状态时的要大。因拉深 A 状态时，毛坯外边的切向收缩变形为 $(D - d_{tA})/D$，B 时是 $(D - d_{tB})/D$，而 $d_{tB} < d_{tA}$，所以拉深 B 时有较多的材料被拉入凹模，即 B 状态时的变形程度大于 A 状态，这即说明对于宽凸缘件，不能就拉深系数的大小来判断变形程度的大小。

由于宽凸缘拉深时材料并没有被全部拉入凹模，因此同圆形件相比，这种拉深具有自己的特点：

1）宽凸缘件的首次极限拉深系数比圆筒件要小。从图 3-134 可知，拉深到 B 瞬时的凸缘件拉深结束时变形力为 F_B，该力比危险断面处的承载能力 F_b 要小，说明材料的塑性未被充分利用，还允许产生更大的塑性变形，因而第一次可采用小于 d 的直径进行拉深，如采用 d_B 拉深凸缘零件，因 $d_B < d$，这时的极限拉深系数为 $m_B = d_B/D$，小于拉深圆筒件的拉深系数。

2）宽凸缘件的拉深变形程度不能用拉深系数的大小来衡量。

3）宽凸缘件的首次极限拉深系数值与零件的相对凸缘直径 d_t/d 有关。

2. 一次成形拉深极限

有凸缘圆筒件第一次拉深的许可变形程度可用相应于 d_t/d_1 不同比值的最大相对高度来表示 h_1/d_1（见表 3-44）。

表 3-44　有凸缘圆筒形件第一次拉深的最大相对高度 h_1/d_1（适用于 08 钢、10 钢）

凸缘相对直径 d_t/d_1	毛坯相对厚度 t/D（%）				
	>0.06 ~ 0.2	>0.2 ~ 0.5	>0.5 ~ 1.0	>1.0 ~ 1.5	>1.5
≤1.1	0.45 ~ 0.52	0.50 ~ 0.62	0.57 ~ 0.70	0.60 ~ 0.80	0.75 ~ 0.90

（续）

凸缘相对直径 d_t/d_1	毛坯相对厚度 t/D（%）				
	>0.06~0.2	>0.2~0.5	>0.5~1.0	>1.0~1.5	>1.5
1.1~1.3	0.40~0.47	0.45~0.53	0.50~0.60	0.56~0.72	0.65~0.80
1.3~1.5	0.35~0.42	0.40~0.48	0.45~0.53	0.50~0.63	0.58~0.70
1.5~1.8	0.29~0.35	0.34~0.39	0.37~0.44	0.42~0.53	0.48~0.58
1.8~2.0	0.25~0.30	0.29~0.34	0.32~0.38	0.36~0.46	0.42~0.51
2.0~2.2	0.22~0.26	0.25~0.29	0.27~0.33	0.31~0.40	0.35~0.45
2.2~2.5	0.17~0.21	0.20~0.23	0.22~0.27	0.25~0.32	0.28~0.35
2.5~2.8	0.16~0.18	0.15~0.18	0.17~0.21	0.19~0.24	0.22~0.27
2.8~3.0	0.10~0.13	0.12~0.15	0.14~0.17	0.16~0.20	0.18~0.22

注：较大值适用于零件圆角半径较大的情况，即 r_d（或 r_p）=（10~20）t；
　　较小值适用于零件圆角半径较小的情况，即 r_d（或 r_p）=（4~8）t。

当工件的相对拉深高度 $h/d > h_1/d_1$ 时，则该工件就不能用一道工序拉深出来，而需要两次或多次才能拉出。

有凸缘圆筒形件多次拉深时，第一次拉深和以后各次拉深的极限拉深系数列于表 3-45 和表 3-46 中。以后各次拉深的拉深系数为 $m_i = d_i/d_{i-1}$（$1 < i \leqslant n$）。

表 3-45　有凸缘圆筒形件第一次拉深的极限拉深系数 m_1（适用于 08 钢、10 钢）

凸缘相对直径 d_t/d_1	毛坯相对厚度 t/D（%）				
	>0.06~0.2	>0.2~0.5	>0.5~1.0	>1.0~1.5	>1.5
≤1.1	0.59	0.57	0.55	0.53	0.50
1.1~1.3	0.55	0.54	0.53	0.51	0.49
1.3~1.5	0.52	0.51	0.50	0.49	0.47
1.5~1.8	0.48	0.48	0.47	0.46	0.45
1.8~2.0	0.45	0.45	0.44	0.43	0.42
2.0~2.2	0.42	0.42	0.42	0.41	0.40
2.2~2.5	0.38	0.38	0.38	0.38	0.37
2.5~2.8	0.35	0.35	0.34	0.34	0.33
2.8~3.0	0.33	0.33	0.32	0.32	0.31

表 3-46　有凸缘圆筒形件以后各次拉深的极限拉深系数（适用于 08 钢、10 钢）

拉深系数	毛坯相对厚度 t/D（%）				
	0.15~0.3	0.3~0.6	0.6~1.0	1.0~1.5	1.5~2.0
m_2	0.80	0.78	0.76	0.75	0.73
m_3	0.82	0.80	0.79	0.78	0.75
m_4	0.84	0.83	0.82	0.80	0.78
m_5	0.86	0.85	0.84	0.82	0.80

3. 宽凸缘圆筒形件的拉深方法

宽凸缘圆筒形件的拉深方法有两种。一种是中小型（$d_t < 200\text{mm}$）、料薄的零件，通常靠减小筒形直径、增加高度来达到尺寸要求，即圆角半径 r_d 及 r_p 在首次拉深时就与 d_t 一起

成形到工件的尺寸，在后续的拉深过程中基本上保持不变，如图 3-135a 所示。这种方法拉深时不易起皱，但制成的零件表面质量较差，容易在直壁部分和凸缘上残留中间工序形成的圆角部分弯曲和厚度局部变化的痕迹，所以最后应加一道压力较大的整形工序。

另一种方法如图 3-135b 所示，常用在 $d_t > 200mm$ 的大型拉深件中。零件的高度在第一次拉深时就基本形成，在以后的整个拉深过程中基本保持不变，通过减小圆角半径 r_d、r_p，逐渐缩小筒形部分的直径来拉深零件。此法对厚料更为合适。用此法制成的零件表面光滑平整，厚度均匀，不存在中间工序中圆角部分的弯曲与局部变薄的痕迹。但在第一次拉深时，因圆角半径较大，容易起皱，当零件底部圆角半径较小，或者对凸缘有平面度要求时，也需要在最后加一道整形工序。

在实际生产中往往将上述两种方法综合起来用。

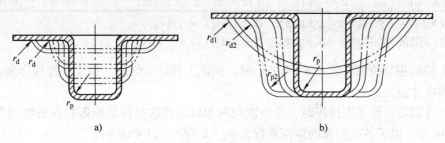

图 3-135 宽凸缘圆筒形件的拉深方法

a）r_d、r_p 不变，减小直径，增加高度 b）高度不变，减小 r_d、r_p，从而减小直径

在拉深宽凸缘圆筒形件中要特别注意的是：在形成凸缘直径 d_t 之后，在以后各次拉深中，凸缘直径 d_t 不再变化。这是因为后续拉深时，d_t 的微量缩小也会使中间圆筒部分的拉应力过大而使危险断面破裂。为此，必须正确计算拉深高度，严格控制凸模进入凹模的深度。

除此之外，在设计模具时，通常把第一次拉深时拉入凹模的表面积比实际所需的面积多拉进 3% ~ 5%（有时可增加到 10%，拉深次数多者取上限，少者取下限），即筒形部的深度比实际的要大些。这部分多拉进的材料从第二次开始以后的拉深中逐步分次返回到凸缘上来，使凸缘增厚，从而避免拉裂，同时补偿计算上的误差和板材在拉深中的厚度变化，方便试模时的调整。返回到凸缘的材料会使筒口处的凸缘变厚或形成微小的波纹，但能保持 d_t 不变，不影响工件的质量，而且可通过校正工序得到校正。

3.4.8 阶梯形零件的拉深

壁部呈台阶的阶梯形拉深件，其变形特点与圆筒形件的拉深基本相同。但由于其形状相对复杂和多样，不能用统一的方法来确定工序次数和工艺程序，现介绍几种典型情况。

1）对于大、小直径差值小，高度又不大，台阶只有 2 ~ 3 个的工件，一般可以一次拉成；高度较大，阶梯较多，能否一次拉成，可用式（3-72）来校验。

$$m_y = \frac{\dfrac{h_1}{h_2} \cdot \dfrac{d_1}{D} + \dfrac{h_2}{h_3} \cdot \dfrac{d_2}{D} + \cdots + \dfrac{h_{n-1}}{h_n} \cdot \dfrac{d_{n-1}}{D} + \dfrac{d_n}{D}}{\dfrac{h_1}{h_2} + \dfrac{h_2}{h_3} + \cdots + \dfrac{h_{n-1}}{h_n} + 1} \qquad (3-72)$$

式中 m_y——阶梯形件的假想拉深系数；

        D——毛坯直径（mm）；

        h——阶梯形件高度（mm）。

其余符号如图 3-136 所示。

m_y 与圆筒形件的第一次极限拉深系数比较，如果 $m_y > m_1$，可以一次拉出；否则，要采用两次或多次拉深。

或者，根据零件的高度与其最小阶梯筒部的直径之比 h/d_n 来近似判断，若 h/d_n 小于相应圆筒形件第一次拉深所允许的相对高度（由表 3-44 查得），则可以一次拉出；否则，要采用两次或多次拉深。

2）若任意两个相邻阶梯的直径比 d_2/d_1、d_3/d_2、$\cdots$、d_n/d_{n-1} 均大于或等于相应的圆筒形件的极限拉深系数（见表 3-37），则先从大的阶梯拉起，每次拉深一个阶梯，逐一拉深到最小的阶梯，如图 3-137 所示。此时阶梯数也就是拉深次数。

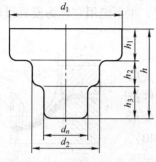

图 3-136　阶梯形拉深件图

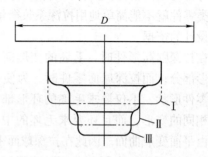

图 3-137　由大阶梯到小阶梯
（Ⅰ、Ⅱ、Ⅲ 为拉深顺序）

3）若某相邻两阶梯直径 d_i/d_{i-1} 之比小于相应的圆筒形件的极限拉深系数，在这个阶梯成形时应按有凸缘圆筒形件的拉深进行，先拉小直径 d_i，再拉大直径 d_{i-1}，即由小阶梯拉深到大阶梯，如图 3-138 所示。图中 d_2/d_1 小于相应的圆筒形件的极限拉深系数，故在 d_2 先拉成以后，再用工序 Ⅴ 拉出 d_1。

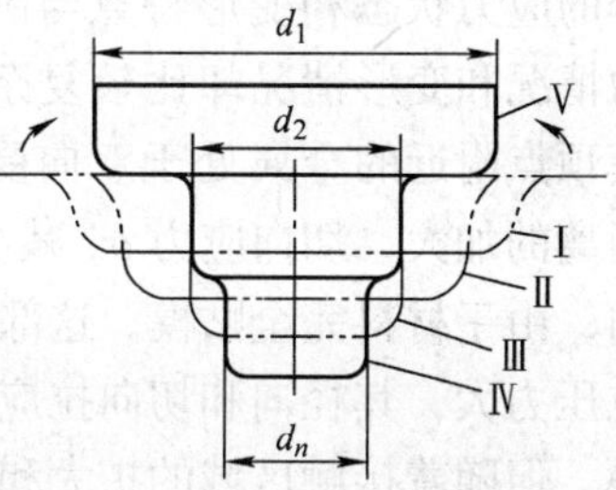

4）若最小阶梯直径 d_n 过小，即 d_n/d_{n-1} 过小，h_n 又不大时，最小阶梯可用胀形法得到。

5）若阶梯形件较浅，且每个阶梯的高度又不大，但相邻阶梯直径相差又较大而不能一次拉出时，可先拉成圆形或带有大圆角的筒形，最后通过整形得到所需零件，如图 3-139 所示。

图 3-138　由小阶梯到大阶梯
（Ⅰ、Ⅱ、Ⅲ、Ⅳ、Ⅴ 为拉深顺序）

6）若拉深大、小直径差值大，阶梯部分带锥形的零件时，先拉深出大直径，再在拉深小直径的过程中拉出侧壁锥形。

3.4.9　曲面形状零件的拉深

1. 概述

曲面形状（如球面、锥面及抛物面）零件的拉深，其变形区的位置、受力情况、变形

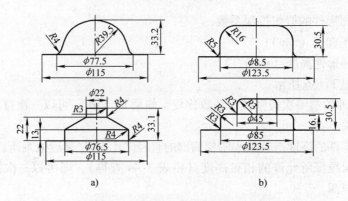

图 3-139　浅阶梯形件的拉深方法

a) 球面形状　b) 大圆角形状

特点等都与圆筒形件不同，所以在拉深中出现的各种问题和解决方法亦与圆筒形件不同。对于这类零件就不能简单地用拉深系数衡量成形的难易程度，也不能用它作为模具设计和工艺过程设计的依据。

在拉深圆筒形件时，毛坯的变形区仅仅局限于压边圈下的环形部分；而拉深球面零件时，为使平面形状的毛坯变成球面零件形状，不仅要求毛坯的环形部分产生与圆筒形件拉深时相同的变形，而且还要求毛坯的中间部分也应成为变形区，由平面变成曲面。因此在拉深球面零件时（见图3-140），毛坯的凸缘部分与中间部分都是变形区，而且在很多情况下中间部分反而是主要变形区。拉深球面零件时，毛坯凸缘部分的应力状态和变形特点与圆筒形件相同，而中间部分的受力情况和变形情况却比较复杂。在拉深力的作用下，位于凸模顶点附近的金属处于双向受拉的应力状态。随着其与顶点

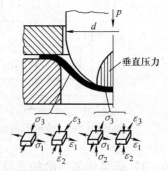

图 3-140　球形件的拉深

距离的加大，切向应力 σ_3 减小，而超过一定界限以后变为压应力。在凸模与毛坯的接触区内，由于材料完全贴模，这部分材料两向受拉一向受压，与胀形相似。在开始阶段，由于单位压力大，其径向和切向拉应力往往会使材料达到屈服条件而导致接触部分的材料严重变薄。但随着接触区域的扩大和拉深力的减小，其变薄量由球形件顶端往外逐渐减弱。拉深球形类零件时，起皱不仅可能在凸缘部分产生，也可能在中间部分产生，由于中间部分不与凸模接触，板料较薄时这种起皱现象更为严重。

锥形零件的拉深与球面零件一样，除具有凸模接触面积小、压力集中、容易引起局部变薄及自由面积大、压边圈作用相对减弱、容易起皱等特点外，还由于零件口部与底部直径差别大，回弹特别严重，因此锥形零件的拉深比球面零件更为困难。

抛物面零件是母线为抛物线的旋转体空心件，以及母线为其他曲线的旋转体空心件。其拉深时和球面以及锥形零件一样，材料处于悬空状态，极易发生起皱。抛物面零件拉深时和球面零件又有所不同。半球面零件的拉深系数为一常数，只需采取一定的工艺措施防止起皱；而抛物面零件等曲面零件，由于母线形状复杂，拉深时变形区的位置、受力情况、变形特点等都随零件形状、尺寸的不同而变化。

由此可见，其他旋转体零件拉深时，毛坯环形部分和中间部分的外缘具有拉深变形的特点，切向应力为压应力；而毛坯最中间的部分却具有胀形变形的特点，材料厚度变薄，其切向应力为拉应力。这两者之间的分界线即为应力分界圆。所以，可以说球面零件、锥形零件和抛物面零件等其他旋转体零件的拉深是拉深和胀形两种变形方式的复合，其应力、应变既有拉伸类变形的特征，又有压缩类变形的特征。

为了解决该类零件拉深的起皱问题，在生产中常采用增加压边圈下摩擦力的办法，例如加大凸缘尺寸、增加压边圈下的摩擦系数、增大压边力、采用拉深筋以及采用反拉深的方法等，借以增加径向拉应力和减小切向压应力。

2. 球面零件的拉深方法

球面零件可分为半球面件（见图 3-141a）和非半球面件（见图 3-141b、c、d）两大类。不论哪一种类型，均不能用拉深系数来衡量拉深成形的难易程度。

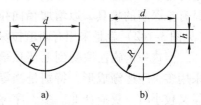

半球面件的拉深系数 m 为

$$m = d/D = \frac{d}{\sqrt{2}d} = 0.707$$

它是一个与拉深直径无关的常数。因此常使用相对厚度 t/D 来决定拉深的难易和选定拉深方法。

当 $t/D > 3\%$ 时，采用不带压边圈的有底凹模一次拉成；当 $t/D = 0.5\% \sim 3\%$ 时，采用带压边圈的拉深模；当 $t/D < 0.5\%$ 时，采用有拉深筋的凹模或反拉深模具。

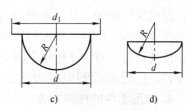

图 3-141 各种球面零件

对于带有高度为 $(0.1 \sim 0.2)d$ 的圆筒直边或带有宽度为 $(0.1 \sim 0.15)d$ 的凸缘的非半球面零件（见图 3-141b、c），虽然拉深系数有所降低，但对零件的拉深却有一定的好处。当对半球面零件的表面质量和尺寸精度要求较高时，可先拉成带圆筒直边和带凸缘的非半球面零件，然后在拉深后将直边和凸缘切除。

高度小于球面半径（浅球面零件）的零件（见图 3-141d），其拉深工艺按几何形状不同可分为两类：当毛坯直径 $D \leqslant 9\sqrt{Rt}$ 时，毛坯不易起皱，但成形时毛坯易窜动，而且可能产生一定的回弹，常采用带底拉深模；当毛坯直径 $D > 9\sqrt{Rt}$ 时，起皱将成为必须解决的问题，常采用强力压边装置或用带拉深筋的模具，拉成有一定宽度凸缘的浅球面零件，使变形含有拉深和胀形两种成分。因此零件回弹小，尺寸精度和表面质量均得到提高。当然，加工余料在成形后应予切除。

球面零件拉深时，为使毛坯凸缘部分和毛坯的中间悬空部分均不起皱，压边力可按式（3-73）计算，即

$$F_Q = k\pi dt\sigma_s \tag{3-73}$$

式中　k——系数，其值取决于拉深过程中，球面部分已经成形后残存在压边圈下的毛坯凸缘直径 d_1，由表 3-47 查得。

表 3-47　系数 k 值

d_1/d	1.1	1.2	1.3	1.4	1.5
k	2.26	2.04	1.84	1.65	1.48

3. 抛物面零件的拉深方法

抛物面零件拉深时的受力及变形特点与球形件一样，但由于曲面部分的高度 h 与口部直径 d 之比大于球面零件，故拉深更加困难。

抛物面零件常见的拉深方法有两种：

（1）浅抛物面形件（h/d 为 $0.5 \sim 0.6$）　因其高径比接近球形，因此拉深方法同球形件。

（2）深抛物面形件（$h/d > 0.6$）　其拉深难度相当大。这时为了使毛坯中间部分紧密贴模而又不起皱，通常需采用具有拉深筋的模具，以增加径向拉应力。如汽车灯罩的拉深（见图 3-142）就是采用有两道拉深筋的模具成形的。

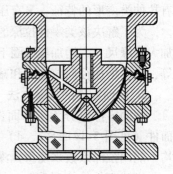

图 3-142　汽车灯罩拉深模

但这一措施往往受到毛坯顶部承载能力的限制，所以需采用多工序逐渐成形，特别是当零件深度大而顶部的圆角半径又较小时，更应如此。多工序逐渐成形的主要要点是采用正拉深或反拉深的办法，在逐步增加高度的同时减小顶部的圆角半径。为了保证零件的尺寸精度和表面质量，在最后一道工序里应保证一定的胀形成分。应使最后一道工序所用中间毛坯的表面积稍小于成品零件的表面积。对形状复杂的抛物面零件，广泛采用液压成形方法。

4. 锥形零件的拉深方法

锥形件的拉深次数及拉深方法取决于锥形件的几何参数，即相对高度 h/d、锥角 α 和相对厚度 t/D，如图 3-143 所示。一般当相对高度较大，锥角较大，而相对厚度较小时，变形困难，需进行多次拉深。

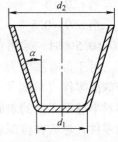

图 3-143　锥形件

根据上述参数值的不同，拉深锥形件的方法有以下几种：

（1）浅锥形件　对于浅锥形件（h/d_2 为 $0.25 \sim 0.30$，$\alpha = 50° \sim 80°$），可一次拉成，但精度不高，因回弹较严重。可采用带拉深筋的凹模或压边圈，或采用软模进行拉深。

（2）中等深度锥形件　对于中等深度锥形件（h/d_2 为 $0.30 \sim 0.70$，$\alpha = 15° \sim 45°$），拉深方法取决于相对厚度：

1）当 $t/D > 2.5\%$ 时，可不采用压边圈一次拉成。为保证工件的精度，最好在拉深终了时增加一道整形工序。

2）当 $t/D = 1.5\% \sim 2.5\%$ 时，也可一次拉成，但需采用压边圈、拉深筋、增加工艺凸缘等措施提高径向拉应力，防止起皱。

3）当 $t/D < 1.5\%$ 时，因料较薄而容易起皱，需采用压边圈经多次拉深成形。

（3）深锥形件　对于深锥形件（$h/d_2 > 0.70$，α 为 $10° \sim 30°$），因大、小端直径相差很小，变形程度更大，很容易产生变薄严重而拉裂和起皱。这时需采用特殊的拉深工艺，通常有下列方法：

1）阶梯拉深法（见图 3-144a）。将毛坯分数道工序逐步拉成阶梯形，阶梯与成品内形相切，最后在成形模内整形成锥形件。

2）锥面逐步拉深法（见图 3-144b）。先将毛坯拉成圆筒形，使其表面积等于或大于圆锥表面积，而直径等于圆锥大端直径，以后各道工序逐步拉出圆锥面，高度逐渐增加，最后形成所需的圆锥形。若先拉成圆弧曲面形，然后过渡到锥形，效果将更佳。

3）整个锥面一次成形法（见图3-144c）。先拉出相应圆筒形，然后，锥面从底部开始成形，在各道工序中，锥面逐渐增大，直至最后锥面一次成形。

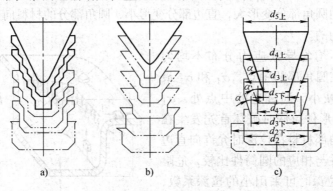

图3-144 深锥形件拉深方法

a）阶梯拉深法 b）逐步拉深成形法 c）整个锥面一次成形法

3.4.10 盒形件的拉深

1. 盒形件的拉深变形特点

盒形件属于非轴对称零件，它包括方形盒件、矩形盒件和椭圆形盒件等，从几何形状特点看，矩形盒状零件可划分成 2 个长度为 $A - 2r$ 和 2 个长度为 $B - 2r$ 的直边加上 4 个半径为 r 的 1/4 圆筒部分（见图 3-145）。若将圆角部分和直边部分分开考虑，则圆角部分的变形相当于直径为 $2r$、高为 h 的圆筒件的拉深，直边部分的变形相当于弯曲。但实际上圆角部分和直边部分是联系在一起的整体，因此盒形件的拉深又不完全等同于简单的弯曲和拉深，它有其特有的变形特点，这可通过网格试验进行验证。

拉深前，在毛坯的直边部分画出相互垂直的等距平行线网格，在毛坯的圆角部分，

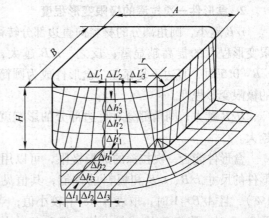

图3-145 盒形件的拉深变形特点

画出等角度的径向放射线与等距离的同心圆弧组成的网格。变形前直边处的横向尺寸是等距的，即 $\Delta L_1 = \Delta L_2 = \Delta L_3$，纵向尺寸也是等距的，拉深后零件表面的网格发生了明显的变化（见图3-145）。这些变化主要表现在：

（1）直边部位的变形 直边部位的横向尺寸 ΔL_1、ΔL_2、ΔL_3 变形后成为 $\Delta L_1'$、$\Delta L_2'$、$\Delta L_3'$，间距逐渐缩小，越向直边中间部位缩小越少，即 $\Delta L_3' < \Delta L_2' < \Delta L_1' < \Delta L_1$；纵向尺寸 Δh_1、Δh_2、Δh_3 变形后成为 $\Delta h_1'$、$\Delta h_2'$、$\Delta h_3'$，间距逐渐增大，越靠近盒形件口部增大越多，即 $\Delta h_3' > \Delta h_2' > \Delta h_1' > \Delta h_1$。可见，此处的变形不同于纯粹的弯曲。

（2）圆角部位的变形 拉深后径向放射线变成上部距离宽、下部距离窄的斜线，而并

非与底面垂直的等距平行线；同心圆弧的间距不再相等，而是变大，越向口部越大，且同心圆弧不位于同一水平面内。因此该处的变形不同于纯粹的拉深。

根据网格的变化可知盒形件拉深有以下变形特点：

1）盒形件拉深的变形性质与圆筒件一样，也是径向伸长，切向缩短。沿径向越往口部伸长越多，沿切向圆角部分变形大，直边部分变形小，圆角部分的材料向直边流动，即盒形件的变形是不均匀的。

2）变形的不均匀导致应力分布不均匀（见图 3-146）。在圆角部的中点，σ_1 和 σ_3 最大，向两边逐渐减小，到直边的中点处，σ_1 和 σ_3 最小，故盒形件拉深时破坏首先发生在圆角处；又因圆角部材料在拉深时允许向直边流动，所以盒形件与相应的圆筒件比较，危险断面处受力小，拉深时可采用小的拉深系数，也不容易起皱。

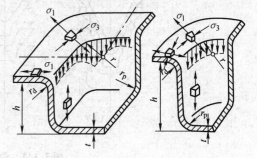

图 3-146　盒形件拉深时的应力分布

3）盒形件拉深时，由于直边部分和圆角部分实际上是联系在一起的整体，因此两部分的变形相互影响：直边部分除了产生弯曲变形外，还产生了径向伸长、切向压缩的拉深变形。两部分相互影响的程度随盒形件相对圆角半径 r/B 和相对高度 H/B（B 为盒形件的短边长度）的不同而不同。

2. 盒形件一次拉深的极限变形程度

r/B 越小，圆角部分的材料向直边部分转移越多，直边部分对圆角部分的影响越大，极限变形程度的提高越显著；反之，r/B 越大，直边部分对圆角部分的影响越小，而且当 $r/B = 0.5$ 时，直边不复存在，盒形件成为圆筒形件，其极限变形程度也必然等于圆筒形件的极限变形程度。

H/B 越大，圆角部分对直边部分的影响就越大，直边部分的变形与简单弯曲的差别就越大。

盒形件能否一次拉深的成形极限，可以用最大成形相对高度 H_{max}/r 表示，它取决于盒形件的尺寸 r/B、t/B 和板料的性能，其值见表 3-48。当盒形件的相对厚度较小（$t/B < 1\%$），且 $A/B \approx 1$ 时，取表 3-48 中较小值；当盒形件的相对厚度较大（$t/B > 1.5\%$），且 $A/B \geq 2$ 时，取表 3-48 中较大值。表 3-48 中的数值主要适用于软钢板拉深。

表 3-48　盒形件一次拉深的最大成形相对高度 H_{max}/r

r/B	0.4	0.3	0.2	0.1	0.01
H_{max}/r	2 ~ 3	2.8 ~ 4	4 ~ 6	8 ~ 12	10 ~ 15

假若盒形件的相对高度 H/r 小于表 3-48 中的 H_{max}/r，则盒形件可以一次拉成，否则需要采用多道工序拉深成形。

3. 盒形件拉深毛坯的形状与尺寸的确定

盒形件毛坯的形状和尺寸必然与 r/B 和 H/B 的值有关。对于不同的 r/B 和 H/B，盒形件毛坯的计算方法和工序计算方法也就不同。毛坯形状和尺寸计算的原则仍然是保证毛坯的面积等于加上修边量后的工件面积,并尽可能要满足口部平齐的要求。一次拉深成形的低盒形件与多次拉深成形的高盒形件,计算毛坯的方法是不同的。下面主要介绍这两种零件毛坯的确定方法。

(1) 一次拉深成形的低盒形件毛坯的计算 低盒形件是指一次可拉深成形,或虽两次拉深,但第二次仅用来整形的零件。这种零件拉深时仅有少量材料从角部转移到直边,即圆角与直边间的相互影响很小,因此可以认为直边部分只是简单的弯曲变形,毛坯按弯曲变形展开计算。圆角部分只发生拉深变形,按圆筒形拉深展开,再用光滑曲线进行修正即得毛坯,如图 3-147 所示。

计算步骤如下:

1) 按弯曲计算直边部分的展开长度 l_0。

$$l_0 = H + 0.57 r_p$$
$$H = H_0 + \Delta H \tag{3-74}$$

式中 H_0——工件高度(mm);

ΔH——盒形件修边余量(见表 3-49)。

2) 把圆角部分看成是直径为 $2r$、高为 h 的圆筒形件,则展开的毛坯半径为

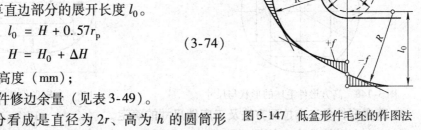

图 3-147 低盒形件毛坯的作图法

$$R = \sqrt{r^2 + 2rH - 0.86 r_p (r + 0.16 r_p)} \tag{3-75}$$

3) 通过作图用光滑曲线连接直边和圆角部分,即得毛坯的形状和尺寸:从 ab 线段的中点 c 向圆弧 R 作切线,再以 R 为半径作圆弧与直边及切线相切,使阴影部分面积 $+f \approx -f$,这样修正后即得毛坯的外形。

表 3-49 盒形件修边余量 ΔH

拉深工序次数	1	2	3	4
修边余量 ΔH	$(0.03 \sim 0.05) H$	$(0.04 \sim 0.06) H$	$(0.05 \sim 0.08) H$	$(0.06 \sim 0.10) H$

(2) 高盒形件毛坯的计算 当零件为方形件($A = B$),且高度比较大,需要多道工序拉深时,可采用圆形毛坯,其直径为

$$D = 1.13 \sqrt{B^2 + 4B(H - 0.43 r_p) - 1.72 r(H + 0.5r) - 4r_p (0.11 r_p - 0.18r)} \tag{3-76}$$

式(3-76)中的符号如图 3-148 所示。

对高度和圆角半径都比较大的盒形件(H/B 为 $0.7 \sim 0.8$),拉深时圆角部分有大量材料向直边流动,直边部分拉深变形也大,这时毛坯的形状可做成长圆形或椭圆形,如图 3-149 所示。将尺寸为 $A \times B$ 的矩形件,看做由两个宽度为 B 的半方形盒和中间为 $A - B$ 的直边部分连接而成,这样,毛坯的形状就是由两个半圆弧和中间两平行边所组成的长圆形,长圆形毛坯的圆弧半径为

$$R_b = D/2$$

式中 D——宽为 B 的方形件的毛坯直径,按式(3-76)计算,圆心距短边的距离为 $B/2$。

则长圆形毛坯的长度为

$$L = 2R_b + (A - B) = D + (A - B) \tag{3-77}$$

长圆形毛坯的宽度为

$$K = \frac{D(B - 2r) + [B + 2(H - 0.43r_p)](A - B)}{A - 2r} \tag{3-78}$$

然后用 $R = K/2$ 过毛坯长度两端作弧，既与 R_b 弧相切，又与两长边的展开直线相切，则毛坯的外形即为一长圆形。

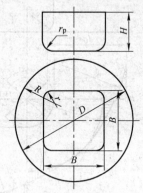

图 3-148　高方形件毛坯的形状与尺寸

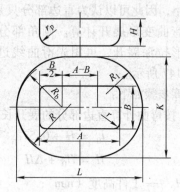

图 3-149　高矩形件的毛坯形状与尺寸

4. 高盒形件多工序拉深方法及工序件尺寸的确定

（1）高方形件的多次拉深　图 3-150 所示为多工序拉深方形件各中间工序的半成品形状和尺寸的确定方法。采用直径为 D 的圆形板料，每道中间工序都拉成圆筒形件，最后一道工序得到成品方形件的形状和尺寸。计算由倒数第二道（即 $n-1$ 道）开始。$n-1$ 道工序所得半成品的直径计算式为

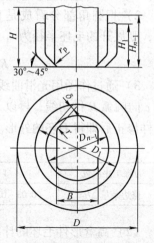

图 3-150　方形件拉深的
半成品形状与尺寸

$$D_{n-1} = 1.41B - 0.82r + 2\delta \tag{3-79}$$

式中　D_{n-1}——$n-1$ 道拉深工序后半成品的直径（mm）；

δ——角部壁间距，为 $n-1$ 道工序半成品内表面到方形件内表面在圆角处的距离（mm）。

δ 值对拉深时毛坯变形程度的大小，以及变形分布的均匀程度有直接影响。工件的 r/B 大，则 δ 小；拉深次数多时 δ 也小。过大的 δ 值可能使拉深件被拉裂。一般取 $\delta = (0.2 \sim 0.25)r$。

$n-1$ 道直径确定后，其他各道工序可按圆筒形件拉深的计算方法确定，即由直径 D 的平板毛坯拉深成直径为 D_{n-1}、高为 H_{n-1} 的圆筒形件。

（2）高矩形件的多次拉深　这种拉深可采用图 3-151 所示的中间毛坯形状与尺寸。可把矩形盒的两个边视为 4 个方形盒的边长，在保证同一角部壁间距离 δ 时，可采用由 4 段圆弧构成的椭圆形筒，作为最后一道工序拉深前的半成品毛坯（是 $n-1$ 道拉深所得的半成品）。其长轴与短轴处的曲率半径分别用 $R_{a(n-1)}$ 及 $R_{b(n-1)}$ 表示，计算式为

$$R_{a(n-1)} = 0.707A - 0.41r + \delta, \quad R_{b(n-1)} = 0.707B - 0.41r + \delta \tag{3-80}$$

圆弧 $R_{a(n-1)}$ 及 $R_{b(n-1)}$ 的圆心可按图 3-151 的关系确定。得出 $n-1$ 道工序后的毛坯过渡形状和尺寸后，应检查是否可能用平板毛坯一次冲压成 $n-1$ 道工序的过渡形状和尺寸，

如果不可能，便要进行 $n-2$ 道工序的计算。$n-2$ 道拉深工序把椭圆形毛坯冲压成椭圆形半成品，这时应保证

$$\frac{R_{a(n-1)}}{R_{a(n-1)} + a} = \frac{R_{b(n-1)}}{R_{b(n-1)} + b} = 0.75 \sim 0.85$$

$$(3-81)$$

式中 a、b——椭圆形过渡毛坯之间在长轴和短轴上的壁间距离（mm）。

得到椭圆形半成品之间的壁间距离 a 和 b 之后，可以在对称轴线上找到两交点 M 和 N，然后选定半径 R_a 和 R_b，使其圆弧通过 M 和 N，并且又能圆滑相接。R_a 和 R_b 的圆心都比 $R_{a(n-1)}$ 及 $R_{b(n-1)}$ 的圆心更靠近矩形件的中心点 O。得

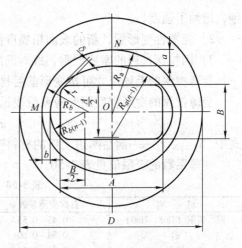

图 3-151 矩形件拉深的半成品形状与尺寸

出 $n-2$ 道拉深工序的半成品形状和尺寸后，应重新检查是否可能由平板毛坯直接冲压成功。如果还不能，则应该继续进行前一道工序的计算，其方法与此相同。

由于矩形件拉深时沿毛坯周边的变形十分复杂，上述的各中间拉深工序的半成品形状和尺寸的计算方法是相当近似的。假若在试模调整时发现圆角部分出现材料堆聚，应适当减小圆角部分的壁间距离。

3.4.11 变薄拉深

所谓变薄拉深，主要是在拉深过程中改变拉深件筒壁的厚度，而毛坯的直径变化很小。图 3-152a 所示为变薄拉深示意图，其模具的间隙小于板料厚度；图 3-152b 所示为各次变薄拉深后的中间半成品及最终的零件图。

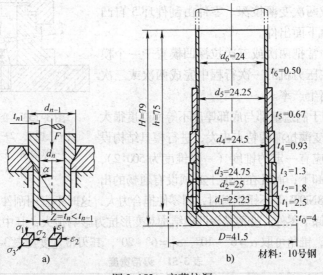

图 3-152 变薄拉深

和普通拉深相比，变薄拉深具有以下特点：

1）由于材料变形时处于均匀压应力之下，所以材料产生很大的加工硬化，金属晶粒变

细,增加了强度。

2) 经塑性变形后,新的表面粗糙度值小,Ra 可达 $0.2\mu m$ 以下。

3) 因拉深过程的摩擦严重,故对润滑剂及模具材料的要求较高。

变薄拉深的毛坯尺寸可按变形前后材料体积不变的原则计算。

变薄拉深的变形程度用变薄系数表示,即

$$\varphi_n = t_n/t_{n-1}$$

式中　　t_{n-1}、t_n——前后两道工序的材料壁厚。

变薄系数的极限值见表 3-50。

表 3-50　变薄系数的极限值

材　　料	首次变薄系数 φ_1	中间各次变薄系数 φ_m	末次变薄系数 φ_n
铜、黄铜（H68、H80）	0.45 ~ 0.55	0.58 ~ 0.65	0.65 ~ 0.73
铝	0.50 ~ 0.60	0.62 ~ 0.68	0.72 ~ 0.77
软钢	0.53 ~ 0.63	0.63 ~ 0.72	0.75 ~ 0.77
25 钢、35 钢	0.70 ~ 0.75	0.78 ~ 0.82	0.85 ~ 0.90
不锈钢	0.65 ~ 0.70	0.70 ~ 0.75	0.75 ~ 0.80

在批量不大的生产中通常采用通用模架,其结构如图 3-153 所示。由图可见,下模采用紧固圈 4 将凹模 6、定位圈 7 紧固在下模座内,凸模也以紧固环 2 及锥面套 3 紧固在上模座 1 上。不同工序的变薄拉深,只需松开紧固圈 4 和紧固环 2,更换凸模、凹模和定位圈,卸装方便。为了装模和对模方便,可采用校模圈 8 对模。对模以后应将校模圈取出,然后再进行拉深工作。也可以用定位圈代替校模圈。该模没有导向装置,靠压力机本身的导向精度来保证。如在 6、7 处均安装凹模,便可在一次行程中完成两次变薄拉深。零件由刮件环 5 自凸模 9 上卸下后,由下面出件。

在大量生产中常把两次或三次拉深凹模置于一个模架上,这样就可在压力机的一次行程中完成两次或三次拉深,有利于提高生产率。

变薄拉深是用于制造壁部与底部厚度不等而高度很大的零件,故必须从变薄拉深的特点出发,进行模具结构设

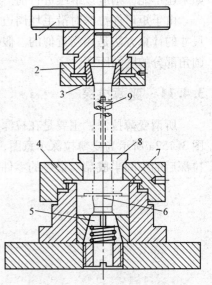

图 3-153　变薄拉深通用模架

1—上模座　2—紧固环　3—锥面套
4—紧固圈　5—刮件环　6—凹模
7—定位圈　8—校模圈　9—凸模

计。变薄拉深凸模应有一定的锥度（一般锥度为 500∶2）,便于零件自凸模上卸下,而且在凸模上必须设有通畅的出气孔;在拉深 1Cr18Ni9Ti 等不锈钢料时,因零件抱合力大,这时不宜用刮件环卸件,应在凸模上接上油嘴,借液压卸下零件。变薄拉深凹模结构对变形抗力影响很大,其中主要是凹模锥角、刃带宽度。实践证明,锥角可取 $\alpha = 6° \sim 10°$,$\alpha_1 = 6° \sim 20°$,其刃带宽度见表 3-51。

表 3-51　刃带宽度

d	≤10	>10 ~ 20	>20 ~ 30	>30 ~ 50	>50
h	0.9	1.0	1.5 ~ 2.0	2.5 ~ 3.0	3.0 ~ 4.0

3.4.12 温差拉深

温差拉深是指变形区局部加热，而在传力区危险断面局部冷却进行拉深的一种方法。一方面减小变形区材料的变形抗力，另一方面又不致减小，甚至反而提高传力区的承载能力。在拉深过程中，使毛坯的变形区和传力区处于不同的温度，造成两方面合理的温差，可以在很大程度上提高拉深变形程度，降低材料的极限拉深系数。温差拉深可分为局部加热拉深和局部深冷拉深两种。

1. 局部加热拉深

所谓局部加热拉深，通常是指将毛坯的凸缘部分置于凹模及压边圈之间，将毛坯的变形区加热到一定的温度进行拉深，以提高材料的塑性，降低凸缘部分的变形抗力。同时在凹模圆角部分和凸模内通水冷却，保持毛坯传力区的强度，如图 3-154 所示。它可使极限拉深系数降低到 0.3 ~ 0.35，即用一道工序可以代替普通拉深的 2 ~ 3 道工序，在各种盒形件拉深时，效果更加显著。由于加热温度受到模具钢耐热能力的限制，所以目前此法主要用于铝、镁、钛等轻合金零件的拉深。

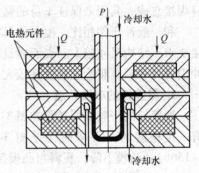

图 3-154 局部加热拉深

局部加热拉深时不同材料的合理温度见表 3-52，局部加热拉深时的极限高度见表 3-53。

表 3-52 局部加热拉深时不同材料的合理温度

温度规范	材　料		
	铝合金	镁合金	铜合金
理论合理温度/℃	350 ~ 370	340 ~ 360	500 ~ 550
实际合理温度/℃	320 ~ 340	330 ~ 350	480 ~ 500

表 3-53 局部加热拉深时的极限高度

材　料	凸缘加热温度/℃	零件的极限高度 h/d 和 h/a		
		筒形	方形	矩形
铝 LM	325	1.44	1.5 ~ 1.52	1.46 ~ 1.6
铝合金 LF21M	325	1.30	1.44 ~ 1.46	1.44 ~ 1.55
杜拉铝 LY12M	325	1.65	1.58 ~ 1.82	1.50 ~ 1.83
镁合金 MB1、MB8	375	2.56	2.7 ~ 3.0	2.93 ~ 3.22

注：h—高度；d—直径；a—方盒形边长和矩形盒形短边长。

2. 局部深冷拉深

所谓局部深冷拉深，就是将液态空气（-183℃）或液态氮气（-195℃）注入空心凹模内，使毛坯的传力区冷却到 -170 ~ -160℃，从而使这部分材料得以强化，显著降低拉深系数，减少拉深次数，但工作过程比较复杂，主要用于不锈钢、耐热钢等特种金属或形状复杂而且高度大的盒形件的拉深，其结构如图 3-155 所示。

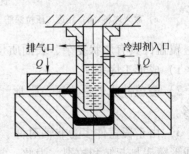

图 3-155 局部深冷拉深

3.4.13　大型覆盖件拉深

覆盖件主要是指覆盖车身内部结构的表面板件，是覆盖汽车发动机和底盘、构成驾驶室和车身的一些零件，如轿车的挡泥板、顶盖、车门外板、发动机盖、散热器盖、行李箱盖等，也是构成驾驶室和车身薄钢板的异形体表面零件和内部零件。由于覆盖件的结构尺寸较大，所以称为大型覆盖件。除汽车外，拖拉机、摩托车、部分燃气灶面等也有覆盖件。车身结构件则指支撑覆盖件的全部车身结构零件的总称。车身结构件和覆盖件焊接在一起即为车身焊接总成，其用来保证车身的强度和刚度。

和一般冲压件相比，覆盖件具有材料薄、形状复杂、多为空间曲面且曲面间有较高的连接要求、结构尺寸较大、表面质量要求高、刚性好等特点。所以覆盖件在冲压工艺的制订、冲模设计和模具制造上难度都较大，并具有其独自的特点。

1. 覆盖件的成形特点

覆盖件的一般成形过程如图3-156所示，成形过程包括：坯料放入，坯料因其自重作用有一定程度的向下弯曲（见图3-156a）；通过压边装置压边，同时压制拉深筋（见图3-156b）；凸模下降，板料与凸模接触，随着接触区域的扩大，板料逐步与凸模贴合（见图3-156c）；凸模继续下移，材料不断被拉入模具型腔，并使侧壁成形（见图3-156d）；凸、凹模合模，材料被压成模具型腔形状（见图3-156e）；继续加压使工件定型，凸模达到下死点（见图3-156f）；卸载（见图3-156g）。

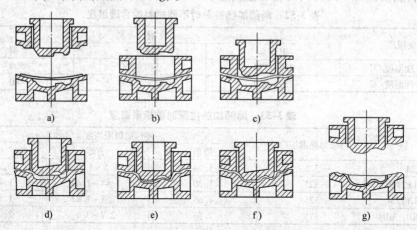

图3-156　覆盖件拉深过程

a）放入坯料　b）压边、压拉深筋　c）凸模压入　d）侧壁成形　e）压形　f）下死点　g）卸载

覆盖件具有形状复杂、表面质量要求高等特点，与普通冲压加工相比有以下成形特点：

1）成形工序多。

2）覆盖件成形是拉深、胀形、弯曲等的复合成形。不论形状如何复杂，常采用一次成形。

3）由于覆盖件多为非轴对称、非回转体的复杂曲面形状零件，不均匀，拉深时变形主要成形障碍是起皱和拉裂。为此，常采用加入工艺补充面和拉伸筋等控制变形的措施。

4）对大型覆盖件的成形，需要较大和稳定的压边力，所以其拉深广泛采用双动力压力机。

5）为易于拉深成形，材料多采用如 08 钢等冲压性能好的钢板，且要求钢板表面质量好，尺寸精度高。

6）制订覆盖件的成形工艺和设计模具时，要以覆盖件图样和主模型为依据。主模型是根据定型后的主图板、主样板及覆盖件图样为依据制作的尺寸比例为 1∶1 的汽车外形模型，常采用木材和玻璃钢制作。主模型是覆盖件图样必要的补充，只有主模型才能真正地表示覆盖件的信息。由于 CAD/CAM 技术的推广应用，主模型正在被计算机虚拟实体模型所代替。传统的油泥模型到主模型的汽车设计过程，正在被概念设计、参数化设计等现代设计方法所取代，大大缩短了设计与制造周期，提高了制造精度。

2. 覆盖件冲压成形的工艺设计原则

覆盖件的冲压工艺包括拉深、修边、翻边等多道工序，确定冲压方向应从拉深工序开始，然后制订以后各工序的冲压方向。应尽量将各工序的冲压方向设计一致，这样可使覆盖件在流水线生产过程中不进行翻转，便于流水线作业，减轻操作人员的劳动强度，提高生产效率，也有利于模具制造。

有些左右对称且轮廓尺寸不大的覆盖件，采取左右件整体冲压的方法对成形更有利。

（1）拉深方向的确定 拉深方向的确定，不但决定了能否拉深出满意的覆盖件，而且影响到工艺补充部分的多少，以及后续工艺的方案。

拉深方向的确定原则是覆盖件本身有对称面时，其拉深方向是以垂直于对称面的轴进行旋转来确定的；不对称的覆盖件是绕汽车位置垂直的两个坐标面进行旋转来确定拉深方向的。此外，确定拉深方向必须考虑以下几个方面的问题：

1）保证凸模与凹模工作面的所有部件能够接触。为保证能将制件一次拉成，不应有凸模接触不到的死角或死区，要保证凸模与凹模工作面的所有部件都能接触。

图 3-157 所示为覆盖件的凹形对决定拉深方向的影响，图 3-157a 所示的拉深方向表明凸模不能进入凹模进行拉深，图 3-157b 所示为同一覆盖件经旋转一定角度后所确定的拉深方向，使凸模能够进入凹模拉深。

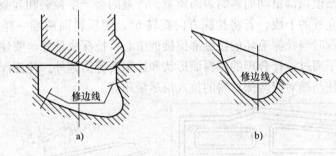

图 3-157 凹形对决定拉深方向的影响
a）凸模不能直接进入凹模 b）凸模旋转后能进入凹模

图 3-158 所示为覆盖件的反拉深对决定拉深方向的影响。

2）凸模开始拉深时与拉深毛坯的接触状态。开始拉深时凸模与拉深毛坯的接触面积要大，接触面应尽量靠近冲模中心。

图 3-159 所示为凸模开始拉深时与毛坯接触状态示意图。如图 3-159a 所示，由于接触面积小，接触面与水平面的夹角 α 大，接触部位容易产生应力集中而破裂。所以凸模顶部

最好是平的，成一个水平面，可以通过改变拉深方向或压料面形状等方法增大接触面积。如图3-159b上图所示，由于开始接触部位偏离冲模中心，所以在拉深过程中毛坯两侧的材料不能均匀拉入凸模。由于毛坯可能经凸模顶部窜动而使凸模顶部磨损快，并影响覆盖件的表面质量。

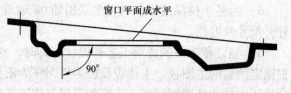

图3-158　反拉深对决定拉深方向的影响

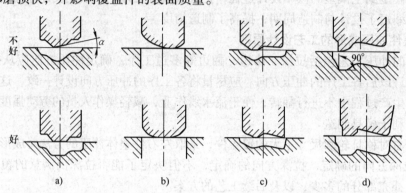

图3-159　凸模开始拉深时与毛坯接触状态示意图

如图3-159c上图所示，由于开始接触的点既集中又少，在拉深过程中毛坯可能经凸模顶部窜动而影响覆盖件的表面质量。同样可以通过改变拉深方向或压料面形状等方法增大接触面积。

图3-159d的形状上有90°的侧壁要求决定了拉深方向不能改变，只有让压料面形状为倾斜面，才能使两个地方同时接触。

3）压料面各部位的进料阻力要均匀。若压料面各部位的进料阻力不一样，在拉深过程中毛坯有可能经凸模顶部窜动而影响表面质量，严重的会产生拉裂和起皱。图3-160所示为微型双排座汽车立柱的上段，若将拉深方向旋转6°，使压料面两端一样高，则进料阻力均匀，凸模开始拉深时与拉深毛坯的接触部位接近中心，拉深成形好。要使压料面各部位的进料阻力均匀，除了通过设计合理的压料面形状和拉深筋等措施外，拉深深度均匀也是主要条件。此外，还要使凸模对应两侧材料的拉入角尽量相等。

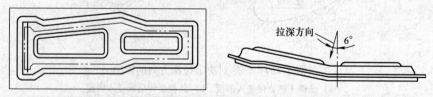

图3-160　汽车立柱上段拉深方向示例

（2）修边方向的确定及修边形式

1）修边方向的确定。所谓修边，就是将拉深件修边线以外的部分切掉。理想的修边方向是修边刃口的运动方向和修边表面垂直。

如果修边是在拉深的曲面上，则理想的修边方向有无数个，这是在同一工序中不可能实现的。因此，必须允许修边方向与修边表面有一个夹角，夹角的大小一般不小于 10°。如果太小，材料不是被切断而是被撕开，严重的会影响修边质量。

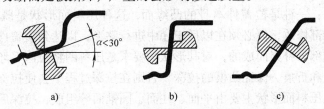

图 3-161　修边形式
a）垂直修边　b）水平修边　c）倾斜修边

覆盖件拉深成形后，由于修边和冲孔位置不同，其修边和冲孔工序的冲压方向有可能不同。覆盖件在修边模中的摆放位置只能是一个，如果采用修边冲孔复合工序，则冲压方向在同一工序中可能有两个或两个以上。

2）修边形式。修边形式可以分为垂直修边、水平修边和倾斜修边三种，如图 3-161 所示。

（3）翻边方向的确定及翻边形式

1）翻边方向的确定。翻边工序对于一般的覆盖件来说是冲压工序的最后成形工序，翻边质量的好坏和翻边位置的精确度，直接影响整个汽车车身的装配质量。合理的翻边方向应满足以下两个条件：

① 翻边凹模的运动方向与翻边凸缘、立边相一致。

② 翻边凹模的运动方向和翻边基面垂直，或与各翻边基面夹角相等。

2）翻边形式。按翻边凹模的运动方向不同，翻边形式可分为垂直翻边、水平翻边和倾斜翻边三种，如图 3-162 所示。图 a、b 为垂直翻边；图 d、e 为水平翻边；图 c 为倾斜翻边。

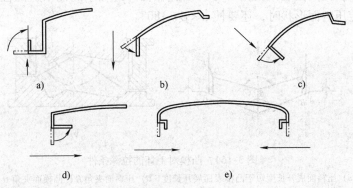

图 3-162　覆盖件的翻边形式
a）、b）垂直翻边　c）倾斜翻边　d）、e）水平翻边

3. 拉深工序的工艺处理

拉深件的工艺处理包括确定压料面形状、进行工艺补充、翻边的展开、冲工艺孔和工艺切口等内容，是针对拉深工艺的要求对覆盖件进行的工艺处理措施。

（1）压料面形状的确定　压料面是指凹模圆角半径以外的那一部分，压料圈将拉深毛坯压紧在凹模压料面上，凸模对拉深毛坯拉深，拉深过程中不但要使压料面上的材料不皱，更重要的是保证拉入凹模的材料不皱又不裂。

压料面有两种：一种是覆盖件本身的凸缘面，这种压料面形状是既定的，为了便于拉深，虽然也能作局部修改，但必须在以后工序中进行整形，以达到覆盖件凸缘面的要求；另一种是由工艺补充部分补充而成的，对其形状的要求是压料圈将拉深毛坯压紧在凹模压料面上，不能形成桔皮和折痕，保证凸模的拉深，否则在拉深过程中会使拉深件形成波纹和桔皮或产生破裂。因此压料面形状主要由平面、柱面、圆锥面等组成，拉深后切除。

确定压料面的形状必须考虑以下几点：

1）降低拉深深度。降低拉深深度，有利于防皱、防裂。图3-163所示为降低拉深深度示意图，图a未考虑降低拉深深度的压料面形状，图b考虑了降低拉深深度的压料面形状。

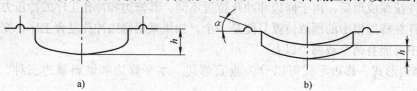

图3-163　降低拉深深度示意图

a）未考虑降低拉深深度　b）考虑了降低拉深深度

2）凸模对毛坯一定要有拉伸作用。使拉深件各断面上平均产生3%～5%延伸量，以保证制件的形状精度和刚性，这是确定压料面形状必须充分考虑的一个重要因素。有时为了降低拉深深度而确定的压料面形状，虽然满足了拉深毛坯的弯曲形状，但是凸模对拉深毛坯不产生拉深，这样的压料面是不能采用的。如图 3-164a 所示，只有压料面展开长度 $A'B'C'D'E'$ 小于凸模表面的展开长度 $ABCDE$ 时才能产生拉伸作用。

如图3-164b所示的压料面形状，虽然压料面的展开长度比凸模表面的展开长度短，可是压料面的夹角 β 比凸模表面夹角 α 小，因此在拉深过程中的几个瞬间位置因"多料"产生起皱，在确定压料面形状时，还要使 $\alpha < \beta < 180°$。

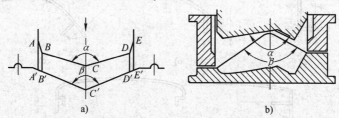

图3-164　凸模对毛坯的拉深条件

a）压料面展开长度短于凸模表面展开长度　b）压料面夹角 β 比凸模面夹角 α 小

3）压料面的形状尽量简单化，以水平压料面为最好。水平压料面应用最多，其阻力变化相对容易控制，有利于调模时调整到最有利于拉深成形所需要的最佳压料面阻力状态。

4）压料面应使各部分拉深深度接近一致。这种压料面可使材料流动和塑性变形趋于均匀，减小成形难度。同时，用压边圈压住毛坯后，毛坯不产生皱折、扭曲等现象。

5）要为后续工序考虑可靠的定位。压料面应使毛坯在拉深成形和修边工序中都有可靠的定位，并考虑送料和取件的方便。

（2）工艺补充　为实现覆盖件的拉深，需要将覆盖件的孔、开口、压料面等结构根据拉伸工序的要求进行增补材料的工艺处理，这样的处理称为工艺补充。

为了实现拉深或造成良好的拉深条件，必须慎重考虑工艺补充部分，以满足拉深、压料面和修边工序等要求。将覆盖件上的翻边展开，窗口补满，再加上工艺补充部分就构成一个拉深件。有些覆盖件上没有翻边，就直接加上工艺补充部分（补满窗口部分也是工艺补充部分），工艺补充部分是拉深件不可缺少的组成部分。拉深以后要将工艺补充部分修掉，工艺补充部分也是必要的材料消耗，因此要在能够拉深出满意的拉深件的条件下，尽可能减少工艺补充部分。工艺补充部分的多少也是衡量覆盖件设计和冲压工艺先进与否的一个标志。

工艺补充部分的种类有：修边线在拉深件压料面上，垂直修边，压料面就是覆盖件本身的凸缘面（见图 3-165a）；修边线在拉深件底面上，垂直修边（见图 3-165b）；修边线在拉深件斜面上，垂直修边（见图 3-165c）；修边线在拉深件斜面上，垂直修边（见图3-165d）；修边线在拉深件侧壁上，水平修边（见图 3-165e）。

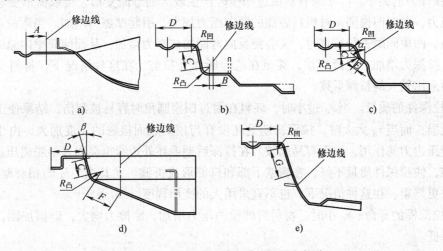

图 3-165　可能采用的几种工艺补充部分

（3）工艺孔和工艺切口　覆盖件上有局部反成形时，如在制件上压出深度较大的局部凸起或鼓包，有时靠从外部流入材料已很困难，继续拉深将产生破裂。为了创造良好的反拉深条件，往往加大该部分的圆角和使侧壁倾斜，避免在反拉深中圆角处破裂，在以后适当的工序中将圆角和侧壁整形回来。更深的反拉深用加大圆角和使侧壁有斜度的方法，若还产生破裂，则必须采取切工艺切口和预冲工艺孔的方法。图 3-166 所示为车门内板窗口反拉深的工艺切口示意图。

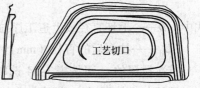

图 3-166　车门内板窗口反拉深的工艺切口示意图

切工艺切口是在反成形到即将产生破裂的时候切出的。根据反成形深度和形状切一个、两个和三个工艺切口。工艺切口应保证既不因为拉应力过大，产生径向裂口而波及覆盖件表面，又不因为拉应力过小，而形成波纹。工艺切口必须放在拉应力最大的拐角处，因此，切工艺切口的时间、位置、大小、数量和形状应在拉深时根据试验决定。同时因为拉深模的导向精度不高，切工艺切口的刃口之间的间隙不稳定，从而使刃口容易啃坏，并有切出的碎渣落到凹模表面而影响表面质量，因此在可能的条件下尽量不用工艺切口。这时，可考虑采用冲工艺孔或工艺切口，以从变形区内部得到材料补充。

3.4.14　关键工艺参数的确定

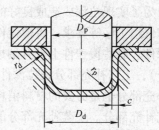

图 3-167　拉深模工作部分的尺寸

拉深模工作零件的尺寸指的是凹模圆角半径 r_d，凸模圆角半径 r_p，凸、凹模的间隙 c，凸模直径 D_p 和凹模直径 D_d 等，如图 3-167 所示。

1. 凸、凹模圆角半径

（1）凹模圆角半径 r_d　拉深中，材料在经过凹模圆角时不仅因为发生弯曲变形需要克服弯曲阻力，还要克服因相对流动引起的摩擦阻力，所以 r_d 的大小对拉深过程有很大的影响，主要表现在：

1）拉深力的大小。r_d 小时材料流过凹模时产生较大的弯曲变形，结果需承受较大的弯曲变形阻力，此时凹模圆角对板料施加的厚向压力加大，引起摩擦力增加。当弯曲后的材料被拉入凸、凹模间隙进行校直时，又会使反向弯曲的校直力增加，从而使筒壁内总的变形抗力增大，拉深力增加，变薄严重，甚至在危险断面处拉破。在这种情况下，材料变形受限制，必须采用较大的拉深系数。

2）拉深件的质量。当 r_d 过小时，坯料在滑过凹模圆角时容易被刮伤，结果使工件的表面质量受损；而当 r_d 太大时，拉深初期毛坯没有与模具表面接触的宽度加大，由于这部分材料不受压边力的作用，因而容易起皱。在拉深后期毛坯外边缘也会因过早脱离压边圈的作用而起皱，使拉深件质量不好，在侧壁下部和口部形成折皱。尤其当毛坯的相对厚度小时，这个现象更严重。在这种情况下，也不宜采用大的变形程度。

3）拉深模的寿命。r_d 小时，材料对凹模的压力增加，摩擦力增大，磨损加剧，使模具的寿命降低。

所以 r_d 的值既不能太大，也不能太小。在生产上一般应尽量避免采用过小的凹模圆角半径，在保证工件质量的前提下尽量取大值，以满足模具寿命的要求。通常计算式为

$$r_d = 0.8 \sqrt{(D - D_d) t} \tag{3-82}$$

式中　D——毛坯直径或上道工序拉深件直径（mm）；

　　　D_d——拉深后的直径（mm）。

首次拉深的 r_d 可按表 3-54 选取。

后续各次拉深时 r_d 应逐步减小，其值可按 $r_{di} = (0.6 \sim 0.8) r_{d(i-1)}$（$1 < i \leqslant n$，$n$ 为拉深次数）来确定，但应不小于 $2t$；若其值小于 $2t$，一般很难拉出，需在拉深后，增加整形工序得到。

表 3-54　首次拉深的凹模圆角半径 r_d　　　　　　　　　　（单位：mm）

拉深方式	板厚 t/mm				
	1.5 ~ 2.0	1.0 ~ 1.5	0.6 ~ 1.0	0.3 ~ 0.6	0.1 ~ 0.3
无凸缘拉深	(4 ~ 7) t	(5 ~ 8) t	(6 ~ 9) t	(7 ~ 10) t	(8 ~ 13) t
有凸缘拉深	(6 ~ 10) t	(8 ~ 13) t	(10 ~ 16) t	(12 ~ 18) t	(15 ~ 22) t

注：当材料性能好，且润滑好时，表中数据可适当减小。

（2）凸模圆角半径 r_p 凸模圆角半径对拉深工序的影响没有凹模圆角半径大，但其值也必须合适。r_p 太小，拉深初期毛坯在 r_p 处弯曲变形大，危险断面受拉力增大，工件易产生局部变薄或拉裂，且局部变薄和弯曲变形的痕迹在后续拉深时将会遗留在成品零件的侧壁上，影响零件的质量；除此，在以后各次拉深时，压边圈的圆角半径应等于前道拉深工序的凸模圆角半径，所以当 r_p 过小时，在以后的拉深工序中毛坯沿压边圈滑动的阻力会增大，这对拉深过程是不利的。若凸模圆角半径 r_p 过大，会使 r_p 处材料在拉深初期不与凸模表面接触，易产生底部变薄和内皱。

首次拉深时，凸模圆角半径为

$$r_p = (0.7 \sim 1.0) \, r_d \tag{3-83}$$

以后各次拉深中，r_p 可取为

$$r_{pi} = \frac{d_i - d_{i+1} - 2t}{2} \tag{3-84}$$

式中 r_{pi}——本次拉深的凸模圆角半径（mm）；

d_i——本次拉深直径（mm）；

d_{i+1}——下次拉深的工件直径（mm）。

最后一次拉深时，r_{pn} 应等于零件的内圆角半径值，即 $r_{pn} = r_{零件}$，但 r_{pn} 应不小于料厚。若零件的圆角半径要求小于料厚，则最后一次拉深凸模圆角半径仍取 $r_{pn} = t$，然后增加一道整形工序，以得到 $r_{零件}$。

2. 拉深模间隙

拉深模间隙 c 是指单边间隙。间隙的大小对拉深力、拉深件的质量、拉深模的寿命都有影响。若 c 值太小，凸缘区变厚的材料通过间隙时，校直与变形的阻力增加，与模具表面间的摩擦、磨损严重，使拉深力增加，零件变薄严重，甚至拉破，模具寿命降低，但得到的零件侧壁平直而光滑，质量较好，精度较高。

间隙过大时，对毛坯的校直和挤压作用减小，拉深力降低，模具的寿命提高，但零件的质量变差，冲出的零件侧壁不直。

因此拉深模的间隙值应合适，既要考虑板料本身的公差，又要考虑板料的增厚现象，间隙一般都比毛坯厚度略大一些。采用有压边圈拉深时，其值可以按表 3-55 取值，也可按式（3-85）计算，即

$$c = t_{max} + \mu t \tag{3-85}$$

式中 t_{max}——材料的最大厚度（mm），$t_{max} = t + \Delta$，Δ 为板料的正偏差（mm）；

t——材料厚度，取材料允许偏差的中间值（mm）；

μ——考虑材料变厚，为减少摩擦而增大间隙的系数，可查表 3-55。

不用压边圈拉深时，考虑到起皱的可能性，间隙值可取为：$c = (1 \sim 1.1) \, t_{max}$，较小的数值用于末次拉深或精密拉深件，较大的值用于中间拉深或精度要求不高的拉深件。

对精度要求高的零件，为了使拉深后回弹小，表面光洁，常采用负间隙拉深，其间隙值可取为 $c = (0.9 \sim 0.95) \, t$。采用较小间隙时，拉深力比一般情况要增大 20%，故此时拉深系数应加大。当拉深相对高度 $H/d < 0.15$ 的工件时，为了克服回弹，应采用负间隙。

3. 凸、凹模工作部分尺寸及公差

多次拉深时，拉深半成品的尺寸公差没有必要作严格限制，这时，首次及中间各道的模

具尺寸只要取半成品的过渡尺寸即可。

若以凹模为基准，凹模尺寸为 $\quad D_d = D^{+\delta_d}_{\ 0}$ (3-86a)

凸模尺寸为 $\quad D_p = (D - 2c)^{\ 0}_{-\delta_p}$ (3-86b)

对于最后一道拉深工序，拉深凹模及凸模的尺寸和公差应按零件的要求来确定。

当工件的外形尺寸及公差有要求时（见图3-168a）：

以凹模为基准，凹模尺寸为 $\quad D_d = (D - 0.75\Delta)^{+\delta_d}_{\ \ 0}$ (3-87a)

凸模尺寸为 $\quad D_p = (D - 0.75\Delta - 2c)^{\ \ 0}_{-\delta_p}$ (3-87b)

当工件的内形尺寸及公差有要求时（见图3-168b）：

以凸模为基准，凸模尺寸为 $\quad D_p = (d + 0.4\Delta)^{\ 0}_{-\delta_p}$ (3-88a)

凹模尺寸为 $\quad D_d = (d + 0.4\Delta + 2c)^{+\delta_d}_{\ \ 0}$ (3-88b)

表 3-55　增大间隙的系数 μ 和有压边圈拉深时的单边间隙值

拉深工序数		t/mm			单边间隙 c
		$0.5 \sim 2$	$2 \sim 4$	$4 \sim 6$	
1	第一次	0.2/0.1	0.1/0.08	0.1/0.06	$(1 \sim 1.1)\, t$
2	第一次	0.3	0.25	0.2	$1.1t$
	第二次	0.1	0.1	0.1	$(1 \sim 1.05)\, t$
3	第一次	0.5	0.4	0.35	$1.2t$
	第二次	0.3	0.25	0.2	$1.1t$
	第三次	0.1/0.08	0.1/0.06	0.1/0.05	$(1 \sim 1.05)\, t$
4	第一、二次	0.5	0.4	0.35	$1.2t$
	第三次	0.3	0.25	0.2	$1.1t$
	第四次	0.1/0.08	0.1/0.06	0.1/0.05	$(1 \sim 1.05)\, t$
5	第一、二次	0.5	0.4	0.35	$1.2t$
	第三次	0.5	0.4	0.35	$1.2t$
	第四次	0.3	0.25	0.2	$1.1t$
	第五次	0.1/0.08	0.1/0.06	0.1/0.05	$(1 \sim 1.05)\, t$

注：1. 表中数值适用于一般精度（自由公差）零件的拉深工艺。具有分数的地方，分母的数值适用于精密零件（IT10 ~ IT12）的拉深。

2. 当拉深精密零件时，最末一次拉深间隙取 $c = t$。

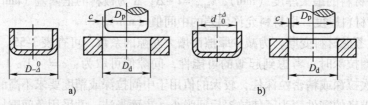

图3-168　拉深零件尺寸与模具尺寸

a）外形有要求时　b）内形有要求时

凸、凹模的制造公差 δ_p 和 δ_d 可根据工件的公差来选定。工件公差为 IT13 级以上时，δ_p 和 δ_d 可按 IT6 ~ IT8 级选取；工件公差在 IT14 级以下时，δ_p 和 δ_d 按 IT10 级选取，或查表 3-56。

表 3-56　凸模制造公差 δ_p 和凹模制造公差 δ_d　　（单位：mm）

材料厚度 t	拉深件直径					
	≤20		>20 ~100		>100	
	δ_d	δ_p	δ_d	δ_p	δ_d	δ_p
≤0.5	0.02	0.01	0.03	0.02	—	—
>0.5 ~ 1.5	0.04	0.02	0.05	0.03	0.08	0.05
>1.5	0.06	0.04	0.08	0.05	0.10	0.08

3.5　成形

在冲压生产中，除冲裁、弯曲和拉深工序之外，凡是通过坯料或制件局部变形来改变毛坯的形状和尺寸的冲压成形工序统称为其他冲压成形工序，如胀形、翻边、缩口、扩口和旋压等。成形工艺应用广泛，既可与冲裁、弯曲、拉深等工序配合或组合，制造强度高、刚性好、形状复杂的钣金类零件，又可以成形工艺为主，制造形状特异的钣金类零件。如图 3-169 所示的自行车多通接头就是采用多种成形工艺冲压而成的，其主要工序是切管、胀形、制孔、圆孔翻边。

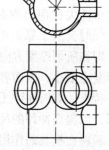

图 3-169　自行车多通接头

其他成形工艺根据变形特点不同分为以下几类：

（1）伸长类成形　变形区主要受拉应力而产生塑性变形，拉应力和拉应变为其主应力和主应变，其主要的缺陷形式为破裂。该类成形工艺包括圆孔翻边、内凹外缘翻边、起伏、胀形、扩口等。

（2）压缩类成形　变形区主要受压应力而产生塑性变形，压应力和压应变为其主应力和主应变，其主要的缺陷形式为失稳起皱。该类成形工艺包括外凸外缘翻边、缩口等。

（3）拉压类成形　变形区在拉应力和压应力共同作用下而塑性变形，其主要的缺陷形式与实际变形条件有关，可能是破裂，也可能是失稳起皱。该类成形工艺包括变薄翻边、旋压等。

这些成形工序的共同特点是通过材料的局部变形来改变坯料或工序件的形状，但变形特点差异较大。胀形和圆孔翻边属于伸长类成形，其成形极限主要受变形区过大拉应力而发生破裂的限制；缩口和外凸缘翻边属于压缩类成形，其成形极限主要受变形区过大压应力而发生失稳起皱的限制；旋压这种特殊的成形方法，可能起皱，也可能破裂。因此，在冲压生产中，应根据各种成形工艺不同的变形机理和工艺特点，结合实际条件仔细地分析研究，合理地应用这些成形工艺。

3.5.1　胀形

1. 胀形成形特点

胀形是属于拉伸类的成形方法，主要有圆柱形空心毛坯或管状毛坯的胀形（见图 3-170 中的胀肚成形）和用于平板毛坯的局部胀形（见图 3-171 中的起伏成形）。

胀形时，板料毛坯的塑性变形局限在一个固定的变形区内，板料既不向变形区以外转移，也不从外部进入变形区内。如图 3-172 所示的变形过程只局限于直径为 d 的圆周区域以内，而其以外的环形区域并不参与变形，凸缘部分的材料由于压边力而产生的巨大摩擦力作用下无法运动，该区域材料处于不流动的状态。只有中心区域在凸模（橡胶或液体）的作用下，板料在该变形区内发生伸长变形，即表面积增加，板料厚度减薄。因而，胀形是依靠板料厚度变薄而使坯料表面积增加，最终成形立体零件的方法。

图 3-170　凸肚

胀形变形区内板料形状的变化主要是由其表面积的局部增大来实现的，根据体积不变原则，胀形时毛坯厚度不可避免地要减薄。由于在胀形过程中材料的逐渐伸长，变形最剧烈的部分材料减薄最厉害，最终必然出现缩颈甚至破裂，因而使胀形的胀形量受到一定的限制。因此，可以认为板料在产生缩颈前的变形也就是胀形的有效变形。此外，因为在胀形过程中，变形区内材料处于拉应力状态，所以，在一般情况下，变形区的毛坯不会产生塑性失稳而出现起皱现象，所制出的零件表面光滑，质量较好。同时又由于靠近毛坯内表面和外表面部位上的拉应力之差较小，即在所谓厚度方向上，其拉应力的分布比较均匀，卸载时的弹性回复也很小，因而容易得到尺寸精度较高的零件。根据该工艺的这一特点，有时在冲压成形之后采用胀形的方法，对冲压零件进行校形，以提高冲件的尺寸精度。

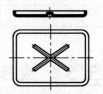

图 3-171　起伏成形

板料在模具的作用下，主要通过材料的拉伸变薄，将其局部形成凸起或凹陷，从而改变了毛坯或工件的形状，这种方法称为起伏成形。该工序属于局部胀形过程，主要通过材料的变薄伸长，将其局部形成凸起或凹陷，从而改变了毛坯或工件的形状。由于起伏成形依靠材料的拉伸而在变形区内产生局部的变形，它与普通拉深工艺有一定的不同，其区别在于：普通拉深时，凸缘部分的材料要产生径向流动，并转移到制件的侧壁；而对于宽凸缘的拉深成形，当零件的凸缘宽度大于某数值后，凸缘部分不再产生明显的塑性流动，毛坯的外缘尺寸在成形前后保持不变。零件的成形将主

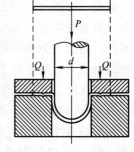

图 3-172　胀形过程

要依靠凸模下方及附近区域材料的拉薄，其极限成形高度与毛坯直径不再有关，这一阶段也就是起伏成形阶段。起伏成形与宽凸缘拉深的分界点取决于材料的应变强化率、模具几何参数和压边力的大小，其分界点的 d/D_0 在 $0.35 \sim 0.38$ 之间（见图 3-173）。在图 3-173 中，曲线以上为破裂区，曲线以下为安全区，线上为临界状态。此外，板料的起伏成形极限受到材料塑性的限制，因此，对塑性太差的材料或变形程度太大时，都可能在

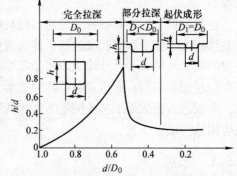

图 3-173　拉深与起伏成形的分界曲线

起伏成形的变形过程中产生裂纹。根据工件形状的复杂程度和材料的性质不同，起伏成形可以用一次或多次冲压来完成。

2. 胀形成形过程应力应变状态分析

利用应变分析的网格法，测量零件上各点（见图 3-174 中的点 0、1、2、3、4）的应变量，可得到与图 3-174b 所示胀形方法对应的应变分布图和应变状态图，如图 3-174 所示。

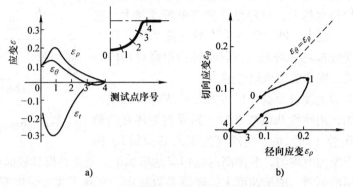

a)　　　　　　　　　　　　　　　　　b)

图 3-174　胀形过程的应变分布图和应变状态图

a）应变分布图　b）应变状态图

应变分布图是冲压成形时零件上各点或局部各点的应变分布情况图（见图 3-174a），应变状态图是零件上各点或局部各点的应变在二维主应变平面上的分布状况图（见图 3-174b）。成形方式、工艺条件和材料性能的改变，都会引起应变分布图和应变状态图的变化。利用应变分布图和应变状态图可以分析冲压变形区的应变情况，寻求改善板料塑性流动的措施，以解决冲压成形时的各种失稳、破裂等问题。例如，将胀形时的应变状态图与板料的成形极限图（或称 FLD）对比（见图 3-175），如果零件上某点的应变量超出成形极限图的应变范围，则可认为该点就是发生破裂的危险点，必须采取相关措施（如改变毛坯或模具的几何条件、调整压边力、修磨模具圆角、改变润滑条件或更换原材料等）降低该点应变量，以保证不发生破裂。

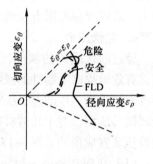

图 3-175　胀形成形极限图

通过分析图 3-174 可知，变形区内平行于板料平面的径向应变 ε_ρ 和切向应变 ε_θ 基本上都大于零（只是在凹模圆角附近，材料向凹模内流动时，才有一些 ε_ρ 小于零的现象，但其值接近零），导致各点厚度减薄（$\varepsilon_t < 0$），因此变形区各点的承载能力，即强度在胀形过程中不断下降，一旦变形区某点的拉应力超过了该点材料的抗拉强度，该点就会发生破裂。通常，把这种因材料强度不足而引起的破裂叫做 α 破裂。

3. 胀形成形极限

因为在胀形过程中，材料承受的主要是拉应力，常见的缺陷是零件破裂，因此，胀形成形极限应以零件是否发生破裂作为判据。胀形破裂一般发生在板料厚度减薄率最大的部位，胀形过程中应变越均匀，材料厚度减薄也就越均匀，则相应地获得的胀形高度越高，所以，变形区的应变分布是影响胀形成形极限的重要因素之一。

若零件的形状和尺寸不同，胀形时变形区的应变分布也不同，图 3-176 展示了用球头凸模和平头凸模胀形时的厚度应变分布情况。显然，球头凸模胀形时，应变分布比较均匀，各点的应变量都比较大，能获得较大的胀形高度，故胀形成形极限较大，而平底凸模胀形时，由于在凸模底部金属流动比较困难，应变分布不均匀，故胀形成形极限较小。

材料的伸长率和应变硬化指数 n 对胀形成形极限的影响也很大。材料的伸长率越大，材料允许的变形程度越大，胀形成形极限也大。n 值大，则材料的应变硬化能力强，胀形过程中可促使应变分布趋于均匀化，同时还能提高材料的局部应变能力，因此，胀形成形极限也越大。

润滑条件、变形速度以及材料厚度对胀形成形极限也有一定的影响。例如，用刚性凸模胀形时，如果在毛坯和凸模之间施加良好的润滑（如加垫一定厚度的聚乙烯薄膜），则

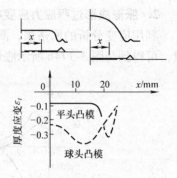

图 3-176　胀形时的厚度应变分布

其应变分布要比干摩擦时均匀，胀形高度也相应地增加了。光洁的模具表面也有利于胀形高度增大。刚性凸模胀形时，成形速度大，摩擦系数减小，有利于成形时应变分布的均匀化，胀形高度也会增大。值得注意的是，刚性凸模胀形时，应尽量增大凸模底部的圆角半径，避免板料在圆角处变形过于集中，否则会显著降低一次胀形的胀形高度。一般来说，材料厚度增大，胀形成形极限有所增大，但材料厚度与零件尺寸比值较小时，其影响不太显著。

4. 起伏成形

经过起伏成形的制件，由于惯性矩的改变和材料的加工硬化作用，有效地提高了制件的强度和刚度，而且外形美观。常见的起伏成形有压加强筋、压凸包、压字和压花纹等。起伏成形工艺大多数采用金属模具压制。对于较薄材料的工件，也有用橡皮模、聚氨酯橡胶模或液压装置成形的。图 3-177 所示为经过起伏成形的油箱盖。

图 3-177　经过起伏成形的油箱盖

（1）压制加强筋　加强筋的压制，广泛地应用于汽车、飞机、仪表和无线电等工业中。起伏成形时材料承受的主要是拉应力，当材料的塑性好、硬化指数较大时，起伏成形的极限变形程度较高。凡是使变形区变形均匀、降低危险部位应变值的各种因素均能提高起伏极限变形程度，如合理的凸模形状、良好的润滑条件等。当材料塑性差或变形程度太大时，都可能引起板料局部减薄严重而产生裂纹，因此一次起伏的极限变形程度是有限度的。根据零件形状的复杂程度和材料性质的不同，起伏成形可以由一次或多次工序完成。材料在一次加强筋成形工序中的极限变形程度为

$$\varepsilon_{\mathrm{p}} = \frac{L_1 - L}{L} \leqslant (0.70 \sim 0.75)\delta \tag{3-89}$$

式中　ε_{p}——起伏成形极限变形程度；

　　　L_1——起伏后变形区的截面长度；

　　　L——起伏前变形区的截面长度；

　　　δ——材料的伸长率。

L_1、L 如图 3-178 所示。系数 $0.7 \sim 0.75$ 需要根据起伏件的形状而定，半圆形加强筋取较大值，梯形加强筋取较小值。

图 3-179 所示为冲压加强筋时材料的伸长率曲线，曲线 1 是伸长率的计算值，划斜线部分（曲线 2）是实际测量的伸长率，由于靠近加强筋处的材料也承受拉伸力，故其值略低。

由图 3-179 和式 (3-89) 可知, 加强筋的相对高度与材料的起伏极限变形程度有关, 同时也受材料伸长率的影响, 材料的伸长率越大, 一次压制加强筋的极限变形程度就越大, 可压制的加强筋的高度就越大。

表 3-57 列出了常用加强筋的形式及其关键尺寸。当计算结果不符合式 (3-89) 这个条件时, 加强筋不能一次成形, 则需要采用多次冲压工艺, 如图 3-180 所示。

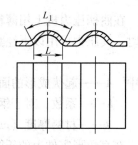

图 3-178 加强筋的变形程度

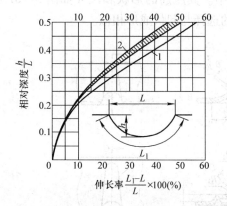

图 3-179 冲制加强筋时材料的伸长率曲线

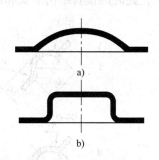

图 3-180 两道工序完成的加强筋
a) 预成形 b) 最终成形

表 3-57 常用加强筋的形式和尺寸 （单位: mm）

形状	简 图	R	h	r	B	α
半圆形		(3.0 ~ 4.0) t	(2.0 ~ 3.0) t	(1.0 ~ 2.0) t	(7.0 ~ 10.0) t	
梯形			(1.5 ~ 2.0) t	(0.5 ~ 1.5) t	≥3h	15° ~ 30°

注: 表中数值下限为极限尺寸, 上限为正常尺寸。

压制加强筋所需的压力可按下式近似计算, 即

$$F = LtR_mK \qquad (3-90)$$

式中　F——压制加强筋时所需的力 (N);

　　　L——加强筋长度 (mm);

　　　t——材料厚度 (mm);

　　　R_m——材料的抗拉强度 (MPa);

　　　K——系数, 与筋的宽度及深度有关, 取值在 0.7 ~ 1.0 之间, 对于窄而深的局部起伏, K 取大值, 对于宽而浅的局部起伏, K 取小值。

在曲柄压力机上用薄料（厚度小于 1.5mm）对小零件（面积小于 2000mm²）作起伏成形时，其压力可用以下经验公式计算，即

$$F = AKt^2 \tag{3-91}$$

式中　A——起伏成形的面积（mm²）；

　　　K——系数，对于钢材为 200～300N/mm⁴，黄铜为 150～200N/mm⁴；

　　　t——材料厚度（mm）。

在直角形零件上的压筋，也属于局部胀形工艺过程、起伏成形的一种，它可以提高零件的强度和刚性，一般用于机箱和支架之类的零件中。其压筋的形状和尺寸如图 3-181 和表 3-58 所示，此时的模具结构形式和模具工艺参数的选择与起伏成形相似。

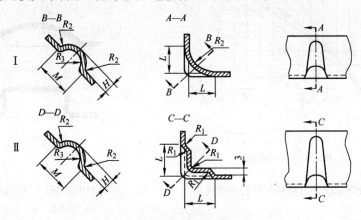

图 3-181　直角形零件压筋的形式

表 3-58　直角形零件压筋的尺寸　　　　　　　　　　（单位：mm）

L	筋的类型	R_1	R_2	R_3	H	M	筋的间隔
13	Ⅰ	6	9	5	3	18	64
19	Ⅰ	8	16	7	5	29	76
32	Ⅱ	9	22	8	7	38	89

（2）压制凸包　冲压凸包如图 3-182 所示，其成形特点与拉深工艺不同。如果毛坯直径与凸模直径的比值小于 4，成形时毛坯凸缘将会收缩，属于拉深成形；若该比值大于 4，则毛坯凸缘不易收缩，属于胀形性质的起伏成形（也称为压凸包）。

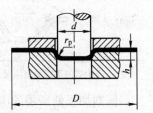

图 3-182　冲压凸包示意图

冲压凸包时，凸包极限高度受到材料塑性的限制，不可能太大，表 3-59 列出了平板坯料局部冲压凸包时的极限成形高度。凸包极限成形高度与凸模的形状及摩擦润滑条件有关。例如，采用球头凸模压制凸包时，凸包高度最大可达球径的 1/3，而采用平底凸模压制凸包时，凸包极限高度相应较小。其原因是平底凸模的底部圆角半径 r_p 太小，凸模下面的材料不容易流动，摩擦力较大。凸包深度主要取决于底部圆角半径 r_p，凸模底部圆角半径 r_p 越大，则越有利于凸包高度的增大。改善凸模头部的润滑条件，也有利于增大凸包的极限成形高度。

表 3-59 平板坯料局部冲压凸包时的极限成形高度   (单位：mm)

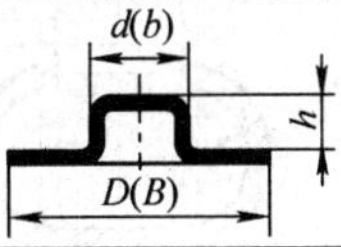

图 形	材 料	高 度 h
	软铝	≤ (0.15~0.20) d
	铝	≤ (0.10~0.15) d
	黄铜	≤ (0.15~0.22) d

如果制件要求的凸包高度超出表 3-59 所列的数值，则可用类似于多道工序压加强筋的方法冲压凸包。可先用球形凸模将制件预成形到一定深度后，然后再用平底凸模将其成形到所要求的高度。

如果局部成形的变形量较大，单靠凸包部分的材料变薄是不够的，凸包底部容易出现破裂，需要相邻的材料流动来补充，因此，必须先成形凸包部分，然后成形周围部分。若制件底部中心允许有孔，可以预先冲出小孔，使其中心部分的材料在冲压过程中向外流动，这样可以避免压制凸包高度过大时变形量超过材料的极限伸长率而造成材料的破裂。

多个凸包冲压成形时，还要考虑到凸包之间的互相影响，凸包之间的极限距离见表 3-60。

表 3-60 起伏间的距离和起伏距边缘的极限尺寸   (单位：mm)

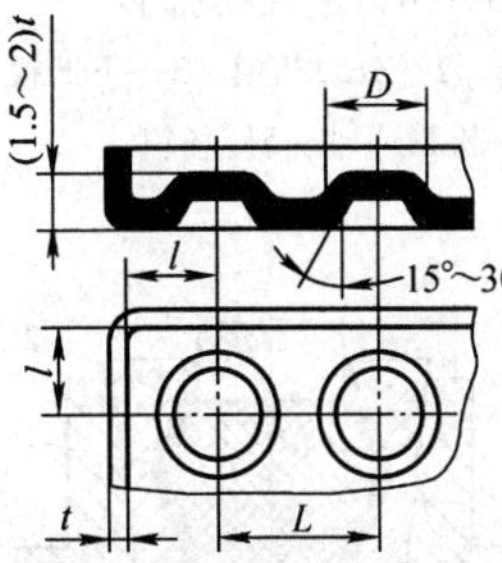

图 示	D	L	l
	6.5	10	6
	8.5	13	7.5
	10.5	15	9
	13	18	11
	15	22	13
	18	26	16
	24	34	20
	31	44	26
	36	51	30
	43	60	35
	48	68	40
	55	78	45

5. 圆柱形空心坯料胀形技术

（1）圆柱形空心坯料胀形方法 将圆柱形空心坯料在内部压力作用下向外扩张而形成空心曲面形状零件的冲压加工方法称为圆柱形空心坯料胀形。胀形一般发生在空心坯料的圆筒部位，通过该部位直径不同程度地扩大，使其局部向外凸起，成形各种不同用途的零件，使用这种方法可以制造许多形状复杂的零件，如高压气瓶、波纹管、三通管接头、汽车车门框架、发动机空心凸轮轴、发动机支架、后桥半轴、排气系统管件以及火箭发动机上的一些异形空心件。

如图 3-183 所示，圆形空心坯料胀形根据变形区范围不同分为两种应变状态。图3-183a所示的胀形件，其变形区局限于坯料中段或封闭段，坯料的外形有效尺寸 H_0 比变形区轮廓

尺寸 r 大得多，故曲面方向上为两向拉应变状态；图 3-183b 所示的胀形件，其变形区几乎是整个坯料或开口端部，材料在轴向上可自由收缩，故在曲面方向上为径向拉伸、轴向收缩的应变状态。

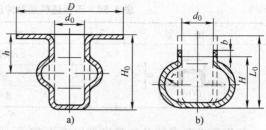

图 3-183　空心坯料胀形的两种应变状态

a）轴向不收缩的坯料　b）轴向收缩的坯料

根据胀形时凸模使用材料的不同，在工业实际应用中常用的胀形方法分为刚性模胀形法、橡皮模胀形法和液压成形法三大类。

1）刚性模胀形。分块式刚性模胀形如图 3-184 所示，凸模 2 由扇形分块组成，套在锥形心轴 4 上。锥形心轴的锥角一般选用 8°、10°、12°、15°，当凸模 2 向下滑动时，各个模块向外胀开，扩张坯料 5 而成形到所要求的形状。分块刚性模胀形时，凸模和坯料之间的摩擦力使材料的变形不均匀，降低了胀形系数的极限值，因此，刚性模胀形精度较差，成形的零件存在明显的棱角，难以得到精度较高的旋转体制件。此外，由于凸模需要分瓣，模具结构比较复杂，模具制造困难，不易加工形状复杂的制件，因此这种胀形方法在实际生产中的应用较少。

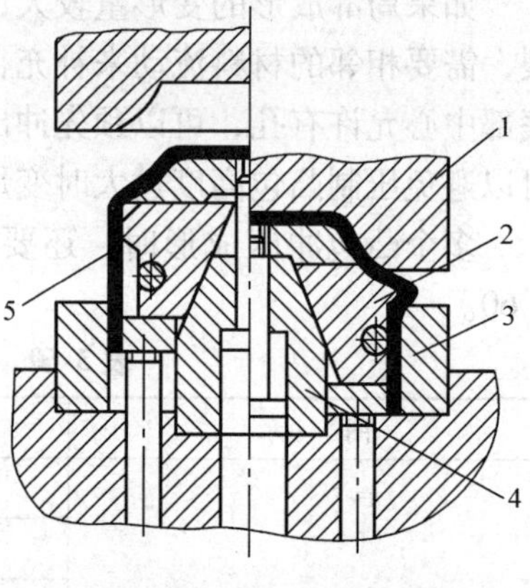

2）橡皮模胀形。橡皮模胀形也叫做软模胀形，其基本原理是在空心坯料中装入橡胶等软弹性体，将其作为凸模，在其上端施加压力后，使得这些软介质发生变形，从而压迫空心坯料向外扩张，在外层凹模的限制作用下得到所需要形状的空心零件，如图 3-185 所示。凹模则采用刚塑性材料，为便于取出制件，凹模通常由两块或多块组合而成。凸模材料广泛采用聚氨酯橡胶，这种橡胶强度高，弹性和耐油性好。由于橡皮模胀形可使零件的变形比较均匀，容易保证零件的几何形状，便于加工形状复杂的空心件，故生产中应用较广。

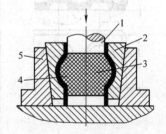

图 3-184　刚性模胀形

1—上凹模　2—分块凸模　3—下凹模

4—锥形心轴　5—坯料

图 3-185　橡皮模胀形

1—上凹模　2—制件　3—凸模

4—下凹模　5—垫块

图 3-186 所示为用聚氨酯橡胶胀形方法制作自行车用接头的例子，此零件过去是采用板料经热冲压工艺或用精密铸造工艺成形的，其工艺流程长，生产条件恶劣，质量很难保证。而采用聚氨酯橡胶胀形，零件外观质量好，尺寸精度高，合格率高，生产效率高，劳动条件得到改善，将逐步淘汰板料热冲和精密铸造工艺。此零件用 $\phi39mm \times 2.5mm$ 的管材，切成 100mm 长的空心管坯，经磷化—皂化处理后即可压制成形。聚氨酯胶棒尺寸为 $\phi32mm \times 100mm$，胀形时用上下凸模同时作用于坯料和胶棒，在凸模挤压聚氨酯胶棒使零件成形的同时，上下凸模的边缘推动管状坯料流动，以补充成形需要的材料。

3）液压成形。液压成形（Hydroforming）是指利用液体作为传力介质或借助模具使工件成形的一种塑性加工技术，也称为液力成形。按使用液体介质的不同，可将液压成形分为水压成形和油压成形。水压成形使用的介质为纯水或由水添加一定比例乳化油组成的乳化液；油压成形使用的介质为液压传动油或机油。液压成形的基本工艺过程如图 3-187 所示，以无缝管件或焊接管件为坯料（有时需要将管坯预弯成接近零件的形状），然后管坯两端的压头在液压缸的作用下压入，将管件内部密闭，液体通过压头内的小孔通道不断流入管坯。与此同时，上模向下移动，与下模共同形成封闭的模腔，最后管坯腔内的液体压力不断增大（其成形压力一般大于 500MPa，

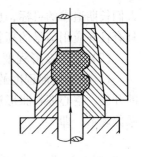

图 3-186　聚氨酯橡胶胀形

有时甚至超过 1000MPa），同时压头向内推动管坯，管坯在给定型腔内逐渐变形，最终得到所需形状的零件。

　　液压成形特别适用于制造汽车行业中沿构件轴线变化的圆形、矩形截面或异形截面空心构件、空心轴类件和复杂管件等。原则上适用于冷成形的材料均适用于液压成形工艺，如碳钢、不锈钢、铝合金、钛合金、铜合金及镍合金等。影响液压成形件质量的因素较多，包括管件原料的选择（材料与尺寸）、成形模具的设计、成形过程中内部液体压力、轴向载荷的大小与控制、内压与轴向进给的合理匹配关系、润滑剂的选用等，如果其中一项选用不当，就将引起成形零件产生起皱、破裂等缺陷。

　　液压成形是一种加工空心轻体件的先进工艺方法，该项技术具有以下优点：

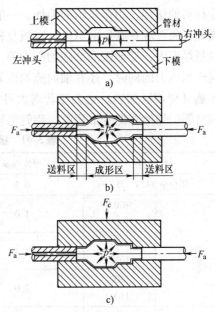

图 3-187　液压成形的基本过程
a）填充阶段　b）成形阶段　c）整形阶段

　　① 减轻重量，节约材料。采用液压成形技术可以一次成形复杂形状的零件，减少了结构的零件数量与焊接重量，而且可以使用更少的材料，所以液压成形技术的节材减重效果十分显著。液压成形件较传统的冲压焊接件可减轻重量 20%～30%，与车削、镗孔零件比较，可减轻重量 40%～50%，最多甚至可达 75%。

　　② 提高零件产品质量。由于在成形过程中材料发生了加工硬化，因此可以提高制件的强度和刚度，尤其是疲劳强度，而且成品的壁厚均匀，尺寸精度高，整体质量得到改善。

　　③ 可减少后续机械加工和组装焊接工作量。对于复杂形状的部件，可减少零件数，节省焊接、组装道次及后处理工作量。以散热器支架为例，散热面积增加 43%，焊点由 174 个减少到 20 个，装配工序由 6 道减少到 3 道，生产率提高 66%。

　　④ 降低生产成本。一般冲压件需要多套模具才能成形，而液压成形通常仅需要一套模具，如采用液压成形件，汽车用后副车架零件由 6 个减少到 1 个。美国 Ford 公司 1994 年推出的 Mondeo 车型的前车架结构件，由于采用液压成形技术，模具数量由原来的 32 副减少到 3 副，模具费用减少了 37%。

　　目前，随着汽车工业、航空航天工业的迅速发展，减轻结构质量以节约运行中的能量是

人们长期追求的目标，也是现代先进制造技术发展的趋势之一。因此，液压成形技术是一项具有良好应用前景的高新技术。

（2）胀形变形程度及变形力的计算

1）胀形变形程度的计算。坯料上的擦伤、划痕、皱纹等缺陷容易导致胀形过程中零件的开裂，空心坯料胀形过程中最为常见的破坏形式是零件开裂，胀形时的变形程度可用胀形系数表示，即

$$K_{\mathrm{p}} = \frac{d_{\max}}{d_0} \tag{3-92}$$

式中　$d_{\max}$——胀形后零件的最大直径；

　　　d_0——圆筒毛坯的原始直径。

不同材料的极限胀形系数和切向许用伸长率见表 3-61，影响极限胀形系数的主要因素是材料的塑性，用作胀形的毛坯，一般已经过几次冷作成形工序（如弯曲），金属已有冷作硬化现象，应在胀形前退火，以恢复材料的塑性。如果胀形的形状有利于均匀变形和补偿，材料厚度大，变形区局部施加压力等，可以不同程度地提高极限变形程度。如果在对毛坯径向施加压力的同时，还在轴向施加压力，胀形的极限变形程度也可以增大。对毛坯进行局部加热（变形区加热）也会显著增大可能的极限变形程度，而坯料上的各种表面损伤、不良润滑等，均能降低变形程度。铝管毛坯胀形时，由试验确定的极限胀形系数见表 3-62。

表 3-61　极限胀形系数和切向许用伸长率

材　　料		厚度/mm	极限胀形系数 K_{p}	切向许用延伸率 $\delta_{\theta p} \times 100$
铝合金 3A21 - M		0.5	1.25	25
纯铝	1070A 1060	1.0	1.28	28
	1050A 1035	1.5	1.32	32
	1200 1100	2.0	1.32	32
黄铜	H62	0.5 ~ 1.0	1.35	35
	H68	1.5 ~ 2.0	1.40	40
低碳钢	08F	0.5	1.20	20
	10，20	1.0	1.24	24
不锈钢		0.5	1.26	26
ICr18Ni9Ti		1.0	1.28	28

注：如果毛坯是经过滚弯焊接的有缝钢管，在焊缝处材料塑性最低，比原材料低 15% ~ 20%，为防止材料过度变薄而破裂，必须使最大变形区材料的伸长率 δ_θ 比表中所列伸长率 $\delta_{\theta p}$ 低 20%。

表 3-62　铝管毛坯的胀形系数

胀形方法	极限胀形系数 K_{p}
用橡皮的简单胀形	1.2 ~ 1.25
用橡皮并对毛坯轴向加压的胀形	1.6 ~ 1.7
局部加热至 200 ~ 250℃时的胀形	2.0 ~ 2.1
加热至 380℃用锥形凸模的端部胀形	3.0

2）胀形毛坯的计算。圆柱形空心毛坯胀形时，为增加材料在圆周方向的变形程度和减少材料的变薄，毛坯两端一般不固定，使其能自由收缩（见图3-183b），因此，毛坯长度 L_0 应比制件长度增加一定的收缩量，毛坯的原始长度 L_0（见图3-188）计算式为

$$L_0 = L[1 + (0.3 \sim 0.4)\delta_\theta] + \Delta h \tag{3-93}$$

式中　L——制件的母线长度；

　　　δ_θ——制件切向的最大伸长率，$\delta_\theta = \dfrac{\pi d_{max} - \pi d_0}{\pi d_0}$；

　　　Δh——修边余量，一般取 $10 \sim 20mm$。

毛坯的原始直径计算式为

$$d_0 = \frac{d_{max}}{K_p} \tag{3-94}$$

3）胀形力的计算。胀形可以采用机械分瓣式结构的模具或用橡皮成形、液压成形等方法来进行。其胀形力的计算方法也因加工形式的不同而有所不同。

① 采用机械分瓣式模具时胀形力的计算。机械分瓣式结构模具的受力情况如图3-189所示。假设制件为直径 D、高度 H 的筒形件，模具的凸模部分是由 n 个分瓣所组成的，这时，在总的压力作用下，每个凸模分瓣上的分力为 P/n，当锥形心轴的半锥角为 β 时，心轴对凸模的反作用力为 Q，单位胀形力为 p。这时，每一凸模分瓣对冲件的胀形力为：$pH\dfrac{D}{2}\alpha$。

考虑到摩擦力 $\mu\dfrac{P}{n}$ 和 μQ 的影响，每一凸模分瓣受力后的平衡方程式为

垂直方向

$$-\frac{P}{n} + Q\sin\beta + \mu Q\cos\beta = 0 \tag{3-95}$$

水平方向

$$-\mu\frac{P}{n} + Q\cos\beta - \mu Q\sin\beta - pH\frac{D}{2}\alpha = 0 \tag{3-96}$$

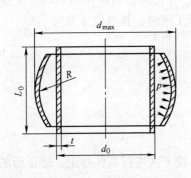

图3-188　圆柱形空心毛坯胀形工件展开尺寸

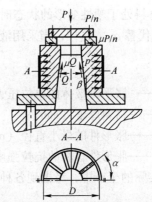

图3-189　机械分瓣式结构模具的受力情况

将上述两个方程式联立，并将 $p = \dfrac{2t}{D}R_m$、$n = \dfrac{2\pi}{\alpha}$ 代入式（3-95）、式（3-96），则可求得

在采用机械分瓣式结构的模具情况下所需的压力为

$$P = 2\pi H t R_m \frac{\mu + \tan\beta}{1 - \mu^2 - 2\mu\tan\beta} \tag{3-97}$$

式中　H——胀形件的高度（mm）；

　　　t——胀形件的厚度（mm）；

　　　R_m——胀形件材料的抗拉强度（MPa）；

　　　μ——摩擦系数，一般取 $0.15 \sim 0.2$；

　　　β——心轴的半锥角，一般取 $8°$、$10°$、$12°$、$15°$。

为方便起见，胀形时变形力 P 的大小也可按下式进行近似计算，即

$$P = 1.15 R_m \frac{2t}{d_0} A \tag{3-98}$$

式中　t——胀形件的厚度（mm）；

　　　R_m——胀形件材料的抗拉强度（MPa）；

　　　d_0——毛坯最大变形部分的直径；

　　　A——胀形面积（mm^2），对圆柱空心件，$A = \pi DH$。

② 液压成形时胀形力的计算。当采用液压成形方式进行胀形时，单位压力 p 与胀形件的形状、材料厚度以及材料的力学性能等因素都有关。为了简化计算，只考虑圆周方向的拉应力，而忽略掉母线方向的应力。取变形区内任意高度的环条带进行分析（见图3-190），从半环的平衡条件可得

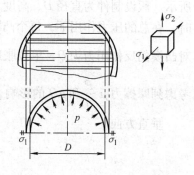

$$\int_0^\pi p \frac{D}{2} \sin\alpha \mathrm{d}\alpha = 2\sigma_1 t \tag{3-99}$$

经运算化简并整理后，得

图3-190　液压成形时的受力情况

$$p = \frac{2t}{D}\sigma_1 \tag{3-100}$$

当材料处于塑性变形的状态时，必须有 $\sigma_1 > \sigma_s$，考虑到材料硬化的影响，上述的计算可用 R_m 代替 σ_1。这样，当采用液压成形方式的胀形工序时，其单位压力为

$$p = \frac{2t}{D}R_m \tag{3-101}$$

式中　p——胀形时液体的单位压力；

　　　t——材料厚度（mm）；

　　　D——胀形件的最小直径（mm）；

　　　R_m——胀形件材料的抗拉强度（MPa）。

在实际的生产中，考虑到各种具体因素的影响，将上式进行某些修正。修正后的经验公式为

$$p = \frac{6t}{D}\sigma_s \tag{3-102}$$

式中　σ_s——胀形件材料的屈服强度（MPa）。

（3）管材胀形工艺应用实例　采用液压成形技术成形的多通管接头是各种管路系统中

不可缺少的管件之一，广泛应用于电力、化工、石油、船舶、机械等行业中。图 3-191 所示为用 Y 形三通管制造的汽车发动机排气歧管，其中的三通管零件尺寸如图 3-192 所示。采用液压成形技术制造的排气歧管与铸造的排气歧管相比，具有内壁光滑、壁厚薄和质量轻等优点，铸造的排气歧管壁厚一般为 3～4mm，内高压成形的歧管壁厚为 1.5～2mm，减重在 50% 以上。与冲焊结构排气歧管相比，采用整体 Y 形三通管代替两个管插焊结构，具有焊接量少、变形小和可靠性高等优点。

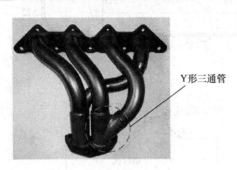

图 3-191　不锈钢排气歧管

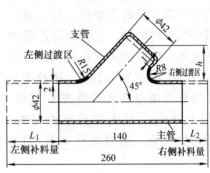

图 3-192　Y 形三通管零件尺寸

Y 形三通管液压成形基本工艺过程如图 3-193 所示，三通管液压成形模具由上模、下模、左冲头、右冲头和中间冲头组成。首先将空心管材放入下模，闭合上、下模具后，向管内充满液体，用左右冲头进行密封，然后在左右冲头施加轴向力补料，同时在管内施加一定的压力来使管材成形。三通管的成形工艺过程分为三个阶段：成形初期（见图 3-193a），中间冲头不动，左右冲头进行轴向补料的同时，向管材内施加一定的内压，支管顶部尚未接触中间冲头，处于自由胀形状态。成形中期（见图 3-193b），支管顶部与中间冲头开始接触，内压继续增加，按照给定的内压与三个冲头匹配的曲线（见图 3-193d），左右冲头继续进给补料，中间冲头开始后退，后退中要保持与支管顶部接触，并对支管顶部施加一定的反推力，以防止支管顶部的过度减薄造成开裂，在这一阶段已经完成支管高度的成形，但支管顶部过渡圆角尚未成形。成形后期（见图 3-193c），左右冲头停止进给，中间冲头停止后退，迅速增加内压进行整形，使支管顶部过渡圆角达到设计要求。

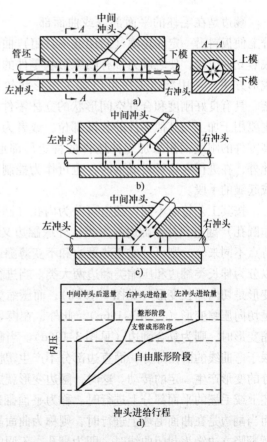

图 3-193　Y 形三通管内液压成形工艺过程
a) 初期（自由胀形阶段）　b) 中期（支管成形阶段）
c) 后期（整形阶段）　d) 冲头位移与内压的匹配关系

图 3-194 所示为 Y 形三通管壁厚分
布规律，该 Y 形三通管的原始壁厚为
2mm，材料为不锈钢，支管角度为 45°。
成形后零件左右两侧过渡区圆角处增厚
比较大，从过渡区圆角处到支管顶部，
支管逐渐减薄。壁厚不变线为 V 形，位
于支管中下部，减薄主要在支管上部区
域，其余部位均增厚，支管顶部左侧圆
角附近最薄。壁厚最大点在左侧过渡区
圆角 *A* 点处，壁厚为 3.2mm，增厚率为
60%；壁厚最薄点在支管顶部 *C* 点处，
壁厚为 1.16mm，最大减薄率为 38%。
最终成形的 Y 形三通管零件如图 3-195
所示。

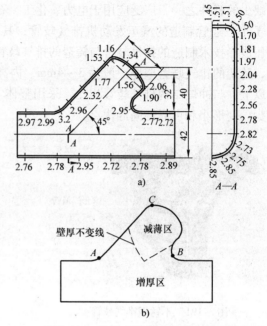

图 3-194　Y 形三通管壁厚分布规律

3.5.2　翻边

翻边是在毛坯的平面部分或曲面部
分上使板料沿一定的轮廓（封闭或不封闭）曲线翻
成竖立的边缘，使之成为带有凸缘形状零件的冲压
成形方法。采用翻边工序可以加工出形状较为复
杂、具有良好刚度和合理空间形状的立体零件。它
主要用于加工与其他零件的装配部位，或者为了提
高零件的刚度而用来加工冲压件的特定局部形状。
此外，在进行大型板料成形时，也可作为控制破裂
或起皱的手段。

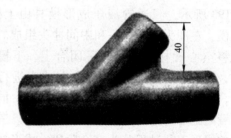

图 3-195　Y 形三通管零件

按其工艺特点不同，翻边可分为内孔（圆孔和
非圆孔）翻边和外缘翻边两大类，外缘翻边又可分为内曲翻边和外曲翻边两种。而按变形
特点不同来分，则可分成变薄翻边和不变薄翻边两种。按变形的性质不同来区分时，翻边可
以分为伸长类翻边和压缩类翻边两大类。当进行伸长类翻边时，由模具的直接作用所引起的
变形是切向伸长变形（见图 3-196b）；而压缩类翻边时，由模具的直接作用所引起的变形则
是切向压缩变形（见图 3-196c）。此外，在模具的直接作用下，同时引起切向伸长和切向压
缩变形时，则为复合翻边（见图 3-196d）。当翻边的弯曲线是一条直线时，毛坯的变形仅局
限于弯曲线的圆角部分，而直边部分不产生塑性变形，只是由于圆角部分的变形而使直边部
分的变形产生一定的转动。这时，翻边变形就成了弯曲（见图 3-196a）。当翻边是在平面毛
坯上或毛坯的平面部分上进行时，称为平面翻边，图 3-196 所示的各种形式均为平面翻边。
而当翻边是在曲面毛坯上进行时，则称为曲面翻边，图 3-197 所示即为曲面翻边的例子。当
所翻竖立边缘为封闭曲线时，即为翻孔。不同的翻边在工艺和模具设计上均有显著的不同。

1. 孔的翻边

（1）圆孔翻边　圆孔翻边又称翻孔，是把平板上或空心件上预先打好的孔（或预先不

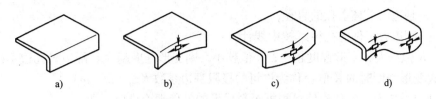

图 3-196　各种翻边及其应变状态

a）直线翻边（弯曲）　b）伸长翻边　c）压缩翻边　d）复合翻边

打孔）扩大成带有竖立边缘而使孔径增大的一种工艺过程（见图 3-198）。圆孔翻边时，变形区是以毛坯孔径 d_0 为内径、凹模工作部分直径 D 为外径的环形部分。在翻边过程中，在凸模的作用下，变形区内径 d 不断地扩大，直至翻边结束，变形区的内径等于凸模工作部分的直径，这时，侧壁部分最终成了竖直的边缘。

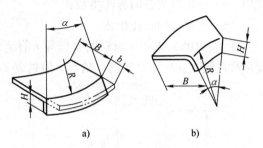

图 3-197　曲面翻边

a）伸长类曲面翻边　b）压缩类曲面翻边

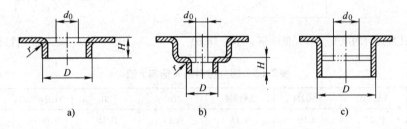

图 3-198　圆孔翻边

a）平板翻孔　b）拉深件翻边　c）为了增加翻边高度，先拉深，再制底孔，最后翻孔

翻边过程的变形区基本上是限制在凹模圆角区之内，凹模底部为主要变形区，此处材料受到切向拉伸，致使材料厚度变薄。在边缘部位上厚度的变化值可按单向受拉时变形值的计算方法用下式来进行估算，即

$$t = t_0 \sqrt{\frac{d_0}{D}} \tag{3-103}$$

式中　t——翻边后竖立边缘部位上板料的厚度；

　　　t_0——翻边前毛坯的厚度；

　　　d_0——翻边前毛坯孔的直径；

　　　D——翻边后竖边的直径（外径）。

翻边时应变分布的情况如图 3-199 所示。

1）翻边系数。在圆孔翻边的过程中，其变形程度取决于毛坯上孔的直径 d 和工件孔径 D 之比，通常用翻边系数 K 来表示（见图 3-200），即

$$K = \frac{d}{D} \tag{3-104}$$

式中　K——翻边系数；

d——翻边前毛坯上孔的直径；

D——翻边后工件的孔径（按中线计）。

显然，K 值越大，变形程度越小；K 值越小，则变形程度越大。翻边时孔边不破裂所能达到的最大变形程度时的 K 值，称为许可的极限翻边系数 K_{min}。

极限翻边系数 K_{min} 的理论值可根据板料成形的失稳理论导出，即

$$K_{min} = e^{-(1+r)n} \qquad (3-105)$$

式中　r——板料的各向异性指数；

　　　n——材料的硬化指数。

式（3-105）表明，材料的 n 值与 r 值越大，则极限翻边系数 K_{min} 越小，即翻边的极限变形程度越大。一些材料的 n 值与 r 值见表 3-63。

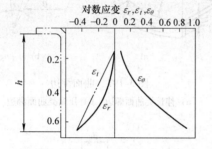

图 3-199　圆孔翻边时的应变分布（低碳钢，厚度 1mm）

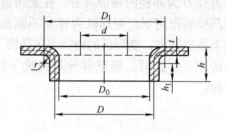

图 3-200　圆孔翻边件尺寸

表 3-63　部分材料的 n 值与 r 值

	3A21M	5A02M	2A12M	10F	20	1Cr18Ni9Ti	H62
n	0.21	0.16	0.13	0.23	0.18	0.34	0.38
r	0.44	0.63	0.64	1.30	0.60	0.89	1.00

由于圆孔翻边时变形区内金属在切向拉应力作用下产生的是切向伸长变形，所以极限翻边系数主要取决于毛坯金属材料的塑性。圆孔翻边时毛坯变形区在半径方向上各点的切向伸长变形的数值是不同的，最大的伸长变形发生在毛坯孔的边缘，所以在翻边时应保证毛坯孔边缘部位上金属的伸长变形要小于材料塑性所允许的极限值，即在孔的边缘不致产生裂纹（见图 3-201）的极限情况。

影响极限翻边系数大小的因素如下：

① 材料的种类及材料本身的力学性能。圆孔翻边时变形区内边缘上产生的最大伸长变形为

$$\varepsilon = \frac{\pi d_1 - \pi d}{\pi d_0} = \frac{1}{K} - 1 \leqslant A \qquad (3-106)$$

由式（3-106）可以看出，圆孔翻边时的极限翻边系数与材料伸长率成反比关系，因此，材料的塑性越好，则极限翻边系数就越小，所允许的变形程度就越大。

但是，实际应用中式（3-106）所用的伸长率 A 的数值，通常要大于在简单拉伸试验中所得到的均匀伸长率。其原因在于翻边变形区内，直径方向上各点的伸长变形大小是不同的，在边缘上的伸长变形最大，而其余各点上的伸长变形随其与边缘距离的增大而迅速减

小。由于伸长变形较小的邻近区域对具有最大伸长变形的边缘的影响，使后者塑性变形的稳定性得到加强，抑制了翻孔边缘部位上金属产生局部集中变形的趋势，因而翻边时毛坯边缘部分可以得到比简单拉伸试验大得多的伸长变形。但是，只有在翻边孔径比较小、切向应变的变化梯度较大的情况下，这种影响才是显著的。当翻边孔径很大时，由于切向应变的变化梯度较小，以致使这种影响可能降到实际上不起作用的程度。表 3-64 列出了低碳钢圆孔翻边时的极限翻边系数，从表 3-64 中也可以看出尺寸效应对翻边变形极限的影响。

表 3-64 低碳钢圆孔翻边时的极限翻边系数 K

翻边方法		球形凸模		圆柱形凸模	
孔的加工方法		钻后去飞边	冲孔模冲孔	钻后去飞边	冲孔模冲孔
相对直径 d/t	100	0.70	0.75	0.80	0.85
	50	0.60	0.65	0.70	0.75
	35	0.52	0.57	0.60	0.65
	20	0.45	0.52	0.50	0.60
	15	0.40	0.48	0.45	0.55
	10	0.36	0.45	0.42	0.52
	8	0.33	0.44	0.40	0.50
	6.5	0.31	0.43	0.37	0.50
	5	0.30	0.42	0.35	0.48
	3	0.25	0.42	0.30	0.47
	1	0.20		0.25	

② 预制孔的孔口状态。翻边前的孔口断面质量越好，就越有利于翻边成形。钻孔的极限翻边系数比冲孔的极限翻边系数小一些，其原因是冲孔断面上有冷作硬化现象和微小裂纹，变形时极易应力集中而使之开裂。为了提高翻边的变形程度，常用钻孔方法代替冲孔，或者在冲孔后采用整修方法切掉冲孔时形成的表面硬化层和可能引起应力集中的表面缺陷与毛刺。如果采用冲孔后直接翻边，应将冲孔后带有毛刺的一侧放在里层，以避免产生孔口裂纹，或者在冲孔后采用退火等措施，消除冷作硬化现象和恢复塑性，也能提高伸长类翻边的极限变形程度，以减小极限翻边系数 K 值。

③ 材料的相对厚度 $(t/d) \times 100$。相对厚度越大，所允许的翻边系数就越小，这是因为较厚的材料对拉深变形的补充性较好，使材料断裂前的极限变形程度大一些。

④ 凸模的形状。球形、锥形、抛物线形凸模，可使孔的边缘圆滑过渡，翻边时边缘金属逐步张开，有利于材料的变形，也都能起到提高翻边变形程度的目的。

几种常用材料的翻边系数 K 值列于表 3-65 中。

表 3-65 几种常用材料的翻边系数 K

材　料	K	K_{min}
白铁皮	0.70	0.65
碳钢	0.74 ~ 0.87	0.65 ~ 0.71
合金结构钢	0.80 ~ 0.87	0.70 ~ 0.77

（续）

材　　料	K	$K_{\min}$
镍铬合金钢	$0.65 \sim 0.69$	$0.57 \sim 0.61$
软铝（$t = 0.5 \sim 5\mathrm{mm}$）	$0.71 \sim 0.83$	$0.63 \sim 0.74$
硬铝	0.89	0.80
纯铜	0.72	$0.63 \sim 0.69$
黄铜 H62（$t = 0.5 \sim 6\mathrm{mm}$）	0.68	0.62

注：1. K 为第一次翻边系数。

　　2. 如果在竖立直壁上允许有不太大的裂纹，翻边系数可取 $K_{\min}$。

2）毛坯尺寸计算。平板毛坯上的圆孔翻边如图 3-200 所示，由于翻边时材料主要是切向拉伸，厚度变薄，而径向变形不大，因此，在进行毛坯尺寸计算时可根据弯曲件中性层长度不变的原则近似地求出预制孔尺寸 d。

预制孔尺寸：

$$d = D_1 - \left[\pi \left(r + \frac{t}{2} \right) + 2h_1 \right] = D - 2(h - 0.43r - 0.72t) \qquad (3\text{-}107)$$

翻边高度：

$$h = \frac{D - d}{2} + 0.43r + 0.72t = \frac{D}{2}\left(1 - \frac{d}{D} \right) + 0.43r + 0.72t$$

$$= \frac{D}{2}(1 - K) + 0.43r + 0.72t \qquad (3\text{-}108)$$

式中各符号如图 3-200 所示。

由式（3-108）可知，在极限翻边系数 $K_{\min}$ 时的最大翻边高度 $h_{\max}$ 为

$$h_{\max} = \frac{D}{2}(1 - K_{\min}) + 0.43r + 0.72t \qquad (3\text{-}109)$$

当工件要求高度 $h > h_{\max}$ 时，就不能一次直接翻边成形，这时，如果是毛坯的单个小孔翻边，应采用壁部变薄的翻边，如图 3-201 所示。对于大孔的翻边或在带料上连续拉深时的翻边，则用拉深、冲底孔再翻边的方法，如图 3-202 所示。

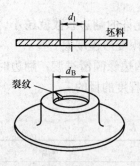

图 3-201　翻边裂纹

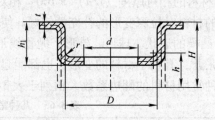

图 3-202　预先拉深的翻边

在拉深件底部冲孔翻边时，应先决定翻边所能达到的最大高度，然后根据翻边高度及制件高度来确定拉深高度。由图 3-202 可知，翻边高度为

$$h = \frac{D-d}{2} - \left(r + \frac{t}{2}\right) + \frac{\pi}{2}\left(r + \frac{t}{2}\right) \approx \frac{D}{2}\left(1 - \frac{d}{D}\right) + 0.57r \qquad (3\text{-}110)$$

以极限翻边系数 K_{min} 代入式（3-110）可得 h_{max} 为

$$h_{max} = \frac{D}{2}(1 - K_{min}) + 0.57r \qquad (3\text{-}111)$$

此时，预制孔直径 d 为

$$d = K_{min}D \qquad (3\text{-}112)$$

或

$$d = D + 1.14r - 2h \qquad (3\text{-}113)$$

拉深高度为

$$h_1 = H - h + r + t \qquad (3\text{-}114)$$

式中各符号如图 3-202 所示。

翻边时竖边口部变薄严重，其厚度可按下式作近似计算，即

$$t_1 = t\sqrt{\frac{d}{D}} = t\sqrt{K} \qquad (3\text{-}115)$$

式中　t_1——板料翻边后竖边口部厚度；

　　　t——板料厚度；

　　　d——翻边前毛坯上孔的直径；

　　　D——翻边后工件的孔径（按中线计）；

　　　K——翻边系数。

3）翻边力的计算。用圆柱形凸模进行翻边时，翻边力可按下式计算，即

$$F = 1.1\pi t\sigma_s(D - d) \qquad (3\text{-}116)$$

式中　F——翻边力（N）；

　　　σ_s——材料的屈服强度（MPa）；

　　　D——翻边直径（按中线计，mm）；

　　　d——毛坯预制孔直径（mm）；

　　　t——毛坯厚度（mm）。

翻边凸模的圆角半径、凸模的形状以及模具的间隙等对翻边过程中所需的翻边力均有较大的影响。当加大凸模圆角半径时，可以大幅度地降低翻边力，凸模圆角半径对翻边力的影响如图 3-203 所示。

当采用球形凸模进行翻边时，其翻边力可按下式进行计算，即

$$F = 1.2\pi Dtm\sigma_s \qquad (3\text{-}117)$$

式中　F——翻边力（N）；

　　　σ_s——材料的屈服强度（MPa）；

　　　D——翻边直径（按中线计，mm）；

　　　m——修正系数，见表 3-66；

　　　t——毛坯厚度（mm）。

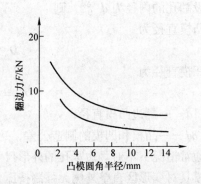

图 3-203　凸模圆角半径对翻边力的影响
（材料：低碳钢，厚度：1mm）

表 3-66　修正系数 m

翻边系数 K	修正系数 m
0.5	0.2 ~ 0.25
0.6	0.14 ~ 0.18
0.7	0.08 ~ 0.12
0.8	0.05 ~ 0.07

4）翻边时凸模与凹模之间的间隙。圆孔翻边时，材料沿切向伸长，其端面的材料变薄非常严重，这时凸模和凹模之间间隙的选取应小于原来的材料厚度，一般可取 $c = 0.85t$。小的圆角半径和高竖边的翻边，仅仅应用在螺纹底孔或与轴配合的小孔的翻边，此时单边间隙 $c = 0.65t$。平面毛坯翻边及采用拉深件进行翻边时，模具工作部分的单边间隙值列于表 3-67。

表 3-67　翻边时凸凹模的单边间隙　　　　　　　　　　（单位：mm）

材料厚度	平面毛坯翻边	拉深后翻边
0.3	0.25	
0.5	0.45	
0.7	0.60	
0.8	0.70	0.6
1.0	0.85	0.75
1.2	1.00	0.90
1.5	1.30	1.10
2.0	1.70	1.50
2.5	2.20	2.10

由于圆孔翻边后，其内径略有缩小，因此，当对孔的内径有公差要求时，翻边凸、凹模直径的尺寸可按下式来确定：

设翻孔的内径为 $d^{+\Delta d}_{0}$，则

凸模直径为

$$D_{\mathrm{p}} = (d + \Delta d)^{\ 0}_{-\delta p} \qquad (3-118)$$

凹模直径为

$$D_{\mathrm{d}} = (d + \Delta d + 2c)^{+\delta d}_{0} \qquad (3-119)$$

式中　d——翻边凸模直径；

δp、δd——凸模和凹模的制造公差，一般采用 IT7 ~ IT9 级精度。

通常情况下不对翻边竖孔的外形尺寸和形状提出较高的要求，其原因是在不变薄的翻边中，模具对变形区直壁外侧无强制挤压，加之直壁各处厚度变化不均匀，因此，竖孔外径尺寸不易控制。如果对翻边竖孔的外径精度要求较高时，凸、凹模之间应取小的间隙，以便凹模对直壁外侧产生挤压作用，从而达到控制其外形尺寸精度的目的。

5）圆孔翻边模具结构。图 3-204 所示为圆孔翻边模结构，该模具为正装结构，凸模 2 和压料板安装在上模板 3 上，当上模下降时，压料板 1 将制件毛坯压在凹模 7 上，然后凸模

继续向下运动进行翻边。翻边后制件由顶件板 6 将其顶出凹模。顶件板由顶杆 5 与压力机下面的气垫相连而构成顶件器。

图 3-205 所示为内孔和外缘同时翻边的复合模结构，该模具为倒装结构。内孔翻边的凸模 1 和外缘翻边的凹模 2 安装在上模上，外缘翻边的凸模与内孔翻边的凹模一体构成凸凹模 3 安装在下模上。上模上装有压料装置，由环形压料板 4、弹簧 5 和螺钉 6 组成，用于压紧制件的大凸缘并施加压边力，以便于实施外缘翻边。下模上安装有顶件装置，由顶块 7、顶杆 8、橡皮 9 和螺杆 10 组成。其作用是翻边后顶住制件的内孔边缘，将制件从凸凹模中顶出。

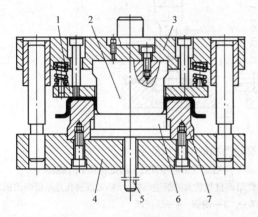 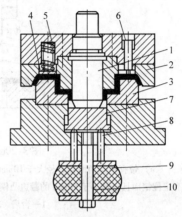

图 3-204　圆孔翻边模
1—压料板　2—凸模　3—上模板　4—下模
5—顶杆　6—顶件板　7—凹模

图 3-205　内孔和外缘同时翻边的复合模
1—凸模　2—凹模　3—凸凹模　4—压料板　5—弹簧
6—螺钉　7—顶块　8—顶杆　9—橡皮　10—螺杆

图 3-206 所示为几种常用的圆孔翻边凸模形状及主要尺寸。翻边前进行预先拉深的拉深凸模圆角半径和同时冲孔及翻边凸模的圆角半径应尽量大，但不应超过 $R = \dfrac{D - d - t}{2}$。其中，D 为翻边后的直径（以中线计），d 为预冲孔直径，t 为料厚。图 3-206 中 1 为台肩，若采用压边圈时，此台肩可省略；2 为翻边工作部分；3 为倒圆，对于平底凸模，$r_\mathrm{p} > 4t$；4 为导正部，起定位作用。

（2）非圆孔的翻边　非圆孔翻边也是冲压生产中常见的翻边方法，在各种结构件中，会遇到带有竖边的非圆孔及开口（椭圆、矩形以及兼有内凹弧、外凸弧和直线部分组成的非圆形开口）。这些开口多半是为了减轻重量和增加结构件的刚度，竖边高度不大，一般为 $(4 \sim 6) t$，同时对其精度也没有很高的要求。

非圆孔翻边时，如果各处的翻边高度相同，则在曲率半径 R 比较大的内凹弧线段，切向拉应力和切向伸长变形比较小，厚度减薄也小；在 R 比较小的内凹弧线段，切向拉应力和伸长变形比较大，厚度减薄也大；而在直线段和外凸弧线段，材料不受切向拉应力的作用，厚度也不减薄。但是，在外凸弧段，板料容易起皱。由于材料是连续的，所以不同部分之间的变形也是连续的。因此，非圆孔翻边时，伸长类翻边区的变形可以扩展到与其相连的弯曲变形区或压缩类翻边区，从而可减轻伸长类翻边区的变形程度。故非圆孔翻边时，内凹弧段的极限翻边系数 K' 一般小于圆孔翻边时的极限翻边系数，通常可取 $K' = (0.85 \sim$

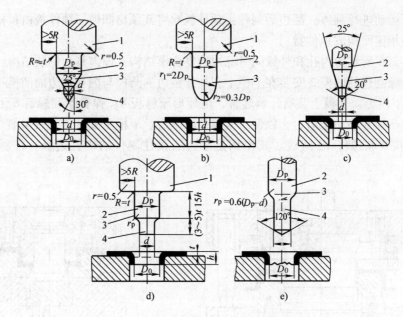

图 3-206　常用圆孔翻边凸模的形状和尺寸

a) 带有定位销而且直径大于 10mm 的翻边凸模　b) 没有定位销而零件处于固定位置上的翻边凸模

c) 带有定位销而且直径小于 10mm 的翻边凸模　d) 带有定位销而直径较大的翻边凸模　e) 无预制孔且不精确的翻边凸模

1—台肩　2—翻边工作部分　3—倒圆　4—导正部

0.90)K。因此，如果只考虑翻边破裂条件，则非圆孔翻边的成形极限比圆孔翻边的成形极限大（即极限翻边系数小）。如果还要考虑非圆孔翻边在较大变形程度下易使外凸弧线段部位失稳起皱的情况，则可使用压边装置来避免翻边时失稳起皱缺陷的发生。

表 3-68 列出了低碳钢材料在非圆孔翻边时允许的极限翻边系数 K。由表可知，非圆孔边缘弧线段对应圆心角 α 对 K 也有一定影响。故在设计非圆孔翻边工艺时，选取的翻边系数还应满足各个弧段的翻边要求。

表 3-68　非圆孔翻边时允许的极限翻边系数 K（低碳钢材料）

圆心角 α	相对直径 d/t						
	50	33	20	12.5 ~ 8.3	6.6	5	3.2
180° ~ 360°	0.8	0.6	0.52	0.5	0.48	0.46	0.46
165°	0.73	0.55	0.43	0.46	0.44	0.42	0.41
150°	0.67	0.50	0.43	0.42	0.40	0.38	0.375
135°	0.6	0.45	0.39	0.38	0.36	0.35	0.34
120°	0.53	0.4	0.35	0.33	0.32	0.31	0.30
105°	0.47	0.35	0.30	0.29	0.28	0.27	0.26
90°	0.4	0.3	0.26	0.25	0.24	0.23	0.225
75°	0.33	0.25	0.22	0.21	0.20	0.19	0.185
60°	0.27	0.2	0.17	0.17	0.16	0.15	0.145
45°	0.2	0.15	0.13	0.13	0.12	0.12	0.11
30°	0.14	0.10	0.09	0.08	0.08	0.08	0.08
15°	0.07	0.05	0.04	0.04	0.04	0.04	0.04
0	压弯成形						

非圆孔翻边的变形性质与非圆形的孔缘轮廓性质有关，翻边预制孔的形状和尺寸，可根据开口的形状分段考虑。如图 3-207 所示的非圆形轮廓可分为 8 条线段，其中线段 2、4、6、7 和 8 可视为圆孔的翻边，线段 1 和 5 可看做简单的弯曲，而内凹弧 3 可按拉深工艺处理。因此，翻边前预制孔的形状和尺寸应分别按圆孔翻边、弯曲与拉深工艺计算。通常，转角处的翻边会使竖边高度略为降低。为了消除形状误差，转角处翻边的宽度应比直线部分的边宽增大 5% ~ 10%。由理论计算得出的孔的形状应加以适当的修正，使各段连接处有相当平滑的过渡。

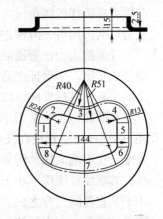

图 3-207 非圆孔翻边

2. 变薄翻边

当零件翻边高度较大，难以一次成形，而竖立边缘又允许变薄时，往往采用变薄翻边工艺。用变薄翻边的方法，既可提高生产效率，又可节约材料。

变薄翻边属于体积变形，当变薄翻边时，凸、凹模之间的间隙小于材料的厚度。变形开始时，凸模下方的材料变形与圆孔翻边时的变形相似。当其进一步变形，形成竖立的边缘之后，板料将会在凸、凹模之间的小间隙内受到挤压，进一步发生较大的塑性变形，使竖立边缘的厚度显著减薄，从而提高翻边高度。就金属塑性变形的稳定性及不发生裂纹的观点而言，变薄翻边比普通翻边更为合理。变薄翻边工艺要求材料具有良好的塑性，预冲孔后的坯料一般需要经过软化退火。在成形过程中需要强有力的压边，同时，零件单边凸缘宽度应 $b \geq 2.5t$，以防止凸缘的移动和翘起。

由于变薄翻边属于体积成形，所以，在变薄翻边过程中，其变形程度不仅取决于翻边系数，还取决于竖立边缘的变薄系数 K_1［见式（3-120）］。在采用相同极限翻边系数的情况下，变薄翻边可以得到更高的竖立边缘。试验表明：一次变薄翻边工序中变薄系数 K_1 可取 0.4 ~ 0.5，甚至更小。

$$K_1 = \frac{t_1}{t_0} \tag{3-120}$$

式中 t_1——翻边后零件竖边的厚度；

t_0——毛坯厚度。

变薄翻边预制孔尺寸的计算，应按翻边前后体积相等的原则进行：

当 $r < 3$ 时

$$d_0 = \sqrt{\frac{d_3^2 t - d_3^2 h + d_1^2 h}{t}} \tag{3-121}$$

当 $r \geq 3$ 时

$$d_0 = \sqrt{\frac{d_1^2 h - d_3^2 h_1 + \pi r^2 D_1 - D_1^2 r}{h - h_1 - r}} \tag{3-122}$$

式中符号意义如图 3-208 所示。

变薄翻边时，如果受到一次许可变薄量的限制，则可进行多次变薄翻边。对于中型孔的变薄翻边，一般是采用阶梯形环状凸模在一次行程内对坯料作多次变薄加工来达到产品的尺寸要求的。图 3-209 是用阶梯形凸模对黄铜件进行变薄翻边的例子，翻边时采用了阶梯形凸模，毛坯经过凸模上各阶梯的挤压，竖边厚度逐步变薄。凸模上各阶梯的间距应大于零件高度，以便前一阶梯挤压竖边以后再用后一阶梯进行挤压。

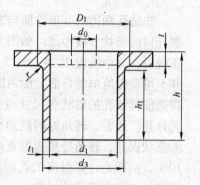

变薄翻边力比普通翻边力大很多，力的增大与板料减薄量成正比。为保证产品质量和提高模具寿命，凸、凹模之间应有良好的导向，以保证间隙均匀。

变薄翻边工艺常用于在薄板零件上加工小螺纹孔（直径小于 5mm）、螺栓孔及小轴承孔。为了保证有螺纹联接强度，孔不能太浅。例如在低碳钢钢板或黄铜板上的螺纹孔，其螺纹长度应不小于其直径的二分之一，铝板则不应

图 3-208　变薄翻边的尺寸计算

小于其直径的三分之二。如果仅从螺纹强度来考虑，应该增加板料的厚度，但是，为了减轻零件的重量，在实际的生产过程中，常采用变薄翻边工艺在薄板零件上成形小的螺纹底孔。图 3-210 所示为用抛物线形凸模变薄翻边工艺生产小螺纹底孔时的模具示意图。

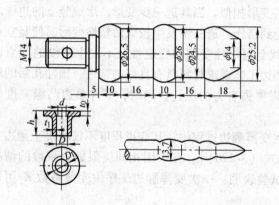

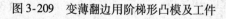

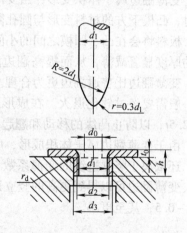

图 3-209　变薄翻边用阶梯形凸模及工件　　　图 3-210　小螺孔翻边模示意图

螺纹底孔变薄翻边时，竖立边缘的变薄一般并不太大。其值通常为

$$\frac{d_3 - d_1}{2} = 0.65t_0 \qquad (3-123)$$

毛坯上的孔径为

$$d_0 = 0.45d_1 \qquad (3-124)$$

此时翻边内径 d_1 取决于螺纹内径 d_2，后者一般取以下数值：

$$d_2 \leqslant \frac{d_1 + d_3}{2} \qquad (3-125)$$

翻边外径为

$$d_3 \leqslant d_1 + 1.3t_0 \qquad (3-126)$$

翻边高度可由体积不变原则算出，一般取为

$$h = (2 \sim 2.5) t_0 \qquad (3-127)$$

常用螺纹底孔变薄翻边时各部分的尺寸列于表 3-69。

表 3-69 螺纹底孔翻边时各部分尺寸 （单位：mm）

螺纹直径	t_0	d_0	d_1	h	d_3	r_d
M2	0.8	0.8	1.6	1.6	2.7	0.2
	1.0			1.8	3.0	0.4
M2.5	0.8	1.0	2.1	1.7	3.2	0.2
	1.0			1.9	3.5	0.4
M3	0.8	1.2	2.5	2.0	3.6	0.2
	1.0			2.1	3.8	0.4
	1.2			2.2	4.0	
	1.5			2.4	4.5	0.4
M4	1.0	1.6	3.3	2.6	4.7	0.4
	1.2			2.8	5.0	
	1.5			3.0	5.4	0.4
	2.0			3.2	6.0	0.6

注：表中符号如图 3-210 所示。

3. 外缘翻边

（1）内凹外缘翻边 用模具将毛坯上不封闭的内凹形状边缘翻成竖边的冲压加工方法叫做内凹外缘翻边。内凹外缘翻边是伸长类平面翻边的一种形式，其应力状态及变形特点和圆孔翻边类似。变形区的变形主要是切向拉伸，但是切向拉应力和切向的伸长变形沿翻边线的分布是不均匀的，在远离边缘或直线部分而且曲率半径最小的部位上，切向拉应力和切向的伸长变形最大，而在边缘的自由表面上的切向拉应力和切向伸长变形都为零。切向伸长变形对毛坯在高度方向上变形的影响沿翻边线的分布也是不均匀的。如果采用与宽度 b 一致的毛坯形状，翻边后零件的竖立边缘高度是不平齐的，会形成两端高度大、中间高度小的竖边。另外，竖边的端线也不垂直，而是向内倾斜成一定的角度。为了得到完全一致的翻边高度，可在毛坯的两端对毛坯的轮廓线作一些必要的修正。图 3-211 中的虚线形状即为修正后的坯料形状。翻边系数 r/R 和夹角 α 值越小，修正值（$R-r$）$-b$ 就越大。对于毛坯形状尺寸的确定，一般按照孔的翻边方法来计算。毛坯端线的修正角 β 值也随翻边系数 r/R 和夹角 α 值的大小而改变，通常 β 取 25°～40°。

内凹外缘翻边属于伸长类翻边，变形区的变形主要是切线拉伸，边缘处变形最大，容易产生破裂缺陷。其应变分布及大小主要取决于工件的形状，其变形程度 $E_伸$ 用下式表示，即

$$E_伸 = \frac{b}{R-b} \tag{3-128}$$

式中符号意义如图 3-211 所示。

内凹外缘翻边的成形极限是根据翻边后竖立边缘是否发生破裂来确定的，如果变形程度过大，竖立边缘的切向伸长和厚度减薄也比较大，容易发生破裂现象，故 $E_伸$ 不能太大，表3-70 列出了内凹外缘翻边竖立边缘不破裂时的许可变形程度。

（2）外凸外缘翻边 用模具将毛坯上不封闭的外凸形状边缘翻成竖立边缘的冲压加工方法叫做外凸外缘翻边。外凸外缘翻边属于压缩类平面翻边，其变形特点是除了在毛坯变形

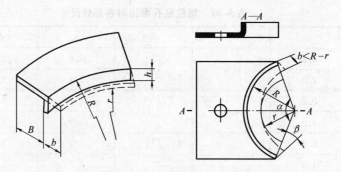

图 3-211　内凹外缘翻边

区内靠近竖边根部圆角半径附近的金属产生弯曲变形外，其他部分主要处在切向压应力和径向拉应力的作用下，产生压缩变形和径向伸长变形。压缩类平面翻边的应力状态和变形状态的特点和拉深相似，其区别仅在于外凸外缘翻边是沿不封闭曲线边缘进行的局部非轴对称的拉深变形，因而在翻边区中切向压应力和径向拉应力的分布是不均匀的，在中间部位上切向压应力和径向拉应力较两端部位上的大。如果采用图 3-212 所示由半径 r 构成的圆弧实线毛坯料轮廓，翻边后制件竖立边缘的高度不平齐，中间部分较两端高些，竖立边缘的两端线向外倾斜一定的角度而不垂直。为得到相同的翻边高度和垂直的端线，应按图 3-212 中的虚线修正坯料的形状，修正的方向恰好与内凹外缘翻边相反。

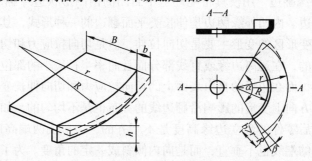

图 3-212　外凸外缘翻边

表 3-70　外缘翻边时材料的许可变形程度

材　　料		伸长类变形程度 $E_{伸} \times 100$		压缩类变形程度 $E_{压} \times 100$	
		橡皮成形	模具成形	橡皮成形	模具成形
铝合金	1035M	25	30	6	40
	$1035Y_1$	5	8	3	12
	3A21M	23	30	6	40
	$3A21Y_1$	5	8	3	12
	5A02M	20	25	6	35
	$5A02Y_1$	5	8	3	12
	2A12M	14	20	6	30
	LY12Y	6	8	0.5	9
	2A11M	14	20	4	30
	2A11Y	5	6	0	0

（续）

材　　料		伸长类变形程度 $E_伸 \times 100$		压缩类变形程度 $E_压 \times 100$	
		橡皮成形	模具成形	橡皮成形	模具成形
黄铜	H62 软	30	40	8	45
	H62 半硬	10	14	4	16
	H68 软	35	45	8	55
	H68 半硬	10	14	4	16
钢	10		38		10
	20		22		10
	12Cr18Ni9 软		15		10
	12Cr18Ni9 硬		40		10
	17Cr18Ni9		40		10

　　压缩类平面翻边工艺设计所要考虑的问题是防止坯料起皱，当制件翻边高度较大时，模具应设有防皱的压紧装置，所要压紧的部位是坯料的变形区，这时的极限变形程度主要受毛坯变形区失稳起皱的限制。外凸外缘翻边变形程度 $E_压$ 用下式表示，即

$$E_压 = \frac{b}{R + b} \tag{3-129}$$

式中符号意义如图 3-212 所示。

表 3-70 列出了外凸外缘翻边竖边边缘不起皱时的极限变形程度。

（3）外缘翻边方法　外缘翻边的毛坯尺寸计算与毛坯外缘曲线形状有关。对于内凹外缘翻边来讲，一般参考圆孔翻边毛坯方法计算；对外凸外缘翻边来讲，一般参考浅拉深毛坯方法计算。外缘翻边可用橡皮模成形，也可在收缩机或金属模具上成形。用橡皮模成形时对翻边没有压紧作用，故不产生拉深变形，而是使边缘产生有皱纹的弯曲，需要用手工修整去掉皱纹。图 3-213 所示为同时对毛坯内外缘翻边的金

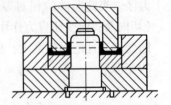

图 3-213　内外缘同时翻边方法

属模具简图。图 3-214 所示为采用橡皮模成形外缘竖边的各种方法，这些方法主要利用橡胶和钢制模相结合的方法达到翻边成形的目的。无论用何种方法进行外缘翻边，设计模具时都应注意板料回弹问题，一般采用回弹补偿方法来保证零件形状的精度。可以将不封闭的外缘翻边看做是带有压边的单边弯曲，其翻边力一般按下式计算，即

$$F = LtR_m K + F_压 \approx 1.25 LtR_m K \tag{3-130}$$

式中　F——外缘翻边所需的力（N）；

　　　L——外缘轮廓曲线长度（mm）；

　　　t——板料厚度（mm）；

　　　R_m——零件材料的抗拉强度（MPa）；

　　　$F_压$——压边力（N）；

　　　K——修正系数，其取值范围为 0.2 ~ 0.3。

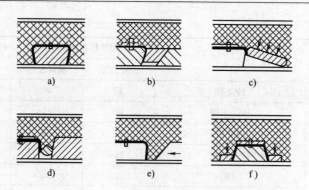

图 3-214　用橡皮模进行外缘翻边方法

a）用橡皮　b）用楔块　c）用铰链压板　d）用棒　e）用活动楔块　f）用圈

3.5.3　缩口与扩口

1. 缩口

缩口是将筒形毛坯件的开口端直径缩小的一种冲压方法。冲压缩口是筒形件或管形件缩口的一种主要工艺方法（见图 3-215），在国防、机器制造、日用品工业中应用广泛，如圆壳体件的口径部，用缩口工艺代替拉深工艺，可以减少工序数量。

（1）缩口成形特点　图 3-216 所示为锥面凹模对筒形件缩口成形的示意图。缩口时，筒形件缩口端材料在锥面压力作用下向凹模内滑动，直径逐渐减小，厚度及高度增加。材料的变形主要集中在变形区 B 段内，A 段是已变形区，C 段为非变形区，也是缩口处压力的传力区。当筒形件的相对厚度不大时，可以认为变形区的材料处于两向受压平面应力状态（切向及径向受压应力作用），主要承受切向压应力作用。而变形区应变状态则是径向为压缩变形，且绝对值最大，厚度与长度方向均为伸长变形，并且厚度方向变形量大于长度方向的变形量。

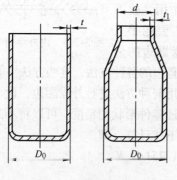

图 3-215　筒形件的缩口

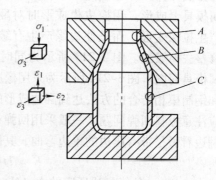

图 3-216　缩口时的应力应变状态

缩口过程与变形区和非变形区的失稳条件有着密切的关系，与缩口力的大小更有直接的关系。一次缩口的变形程度是有限的，主要的限制因素是传力区筒壁在缩口压力过大时，由于纵向失稳而出现弯曲、环状波纹、直径镦粗或局部凹陷之类的缺陷；其次是变形区筒壁因受切向压缩应力的作用，发生切向失稳而起皱（见图 3-217）。因此，防止失稳起皱和弯曲变形是进行缩口工艺设计应注意的主要问题。

（2）缩口变形程度　缩口变形程度可用缩口系数 M_s 表示，即

$$M_s = \frac{d}{D_0} \qquad (3-131)$$

式中　d——制件缩口后口部直径；

　　　D_0——制件缩口前口部直径。

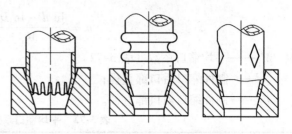

图 3-217　缩口成形时的失稳状态

缩口系数与材料的力学性能（塑性和强度）、材料厚度、凹模的锥角、模具的形式（见图 3-218）、凹模型面的表面粗糙度、润滑条件、工件缩口端边缘整齐程度等因素有关。材料的塑性越好，屈强比值越大，则允许的缩口变形程度越大（即缩口系数越小）；板料越厚，缩口时不易出现塑性失稳，有利于缩口成形；采用内支撑（模芯）模具结构时，变形区材料在模芯的反力作用下贴着凹模成形，成形时工件口部不容易起皱；根据经验选用最佳凹模锥角（$2\alpha = 52°30'$）时，所需的缩口力相应也最小，可以提高缩口变形程度 10% ~ 15%；模具锥面的表面粗糙度值越低，润滑条件越好，则材料与模具之间的摩擦阻力就越小，有利于缩口成形。缩口件的表面质量还与毛坯敞口边缘的毛刺和孔口整齐程度有关，毛刺小而且孔口整齐，缩口件表面质量就高。不同缩口模具形式所允许的第一次缩口的极限缩口系数见表 3-71。

表 3-71　不同模具形式的缩口系数 M_1

材料名称	模具形式		
	无支撑	外支撑	内外支撑
软钢	0.70 ~ 0.75	0.55 ~ 0.60	0.30 ~ 0.35
黄铜 H62、H68	0.65 ~ 0.70	0.50 ~ 0.55	0.27 ~ 0.32
铝	0.68 ~ 0.72	0.53 ~ 0.57	0.27 ~ 0.32
硬铝（退火）	0.73 ~ 0.80	0.60 ~ 0.63	0.35 ~ 0.40
硬铝（淬火）	0.75 ~ 0.80	0.68 ~ 0.72	0.40 ~ 0.43

常用的缩口模具形式有三种：图 3-218a 所示为无支撑缩口模具，此类模具结构简单，但坯料筒壁的稳定性差，容易起皱；图 3-218b 所示为外部支撑缩口模具，此类模具较前者复杂，对坯料筒壁的支撑稳定性好，许可的缩口系数可取得小些；图 3-218c 所示为内外支撑缩口模具，此类模具最为复杂，对坯料筒壁的支撑稳定性最好，许可的缩口系数可取得更小。

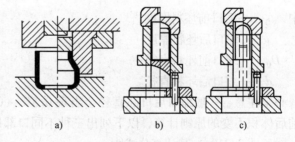

图 3-218　常用的缩口模具形式
a）无支撑缩口模具　b）外部支撑缩口模具
c）内外支撑缩口模具

（3）缩口工艺计算

1）缩口次数。当计算出来的缩口系数 M_s 小于表 3-71 中的极限缩口系数时，则需要进行多次缩口，其缩口次数 n 由下式确定，即

$$n = \frac{\ln d - \ln D_0}{M_p} \tag{3-132}$$

式中　M_p——平均缩口系数（表3-72）。

　　　d——制件缩口后口部直径；

　　　D_0——制件缩口前口部直径。

表 3-72　平均缩口系数 M_p

材料名称	材料厚度/mm		
	< 0.5	> 0.5 ~ 1.0	> 1.0
黄铜	0.85	0.70 ~ 0.8	0.65 ~ 0.70
钢	0.85	0.75	0.65 ~ 0.70

2）各次缩口系数的确定。从缩口工艺考虑，缩口次数不宜太多，因为材料经过多次缩口后硬化程度较高，多次缩口时，前一次的缩口工序应该尽量为后续工序创造有利条件，即需具备足够的预备变形，否则后续的缩口工序会因为前面工序的变形不足而引起传力区强度不足而失稳，导致成形失败。反之，若预备变形太大，则会使变形区出现失稳起皱而使后续工序无法进行。

一般第一道工序的缩口系数采用：

$$M_1 = 0.9 M_p \tag{3-133}$$

以后各道工序的缩口系数为

$$M_n = (1.05 \sim 1.1) M_p \tag{3-134}$$

3）缩口毛坯尺寸的计算。缩口变形主要是切向压缩变形，但在长度与厚度方向上也有少量变形。长度方向上，当凹模半角不大时，会发生少量伸长变形；当凹模半角较大时，会发生少量压缩变形。

缩口时制件的颈口略有增厚，精确计算可按下式进行，即

$$t = t_0 \sqrt{\frac{D_0}{d}} \tag{3-135}$$

式中　t_0——缩口前坯料厚度；

　　　t——缩口后坯料厚度

　　　D_0——缩口前坯料直径；

　　　d——缩口后坯料直径。

必须注意，一般缩口后口部直径会出现 0.5% ~ 0.8% 的回弹。缩口毛坯尺寸可根据变形前后体积不变的原则计算，以下列出三种不同口部形状的管坯高度尺寸的计算公式。

对于图 3-219a，其计算公式为

$$H = 1.05 \left[h_1 + \frac{D^2 - d^2}{8D\sin\alpha} \left(1 + \sqrt{\frac{D}{d}} \right) \right] \tag{3-136}$$

对于图 3-219b，其计算公式为

$$H = 1.05 \left[h_1 + h_2 \sqrt{\frac{d}{D}} + \frac{D^2 - d^2}{8D\sin\alpha} \left(1 + \sqrt{\frac{D}{d}} \right) \right] \tag{3-137}$$

对于图 3-219c，其计算公式为

$$H = h_1 + \frac{1}{4}\left(1 + \sqrt{\frac{D}{d}}\right)\sqrt{D^2 - d^2} \tag{3-138}$$

式中符号意义如图 3-219 所示。

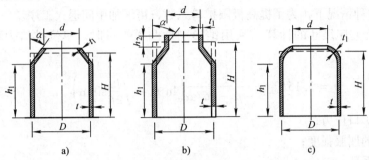

图 3-219 缩口件坯料高度尺寸计算

4) 缩口力的计算。对于图 3-220 所示的缩口件，在无芯棒缩口模进行缩口时的缩口力可用下式进行计算，即

$$P = K\left[1.1\pi D t R_m\left(1 - \frac{d}{D}\right)(1 + \mu\cos\alpha)\frac{1}{\cos\alpha}\right] \tag{3-139}$$

式中　P——缩口力；

　　　K——速度系数。在曲柄压力机上工作时，$K = 1.15$；

　　　D——缩口前坯料或半成品的直径（中径）；

　　　t——缩口前材料的厚度；

　　　R_m——材料的抗拉强度；

　　　μ——工件与凹模接触面的摩擦系数；

　　　α——凹模圆锥半锥角。

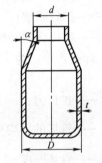

图 3-220 缩口件尺寸简图

为简化起见，对于无芯棒且无外部支撑的缩口模进行缩口时，其缩口力可用下列经验公式进行近似计算，即

$$P = (2.4 \sim 3.4)\pi t R_m(D - d) \tag{3-140}$$

2. 扩口

与缩口变形相反，扩口是使管材或空心件口部扩大的一种成形方法，常用于成形各种管接头（见图 3-221），在管材加工中应用较多。

（1）变形程度　扩口成形工艺的变形程度常用扩口系数 K 来表示，即

$$K = \frac{d}{d_0} \tag{3-141}$$

式中　d——坯料扩口后直径；

　　　d_0——坯料扩口前直径。

材料特性、模具约束条件、管口状态、管口形状及扩口方式、分瓣模中分块的数目、相对厚度等对极限扩口系数有一定影响。在管材的传力区部位增加约束，提高抗失稳能力以及对管口局部加热等工艺措施均可有效提高极限扩口系数。粗糙的管口表面不利于扩口工艺，采用刚性锥形凸

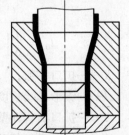

图 3-221 扩口工艺简图

模的扩口比分瓣凸模扩口更有利于提高极限扩口系数，成形质量较好。在进行钢管扩口时，相对厚度越大，则极限扩口系数也越大。如果扩口坯料为经过拉深的空心开口件，那么还应考虑预成形材料的加工硬化及材料方向性的影响，试验证明，随着预成形量的增加，极限扩口系数减小，在这种情况下，为了提高极限扩口系数，可增加中间退火工序。

（2）扩口力及毛坯尺寸的计算　采用锥形刚性凸模扩口时，单位扩口力可用下式计算，即

$$p = 1.15 R_{eL} \frac{1}{3 - \mu - \cos \alpha} \left(\ln K + \sqrt{\frac{t_0}{2R}} \sin \alpha \right) \tag{3-142}$$

式中　p——单位扩口压力；

R_{eL}——材料的屈服强度；

μ——摩擦系数；

α——凸模半锥角；

K——扩口系数；

R——扩口后的圆筒部分的半径。

在实际生产中，为了简化计算，常采用以下经验公式，即

$$P = \pi b d_1 t R_{eL} \tag{3-143}$$

式中　P——扩口力；

d_1——管坯的平均直径，$d_1 = \frac{1}{2}(D + d)$，D 为管坯外径，d 为管坯内径；

t——管坯厚度；

R_{eL}——材料的屈服强度；

b——修正系数，其值与扩口系数有关，见表3-73。

表 3-73　修正系数 b

扩口系数 K	1.05	1.11	1.18	1.25	1.33	≥1.42
修正系数 b	0.30	0.40	0.60	0.75	0.90	1.0

在计算扩口件毛坯尺寸时，对于给定形状、尺寸的扩口管件，其管坯直径及壁厚通常取与管件要求的筒体直径及壁厚相等（见图3-222）。按扩口前后体积不变条件可确定扩口部分所需的管坯长度，然后加上管件筒体部分的长度即为管坯的长度尺寸。

$$l_0 = \frac{l}{6} \left[2 + K + \frac{t_1}{t}(1 + 2K) \right] \tag{3-144}$$

式中　K——扩口系数；

l——锥形母线长度；

t——扩口前管坯壁厚；

t_1——扩口后口部壁厚。

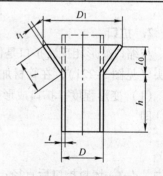

图 3-222　扩口件尺寸简图

（3）扩口成形方式　扩口的主要方式如图3-223和图3-224所示。直径小于20mm、壁厚小于1mm的管材，如果产量不大，可采用如图3-223所示的简单手工工具来进行扩口，但扩口的精度、表面粗糙度不很理想。当产量大、扩口质量要求高的时候，则需要采用模具

或专用扩口机进行扩口。图 3-224 所示为浮动凹模扩口模具,首先,将圆管毛坯穿过凹模 20 放入张开的分体定位夹紧圈 14 内,凸模 3 随压力机滑块下行,卸料板 9 与浮动凹模 20 接触,凸模 3 继续下行,卸料板 9 把凹模 20 压下,分体定位夹紧圈 14 夹紧零件,凸模 3 下行扩口至成形结束。零件变形结束后,滑块上行,凸模 3 离开凹模 20,橡胶 16 把夹紧圈顶起,分体定位夹紧圈 14 张开,凹模被托起,再用打杆 11 打击顶杆 15,顶出零件,完成一个零件的成形。此外,旋压、爆炸成形、电磁成形等新工艺也都在扩口工艺中有许多成功的应用。

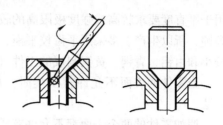

图 3-223　手工工具扩口

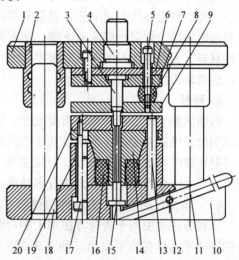

图 3-224　浮动凹模扩口模具

1—上模座　2—导套　3—凸模　4—模柄
5—卸料螺钉　6、19—垫板　7—固定板
8、16—橡胶　9—卸料板　10—下模座
11—打杆　12—回转销　13—小导柱
14—分体定位夹紧圈　15—顶杆
17—卸料螺钉　18—导柱　20—凹模

3.5.4 校形

校形是修正性的成形工序,包括校平和整形两种。将毛坯或冲压件的不平处和挠曲压平,即校平,将弯曲、拉深或其他冲压件校整成正确的形状,即所谓的整形。校形时变形量很小,只在局部地方成形,以达到修整的目的;经整形或校平后,工件的误差较小,因而对模具精度要求更高;校形工序要求压力机滑块在到达下死点时对工件要施加校正力,因此所用压力机要有一定的刚性,而且压力机要有保护装置。

1. 校平

如果工件某个平面的平直度要求高,就需要在冲裁工序后进行校平,以消除冲裁造成的不平直现象。平板零件的校平模主要有平面校平模和齿状平模两种形式。

对于材料较薄且表面不允许有细痕的零件,可采用平面校平模。由于平面模的单位压力较小,对改变毛坯内应力状态的作用不大,校平后仍有相当大的回弹,因此效果一般,主要用于平直度要求高、由软金属(如铝、软铜等)制成的小零件。为消除压力机台面与托板平直度不高的影响,通常采用浮动凸模或浮动凹模。

对于材料较厚、平直度要求较高且表面上容许有细痕的工件,可采用齿状平模,齿有尖齿和平齿,齿形有正方形或菱形,如图 3-225 所示。

尖齿模校平时,模具的尖齿挤入毛坯材料达一定深度,毛坯在模具压力作用下的平直状态可以保持到卸载以后,因此校平效果好,可以达到较高的平面度要求,主要

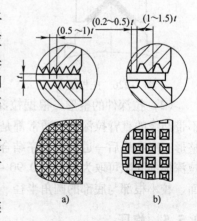

图 3-225　尖齿和平齿校平模

a) 尖齿　b) 平齿

用于平直度要求较高或强度极限高的较硬材料。毛坯容易粘在模具上不易脱落，模齿也易于磨钝，所以生产上多采用平齿校平模，即齿顶具有一定的宽度，这种模具主要用于材料厚度较小和由铝、青铜、黄铜制成的工件（见图 3-225）。

当零件的表面不允许有压痕时，可以采用一面是平板，而另一面是带齿模板的校平方法。

假如零件的两个表面都不允许有压痕，或零件的尺寸较大、且平直度要求较高时，也可以采用压力下的加热校平方法。将需要校平的零件叠成一定的高度，用加压夹具压紧成平直状态，然后放进加热炉里加热。温度升高以后材料的屈服强度降低，毛坯在压平时因反弯变形引起的内应力数值也相应地下降，使回弹变形减小，以达到校平的目的。加热温度取决于零件材料。大批量生产的中、厚板零件的校平可叠加在液压机上进行。对尺寸较小的平板零件，也可采用滚轮校平。

2. 整形

弯曲回弹会使工件的弯曲角度改变。由于凹模圆角半径的限制，拉深或翻边的工件也不能达到较小的圆角半径。利用模具使弯曲或拉深后的冲压件局部或整体产生少量塑性变形，以得到比较准确的尺寸和形状，就需要采用整形工序。由于零件的形状和精度要求各不相同，冲压生产中所用的整形方法有多种形式，下面主要介绍弯曲件和拉深件的整形。

（1）弯曲件的整形　弯曲件的整形方法主要有压校和镦校两种形式。

压校方法主要用于折弯方法加工的弯曲件，以提高折弯后零件的角度精度，同时对弯曲件两臂的平面也有校平作用，如图 3-226 所示。压校时零件内部应力状态变化不大，效果一般。

弯曲件镦校（见图 3-227）时，要取半成品的长度大于成品零件。在整形模具的作用下，使零件变形区域成为三向受压的受力状态。因此，镦校时得到弯曲件的尺寸精度较高。但是，镦校方法的应用也常受零件的形状限制，例如带大孔的零件或宽度不等的弯曲件都不能用镦校的方法。

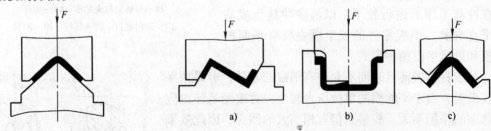

　　　　　　　　　　　　　　　　　　　　　　a)　　　　　　　　b)　　　　　　c)

图 3-226　压校法　　　　　　　　　　　图 3-227　弯曲件的镦校

（2）拉深件的整形　根据拉深件的形状、精度的不同要求，其整形方法也不一样。对不带凸缘的直臂拉深件，通常都是采用变薄拉深的整形方法来提高零件侧壁的精度。可以把整形工序和最后一道拉深工序结合在一起，以一道工序完成。这时应取较大的拉深系数，而拉深模的间隙可取为料厚的 0.90 ~ 0.95。拉深件带凸缘时，整形目的通常包括校平凸缘平面、校小根部与底部的圆角半径、校直侧壁和校平底部等，如图 3-228 所示。

3.5.5　旋压

旋压是一种特殊的成形工艺，它是将板料或空心毛坯固定在可旋转的模具上，在毛坯随同主轴转动的同时，用擀棒加压于毛坯，使其逐渐紧贴于模具，从而获得所要求的旋转体件的金属成形方法。在旋压过程中，只改变毛坯的形状，直径增大或减小，而零件厚度保持不变或者只有少许变化的旋压工艺称为普通旋压。在旋压过程中，不仅改变了毛坯的形状，而且明显减薄零件壁厚的旋压工艺称为变薄旋压，又称为强力旋压。旋压成形方法能加工各种形状复杂的旋转体制件，从而可替代这些制件的拉深、翻边、缩口和胀形等工序。旋压所用的设备和工具比较简单，旋压机床还可用卧式车床改装，当生产量少、制件精度要求不高时，还可采用硬木胎模代替金属模具。随着航空和导弹生产的发展，在普通旋压的基础上又发展了强力旋压，目前，旋压技术在大型火箭壳体、石化行业大型封头制造等领域得到广泛应用，节省了大型模具，缩短了生产周期，取代了传统的热压和拼焊工艺。

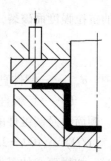

图 3-228　带凸缘筒形件的整形

1. 普通旋压

（1）变形特点　普通旋压的基本方式主要有拉深旋压（拉旋）、缩径旋压（缩旋）和扩径旋压（扩旋）三种。拉深旋压是指用旋压的方法生产拉深件，也就是由平板毛坯通过普通旋压的方法生产空心零件（见图 3-229）。在旋压过程中，擀棒与毛坯之间基本上为点接触，毛坯在擀棒的作用下，一方面是材料的局部凹陷而产生的塑性流动，另一方面是材料沿旋压压力的方向倒伏。前一种现象为成形所必需，因为只有使毛坯局部塑性流动、螺旋式地由底向外发展，才有可能引起毛坯的切向收缩和径向延伸，使平面毛坯经多次塑性变形而最终得到和模具

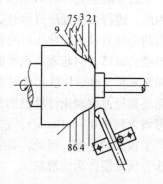

图 3-229　旋压成形过程简图

一致的零件外形。倒伏则会使毛坯产生折皱、振动，当转速增加到一定值后，倒伏过程来不及完成，毛坯可以稳定地成形。但是，转速过高，容易使材料过分变薄而发生破裂。由于旋压成形在任意瞬间是毛坯的局部点变形，它主要依靠连续的局部变形逐步形成大的变形，因此，可用较小的力来加工大尺寸的制件。目前，拉深旋压是普通旋压中最主要和应用最广泛的旋压方法。

普通旋压除拉深旋压外，还有将回转体空心件或管状毛坯进行径向局部旋转压缩，以减小其直径尺寸的缩径旋压（见图 3-230b）；使毛坯进行局部（中部或端部）直径尺寸增大的扩径旋压（见图 3-230c）。结合其他辅助成形工序，旋压可以完成旋转体零件的拉深、缩口、胀形、翻边、卷边、压筋等不同工序。该工艺的优点是应用比较灵活，能用最简单的设备和模具制造出形状复杂的零件，生产周期短；缺点是如果用手工操作，劳动强度大，技术水平要求高，质量不够稳定，适用于小批制造有凸起及凹进形状的空心回转体零件。图 3-230 所示为各种旋压成形方法。

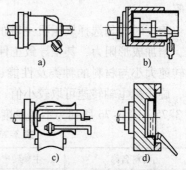

图 3-230　各种旋压成形方法
a) 拉深　b) 缩径　c) 扩径　d) 翻边

（2）旋压系数　旋压时的变形程度不宜太大，以免板料出现失稳而起皱或变形超过材

料的抗拉强度而破裂，旋压的变形程度以旋压系数 m 表示，即

$$m = \frac{d_{\min}}{D} \tag{3-145}$$

式中　$d_{\min}$——制件直径，制件为锥形件时，d 取圆锥的最小直径；

　　　　D——坯料直径。

圆筒件及圆锥件的极限旋压系数见表 3-74，当相对厚度（t/D）×100 = 0.5 时取较大值，（t/D）×100 = 2.5 时取较小值。当旋压的变形程度较大时，如果要求的零件不可能在一道工序中完成，旋压应以连续的几道工序在不同的模具上进行多次旋压，最好以圆锥形状过渡，且每次圆锥形状模具的最小直径应尽量相同（见图 3-231）。

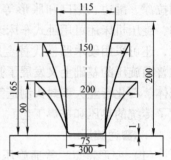

图 3-231　多道工序的旋压

由于旋压过程材料的硬化程度比拉深成形时要大得多，因此，进行多次旋压成形时必须增加中间退火工序。拉深旋压的毛坯直径可按冲压时的公式进行计算，由于旋压时金属厚度会减薄，引起表面积增加，有时表面积比初始毛坯增大 20% ~ 30%，旋压浅形件时表面积变化较小，因此，实际上毛坯直径可取理论计算值的 93% ~ 95%。拉深旋压时的进给量通常取 0.25 ~ 1.0mm/r，也可增大到 2.0 ~ 4.0mm/r，它与操作者的技术熟练程度有关。另外，由于旋压时工具与毛坯产生很大的摩擦，因此，必须施以适当的高粘度润滑剂。对于表面要求高的产品，可以使用非金属涂层作为润滑剂。

表 3-74　极限旋压系数

制件形状	旋压系数 m	制件形状	旋压系数 m
圆筒件	0.6 ~ 0.8	圆锥件	0.2 ~ 0.3

（3）旋压工艺设计　旋压件质量问题（即坯料皱折、振动和旋裂）与操作控制擀棒有很大关系。如果操作不当，就会导致上述缺陷。因此，合理选择旋压中的操作参数是旋压工艺设计的主要问题。操作参数包括主轴转速、擀棒压力和速度、擀棒的过渡形状及操作动作等。

旋压时合理选择旋压机主轴的转速是很重要的。旋压机主轴转速过低，坯料边缘易起皱，增加成形阻力，甚至导致工件的破裂；旋压机主轴转速过高，材料变薄严重。旋压机主轴转速大小与材料的种类及性能、板厚、模具几何尺寸均有关。坯料直径较大、厚度较小时，旋压机主轴转速可取较小值，反之取较大值。不同材料旋压成形时的旋压机主轴转速见表 3-75，表 3-76 所列为不同厚度铝合金旋压成形时的旋转机主轴转速。

表 3-75　不同材料旋压成形时的主轴转速

材料名称	主轴转速/（r/min）	材料名称	主轴转速/（r/min）
软钢	400 ~ 600	铜	600 ~ 800
铝	800 ~ 1200	黄铜	800 ~ 1100
硬铝	500 ~ 900		

表 3-76 不同条件下旋压成形时的主轴转速（铝合金）

料厚/mm	毛坯外径/mm	加工温度/℃	主轴转速/（r/min）
1.0 ~ 1.5	<300	室温	600 ~ 1200
1.5 ~ 3.0	300 ~ 500	室温	400 ~ 750
3.0 ~ 5.0	600 ~ 900	室温	250 ~ 600
5.0 ~ 10.0	900 ~ 1800	200	50 ~ 250

旋压模具取决于制件的形状和尺寸，擀棒和旋轮也是重要的工作部件，图 3-232 所示为旋压机上使用的各种擀棒和旋轮形状。旋压件的表面一般会留有擀棒的痕迹，其表面粗糙度 Ra 值约为 $3.2 ~ 1.6\mu m$，如果表面质量有较高的要求，在旋压结束之后，零件外表面可用刮刀刮去一层薄薄的屑片（$0.02 ~ 0.05mm$）。

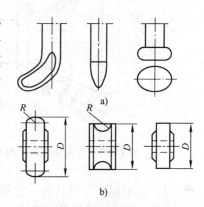

图 3-232 普通旋压时各种
擀棒和旋轮的形状
a）擀棒 b）旋轮

目前，旋压工艺正在向着自动化的方向发展，已生产出带数字程序控制系统的自动旋压机。由于采用自动控制技术，旋压生产过程零件质量稳定，旋压工艺的应用范围更加扩大，它能得到与切削加工相近的尺寸精度，表面质量和研磨工艺接近。同时，采用旋压工艺又可节约原材料和工具费用，不需要高的操作技术，并缩短了加工时间，特别适于加工飞机和发动机的零件，对于形状复杂的零件，大量生产也是经济的。

自动旋压能加工的材料除钢、铜、铝外，钛、锆、钨、钼等皆可加工，焊接结构的零件也可加工，并能改善零件的性能。

在普通旋压中，旋压芯模所用材料多为硬木、锌、铝、铸铁和钢等，当大量生产和旋压较小零件时建议用合金工具钢、高速工具钢制造旋压芯模。由于在旋压过程中滚轮承受极大的压力，同时还需要高的耐磨性，因此，多用合金工具钢或含钒的高速工具钢制造，并淬火到非常高的硬度和抛光成镜面状态。

2. 变薄旋压

（1）变形特点 坯料的厚度在旋压过程中被强制变薄的旋压即为变薄旋压，也称为强力旋压。变薄旋压主要用于加工形状复杂的大型薄壁旋转零件，加工质量比普通旋压好。根据旋压件的类型和变形机理的差异，变薄旋压可分为锥形件变薄旋压（剪切旋压）和筒形件的变薄旋压（挤出旋压）两种。前者用于加工锥形、抛物线形和半球形等异形件，后者则用于筒形件和管形件的加工。

变薄旋压的成形过程如图 3-233 所示。旋轮通过机械或液压传动，沿模板的一定轨迹移动，旋轮与芯模之间保持着变薄规律所规定的间隙，在坯料施加的压力高达 $2500 ~ 3500MPa$，坯料在旋轮压力驱赶作用下，按芯模形状逐渐成形，此时材料的厚度被压扁而变薄，以补偿轴向的延展变形，材料的应力状态是轴向和厚度方向受压。异形件变薄旋压的理想变形是纯剪切变形。只有这种变形状态才能获得最佳的金属流动，此时，毛坯在旋压过程中只有轴向的剪切滑移而无其他任何变形。因此，旋压前后工件的直径和轴向厚度不变。从工件的纵断面上看，其变形过程犹如按一定母线形状推动一叠扑克牌一样（见图3-234）。变薄旋压与普通旋压方法有很大的差别，一是成形过程中坯料的外径始终不变且凸缘各处均不产生收缩变形，不存在起皱的问题，所以变薄旋压可加工出直径和深度很大的零件；二是变形过程中制件的表面积增加是通过同一半径处的坯料变薄延伸来实现的，因而非常省料；三是变薄旋压的材料晶粒紧密细化，使得材料的组织性能提高，表面质量和成形精度都较好。

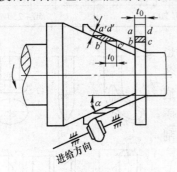

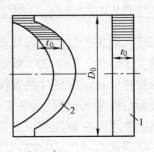

图 3-233　变薄旋压示意图　　　　　图 3-234　变薄旋压时的纯剪切变形

1—毛坯　2—旋压件

（2）变形程度　对具有一定锥角和壁厚的锥形件进行变薄旋压时，根据纯剪切变形原理，可求出旋压时的最佳减薄率及合理的毛坯厚度。变薄旋压前后坯料厚度 t_0 与制件厚度 t 之间的关系如图3-234所示，即

$$t = t_0 \sin \alpha \tag{3-146}$$

式中　α——芯模半锥角。

材料的减薄率是变薄旋压时的一个重要工艺参数，它直接影响到旋压力的大小和旋压精度的高低。减薄率计算公式为

$$\varphi = \frac{t_0 - t}{t_0} = 1 - \frac{t}{t_0} = 1 - \sin \alpha \tag{3-147}$$

旋压时各种金属最小半锥角的试验数值见表3-77，旋压时各种金属的最大总减薄率见表3-78。实验表明：许多材料一次旋压中减薄率取值为30%～50%，可以保证零件达到较高的尺寸精度。

表 3-77　最小半锥角的试验数值

材料厚度/mm	允许的最小半锥角				
	3A21M	2A12M	1Cr18Ni9Ti	20 钢	08F 钢
1	15°	17.5°	20°	17.5°	15°
2	12.5°	15°	15°	15°	12.5°
3	10°	15°	15°	15°	12.5°

表 3-78　旋压最大总减薄率 $\varphi \times 100$（无中间退火）

材料名称	圆锥形	半球形	圆筒形
不锈钢	60～75	40～50	65～75
高合金钢	60～75	50	75～82
铝合金	50～75	30～50	70～75
钛合金	30～55		30～35

（3）旋压工艺设计　确定变薄旋压工艺常需要考虑以下主要参数：

1）旋压方向。旋压方向分为正旋和反旋，所谓正旋，是指材料的流动方向与旋轮的运动方向相同；而反旋时材料的流动方向与旋轮的运动方向相反，异形件、筒形件一般采用正旋，管形件一般采用反旋。

2）主轴转速。主轴转速对旋压过程影响不显著，但提高转速可提高生产率和零件表面质量。对于铝、黄铜和锌，最大转速约为 1500r/min；对于钢来讲，主轴转速则为速度的 35%～50%，。不锈钢板常取为 120～300r/min。

3）进给量。进给量即芯模每转一周旋轮沿母线移动的距离，进给量对旋压过程影响较大。对于大多数体心立方晶格的金属，可取 0.3～3mm/r。其他因素，如芯模与旋轮之间的间隙、旋压温度、旋轮的结构尺寸等，对旋压过程也有影响。

4）毛坯尺寸计算。根据图 3-233 及变薄旋压理想的纯剪切变形理论可知，锥形件变薄旋压时壁厚变化满足正弦规律［即式（3-146）］。该公式是由锥形件的变薄旋压推导出的，对其他异形件的变薄旋压厚度计算同样适用。因为任何异形件在沿其半径方向以很小间隔分段后，都可近似地把每段看做是锥形件的一部分，仅各段锥角大小不同而已。但是，复杂异形件在运用正弦规律时存在一定的误差，母线曲率半径越小，其壁厚变化越大，则误差也相应较大。根据变薄旋压的这一特点可知，在旋压异形零件时，如果使用等厚度的板料毛坯，则得到的零件不同位置厚度是不一致的（见图3-235）。如果需要得到等厚度的旋压零件，则其原始板料毛坯各个部位的厚度必须是不一样的，其厚度可以根据式（3-146）进行计算。

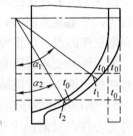

图 3-235　用等厚度毛坯变薄旋压的半球形零件

图 3-236、图 3-237 所示为旋压等厚度的半球形与抛物线形零件所用变截面毛坯厚度的计算实例。图 3-236 为采用变薄旋压工艺制造直径，$S\phi1500mm$、厚度 4mm 的球面壳体，其变截面毛坯的形状和尺寸计算方法如下：

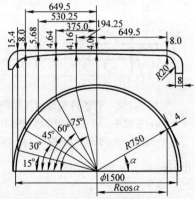

图 3-236　旋压等厚半球面壳体毛坯厚度计算实例

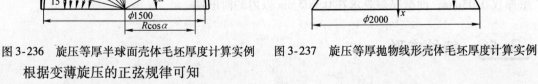

图 3-237　旋压等厚抛物线形壳体毛坯厚度计算实例

根据变薄旋压的正弦规律可知

$$t_0 = \frac{t}{\sin \alpha} \tag{3-148}$$

锥角 α 对应的圆弧弦长为

$$r = R\cos \alpha \qquad (3-149)$$

式中符号如图 3-233、图 3-236 所示。

根据式 (3-148)、式 (3-149) 可以求得球形零件毛坯任意一点 (不同的锥角 α) 的厚度，在球形零件的圆周上取一系列点，采用这种计算方法可以计算出毛坯上所对应的这些点的水平坐标和厚度值，经过近似作图，可以得到该零件原始毛坯的形状 (见图 3-236 中的上半部分)。

为了旋压等壁厚的抛物线形壳体 (见图 3-237)，毛坯计算式为

$$t_0 = t \sqrt{\frac{x}{\rho} + 1} \qquad (3-150)$$

式中 ρ——抛物线焦点到坐标原点的距离；

x——抛物线的 x 坐标。

取不同的 x 值后，横坐标 y 值按下式计算，即

$$y = 2\rho \sqrt{\frac{x}{\rho}} \qquad (3-151)$$

图 3-237 中为直径 2000mm、高 1000mm、厚 20mm 的抛物线零件，$\rho = 2500$mm。图中所取仅为六个毛坯截面 ($x = 25$mm，125mm，250mm，500mm，750mm，1000mm)，实际计算时可取更多的点。计算所得原始毛坯形状如图 3-237 中上半部分所示。

筒形件的变薄旋压变形不存在锥形件的那种正弦关系，而只是体积的位移，所以这种旋压也叫挤出旋压。它遵循塑性变形体积不变条件和金属流动的最小阻力定律。

5) 钢球变薄旋压法。为了制造壁部特别薄的旋转体空心件，目前已十分广泛和有效地使用钢球旋压法。薄壁管件的钢球旋压过程大致如下：如图 3-238 所示，套在芯模 1 上的管坯 2，朝着装有若干个钢球 4、支撑模环 3 的旋头作轴向直线运动。旋压头中的模环 3 使钢球与芯模保持给定的间隙。当旋压头旋转时，便可将管坯壁厚旋压减薄并向轴向延伸。当然，也可将芯模管坯作高速旋转，而旋压头作直线运动。同样钢球旋压也可分为正旋法和反旋法两种，其选用要根据毛坯的几何尺寸和材料性能而定。钢球旋压时的金属变形，是在钢球与工件的滚动摩擦条件下实现的，接触面积小，每个钢球承受的变形力很小，可以旋压特薄零件。用这种方法可生产壁厚仅 0.05mm，而壁厚差要求在 0.005mm 以内的筒形件。

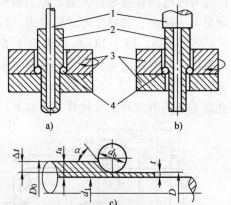

图 3-238 管形件钢球旋压简图
a) 正旋压 b) 反旋压 c) 变形区
1—芯模 2—管坯 3—模环 4—钢球

3.6 特种成形

3.6.1 板材充液成形

充液成形是利用液体压力使工件成形的一种塑性加工工艺。根据使用坯料形式的不同，

可分为板材充液成形、壳体充液成形和管材/型材充液成形等类型。板材和壳体充液成形使用的成形压力一般较低，而管坯/型材充液成形使用的压力较高，一般要达到几百甚至上千兆帕，故也称为内高压成形。

根据流体的作用方式不同，可以将板材充液成形分为主动式充液成形和被动式充液成形两种方式。

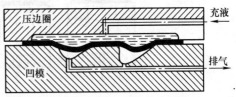

图 3-239 主动式充液成形

主动式充液成形也叫充液拉深，即板料放置在凹模上表面以后，合模压边并注入流体，以成形板料，成形中板料法兰被拉入凹模，如图 3-239 和图 3-240 所示。

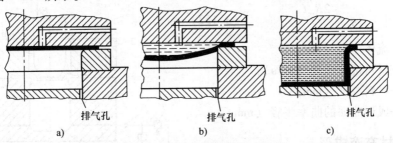

图 3-240 主动式充液成形过程

图 3-241 所示为主动式充液成形的基本工艺装置。其采用流体作为凸模来进行成形，同时板料的法兰也被拉进凹模中。这是一种半模成形方法，仅仅有凹模，一般情况下，凹模上表面安装有密封圈，以阻止流体的外流。成形的压力要求根据零件的形状、材料性能、成形条件及变形特点诸因素的不同而差异很大。一般来说，初始成形压力在 5~30MPa，但最后的整形压力与最小圆角半径、板厚以及材料性能等有关。

被动式充液成形即在凹模兼液压室的型腔内充满液体，利用凸模将板料压入凹模，在反向液压作用下使板料拉深成形的方法，如图 3-242 和图 3-243 所示。

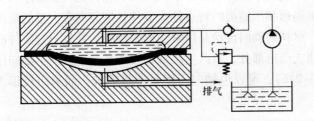

图 3-241 主动式充液成形装置

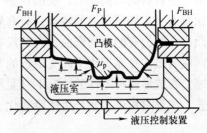

图 3-242 充液拉深

与普通拉深成形装置不同，充液拉深的基本工艺装置增加了液压室及调节、控制液压室内液体压力的液压控制系统，如图 3-244 所示。液压室液体的压力变化因零件形状、材料性能、成形条件及变形特点等因素的不同而差异很大。一般来说，对于铝及铝合金板材成形，液压室液体压力为 10~30MPa，低碳钢板为 40~60MPa，不锈钢甚至达到 70~100MPa。

对于充液成形来说，最后的成形压力可以按照以下经验公式进行计算，即

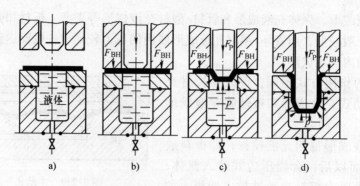

图 3-243　充液拉深成形过程

$$q = \frac{2R_m t}{r} \qquad (3\text{-}152)$$

式中　q——流体压力（MPa）；

　　　R_m——材料抗拉强度（MPa）；

　　　t——材料厚度（mm）；

　　　r——成形曲面的曲率半径（mm）。

3.6.2　管材充液成形

　　管材充液成形技术是 1990 年代刚刚兴起的新技术，根据模具的分模方式和工件的形状不同，管材充液成形可分为水平分模、垂直分模和带凸台或枝杈类零件成形三种基本类型，如图 3-245 所示。根据零件的变形特点，管材充液成形也可分为连续的胀形和压缩、只有局部胀形和压缩以及只有校形的成形三种类型。对于连续的胀形和压缩，由于整个工件的轮廓

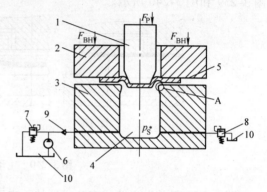

图 3-244　充液拉深装置

1—凸模　2—压边圈　3—凹模　4—液压室
5—板料　6—泵　7—溢流阀　8—超高压溢流阀
9—超高压单向阀　10—油箱　A—凹模入口圆角

都产生材料的轴向流动，所以在整个成形过程中工件处于胀形和压缩状态，比只靠壁厚的变化具有更大变形程度的特点；只有局部胀形和压缩类的特点是在零件长度方向有大量的局部凸出。它们有的中间弯曲，有的没有，材料的轴向流动是压缩变形的结果，并且只对零件的两端有效。在靠近水平冲头附近的弯曲或凸出部分，只产生胀形和校形，几乎不产生轴向压缩，在成形这种零件的情况下（见图 3-246），可以说轴向压缩是不可能的。而采用校形工艺，成形过程中主要产生壁厚变化。

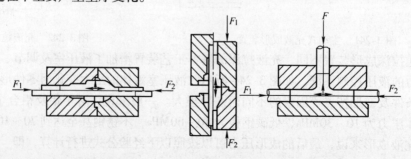

图 3-245　管材充液成形方法分类

管材充液成形适用于航空航天、汽车、石化等多种行业的沿构件轴线变化的圆形、矩形截面或异形截面空心构件，如汽车发动机托架、车身框架等，飞机发动机中空曲轴等，阶梯轴、凸轮轴及曲轴等各种空心轴类。原则上适合于冷成形的材料均适合于管材液压成形，如碳钢、不锈钢、铝合金、钛合金、铜合金及镍合金等。

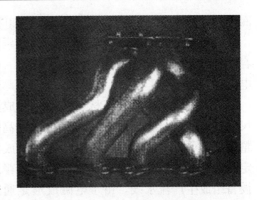

图 3-246　纯校形的管材充液成形方法

管材充液成形所用的原始坯料包括拉深管、焊接管、双壁管、带有凸出的管坯和预成形管坯。首先，管坯下料尺寸必须精确。否则在成形开始就出现液体泄漏，从而导致翘曲，沿管坯周边壁厚不均匀成形时容易导致破裂，严重情况下甚至导致工件失效。为此，管坯下料时必须满足以下精度：长度公差 ±0.5mm，横截面与轴线交叉角度公差 ±0.5°。另外，成形前管坯必须清扫干净，并且管端去掉毛刺，以避免合模或成形时破坏模具，划伤工件表面。

对于管材充液成形来说，理想的预成形件是一个直圆管。然而，为了确保成形件质量，管坯必须充分放置在模具内，一般情况下直圆管管坯形状满足不了要求，这就需要预成形工序。原则上，任何预成形工序都会降低工件后续的变形能力，这是因为局部应力强化和管壁厚度的不均会导致成形时出现问题。但是合适的管坯外形轮廓和好的预成形工序可以抵消这些消极影响。弯曲作为预成形方法常用在心轴、凸轮轴、各种支架等零部件上。一方面应注意弯曲内表面的起皱，同时弯曲时夹具留下的痕迹或沟槽也应避免，否则液成形时容易导致工件过早破裂，特别是薄壁管成形中。压缩和胀形工艺主要用于径向上有较大差别、或中间带有较大凸出的工件上。对于复杂形状的零件，预成形工艺也可以是上述几种工艺的复合。总之，预成形工序作为管材充液成形制坯工序非常重要。

3.6.3　电磁成形

电磁成形工作原理如图 3-247 所示。由升压变压器 1 和整流器 2 组成的高压直流电源向电容器充电。当放电回路中开关 5 闭合时，电容器所储存的电荷在放电回路中形成很强的脉冲电流。由于放电回路中的阻抗很小，在成形线圈 6 中的脉冲电流在极短的时间内（10 ~ 20ms）迅速地增长和衰减，并在其周围的空间中形成了一个强大的变化磁场。毛坯 7 放置在成形线圈内部，在这强大的变化磁场作用下，毛坯内部产生了感应电流。毛坯内部感应电流所形成的磁场和成形线圈所形成的磁场相互作用，使毛坯在磁力的作用下产生塑性变形，并以很大的运动速度贴紧模具。图 3-247 所示成形线圈放置在毛坯外，是管子缩颈成形（图 3-247 中模具未画出）。如成形线圈放置在毛坯内部，则可以完成胀形。假如采用平面螺旋线

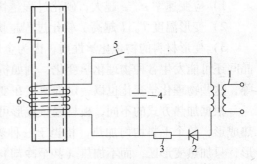

图 3-247　电磁成形原理

1—升压变压器　2—整流器　3—限流电阻
4—电容器　5—开关　6—成形线圈　7—毛坯

圈，也可以完成平板毛坯的拉深成形，如图3-248所示。

电磁成形的加工能力取决于充电电压和电容器容量，电磁成形时常用的充电电压为 5～10kV，充电能量为 5～20kJ。

电磁成形不但能提高材料的塑性和成形零件的尺寸精度，而且模具结构简单，生产率高，设备调整方便，可以对能量进行准确的控制，成形过程稳定，容易实现机械化和自动化，并可和普通的加工设备组成生产流水线。由于电磁成形是通过磁场作用力来进行的，所以加工时没有机械摩擦，工件可以在电磁成形前预先进行电镀、喷漆等工序。

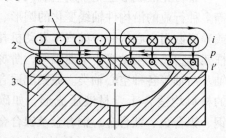

图 3-248　电磁拉深成形原理
1—成形线圈　2—平板毛坯　3—凹模

电磁成形加工的材料，应具有良好的导电性，如铝、铜、低碳钢、不锈钢等，对于导电性差或不导电材料，可以在工件表面涂覆一层导电性能好的材料或放置由薄铝板制成的驱动片来带动毛坯成形。

电磁成形的加工能力受到设备的限制，只能用来加工厚度不大的小型零件。由于加工成本较高，电磁成形法主要用于普通冲压方法不易加工的零件。

3.6.4　温热成形

温热成形是利用金属、非金属等材料在加热条件下强度降低、塑性提高而进行冲压成形的一种工艺方法，根据成形目的的不同，分为加热成形和加热校形两部分。当成形的温度在再结晶温度以下时称为温成形，当成形温度达到或超过再结晶温度时，称为热成形。温度、压力及时间是主要工艺因素。

金属塑性变形过程中，既存在硬化效应，又存在软化效应。温度低时，软化效应不明显。温度提高后，原子的动能增大，出现回复、再结晶，甚至出现原子定向流动的热塑性现象，软化效应变得十分明显和重要。温热成形中，软化过程和硬化过程的速度取决于以下因素：

1）应变速率 ε。ε 越大，硬化过程越快，但是变形的热效应又可以加快软化过程。

2）变形温度 T。T 越高，软化过程越快。

3）变形材料的物理化学性质。因为金属受热时，不仅会发生软化效应，同时在晶内和晶间还可能发生各种物理化学变化，例如析出扩散相，溶解自由相及晶间杂质，氧化与脱碳等，这些物理化学变化也以一定的速度在变形金属内进行着，影响硬化和软化的最终效果。

根据加热方式的不同，板材温热成形可分为均匀加热成形和局部加热成形。对于均匀加热成形，整个毛料均匀加热，相当于一种塑性较高、抗力较小的材料成形；而局部加热成形，只加热变形区，而不加热（甚至冷却）传力区，可以大大提高成形极限。

图3-249所示的加热拉深是典型的实例。管子扩口、缩口、折弯需要加热成形时，也只在变形区局部加热。

根据材料内部应力变化与外力加载的关系，板材温热成形还可以分为真空蠕变成形和应力松弛成形与校形。

高温时在恒定应力作用下，金属会以缓慢的速度变形，这种变形称为蠕变。蠕变变形的速度取决于变形温度和变形应力，利用金属的这种性质，出现了真空蠕变成形，如图3-250所示。毛料上覆盖一层隔热材料，再铺上气密尼龙布，四周用钢框压紧，将型腔抽成真空，保温保压一段时间，毛料便产生蠕变而贴模。

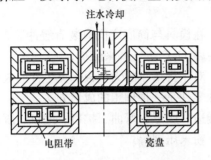

图 3-249 局部加热/凸模冷却的拉深成形

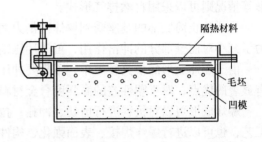

图 3-250 真空蠕变成形

所谓应力松弛，是指有弹性变形的零件或材料，在保持总应变一定的条件下，内部应力随时间自发地逐渐降低，弹性变形逐渐转变为塑性变形的现象。金属的这一特性可以用于加热成形，或用以消除零件成形后的回弹或翘曲等，如图3-251所示，将预成形的零件在冷态下加热，强迫贴模，然后将整个装置送入炉中加热，利用应力松弛效应达到校形的目的。

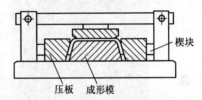

图 3-251 应力松弛成形和校形

温热成形主要应用于低弹塑性材料、整体或局部变形量过大的零件、处于强化状态的材料、回弹大的材料、热处理变形过大的零件、高强度或厚板料、要求尺寸或形状稳定的零件、刚度小但准确度要求高的零件、成形系数超过标准的新结构、变厚板、带筋板和复合板等。

3.6.5 爆炸成形

图3-252所示为爆炸成形装置，毛坯固定在压边圈4和凹模8之间，在距毛坯一定的距离上放置炸药包2和电雷管1，炸药一般采用TNT，药包必须密实、均匀，炸药量及其分布要根据零件形状尺寸的不同而定。

爆炸装置一般放在一特制的水筒内，以水作为成形的介质，可以产生较高的传压效率。同时水的阻尼作用可以减小振动和噪声，保护毛坯表面不受损伤。爆炸时，炸药以 2000～8000m/s 的传爆速度在极短的时间内完成爆炸过程。位于爆炸中心周围的水介质，在高温高压气体骤然作用下，向四周急速扩散形成压力极高的冲击波。当冲击波与毛坯接触时，由于冲击压力大大超过毛坯材料的塑性变形抗力，从而产生塑性变形，并以一定的速度紧贴在凹模内腔表面，完成成形过程。零件的成

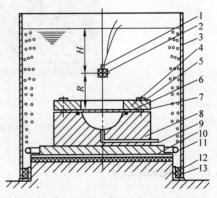

图 3-252 爆炸成形装置

1—电雷管 2—炸药包 3—水筒 4—压边圈
5—螺钉 6、13—密封件 7—毛坯 8—凹模
9—抽真空管道 10—缓冲装置
11—压缩空气管路 12—垫环

形过程极短，一般仅 1ms 左右。由于毛坯材料是高速贴模，应考虑凹模型腔内的空气排放问题，否则材料贴模不良，甚至会由于气体的高度压缩而烧伤轻金属零件表面。因此需要在成形前将型腔中的空气抽出，保持一定的真空度，但变形量很小的校形或无底模具的自由成形等情况则可以采用自然排气形式。

为了防止筒底部的基座受到爆炸冲击力而损坏，在模具与筒底之间应装有缓冲装置 10。为了减小对筒壁部分的冲击作用，可采用压缩空气管路 11 产生气幕来保护。

由于爆炸成形的模具较简单，不需要冲压设备，对于批量小的大型板壳类零件的成形具有显著的优点，对于塑性差的高强度合金材料的特殊零件是一种理想的成形方法。

爆炸成形可以对板料进行剪切、冲孔、拉深、翻边、胀形、弯曲、扩口、缩口、压花等工艺，也可以进行爆炸焊接、表面强化、构件装配、粉末压制等。

图 3-253 所示为爆炸成形的产品。

a)

b)

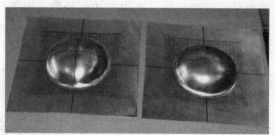

c)

图 3-253　爆炸成形产品

3.6.6　电液成形

电液成形有电极间放电成形和电爆成形两种形式。电液成形的工作原理如图 3-254 所示，利用升压变压器 1 将交流电电压升高至 20 ~ 40kV，经整流器 2 变为高压直流电，并向电容器 4 进行充电。当充电电压达到一定值时，辅助间隙 5 被击穿，高电压瞬间加到两放电电极 9 上，产生高压放电，在放电回路中形成非常强大的冲击电流，结果在电极周围的介质中形成冲击波，使毛坯在瞬时间完成塑性变形，最后贴紧在模具型腔上。

电液成形可以对板料或管坯进行拉深、胀形、校形、冲孔等工序。与爆炸成形相比，电液成形的能量调整和控制较简单，成形过程稳定，操作方便，容易实现机械化和自动化，生

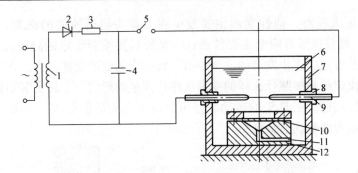

图 3-254 电液成形原理

1—升压变压器 2—整流器 3—充电电阻 4—电容器 5—辅助间隙 6—水
7—散热器 8—绝缘圈 9—电极 10—毛坯 11—抽气孔 12—凹模

产效率高。其不足之处是加工能力受到设备能量的限制，并且不能像爆炸成形那样灵活地改变炸药形状，以适合各种不同零件的成形要求，所以仅用于加工直径为 φ400mm 以下的简单形状零件。

3.6.7 激光冲击成形

激光冲击成形与爆炸成形、电液成形一样，利用强大的冲击波，使板料产生塑性变形、贴模，从而获得各种所需形状及尺寸的零件。在成形中，材料瞬间受到高压的冲击波，形成高速高压的变形条件，使得用传统成形方法难以成形材料的塑性得到较大提高。成形后的零件材料表层存在加工硬化，可以提高零件的抗疲劳性能。图 3-255 所示为激光冲击成形原理。毛坯在激光冲击成形前必须进行所谓的"表面黑化处理"，即在其表面涂上一层黑色涂覆层。毛坯用压边圈压紧在凹模上，凹模型腔内通过抽气孔抽成真空。毛坯涂覆层上覆盖一层称之为透明层的材料，一般采用水来作透明层。激光通过透明层，激光束能量被涂覆层初步吸收，涂覆层蒸发，蒸发了的涂覆层材料继续吸收激光束的剩余能

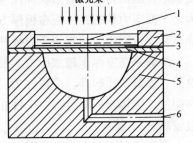

图 3-255 激光冲击成形原理

1—透明层 2—压边圈 3—涂覆层
4—毛坯 5—凹模 6—抽气孔

量，从而迅速形成高压气体。高压气体受到透明层的限制而产生了强大的冲击波，冲击波作用在毛坯材料表面使之产生塑性变形，最后贴紧在凹模型腔。

3.6.8 增量成形

增量成形又称渐进成形，这种成形方法是通过数字控制设备，采用预先编制好的控制程序逐层成形三维曲面零件的柔性加工工艺。板料成形时，成形工具头先走到指定位置，对板料压下设定的进给量，使工具头下的板料产生局部塑性变形；然后工具头根据第一层截面轮廓，按照一定的运动轨迹，以走等高线的方式对板料进行连续塑性成形。形成第一层截面轮廓后，成形工具头再以设定的进给量进给，并按第二层截面轮廓要求对板料进行连续成形，形成第二层轮廓，如此逐层成形，最后形成完整的零件。

增量成形中板料的最终变形是由逐层变形累积而成的，在沿指定轨迹连续运动的方式

下，成形工具头压入板料，塑性变形主要发生在工具头运动轨迹的前侧，局部变形具有"胀形"的特征。增量成形有两个主要特点：一是板料要按照给定的路径或轨迹进行成形；二是板料的变形是逐点、逐步发展的，每一点、每一步的变形量都不大。在增量成形中，工具头的运动轨迹决定板料按照什么样的变形次序达到最终形状，工具头运动轨迹的设计是增量成形工艺的关键问题。工具头的运动轨迹可以由工具头运动形成，也可以由板料运动形成，图 3-256 所示为增量成形示意图。

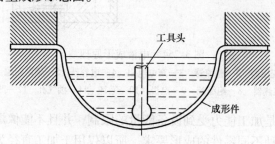

图 3-256　增量成形示意图

3.6.9　冲锻复合成形

普通冲压工艺是一种使用压力机，通过模具对金属板料或带料等施加压力使其产生分离或成形，从而得到所需形状和尺寸零件的金属塑性成形工艺。绝大多数的冲压变形都可以认为是平面应力状态，一般在板厚方向不受或基本不受应力作用。因此，除了变薄拉深以外，普通冲压过程中，通常不考虑板料厚度方面的变化。

冷锻是在室温下施加压力，使金属在模具内成形的工艺方法的总称，包括镦粗、挤压、拉拔、模锻及压印等。冷锻件的尺寸精度高，表面质量好，制品力学性能优良。冷锻变形是典型的三维体积成形过程，工件在变形时一般受三向压应力作用，因此冷锻变形所需压力一般较高。

板料成形变形力小，成形过程简单，但仅能成形等壁厚或近似等壁厚件，限制了其应用范围。汽车工业中一些薄壁但壁厚有变化的零件的加工要求，促使板料冲压与冷锻复合塑性成形技术随之发展起来，这种成形技术称为冲锻复合成形。图 3-257 所示为冲锻复合成形的技术来源。

作为一种复合成形工艺，冲锻复合成形兼有板料冲压和冷锻技术的特点，具有以下明显的优点：原材料为板料或金属带料，材料利用率和普通板料冲压相当；变形过程中至少在局部有明显的塑性流动；可成形壁厚有变化的零件，成形件精度高，和冷锻件相当；变形力较冷锻小，有利于模具寿命的提高；可以像普通冲压那样用带料连续成形，生产效率高。

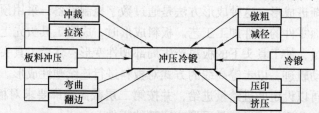

图 3-257　冲锻复合成形的技术来源

　　运用冲锻复合工艺可以成形一些零件如图 3-258 所示,从图中可以看出,板料厚度有变化是该类零件的共同特点,这也是冲锻复合成形和普通冲压的根本区别所在。

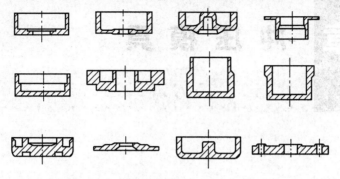

图 3-258　冲锻复合成形技术适合加工的零件

参 考 文 献

[1] 李体彬.冲压成形工艺 [M].北京:化学工业出版社,2008.

[2] 牟林,胡建华.冲压工艺与模具设计 [M].2 版.北京:北京大学出版社,2010.

[3] 姜奎华.冲压工艺与模具设计 [M].北京:机械工业出版社,1995.

[4] 周大隽.冲模结构设计要领与范例 [M].北京:机械工业出版社,2006.

[5] 郭成,储家佑.现代冲压技术手册 [M].北京:中国标准出版社,2005.

[6] 李硕本.冲压工艺理论与新技术 [M].北京:机械工业出版社,2002.

[7] 陈家璧.激光原理及应用 [M].2 版.北京:电子工业出版社,2004.

[8] 高军.冲压工艺及模具设计 [M].北京:化学工业出版社,2010.

[9] 洪慎章.实用冲压工艺及模具设计 [M].北京:机械工业出版社,2008.

[10] 卢险峰.冲压工艺模具学 [M].北京:机械工业出版社,2006.

[11] 吴诗惇.冲压工艺及模具设计 [M].西安:西北工业大学出版社,2002.

第4章 冲压模具

4.1 概述

模具是制造业中不可或缺的基础装备，主要用于高效、大批量生产工业产品中的零部件，是装备制造业的重要组成部分。其产业关联度高，技术、资金密集，是制造业各有关行业产业升级和技术进步的重要保障之一。

模具的生产过程集精密制造、计算机技术、智能和绿色制造为一体，所以模具既是高新技术的载体，又是高新技术产品。

由于采用模具生产制造业产品具有"双高"、"双低"（高效率与产品的高一致性，低能耗与低材耗）的特点，故模具制造被国民经济各工业生产部门所重视，广泛用于机械，电子与信息，航空、航天、航海，家装与建材，医疗与能源，交通，轻工等工业产品的生产。据此，模具工业已成为国民经济发展、国防现代化和高端技术产品生产的支撑性、基础性工业体系。

现代模具共有十大类：冲压模（冲模）、锻模（含挤、拉拔等体积成形模）、粉末冶金模、塑料成形模、橡胶成形模、工业陶瓷模、玻璃模、铸造金属模、压力铸造成形模及简易模（经济模）。其中，冲模、塑料成形模和压力铸造模的产量占十大类模具总产量的85%以上，冲模的产量则占模具总产量的45%以上。

在长期的实践过程中，冲模技术资源的积累已足以建立各类型冲模的典型结构系列及其相关规范和标准；在冲压实验的基础上，对冲裁、弯曲、拉深和成形过程进行研究分析，以形成各类冲压件的成形工艺参数规范和计算方法，使设定的冲模结构参数更为准确，从而使冲模设计与制造水平有较大提高，保证了冲压模具的质量。

4.2 冲模技术设计及冲模类型

4.2.1 冲模技术设计

根据对冲件的形状及其结构要素的分析，在完成冲模设计方案，正确合理地确定冲模的基本结构形式和零件坯料及材料（称为初步设计）后，为保证模具设计与制造的精度和质量，必须根据各类冲模的技术要求，准确地进行冲模的技术设计。其主要内容和关键技术如下：

1）冲模标准模架、导向副等标准件的精度、质量等技术要求。

2）冲模零件结构形式的设计、结构参数的计算及结构主体的设计。

3）冲模送料方式的选择，导向、导正与定位的结构设计。

4）冲模压料、出料的参数设计。

5）冲模安全检测机构的设计。

6）柔性冲压单元与冲压线的设计等。

冲模的技术设计是冲模形成过程中的重要质量环节，是保证冲模制造与装配精度和质量的技术基础。

4.2.2 冲模的类型及其典型结构

冲模可分为单工序冲模、复合冲模、级进冲模、精冲模、简易冲模与组合冲模等类型。

1. 单工序冲模及其典型结构

单工序冲模分为冲裁模（包括落料模与冲孔模）、弯曲模、拉深模、成形模、翻孔与翻边模、扩口与缩口模、胀形模和切边与切舌模等，它们既可以各自独立冲压加工成形零件，又可以组成多工序冲压线加工成形零件。单工序冲模的典型结构见表4-1。

表 4-1 单工序冲模的典型结构

类型		结 构 图	说 明
冲裁模	导板导向落料模（一）	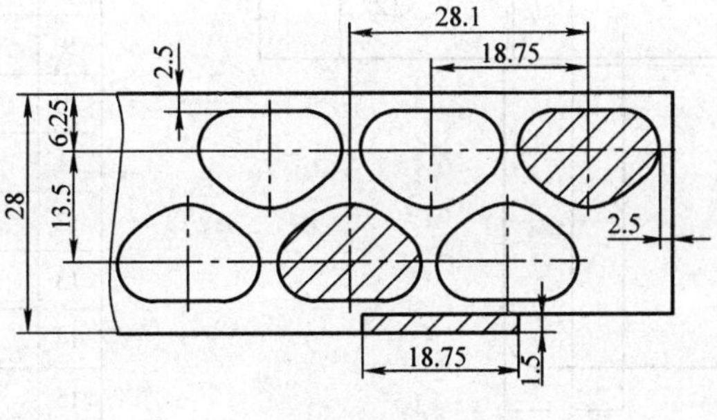	1. 冲件 材料为黄铜 H62，料厚 5mm

（续）

类型	结　构　图	说　　明
冲裁模 导板导向落料模（一）	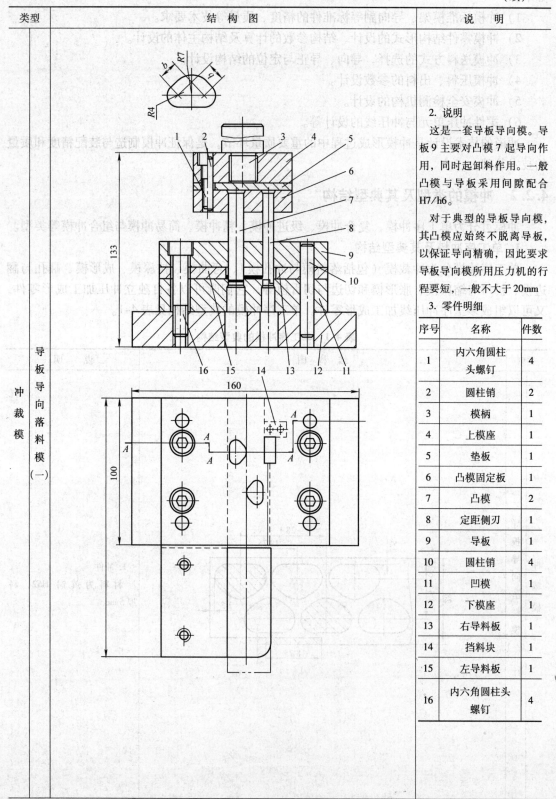	2. 说明 　　这是一套导板导向模。导板 9 主要对凸模 7 起导向作用，同时起卸料作用。一般凸模与导板采用间隙配合 H7/h6。 　　对于典型的导板导向模，其凸模应始终不脱离导板，以保证导向精确，因此要求导板导向模所用压力机的行程要短，一般不大于 20mm 3. 零件明细 序号　名称　件数

下表接续「零件明细」：

序号	名称	件数
1	内六角圆柱头螺钉	4
2	圆柱销	2
3	模柄	1
4	上模座	1
5	垫板	1
6	凸模固定板	1
7	凸模	2
8	定距侧刃	1
9	导板	1
10	圆柱销	4
11	凹模	1
12	下模座	1
13	右导料板	1
14	挡料块	1
15	左导料板	1
16	内六角圆柱头螺钉	4

（续）

类型	结　构　图	说　明

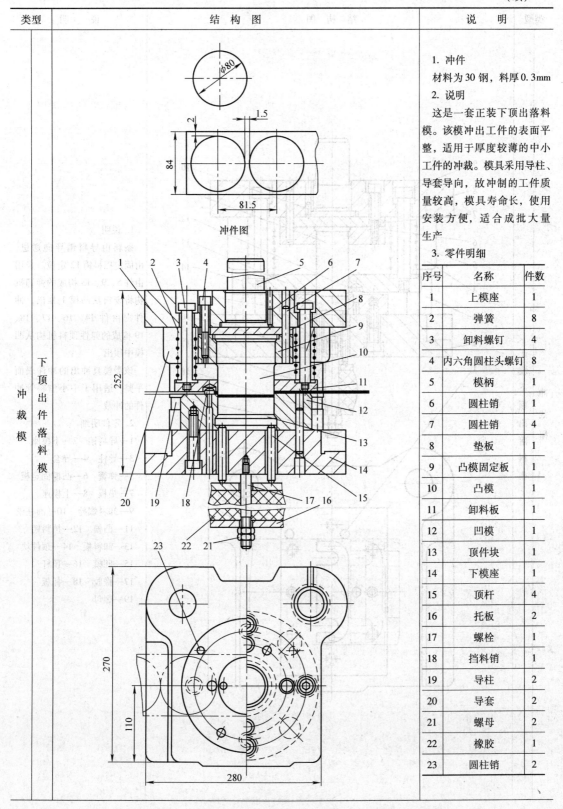

冲件图

下顶出件落料模

冲裁模

1. 冲件

材料为 30 钢，料厚 0.3mm

2. 说明

这是一套正装下顶出落料模。该模冲出工件的表面平整，适用于厚度较薄的中小工件的冲裁。模具采用导柱、导套导向，故冲制的工件质量较高，模具寿命长，使用安装方便，适合成批大量生产

3. 零件明细

序号	名称	件数
1	上模座	1
2	弹簧	8
3	卸料螺钉	4
4	内六角圆柱头螺钉	8
5	模柄	1
6	圆柱销	1
7	圆柱销	4
8	垫板	1
9	凸模固定板	1
10	凸模	1
11	卸料板	1
12	凹模	1
13	顶件块	1
14	下模座	1
15	顶杆	4
16	托板	2
17	螺栓	1
18	挡料销	1
19	导柱	2
20	导套	2
21	螺母	2
22	橡胶	1
23	圆柱销	2

（续）

类型	结　构　图	说　明
冲裁模　正装下顶出落料模	9 8 7 6 5 4 3 2 1 10 11 12 13 14 15 16 17 18 19	1. 说明 　条料由导料销导向送进，由固定挡料销12定位。采用由件5、9、13构成的弹卸机构将废料从凸模上推出，冲件则由件14、16、17、18、19构成的弹性顶料机构从凹模中顶出 　该类模具冲出的冲件表面平整，适用于中小型料管冲件的冲裁 2. 零件明细 1—导料销　2—下模座 3—导柱　4—导套 5—弹簧　6—凸模固定板 7—垫板　8—上模座 9—卸料螺栓　10—圆柱销 11—凸模　12—挡料销 13—卸料板　14—顶件块 15—凹模　16—顶杆 17—橡胶　18—托板 19—螺母

（续）

类型	结 构 图	说 明
冲裁模 导板导向冲孔模	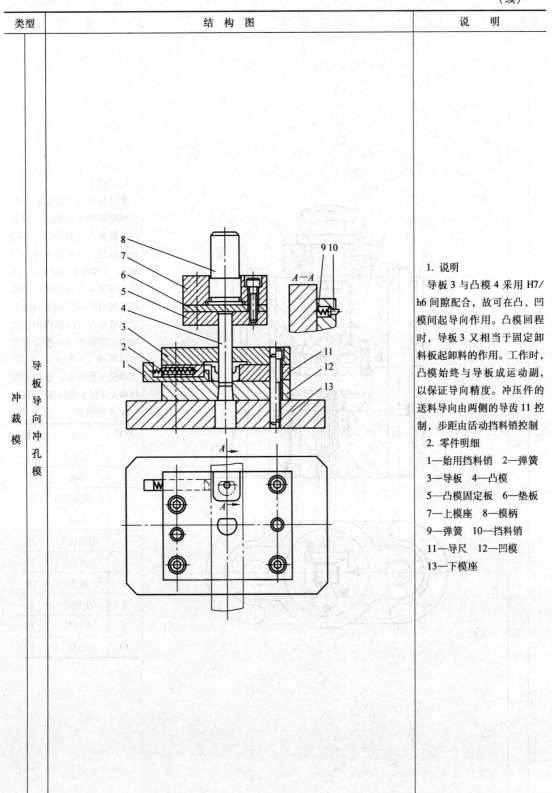	1. 说明 　导板3与凸模4采用H7/h6间隙配合，故可在凸、凹模间起导向作用。凸模回程时，导板3又相当于固定卸料板起卸料的作用。工作时，凸模始终与导板成运动副，以保证导向精度。冲压件的送料导向由两侧的导齿11控制，步距由活动挡料销控制 　2. 零件明细 　1—始用挡料销　2—弹簧 　3—导板　4—凸模 　5—凸模固定板　6—垫板 　7—上模座　8—模柄 　9—弹簧　10—挡料销 　11—导尺　12—凹模 　13—下模座

（续）

类型	结 构 图	说 明
冲裁模　多孔冲模		**1. 说明** 本模具带有浮动模柄及双导向精密弹压导板，一般适用于精密小孔的冲裁。其结构特点是：小导柱 9 与小导套 8、上模座 1 与接头 7、凸模 4 与导板 2 及导柱与导套均采用 IT6～IT7 级的间隙配合，且导板与凸模固定板之间的空隙较小（一般取制件的料厚加 2～3mm）。因此，此冲模工作稳定，能提高制件精度和延长模具使用寿命 **2. 零件明细**

序号	名称	件数
1	上模座	1
2	导板	2
3	凸模固定板	2
4	凸模	1
5	模柄接头	1
6	橡胶	1
7	接头	15
8	小导套	1
9	小导柱	1
10	凹模	1

（续）

类型	结 构 图	说 明

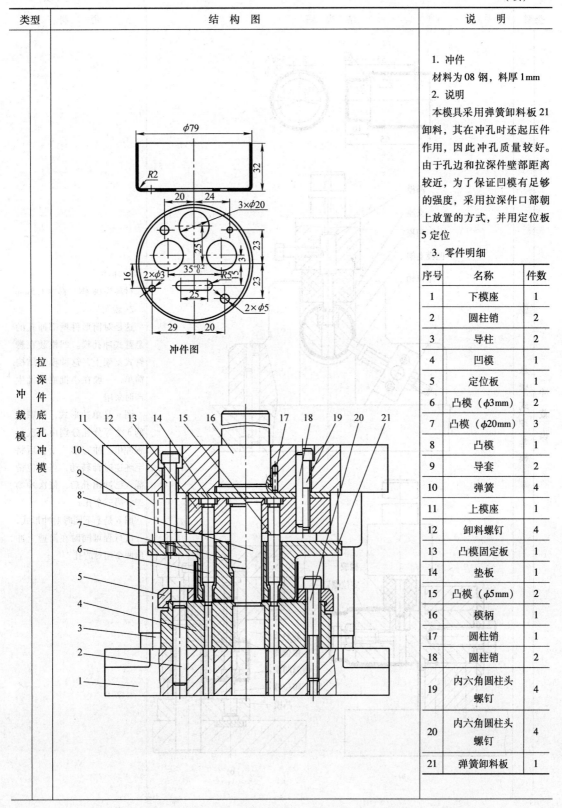

冲件图

说明栏：

1. 冲件

材料为 08 钢，料厚 1mm

2. 说明

本模具采用弹簧卸料板 21 卸料，其在冲孔时还起压件作用，因此冲孔质量较好。由于孔边和拉深件壁部距离较近，为了保证凹模有足够的强度，采用拉深件口部朝上放置的方式，并用定位板 5 定位

3. 零件明细

序号	名称	件数
1	下模座	1
2	圆柱销	2
3	导柱	2
4	凹模	1
5	定位板	1
6	凸模（φ3mm）	2
7	凸模（φ20mm）	3
8	凸模	1
9	导套	2
10	弹簧	4
11	上模座	1
12	卸料螺钉	4
13	凸模固定板	1
14	垫板	1
15	凸模（φ5mm）	2
16	模柄	1
17	圆柱销	1
18	圆柱销	2
19	内六角圆柱头螺钉	4
20	内六角圆柱头螺钉	4
21	弹簧卸料板	1

类型栏：冲裁模　拉深件底孔冲模

（续）

类型	结 构 图	说　明
冲裁模　悬臂式冲孔模	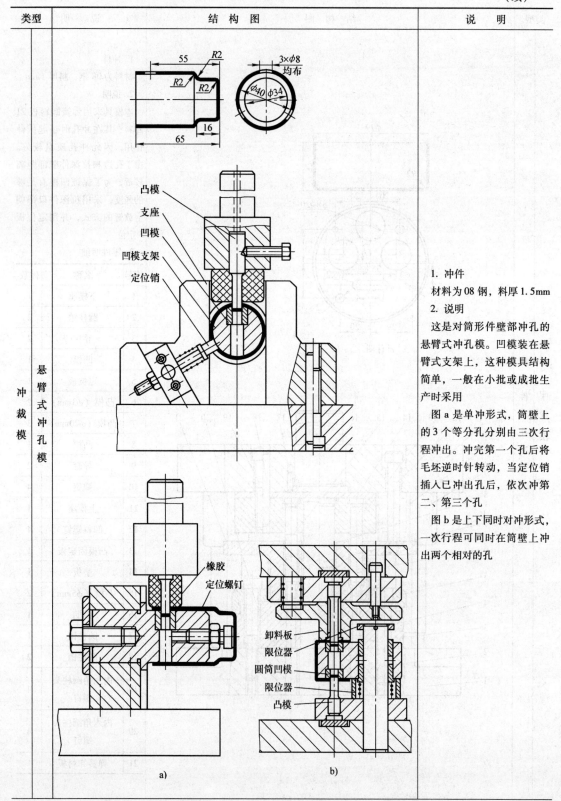 凸模 支座 凹模 凹模支架 定位销 3×φ8 均布 φ40　φ34 55　R2 R2　R2 16 65 橡胶 定位螺钉 卸料板 限位器 圆筒凹模 限位器 凸模 a)　　　b)	1. 冲件 　材料为08钢，料厚1.5mm 2. 说明 　这是对筒形件壁部冲孔的悬臂式冲孔模。凹模装在悬臂式支架上，这种模具结构简单，一般在小批或成批生产时采用 　图a是单冲形式，筒壁上的3个等分孔分别由三次行程冲出。冲完第一个孔后将毛坯逆时针转动，当定位销插入已冲出孔后，依次冲第二、第三个孔 　图b是上下同时对冲形式，一次行程可同时在筒壁上冲出两个相对的孔

（续）

类型	结 构 图	说 明
冲裁模 斜楔式侧孔冲模	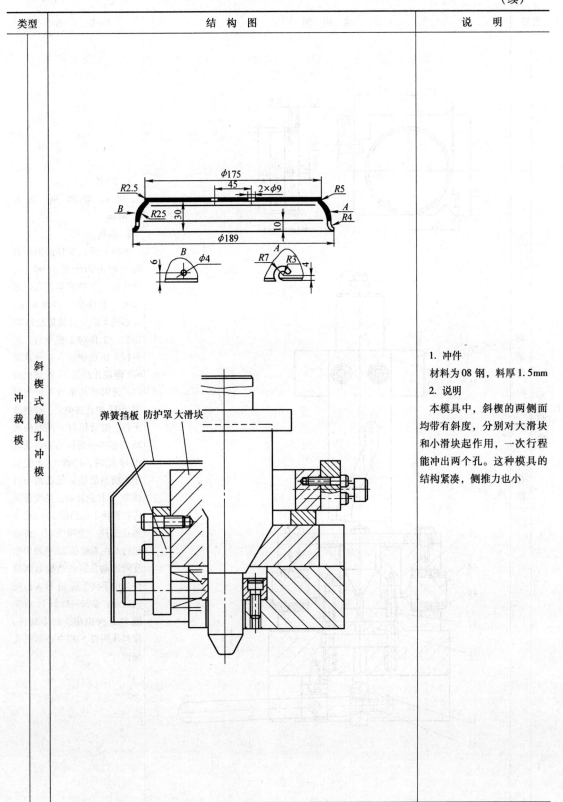	1. 冲件 材料为 08 钢，料厚 1.5mm 2. 说明 本模具中，斜楔的两侧面均带有斜度，分别对大滑块和小滑块起作用，一次行程能冲出两个孔。这种模具的结构紧凑，侧推力也小

（续）

类型		结构图	说明
冲裁模	调焦导向盘侧向冲孔模	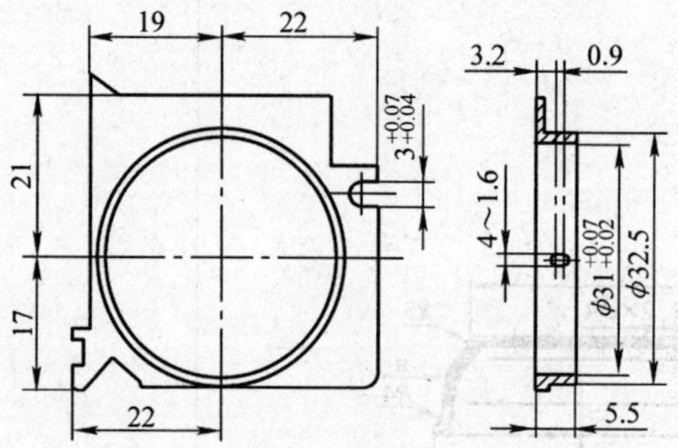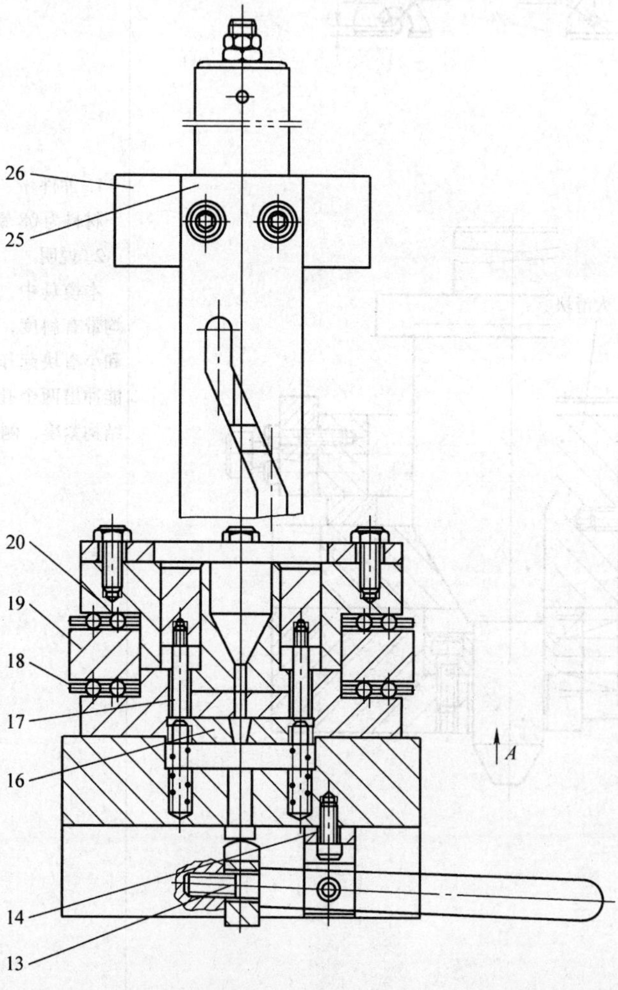	1. 冲件 材料为20钢，料厚0.8mm 2. 说明 本模具可在制件的圆周侧面上冲出四个互为90°的、尺寸和位置精度均较高的腰形孔。制件放在顶圈6上，以凹模5的外圆及定位钉24定位。工作时上模下行，压料杆4压住制件，并使顶圈6下降避开凸模22的侧向刃口，此时滑动销钉8位于靠模板25的直槽中。上模继续下行，滑动销钉8随靠模板25斜槽部分的推动而带动转盘19旋转，转盘19上的四个长槽迫使销钉带动四个滑块21作径向运动，从而使固定在滑块上的凸模22完成冲侧孔工序。上模下行，滑动销钉8在靠模板25的槽中作反向运动，迫使凸模退回原位。用手将手柄13沿*A*的反向运动，使卸料螺钉11将顶圈6退到原位，卸下制件，废料从凹模5的中心漏料孔漏出

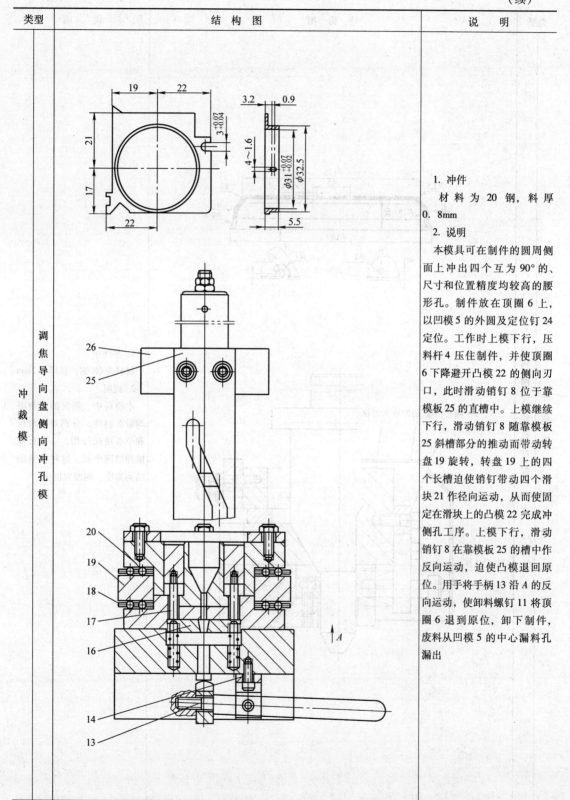

（续）

类型	结　构　图	说　明

冲裁模

调焦导向盘侧向冲孔模

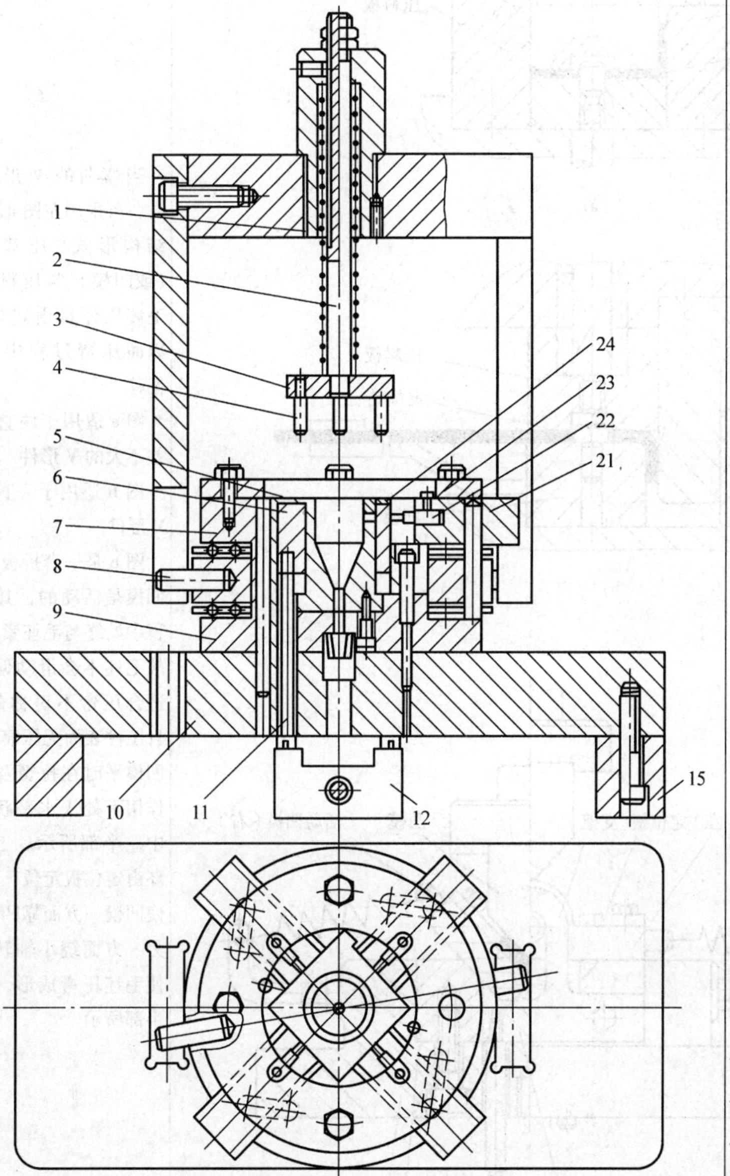

3. 零件明细

序号	名称	件数
1	模柄	1
2	螺杆	1
3	压料板	1
4	压料杆	4
5	凹模	1
6	顶圈	1
7	滑块座	1
8	滑动销钉	2
9	凹模座	1
10	下模座	1
11	卸料螺钉	2
12	顶块	1
13	手柄	1
14	支承板	1
15	垫块	2
16	托板	1
17	顶杆	2
18	保持器	2
19	转盘	1
20	滚珠	32
21	滑块	4
22	凸模	4
23	压板	1
24	定位钉	1
25	靠模板	2
26	上模座	1

（续）

类型	结　构　图	说　明
弯曲模	V形件弯曲模	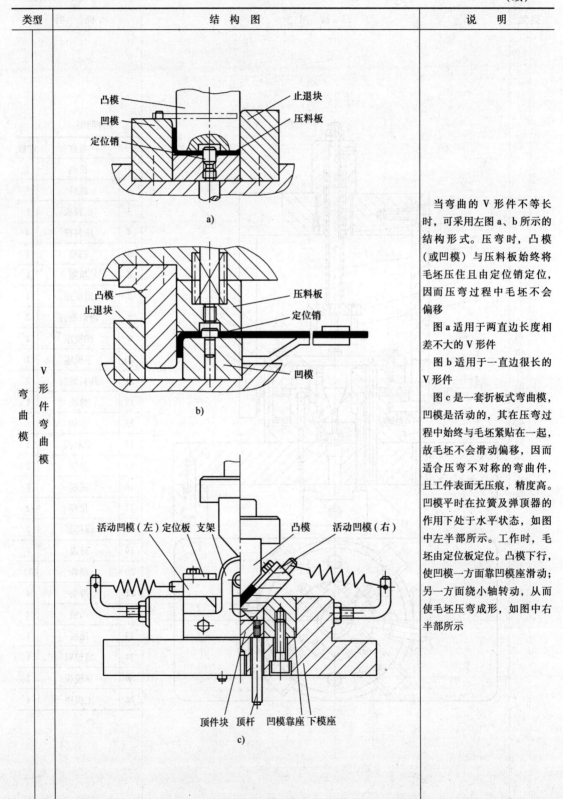 a) b) c)	当弯曲的 V 形件不等长时，可采用左图 a、b 所示的结构形式。压弯时，凸模（或凹模）与压料板始终将毛坯压住且由定位销定位，因而压弯过程中毛坯不会偏移 图 a 适用于两直边长度相差不大的 V 形件 图 b 适用于一直边很长的 V 形件 图 c 是一套折板式弯曲模，凹模是活动的，其在压弯过程中始终与毛坯紧贴在一起，故毛坯不会滑动偏移，因而适合压弯不对称的弯曲件，且工件表面无压痕，精度高。凹模平时在拉簧及弹顶器的作用下处于水平状态，如图中左半部所示。工作时，毛坯由定位板定位。凸模下行，使凹模一方面靠凹模座滑动；另一方面绕小轴转动，从而使毛坯压弯成形，如图中右半部所示

图中标注：
- a) 凸模、凹模、定位销、止退块、压料板
- b) 凸模、止退块、压料板、定位销、凹模
- c) 活动凹模（左）、定位板、支架、凸模、活动凹模（右）、顶件块、顶杆、凹模靠座、下模座

（续）

类型	结　构　图	说　明
弯曲模	U 形件弯曲模	挡板　定位板　轴销　顶件块　凸模　活动凹模　斜面　模座 	这是一套带侧压的 U 形件弯曲模，其对弯件有校正作用，回弹小。工作时，凸模下行，凸模肩部压住活动凹模一起向下，由于斜面的作用使活动凹模向中心滑动，对弯件两侧施压，起到校正作用
	⊔型件弯曲模	定位板　顶杆　凸模　凹模　轴销 a) 定位板　推杆块　　凸凹模　顶杆　凸模　凹模 b)	图 a 所示为摆动式凹模结构。两凹模绕轴销转动，平时由弹顶器通过顶杆将它顶起，凸模下行，将凹模压下与底板刚性接触，使弯件成形 　图 b 所示为一种复合结构，凸凹模下行，先使毛坯通过固定凹模弯成 U 形，凸凹模继续下行与活动凸模作用，最后压弯成⊔形

（续）

类型	结　构　图	说　明
弯曲模　Z形件弯曲模	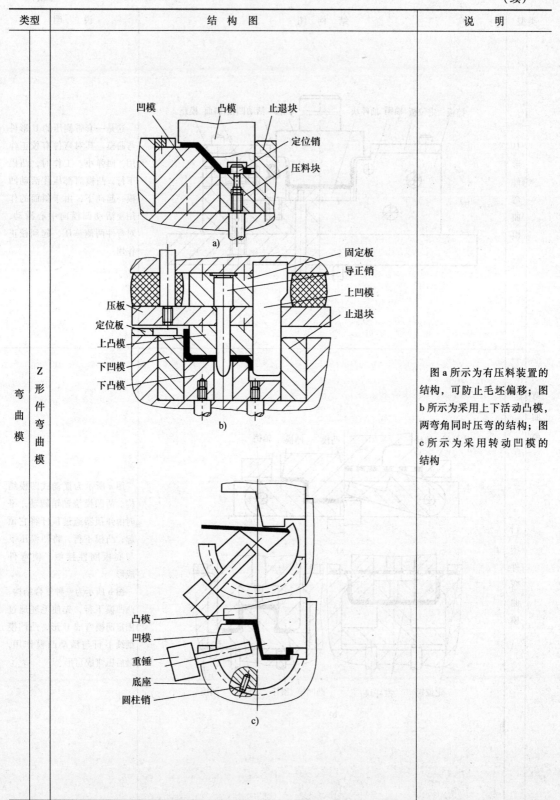	图 a 所示为有压料装置的结构，可防止毛坯偏移；图 b 所示为采用上下活动凸模，两弯角同时压弯的结构；图 c 所示为采用转动凹模的结构

凹模　凸模　止退块

定位销

压料块

a)

固定板

导正销

上凹模

止退块

压板

定位板

上凸模

下凹模

下凸模

b)

凸模

凹模

重锤

底座

圆柱销

c)

（续）

类型	结　构　图	说　明
弯曲模 卷圆模	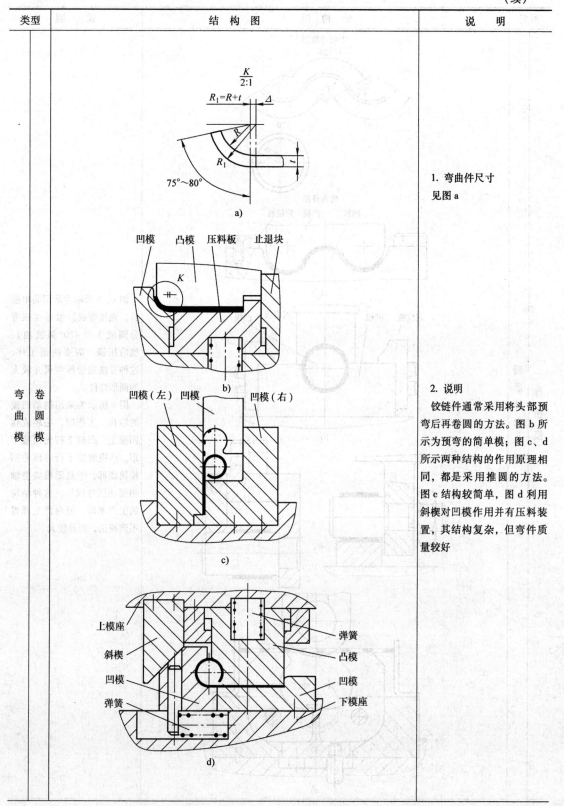	1. 弯曲件尺寸 　见图 a 2. 说明 　铰链件通常采用将头部预弯后再卷圆的方法。图 b 所示为预弯的简单模；图 c、d 所示两种结构的作用原理相同，都是采用推圆的方法。图 c 结构较简单，图 d 利用斜楔对凹模作用并有压料装置，其结构复杂，但弯件质量较好

（续）

类型	结 构 图	说 明
弯曲模　圆形件弯曲模	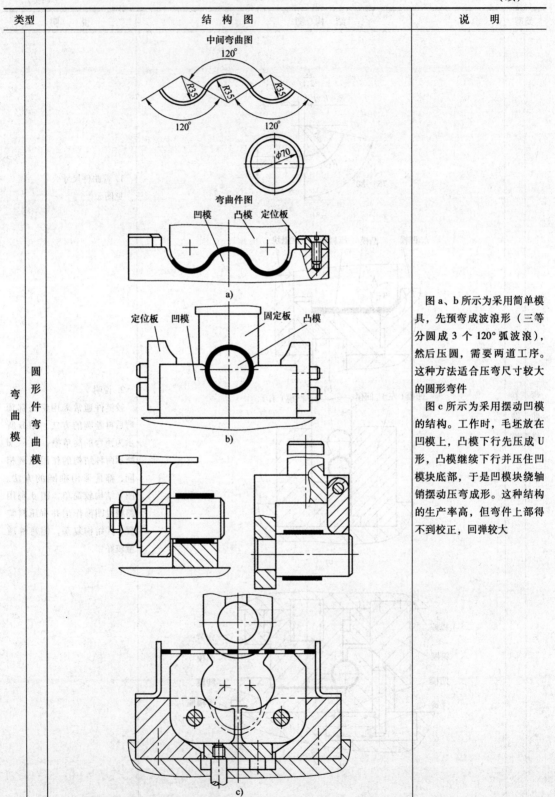	图 a、b 所示为采用简单模具，先预弯成波浪形（三等分圆成 3 个 120° 弧波浪），然后压圆，需要两道工序。这种方法适合压弯尺寸较大的圆形弯件 　　图 c 所示为采用摆动凹模的结构。工作时，毛坯放在凹模上，凸模下行先压成 U 形，凸模继续下行并压住凹模块底部，于是凹模块绕轴销摆动压弯成形。这种结构的生产率高，但弯件上部得不到校正，回弹较大

中间弯曲图

120°

120°　　120°

R35　R35　R35

φ70

弯曲件图

凹模　凸模　定位板

a)

定位板　凹模　固定板　凸模

b)

c)

（续）

类型	结 构 图	说 明
圆形件弯曲模	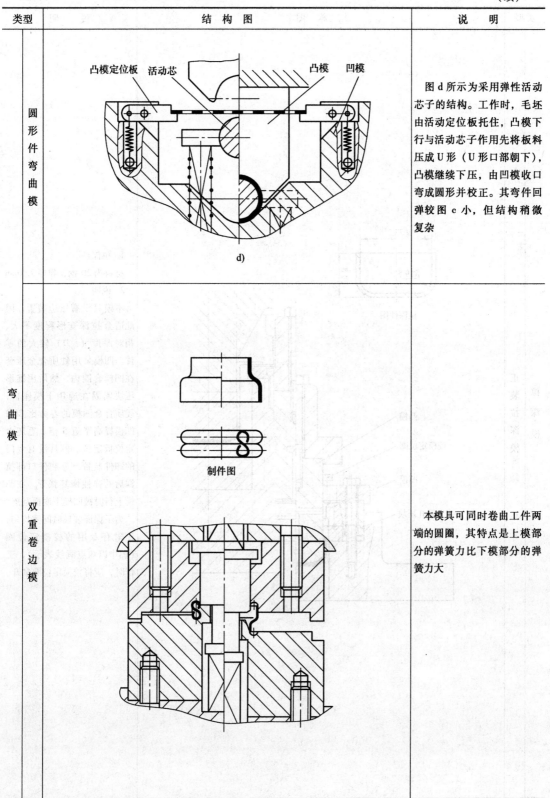	图 d 所示为采用弹性活动芯子的结构。工作时，毛坯由活动定位板托住，凸模下行与活动芯子作用先将板料压成 U 形（U 形口部朝下），凸模继续下压，由凹模收口弯成圆形并校正。其弯件回弹较图 c 小，但结构稍微复杂
弯曲模 双重卷边模		本模具可同时卷曲工件两端的圆圈，其特点是上模部分的弹簧力比下模部分的弹簧力大

（续）

类型	结 构 图	说 明
拉深模 正装拉深模	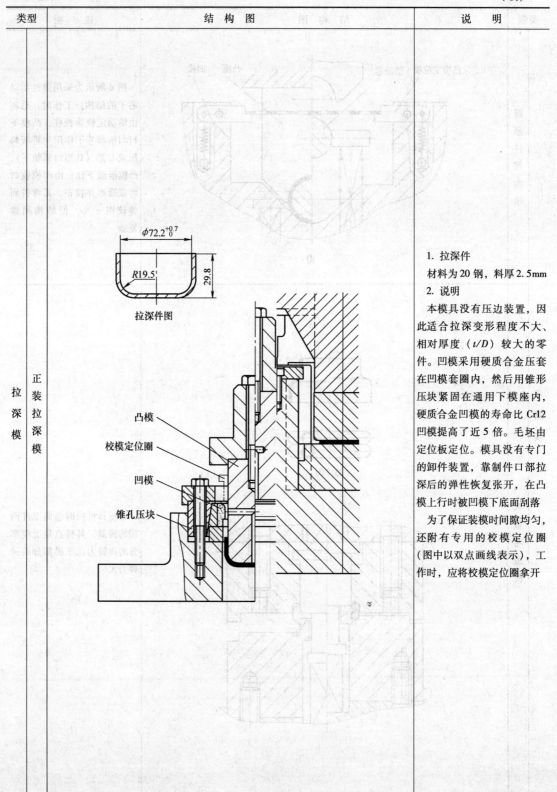 $\phi 72.2^{+0.7}_{0}$ $R19.5$ 29.8 拉深件图 凸模 校模定位圈 凹模 锥孔压块	1. 拉深件 材料为 20 钢，料厚 2.5mm 2. 说明 本模具没有压边装置，因此适合拉深变形程度不大、相对厚度（t/D）较大的零件。凹模采用硬质合金压套在凹模套圈内，然后用锥形压块紧固在通用下模座内，硬质合金凹模的寿命比 Cr12 凹模提高了近 5 倍。毛坯由定位板定位。模具没有专门的卸件装置，靠制件口部拉深后的弹性恢复张开，在凸模上行时被凹模下底面刮落 为了保证装模时间隙均匀，还附有专用的校模定位圈（图中以双点画线表示），工作时，应将校模定位圈拿开

（续）

类型	结 构 图	说 明

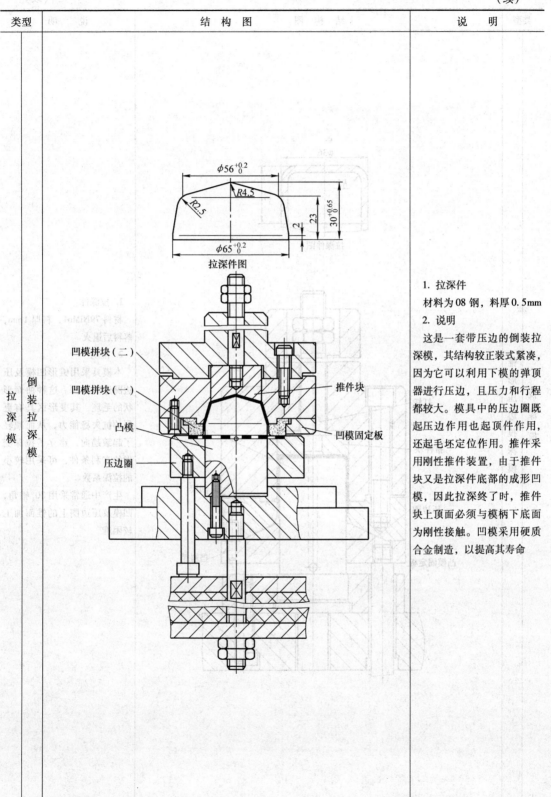

拉深件图

凹模拼块（二）

凹模拼块（一）

凸模

压边圈

推件块

凹模固定板

倒装拉深模

拉深模

1. 拉深件

材料为 08 钢，料厚 0.5mm

2. 说明

这是一套带压边的倒装拉深模，其结构较正装式紧凑，因为它可以利用下模的弹顶器进行压边，且压力和行程都较大。模具中的压边圈既起压边作用也起顶件作用，还起毛坯定位作用。推件采用刚性推件装置，由于推件块又是拉深件底部的成形凹模，因此拉深终了时，推件块上顶面必须与模柄下底面为刚性接触。凹模采用硬质合金制造，以提高其寿命

（续）

类型	结　构　图	说　明
拉深模 锥形压边拉深模	 拉深件图 	1. 拉深件 　材料 79NiMo4，料厚 1mm，落料后退火 2. 说明 　本模具采用锥形凹模及压边圈进行拉深。这种曲面形状的毛坯，其变形区具有更强的抗失稳能力，从而减轻了起皱趋向，建立了拉深变形的有利条件，可采用较小的拉深系数 　生产中通常采用30°锥角，凹模及压边圈上的锥面加工较困难

（续）

类型	结 构 图	说 明
拉深模	多层凹模拉深模	

拉深件图　毛坯图

凸模 a
定位板
盖板
凹模 a
垫块
凹模套
凹模 b

凹模 c　刮件器　弹簧图

说明栏：

1. 拉深件
材料为黄铜 H68，料厚 0.8mm

2. 说明
　　本模具是在摩擦压力机上进行拉深的。其特点是每次拉深采用较小的变形量（如凹模 a 的拉深系数为 0.77，b 的拉深系数为 0.856，c 的拉深系数为 0.905），使拉深时不产生皱纹，因而不需要压边，一次行程可通过 2~3 个凹模获得较大的变形量，提高了生产率。此模具的缺点是凸模较长且需要行程较大的设备
　　此模具的工作情况大致是：经过首次拉深后的毛坯（外径 φ28mm）放在定位板上定位，凸模 a 下行，先通过凹模 a 再通过凹模 b 最后通过凹模 c，拉深成外径为 φ16.8mm 的半成品；凸模上行时，半成品便由刮件器刮下。为了使拉深时得到良好的润滑，凹模套上开有 6 条油槽，润滑油可从盖板的 6 个小孔中流下，使下面的凹模得到润滑
　　该模具采用通用模架，将外径为 φ16.8mm 的半成品在该模具上（更换相应的凸模、凹模、定位板和垫块等）通过两个凹模 d、e，便拉深成左图所示的制件
　　凸模和凹模的尺寸见表 1 和表 2

表 1　（单位：mm）

	件号	a	b
凸模	$d_凸$	$15.15_{-0.02}^{0}$	$11.05_{-0.02}^{0}$
	R	2.5	2
	L	163	185

表 2　（单位：mm）

	件号	a	b	c	d	e
凹模	$d_凹$	$21.6_{0}^{+0.1}$	$18.5_{0}^{+0.1}$	$16.8_{0}^{+0.05}$	$14.2_{0}^{+0.1}$	$12.6_{0}^{+0.03}$
	α	60°	50°	50°	50°	50°
	R	3	5	3	3	3

本制件的各次拉深尺寸见表 3

表 3　（单位：mm）

工序	D	H	R	拉深系数 m 每次的	拉深系数 m 总的
首次拉深	28	~24	4	—	0.49
二次拉伸	21.6			0.77	0.6
	18.5			0.856	
	$16.8_{0}^{+0.12}$	~50	2.5	0.905	
三次拉深	14.2			0.845	0.75
	$12.6_{-0.08}^{0}$	~70	2	0.89	

结构图尺寸标注：
φ12.6$_{-0.08}^{0}$
~70(H)
R2
φ28
24(H)
R4

（续）

类型	结　构　图	说　明
拉深模 球形件拉深模	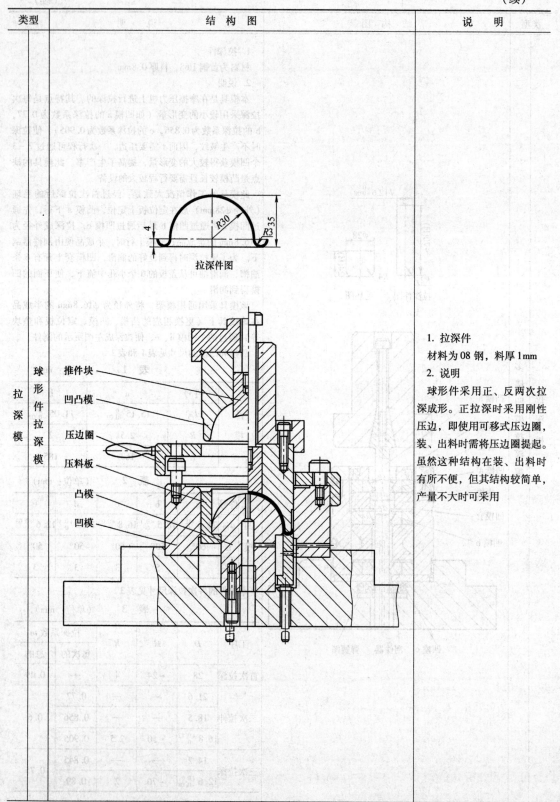 拉深件图 推件块 凹凸模 压边圈 压料板 凸模 凹模	1. 拉深件 材料为 08 钢，料厚 1mm 2. 说明 　球形件采用正、反两次拉深成形。正拉深时采用刚性压边，即使用可移式压边圈，装、出料时需将压边圈提起。虽然这种结构在装、出料时有所不便，但其结构较简单，产量不大时可采用

（续）

类型	结 构 图	说 明

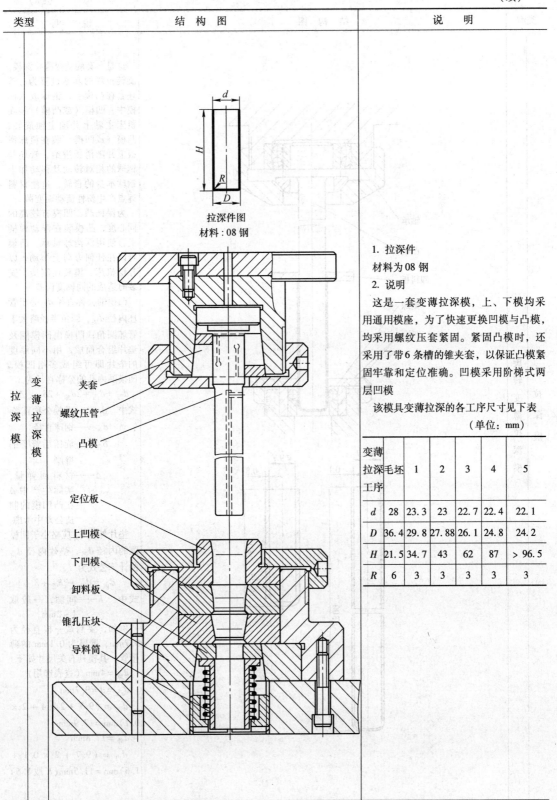

拉深件图
材料：08 钢

1. 拉深件
材料为 08 钢
2. 说明
这是一套变薄拉深模，上、下模均采用通用模座，为了快速更换凹模与凸模，均采用螺纹压套紧固。紧固凸模时，还采用了带6条槽的锥夹套，以保证凸模紧固牢靠和定位准确。凹模采用阶梯式两层凹模

该模具变薄拉深的各工序尺寸见下表

（单位：mm）

变薄拉深毛坯 工序	1	2	3	4	5
d	28	23.3	23	22.7	22.4	22.1
D	36.4	29.8	27.88	26.1	24.8	24.2
H	21.5	34.7	43	62	87	> 96.5
R	6	3	3	3	3	3

类型：拉深模 — 变薄拉深模

图中标注：夹套、螺纹压管、凸模、定位板、上凹模、下凹模、卸料板、锥孔压块、导料筒

（续）

类型	结　构　图	说　明

类型： 拉深模　旋转变薄拉深模

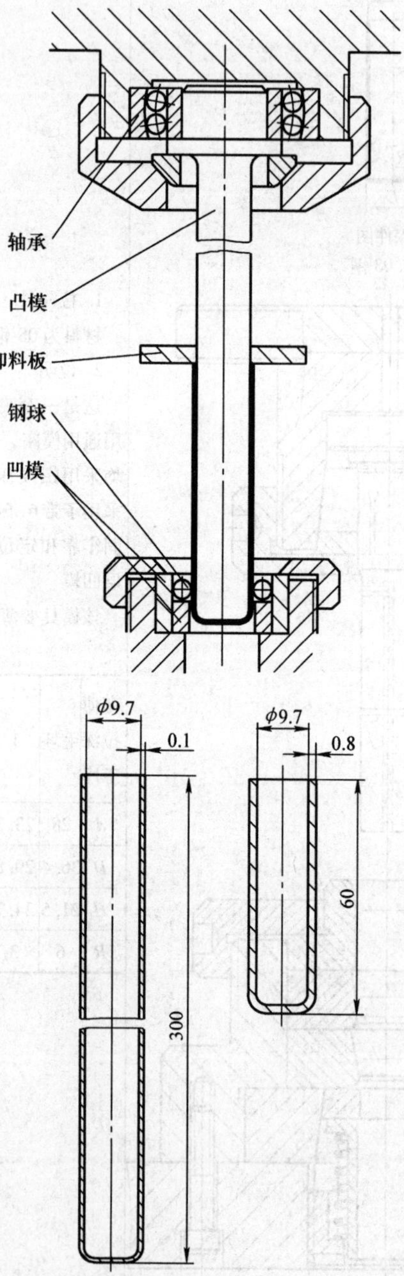

结构图：

轴承
凸模
卸料板
钢球
凹模

$\phi 9.7$　0.1

$\phi 9.7$　0.8

300　60

说明：

这是一套旋转变薄拉深模。旋转拉深的基本过程为：管坯套在凸模上，钢球放入凹模中，凹模（或凸模）装在机床主轴上并随主轴旋转，凸模（或凹模）装在机床滑板上并随滑板进给，管坯与钢球的相对转动及移动加上钢球本身的自转，迫使材料逐点产生塑性流动而变薄

为保证凸、凹模有较高的同心度，凸模装在浮动模柄上，使用深沟球轴承，凸模可以在任何方向上摆动，以补偿机床、模具在制造、安装时造成的同轴度误差

凸模的公称直径 $d_凸$ 等于管坯内径 $d_坯$，圆角半径略大于管坯圆角；凹模由凹模圈及垫片组合而成，用不同厚度的垫片即可组成多组凹模。凹模圈内孔的公称直径为

$$d_凹 = d_凸 + 2d_球 + 2\delta_管 - \Delta$$

式中　$d_凸$——凸模公称直径

　　　$d_球$——钢球直径

　　　$\delta_管$——旋压后管子的壁厚

　　　Δ——材料回弹量，实际生产中 Δ 在凸凹模的制造公差中考虑

垫片外径 $d_外$ 应略小于凹模圈的内径 $d_内$；垫片内径 $d_内$ 的计算公式为

$$d_内 = d_凸 + 2\delta_管 + K$$

式中　K——间隙，一般取 $1 \sim 2mm$

例如，要制造一根直径为9.7mm，壁厚为0.1mm的薄壁管，其模具有关尺寸如下

$d_球 = 4mm$（查表选用）

$d_凸 = d = 9.7mm$

$d_凹 = (9.7 + 2 \times 4 + 2 \times 0.1)mm = 17.9mm$

$d_外 = 17.8mm$

$d_内 = (9.7 + 2 \times 0.1 + 1.6)mm = 11.5mm(K 取 1.6)$

（续）

类型	结构图	说明
洗衣机内桶拉深模	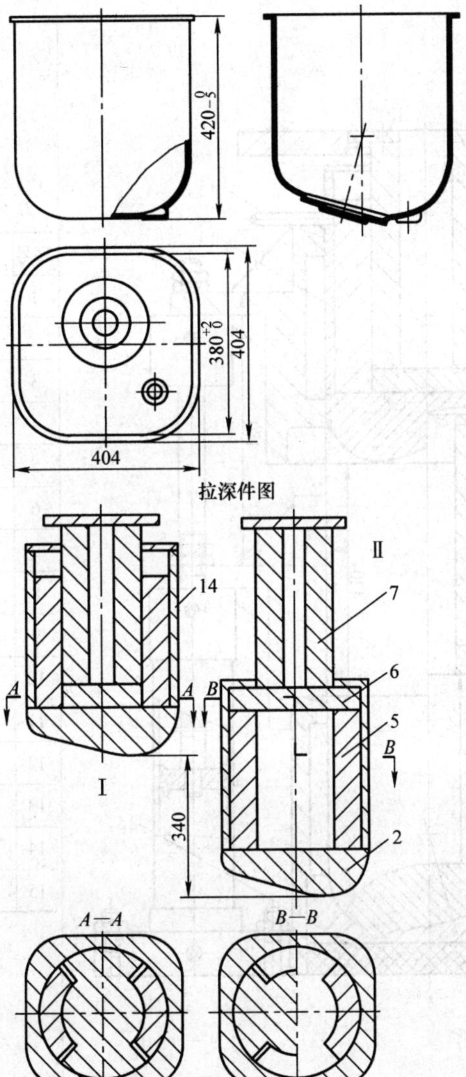 拉深件图	1. 说明 　该模具为洗衣机内桶第二次反拉深模。模具上装有两个辅助油缸，将压边圈4固定在油缸活塞轴上，解决了压边力问题。模具采用了凸模行程补偿装置（可补偿340mm），以解决压力机行程不够的问题，其原理见左图。位置Ⅰ时，压头支轴7与凸模瓦形块5成A—A剖视位置，滑块的力通过压头支轴7使凸模零件2、5下行拉深，如将件7拉上并旋转90°成Ⅱ图所示时（见B—B剖视），则可通过压头底座6推动凸模零件2、5下行拉深，使行程得到补偿。工作时，先如右半图所示，将一次拉深件套在凹模3上，降下压边圈4，然后凸模从图示最大闭合高度1500mm开始随滑块下降500mm，达最小闭合高度1000mm，这时制件的反拉深深度为80mm；拉开挡销13使上模的件7、6上行340mm，这时件2、5不动，件7到位后转90°成Ⅱ位置，上模即可再下行340mm使制件达到总深420mm；上模与压边圈一起上行，将制件退出凹模，当升高超过340mm时，件7转90°回原位，使压边圈不动；接着件7随压力机滑块下行，当回到原位Ⅰ时插入挡销，件2、5即与件7一起随滑块上行进行脱模，制件由压边圈底面使其脱离凸模，最后压边圈上升到480mm，即可取出制件

（续）

类型	结 构 图	说 明
拉深模 洗衣机内桶拉深模		2. 零件明细

序号	名称	件数
1	凹模底部镶件	1
2	凸模底部镶件	1
3	凹模	1
4	压边圈	1
5	凸模瓦形块	2
6	压头底座	1
7	压头支轴	1
8	盖板	1
9	压板	1
10	压头上垫板	1
11	滚珠	100
12	螺钉	12
13	挡销	2
14	凸模镶块	1 副
15	橡胶垫	1

（续）

类型	结构图	说明

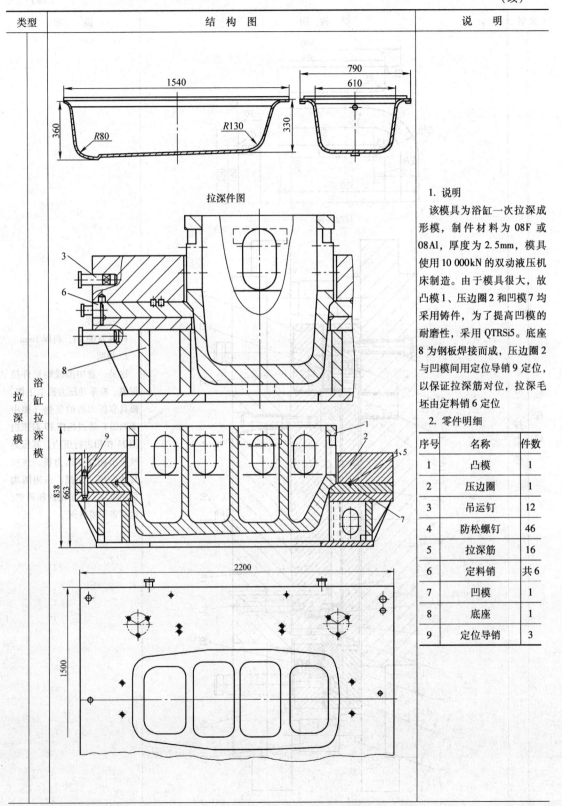

拉深件图

1. 说明

该模具为浴缸一次拉深成形模，制件材料为 08F 或 08Al，厚度为 2.5mm，模具使用 10 000kN 的双动液压机床制造。由于模具很大，故凸模1、压边圈2 和凹模7 均采用铸件，为了提高凹模的耐磨性，采用 QTRSi5。底座8 为钢板焊接而成，压边圈2 与凹模间用定位导销9 定位，以保证拉深筋对位，拉深毛坯由定料销6 定位

2. 零件明细

序号	名称	件数
1	凸模	1
2	压边圈	1
3	吊运钉	12
4	防松螺钉	46
5	拉深筋	16
6	定料销	共6
7	凹模	1
8	底座	1
9	定位导销	3

类型左栏：拉深模　浴缸拉深模

（续）

类型	结 构 图	说 明

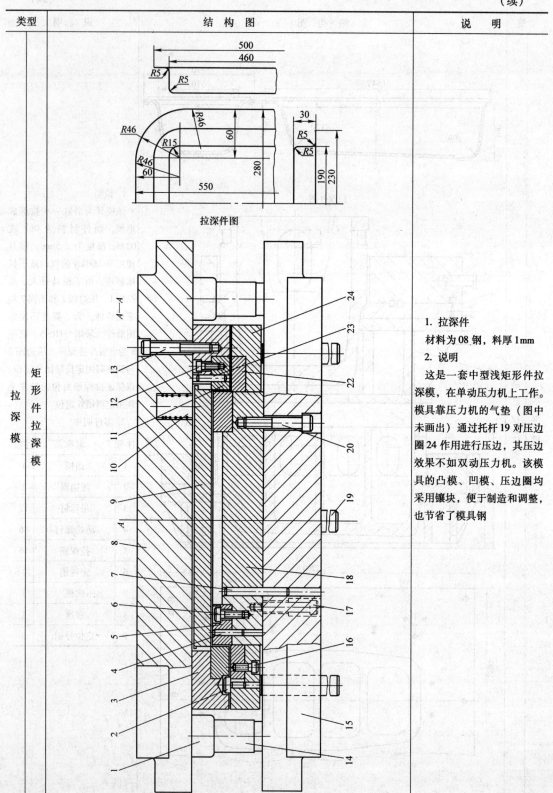

拉深件图

1. 拉深件

材料为 08 钢，料厚 1mm

2. 说明

这是一套中型浅矩形件拉深模，在单动压力机上工作。模具靠压力机的气垫（图中未画出）通过托杆 19 对压边圈 24 作用进行压边，其压边效果不如双动压力机。该模具的凸模、凹模、压边圈均采用镶块，便于制造和调整，也节省了模具钢

类型栏：拉深模

矩形件拉深模

（续）

类型	结构图	说明

拉深模　矩形件拉深模

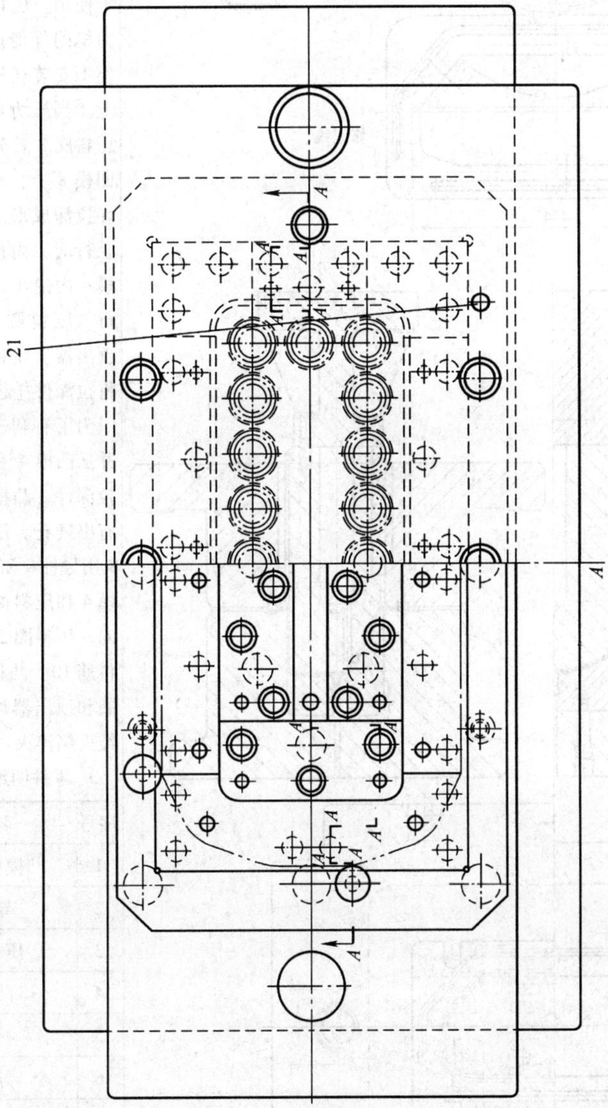

3. 零件明细

序号	名称	件数
1	导套	2
2	挡料销	3
3	凹模固定板	1
4	圆柱销	8
5	凸模镶块	4
6	内六角圆柱头螺钉	18
7	圆柱销	2
8	上模座	1
9	推件板	1
10	弹簧	20
11	凹模镶块	10
12	内六角圆柱头螺钉	30
13	内六角圆柱头螺钉	8
14	导柱	2
15	下模座	1
16	内六角圆柱头螺钉	24
17	卸料螺钉	4
18	凸模固定板	1
19	托杆	6
20	内六角圆柱头螺钉	8
21	圆柱销	2
22	压边圈镶块	6
23	圆柱销	12
24	压边圈	1

（续）

类型	结 构 图	说 明
离合器外壳拉深模 拉深模	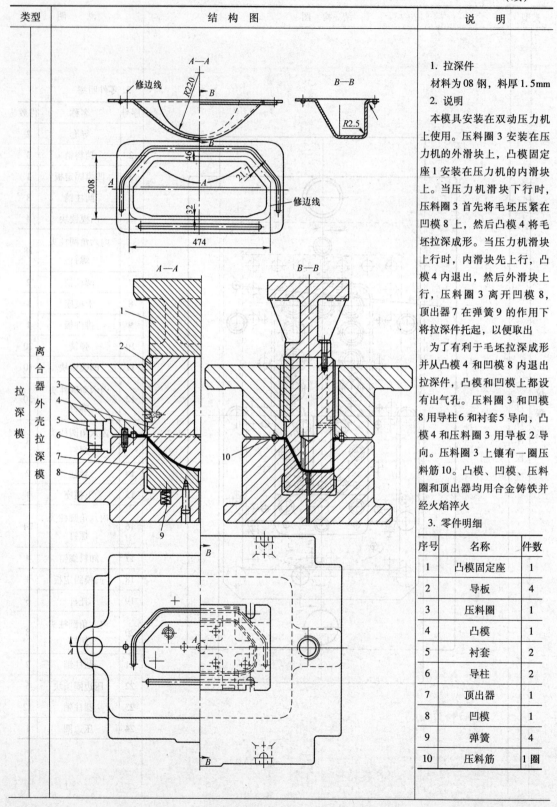	1. 拉深件 材料为 08 钢，料厚 1.5mm 2. 说明 本模具安装在双动压力机上使用。压料圈 3 安装在压力机的外滑块上，凸模固定座 1 安装在压力机的内滑块上。当压力机滑块下行时，压料圈 3 首先将毛坯压紧在凹模 8 上，然后凸模 4 将毛坯拉深成形。当压力机滑块上行时，内滑块先上行，凸模 4 内退出，然后外滑块上行，压料圈 3 离开凹模 8，顶出器 7 在弹簧 9 的作用下将拉深件托起，以便取出 为了有利于毛坯拉深成形并从凸模 4 和凹模 8 内退出拉深件，凸模和凹模上都设有出气孔。压料圈 3 和凹模 8 用导柱 6 和衬套 5 导向，凸模 4 和压料圈 3 用导板 2 导向。压料圈 3 上镶有一圈压料筋 10。凸模、凹模、压料圈和顶出器均用合金铸铁并经火焰淬火 3. 零件明细

序号	名称	件数
1	凸模固定座	1
2	导板	4
3	压料圈	1
4	凸模	1
5	衬套	2
6	导柱	2
7	顶出器	1
8	凹模	1
9	弹簧	4
10	压料筋	1 圈

（续）

类型	结 构 图	说 明

翻孔件图

翻孔模

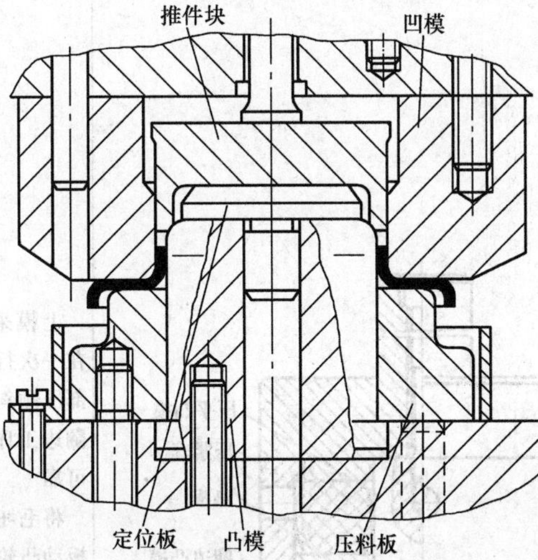

1. 冲件
材料为 08 钢，料厚 1.5mm
2. 说明
预先冲孔的毛坯放在凸模上由定位板定位，凹模下行与压料板一起夹紧毛坯进行翻边，凹模上行，压料板把制件顶起。若制件留在凹模内，则由打杆和推杆块把制件推出

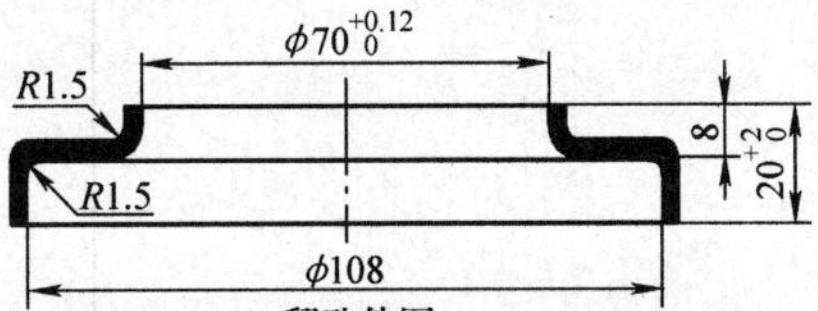

定位板　凸模　压料板

翻孔与翻边模

变薄翻孔模

制件图

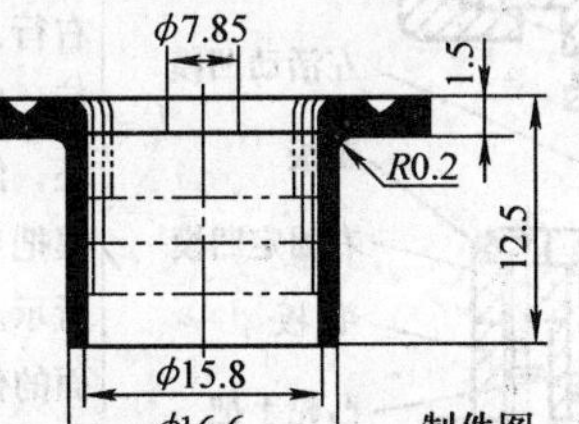

凹模
导向套
凸模
顶件块

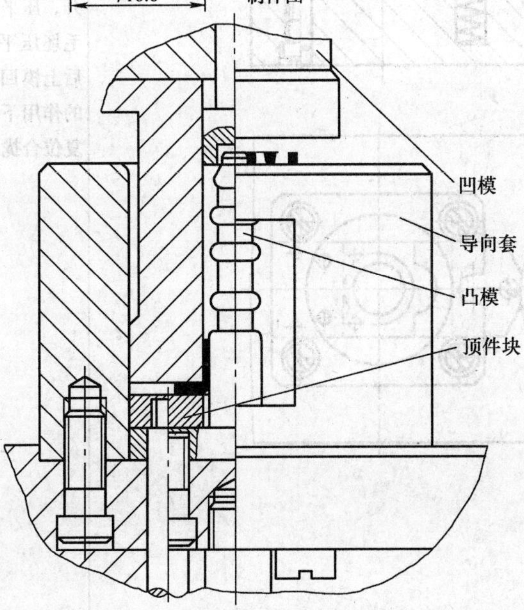

本模具采用阶梯环状凸模（兼作定位器），在一次行程内可进行多次变薄加工。第一次翻边通常是按照许用翻边系数进行计算的，其后各次凸模逐渐增大变薄量。当毛坯的凸缘边较小时，可在顶件块上设置齿形环来增加压边力

（续）

类型	结　构　图	说　明
翻孔与翻边模 / 端头翻边模	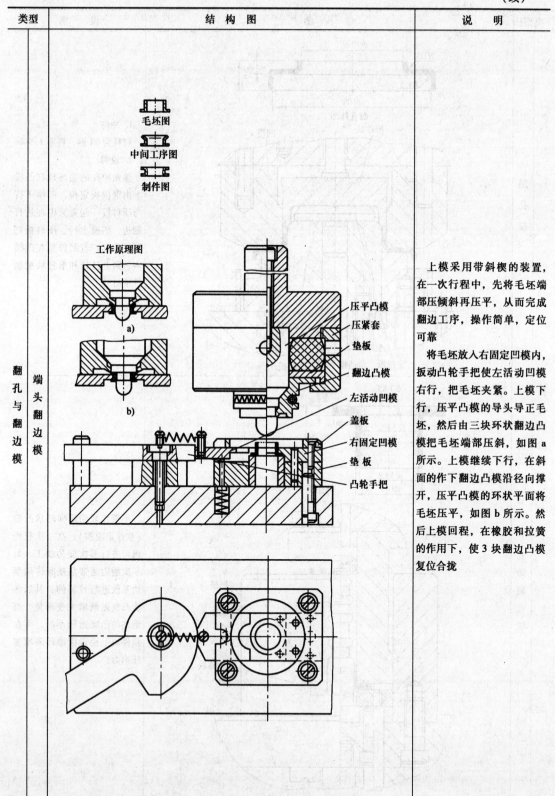 毛坯图 中间工序图 制件图 工作原理图 a) b) 压平凸模 压紧套 垫板 翻边凸模 左活动凹模 盖板 右固定凹模 垫板 凸轮手把	上模采用带斜楔的装置，在一次行程中，先将毛坯端部压倾斜再压平，从而完成翻边工序，操作简单，定位可靠 　　将毛坯放入右固定凹模内，扳动凸轮手把使左活动凹模右行，把毛坯夹紧。上模下行，压平凸模的导头导正毛坯，然后由三块环状翻边凸模把毛坯端部压斜，如图 a 所示。上模继续下行，在斜面的作下翻边凸模沿径向撑开，压平凸模的环状平面将毛坯压平，如图 b 所示。然后上模回程，在橡胶和拉簧的作用下，使 3 块翻边凸模复位合拢

类型	结　构　图	说　明
扩口与缩口模	扩口模	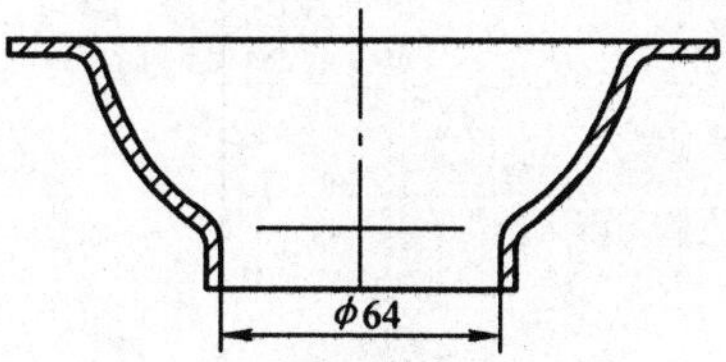 毛坯图 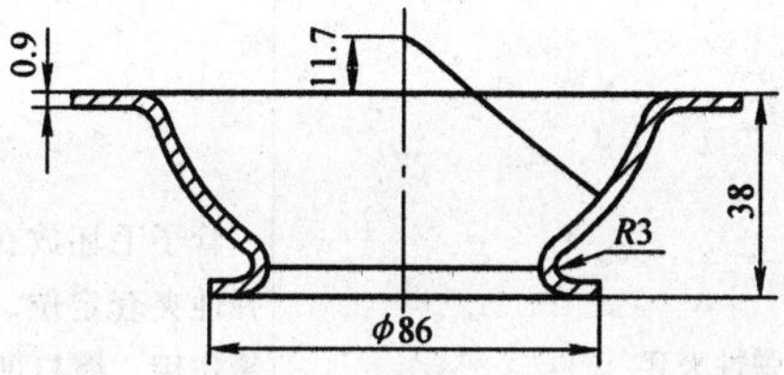 制件图 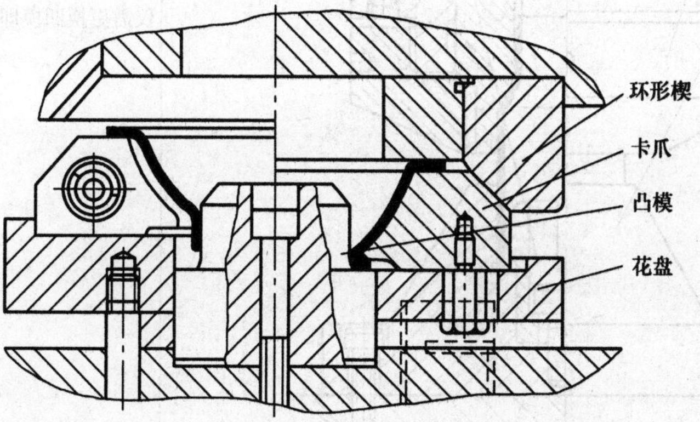	毛坯放在卡爪上由凸模定位，滑块下行时，3 个卡爪在环形楔的作用下向中心移动，形成闭合环。卡爪通过螺钉与花盘相连接，并在花盘上的椭圆槽内作径向移动，当滑块继续下行时，制件颈部在凸模的圆角处逐渐扩开。当滑块到达下死点时，花盘与下模座接触，从而起矫正凸缘的作用。当压力机滑块上行时，卡爪在弹簧的作用下张开，以便取出制件

毛坯图

$\phi64$

制件图

0.9　11.7　38　$R3$　$\phi86$

环形楔
卡爪
凸模
花盘

（续）

类型	结 构 图	说 明
扩口与缩口模　缩口模	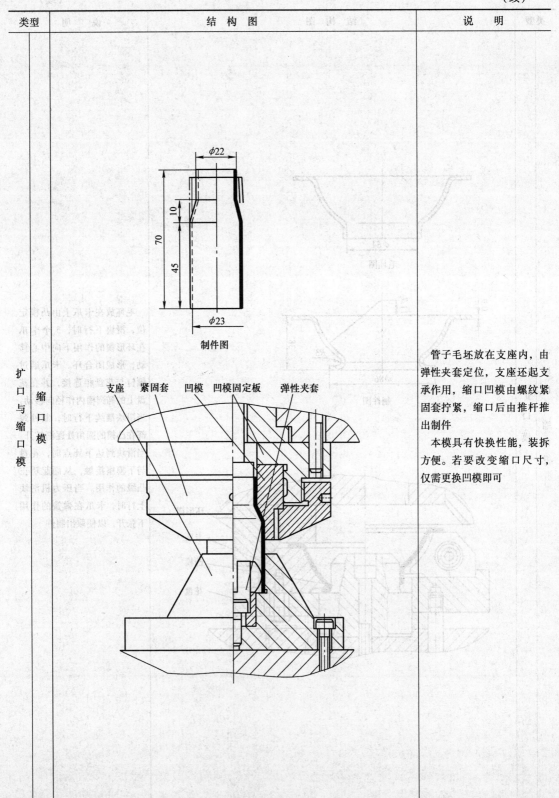 制件图	管子毛坯放在支座内，由弹性夹套定位，支座还起支承作用，缩口凹模由螺纹紧固套拧紧，缩口后由推杆推出制件 本模具有快换性能，装拆方便。若要改变缩口尺寸，仅需更换凹模即可

（续）

类型	结 构 图	说 明
胀形模	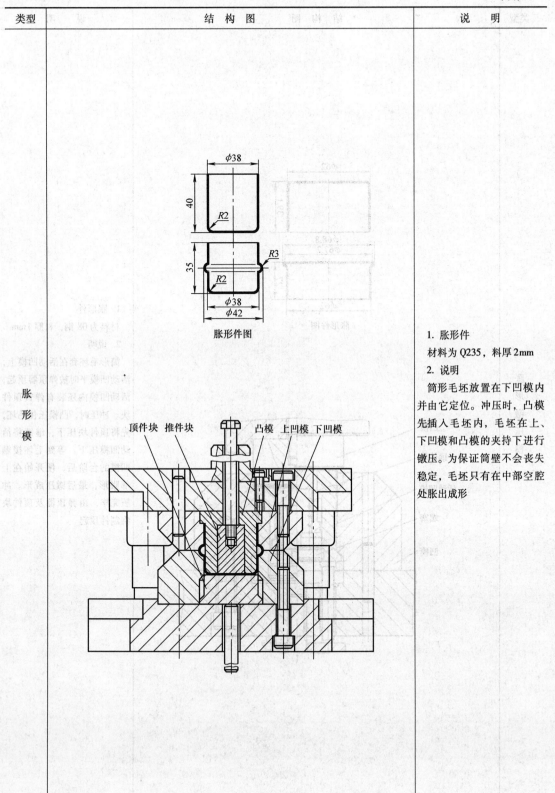 胀形件图	1. 胀形件 材料为 Q235，料厚 2mm 2. 说明 筒形毛坯放置在下凹模内并由它定位。冲压时，凸模先插入毛坯内，毛坯在上、下凹模和凸模的夹持下进行镦压。为保证筒壁不会丧失稳定，毛坯只有在中部空腔处胀出成形

（续）

类型	结 构 图	说 明
胀形镦压模	 胀形件图 凸模 顶件块 活动凹模 螺塞 凹模	1. 胀形件 材料为 08 钢，料厚 1mm 2. 说明 筒形毛坯套在活动凹模上，活动凹模平时被弹顶器顶起，活动凹模内还装有弹簧顶件块。冲压时，凸模压住毛坯，先将顶件块压下，继续将活动凹模压下，等到毛坯接触凹模的台阶后，便开始在上部胀形，最后镦压成形。冲压完毕，由弹顶器及顶件块将制件顶起

类型	结 构 图	说 明
筒壁切舌模	 制件图	在筒形件侧壁上冲百叶窗孔时，将毛坯放在分度盘上，用心轴与螺母将其夹紧，架在靠板的滑槽中，然后沿着底座上的T形槽推到凹模上。拧紧T形螺钉，将定位销插入毛坯件的小孔中，即可开始冲切。待压力机升起后抽出定位销，向上抬起分度盘，百叶窗翅片即离开凹模孔。转动分度盘连同毛坯至下一个定位孔，再插入定位销继续冲制下一窗孔。如此循环进行，直至完成。松开T形螺钉，将靠板连同分度盘与制件一起向后退出下模座，然后松开螺母，取下制件，即完成了这一零件的全部工序

（续）

类型	结 构 图	说 明
简壁切舌模	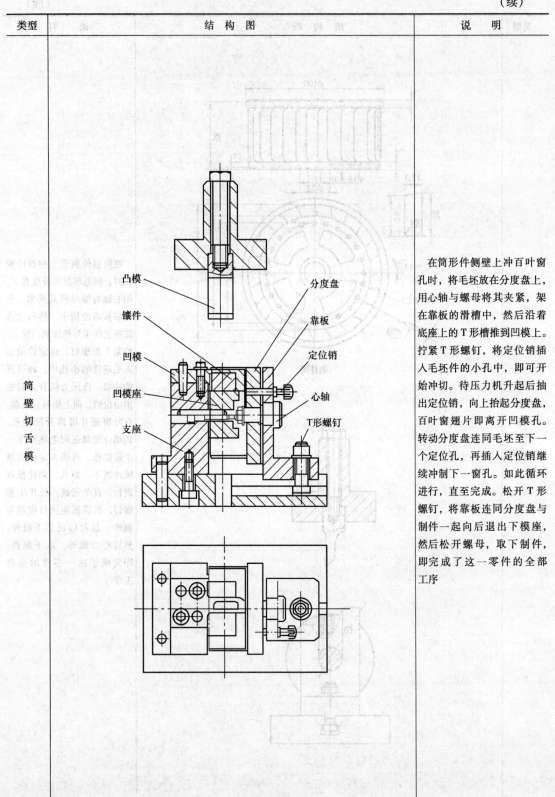 凸模　镶件　凹模　凹模座　支座 分度盘　靠板　定位销　心轴　T形螺钉	在筒形件侧壁上冲百叶窗孔时，将毛坯放在分度盘上，用心轴与螺母将其夹紧，架在靠板的滑槽中，然后沿着底座上的T形槽推到凹模上。拧紧T形螺钉，将定位销插入毛坯件的小孔中，即可开始冲切。待压力机升起后抽出定位销，向上抬起分度盘，百叶窗翅片即离开凹模孔。转动分度盘连同毛坯至下一个定位孔，再插入定位销继续冲制下一窗孔。如此循环进行，直至完成。松开T形螺钉，将靠板连同分度盘与制件一起向后退出下模座，然后松开螺母，取下制件，即完成了这一零件的全部工序

（续）

类型		结　构　图	说　明
整修模	外缘整修模	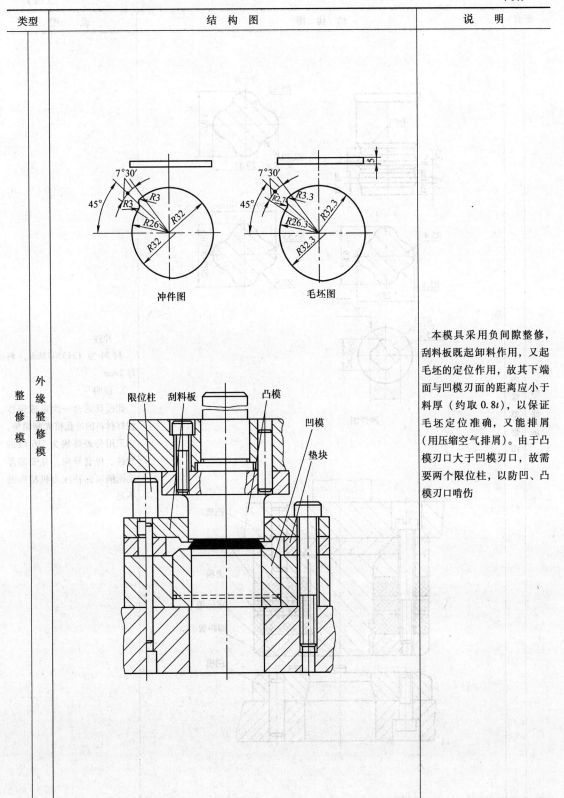	本模具采用负间隙整修，刮料板既起卸料作用，又起毛坯的定位作用，故其下端面与凹模刃面的距离应小于料厚（约取 0.8t），以保证毛坯定位准确，又能排屑（用压缩空气排屑）。由于凸模刃口大于凹模刃口，故需要两个限位柱，以防凹、凸模刃口啃伤

冲件图　　　　　　　　毛坯图

限位柱　刮料板　　凸模　　凹模　　垫块

（续）

类型	结　构　图	说　明
整修模　内缘整修模	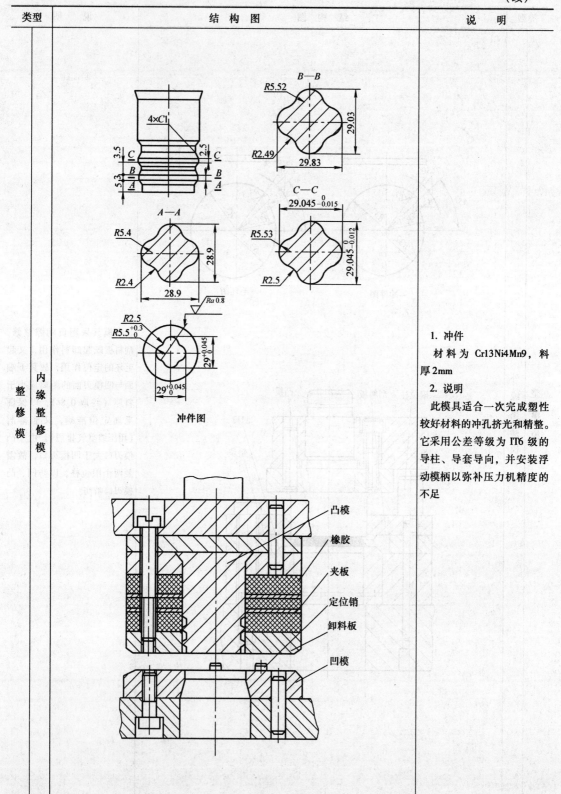	1. 冲件 材料为 Cr13Ni4Mn9，料厚 2mm 2. 说明 此模具适合一次完成塑性较好材料的冲孔挤光和精整。它采用公差等级为 IT6 级的导柱、导套导向，并安装浮动模柄以弥补压力机精度的不足

（续）

类型	结 构 图	说 明
双头成形模	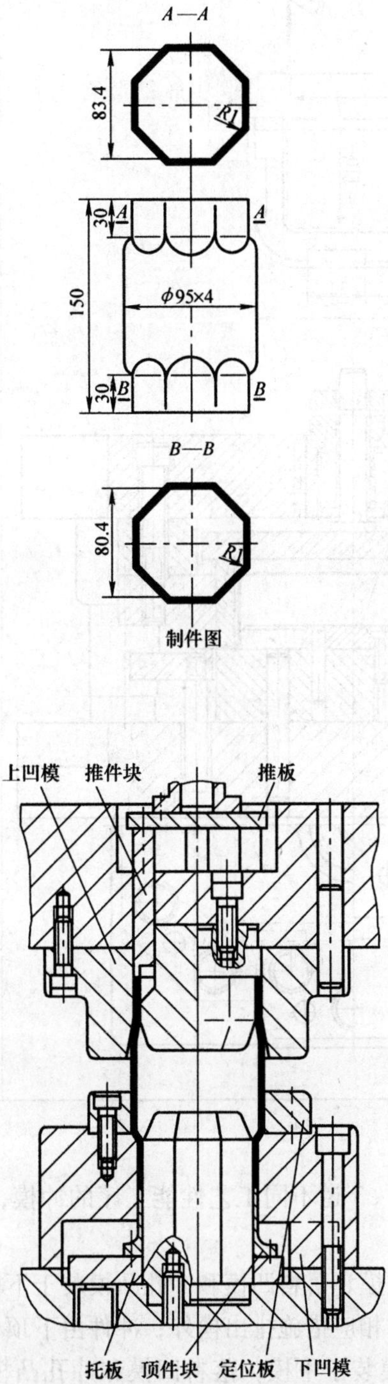 A—A B—B 制件图	本冲模可将圆筒形毛坯的两端压成八角形。毛坯放在定位板中定位，当滑块下行时，毛坯两端分别进入两凹模内，滑块到下死点时，工件成形完毕。滑块上行时，顶件块在托杆和托板的作用下将制件顶出下凹模，制件被上凹模带起。当滑块到达上死点时，推件块在打杆、推板的作用下，将制件推出上凹模

上凹模　推件块　　　推板

托板　顶件块　定位板　下凹模

（续）

类型	结构图	说明
切边模	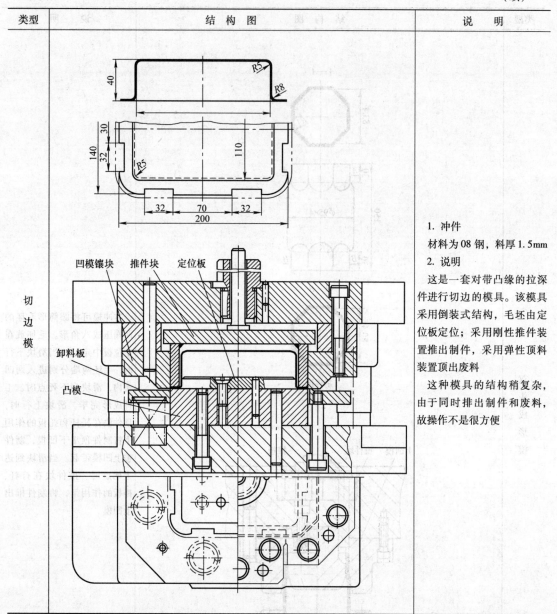	1. 冲件 材料为08钢，料厚1.5mm 2. 说明 　这是一套对带凸缘的拉深件进行切边的模具。该模具采用倒装式结构，毛坯由定位板定位；采用刚性推件装置推出制件，采用弹性顶料装置顶出废料 　这种模具的结构稍复杂，由于同时排出制件和废料，故操作不是很方便

2. 复合冲模及其典型结构

复合冲模是每副模具均能完成2~3道不同工艺性能工序的冲模，分为正装和倒装两种结构形式。

正装复合冲模是指凸凹模装于上模、落料凹模和冲孔凸模装于下模的冲模。其冲孔废料采用顶杆从凸凹模孔中顶出，并采用相应措施排出模外；冲件由下顶板顶出凸模。

倒（反）装复合冲模是指凸凹模装于下模，落料凹模和冲孔凸模装于上模的冲模。其冲孔废料由凸凹模的凹模孔漏下排出模外，冲件则由顶料板从凹模中顶出。这种复合冲模可用于自动冲压，若装有计数装置，配用快换模架，由机械手自动更换不同模芯，则可构成多品种、少批量生产的自动冲压单元。

采用复合冲模冲出的冲件表面平整，相当于精密冲模。其凹模常采用镶拼结构，故制造精度容易得到保证。

复合冲模的典型结构形式见表4-2。

表 4-2　复合冲模的典型结构形式

类型	结构图	说明
正装复合冲模 · E形片复合冲模	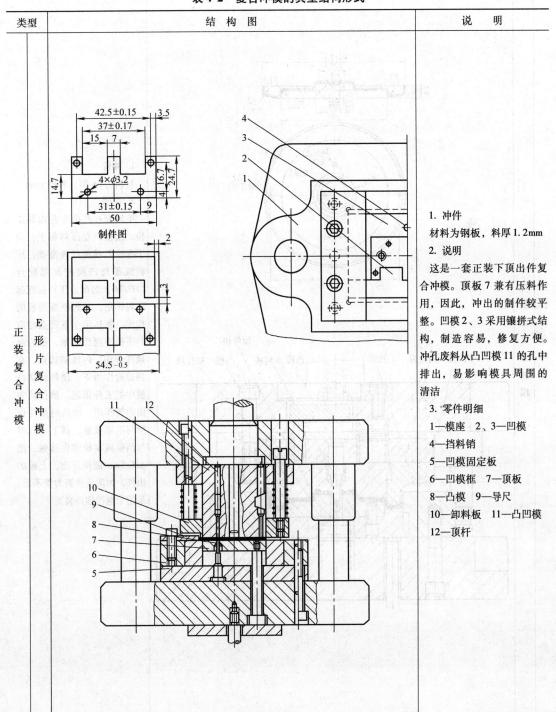 制件图	1. 冲件 材料为钢板，料厚 1.2mm 2. 说明 这是一套正装下顶出件复合冲模。顶板 7 兼有压料作用，因此，冲出的制件较平整。凹模 2、3 采用镶拼式结构，制造容易，修复方便。冲孔废料从凸凹模 11 的孔中排出，易影响模具周围的清洁 3. 零件明细 1—模座　2、3—凹模 4—挡料销 5—凹模固定板 6—凹模框　7—顶板 8—凸模　9—导尺 10—卸料板　11—凸凹模 12—顶杆

（续）

类型	结 构 图	说　明
正装复合冲模 内外翻边复合冲模	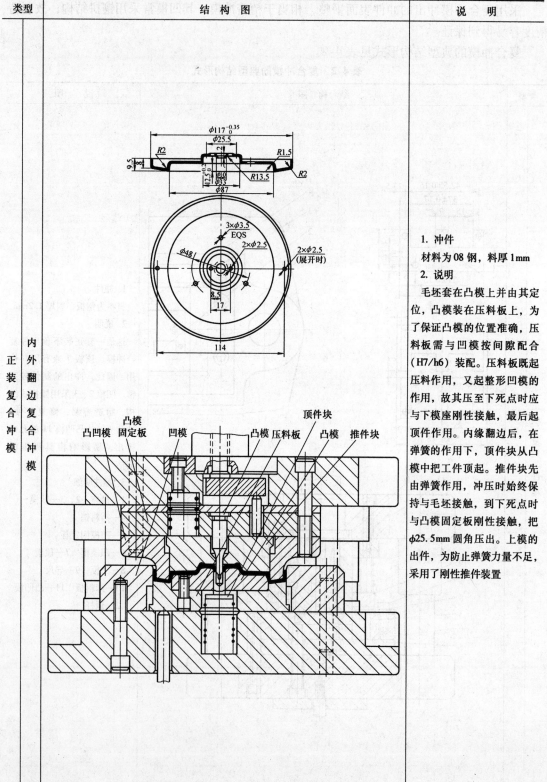	1. 冲件 材料为 08 钢，料厚 1mm 2. 说明 毛坯套在凸模上并由其定位，凸模装在压料板上，为了保证凸模的位置准确，压料板需与凹模按间隙配合（H7/h6）装配。压料板既起压料作用，又起整形凹模的作用，故其压至下死点时应与下模座刚性接触，最后起顶件作用。内缘翻边后，在弹簧的作用下，顶件块从凸模中把工件顶起。推件块先由弹簧作用，冲压时始终保持与毛坯接触，到下死点时与凸模固定板刚性接触，把 $\phi25.5$mm 圆角压出。上模的出件，为防止弹簧力量不足，采用了刚性推件装置

（续）

类型	结构图	说明
正装复合冲模	落料冲孔翻边成形复合冲模 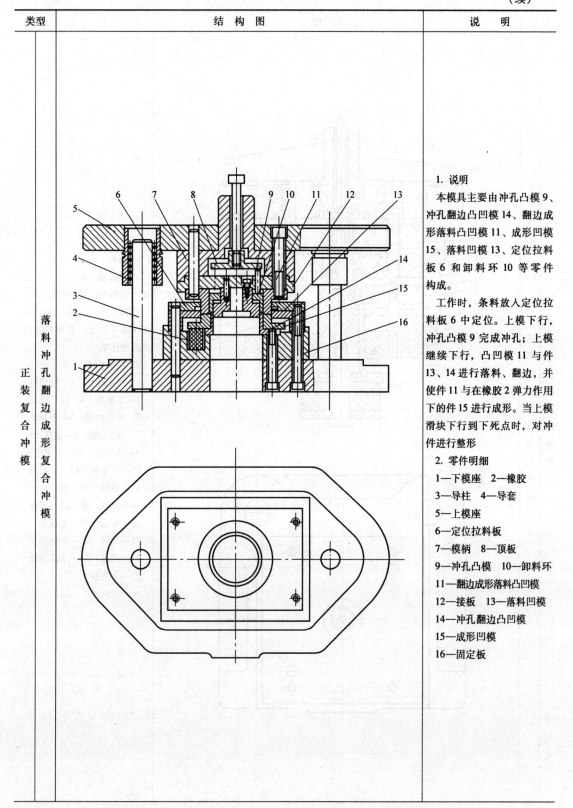	1. 说明 本模具主要由冲孔凸模 9、冲孔翻边凸凹模 14、翻边成形落料凸凹模 11、成形凹模 15、落料凹模 13、定位拉料板 6 和卸料环 10 等零件构成。 工作时，条料放入定位拉料板 6 中定位。上模下行，冲孔凸模 9 完成冲孔；上模继续下行，凸凹模 11 与件 13、14 进行落料、翻边，并使件 11 与在橡胶 2 弹力作用下的件 15 进行成形。当上模滑块下行到下死点时，对冲件进行整形 2. 零件明细 1—下模座 2—橡胶 3—导柱 4—导套 5—上模座 6—定位拉料板 7—模柄 8—顶板 9—冲孔凸模 10—卸料环 11—翻边成形落料凸凹模 12—接板 13—落料凹模 14—冲孔翻边凸凹模 15—成形凹模 16—固定板

（续）

类型	结　构　图	说　明
正装复合冲模	落料冲孔拉深复合冲模	 1. 说明 　　完成落料、冲孔后，在镶拼式凹模与凸模的作用下进行拉深工序。其中，冲件由下顶块 6 压紧，并起拉深时的限位作用 　2. 零件明细 1、19—橡胶　2—限位钉 3—下模座　4、15—顶杆 5—冲孔凹模　6—下顶块 7—镶拼凸模　8—镶拼凹模 9—凸凹模　10—上固定板 11—上垫板　12—上模座 13—模柄　14—打杆 16—冲孔凸模　17—盖板 18—导套　20—上顶块 21—导柱　22—卸料板 23—凹模　24—下固定板 25—下垫板

（续）

类型	结　构　图	说　　明
倒装复合冲模		1. 说明 　条料由导料销 24 导向送进，送进距由挡料销定位。模具采用由件 16、20、23 构成的弹性卸料机构卸料，冲孔废料由凹模孔漏下，冲件则由件 5、7、8、13 构成的出料机构推出 　2. 零件明细 1—导套　2—挡料销 3—上模座　4—螺钉 5—推杆　6—模柄 7—推板　8—推销 9—垫板　10—螺栓 11、21—销钉 12—凸模固定板 13—推件块　14—凹模 15—凸模　16—料板 17—导柱　18—下模座 19—凸凹模　20—弹簧 22—螺钉　23—卸料螺钉 24—导料销
倒装复合冲裁模		

（续）

类型	结构图	说明
倒装复合冲模 盖形件复合冲模	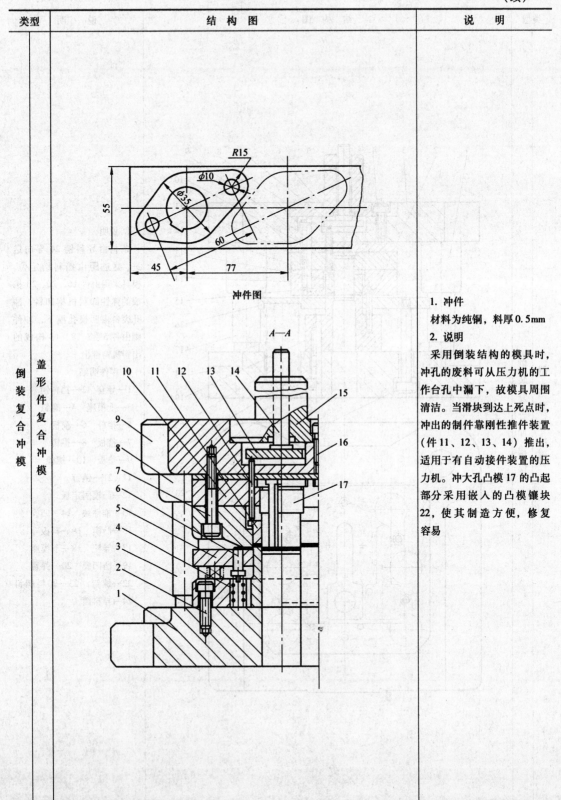	1. 冲件 材料为纯铜，料厚0.5mm 2. 说明 采用倒装结构的模具时，冲孔的废料可从压力机的工作台孔中漏下，故模具周围清洁。当滑块到达上死点时，冲出的制件靠刚性推件装置（件11、12、13、14）推出，适用于有自动接件装置的压力机。冲大孔凸模17的凸起部分采用嵌入的凸模镶块22，使其制造方便，修复容易

冲件图

（续）

类型	结　构　图	说　　明

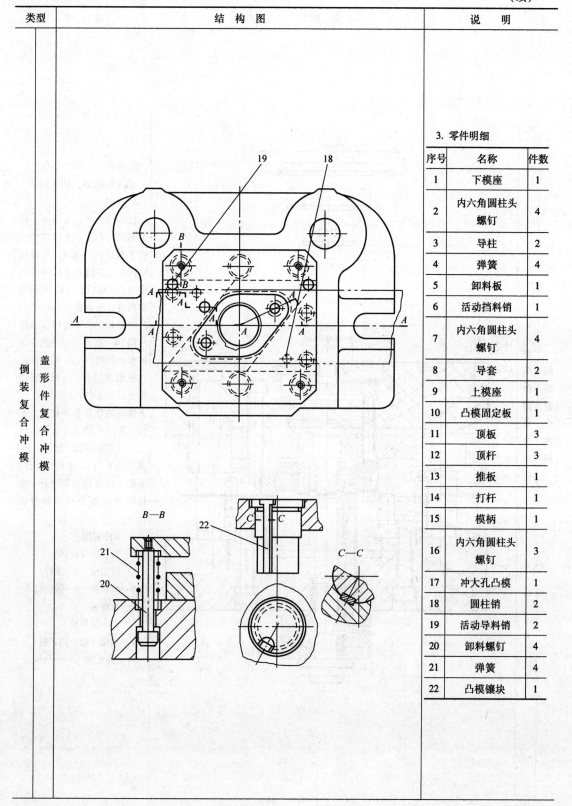

3. 零件明细

序号	名称	件数
1	下模座	1
2	内六角圆柱头螺钉	4
3	导柱	2
4	弹簧	4
5	卸料板	1
6	活动挡料销	1
7	内六角圆柱头螺钉	4
8	导套	2
9	上模座	1
10	凸模固定板	1
11	顶板	3
12	顶杆	3
13	推板	1
14	打杆	1
15	模柄	1
16	内六角圆柱头螺钉	3
17	冲大孔凸模	1
18	圆柱销	2
19	活动导料销	2
20	卸料螺钉	4
21	弹簧	4
22	凸模镶块	1

类型栏：倒装复合冲模

盖形件复合冲模

（续）

类型	结 构 图	说 明
倒装复合冲模 冲三垫圈复合冲模	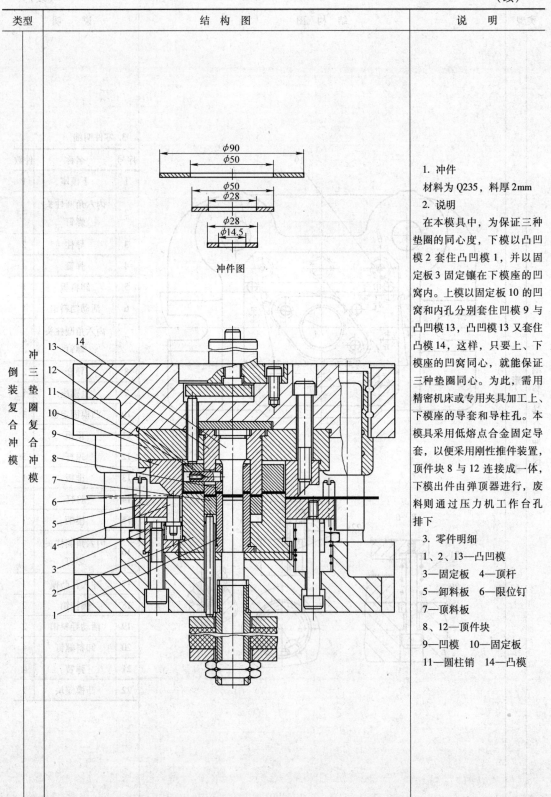 冲件图	1. 冲件 材料为 Q235，料厚 2mm 2. 说明 在本模具中，为保证三种垫圈的同心度，下模以凸凹模 2 套住凸凹模 1，并以固定板 3 固定镶在下模座的凹窝内。上模以固定板 10 的凹窝和内孔分别套住凹模 9 与凸凹模 13，凸凹模 13 又套住凸模 14，这样，只要上、下模座的凹窝同心，就能保证三种垫圈同心。为此，需用精密机床或专用夹具加工上、下模座的导套和导柱孔。本模具采用低熔点合金固定导套，以便采用刚性推件装置，顶件块 8 与 12 连接成一体，下模出件由弹顶器进行，废料则通过压力机工作台孔排下 3. 零件明细 1、2、13—凸凹模 3—固定板　4—顶杆 5—卸料板　6—限位钉 7—顶料板 8、12—顶件块 9—凹模　10—固定板 11—圆柱销　14—凸模

（续）

类型	结 构 图	说 明
倒装复合冲模 落料冲孔翻边复合冲模	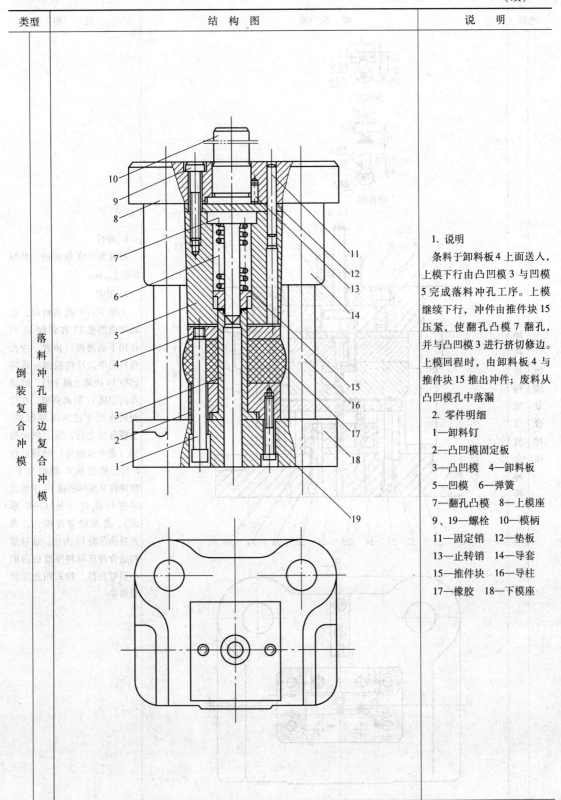 10 9 8 7 6 5 4 3 2 1 11 12 13 14 15 16 17 18 19	1. 说明 条料于卸料板4上面送入，上模下行由凸凹模3与凹模5完成落料冲孔工序。上模继续下行，冲件由推件块15压紧，使翻孔凸模7翻孔，并与凸凹模3进行挤切修边。上模回程时，由卸料板4与推件块15推出冲件；废料从凸凹模孔中落漏 2. 零件明细 1—卸料钉 2—凸凹模固定板 3—凸凹模　4—卸料板 5—凹模　6—弹簧 7—翻孔凸模　8—上模座 9、19—螺栓　10—模柄 11—固定销　12—垫板 13—止转销　14—导套 15—推件块　16—导柱 17—橡胶　18—下模座

（续）

类型	结　构　图	说　明
倒装复合冲模	冲孔落料压弯复合冲模 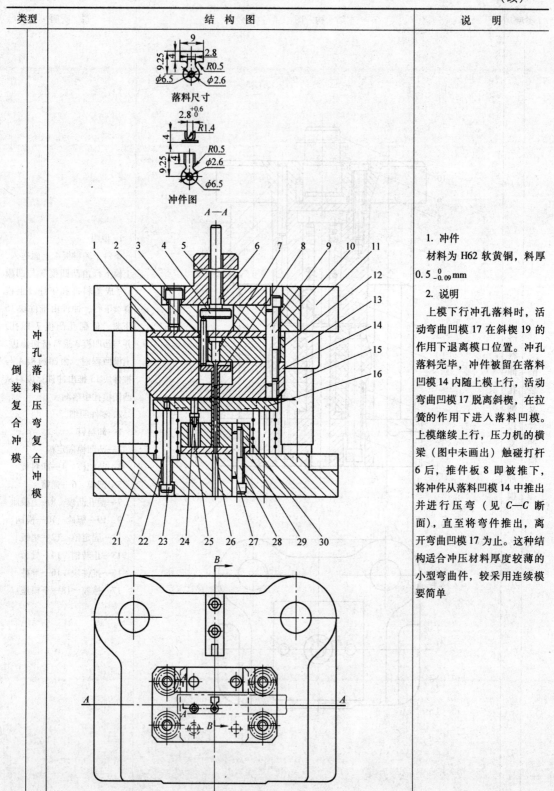	1. 冲件 　　材料为 H62 软黄铜，料厚 $0.5_{-0.09}^{0}$ mm 　2. 说明 　　上模下行冲孔落料时，活动弯曲凹模 17 在斜楔 19 的作用下退离模口位置。冲孔落料完毕，冲件被留在落料凹模 14 内随上模上行，活动弯曲凹模 17 脱离斜楔，在拉簧的作用下进入落料凹模。上模继续上行，压力机的横梁（图中未画出）触碰打杆 6 后，推件板 8 即被推下，将冲件从落料凹模 14 中推出并进行压弯（见 C—C 断面），直至将弯件推出，离开弯曲凹模 17 为止。这种结构适合冲压材料厚度较薄的小型弯曲件，较采用连续模要简单

（续）

类型	结 构 图	说 明

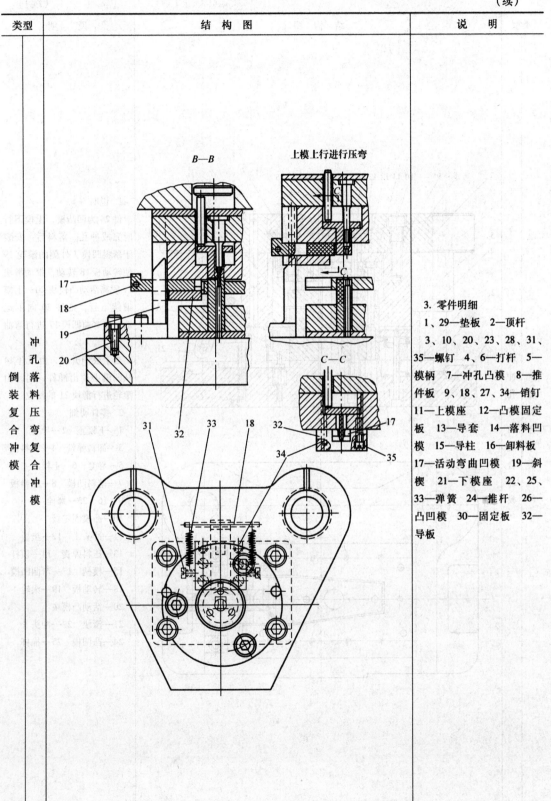

3. 零件明细

1、29—垫板 2—顶杆 3、10、20、23、28、31、35—螺钉 4、6—打杆 5—模柄 7—冲孔凸模 8—推件板 9、18、27、34—销钉 11—上模座 12—凸模固定板 13—导套 14—落料凹模 15—导柱 16—卸料板 17—活动弯曲凹模 19—斜楔 21—下模座 22、25、33—弹簧 24—推杆 26—凸凹模 30—固定板 32—导板

类型： 倒装复合冲模

冲孔落料压弯复合冲模

（续）

类型	结 构 图	说 明
倒装复合冲模　落料冲孔弯曲复合冲模	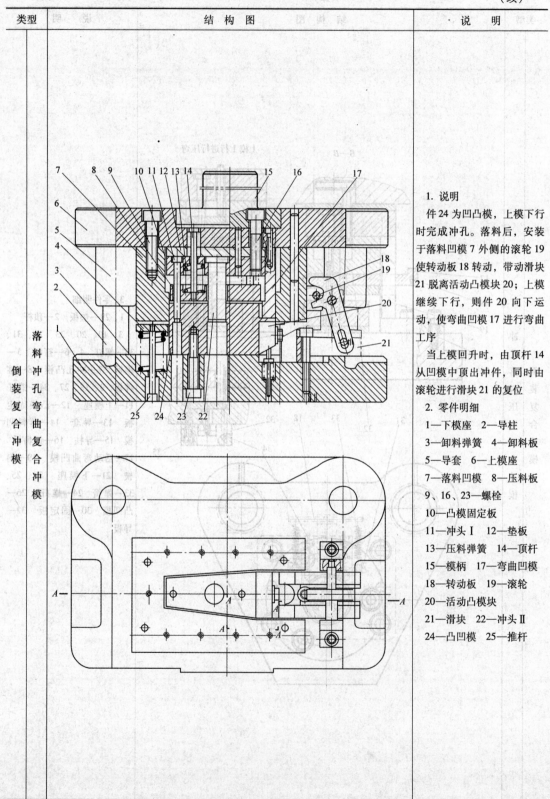	1. 说明 　件 24 为凹凸模，上模下行时完成冲孔。落料后，安装于落料凹模 7 外侧的滚轮 19 使转动板 18 转动，带动滑块 21 脱离活动凸模块 20；上模继续下行，则件 20 向下运动，使弯曲凹模 17 进行弯曲工序 　当上模回升时，由顶杆 14 从凹模中顶出冲件，同时由滚轮进行滑块 21 的复位 2. 零件明细 　1—下模座　2—导柱 　3—卸料弹簧　4—卸料板 　5—导套　6—上模座 　7—落料凹模　8—压料板 　9、16、23—螺栓 　10—凸模固定板 　11—冲头Ⅰ　12—垫板 　13—压料弹簧　14—顶杆 　15—模柄　17—弯曲凹模 　18—转动板　19—滚轮 　20—活动凸模块 　21—滑块　22—冲头Ⅱ 　24—凸凹模　25—推杆

（续）

类型	结构图	说明
倒装复合冲模 磁极片复合冲模	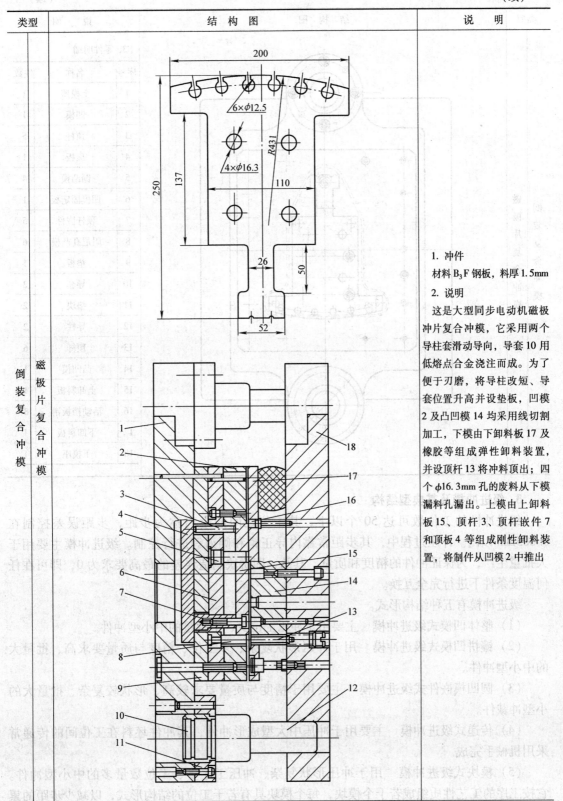	1. 冲件 材料 B_3F 钢板，料厚 1.5mm 2. 说明 这是大型同步电动机磁极冲片复合冲模，它采用两个导柱套滑动导向，导套 10 用低熔点合金浇注而成。为了便于刃磨，将导柱改短、导套位置升高并设垫板，凹模 2 及凸凹模 14 均采用线切割加工，下模由下卸料板 17 及橡胶等组成弹性卸料装置，并设顶杆 13 将冲料顶出；四个 $\phi16.3mm$ 孔的废料从下模漏料孔漏出。上模由上卸料板 15、顶杆 3、顶杆嵌件 7 和顶板 4 等组成刚性卸料装置，将制件从凹模 2 中推出

（续）

类型	结构　图	说　明

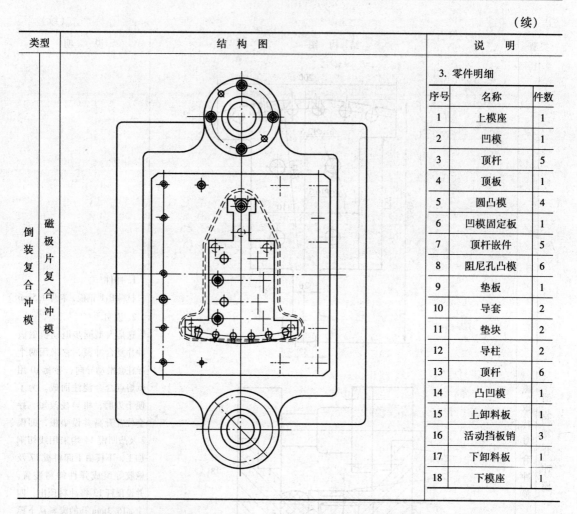

3. 零件明细

序号	名称	件数
1	上模座	1
2	凹模	1
3	顶杆	5
4	顶板	1
5	圆凸模	4
6	凹模固定板	1
7	顶杆嵌件	5
8	阻尼孔凸模	6
9	垫板	1
10	导套	2
11	垫块	2
12	导柱	2
13	顶杆	6
14	凸凹模	1
15	上卸料板	1
16	活动挡板销	3
17	下卸料板	1
18	下模座	1

类型：倒装复合冲模　磁极片复合冲模

3. 级进冲模及其典型结构

级进冲模的工位数可达 50 个以上，其工位之间的距离称为步距，步距误差控制在 0.005mm 以内。冲压过程中，其步距常靠内导正销和侧刃等进行控制。级进冲模主要用于大批量生产，为保证冲件的精度和质量，其凸、凹拼块制造误差的最高要求为 0，即可在任何温度条件下进行完全互换。

级进冲模有五种结构形式。

（1）整体凹模式级进冲模　主要用于冲压工位少、中批量的中小型冲件。

（2）镶拼凹模式级进冲模　用于冲压形状复杂、多工位、精度与质量要求高、批量大的中小型冲件。

（3）圆凹模嵌件式级进冲模　主要用于精度与质量要求较高、形状较复杂、批量大的小型冲裁件。

（4）传递式级进冲模　主要用于冲压中大型成形冲件，其冲件坯料在工位间的传递常采用机械手完成。

（5）模块式级进冲模　用于冲压形状复杂、冲压工序多、工位数量多的中小型冲件。它按工序的工艺性质组成若干个模块，每个模块具有若干工位的结构形式，以减少步距的累积误差，保证制造与装配精度，简化制造与装配过程。

其中，整体凹模式和镶拼凹模式为我国常用的级进冲模结构形式，其典型结构见表4-3。

此外，按工序的工艺性质，级进冲模还可分为冲孔落料级进冲模、冲孔落料弯曲级进冲模、冲孔落料弯曲翻边级进冲模和连续拉深级进冲模等。

表4-3 整体凹模式和镶拼凹模式级进冲模的典型结构

类型	结 构 图	说 明
冲孔落料级进冲模	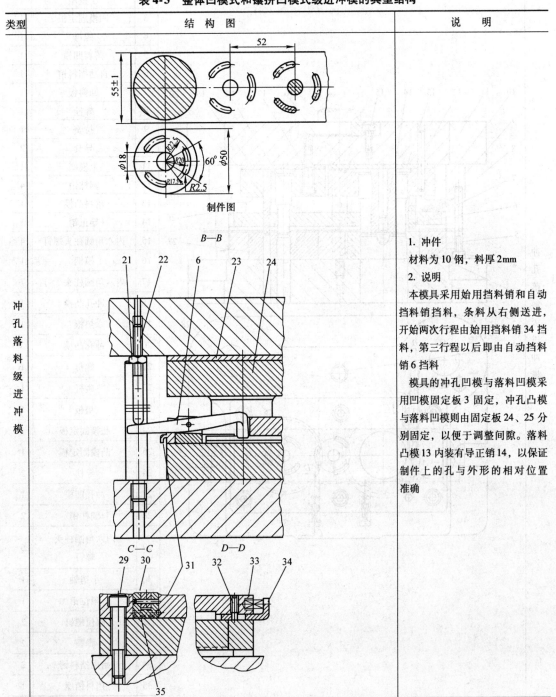	1. 冲件 材料为10钢，料厚2mm 2. 说明 本模具采用始用挡料销和自动挡料销挡料，条料从右侧送进，开始两次行程由始用挡料销34挡料，第三行程以后即由自动挡料销6挡料 模具的冲孔凹模与落料凹模采用凹模固定板3固定，冲孔凸模与落料凹模则由固定板24、25分别固定，以便于调整间隙。落料凸模13内装有导正销14，以保证制件上的孔与外形的相对位置准确

（续）

类型	结 构 图	说 明		
		3. 零件明细		
		序号	名称	件数
		1	限位柱	1
		2	下模座	1
		3	凹模固定板	1
		4	螺母	1
		5	落料凹模	1
		6	自动挡料销	1
		7	卸料板	1
		8	螺栓	1
		9	拉簧	1
		10	导套	2
冲孔落料级进冲模		11	上模座	1
		12	圆柱销	4
		13	落料凸模	1
		14	导正销	1
		15	内六角圆柱头螺钉	4
		16	模柄	1
		17	内六角圆柱头螺钉	7
		18	冲孔凸模	1
		19	垫板	1
		20	冲孔凸模	3
		21	螺母	1
		22	碰杆	1
		23	垫板	1
		24	凸模固定板	1
		25	凸模固定板	1
		26	导柱	2
		27	冲孔凹模	1
		28	圆柱销	2
		29	内六角圆柱头螺钉	6
		30	小销轴	1
		31	限位销	1
		32	限位螺钉	2
		33	弹簧	2
		34	始用挡料销	2
		35	挡料销座	1

（续）

类型	结 构 图	说 明
E形片级进冲模	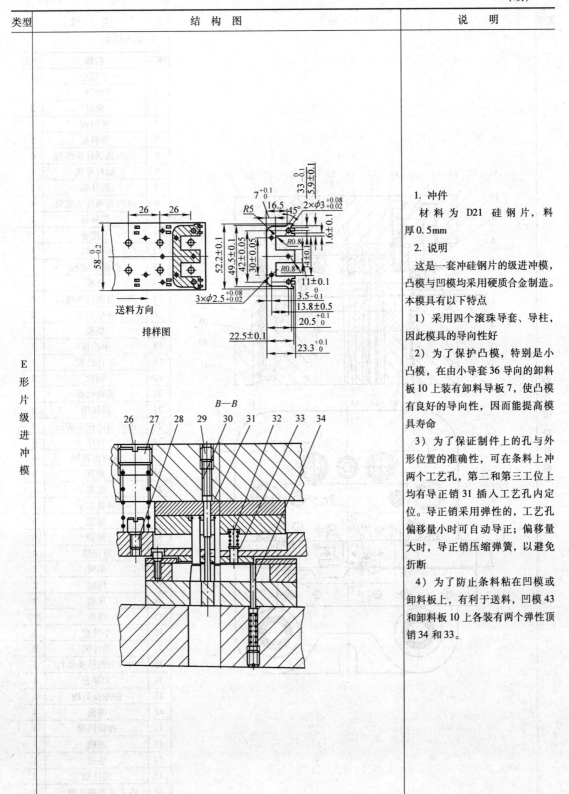 送料方向 排样图 B—B	1. 冲件 材料为 D21 硅钢片，料厚 0.5mm 2. 说明 这是一套冲硅钢片的级进冲模，凸模与凹模均采用硬质合金制造。本模具有以下特点 1）采用四个滚珠导套、导柱，因此模具的导向性好 2）为了保护凸模，特别是小凸模，在由小导套 36 导向的卸料板 10 上装有卸料导板 7，使凸模有良好的导向性，因而能提高模具寿命 3）为了保证制件上的孔与外形位置的准确性，可在条料上冲两个工艺孔，第二和第三工位上均有导正销 31 插入工艺孔内定位。导正销采用弹性的，工艺孔偏移量小时可自动导正；偏移量大时，导正销压缩弹簧，以避免折断 4）为了防止条料粘在凹模或卸料板上，有利于送料，凹模 43 和卸料板 10 上各装有两个弹性顶销 34 和 33。

（续）

类型	结构图	说明

3. 零件明细

序号	名称	件数
1	下模座	1
2	凹模框	1
3	螺母	2
4	承料板	1
5	导料板	2
6	内六角圆柱头螺钉	6
7	卸料导板	1
8	圆柱销	2
9	内六角圆柱头螺钉	4
10	卸料板	1
11	上模板	1
12	卸料螺钉	4
13	凸模固定板	1
14	凸模	2
15	内六角圆柱头螺钉	4
16	冲缺凸模	2
17	垫板	1
18	小凸模	3
19	冲孔凸模	2
20	钢丝	2
21	落料凸模	1
22	圆柱销	2
23	内六角圆柱头螺钉	2
24	导柱	4
25	铜球保持圈	4
26	弹簧	8
27	螺塞	8
28	弹簧芯子	8
29	螺塞	6
30	弹簧	6
31	导正销	4
32	弹簧	2
33	顶销	2
34	顶销	2
35	滚珠	720
36	小导套	4
37	圆柱销	2
38	内六角圆柱头螺钉	2
39	大导套	4
40	钢球保持圈	4
41	弹簧	4
42	弹簧挡圈	4
43	凹模	1
44	垫板	1
45	圆柱销	2
46	内六角圆柱头螺钉	4

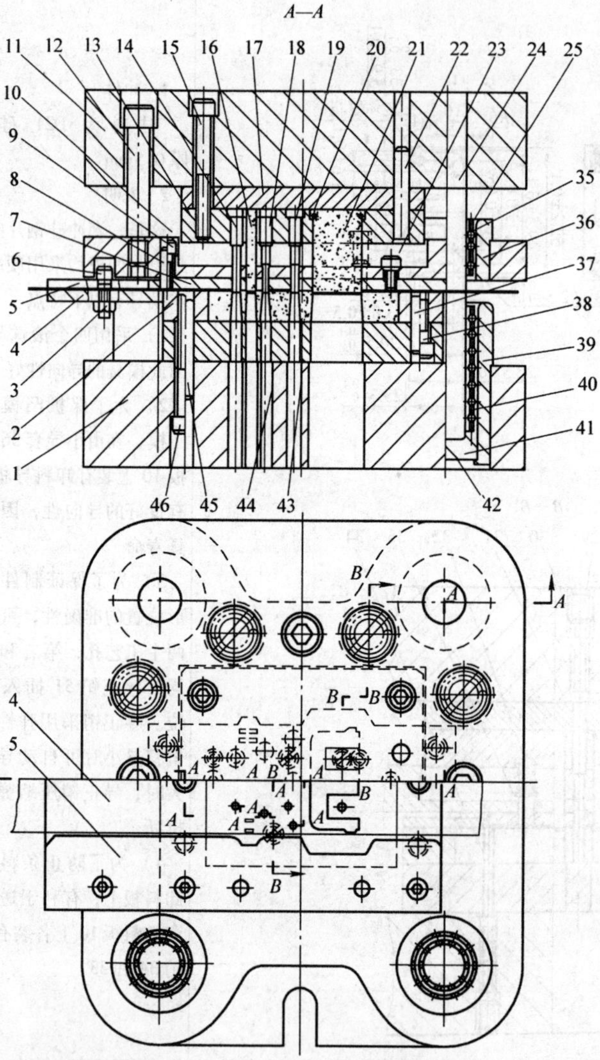

类型：E形片级进冲模

（续）

类型	结 构 图	说 明
变压器铁芯级进冲模	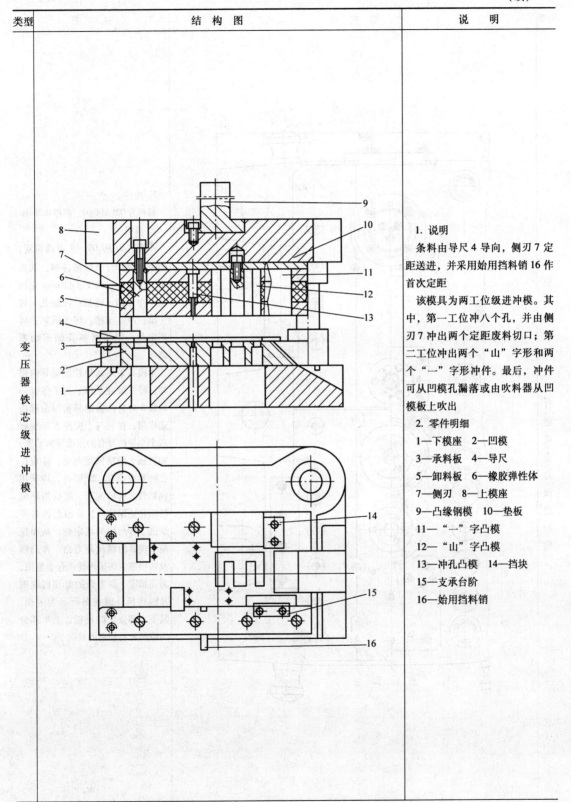	**1. 说明** 条料由导尺 4 导向，侧刃 7 定距送进，并采用始用挡料销 16 作首次定距 该模具为两工位级进冲模。其中，第一工位冲八个孔，并由侧刃 7 冲出两个定距废料切口；第二工位冲出两个"山"字形和两个"一"字形冲件。最后，冲件可从凹模孔漏落或由吹料器从凹模板上吹出 **2. 零件明细** 1—下模座 2—凹模 3—承料板 4—导尺 5—卸料板 6—橡胶弹性体 7—侧刃 8—上模座 9—凸缘钢模 10—垫板 11—"一"字凸模 12—"山"字凸模 13—冲孔凸模 14—挡块 15—支承台阶 16—始用挡料销

（续）

类型	结 构 图	说 明
电动机定、转子片硬质合金级进冲模	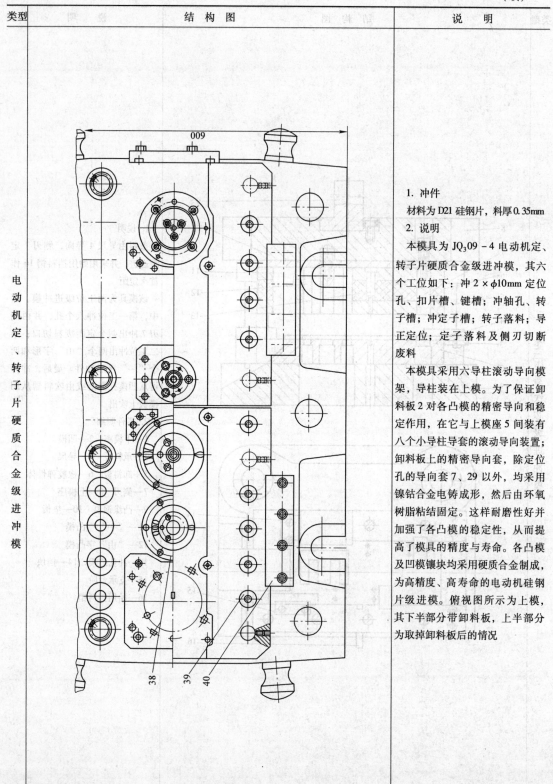	1. 冲件 材料为 D21 硅钢片，料厚 0.35mm 2. 说明 　本模具为 JQ₃09 – 4 电动机定、转子片硬质合金级进冲模，其六个工位如下：冲 2×φ10mm 定位孔、扣片槽、键槽；冲轴孔、转子槽；冲定子槽；转子落料；导正定位；定子落料及侧刃切断废料 　本模具采用六导柱滚动导向模架，导柱装在上模。为了保证卸料板 2 对各凸模的精密导向和稳定作用，在它与上模座 5 间装有八个小导柱导套的滚动导向装置；卸料板上的精密导向套，除定位孔的导向套 7、29 以外，均采用镍钴合金电铸成形，然后由环氧树脂粘结固定。这样耐磨性好并加强了各凸模的稳定性，从而提高了模具的精度与寿命。各凸模及凹模镶块均采用硬质合金制成，为高精度、高寿命的电动机硅钢片级进模。俯视图所示为上模，其下半部分带卸料板，上半部分为取掉卸料板后的情况

（续）

类型	结 构 图			说 明

类型：电动机定、转子片硬质合金级进冲模

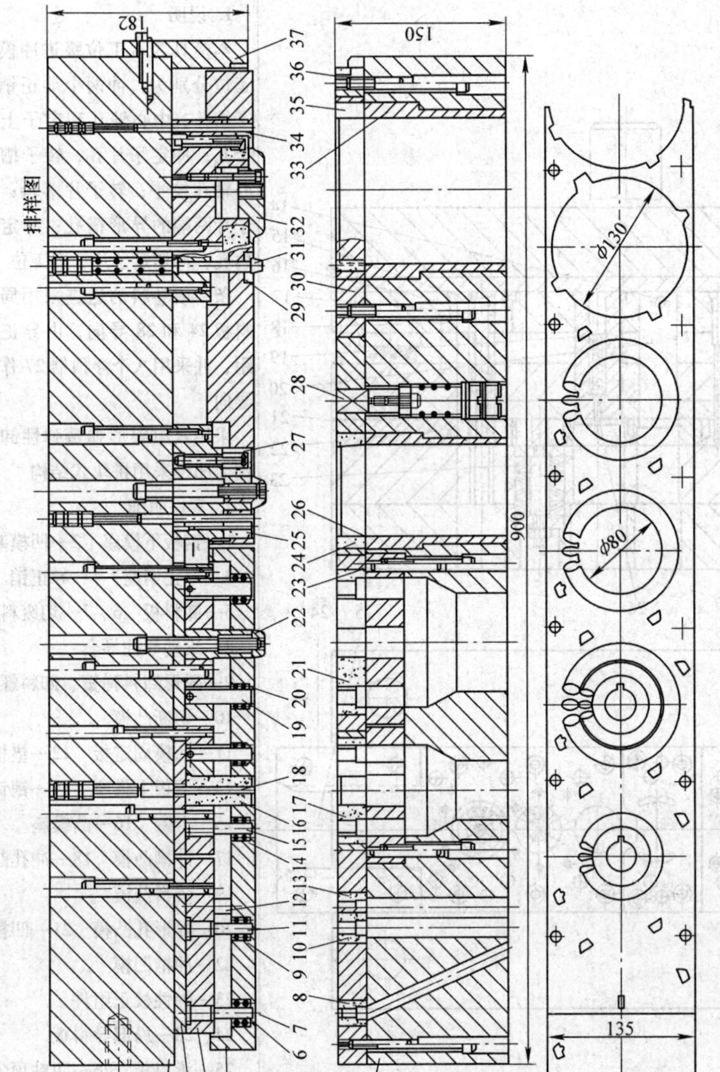

3. 零件明细

序号	名称	件数
1	下模座	1
2	卸料板	共2
3	固定板	共6
4	上垫板	共3
5	上模座	1
6	定位孔凸模	2
7	导向套	2
8	定位孔凹模	2
9	电铸导向套	1
10	键槽凹模	1
11	键槽凸模	1
12	扣片槽凸模	共4
13	扣片槽凹模	共4
14	电铸导向套	22
15	转子槽凸模	22
16	轴孔凸模	1
17	转子槽凹模	1
18	顶料杆	7
19	定子槽凸模	24
20	电铸导向套	24
21	定子槽凹模	1
22	轴孔导正钉	2
23	凹模垫板	共2
24	转子落料凹模	1
25	转子落料凸模	1
26	钢圈	1
27	止动螺母	共7
28	顶料销	4
29	导正钉导向套	6
30	凹模固定板	共4
31	导正钉	共6
32	定位柱	1
33	钢圈	1
34	定子落料凸模	1
35	定子落料凹模	1
36	下侧刃	1
37	上侧刃	1

（续）

类型	结　构　图	说　明
电机定、转子级进冲模	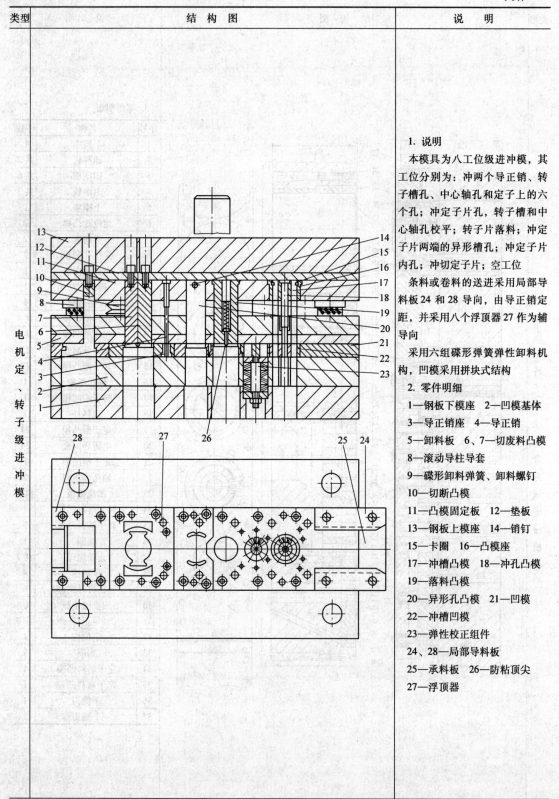	1. 说明 　　本模具为八工位级进冲模，其工位分别为：冲两个导正销、转子槽孔、中心轴孔和定子上的六个孔；冲定子片孔，转子槽和中心轴孔校平；转子片落料；冲定子片两端的异形槽孔；冲定子片内孔；冲切定子片；空工位 　　条料或卷料的送进采用局部导料板 24 和 28 导向，由导正销定距，并采用八个浮顶器 27 作为辅导向 　　采用六组碟形弹簧弹性卸料机构，凹模采用拼块式结构 2. 零件明细 1—钢板下模座　2—凹模基体 3—导正销座　4—导正销 5—卸料板　6、7—切废料凸模 8—滚动导柱导套 9—碟形卸料弹簧、卸料螺钉 10—切断凸模 11—凸模固定板　12—垫板 13—钢板上模座　14—销钉 15—卡圈　16—凸模座 17—冲槽凸模　18—冲孔凸模 19—落料凸模 20—异形孔凸模　21—凹模 22—冲槽凹模 23—弹性校正组件 24、28—局部导料板 25—承料板　26—防粘顶尖 27—浮顶器

（续）

类型	结构图	说明
插座件落料弯曲级进冲模	制件图 排样图 B—B	1. 冲件 材料为锡青铜，料厚0.3mm 2. 说明 　　该级进冲模为手工送料，采用前、后两个定距侧刃及双导尺保证送料准确和平稳 　　本模具共有12个工位，其中，第6、8工位为弯曲工位，第10工位为卷曲工位。3个成形凹模下面各装有一套杠杆机构，用来完成弯曲、卷曲工序；三套机构中的杠杆、连接件、打杆、顶杆的形状尺寸一致。卷曲部分还装有斜楔、滚轮、滑块和芯子。工作时，上模下行，斜楔21驱动滑块23，带动芯子29插入已弯曲的工件中，然后进行卷曲，以保证卷曲部分的质量 　　上模回升时，顶杆34离开打杆36，杠杆33不起作用，3个成形凹模在弹簧力的作用下降至大凹模平面下，为下一步送进作准备

（续）

类型	结 构 图	说 明

A—A

B

37

38.5

B

插座件落料弯曲级进冲模

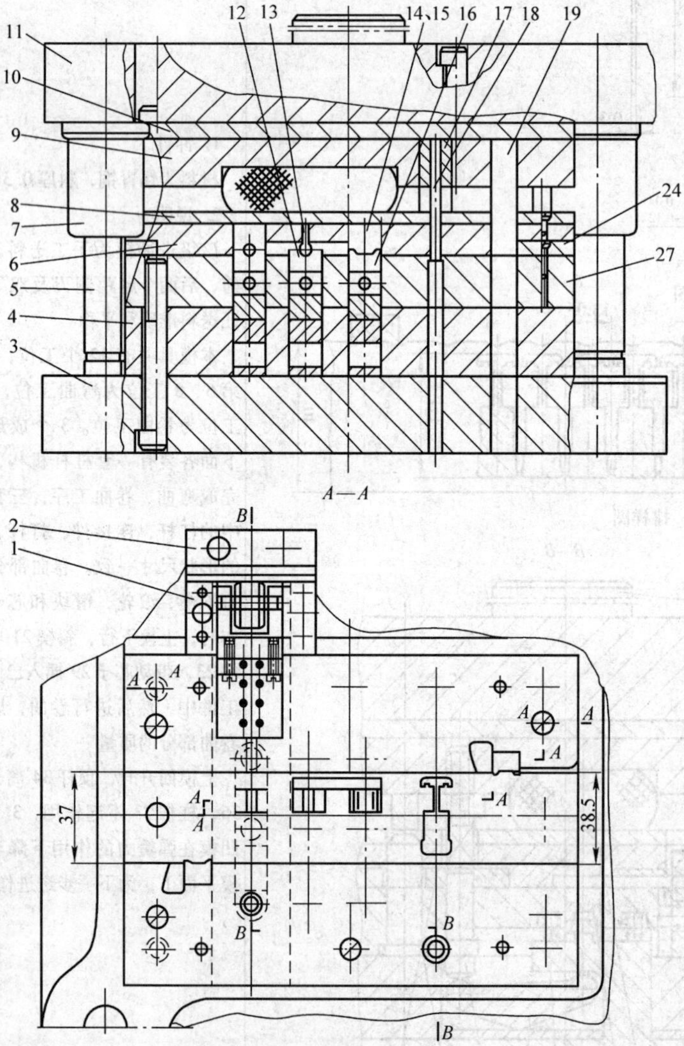

3. 零件明细

序号	名称	件数
1	导轨	2
2	限位角钢	1
3	下模座	1
4	垫板	1
5	导柱	2
6	卸料板	1
7	导套	2
8	垫板	1
9	固定板	1
10	垫板	1
11	上模座	1
12	第二次弯曲凹模	1
13	第二次弯曲凸模	1
14	第一次弯曲凸模	1
15	第一次弯曲凸模	1
16	第一次弯曲凹模	1
17	凸模拼块	2
18	凸模	1
19	侧刃	2
20	模柄	1
21	斜楔	1
22	芯子固定板	1
23	滑块	1
24	导尺	各1
25	心轴	1
26	滚轮	1
27	凹模	1
28	垫板	1
29	芯子	1
30	成形凹模	1
31	成形凹模	1
32	连接杆	3
33	杠杆	3
34	顶杆	3
35	小导柱	2
36	打杆	3

（续）

类型	结　构　图	说　明

说明栏内容：

1. 冲件

材料为 10 钢钢板，料厚 0.5mm

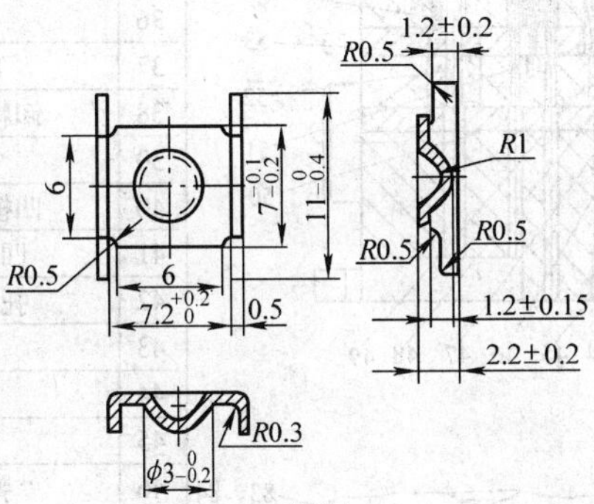

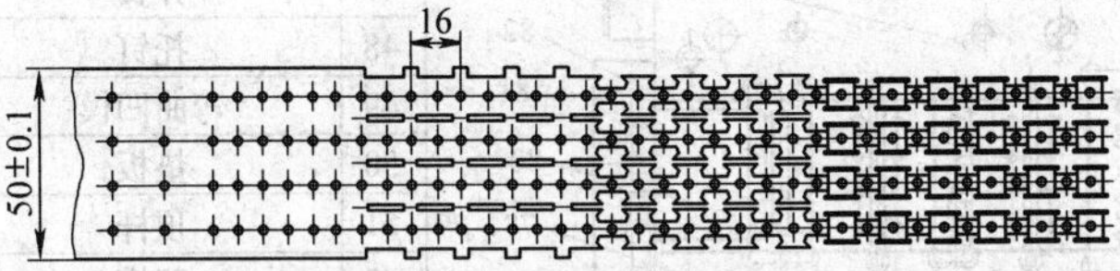

2. 说明

该冲件尺寸小、外形规则，采用四行排列的级进冲压方法，提高了生产率。其工位如下：第一工位是由凸模 24 与凹模 28 冲工艺孔；第二工位是由冲凸凸模 31 与冲凸凹模 27 压出 R1mm 的突起；第三工位是由凸模 18 与凹模 36 冲分离槽；第四工位是由凸模 13、103 与凹模镶块 41 冲 R0.5mm 的成形槽；第五工位是由弯曲凸模 2 与弯曲凹模 49 压弯；第六工位是由凸模 104 与凹模 52 将制件切落

凸、凹模用硬质合金制造，并采用带滚动导向的弹压导板导向，提高了凸模与凹模的对中性和使用寿命

3. 零件明细

序号	名称	件数
1	圆柱销	8
2	弯曲凸模	1
3	卸料螺钉	4
4	垫板	1
5	橡胶	1
6	盖板	1
7	内六圆柱头角螺钉	2
8	圆柱销	3
9	固定板镶块	2
10	模柄	1
11	压板	2
12	上模座	1
13	凸模	4
14	垫板	1
15	固定板镶块	1
16	螺塞	32
17	弹簧	32
18	凸模	5
19	垫柱	4
20	导正销	31
21	压板	1
22	卸料板镶块	1

类型栏：冲切弯曲突苞成形级进冲模

制件图

排样图

（续）

类型	结 构 图		说　明

（续）

序号	名称	件数
23	螺塞	16
24	凸模	4
25	卸料板	1
26	弹簧	16
27	冲凸凹模	4
28	凹模	4
29	凸模套	4
30	顶料销	4
31	冲凸凸模	4
32	垫柱	4
33	弹簧	4
34	螺塞	4
35	左卸料板	1
36	凹模	2
37	下模座	1
38	卸料板镶块	2
39	垫板	1
40	凹模固定板	1
41	凹模镶块	2
42	托料滚柱	3
43	螺塞	6
44	弹簧	6
45	螺塞	4
46	弹簧钉	6
47	弹簧	4
48	托钉	4
49	弯曲凹模	1
50	垫板	1
51	顶杆	4
52	凹模	1
53	右卸料板	1
54	顶料销	4
55	压板	1
56	压板	1
57	固定板镶块	1
58	固定板	1
59	弹簧	4
60	内六角圆柱头螺钉	4
61	内六角圆柱头螺钉	2
62	圆柱销	2
63	承料板	1
64	挡块	1
65	导料板	2
66	限位销	1
67	弹簧	1

冲切弯曲突苞成形级进冲模

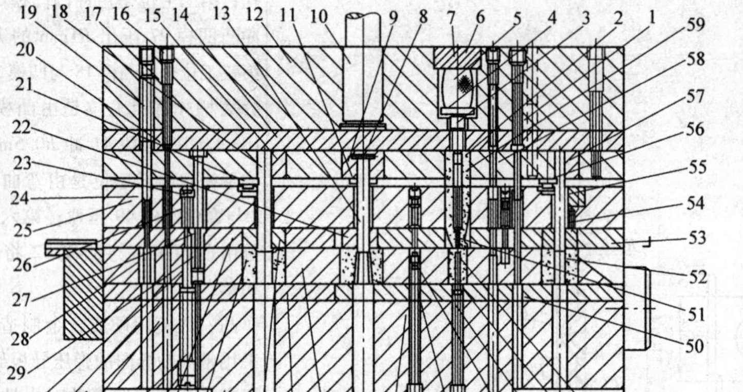

（续）

类型	结 构 图	说 明

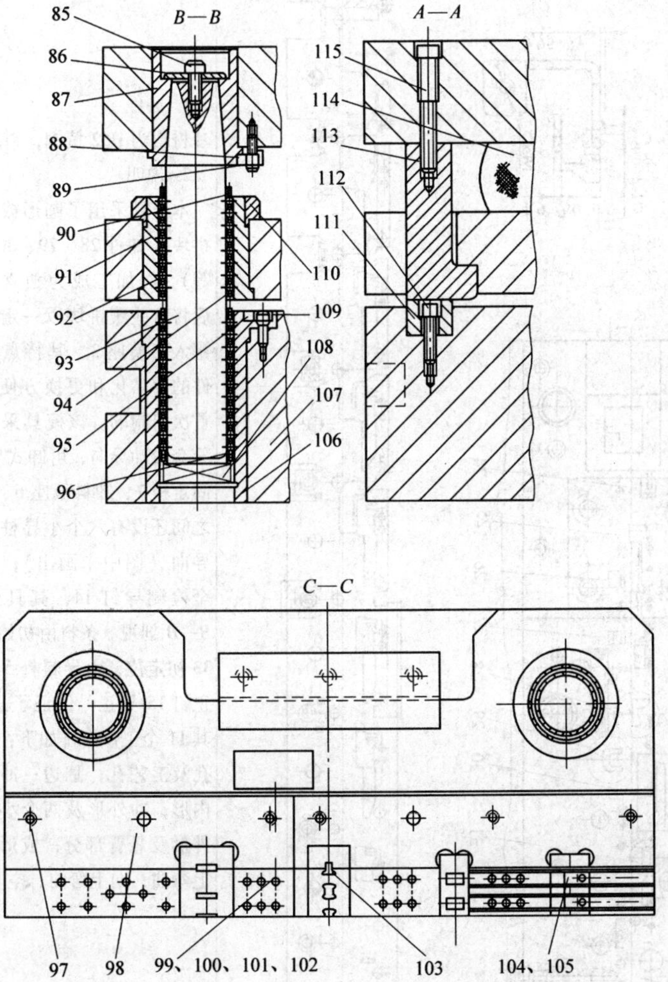

（续）

序号	名称	件数
68	初始挡料件	1
69	推杆	1
70	六角螺母	4
71	手柄	4
72	前右导料板	1
73	前左导料板	1
74	挡块	2
75	内六角圆柱头螺钉	4
76	沉头螺钉	8
77	内六角圆柱头螺钉	8
78	圆柱销	4
79	圆柱销	2
80	凹模	1
81	外接板	2
82	内接板	2
83	后右导料板	1
84	后左导料板	1
85	内六角圆柱头螺钉	4
86	垫圈	4
87	镶套	4
88	压板	12
89	内六角圆柱头螺钉	12
90	挡圈	4
91	导套	4
92	钢球	1
93	导柱	4
94	钢球保持圈	4
95	压板	12
96	钢球保持圈	4
97	内六角圆柱头螺钉	12
98	圆柱销	1
99	导正销	1
100	杆	1
101	限位器	1
102	垫块	1
103	凸模	2
104	凸模	4
105	卸料板模块	2
106	导套	4
107	挡圈	4
108	弹簧	4
109	内六角圆柱头螺钉	12
110	螺母	4
111	限位块	2
112	内六角圆柱头螺钉	6
113	卸料板	2
114	橡胶	6
115	内六角圆柱头螺钉	6

类型栏：冲切弯曲突苞成形级进冲模

（续）

类型	结 构 图	说 明
冲孔落料冲凸翻边级进冲模	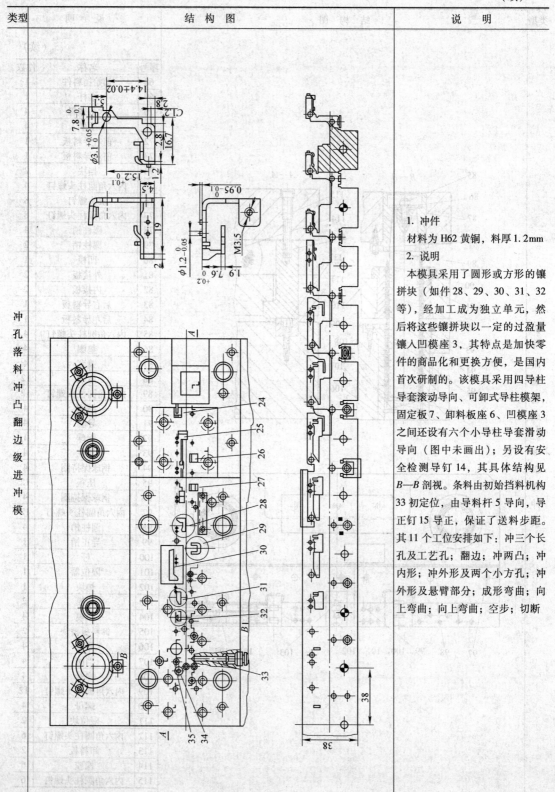	1. 冲件 材料为 H62 黄铜，料厚 1.2mm 2. 说明 本模具采用了圆形或方形的镶拼块（如件 28、29、30、31、32 等），经加工成为独立单元，然后将这些镶拼块以一定的过盈量镶入凹模座 3，其特点是加快零件的商品化和更换方便，是国内首次研制的。该模具采用四导柱导套滚动导向、可卸式导柱模架，固定板 7、卸料板座 6、凹模座 3 之间还设有六个小导柱导套滑动导向（图中未画出）；另设有安全检测导钉 14，其具体结构见 B—B 剖视。条料由初始挡料机构 33 初定位，由导料杆 5 导向，导正钉 15 导正，保证了送料步距。其 11 个工位安排如下：冲三个长孔及工艺孔；翻边；冲两凸；冲内形；冲外形及两个小方孔；冲外形及悬臂部分；成形弯曲；向上弯曲；向上弯曲；空步；切断

（续）

类型	结 构 图	说 明

3. 零件明细

序号	名称	件数
1	下模座	1
2	下垫板	共2
3	凹模座	共2
4	顶料装置	6
5	导料杆	共10
6	卸料板座	1
7	固定板	1
8	上垫块	共2
9	上模座	1
10	定位孔凸模	1
11	底孔凸模	1
12	冲凸凸模	1套
13	翻边凸模	1
14	检测导钉	1
15	导正钉	7
16	方孔凸模	2
17	内形凸模	1
18	内形凸模	1
19	弯曲凸模	1
20	弯曲凸模	1
21	落料凸模	1
22	浮动块	1
23	限位螺钉组	4
24	弯曲凸模	1
25	弯曲凹模	1
26	弯曲凹模	1
27	弯曲凹模	1
28	悬臂凹模	1
29	外形凹模	1
30	外形凹模	1
31	内形凹模	1
32	内形凹模	1
33	初始挡料机构	1
34	长孔凹模	2
35	圆孔凹模	2

类型栏：冲孔落料冲凸翻边级进冲模

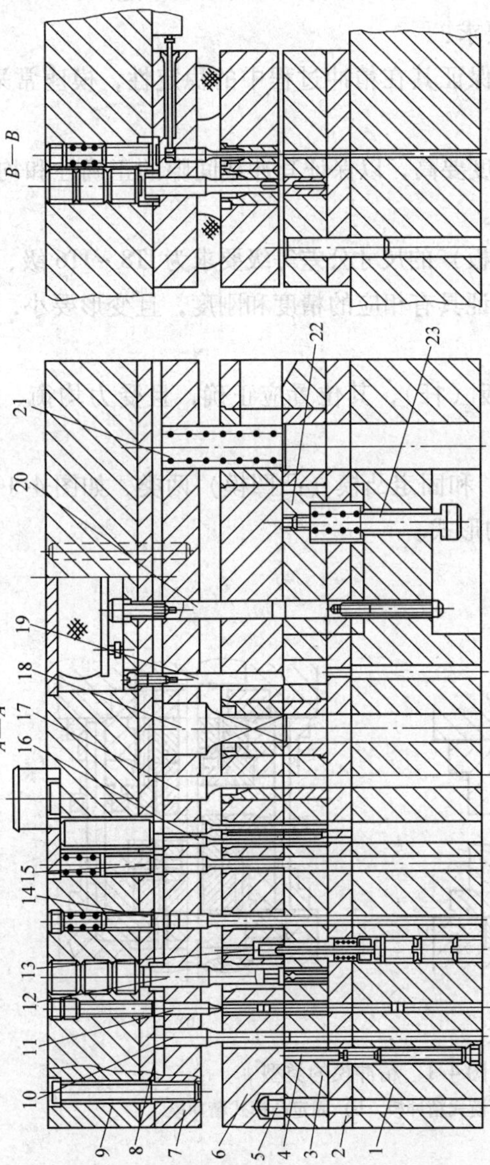

4. 精冲模及其典型结构

精冲是指在模具强力压板的作用下，冲件位于凸、凹模刃口附近的材料将承受接近其屈服极限的单位压力，呈三向压应力状态，形成纯塑性条件下的剪切分离，即使材料始终处于纯塑性剪切变形的冲裁过程中，从而获得尺寸精度和表面质量很高的精冲件。强力压板式精冲的冲裁间隙取冲件材料厚度的 1% ~ 1.5%，凸、凹模刃口的圆角取冲件材料厚度的 1% ~ 2%，以防在冲裁过程中产生拉应力撕裂，造成冲切截面的撕裂带过大。

为此，精冲模须满足以下技术要求：

1）精冲模须具有高的刚度，以保证其在精冲过程中的稳定性，模座常采用 45 钢或碳素工具钢制造。

2）精冲模中上、下模的导向精度要高，以保证其冲裁间隙的正确性和均匀性，滑动导向副的配合间隙取 0.002 ~ 0.005mm。

3）强力压板（常用的是齿圈压板）的尺寸公差等级要求为 IT8 ~ IT6 级，表面粗糙度值为 $Ra0.8 ~ 0.4\mu m$。其他构件均须保证具有相应的精度和刚度，且变形要小，以保证精冲模的刚度和使用性能的稳定性。

4）精冲模中配用的顶（推）板（杆），其位置应正确，且受力均衡、刚性强，以防偏载。

精冲模分为活动凸模（凸凹模）和固定凸模（凸凹模）两类，如图 4-1 所示；也可分为单工序、复合式和级进式三种结构形式。

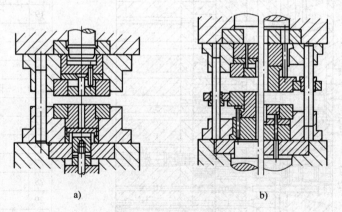

a)　　　　　　　　b)

图 4-1　精冲模的类型

a) 活动凸模式精冲模　b) 固定凸模式精冲模

常见的精冲模多为复合式结构，其典型结构形式见表 4-4。

表4-4 复合式精冲模的典型结构

类型	结 构 图	说 明
固定凸凹模式精冲模 冲孔冲槽落料正装精冲模	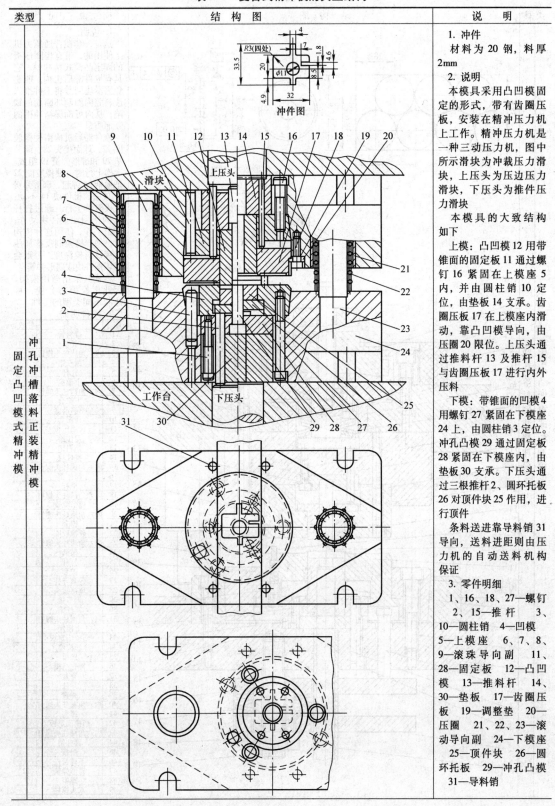	**1. 冲件** 材料为 20 钢,料厚 2mm **2. 说明** 本模具采用凸凹模固定的形式,带有齿圈压板,安装在精冲压力机上工作。精冲压力机是一种三动压力机,图中所示滑块为冲裁压力滑块,上压头为压边压力滑块,下压头为推件压力滑块 本模具的大致结构如下 上模:凸凹模 12 用带锥面的固定板 11 通过螺钉 16 紧固在上模座 5 内,并由圆柱销 10 定位,由垫板 14 支承。齿圈压板 17 在上模座内滑动,靠凸凹模导向,由压圈 20 限位。上压头通过推料杆 13 及推杆 15 与齿圈压板 17 进行内外压料 下模:带锥面的凹模 4 用螺钉 27 紧固在下模座 24 上,由圆柱销 3 定位。冲孔凸模 29 通过固定板 28 紧固在下模座内,由垫板 30 支承。下压头通过三根推杆 2、圆环托板 26 对顶件块 25 作用,进行顶件 条料送进靠导料销 31 导向,送料进距则由压力机的自动送料机构保证 **3. 零件明细** 1、16、18、27—螺钉 2、15—推杆 3、10—圆柱销 4—凹模 5—上模座 6、7、8、9—滚珠导向副 11、28—固定板 12—凸凹模 13—推料杆 14、30—垫板 17—齿圈压板 19—调整垫 20—压圈 21、22、23—滚动导向副 24—下模座 25—顶件块 26—圆环托板 29—冲孔凸模 31—导料销

（续）

类型	结 构 图	说　明

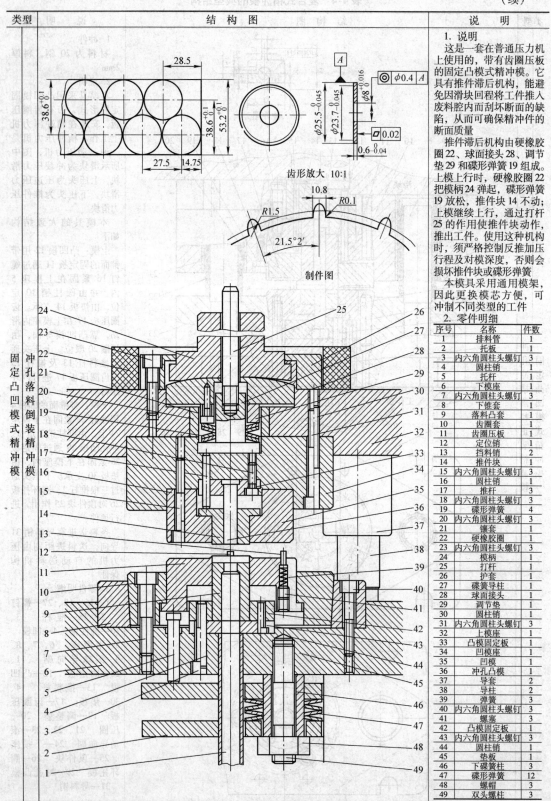

齿形放大 10:1

制件图

1. 说明

　　这是一套在普通压力机上使用的，带有齿圈压板的固定凸模式精冲模。它具有推件滞后机构，能避免因滑块回程将工件推入废料腔内而刮坏断面的缺陷，从而可确保精冲件的断面质量

　　推件滞后机构由硬橡胶圈22、球面接头28、调节垫29和碟形弹簧19组成。上模上行时，硬橡胶圈22把模柄24弹起，碟形弹簧19放松，推件块14不动；上模继续上行，通过打杆25的作用使推件块动作，推出工件。使用这种机构时，须严格控制反推加压行程及对模深度，否则会损坏推件块或碟形弹簧

　　本模具采用通用模架，因此更换模芯方便，可冲制不同类型的工件

2. 零件明细

序号	名称	件数
1	排料管	1
2	托板	1
3	内六角圆柱头螺钉	3
4	圆柱销	1
5	托杆	1
6	下模座	1
7	内六角圆柱头螺钉	3
8	下锥套	1
9	落料凸套	1
10	齿圈套	1
11	齿圈压板	1
12	定位销	1
13	挡料销	2
14	推件块	1
15	内六角圆柱头螺钉	3
16	圆柱销	1
17	推杆	3
18	内六角圆柱头螺钉	3
19	碟形弹簧	4
20	内六角圆柱头螺钉	3
21	镶套	1
22	硬橡胶圈	1
23	内六角圆柱头螺钉	3
24	模柄	1
25	打杆	1
26	护套	1
27	碟簧导柱	1
28	球面接头	1
29	调节垫	1
30	圆柱销	1
31	内六角圆柱头螺钉	3
32	上模座	1
33	凸模固定板	1
34	凹模座	1
35	凹模	1
36	冲孔凸模	1
37	导套	2
38	导柱	2
39	弹簧	1
40	内六角圆柱头螺钉	3
41	螺塞	1
42	凸模固定板	1
43	内六角圆柱头螺钉	3
44	圆柱销	1
45	垫块	1
46	下碟簧柱	3
47	碟形弹簧	12
48	螺帽	3
49	双头螺柱	3

类型：固定凸凹模式精冲模　冲孔落料倒装精冲模

（续）

类型	结 构 图	说 明
固定凸凹模式精冲模	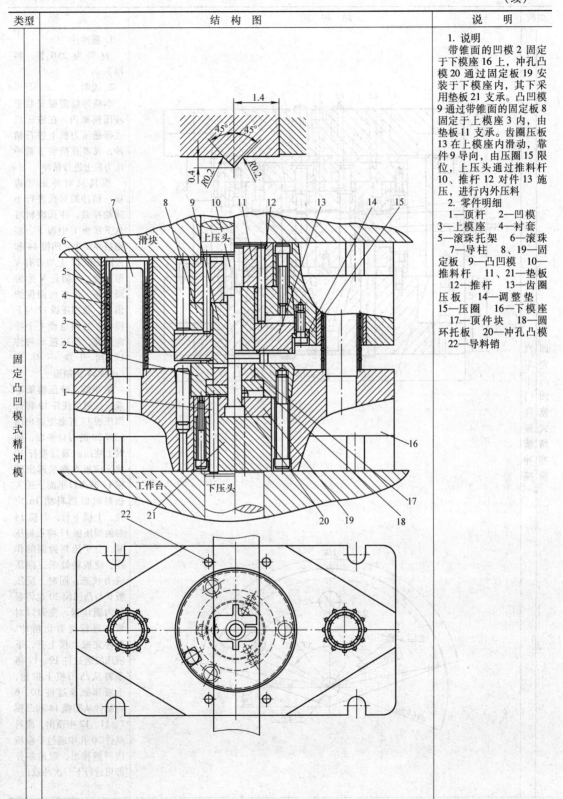	**1. 说明** 带锥面的凹模 2 固定于下模座 16 上，冲孔凸模 20 通过固定板 19 安装于下模座内，其下采用垫板 21 支承。凸凹模 9 通过带锥面的固定板 8 固定于上模座 3 内，由垫板 11 支承。齿圈压板 13 在上模座内滑动，靠件 9 导向，由压圈 15 限位，上压头通过推料杆 10、推杆 12 对件 13 施压，进行内外压料 **2. 零件明细** 1—顶杆　2—凹模 3—上模座　4—衬套 5—滚珠托架　6—滚珠 　7—导柱　8、19—固定板　9—凸凹模　10—推料杆　11、21—垫板　12—推杆　13—齿圈压板　14—调整垫 15—压圈　16—下模座 　17—顶件块　18—圆环托板　20—冲孔凸模 22—导料销

（续）

类型	结　构　图	说　　明

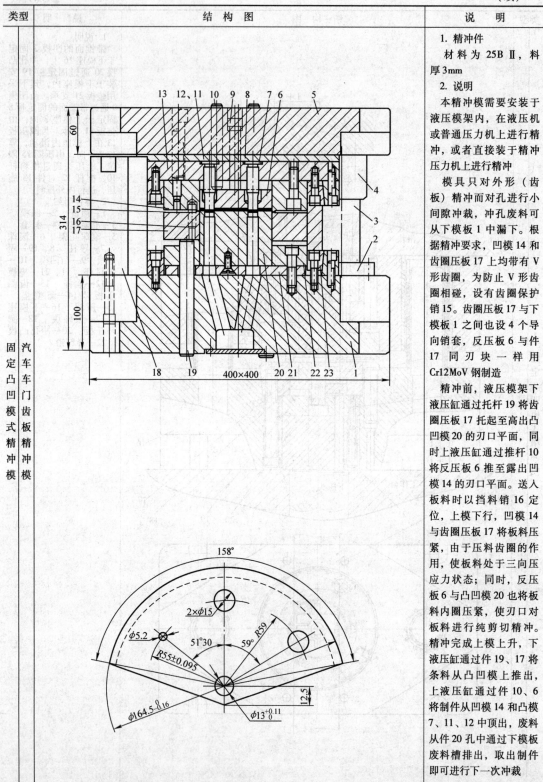

说明栏：

1. 精冲件

材料为 25B Ⅱ，料厚 3mm

2. 说明

本精冲模需要安装于液压模架内，在液压机或普通压力机上进行精冲，或者直接装于精冲压力机上进行精冲

模具只对外形（齿板）精冲而对孔进行小间隙冲裁，冲孔废料可从下模板 1 中漏下。根据精冲要求，凹模 14 和齿圈压板 17 上均带有 V 形齿圈，为防止 V 形齿圈相碰，设有齿圈保护销 15。齿圈压板 17 与模板 1 之间也设 4 个导向销套，反压板 6 与件 17 同刃块一样用 Cr12MoV 钢制造

精冲前，液压模架下液压缸通过托杆 19 将齿圈压板 17 托起至高出凸凹模 20 的刃口平面，同时上液压缸通过推杆 10 将反压板 6 推至露出凹模 14 的刃口平面。送入板料时以挡料销 16 定位，上模下行，凹模 14 与齿圈压板 17 将板料压紧，由于压料齿圈的作用，使板料处于三向压应力状态；同时，反压板 6 与凸凹模 20 也将板料内圈压紧，使刃口对板料进行纯剪切精冲。精冲完成上模上升，下液压缸通过件 19、17 将条料从凸凹模上推出，上液压缸通过件 10、6 将制件从凹模 14 和凸模 7、11、12 中顶出，废料从件 20 孔中通过下模板废料槽排出，取出制件即可进行下一次冲裁

类型栏（竖排）： 固定凸凹模式精冲模

汽车车门齿板精冲模

（续）

类型	结 构 图	说 明

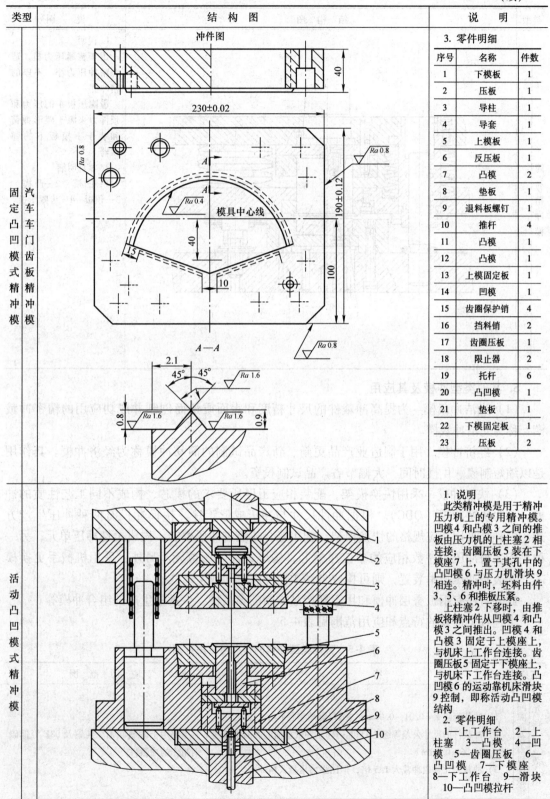

固定凸凹模式精冲模 · 汽车车门齿板精冲模

冲件图

230±0.02

40

190±0.12

100

40

15

10

模具中心线

A

A

Ra 0.8

Ra 0.8

Ra 0.4

Ra 0.8

A—A

2.1

45° 45°

Ra 1.6

Ra 1.6 Ra 1.6

0.8 0.9

活动凸凹模式精冲模

1 2 3 4 5 6 7 8 9 10

说明

3. 零件明细

序号	名称	件数
1	下模板	1
2	压板	1
3	导柱	1
4	导套	1
5	上模板	1
6	反压板	1
7	凸模	2
8	垫板	1
9	退料板螺钉	1
10	推杆	4
11	凸模	1
12	凸模	1
13	上模固定板	1
14	凹模	1
15	齿圈保护销	4
16	挡料销	2
17	齿圈压板	1
18	限止器	2
19	托杆	6
20	凸凹模	1
21	垫板	1
22	下模固定板	1
23	压板	2

1. 说明

此类精冲模是用于精冲压力机上的专用精冲模。凹模4和凸模3之间的推板由压力机的上柱塞2相连接；齿圈压板5装在下模座7上，置于其孔中的凸凹模6与压力机滑块9相连。精冲时，坯料由件3、5、6和推板压紧。

上柱塞2下移时，由推板将精冲件从凹模4和凸模3之间推出。凹模4和凸模3固定于上模座上，与机床上工作台连接。齿圈压板5固定于下模座上，与机床下工作台连接。凸凹模6的运动靠机床滑块9控制，即称活动凸凹模结构。

2. 零件明细

1—上工作台 2—上柱塞 3—凸模 4—凹模 5—齿圈压板 6—凸凹模 7—下模座 8—下工作台 9—滑块 10—凸凹模拉杆

（续）

类型	结　构　图	说　　明
简易精冲模	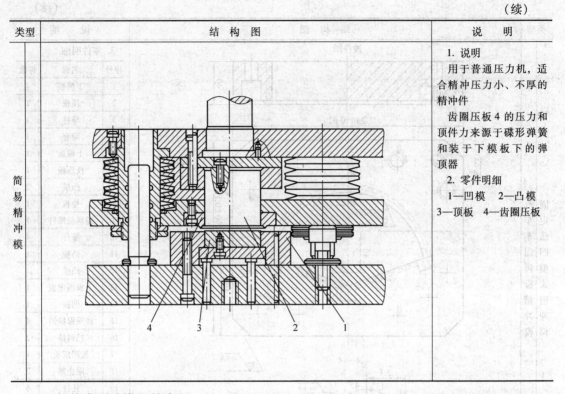 4　　3　　　　　2　　1	1. 说明 　用于普通压力机，适合精冲压力小、不厚的精冲件 　齿圈压板 4 的压力和顶件力来源于碟形弹簧和装于下模板下的弹顶器 　2. 零件明细 　1—凹模　2—凸模 3—顶板　4—齿圈压板

5. 其他类型冲模及其应用

（1）光洁冲裁模　为提高冲裁件的尺寸精度和表面质量而创制并成功应用的精密冲裁模，称为光洁冲裁模。

（2）经济冲模　用于制造业产品更新、新产品试制的简易冲模称为经济冲模。其作用是以缩短制模、供模时间，大幅节省产品试制投资。

（3）快换冲模　采用快换模架，配装相应工序所要求的模芯，构成不同工艺性质的冲模，称为快换冲模（QDC）。根据冲件尺寸与冲压成形工序，快换冲模有两种冲压生产方式。一种是采用相应规格的快换模架，配用复合或级进冲压模芯，构成柔性冲压单元；另一种是配装与冲压工序数相应的单工序模芯，构成柔性冲压单元。另外，采用机械手更换模芯，并装备冲压技术装置，则可构成自动柔性冲压单元或生产线。

此外，还有钢板叠层冲模和用于新产品试制的多品种、少批量生产的组合冲模等。

上述各类冲模的特点和应用范围见表4-5。

表 4-5　其他类型冲模的特点与应用范围

名称	特　　点	应　用　范　围
光洁冲裁模	小间隙圆角刃口冲裁模　1）冲裁间隙 $Z = 0.01 \sim 0.02$ mm，刃口圆角半径 $r = t \times 10\%$ 2）冲裁件的尺寸公差等级达 IT11 $\sim$ IT8，冲裁截面的表面粗糙度值为 $Ra1.6 \sim 0.4\mu$m 3）冲裁力比普通冲裁大 1.5 倍，但比强力压板式精冲小	主要用于冲制软铝、纯铜及 08F 等低碳钢制作的冲裁件

（续）

名称		特　点	应　用　范　围
光洁冲裁模	负间隙冲裁模	1）凸模尺寸比凹模尺寸大（0.1~0.2）t，且均匀性要求高；刃口圆角半径 $r=$（0.1~0.3）t 2）冲裁件的尺寸公差等级达 IT11~IT9，冲裁截面的表面粗糙度达 $Ra0.08~0.04\mu m$ 3）冲裁力比普通冲裁大 1.3~1.5 倍 4）常采用多层组合凹模结构	用于冲制低密度、高伸长率的软料，如铜、低碳钢 0.8F 等制作的冲裁件
	整修冲裁模	为冲切，挤压变形，因此塌角截面斜面、撕裂带和毛刺都很小，表面质量和尺寸精度高，可达 IT7~IT6，冲切截面的表面粗糙度可达 $Ra0.6~0.4\mu m$	用于普通冲裁件内、外缘面的修整
经济冲模	锌合金冲模	采用 99.99% 的纯锌与铜、铝、镁等配制的高强度合金。由于其熔点低，因此可采用砂型、石膏型或金属型铸造或挤压成形，制模时间仅为钢模制造的 1/3~1/2。其投资少、价格低，且具有自润性能 冲裁的料厚为 0.1~6mm，冲压成形件的尺寸达 2500mm，尺寸精度达 0~0.16mm，冲模的寿命为 $t=0.8mm$ 的铝板：3 万件；硬铝达 0.5 万件 $t=0.4mm$ 的钢板：0.5 万件；$t=0.8mm$ 的钢板：0.2 万件 $t=1mm$ 的覆盖件：0.7~1.2 万件 $t=1.6mm$ 的洗衣机滚筒：1.5 万件	可用以制造冲裁，拉深，弯曲等单工序冲模
	聚氨酯橡胶冲模	采用硬度、强度高，耐磨、耐油、耐老化，具有抗撕裂性能，压缩为 10%~35% 的聚氨酯橡胶制成，用于试制产品构件的冲模。具有结构简单，成本低，制模、供模时间短等特点	可用于冲裁 $t<0.2mm$ 的冲件；利用其具有一定压缩量的特点，可制造胀形、弯曲、浅拉深和翻边冲模
	低熔点合金冲模	以样件为母型，采用熔点仅为 150℃ 的铋锡合金等低熔点合金浇注成形。已形成相应结构形式的冲模，可冲压成形 $t\leqslant1.5mm$ 的板材 低熔点合金具有重熔性能，其制造成本很低，制模、供模时间很短，非常适用于新产品试制生产用冲压成形	主要用于制造弯曲、拉深、翻边等成形模具
	钢带冲模	采用 1.5mm < 厚度 T < 冲件厚度 t 的钢带围成刃口，并以层压板或低熔点合金将其固定。可冲裁 $t=0.5~4.5mm$ 的冲件，冲件寿命达 0.4~1 万件；冲裁有色金属件可达 2 万件	由于冲模制造技术的进步，特别是标准化程度的提高，钢带冲模已经很少使用或不再使用
	钢板叠层冲模	采用 $T=0.5~1.2mm$ 的高硅贝氏体（如 60Si2Mn）薄钢板叠冲 2~4 层并冲切出刃口，然后与基模组成凹模，可冲制料厚 $t=0.35~2mm$ 的冲件，寿命达 3~5 万件 采用 $T=0.5~1.2mm$ 薄钢板，其内形经 CNC 激光束切割成形，并进行梯次叠装成与冲件形状、尺寸相同的凹模型腔，然后与基模组成凹模，可构成冲压成形大中型冲件的成形冲模 这种叠层冲模具有很高的经济性，既简单、成本低，制模、供模时间又短	钢板叠层冲模，特别是叠层式成形冲模，在多品种、少批量生产，产品更新快、周期短的情况下，用于产品试制或少量生产时，具有很高的实用价值 特别是在 CNC 激光仿形切割技术已成熟应用的条件下，应尽力推广使用，以节约社会资源

（续）

名称	特　　点	应　用　范　围
组合冲模	组合冲模有弓形架式和积木式两种。其中，12 槽系组合冲模的技术条件、元件已标准化 　　组合冲模应用的是组合夹具的拼装原理，即在基础板上采用各种标准元件，拼装成导向副、凸模与凹模等，以构成相应工艺的单工序、复合式或级进式冲模	组合冲模适用于多品种、少批量产品构件中中小冲件的冲压成形，并可拼装为冲孔模、弯曲模、拉延模等单工序模、复合模和级进模，也可形成由单工序模组成的专用冲压线
快换冲模	此种冲模是 20 世纪 70 年代从美国引进的技术，后经设计、研制形成了 80mm×80mm、125mm×125mm、160mm×160mm、200mm×200mm、250mm×250mm 和 315mm×315mm 六种规格的模架，配以不同工艺性质的模芯，以供中小型精密冲件的冲压成形	主要用于多品种、少批量产品的中小型冲件的冲压成形

4.3　冲件及其技术要求

　　金属或非金属板材经冲裁、弯曲、拉深等冲压工艺加工，成形为产品中的构件，则称其为冲件。

　　冲件的形状、结构、尺寸及其精度、结构工艺性与材料，是设计冲压模具的基本依据。因此设计冲压模具时，首先应对冲件进行详尽的分析。

　　根据冲件的形状、结构及其冲压成形方式，常见冲件可分成冲裁件、弯曲件、拉深件、精冲件和翻边或胀形件。

4.3.1　冲件的精度与尺寸公差等级

　　冲件的尺寸及其公差等级是进行模具结构设计的基本依据和技术要求。

1. 冲裁件的精度与尺寸公差

　　冲裁件常分为经济级和精密级两类，其外形和内孔的尺寸公差见表 4-6，孔中心距公差见表 4-7，冲件允许的毛刺高度见表 4-8。

表 4-6　冲裁件外形与内孔的尺寸公差　　（单位：mm）

精度	零件尺寸	材 料 厚 度			
		<1	1~2	2~4	4~6
经济级	<10	0.12 / 0.60	0.18 / 0.10	0.24 / 0.12	0.30 / 0.15
	10~50	0.16 / 0.10	0.22 / 0.12	0.28 / 0.15	0.35 / 0.20
	50~150	0.22 / 0.12	0.30 / 0.16	0.40 / 0.20	0.50 / 0.25
	150~300	0.30	0.50	0.70	1.00
精密级	<10	0.03 / 0.025	0.04 / 0.03	0.06 / 0.04	0.10 / 0.06
	10~50	0.04 / 0.04	0.06 / 0.05	0.08 / 0.06	0.12 / 0.10
	50~150	0.06 / 0.05	0.08 / 0.06	0.10 / 0.08	0.15 / 0.12
	150~300	0.10	0.12	0.15	0.20

　　注：表中斜杠左侧为外形的公差值，斜杠右侧为内形的公差值。

表 4-7 孔中心距公差 (单位：mm)

精　度	孔距尺寸	材　料　厚　度			
		< 1	1 ~ 2	2 ~ 4	4 ~ 6
经济级	< 50	± 0. 10	± 0. 12	± 0. 15	± 0. 20
	50 ~ 150	± 0. 15	± 0. 20	± 0. 25	± 0. 30
	150 ~ 300	± 0. 20	± 0. 30	± 0. 35	± 0. 40
精密级	< 50	± 0. 01	± 0. 02	± 0. 03	± 0. 04
	50 ~ 150	± 0. 02	± 0. 03	± 0. 04	± 0. 05
	150 ~ 300	± 0. 04	± 0. 05	± 0. 06	± 0. 08

表 4-8 冲件允许的毛刺高度 (单位：μm)

冲压材料厚度 t/mm	材料抗拉强度/ (N/mm^2)											
	< 250			250 ~ 400			400 ~ 620			> 630 和硅钢		
	I	II	III	I	II	III	I	II	III	I	II	III
≤ 0. 35	100	70	50	70	50	40	50	40	30	30	20	20
0. 4 ~ 0. 6	150	110	80	100	70	50	70	50	40	40	30	20
0. 65 ~ 0. 95	230	170	120	170	130	90	100	70	50	50	40	30
1 ~ 1. 5	340	250	170	240	180	120	150	110	70	80	60	40
1. 6 ~ 2. 4	500	370	250	350	260	180	220	160	110	120	90	60
2. 5 ~ 3. 8	720	540	360	500	370	250	400	300	200	180	130	90
4 ~ 6	1200	900	600	730	540	360	450	330	220	260	190	130
6. 5 ~ 10	1900	1420	950	1000	750	500	650	480	320	350	260	170

注：I 类——正常的毛刺；II 类——用于较高要求的冲件；III 类——用于特高要求的冲件。

2. 弯曲件的精度与尺寸公差

弯曲件常分为 A、B、C 三个部位的尺寸公差等级，其中，A 部位的尺寸公差与模具型件的尺寸公差有关；B 部位的尺寸公差与模具型件的尺寸公差、弯曲件材料的厚度偏差有关；C 部位的尺寸公差与模具型件的尺寸公差、材料厚度偏差和弯曲件的展开误差有关。弯曲件的尺寸公差等级见表 4-9，其角度公差见表 4-10。

3. 拉深件的精度与尺寸公差

拉深件与翻边件的冲压变形及应力状态相似，因此，其相关部位公称尺寸 A、B、C 的公差等级可参照弯曲件的尺寸公差等级（见表 4-9）。拉深件与成形件的公称尺寸及其标注见表 4-11。

表 4-9　弯曲件的尺寸公差等级

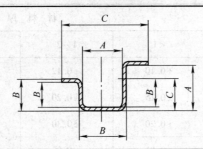

材料厚度	A	B	C	A	B	C
t/mm		经济级			精密级	
≤1	IT13	IT15	IT16	IT11	IT13	IT13
>1~4	IT14	IT16	IT17	IT12	IT14~IT13	IT14~IT13

表 4-10　弯曲件的角度公差

弯角短边尺寸/mm	>1~6	>6~10	>10~25	>25~63	>63~160	>160~400
经济级	±1°30′~3°	±1°30′~3°	±50′~2°	±50′~2°	±25′~1°	±15′~30′
精密级	±1°	±1°	±30′	±30′	±20′	±10′

表 4-11　拉深件与成形件的公称尺寸及其标注

结构示例	说　明
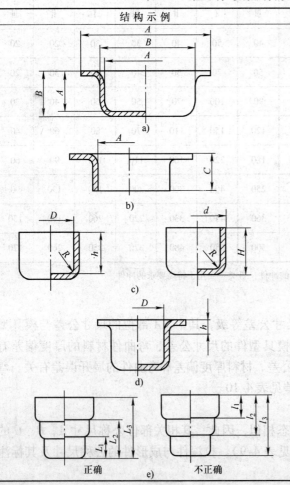	1）a、b 图中标注的 A、B、C 是拉深件和翻边件的公称尺寸，是拉深和翻边成形时必须控制的尺寸 2）c 图所示为不允许同时标注内、外形尺寸，底部圆角只标注内角半径 R 3）对于有配合要求的口部，须标注应控制的配合部位的深度 h，如 d 图所示 4）阶梯形拉深件应以底面为基准面标注高度 L_1、L_2、L_3 尺寸；否则，将难以控制高度尺寸 l_1、l_2、l_3，如 e 图所示 5）翻孔件应标注内形尺寸；冲凸起时，则标注外形尺寸

拉深件的尺寸公差等级一般在IT14级以下。拉深工艺所能达到的拉深件的直径和高度尺寸公差分别见表4-12~表4-14。

表4-12 拉深件的直径公差（极限偏差） （单位：mm）

材料厚度	拉深件直径 d		
	≤50	>50~100	>100~300
≤1	±0.2	±0.3	±0.4
>1~1.5	±0.3	±0.4	±0.5
>1.5~2	±0.4	±0.5	±0.6
>2~3	±0.5	±0.6	±0.7
>3~4	±0.6	±0.7	±0.8
>4~5	±0.7	±0.8	±1.0
>5~6	±0.8	±1.0	±1.2

注：一般拉深件的内径尺寸取正偏差，外径尺寸取负偏差。

表4-13 无凸缘拉深件的高度公差（极限偏差） （单位：mm）

材料厚度	拉深件高度 H				
	≤18	>18~30	>30~50	>50~80	>80~120
≤1	±0.5	±0.6	±0.7	±0.9	±1.1
>1~2	±0.6	±0.7	±0.8	±1.0	±1.3
>2~3	±0.7	±0.8	±0.9	±1.1	±1.5
>3~4	±0.8	±0.9	±1.0	±1.2	±1.8
>4~5	—	—	±1.2	±1.5	±2.0
>5~6	—	—	—	±1.8	±2.2

注：本表指制件一次拉成且不修边的情况。

表4-14 有凸缘拉深件的高度公差（极限偏差） （单位：mm）

材料厚度	拉深件高度 H				
	≤18	>18~30	>30~50	>50~80	>80~120
≤1	±0.3	±0.4	±0.5	±0.6	±0.7
>1~2	±0.4	±0.5	±0.6	±0.7	±0.8
>2~3	±0.5	±0.6	±0.7	±0.8	±0.9
>3~4	±0.6	±0.7	±0.8	±0.9	±1.0
>4~5	—	—	±0.9	±1.0	±1.1
>5~6	—	—	—	±1.1	±1.2

注：本表为未经整形所达到的数值。

4. 精冲件的精度与尺寸公差

精冲件的尺寸公差等级与其材料的厚度有关，见表4-15。

表 4-15　精冲件的尺寸公差等级

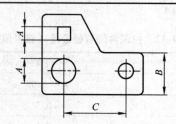

材料厚度/mm	A	B	C
≤1	IT7	IT7	IT7 ± 0.02mm
>1 ~ 2.5	IT7	IT7	IT7 ± 0.03mm
>2.5 ~ 4	IT7	IT8	IT7 ± 0.04mm
>4 ~ 6.3	IT8	IT8	IT7 ± 0.06mm
>6.3 ~ 10	IT8	IT9	IT7 ± 0.06mm
>10 ~ 16	IT9	IT10	IT7 ± 0.08mm

例如，精冲件的材料厚度为 7mm，则其公差等级（公差）为：$A = 9$mm，IT8（0.022mm）；$B = 22$mm，IT9（0.052mm）；$C = 35$mm，IT7 + 0.06mm（0.085mm）。

精冲件冲切截面的表面粗糙度与模具精度、精冲件材料及精冲过程中的润滑有关。其中，保持精冲模凸、凹模刃口的良好状态（靠对模具进行维修来实现），对精冲件冲切截面的表面粗糙度值 Ra 影响很大，见表 4-16。

精冲件的冲切截面不完全是由剪切分离出的光洁面，还存在由拉断形成的撕裂带，但撕裂很窄，如图 4-2 所示。

表 4-16　模具维修对表面粗糙度的影响

模具维修状况	$Ra/\mu m$
勤维修、多刃磨	0.8
正常的维修和刃磨	1.6
少维修、刃磨周期长	3.2

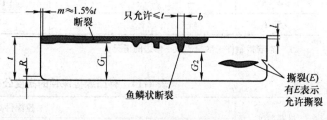

图 4-2　冲切截面情况

其中　　t——材料厚度（mm）；

G_1——断裂时的最小光面高度（mm）；

G_2——鱼鳞状断裂时的最小光面高度（mm）；

b——鱼鳞状断裂时的最大允许宽度（mm）；

m——允许的断裂深度（mm），$m = 1.5\% \times t$；

l——毛刺高度（mm）；

R——塌角高度（mm）；

E——允许存在撕裂；

$\dfrac{G_1}{t}$、$\dfrac{G_2}{t}$——光面率，见表 4-17。

表4-17 光面率常用值

G_1/t	100%	100%	90%	75%	50%
G_2/t	—	90%	75%	—	—

冲切截面要求的表示方法及其示例分别如图4-3和图4-4所示。

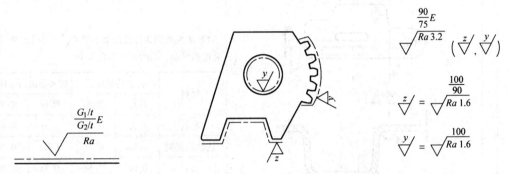

图4-3 冲切截面要求的表示方法　　　　图4-4 精冲截面要求示例

图中 $\dfrac{\frac{90}{75}E}{\sqrt{Ra3.2}}$ ——冲切截面（无点画线部分）的表面粗糙度值为 $Ra3.2\mu m$，$G_1/t=90\%$，

　　　　$G_2/t=75\%$，E 表示允许存在撕裂带；

$\dfrac{\frac{100}{90}}{\sqrt{Ra1.6}}$ ——冲切截面的表面粗糙度值为 $Ra1.6\mu m$，其上无 E，表示不允许有撕裂带；

$\dfrac{100}{\sqrt{Ra1.6}}$ ——冲切截面的表面粗糙度值为 $Ra1.6\mu m$，其上无 E，表示不允许有撕裂带。

精冲件冲切截面周边的塌角高度 R 应在允许的范围内，毛刺高度（l）一般为 $0.2\sim0.3mm$。

4.3.2 冲件的结构工艺性

冲件的结构十分复杂，因此应建立合理的冲件结构设计规范，使其具有良好的结构工艺性并能按结构分类。这样可以简化冲模结构，减少冲模数量，降低模具制造费用，易于保证冲件的尺寸精度和质量。

冲件的结构工艺性包括以下内容：

1）冲件几何形状的规则性即使其成为圆形、椭圆形和圆锥形，方形和矩形，梯形或球形等规则形状）和对称性。

2）冲件的几何形状应符合少废料或无废料排样的工艺原则。

3）冲件上孔与孔的间距、孔与边之间距离的规范性。

4）冲件成形加工的工艺性，包括规范圆角连接半径 R、悬臂与窄缝的宽度 b、凹坑与凸缘的高度 h、拉深筒形件的直径 d 或宽度 A 与筒深（高）H 之比等。

冲件的结构工艺性见表4-18。

表 4-18　冲件的结构工艺性

项　目	图　　例	说　　明

冲裁件的结构工艺性 — 合理的结构参数

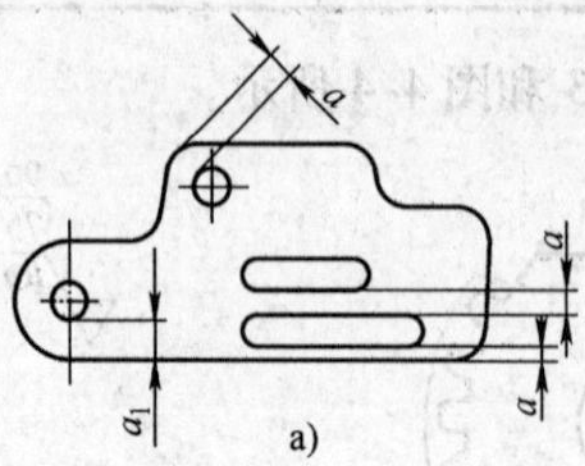

a)

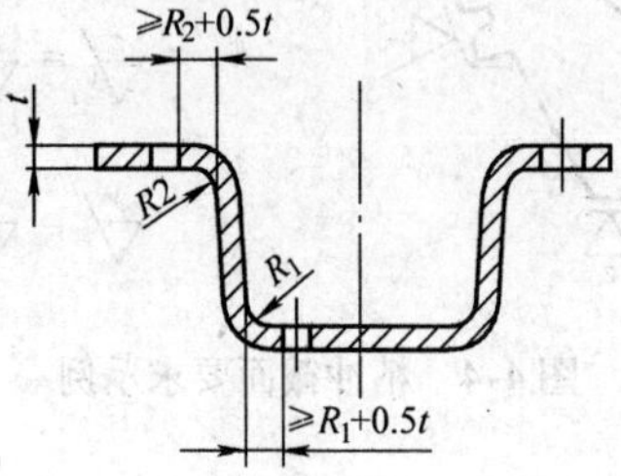

b)

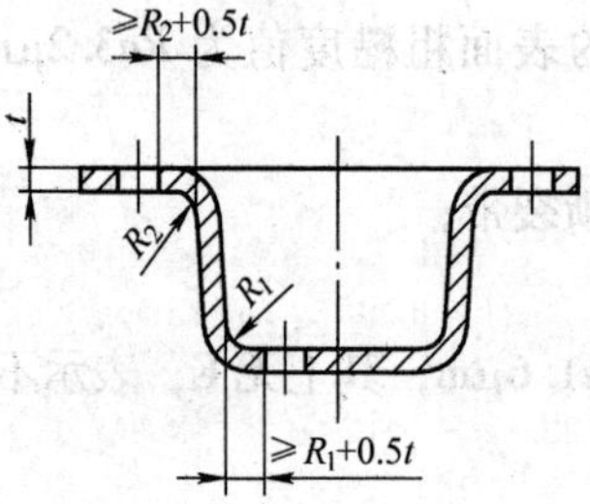

c)

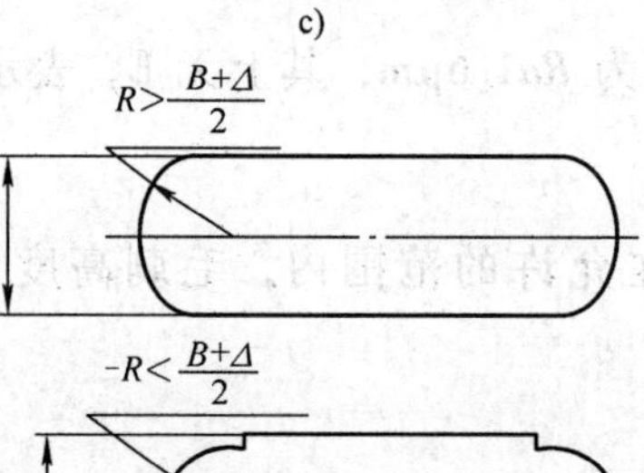

$R > \dfrac{B+\Delta}{2}$

d)

$-R < \dfrac{B+\Delta}{2}$

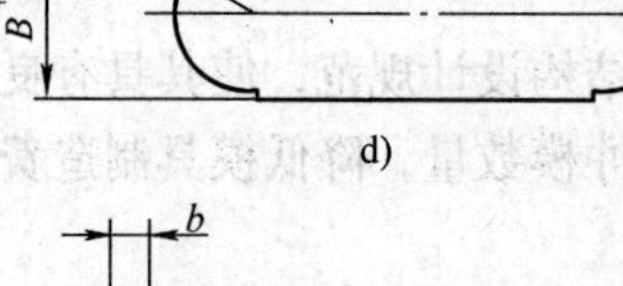

e)

1）表列数据为冲孔的最小尺寸。因为受到冲模凸模强度的限制，孔的尺寸不宜太小

材料	自由凸模冲孔		精密导向凸模冲孔	
	圆形	矩形	圆形	矩形
硬钢	$1.3t$	$1.0t$	$0.5t$	$0.4t$
软钢及黄铜	$1.0t$	$0.7t$	$0.35t$	$0.3t$
铝	$0.8t$	$0.5t$	$0.3t$	$0.28t$
酚醛层压布（纸）板	$0.4t$	$0.35t$	$0.3t$	$0.25t$

注：t 为材料厚度（mm）。

2）受模具强度与冲件质量的限制，其孔与边的间距 a 应满足 $a \geq t$，且 $a = 3 \sim 4$mm，如图 a 所示

3）对弯曲件或拉深件冲孔时，其孔与直臂间的距离不允许小于 b、c 图中标注的尺寸

4）冲裁件的最小圆角半径见下表

工序	线段夹角	黄钢、纯铜、铝	软钢	合金钢
落料	$\geq 90°$	$0.18t$	$0.5t$	$0.35t$
	$< 90°$	$0.35t$	$0.35t$	$0.7t$
冲孔	$\geq 90°$	$0.20t$	$0.3t$	$0.45t$
	$< 90°$	$0.40t$	$0.6t$	$0.9t$

注：t 为材料厚度，$t < 1$mm 时，均以 $t = 1$mm 计算

直线与曲线的连接处一般采用圆角，以防损坏模具；当采用少废料或无废料排样，或者采用镶拼式模具时，可以光角连接

5）若腰圆形冲件的圆弧半径 $R > (B + \Delta)/2$，则可采用少废料排样；若 $R = (B + \Delta)/2$，则不能采用少废料排样，否则会产生台肩，如 d 图所示

6）若冲件有悬臂和狭缝，当材料为高碳钢时，$b \geq 2t$；当材料为纯铜、铝或软钢时，$b \geq 5t$（当 $t < 1$mm 时，按 $t = 1$mm 计，如图 e 所示

（续）

项目	图　例	说　明
弯曲件的结构工艺性	合理的结构参数	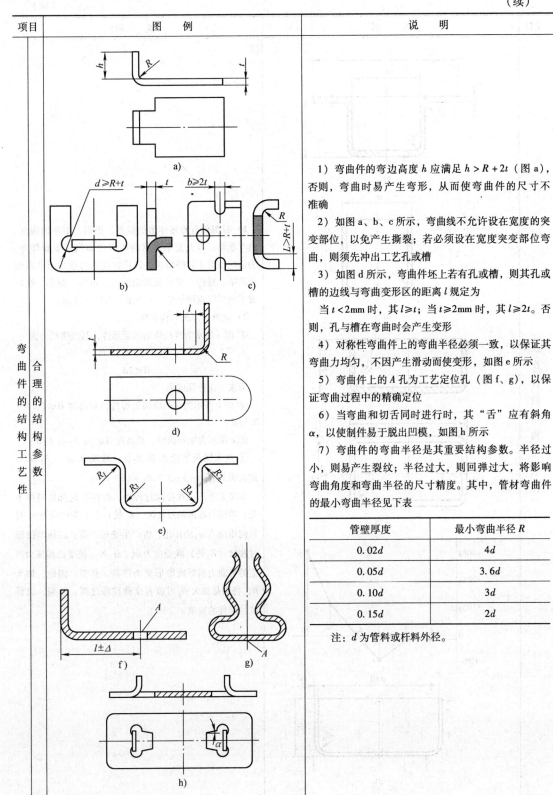	1）弯曲件的弯边高度 h 应满足 $h > R + 2t$（图 a），否则，弯曲时易产生弯形，从而使弯曲件的尺寸不准确 2）如图 a、b、c 所示，弯曲线不允许设在宽度的突变部位，以免产生撕裂；若必须设在宽度突变部位弯曲，则须先冲出工艺孔或槽 3）如图 d 所示，弯曲件坯上若有孔或槽，则其孔或槽的边线与弯曲变形区的距离 l 规定为 当 $t < 2\text{mm}$ 时，其 $l \geq t$；当 $t \geq 2\text{mm}$ 时，其 $l \geq 2t$。否则，孔与槽在弯曲时会产生变形 4）对称性弯曲件上的弯曲半径必须一致，以保证其弯曲力均匀，不因产生滑动而使变形，如图 e 所示 5）弯曲件上的 A 孔为工艺定位孔（图 f、g），以保证弯曲过程中的精确定位 6）当弯曲和切舌同时进行时，其"舌"应有斜角 α，以使制件易于脱出凹模，如图 h 所示 7）弯曲件的弯曲半径是其重要结构参数。半径过小，则易产生裂纹；半径过大，则回弹过大，将影响弯曲角度和弯曲半径的尺寸精度。其中，管材弯曲件的最小弯曲半径见下表

管壁厚度	最小弯曲半径 R
$0.02d$	$4d$
$0.05d$	$3.6d$
$0.10d$	$3d$
$0.15d$	$2d$

注：d 为管料或杆料外径。

（续）

项目	图　例	说　明
拉深件的结构工艺性	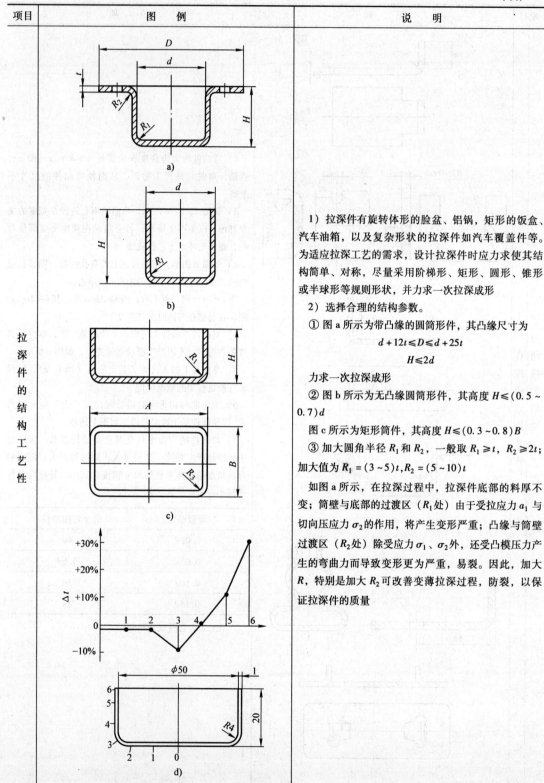	1）拉深件有旋转体形的脸盆、铝锅，矩形的饭盒、汽车油箱，以及复杂形状的拉深件如汽车覆盖件等。为适应拉深工艺的需求，设计拉深件时应力求使其结构简单、对称，尽量采用阶梯形、矩形、圆形、锥形或半球形等规则形状，并力求一次拉深成形 2）选择合理的结构参数。 ① 图 a 所示为带凸缘的圆筒形件，其凸缘尺寸为 $$d+12t \leqslant D \leqslant d+25t$$ $$H \leqslant 2d$$ 力求一次拉深成形 ② 图 b 所示为无凸缘圆筒形件，其高度 $H \leqslant (0.5 \sim 0.7)d$ 图 c 所示为矩形筒件，其高度 $H \leqslant (0.3 \sim 0.8)B$ ③ 加大圆角半径 R_1 和 R_2，一般取 $R_1 \geqslant t$，$R_2 \geqslant 2t$；加大值为 $R_1=(3 \sim 5)t$，$R_2=(5 \sim 10)t$ 如图 a 所示，在拉深过程中，拉深件底部的料厚不变；筒壁与底部的过渡区（R_1处）由于受拉应力 a_1 与切向压应力 σ_2 的作用，将产生变形严重；凸缘与筒壁过渡区（R_2处）除受应力 σ_1、σ_2 外，还受凸模压力产生的弯曲力而导致变形更为严重，易裂。因此，加大 R，特别是加大 R_2 可改善变薄拉深过程，防裂，以保证拉深件的质量

（续）

项目	图 例	说 明
成形件的结构工艺性	压窝与凸苞的结构参数	 a) b)	图 a、b 所示为带加强槽和凸筋，即带压窝和凸苞的成形件示例 图 c 所示为压窝的结构参数。成形时，a 部位基本上不变薄；b 部位变薄剧烈，易裂；c 部位也为变薄剧烈区；e 部位为变薄趋零区。设压窝的变形区半径为 R_0，其与材料的抗拉应力 R_m 与下屈服强度 R_{eL} 之比及凸模与材料间的摩擦系数 μ 有关。最小压窝成形的相对半径 R_0/r 见下表

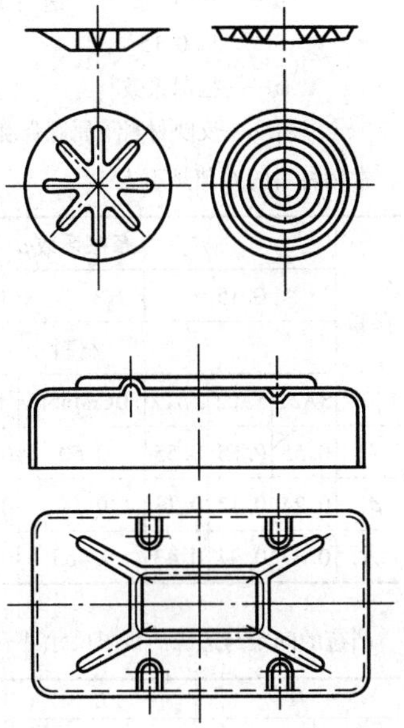

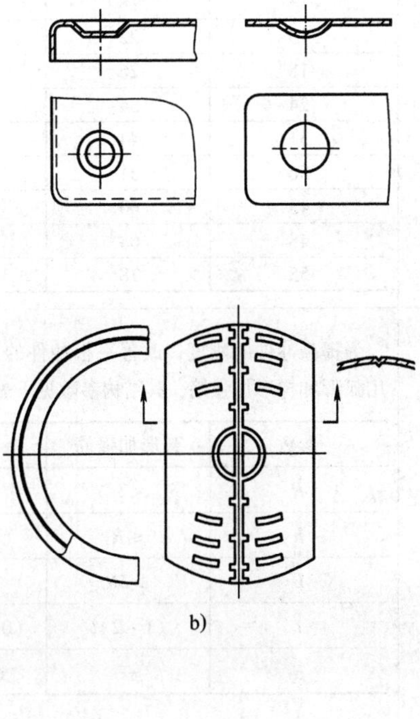

R_m/R_{eL}		3	2.5	2.0	1.8	1.6	1.4	1.2	1.0
μ	0.1	2.83	2.71	2.56	2.47	2.39	2.29	2.17	2.05
	0.15	2.70	2.58	2.44	2.37	2.33	2.19	2.10	1.96

R_0 也可按下式计算

$$R_0 = r_0 + r_凹 \sqrt{G}$$

压窝与凸苞的极限成形高度 h 与材料的下屈服强度 R_{eL}、塑变区半径 R_0 和模具的几何参数有关，其公式为

$$h = N\beta R_0 \sqrt{G}$$

式中　N——与凸模有关的系数，对于 $r_凸/r_0 \leqslant 0.2$ 的凸模，$N=1.38$；对于 $r_凸/r_0 > 0.2$ 的凸模，$N=1.25 \sim 1.35$；球形凸模的 $N=1 \sim 1.23$

β——模具的几何参数，按下式计算

$$\beta = \sqrt{(r_凹 + r_凸) \big/ (2r_0 - r_凸 + r_凹)}$$

G——材料的力学性能，反映变形区得平均变薄系数，按下式计算

（续）

项目	图　例	说　明

说明栏：

$$G = \frac{0.36}{1+\mu} \times (1 - m + \varepsilon_1)$$

式中　0.36——系数

　　　μ——摩擦系数，钢件取 0.08，铝合金取 0.15

　　　m——拉深系数

　　　ε_1——反映材料下屈服强度的细颈点的应变

常用材料的 G 值见下表

参数	摩擦系数 μ					
	0.15			0.08		
	材料					
	3A21	5A02	2A12	30CrMnSiA	10F	12Cr18Ni9Ti
M	0.55	0.55	0.55	0.50	0.50	0.50
ε_1	0.24	0.17	0.13	0.14	0.25	0.29
$\sqrt{G}$	0.47	0.44	0.43	0.465	0.50	0.51

凸苞的间距与边缘的极限尺寸见下表

D	L	t
6.5	10	7.5
8.5	13	7.5
10.5	15	9
13	18	11
15	22	13
18	26	16
24	34	20
31	44	26
36	51	30
43	60	35
48	68	40
55	78	45

为提高冲件的刚度，改善平板冲件的平面度，常采用弧形和梯形加强筋，其结构参数见下表

参数	弧形加强筋	梯形筋
R	$<3t$	—
h	$\leq R$	$(1.5\sim2)t$
B	$\geq 2R$	$\geq 3h$
t	$(1\sim2)t$	$(0.5\sim1.5)t$
α	—	$15°\sim20°$

左侧项目：成形件的结构工艺性／压窝与凸苞的结构参数／加强筋的结构参数

（续）

项目	图　　例	说　　明
成形件的结构工艺性 / 波纹膜片的结构参数	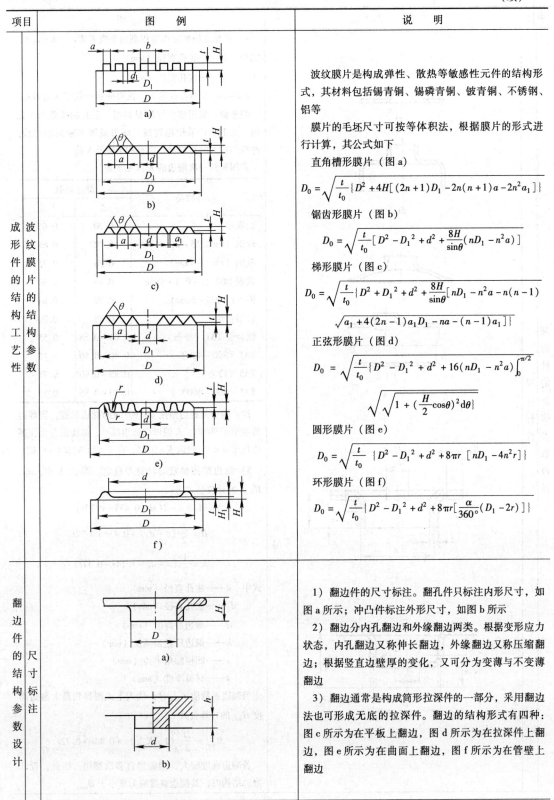	波纹膜片是构成弹性、散热等敏感性元件的结构形式，其材料包括锡青铜、锡磷青铜、铍青铜、不锈钢、铝等 膜片的毛坯尺寸可按等体积法，根据膜片的形式进行计算，其公式如下 直角槽形膜片（图 a） $$D_0 = \sqrt{\frac{t}{t_0}\{D^2 + 4H[(2n+1)D_1 - 2n(n+1)a - 2n^2 a_1]\}}$$ 锯齿形膜片（图 b） $$D_0 = \sqrt{\frac{t}{t_0}[D^2 - D_1{}^2 + d^2 + \frac{8H}{\sin\theta}(nD_1 - n^2 a)]}$$ 梯形膜片（图 c） $$D_0 = \sqrt{\frac{t}{t_0}\{D^2 + D_1{}^2 + d^2 + \frac{8H}{\sin\theta}[nD_1 - n^2 a - n(n-1) \\ \sqrt{a_1 + 4(2n-1)a_1 D_1 - na - (n-1)a_1]\}}}$$ 正弦形膜片（图 d） $$D_0 = \sqrt{\frac{t}{t_0}\{D^2 - D_1{}^2 + d^2 + 16(nD_1 - n^2 a)\int_0^{\pi/2} \\ \sqrt{\sqrt{1 + (\frac{H}{2}\cos\theta)^2 \mathrm{d}\theta}\}}}$$ 圆形膜片（图 e） $$D_0 = \sqrt{\frac{t}{t_0}\{D^2 - D_1{}^2 + d^2 + 8\pi r[nD_1 - 4n^2 r]\}}$$ 环形膜片（图 f） $$D_0 = \sqrt{\frac{t}{t_0}\{D^2 - D_1{}^2 + d^2 + 8\pi r[\frac{\alpha}{360°}(D_1 - 2r)]\}}$$
翻边件的结构参数设计 / 尺寸标注		1）翻边件的尺寸标注。翻孔件只标注内形尺寸，如图 a 所示；冲凸件标注外形尺寸，如图 b 所示 2）翻边分内孔翻边和外缘翻边两类。根据变形应力状态，内孔翻边又称伸长翻边，外缘翻边又称压缩翻边；根据竖直边壁厚的变化，又可分为变薄与不变薄翻边 3）翻边通常是构成筒形拉深件的一部分，采用翻边法也可形成无底的拉深件。翻边的结构形式有四种：图 c 所示为在平板上翻边，图 d 所示为在拉深件上翻边，图 e 所示为在曲面上翻边，图 f 所示为在管壁上翻边

（续）

项目	图　例	说　明

项目： 翻边件的结构参数设计 ／ 尺寸标注

图例：

c)

d)

e)

f)

g)

h)

说明：

4）孔翻边的变形程度用翻边系数 K 表示，$K = d_0/d$

式中　d_0——底孔直径（mm）

　　　d——成孔直径（mm）

K 越小，变形程度越大。极限翻边系数用 K_{min} 表示。一般来说，采用塑性好的材料时，底孔的质量高，光滑、无毛刺；采用抛物线、球形或锥形断面的凸模，冲料厚较大的材料时，极有利于降低 K 值

常用材料一次翻边的 K 值见下表

材料种类	翻边系数	
	K	K_{min}
白铁皮	0.70	0.65
软钢（$t = 0.25 \sim 2$mm）	0.72	0.68
软钢（$t = 2 \sim 4$mm）	0.78	0.75
黄铜 H62（$t = 0.5 \sim 4$mm）	0.68	0.62
铝（$t = 0.5 \sim 5$mm）	0.70	0.64
硬铝合金	0.89	0.80
钛合金 TA1（冷态）	$0.64 \sim 0.68$	0.55
TA1（$300 \sim 400$℃）	$0.40 \sim 0.50$	0.45
TA5（冷态）	$0.85 \sim 0.90$	0.75
TA5（$500 \sim 600$℃）	$0.70 \sim 0.85$	0.55

注：表中是翻边角度 $\alpha = 90°$ 时的翻边系数。当翻边角度小于90°时，K 值可以适当减小，如硬铝合金在翻边角度 $\alpha < 45°$ 时取 $K = 0.85$，在 $\alpha < 30°$ 时取 $K = 0.82$。

5）翻边结构参数的计算与确定。图 g、h 中，d_0、H、h 的计算公式为

$$d_0 = d - 2(H - 0.435 - 0.72t)$$

$$H = \frac{1}{2}(d - d_0) + 0.43r + 0.72t$$

$$h = \frac{1}{2}(d - d_0 - 1.14r - 0.57t)$$

式中　d——成孔直径（mm）

　　　d_0——底孔直径（mm）

　　　H——翻边后高度（mm）

　　　h——翻边后左边高度（mm）

　　　r——凹模圆角半径（mm）

　　　t——材料厚度（mm）

当翻边系数取 K_{min} 时，代入上式则得到最大翻边高度 H_{max} 的计算公式

$$H_{max} = \frac{D}{2}(1 - K_{min}) + 0.43r + 0.72t$$

若翻边高度较大，则需经过多次翻边。因此，设计翻边结构时，其翻边高度应力求小于 H_{max}

（续）

项目	图 例	说 明
非圆孔翻边图例	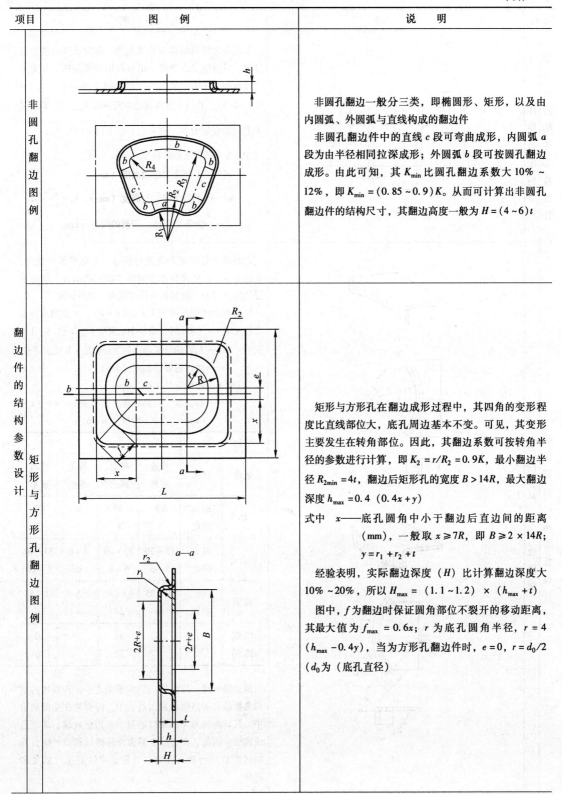	非圆孔翻边一般分三类，即椭圆形、矩形，以及由内圆弧、外圆弧与直线构成的翻边件 非圆孔翻边件中的直线 c 段可弯曲成形，内圆弧 a 段为由半径相同拉深成形；外圆弧 b 段可按圆孔翻边成形。由此可知，其 K_{min} 比圆孔翻边系数大 10% ~ 12%，即 $K_{min} = (0.85 \sim 0.9)K$。从而可计算出非圆孔翻边件的结构尺寸，其翻边高度一般为 $H = (4 \sim 6)t$
翻边件的结构参数设计　矩形与方形孔翻边图例		矩形与方形孔在翻边成形过程中，其四角的变形程度比直线部位大，底孔周边基本不变。可见，其变形主要发生在转角部位。因此，其翻边系数可按转角半径的参数进行计算，即 $K_2 = r/R_2 = 0.9K$，最小翻边半径 $R_{2min} = 4t$，翻边后矩形孔的宽度 $B > 14R$，最大翻边深度 $h_{max} = 0.4 \ (0.4x + y)$ 式中 x——底孔圆角中小于翻边后直边间的距离（mm），一般取 $x \geqslant 7R$，即 $B \geqslant 2 \times 14R$； 　　　$y = r_1 + r_2 + t$ 经验表明，实际翻边深度（H）比计算翻边深度大 10% ~ 20%，所以 $H_{max} = (1.1 \sim 1.2) \times (h_{max} + t)$ 图中，f 为翻边时保证圆角部位不裂开的移动距离，其最大值为 $f_{max} = 0.6x$；r 为底孔圆角半径，$r = 4 \ (h_{max} - 0.4y)$，当为方形孔翻边件时，$e = 0$，$r = d_0/2$（d_0 为（底孔直径）

（续）

项目	图例	说明
翻边件的结构参数设计 — 变薄翻边图例	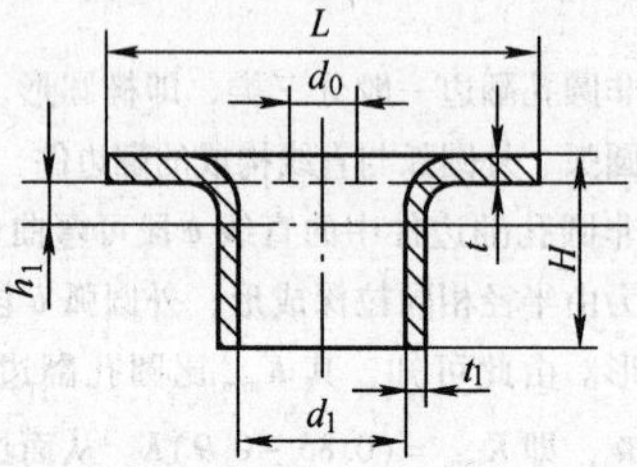	变薄翻边件的结构参数见左图。若翻边件的翻边高度大，且直壁允许变薄，则可采用变薄翻边。其变形程度既取决于 K，又取决于壁部的变薄系数（$t_1/t = 0.4 \sim 0.5$）。若与不变薄翻边有相同的 K_{min} 值，则其最大的翻边高度为 $H_1 = H + \dfrac{1}{2}\left(\dfrac{t}{2}-1\right) \times (H - h_1)$ 式中 t_1——翻边后的料厚（mm） H——不变薄的翻边高度（mm） h_1——不变薄部位的高度（mm），$h_1 = \dfrac{Z-t}{t-t_1}H$ Z——筒形部位凸、凹模的间隙（mm）
外缘翻边结构参数设计 — 内曲、外曲翻边图例	 a) b)	内曲翻边是拉深和弯曲的组合，又称延伸性翻边，如图 a 所示；外曲翻边是弯曲和收缩的组合，其边缘受切向压应力，故又称收缘性翻边，如图 b 所示 外曲翻边的变形程度 $E = a/(R+b)$；内曲翻边的变形程度 $E = a/(R-b)$；最小翻边高度 $h_{min} = (2.5 \sim 3)t$ 式中 E——允许的外缘翻边的变形程度，E 值见下表 b——翻边的展开宽度（mm） R——弯曲圆弧半径（mm） a——翻边量，与翻边角度 β 有关，$a = b(1-\cos\beta)$，当 $\beta = 90°$ 时，$a = b$

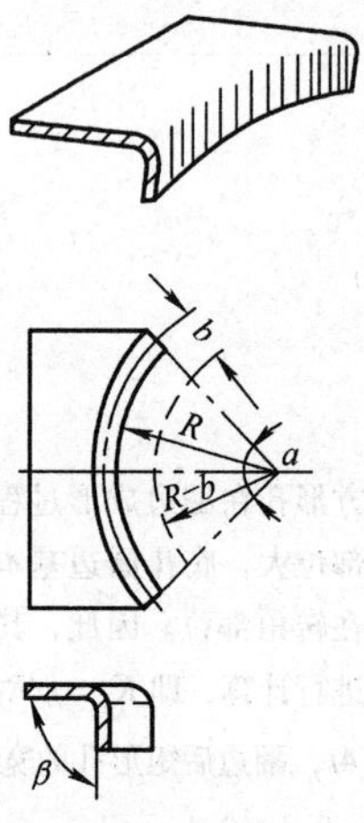

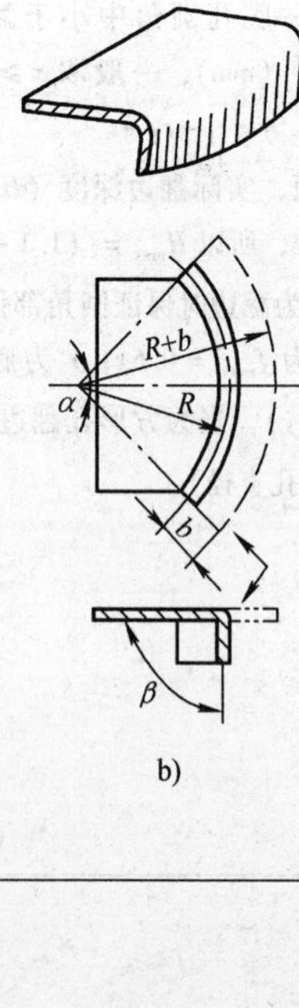

材　料		$E_{外}$（%）		$E_{内}$（%）	
名称	状态	橡皮成形	模具成形	橡皮成形	模具成形
铝	退火 硬化	25 5	30 8	6 3	40 12
铝合金	退火 硬化	$15 \sim 20$ $5 \sim 6$	$20 \sim 30$ $6 \sim 8$	$4 \sim 6$ <3	$30 \sim 40$ $8 \sim 12$
黄铜	软 半硬	$30 \sim 35$ 10	$40 \sim 45$ 14	8 4	$45 \sim 55$ 16
10 钢 20 钢			38 22		10 10

翻边是冲件、拉深件的结构要素之一，若翻边的结构参数设计不当则在翻边过程中，特别是在变薄翻边中，其切向压力大的部位容易引起边壁收缩，甚至造成破裂。因此，在进行带翻边冲件的结构设计时，其结构参数须合理、准确，以保证冲件的尺寸精度和质量

（续）

项目	图 例	说 明

胀形件结构参数设计（胀形件图例）

胀形与缩口均以拉深成形的筒件或管件为坯料，胀形是与缩口相对应的成形加工，其特点是变形部位主要承受切向拉应力，胀形时须预防其胀裂。为此，在计算其变形程度时，应按下式计算其变形量 Q

$$Q = (K-1) \times 100\%$$

式中　K——胀形系数，表示胀形的变形程度，$K = d_{max}/d_0 = S_{max}/S_0$

其中　d_{max}——胀形后相应截面的最大直径（mm）

S_{max}——胀形后相应截面的最大周长（mm）

d_0——筒坯相应截面的直径（mm）

S_0——筒坯相应截面的周长（mm）

可见，为防止胀裂，变形量 Q 应小于材料的极限胀形系数，其最小胀形量必须大于0.5%；同时，胀形系数与材料的伸长率有关，即

$$K = \frac{d_{max} - d}{d_0} + 1 = 1 - [\delta]$$

式中　$[\delta]$——材料的许用伸长率，由此可计算极限胀形系数，见下表

材　　料		厚度/mm	许用延伸率$[\delta]$（%）	极限胀形系数 K
铝合金	3A21	0.5	25	1.25
铝　板	1070A、1060、	1.0	28	1.28
	1050A、1035、	1.5	32	1.32
	1200	2.0	32	1.32
黄　铜	H62	0.5~1.0	35	1.35
	H68	1.5~2.0	40	1.40
低碳钢	08F	0.5	20	1.20
	10、20	1.0	24	1.24
耐热不锈钢		0.5	26	1.26
	12Cr18Ni9Ti	1.0	28	1.28

缩口件结构参数设计（缩口形式）

a)

以拉深件、管件为坯件进行缩口时，其变形部位受切向压应力 α_1，使管（筒）直径变小，壁厚和高度增加，因此容易失稳起皱；非变形区也会产生变形。为此，须正确计算和合理确定其结构参数

1. 缩口变形部位的变形系数 K

$$K = d/d_0$$

式中　d——缩口后的直径（mm）

d_0——坯件的直径（mm）

K 与模具结构、坯件材料的性能及其厚度 t 有关，其值见表1和表2

（续）

项目	图　　例	说　　明
缩口件结构参数设计	缩口形式 b) c)	**表1　常用材料的缩口系数** **2. 缩口件的高度**

表1　常用材料的缩口系数

材料	模具形式		
	无支承	外部支承	内外支承
软钢	0.70 ~ 0.75	0.55 ~ 0.60	0.30 ~ 0.35
黄铜	0.65 ~ 0.70	0.50 ~ 0.55	0.27 ~ 0.32
铝	0.68 ~ 0.72	0.53 ~ 0.57	0.27 ~ 0.32
硬铝（退火）	0.75 ~ 0.80	0.60 ~ 0.63	0.35 ~ 0.40
硬铝（淬火）	0.75 ~ 0.80	0.68 ~ 0.72	0.40 ~ 0.43

注：外部支承指外径夹紧支承，内部支承指内孔用心轴支承。

表2　料厚与缩口系数

材料	材料厚度/mm		
	<0.5	0.5 ~ 1	>1
黄铜	0.85	0.8 ~ 0.7	0.7 ~ 0.65
软钢	0.8	0.75	0.7 ~ 0.65

2. 缩口件的高度

根据等体积原则，由于缩口部位的料厚 t_1 比 t 增加得小，故缩口后高度约等于未缩口前的高度。设未缩口部位的直径 d_0 不变，且毛坯的质量高，则缩口高度的计算公式为

图 a 的缩口形式

$$h_0 = (1 \sim 1.05)\left[h_1 + \frac{d_0 - d^2}{8 d_0 \sin \alpha}\left(1 + \sqrt{\frac{d_0}{d}}\right)\right]$$

图 b 的缩口形式

$$h_0 = (1 \sim 1.05)\left[h_1 + h_2 \sqrt{\frac{d}{d_0}} + \frac{d_0 + d^2}{8 d_0 \sin \alpha}\left(1 + \sqrt{\frac{d_0}{d}}\right)\right]$$

图 c 的缩口形式

$$h_0 = h_1 + \frac{1}{4}\left(1 + \sqrt{\frac{d_0}{d}}\right)\sqrt{d_0^2 - d^2}$$

（续）

项目	图 例	说 明
精冲件的结构工艺性 / 合理的圆角半径	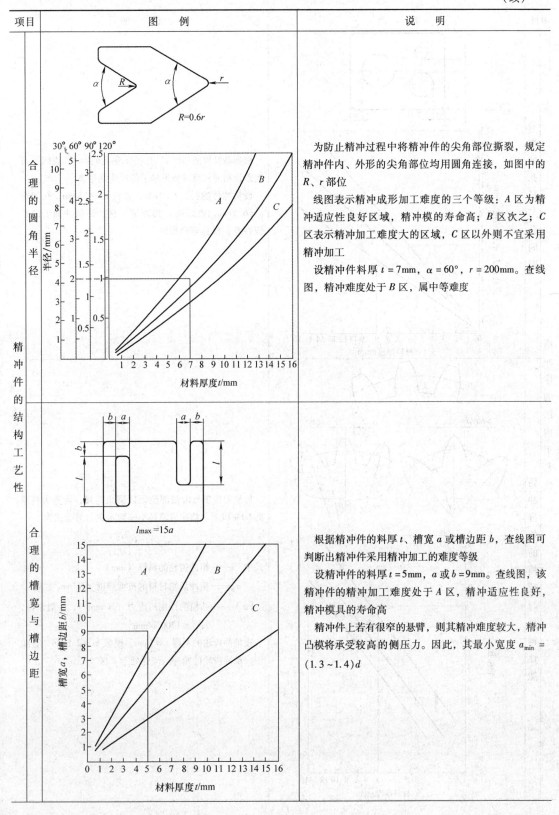	为防止精冲过程中将精冲件的尖角部位撕裂，规定精冲件内、外形的尖角部位均用圆角连接，如图中的 R、r 部位 线图表示精冲成形加工难度的三个等级：A 区为精冲适应性良好区域，精冲模的寿命高；B 区次之；C 区表示精冲加工难度大的区域，C 区以外则不宜采用精冲加工 设精冲件料厚 $t=7mm$，$\alpha=60°$，$r=200mm$。查线图，精冲难度处于 B 区，属中等难度
合理的槽宽与槽边距		根据精冲件的料厚 t、槽宽 a 或槽边距 b，查线图可判断出精冲件采用精冲加工的难度等级 设精冲件的料厚 $t=5mm$，a 或 $b=9mm$。查线图，该精冲件的精冲加工难度处于 A 区，精冲适应性良好，精冲模具的寿命高 精冲件上若有很窄的悬臂，则其精冲难度较大，精冲凸模将承受较高的侧压力。因此，其最小宽度 $a_{min}=(1.3 \sim 1.4)d$

（续）

项　目	图　　例	说　　明
精冲件的结构工艺性 合理的孔径与孔间距	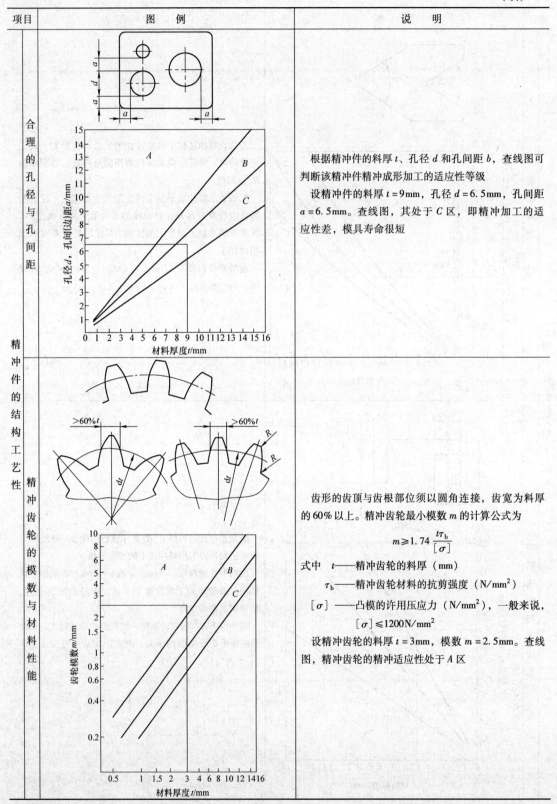	根据精冲件的料厚 t、孔径 d 和孔间距 b，查线图可判断该精冲件精冲成形加工的适应性等级 设精冲件的料厚 $t=9\,\mathrm{mm}$，孔径 $d=6.5\,\mathrm{mm}$，孔间距 $a=6.5\,\mathrm{mm}$。查线图，其处于 C 区，即精冲加工的适应性差，模具寿命很短
精冲齿轮的模数与材料性能		齿形的齿顶与齿根部位须以圆角连接，齿宽为料厚的 60% 以上。精冲齿轮最小模数 m 的计算公式为 $$m \geqslant 1.74\,\frac{t\tau_{\mathrm{b}}}{[\sigma]}$$ 式中　t——精冲齿轮的料厚（mm） 　　　τ_{b}——精冲齿轮材料的抗剪强度（N/mm²） 　　　$[\sigma]$——凸模的许用压应力（N/mm²），一般来说， 　　　　　　$[\sigma] \leqslant 1200\,\mathrm{N/mm^2}$ 设精冲齿轮的料厚 $t=3\,\mathrm{mm}$，模数 $m=2.5\,\mathrm{mm}$。查线图，精冲齿轮的精冲适应性处于 A 区

4.3.3 冲件常用材料及其性能

1. 常用材料的种类

冲件的材料分为金属板材与非金属板材两类。其中，金属板材分为钢铁材料板材与非铁金属板材，钢铁材料板材又有碳素结构钢钢板和优质碳素结构钢钢板之分。

（1）金属板材

1）钢铁材料板材。优质碳素结构钢钢板主要用于冲压加工时，其变形部位将承受多向应力、变形复杂的拉深件和弯曲件。钢铁材料板材的常用牌号有08、10、15、20及Q345、Q390、Q420等。

用作拉深件的钢板，按钢板表面的"精整"程度可分为四级：Ⅰ级——特别高级精整表面；Ⅱ级——高级精整表面；Ⅲ级——较高级精整表面；Ⅳ级——普通精整表面。按拉深件的高度还可分为：Z级——最深拉深用钢板；S级——深拉深用钢板；P级——一般拉深用钢板。

钢铁材料钢板的牌号及其力学性能见表4-19。

表4-19 钢铁材料钢板的牌号及其力学性能

材料名称	牌号	材料状态	抗剪强度 /MPa	抗拉强度 /MPa	断后伸长率 （%）	屈服强度 /MPa
电工用纯铁 ($w_C < 0.025$)	DT1、DT2、DT3	已退火	180	230	26	—
电工硅钢	D11、D12、D21、D31、D32	已退火	190	230	26	—
	D41~D48、D310~D340	未退火	560	650	—	—
碳素结构钢	Q195	未退火	260~320	320~400	28~33	—
	Q215		270~340	340~420	26~31	220
	Q235		310~380	380~470	21~25	240
	Q275		400~500	500~620	15~19	280
优质碳素结构钢	08F	已退火	220~310	280~390	32	180
	08		260~360	330~450	32	200
	10F		220~340	280~420	30	190
	10		260~340	300~440	29	210
	15F		250~370	320~460	28	—
	15		270~380	340~480	26	230
	20		280~400	360~510	25	250
	25		320~440	400~550	24	280
	30		360~480	450~600	22	300
	35		400~520	500~650	20	320
	40		420~540	520~670	18	340
	45		440~560	550~700	16	360
	50		440~580	550~730	14	380
	55	已正火	550	≥670	14	390
	60		550	≥700	13	410
	65		600	≥730	12	420
	70		600	≥760	11	430
	65Mn	已退火	600	750	12	400

（续）

材料名称	牌号	材料状态	抗剪强度/MPa	抗拉强度/MPa	断后伸长率（%）	屈服强度/MPa
碳素工具钢	T7～T12 T7A～T12A	已退火	600	750	12	
	T13、T13A		720	750	10	
	T8A、T9A	冷作硬化	600～950	900	—	
合金结构钢	25CrMnSi	已低温退火	400～560	500～700	18	
	30CrMnSiA 30CrMnSi		440～600	550～750	16	
弹簧钢	60Si2Mn 60Si2MnA	已低温退火	720	900	10	
		冷作硬化	640～960	800～1200	10	
不锈钢	12Cr13	已退火	320～380	400～470	21	
	20Cr13		320～400	400～470	20	
	30Cr13		400～480	400～500	18	480
	40Cr13		400～480	500～600	15	500
	12Cr18Ni9	经热处理	460～520	580～640	35	200
		冷碾压的冷作硬化	800～880	1000～1100	38	220

2）非铁金属板材。主要有铜及其合金（包括黄铜、铜锌合金板等，其常用牌号有主要用于拉深件的 H68 和弯曲件、冲裁件的 H62 等）和铝及其合金。常用非铁金属板材的牌号及其力学性能见表 4-20。

表 4-20　非铁金属的牌号及其力学性能

材料名称	牌号	材料状态	抗剪强度/MPa	抗拉强度/MPa	断后伸长率（%）	屈服强度/MPa
铝	1070A、1050A、1200	已退火的	80	75～110	25	50－80
		冷作硬化	100	120～150	4	—
铝锰合金	3A21	已退火的	70～100	110～145	19	50
		半冷作硬化的	100～140	155～200	13	130
铝镁合金 铝铜镁合金	5A02	已退火的	130～160	180～230	—	100
		半冷作硬化的	160～200	230～280	—	210
高强度铝镁铜合金	7A04	已退火的	170	250	—	
		淬硬并经人工时效	350	500	—	460
镁锰合金	M2M	已退火的	120～240	170～190	3～5	98
	ME20M	已退火的	170～190	220～230	12～14	140
		冷作硬化的	190～200	240～250	8～10	160

（续）

材料名称	牌号	材料状态	抗剪强度 /MPa	抗拉强度 /MPa	断后伸长率 （%）	屈服强度 /MPa
硬铝 （杜拉铝）	2A12	已退火的	105 ~ 150	150 ~ 215	12	—
		淬硬并经 自然时效	280 ~ 310	400 ~ 440	15	368
		淬硬后冷 作硬化	280 ~ 320	400 ~ 460	10	340
纯铜	T1、T2、T3	软的	160	200	30	7
		硬的	240	300	3	—
黄铜	H62	软的	260	300	35	—
		半硬的	300	380	20	200
		硬的	420	420	10	—
	H68	软的	240	300	40	100
		半硬的	280	350	25	—
		硬的	400	400	15	250
铅黄铜	HPb59 - 1	软的	300	350	25	145
		硬的	400	450	5	420
锰黄铜	HMn58 - 2	软的	340	390	25	170
		半硬的	400	450	15	—
		硬的	520	600	5	—
锡磷青铜 锡锌青铜	QSn6.5 - 0.4 QSn4 - 4 - 2.5	软的	260	300	38	140
		硬的	480	550	3 ~ 5	—
		特硬的	500	650	1 ~ 2	546
铝青铜	QAl7	退火的	520	600	10	186
		不退火的	560	650	5	250
铝锰青铜	QAl9 - 2	软的	360	450	18	300
		硬的	480	600	5	500
硅青铜	QSi3 - 1	软的	280 ~ 300	350 ~ 380	40 ~ 45	239
		硬的	480 ~ 520	600 ~ 650	3 ~ 5	540
		特硬的	560 ~ 600	700 ~ 750	1 ~ 2	—
铍青铜	QBe2	软的	240 ~ 480	300 ~ 600	30	250 ~ 350
		硬的	520	660	2	—
镁合金	M2M	冷态	120 ~ 140	170 ~ 190	3 ~ 5	120
	ME20M		150 ~ 180	230 ~ 240	14 ~ 15	220
	M2M	预热 300 度	30 ~ 50	30 ~ 50	50 ~ 52	—
	ME20M		50 ~ 70	50 ~ 70	58 ~ 62	—

（2）非金属板材　常用非金属板材包括绝缘板、纸板、纤维板、塑料板、有机玻璃板、皮革与云母片等，其抗剪强度见表4-21和表4-22。

表4-21　非金属材料的抗剪强度

材料名称	抗剪强度/MPa		材料名称	抗剪强度/MPa	
	用尖刃凸模冲裁	用平刃凸模冲裁		用尖刃凸模冲裁	用平刃凸模冲裁
低胶板	100 ~ 130	140 ~ 200	橡皮	1 ~ 6	20 ~ 80
布胶板	90 ~ 100	120 ~ 180	人造橡胶、硬橡胶	40 ~ 70	—
玻璃布胶板	120 ~ 140	160 ~ 190	柔软的皮革	6 ~ 8	30 ~ 50
金属箔玻璃布胶板	130 ~ 150	160 ~ 220	硝过的及铬化的皮革	—	50 ~ 60
金属箔纸胶板	110 ~ 130	140 ~ 200	未硝过的皮革	—	80 ~ 100
玻璃纤维丝胶板	100 ~ 110	140 ~ 160	云母	50 ~ 80	60 ~ 100
石棉纤维塑料	80 ~ 90	120 ~ 180	人造云母	120 ~ 150	140 ~ 180
有机玻璃	70 ~ 80	90 ~ 100	桦木胶合板	20	—
聚氯乙烯塑料、透明橡胶	60 ~ 80	100 ~ 130	硬马粪纸	70	60 ~ 100
赛璐珞	40 ~ 60	80 ~ 100	绝缘纸板	40 ~ 70	60 ~ 100
氯乙烯	30 ~ 40	50	红纸板	—	140 ~ 200
石棉橡胶	40	—	漆布、绝缘漆布	30 ~ 60	—
石棉板	40 ~ 50	—	绝缘板	150 ~ 160	180 ~ 240

表4-22　加热时非金属材料的抗剪强度

材　料	温度/℃	孔的直径/mm			
		1 ~ 3	>3 ~ 5	>5 ~ 10	>10 和外形
		抗剪强度/MPa			
纸胶板	22	150 ~ 180	120 ~ 150	110 ~ 120	100 ~ 110
	70 ~ 100	120 ~ 140	100 ~ 120	90 ~ 100	95
	105 ~ 130	110 ~ 130	100 ~ 110	90 ~ 100	90
布胶板	22	130 ~ 150	120 ~ 130	105 ~ 120	90 ~ 100
	80 ~ 100	100 ~ 120	80 ~ 110	90 ~ 100	70 ~ 80
玻璃布胶板	22	160 ~ 185	150 ~ 155	150	40 ~ 130
	80 ~ 100	121 ~ 140	115 ~ 120	110	90 ~ 100
玻璃纤维丝胶板	22	140 ~ 160	130 ~ 140	120 ~ 130	70
	80 ~ 100	100 ~ 120	90 ~ 110	90	40
有机玻璃	22	90 ~ 100	80 ~ 90	70 ~ 80	70
	70 ~ 80	60 ~ 80	70	50	40
聚氯乙烯塑料	22	120 ~ 130	100 ~ 110	50 ~ 90	60 ~ 80
	100	60 ~ 80	50 ~ 60	40 ~ 50	40
赛璐珞	22	80 ~ 100	70 ~ 80	60 ~ 65	60
	70	50	40	35	30

2. 冲件常用材料的规格与质量要求

（1）板材的规格　冲件用材料分为条料、带料和块料三种形式。条料是根据冲件尺寸剪裁为相应宽度的板料，主要用于中小冲件的批量生产；带料又称卷料、盘料，是通过滚剪机剪裁为一定宽度和长度并卷成盘料，用于大批量自动冲压线的板料；块料指成张的板料，通常通过剪板机剪裁为单件冲压所需尺寸，用于小量冲件的生产。

（2）板材的质量要求

1）板材表面须平整光洁，无麻点、划伤和擦伤等缺陷，以防冲件产生应力集中或影响冲件外观。

2）板材不允许翘曲，表面须平整，以防在冲压过程中因定位不准而损伤模具，使冲件的废品率提高。

3）板材表面不允许存在锈蚀，以防影响冲件表面质量，降低模具寿命。

4）板材厚度 t 的误差须在规定范围以内，若超差，将影响模具凸、凹模间的间隙，从而降低冲件质量和模具的使用寿命。

常用钢板的规格和厚度公差见表 4-23 ~ 表 4-29。

表 4-23　镀锌和酸洗钢板的规格和厚度公差（极限偏差）　　（单位：mm）

材料厚度	公差（极限偏差）	常用钢板的宽度×长度
0.25、0.30、0.35、0.40、0.45	±0.05	510×710、850×1700、710×1420、900×1800、750×1500、900×2000
0.50、0.55	±0.05	710×1420、900×1800、750×1500、900×2000、750×1800、1000×2000、850×1700
0.60、0.65	±0.06	
0.70、0.75	±0.07	
0.80、0.90	±0.08	
1.00、1.10	±0.09	710×1420、750×1800、750×1500、850×1700、900×1800、1000×2000
1.20、1.30	±0.11	
1.40、1.50	±0.12	
1.60、1.80	±0.14	
2.00	±0.16	

表 4-24　热轧硅钢薄板的规格　　（单位：mm）

分类	检验条件	牌号	厚度	宽度×长度
低硅钢板	强磁场	D11	1.0、0.5	600×1200、670×1340、750×1500、860×1720、900×1800、1000×2000、0.2mm、0.1mm 厚度，其宽度×长度由双方协议规定
		D12	0.5	
		D21	1.0、0.5、0.35	
		D22	0.5	
		D23	0.5	
		D24	0.5	
高硅钢板		D31	0.5、0.35	
		D32	0.5、0.35	
		D41	0.5、0.35	
		D42	0.5、0.35	
		D43	0.5、0.35	
		D44	0.5、0.35	
	中磁场	DH41	0.35、0.2、0.1	
	弱磁场	DR41	0.35、0.2、0.1	
	高频率	DG41	0.35、0.2、0.1	

表 4-25　电信用冷轧硅钢带的规格　（单位：mm）

牌号	厚度	厚度公差		宽度	宽度偏差			
		宽度＜200	宽度≥200		宽度 5~10	宽度 12.5~40	宽度 50~80	宽度大于 80
DG1、DG2、DG3、DG4	0.5	±0.005	—	5、6.5、8、10、12.5、15、16、20、25、32、40、50、64、80、100	−0.20	−0.25	−0.30	+1%（宽度）
	0.8 1.0	±0.010	—	5、6.5、8、10、12.5、15、16、20、25、32、40、50、64、80、100、110	−0.20	−0.25	−0.30	
	0.20	±0.015	±0.02	80~300	—	—	−0.30	
DQ1、DQ2、DQ3、DQ4、DQ5、DQ6	0.35	±0.020	±0.03	80~600	—	—	−0.30	

表 4-26　普通碳素结构钢冷轧钢带的厚度与宽度公差（极限偏差）　（单位：mm）

材料厚度	材料厚度偏差		钢带宽度	宽度偏差				钢带长度
	普通	较高		切边钢带		不切边钢带		
				普通	较高	普通	较高	
0.05、0.06、0.08、0.10	−0.015	−0.01	5、10、…、100（间隔5）	宽度≤100 时为 −0.4	宽度≤100 时为 −0.2	宽度≤50 时为 ±2.5	宽度≤50 时为 −1.5	
0.15	−0.02	−0.015	30、35、…、100（间隔5）					
0.20、0.25	−0.03	−0.02						
0.30	−0.04	−0.03		宽度＞100 时为 −0.5	宽度＞100 时为 −0.3			
0.35、0.40	−0.04	−0.03						
0.45、0.50	−0.05	−0.04						一般不应短于 10m
0.55、0.60、0.65、0.70	−0.05	−0.04	30、35、…、200（间隔5）	宽度＜100 时为 −0.5 宽度＞100 时为 −0.6	宽度＜100 时为 −0.3 宽度＞100 时为 −0.4			
0.75、0.80、0.85、0.90、0.95、1.00	−0.07	−0.05						
1.05、1.10、1.20、1.25、1.30、1.35、1.40、1.45、1.50	−0.09	−0.06						
1.60、1.70、1.75、1.80、1.90、2.00、2.10、2.20、2.30、2.40、2.50	−0.13	−0.10	50、55、…、200（间隔5）			宽度＞50 时为 ±3.5	宽度＞50 时为 −2.5	
2.60、2.70、2.80、2.90、3.00	−0.16	−0.12						

表 4-27 普通碳素钢冷轧与热轧薄板的厚度极限偏差 （单位：mm）

钢板厚度	A（高级精度）	B（较高精度）	C（普通精度）	
	冷轧优质钢板	普通和优质钢板		
		冷轧和热轧	热轧	
	全部宽度		宽度 <1000	宽度 ≥1000
0.2、0.25、0.30、0.35、0.40	±0.03	±0.04	±0.06	±0.06
0.45、0.50	±0.04	±0.05	±0.07	±0.07
0.55、0.60	±0.05	±0.06	±0.08	±0.08
0.65、0.70、0.75	±0.06	±0.07	±0.09	±0.09
0.80、0.90	±0.06	±0.08	±0.10	±0.10
1.0、1.1	±0.07	±0.09	±0.12	±0.12
1.2	±0.09	±0.11	±0.13	±0.13
1.25、1.30、1.40	±0.10	±0.12	±0.15	±0.15
1.5	±0.11	±0.12	±0.15	±0.15
1.6、1.8	±0.12	±0.14	±0.16	±0.16
2.0	±0.13	±0.15	+0.15 −0.18	±0.18
2.2	±0.14	±0.16	+0.15 −0.19	±0.19
2.5	±0.15	±0.17	+0.16 −0.20	±0.20
2.8、3.0	±0.16	±0.18	+0.17 −0.22	±0.22
3.2、3.5	±0.18	±0.20	+0.18 −0.25	±0.25
3.8、4.0	±0.20	±0.22	+0.20 −0.30	±0.30

表 4-28 优质碳素结构钢冷轧钢带的尺寸及其极限偏差 （单位：mm）

	厚度			宽度				
	极限偏差			切边钢带			不切边钢带	
公称尺寸	普通精度 P	较高精度 H	高精度	公称尺寸	公差		公称尺寸	公差
					普通精度 P	较高精度 H		
0.10 ~ 0.15	−0.020	−0.015	−0.010	4 ~ 120	−0.3	−0.2	≤50	+2 −1
>0.15 ~ 0.25	−0.030	−0.020	−0.015					
>0.25 ~ 0.40	−0.040	−0.030	−0.020	6 ~ 120				
>0.40 ~ 0.50	−0.050	−0.040	−0.025					
>0.50 ~ 0.70	−0.050	−0.040	−0.025	10 ~ 200	−0.4	−0.3		
>0.70 ~ 0.95	−0.070	−0.050	−0.030					
>0.95 ~ 1.00	−0.090	−0.060	−0.040					
>1.00 ~ 1.35	−0.090	−0.060	−0.040				>50	+3 −2
>1.35 ~ 1.75	−0.110	−0.080	−0.050					
>1.75 ~ 2.30	−0.120	−0.100	−0.060	18 ~ 200	−0.6	−0.4		
>2.30 ~ 3.00	−0.160	−0.120	−0.080					
>3.00 ~ 4.00	−0.200	−0.160	−0.100					

表 4-29　冷轧黄铜板的厚度、宽度和长度极限偏差　　　（单位：mm）

厚度	宽度×长度			宽度和长度极限偏差
	600×1200	700×1430	800×1500	
	厚度极限偏差			
0.4	-0.07	-0.09		
0.5				
0.6	-0.08	-0.1		
0.7				
0.8	-0.09	—	-0.12	
0.9	-0.1			
1	-0.11	-0.12	-0.14	
1.1	-0.12			
1.2		-0.14	-0.16	
1.35	-0.14			
1.5		-0.16	-0.18	
1.6	-0.15			
1.8				
2.0		-0.18	-0.2	
2.25	-0.16			宽度：-10
2.5		-0.21	-0.22	长度：-15
2.75				
3.0			-0.24	
3.5	-0.2	-0.24	-0.27	
4.0				
4.5	-0.22	-0.27	-0.30	
5.0				
5.5		-0.30	-0.35	
6.0	-0.25			
6.5		-0.35	-0.37	
7.0		-0.37	-0.40	
7.5	-0.27			
8.0				
9.0	-0.30	-0.40	-0.45	
10.0				

4.4　冲模设计与制造的技术要求

现代模具设计、制造过程中必须遵循的三项技术要求如下：

1）模具设计与制造精度高，使用性能好、寿命长。

2）模具结构合理，结构参数正确。

3）模具标准化程度和水平高，以缩短制模、供模时间，节约社会资源。

冲模的设计制造也应遵循以上技术要求。同时，以上技术要求还是模具企业制定质量保证体系时应依据的三项基本原则。

4.4.1　冲模模架的技术要求

模架是支承冲模结构主体（模芯）的部件，它由上、下模座板及其间的滑动或滚动导向副构成。其中，滑动导向副由导柱和导套构成；滚动导向副由导柱与导套之间通过过盈配合所装的滚珠（或滚柱）及其保持架构成。一般来说，导柱压装在下模座板的孔内，导套则定位固定在上模座板的孔内。

　　根据导向副的数量及其安装在上、下模座板上的位置分类，共有9种铸铁模架，并已形成国家标准，如图4-5和图4-6所示。

　　此外，还有滑动导向钢板模架（JB/T 7181.1～4—1995）和滚动导向钢板模架（JB/T 7182.1～4—1995），分别如图4-7和图4-8所示。

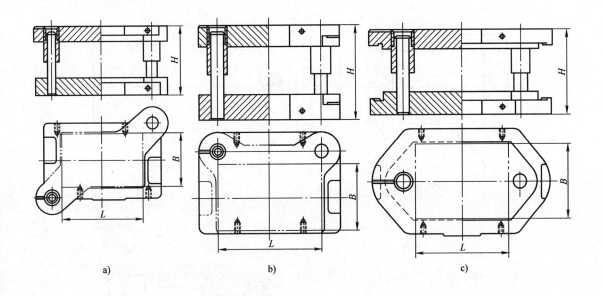

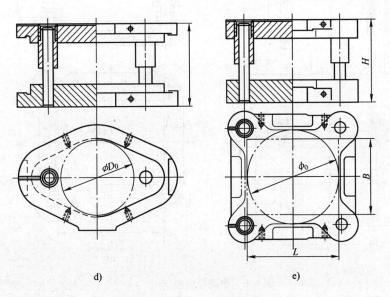

图4-5　滑动导向模架

a) 对角导柱模架　b) 后侧导柱模架　c) 中间导柱模架　d) 中间导柱圆形模架　e) 四导柱模架

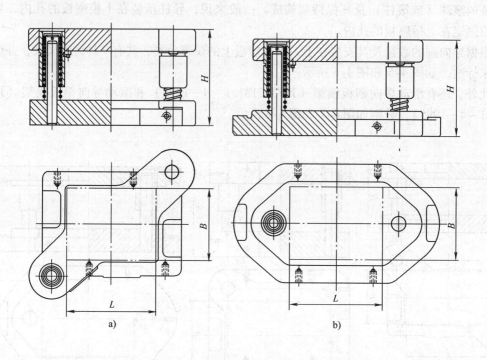

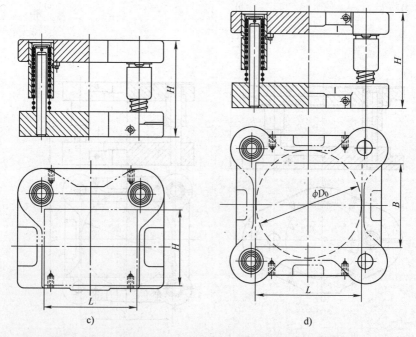

图 4-6　滚动导向模架

a）对角导柱模架　b）中间导柱模架　c）四导柱模架　d）后侧导柱模架

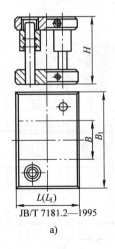

JB/T 7181.2—1995

a)

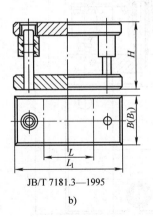

JB/T 7181.3—1995

b)

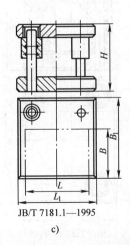

JB/T 7181.1—1995

c)

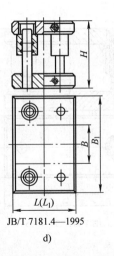

JB/T 7181.4—1995

d)

图 4-7　滑动导向钢板模架

a) 对角导柱模架　b) 后侧导柱模架　c) 中间导柱模架　d) 四导柱模架

根据冲模模架的功能及结构特点，其须满足两项直接影响冲模装配精度与质量和使用性能的技术要求：

1) 模架的上、下模座须具有足够的厚度，以保证模架的刚性，不致因冲压过程中冲击力的作用，而使模座板变形而产生振动，引起凸、凹模之间间隙的变化。间隙变化不仅影响冲件质量，造成毛刺超差，还将引起啃模、崩刃等缺陷，使模具的使用性能变差。

2) 为保证凸、凹模之间的间隙及其均匀性，上、下模座板上、下平面的平行度误差、导向副轴线对基准面（模座板下平面）的垂直度误差和导向副导柱与导套之间的配合精度，均须控制允许范围内。

冲模模架技术条件的行业标准为 JB/T 8050—2008，其内容见表 4-30 和表 4-31。

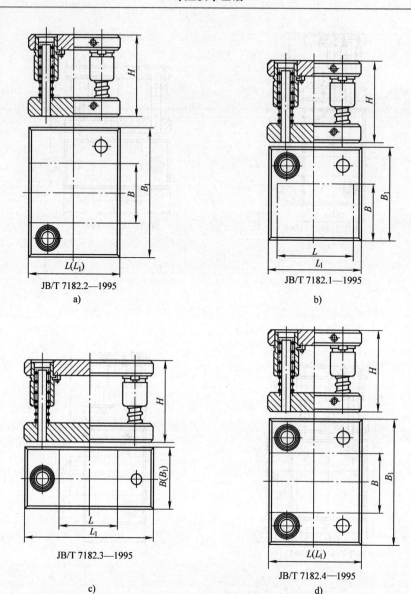

JB/T 7182.2—1995

a)

JB/T 7182.1—1995

b)

JB/T 7182.3—1995

c)

JB/T 7182.4—1995

d)

图 4-8　滚动导向钢板模架

a）对角导柱模架　b）后侧导柱模架　c）中间导柱模架　d）四导柱模架

表 4-30　模架分级技术指标

项	检查项目	被测尺寸/mm	模架精度等级	
			0Ⅰ、Ⅰ级	0Ⅱ、Ⅱ级
			公差等级	
A	上模座上平面对下模座下平面的平行度	≤400	5	6
		>400	6	7
B	导柱轴线对下模座下平面的垂直度	≤160	4	5
		>160	5	6

表4-31 导柱导套配合间隙（或过盈量）

配合形式	导柱直径	模架精度等级		配合后的过盈量
		I级	II级	
		配合后的间隙量		
滑动配合	≤18	≤0.010	≤0.015	—
	>18~30	≤0.011	≤0.017	
	>30~50	≤0.014	≤0.021	
	>50~80	≤0.016	≤0.025	
滚动配合	>18~30	—	—	0.01~0.02
	>30~50	—	—	0.015~0.025

4.4.2 冲模零件的技术要求

冲模除模架及其构件外，还有工件零件与一般零件之分。其中，一般零件包括支承件（包括凸、凹模固定板和垫板等）、弹力件（包括弹簧、聚氨酯橡胶等）、功能件（即依赖弹力及压力机提供的推力进行压料、卸料和顶料的零件）、合件及定位、导向和紧固件。一般零件虽具有辅助性，但都是构成冲模所不可缺的零件，都应精心设计与制造。

1. 一般零件的技术要求

一般零件的材料及热处理工艺须满足设计要求，符合冲模技术条件相关标准的规定，见表4-32。

表4-32 冲模一般零件的技术要求

零件名称	材料	硬度
上、下模座	HT200	170~220HB
	45	24~28HRC
导柱	20Cr	60~64HRC（渗碳）
	GCr15	60~64HRC
导套	20Cr	58~62HRC（渗碳）
	GCr15	58~62HRC
凸模固定板、凹模固定板、螺母、垫圈、螺塞	45	28~32HRC
模柄、承料板	Q235A	—
卸料板、导料板	45	28~32HRC
	Q235A	—
导正销	T10A	50~54HRC
	9Mn2V	56~60HRC
垫板	45	43~48HRC
	T10A	50~54HRC
螺钉	45	头部43~48HRC
销钉	T10A、GCr15	56~60HRC
挡料销、抬料销、推杆、顶杆	65Mn、GCr15	52~56HRC
推板	45	43~48HRC
压边圈	T10A	54~58HRC
	45	43~48HRC
定距侧刃、废料切断刀	T10A	58~62HRC
侧刃挡块	T10A	56~60HRC
斜楔与滑块	T10A	54~58HRC
弹簧	50CrVA、55CrSi、65Mn	44~48HRC

冲模一般零件的技术条件应遵循 JB/T 7653—2008 的规定，其内容可见表 4-33 ~ 表 4-35。

表 4-33　所有模座、凹模板、固定板、垫板等零件的平行度　　　　（单位：mm）

公称尺寸	公差值 t_2	公称尺寸	公差值 t_2
>40 ~ 63	0.008	>250 ~ 400	0.020
>63 ~ 100	0.010	>400 ~ 630	0.025
>100 ~ 160	0.012	>630 ~ 1000	0.030
>160 ~ 250	0.015	>1000 ~ 1600	0.040

注：公称尺寸是指被测表面的最大长度尺寸或最大宽度尺寸。

表 4-34　凹模板、固定板等零件的垂直度　　　　（单位：mm）

公称尺寸	公差等级 5 公差值 t_1
>40 ~ 63	0.012
>63 ~ 100	0.015
>100 ~ 160	0.020
>160 ~ 250	0.025

注：1. 公称尺寸是指被测零件的短边长度。

　　2. 垂直度公差是指短边对长边垂直度误差的最大允许值。

　　3. 公差等级按 GB/T 1184。

表 4-35　圆柱形件的圆跳动　　　　（单位：mm）

公称尺寸	公差等级 8 公差值
>18 ~ 30	0.025
>30 ~ 50	0.030
>50 ~ 120	0.040
>120 ~ 250	0.050

注：公称尺寸是指圆柱形件上标注的被测部位的最大尺寸。

2. 工作零件的技术要求与冲模使用寿命

根据冲件的形状及结构要素，工作零件（凸模与凹模）应符合以下技术条件：

1）满足使用所要求的刃口尺寸精度与表面质量。

2）具有足够的刚度，以具有很高的抗冲击、抗振动性能。

3）具有足够的强度和耐磨损性能。冲模工作零件的设计与制造应符合 GB/T 14662—2006 的规定，其内容见表 4-36。

表 4-36　冲模工作零件的常用材料与热处理要求

模具类型	冲件与冲压工艺情况		材　料	硬　度	
				凸模	凹模
大型拉深模	I	中小批量	HT250、HT300	170 ~ 260HBW	
			QT600 - 3	197 ~ 269HBW	
	II	大批量	镍铬铸铁	火焰淬硬 40 ~ 45HRC	
			钼铬铸铁、钼钒铸铁	火焰淬硬 50 ~ 55HRC	

（续）

模具类型	冲件与冲压工艺情况		材　料	硬　　度	
				凸模	凹模
冲裁模	I	形状简单，精度较低，材料厚度小于或等于3mm，中小批量	T10A、9Mn2V	56~60HRC	58~62HRC
	II	材料厚度小于或等于3mm，形状复杂；材料厚度大于3mm	9CrSi、CrWMn、Cr12、Cr12MoV、W6Mo5Cr4V2	58~62HRC	60~64HRC
	III	大批量	Cr12MoV，Cr4W2MoV	58~62HRC	60~64HRC
			YG15、YG20	≥86HRA	≥84HRA
			超细硬质合金	—	
弯曲模	I	形状简单，中小批量	T10A	56~62HRC	
	II	形状复杂	CrWMn、Cr12、Cr12MoV	60~64HRC	
	III	大批量	YG15、YG20	≥86HRA	≥84HRA
	IV	加热弯曲	5CrNiMo、5CrNiTi、5CrMnMo	52~56HRC	
			4Cr5MoSiV1	40~45HRC，表面渗氮≥900HV	
拉深模	I	一般拉深	T10A	56~60HRC	58~62HRC
	II	形状复杂	Cr12、Cr12MoV	58~62HRC	60~64HRC
	III	大批量	Cr12MoV、Cr4W2MoV	58~62HRC	60~64HRC
			YG10、YG15	≥86HRA	≥84HRA
			超细硬质合金	—	
	IV	变薄拉深	Cr12MoV	58~62HRC	—
			W18Cr4V、W6Mo5Cr4V2、Cr12MoV	—	60~64HRC
			YG10、YG15	≥86HRA	≥84HRA
	V	加热拉深	5CrNiTi、5CrNiMo	52~56HRC	
			4Cr5MoSiV1	40~45HRC，表面渗氮≥900HV	

　　凸模和凹模在选用表 4-36 中的材料制造并达到热处理要求后，用于冲裁模时应达到的首次刃磨寿命和总寿命见表 4-37。

表 4-37　冲裁模的寿命

工作零件材料		冲模类型		
		单工序模	复合模	级进模
B₁ 首次刃磨寿命/万次	碳钢	2	1	1.5
	合金钢	2.5	1.5	2
	硬质合金	40	20	3
B₂	冲件材料	R_m/MPa	K_b	料厚 t/mm	K_s
K_b、K_s 值	结构钢、碳钢	≤500	1.0	≤0.3	0.8
		>500	0.8	>0.3~1.0	1.0
	合金钢	≤900	0.7	>1.0~3.0	0.8
		>900	0.6	>3.0	0.5
	软青铜、青铜		1.8		
	硬青铜	—	1.5	—	
	铝		2.0		

注：此表中 B₂ 行的表头应为：冲件材料 | R_m/MPa | K_b | 料厚 t/mm | K_s

（续）

工作零件材料		冲模类型		
		单工序模	复合模	级进模
B₃	工作零件材料	单工序模	级进模	复合模
总寿命/万次	碳钢	20	15	10
	合金钢	30	10	30
	硬质合金		1000	

注：1. 表中 B_1 栏所列寿命的条件为 $t = 1\,\text{mm}$，材料的抗拉强度 $R_\text{m} = 500\,\text{MPa}$。

2. 当条件不同时，首次刃磨寿命数值为 B_2 栏中 K_b、K_s 与 B_1 栏中寿命的乘积。

4.5　冲模的结构形式与结构主体设计

4.5.1　冲模结构形式的确定

1. 冲压工艺设计

已知冲件的形状、尺寸及其公差等级、材料、结构、工艺性和产量等，即可进行冲压工艺设计，其主要内容为绘制冲件排样图，见表4-38。

表4-38　冲件及其排样图

序号	冲件及其排样与展开图示例	说　明
1	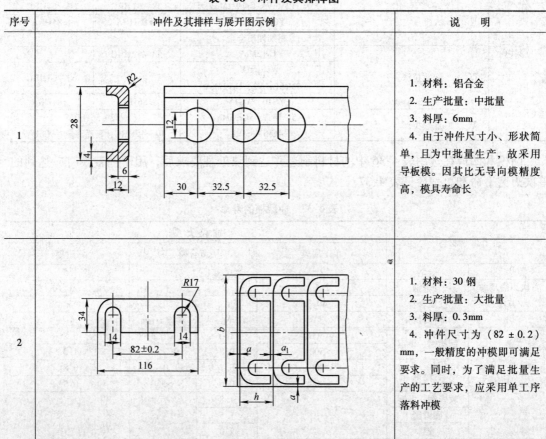	1. 材料：铝合金 2. 生产批量：中批量 3. 料厚：6mm 4. 由于冲件尺寸小、形状简单，且为中批量生产，故采用导板模。因其比无导向模精度高，模具寿命长
2		1. 材料：30 钢 2. 生产批量：大批量 3. 料厚：0.3mm 4. 冲件尺寸为（82 ± 0.2）mm，一般精度的冲模即可满足要求。同时，为了满足批量生产的工艺要求，应采用单工序落料冲模

（续）

序号	冲件及其排样与展开图示例	说　明
3	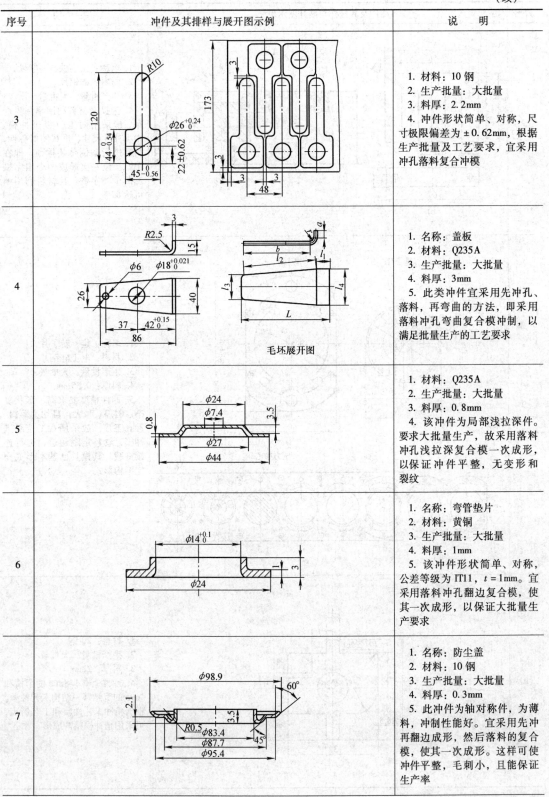	1. 材料：10 钢 2. 生产批量：大批量 3. 料厚：2.2mm 4. 冲件形状简单、对称，尺寸极限偏差为 ±0.62mm，根据生产批量及工艺要求，宜采用冲孔落料复合冲模
4	毛坯展开图	1. 名称：盖板 2. 材料：Q235A 3. 生产批量：大批量 4. 料厚：3mm 5. 此类冲件宜采用先冲孔、落料，再弯曲的方法，即采用落料冲孔弯曲复合模冲制，以满足批量生产的工艺要求
5		1. 材料：Q235A 2. 生产批量：大批量 3. 料厚：0.8mm 4. 该冲件为局部浅拉深件。要求大批量生产，故采用落料冲孔浅拉深复合模一次成形，以保证冲件平整，无变形和裂纹
6		1. 名称：弯管垫片 2. 材料：黄铜 3. 生产批量：大批量 4. 料厚：1mm 5. 该冲件形状简单、对称，公差等级为 IT11，$t=1$mm。宜采用落料冲孔翻边复合模，使其一次成形，以保证大批量生产要求
7		1. 名称：防尘盖 2. 材料：10 钢 3. 生产批量：大批量 4. 料厚：0.3mm 5. 此冲件为轴对称件，为薄料，冲制性能好。宜采用先冲再翻边成形，然后落料的复合模，使其一次成形。这样可使冲件平整，毛刺小，且能保证生产率

（续）

序号	冲件及其排样与展开图示例	说　明
8	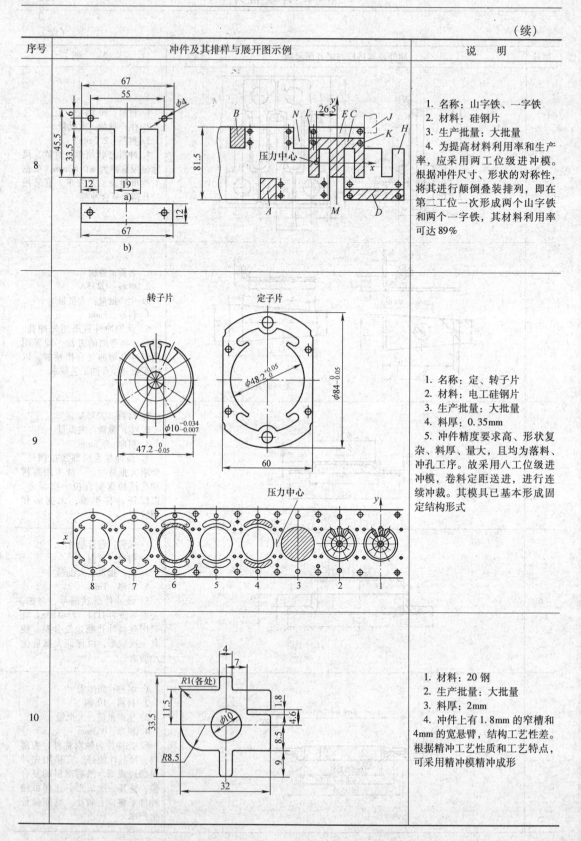	1. 名称：山字铁、一字铁 2. 材料：硅钢片 3. 生产批量：大批量 4. 为提高材料利用率和生产率，应采用两工位级进冲模。根据冲件尺寸、形状的对称性，将其进行颠倒叠装排列，即在第二工位一次形成两个山字铁和两个一字铁，其材料利用率可达89%
9		1. 名称：定、转子片 2. 材料：电工硅钢片 3. 生产批量：大批量 4. 料厚：0.35mm 5. 冲件精度要求高、形状复杂、料厚、量大，且均为落料、冲孔工序。故采用八工位级进冲模，卷料定距送进，进行连续冲裁。其模具已基本形成固定结构形式
10		1. 材料：20钢 2. 生产批量：大批量 3. 料厚：2mm 4. 冲件上有1.8mm的窄槽和4mm的宽悬臂，结构工艺性差。根据精冲工艺性质和工艺特点，可采用精冲模精冲成形

2. 确定冲模的基本结构

根据冲压工艺设计中的冲件排样图和展开图，并参考表4-1所列冲模的典型结构及表4-39所列各类结构形式冲模的性能可确定特定冲件所采用的冲模类型及基本结构形式，以及冲模标准模架的规格、型号及与之配合的工件零件和一般零件的材料。至此，即完成了冲模的初步设计或称方案设计，进入了技术设计阶段。技术设计的主要内容包括：

1）各类冲模的主体结构设计。

2）各类冲模的结构参数。

3）各类冲模的冲压工艺参数。

表4-39 各类结构形式冲模的性能比较

模具名称		冲件尺寸公差等级	冲件截面的表面粗糙度/μm	毛刺厚度/mm	冲件平面度	冲件的生产批量/万件	材料状态与送料方式	冲件的尺寸范围/mm
组合冲模		—	—	—	—	<0.5	条料、板料，单个毛坯，手动送料	无限制
经济冲模								
单工序冲模		IT11～IT8	$Ra1.6～0.4$	较小	较平整	1～30，中小批量	条料、板料，单个毛坯，手动送料	<300 料厚 $t \leqslant 6$
复合冲模		IT11～IT8	$Ra12.5～3.2$	≤0.1	好	>30，中批量	条料、卷料、板料，单个毛坯，手动送料或半自动送料	<300 料厚 $t=0.05～3$
级进冲模	中小型	IT13～IT10	$Ra25～6.5$	≤0.15	差	>30～150	卷料、条料、板料，半自动或自动送料	<250 $t=0.1～3$
	中大型					<20		>80 $t=1～2.5$
	硬质合金					>150，大批量		<250 $t=0.05～2$
精冲模		IT8～IT6	$Ra1.6～0.4$	很小	好	—	条料、卷料，半自动或自动送料	<300 $t=1～18$

注：表内数据仅供选择模具结构形式时参考。

4.5.2 冲模结构主体及其典型结构

冲模的结构主体由工作零件及其定位与固定件、压料与卸料件、承护件和送料导向与导正件等构成，统称模芯。将模芯安装于模架中，在压力机压力的作用下，即可具有将板材冲切分离或冲压成形为冲件的功能。

冲模结构主体（模芯）按其功能和用途分类，有冲裁、弯曲、拉深和成形冲模用四类模芯。其中，冲裁模用模芯构件中的工作零件、导正件和承护件已形成VSD系列产品。按凸模的数量分类，有单凸模和多凸模两类模芯。其中，多凸模模芯安装于相应模架中，可组合成复合式冲模和级进式冲模。另外，还可按与凸模相配合的凹模结构形式分类有整体式和镶拼组合式两类模芯。单凸模模芯和多凸模模芯的典型结构分别见表4-40和表4-41。

表 4-40　单凸模模芯的典型结构

类型	结构图	说　明
正装下顶出落料冲模用模芯 整体式凸凹模模芯 导板导向落料冲模用模芯	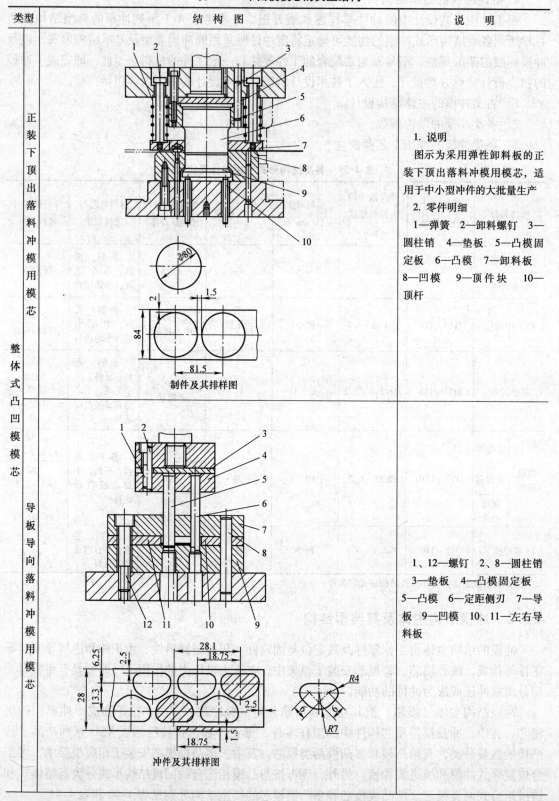	1. 说明 　　图示为采用弹性卸料板的正装下顶出落料冲模用模芯，适用于中小型冲件的大批量生产 　2. 零件明细 　1—弹簧　2—卸料螺钉　3—圆柱销　4—垫板　5—凸模固定板　6—凸模　7—卸料板　8—凹模　9—顶件块　10—顶杆 　1、12—螺钉　2、8—圆柱销　3—垫板　4—凸模固定板　5—凸模　6—定距侧刃　7—导板　9—凹模　10、11—左右导料板

制件及其排样图

冲件及其排样图

（续）

类型	结 构 图	说 明
调头冲用模芯 整体式凸凹模模芯	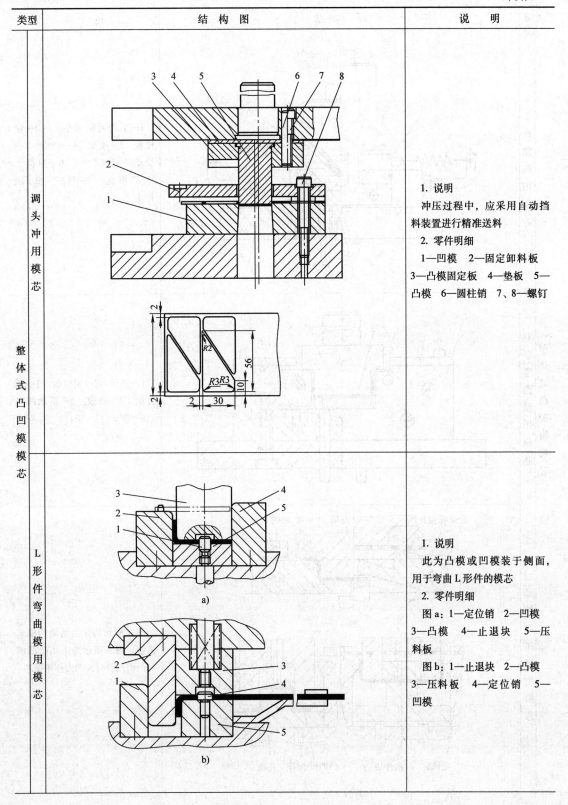	1. 说明 冲压过程中，应采用自动挡料装置进行精准送料 2. 零件明细 1—凹模 2—固定卸料板 3—凸模固定板 4—垫板 5—凸模 6—圆柱销 7、8—螺钉
L形件弯曲模用模芯		1. 说明 此为凸模或凹模装于侧面，用于弯曲L形件的模芯 2. 零件明细 图a：1—定位销 2—凹模 3—凸模 4—止退块 5—压料板 图b：1—止退块 2—凸模 3—压料板 4—定位销 5—凹模

（续）

类型	结 构 图	说 明
V形弯曲模用模芯		1—活动凹模（左） 2—定位板 3—支架 4—凸模 5—活动凹模（右） 6—弹簧 7—凹模座 8—顶杆 9—顶件块
整体式凸凹模模芯 U形弯曲模用模芯		1—挡板 2—定位板 3—顶件块 4—凸模 5—活动凹模 6—楔块 7—顶杆
冂形件弯曲模用模芯	 a) b)	图a所示为采用活动凹模式模芯，图b所示为采用凸凹模与凸模配合弯曲凹形件用模芯

（续）

类型	结 构 图	说 明
Z形件弯曲模用模芯	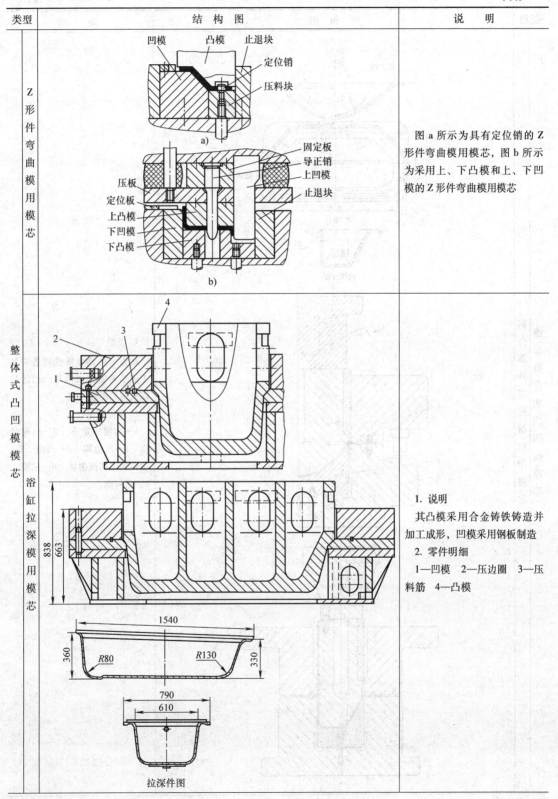	图 a 所示为具有定位销的 Z 形件弯曲模用模芯，图 b 所示为采用上、下凸模和上、下凹模的 Z 形件弯曲模用模芯
整体式凸凹模模芯　浴缸拉深模用模芯		1. 说明　其凸模采用合金铸铁铸造并加工成形，凹模采用钢板制造　2. 零件明细　1—凹模　2—压边圈　3—压料筋　4—凸模

（续）

类型	结　构　图	说　明
镶拼组合式凸凹模模芯　离合器外壳拉深模用模芯	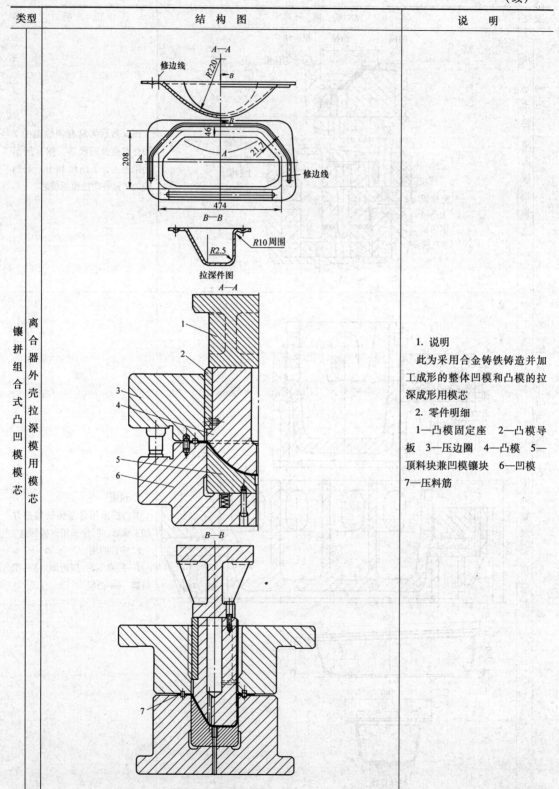 拉深件图	1. 说明 　此为采用合金铸铁铸造并加工成形的整体凹模和凸模的拉深成形用模芯 　2. 零件明细 　1—凸模固定座　2—凸模导板　3—压边圈　4—凸模　5—顶料块兼凹模镶块　6—凹模　7—压料筋

(续)

类型	结 构 图	说 明
镶拼组合式凸凹模模芯 组合凸模用模芯	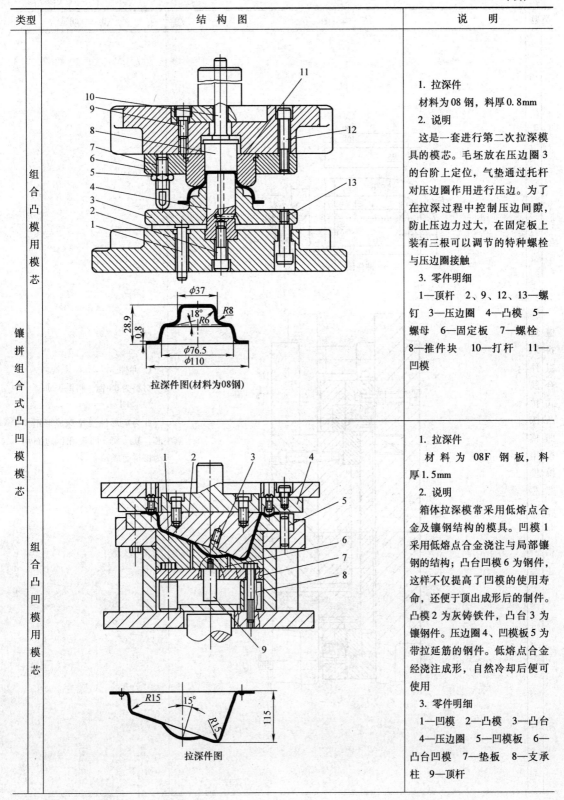 拉深件图(材料为08钢)	1. 拉深件 材料为08钢，料厚0.8mm 2. 说明 这是一套进行第二次拉深模具的模芯。毛坯放在压边圈3的台阶上定位，气垫通过托杆对压边圈作用进行压边。为了在拉深过程中控制压边间隙，防止压边力过大，在固定板上装有三根可以调节的特种螺栓与压边圈接触 3. 零件明细 1—顶杆 2、9、12、13—螺钉 3—压边圈 4—凸模 5—螺母 6—固定板 7—螺栓 8—推件块 10—打杆 11—凹模
组合凸凹模用模芯	拉深件图	1. 拉深件 材料为08F钢板，料厚1.5mm 2. 说明 箱体拉深模常采用低熔点合金及镶钢结构的模具。凹模1采用低熔点合金浇注与局部镶钢的结构；凸台凹模6为钢件，这样不仅提高了凹模的使用寿命，还便于顶出成形后的制件。凸模2为灰铸铁件，凸台3为镶钢件。压边圈4、凹模板5为带拉延筋的钢件。低熔点合金经浇注成形，自然冷却后便可使用 3. 零件明细 1—凹模 2—凸模 3—凸台 4—压边圈 5—凹模板 6—凸台凹模 7—垫板 8—支承柱 9—顶杆

（续）

类型	结　构　图	说　明
镶拼组合式凸凹模模芯	矩形件浅拉深模用模芯	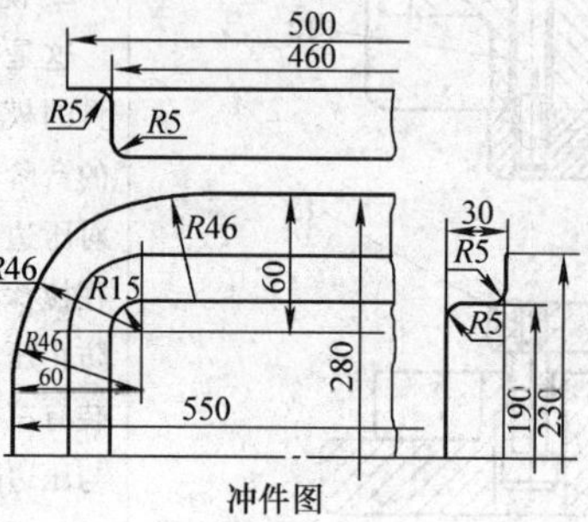 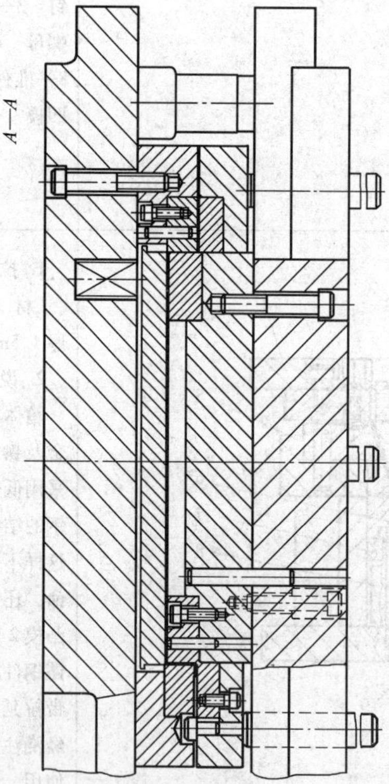 1. 冲件 材料为 08 钢，料厚 1mm 2. 说明 此为矩形件浅拉深成形用模芯，其凸模、凹模和压边圈均为镶拼而成

冲件图

A—A

（续）

类型	结 构 图	说 明

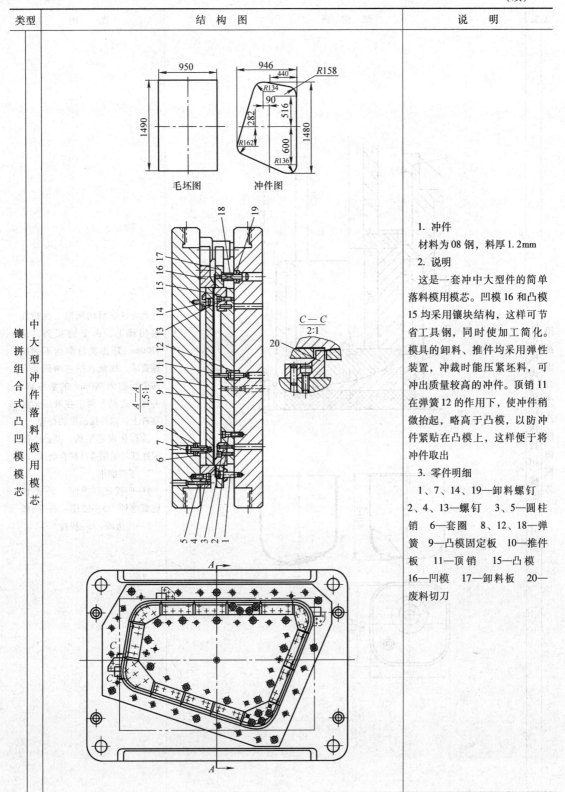

毛坯图　　冲件图

1. 冲件

材料为08钢，料厚1.2mm

2. 说明

这是一套冲中大型件的简单落料模用模芯。凹模16和凸模15均采用镶块结构，这样可节省工具钢，同时使加工简化。模具的卸料、推件均采用弹性装置，冲裁时能压紧坯料，可冲出质量较高的冲件。顶销11在弹簧12的作用下，使冲件稍微抬起，略高于凸模，以防冲件紧贴在凸模上，这样便于将冲件取出

3. 零件明细

1、7、14、19—卸料螺钉
2、4、13—螺钉　3、5—圆柱销　6—套圈　8、12、18—弹簧　9—凸模固定板　10—推件板　11—顶销　15—凸模　16—凹模　17—卸料板　20—废料切刀

中大型冲件落料模用模芯

镶拼组合式凸凹模模芯

（续）

类型	结 构 图	说 明

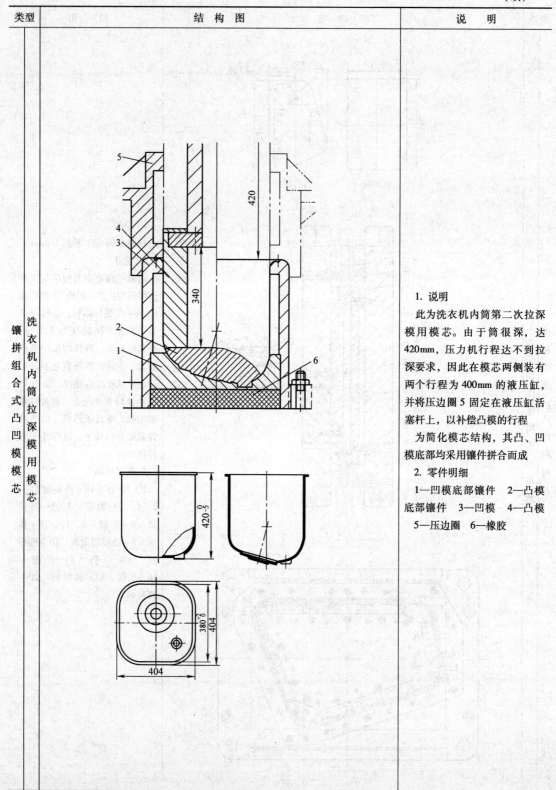

镶拼组合式凸凹模模芯

洗衣机内筒拉深模用模芯

1. 说明

此为洗衣机内筒第二次拉深模用模芯。由于筒很深，达420mm，压力机行程达不到拉深要求，因此在模芯两侧装有两个行程为 400mm 的液压缸，并将压边圈 5 固定在液压缸活塞杆上，以补偿凸模的行程

为简化模芯结构，其凸、凹模底部均采用镶件拼合而成

2. 零件明细

1—凹模底部镶件　2—凸模底部镶件　3—凹模　4—凸模　5—压边圈　6—橡胶

表4-41 多凸模模芯的典型结构

类型	结 构 图	说 明
冲孔模用模芯 双凸模小孔冲模用模芯	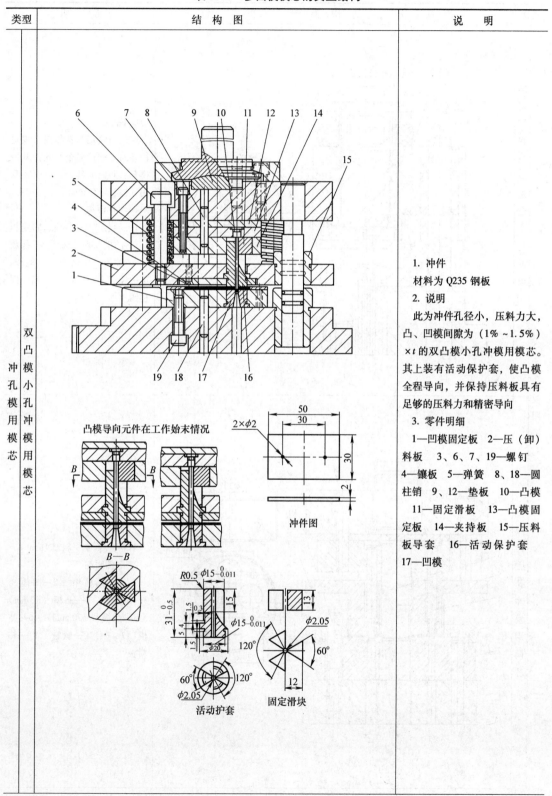	1. 冲件 材料为 Q235 钢板 2. 说明 此为冲件孔径小，压料力大，凸、凹模间隙为（1%～1.5%）×t 的双凸模小孔冲模用模芯。其上装有活动保护套，使凸模全程导向，并保持压料板具有足够的压料力和精密导向 3. 零件明细 1—凹模固定板 2—压（卸）料板 3、6、7、19—螺钉 4—镶板 5—弹簧 8、18—圆柱销 9、12—垫板 10—凸模 11—固定滑板 13—凸模固定板 14—夹持板 15—压料板导套 16—活动保护套 17—凹模

（续）

类型	结 构 图	说　明
  固定卸料板式精密小孔冲模用模芯 冲孔模用模芯 拉深件底孔冲模用模芯	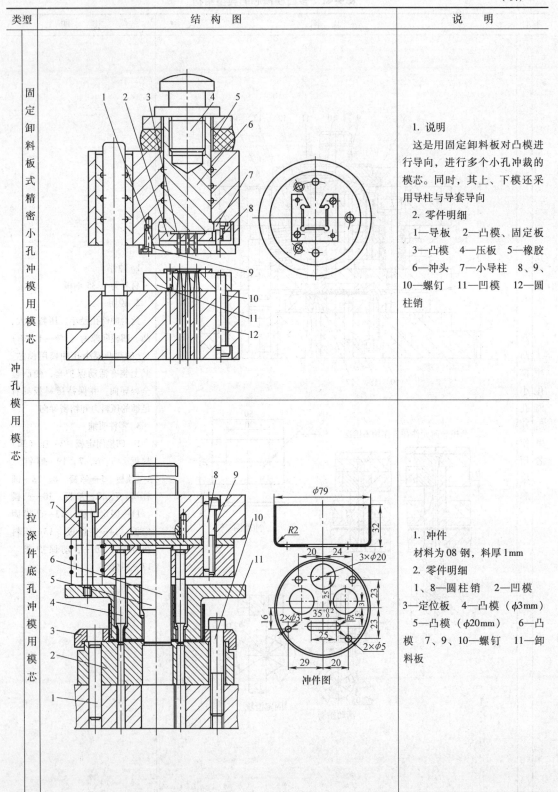	1. 说明 　　这是用固定卸料板对凸模进行导向，进行多个小孔冲裁的模芯。同时，其上、下模还采用导柱与导套导向 　2. 零件明细 　1—导板　2—凸模、固定板　3—凸模　4—压板　5—橡胶　6—冲头　7—小导柱　8、9、10—螺钉　11—凹模　12—圆柱销 1. 冲件 　材料为 08 钢，料厚 1mm 　2. 零件明细 　1、8—圆柱销　2—凹模　3—定位板　4—凸模（ϕ3mm）　5—凸模（ϕ20mm）　6—凸模　7、9、10—螺钉　11—卸料板

（续）

类型	结　构　图	说　明
侧向冲槽孔冲模用模芯　冲孔模用模芯	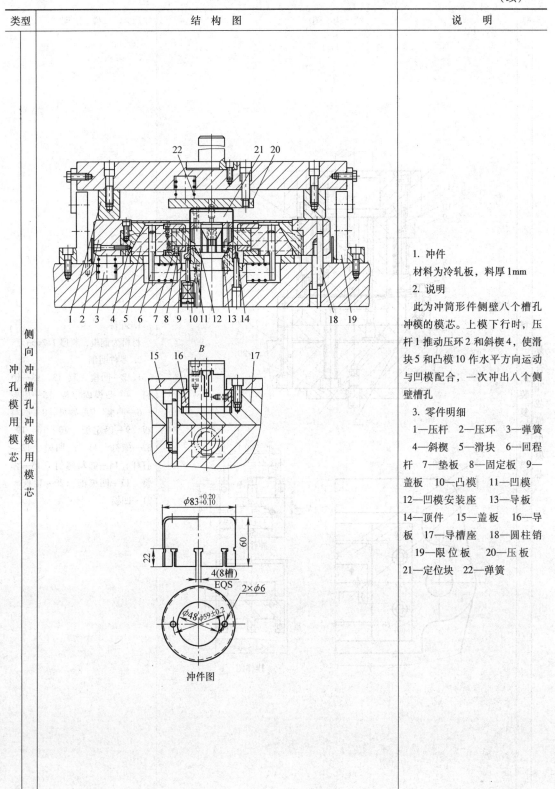 冲件图	1. 冲件 材料为冷轧板，料厚1mm 2. 说明 此为冲筒形件侧壁八个槽孔冲模的模芯。上模下行时，压杆1推动压环2和斜楔4，使滑块5和凸模10作水平方向运动与凹模配合，一次冲出八个侧壁槽孔 3. 零件明细 1—压杆　2—压环　3—弹簧　4—斜楔　5—滑块　6—回程杆　7—垫板　8—固定板　9—盖板　10—凸模　11—凹模　12—凹模安装座　13—导板　14—顶件　15—盖板　16—导板　17—导槽座　18—圆柱销　19—限位板　20—压板　21—定位块　22—弹簧

（续）

类型	结　构　图	说　明
落料冲孔正装复合冲模用模芯　复合冲裁模用模芯	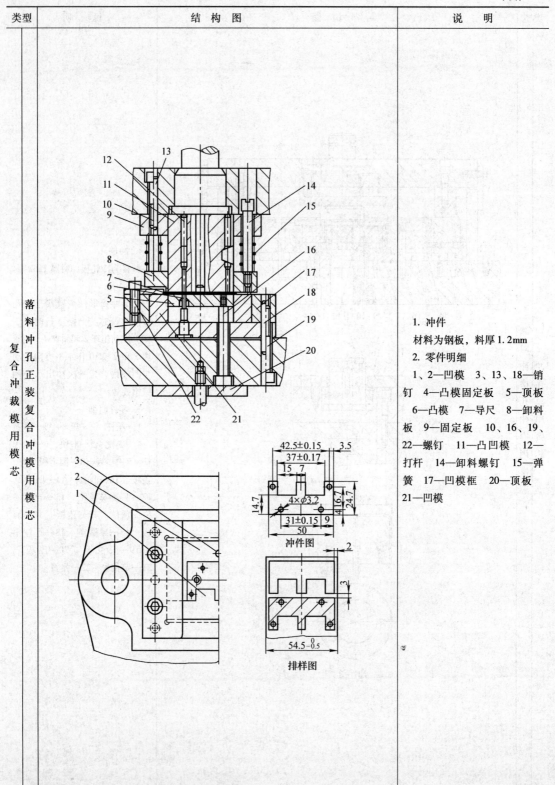 42.5±0.15　3.5 37±0.17 15　7 14.7　4×φ3.2　41 6.7　24.7 31±0.15　9 50 冲件图 2 3 54.5 -0.5/0 排样图	1. 冲件 材料为钢板，料厚1.2mm 2. 零件明细 1、2—凹模　3、13、18—销钉　4—凸模固定板　5—顶板　6—凸模　7—导尺　8—卸料板　9—固定板　10、16、19、22—螺钉　11—凸凹模　12—打杆　14—卸料螺钉　15—弹簧　17—凹模框　20—顶板　21—凹模

（续）

类型	结 构 图	说 明
复合冲裁模用模芯 冲孔落料倒装复合冲模用模芯	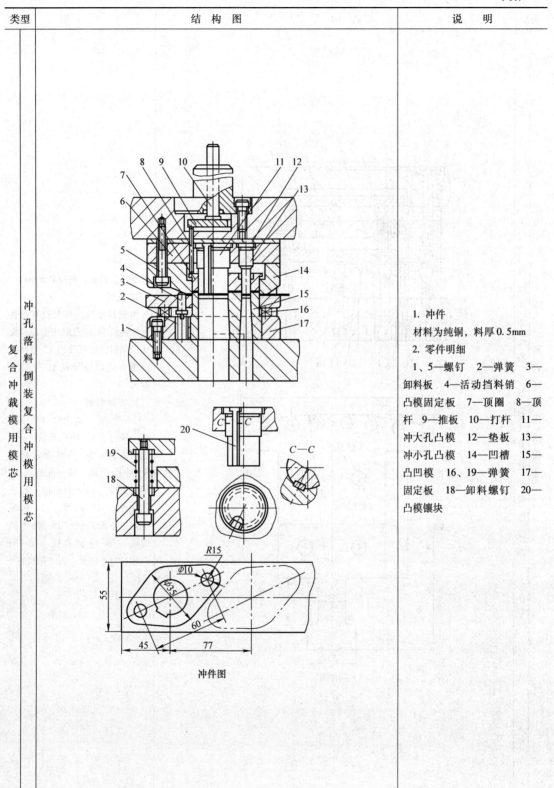 冲件图	1. 冲件 材料为纯铜，料厚 0.5mm 2. 零件明细 1、5—螺钉 2—弹簧 3—卸料板 4—活动挡料销 6—凸模固定板 7—顶圈 8—顶杆 9—推板 10—打杆 11—冲大孔凸模 12—垫板 13—冲小孔凸模 14—凹槽 15—凸凹模 16、19—弹簧 17—固定板 18—卸料螺钉 20—凸模镶块

（续）

类型	结　构　图	说　明
磁极片冲孔槽式倒装式复合冲模用模芯 复合冲裁模用模芯	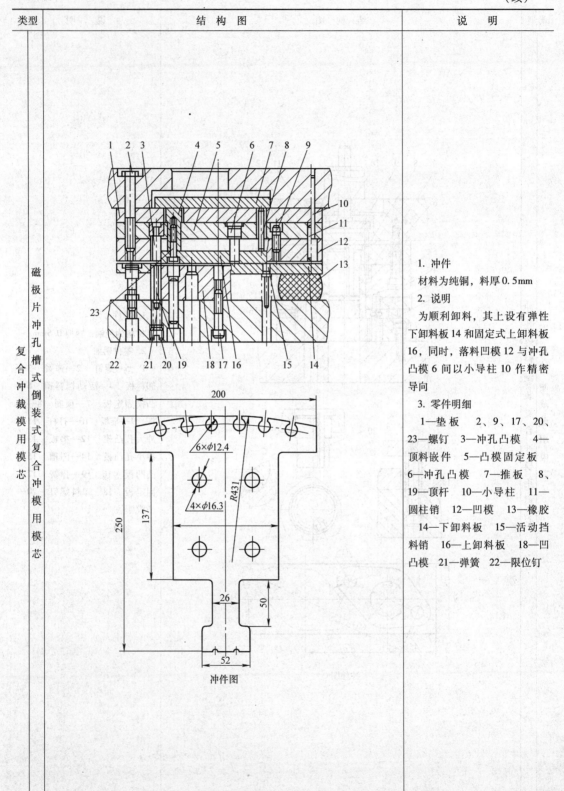 冲件图	1. 冲件 材料为纯铜，料厚 0.5mm 2. 说明 为顺利卸料，其上设有弹性下卸料板 14 和固定式上卸料板 16，同时，落料凹模 12 与冲孔凸模 6 间以小导柱 10 作精密导向 3. 零件明细 1—垫板　2、9、17、20、23—螺钉　3—冲孔凸模　4—顶料嵌件　5—凸模固定板　6—冲孔凸模　7—推板　8、19—顶杆　10—小导柱　11—圆柱销　12—凹模　13—橡胶　14—下卸料板　15—活动挡料销　16—上卸料板　18—凹凸模　21—弹簧　22—限位钉

（续）

类型	结 构 图	说 明
转子片冲孔槽式倒装式复合冲模用模芯 复合冲裁模用模芯	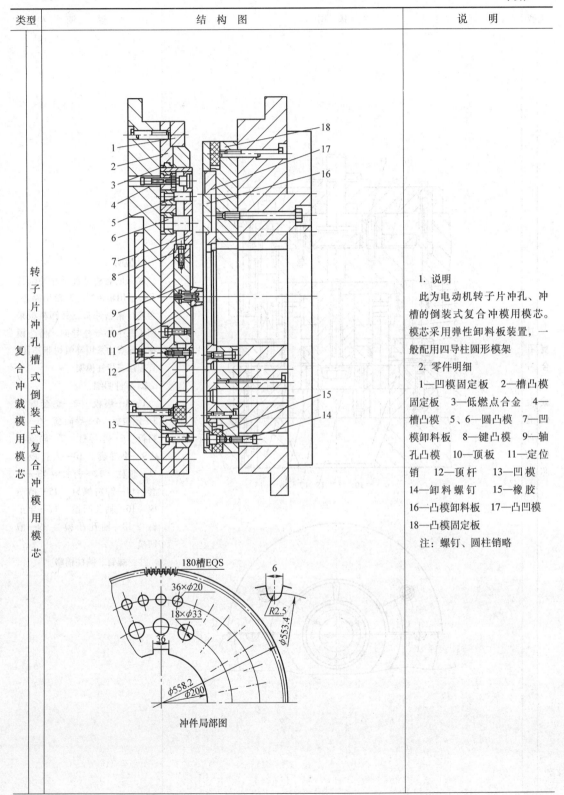 180槽EQS 36×φ20 18×φ33 φ553.4 φ558.2 φ200 6 R2.5 36 冲件局部图	1. 说明 此为电动机转子片冲孔、冲槽的倒装式复合冲模用模芯。模芯采用弹性卸料板装置，一般配用四导柱圆形模架 2. 零件明细 1—凹模固定板 2—槽凸模固定板 3—低燃点合金 4—槽凸模 5、6—圆凸模 7—凹模卸料板 8—键凸模 9—轴孔凸模 10—顶板 11—定位销 12—顶杆 13—凹模 14—卸料螺钉 15—橡胶 16—凸模卸料板 17—凸凹模 18—凸模固定板 注：螺钉、圆柱销略

（续）

类型	结 构 图	说 明
复合冲裁模用模芯 冲孔冲槽复合冲模模芯		1. 说明 　这也是电动机转子片冲轴孔及冲槽用精密复合冲模用模芯。为进行精密冲裁，其卸料板采用了三个小导柱导向，槽凸模和小导套均采用环氧树脂连接，宜配用三导柱模架 　2. 零件明细 　1、8—垫板　2—垫套圈 3—定位板　4—导向套　5—卸料板　6—小导柱　7—固定板　9—小导套　10—内打板 11—顶柱　12—打杆　13—衬套　14—卸料螺钉　15—槽凸模　16—轴孔凹模　17—导正钉　18—轴孔凸模　19—槽凹模 　注：螺钉、圆柱销略

（续）

类型	结 构 图	说 明
落料（冲孔、弯曲、拉深、挤边）复合冲模用模芯 冲孔落料弯曲倒装式复合冲模用模芯	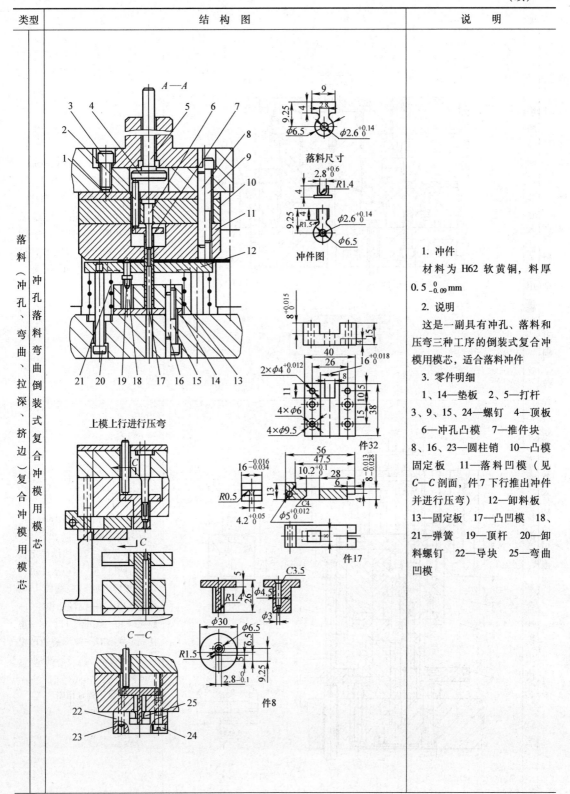	1. 冲件 材料为 H62 软黄铜，料厚 $0.5_{-0.09}^{0}$ mm 2. 说明 这是一副具有冲孔、落料和压弯三种工序的倒装式复合冲模用模芯，适合落料冲件 3. 零件明细 1、14—垫板 2、5—打杆 3、9、15、24—螺钉 4—顶板 6—冲孔凸模 7—推件块 8、16、23—圆柱销 10—凸模固定板 11—落料凹模（见 C—C 剖面，件7下行推出冲件并进行压弯） 12—卸料板 13—固定板 17—凸凹模 18、21—弹簧 19—顶杆 20—卸料螺钉 22—导块 25—弯曲凹模

（续）

类型	结 构 图	说 明
落料拉深正装复合冲模用模芯 落料（冲孔、弯曲、拉深、挤边）复合冲模用模芯	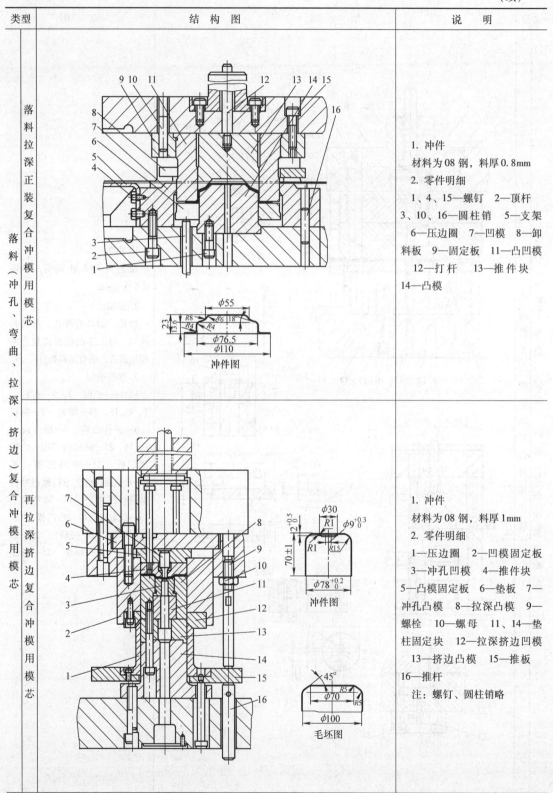	1. 冲件 材料为 08 钢，料厚 0.8mm 2. 零件明细 1、4、15—螺钉 2—顶杆 3、10、16—圆柱销 5—支架 6—压边圈 7—凹模 8—卸料板 9—固定板 11—凸凹模 12—打杆 13—推件块 14—凸模
再拉深挤边复合冲模用模芯		1. 冲件 材料为 08 钢，料厚 1mm 2. 零件明细 1—压边圈 2—凹模固定板 3—冲孔凹模 4—推件块 5—凸模固定板 6—垫板 7—冲孔凸模 8—拉深凸模 9—螺栓 10—螺母 11、14—垫柱固定块 12—拉深挤边凹模 13—挤边凸模 15—推板 16—推杆 注：螺钉、圆柱销略

冲件图

毛坯图

（续）

类型	结 构 图	说 明
落料（冲孔、弯曲、拉深、挤边）复合冲模用模芯　　落料拉深挤边复合冲模用模芯	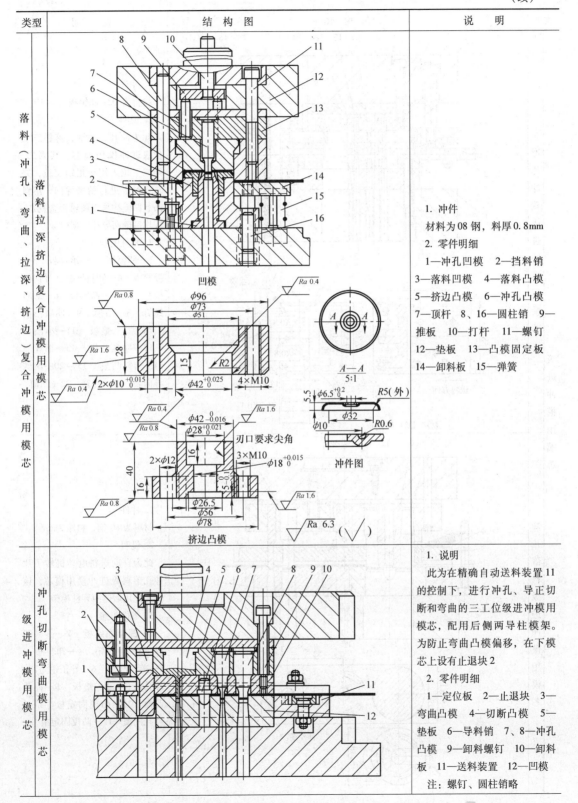	1. 冲件 材料为 08 钢，料厚 0.8mm 2. 零件明细 1—冲孔凹模　2—挡料销 3—落料凹模　4—落料凸模 5—挤边凸模　6—冲孔凸模 7—顶杆　8、16—圆柱销　9—推板　10—打杆　11—螺钉 12—垫板　13—凸模固定板 14—卸料板　15—弹簧
冲孔切断弯曲模用模芯　　级进冲模用模芯		1. 说明 此为在精确自动送料装置 11 的控制下，进行冲孔、导正切断和弯曲的三工位级进冲模用模芯，配用后侧两导柱模架。为防止弯曲凸模偏移，在下模芯上设有止退块 2 2. 零件明细 1—定位板　2—止退块　3—弯曲凸模　4—切断凸模　5—垫板　6—导料销　7、8—冲孔凸模　9—卸料螺钉　10—卸料板　11—送料装置　12—凹模 注：螺钉、圆柱销略

（续）

类型	结 构 图	说 明
级进冲模用模芯 — E形片冲裁级进冲模用模芯	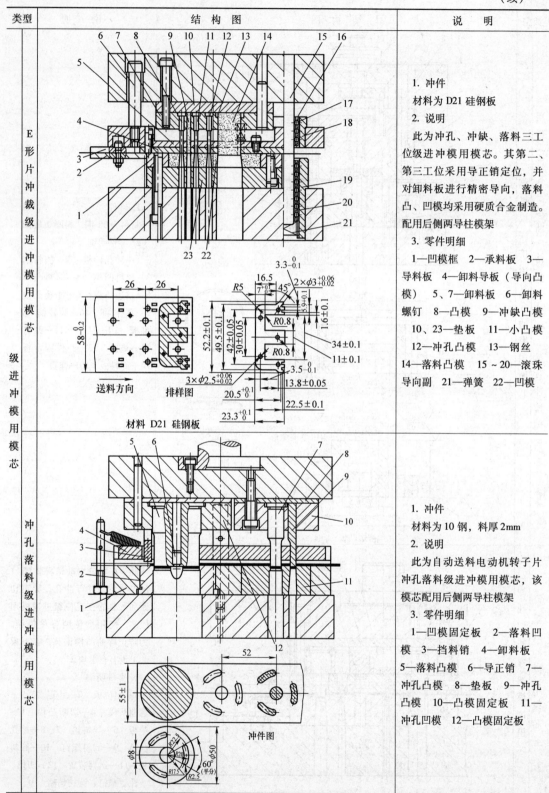 材料 D21 硅钢板	1. 冲件 材料为 D21 硅钢板 2. 说明 此为冲孔、冲缺、落料三工位级进冲模用模芯。其第二、第三工位采用导正销定位，并对卸料板进行精密导向，落料凸、凹模均采用硬质合金制造。配用后侧两导柱模架 3. 零件明细 1—凹模框 2—承料板 3—导料板 4—卸料导板（导向凸模） 5、7—卸料板 6—卸料螺钉 8—凸模 9—冲缺凸模 10、23—垫板 11—小凸模 12—冲孔凸模 13—钢丝 14—落料凸模 15～20—滚珠导向副 21—弹簧 22—凹模
冲孔落料级进冲模用模芯		1. 冲件 材料为 10 钢，料厚 2mm 2. 说明 此为自动送料电动机转子片冲孔落料级进冲模用模芯，该模芯配用后侧两导柱模架 3. 零件明细 1—凹模固定板 2—落料凹模 3—挡料销 4—卸料板 5—落料凸模 6—导正销 7—冲孔凸模 8—垫板 9—冲孔凸模 10—凸模固定板 11—冲孔凹模 12—凸模固定板

（续）

类型	结 构 图	说 明

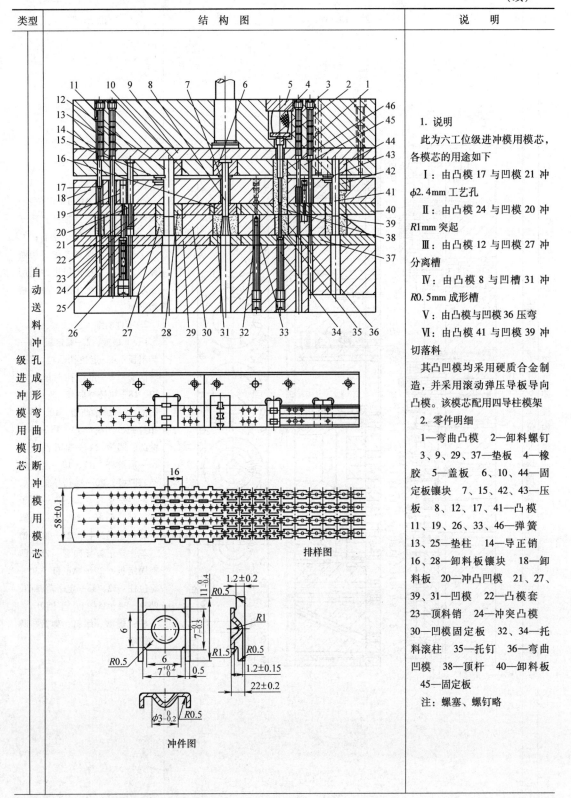

排样图

冲件图

说明部分：

1. 说明

此为六工位级进冲模用模芯，各模芯的用途如下

Ⅰ：由凸模 17 与凹模 21 冲 $\phi2.4\text{mm}$ 工艺孔

Ⅱ：由凸模 24 与凹模 20 冲 $R1\text{mm}$ 突起

Ⅲ：由凸模 12 与凹模 27 冲分离槽

Ⅳ：由凸模 8 与凹槽 31 冲 $R0.5\text{mm}$ 成形槽

Ⅴ：由凸模与凹模 36 压弯

Ⅵ：由凸模 41 与凹模 39 冲切落料

其凸凹模均采用硬质合金制造，并采用滚动弹压导板导向凸模。该模芯配用四导柱模架

2. 零件明细

1—弯曲凸模　2—卸料螺钉

3、9、29、37—垫板　4—橡胶　5—盖板　6、10、44—固定板镶块　7、15、42、43—压板　8、12、17、41—凸模

11、19、26、33、46—弹簧

13、25—垫柱　14—导正销

16、28—卸料板镶块　18—卸料板　20—冲凸凹模　21、27、39、31—凹模　22—凸模套

23—顶料销　24—冲突凸模

30—凹模固定板　32、34—托料滚柱　35—托钉　36—弯曲凹模　38—顶杆　40—卸料板

45—固定板

注：螺塞、螺钉略

左侧竖排文字：

自动送料冲孔成形弯曲切断冲模用模芯

级进冲模用模芯

（续）

类型	结 构 图	说 明
定、转子片6工位冲模用模芯　　　级进冲模用模芯	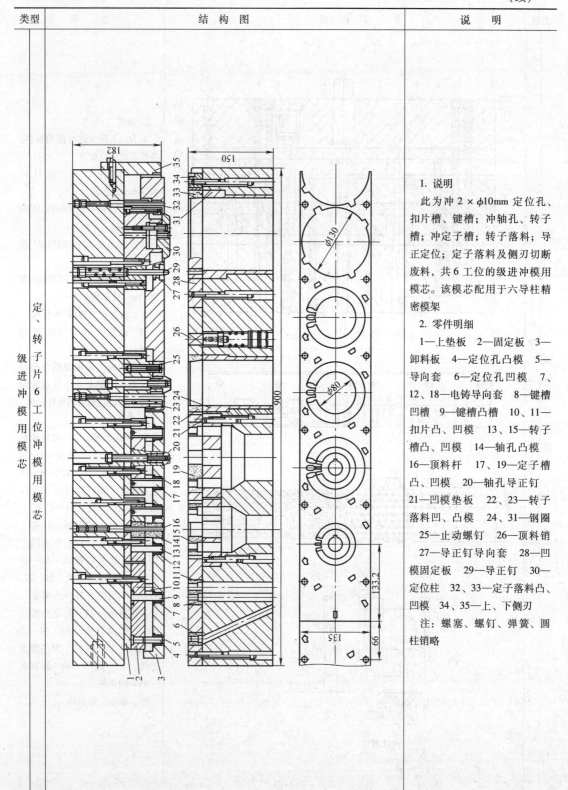	**1. 说明** 此为冲 2 × φ10mm 定位孔、扣片槽、键槽；冲轴孔、转子槽；冲定子槽；转子落料；导正定位；定子落料及侧刃切断废料，共 6 工位的级进冲模用模芯。该模芯配用于六导柱精密模架 **2. 零件明细** 1—上垫板　2—固定板　3—卸料板　4—定位孔凸模　5—导向套　6—定位孔凹模　7、12、18—电铸导向套　8—键槽凹槽　9—键槽凸槽　10、11—扣片凸、凹模　13、15—转子槽凸、凹模　14—轴孔凸模　16—顶料杆　17、19—定子槽凸、凹模　20—轴孔导正钉　21—凹模垫板　22、23—转子落料凹、凸模　24、31—钢圈　25—止动螺钉　26—顶料销　27—导正钉导向套　28—凹模固定板　29—导正钉　30—定位柱　32、33—定子落料凸、凹模　34、35—上、下侧刃 注：螺塞、螺钉、弹簧、圆柱销略

（续）

类型	结 构 图	说 明
11 工 位 级 进 冲 模 用 模 芯	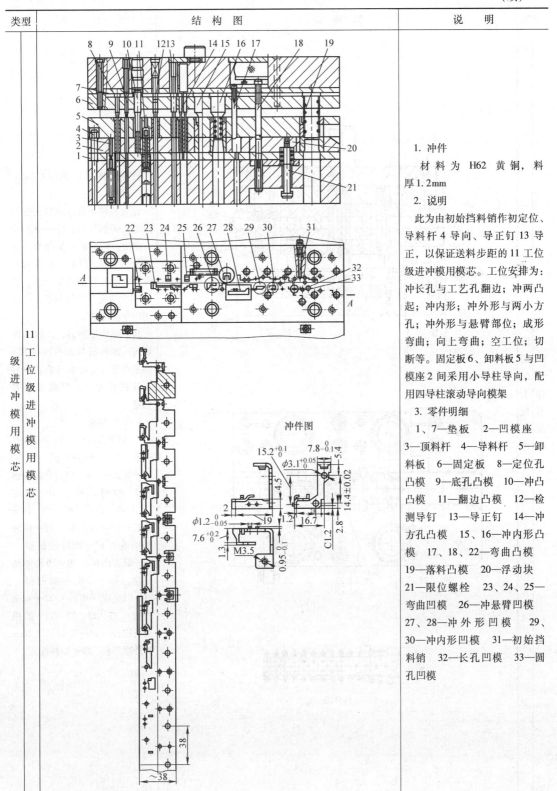	1. 冲件 　材料为 H62 黄铜，料厚 1.2mm 2. 说明 　此为由初始挡料销作初定位、导料杆 4 导向、导正钉 13 导正，以保证送料步距的 11 工位级进冲模用模芯。工位安排为：冲长孔与工艺孔翻边；冲两凸起；冲内形；冲外形与两小方孔；冲外形与悬臂部位；成形弯曲；向上弯曲；空工位；切断等。固定板 6、卸料板 5 与凹模座 2 间采用小导柱导向，配用四导柱滚动导向模架 3. 零件明细 　1、7—垫板　2—凹模座 3—顶料杆　4—导料杆 5—卸料板　6—固定板　8—定位孔凸模　9—底孔凸模　10—冲凸凸模　11—翻边凸模　12—检测导钉　13—导正钉　14—冲方孔凸模　15、16—冲内形凸模 17、18、22—弯曲凸模 19—落料凸模　20—浮动块 21—限位螺栓　23、24、25—弯曲凹模　26—冲悬臂凹模 27、28—冲 外 形 凹 模　29、30—冲内形凹模　31—初始挡料销　32—长孔凹模　33—圆孔凹模

（续）

类型	结 构 图	说 明
级进冲模用模芯 镶拼式凹模14工位级进冲模用模芯	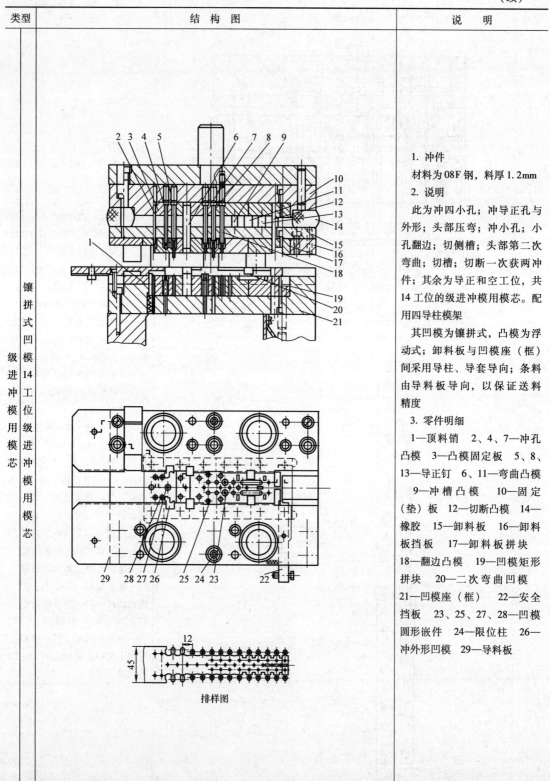	1. 冲件 材料为08F钢，料厚1.2mm 2. 说明 此为冲四小孔；冲导正孔与外形；头部压弯；冲小孔；小孔翻边；切侧槽；头部第二次弯曲；切槽；切断一次获两冲件；其余为导正和空工位，共14工位的级进冲模用模芯。配用四导柱模架 其凹模为镶拼式，凸模为浮动式；卸料板与凹模座（框）间采用导柱、导套导向；条料由导料板导向，以保证送料精度 3. 零件明细 1—顶料销 2、4、7—冲孔凸模 3—凸模固定板 5、8、13—导正钉 6、11—弯曲凸模 9—冲槽凸模 10—固定（垫）板 12—切断凸模 14—橡胶 15—卸料板 16—卸料板挡板 17—卸料板拼块 18—翻边凸模 19—凹模矩形拼块 20—二次弯曲凹模 21—凹模座（框） 22—安全挡板 23、25、27、28—凹模圆形嵌件 24—限位柱 26—冲外形凹模 29—导料板

排样图

（续）

类型	结 构 图	说 明
镶嵌式凹模 8 工位级进冲模用模芯 级进冲模用模芯	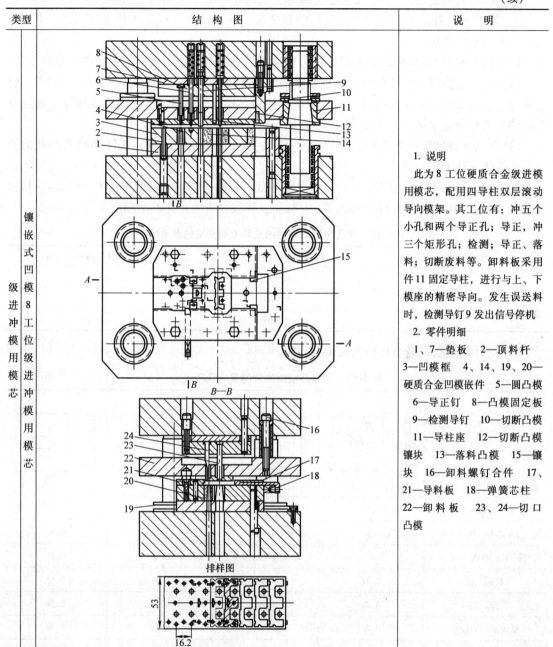 排样图	1. 说明 此为 8 工位硬质合金级进模用模芯，配用四导柱双层滚动导向模架。其工位有：冲五个小孔和两个导正孔；导正，冲三个矩形孔；检测；导正、落料；切断废料等。卸料板采用件 11 固定导柱，进行与上、下模座的精密导向。发生误送料时，检测导钉 9 发出信号停机 2. 零件明细 1、7—垫板 2—顶料杆 3—凹模框 4、14、19、20—硬质合金凹模嵌件 5—圆凸模 6—导正钉 8—凸模固定板 9—检测导钉 10—切断凸模 11—导柱座 12—切断凸模镶块 13—落料凸模 15—镶块 16—卸料螺钉合件 17、21—导料板 18—弹簧芯柱 22—卸料板 23、24—切口凸模

4.6 冲裁模的结构与工艺参数

为控制冲裁模的精度、质量和使用性能，需对冲裁模长期设计制造过程中所积累的经验和技术资源（含标准件）进行总结和分析，以在保证其结构合理、可靠的基础上，通过归纳、计算和验证，制定精确的结构参数规范或标准。

冲裁模结构参数的主要内容包括：

1）在对冲裁过程进行分析和验证的基础上，确定冲裁间隙与凸、凹模的刃口形状。

2）根据冲件内、外形的尺寸精度与质量要求，通过计算，设定工作零件（凸、凹模）的尺寸及其精度要求。

3）通过力学计算与测试，确定冲裁力和冲模压力中心，以保证冲压过程的平稳性。

以上三项是直接影响冲件尺寸精度、截面的表面粗糙度和边缘毛刺高度的三大要素，也是进行冲模技术设计的主要内容。为了保证冲模技术设计的质量，冲件的尺寸精度、质量及其结构工艺性须完全满足设计要求：

1）普通冲件的经济公差等级为 IT12 ~ IT11，冲孔比落料高一级；整修和精密冲裁的经济公差等级可达 IT9 ~ IT8。

2）冲裁截面的表面粗糙度为：对于普通冲裁，板厚 $t < 5mm$ 时为 $Ra100 ~ 63\mu m$；精密冲裁为 $Ra0.8 ~ 0.4\mu m$；整修为 $Ra3.2 ~ 0.8\mu m$。其截面边缘允许的毛刺高度见表 4-42。

表 4-42 普通冲裁截面边缘允许毛刺高度的参考值

冲件厚度 t/mm	试冲的毛刺高度/mm	生产时的毛刺高度/mm
< 0.5	≤ 0.015	≤ 0.05
0.5 ~ 1	≤ 0.03	≤ 0.10
1.5 ~ 2	≤ 0.05	≤ 0.15

3）可冲的形状与最小孔径见表 4-43 和表 4-44。

表 4-43 自由凸模能冲裁的最小孔径 d_{min}

图例 材料	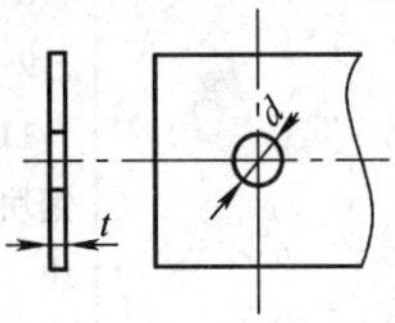	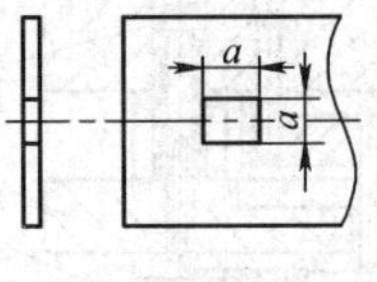	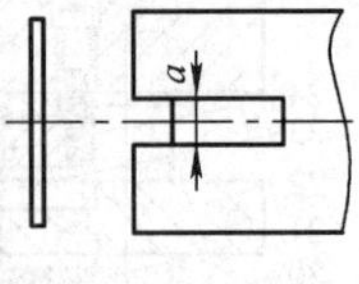	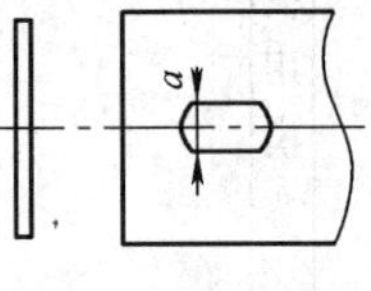
钢（$\tau > 700N/mm^2$）	1.5t	1.35t	1.35t	1.1t
钢（$\tau = 400 ~ 700N/mm^2$）	1.3t	1.2t	1.3t	0.9t
钢（$\tau > 400N/mm^2$）	t	0.9t	0.9t	0.7t
黄铜、铜	0.9t	0.8t	0.8t	0.6t
锌、铝	0.8t	0.8t	0.8t	0.5t
纸胶板、布胶板	0.7t	0.6t	0.6t	0.4t
硬纸、纸	0.8t	0.5t	0.5t	0.3t

表 4-44 带护套凸模能冲裁的最小孔径 d_{min}

孔形 \ 材料	硬钢	软钢与黄铜	锌、铝
圆形孔	0.5t	0.35t	0.3t
方形孔	0.4t	0.3t	0.28t

4）冲裁件的形状须力求简单、对称，以简化冲模工件零件的结构。

5）冲裁件外形轮廓线的交角须避免锐角、尖角，其圆角半径 $R > 0.25t$，以保证冲裁模的寿命。

6）冲裁件凸起、凹入部分形成的悬臂、窄槽的长度 L 和宽度 B 不能过小：钢板为 $B \geqslant (1.3 \sim 1.5)t$，非铁金属为 $B \geqslant (0.75 \sim 0.8)t$；其宽深比为 $L/B \leqslant 3$。

7）孔间距及孔与边缘间的距离 $C \geqslant (1 \sim 1.5)t$。

8）外轮廓的圆弧的半径应为宽度的 1/2，否则将形成台肩。

9）为保证凸模的强度和刚度，冲裁件上的孔径和孔宽符合表 4-18 中的规定。

4.6.1　冲裁过程与冲裁间隙

1. 冲裁过程分析

冲裁过程有弹性变形、塑性变形和断裂分离三个阶段，如图 4-9 和图 4-10 所示。

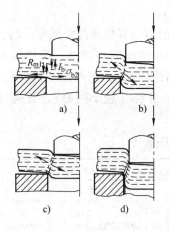

图 4-9　冲裁变形过程

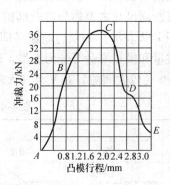

图 4-10　冲裁力与变形的关系

（1）弹性变形阶段　弹性变形阶段如图 4-9a 和图 4-10 中的 AB 段所示。在凸模下冲的作用下，板料被弹性压缩而产生垂直切应力 τ_b 和水平方向的拉应力 σ_b，使板料弯曲变形。凸模继续下冲达 C 点，其切应力达到 τ_{bmax}，即达到弹性极限

$$\tau_{bmax} = \sigma_{b2} - \frac{\sigma_{b1}}{2}$$

（2）塑性变形阶段　塑性变形阶段如图 4-9b、c 和图 4-10 中的 CD 段所示。凸模继续下冲，板料的变形部位产生变形硬化，凸、凹模刃口处板料的应力集中剧烈，使之产生剪切裂纹。同时，由于凸、凹模对板料的挤压作用，摩擦力加剧而使其产生塑性变形，从而形成冲裁截面的光亮带。

（3）断裂分离阶段　断裂分离阶段如图 4-9d 和图 4-10 中的 DE 段所示。凸模继续下冲，由于凸、凹模刃口的冲切作用，切应力超过板料的应力极限 τ_{bmax}。下冲至 D 点时，其变形部位的裂纹扩展，并与 C 点的裂纹重合，则其冲裁截面被拉断分离。故此部位的表面粗糙度值提高，冲裁截面出现塌角、断裂带和毛刺。其中塌角高度 R 和毛刺高度 h 是影响冲件质量的主要指标，如图 4-11 所示。

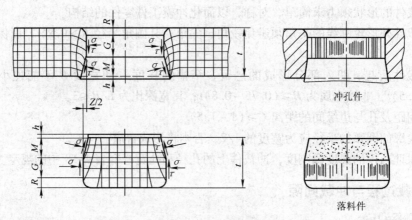

图 4-11　冲裁截面特征

R—塌角高度　h—毛刺高度

2. 冲裁间隙

冲裁模凸模的刃口直径或截面尺寸，一般小于凹模的刃口直径或截面尺寸，凸、凹模刃口直径或断面尺寸之差称为冲裁间隙。冲裁间隙可分为单边间隙（即凸、凹模间一侧的间隙，常用 Z/2 表示）和双边间隙（即凸、凹模间两侧间隙的和）；还可按冲裁件尺寸精度、剪切面质量和模具寿命等分为五类，即Ⅰ类（小间隙）、Ⅱ类（较小间隙）、Ⅲ类（中等间隙）、Ⅳ类（较大间隙）和Ⅴ类（大间隙），见表 4-45。

表 4-45　金属板料冲裁间隙分类

项目名称		类别和间隙值				
		Ⅰ类	Ⅱ类	Ⅲ类	Ⅳ类	Ⅴ类
剪切面特征		毛刺细长 α很小 光亮带很大 塌角很小	毛刺中等 α小 光亮带大 塌角小	毛刺一般 α中等 光亮带中等 塌角中等	毛刺较大 α大 光亮带小 塌角大	毛刺大 α大 光亮带最小 塌角大
塌角高度 R		$(2 \sim 5)\% t$	$(4 \sim 7)\% t$	$(6 \sim 8)\% t$	$(8 \sim 10)\% t$	$(10 \sim 20)\% t$
光亮带高度 B		$(50 \sim 70)\% t$	$(35 \sim 55)\% t$	$(25 \sim 40)\% t$	$(15 \sim 25)\% t$	$(10 \sim 20)\% t$
断裂带高度 F		$(25 \sim 45)\% t$	$(35 \sim 50)\% t$	$(50 \sim 60)\% t$	$(60 \sim 75)\% t$	$(70 \sim 80)\% t$
毛刺高度 h		细长	中等	一般	较高	高
断裂角 α		—	$4° \sim 7°$	$7° \sim 8°$	$8° \sim 11°$	$14° \sim 16°$
平面度 f		好	较好	一般	较差	差
尺寸精度	落料件	非常接近凹模尺寸	接近凹模尺寸	稍小于凹模尺寸	小于凹模尺寸	小于凹模尺寸
	冲孔件	非常接近凸模尺寸	接近凸模尺寸	稍大于凸模尺寸	大于凸模尺寸	大于凸模尺寸
冲裁力		大	较大	一般	较小	小
卸、推料力		大	较大	最小	较小	小
冲裁功		大	较大	一般	较小	小
模具寿命		低	较低	较高	高	最高

（1）合理间隙及其应用 为保证冲件的尺寸精度和冲裁截面的质量，每副冲裁模凸、凹模间的间隙必须合理，称为合理间隙。即在板料冲裁分离时，凸、凹模刃口部位的裂纹应是重合的，冲裁截面的光亮带、塌角和毛刺高度均在技术要求的范围之内。间隙过大或过小均属于不合理间隙，若间隙不合理，则冲裁分离过程中凸模刃口部位的裂纹和凹模刃口部位的裂纹将不重合，而这必将降低冲件的尺寸精度和冲裁截面的质量。

当 $Z/t = 1\% \sim 2\%$，称为间隙过小，此时冲裁截面上无断裂带；若 $Z/t = 5\% \sim 10\%$，则冲裁截面将出现断裂带；若 $Z/t \geqslant 10\%$，则断裂带、断裂带高度和断裂角增大，光亮带高度减小。

冲裁间隙与冲件尺寸精度的关系如图 4-12 所示。

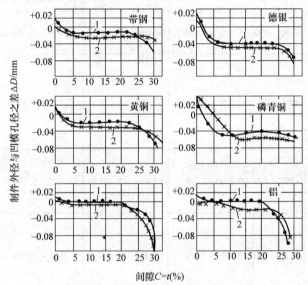

图 4-12 冲裁间隙与冲件尺寸精度的关系
1—纤维方向 2—垂直于纤维方向
料厚 1.6mm，ϕ18mm

（2）冲裁间隙的计算

1）理论值的计算。在凸、凹模刃口部位剪切裂纹重合的条件下，双面间隙 Z 按下式计算

$$Z = 2(t - R) = 2t\left(1 - \frac{R}{t}\right)\tan\alpha$$

式中　t——料厚（mm）；

　　　R——塌角高度，即产生剪切裂纹时，凸模冲入板料的深度（mm）；

　　　α——断裂角；

可见，Z 值与 t、$\dfrac{R}{t}$ 和材料的力学性能（硬度等）有关。

2）试验法。其公式为

$$Z = mt$$

式中　t——板料厚度（mm）；

　　　m——与板料厚度及其力学性能有关的试验系数。

金属板料和非金属板料的冲裁间隙值分别见表4-46和表4-47。

表4-46　金属板料冲裁间隙值

材　料	抗剪强度 τ_b/MPa	初始间隙（单边间隙）				
		I 类	II 类	III 类	IV 类	V 类
低碳钢 08F、10F、10、20、Q235A	≥210~400	(1.0%~2.0%)t	(3.0%~7.0%)t	(7.0%~10.0%)t	(10.0%~12.5%)t	21.0t
中碳钢 45、不锈钢 40Cr13、膨胀合金（可伐合金）4J29	≥420~560	(1.0%~2.0%)t	(3.5%~8.0%)t	(8.0%~11.0%)t	(11.0%~15.0%)t	23.0t
高碳钢 T8A、T10A、65Mn	≥590~930	(2.5%~5.0%)t	(8.0%~12.0%)t	(12.0%~15.0%)t	(15.0%~18.0%)t	25.0t
纯铝 1060、1050A、1035、1200、铝合金（软态）3A21、黄铜（软态）H62、纯铜（软态）T1、T2、T3	≥65~255	(0.5%~1.0%)t	(2.0%~4.0%)t	(4.5%~6.0%)t	(6.5%~9.0%)t	17.0t
黄铜（硬态）H62、铅黄铜 HPb59-1、纯铜（硬态）T1、T2、T3	≥290~420	(0.5%~2.0%)t	(3.0%~5.0%)t	(5.0%~8.0%)t	(8.5%~11.0%)t	25.0t
铝合金（硬态）2A12、锡磷青铜 QSn4-4-2.5、铝青铜 QAl7、铍青铜 QBe2	≥225~550	(0.5%~1.0%)t	(3.5%~6.0%)t	(7.0%~10.0%)t	(11.0%~13.5%)t	20.0t
镁合金 M2M、ME20M	≥120~180	(0.5%~1.0%)t	(1.5%~2.5%)t	(3.5%~4.5%)t	(5.0%~7.0%)t	16.0t
电工硅钢	190	—	(2.5%~5.0%)t	(5.0%~9.0%)t	—	—

表4-47　非金属板料的冲裁间隙

材　料	初始间隙（单边间隙）
酚醛层压板、石棉板、橡胶板、有机玻璃板、环氧酚醛玻璃布	(1.5%~3.0%)t
红纸板、胶纸板、胶布板	(0.5%~2.0%)t
云母片、皮革、纸	(0.25%~0.75%)t
纤维板	2.0t
毛毡	(0~0.2%)t

（3）冲裁间隙的规范与标准　冲裁间隙的国家标准为 GB/T 16743—2010，选用合理冲裁间隙的条件为：

1）冲件截面的表面粗糙度及其边缘的毛刺高度须在允许的范围内。

2）冲模刃口的磨损程度须符合其使用寿命的要求。

根据冲件的尺寸精度和质量要求，冲孔、落料常用冲裁间隙的规范如下：

1）采用试验法得出的冲裁间隙系数的经验数据系列见表4-48。

表4-48 冲裁间隙系数的经验数据系列

冲件材料	软钢、纯铁	铜、铝合金	硬 钢
材料厚度 $t<3$mm 的系数 m（%）	6~9	6~10	8~12
材料厚度 $t>3$mm 的系数 m（%）	15~19	10~21	17~25

2）通过对各种常用材料进行冲裁试验，获得的冲裁间隙 c 与光亮带宽度的实用数据见表4-49。

表4-49 冲裁间隙 c 与光亮带宽度的实用数据

材料		易变形材料		低 碳 钢		韧 性 材 料		硬 钢	
抗拉强度 /MPa		70~200		200~500		500~800		800~1300	
间隙 类型	毛刺	c	光亮带 宽度	c	光亮带 宽度	c	光亮带 宽度	c	光亮带 宽度
本系统类型	最小	(7%~9%)t	(40%~60%)t	(9%~12%)t	(30%~50%)t	(12%~15%)t	(20%~40%)t	(15%~20%)t	(10%~30%)t
普通类型	平均	(4%~6%)t	(50%~70%)t	(4%~6%)t	(40%~60%)t	(4%~6%)t	(30%~50%)t	(4%~6%)t	(20%~40%)t

注：1. 可根据光亮带的宽带选定冲裁间隙。若光亮带过宽，则凸模刃口磨损将增大，从而会降低模具的使用寿命。
2. 光亮带宽度的试验条件为冲孔径 $d \geqslant 1.5t$；若孔径 $d < 1.5t$，则光亮带宽度将增加，可加大间隙值。
3. 试验采用的凸模刃口圆角半径 $r = 0.5 \sim 1$mm。

3）各类型冲裁间隙与截面质量的关系见表4-50。

表4-50 冲裁间隙与截面质量的关系

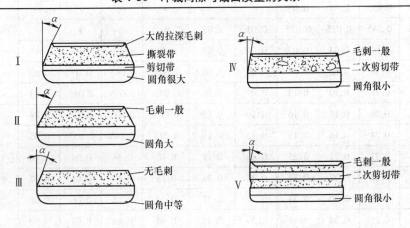

（续）

间隙类型	刃口参数、截面质量与毛刺	适用范围
Ⅰ	间隙大，冲切刃口圆角大，断裂角 α 大，光亮带小，断裂带占 $3t/4$	适用于截面质量要求低的冲件
Ⅱ	间隙较大，圆角大，断裂角 α 适中，光亮带占 $t/3$，凸模寿命长，毛刺适当	适用于一般冲件
Ⅲ	间隙适中，圆角中等，α 小，无毛刺	适用于冲裁质量要求较高的冲件
Ⅳ	间隙小，圆角很小，α 小，光亮带占 $2t/3$	适用于必须再加冲件
Ⅴ	间隙小，圆角很小，呈尖角状，有二次光亮带或全光亮带，凸模寿命短（冲切硬钢时）	适用于冲裁截面光洁、直壁，一次精冲成形的冲件

4）落料模、冲孔模工作零件刃口的始用冲裁间隙见表4-51。

表4-51　落料模、冲孔模工作零件刃口的始用冲裁间隙　　（单位：mm）

材料牌号	45，T7、T8（退火），65Mn（退火），磷青铜（硬），铍青铜（硬）		10、15、20冷轧钢带，30钢板，H62、H68（硬），2A12（硬），硅钢片		Q215、Q235钢板，08、10、15钢板，H62、H68（半硬），纯铜（硬），磷青铜（软），铍青铜（软）		H62、H68（软），纯铜（软），防锈铝，3A21、5A02软铝，8A06、1200、1035、1050A、1060，2A12（退火），铜母线，铝母线		酚醛环氧层压玻璃布板、酚醛层压纸板、酚醛层压布板		钢板纸(反白板)、绝缘纸板、云母版、橡胶板	
力学性能	硬度≥190HBW R_m≥600MPa		硬度=140~190HBW R_m=400~600MPa		硬度=70~140HBW R_m=300~400MPa		硬度≤70HBW R_m≤300MPa		—		—	
材料厚度 t	始用冲裁间隙											
	c_{min}	c_{max}	c_{min}	c_{max}	c_{min}	c_{max}	c_{min}	c_{max}	c_{min}	c_{max}	c_{min}	c_{max}
0.1	0.015	0.035	0.01	0.03	*	—	*	—	*	—	*	—
0.2	0.025	0.045	0.015	0.035	0.01	0.03	*	—	*	—		
0.3	0.04	0.06	0.03	0.05	0.02	0.04	0.01	0.03	*	—		
0.5	0.08	0.10	0.06	0.08	0.04	0.06	0.025	0.045	0.01	0.02		
0.8	0.13	0.16	0.10	0.13	0.07	0.10	0.045	0.075	0.015	0.03		
1.0	0.17	0.20	0.13	0.16	0.10	0.13	0.065	0.095	0.025	0.04		
1.2	0.21	0.24	0.16	0.19	0.13	0.16	0.075	0.105	0.035	0.05		
1.5	0.27	0.31	0.21	0.25	0.15	0.19	0.10	0.14	0.04	0.06	0.01~0.03	0.015~0.045
1.8	0.34	0.38	0.27	0.31	0.20	0.24	0.13	0.17	0.05	0.07		
2.0	0.38	0.42	0.30	0.34	0.22	0.26	0.14	0.18	0.06	0.08		
2.5	0.49	0.55	0.39	0.45	0.29	0.35	0.18	0.24	0.07	0.10		

（续）

材料厚度 t	始用冲裁间隙											
	c_{min}	c_{max}	c_{min}	c_{max}	c_{min}	c_{max}	c_{min}	c_{max}	c_{min}	c_{max}	c_{min}	c_{max}
3.0	0.62	0.68	0.49	0.55	0.36	0.42	0.23	0.29	0.10	0.13		
3.5	0.73	0.81	0.58	0.66	0.43	0.51	0.27	0.35	0.12	0.16	0.04	0.06
4.0	0.86	0.94	0.68	0.76	0.50	0.58	0.32	0.40	0.14	0.18		
4.5	1.00	1.08	0.78	0.86	0.58	0.66	0.37	0.45	0.60	0.20	—	—
5.0	1.13	1.23	0.90	1.00	0.65	0.75	0.42	0.52	0.18	0.23		
6.0	1.40	1.50	1.10	1.20	0.82	0.92	0.53	0.63	0.24	0.29	0.05	0.07
8.0	2.00	2.12	1.60	1.72	1.17	1.29	0.76	0.88	—	—		
10	2.60	2.72	2.10	2.22	1.56	1.68	1.02	1.14	—	—	—	—
12	3.30	3.42	2.60	2.72	1.97	2.09	1.30	1.42	—	—		

注：有 * 号处均为无间隙。

（4）冲裁间隙的均匀性　保证冲裁间隙各向的均匀性是保证冲件尺寸精度、毛刺高度和截面质量符合要求的重要条件。因此，影响冲裁间隙均匀性的要素须在允许的范围内。

1）凸模装配后的垂直度公差。根据 GB/T 14662—2006《冲模技术条件》的规定，凸模装配后的垂直公差见表 4-52。

表 4-52　凸模装配后的垂直度公差

间　隙　值	垂直度公差（GB/T 1184—1996）	
	单　凸　模	多　凸　模
≤0.02	5	6
>0.02 ~ 0.06	6	7
>0.06	7	8

2）导向副的配合间隙。根据 JB/T 8050—2008（《冲模模架技术条件》）的规定，导柱导套的配合间隙应符合表 4-31 的规定。

3）导柱轴线对下模座下平面（基准面）的垂直度和上模座上平面对下模座下平面的平行度见表 4-30。

4）若上、下模座的平行度误差，导柱轴线对基面的垂直度误差和凸模装配后的垂直度误差均在规定范围内，则其装配尺寸链可简化为图 4-13 所示的形式。

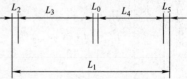

图 4-13　装配尺寸链简化图

图中，L_0 取决于 $L_1 \sim L_5$，称为封闭环。$L_1 \sim L_5$ 为组成环，当 L_1 增大或减小时，L_0 随之增大或减小，故 L_1 为增环；当 $L_2 \sim L_5$ 增大或减小时，L_0 随之减小或增大，故 $L_2 \sim L_5$ 为减环。

根据如图 4-13 所示的尺寸链，L_0 的计算公式为

$$L_0 = L_1 - (L_2 + L_3 + L_4 + L_5) = L_0{}^{+0.15}_{+0.02}$$

可见，冲裁间隙 L_0 的值及其均匀性，取决于导向副配合间隙的变化，此为影响和保证冲裁件尺寸精度和冲裁截面质量的重要结构参数。

4.6.2　凸、凹模刃口的几何参数

1. 刃口几何参数的设定与标注

在精密小间隙冲裁时，将凸模刃口修磨成具有一定的夹角 α：当料厚 $t<3mm$ 时，$\alpha<5°$；当 $t=3\sim10mm$ 时，$\alpha=5°\sim8°$。刃磨高度 h 为：当 $t<3mm$ 时，$h=2t$；当 $t=3\sim10mm$ 时，$h=(1\sim2)t$。刃口圆角半径 $r=0.5\sim10mm$，如图 4-14 所示。

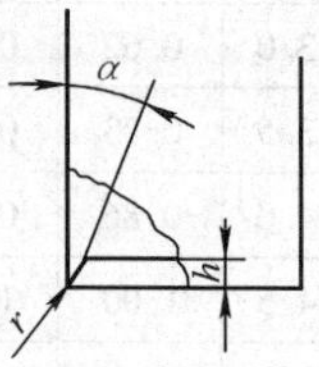

图 4-14　刃口几何参数

为保证以上参数的合理性，可将冲裁力降低 30%～65%，以保证冲件的尺寸精度，增大冲裁截面的光亮带高度，减小断裂带和毛刺高度。

凸、凹模刃口尺寸须按下列原则进行计算与标注：

1）冲孔件的尺寸取决于凸模尺寸，因此冲孔模的设计应以凸模为基准，间隙取在凹模上；落料件的尺寸取决于凹模尺寸，故落料模的设计应以凹模为基准，间隙取在凸模上。

2）在冲裁过程中，凸、凹模将发生磨损。因此，在因磨损而使刃口尺寸增大时，应取冲件相应尺寸范围内较小值作为其公称尺寸；反之，则取较大值。

3）为保证冲件的尺寸精度，冲模的尺寸公差等级应比冲件高 3～4 级。

2. 冲裁模凸、凹模刃口尺寸的计算（见表 4-53）

表 4-53　冲裁模凸、凹模刃口尺寸的计算

项目名称		计算公式与图示	说　明
凸、凹模分别制造	凸、凹模间隙	$\delta_t+\delta_a\leqslant c_{max}-c_{min}$	此为在已知凸、凹模刃口尺寸制造公差（δ_t、δ_a）的条件下，保证凸、凹模间隙的关系式。此公式适用于圆形和形状简单的冲件
	冲孔凸、凹模尺寸	$d_t=(d+x\Delta)_{-\delta_t}^{0}$	此为在冲件孔尺寸 $d_{0}^{+\Delta}$ 已知的条件下，首先确定凸模刃口尺寸 d_t 的公式。为保证 c_{min}，其制造公差 δ_t 应为负值 式中，x 为系数
		$d_a=(d_t+c_{min})_{0}^{+\delta_a}$ $=(d+x\Delta+c_{min})_{0}^{+\delta_a}$	此为计算凹模刃口尺寸 d_a 的公式。为保证 c_{min}，d_a 应取正值
	落料凸、凹模尺寸	$D_a=(D-x\Delta)_{0}^{+\delta_a}$	此为在冲件尺寸 $D_{-\Delta}^{0}$ 已知的条件下，根据刃口尺寸的计算原则，首先确定凹模尺寸 D_a 的公式。由于基准件的凹模刃口尺寸在磨损后将增大，为保证 c_{min}，凹模尺寸应取正偏差
		$D_t=(D_a-c_{min})_{-\delta_t}^{0}$ $=(D-x\Delta-c_{min})_{-\delta_t}^{0}$	此为计算落料凸模尺寸 D_t 的公式。为保证 c_{min}，其尺寸偏差应取负值

（续）

项目名称	计算公式与图示	说　明
凸、凹模配制法	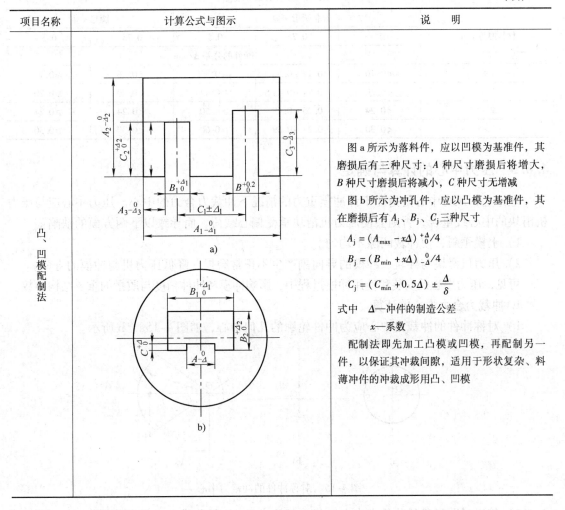 a) b)	图 a 所示为落料件，应以凹模为基准件，其磨损后有三种尺寸：A 种尺寸磨损后将增大，B 种尺寸磨损后将减小，C 种尺寸无增减 　　图 b 所示为冲孔件，应以凸模为基准件，其在磨损后有 A_j、B_j、C_j 三种尺寸 $A_j = (A_{max} - x\Delta)\, ^{+\Delta/4}_{\ \ 0}$ $B_j = (B_{min} + x\Delta)\, ^{\ \ 0}_{-\Delta/4}$ $C_j = (C_{min} + 0.5\Delta) \pm \dfrac{\Delta}{\delta}$ 式中　Δ—冲件的制造公差 　　　　x—系数 　　配制法即先加工凸模或凹模，再配制另一件，以保证其冲裁间隙，适用于形状复杂、料薄冲件的冲裁成形用凸、凹模

3. 凸、凹模的制造公差及系数（见表 4-54 和表 4-55）

表 4-54　圆形、方形凸、凹的制造公差

公称尺寸	凸模公差 δ_t	凹模公差 δ_a
≤18	0.020	0.020
>18 ~ 30	0.020	0.025
>30 ~ 80	0.020	0.030
>80 ~ 120	0.025	0.035
>120 ~ 180	0.030	0.040
>180 ~ 260	0.030	0.045
>260 ~ 360	0.035	0.050
>360 ~ 500	0.040	0.060
>500	0.050	0.070

表 4-55　系数 x 值

材料厚度 t/mm	非圆形 x 值			圆形 x 值	
	1	0.75	0.5	0.75	0.5
	冲件的公差 Δ/mm				
1	<0.16	0.17 ~ 0.35	≥0.36	<0.16	≥0.16
1 ~ 2	<0.20	0.21 ~ 0.41	≥0.42	<0.20	≥0.20
2 ~ 4	<0.24	0.25 ~ 0.49	≥0.50	<0.24	≥0.24
>4	<0.30	0.21 ~ 0.59	≥0.60	<0.30	≥0.30

4.6.3　压力中心的计算与确定

理论上，压力中心是指在不计冲模重力的情况下冲裁力合力的中心。压力中心应与压力机滑块的中心线重合，否则会使压力机滑块承受偏心载荷，而导致以下两方面的缺陷：

1）上模歪斜，使冲裁间隙不均匀。

2）压力机滑块与导轨、冲模的导向副产生不正常磨损，降低压力机与冲模的寿命。

可见，压力中心是安装和使用冲模过程中，影响冲模和冲件精度与质量的重要结构参数。

1. 冲裁力合力中心的计算

1）对称冲件的冲裁力中心应为冲件轮廓的几何中心，如图 4-15a、b 所示。

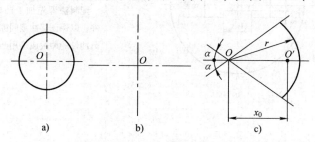

图 4-15　对称冲件的冲裁力中心

2）等半径圆弧段的冲裁力中心应位于任意角 2α 的平分线上，且距离圆心为 x_0 的 O' 点处，如图 4-15c 所示。

2. 多凸模冲裁力合力的中心

多凸模冲裁力合力中心的设计与计算过程如下：

1）绘制冲件轮廓的图形，如图 4-16 所示。

2）选定并设置坐标轴 xOy。

3）将轮廓线分为 L_1、L_2、$\cdots$、L_n 基本段。由于冲裁力与 L 成正比，故 L 可反映冲裁力的大小。

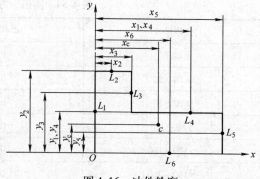

图 4-16　冲件轮廓

4）计算基本段重心的位置及其到 y 轴的距离 x_1、x_2、$\cdots$、x_n 和到 x 轴的距离 y_1、y_2、$\cdots$、y_n。

5）根据各分力对坐标轴力矩之和等于其合力对相应坐标轴力矩的原理，计算冲裁力合力的中心 C 点到 x 轴与 y 轴的距离为

$$x_c = \frac{L_1 x_1 + L_2 x_2 + \cdots + L_n x_n}{L_1 + L_2 + \cdots + L_n}$$

$$y_c = \frac{L_1 y_1 + L_2 y_2 + \cdots + L_n y_n}{L_1 + L_2 + \cdots + L_n}$$

对于大型模具，当其上模较重时，须计算其重力重心，并使冲裁力合力的中心、上模的重力重心与压力机滑块中心线相重合。因此，进行冲模结构设计，特别是在设计具有矩形模座的级进冲模时，其零部件的安排与偏置，应力求使重量平衡、对称。

[**例**] 带底孔拉深件的材料为 08 钢，料厚 2mm，大批量生产。要求设计冲拉深件底孔的多凸模冲孔模，冲件的形状、结构与尺寸如图 4-17 所示。

以冲件中心 O 为原点建立 xOy 坐标，分冲裁的基本段为 L_1、L_2、$\cdots$、L_8，然后计算其长度与合力中心的坐标

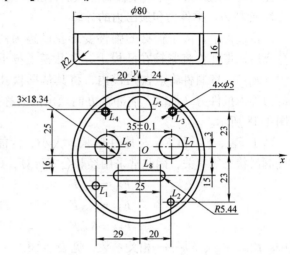

图 4-17　带底孔拉深件

$$L_1 = L_2 = L_3 = L_4 = \pi \times 5\text{mm} \approx 15.7\text{mm}$$

$$L_5 = L_6 = L_7 = \pi \times 18.34\text{mm} \approx 56.6\text{mm}$$

$$L_8 = \pi \times 10.88\text{mm} + 50\text{mm} \approx 84.2\text{mm}$$

$x_1 = -29$；$x_2 = 20$；$x_3 = 24$；$x_4 = -20$；$x_5 = 0$；$x_6 = 17.5$；$x_7 = -17.5$；$x_8 = 0$

$y_1 = -16$；$y_2 = -23$；$y_3 = 23$；$y_4 = 23$；$y_5 = 25$；$y_6 = y_7 = 3$；$y_8 = -15$

则

$$x_c = \frac{L_1 x_1 + L_2 x_2 + \cdots + L_8 x_8}{L_1 + L_2 + \cdots + L_8} \approx -0.25\text{mm}$$

$$y_c = \frac{L_1 y_1 + L_2 y_2 + \cdots + L_8 y_8}{L_1 + L_2 + \cdots + L_8} \approx 1.90\text{mm}$$

4.6.4　冲裁成形工艺参数

冲裁成形的主要工艺参数包括冲裁力、卸料力、推件力和顶出力。

1. 冲裁力的计算

冲裁力（F）即冲裁时板材对凸模的最大抗剪力，其大小取决于板材的厚度、力学性能与物理性能，以及冲件被冲裁分离的轮廓长度等。采用平刃凸、凹模冲裁时，其冲裁力的计算公式为

$$F = Lt\tau_b$$

式中　F——冲裁力（N）；

　　　L——冲件被冲裁分离轮廓的长度（mm）；

　　　t——板材的厚度（mm）；

　　　τ_b——板材的抗剪强度（MPa）。

由于凸、凹模的磨损，冲裁间隙的变化，板材性能及其厚度偏差，以及冲件大小等因素，实际所需的冲裁力应增加 $30\% \sim 50\%$，即

$$F = (1.3 \sim 1.5)Lt\tau_b$$

注：若采用斜刃口冲裁或板材加热后冲裁，则冲裁力将大幅度降低。

2. 卸料力、推件力和顶出力的计算

冲裁过程中，由于板材的弹性变形及摩擦力的作用，冲件与板材分离后，带孔件将紧箍在凸模上，从凸模上推下冲件的力称为卸料力（$F_{卸}$）；落料件将卡在凹模内，将其从凹模孔中顺冲裁方向推出的力称为推件力（$F_{推}$），逆冲裁方向顶出的力称为顶出力（$F_{顶}$），如图 4-18 所示。

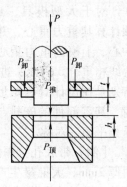

由于 $F_{卸}$、$F_{推}$ 和 $F_{顶}$ 与冲件形状、大小、性能、料厚、冲裁间隙及润滑状态等有关，因此常采用经验公式计算，即

$$F_{卸} = K_{卸}F$$
$$F_{推} = K_{推}F$$
$$F_{顶} = K_{顶}F$$

图 4-18　卸料力、推件力
与顶出力

式中　$K_{卸}$、$K_{推}$、$K_{顶}$——相关系数，见表 4-56。

表 4-56　$K_{卸}$、$K_{推}$ 与 $K_{顶}$ 值

	料厚 t/mm	$K_{卸}$	$K_{推}$	$K_{顶}$
钢	$\leqslant 0.1$	$0.06 \sim 0.09$	0.10	0.14
	$>0.1 \sim 0.5$	$0.04 \sim 0.07$	0.065	0.08
	$>0.5 \sim 2.5$	$0.025 \sim 0.06$	0.05	0.06
	$>2.5 \sim 6.5$	$0.02 \sim 0.05$	0.045	0.05
	>6.5	$0.015 \sim 0.04$	0.025	0.03
铝、铝合金		$0.03 \sim 0.08$	$0.03 \sim 0.07$	
纯铜、黄铜		$0.02 \sim 0.06$	$0.03 \sim 0.09$	

注：在冲多孔、大搭边和冲件轮廓复杂时，卸料力系数 $K_{卸}$ 取上限值；冲裁间隙取最大值时，其系数则取较小值。

3. 总冲裁力的计算

总冲裁力（$F_{总}$）是选择压力机规格的重要依据，其计算公式如下：

弹性上出料时　　　　　　　　$F_{总} = F + F_{顶} + F_{卸}$

弹性下出料时　　　　　　　　$F_{总} = F + F_{推} + F_{卸}$

刚性上出料时　　　　　　　　$F_{总} = F + F_{卸}$

刚性下出料时　　　　　　　　$F_{总} = F + F_{推}$

4. 计算实例（图 4-17）

（1）冲裁力的计算　为降低冲裁力，常将多凸模分成两层：一层为小孔层（$4 \times \phi 5\mathrm{mm}$），另一层为大孔（$3 \times \phi 18.34\mathrm{mm}$）和长孔（$25\mathrm{mm} \times R5\mathrm{mm}$）层，作阶梯安排。其料厚 t 为 2mm，则各层的冲裁力分别为：

小孔层的冲裁力（F_1）

$$F_1 = L_1 t\tau_b = 4 \times \pi \times 5\mathrm{mm} \times 2\mathrm{mm} \times 380\mathrm{MPa} \approx 47.7 \times 10^3 \mathrm{N}$$

大孔与长孔层的冲裁力（F_2）

$$F_2 = L_2 t \tau_b = [(\pi \times 5 + 2 \times 25) \text{mm} + (3 \times \pi \times 18.34) \text{mm}] \times 2\text{mm} \times 380\text{MPa} \times 2\text{mm} \times 380\text{MPa}$$
$$\approx 181 \times 10^3 \text{N}$$

则总冲裁力为 $F = F_1 + F_2 = (47.7 \times 10^3 + 181 \times 10^3) \text{N} = 228.7 \times 10^3 \text{N}$

由于 $F_2 > F_1$，故按（1.3 ~ 1.5）F_2 选择压力机的冲裁力。

（2）卸料力和推件力的计算

查表 3-10，取 $K_卸 = K_推 = 0.05$，

$$F_卸 K_卸 F = 0.05 \times 228.7 \times 10^3 \text{N} = 11.435 \times 10^3 \text{N}$$

$$F_推 = n K_推 F = \frac{h}{t} K_推 F = \frac{6}{2} \times 0.05 \times 228.7 \times 10^3 \text{N}$$
$$= 34.305 \times 10^3 \text{N}$$

式中　h——刃口高度，设为 6mm。

4.7　弯曲模的结构与工艺参数

为保证弯曲件的尺寸精度和质量，弯曲模及弯曲工艺过程须具有很高的精度、质量和稳定性。因此，应对弯曲件的结构工艺性，弯曲模的特点、性能、结构和参数，以及弯曲成形条件和工艺参数进行研究。

4.7.1　弯曲件的结构工艺性与尺寸公差等级

1. 弯曲件的结构工艺性

弯曲件的形状与结构须符合弯曲模的结构设计要求，即应具有良好的结构工艺性，其要求见表 4-57。

表 4-57　弯曲件的结构工艺要求

项目	图　　例	说　　明
直边的高度	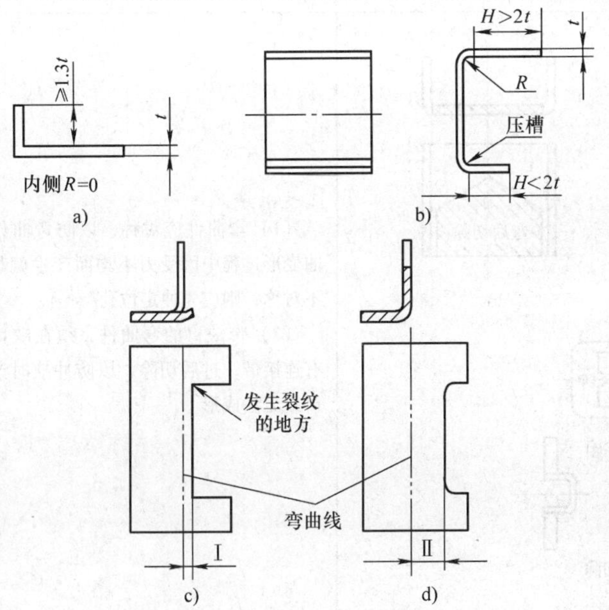	（1）当 $R = 0$ 时，$H \geq 1.3t$，一般要求 $H > 2t$，如图 a、b 所示 （2）当 $H < 2t$ 时，弯边在模具上支持的长度过小，无法形成足够的弯矩使之弯曲成形。严重时可导致光角处产生裂纹，如图 c 所示。此时可加大直边，如图 d 所示，弯曲后再切去多余的部分

（续）

项目	图 例	说 明
转移弯曲线的位置和开工艺孔或槽	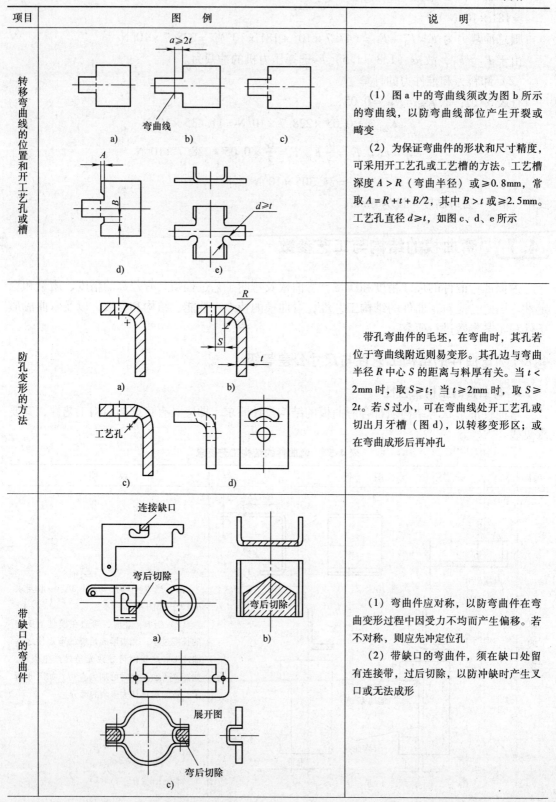	（1）图 a 中的弯曲线须改为图 b 所示的弯曲线，以防弯曲线部位产生开裂或畸变 （2）为保证弯曲件的形状和尺寸精度，可采用开工艺孔或工艺槽的方法。工艺槽深度 $A > R$（弯曲半径）或 $\geq 0.8\mathrm{mm}$，常取 $A = R + t + B/2$，其中 $B > t$ 或 $\geq 2.5\mathrm{mm}$。工艺孔直径 $d \geq t$，如图 c、d、e 所示
防孔变形的方法		带孔弯曲件的毛坯，在弯曲时，其孔若位于弯曲线附近则易变形。其孔边与弯曲半径 R 中心 S 的距离与料厚有关。当 $t < 2\mathrm{mm}$ 时，取 $S \geq t$；当 $t \geq 2\mathrm{mm}$ 时，取 $S \geq 2t$。若 S 过小，可在弯曲线处开工艺孔或切出月牙槽（图 d），以转移变形区；或在弯曲成形后再冲孔
带缺口的弯曲件		（1）弯曲件应对称，以防弯曲件在弯曲变形过程中因受力不均而产生偏移。若不对称，则应先冲定位孔 （2）带缺口的弯曲件，须在缺口处留有连接带，过后切除，以防冲缺时产生叉口或无法成形

（续）

项目	图 例	说 明
改变弯曲件形状	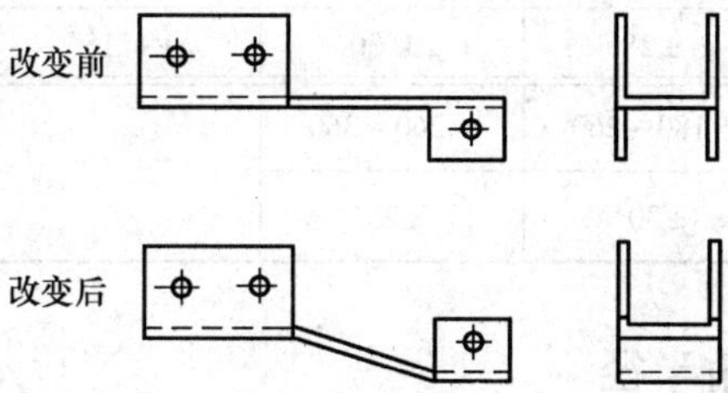 改变前 改变后 a) 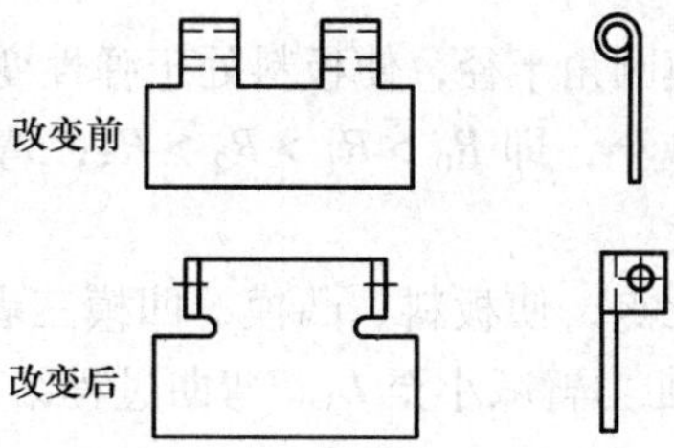 改变前 改变后 b)	（1）改变形状后，可使弯曲方向一致，以简化模具结构，如图 a 所示 （2）改变卷边为弯边，以使工艺可靠
尺寸标注与工艺程序	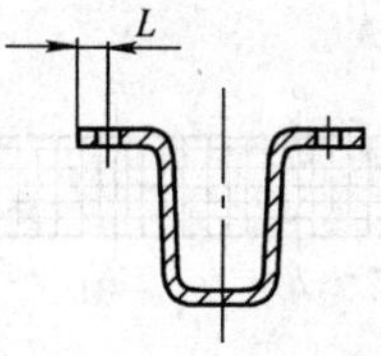 L a) 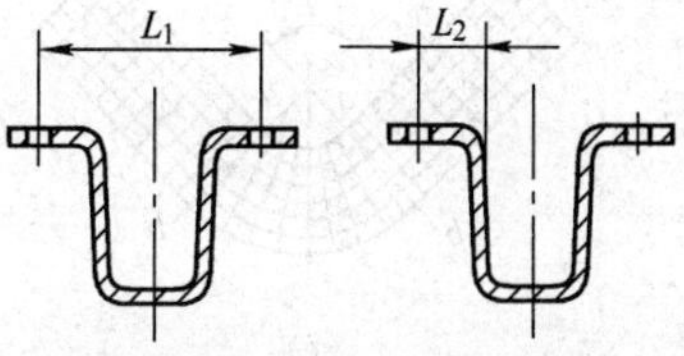 L₁ L₂ b) c)	图 a 尺寸标注的工序为：落料→冲孔→弯曲 图 b、c 尺寸标注的工序为：先弯曲，然后才可冲孔。否则，不易保证 L_1 和 L_2 的尺寸精度

2. 弯曲件的尺寸公差等级

弯曲件的尺寸公差等级一般在 TI13 以下。其尺寸公差等级与板料性能、料厚公差、回弹引起的误差和工艺误差等有关。为达到较高的尺寸公差等级，要求板料的性能好、料厚公差小、弯曲工艺精度高，能克服或消除由回弹引起的误差。弯曲件未注公差弯曲长度的极限偏差和未注公差角度的公差值分别见表 4-58 和表 4-59。

表 4-58 弯曲件未注公差长度尺寸的极限偏差　　　　　　（单位：mm）

长度尺寸		3 ~ 6	>36 ~ 18	>18 ~ 50	>50 ~ 120	>120 ~ 260	>260 ~ 500
材料厚度	≤2	±0.3	±0.4	±0.6	±0.8	±1.0	±1.5
	>2 ~ 4	±0.4	±0.6	±0.8	±1.2	±1.5	±2.0
	>4	—	±0.8	±1.0	±1.5	±2.0	±2.5

表 4-59 弯曲件未注公差角度的公差值

弯边长 L/mm	< 6	> 6 ~ 10	> 10 ~ 18	18 ~ 30	> 30 ~ 50	> 50 ~ 80
角度公差 $\Delta\alpha$	± 3°	± 2°30′	± 2°	± 1°30′	± 1°15′	± 1°
弯边长 L/mm	> 80 ~ 120	> 120 ~ 180	> 180 ~ 260	> 260 ~ 360		—
角度公差 $\Delta\alpha$	± 50′	± 40′	± 30′	± 25′		

4.7.2 弯曲变形过程与凸、凹模圆角半径

1. 弯曲变形过程（图 4-19）

1）凸模下压，板料弯曲半径大于凸模圆角半径，使板料处于弹性变形阶段。

2）凸模继续下压，板料的弯曲半径减小，即 $R_0 > R_1 > R_2 > R_3$，弯曲力臂为 $L_0 > L_1 > L_2 > L_3$。此时，板料产生塑性变形。

3）凸模继续下压，压力机滑块达下死点，使板料、凸模、凹模三者完全吻合，其板料弯曲半径 R_3 与凸模圆角半径 R_t 一致；弯曲力臂减小至 L_3。弯曲过程结束。

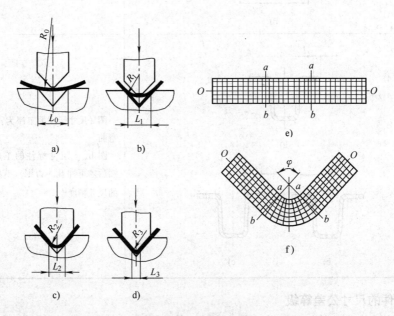

图 4-19 弯曲变形过程

a)、b)、c)、d) V 形件弯曲变形过程　e)、f) 用网格法示意 V 形件变形状态

2. 弯曲件的最小弯曲半径及凸、凹模圆角半径

如图 4-19f 所示，弯曲变形发生在弯曲角 φ 的范围内，$a - a$ 为弯曲线其毛坯的内侧网格因受压而变短；外侧网格则因受拉而伸长，若拉应力超过其抗拉强度 R_m，则此部位将产生裂纹。因此，须合理确定各种板料的最小弯曲半径 R_{min}，见表 4-60。

凸、凹模圆角半径（R_t、R_a）是弯曲模的重要结构参数。其中，$R_t > R_{min}$（弯曲件的最小弯曲半径）；$R_a = (2 \sim 6) t$。实际生产中，常根据弯边高度（H）和弯边深度（L）选用表 4-61 中的数据。

表4-60 最小弯曲半径值 （单位：mm）

材料	退火或正火		冷作硬化	
	弯曲线位置			
	与轧纹垂直	与轧纹平行	与轧纹垂直	与轧纹平行
铝 纯铜 黄铜（软） 黄铜（半硬） 05、08F 08、10、Q195、Q215 15、20、Q235 25、30、Q275 35、40 45、50 55、60、65Mn 硬铝（软） 硬铝（硬） 磷脱氧铜	$0.1t$	$0.2t$	$0.3t$	$0.8t$
	$0.1t$	$0.2t$	t	$2t$
	$0.1t$	$0.3t$	$0.35t$	$0.8t$
	$0.1t$	$0.4t$	$0.5t$	$1.2t$
	$0.1t$	$0.2t$	$0.2t$	$0.5t$
	$0.1t$	$0.4t$	$0.4t$	$0.8t$
	$0.1t$	$0.5t$	$0.5t$	t
	$0.2t$	$0.6t$	$0.6t$	$1.2t$
	$0.3t$	$0.8t$	$0.8t$	$1.5t$
	$0.5t$	t	t	$1.7t$
	$0.7t$	$1.3t$	$1.3t$	$2t$
	t	$1.5t$	$1.5t$	$2.5t$
	$2t$	$3t$	$3t$	$4t$
	—	—	t	$3t$

注：1. 表中 t 为材料厚度。
    2. 当弯曲线与材料轧纹方向成一定角度时，应根据角度大小取中间值。
    3. 通过冲裁得到的窄毛坯，应视为硬化状态。

表4-61 $R_凹$ 值选用表 （单位：mm）

弯边高度 H	材料厚度 t							
	<0.5		0.5~2		2~4		4~7	
	L	$R_凹$	L	$R_凹$	L	$R_凹$	L	$R_凹$
10	6	3	10	3	10	4	—	—
20	8	3	12	4	15	5	20	8
35	12	4	15	5	20	6	25	8
50	15	5	20	6	25	8	30	10
25	20	6	25	8	30	10	35	12
100	—	—	30	10	35	12	40	15
150	—	—	35	12	40	15	50	20
200	—	—	45	15	55	20	65	25

3. 弯曲件板料的中性层及其位置

由图 4-19e、f 可知，板料在弯曲过程中，其两直边是不变形的；且在内侧受压缩短与外侧受拉伸长部分之间，$o-o$ 部位也是不变形的，称其为中性层。中性层是计算弯曲件展开长度的基准。当变形程度小，即 r/t 较大时，中性层位于板料厚度方向的中心；当变形程度大时，即 r/t 较小，或因拉深而变薄时，其位置则在靠近弯曲中心内侧。根据弯曲前后板料体积相等的原理，可计算出中心层的位置，如图 4-20 所示，其计算过程如下

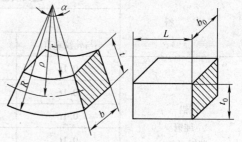

图 4-20　中性层位置的确定

$$V_0 = Lb_0t_0 = \rho \times b_0t_0$$

$$V = (\pi R^2 - \pi r^2)\frac{\alpha}{2\pi}b = (R^2 - r^2)\frac{\alpha}{2}b$$

因为
$$V_0 = V$$

所以
$$\rho b_0 t = (R^2 - r^2)\frac{\alpha}{2}b$$

即
$$\rho = \frac{R^2 - r^2}{2t}\frac{b}{b_0}$$

式中　　V_0——弯曲前的体积（mm^3）；

$\quad\quad V$——弯曲后的体积（mm^3）；

$\quad\quad \rho$——中性层的弯曲半径（mm）；

$\quad\quad R$——外侧弯曲半径（mm）；

$\quad\quad r$——内侧弯曲半径（mm）；

b_0、b——弯曲前、后的板料宽度（mm）；

t_0、t——弯曲前、后的板料厚度（mm）。

设 $R = r + t$，$t = K_厚t_0$，$b = K_宽b_0$

则
$$\rho = \left(\frac{r}{t} + \frac{K_厚}{2}\right)K_厚K_宽t_0$$

式中　　$K_厚$——变薄系数，$K_厚 = t_0/t \leqslant 1$ 见表 4-62；

$\quad\quad K_宽$——变宽系数，$K_宽 = b_0/b$，当 $b_0/t_0 \geqslant 3$ 时，$K_宽 = 1$。

当 $K_厚 = K_宽 = 1$ 时，r/t_0 较大，即变形很小，则中性层的弯曲半径 $\rho = 0.5t$，即此时中性层的位置位于板料厚度方向的中间。以上为理论计算的 ρ 值，由于变形区的内侧处于压缩、外侧处于拉伸变薄状态，因此其中性层位置是变化的，常采用下列经验公式进行计算

$$\rho = Kt$$

式中　　K——中性层系数，为试验数据，其值见表 4-63。

表 4-62　变薄系数 $K_厚$ 值

r/t	0.1	0.5	1	2	5	>10
$K_厚$	0.8	0.93	0.97	0.99	0.998	1

表 4-63　中性层系数 K 值

r/t	0.1	0.2	0.25	0.3	0.4	0.5	0.6	0.7	0.8	1	1.2	1.5	2	3	4	5	>6.5
K_1	0.23	0.29	0.31	0.32	0.35	0.37	0.38	0.39	0.40	0.41	0.424	0.436	0.45	0.46	0.47	0.48	0.5
K_2	0.3	0.33	0.35	0.36	0.37	0.38	0.39	0.40	0.408	0.42	0.43	0.44	0.46	0.47	0.48	0.49	0.5

注：K_1 适用于有压料情况的 V 形或 U 形弯曲，K_2 适用于无压料情况的 V 形弯曲。

4.7.3　凸、凹模间隙及工作部位尺寸

1. 凸、凹模间隙

V 形件弯曲模中凸、凹模间的间隙，可通过控制压力机的闭合高度实现，无需设置结构间隙。U 形件弯曲模的凸、凹模间则须设置准确的间隙 Z，因其大小对弯曲件的尺寸精度、质量及弯曲力有较大影响。间隙小，则弯曲力大；间隙过小，则会使弯曲件壁变薄，并降低弯曲件的尺寸精度。弯曲件凸、凹模间的 Z 值与板材的种类、厚度及弯曲件的高度和宽度有关，可采用下式进行计算。

对于非铁金属弯曲件　　　　　　　$Z = 2(t_{\min} + nt)$

对于钢铁材料弯曲件　　　　　　　$Z = 2[t(1 + n)]$

式中　Z——凸、凹间的双面间隙（mm）；

　　　$t_{\min}$——板料的最小厚度（mm）；

　　　t——板料的公称厚度（mm）；

　　　n——与弯曲件高度 H 和板料宽度 B 有关的系数，见表 4-64。

表 4-64　系数 n 值

弯曲件高度 H/mm	板料厚度 t/mm								
	<0.5	>0.5~2	>2~4	>4~5	<0.5	>0.5~2	>2~4	>4~7.5	>7.5~12
	$B \leqslant 2H$				$B > 2H$				
10	0.05	0.05	0.04	—	0.10	0.10	0.08	—	—
20	0.05	0.05	0.04	0.03	0.10	0.10	0.08	0.06	0.06
35	0.07	0.05	0.04	0.03	0.15	0.10	0.08	0.06	0.06
50	0.10	0.07	0.05	0.04	0.20	0.15	0.10	0.06	0.06
75	0.10	0.07	0.05	0.04	0.25	0.15	0.10	0.10	0.08
100		0.07	0.05	0.05	—	0.15	0.10	0.10	0.08
150	—	0.10	0.07	0.05		0.20	0.15	0.10	0.08
200	—	0.10	0.07	0.07		0.20	0.15	0.15	0.10

2. 凸、凹模工作部位尺寸

（1）尺寸标注在外形上的弯曲件　弯曲模工作部位尺寸应以凹模为基准，凸、凹模间的间隙取在凸模上，如图 4-21 所示。

标注双向偏差时（图 4-21a），凹模尺寸为

$$B_a = \left(B - \frac{1}{2}\Delta\right)^{+\delta_a}_0$$

标注单向偏差时（图4-21b），凹模尺寸为

$$B_a = \left(B - \frac{3}{4}\Delta\right)^{+\delta_a}_0$$

凸模尺寸 B_t 应根据单边间隙 $Z/2$，按凹模尺寸配制，以保证双面间隙 Z（图4-21c）；或按下式计算

$$B_t = (B_a - Z)^0_{-\delta_t}$$

（2）尺寸标注在内形上的弯曲件　其弯曲模工作部位尺寸应以凸模为基准，凸、凹模间的间隙取在凹模上，如图4-22所示。

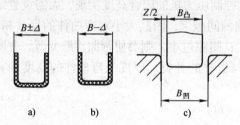

图4-21　尺寸标注在外形上的弯曲件

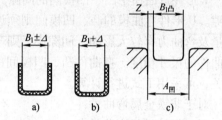

图4-22　尺寸标注在内形上的弯曲件

标注双向偏差时（图4-22a），凸模尺寸为

$$B_{1t} = (B_1 - \Delta)^0_{-\delta_a}$$

标注单向偏差时（图4-22b），凸模尺寸为

$$B_{1t} = \left(B_1 + \frac{3}{4}\Delta\right)^0_{-\delta_a}$$

凹模尺寸 B_{1a} 应根据单边间隙 $Z/2$，按凸模尺寸配制，以保证双边间隙 Z；或按下式计算

$$B_{2a} = (B_{1凸} + Z)^0_{-\delta_a}$$

4.7.4　弯曲成形条件与工艺参数

1. 回弹及其防止措施

弯曲变形是指板料通过凸模在弯曲力的作用下，产生弹性变形和塑性变形的过程。当变形过程完成、去除弯曲力等载荷后，其弹性变形将立即回复，称为回弹，从而使弯曲角、弯曲半径发生变化，导致弯曲件的形状与尺寸不正确，如图4-23所示。

（1）回弹值的确定　在正确、合理地设计弯曲模结构的基础上，还应准确地控制弯曲成形条件，即成形工艺参数，以克服和防止回弹，控制回弹值，达到控制弯曲半径和弯曲角的目的。回弹值的表达式如下：

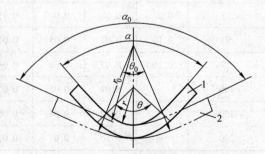

图4-23　回弹引起弯曲角和弯曲半径的变化
1—回弹前的弯曲件　2—回弹后的弯曲件

弯曲半径的回弹值　　　$\Delta R = R_0 - R$

弯曲角的回弹值　　$\Delta\alpha = \alpha_0 - \alpha$

式中　R_0——回弹后的弯曲半径（mm）；

　　　α_0——回弹后的弯曲角（°）。

当 $R/t < 5 \sim 8$ 时，弯曲半径变化很小，可查表 4-65 ~ 表 4-67 确定回弹角。

表 4-65　90°单角自由弯曲的回弹角 $\Delta\alpha$

材　料	$\dfrac{R}{t}$	材　料　厚　度 t/mm		
		< 0.8	0.8 ~ 2	> 2
软　钢（$R_m = 350\,\text{N/mm}^2$）	< 1	4°	2°	—
软黄铜（$R_m \leqslant 350\,\text{N/mm}^2$）	1 ~ 5	5°	3°	1°
铝、锌	> 5	6°	4°	2°
中硬钢（$R_m = 400 \sim 500\,\text{N/mm}^2$）	< 1	5°	2°	—
硬黄铜（$R_m = 350 \sim 400\,\text{N/mm}^2$）	1 ~ 5	6°	3°	1°
硬青铜	> 5	8°	5°	3°
硬钢（$R_m > 550\,\text{N/mm}^2$）	< 1	7°	4°	2°
	1 ~ 5	9°	5°	3°
	> 5	12°	7°	5°
AIT 钢	< 1	1°	1°	1°
电工钢	1 ~ 5	4°	4°	4°
硬铝 2A12	< 2	2°	3°	4.5°
	2 ~ 5	4°	6°	8.5°
	> 5	6.5°	10°	14°
	< 2	2.5°	5°	8°
超硬铝 7A04	2 ~ 5	4°	8°	11.5°
	> 5	7°	12°	19°
	< 2	2°	2°	2°
30CrMnSiA	2 ~ 5	4.5°	4.5°	4.5°
	> 5	8°	8°	8°

注：表中回弹角为试验数据，使用时应加以修正。

表 4-66　90°单角校正弯曲时的回弹角 $\Delta\alpha$

材　料	R/t		
	≤ 1	> 1 ~ 2	> 2 ~ 3
Q215、Q235	−1° ~ 1.5°	0° ~ 2°	1.5° ~ 2.5°
纯铜、铝、黄铜	0° ~ 1.5°	0° ~ 3°	2° ~ 4°

注：1. 表中回弹角为试验数据，使用时应加以修正。

　　2. 校正弯曲回弹角是指弯曲过程弯成时，再加载附加压力，以减小的回弹角。

表 4-67　U 形件弯曲时的回弹角 $\Delta\alpha$

材料的牌号和状态	$\dfrac{R}{t}$	凹模和凸模的单边间隙 $Z/2$						
		$0.8t$	$0.9t$	$1.0t$	$1.1t$	$1.2t$	$1.3t$	$1.4t$
		回弹角 $\Delta\alpha$						
2A12（硬）	2	$-2°$	$0°$	$2°30'$	$5°$	$7°30'$	$10°$	$12°$
	3	$-1°$	$1°30'$	$4°$	$6°30'$	$9°30'$	$12°$	$14°$
	4	$0°$	$3°$	$5°30'$	$8°30'$	$11°30'$	$14°$	$16°30'$
	5	$1°$	$4°$	$7°$	$10°$	$12°30'$	$15°$	$18°$
	6	$2°$	$5°$	$8°$	$11°$	$13°30'$	$16°30'$	$19°30'$
2A12（软）	2	$-1°30'$	$0°$	$1°30'$	$3°$	$5°$	$7°$	$8°30'$
	3	$-1°30'$	$30'$	$2°30'$	$4°$	$6°$	$8°$	$9°30'$
	4	$-1°$	$1°$	$3°$	$4°30'$	$6°30'$	$9°$	$10°30'$
	5	$-1°$	$1°$	$3°$	$5°$	$7°$	$9°30'$	$11°$
	6	$-30'$	$1°30'$	$3°30'$	$6°$	$8°$	$10°$	$12°$
7A06（硬）	3	$3°$	$7°$	$10°$	$12°30'$	$14°$	$16°$	$17°$
	4	$4°$	$8°$	$11°$	$13°30'$	$15°$	$17°$	$18°$
	5	$5°$	$9°$	$12°$	$14°$	$16°$	$18°$	$20°$
	6	$6°$	$10°$	$13°$	$15°$	$17°$	$20°$	$23°$
	8	$8°$	$13°30'$	$16°$	$19°$	$21°$	$23°$	$26°$
7A04（软）	2	$-3°$	$-2°$	$0°$	$3°$	$5°$	$6°30'$	$8°$
	3	$-2°$	$-1°30'$	$2°$	$3°30'$	$6°30'$	$8°$	$9°$
	4	$-1°30'$	$-1°$	$2°30'$	$4°30'$	$7°$	$8°30'$	$10°$
	5	$-1°$	$-1°$	$3°$	$5°30'$	$8°$	$9°$	$11°$
	6	$0°$	$-30'$	$3°30'$	$6°30'$	$8°30'$	$10°$	$12°$
20（已退火）	1	$-2°30'$	$-1°$	$0°30'$	$1°30'$	$3°$	$4°$	$5°$
	2	$-2°$	$-30'$	$1°$	$2°$	$3°30'$	$5°$	$6°$
	3	$-1°30'$	$0°$	$1°30'$	$3°$	$4°30'$	$6°$	$7°30'$
	4	$-1°$	$30'$	$2°30'$	$4°$	$5°30'$	$7°$	$9°$
	5	$-30'$	$1°30'$	$3°$	$5°$	$6°30'$	$8°$	$10°$
	6	$-30'$	$2°$	$4°$	$6°$	$7°30'$	$9°$	$11°$
30CrMnSiA	1	$-2°$	$-1°$	$0°$	$1°$	$2°$	$4°$	$5°$
	2	$-1°30'$	$-30'$	$1°$	$2°$	$4°$	$5°30'$	$7°$
	3	$-1°$	$0°$	$2°$	$3°30'$	$5°$	$6°30'$	$8°30'$
	4	$-30'$	$30'$	$3°$	$5°$	$6°30'$	$8°30'$	$10°$
	5	$0°$	$1°30'$	$4°$	$6°$	$8°$	$10°$	$11°$
	6	$0°30'$	$2°$	$5°$	$7°$	$9°$	$11°$	$13°$

注：表中回弹角为试验数据，使用时应按要求进行修正。

　　当 $R/t > 5 \sim 8$ 时，其弯曲半径较大，回弹量也大，其 R 和 α 均有较大变化。因此，按纯塑性弯曲弯形进行计算，如图 4-24 所示，计算公式为

$$R_t = \frac{R}{1 + 3\dfrac{R_{eL}}{E}\dfrac{R}{t}} = \frac{R}{1 + \dfrac{3R_{eL}R}{Et}}$$

设　　　　　　$K = 3R_{eL}/E$

则　　　　　　$R_t = \dfrac{R}{1 + K\dfrac{R}{t}}$

式中　R——弯曲件要求的圆角半径（mm）；

　　　R_t——可补偿回弹的凸模圆角半径（mm）；

　　　t——板料的厚度（mm）；

　　　R_{eL}——板材的下屈服强度（N/mm²）；

　　　E——板材的弹性模数（N/mm²）；

　　　K——相应板料性能系数，见表4-68。

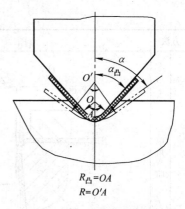

$R_凸 = OA$
$R = O'A$

图 4-24　V 形弯曲件的回弹

表 4-68　系数 K 值

名称	牌号	状态	K	名称	牌号	状态	K
铝	1035	退火 冷硬	0.0012 0.0041	磷青铜	QSn6.5-0.1	硬	0.015
防锈铝	3A21 5A12	退火 冷硬 软	0.0021 0.0054 0.0024	铍青铜	QBe2	软 硬	0.0064 0.0265
硬铝	2A11	软 硬	0.0064 0.0175	铝青铜	QAl5	硬	0.0047
	2A12	软 硬	0.007 0.026	碳铜	08、10、Q215 20、Q235 30、35、A5 50		0.0032 0.005 0.0068 0.015
铜	T1、T2、T3	软 硬	0.0019 0.0088	碳素 工具钢	T8	退火 冷硬	0.0076 0.0035
黄铜	H62 H68	软 半硬 硬 软 硬	0.0033 0.008 0.015 0.0026 0.0148	弹簧钢	65Mn	退火 冷硬	0.0076 0.015

　　（2）克服与防止回弹的方法与措施　在确定多种弯曲件回弹值的基础上，通过经验积累，可采取有效措施克服回弹。常用方法有补偿法和校正法，见表4-69。

2. 弯曲件展开长度的计算

　　准确地确定弯曲件的展开长度，保证毛坯尺寸，也是保证弯曲件尺寸精度和质量的重要成形工艺条件。

　　弯曲件展开长度的计算，主要是指带有圆、圆弧段等弯曲件展开长度的计算。根据对弯曲变形过程的分析，展开长度的计算是基于其圆弧部位，即弯曲角对应的圆弧段的中心层及其位置之上的。计算方法为：根据 r/t 查出中心层系数 K，计算中性层的弯曲半径 $\rho = r + Kt$，确定其弯曲圆心角，然后按下列公式计算展开长度 L

表 4-69　克服回弹的方法

方法		图　例	说　明
补偿法	单角弯曲	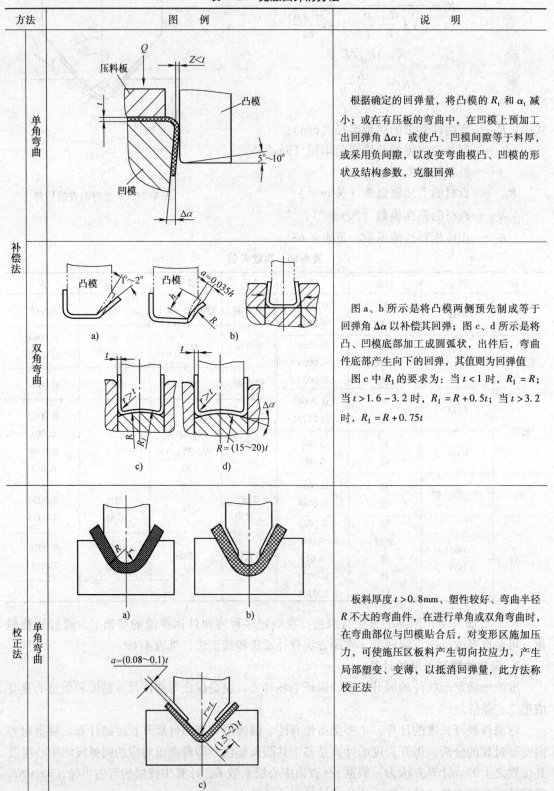	根据确定的回弹量，将凸模的 R_t 和 α_t 减小；或在有压板的弯曲中，在凹模上预先加工出回弹角 $\Delta\alpha$；或使凸、凹模间隙等于料厚，或采用负间隙，以改变弯曲模凸、凹模的形状及结构参数，克服回弹
	双角弯曲		图 a、b 所示是将凸模两侧预先制成等于回弹角 $\Delta\alpha$ 以补偿其回弹；图 c、d 所示是将凸、凹模底部加工成圆弧状，出件后，弯曲件底部产生向下的回弹，其值则为回弹值 　　图 c 中 R_1 的要求为：当 $t < 1$ 时，$R_1 = R$；当 $t > 1.6 \sim 3.2$ 时，$R_1 = R + 0.5t$；当 $t > 3.2$ 时，$R_1 = R + 0.75t$
校正法	单角弯曲		板料厚度 $t > 0.8\mathrm{mm}$、塑性较好、弯曲半径 R 不大的弯曲件，在进行单角或双角弯曲时，在弯曲部位与凹模贴合后，对变形区施加压力，可使施压区板料产生切向拉应力，产生局部塑变、变薄，以抵消回弹量，此方法称校正法

（续）

方法		图　例	说　明
校正法	双角弯曲	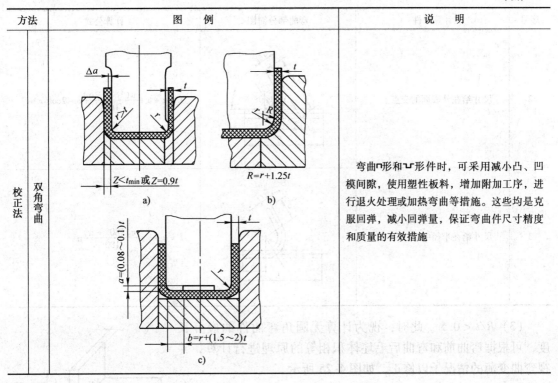	弯曲⊓形和⊔形件时，可采用减小凸、凹模间隙，使用塑性板料，增加附加工序，进行退火处理或加热弯曲等措施。这些均是克服回弹，减小回弹量，保证弯曲件尺寸精度和质量的有效措施

$$L = \frac{\pi \alpha}{180°}(r + Kt)$$

式中　α——弯曲圆心角（°）；

$\quad\quad r$——弯曲半径（mm）；

$\quad\quad t$——板料厚度（mm）。

L 加上直线段的长度，即为弯曲件展开的总长，也即毛坯的长度。

（1）弯曲角 $\alpha = 90°$　若弯曲件的弯曲角 $\alpha = 90°$，圆角半径为 r，$r/t > 0.5$，则 90°弯曲角部位中性层的弧长为

$$L_{90°} = \frac{\pi}{2}(r + Kt) \approx 1.57(r + Kt)$$

$L_{90°}$ 加上直线段的长度，即毛坯的长度。

（2）弯曲角 $\alpha < 90°$　若弯曲件的弯曲角 $\alpha < 90°$，则其弧长计算公式见表 4-70。

表 4-70　弯曲角 $\alpha < 90°$时弯曲部分展开长度的计算公式

序号	计算条件	弯曲部分简图	计算公式
1	尺寸给在外形的切线上		$L = a + b + \dfrac{\pi(180° - \alpha)}{180°}\rho - 2(r + t)$

（续）

序号	计算条件	弯曲部分简图	计算公式
2	尺寸给在外表面的交点上	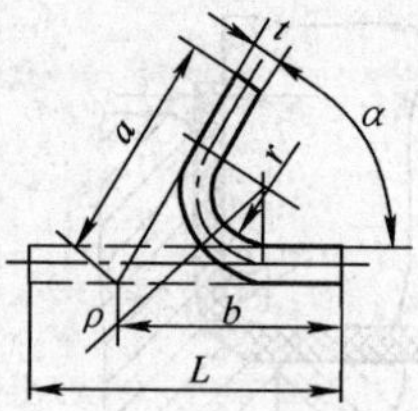	$L = a + b + \dfrac{\pi(180° - \alpha)}{180°}\rho - 2\cot(r + t)$
3	尺寸给在半径中心	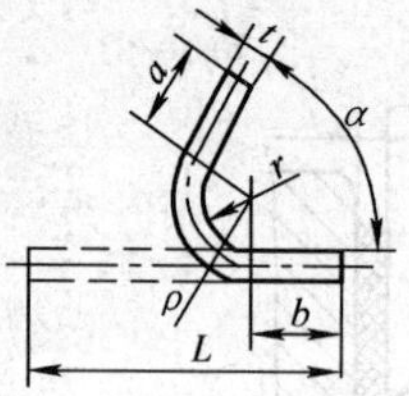	$L = a + b + \dfrac{\pi(180° - \alpha)}{180°}\rho$

（3）$R/t < 0.5$　此时，视为计算无圆角弯曲件的展开长度，可根据弯曲前和弯曲后毛坯体积相等的原理进行计算，并视弯曲变薄的情况予以修正，如图 4-25 所示。

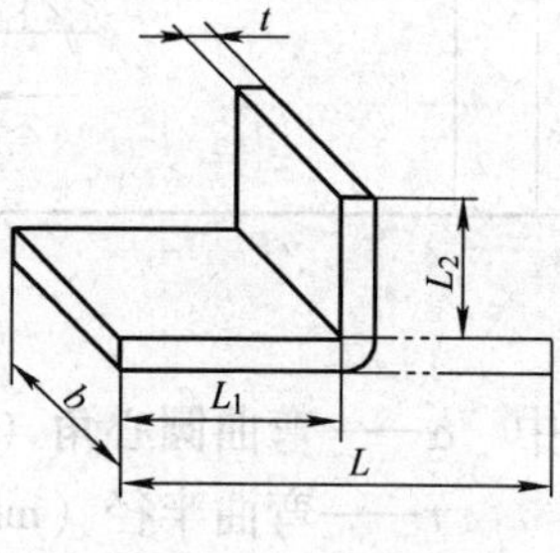

板料弯曲前的体积 V_0 为

$$V_0 = Lbt$$

板料弯曲后的体积 V 为

$$V = (L_1 + L_2)bt + \frac{\pi t^2}{4}b$$

由于 $V_0 = V$，则

$$Lbt = (L_1 + L_2)bt + \frac{\pi t^2}{4}b$$

化简得

$$L = L_1 + L_2 + 0.785t$$

由于弯曲变形部位将发生变薄，故常采用下列经验公式进行计算

$$L = L_1 + L_2 + Knt$$

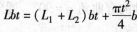

图 4-25　无圆角半径弯曲件的展开

式中　n——弯曲角数目；

　　　K——变薄系数，单角弯曲或多角顺序弯曲时 $K = 0.5$，双角同时弯曲时 $K = 0.25$，毛坯塑性较高时 $K = 0.125$。

3. 弯曲力与校正力的计算

（1）弯曲力　弯曲力是指弯曲件在弯曲成形过程中所需的冲压力，即压力机应施加的冲压力。弯曲力与弯曲件的板料性能、料厚、几何形状，以及凸、凹模间隙有关。根据弯曲变形原理和经验，可采用下列公式计算弯曲力：

V 形件弯曲力的计算公式为　　　　　$P = \dfrac{0.6KBt^2 R_{\mathrm{m}}}{R + t}$

U 形件弯曲力的计算公式为

$$P = \frac{0.7KBt^2 R_m}{R+t}$$

式中　　P——自由弯曲力（N），即尚未校正弯曲时的冲压力；

　　　　B——弯曲件的宽度（mm）；

　　　　t——弯曲件板料的厚度；

　　　　R——弯曲的内半径（mm）；

　　　　R_m——板料的抗拉强度（MPa）；

　　　　K——弯曲变形系数，一般取 1.3。

（2）校正力　校正力主要是指校正弯曲变形后，变形部位因回弹而产生弯曲角 α 和弯曲半径 R，以保证弯曲件的尺寸精度和质量所需要的附加冲压力（P_q），P_q 与板料性能、回弹量和变薄应力状态等有关。可采用下列经验公式计算校正力。

$$P_q = qA$$

式中　　A——校正时，集中施压部位的投影面积（mm^2）；

　　　　q——校正力作用部位所需的单位冲压力（MPa），其数值见表 4-71。

表 4-71　单位校正力（q）

材料	板料厚度/mm			
	≤1	>1~2	>2~5	>5~10
铝	10~15	15~20	20~30	30~40
黄铜	15~20	20~30	30~40	40~60
10、15、20 钢	20~30	30~40	40~60	60~80
25、30、35 钢	30~40	40~50	50~70	70~100

弯曲成形所用压力机的压力（$P_压$），理论上为自由弯曲力 P 和校正弯曲力 P_q 之和。为安全起见，压力机的压力 $P_压$ 应为

$$P_压 \geq P + P_q$$

实际上，自由弯曲力 P 较校正弯曲力 P_q 要小得多，甚至可以忽略不计。为安全起见，常将压力机的 $P_压$ 调至 $P_压 = 1.2 \sim 1.5 P_q$，以保证弯曲件弯曲成形的尺寸精度和质量要求。

4.8　拉深模的结构与工艺参数

为保证和控制拉深件的尺寸精度与质量，在正确、合理地设计拉深模结构的基础上，还须准确计算拉深模的结构参数，包括凸、凹模的圆角半径，凸、凹模间的间隙以及工作部位的尺寸等。

4.8.1　凸、凹模圆角半径的计算

按形状分，有对称性拉深件（带凸缘或不带凸缘的圆筒、方筒形，阶梯形、锥形或半球形等）和形状复杂的不对称性拉深件两类。对称性拉深件用拉深模的结构简单，易于拉

深成形；不对称性拉深件，因其拉深时受力不平衡，所以不易成形。因此，应力求将两件或多件合并同时拉深成形，然后剖切开，以使拉深件具有良好的工艺性。其中，根据拉深件的过渡圆角确定的凸、凹模圆角半径，是决定拉深成形的难易程度的关键因素之一。

实践证明，当凸、凹模的圆角半径 R_t、R_a 取较大值时，可以降低拉深系数，有利于一次性拉深成形，从而保证拉深件的尺寸精度和质量，且有利于降低生产资料消耗。但是，若凸、凹模圆角半径过大，则会降低压边圈的作用，引起拉深件的"起皱"。

(1) 拉深凹模圆角半径　根据试验和经验积累，首次拉深的凹模圆角半径可采用表4-72中的数据。

表4-72　首次拉深的凹模圆角半径

拉深件	板料（毛坯）相对厚度（t/D）×100		
	<0.1 ~ 0.3	<0.3 ~ 1.0	<1.0 ~ 2.0
无凸缘筒形件	(8 ~ 12) t	(6 ~ 8) t	(4 ~ 6) t
带凸缘筒形件	(15 ~ 20) t	(12 ~ 15) t	(8 ~ 12) t

以后多次拉深用拉深模的凹模圆角半径应依次减小，一般为前一次拉深凹模圆角半径的60% ~ 80%，即

$$R_n = (0.6 ~ 0.8) R_{n-1}$$

(2) 拉深凸模圆角半径　凸模的圆角半径 R_t 应与凹模圆角半径 R_a 相同；但最后一次拉深工序的 R_t，则须与拉深件的过渡圆角半径相同，且应大于板料厚度。若小于料厚，则须增加整形工序。

同时，R_t、R_a 还与凸、凹模间隙 Z 有关，如图4-26所示。

若拉深件要求标注内径，则应以凸模为设计基准，因凸模磨损后将减小，所以其 R_a、R_t 为

$$R_t = \frac{d_{min} + 0.4\Delta}{2} \, {}^{\ 0}_{-\delta}$$

$$R_a = \frac{d_{min} + 0.4\Delta + Z}{2} \, {}^{+\delta}_{\ 0}$$

若拉深件标注外径，则应以凹模为设计基准，因凹模磨损后将增大，所以其 R_a、R_t 为

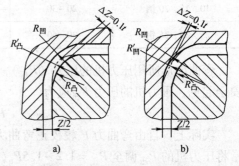

图4-26　矩形件凸、凹模间隙
a) 拉深件要求外径　b) 拉深件要求内径

$$R_a = \frac{D_{max} - 0.75\Delta}{2} \, {}^{+\delta}_{\ 0}$$

$$R_t = \frac{D_{max} - 0.75\Delta - Z}{2} \, {}^{\ 0}_{-\delta}$$

式中　D、d——拉深件外形、内形的公称尺寸（mm）；

Δ——拉深件的制造公差（mm）；

δ——凸、凹模的制造公差，当拉深件的尺寸公差等级高于IT13时，δ 取 IT6 ~ IT8，当拉深件的公差等级低于IT14时，δ 取 IT10，其值见表4-73。

表 4-73　圆筒件凸、凹模的制造公差 δ　　　　（单位：mm）

板料厚度 /t	拉深件直径/D							
	<10		>10~50		>50~200		>200~500	
	δ_a	δ_t	δ_a	δ_t	δ_a	δ_t	δ_a	δ_t
0.25	0.015	0.01	0.02	0.01	0.03	0.015	0.03	0.015
0.35	0.02	0.01	0.03	0.02	0.04	0.02	0.04	0.025
0.50	0.03	0.015	0.04	0.03	0.05	0.03	0.05	0.035
0.80	0.04	0.025	0.06	0.035	0.06	0.04	0.06	0.04
1.00	0.045	0.03	0.07	0.04	0.08	0.05	0.08	0.06
1.20	0.55	0.04	0.08	0.05	0.09	0.06	0.10	0.07
1.50	0.65	0.05	0.09	0.06	0.10	0.07	0.12	0.08
2.00	0.08	0.055	0.11	0.07	0.12	0.08	0.14	0.09
2.50	0.095	0.06	0.13	0.085	0.15	0.10	0.17	0.12
3.50	—	—	0.15	0.10	0.18	0.12	0.20	0.14

注：表中的 δ_a、δ_t 分别为凹模和凸模直径的制造公差。

4.8.2　凸、凹模间隙的计算与设定

拉深模凸、凹模的间隙是指凸、凹模横向配合尺寸的差值，常用 Z 表示。Z 的大小要合适：Z 过小，则拉深力要求大，凸、凹模磨损快，拉深模寿命低，但拉深成形质量高；若间隙过大，虽然可降低拉深力，提高拉深模寿命，但会使拉深变形区板料的切向压应力增大，引起口部"起皱"、增厚。可见，Z 过小或过大均难以保证拉深件的尺寸精度和质量。因此，配合间隙也是拉深模的重要结构参数，须根据板料性能、厚度及其变形程度等因素，准确地计算和确定凸、凹模的配合间隙值。

1. 拉深旋转体凸、凹模的单边间隙（$Z/2$）

1）由试验和长期经验积累所得的采用压边圈时的单边间隙值见表 4-74。

表 4-74　使用压边圈拉深成形的单边间隙（$Z/2$）

总拉深次数	拉深工序	$Z/2$	总拉深次数	拉深工序	$Z/2$
1	一次拉深	$(1~1.1)\,t$	4	第一次拉深	$1.2t$
2	第一次拉深	$1.1t$		第二次拉深	$1.1t$
	第二次拉深	$(1~1.05)\,t$		第四次拉深	$(1~1.05)\,t$
3	第一次拉深	$1.2t$	5	第一、二、三次拉深	$1.2t$
	第二次拉深	$1.1t$		第四次拉深	$1.1t$
	第三次拉深	$(1~1.05)\,t$		第五次拉深	$(1~1.05)\,t$

2）若不用压边圈进行拉深，则一般取较大的单边间隙值（$Z/2$），以防板料厚度变化、起皱。其单边间隙值（$Z/2$）为

$$\frac{Z}{2} = (1 \sim 1.1)\, t_{max}$$

式中　t_{max}——板料的最大厚度（mm）。

3）若拉深件的尺寸精度要求高，则其单边间隙应采用较小值，即

$$\frac{Z}{2} = (0.9 \sim 0.95)\, t$$

4）最后拉深工序的单边间隙为 $Z/2 = t$。

5）由于圆角部位的单边间隙值在拉深弯曲变形时会变厚，故此处凸、凹模间隙取 $1.1t$。

2. 拉深凹模的结构及其参数

拉深模的结构须满足和适应各种形状、尺寸及精度要求的拉深件，以进行高质量的拉深成形。为此，拉深凹模应具有适应于多种拉深件的结构形式、结构参数和特点。否则，将难以保证多种拉深件的尺寸精度的质量。拉深凹模的结构及其参数见表4-75。

表4-75　拉深凹模的结构及其参数

凹模名称	图　例	说　明
圆弧形圆角凹模	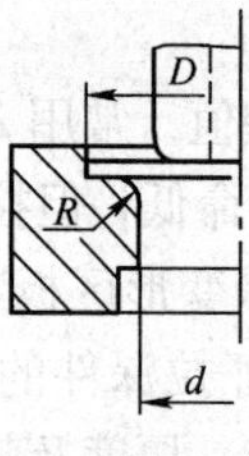	其圆角为以 R 为半径的圆弧形，适用于大型拉深件的拉深成形
无压边圈拉深凹模　锥形圆角凹模	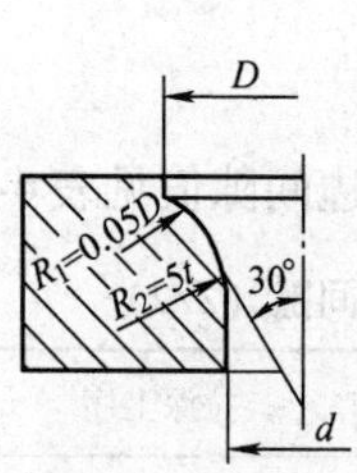	圆角为30°圆锥角的锥形，其与直边的过渡圆弧半径分别为 $R_1 = 0.05D$ 和 $R_2 = 5t$。适用于小型拉深件的一次拉深成形
渐开线形圆角凹模	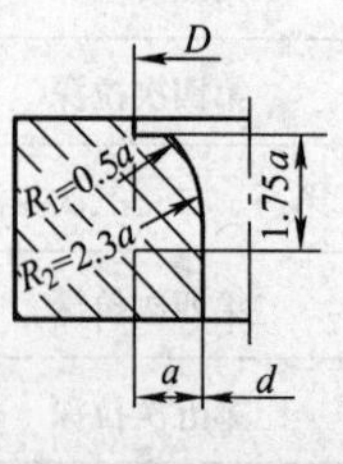	圆角采用渐开线形圆弧，也适用于小型拉深件的一次拉深成形

（续）

凹模 名称		图 例	说 明
无压边圈拉深凹模	多次拉深用凹模	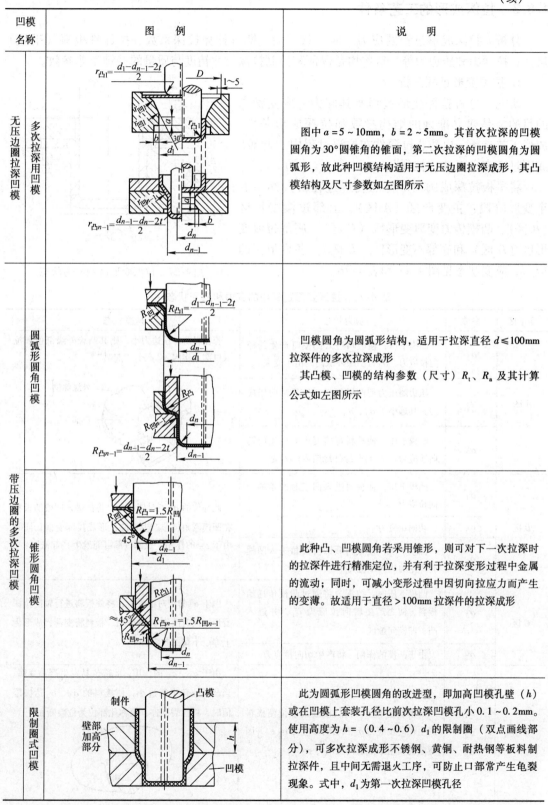	图中 $a = 5 \sim 10mm$，$b = 2 \sim 5mm$。其首次拉深的凹模圆角为30°圆锥角的锥面，第二次拉深的凹模圆角为圆弧形，故此种凹模结构适用于无压边圈拉深成形，其凸模结构及尺寸参数如左图所示
	圆弧形圆角凹模		凹模圆角为圆弧形结构，适用于拉深直径 $d \leqslant 100mm$ 拉深件的多次拉深成形 其凸模、凹模的结构参数（尺寸）R_t、R_a 及其计算公式如左图所示
带压边圈的多次拉深凹模	锥形圆角凹模		此种凸、凹模圆角若采用锥形，则可对下一次拉深时的拉深件进行精准定位，并有利于拉深变形过程中金属的流动；同时，可减小变形过程中因切向拉应力而产生的变薄。故适用于直径 >100mm 拉深件的拉深成形
	限制圈式凹模		此为圆弧形凹模圆角的改进型，即加高凹模孔壁（h）或在凹模上套装孔径比前次拉深凹模孔小 $0.1 \sim 0.2mm$。使用高度为 $h = (0.4 \sim 0.6) d_1$ 的限制圈（双点画线部分），可多次拉深成形不锈钢、黄铜、耐热钢等板料制拉深件，且中间无需退火工序，可防止口部常产生龟裂现象。式中，d_1 为第一次拉深凹模孔径

4.8.3　拉深成形的工艺条件

分析完拉深成形过程的应力、应变状态后，即可计算拉深系数、拉深件板料（毛坯）尺寸、拉深力和压边力等，这些均是保证和控制拉深尺寸精度与质量的关键工艺参数。

1. 拉深变形过程分析

研究、分析拉深变形过程及其应力、应变状态的目的，是建立准确的结构参数和拉深成形条件、成形工艺参数，以防止拉深件在拉深过程中"起皱"或因过度变薄而被"拉裂"。

将平板拉深成圆筒形件的变形过程可归纳为五个变形阶段：主变形区（A 区）、上部过渡变形区（B 区）、凸模传力变薄变形区（C 区）、底部过渡变形区（D 区）和底部不变形区（E 区）。各变形区的应力、应变状态见图 4-27 和表 4-76。

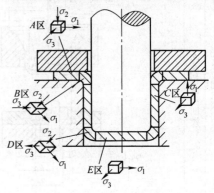

图 4-27　拉深变形区的应力状态

表 4-76　拉深变形过程中的应力和应变状态

变形区	参数	应力状态	应变状态
A 区	σ_1	凸模下压，使板料进入凹模时产生的径向拉应力，σ_1 自凸缘外缘向内由小变大	若板料薄、压边力小，则其凸缘外缘部位和拉深口部，将因 σ_3 产生"起皱"
	σ_2	压边圈压力使凸缘板料产生的法向压应力，其远小于 σ_1、σ_3	
	σ_3	凸模下压，使板料弯曲变形时产生的切向压应力。σ_3 自凸缘外缘向内由大变小	
B 区	σ_1	凸模下压，使板料进入凹模时产生的径向拉应力	此部位的 σ_1 绝对值最大，将使进入凹模的板料在凹模圆角部位产生弯曲，形成拉深变薄；同时由于 σ_3 的作用，拉深口部可能发生"起皱"
	σ_3	切向压应力	
	σ_2	凸模下压，使板料顺凹模圆角进入凹模时产生的法向压应力	
C 区	σ_1	凸模下压时，拉深力将通过凸模传递给板料，使之产生轴向拉应力 σ_1，并进入凸、凹模间隙区	由于 σ_1 的绝对值最大，将使板料进行轴向拉深变形；同时由于 σ_3 的作用，板料将变薄，成形为上厚、下薄的拉深件
	σ_3	由于凸模的作用，将产生切向拉应力	
D 区	σ_1 σ_2 σ_3	凸模继续下压，在凸模圆角部位使板料产生径向拉应力 σ_1 和切向拉应力 σ_3；并因弯曲的作用形成法向压应力 σ_2	由于 σ_1、σ_3 的作用，此部位易发生严重变薄。当凸模圆角半径过小，使板料的 σ_1、σ_2 达极限值时，将拉裂制件，故称此部位为危险断面

（续）

变形区	参数	应力状态	应变状态
E 区	σ_1 σ_2 σ_3	径向拉应力 法向压应力 切向拉应力 此部位板料在被凸模下压入凹模的过程中，始终保持平面形状	此部位也是三向变形状态。其中，σ_1、σ_3 使板料产生拉深变形。σ_2 使产生板料压薄变形。但由于凸、凹模与板料间摩擦力的用和其间隙的限制，拉深变形和压薄变形都很小，故常不计

2. 拉深系数的计算与设定

拉深系数是每次拉深前与拉深后的尺寸之比。

（1）圆筒形件　圆筒形件的拉深系数则是拉深成形后的直径与板坯直径之比，其表达式为

$$m_1 = \frac{d_1}{D} \qquad d_1 = m_1 D$$

$$m_2 = \frac{d_2}{d_1} \qquad d_2 = m_2 d_2$$

$$m_3 = \frac{d_3}{d_2} \qquad d_3 = m_3 d_2$$

$$\cdots$$

$$m_n = \frac{d_n}{d_{n-1}} \qquad d_n = m_n d_{n-1}$$

拉深件直径 d_0 与板坯直径 D 之比，为拉深件成形所需的总拉深系数，其表达式为

$$m_{总} = \frac{d_0}{D} = m_1 m_2 \cdots m_n$$

此外，拉深前后圆筒形件板坯的断面收缩率 Z 也是控制拉深变形程度的工艺参数，其表达式为

$$Z = \frac{F_1 - F_2}{F_1} = \frac{\pi d_1 t - \pi d_0 t}{\pi d_1 t} = \frac{d_1 - d_0}{d_1} = 1 - m$$

式中　F_1、F_2——拉深前后圆筒形件筒壁的断面积（mm^2）；

d_0、d_1——拉深前后圆筒形件的外径（mm）。

显然，m 是小于 1 的系数，其值越小，表示拉深变形程度越大，破坏性也越大。因此，应正确地确定 m 值，以保证拉深过程中不但不超过板料的强度极限，又能充分利用板料的塑性，使每道拉深工序都达到最大变形程度，以减少拉深工序，并取消退火工序。

可见，m 值是控制拉深变形程度、拉深成形工艺中的关键工艺参数，也是计算和确定拉深工序的基础。但由于 m 值与板料性能、厚度，凸、凹模圆角半径，有无压边圈，拉深速度和润滑等因素有关，其理论计算十分复杂、困难，故常采用经验数据，见表 4-77～表 4-79。

表 4-77　无凸缘圆筒形件不用压边圈拉深时的拉深系数

相对厚度 (t/D) ×100	各　次　拉　深　系　数					
	m_1	m_2	m_3	m_4	m_5	m_6
0.4	0.85	0.90	—	—	—	—
0.6	0.82	0.90	—	—	—	—

（续）

相对厚度	各 次 拉 深 系 数					
$(t/D) \times 100$	m_1	m_2	m_3	m_4	m_5	m_6
0.8	0.78	0.88	—	—	—	—
1.0	0.75	0.85	0.90	—	—	—
1.5	0.65	0.80	0.84	0.87	0.90	—
2.0	0.60	0.75	0.80	0.84	0.87	0.90
2.5	0.55	0.75	0.80	0.84	0.87	0.90
3.0	0.53	0.75	0.80	0.84	0.87	0.90
>3.0	0.50	0.70	0.75	0.78	0.82	0.85

表 4-78　无凸缘圆筒形件用压边圈拉深时的拉深系数

拉深系数	毛坯的相对厚度 $(t/D) \times 100$					
	1.5～2	1.0～1.5	0.6～1.0	0.3～0.6	0.15～0.3	0.08～0.15
m_1	0.48～0.50	0.50～0.53	0.53～0.55	0.55～0.58	0.58～0.60	0.60～0.63
m_2	0.73～0.75	0.75～0.76	0.76～0.78	0.78～0.79	0.79～0.80	0.80～0.82
m_3	0.76～0.78	0.78～0.79	0.79～0.80	0.80～0.81	0.81～0.82	0.82～0.84
m_4	0.78～0.80	0.80～0.81	0.81～0.82	0.82～0.83	0.83～0.85	0.85～0.86
m_5	0.80～0.82	0.82～0.84	0.82～0.84	0.85～0.86	0.86～0.87	0.87～0.88

注：1. 表中数值适合深拉优质碳素结构钢（08、10、15F）及软黄铜（H62、H68）。拉深塑性差的材料时（如 Q215、Q235、20、25、酸洗钢、硬铝、硬黄铜等），应比表中数值增大 1.5%～2%。

2. 第一次拉深时，凹模圆角半径大时 $[(8～15)t]$ 取小值，凹模圆角半径小时 $[(4～8)t]$ 取大值。

3. 工序间进行中间退火时取小值。

表 4-79　带凸缘圆筒形件首次拉深时的最小拉深系数 m_1

凸缘相对直径 $d_凸/d_1$	毛坯相对厚度 $(t/D) \times 100$				
	1.5～2	1.0～1.5	0.5～1.0	0.2～0.5	0.06～0.2
1.1	0.50	0.53	0.55	0.57	0.59
1.3	0.49	0.51	0.53	0.54	0.55
1.5	0.47	0.49	0.50	0.51	0.52
1.8	0.45	0.46	0.47	0.48	0.48
2.0	0.42	0.43	0.44	0.45	0.45
2.2	0.40	0.41	0.42	0.42	0.42
2.5	0.37	0.38	0.38	0.38	0.38
2.8	0.34	0.35	0.35	0.35	0.35
3.0	0.32	0.33	0.33	0.33	0.33

（2）非圆筒形件　若拉深件为非圆筒形件，则其总拉深系数 $m_总$ 为

$$m_总 = \frac{L}{L_0}$$

式中　L——拉深件周长（mm）；

L_0——板坯周长（mm）。

（3）锥形件　锥形件的拉深系数 m_p 见表 4-80，也可按下式计算

表 4-80 锥形件的拉深系数

毛坯相对厚度 $(t/d_{n-1}) \times 100$	0.5	1.0	1.5	2.0
m_p	0.85	0.8	0.75	0.7

注：锥形件底至壁的圆角半径 R 应大于或等于 $8t$，最后一道工序的圆角半径应等于拉深件相应的圆角半径 R_n。

$$m_p = \frac{d_n}{d_{n-1}}$$

式中　d_n——平均直径（mm），即锥形件大端和小端直径的 $1/2$；

　　　d_{n-1}——前次拉深的平均直径（mm）。

（4）矩形件　矩形件的拉深系数 m_1 和 m_n 见表 4-81 和表 4-82。

表 4-81 矩形件第一次拉深系数 m_1（08、10 钢）

$R_{角}/B$	毛坯相对厚度 $(t/D) \times 100$							
	0.3 ~ 0.6		>0.6 ~ 1		>1 ~ 1.5		>1.5 ~ 2	
	矩形	方形	矩形	方形	矩形	方形	矩形	方形
0.025	0.31		0.3		0.29		0.28	
0.05	0.32		0.31		0.3		0.29	
0.1	0.33		0.32		0.31		0.30	
0.15	0.35		0.34		0.33		0.32	
0.2	0.36	0.38	0.35	0.36	0.34	0.35	0.33	0.34
0.3	0.4	0.42	0.38	0.4	0.37	0.39	0.36	0.38
0.4	0.44	0.48	0.42	0.45	0.41	0.43	0.4	0.42

表 4-82 矩形件第二次及以后各次的许可拉深系数 m_n（08、10 钢）

$R_{角}/B$	毛坯相对厚度 $(t/D) \times 100$			
	0.3 ~ 0.6	>0.6 ~ 1	>1 ~ 1.5	>1.5 ~ 2
0.025	0.52	0.5	0.48	0.45
0.05	0.56	0.53	0.5	0.48
0.1	0.6	0.56	0.53	0.5
0.15	0.65	0.6	0.56	0.53
0.2	0.7	0.65	0.6	0.56
0.3	0.72	0.7	0.65	0.6
0.4	0.75	0.73	0.7	0.67

3. 圆筒形件拉深工序计算

确定拉深系数（m）后，即可计算拉深件的拉深工序，其方法如下。

（1）圆筒形件板坯和工序毛坯的计算　按照拉深件图，根据拉深前后体积不变、不变薄拉深前后面积相等、毛坯与拉深件形状相似的原理，常采用分析图解法和重心法（用于具有不规则几何形状的拉深件）计算拉深板坯和工序毛坯的尺寸。

1）分析图解法，分析图解法也称等面积法，是将拉深件分解为若干个简单的几何图形并计算各图形的面积，其面积之和，即为拉深件的面积 F。

如图4-28所示拉深件的总面积 F 为

$$F = f_1 + f_2 + f_3 + f_4 = \sum f$$

拉深板坯面积 F_0 为

$$F_0 = \frac{\pi D^2}{4}$$

根据拉深前后 $F_0 = F$ 的原理有

$$\sum f = \frac{\pi D^2}{4}$$

则

$$D = \sqrt{\frac{4}{\pi} \sum f}$$

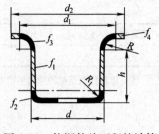

图4-28　拉深件总面积的计算

根据上述方法和计算原理，在不计修边余量的条件下，将常见拉深件的毛坯直径 D 和拉深件表面积的计算公式列于表4-83中，以便应用时查阅。

表4-83　旋转体拉深毛坯直径和拉深件表面积计算公式

拉深件形状	拉深件表面积 F、毛坯直径 D	图解法求 D
	$F = \dfrac{\pi d^2}{4} + \pi dh$ $D = \sqrt{d^2 + 4dh}$	
	$F = \dfrac{\pi}{4} - (d_1 - 2r)^2 + \dfrac{\pi^2 r}{2}(d_1 - 0.726r) + \pi b d_1$ $D = \sqrt{d_1^2 + 4d_1(h + 0.57r) - 0.56r^2}$	
	$F = \dfrac{\pi d^2}{4} + \pi dh + \dfrac{\pi}{4}(d_1^2 - d^2)$ $D = \sqrt{d_1^2 + 4dh}$	
	$F = \dfrac{\pi}{4}d^2 + \pi d[h - 0.43(r + r_1)] + 0.44(r_1^2 - r^2)$ $D = \sqrt{d_1^2 + 4d[h - 0.43(r + r_1)] + 0.56(r^2 - r_1^2)}$	
	$F = \dfrac{\pi d^2}{2} + \pi dh$ $D = 1.414\sqrt{d^2 + 2dh}$	

（续）

拉深件形状	拉深件表面积 F、毛坯直径 D	图解法求 D
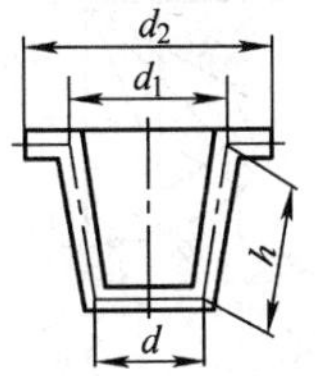	$F = \dfrac{\pi d^2}{4} + \pi h \dfrac{d + d_1}{2} + \dfrac{\pi}{4}(d_2^2 - d_1^2)$ $D = \sqrt{d^2 + 2h(d + d_1) + d_2^2 - d_1^2}$	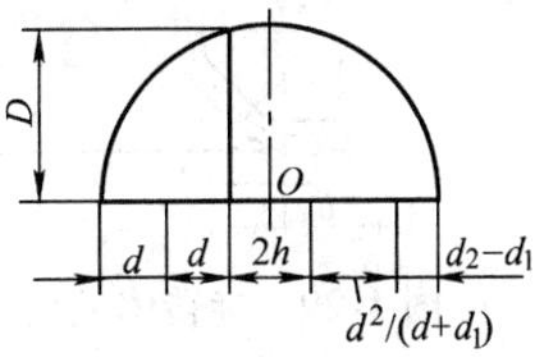
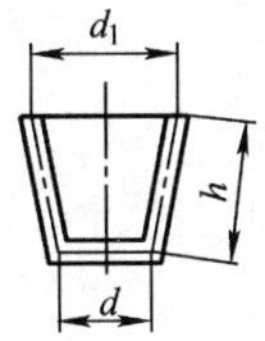	$F = \dfrac{\pi d^2}{4} + \pi h \dfrac{d + d_1}{2}$ $D = \sqrt{d^2 + 2h(d + d_1)}$	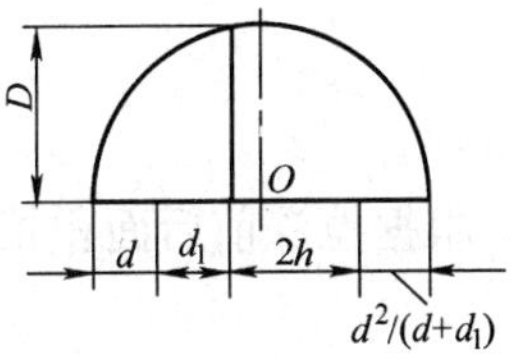
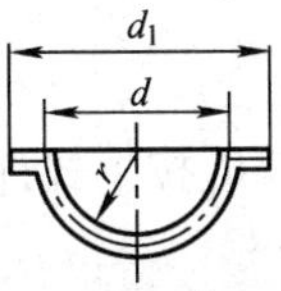	$F = \dfrac{\pi d^2}{2} + \dfrac{\pi}{4}(d_1^2 - d^2)$ $D = \sqrt{d^2 + d_1^2}$	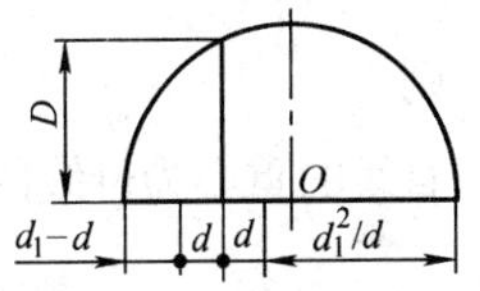
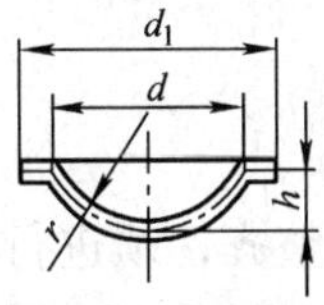	$F = \dfrac{\pi}{4}(d^2 + 4h^2) + \dfrac{\pi}{4}(d_1^2 - d^2)$ $D = \sqrt{d_1^2 + 4h^2}$	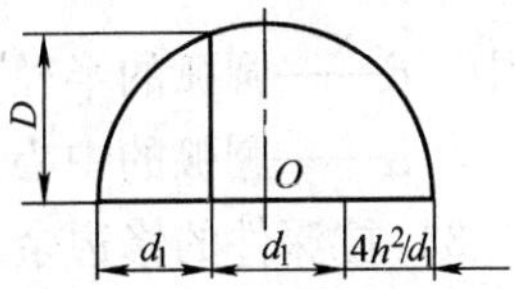
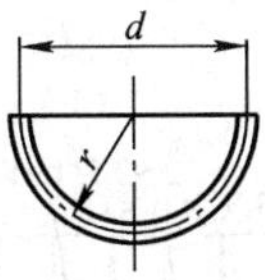	$F = \dfrac{\pi d^2}{2}$ $D = \sqrt{2d^2} = 1.414d$	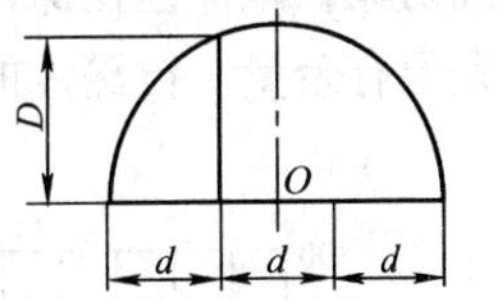
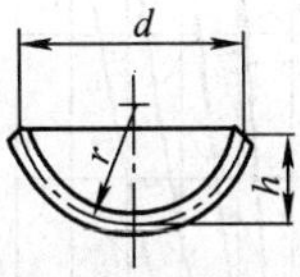	$F = \dfrac{\pi}{4}(d^2 + 4h^2)$ $D = \sqrt{d^2 + 4h^2}$	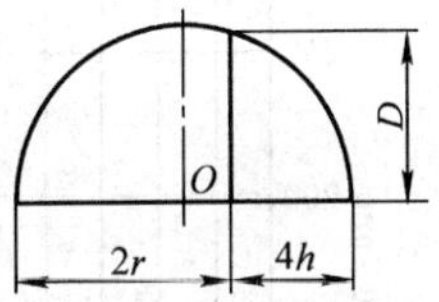
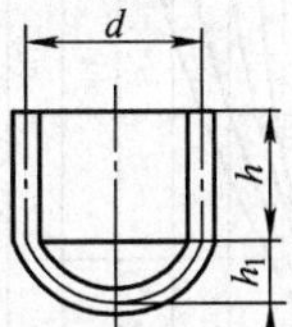	$F = \dfrac{\pi}{4}(d^2 + 4h_1^2) + \pi dh$ $D = \sqrt{d^2 + 4(h_1^2 + dh)}$	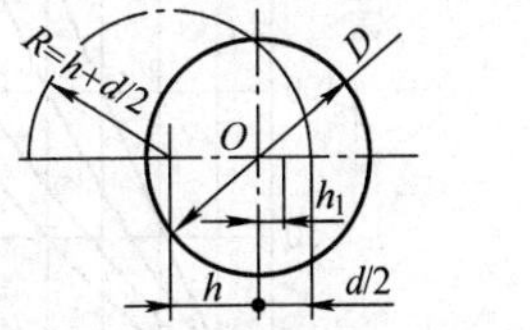

2）重心法 重心法是指将形状不规则拉深件的外形轮廓线分成若干条线段 L_1，L_2、…L_n（母线），如图 4-29 所示；然后求出每条母线的中心及其与旋转轴 y-y 的距离（图 6-28），称其为旋转半径 r_1、r_2，…r_n。则每条母线绕旋转轴 y-y 旋转所形成的旋转体面积之和，即为拉深件的面积 F。其计算

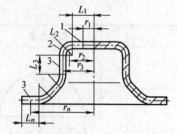

图 4-29　旋转体毛坯尺寸的计算方法

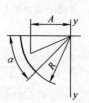
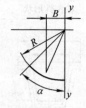

图 4-30　圆弧重心

$$F = 2\pi rL = 2\pi \sum_1^n L_n r_n$$

则

$$L = \sum_1^n L_n r_n$$

根据拉深前后面积相等的原理（不变薄拉深），有

$$\frac{\pi D^2}{4} = 2\pi RL$$

则

$$D = \sqrt{8LR} = \sqrt{8 \sum_1^n L_n r_n}$$

直线的重心为母线的中点；圆弧的重心不在圆弧线上，其与 $y-y$ 轴的距离 R_p 按下式计算

$$R_p = \frac{\sin\alpha}{\alpha} R$$

式中　　R——圆弧的半径（mm）；

α——圆弧的中心角（°）。

3）拉深件的修边余量。拉深成形以后，拉深件的口部或其外缘周边不整齐，须进行修整或切除，以保证拉深件的尺寸。因此，在进行板坯或工序毛坯直径和面积的计算时，需要预先留有余量。拉深件的修边余量如图 4-31 和图 4-32 所示。

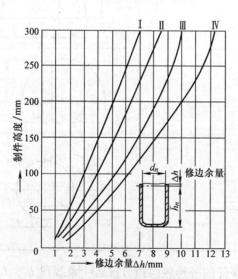

图 4-31　圆筒形拉深件的修边余量

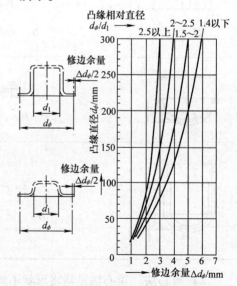

图 4-32　带凸缘拉深件的修边余量

Ⅰ—第一次拉深　$h_n/d_n = 0.5 \sim 0.8$　Ⅱ—第二次拉深　$h_n/d_n = 0.8 \sim 1.6$
Ⅲ—第三次拉深　$h_n/d_n = 1.6 \sim 2.5$　Ⅳ—第四次拉深　$h_n/d_n = 2.5 \sim 4$

（2）无凸缘圆筒形件拉深工序计算

1）根据拉深件直径 d 和板料厚度 t，采用相应公式计算出毛坯直径 D。

2）根据毛坯的相对厚度 $(t/D) \times 100$，从表 4-80 或表 4-81 中查找相应拉深次数的拉深系数 m_1、m_2、m_3、$\cdots$、m_n。

3）试计算 $d_1 = m_1 D$，$d_2 = m_2 d_1$，$\cdots$，$d_n = m_n d_{n-1}$。当计算的 $d_n \le d$ 时，此即为拉深件拉深成形所需的拉深次数 n。

4）为了准确地确定每次拉深的变形程度和拉深系数，应依据每次拉深的相对高度 h/d（表 4-84）校验、修正或调整 m_n，以保证在不经过中间退火等辅助工序条件下的拉深件的尺寸精度和质量。

表 4-84　圆筒形件拉深的最大相对高度 h/d

拉深次数	毛坯相对厚度 $(t/D) \times 100$					
	1.5 ~ 2	1.0 ~ 1.5	0.6 ~ 1.0	0.3 ~ 0.6	0.15 ~ 0.3	0.08 ~ 0.15
1	0.94 ~ 0.77	0.84 ~ 0.65	0.7 ~ 0.57	0.62 ~ 0.5	0.52 ~ 0.45	0.46 ~ 0.38
2	1.88 ~ 1.54	1.60 ~ 1.32	1.36 ~ 1.1	1.13 ~ 0.94	0.96 ~ 0.83	0.9 ~ 0.7
3	3.5 ~ 2.7	2.8 ~ 2.2	2.3 ~ 1.8	1.9 ~ 1.5	1.6 ~ 1.3	1.3 ~ 1.1
4	5.6 ~ 4.3	4.3 ~ 3.5	3.6 ~ 2.9	2.9 ~ 2.4	2.4 ~ 2.0	2.0 ~ 1.5
5	8.9 ~ 6.6	6.6 ~ 5.1	5.2 ~ 4.1	4.1 ~ 3.3	3.3 ~ 2.7	2.0 ~ 2.7

注：对于凹模圆角半径为 $(8 \sim 15)\, t$ 的拉深件，h/d 取大值；对于凹模圆角半径为 $(4 \sim 8)\, t$ 的拉深件，h/d 取小值。

5）拉深高度 h 也是每次拉深的重要工艺参数。在计算得出无凸缘圆筒形件拉深毛坯直径 D 的基础上，拉深后成形为半成品的拉深高度的计算公式为

$$h_n = 0.25\left(\frac{D^2}{d_n} - d_n\right) + 0.45\frac{R_n}{d_n}(d_n + 0.32 R_n)$$

式中　h_n——第 n 次拉深后的高度（mm）；

D——平板毛坯（板坯）的直径（mm）；

d_n——第 n 次拉深后的直径（mm）；

R_n——第 n 次拉深后的圆角半径（mm），应与第 n 次拉深模的凸、凹模圆角半径相等。

（3）带凸缘圆筒形件拉深工序计算　带凸缘与无凸缘圆筒形件拉深变形的应力状态和特点基本相同。带凸缘拉深件的结构尺寸如图 4-33 所示。

根据拉深件图及表 3-86 中的相关公式，当 $r_1 = r_2 = r$ 时，可计算出其板坯直径 D

$$D = \sqrt{d_t^2 + 4dH - 3.44 dr}$$

由于拉深系数 $m = \dfrac{d}{D}$，则

$$m = \frac{d}{D} = \frac{d}{\sqrt{d_t^2 + 4dH - 3.44 dr}} = \frac{1}{\sqrt{\left(\dfrac{d_t}{d}\right) + 4\dfrac{H}{d} + 3.44\dfrac{r}{d}}}$$

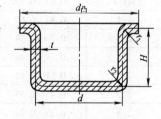

图 4-33　带凸缘圆筒形件

可见，带凸缘圆筒形件的拉深系数 m 与其 d_t/d（相对直径）、H/d（相对高度）和 r/d（相对圆角半径）有关。其中 d_t/d 的影响最大，d_t/d 越大，则拉深难度越大。当 $d_t/d > A$，$H/d > A$ 值时，拉深件不能一次拉深成形，须经多次拉深方能成形。其中，A 是指其变形程度中的应力达到板料极限时的值。

带凸缘圆筒形件拉深工序的计算方法为：根据 $(t/D) \times 100$ 和 d_t/d，从表 4-85 中查出 m_1；然后试计算 $d_1 = m_1 D$，$d_2 = m_2 d_1$，$\cdots$，$d_n = m_n d_{n-1}$。

当计算出 $d_n \leq d$ 时，n 即为拉深件拉深成形所需的拉深次数。同样，须对试计算所得的 m_n、d_n 等进行修正和调整，确定准确的 m_n、d_n 值，以保证拉深件的尺寸精度和质量。

表 4-85 有凸缘圆筒形件（10 钢）第一次拉深时的最小拉深系数 m_1

凸缘相对直径	毛坯相对厚度 $(t/D) \times 100$				
d_t/d_1	1.5~2	<1.0~1.5	<0.6~1.0	<0.3~0.6	<0.1~0.3
≤1.1	0.51	0.53	0.55	0.57	0.59
1.3	0.49	0.51	0.53	0.54	0.55
1.5	0.47	0.49	0.50	0.51	0.52
1.8	0.45	0.46	0.47	0.48	0.48
2.0	0.42	0.43	0.44	0.45	0.45
2.2	0.40	0.41	0.42	0.42	0.42
2.5	0.37	0.38	0.38	0.38	0.38
2.8	0.34	0.35	0.35	0.35	0.35
3.0	0.32	0.33	0.33	0.33	0.33

每次拉深的高度 H_n 可根据表 4-86 中毛坯直径 D 的计算公式变换成计算 H_n 的公式，即

$$H_n = \frac{0.25}{d_n}(D^2 - d_n^2) + 0.43(r_{1n} + r_{2n}) + \frac{0.14}{d_n}(r_{2n}^2 - r_{1n}^2)$$

带凸缘圆筒形件首次拉深的最大相对高度 H_1/d_1，见表 4-86。

表 4-86 带凸缘圆筒形件第一次拉深的最大相对高度 H_1/d_1

凸缘相对直径	毛坯相对厚度 $(t/D) \times 100$				
d_t/d_1	1.5~2	<1.0~1.5	<0.6~1.0	<0.3~0.6	<0.1~0.3
≤1.1	0.90~0.75	0.82~0.65	0.70~0.57	0.62~0.50	0.52~0.45
1.3	0.80~0.65	0.72~0.56	0.60~0.50	0.53~0.45	0.47~0.40
1.5	0.70~0.58	0.63~0.50	0.53~0.45	0.48~0.40	0.42~0.35
1.8	0.58~0.48	0.53~0.42	0.44~0.37	0.39~0.34	0.35~0.29
2.0	0.51~0.42	0.46~0.36	0.38~0.32	0.34~0.29	0.30~0.25
2.2	0.45~0.35	0.40~0.31	0.33~0.27	0.29~0.25	0.26~0.22
2.5	0.35~0.28	0.32~0.25	0.27~0.22	0.23~0.20	0.21~0.17
2.8	0.27~0.22	0.24~0.19	0.21~0.17	0.18~0.15	0.16~0.13
3.0	0.22~0.18	0.20~0.16	0.17~0.14	0.15~0.12	0.13~0.10

注：1. 表中数值适用于 10 钢。对于比 10 钢塑性好的金属，取接近于大的数值；对于塑性较小的金属，取接近于小的数值。

2. 表中大的数值适用于大的圆角半径［由 $(t/D) \times 100 = 2~1.5$ 时的 $r = (10~12)t$ 到 $(t/D) \times 100 = 0.3~0.15$ 时的 $r = (20~25)t$］，小的数值适用于底部及凸缘小的圆角半径［$r = (4~8)t$］。

需要强调的是，应力求使带凸缘圆筒形件一次拉深成形，以降低拉深工艺过程的费用。因此，在设计拉深工艺前或在计算工序过程中，应计算和确定实现一次拉深成形的可行性。当 $m = d/D \geq m_1$，$H/D \leq H_1/D_1$ 时，即可使制件一次拉深成形。

若拉深件需要经多次拉深方能成形，则应力求使凸缘部位，特别是窄凸缘，在首次拉深过程中成形，以防凸缘部位在此后的拉深工序中被拉入凹模中，使其口部增厚，影响拉深件的尺寸精度和质量。

4. 矩形件拉深工序计算

（1）矩形件毛坯计算

1）低矩形件毛坯。根据试验和作图解析（图 4-34），一次拉深成形的矩形件板坯的直边展开长度 L 为：

无凸缘件 $L = H + 0.57 r_{角}$

带凸缘件 $L = H + R_t - 0.43 (r + r_{角})$

式中 H——矩形件高度（mm）；

$r_{角}$——底圆角半径（mm）；

R_t——凸圆半径（mm）；

r——口部的圆角半径。

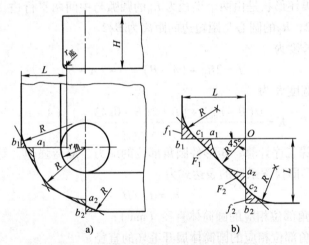

图 4-34 一次拉深成形的低矩形件毛坯

a) $R > 0.54L$（圆弧外凸） b) $R = 0.54L$（两切线重合）

设矩形件四个底部圆角合并，构成圆筒形。则其展开半径 R 的计算公式为

$$R = \sqrt{r_{角}^2 + 2r_{角}H - 0.86 r_{底} r_{角} - 0.14 r_{底}^2}$$

若 $r_{底} = r_{角} = r$

则 $R = \sqrt{2rH}$

据此，对于图 4-34a 所示形状的毛坯，拉深过程中角部转移到直边的材料面积与减小的面积近似，略加修正即成其板坯；对于图 4-34b 所示的方（矩）形板料，切除四角即为其板坯。

2）高矩形件毛坯。拉深高矩形件毛坯时，由于其角部材料流向直边的较多，导致直边的拉深变形程度大。因此，常采用圆形、长圆形和椭圆形的板坯，如图 4-35 和图 4-36 所示。

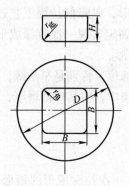

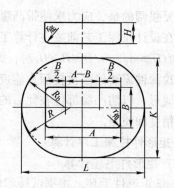

图 4-35　多次拉深时高方形工件的毛坯　　　　图 4-36　多次拉深时高矩形工件的毛坯

方形件常采用圆形板坯，其直径 D 按下式计算

$$D = 1.13 \sqrt{B^2 + 4B(H - r_角 + 0.57r_底) - 4r_角(0.43H - 1.78r_角) - 4r_底(1.8r_底 + 0.11r_底)}$$

若　　　　　　　　　　　　$r_底 = r_角 = r$

则　　　　　　　　$D = 1.13 \sqrt{B^2 + 4B(H - 0.43r) - 1.72r(H + 0.33r)}$

对于尺寸为 $A \times B$ 的矩形件，可视为由两个宽度为 B 的半正方形和中间为 $(A - B)$ 的直边连接构成。其板坯形状是由两个半径为 R_b 的圆弧与中间两平行边 $(A - B)$ 所构成的长圆。其中，$R_b = D/2$，R_b 的圆心与距短边的距离为 $B/2$。

长圆形板坯的长度为

$$L = 2R_b + (A - B) = D + (A - B)$$

长圆形板坯的宽度 K 为

$$K = \frac{D(B - r_角) + [B + 2(H - 0.43r_底)](A - B)}{A - r_角}$$

（2）矩形件拉深工序计算　矩形件圆角部位的应力、应变强烈，易起皱，甚至被拉裂。此部位的变形程度，即拉深系数的表达式为

$$m = d_角/D$$

式中　$d_角$——与圆角部位相应的圆筒体直径（mm）；

　　　D——与圆角部位相应的圆筒体展开毛坯的直径。

若 $r_底 = r_角 = r$，$D = 2R = 2\sqrt{2rH}$，则

$$m = \frac{d_角}{D} = \frac{2r}{2\sqrt{2rH}} = \frac{1}{\sqrt{2\dfrac{H}{r}}}$$

可见，矩形件的变形程度可以用相对高度 H/r（见表 4-87）来衡量。当 H/r 超过极限值时，需经多次拉深才能成形；若多次拉深的相对高度低于表列 H/r 值，则拉深件（低矩形件）可一次拉深成形。

经多次拉深所能达到的最大相对高度 H_n/B 的值见表 4-88。由此，可初步判断和确定拉深件的拉深次数。其中，高矩形拉深件拉深工序的计算方法和步骤为：根据 t/D 和 $r_角/B$ 查出第一次和以后各次拉深系数 m_1、m_2、…、m_n；然后根据 H/B 查出经多次拉深所能达到的最大相对高度。据此，可校正拉深次数和每次拉深所达到的工序尺寸。

表 4-87　矩形件第一次拉深许可的最大相对高度 H_1/r（材料为 08、10 钢）

r/B	方形件			矩形件		
	毛坯相对厚度（t/D）×100					
	0.3~0.6	>0.6~1	>1~2	0.3~0.6	>0.6~1	>1~2
0.4	2.2	2.5	2.8	2.5	2.8	3.1
0.3	2.8	3.2	3.5	3.2	3.5	3.8
0.2	3.5	3.8	4.2	3.8	4.2	4.6
0.1	4.5	5.0	5.5	4.5	5.0	5.5
0.05	5.0	5.5	6.0	5.0	5.5	6.0

表 4-88　矩形件多次拉深所能达到的最大相对高度（08、10 钢）

拉深工序的总数	毛坯相对厚度（t/D）×100			
	1.3~2	<0.8~1.3	<0.5~0.8	<0.3~0.5
1	0.75	0.65	0.58	0.5
2	1.2	1	0.8	0.7
3	2	1.6	1.3	1.2
4	3.5	2.6	2.2	2
5	5	4	3.4	3
6	6	5	4.5	4

5. 阶梯形、锥形、抛物体、球形件拉深工序的确定

阶梯形、锥形、抛物体、球形件拉深工序的计算方法和步骤与圆筒形拉深件相似；首先根据拉深件图计算毛坯尺寸，确定相对高度 H/D 和相对厚度（t/D）×100；然后采用计算法或查表来确定各次拉深系数 m 和拉深次数 n，并计算出每次拉深的尺寸。其内容可参见表 4-89。

表 4-89　阶梯形、锥形、抛物体、球形件拉深工序的确定

拉深件	拉深系数 m	拉深次数 n	一次拉深成形条件	说明
阶梯形件	根据阶梯高 h_1、h_2、$\cdots$、h_n，阶梯直径 d_1、d_2、$\cdots$、d_n，阶梯件毛坯直径 D，由下式计算其 m 值 $$m = \frac{\dfrac{h_1}{h_2}\dfrac{d_1}{D} + \dfrac{h_2}{h_3}\dfrac{d_2}{D} + \cdots + \dfrac{h_{n-1}}{h_n}\dfrac{d_{n-1}}{D} + \dfrac{d_n}{D}}{\dfrac{h_1}{h_2} + \dfrac{h_2}{h_3} + \cdots\cdots + \dfrac{h_{n-1}}{h_n} + 1}$$	根据 h/D 和（t/D）×100，查表确定 n。若由公式计算出的 m 值小于相同大小圆筒形件的 m 值，则须经多次拉深成形	当 $t/D > 0.01$，阶梯间的直径差较小时，可一次拉深成形；当计算出的 m 值大于或等于相同大小圆筒形件的 m 值时，也可一次拉深成形	与圆筒形件的拉深过程相同。当需要多次拉深时，其相邻阶梯直径 d_n/d_{n-1} 均大于无凸缘圆筒形件的 m 值时，须由大阶梯拉到小阶梯成形，其阶梯数即拉深次数 n

（续）

拉深件	拉深系数 m	拉深次数 n	一次拉深成形条件	说明
锥形件	根据锥形件毛坯的相对厚度 $(t/D) \times 100$，查表确定深锥形件的拉深系数 m_p	深锥形件是指其高度 $H > 0.8d_2$。当 $(t/D) \times 100 < 1.5$ 时，可经 2~3 次拉成，拉深次数 $n = a/Z$ 式中，a 为单边角部间隙，$a = (D - d_n)/Z$；Z 为允许的变形量 无压边圈时，$Z = (8~10)t$ $m \leqslant 0.8(t/D) \times 100 > 1$ 时，$Z = 8t$ $m \geqslant 0.9$，$(t/D) \times 100$ 时，$Z = 10t$	高度 $H \leqslant (0.25~0.3)d_2$ 的浅锥形件可一次拉深成形 高度 $H = (0.4~0.7)d_2$，$(t/D) \times 100 = 1.5~2$ 的中锥形件，也可一次拉深成形	1）浅锥体一次拉深成形时，应注意回弹产生的误差 2）中锥形件拉深时应有压边圈，以控制起皱 式中，d_2 为锥体大端直径
抛物体件	当 $H/d > 1$ 时，可按圆筒形件计算其拉深系数	当 $H/d > 0.6$，t/D 也较小时，须经多次拉深方能成形 当 $t/D > 0.3$，$H/d < 0.7~1$ 时，采用正拉深成，多次拉深的相对高度 H_n/d 为 $H_1/d = 0.46~0.54$ $H_2/d = 0.56~0.64$ $H_3/d = 0.65~0.7$ 据此，可计算出各次高度 H_n，当 $H_n/d \leqslant H/d$ 时，其 n 值即为拉深次数	$H/d < 0.5$ 时称为浅抛物体，浅抛物体可一次拉深成形	其拉深变形程度采用相对高度 H/d 表示。其中，H 为抛物体高度，d 为抛物体直径 当 $t/D < 0.3$，$H/D = 0.7~1$ 时，可采用反拉深成形。反拉深成形各次的相对高度 H_n/d 为 $H_1/d = 0.46~0.56$ $H_2/d = 0.58~0.68$ $H_3/d = 0.93~1$ 其凹模圆角半径 $R_n \geqslant 20t$，$R_w > 12t$，以配合反拉深成形

（续）

拉深件	拉深系数 m	拉深次数 n	一次拉深成形条件	说明
抛物体件	抛物正拉深示例		抛物体反拉深示例	
球形件	任何直径球形件的拉深系数 m 均为定值。即 $$m = \frac{d}{D} = \frac{d}{\sqrt{2d^2}} = \frac{1}{1.414} = 0.71$$ 式中，d 为球体直径，D 为毛坯直径	—	根据具体拉深系数，半球形件均可一次拉深成形	根据相对厚度，球形件有多种拉深成形方法 （t/D）× 100 > 3 时，可不用压边圈拉深成形，但须以凹模校正 （t/D）× 100 ≥ 0.5～3 时，须采用压边圈拉深或反拉深成形 （t/D）× 100 < 0.5 时，须采用带压边圈的带凸筋的凹模拉深或反拉深成形，见图例 尺寸大、料薄的球形件可直接采用双向弯曲拉深，见图例

（续）

拉深件	拉深系数 m	拉深次数 n	一次拉深成形条件	说明
球形件	带凸筋的凹模拉深示例		双向弯曲拉深示例	

6. 拉深力与压边力的计算

拉深时，压力机的压力应大于拉深力 P 和压边力 Q 之和。拉深力和压边力均为拉深成形合格、优良拉深件的关键工艺参数和成形条件。

（1）拉深力的计算　拉深力是小于拉深件危险断面强度极限 $[\sigma_0]$ 的力，其计算公式见表4-90。

表4-90　拉深力的计算公式

拉深件	压边圈	首次拉深力 P_1/N	以后各次拉深力 P_n/N
无凸缘圆筒形件	有	$P=\pi dt R_{eL}K_1$	$P_n=\pi d_n t R_{eL}K_2$
	无	$P=1.25\pi(D-d)tR_{eL}$	$P_n=1.3\pi(d_{n-1}-d_n)tR_{eL}$
带凸缘圆筒形件		$P=\pi dt R_{eL}K_3$	$P_n=\pi d_n t R_{eL}K_2$（凸缘 ϕ 不变）
带凸缘锥形件		$P=\pi dt R_{eL}K_3$	
方形、矩形件		$P=P_b+P_a=(0.5\sim0.8)LtR_{eL}$	

注：K_1、K_2、K_3 系数，分别见表4-91～表4-93；

　　d、d_1、d_2、$\cdots$、d_n——首次与以后各次的拉深直径（mm）；

　　R_{eL}——板材的屈服强度（N/mm²）；

　　t——板材厚度（mm）；

　　P_b——方形、矩形件的角部拉力（N）；

　　P_a——方形、矩形件的侧壁弯曲力（N）；

　　L——凹模周边长（mm）。

表4-91　无凸缘圆筒形件首次拉深力的修正系数 K_1 值

毛坯相对厚度 (t/D) ×100	首次拉深系数 $m_1=d_1/D$									
	0.45	0.48	0.50	0.52	0.55	0.60	0.65	0.70	0.75	0.80
5.0	0.95	0.85	0.75	0.65	0.60	0.50	0.43	0.35	0.28	0.20
2.0	1.10	1.00	0.90	0.80	0.75	0.60	0.50	0.42	0.35	0.25
1.2		1.10	1.00	0.90	0.80	0.68	0.56	0.47	0.37	0.30
0.8			1.10	1.00	0.90	0.75	0.60	0.50	0.40	0.33
0.5			1.10	1.00	0.82	0.67	0.55	0.45	0.36	
0.2	（不能拉深）			1.10	0.90	0.75	0.60	0.50	0.40	
0.1					1.10	0.90	0.75	0.60	0.50	

注：在凸模圆角半径 $r=(4\sim6)t$ 的不利条件下，将表中值各增加5%。

表4-92 无凸缘圆筒形件再次拉深力的修正系数 K_2 值

毛坯相对厚度	再次拉深系数 $m_2 = d_2/d_1$									
$(t/D) \times 100$	0.70	0.72	0.75	0.78	0.80	0.82	0.85	0.88	0.90	0.92
5.0	0.85	0.70	0.60	0.50	0.42	0.32	0.28	0.20	0.15	0.12
2.0	1.10	0.90	0.75	0.60	0.52	0.42	0.32	0.25	0.20	0.14
1.2		1.10	0.90	0.75	0.62	0.52	0.42	0.30	0.25	0.16
0.8			1.00	0.80	0.70	0.57	0.46	0.35	0.27	0.18
0.5			1.10	0.90	0.76	0.63	0.50	0.40	0.30	0.20
0.2				1.00	0.85	0.70	0.56	0.44	0.33	0.23
0.1				1.10	1.00	0.82	0.68	0.55	0.40	0.30

注：1. 当凸模圆角半径 $r_t = (4 \sim 6) t$ 时，表中值各增加 5%。

2. 第二次拉深以后，中间退火，上表数值仍适用；不经退火再拉深时，则应取表值栏中的较大值（即同列下面一行的数值）。

表4-93 有凸缘圆筒形件首次拉深力的修正系数 K_3 值

凸缘相对直径	首次拉深系数 $m_1 = d_1/D$										
d_ϕ/d_1	0.35	0.38	0.40	0.42	0.45	0.50	0.55	0.60	0.65	0.70	0.75
3.0	1.00	0.90	0.83	0.75	0.68	0.56	0.45	0.37	0.30	0.23	0.18
2.8	1.10	1.00	0.90	0.83	0.75	0.62	0.50	0.42	0.34	0.26	0.20
2.5		1.10	1.00	0.90	0.82	0.70	0.56	0.46	0.37	0.30	0.22
2.2			1.10	1.00	0.90	0.77	0.64	0.52	0.42	0.33	0.25
2.0				1.10	1.00	0.85	0.70	0.58	0.47	0.37	0.28
1.8					1.10	0.95	0.80	0.65	0.53	0.43	0.33
1.5		（不能拉伸）				1.10	0.90	0.75	0.62	0.50	0.40
1.3							1.00	0.85	0.70	0.56	0.45

注：1. 表中所列数值，对不用拉深筋的带凸缘锥形件和带凸缘球形件也适用。

2. 用拉深筋时，表中数值应增加 10% ~ 20%。

（2）压边圈及其应用 压边圈的作用是在拉深过程中控制和防止拉深件口部圆角部位失稳起皱。实践证明，采用平端面凹模比锥形凹模容易起皱。因此，采用锥形凹模拉深时，不加压边圈的条件为：首次拉深 $t/D \geqslant 0.03(1-m)$；此后各次拉深：$t/D \geqslant 0.03[(1/m)-1]$。采用平端面凹模拉深时，不加压边圈的条件为：首次拉深 $t/D \geqslant 0.045(1-m)$；此后各次拉深 $t/D \geqslant 0.045[(1/m)-1]$；

通过对不同相对厚度 $(t/D) \times 100$ 拉深件的试验，可确定加压边圈或不加压边圈条件下的首次拉深系数 m_1 和此后各次拉深系数 m_n，见表4-94。

表4-94 加或不加压边圈时的拉深系数

拉深方法	首次拉深		以后各次拉深	
	$(t/D) \times 100$	m_1	$(t/d_{n-1}) \times 100$	m_n
用压边圈	<1.5	<0.6	<1.0	<0.8
不用压边圈	>2.0	>0.6	>1.5	>0.8
可用可不用压边圈	1.5 ~ 2.0	0.6	1 ~ 1.5	0.8

常用压边圈有弹性和刚性两大类。其外，根据拉深件尺寸大小、口部圆角半径和凸缘宽度等因素，经长期实践积累，还设计有限位、可调性压边装置；为防止起皱，还在压边圈上设有拉深凸筋和凹模上的拉深筋。各类压边装置的结构形式与应用见表 4-95。

表 4-95　各类压边装置的结构形式与应用

类别		图　例	说　明
弹性压边圈	弹簧压边圈		其弹力大于或等于压边力，弹簧的压缩量应大于拉深行程 安装于压力机工作台或拉深模下模座的下面，适用于中小型、高度较低的拉深件
	橡胶压边圈		压边力随压缩量增加快，因此须取较大高度的橡胶，高度一般应大于拉深行程的 5 倍 安装在压力机工作台或拉深模下模座的下面，适用于中小型、高度不大的拉深件
	气垫压边圈		压边力基本不变，故压边效果好。安装于压力机工作台下面，适用于中小型拉深件 1—气缸　2—活塞　3—心轴　4—托板 5—垫板
	限位式压边圈		对于薄板、宽凸缘拉深件，应采用有限位机构（零件）的压边圈 图 a：带限位顶的压边圈，适用于平杯毛坯的首次拉深 图 b：中间工序可调限位压边圈 图 c：中间工序限位压边圈 图 b、c 所示结构适用于半成品毛坯中间工序的多次拉深压边圈与凹模间的间隙 S 为 图 a 所示结构：$S = t + (0.05 \sim 0.1)$ 图 b、c 所示结构：拉深铝合金件时，$S = 1.1t$；拉深钢件时，$S = 1.2t$

（续）

类别	图 例	说 明
刚性压边圈与拉深筋	 a) b) c) d) e) f)	拉深宽凸缘矩形件时，为防止凸缘与侧壁过渡圆角部位起皱，可在压边圈上镶嵌拉深凸筋，并在凹模上加工出相应的凹槽，如图 a、b、c 所示。其尺寸规范见下表 （单位：mm） 尺寸表见下 拉深大型件时，常采用图 d、e、f 所示的拉深筋。其尺寸规范为 图 d：$A=15\sim40$mm，$B=(0.5\sim0.75)A$，$R_1=6\sim10$mm，$R_2=3.5$mm 图 e：$B=8\sim12$mm，$A=(2\sim3)B$，R_1、R_2 同图 d 结构尺寸 图 f：$h=R=b/2=2\sim3$mm，适用于拉深球形或封闭的罩形拉深件 为使拉深件能承受足够的拉深应力，减少因回弹产生的凹面、扭曲等缺陷，还常在凹模上加工出拉深筋 拉深大型件时常采用刚性压边圈，将其安装在压力机外滑块上，由外滑块施加压边力，并根据要求设置相应的拉深筋

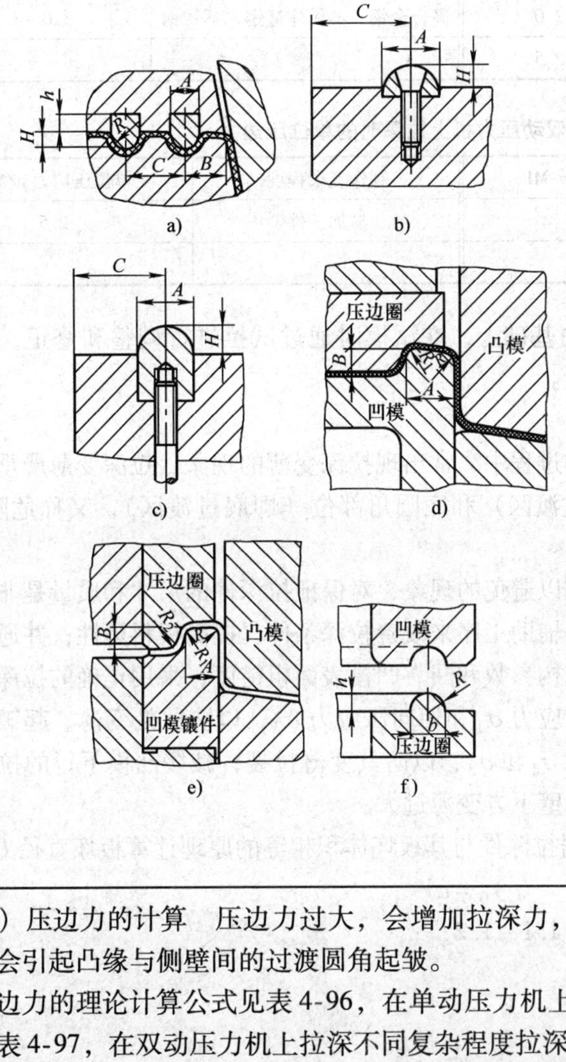

（单位：mm）

尺寸	中小型件	中型件	大型件
A	10	16	20
H	4	6	8
B	$25\sim32$	$28\sim35$	$32\sim36$
C	$25\sim30$	$28\sim32$	$32\sim38$
h	5	6	7
R	5	8	10

（3）压边力的计算 压边力过大，会增加拉深力，容易引起拉深件被拉裂；压边力过小，则会引起凸缘与侧壁间的过渡圆角起皱。

压边力的理论计算公式见表 4-96，在单动压力机上拉深不同板料拉深件所需的单位压边力见表 4-97，在双动压力机上拉深不同复杂程度拉深件所需的单位压边力见表 4-98。

表 4-96 压边力的理论计算公式

拉深情况	公 式
拉深任何形状的工件	$F_Q = Ap$
圆筒形件第一次拉深（用平板毛坯）	$F_Q = \dfrac{\pi}{4}\left[D^2-(d_1+2r_a)^2\right]p$
圆筒形件以后各次拉深（用筒形毛坯）	$F_Q = \dfrac{\pi}{4}(d_{n-1}^2-d_n^2)p$

注：式中 A——压边圈下毛坯的投影面积（mm^2）；

$\qquad p$——单位压边力（MPa）；

$\qquad D$——平板毛坯直径（mm）；

d_1、…、d_n——第 1、…、n 次的拉深直径（mm）；

$\qquad r_a$——拉深凹模圆角半径（mm）

表 4-97　在单动压力机上拉深不同板料拉深件所需的单位压边力

材料名称	单位压边力 p/MPa	材料名称	单位压边力 p/MPa
铝	$0.8 \sim 1.2$	08、20 钢，镀锡钢板	$2.5 \sim 3.0$
纯铜、硬铝（退火或刚淬完火）	$1.2 \sim 1.8$	软化状态的耐热钢	$2.8 \sim 3.5$
黄铜	$1.5 \sim 2.0$	高合金钢、奥氏体锰钢、不锈钢	$3.0 \sim 4.5$
压轧青铜	$2.0 \sim 2.5$		

表 4-98　在双动压力机上拉深时的单位压边力

制件复杂程度	单位压边力 p/MPa	制作复杂程度	单位压边力 p/MPa
难加工件	3.7	易加工件	2.5
普通加工件	3.0		

确定压边力时，应在理论计算的基础上，在试模时通过试拉进行调整和修正，力求准确，以保证拉深件的尺寸精度与质量。

7. 变薄拉深

板料在拉深成形为合格拉深件的过程中，常出现拉深变薄的现象。拉深变薄严重的部位主要位于筒形拉深件的口部（即上过渡区）和底圆角部位（即底过渡区），又称危险截面；底部圆角以上的侧壁称为传力区。

拉深变薄在拉深成形过程中是难以避免的现象，对保证拉深件的尺寸和质量是非常不利的因素。为此，应借助润滑、退火等辅助工序来改善拉深条件，提高板料塑性；并通过试模和试验积累经验，选用合适的模具结构参数和凸、凹模表面粗糙度；采用正确的拉深成形工艺参数，以降低拉深件口部的径向拉应力 σ_1 和切向压应力 σ_3，以防此处变薄、起皱；降低底部圆角变形区的径向与切向拉应力 σ_1 和 σ_3，以防其变薄拉裂；减缓凸模下行的拉深速度和轴向及切向拉应力，以防拉深件侧壁下方变薄过大。

（1）变薄拉深的板坯计算　根据拉深件与其板坯体积相等的原理计算板坯直径 D_0，即

$$V_0 = \alpha V_1$$

式中　α——加修边余量的系数，$\alpha = 1.1 \sim 1.2$；

V_1——拉深件的体积（mm^3）。

采用圆形板坯时，其体积为

$$V_0 = \frac{\pi}{4} D_0^2 t_0$$

式中　t_0——板坯厚度（拉深件底厚）（mm）。

则

$$D_0 = 1.13 \sqrt{\frac{\alpha V_1}{t_0}}$$

（2）变薄拉深的工艺计算　变薄拉深的变形程度可以用拉深前后的截面积之比 φ 来表示，称为变薄系数，即

$$\varphi_n = \frac{A_n}{A_{n-1}}$$

在变薄拉深过程中，由于拉深件内径的变化很小，因此，其变薄系数 φ 也常用拉深前

后的侧壁厚度 t 之比来表示，即

$$\varphi_n = t_n / t_{n-1}$$

式中 A——拉深件的截面面积（mm^2）；

t_n, t_{n-1}——n 次和 $n-1$ 次变薄拉深后的侧壁厚度（mm）。

变薄系数 φ 的极限值见表 4-99，若 φ_n 超过表中所列数值，将产生凹陷、扭曲等缺陷，甚至造成破裂。为此，应根据上述公式，对各种材料拉深件的拉深过程和拉深工序进行校核。

表 4-99 变薄系数 φ 的极限值

材料	首次变薄系数	中间变薄系数	末次变薄系数
铜、黄铜（H68、H80）	0.45 ~ 0.55	0.58 ~ 0.65	0.65 ~ 0.73
铝	0.50 ~ 0.60	0.62 ~ 0.68	0.72 ~ 0.77
低碳钢、拉深钢板	0.53 ~ 0.63	0.63 ~ 0.72	0.75 ~ 0.77
中碳钢	0.70 ~ 0.75	0.78 ~ 0.82	0.85 ~ 0.90
不锈钢	0.65 ~ 0.70	0.70 ~ 0.75	0.75 ~ 0.80

8. 通气孔与拉深工艺的辅助工序

（1）通气孔 拉深凸模上应加工有通气孔，以便拉深件成形后易于脱模。在大型拉深件上成形孔时，为了便于脱模，还应向腔内通入高压气体。通气孔的尺寸见表 4-100。

表 4-100 通气孔尺寸 （单位：mm）

凸模直径 d	< 30	> 30 ~ 50	> 50 ~ 100	> 100 ~ 200	> 200
通气孔直径 d_1	< 3	5	6.5	8	9.5

（2）拉深工艺的辅助工序

1）润滑。为改善拉深成形条件，拉深前应将锭子油、润滑脂、钾肥皂、乳化液等润滑剂，以及白垩粉、滑石粉、石墨粉等添加剂，喷涂在凹模圆角部位或拉深件坯料表面，以提高变形程度，降低拉深系数，减少拉深次数和提高拉深模寿命。

2）退火。即在第一、第二次拉深后进行低温或高温退火，以消除拉深过程中产生的冷作硬化，提高其塑性，改善后续拉深工序的拉深成形条件。

3）酸洗。采用稀释酸液加热酸洗，然后用清水、热水洗涤，以清除拉深件上残留的氧化物及其他污物。

4.9 成形模的结构与工艺参数

成形模按变形应力分为：

1）主要承受拉应力变形的起伏成形、胀形、内孔翻边和扩口。

2）主要承受压应力变形的缩口、外缘翻边。

采用成形模加工成形的方式，主要用于冲裁件、弯曲件和拉深件冲压成形过程中的局部成形工序。其成形过程中的应力、应变状态，板坯的变形程度和成形工艺计算，均基于弯曲、拉深成形的变形理论。

4.9.1　起伏成形与胀形模的结构与工艺参数

1. 起伏成形模的结构与工艺参数

起伏成形的应力、应变状态相当于半球形件的胀形，即可用使半球形件拉深成形的变形过程来加以说明。由于半球形件在拉深成形（胀形）过程中承受切向和径向拉应力 σ_1、σ_3，因此是变薄拉深成形过程，如图 4-37 所示。

冲压件的起伏成形，又称为局部胀形，可应于如图 4-38 所示的加强筋、凸包、文字、花纹等，它们既可以增加冲压件的刚性和强度，又可以作为拉深件的标识。

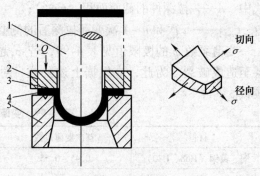

图 4-37　胀形
1—凸模　2—压边圈　3—拉深筋　4—毛坯　5—凹模

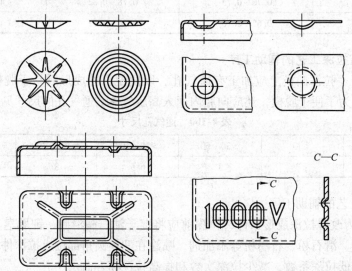

图 4-38　起伏成形工件

其中，加强筋的形式、尺寸、变形程度与工艺计算见表 4-101。

表 4-101　加强筋的形式、尺寸、变形程度与工艺计算

名称	图　例	R	h	D 或 B	r	$\alpha/(°)$
压筋		$(3\sim4)t$	$(2\sim3)t$	$(7\sim10)t$	$(1\sim2)t$	—
压凸		—	$(1.5\sim2)t$	$\geqslant3h$	$(0.5\sim1.5)t$	$15\sim30$

（续）

图　例	D	L	l
	6.5	10	6
	8.5	13	7.5
	10.5	15	9
	13	18	11
	15	22	13
	18	26	16
	24	34	20
	31	44	26
	36	51	30
	43	60	35
	48	68	40
	55	78	45

计算项目	计算公式与图例	说　明
极限变形程度	$\delta_{极} = (L_1 - L_0)/L_0 < (0.7 \sim 0.75)\delta_{单}$ a) b)	满足不等式时，即可一次冲压成形；否则，需要两次成形，即预成形（图 a）和成形（图 b） 式中　$\delta_{极}$——极限变形程度 　　　$\delta_{单}$——板材单向拉深的伸长率 　　　L_0、L_1——成形前后的长度 系数 0.7~0.75——球形筋取大值，梯形取小值
冲压加强筋的冲压力	$F = KLtR_{\mathrm{m}}$　　　　（a） $F_1 = K_1 At^2$　　　　（b） 式中　K——系数，$K = 0.7 \sim 1$，窄筋取大值，宽、浅筋取小值 　　　L——筋长（mm） 　　　t——板料厚度（mm） 　　　A——成形面积（mm²） 　　　K_1——钢件取 $200 \sim 300\mathrm{N/mm^4}$，铜、铝件取 $150 \sim 200\mathrm{N/mm^4}$	a 式为冲压加强筋的冲压力 F 的计算公式；b 式为在曲柄压力机上冲压面积小于 $2000\mathrm{mm^2}$ 加强筋时冲压力 F_1 的计算公式
凸包成形的极限成形高度 h	软钢件：$h \leqslant (0.15 \sim 0.2)d$ 铝件：$h \leqslant (0.1 \sim 0.15)d$ 黄铜件：$h \leqslant (0.15 \sim 0.22)d$	h、d——见本表压凸图 若超过 h 值，则须进行两次冲压成形

2. 胀形模的结构及成形工艺

胀形按胀形用模具和胀形方式分为拼装式成形凸模胀形、弹性（聚胺酯橡胶）凸模与成形凹模胀形和高压液体凸模与成形凹模胀形三种方式。

胀形毛坯为空心或管状件，其在胀形过程中承受切向与径向拉应力，产生变薄拉深变形而形成成形件。

胀形模的结构与工艺参数计算见表 4-102。

表 4-102　胀形模的结构与工艺参数计算

类型	结　构　图	说　　明
拼装式凸模胀形		又称刚性胀形凸模，凸模拼块多，胀形精度高，模具结构复杂 1—斜面　2、5—凹模　3、4—凸模拼块　6—推板　7—推杆
胀形模结构原理图　橡皮胀形模		采用强度高、弹性好、耐油性的聚氨酯橡胶作为弹性体，与对开式凹模 2 构成胀模，在凸模压力 F 的作用下成形 1—凸模　2—凹模　3—毛坯　4—聚氨酯橡胶　5—座套
液压胀形模	 a)　　　　b)	图 a 所示为通过压柱 1 对腔内液体施压，以在凹模 4 腔内胀形 图 b 所示为通过液压系统将高压液体充入橡皮囊 3 内，以在凹模 4 腔内胀形 1—压柱　2—密封橡皮　3—橡皮囊　4—凹模

（续）

计算项目	计算公式与试验数据	说　明
胀形系数 K	$$K = \frac{d_{max}}{d_0}$$	式中　d_0——毛坯直径（mm） d_{max}——胀形后的最大直径（mm） δ——胀形件管坯的切向伸长率 K——表示空心管坯在胀形过程中变形程度的胀形系数
切向伸长率 δ	$$\delta = \frac{(d_{max} - d_0)}{d_0} = K - 1$$ 则 $K = 1 + \delta$	

K、δ的极限值	材料	厚度/mm	极限胀形系数 K	切向许用伸长率 $\delta \times 100$	K与δ的极限值是指在胀形过程中，若变形程度和切向伸长率过大，超过表列数据，则胀形过程将失稳，胀形件将产生缺陷甚至被胀裂
	铝合金 3A21	0.5	1.25	25	
	1070A、1060	1.0	1.28	25	
	纯铝 1050A、1035	1.5	1.32	32	
	1200、8A06	2.0	1.32	32	
	黄铜 H62	0.5 ~ 1.0	1.35	35	
	黄铜 H68	1.5 ~ 2.0	1.40	40	
	低碳钢 08F	0.5	1.20	20	
	低碳钢 10、20	1.0	1.24	24	

计算项目	计算公式与试验数据	说　明
毛坯高度 H_0	$$H_0 = H\left[1 + (0.3 \sim 0.4)\,\delta\right] + \Delta h$$	式中　H——胀形件高度（mm） δ——毛坯的切向伸长率 Δh——修边余量，取 3 ~ 8mm
胀形力 P	$$P = \frac{2tR_m}{d_{max}}$$	计算两端不固定，毛坯轴向可自由收缩时所需的单位胀形力
	$$P = 2R_m\left(\frac{t}{d_{max}} + \frac{t}{2r}\right)$$	计算两端固定，毛坯轴向不能收缩时所需的单位胀形力
	$$P = \frac{600 + R_{eL}}{d_{max}}$$	液压胀形单位面积胀形力的经验公式 式中　R_{eL}——毛坯材料的屈服强度（MPa） R_m——毛坯材料的抗拉强度（MPa）

4.9.2　翻边模的结构与成形工艺参数

翻边分为内孔翻边与外缘翻边两类。其中，内孔翻边又有圆形与非圆内孔翻边之分，外缘翻边则有外凸与内凹外缘翻边之分。此外，因翻边高度要求而形成的变薄翻边共有五种翻边形式，其翻边过程中的应力、应变状态、变形程度及工艺计算见表4-103。

表 4-103　翻边的类型及其成形工艺参数

翻边类型		翻边图与工艺计算公式	说　明
圆形内孔翻边	内孔翻边	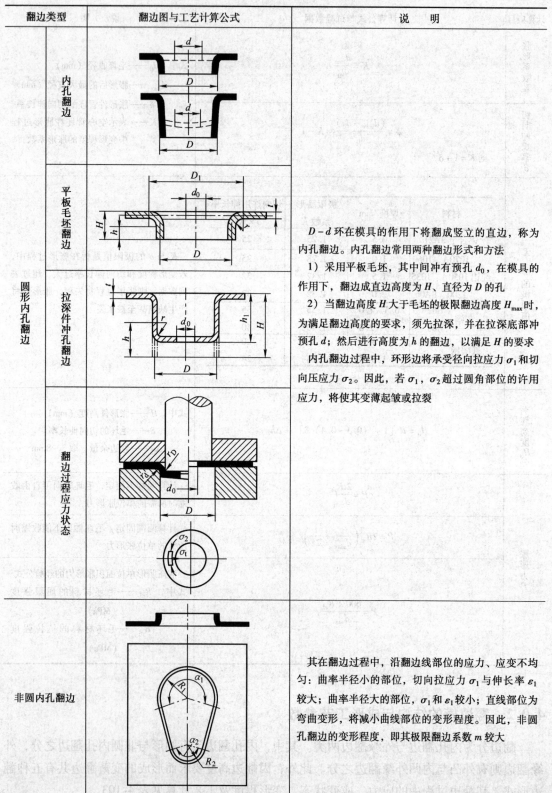	
	平板毛坯翻边		$D-d$ 环在模具的作用下将翻成竖立的直边，称为内孔翻边。内孔翻边常用两种翻边形式和方法 1）采用平板毛坯，其中间冲有预孔 d_0，在模具的作用下，翻成直边高度为 H、直径为 D 的孔 2）当翻边高度 H 大于毛坯的极限翻边高度 H_{max} 时，为满足翻边高度的要求，须先拉深，并在拉深底部冲预孔 d；然后进行高度为 h 的翻边，以满足 H 的要求 内孔翻边过程中，环形边将承受径向拉应力 σ_1 和切向压应力 σ_2。因此，若 σ_1，σ_2 超过圆角部位的许用应力，将使其变薄起皱或拉裂
	拉深件冲孔翻边		
	翻边过程应力状态		
非圆内孔翻边			其在翻边过程中，沿翻边线部位的应力、应变不均匀：曲率半径小的部位，切向拉应力 σ_1 与伸长率 ε_1 较大；曲率半径大的部位，σ_1 和 ε_1 较小；直线部位为弯曲变形，将减小曲线部位的变形程度。因此，非圆孔翻边的变形程度，即其极限翻边系数 m 较大

（续）

翻边类型		翻边图与工艺计算公式	说　　明
外缘翻边	外凸外缘翻边		外凸外缘翻边中，毛坯主要承受切向和径向拉应力 σ_1、σ_2。若翻边速度过大、凹模圆角半径过小，则圆角部位易变薄拉裂
	内凹外缘翻边		内凹外缘翻边在变形过程中，毛坯将承受径向拉应力 σ_1 和切向压应力 σ_2。因此，圆角部位易起皱
变薄翻边	翻边前		翻边过程中产生的变薄现象称为自然变薄。当翻边件直径很大时，常采用减小凸、凹模间隙的方法，迫使板料在翻边过程中变薄，并使材料顺轴向流动，以增高直边的高度 h
	翻边后		

（续）

翻边类型		翻边图与工艺计算公式	说　明
圆形内孔翻边的工艺参数	翻边系数	$$m = \frac{d_0}{D}$$ $$A = \frac{\pi D - \pi d_0}{\pi d_0} = \frac{D}{d_0} - 1$$ $$= \frac{1}{m} - 1$$ 即 $m = \frac{1}{1+A}$ 或 $m = 1 - Z$	在翻边过程中，孔边不破裂的最小翻边系数称为极限翻边系数（M），见表 4-107 和表 4-108。内孔翻边系数 m 与以下因素有关 1）板坯应有良好的塑性，即板坯需要有相应的断后伸长率 A 和断面收缩率 Z 2）孔的质量要好，孔边应无毛刺和硬化现象。故常采用钻孔法，以防翻裂 3）板坯的相对厚度 t/d 宜大些，以提高伸长率和变形程度
	平板毛坯的直径 d_0 和翻边高度 H	$$d_0 = D_1 - \left[\pi\left(r + \frac{t}{2}\right) + 2h\right]$$ 其中　　$D_1 = D + 2r - t$ $$h = H - r - t$$ 则翻边高度 H 为 $$H = (D - d_0)/2 + 0.43r + 0.72t$$ 即 $$H = \frac{D}{2}\left(1 - \frac{d_0}{D}\right) + 0.45r + 0.72t$$ $$= \frac{D}{2}(1 - m) + 0.45r + 0.72t$$	
	拉深件底部冲孔翻边的 d_0，H 和 h_1	若 m 取极限翻边系数 $m_{\min}$，则 $$H_{\max} = \frac{D}{2}(1 - m_{\min}) + 0.45r + 0.72t$$ 其中　$h = \frac{D - d_0}{2} - \left(r + \frac{t}{2}\right) + \frac{\pi}{2}$ $$\left(r + \frac{t}{2}\right) = \frac{D}{2}\left(1 - \frac{d_0}{D}\right) + 0.57r$$ $$= \frac{D}{2}(1 - m) + 0.57r$$ 代入 $m_{\min}$ 得 $$h_{\max} = \frac{D}{2}(1 - m_{\min}) + 0.57t$$ 此时　　$d_0 = m_{\min}D$ $$h_1 = H - h_{\max} + r + t$$	当 $H > H_{\max}$ 时，将难以一次翻边成形。此时可先拉深成形，并在拉深件底部钻预孔 d_0，再翻边 h，以满足翻边件高度 H 的要求
	翻边力 F	$$F = 1.1\pi(D - d_0)tR_{eL}$$	翻边力一般较小 式中　R_{eL}——板料的下屈服强度（MPa）
非圆内孔翻边的翻边系数 m'		$$m' = m\alpha/180°$$ 上式适用于 $\alpha \le 180°$ 的情况；当 $\alpha > 180°$ 时，其翻边系数与圆形内孔翻边系数相同	非圆内孔翻边的 m' 值比圆形内孔翻边系数小，其各种板坯的极限翻边系数参见表 4-104 和表 4-105 式中　α——圆弧部位的中心角

（续）

翻边类型		翻边图与工艺计算公式	说　明
变薄翻边的工艺参数		1）翻边系数 $$K = t_1 / t_0$$ 一次变薄翻边成形的翻边系数 K 取 0.4 ~ 0.5 2. 毛坯预孔直径 d_0 $$d_0 = 0.45 d_1$$ 3. 变薄翻边深度 h $$h = (2 ~ 2.5) t_0$$ 4. 变薄翻边螺孔的工艺参数 d_1 由螺孔小径 d_2 决定，即 $$d_2 \leqslant \frac{(d_1 + d_2)}{2}$$ 螺孔外径 $$d_3 为 d_3 = d_1 + 1.3t$$	1）因为翻边过程中采用的凸、凹模间隙值很小，根据变薄翻边系数 K 值，其单边间隙 $Z/2$ 一般仅为板料厚度 t 的 8.5%。所以，变薄翻边的翻边力比内孔翻边大很多 式中　d_1——翻边后内径（mm） 2）常采用变薄翻边成形 M5 以下螺孔的底孔。其翻边后螺孔的小径 d_2 和大径 d_3 见相应公式，常用翻边小螺孔底孔的尺寸见表 4-106
外缘翻边的工艺参数	外凸外缘的翻边系数	$$E_t = b/(R + b)$$	外凸外缘翻边过程中，其变形区将承受切向拉应力 σ_1，且于外缘的边缘为最大，易拉裂 外缘翻边允许的极限变形程度见表 4-107
	内凹外缘的翻边系数	$$E_a = b/(R - b)$$	

表 4-104　低碳钢的极限翻边系数

翻边凸模形状	孔的加工方法	材料相对厚度 d_0/t										
		100	50	35	20	15	10	8	6.5	5	3	1
球形凸模	钻后去毛刺	0.70	0.60	0.52	0.45	0.40	0.36	0.33	0.31	0.30	0.25	0.20
	冲孔模冲孔	0.75	0.65	0.57	0.52	0.48	0.45	0.44	0.43	0.42	0.42	—
圆柱形凸模	钻后去毛刺	0.80	0.70	0.60	0.50	0.45	0.42	0.40	0.37	0.35	0.30	0.25
	冲孔模冲孔	0.85	0.75	0.65	0.60	0.55	0.52	0.50	0.50	0.48	0.47	—

表 4-105　各种材料的翻边系数

经退火的毛坯材料	翻边系数	
	m_0	m_{min}
镀锌钢板（白铁皮）	0.70	0.65
软钢 $t = 0.25 ~ 2.0$mm	0.72	0.68
$t = 3.0 ~ 6.0$mm	0.78	0.75

（续）

经退火的毛坯材料	翻边系数	
	m_0	$m_{\min}$
黄铜 H62　$t = 0.5 \sim 6.0$mm	0.68	0.62
铝 $t = 0.5 \sim 5.0$mm	0.70	0.64
硬铝合金	0.89	0.80
钛合金 TA1（冷态） 　TA1（加热 300 ~ 400℃） 　TA5（冷态） 　TA5（加热 500 ~ 600℃）	0.64 ~ 0.68 0.40 ~ 0.50 0.85 ~ 0.90 0.70 ~ 0.65	0.55 — 0.75 0.55
不锈钢、高温合金	0.69 ~ 0.65	0.61 ~ 0.57

表 4-106　常用翻边小螺孔底孔的尺寸　　　　　（单位：mm）

螺孔直径	t_0	d_0	d_2	h	d_3
M2	0.8	0.8	1.6	1.6	2.7
	1.0			1.8	3.0
M2.5	0.8	1	2.1	1.7	3.2
	1.0			1.9	3.5
M3	0.8	1.2	2.5	2.0	3.6
	1.0			2.1	3.8
	1.2			2.2	4.0
	1.5			2.4	4.5
M4	1.0	1.6	3.3	2.6	4.7
	1.2			2.8	5.0
	1.5			3.0	5.4
	2.0			3.2	6.0

表 4-107　外缘翻边允许的极限变形程度

材料名称及牌号	E_t（%）		E_a（%）	
	橡皮成形	模具成形	橡皮成形	模具成形
铝合金 1035（软）	25	30	6	40
1035（硬）	5	8	3	12
3A21（软）	23	30	6	40
3A21（硬）	5	8	3	12
5A02（软）	20	25	6	35
5A03（硬）	5	8	3	12
2A12（软）	14	20	6	30
2A12（硬）	6	8	0.5	9
2A11（软）	14	20	4	30
2A11（硬）	5	6	0	0
黄铜 H62（软）	30	40	8	45
H62（半硬）	10	14	4	16
H68（软）	35	45	8	55
H68（半硬）	10	14	4	16
钢 10	—	38	—	10
120	—	22		10

翻边用凸模和凹模的结构及其参数见表 4-108。

表 4-108　翻边凸、凹模的结构及其参数

项目名称	结　构　图	说　明
凸、凹模形状与尺寸 双锥面凸模 圆弧形凸模 平面形凸模 长锥面凸模	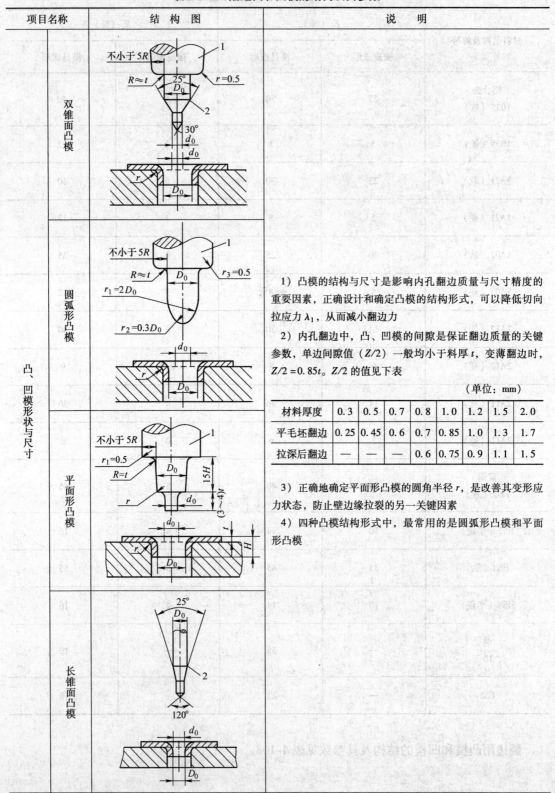	1）凸模的结构与尺寸是影响内孔翻边质量与尺寸精度的重要因素，正确设计和确定凸模的结构形式，可以降低切向拉应力 λ_1，从而减小翻边力 2）内孔翻边中，凸、凹模的间隙是保证翻边质量的关键参数，单边间隙值（$Z/2$）一般均小于料厚 t，变薄翻边时，$Z/2 = 0.85t$。$Z/2$ 的值见下表 （单位：mm） 3）正确地确定平面形凸模的圆角半径 r，是改善其变形应力状态，防止壁边缘拉裂的另一关键因素 4）四种凸模结构形式中，最常用的是圆弧形凸模和平面形凸模

材料厚度	0.3	0.5	0.7	0.8	1.0	1.2	1.5	2.0
平毛坯翻边	0.25	0.45	0.6	0.7	0.85	1.0	1.3	1.7
拉深后翻边	—	—	—	0.6	0.75	0.9	1.1	1.5

（续）

项目名称	结　构　图	说　　明
螺纹底孔翻边凸模的形状与尺寸	**有预制孔的翻边凸模**	有预制孔 d_0 进行螺纹底孔翻边用凸模的尺寸见下表

有预制孔 d_0 进行螺纹底孔翻边用凸模的尺寸见下表

螺孔直径	d_0	d_p	d	l	l_1	r	r_1
M2	0.8	1.6	4	1.5	4.5	1	0.4
M2.5	1	2.1		2	5.5		0.5
M3	1.2	2.5	5	2.5	6.0		0.7
M4	1.6	3.3		3.5	6.5	1.5	0.9

$r = 0.5d_p$

同时冲孔的翻边凸模

翻边底孔的前道工序为冲 d_0 孔，其凸模尺寸见下表

螺孔直径	d_0	d_p	d	l	l_1	r
M2	0.8	1.6	4	1.5	4.5	1
M2.5	1	2.1		2.0	5.5	
M3	1.2	2.6	5	2.5	6.0	
M4	1.6	3.3		3.5	6.5	1.5

$r = 0.5d_p$

4.9.3　缩口与扩口成形工艺参数

　　扩口件主要承受切向和径向拉应力，与胀形的应力、应变状态相似。因此，其模具结构与成形工艺参数的计算可参考胀形工艺。

　　缩口主要用于缩小圆筒形拉深件或管坯的上口部位。毛坯的缩小部位，即变形区，主要承受切向和轴向压应力 σ_1、σ_3，将使变形区变厚或起皱。其应力、应变状态如图 4-39 所示。

　　为保证缩口部位的尺寸精度与质量，不致起皱，须正确计算和确定毛坯缩口部位，即其变形区的缩口系数、缩口工序、缩口力等成形工艺参数（条件），以及缩口模的结构参数等，见表 4-109。

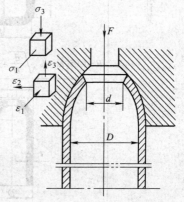

图 4-39　缩口的应力、应变状态

表 4-109　缩口工艺参数的计算与缩口模的结构参数

项目名称		计算公式与缩口图	说　明
缩口系数 m	首次缩口系数 m_1	$m_1 = 0.9 m_e$	缩口系数是缩口变形程度的量化数据，一般需经多次缩口成形，其首次缩口系数 m_1 为平均缩口系数 m_e 的 90%
	再次缩口系数 m_2	$m_e = (1.05 \sim 1.10) m_e$	平均缩口系数 m_e 与毛坯材料和模具的支承方式等有关，其经验与试验数据见表 4-110 和表 4-111
	平均缩口系数 m_e	$m_e = d_1/D = d_2/d = \cdots = d_n/d_{n-1}$	式中　d_1、$d_2\cdots d_n$——第 1、第 2、…、第 n 次缩口后的直径 　　　D——坯件的直径
缩口次数 n		$n = (\lg d_n - \lg D)/\lg m_e$	当缩口系数 m 小于表 4-18 中所列相应数据时，需经多次缩口工序方能成形
缩口后的壁厚 t_n		$t_1 = t_0 \sqrt{\dfrac{D}{d_1}}$　　$t_n = t_{n-1} \sqrt{\dfrac{d_{n-1}}{d_n}}$	变形区壁厚增量较小，一般可不计；若要求精密时，则按公式行精确计算 式中　t_0——坯毛壁厚 t_1、t_2、…、t_n——各次缩口后的壁厚
缩口件毛坯计算		$H = 1.05 \left[h_1 + \dfrac{D^2 - d^2}{8D\sin\alpha} \left(1 + \sqrt{\dfrac{D}{d}} \right) \right]$	
		$H = 1.05 \left[h_1 + h \sqrt{\dfrac{d}{D}} + \dfrac{D^2 - d^2}{8D\sin\alpha} \left(1 + \sqrt{\dfrac{D}{d}} \right) \right]$	采用圆筒形拉深件或管坯作为毛坯进行缩口成形后，其高度 H 变化很小，可不计，故毛坯在缩口前须修平，H 应作准确计算 式中　D——缩口前毛坯直径 　　　d——缩口后口部直径 　　　α——缩口凹模的圆锥半角
		$H = h_1 + \dfrac{1}{4} \left(1 + \sqrt{\dfrac{D}{d}} \sqrt{D^2 + d^2} \right)$	

（续）

项目名称	计算公式与缩口图	说　明
缩口力计算	$F = K[1.1\pi D t_0 R_m(1-\dfrac{d}{D})(1-\mu dg\alpha)\dfrac{1}{\cos\alpha}]$	式中　F——缩口力（N） 　　　μ——毛坯与凹模的摩擦系数 　　　R_m——毛坯的抗拉强度（MPa） 　　　K——凹模圆锥形过渡系数，$K=2.4\sim3.4$；圆弧形过渡时，$K=3\sim4$
缩口结构及其参数	凹模圆锥角 α 应小于 45°，宜采用 $\alpha<30°$ 凹模圆锥部位的表面粗糙度值为 $Ra0.4\mu m$ 缩口模分为无心柱缩口模、有心柱缩口模和外支承套支承式缩口模	正确确定 α 和缩口时的极限缩口系数 m，可使 m_e 减小 10%～15% 采用有支承式缩口模，即采用有心柱和外支承套支承式缩口模结构，可降极限缩口系数（表4-111） 一次缩口成形时，常采用无支承式缩口模结构

表4-110　平均缩口系数 m_e

材料	材料厚度/mm		
	～0.5	>0.5～1	>1
黄铜	0.85	0.8～0.7	0.7～0.65
钢	0.85	0.75	0.7～0.65

表4-111　允许的极限缩口系数

材料	支承方式		
	无支承	外支承	内、外支承
软钢	0.70～0.75	0.55～0.60	0.3～0.35
黄铜 H62、H68	0.65～0.70	0.50～0.55	0.27～0.32
铝	0.68～0.72	0.53～0.57	0.27～0.32
硬铝（退火）	0.73～0.80	0.60～0.63	0.35～0.40
硬铝（淬火）	0.75～0.80	0.63～0.72	0.40～0.43

4.10　精冲模的类型及其结构与工艺参数

4.10.1　精冲模的类型与应用

精冲模属于冲压模具，它是冲裁模的特殊形式，但其成形工艺性质、原理和用途与冲模却有很大区别。精冲模的结构形式可按以下方法分类。

1. 按精冲模的功能分类

（1）简单精冲模　即只精冲外形（如精冲卡尺的尺身和尺框）或只精冲内形的精冲模。

（2）复合式精冲模　即同时精冲内形和外形的精冲模，常用精冲模多为复合式精冲模。

（3）级进式精冲模　即可完成若干工步加工（如压扁、精冲沉孔）的多工序精冲模。

2. 按冲压设备分类

按所用冲压设备不同，可分为精冲机用精冲模和普通压力机用精冲模两类。其中，压力机用精冲模须设 V 形或齿形压板式压边圈与反压系统，以提高其精冲质量。

3. 按凸模的结构形式分类

（1）活动凸模式精冲模　其凸模由模座和压边圈内孔导向，并通过压边圈与凹模保持合适的相对位置，要求凸模与压边圈之间的配合间隙 $Z' < Z$（凸模与凹模之间的间隙）。凹模与压边圈分别固定于上、下模座上。此类精冲模常采用倒装结构，即凸模与 V 形压板常安装在下模上，适用于小型精冲件。

（2）固定凸模式精冲模　其凸模由 U 形压边圈内孔导向。因此，此类精冲模的刚性很好，适合于精冲大型、窄长、料厚、外形较复杂、不对称和内孔较大的精冲件。

4.10.2　精冲模的结构与工艺参数

1. 精冲原理与过程分析

如图 4-40 所示，精冲时，精冲件毛坯被置于压板（齿形压边圈）、反压板与凸模之间并夹紧，毛坯承受着接近于其下屈服强度 R_{eL} 的强大单位压力，使变形区——剪切刃口处于三向应力状态，从而形成了纯塑性变形的条件。因此，毛坯在精冲过程中始终保持纯塑性剪切变形，而不产生拉应力，可防止冲裁截面残留断裂带。精冲件的尺寸公差等级可达 IT8 ~ IT6 级，表面粗糙度值可达 $Ra0.8 ~ 0.4\mu m$；且截面平滑整齐，可获得接近 90° 截面。

实践证明，精冲件材料的塑性对精冲工艺精度与质量影响很大。

（1）非铁金属　抗拉强度 $R_m \leqslant 250N/mm^2$ 的铝与铝合金以及铜的质量分数大于 63% 且不含铅的黄铜，其精冲工艺精度和质量最好。

（2）钢铁材料　碳的质量分数在 0.35% 以下，抗拉强度为 $300 ~ 600N/mm^2$ 的低碳钢板

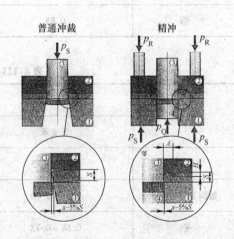

图 4-40　精冲工艺原理图
①—凹模　②—压板　③—凸模　④—顶件器
注：p_S：冲裁力　p_R：齿圈力　p_Q：反压力

料的精冲工艺精度与质量最佳；碳的质量分数在 0.7% 以下的中碳钢，含镍、钼元素且经适当球化处理的低合金钢板的精冲工艺精度和质量也较高；高碳钢、碳素工具钢、不锈钢、轴承钢和耐热钢，以及抗拉强度达 650 ~ 850N/mm² 、塑性差的板料，其经适当处理后也可采用精冲成形工艺。

2. 精冲模的结构参数与精冲工艺参数

根据精冲件的形状、尺寸精度与质量要求、材料性能和结构工艺性要求，在合理设计精冲模结构的基础上，正确地计算和设定精冲模的结构参数和精冲工艺参数，才能保证精冲工艺精度和质量。精冲模的结构参数与精冲工艺参数见表 4-112。

表 4-112　精冲模的结构参数与精冲工艺参数

项目		计算公式与相应参数						说　明	
凸、凹模刃口尺寸的计算	落料凹模	按 IT6 级制造，刃口圆角 $R = 0.01 ~ 0.03$mm						1）刃口尺寸的计算与普通冲裁模相同，见表 4-56 2）其公差系数 X 见表 4-58，考虑到精冲过程中的弹性收缩和磨损，取 $X = 0.67$ 3）圆角半径应取小值，以保证剪切截面的表面粗糙度要求	
	冲孔凸模	按 IT5 级制造，刃口圆角 $r < 0.01$mm							
精冲间隙的计算	经验公式	$Z = (0.5\% ~ 1.0\%)t$ 式中　Z——精冲间隙（mm） 　　　t——板料厚度（mm）						为保证精冲工艺精度与质量，以及精冲模结构的合理性与使用寿命，精冲件的结构与尺寸须满足以下要求 1. 精冲件的壁厚 当料厚 $t = 1 ~ 4$mm 时，$b = (0.6 ~ 0.9)$ t，$a = (0.6 ~ 0.65)t$；当料厚 $t > 4$mm 时，应适当增大 a、b 的值 2. 孔径与槽宽 精冲最小孔径 d_{min} 的计算过程为 $$\sigma_压 = F/A_p = \frac{\pi d_{min} t \tau_b}{\frac{\pi}{4} d_{min}}$$ $$= 4\ t\tau_b / d_{min} \leq [\sigma_压]$$ 则　$$d_{min} \geq 4t\tau_b [\sigma_压]$$	
	常用间隙值 Z	板料厚度 t/mm	板料抗拉强度/（N/mm²）						
			$R_m \leq 450$		$450 < R_m < 600$		$R_m \geq 600$		
			外形	内形	外形	内形	外形	内形	
		1	0.015	0.020	0.010	0.015	0.010	0.015	
		2	0.030	0.040	0.020	0.030	0.016	0.026	
		3	0.045	0.060	0.060	0.045	0.024	0.040	
		4	0.060	0.080	0.080	0.060	0.032	0.052	
		6	0.090	0.120	0.120	0.090	0.048	0.078	
		8	0.120	0.160	0.160	0.120	0.064	0.104	
		10	0.150	0.200	0.200	0.150	0.080	0.130	
		12	0.180	0.240	0.240	0.180	0.100	0.160	
精冲工艺参数的计算	总压力	$F = F_1 + Q + Q_1$ 式中　F——精冲总压力（N） 　　　F_1——冲裁力（N） 　　　Q——齿圈压板的压料力（N） 　　　Q_1——反压板的反压力（N）							

（续）

项目	计算公式与相应参数	说　明
精冲工艺参数的计算 — 压料力	$$Q = (A_1 + A_2) R_{eL}$$ 式中　A_1——齿形的投影面积（mm^2）　　　　A_2——齿圈内齿根到型孔边的面积（mm^2）　　　　R_{eL}——板料的屈服强度（N/mm^2）	式中　$\sigma_{压}$——冲孔时凸模的压应力（N/mm^2）　　　F——冲孔时的冲裁力（N）　　　A_p——凸模的最小截面积（mm^2）　　　τ_b——板料的抗剪强度（N/mm^2）　　$[\sigma_{压}]$——凸模材料的许用压应力（N/mm^2）　　　t——料厚（mm）槽宽 b 的计算方法如下 $$\sigma_{压} = \frac{F}{A_p} = \frac{2(L+b)\,t\tau_b}{Lb} \leqslant [\sigma_{压}]$$ 当 $L \geqslant b$ 时，$(L+b)/Lb = \dfrac{1}{b}$ 则 $\sigma_{压} = \dfrac{2\,t\tau_b}{b} \leqslant [\sigma_{压}], b = 2\,t\tau_b[\sigma_{压}]$ 式中　b——最小槽宽（mm）　　　L——槽长（mm）　　　A_p——凸模的最小截面积（mm^2）
精冲工艺参数的计算 — 反压力	$$Q_1 = Aq$$ 式中　A——精冲件的受力面积（mm^2）　　　q——单位压力，一般取 20～70N/mm^2	
精冲工艺参数的计算 — 卸料力 Q_2 推件力 Q_3	$$Q_2 = (0.1 \sim 0.15) F_1$$ $$Q_3 = (0.1 \sim 0.15) F_1$$	

参 考 文 献

［1］陈炎嗣，郭景仪．冲压模具设计与制造技术［M］．北京：北京出版社，1991.

［2］许发樾．实用模具设计与制造手册［M］．北京：机械工业出版社，2005.

第 5 章　冲压数值模拟与模具数字化制造

　　板料的冲压成形过程是一个涉及几何非线性、材料非线性以及边界条件非线性的复杂弹塑性变形力学问题，传统的经验及公式无法对复杂的成形问题进行分析和描述。如何保证零件的成形质量、降低废品率、减少修模次数、缩短模具设计与调试周期，始终是近几十年来板料成形领域关注的焦点问题。随着计算机软、硬件技术的迅速发展，有限元技术为解决这些问题带来了光明的前景。有限元法在板料成形领域的应用始于 20 世纪 70 年代，经过多年的发展，板料成形数值模拟技术在本构模型、接触摩擦、缺陷预测、前后置处理以及实用化等方面均有很大突破。

5.1　板料冲压成形数值模拟基础

5.1.1　单元模型

　　众多的研究实践表明，适用于冲压成形数值计算的有限元单元有三类：基于薄膜理论的薄膜单元、基于板壳理论的壳单元和基于连续介质理论的实体单元，如图 5-1 所示。

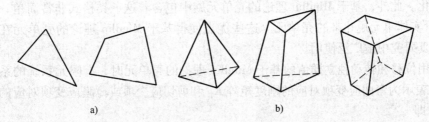

图 5-1　用于冲压成形模拟分析的三类单元

a) 薄膜单元和壳单元　b) 实体单元

　　薄膜单元是 C^0 阶单元，曾经因其构造格式简单、对内存要求小而备受青睐，许多学者（如 N. M. Wang、S. C. Tang、R. H. Wagoner）都曾用薄膜单元来分析冲压成形问题。但是，薄膜单元忽略了弯曲效应，考虑的内力仅为沿薄壳厚度均匀分布的部分，因而只适用于分析胀形等弯曲效应不明显的成形过程；当对弯曲效应非常明显的成形过程进行分析时，采用薄膜单元所考虑的因素就明显不足了。S. C. Tang 还指出了薄膜单元应用于车身覆盖件冲压成形仿真分析的限制条件：①模具的压边圈一周必须是平的，且冲压深度很浅，这样弯曲效应可以被忽略；②采用薄膜单元无法预测波纹和起皱；③无法分析回弹；④在某些情况下求得的应变可能很不准确。R. H. Wagoner 给出了在冲压成形分析中使用薄膜单元的判断依据是

$$R_{\min}/t > 5 \sim 6 \tag{5-1}$$

式中　$R_{\min}$——模具最小圆角半径；

　　　t——坯料厚度。

因为薄膜理论本身是二维理论，所以薄膜单元只适用于二维成形问题的分析。

实体单元考虑了弯曲效应和剪切效应，而且也是 C^0 阶单元，其形式比薄膜单元还要简洁，所以许多学者曾用它进行弯曲、拉深和液压胀形等过程的分析。由于连续介质理论是三维理论，所以实体单元能够处理三维成形问题。20 世纪 90 年代中期，希腊学者 A. G. Mamalis 等人采用实体单元，用 LS – DYNA3D 软件对热浸镀锌板和电镀锌板的胀形和拉深问题进行了仿真分析，并与试验结果比较，取得了一系列有意义的结果。尽管实体单元被不断使用，但是许多研究者同时指出，采用实体单元分析冲压成形问题，计算时间太长。因此，除非板料较厚而必须使用实体单元外，在如覆盖件这样复杂零件的冲压成形仿真分析中一般不用实体单元。

基于板壳理论的壳单元既能处理弯曲效应和剪切效应，又不像实体单元那样需要很长的计算时间，而且板壳理论本身就是研究薄板三维变形行为的理论工具。因此，在车身冲压件冲压成形有限元仿真分析中常采用壳单元。

壳单元大致可以分为两类：一类是基于经典 Kirchhoff 板壳理论的壳单元；另一类是基于 Mindlin 理论的壳单元。前者需要构造 C^1 阶连续性的插值函数。在二维问题中构造 C^1 阶连续性的插值函数已经非常复杂了，在三维问题中构造 C^1 阶连续性的插值函数是极其困难的，构造壳单元的效率很低。由于这个原因，在冲压成形有限元仿真分析中几乎不采用基于 Kirchhoff 板壳理论的 C^1 阶单元。基于 Mindlin 理论的壳单元采用位移和转动独立插值的策略，从而将构造 C^1 阶连续性插值函数的复杂问题转化为构造 C^0 阶连续性的插值函数，使问题得到简化。此外，基于 Mindlin 理论的壳单元族中包含着这一类格式非常简单、非常流行的从 C^0 阶实体单元蜕化来的壳单元。这些优点使得基于 Mindlin 理论的壳单元在冲压成形有限元仿真研究中被广泛使用。

当采用位移和转动独立插值的基于 Mindlin 理论的壳单元时，有限元系统的系统刚度矩阵 $\boldsymbol{K}$ 可以表示为弯曲应变项对应的刚度矩阵 $\boldsymbol{K}_b$ 和剪切应变项或薄膜应变项对应的刚度矩阵 $\boldsymbol{K}_s$ 之和，即

$$\boldsymbol{K} = \boldsymbol{K}_b + \boldsymbol{K}_s \tag{5-2}$$

当采用全积分（Fully Integration）时，不能保证 $\boldsymbol{K}_s$ 的奇异性，从而导致虚假的剪切应变能项或变薄膜应变能项，即发生所谓的剪切闭锁或薄膜闭锁（Shear Locking or Membrane Locking），严重影响计算的准确度。许多学者对这一问题进行了研究，提出了降阶积分（Reduced Integration）方案来保证 $\boldsymbol{K}_s$ 的奇异性，同时可能会导致 $\boldsymbol{K}$ 的奇异性，从而导致出现"沙漏"（即零能模式），产生虚假的解。为了避免出现这种情况，必须进行有效的沙漏控制。为此，美国麻省理工学院的 K. J. Bathe 教授提出了假设应变场（Assumed Strain Field）的方法，该方法既保证了 $\boldsymbol{K}_s$ 的奇异性，又保证了 $\boldsymbol{K}$ 的非奇异性，从而有效地避免了各种闭锁现象和沙漏现象。

近年来，人们基于 Mindlin 理论，采用各种有效的方法避免闭锁和沙漏现象，开发了多种用于冲压成形有限元仿真分析的 C^0 阶壳单元，Belytschko – Tsay 壳单元（简称 BT 单元）就是其中计算精度和效率都很高的一种。用 BT 壳单元来建立覆盖件冲压成形中坯料的有限元模型是非常合适的。

5.1.2 屈服准则

1. 各向同性材料的屈服准则

1）Tresca 在 1864 年首先提出了屈服准则的概念，他假定材料中的最大切应力达到一个临界值时材料发生屈服，后来 Huber、Mises 和 Hencky 发现静水压力对塑性变形没有贡献，分别独立地提出了屈服准则，这些准则表明弹性变形是导致材料从弹性变形到塑性变形的唯一因素。为了修正 Tresca 和 Huber – Mises – Hencky 屈服面的差异，Drucker 在 1949 年提出了如下准则

$$\phi = J_2^3 - cJ_3^2 = k^2 \tag{5-3}$$

式中 J_2、J_3——应力偏量第二、第三不变量；

c、k——材料常数。

2）Hershey 和 Hosford 于 1972 年在多晶体计算的一系列结果基础上，也提出了一个适用于各向同性材料的屈服准则，即

$$\phi = |\sigma_1 - \sigma_2|^m + |\sigma_2 - \sigma_3|^m + |\sigma_3 - \sigma_1|^m = 2\overline{\sigma}_e^m \tag{5-4}$$

式中 m——与晶体结构有关的参数。

式（5-4）表示的准则在 1979 年被推广到平面应力条件下的各向异性材料，即 Hosford（1979）屈服准则。

2. 各向异性材料的屈服准则

（1）Hill 屈服准则 为了描述各向异性材料的屈服面，1948 年 Hill 在 Huber – Mises – Hencky 准则的基础上引入系数，提出了 Hill 二次屈服准则，即 Hill（1948）屈服准则。其平面应力状态下的形式为

$$\phi = \sigma_1^2 - \frac{2R}{1+R}\sigma_1\sigma_2 + \sigma_2^2 = \overline{\sigma}^2 \tag{5-5}$$

式中 $\overline{\sigma}$——等效应力；

σ_1、σ_2——主应力；

R——厚向异性系数平均值。

Hill（1948）二次屈服准则是被最广泛使用的屈服准则，几乎所有的板料成形模拟程序均可以采用该准则进行计算，因为该准则可以用于复杂应力状态，并能推导出线性化的应力应变增量关系。Hill（1948）准则是各向异性塑性理论建立过程中的一个里程碑。它的表达式简单，应用方便，并能够较为准确地反映低碳钢的各向异性特征。后来许多屈服准则都是在该准则的基础上引入其他参数，获得了更高的计算精度。

Hill（1948）准则比较适合描述 R 值较高的材料的各向异性（如低碳钢），然而它在铝合金的应用中被证明是不适合的。其他非二次屈服准则，如 Hill（1979、1990、1993）准则、Gotoh（1977）准则、Budianski（1984）准则、Weixan（1990）准则、Montheillet（1991）准则、Lin and Ding（1996）准则等可以更好地描述铝合金的屈服特征。

因为 Hill （1948）屈服准则不能描述一些材料的"反常"行为（$R<1$），Hill 在 1979 年提出了非二次屈服准则，根据系数的取值不同，它可以简化为四种特殊情况。如果假定面内主轴和各向异性主轴重合的话，Hill （1979）非二次屈服准则的一般形式可以考虑面内各向异性，但它的屈服面与多晶体模型导出的屈服面在某些情况下有较大的差异，Montheillet 在 1991 年将其推广到更加一般的情况，提出了模型的精度。在四种特殊情况中，第四种是最常用的，它可以考虑厚向异性的影响，但是不能反映面内各向异性，其表达式为

$$\phi = \left|\sigma_1 + \sigma_2\right|^m + \left|\sigma_1 - \sigma_2\right|^m = 2(1+2R)\overline{\sigma}^m \tag{5-6}$$

在 Bishop – Hill （1951）多晶体模型的基础上，Bassani 在 1997 年提出了一个屈服准则，用来简化反映面内各向异性屈服面的形状。Hosford 在 1979 年独立提出了如下屈服准则

$$\phi = F\left|\sigma_y - \sigma_z\right|^m + G\left|\sigma_z - \sigma_x\right|^m + H\left|\sigma_x - \sigma_y\right|^m = \overline{\sigma}^m \tag{5-7}$$

式中　F、G、H——材料常数。

Hosford （1979）准则也可以看做 Hill （1979）准则的推广，有的文献也将其作为 Hill （1979）准则的第五种情况，其主要优点是可以通过调整 m 值，非常精确地逼近由多晶体 Bishop – Hill 模型得到的屈服轨迹。对于面心立方晶格的材料，取 $m=6$；对于体心立方晶格的材料，取 $m = 8 \sim 10$。

Hill 在 1990 年也在屈服准则中引入了剪切应力，即 Hill （1990）准则，后来该准则经过局部修正，成为了 Lin and Ding （1996）屈服准则。

为了更精确地描述铝合金的变形行为，Hill 在 1993 年提出了 Hill （1993）准则，但只有在应力主轴和各向异性主轴平行的情况下方可使用。

（2）Barlat 屈服准则　Barlat 及其合作者在 Hosford 屈服准则的基础上提出了一系列包含面内各向异性的屈服准则。Barlat and Lian （1989）屈服准则适合于平面应力状态，包含四个参数，是一种新的非二次屈服准则。Barlat and Lian （1989）屈服准则能更合理地描述有较强织构的各向异性金属板料的屈服行为，有效地模拟板料拉深成形过程中凸缘的塑性流动规律，可以模拟凸缘出现 2、4、6 个凸耳的现象，全面地反映了面内各向异性和屈服函数指数 m 对板料成形过程中的塑性流动规律及成形极限的影响。其函数形式为

$$\phi = a\left|k_1 + k_2\right|^m + a\left|k_1 - k_2\right|^m + (2-a)\left|2k_2\right|^m = 2\overline{\sigma}^m \tag{5-8}$$

式中　$k_1 = \dfrac{\sigma_x + h\sigma_y}{2}$；

$k_2 = \sqrt{\left(\dfrac{\sigma_x - h\sigma_y}{2}\right)^2 + p^2\tau_{xy}^2}$；

a、h、p——材料常数。

Barlat 于 1991 年在各向同性 Hershey – Hosford 准则的基础上，通过用张量取代主应力的方法将其扩展到三维应力状态，并且引入了其他六个参数，得到了 Barlat （1991）屈服准则。Lian 和 Chen 也用了几乎相同的方法将 Hill （1979）准则作了推广。Karafillis 和 Boyce 在 1993 年提出了 Karafillis and Boyce （1993）准则，该屈服函数考虑了两个凸函数的加权和，并通过一种线性应力变换引入各向异性。

Barlat 在 Barlat （1991）准则的基础上用线性应力变换推导出了包含 7 个参数的屈服函数——Barlat （1997）屈服函数。该屈服函数的缺陷是没有证明过屈服面的外凸性，而且由于它的形式过于复杂，很难在有限元中应用。Yoon （2000）准则和 Barlat （2003）准则的出

现补偿了这些不足，该屈服准则应用了两个线性应力变换，包含 8 个参数，而且它容易被证明是外凸的，目前已被应用在有限元模拟软件中。有关线性应力变换的内容在 Aretz and Barlat（2004）准则和 Barlat（2005）准则中有所阐述。从这个基本理论出发，Yoon 在 2005 年提出了两种新的分别含有 13 个和 18 个参数的屈服方程，这些模型可以描述杯形件拉深时的 6 个或 8 个凸耳现象。

（3）其他的屈服准则　近年来，国际上又出现了不少新的屈服准则，Banabic 等人提出了描述平面应力问题的含有 6 个参数的屈服准则——BBC（2000）准则和 Banabic（2003）准则，事实上它也是 Barlat and Lian（1989）准则的推广，这个屈服准则随后被改进为包含 8 个参数的 Paraianu（2003）准则和 Banabic（2003、2005）准则。

BBC（2000）准则应用于平面应力状态，其表达式为

$$\phi = a \left[(b\Gamma + c\Psi)^{2m} + a (b\Gamma - c\Psi)^{2m} + (1-a)(2c\Psi)^{2m} \right]^{\frac{1}{2m}} \tag{5-9}$$

式中　　a、b、c、m——材料常数；

　　　　Γ、Ψ——应力张量第二和第三不变量的函数。

m 的取值与材料有关：对于 BBC 材料，取 $m=3$，对于 FCC 材料，取 $m=4$。

2002 年，Cazacu 和 Barlat 拓宽了应力张量第二和第三不变量的含义，提出了 CB2002 准则，即

$$\phi = (J_2^0)^3 - c(J_3^0)^2 = k^2 \tag{5-10}$$

对于一般应力状态，该准则需要确定 18 个参数，对于平面应力状态也需要确定 10 个参数，因而应用较为困难。

Bron 和 Besson 在 2004 年也提出了一种屈服准则，它结合了 Karafillis and Boyce（1993）准则和 Barlat（1991）准则。与 Barlat（2003）准则一样，该准则采用了两个线性应力变换。

Vegter 等人提出了 Vegter（1999、2003、2006）准则，这些屈服准则与以上提到的屈服准则有显著不同的各向异性方程导出方式。在这里，平面应力状态由主应力表示，θ 表示第一主轴与轧制方向的夹角，每个主应力平面由 θ 来确定，屈服轨迹是由一系列实验测得的应力点组成的二阶 Bezier 内插值方程；在每个主应力平面里，组成屈服轨迹的实验点由单向拉伸、平面应变、双向等拉和纯剪切测试所得到。在该模型中，可以纳入任意数目的 θ 平面，通过对 θ 的傅里叶级数展开实现一系列 θ 平面的内插值。

在经典的塑性理论中，仅在初始屈服状态用到建立本构模型的各向异性屈服方程，这样就不能将硬化带来的各向异性考虑进去，同时会导致后继屈服的各向异性对初始屈服状态非常敏感。因此，Weilong Hu 在 2007 年提出了包含硬化的各向异性本构模型——Hu（2007）模型，该模型能更合理地描述轧钢等具有明显各向异性的材料的变形行为，且各向异性值会随着塑性应变的增大而减小。

归纳来说，常用来分析板料成形的屈服准则有：Hill（1948、1979、1993）准则、Edelman and Drucker（1951）准则、Hershey（1954）准则、Hosford（1972、1979、1980、1996）准则、Bassani（1977）准则、Gotoh（1977）准则、Gupta（1977）准则、Bressan and Williams（1983）准则、Budianski（1984）准则、Barlat and Lian（1989）准则、Barlat（1991、1993、2003）准则（即 Yoon2000 准则）、Karafillis and Boyce（1993）准则、Banabic（2000）准则等。

5.1.3　流动应力方程

有限元法被广泛应用于复杂的金属成形过程分析，例如大变形、基于变形历史和复杂接触边界的大变形问题。在求解过程中，须将材料的真实应力－应变曲线写成数学表达式，即流动应力方程，也称作本构方程。在确定流动应力方程时应尽可能符合材料的实际情况，同时表达式应尽可能简单，以便求解复杂的实际问题时不会出现大的数学困难。

众所周知，应力应变关系曲线通常包括两个部分：一个是线弹性部分；另一个是非线性的塑性变形部分。目前已有许多近似的本构方程被用来描述材料的应力应变曲线，其中式（5-11）~式（5-17）被广泛地应用于金属成形过程模拟，这些方程适用于低应变速率和常温下的变形过程，即忽略了在塑性变形过程中由温度升高带来的对流动应力的影响。

Hollomon 方程为

$$\sigma = K\varepsilon^n \tag{5-11}$$

Ludwik 方程为

$$\sigma = \sigma_0 + K\varepsilon^n \tag{5-12}$$

Swift 方程为

$$\sigma = a\,(\varepsilon - b)^n \tag{5-13}$$

Voce 方程为

$$\sigma = \sigma_s - (\sigma_s - \sigma_0)\,e^{-n\varepsilon} \tag{5-14}$$

Samanta 方程为

$$\sigma = \sigma_0 + c\ln\varepsilon \tag{5-15}$$

Hockett－Sherby 方程为

$$\sigma = a - (a - b)\,e^{-M\varepsilon^n} \tag{5-16}$$

Ghosh 方程为

$$\sigma = a\,(b + \varepsilon)^n - c \tag{5-17}$$

在上述流动应力方程中，有许多待定常数，这些未知数可以通过材料的拉伸实验来确定。最普遍的拉伸实验即单向拉伸实验，它通过在一个普通的拉伸测试机器上用同种条件下的单轴加载，然后用伸长计测量某一固定标距内的试件伸长量来实现。这种测量的缺点是它假设的材料均匀性只在达到最大载荷前才满足，在达到最大载荷后会发生塑性失稳和应力集中，进而产生分散性缩颈，最终导致试件断裂。而在薄板变形时往往集中性失稳才是导致破裂的主因，当试件的宽度下降时出现分散性失稳而非集中性失稳，事实上集中性失稳发生时试件的宽度减薄量很小，而在失稳的区域厚度变化却非常剧烈，很快发生破裂。为了精确地描述材料的这一变形行为，人们想到了一些特殊的方法，例如 J. Kajberg 通过对平面内位移场逐点进行数字散斑摄影（DSP）来捕捉材料的变形过程，然后在假设体积不可压缩的情况下，由微分方法得到塑性应变。通过运用逆向模型，包括对单向拉伸实验的有限元分析，而使材料参数逼近目标函数的最小值，这个目标函数是基于实验和有限元计算所得的位移和应变场的差值。

下面分别用式（5-11）~式（5-17）中的流动应力方程对热轧酸洗钢板 QStE340TM 的单向拉伸真实应力应变曲线进行拟合。以 Hollomon 流动应力方程为例，其拟合步骤为：用软件 OriginPro7.5 对材料的单向拉伸所得到的真实应力应变值进行拟合，可得到两个参数值——K、n，然后代入 $\sigma = K\varepsilon^n$，可得到一个以 ε 为自变量，σ 为因变量的关系式。从而给定一个 ε 的变化区域，就能绘制出一条应力应变曲线。以同样的方式拟合出其他六种方程中的待定系数项，可以得到七条曲线。与实验值作比较，即得到图 5-2 ~图 5-4。

可以看到，从屈服到强度极限的一段，除 45 度方向的 Samanta 方程拟合结果有些差别，各方程得到的拟合结果都十分相近。过了强度极限后，Voce 曲线逐渐趋向水平，Hockett－

Sherby 与 Samanta 变化也趋于平缓。

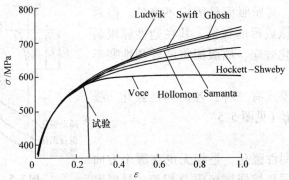

图 5-2　不同本构方程对与轧制方向成 0°的
QStE340TM 试件单向拉伸数据的拟合

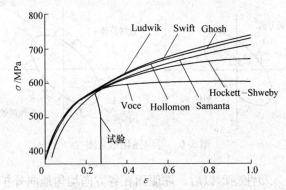

图 5-3　不同本构方程对与轧制方向成 45°的
QStE340TM 试件单向拉伸数据的拟合

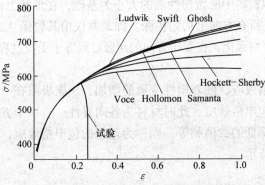

图 5-4　不同本构方程对与轧制方向成 90°的
QStE340TM 试件单向拉伸数据的拟合

由图 5-2~图 5-4 可知，在变形量较小时，不同流动应力方程的区别并不明显，但对于大变形过程，流动应力方程的选取将会对计算结果产生影响。

5.1.4　硬化模型

塑性硬化法则规定了材料进入塑性变形后的后继屈服函数。此函数不仅与应力状态有关，还与塑性应变和强化参数有关。对于理想弹塑性材料，因无硬化效应，其屈服面是固定不变的。但对于用于汽车覆盖件冲压成形的板料，其在塑性屈服后将表现出较明显的强化效应，屈服面将随着塑性变形的发展而变化。

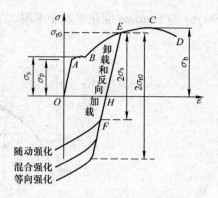

图 5-5　三种强化模式

常用的材料强化模式有三种：各向同性强化、线性随动强化和混合强化（见图 5-5）。

1. 等向强化

等向强化即各向同性强化，是指无论在哪个方向加载，拉伸屈服极限同压缩屈服极限总相等，材料发生相同程度的强化，如图 5-6 所示。

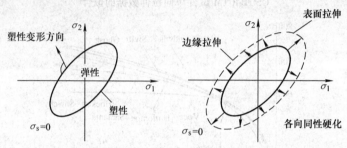

图 5-6　等向强化示意图

此法则规定材料进入塑性变形以后，屈服面在各方向均匀地向外扩张，其形状、中心及其在应力空间的方位均保持不变。在这种情况下，后继屈服函数与初始屈服函数具有相同的表达形式。

等向强化的屈服面以材料中所做塑性功的大小为基础，在形状上作相似的扩张。对 Mises 屈服准则来说，屈服面在所有方向上均匀扩张。加载面仅由其曾经达到过的最大应力点决定，与加载历史有关。由于等向强化，在受压方向的屈服极限等于受拉过程中所达到的最高应力。

2. 随动强化

随动强化产生包申格效应，随着塑性变形的增加，屈服极限在一个方向上提高而在相反方向上降低的效应即为包申格效应，此时材料为各向异性。若一个方向的屈服极限提高的数值和相反方向屈服极限降低的数值相等，则称为理想的包申格效应，此时材料的强化现象称为随动强化，如图 5-7 所示。

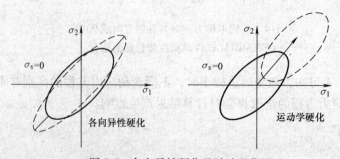

图 5-7　各向异性硬化及随动强化图

此法则规定材料进入塑性变形以后，屈服面在应力空间作刚体移动，而其形状、大小和方位均保持不变。在这种情况下，后继屈服面可表示为

$$\Phi(\sigma_{ij}, \alpha_{ij}) = 0 \tag{5-18}$$

式中　α_{ij}——屈服面中心在应力空间的移动张量。

根据 α_{ij} 不同的规定，随动强化准则又有 Prager 运动硬化准则和 Zeigler 运动硬化准则两种形式。

随动强化理论中包含包申格效应，认为对大多数金属来说，假定屈服面的大小保持不变而仅在屈服的方向上移动，当某个方向的屈服应力增大时，其相反方向的屈服应力则降低。在随动强化中，由于拉伸方向屈服应力的增加导致压缩方向屈服应力的降低，所以在对应的两个屈服应力之间总存在一个 $2\sigma_s$ 的差值，初始各向同性的材料在屈服之后将不再是同性的。相应的屈服函数表示为

$$F(\sigma_{ij}, \alpha_{ij}) = f(\sigma_{ij} - \alpha_{ij}) - k = 0 \tag{5-19}$$

式中　α_{ij}——移动张量，表示加载面中心的位移，它与塑性变形 ε_{ij}^p 的历程有关。

3. 混合强化

混合强化即随动强化和等向强化同时存在。实验表明，弹塑性材料的屈服强化过程通常同时具有等向强化和随动强化特性，初始强化几乎完全是各向同性的，但随着塑性变形程度的增大，弹性域达到一定常数值，强化性质更接近纯运动状态。为了同时考虑这两种强化特性，提出了混合硬化的概念，其后继屈服函数表示为

$$\frac{3}{2}(s_{ij} - \alpha_{ij})(s_{ij} - \alpha_{ij}) - \sigma_y^2 = 0 \tag{5-20}$$

式中　α_{ij}、σ_y——ε_{ij}^p 的函数，与塑性变形历程有关。

对于金属材料的应力应变曲线，研究学者们提出了多种表示方法。通常可以近似使用如下公式对材料的应变强化曲线进行逼近分析，即

$$\sigma = K\varepsilon^n \tag{5-21}$$

而在实际的数值分析中，常使用线性强化模型，通过双线性或多线性折线来表示应力应变曲线。对于双线性应力应变曲线，一般通过材料的弹性模量（弹性斜率）和切线模量（切线斜率）两个斜率来计算材料的塑性斜率。然后通过等效应力和等效应变进行分析计算。根据 Mises 屈服准则，屈服应力的计算公式为

$$\sigma_y = \sigma_s + \beta E_p \varepsilon_p \tag{5-22}$$

式中　ε_p——等效塑性应变；

　　　σ_s——初始屈服应力；

　　　E_p——塑性硬化模量；

　　　β——硬化参数（$\beta = 1$ 时为等向强化，$\beta = 0$ 时为随动强化，$0 < \beta < 1$ 时为混合强化）。

目前大部分有限元软件只包含各向同性强化和线性随动强化，对于混合强化模型的研究只限于线性混合强化模型。但超高强度钢在反向加载时具有很强的包申格效应，而在回弹模拟中考虑到包申格效应的影响是非常重要的，因为大多数汽车零件在冲压过程中包含了弯曲和非弯曲变形。在板料成形过程中，当材料流过模具圆角时经历严重的弯曲和反弯曲变形，引起塑性加载和卸载现象。在这种情况下，反向加载软化的模拟精度就成为影响回弹模拟精

度的主要因素之一。采用现有的材料强化模型难以准确计算板料成形后横截面的应力，进而影响到板料回弹量的预测。因此，建立考虑板料反向加载过程中包申格效应的各向异性材料强化模型是准确预测超高强度钢冲压件回弹量的前提。

5.1.5　失稳判据

在变形达到材料所能承受的极限后，材料就会发生破裂。由于有限元模拟中无法像实际情况中那样观察到零件的破裂，因此一个合理的破裂判据对有限元仿真来说极其重要。

几十年来很多学者分别采用宏观的连续介质力学方法和微观的损伤力学方法对成形极限进行理论研究，取得了很多研究成果，概括起来可以分为以下几类：第一类是经典的分叉理论，如 Swift 分散性失稳理论和 Hill 集中性失稳理论等；第二类认为材料局部初始不均匀性是导致缩颈的原因，如 M - K 理论等；第三类认为材料的局部细微裂纹是导致塑性失稳的原因，如损伤理论等。第一类理论是基于均匀连续体的失稳假设；后两类理论是基于非均匀材料的损伤失稳假设，将材料损伤的发生、发展引进失稳模型，建立修正判据。

但是以上理论方法在实际应用中尚存在很多困难，目前在商业化的有限元仿真软件中一般都采用基于经验公式的成形极限图（Forming Limit Diagram，FLD），这一概念最早由 Keeler 和 Goodwin 在 1965 年提出，后来通过进一步发展试验技术，由 Goodwin 于 1968 年进行补充，形成如今人们熟知的 FLD 图形式。

目前在板料成形的数值模拟中，用 FLD（成形极限图）方法来预测破裂最为常见。模拟软件中通常采用经验公式（式 5-23）获得 FLD，只需输入材料的硬化指数 n、厚度 t 和厚向异性系数 R 即可得到成形极限图，该经验公式可对普通钢板的破裂作出有效预测，但是对于一些高强钢，其准确性还有待验证。通过零件上应变点在成形极限图中的分布位置，可以对零件的成形质量作出判断（见图 5-8）。

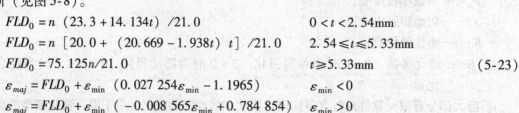

图 5-8　成形极限图的应用

$$FLD_0 = n\ (23.3 + 14.134t)\ /21.0 \qquad\qquad 0 < t < 2.54mm$$
$$FLD_0 = n\ [20.0 + \ (20.669 - 1.938t)\ t]\ /21.0 \qquad 2.54 \leqslant t \leqslant 5.33mm$$
$$FLD_0 = 75.125n/21.0 \qquad\qquad\qquad\qquad\qquad t \geqslant 5.33mm \qquad\qquad (5\text{-}23)$$
$$\varepsilon_{maj} = FLD_0 + \varepsilon_{min}\ (0.027\,254\varepsilon_{min} - 1.1965) \qquad \varepsilon_{min} < 0$$
$$\varepsilon_{maj} = FLD_0 + \varepsilon_{min}\ (-0.008\,565\varepsilon_{min} + 0.784\,854) \qquad \varepsilon_{min} > 0$$

5.1.6　模拟算法

冲压成形过程是一个大变形的非线性力学过程，其数值分析以增量法为主，建立有限元格式的途径有两种，即 T. L. 法和 U. L. 法。可以证明，用这两种表达方式建立起来的有限元格式是等效的，如果采用与数学表达式一致的本构关系，它们将产生相同的结果。因此，无论是用 T. L. 格式还是 U. L. 格式，最终在经过有限元离散化之后建立起来的坯料运动方程都可以表示为

$$M\ddot{u} + C\dot{u} + f_i = f_e \tag{5-24}$$

式中　M、C——质量矩阵和阻尼矩阵；

　　　$\ddot{u}$——节点位移矢量；

　　　f_i、f_e——等效内力矢量和等效节点力矢量。

一般认为，冲压成形过程是一个准静力过程，因而速度和加速度的影响可以忽略。则考虑 t 时刻和 $t + \Delta t$ 时刻的平衡方程为

$$f_i^t = f_e^t \tag{5-25}$$

$$f_i^{t+\Delta t} = f_e^{t+\Delta t} \tag{5-26}$$

以上两式相减，得到增量方程为

$$f_i^{t+\Delta t} - f_i^t = f_e^{t+\Delta t} - f_e^t = \Delta f_e \tag{5-27}$$

把 $f_i^{t+\Delta t}$ 表示成 u 附近的仅保留线性项的 Taylor 展开式，可得到

$$f_i^{t+\Delta t} - f_i^t \approx \frac{\partial f_i}{\partial u}\bigg|_{u^t} (u^{t+\Delta t} - u^t) = k(u^t)\Delta u_1 \tag{5-28}$$

因而得到求解方程为

$$\Delta u_1 = k^{-1}(u^t)\Delta f_e \tag{5-29}$$

$$u_1 = u^t + \Delta u_1 \tag{5-30}$$

当 Δf_e 不大时，可以认为

$$u^{t+\Delta t} = u_1 \tag{5-31}$$

此刻为静力显式格式（Static Explicit Algorithm，SE）。

对于静力显式格式，为保证解的收敛性，必须严格限制增量 Δf_e 的大小。Δf_e 的选择应满足以下条件：①任一单元的弹塑性状态在增量步内不发生变化；②任一主应变值的增量必须小于一给定值 $\Delta \varepsilon_{max}$，一般取 $\Delta \varepsilon_{max} = 0.002$；③任一旋转增量必须小于一给定值 $\Delta \theta_{max}$，一般取 $\Delta \theta_{max} = 0.5°$；④任一节点与模具表面的接触状态在增量步内不发生改变。材料弹塑性状态变化和接触状态变化在下一个积分步开始时加以考虑。

当步长 Δf_e 较大时，由于采用了近似表达式（5-28），造成由式（5-30）确定的 u_1 不满足平衡方程式（5-27），记此不平衡力为 ΔR，则

$$f_i(u^{t+\Delta t}) - f_i(u_1) = \Delta R \tag{5-32}$$

把 $f_i(u^{t+\Delta t})$ 表示成 u_1 附近的仅保留线性项的 Taylor 展开式，得到

$$f_i(u^{t+\Delta t}) - f_i(u_1) \approx \frac{\partial f_i}{\partial u}\bigg|_{u_1} (u^{t+\Delta t} - u_1) = k(u_1)\Delta u_2 \tag{5-33}$$

从而得到新的近似解为

$$\Delta u_2 = k^{-1}(u_1)\Delta R \tag{5-34}$$

$$u_2 = u_1 + \Delta u_2 \tag{5-35}$$

重复以上步骤，直至 ΔR 足够小，则可得到 $t + \Delta t$ 时刻的解 $u^{t+\Delta t}$。此即为静力隐式格式（Static Implicit Algorithm，SI）。$\Delta R \rightarrow 0$ 是此格式的收敛判据。

如果在式（5-26）中也考虑速度和加速度的影响，相当于把冲压成形过程看做一个在动载荷作用下的力学响应过程。采用适当的处理方法，M 和 C 可以转化为对角阵。考虑 t 时刻的运动方程，由中心差分算法可得到在 $t + \Delta t$ 时刻的节点位移 $u^{t + \Delta t}$ 为

$$u^{t + \Delta t} = \left(\frac{1}{\Delta t^2}M + \frac{1}{2\Delta t}C \right)^{-1} \left[f_e - f_i + \frac{M}{\Delta t}(2u^t - u^{t - \Delta t}) + \frac{C}{2\Delta t}u^{t - \Delta t} \right] \tag{5-36}$$

此即动力显式格式（Dynamic Explicit Algorithm，DE），每个自由度的位移可由式（5-36）独立求出。由于中心差分算法是条件稳定的积分算法，所以为保证式（5-36）的计算稳定性，时间步长 Δt 应满足

$$\Delta t \leqslant \Delta t_{cr} = \frac{T_{\min}}{\pi} \tag{5-37}$$

式中　$T_{\min}$——有限元系统的最小固有振动周期。

从上述三种求解格式的求解过程来看，静力隐式格式在每一增量步内都要进行多次迭代，直至满足收敛性条件后，再进入下一增量步；一旦某一步收敛条件不满足，则将导致收敛性错误而停止运算，得不到所需的解答，因而当模型较大、单元数目较多时，静力隐式格式的计算时间将相当长。

起初人们都采用静力隐式格式有限元来分析冲压成形问题，因为当时分析的都是简单几何形状模具下的成形，如轴对称等二维问题，相应的模型比较小，在这种情况下静力隐式格式比动力显式格式的计算效率高（因为动力显式格式受最小时间步长的限制），而且由于接触状况等边界条件都很简单，收敛性条件很容易被满足，所以静力隐式格式有限元受到了普遍关注，得到了很大的发展。当人们把静力隐式格式有限元应用于分析覆盖件冲压成形问题时，遭遇了严重的计算效率和收敛性问题，因此人们把目光转向了显式格式有限元。

静力显式格式有限元把每一增量步限制得非常小，而且认为在每一增量步内单元的弹塑性状态和接触状态不发生改变，在每一增量步内不必经过迭代，因而避免了收敛性问题。但是，与静力隐式格式有限元相比，静力显式格式有限元的计算效率并没有多大改善。

动力显式格式有限元不必构造和计算总体刚度矩阵，不必经过迭代，因而不存在收敛性问题，也不必因求解大量繁琐的线性化方程组而降低效率，所以它能够高效、稳健地获得所求解。虽然动力显式格式是条件稳定的，受最小时间步长的限制，但却可以利用这个最小时间步长限制来方便而有效地处理接触问题，因为对于接触问题而言，接触状态变化越小越容易处理。动力显式格式有限元的这些优势尤其是在处理像车身覆盖件这样的冲压成形问题时表现得更为明显。图 5-9 反映了动力显式格式有限元和静力隐式格式有限元的计算时间与分析模型大小的关系。

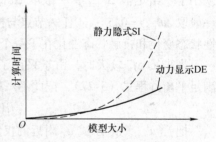

图 5-9　DE 和 SI 计算效率的比较

用动力显式格式有限元分析冲压成形问题也存在着不足之处：①把作为准静力过程的冲压成形问题处理成动力学过程，可能会引起解的精度偏差；②为了提高计算效率，不得不提高凸模速度，即所谓速度放大假设（Velocity Amplification Assumption），这可能在某些情况下造成不真实的解。但大量的研究表明，在一般情况下，用动力显式格式有限元分析冲压成

形问题所获得的结果是合理的。

5.1.7　板料成形数值模拟网格划分

因为板料要产生大位移、大转动、大变形，对于形状复杂的冲压件，如不采用高精度的单元就难以获得合理的 CAE 分析结果；还有一些冲压件，在成形之后还要进行裁剪和脱模回弹分析，此时就需要选择更高精度的单元公式进行模拟。因此，对于不同的计算问题，应选用与之相适应的单元公式。

在冲压成形过程中，坯料是典型的大变形构件，因此，坯料必须采用精细的网格模型，而且单元形状要尽量保证采用四边形单元（见图 5-10）。

在板料成形 CAE 分析中，模具作为刚体，其网格一方面作为模具型面的近似描述，另一方面作为接触界面与坯料一起构成接触模型，但不参与应力与应变计算，也不影响系统的临界时间积分步长，主要考虑对模具型面的准确描述，可使用三角形单元和四边形单元（见图 5-11）。

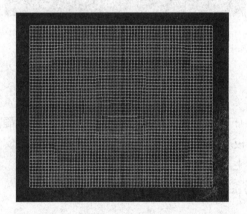

图 5-10　板料网格

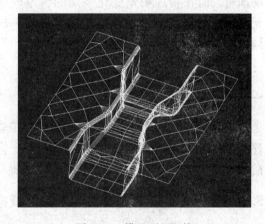

图 5-11　模具型面网格

针对只有最终零件型面的分析算例，可在对零件型面（见图 5-12）进行网格离散化后通过沿法向进行偏置得到凸、凹模的网格型面（见图 5-13），由凹模型面偏置出凸模型面则间隙为 $-1.1t$，而由凸模型面偏置出凹模型面则间隙为 $+1.1t$，t 为板料厚度。

图 5-12　零件型面

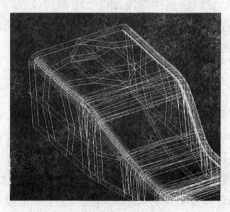

图 5-13　由模具型面偏置出凸、凹模网格

在数值模拟过程中，计算精度和计算效率是一对矛盾。为了提高计算精度，需要增加单元的数目，对所研究的模型进行细化，这样就会导致计算成本的增加。而从计算效率的角度考虑，则希望单元数目越少越好，但单元数目的减少将导致计算精度下降，使计算结果失去意义。既满足计算的精度要求，又能保证较高的计算效率，人们提出了很多技巧和技术，其中，自适应网格技术得到了越来越多广泛的应用。

自适应网格方法是指在计算中，在某些变化较为剧烈的区域，如大变形、突出间断面、激波面和滑移面等，网格在迭代过程中不断调节，将网格细化，做到网格点分布于物理解的耦合，从而提高解的精度和分辨率的一种技术（见图 5-14）。自适应网格希望在物理场量变动较大的区域的单元网格能够自动加密，而在物理场量变化平缓的区域的单元网格则相对稀疏，这样可在保持高效率的同时得到高精度的解。

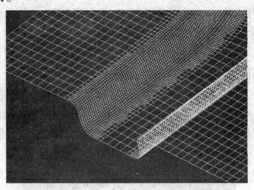

图 5-14　网格在零件圆角处产生自适应

5.2　板料成形软件介绍

从求解方法上看，概括起来，数值模拟软件有三大主流，即动态显式、静态隐式和静态显式。进入 20 世纪 90 年代以后，国外若干大型板料成形有限元数值模拟软件开始进入实用阶段，很好地解决了产品的工艺性问题，提高了生产效率。

5.2.1　全流程集成化板料成形数值模拟软件——FASTAMP

FASTAMP 是一款由华中科技大学材料成形与模具技术国家重点实验室开发的，具有完全独立版权的全流程集成化板料冲压成形仿真软件。FASTAMP 软件相较于国外同类软件具有非常明显的特点，可以精确计算冲压件或零件的毛坯尺寸；可以模拟两步成形和多步成形过程，可以近似地模拟单动压力机、双动压力机、三动压力机等类型压力机成形过程的问题；可以快速预测覆盖件三维翻边过程的可成形性，精确确定三维修边线，彻底改变传统修边模和翻边模设计过程中依靠简单的解析理论和经验公式的现象，大幅度提高修边模和翻边模的设计效率；可以进行毛坯分步展开，展开过程中可以考虑中性层偏移对展开尺寸的影响，可以得到零件的中间构形形状。

FASTAMP 软件增量法采用动力显式算法，具有板料网格自适应加密与减密技术，并支持多 CPU 或多核 CPU 并行技术，因此成形模拟速度明显提高。

FASTAMP 软件不仅具有独立平台系统，还与 CATIA、UG NX、SolidWorks 和 Pro/E 等主流 CAD 软件进行了无缝集成（见图 5-15），基于 CAD 的装配体技术，实现设计模型与仿真模型的自动关联，大幅度减少由于设计变更造成的 CAE 分析反复建模次数；由于直接在 CAD 模型上进行 CAE 分析，也避免了模型转换过程中的数据丢失和精度损失，充分利用 CAD 系统的特性，提高了 CAE 软件的可应用性，降低了 CAE 软件的应用难度。

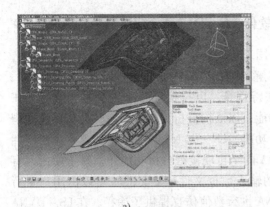

a)

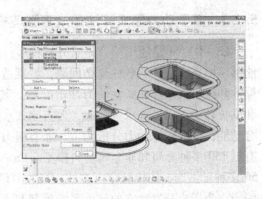

b)

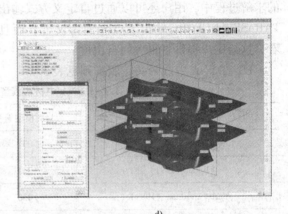

c)   d)

图 5-15 基于 CAD 平台的全流程成形模拟系统

a) 基于 CATIA 平台的成形模拟系统 b) 基于 UG NX 平台的成形模拟系统

c) 基于 SolidWorks 平台的成形模拟系统 d) 基于 Pro/E 平台的成形模拟系统

5.2.2 全工序板料成形数值模拟软件——AutoForm

AutoForm 软件是最初由瑞士联邦工学院开发，后由 Auto form 公司商业化的一款专门针对汽车工业和金属成形工业中的板料成形的有限元分析程序，它是采用全拉格朗日理论的弹塑性有限元分析软件。目前，在板料冲压成形仿真领域，全球众多汽车制造商、汽车模具制造商和冲压件供应商大多用它来进行产品开发、工艺规划和模具研发。AutoForm 的求解格式为静力隐式。由于 AutoForm 在接触处理算法、模面设计、单元技术和自适应网格技术等有限元技术上取得了突破，使得 AutoForm 在计算速度上具有很大的优势，也改变了动力显式算法计算效率优于静力隐式算法的传统观念。在模拟结果处理上，AutoForm 对模拟结果融合了许多有效的解释。遗憾的是，AutoForm 只提供摩擦模型、热传导系数的二次开发接口。对于其他模型的二次接口，目前尚未提供。对于其数据文件（sim 文件），无法用记事本等方式读取，这些均限制了用户操作的自由度，但避免了由于用户人为操作误差造成计算结果的偏差。

AutoForm 中嵌入的屈服准则有 Hill（1948）准则、Hill（1990）准则、Barlat（1989）准则和 BBC（2005）准则。

5.2.3　基于动力显式算法的成形数值模拟软件 LS – DYNA 和 PAM – STAMP 2G

　　LS – DYNA 是通用动力显式分析程序，由美国工程院院士 John Hallquist 博士领衔开发，能够模拟真实世界的各种复杂问题，特别适合求解各种二维、三维非线性结构的高速碰撞、爆炸和板料成形等非线性动力冲击问题。其算法特点是：以拉格朗日理论为主，兼有 ALE 和欧拉算法；以显式求解为主，兼有隐式求解功能；以结构分析为主，兼有热分析、流固耦合功能；以非线性动力分析为主，兼有静力分析功能。LS – DYNA 具有丰富的单元库，已拥有近 150 多种金属和非金属材料模型。LS – DYNA 的全自动接触分析功能非常易于使用，有 50 多种可供选择的接触分析方式。LS – DYNA 的输入数据文件（k 文件）可以由用户自行编辑，为用户开发独立的软件系统控制 LS – DYNA 进行数值仿真提供了途径。在 LS – DYNA 的求解过程中，用户还可以通过自定义方式输出各种技术结果信息，例如使用关键字 ∗ DA-TABASE_ NCFORC 输出节点界面力文件，而且这些文件内容可以直接使用文本编辑器查看，这给用户提供了很大的自由度。

　　LS – DYNA 中嵌入的屈服准则见表 5-1。

表 5-1　LS – DYNA 中材料模型对应的屈服准则和单元类型

屈服准则	材料模型编号	应力状态	适用单元类型
Hill（1948）	037	平面应力	2, 3
Barlat（1991）	033	三维应力	0, 2, 3
Barlat and Lian（1989）	036	平面应力	2, 3
Barlat（1997）	033 – 96	平面应力	2, 3
Barlat（2003）	133	平面应力（8 参数）	2, 3
Aretz（2004）	135 – PLC	平面应力	2, 3
Barlat and Lian（1989）和 Aretz（2004）	135	平面应力	2, 3
Cazacu and Barlat（2006）	233	平面应力	2, 3
Von Mises	024	平面应力	0, 2, 3

　　注：单元类型 0—solids, 2—shells, 3—thick shells。

　　PAM – STAMP 2G 是 ESI 集团旗下的一款集成化的冲压模拟分析软件，集成了模具设计、快速模面生成和冲压成形过程的模拟分析及优化，主要功能模块包括对模面进行设计和优化的 PAM – DIEMAKER、快速评估工具 PAM – QUIKSTAMP 以及验证成形工艺和冲压件质量的 PAM – AUTOSTAMP，模块间可以交互操作，并有针对用户的应用程序编程界面。

5.3　板料成形数值模拟技术在产品设计过程中的应用

　　采用 LS – DYNA 对图 5-16 所示零件的成形加载和卸载回弹过程分两步进行数值模拟，对于成形加载过程使用动力显式积分算法。

　　在成形过程计算时，板料网格单元选取厚向积分点数为 5 的四节点 B – T 壳单元，且采用 4 次网格重划分，网格初始大小为 2mm。

板料选用 36 号材料模型（＊MAT_ 3 – PARAME-TER_ BARLAT）进行定义，该模型采用 Barlat（1989）屈服准则，成形过程分析中将模具视为刚体，模具运动速度为 500mm/s。

接触模型选择在冲压分析中最常用的描述位移和速度边界的 FORMING_ ONE_ WAY_ SURFACE_ TO_ SURFACE 模型。

板料厚度为 1.4mm，材料性能参数通过拉伸试验获得，见表 5-2。

图 5-16　实际成形零件

表 5-2　DP780 材料性能参数

弹性模量	泊松比	板料厚度	硬化指数 n	硬化系数	厚向异性系数 R		
E/GPa	μ	t/mm		K/MPa	R_0	R_{45}	R_{90}
195	0.28	1.4	0.151	1235	0.82	1.18	0.96

模具间隙取板料厚度的 1.1 倍，即 1.54mm。有限元分析中的几何模型如图 5-17 所示。

图 5-17　有限元分析中的几何模型

分析结束后，可通过 FLD 图直观地观察零件上的应变分布，为判断零件成形质量提供指导（见图 5-18）。

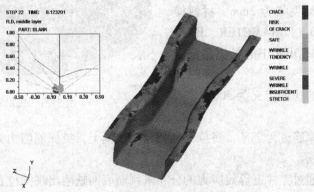

图 5-18　零件成形结束后的 FLD 图

　　将成形模拟后的 dynain 文件导入到 LS – DYNA 前处理，回弹计算中材料性能的定义与成形过程相同，板料网格单元选取厚向积分点数为 7 的四节点 B – T 壳单元，此外还需进行约束点设置，定义位置如图 5-19 所示。进行参数设置后，采用静力隐式积分算法进行回弹模拟，图 5-20 所示为回弹模拟结果。

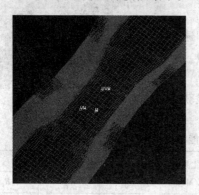

图 5-19　回弹约束点的定义

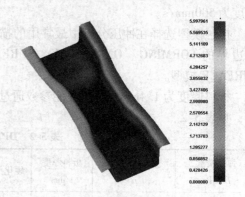

图 5-20　零件回弹模拟结果

5.4　板料成形数值模拟技术在冲压行业中的应用

5.4.1　在汽车覆盖件冲压成形中的应用

　　汽车覆盖件对车身质量有重要影响，要经过多道工序甚至十几道冲压工序才能完成，而且在每一道工序中，都会因冲压工艺、冲模结构及其有关参数、冲压材料、冲压条件等方面的原因而产生质量问题。面畸变是汽车覆盖件表面产生的局部起伏（或凸凹），其起伏高度一般在几十到几百微米。由于直接目视观察覆盖件表面时很难或无法发现这种缺陷，在车身油漆后经光照射才能表现出来。

　　采用图 5-21 所示的零件进行数值模拟，对零件上可能出现的面畸变进行预测。

　　毛坯尺寸为 500mm × 500mm 的方板，厚度为 0.7mm，初始网格为 2mm，材料模型采用 36 * MAT_ 3 – PARAMETER_ BAR-LAT 模型。在 DYNAFORM 中的具体参数设置如图 5-22 所示。

　　冲压过程凸模的速度定义为 500mm/s，压边力 200kN。

图 5-21　成形零件

　　然后对虚拟拉深筋进行定义，将拉深筋固定在凹模上，拉深筋阻力为 10N/mm，深度为 5mm，如图 5-23 所示。

　　模拟计算后，通过零件上等效应力的分布来判断表面缺陷出现的位置，等效应力小于金属屈服应力的区域会产生表面缺陷（见图 5-24），而且等效应力越小，表面缺陷越明显。图 5-25 所示为实际成形零件上产生的面缺陷。

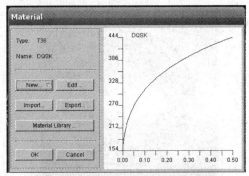

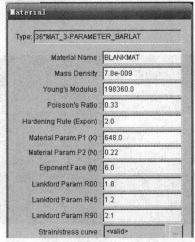

图 5-22　材料参数设置

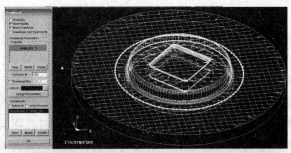

图 5-23　虚拟拉深筋参数设置

图 5-24 模拟结果：等效应力分布

图 5-25 实际成形零件

5.4.2 在汽车结构件冲压成形中的应用

本算例中基于 LS – DYNA 分别采用 Yoshida – Uemori 随动硬化模型和各向同性硬化模型结合 Hill（1948）各向异性屈服准则对某汽车结构件的冲压成形进行有限元仿真分析和回弹预测，并将模拟计算得到的结果与实验数据进行对比分析，从而验证 Yoshida – Uemori 随动硬化材料模型的精确度。

图 5-26 所示为某汽车结构件的冲压成形有限元三维模型，包括凸模、凹模、板料、压边圈和压料板。压边圈可对拉深板料施加压边力，从而防止板料在切向压力的作用下拱起而形成皱褶。压料板的作用是在成形过程中防止板料移动和弹跳。模具采用倒装结构，以单动拉深方式成形。

图 5-26 有限元模型

板料采用 DP600 的高强度钢板，其主要材料的力学性能参数见表 5-3，仿真中的参数设置见表 5-4。

表 5-3　DP600 材料参数（料厚为 1.1mm）

屈服强度/MPa	抗拉强度/MPa	R	n
390	630	0.85	0.149

表 5-4　基本成形过程参数设置

压边力/kN	摩擦系数	模具速度/m·s^{-1}
150	0.125	5

在有限元模拟中，将模具设为刚体，板料网格划分采用四边形网格，为保证成形与回弹分析的精度，进行网格划分时采用了比较细密的网格单元，网格尺寸为 2mm × 2mm，未采用网格自适应。在回弹过程的仿真计算中采用全积分壳单元，厚向积分点个数为 7 以确保仿真的精度。高强度钢板 DP600 对应的 Yoshida – Uemori 随动硬化材料模型的材料参数见表 5-5。

表 5-5　DP600 对应的 Yoshida – Uemori 模型材料参数

Y/MPa	B/MPa	R_{sat}/MPa	b/MPa	C	m	h
360	435	255	66	200	26	0.4
杨氏弹性模量 $E_0 = 206$ GPa，$E_a = 152$ GPa，$\xi = 61$						

图 5-27 所示为试件成形后的成形极限图。从图中可以看出，零件大部分面积都在安全区域，同时存在少量成形不充分区域，压料面有少量起皱区域，但主要起皱区域不在零件内部，不影响零件质量。

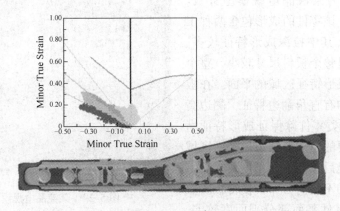

图 5-27　成形极限图

采用德国 GOM 公司的 ATOS 白光扫描设备进行回弹检测，得到回弹后零件与模具型面的偏移量。沿该冲压件的纵向不同位置取四个测试点可得到回弹量的具体数值，与仿真结果进行比较，得到的回弹实验结果如图 5-28 所示。

为了比较不同材料硬化模型对回弹仿真精度的影响，同时采用 LS – DYNA 中的三个参数——Barlat 材料模型和 Hill（1948）准则材料模型结合等向强化模型对该汽车结构件进行

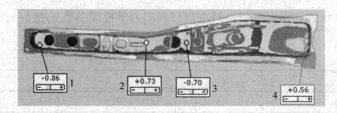

图 5-28　回弹实验结果

成形回弹分析。在仿真分析中，三种不同材料模型对应的 DP600 高强钢基本材料参数保持一致以保证仿真结果具有可比性。表 5-6 给出了四个测试点回弹量的仿真值与实验值的对比结果。

表 5-6　回弹仿真结果与实验结果对比

回弹比较 　　比较点	1	2	3	4
实验值/mm	-0.86	0.73	-0.70	0.56
Yoshida - Uemori 模型/mm	-0.71	0.62	-0.85	0.61
Barlat（1989）模型/mm	-0.56	0.30	-1.72	1.27
Hill（1948）模型/mm	-0.51	0.63	-1.14	1.31

从表 5-6 可以看出，采用 Yoshida - Uemori 随动硬化材料模型进行回弹分析所得到的结果比采用各向同性硬化材料模型所得到的结果更接近实际值。

5.4.3　在家电钣金件冲压成形中的应用

图 5-29 所示为某液晶电视模座背板。从图中可以看出，该零件的成形包含两种工序：拉深和翻边。其中拉深成形特征较多，成形特征尺寸相对整个板料尺寸较小，整个零件大部分为无成形特征区域的平面。在板料的四个边上，均有直角翻边特征，翻边高度为 3～5mm。该类零件除保证成形特征满足要求外，更重要的是成形结束后平面区域的平面度，以满足后续装配的精度要求。由于局部成形特征的不均匀分布，使得板料拉深成形结束后，零件平面部分平面度较差，表现为零件整体的翘曲。

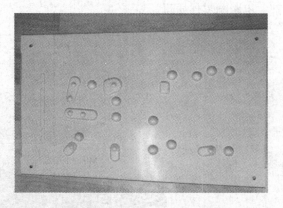

图 5-29　某液晶电视模座背板

此外，在板料的中间部分出现凹凸不平的现象。总之，由于非均匀局部变形，板料成形结束后整体平面度较差，翘曲现象严重（见图 5-30）。

变压边力技术的另一种方式是压边力随位置而变化，即分块压边。针对由于局部成形特征不均匀分布而诱发的翘曲回弹现象，提出将板料上有成形特征区域和无成形特征区域（平面部分）分块压边模式，通过改善材料流动的均匀性来控制翘曲回弹。

　　图 5-31 所示为压边圈分块模式，将压边圈分为 4 块，其中 1 为无成形特征的平面部分，2、3、4 为有成形特征区域，4 块压边圈的压边力设置见表 5-7。

图 5-30　零件翘曲回弹现象

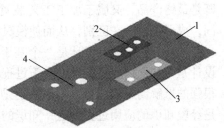

图 5-31　压边圈分块模式

表 5-7　分块模式下不同压边力组合

	压边力/kN				
	组合 1	组合 2	组合 3	组合 4	总压边力
块 1	80	30	30	30	170
块 2	42.5	42.5	42.5	42.5	170
块 3	35	45	45	45	170
块 4	20	50	50	50	170

　　图 5-32 所示为分块压边模式下，不同的压边力组合下平板平整度值，可知，在总的压边力不变的情况下，采取有成形特征区域和无成形特征区域分块压边，增大有成形特征区域的压边力可以减小翘曲回弹。翘曲回弹的产生原因是由于成形特征不均匀分布，造成成形过程中板料平面内材料不均匀流动。增大有成形特征区域的压边力使得成形特征区域变形更加充分，使得成形特征区域对于无成形特征的平面部分的影响减小，即减少平面部分材料的不均匀流动，进而减小板料的整体翘曲回弹。

　　将板料有成形特征的区域同无成形特征的区域分块压边，增大有成形特征区域的压边力，从而实现有效抑制翘曲回弹。

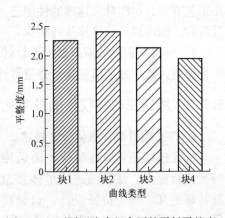

图 5-32　不同压边力组合下的平板平整度

5.5　冲压工艺和模具数字化设计

　　冲压工艺与模具设计的数字化、自动化与智能化主要是指借助于先进的 CAD 软件与算法，基于现有的设计规范、设计经验和特有知识，进行软件的高级功能开发，形成通用 CAD 软件不具备的专有功能，从而提高冲压工艺与模具设计的自动化程度，实现知识的重用和共享。

5.5.1　冲压工艺和模具设计的步骤

　　冲压工艺与模具开发是一个创新过程。每开发一副模具的过程都是一次新的探索，模具既是最终产品，又属于加工工艺装置，每一副模具由于需成形零件的形状和技术要求的不同，成形工艺存在区别，从而使模具结构和制造工艺有所不同。

　　冲压工艺与模具设计是一个基于经验和知识的创造性思维过程。具体表现在：① 冲模设计是一种面向产品的思维决策过程，在决策过程中，不仅需要大量的领域知识，而且需要很强的求解问题的技巧，知识特别是专家的经验知识在其中起了关键性作用；② 冲模设计是经验知识的应用过程，这一知识的应用过程不仅是参考经验知识辅助设计的过程，更是在现有经验知识基础上进一步积累创新的过程。

　　冲模设计和制造是一个多环节、多反复的复杂过程。在冲模设计过程中，从制件设计、成形工艺设计、模具结构设计、模具制造规划到模具装配等，设计环节较多，且各环节相互制约和影响。

　　冲压工艺与模具设计主要包括以下步骤：

　　1）根据需求分析结果，把用户要求变为设计细节。在工件设计阶段，要同时考虑工件的工艺性、模具结构的合理性以及模具成本等。

　　2）在工艺设计阶段，对工件的加工特点进行分析，拟订冲压工艺方案，确定模具类型、基本工艺参数，并从制造环境和经济角度等多因素出发，优选工艺方案。

　　3）模具结构设计包括模具概念设计和模具零部件详细设计。在概念设计阶段，根据冲压工艺方案，对模具应达到的性能进行分析，确定模具结构设计方案；在模具零部件详细设计阶段，确定模具的具体几何结构。

　　4）模具制造阶段应根据模具设计结果，进行模具制造计划准备，调整各种生产设备及工艺装备，最后加工出模具，并进行冲压试验。

5.5.2　冲压工艺和模具的数字化设计方法

1. 特征建模和参数化设计技术

　　特征建模是几何造型技术的延伸，它是从工程的角度，对形体的各个组成部分及其特征进行定义，使所描述的形体信息更具工程意义。目前，特征建模的实现主要采用交互特征定义、基于特征设计、自动特征识别三种途径。交互特征定义是最简单的特征建模方法，需要预先定义零件的几何模型，然后由设计者交互选取某一形状特征所包含的拓扑实体（面、边等）。该方法需要设计者输入大量的信息，自动化程度较低。基于特征设计是由设计者根据事先定义好的特征库，调用其中的特征，建立产品特征模型的造型方法，产品设计过程即为特征库中特征的实例化过程。由于设计者直接面向特征进行零件的造型，因此操作方便并能较好地表达设计意图。用这种方法建立的特征模型，具有丰富的工程语义信息，为后续过程的信息共享和集成提供了方便。自动特征识别的基本思想是通过将几何模型中的数据与一些预先定义好的样板特征（General Feature）进行匹配，标识出零件特征，建立特征模型。在采用这种建模方法构建的系统中，设计人员首先通过传统实体建模构造出零件的几何模型，然后通过一个针对特定领域的特征自动识别系统从几何模型中将所需的特征识别出来。

三种建模方法各有优势。交互特征定义灵活，能处理已存在的几何实体，但设计者的工作量比较大，智能化程度较低。自动特征识别方法的自动化程度较高，但其识别复杂特征的稳定性还有待提高。基于特征设计的方法对于已经存在大量预定义特征的领域，自动化程度较高。特征模型常采用具有一定工程语义的特征作为基本构造单元来建立产品的信息模型，强调的是产品整体的信息表达，使以往被分离的几何拓扑信息和加工信息有机地结合在一起。

参数化设计技术（Parametric Design）在"约束"概念的基础上引入 CAD 技术，又称"尺寸驱动"，实际上就是对零件上各种特征施加各种约束形式。传统的 CAD 技术都是用固定的尺寸值定义几何元素，输入的每一几何元素都有确定的位置，要修改设计内容，必须删除原有的几何元素，而设计过程的主要特点就是反复修改，这给设计过程带来了许多不必要的麻烦，影响了设计效率。在参数化设计技术中，各特征的几何形状与尺寸大小用变量的方式来表示，它可以是常数，也可以是代数式。如果需要修改零件形状时，只要编辑一下尺寸的数值即可实现形状上的改变，不必重新造型。因此，参数化设计技术为初始设计、产品模型的修改、系列零件族的生成、多种方案的比较等提供了强大的便捷手段。

参数化设计通常是指软件设计者为设计及修改模型提供一个软件环境，工程技术人员在这个环境下所生成的任意二维和三维模型可以被参数化。修改图中的任一尺寸，均可实现尺寸驱动，引起相关模型的改变。同时，还需要一些常用的几何图形约束，供设计者在设计时使用。参数化设计的主要技术特点是：①基于特征：将形状特征的所有尺寸保存为可调的参数，设计时通过驱动指定参数来生成特征实体，并以此为基础构造更为复杂的几何形体；②全尺寸约束：设计时必须以完整的参数约束为出发点，不能少约束一个尺寸（即不能欠约束），也不能过定义一个尺寸（即不能过约束），对于几何约束，它是将几何关系和尺寸联合起来考虑，通过尺寸的约束来实现几何关系的约束；③尺寸驱动设计修改：通过编辑尺寸数值来驱动几何形状的改变；④全数据相关：参数的修改将导致其他相关模块中的相应尺寸的全盘更新。全约束的参数化设计技术彻底克服了自由建模方式的无约束状态，几何形状均以参数形式得以控制。

2. 智能化设计技术

智能化设计的关键技术包括知识的表达、推理和繁衍等。

（1）知识的表达　工程领域的知识通常以多种形式存在，主要有工程人员的经验、手册、计算公式、工艺卡、产品图样、电子计算表格等。知识表达是指知识符号化并传递给计算机的过程，它包含两层含义：①采用给定的知识结构，按一定的形式组织知识；②解释所表达的知识。因此，相同知识可以根据不同的语义环境有不同的表示形式，产生不同的效果。人工智能问题的求解以知识表达为基础，如何将已获得的知识以计算机系统内部代码的形式加以合理描述、存储、有效利用是知识表达要解决的问题。

目前在人工智能领域中知识表达的方法种类繁多，主要方法有一阶谓词逻辑、语义网络、产生式规则、框架与剧本、事例、面向对象等，其优缺点见表5-8。单独采用一种知识表达方式具有明显的局限性，很难表达复杂、深层次的工程领域知识，几种表示方法结合起来运用则可以取长补短，提高知识表达的能力和效率。

表 5-8　知识的各种表达方法

方法名称	如何表达	优　　点	缺　　点
一阶谓词逻辑	使用量词和逻辑连接符号做出有关对象、特征、场景和关系的描述	1）符号简单，模块化描述易于理解 2）具有理解形式语义的良好能力 3）从已知事实推导出新事实的过程能机械地使用自动定理证明技术	1）难以表达过程性和启发性知识 2）缺少结构上的统一规则，难以管理大型知识库 3）对证明过程进行操作的能力差，易出现"组合爆炸"现象
语义网络	采用一个有向图来表达不同对象之间的相互关系	1）能简单、准确地表达不同对象之间的联系 2）直观清晰，便于理解，能够用于不确定性推理 3）具有联想功能	1）对网络进行推理得到的结果不是都有效 2）需要强有力的组织原则来指导搜索策略，否则易陷入无穷支路中 3）很难表达非物理连接的布尔运算 4）推理具有非严格性
产生式规则	通常用三元组来表示规则，即（对象，属性，值）或（关系，对象1，对象2）。它的巴科斯范式定义为 （产生式规则）∷ =（前提）→（结论）	1）模块化，提供了高粒度的信息 2）易于表达启发性知识 3）易于跟踪由行为引起的改变 4）可用作陈述性知识和过程性知识之间进行相互作用的控制机制	1）在大系统中规则难以保持不重复。 2）对规则之间相互作用的限制可能导致执行效率降低 3）具有非透明性，难以跟踪求解问题的控制流；缺乏形式化描述能力 4）难以表达复杂结构的模型
框架与剧本	框架是一个复杂的数据结构，由若干个槽组成，每个槽描述对象某一方面的特性，由槽名和槽值组成。同一个槽可有多种类型的槽值 剧本是一种类框架结构，用于表达一连串重复的原型事件	1）易于实现非精确推理 2）具有继承性和良好的结构性	不容易归纳新知识 1）不容易归纳新知识 2）表达的知识在一定程度上脱离真实情况
事例	把知识看成一个完整的事件，用一个二元组（问题描述，解描述）或者三元组（问题描述，解描述，效果描述）来表达整个事件	1）问题求解过程类似于人类的认知心理活动 2）用事例表达知识，知识的获取比较容易 3）具有自学习功能 4）易于维护知识库	1）缺乏严格的理论体系 2）难以表达那些没有明确的问题部分和解答部分的复杂事例
面向对象	采用面向对象的方法来表达知识，把所有实体都描述成对象	1）具有封装性和层次性，模块化程度高 2）具有继承性和多态性，易于维护 3）能够表达不确定性知识	1）缺乏严格的理论体系 2）表达常识性知识有困难 3）难以表达元知识

（2）知识的推理　根据知识表达的方法不同，知识的推理方法主要分为基于规则的推理（Rule Based Reasoning，RBR）、基于事例的推理（Case Based Reasoning，CBR）和基于模型的推理（Model Based Reasoning，MBR）。RBR 是基于产生式规则进行问题求解，CBR 通过修改相似问题的解决方案来求解新问题，MBR 采用结构化的深度领域知识求解问题，按照结构—功能—行为的方式描述问题。针对不同应用领域和工程目的智能设计系统，应根据知识推理方法的特点来决定它们的使用，特别是在对带有丰富工程信息的产品模型进行推理时，必须保证推理策略的有效性和完备性。

（3）知识的繁衍　领域知识的含量是衡量智能设计系统解决问题能力的主要指标之一。除了从书本、手册、图样和专家处获取知识外，从海量、复杂和抽象的数据中发现蕴含的知识也是知识获取的重要途径。知识繁衍是指从大量数据中发现新知识、总结新规律、建立数学模型的过程。知识繁衍与数据库知识发现（Knowledge Discovery in Database，KDD）和数据挖掘（Data Mining，DM）的研究紧密结合，是解决 CAD/CAE 双向集成的主要途径之一。在金属塑性加工领域，有限元分析技术在工艺设计和模具设计中获得了广泛应用，产生了大量结构性差、数据之间内在规律性不强的分析结果，因此，知识繁衍技术的应用主要是从这些数据中挖掘出其中隐含的规律，从而对有限元分析结果提供深层次的解释。

KDD 是从数据集中识别出有效的、新颖的、潜在的可理解模式的处理过程。其目标是将数据库中隐含的模式以容易被人理解的形式表现出来，从而帮助人们更好地了解数据库中包含的信息。因此，KDD 不同于其他知识获取技术的一个显著特点是，发现的知识必须是领域专家可以理解的。DM 技术是 KDD 的核心部分，是采用机器学习、统计学等多种方法进行知识学习的阶段。

5.5.3　应用实例

以冲裁工艺为例，设计中最关键的三个环节是：冲裁工艺性分析、冲裁工艺方案设计和冲裁模具结构设计。图 5-33 所示为工件材料的选择界面。在冲裁工艺智能设计系统开发时，

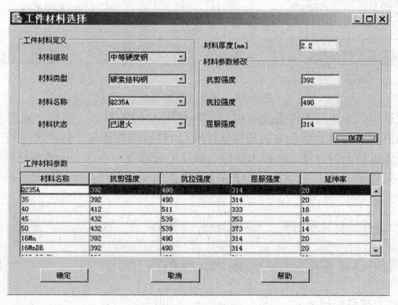

图 5-33　"工件材料选择"界面

需要收集各种材料的基本性能，建立相应的数据库。这样，通过材料选择界面，用户可以直接从材料库中选择相应的材料，并取出该材料的力学性能参数，如屈服强度、抗剪强度、抗拉强度和延伸率等，以用于后续的工艺设计。本小节所介绍系统的数据库通过设计手册、教科书和公开发表的论文中，收集了几十种常用的材料及其力学性能参数，用户选用材料时可以方便地从中查询到。

图 5-34a 所示为基于 I – DEAS 软件开发的冲裁工艺性分析界面，该界面提供进行多种工艺分析的功能，如孔边距、圆角半径和最小冲孔尺寸等。用户通过交互式拾取图形界面上的几何特征后，软件系统则可以利用存储的知识和工程设计约束条件、规则等进行工艺性判断，并在软件界面的右下角部分自动给出分析结果。图 5-34b 所示为尺寸精度和表面质量分析功能界面，通过分析尺寸精度和表面质量来决定模具的精度等级，图中针对的是 B 类尺寸（模具磨损后变小的尺寸）。以上可对选择冲压工艺方案和模具结构提供帮助和启发信息。

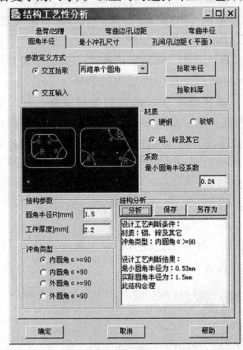 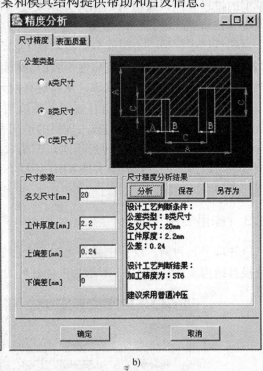

a)　　　　　　　　　　　　　　　　　　b)

图 5-34　冲压工艺性分析界面

在大批量生产的冲压零件的成本中，材料费用占 60% 以上，因此，通过合理的冲裁工艺节约材料消耗（尤其是有色金属和贵重材料），对提高冲压生产的经济效益非常重要。冲裁件在条料或板料上的布置方法称为排样。排样的合理与否不仅直接影响材料利用率，而且还会影响模具寿命、冲压生产率、工件精度和操作的安全性等。排样的材料利用率可以采用如下表示方式：

1）单个零件的材料利用率

$$\eta_1 = \frac{n_1 F}{Bh} \times 100\% \tag{5-38}$$

2）条料的材料利用率

$$\eta_2 = \frac{n_2 F}{LB} \times 100\% \tag{5-39}$$

3）板料的材料利用率

$$\eta_3 = \frac{n_3 F}{L_0 B_0} \times 100\% \tag{5-40}$$

式中　F——冲裁件面积（mm^2）；

　　　B——条料宽度（mm）；

　　　h——送进料距（mm）；

　　　n_1——一个步距内冲压件数；

　　　n_2——一条条料上的冲压件数；

　　　n_3——一张板料上的冲压件数；

　　　L——条料长度（mm）；

　　　L_0——板料长度（mm）；

　　　B_0——板料宽度（mm）。

　　在冲裁工艺方案设计过程中，排样的设计至关重要。排样设计直接决定材料利用率，也直接决定工艺设计方案和模具的具体结构。图 5-35a 所示为基于 I - DEAS 软件开发的毛坯排样的定义界面，排样方式分为普通单排、对头单排、普通双排和对头双排四种，图中显示的是对头双排形式。图 5-35b 所示为排样的其他参数（如搭边值）和排样优化的参数定义功能，如起始角度、终止角度和角度增量（即每隔一个增量值进行一次排样计算）。图 5-35c 所示为某一零件在普通单排时不同角度条件下的材料利用率、步距和料宽，用户可以从中选择一种满意的排样方式保存，以用于指导后续的模具结构设计。图 5-35d 所示为一个具体零件的排样图，图中也给出了步距、料宽和材料利用率，该零件既可以采用两步级进模冲裁，也可以采用复合模具冲裁。

　　工艺设计的下游是模具结构设计，冲模的结构设计主要包括标准零部件的设计和凸凹模工作部分非标准零件的设计。标准件的设计如上下模板、导柱导套和螺钉、销钉等，上下模板和导柱导套都有相应的国家标准，在选定了典型的模具结构组合后，其中的零部件设计可以很方便地确定。对于非标准零件，则需要根据冲裁工艺方案来设计凸模、凹模和其他零件，这些非标准零件的几何模型都与排样的结果有关。针对图 5-35d 中的零件冲裁排样，考虑采用复合模具冲裁。图 5-36a 所示为上下模板和导柱导套的典型组合，可以直接从零件的几何模型库中取出，给定具体的参数后则成为事例化的模具零部件的几何模型。图 5-36b 所示为相应零件冲裁加工的凹模设计模型，其中凹模的刃口尺寸根据排样的具体尺寸确定，而凹模的厚度和其他总

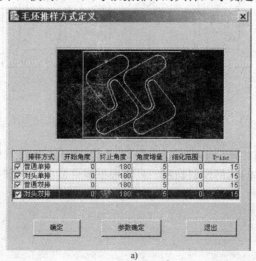

a)

图 5-35　冲裁工艺方案设计中的排样设计与优化界面

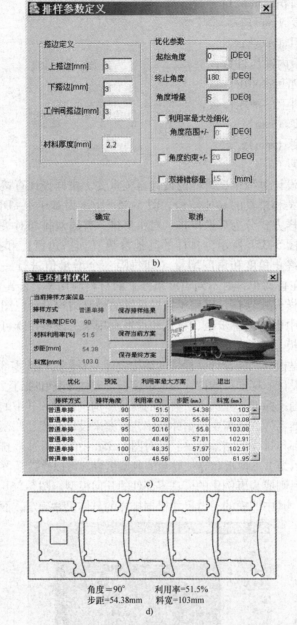

图 5-35　冲裁工艺方案设计中的排样设计与优化界面（续）

体尺寸则可以根据前面的计算结果确定。图 5-36c 所示为该零件冲裁模具中的顶件块，该零件的几何外形由所冲裁零件的几何模型确定，只要根据零件的截面形状进行拉伸（Extrusion）操作即可。

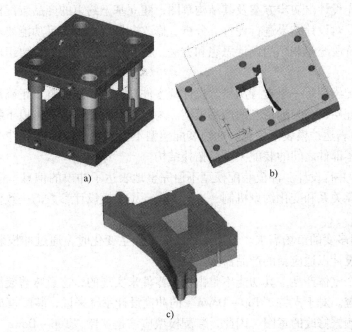

图 5-36　冲压模具设计中的模架参数化设计、凹模设计和顶件块设计

5.6　冲压模具的数字化装配

5.6.1　三维装配技术

装配设计技术是冲模结构设计研究的核心环节之一。装配设计建模的方法主要有以下两种：

（1）自底向上（Bottom – Up）的设计方法　首先设计出详细零件，然后进行分析，发现问题再修改、拼装，如此反复，目前的商品化造型软件都具有这种功能。具体到冲模结构设计，自底向上的设计方法就是先设计出各冲模零件，然后再把设计好的零件逐个拼装在一起。这种方法最大的问题就是冲模装配结构与零件间不存在约束关联，因此当冲模装配结构改变时，相关零件的结构形式、尺寸不会自动改变；对应的冲模装配结构也不能随之更新。零件之间的装配关系和尺寸协调完全基于设计人员的经验和交互操作，设计效率难以提高，而且容易出现设计结果不一致现象。

（2）自顶向下（Top – Down）的设计方法　设计者首先建立待设计产品的功能描述，这种功能描述通常是以装配模型为框架进行的。然后分析装配模型，确定产品需求是否得到了满足。如果不满足，则对功能模型进行调整、修改；一旦满足，设计者就对构件进行详细设计。由于后续的零件详细设计是在总体的装配模型基础上进行的，因此这种设计方法能够保证产品的功能约束得到满足。在此过程中，产品的功能描述以约束形式由系统记录、求解和维护。显然，该设计方法符合设计习惯并便于修改更新。

在装配层次上进行产品建模，是从产品功能出发，设计和组装一系列的零件去实现产品的功能。为此，先设计出初步方案及其结构草图，建立基于约束的产品装配模型。然后进行零件的详细设计，对设计结果进行评价、分析、修改，最后得到满足功能要求的产品。它是一种在装配设计阶段统筹兼顾的设计思想和方法，是并行工程的一个重要组成部分，又是一种评价技术。

冲压模具装配模型是一个支持从概念设计到零件设计，并能完整、正确地传递不同的冲模设计参数、装配层次和装配信息的产品模型。冲压模具装配模型具有以下特征：

1）能完整地表达冲模装配信息。冲模装配模型不仅描述了冲模零部件本身的信息，而且还描述了冲模零部件之间的装配关系及拓扑结构。

2）可以支持并行设计。冲模装配模型不但完整地表达了冲模的信息，而且还描述了冲模设计参数的继承关系和变化约束机制，这样就保证了冲模设计参数的一致性，从而支持冲模的并行设计。

3）满足快速多变的市场需求。当冲压产品需求发生变化时，通过冲模装配模型可以方便地修改冲模的设计以适应新的产品需求。

模具作为一个整体产品，其功能不是由单个零件来实现的，这意味着装配模型是整个集成设计环境的关键。对于支持"Top - Down"的冲模设计系统来说，装配模型中的结构零件能够适应设计者频繁修改的意图。因此，装配模型应该是支持"Top - Down"的模型，支持面向全生命周期产品设计过程中与装配有关的所有活动和过程（即面向装配的设计），包括产品定义、生产规划和过程仿真中与装配相关的各子过程。

支持"自顶向下"模具结构的 CAD 装配模型，必须满足以下几方面的要求：

1）清晰表达装配体、子装配体、零件的层次结构关系。

2）为了实现"概念设计"向"详细设计"转化过程中的实例化，应表达实例、零件、几何表示这三个层次的信息。如果一个零件对应一个或多个实例，同一个零件所对应的多个实例之间只有空间位置的区别，而其余的几何信息、拓扑信息、工艺信息等则在零件层、几何表示层共享。

3）准确表达零件或实例在装配体中所处的位置（即空间位置）信息。

4）记载各零件、子部件之间的几何配合约束关系。

5）记载各零件几何形状的设计变量表达式。

6）支持对于零件、子部件的频繁增、删、改、移操作。

建立装配模型的工作就是创建表达基本装配信息的装配元素和将装配元素聚合成结构化的易于用计算机表达的模型，实质上就是采用某种数据结构来组织模具结构零件。冲模装配模型的逻辑化结构本质上可以用一棵"树"来表示，即冲模装配"树"结构。冲模"树"的表达有多种方式，不同应用领域的装配结构树描述则可以理解为装配结构的不同视图。

（1）层次关系树　冲模零部件之间的关系是有层次的，可将总装配分解为具有层次结构的各子装配体，通过各子装配来实现总装配体。一个冲模可以分解成若干部件和零件，例如，顶出部件、卸料部件、成形部件等。一个部件又可以分解成若干子部件和零件。这种层次关系可以直观地表示成装配树。装配树的根节点是冲模，叶节点是各个零件，中间节点是各个部件。装配树直观地表达了冲模、部件、零件之间的父子从属关系。

在对子装配体进行划分时，需要根据零件间的配合关系来选择装配基础件。一般来说，尺寸比较大的零件和与之相连接的零件数目较多的零件常作为基础件。一个装配可有多个基础件。在一个基础件的某个连接范围内，如果和基础件相连接的零件不再和其他的零件产生偶合关系，或只和其他一个零件有连接关系，则可将这些零件与基础件一起构成子装配体（例如，在简单落料模当中，挡料销与凹模即可构成一个子装配体）。该子装配体通过基础件与整体子装配体发生配合关系，或者是子装配体整体作为基础件，再与其他零件发生配合关系，构成更大的子装配体。这个划分过程，通常需要借助冲模设计生产过程中的领域知识来实现。根据习惯，可在导柱与导套连接处将冲模分为上、下模两个子装配体。通过子装配体的划分，可以把设计过程中产生的相互间层次关系不明确的装配关系图结构转化成具有清晰层次关系的装配树结构。

（2）功能结构树 功能描述是对产品最直观、最自然的理解。例如冲模的装配体，可以很容易地从功能的角度用一棵树来描述其结构组成，如图 5-37 所示。可将功能结构作为产品信息模型中装配关系构造的骨架。

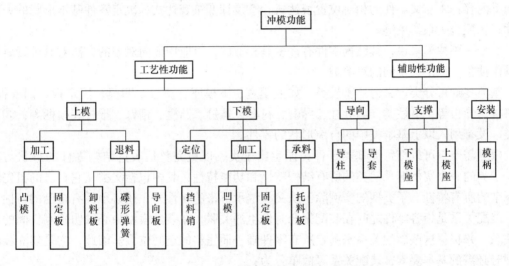

图 5-37 冲模的功能结构树

产品的功能结构是在产品的定义过程中逐渐形成的。产品定义是一个从抽象到具体的逐步求精过程。一般步骤是，先通过产品规划和方案设计将总的需求目标转化为功能上的层次结构关系，然后经过结构设计和详细设计得到实现这些功能的部件和零件。这样，就可以得到对应于具体功能的各零部件的层次结构关系，即产品装配的功能结构关系。

（3）装配关系树 装配体是由各基元零件装配构成的。在面向装配的产品模型中，不但要能够全面完整地定义各个基元零件的形体及其相关信息，而且还要定义各个零件之间的装配关系信息。冲裁模具的 CAD 设计工作，是从满足工件生产要求出发，自模具工作零件（如凸模）设计开始，逐渐扩大至模座设计，在每个零件的设计中，除了全面定义其形体设计内容外，还应在零件实体模型定义形体的数据结构中，增加记载与相邻零件装配关系的属性。

许多 CAD 软件均支持产品装配技术，例如，NX、Pro/E、MDT 等。

5.6.2 冲压模具的数字化装配方法

从模具装配开始进行冲模结构设计时，可选择合适的标准模架作为初始装配模型。首先应收集资料，建立典型模具结构图库，利用面向对象的方法分析模具结构模型。对于一副完整的冲裁模来说，其各个结构零件之间存在着相互联系，可以建立概念模型。建立概念模型关心的问题是：模型中有哪些对象类，各对象类之间的关联关系如何。

由冲模的"概念设计"可生成"概念模具"，即由设计者根据模具功能需求信息（材料信息、毛坯信息）以及具体的设计环境（工厂条件、成本因素等），利用系统提供的装配关系工具建立一套模具结构。

"概念模具"可以以数据文件存储，用户可利用数据文件自己建立符合设计习惯及工厂条件的概念模具库；也可以用数据库进行存储，建立冲模概念模具库，在建立装配模型时直接存取这些数据。

在装配建模阶段各零件被抽象化为一具有相对位置（表达式描述）、类型、约束（设计变量表达式）的"对象"，可称为"基零件"。在"概念模具"设计阶段的"基零件"中记载如下内容：①与父零件的相对位置表达式；②设计变量表达式，决定零件基本形状的关键尺寸；③配合关系约束链。

对于一副冲模来说，其结构零件有许多是相似的，可应用面向对象的方法对其进行属性及操作抽象，以定义不同的对象类。

基类零件可分类定义为：①板类，如上模座、下模座、垫板、凹模、固定板、凹模板、卸料板、导板等；②柱类，如导柱、导套、衬套、螺钉、凸模、销钉、推杆、模柄等；③其他类，没有划入以上基本类中的自由形状的零件。

根据需要，可以把每类基类零件再派生出子类，以更完整地表达结构零件的形状与功能。子类的一个实例继承父类的所有结构特性和功能特性，其中包括父类从它自己的祖先继承下来的所有特性。子类型的实例除了从父类继承下来的特性外，还必须具有自己的特性。

装配关系是指各零件之间在装配聚合时发生的关联，在装配模型中必须明确零件间的装配关系，并根据这些装配关系来确定所有零件唯一而完整的空间位置。因此，它是建立装配模型时必需的基本要素，装配关系可简单分为：

1）平面贴合关系及等距偏离关系。例如，上模座和凸模固定板是平面贴合关系，上模座和下模座是等距偏离关系。平面贴合要求装配体构件的两个表面接触；等距偏离要求两个表面平行且相距一定距离，如果将相离表面向另一表面延伸所偏离的距离，则等距偏离关系也可转化为平面贴合关系。

2）联接和固定关系。例如，螺纹联接中螺钉与它所联接的零件之间的关系。联接关系主要是联接零件通过联接力或联接介质把联接体联接起来；固定关系主要是通过配合等把一个零件固定在另一个零件上，如将凸模固定在凸模固定板上。

3）导向功能关系。例如，导柱、导套与板类零件之间的关系。描述两个对象（面与面或边与边）的约束关系。

此外，在 CAD 系统中进行装配约束时，常用的装配几何关系有：

1）直线与直线：重合、平行、（同一平面或异面）垂直；直线与曲线：同轴心；曲线与曲线：同轴心。

2）点与点：重合；点与线：重合，即点在线上。

3）点与面：重合、同轴心。点与平面可以定义的装配关系为重合，点与曲面可以定义的装配关系为同轴心和重合。

4）直线与平面：重合、平行、垂直；直线与曲面：重合、平行、垂直、相切、同轴心。

5）曲线与平面：重合；曲线与曲面：同轴心。

6）平面与平面：垂直、平行、重合；平面与曲面：相切；曲面与曲面：平行、垂直、相切、同轴心。

值得注意的是，在装配关系中还有一类特殊、复杂的装配关系——依附关系。在模具结构中，依附关系主要为对板件上孔、槽等的描述，可用特征的隐式表达方法，通过约束类型以及用变量表达式表示的约束参数来描述依附关系。当建立两个零件之间的约束关系时，包括约束关系链的一方称为拥有者，另一方称为连接者，当任意方被删除后，它们的约束关系也被解除。在模具结构中，孔的类型主要有通孔、带螺纹阶梯孔、螺纹孔、不通孔、阶梯孔、凸模和凹模的型孔等。可建立一个装配约束关系库，系统可根据装配关系库自动建立零件间的依附关系。

进行冲模结构装配时，首先生成冲模总体结构，实际建模时可在冲模典型组合库中调用典型冲模。冲模典型结构是指由标准模架、固定零件、导向零件和卸料零件等装配而成的一个有机装配体。随后用户可利用变量化装配技术根据自己的需要更新模具尺寸。

随后将定义好形状和功能的工作零件正确地装配到模具总体结构中。用户可在冲模CAD 系统中定义工作零件与其他模板、模座之间的装配关系。

以凸模装配设计为例，首先应识别出凸模所有面与卸料板、固定板所有面的关系；然后选择若干合适的面特征；最后定义配合关系。

在凸模已经生成，卸料板、固定板已经打孔的情况下，可用面与面配合的方式定义装配关系：

① 如果凸模侧面的曲面数不小于1，那么只要定义固定板上表面和凸模上表面重合，卸料板孔洞侧面的一个曲面和相应的一个凸模侧面同轴心，就可以完成凸模装配关系的定义。

② 如果凸模侧面全部由平面组成，那么只要定义固定板上表面和凸模上表面重合，卸料板孔洞侧面不平行的两个平面和相应的两个凸模侧面重合，就可以完成凸模装配关系的定义。

其他工作零件和辅助零件的装配方法可参考凸模的装配方法。

5.6.3　应用实例

以某冲裁模具装配设计为例。在获得必要的几何信息后，进入结构设计与装配模块。经分析，模具结构采用倒装复合模，其典型组合采用矩形薄凹模形式，设计界面和设计结果如图 5-38 所示。用户可以选择模具的典型组合类型、模架类型（四导柱模架或者后侧两导柱模架）、凹模的周界尺寸和其他典型组合的信息，如凸模垫板厚度、凸模固定板厚度、凹模厚度、卸料板厚度、凸凹模固定板厚度等。以上信息在典型组合选择结束后，由系统自动给出，完全是参数化的计算过程，使用人员也可以根据需要更改其中的某些尺寸，系统将马上进行自动计算。当然，在设计模具结构之前，首先需要根据工艺计算中得到的冲裁力（包括压边力和卸料力）来选择压力机。压力机选择完成后，压力机的台面尺寸和闭合高度等是模具设计的约束信息。

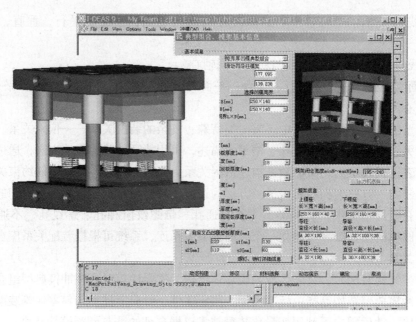

图 5-38　冲裁模具总体结构设计界面

　　完成总体设计之后，进入工作零部件设计装配。图 5-39 所示为凸凹模在模板中的装配结果。

　　完成工作零件设计装配之后，还要进行模柄、打料杆、挡料销、导料销等辅助零件的设计。设计完成后选用合适的装配关系（主要为面与面的关系）确定每个具体零件在整个模具结构中的空间位置，如图 5-40 所示。

图 5-39　凸凹模装配结果

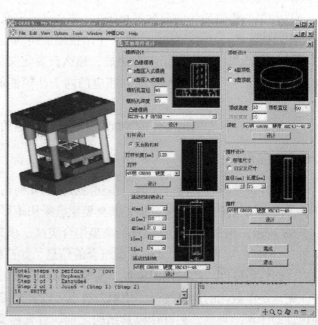

图 5-40　辅助零件设计

5.7　冲压模具的数控加工技术

5.7.1　数控加工的基本特点

数控加工是指在数控机床上加工机械零件的一种工艺方法。在普通机床上加工，机床的开车、停车、进给和主轴变速等操作都是由人工直接控制的；数控加工过程则是利用数字信息控制零件和刀具位移的机械加工方法。

数控加工是解决零件品种多变、形状复杂、精度高等问题和实现高效化和自动化加工的有效途径。图 5-41 所示为数控加工过程示意图。最初，为了在数控机床上进行加工，首先必须根据零件图样通过编制程序生成控制纸带。控制纸带上以规定的格式记录了为达到零件图样要求的形状和尺寸、机床所必需的运动及辅助功能的代码和资料。将该控制纸带输入到机床的数控装置或计算机系统，经过必要的后置处理后产生相应的机床操作指令，从而控制机床的运动和动作，完成零件的自动加工过程。

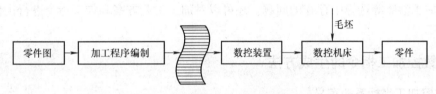

图 5-41　数控加工过程示意图

与普通机床加工相比，数控加工具有如下优点：

1）对零件加工的适应性强。当加工对象（工件）改变时，计算机数控机床只需改变加工程序（应用软件），而不需对机床做较大的调整，就能加工出各种不同的工件。

2）加工质量稳定，加工精度高，重复精度高。尺寸精度一般在 $0.005 \sim 0.1 mm$ 范围内，不受零件形状复杂程度的影响。数控机床按程序自动加工，消除了操作者的主观误差，提高了零件加工尺寸的稳定性和加工的重复精度。

3）生产效率高。加工过程中省去了划线、多次装夹定位和检测等工序，有效提高了生产效率。

4）自动化程度高。除了手工装卸加工零件外，其余加工过程都可以由机床自动完成，减轻了劳动强度，改善了劳动条件。

5）能加工复杂型面。数控机床可以加工普通机床难以加工的复杂型面零件。

6）有利于生产管理的现代化。用数控机床加工零件，能精确估算零件的加工工时，有助于精确制定生产进度，有利于生产管理的现代化。

数控加工技术的发展与 CAM 技术紧密联系。传统的机械零件加工机床主要靠人工操作，加工的稳定性和重复加工精度不容易保证，尤其是复杂形状零件的加工。因此，如何提高机械加工精度的稳定性和加工效率，尽可能摆脱复杂精密零件的加工对有经验的机床操作人员的依赖是数控设备研究与开发的原动力。

与传统的加工机床相比，数控机床的运动控制算法和程序是关键。早期的数控机床的运动控制指令采用穿孔卡和穿孔纸带。但是，通过物理介质传递控制指令也有缺陷，如直接检查加工指令是否正确不方便、不直观，尤其对于复杂零件的加工更是如此。因此，如何摆脱纸带传输指令带来的缺陷已成为新的研究课题。20 世纪 50 年代中期，麻省理工学院的科研人员研制了一种自动编程工具 APT（Automatic Programming Tool），利用该编程工具，可以快速地编制出加工指令，将这些加工指令输入数控加工设备，再处理成可以控制刀具运动轨迹的代码。APT 经过进一步发展，在各国产生了很多派生的工具，如 FAPT、EXAPT 和 EAPT，功能也不断得到提高。利用 APT，既可以在线编程，也可以离线编程。为了充分发挥数控机床的能力，离线编程是普遍采用的做法。当然，很多简单零件的在线编程反而效率更高。

针对复杂零件（如汽车覆盖件冲压模具）的加工，首先需要进行工艺规划，然后才能确定走刀轨迹，采用 APT 这类工具生成的加工指令正确与否只能通过试切，这样既浪费了机床的加工时间，也有可能因加工指令导致的干涉碰撞、过切和漏切，以及加工精度不符合要求而重新修改加工指令。CAD 技术在其发展的不同阶段，都对 CAM 技术的应用提供了有力的支持。目前三维 CAD 技术，如实体造型技术、曲面造型技术和参数化造型技术的成熟，可以使得数控加工工艺规划与数控加工指令的生成直接基于可视化的三维几何模型。同时，还可以通过对数控加工过程的仿真，在实际加工之前，及时发现数控加工工艺方案和加工指令，以及加工参数等选择中存在的问题。还可以对加工工艺方案和加工指令进行优化，以提高加工效率。

5.7.2　数控加工指令的生成方法

1. 数控加工坐标系的定义

数控加工中的机床和被加工零件的模型都拥有各自的坐标系，统一规定数控机床坐标轴名称及其运动的正、负方向可使编程简便，并使所编程序对同类型机床具有互换性。国际上已对数控机床的标准坐标系进行了统一规定。

（1）标准坐标系　数控机床的标准坐标系（又称基本坐标系）采用笛卡儿直角坐标系（见图 5-42）。定义 X、Y 和 Z 三者的关系及其正方向用右手法则判定；围绕 X、Y、Z 各轴的回转运动坐标分别为 A、B 和 C，各正方向用右手螺旋法则判定。

（2）运动方向定义　统一规定标准坐标系 X、Y、Z 作为刀具（相对于工件）运动的坐标系，定义增大刀具与工件间距离的方向为正方向。按此规定并考虑到刀具与工件是一对相对运动，即刀具向某一方向的运动等同于工件向其反方向运动的特点，图 5-42 中虚线所示的 $+X'$、$+Y'$、$+Z'$ 必然是工件（相对于刀具）正向运动的坐标系。

图 5-42　右手直角笛卡儿坐标系

（3）编程用坐标系　由于 $+X$ 与 $+X'$、$+Y$ 与 $+Y'$、$+Z$ 与 $+Z'$ 是等效的，编程时皆假

定工件固定，用刀具运动进行编程。即直接在零件模型上建立一个与标准坐标系平行的工件坐标系，描述刀具在该坐标系中的运动，即可编出正确的程序。

(4) 坐标轴的确定

1) Z 轴。传递切削动力的主轴规定为 Z 轴，取远离工件的方向为正方向。当机床有两个以上的主轴时，则取其中一个垂直于工件装夹面的主轴为 Z 轴。

2) X 轴：定义为水平方向，且垂直于 Z 轴并平行于工件的装夹面。对于工件旋转运动的机床（如车床和磨床），取平行于横向滑座的方向（工件径向）为刀具运动的 X 坐标，同样取刀具远离工件的方向为正方向；对于刀具旋转运动的机床（如铣床、镗床），当 Z 轴为水平时，沿刀具主轴后端向工件方向看，向右方向为正；立式主轴时，面对刀具主轴向立柱方向看，向右方向为正。

3) Y 轴。与 X、Z 轴垂直。X 轴和 Z 轴确定后，用右手定则即可确定 Y 轴方向。

4) 主轴回转运动的方向。主轴沿顺时针回转运动的方向是按右手螺旋进入工件的方向。

2. 数控程序设计的主要步骤

数控机床加工零件，是将数控加工的运动、工艺参数等按动作顺序，用数控机床特定的代码和程序格式编成加工程序输入 CNC 装置来控制机床的动作，自动加工出零件。数控加工的程序编制过程如图 5-43 所示。

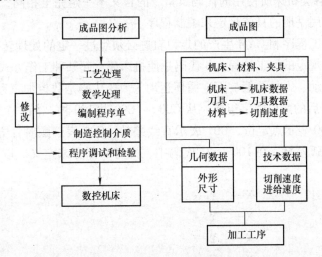

图 5-43　数控加工程序编制过程

首先，仔细分析零件图样，明确加工内容和技术要求，选择合适的数控机床；然后进行工艺处理和数学处理；最后编写程序。

工艺处理包括确定工艺方案、设计工装夹具、选择刀具、正确选择对刀点、确定合理的走刀路线及选择合理的切削用量等。

数学处理包括根据零件的几何尺寸、加工路线，设计刀具的运动轨迹，以获得刀位数据。一般的数控系统均具有直线插补和圆弧插补的功能。对于由圆弧和直线组成的简单零件，只需计算出零件轮廓相邻几何元素的交点或切点的坐标值，得出各几何元素的起点、终点和圆弧的圆心坐标值。如果数控系统无刀具补偿功能，还应计算出刀具运动的中心轨迹。

对于复杂的零件或当零件的几何形状与控制系统的插补功能不一致时，还需进行较复杂的数值计算。

按照规定的程序格式编写程序后，都要进行空运行和试切，之后才能正式运行程序进行零件的加工。

3. 数控加工程序的指令代码

数控编程的方法有两种：手工编程和自动编程。

手工编程多数指在线编程，即由人工完成编制零件加工程序的各个步骤，即从零件图样分析、工艺处理、数值计算到编写 NC 代码程序。对于几何形状不太复杂的简单零件或者标准零件，所需的加工程序不多，坐标计算也比较简单，不易出错，这时选用手工编程最合适。因此，手工编程至今仍广泛地应用于简单的点位加工及直线与圆弧组成的轮廓加工中。

自动编程即程序编制工作的大部分或全部由计算机完成。编程人员只需根据零件图样和工作要求，使用规定的数控语言或人机对话方式进行计算机输入，计算机就能自动进行处理，并计算出刀具运动轨迹，编制出零件加工的数控代码程序。目前 CAM 软件为此提供了较强大的支持。

国际上通用的数控编程标准有两种，一种是国际标准化组织（International Standardization Organization，ISO）标准，另一种是美国电子工业协会（Electronic Industries Association，EIA）标准。由于各类机床所使用的代码、指令的含义不一定完全相同，因此编程人员还必须按照数控机床使用手册的具体规定来编制程序。

手工编制的加工程序和 CAM 生产的走刀轨迹必须经过一定的处理转换成 G 代码，才能驱动加工机床实现规定的加工过程。G 代码是使机床建立起某种工作方式的指令，如命令机床走直线或圆弧运动、刀具补偿、固定循环运动等。G 代码是数控加工程序的主要内容。G 代码由地址 G 及其后的两位数字组成，从 G00 ~ G99 共 100 种。每一个 G 代码都具有不同的含义，例如，G00 表示点定位，G01 表示直线差补，G02 表示顺时针方向圆弧差补，G03 表示逆时针方向圆弧差补。在 100 个 G 代码中，尚有一部分未定义。以下是某一零件加工用的部分 G 代码：

```
N001   G01   G17   G42   X—   Y—
N002                     X—   Y—
N003   G03               X—   Y—
N004                     X—   Y—
N005   G01               X—   Y—
N006   G00   G40         X—   Y—
```

作为辅助代码，M 代码主要控制机床的辅助动作，如机床主轴的开和停、冷却液的开和关、转位部件的夹紧与松开等。以下的加工程序中，N002 程序段的 M03 是指直线差补（G01）进给运动一开始就命令主轴按顺时针方向转动至每分钟 800 转（S800），N015 则是指在快速点定位（G00）运动至（X200，Z400）位置后，M05 才命令主轴停止运转。

```
N002   G01   X30   Z50   S800   M03
  ⋮
N015   G00   X200   Z400   M05
```

　　一个完整的加工程序由若干程序段组成；程序段由一个或若干字组成；每个字又由字母和数字数据组成（有时还包括代数符号）；每一个字母、数字、符号称为字符。

　　（1）程序段的格式　一个程序段是由程序字组成的，程序字通常是由地址符及其后面的数字或符号组成的；如 X – 12.34，表示在 X 轴的负方向运动 12.34mm。程序段格式可分为固定程序段格式和可变程序段格式。

　　（2）程序段的组成　程序段由程序段序号、地址符、数据字、符号和结束符号组成。

　　例如：N10　G00　G54　X25.00　Z20.00　LF

　　其中，N 为程序段序号地址符，G 为准备功能地址符，X、Z 为坐标轴地址符，10、00、54、25.00、20.00 均为数据字，LF 为程序段结束符号。

　　值得注意的是：有些数控系统（如 FANUC 数控系统）的程序段结束符号不用"LF"，而是用"；"。还有的 CNC 机床程序段结束仅用硬回车，不用其他任何结束符号。

　　在程序段中，表示地址符的英文字母可分为尺寸字地址符和非尺寸字地址符，尺寸字地址符常用以下字母表示：X、Y、Z、U、V、W、P、Q、R、I、J、K、A、B、C 等。非尺寸字地址符常用以下字母表示：N、G、F、S、T、M、L 等。对于非尺寸字地址符，其后面的数字串不可为小数，也没有正、负之分。

　　（3）程序结构　一个完整的程序必须包括程序开始部分、程序内容部分和程序结束部分。

　　1）程序开始部分。常用"%"表示程序开始，随后写上程序号，最后是程序段结束符号 LF，例如，%10 LF。有些数控系统不用"%"表示程序开始，而是用数字"0"表示。

　　2）程序内容部分。这部分是整个程序的核心部分，由若干程序段组成，表示数控机床要完成的全部动作。

　　3）程序结束部分。这部分以程序结束指令构成一个最后的程序段。程序结束指令常用 M02 或 M30。

　　下面的例子清楚的描述了程序的组成。

```
%  10   LF                                        （程序开始部分）
N5   G92   S3000   LF
N10   G90   G54   G95   S1000   T101   M03   LF   （程序内容部分）
N15   G00   X50.0   Z117.00   LF
 ⋮
N50   M02                                         （程序结束部分）
```

　　（4）主程序和子程序　与计算机程序一样，数控编程程序也可分为主程序和子程序。在通常情况下，数控机床按主程序的指令进行工作，当在程序中有调用子程序的指令时，数控机床就按子程序进行工作，遇到子程序中有返回主程序的指令时，返回主程序后继续按主程序的指令工作。在程序中把某些固定顺序或重复出现的程序，可以作为子程序进行编程，并预先存储在存储器中，需要时可直接调用，这样可简化主程序的设计。子程序的结构同主程序一样，也有开始部分、内容部分和结束部分。一个子程序还可以调用另一个子程序，称为嵌套，但嵌套次数不能太多。程序执行过程如图 5-44 所示。

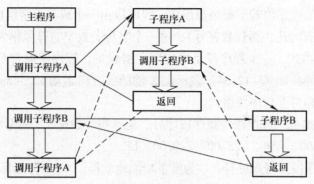

图 5-44　程序执行过程

由于计算机技术的发展，计算机的图形处理功能有了很大的增强，图形交互自动编程已成为自动编程的主流手段。图形交互自动编程系统实质上是一个集成化的 CAD /CAE/CAM 系统，一般由几何造型、刀具轨迹生成、刀具轨迹编辑、刀位验证、后置处理、计算机图形显示、数据库管理、运行控制及用户界面等部分组成。几何造型属于 CAD 方面的内容，当人们进行编程时，只需将零件图形文件调出即可。

当刀具轨迹生成以后，CAM 软件就生成一个刀具位置文件，要将它变为数控加工所用的 NC 代码，还需经过后置处理系统。后置处理就是把刀位文件转换成指定数控机床能执行的数控程序的过程。现在的通用后置处理系统比较完善，能够生成针对任何类型数控系统的后置处理程序，并且生成的后置处理程序可以从不同的 CAM 系统刀位文件中读取刀位数据，且有很好的兼容性，其工作原理如图 5-45 所示。

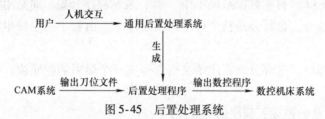

图 5-45　后置处理系统

根据刀位文件的格式，可将刀位文件分为两类：一类是符合 IGE5 标准的标准格式刀位文件，如各种通用 APT 系统及商品化的数控图像编程系统输出的刀位文件；另一类是非标准刀位文件，如某些专用（或非商品化的）数控编程系统输出的刀位文件。

后置处理过程原则上是解释执行，即每读出刀位文件中的一个完整的记录，便分析该记录的类型，根据记录类型确定是进行坐标变换还是进行文件代码转换，然后根据所选数控机床进行坐标变换或文件代码转换，生成一个完整的数控程序段，并写到数控程序文件中去，直到刀位文件结束。其中，坐标变换与加工方式及所选数控机床类型密切相关。后置处理过程可用图 5-46 所示的框图表示。现在影响较

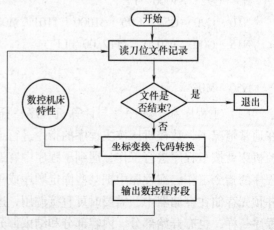

图 5-46　后置处理过程

大、使用较广的自动编程系统主要有 APT、FAPT 和 EXAPT 系统等。

5.7.3　应用实例

结合商业化 CAM 软件 PowerMILL，介绍汽车喇叭安装板拉深凸模的数控加工过程。

（1）三维模型的准备　汽车喇叭安装板模具属于汽车覆盖件模具，具有体积大、工作型面复杂、自由曲面多、尺寸精度和表面质量要求高、制造周期长、加工精度要求高以及模具制造成本高等特点，对覆盖件模具的数控加工提出了更高的要求。因此，对汽车覆盖件模具加工进行工艺规划就显得十分重要。汽车喇叭安装板拉深模具主要由拉深凹模、拉深凸模、压边圈和下模座组成，模具尺寸为 360mm×760mm，模型以拉深上模为基准（见图 5-47），导出 IGES 文件，再导入 PowerMILL 软件进行编程。

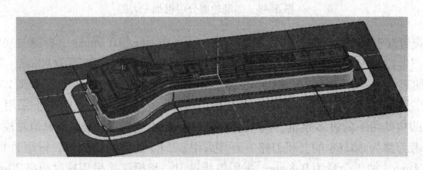

图 5-47　汽车喇叭安装板拉深凸模

（2）数控加工的工艺规划　通过对模型的分析，制定如下工艺规划：

1）确定加工坐标系。汽车覆盖件产品的建模采用车身坐标系，覆盖件模具建模采用模具坐标系，数控加工编程时也采用模具坐标系，这样有利于模具加工时的定位和找正。安全高度设在模具中心 150mm 处，加工开始点设置在（0，0，150）处。

2）数控加工工序设置。加工工序一般可分为：轮廓二维粗加工→粗加工→粗清角→半精加工→小刀粗清角（精加工之前的清根）→精加工→精清角→轮廓二维精加工。

3）刀具的选择。数控加工刀具选择的总原则是适用、安全和经济。

4）加工程序参数设置。包括加工切削参数、行距、公差、加工余量、下切步距、切入切出和连接方式的设定等。

5）生成刀位轨迹，进行刀具路径校验。

6）通过宏观路径的 PowerMILL Utilities 模块生成工艺清单和程序的后置处理。

（3）数控编程加工策略的选择及加工参数的设置

1）轮廓二维分层粗加工。汽车喇叭安装板拉深凸模是浇注模具，材料为 MoCr 铸铁，硬度为 28HRC，浇注时浇注余量为 10～12mm。二维轮廓沿型面厚度为 50mm，轮廓粗加工时最好采用分层加工，编程采用 PowerMILL 的等高加工，选用 $\phi63R8$ 的面铣刀加工，余量为 0.5mm，切削深度为 0.8mm，圆弧进退刀。刀路如图 5-48 所示。

2）型面粗加工。型面粗加工的目的在于从毛坯上尽可能高效、大面积地去除大部分的余量，粗加工时切削效率是主要的考虑因素。因为喇叭安装板拉深凸模的型面比较复杂，采用偏置区域清除模型加工策略可以获得更符合模具型面的加工模型。毛坯采用边界毛坯，型面基准

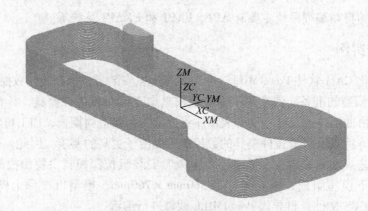

图 5-48　二维轮廓分层粗加工刀路

为凹模，设置缺省余量为 -0.9mm（料厚为 0.8mm + 0.1mm = 0.9mm），再通过缺省余量数据复制图标产生拉深凸模数模，刀具采用 $\phi63R8$ 的圆角面铣刀，行距为 40mm，下切步距为 0.8mm，加工余量为 0.6mm，在模具中心上方斜线进刀，长短连接采用掠过距离 20mm 等。

3）二次开粗。残留粗加工即为二次开粗，其目的是去除粗加工时由于采用大的刀具而在工件的凹角处留下的过多余量。汽车喇叭安装板拉深凸模采用偏置区域清除模型中的二次开粗，参考刀路为 $\phi63R8$ 的开粗刀路，刀具采用 $\phi25R5$ 的圆角面铣刀，行距为 12mm，下切步距为 0.4mm，加工余量为 0.8mm，采用斜线进刀，长短连接采用掠过距离 20mm 等。

4）半精加工前的粗清角。主要针对模具的内圆角清除多余废料，有利于半精加工顺利进行，加工策略一般为笔式清角，推荐使用同正式半精加工直径相同的刀具。汽车喇叭安装板拉深凸模采用球刀 $\phi50R25$ 笔式清根，加工余量为 0.3mm，采用垂直圆弧进刀，长短连接采用掠过距离 50mm。笔式清角刀路如图 5-49 所示。

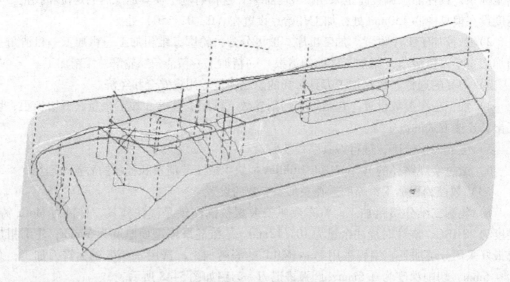

图 5-49　球刀 $\phi50R25$ 的笔式清角刀路

5）半精加工。半精加工是介于粗加工和精加工之间的一个过渡工序，其目的是继续去除粗加工后留在模具表面的加工余量，使精加工余量更小且比较均匀，便于精加工时采用较小的切削量和较高的切削速度。本例采用的球刀，其型面加工策略为平行精加工（切削角度为90°）方式，侧面加工策略采用三维偏置参考线方式加工，加工余量皆为0.3mm，平行加工步距为3mm，三维偏置步距也为3mm。三维偏置刀路和平行刀路编制结束后进行整合，整合后的刀路如图5-50所示。

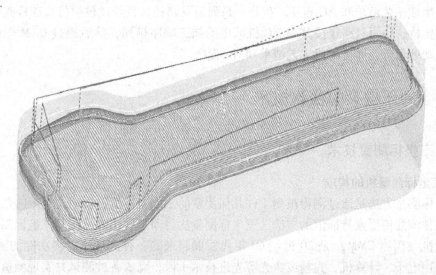

图 5-50　三维偏置刀路和平行刀路整合后的刀路

6）精加工之前的清根。精加工之前的清根是指在精加工前，用比精加工所用刀具直径小的刀具加工半精加工后仍未加工到位的所有的凹角部位，尽可能减少精加工时凹角部位的加工余量。本例中采用加工策略为笔式清角，选用 B20 的球刀进行第一次清角，加工余量为0.3mm，选用 B30 的球刀进行第二次笔式清角，加工余量为0.1mm。采用垂直圆弧进刀，长短连接采用掠过距离50mm。

7）精加工。精加工是实现产品最终形状最关键的一步，模具的表面质量和尺寸精度都是由该工序保证的。加工时应采用较小的切削量和较高的切削速度。本例中精加工针对不同区域采用不同的加工方式，产品型面采用 B30 的球刀平行精加工（切削角度为90°）方式，侧面也选用 B30 的球刀，加工策略采用三维偏置参考线方式加工，加工余量皆为0，平行加工步距为0.7mm，三维偏置步距也为0.7mm。目的就是在保证效率的前提下，密化走刀轨迹，提高模具表面质量。三维偏置刀路和平行精加工刀路编制结束后进行整合。刀路图可参照图5-51，加工方式和刀路与半精加工大体相同，但精加工的步距和公差更小。

8）精清角。精加工后在模具凹角处可能还会有较小的加工余量，这些残留余量如果没有铣削掉，将对冲压件的质量产生影响，因此对这些局部位置还要进行清角加工。精清角的加工策略一般采用单笔清角、自动清角和多笔清角相结合的方式。

9）轮廓二维精加工。汽车喇叭安装板拉深凸模和压边圈配合沿型面方向厚度为40mm，配合间隙为3mm，因此在型面加工结束后，必须对拉深凸模的轮廓进行精加工，3mm 间隙放在压边圈上，所以拉深凸模轮廓精加工余量为零。采用 NX 平面铣的轮廓铣精加工轮廓，刀具采用 D41.9R0 面铣刀，公差为0.01mm，加工余量为0，圆弧进退刀方式。对于轮廓的局部小角落依次用 D 16R 0、D 10R 0 和 D 6R 0 的面铣刀从大到小依次进行局部精加工，局部角落用边界设定好。

10）刀具路径检验。通过具有可视化的加工仿真模拟功能，可直观查看产生的刀具路径在实际情况下是如何进行加工的，检查是否存在过切和碰撞等问题。仿真时，系统将以中等速度动态模拟完整的加工切削过程，便于编程人员检查加工过程的合理性与正确性。

11）生成工艺清单和 NC 程序。生产一系列刀具路径，且经过模拟仿真和检查确定无误之后，需要将这些刀具路径按其在 NC 机床中的加工顺序排列，然后通过 CAM 软件的后处理模块自动处理后，即可生成工艺清单和 NC 程序。

5.8　冲压模具的检测技术

5.8.1　三坐标测量技术

1. 三坐标测量机的构成

三坐标测量方法是通过测得被测工件几何要素的三维坐标值，再通过一定的数据处理计算，得到被测几何要素特征值的方法。三坐标测量法目前最常用的仪器是三坐标测量机。三坐标测量机（简称 CMM）是 20 世纪 60 年代发展起来的一种高效率、多功能的测量装置，它综合利用电子、计算机、光栅或激光等先进技术手段，完成各种测试并实现测量过程自动化和数据处理，它的基本功能是指示测量头所处控件位置的 X、Y、Z 坐标值。目前，三坐标测量机已被广泛用于机械、电子、汽车、国防、航空等行业中，被誉为综合测量中心。在模具生产中，三坐标测量机可以进行各种检测，保证模具生产的精度，防止废品的出现，提高产品质量。

按照测量范围大小可将三坐标测量机分为大、中、小型测量机。大型三坐标测量机主要用于检测大型零部件，如飞机机身、汽车车体、航天器等；中型三坐标测量机在机械制造工业中的应用最为广泛，适合一般机械零部件的检测；小型三坐标测量机一般用于电子工业和小型机械零件的检测，精度较高。

三坐标测量机由本体、测量头、标准器、测量控制系统及数据处理系统组成，如图5-51所示。

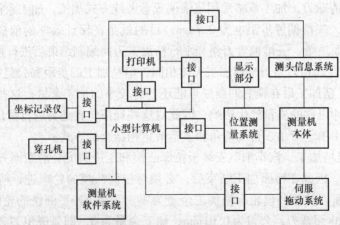

图 5-51　三坐标测量机系统

三坐标测量机的主体组成部分有：底座、测量工作台、立柱、刀轨及支承等。三坐标测量机本体结构可以分为以下几种类型：悬臂式、桥框式、龙门式和卧式镗式或坐标镗式，如图 5-52 所示。

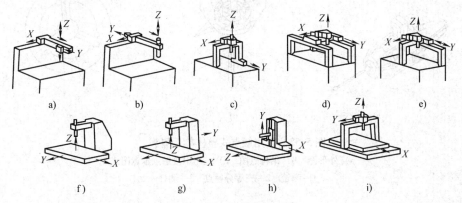

图 5-52　三坐标测量机的本体形式

a)、b) 悬臂式　c) 桥框式　d)、e) 龙门式　f)、g)　卧式镗式　h)、i) 坐标镗式

悬臂式小巧、紧凑、工作面开阔，装卸工件方便，缺点是悬臂结构容易变形；桥框式的轴刚性强，变形影响较小，X、Y、Z 的行程都可增大，适用于大型测量机；龙门式的特点是当龙门移动或工作台移动时，装卸工件方便，操作性能好，适用于小型测量机；卧式镗式或坐标镗式是在卧式镗床或坐标镗床的基础上发展起来的，其测量精度高，但结构复杂。

三坐标测量机测量系统的主要部件是测头。三坐标测量机的工作效率、精度与测头密切相关。没有先进的测头，就无法发挥测量机的功能。三坐标测量机测头的种类很多，大致可归纳为机械和电气接触式、光学和电气非接触式等。

机械接触式测头又称硬测头。它没有传感系统，只是一个纯机械式接触头，典型的机械测头有圆锥测头、圆柱测头、球形测头等。

光学非接触式测头可对软、薄、脆的工件实现测量。近年来，随着激光器和新型光电器件如电荷耦合器件（CCD）、光电位置敏感器件（PSD）等的发展，激光三角法在测量精度、动态范围、灵敏度、响应时间等方面都有较大改善，使经典的三角法光学非接触传感技术获得广泛应用，尤其适用于航空、航天、汽车、模具等行业对自由曲面的高速测量。

电气式测头是现代三坐标测量机主要采用的测头，或以电气式测头为基本配置，另外再辅助配置光学测头。电气式测头也可以分为接触式和触发式两种。

电气接触式测头又称软测头、静态测头。测头的测端与被测件接触后可作偏移，由传感器输出位移量信号，这种测头不但用于瞄准，还可以用于测微。

电气触发式测头又称动态测头，在向工件表面触碰的运动过程中在与工件接触的瞬间进行测量采样。动态测头不能以接触状态停留在工件一侧，因而只能对工件表面作离散的逐点测量，而不能作连续的扫描测量，在测量曲线、曲面时，应使用静态测头作扫描测量。触发式测头是目前常用的测头，按工作方式可分为常开式和常闭式；按结构形式可分为整体单元和组合式；按信号传输与控制方式可分为连线传输式、电磁耦合传输式和红外辐射传输式等。图 5-53 所示是一个常用触点式整体单元测头的外形和结构图，它由触发式测头、信号输出器、控制器接口、坐标数据采集和处理单元、补偿控制单元五部分组成。

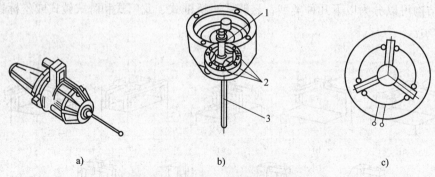

图 5-53　常用触点式整体单元测头

a）外形图　b）结构点图　c）三组串接触点示意图

1—弹簧　2—三等分触点　3—测杆

（1）标准器　三坐标测量机标准器的种类很多。机械类有刻线标尺、精密丝杠、精密齿条等；光学类有光栅等；电气类有感应同步器、磁栅、编码器等。

（2）测量与控制系统　三坐标测量机的测量控制系统是通过计算机实现的数字控制，可实现对位置、方向、速度、加速度的测量和控制。

（3）数据处理系统　目前，三坐标测量机一般配备专用计算机或通用计算机，由计算机采集数据，对测得数据进行计算处理，并与预先存储的理论数据相比较，然后输出测量结果。测量机生产厂家一般提供若干测量应用软件，如测头校验程序、坐标转换程序、普通测量程序、齿轮测量程序、行为误差评定程序、凸轮测量程序、螺纹测量程序、叶片测量程序、虚拟量规检测程序等，用户可以使用随机提供的程序，也可使用提供的语言自编程序进行数据处理，或者将测量数据输出到其他设备进行计算处理。

2. 三坐标测量机的工作原理

如图 5-54 所示，工件摆放在测量机的工作台上，工作台以一定的速度靠近测头，当工件接触测头的时候，测头产生触发信号，并将此信号传递给受信模块，并由此进入控制器使其接通。信号进入控制器后，经整形由相应的接口输入至数控系统的空白指令端，发出机床终止移动的指令，这样测杆端球接触工件瞬间的坐标位置被触发信号"封锁"，并作为数控系统用户宏指令的变量进行运算处理，同时测量机又进入运行下一程序段，不断重复上述过程，从而自动完成各所需测量点的精确测量。

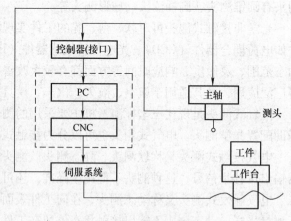

图 5-54　三坐标测量机的工作原理

3. 三坐标测量机的结构特点

三坐标测量机作为一种精确检测的数控设备，其检测精度的等级标准一般都在精密或超精密的技术等级范围，与一般的测量设备相比，其测量精度有以下特点：

（1）更高的几何精度　几何精度是提高测量机其他方面精度的基础，为此必须提高主机各零部件的加工精度与装配精度，改善优化结构设计。

（2）更高的运动直线性精度　一般的三坐标测量机采用气浮式工作台结构，以借助气膜的均化作用，使工作台在移动时不发生颠簸、摇摆或蛇行。同时，这种气浮式工作台还具有低摩擦、少能耗、高寿命和抗振性强的特点。

（3）更高的微进给和定位精度　目前流行的进给方式是采用数字伺服系统，这是因为伺服系统受噪声的干扰和漂移影响小，可以保证精确的信号输入。为保证定位检测装置的分辨率达到 $0.1\mu m$ 以下，常使用氦氖激光器为光源的双频激光干涉仪，分辨率可达 $0.016\mu m$。采用数字伺服系统和激光定位干涉仪是提高测量机微进给和定位精度的有效方法。

（4）更高的抗热变形性　为改善测量机的热特性，多数测量机采用天然大理石、人造花岗岩等代替金属材料作床身、立柱、工作台，其相对密度小、导热性能低、热膨胀系数小、对环境温度波动不敏感等特点有利于保证其尺寸稳定，从而保证精度。

4. 三坐标测量机的测量方法

不同的测量机、不同的被测对象、不同的测量方案对应不同的测量方法，但其中有一些方法是共同的。

（1）测量前的准备　测量前的准备工作主要有：

1）选择测头和校验基准件。在零件测量前，需根据被测零件的形状选择适当的测头组合，测定各测针的球径和测针间的相互位置，并选择校验基准件，相应地使用不同的校验方法和程序。

2）坐标变换。在三坐标测量机中存在三种坐标系：测头坐标系、测量机坐标系和工件坐标系。从三坐标测量机测长系统采集到的测量数据是相对于测量机坐标系的，但工件的尺寸形位要求是标注在工件坐标系中的，二者需要统一。在三坐标测量机中，则可以通过软件将测量机坐标数据转换到工件坐标系中，相当于建立一个"虚拟"的与工件坐标系重合的测量坐标系。这个虚拟的坐标系由软件形成，可随工件位置而变，故称为柔性坐标系。

（2）参数计算　根据工件表面各测点的坐标值，用解析几何的方法计算各种几何参数值，如两点间距离、圆的直径、圆心坐标和直线的方向等。对于几何误差的评定，应用比较普通的最小二乘法。最小区域法是最合理的评定方法，但算法复杂。有些几何误差的数据处理，如圆柱度的评定，则只能采用近似计算。

（3）自动测量　自动测量适用于成批零件的重复测量。测量时先对每一个零件测量一次，计算机将测量过程（如测头的移动轨迹、测量点坐标、程序调用等）存储起来，然后通过数控伺服机构控制测量机，按程序自动对其余零件进行测量，由计算机计算得到有关的测量结果，即自动学习功能。

5.8.2　冲压模具制造精度的检测方法

冲压产品的制造精度由多种因素共同影响，包括模具精度、冲压件结构、冲压材料等。由于冲压件的精度总是不高于生产它的模具的精度，所以，冲压模具对冲压件的精度有着相当大的影响。冲压模具制造精度的检测包括长度尺寸检测、表面粗糙度检测、角度及锥度检测、形状及位置误差检测等方面，本小节只对其中几项进行简要介绍。

1. 长度尺寸的检测

长度尺寸的检测是最基本的一种检测，常用的长度尺寸检测手段有：

（1）卡尺测量　主要用来测量长度、厚度、深度、高度、直径等，是最常用的测量仪器，分为游标卡尺、高度游标卡尺、带表卡尺、数显卡尺等。

（2）千分尺测量　按用途可分为外测千分尺、内测千分尺和深度、厚度千分尺等。

（3）比较仪测量　比较仪测量是测量被测尺寸与基准尺寸微差的比较测量方法，按其原理可分为机械比较仪、电气比较仪和光学比较仪。机械和电气比较仪是使用千分表和电感测微原理的测量仪器。光学式比较仪又称光学计，分为卧式光学计和立式光学计，卧式光学计主要用于测量内尺寸，图 5-55 所示是立式光学计的外形和原理图。

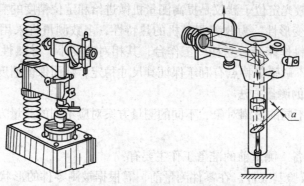

图 5-55　立式光学计的外形和原理图

（4）坐标测量　使用投影仪、工具显微镜、三坐标测量机测量轮廓或面上的点（或线）的坐标、角度等数值，通过一定的几何学计算方法，得到被测尺寸的大小。

（5）平台测量　使用平台测量器具间接测量被测尺寸可以在不具备条件的情况下测量多种特殊尺寸，具有简便易行的特点，是测量中常用的方法。

2. 表面粗糙度的检测

模具表面粗糙度的检测可以采用目测检验、比较检验和测量检验等方法进行检测。常用的表面粗糙度的检测方法有：

（1）样板比较法　凭视觉或触觉将被测表面与已知评定参数值的表面粗糙度样板进行比较。

（2）光切法　利用"光切原理"，使用细窄的光带切割被测表面，获得实际轮廓的放大影像，再对影像进行测量，经计算得到参数值。常用的仪器是光切显微镜，如图 5-56 所示。

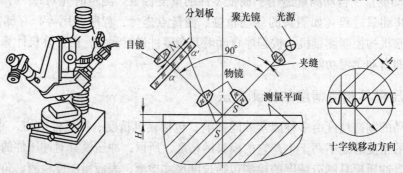

图 5-56　光切显微镜的外形及原理图

（3）干涉法　干涉法是利用光波干涉原理测量表面粗糙度的方法，应用光波干涉将被测表面微观不平度以干涉条纹的弯曲程度表现出来，再对放大的干涉条纹进行测量，以此制造的仪器成为干涉显微镜，如图 5-57 所示。

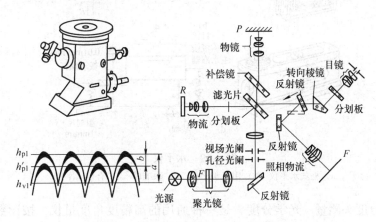

图 5-57　干涉显微镜的外形及原理图

（4）激光反射法　激光反射法是近年来出现的一种新的表面粗糙度检测方法。其基本原理是激光束以一定的角度照射到被测表面，除了一部分光被吸收外，大部分被反射和散射，反射光与散射光的轻度及其分布与被照射表面的微观不平度有关。通常，反射光较为集中形成明亮的光斑，散射光分布在光斑周围形成较弱的光带。较为光洁的表面，其光斑强、光带弱，且宽度较小；较为粗糙的表面，则光斑弱、光带强，且宽度较大。

3. 角度和锥度的检测

角度和锥度的检测可以分为比较测量、绝对测量和间接测量。比较测量就是将已知角度或锥度与被测角度或锥度比较，用光隙法或涂色法估计偏差，或判断被测角度或锥度是否在公差范围内。绝对测量是采用仪器对被测角度或锥度进行测量，常用仪器有游标万能角度尺、水平仪、分度头、自准直仪、测角仪和万能工具显微镜等。

（1）游标万能角度尺测量　游标万能角度尺结构简单，使用方便。其中游标读数为 5′ 和 2′ 的游标万能角度尺应用最为广泛，图 5-58 所示是读数为 2′ 的游标万能角度尺，可以测量工件内、外角，通过直角尺、直尺和尺身的不同组合，能够测量0°～320°范围内的任意角度，测量不确定度不超过 ±2′。

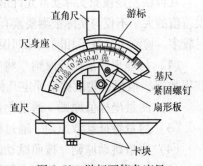

图 5-58　游标万能角度尺

（2）水平仪测量　水平仪主要用于测量微小角度，如调整或检验仪器、零部件的水平位置或垂直位置。常用的有钳工水平仪、框式水平仪、合像水平仪及电子水平仪等，如图 5-59 所示。水平仪的主要部分是水准器，水准器的内壁研磨成一定的曲率半径，内部充有液体，中间留有气泡，外表面刻有刻度，根据气泡边缘在玻璃管刻度上的位置进行读数，从而确定被测角度的大小。合像水平仪不是直接由水准器读数，而是采用光学成像读数。

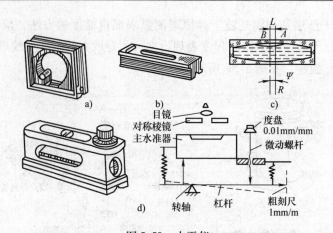

图 5-59　水平仪

a）框式水平仪　b）钳工水平仪　c）水准器　d）合像水平仪

（3）光学分度头测量　光学分度头是一种通用的高精度角度量仪，按读数方式可分为目镜式、投影式和数字式三种，其基本结构如图 5-60 所示。

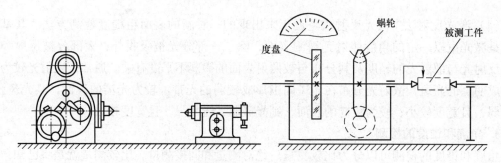

图 5-60　光学分度头

4. 几何误差的检测

几何误差是被测实际要素允许形状和位置变动的范围，几何误差的检测比较复杂，因为其误差值的大小不仅与实际被测要素有关，而且与其理想要素的方向和位置有关。几何误差的项目较多，检测方法各不相同。几何误差的测量要根据国家标准规定的五种检测原则进行：

（1）与理想要素比较原则　将实际被测要素与相应的理想要素作比较，在比较过程中获得数据，根据这些数据来评定几何误差。

（2）测量坐标值原则　通过测量被测要素上各点的坐标值来评定被测要素的几何误差。

（3）测量特征参数原则　通过测量实际被测要素上的特征参数，评定有关的几何误差。

（4）测量跳动原则　按照跳动的定义进行检测，主要用于检测圆跳动和安全跳动等。

（5）边界控制原则　检测实际被测要素是否超越边界，以判断零件是否合格。

几何误差的包含内容比较多，包括形状误差和位置误差等。其中形状误差是指被测实际要素对其理想要素的变动量。形状误差涉及的要素是线和面，是单一要素，包括直线度、平面度、圆度、圆柱度等；位置误差是指被测实际要素对一个具有确定方位的理想要素的变动量。理想要素的位置和方向由基准确定，包括定向特征（平行度、垂直度、倾斜度等）、定位特征（同轴度、对称度、位置度等）和测量方法特征（圆跳动、全跳动等）。

下面简单介绍几种几何误差的检测方法。

（1）水平仪测量　水平仪测量直线度的方法是将固定水平仪的桥板安置在被测直线上，首先将水平仪和被测直线大致调平，沿被测直线等跨距首尾衔接地移动桥板，记录各相邻两点连线对水平仪的倾角，换算成各点的坐标值，即可求出直线度误差，如图 5-61 所示。

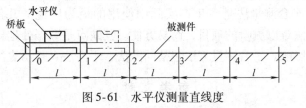

图 5-61　水平仪测量直线度

水平仪测量垂直度时，用水平仪粗调基准表面到水平位置，分别在基准表面和被测表面上用水平仪分段逐步测量并换算成坐标读数，然后进行数据处理，确定基准方位，求出被测表面的垂直度误差。

（2）自准直仪测量　用自准直仪测量直线度时，将带有反射镜的桥板放在被测直线上，并调整光轴与被测直线大致平行，沿被测直线等跨距首尾衔接地移动桥板，记录各相邻两点连线对光轴的倾角，换算成各点的坐标值，即可求出直线度误差，如图 5-62 所示。

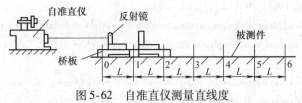

图 5-62　自准直仪测量直线度

自准直仪检测平面度和平行度时，采用的方法和检测直线度类似，经过坐标转换成统一坐标系，即可采用适当的数据处理方法求出平面度和平行度。

（3）圆度仪测量　圆度仪是用半径法评定圆度误差的专门仪器，圆度仪有转轴和转台两种。转轴式圆度仪在测量过程中，被测工件不动，仪器主轴带动测头和传感器仪器回转，测头与被测轮廓接触并随半径变化作径向移动，反映出被测轮廓的半径变动量，适合测量较大工件的圆度误差。转台式圆度仪在测量过程中，仪器的测头和传感器不动，被测工件安置在回转工作台上并随之一起回转，测头与被测轮廓接触并随半径变化作径向移动，反映出被测轮廓的半径变动量，适合测量小型工件的圆度误差。圆度仪配备许多形状的测头，应根据被测工件的结构形状进行适当选择。圆度仪一般配备数据处理装置和数据记录装置，能够记录测量数据，并自动处理数据，计算被测面的圆度误差。

（4）投影仪测量　使用投影仪测量几何误差时，是将被测工件的轮廓（如直线、圆、曲线轮廓）放大投影，对投影影响进行测量处理，即可得到测量结果。可以将被测轮廓的投影影响与相同放大率的公差带进行直接比较，判断被测对象是否合格，如图 5-63 所示。也可以用投影仪轮廓上的点测得平面直角坐标或极坐标值，然后进行数据处理，得到测量结果。

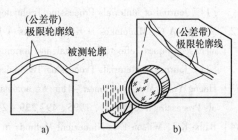

图 5-63　投影仪测量

（5）坐标法测量　使用万能工具显微镜可以测得被测几何要素（或基准要素）上各点的二维坐标，使用三坐标测量机可以测得被测几何要素（或基准要素）上各点的三维坐标，然后经过适当的几何学数据变化处理，得到测量结果。三坐标测量机在几何误差评定测量中的测量范围广、精度好、自动化程度高，能够解决许多其他测量方法无法解决的问题。

（6）平台测量　平台测量法是在生产实际中使用的最为广泛的几何误差的测量方法，能够测量许多其他方法难以测量的项目，简易方便。其缺点是数据处理比较繁琐，测量精度易受操作人员和环境影响。平台测量方法包括间隙法、干涉法、指示表法等。

参 考 文 献

［1］Wang D Y, Shim H B, Chung W J. Comparative investigation by a finite element method ［J］. Journal of Applied Mechanics, 1978, 100: 73－82.

［2］Tang S C. Chappuis L B. Evaluation of sheet metal forming process design by simple models ［J］. Materials in Manufacturing Processes, 1988, MD 8: 19－26.

［3］Balun T, Tang S C, Chappuis L B, et al. Application of mechanical methods to evaluation of forming and process design ［J］. SAE Trans of Materials & Manufacturing, 1993, No. 930521: 726－733.

［4］Zhou D, Wagoner R H. An algorithm for improved convergence in forming analysis ［J］. International Journal of Mechanical Science, 1997, 39（12）: 1363－1384.

［5］Yang D Y, Shim H B, Chung W J. Comparative investigation of sheet metal forming processes by the elastic－plastic finite element method with emphasis on the effect of bending ［J］. Engineering Computation, 1990（7）: 274－284.

［6］Tang S C. Application of membrane theory to automotive sheet metal forming analysis ［C］. Numerical Methods in Industrial Forming Processes. Rotterdam: Balkema Press, 1992.

［7］Lee D, Yang D Y. Consideration of geometric nonlinearity in rigid－plastic finite element formulation of contimuum elements for large deformation ［J］. International Journal of Mechanical Science, 1997, 39（12）: 1423－1440.

［8］Mori K, Wang C C, Osakada K. Inclusion of elastic deformation in rigid－plastic finite element analysis ［J］. International Journal of Mechanical Science, 1996, 38（6）: 621－631.

［9］Mamalis A G, Manolakos D E, Baldoukas A K. On the finite－element modeling of the deep－drawing of square sections of coated steels ［J］. Journal of Materials Processing Technology, 1996, 58: 153－159.

［10］Mamalis A G, Manolakos D E, Baldoukas A K. Finite－element modeling of the stretch forming of coated steels ［J］. Journal of Materials Processing Technology, 1997, 68: 71－75.

［11］Mamalis A G, Manolakos D E, Baldoukas A K. Simulation of sheet metal forming using explicit finite－element techniques: effect of material and forming characteristics（Part1. Deep－drawing of cylindrical cups）［J］. Journal of Materials Processing Technology, 1997, 72: 48－60.

［12］Mamalis A G, Manolakos D E, Baldoukas A K. Simulation of sheet metal forming using explicit finite－element techniques: effect of material and forming characteristics（Part 2. Deep－drawing of cylindrical cups）［J］. Journal of Materials Processing Technology, 1997, 72: 110－116.

［13］Huang You－Min, LiuChuen－Her. An analysis of the squar－cup stretching process ［J］. Journal of Materials Processing Technology, 1995, 49: 229－246.

［14］Bathe K J, Wilson E L. Numerical Methods in Finite Element Analysis ［C］. Englewood Cliffs, New Jersey: Prentice－Hall Inc, 1976.

［15］Hill R. A theory of the yielding and plastic flow of anisotropic metals ［J］. Proceedings of the Royal Society of

London, Series A, 1948 (193): 281 –297.

[16] Hill R. Theoretical plasticity of textured aggregates [J]. Mathematical Proceedings of the Cambridge Philosophical Society, 1979, 85: 179 – 191.

[17] Hill R. Constitutive modeling of orthotropic plasticity in sheet metals [J]. Journal of the Mechanics and Physics of Solids, 1990 (38): 405 – 417.

[18] Hill R. A user – friendly theory of orthotropic plasticity in sheet metals [J]. International Journal of Mechanical Sciences, 1993 (35): 19 – 25.

[19] Logan R W, Hosford W F. Upper – bound anisotropic yield locus calculations assuming h111i – pencil glide [J]. International Journal of Mechanical Sciences, 1980 (22): 419 – 430.

[20] Barlat F, Lian J. Plastic behavior and stretch ability of sheet metals, part I: a yield function for orthotropic sheets under plane stress conditions [J]. International Journal of Plasticity, 1989 (5): 51 – 66.

[21] Barlat F, Lege D J, Brem J C. A six – component yield function for anisotropic materials [J]. International Journal of Plasticity, 1991 (7): 693 – 712.

[22] Karafillis A P, Boyce M C. A general anisotropic yield criterion using bounds and a transformation weighting tensor [J]. Journal of the Mechanics and Physics of Solids, 1993 (41): 1859 – 1886.

[23] Barlat F, Becker R C, Hayashida Y, et al. Yielding description for solution strengthened aluminium alloys [J]. International Journal of Plasticity, 1997 (13): 385 – 401.

[24] Barlat F, Brem J C, Yoon J W, et al. Plane stress yield function for aluminum alloy sheets—part I: theory [J]. International Journal of Plasticity, 2003 (19): 1296 – 1319.

[25] Barlat F, Aretz H, Yoon J W, et al. Linear transformation – based anisotropic yield functions [J]. International Journal of Plasticity, 2005 (21): 1009 – 1039.

[26] Yoon J W, Barlat F, Dick R E, et al. Prediction of six or eight ears in a drawn cup based on a new anisotropic yield function [J]. International Journal of Plasticity, 2005 (22): 174 – 193.

[27] Banabic D, Kuwabara T, Balan T, et al. Nonquadratic yield criterion for orthotropic sheet metals under planestress conditions [J]. International Journal of Mechanical Sciences, 2003 (45): 796 – 811.

[28] Banabic D, Aretz H, Comsa D S, et al. An improved analytical description of orthotropic in metallic sheets [J]. International Journal of Plasticity, 2005 (21): 493 – 512.

[29] Bron F, Besson J. A yield function for anisotropic materials application to aluminum alloys [J]. International Journal of Plasticity, 2004 (20): 936 – 963.

[30] Vegter H, van den Boogaard A H. A plane stress yield function for anisotropic sheet material by interpolation of biaxial stress states [J]. International Journal of Plasticity, 2006 (22): 556 – 580.

[31] Weilong Hu. Constitutive modeling of orthotropic sheet metals by presenting hardening – induced anisotropy [J]. International Journal of Plasticity, 2007 (23): 620 – 639.

[32] Hollomon J H. Tensile deformation. Trans. AIME, 1945 (162): 162 – 268.

[33] Swift H W. Plastic instability under plane stress [J]. J. Mech. Phys. Solids, 1952 (1): 1 – 18.

[34] Voce E. The relationship between stress and strain for homogeneous deformation [J]. J Inst. Metals, 1948 (74): 537.

[35] Samanta S K. Inst. J Mech. Science, 1968 (10): 614.

[36] Hockett J E, Sherby O D. Large Strain Deformation of Polycrystalline Metal at Low Homologous Temperature [J]. Journal of the Mechanics and Physics of Solids, 1975, 23 (2): 89 – 98.

[37] Ghosh A K. A numerical analysis of the tensile test for sheet metals [J]. Metallurgical and Materials Transactions A, 1977, 8 (8): 1221 – 1232.

[38] Dan W J, Zhang W G, Li S H, et al. An experimental investigation of large – strain tensile behavior of a metal

sheet ［J］. Materials and Design, 2007（28）：2190 – 2196.

［39］Swift H W. Plastic instability under plane stress ［J］. Journal of the Mechanics and Physics of Solids, 1952, 1：1 – 18.

［40］Hill R. On discontinuous plastic states with special reference to localized necking in thin sheets ［J］. Journal of Mechanics and Physics of Solids, 1952, 1：19 – 31.

［41］Marciniak Z, Kuczynski K. Limit strain in the processes of stretch – forming sheet metal ［J］. International Journal of Mechanical Sciences, 1967, 9：609 – 620.

［42］Keeler S P. Determination of forming limits in automotive stampings ［J］. Sheet Metal Industries, 1965, 42：683 – 691.

［43］Goodwin G M. Application of strain analysis to sheet metal forming problems in the press shop ［J］. Transactions Society of Automotive Engineering, 1968：380 – 387.

［44］Hibbitt H D, Marcal P V, Rice J R. A finite element formulation for problems of large strain and large displacement ［J］. International Journal of Solids Structures, 1970, 6：1069 – 1087.

［45］McMeeking R M, Rice J R. Finite – element formulations for problems of large elastic – plastic deformation ［J］. International Journal of Solids Structures, 1975, 11：601 – 616.

［46］王勖成，邵敏. 有限单元法基本原理和数值方法 ［M］. 北京：清华大学出版社，1997.

［47］Keer T J, Sturt R M V. Sheet metal pressings – the integration of finite element analysis with design process ［J］. SAE Trans Journal of Materials and Manufacturing, 1991, No. 910771：736 – 741.

［48］林忠钦. 车身覆盖件冲压成形仿真 ［M］. 北京：机械工业出版社，2005.

［49］杜亭，柳玉起，章志兵，等. 面向设计的板料成形快速仿真系统 FASTAMP ［J］. 中国机械工程，2006, 17：83 – 85, 114.

［50］于磊. 考虑模具弹性变形的先进高强钢冲压回弹控制与结构拓扑优化 ［D］. 上海：上海交通大学，2012.

［51］胡一帆. 薄板冲压成形表面缺陷的数值模拟及控制 ［D］. 上海：上海交通大学，2009.

［52］胡康康，彭雄奇，陈军，等. 基于 Yoshida – Uemori 材料模型的汽车结构件冲压回弹分析 ［J］. 材料科学与工艺，2011, 19（6）：43 – 47.

［53］马家鑫. 大型平板类冲压件非均匀局部变形诱发翘曲回弹的预测与控制方法研究 ［D］. 上海：上海交通大学，2009.

［54］高曙明. 自动特征识别技术综述 ［J］. 计算机学报，1998, 21（3）：281 – 288.

［55］周雄辉，彭颖红. 现代冲模设计制造理论与技术 ［M］. 上海：上海交通大学出版社，2000.

［56］Deneux D, Wang X H. A knowledge model for functional re – design ［J］. Engineering Application of Artificial Intelligence, 2000, 13：85-98.

［57］石晓祥. 汽车覆盖件工艺智能设计系统关键技术研究 ［D］. 上海：上海交通大学，2001.

［58］韩森和，林承全，余小燕. 冲压工艺及模具设计与制造 ［M］. 北京：机械工业出版社，2008.

［59］刘江省，姚英学. 数字化装配技术 ［J］. 先进制造技术，2004, 5：33 ~35.

［60］郑剑飞. 冲模设计中的知识集成技术研究 ［D］. 上海：上海交通大学，2003.

［61］黄晶. 基于知识的普通冲模结构智能化设计技术研究与实现 ［D］. 上海：上海交通大学，2003.

［62］陈纲. 基于知识的车身冲压件 DFM 关键技术研究 ［D］. 上海：上海交通大学，2005.

［63］宗志坚，陈新度. CAD/CAM 技术 ［M］. 北京：机械工业出版社，2001.

［64］蔡颖，薛庆，徐弘山. CAD/CAM 原理与应用 ［M］. 北京：机械工业出版社，1998.

［65］史翔. 模具 CAD/CAM 技术及应用 ［M］. 北京：机械工业出版社，1998.

［66］黄宏毅，李明辉. 模具制造工艺 ［M］. 北京：机械工业出版社，1999.

［67］吴祖育，秦鹏飞. 数控机床 ［M］. 上海：上海科学技术出版社，2000.

[68] 郭培全，王红岩．数控机床与编程［M］．北京：机械工业出版社，2000.

[69] 谢国明，曾向阳，王学平．UG CAM 实用教程［M］．北京：清华大学出版社，2003.

[70] 苏红卫．UG 铣制造过程培训教程［M］．北京：清华大学出版社，2002.

[71] 白立新，王尔健，应道宁．模具生产中的 CAM 技术［J］．模具工业，1994（4）：20－22.

[72] 林亨，严京滨．数控加工技术［M］．北京：清华大学出版社，2005.

[73] 沈建峰，朱勤惠．数控加工生产实例［M］．北京：化学工业出版社，2006.

[74]《现代模具技术》编委会．汽车覆盖件模具设计与制造［M］．北京：国防工业出版社，1998.

[75] 何永熹．机械精度设计与检测［M］．北京：国防工业出版社，2006.

[76] 王霄．逆向工程技术及其应用［M］．北京：化学工业出版社，2004.

[77] 高玉艳，熊辉俊．测量技术［M］．北京：中国农业大学出版社，2008.

第6章 省力与近均匀冲压技术

金属成形是先进制造技术的重要研究领域，是支撑国民经济发展与国防建设的主要技术之一。其发展水平在一定程度上代表了一个国家制造技术与工业发展水平。据统计全世界钢材75%要进行塑性加工。随着世界范围内对节能减排、发展低碳制造技术的需求，绿色、节约型及高性能金属成形技术成为了主要研究方向。现在我国已经成为制造业大国之一，被誉为"世界工厂"，我国制造大国的地位也可以从大型锻压装备上予以体现，如 $8 \times 10^5 kN$ 大型模锻压机、$4 \times 10^5 kN$ 大型模锻压机、$2 \times 10^5 kN$ 金属挤压机、$1.65 \times 10^5 kN$ 大型自由锻液压机、$1 \times 10^5 kN$ 板材内高压成形机、$6 \times 10^4 kN$ 管材内高压成形机和 $3.5 \times 10^4 kN$ 折弯机等大型装备，且上述大型装备的公称压力在将来还将不断刷新。然而，在我国从"制造大国"向"制造强国"迈进的道路上，不应只是注重研制大型装备，还应从成形工艺的角度考虑如何实现省力成形，降低对大型设备的依赖，减少庞大的设备投资。

作为航空工业最发达的美国，为了获得高性能的钛合金锻件，在20世纪中期建造了 $5 \times 10^5 kN$ 的模锻液压机。然而，为了适应更加复杂、投影面积更大的钛合金锻件需求，1967年美国航空界曾经提出建造 $2 \times 10^6 kN$ 巨型模锻压力机的建议书。但由于 $2 \times 10^6 kN$ 超大液压缸、大型横梁等的制造和装配技术的限制，以及非常大的投资，导致该项目未被立项。以我国的 $8 \times 10^5 kN$ 模锻压力机为例，其机身总高42m，相当于十几层楼房的高度，设备自重就达 $2.2 \times 10^5 kN$，因此，建造大型锻压设备是一个庞大的工程。需要注意的是，美国虽然未建造超过 $5 \times 10^5 kN$ 的模锻压力机，但其先进的五代战机F22、大飞机波音787等均制造出来并投入使用。究其原因就是使用了等温模锻等先进成形工艺技术，实现了关键部件的省力成形，以先进的工艺来弥补设备公称压力的不足。

金属成形中的变形均匀性是指工件内部各部分变形的均匀程度。在成形过程中工件的变形均匀性越好，越有利于产生均匀的内部组织，降低内应力，提高工件的性能和质量。并且，工件变形均匀性的提高，还可以减少或避免工件因局部变形剧烈而产生的缺陷，如开裂。金属的变形均匀性与成形所用载荷有关系，通常来说，变形越均匀，则成形所用载荷就越小，能耗越低。

本章首先介绍了省力成形的原理，并在其屈服图形上指出了省力成形的范围。对均匀成形及其影响因素进行了介绍。阐述了影响成形载荷的四大因素：流动应力、摩擦状态、承压面积和自由流动可能性，并结合具体金属成形工艺给出了实现省力成形的途径。最后，分析了成形流程对变形均匀性的影响，并介绍了一些省力及均匀成形的新工艺。本章内容旨在介绍省力与近均匀成形的原理及其影响因素，给出实现省力成形的途径，并采用理论分析和有限元模拟相结合的方法，对具体工艺进行深入分析。

6.1　省力成形力学原理及其在屈服图形上的范围

6.1.1　省力成形力学原理

1. 沿工具运动方向载荷的计算

工具与工件在接触面上通常作用有压力和摩擦力（见图 6-1），正压力垂直于工具表面，摩擦力沿工具表面且与金属流动方向相反。施力（载荷）的数值等于工具的工作表面（通常为与工件接触的表面）每个微小面积乘以其上所作用的压力及摩擦力在工具运动方向的投影之总和。为了易于理解，举一个环形件液压胀形（见图 6-2）时作用在冲头上的总载荷计算方法。

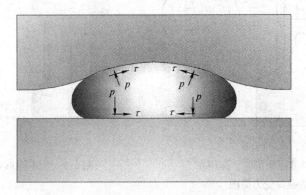

图 6-1　工具与工件在接触面上摩擦力的方向

由于液体和固体界面的摩擦力可近似为零，计算公式就可以简化一些。如图 6-2 所示，冲头的工作面由两部分组成，一部分是直径为 d 的圆平面，另一部分是曲面，前者的作用力可以由压力乘以面积求得，后者则需要利用力的投影关系。即

$$P = P_1 + P_2 = \frac{\pi p d^2}{4} + \int_S p\cos \alpha \mathrm{d}S \tag{6-1}$$

式（6-1）右端积分号内 $p\cos \alpha \mathrm{d}S$ 的物理概念是压力在工具运动方向上的投影乘以其所作用的微面积 $\mathrm{d}S$，是一个微载荷 $\mathrm{d}P$，将其积分可得载荷 P_2。根据帕斯卡定律"加在密闭液体任一部分的压强，必然按其原来的大小，通过液体向各个方向传递"，所以每一瞬时的压强 p 为常数。于是 $\int_S p\cos \alpha \mathrm{d}S$ 可以写成 $p\int_S \cos \alpha \mathrm{d}S$，前者的含义是各处压力在工具运动方向上的投影乘以其所作用的微面积总和，后者是压力乘以面积的投影之和。

于是可以表达为：各处压力在工具运动方向上的投影乘以其所作用的微元面积之和等于压力乘以各处面积在与工具运动方向垂直面上的投影之和，简称"以面积的投影代替压力的投影"。由于接触面上各处的方向不同，即使对于相同压力数值的投影值也是变化的，因此计算起来比较繁琐，但接触面的投影则比较直观且易于计算。例如，对于图 6-2 所示的情况，可以直接写出

$$P = p\frac{\pi}{4}D^2 \tag{6-2}$$

应当强调的是，根据"以面积的投影代替压力的投影"这一原则，对于不同的工具形状都是适用的。图 6-3 示出用不同形状工具液压胀环，即直径相同但冲头前端形状不同，由于未改变接触面的投影，因此用式（6-2）求出的结果和采用平冲头的结果一致。

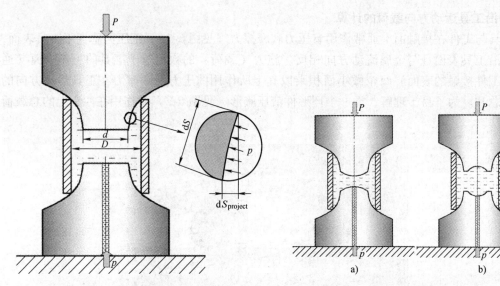

图 6-2　环形件液压胀形时，作用在
　　　　冲头上的载荷受力简图

图 6-3　用不同形状工具液压胀环

还应指出的是，对于复杂形状工件的成形（见图 6-4），接触面上的压力数值虽然是变化的，工程上计算时往往用变化着的压力的平均值来代替。这时上述原则仍然适用，且可使定性、半定量计算简化很多，这在解决工程问题时方便很多。

在有摩擦力的情况下，摩擦力的垂直分量对工具下移也构成阻力。图 6-5 所示为扁条拉拔的示意图，为简化起见此处暂不考虑正压力的影响。

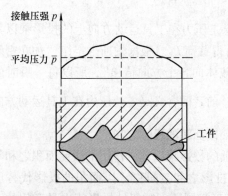

图 6-4　复杂形状工件成形中的压力分布

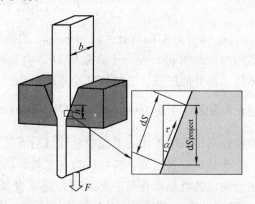

图 6-5　扁条拉拔的示意图

接触面上摩擦力向上的分力为

$$F_\tau = \int \tau \cos \alpha \mathrm{d}S$$

当 τ 为常数时，则有

$$F_\tau = \tau \int \cos \alpha \mathrm{d}S \tag{6-3}$$

与前面类似，可以得出结论：各处摩擦力数值相同时，其在工具运动方向上的投影乘以其所作用的微面积之和等于摩擦力乘以各处面积沿工件运动方向上的投影。对于扁平件接触面在垂直方向的投影其数值为

$$S_{\mathrm{project}} = bh \tag{6-4}$$

式中　b——坯料厚度，变形过程中厚度保持不变；

　　　h——材料沿拉拔方向与模具接触面的长度。

2. 典型工艺成形载荷的力学计算

载荷计算的方法有很多种，如滑移线法、上限法、切块法及有限元法等。本章侧重用切块法进行载荷计算，因为这种方法简明，且可以直观地看出多种因素对所需载荷的影响。

切块法的思想：切块法在前苏联称之为"主应力法"，在日本又称之为"平均应力法"，早在 20 世纪 20 年代就使用于拉拔、镦粗、挤压及轧制等工序的载荷计算中。它是一种比较简单的分析接触面上正应力分布并计算平均变形抗力的一种方法。由于推导的公式能明显地（至少是定性地）说明各个因素（摩擦、工件尺寸比、受力状态）对平均变形抗力的影响，所以至今仍然是变形力计算的重要方法之一。切块法的要点如下：

1）根据实际变形区的情况，将问题近似地按轴对称问题或平面问题来处理，并选用相应的坐标系。对于变形复杂的过程如模锻，可以将锻件分为若干部分；每一部分分别按照平面问题或轴对称问题处理，最后组合在一起，得出整个问题的解。例如，根据连杆模锻时的金属流动特点，可将锻件的左、右两个半圆视为轴对称变形部分，而中间部分为平面应变部分，连杆模锻时的金属流动平面和流动方向示意图如图 6-6 所示。

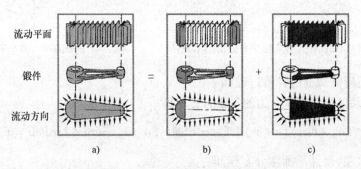

图 6-6　连杆模锻时的金属流动平面和流动方向示意图

a）复杂流动　b）两端部的轴对称流动　c）中部的平面应变流动

2）根据某瞬时变形体的变形趋向，截取包括接触平面在内的典型基元块，且认为仅在接触面上有正应力和切应力（摩擦力），而在其他切面上仅有均匀分布的正应力即主应力。在列平衡方程式时只需按实际所受到的拉、压应力标明方向，不需另考虑正负号，即以绝对值代入。

3）在应用屈服准则 $\sigma_{\mathrm{max}} - \sigma_{\mathrm{min}} = \beta \sigma_{\mathrm{s}}$（式中 β 为罗德参数）时通常忽略摩擦的影响。

即在接触面上的正应力视为主应力。这时需要考虑正负号,拉为正,压为负。

本节重点阐明影响圆柱体镦粗、圆环压缩和模锻等压缩变形所需载荷的影响因素及降低载荷的途径,对于这类成形方式,其共同点为高度方向尺寸减小,横截面尺寸增加。但由于边界条件不同,压力分布曲线也不相同。

概括地说,圆柱体镦粗在外侧自由,环形件压缩内外侧自由,模锻由于飞边的存在,造成极大的阻力,使压力数值显著升高。下面分别对其进行阐述。

(1)圆柱体压缩 由于圆柱体是轴对称的,所受到的载荷也是轴对称的,因此属于轴对称问题的切块法求解。图6-7所示为圆柱体压缩时按切块法受力分析的示意图。

由于变形时圆柱体内质点沿径向外流,在工具与工件接触面上除作用有压应力 σ_z 外,还有阻碍金属外流的摩擦力 τ,由于后者是径向压应力,它必然导致在工件内产生环向压应力 σ_θ,这可由图6-8所示的力平衡原理图看出。

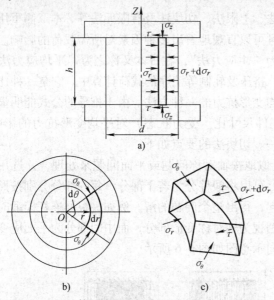

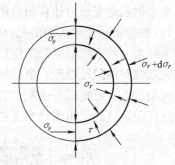

图6-7　圆柱体压缩时按切块法受力分析的示意图　　　　图6-8　力平衡原理图

圆柱体镦粗所需载荷的计算过程如下:

1)列出切块区域沿径向 r 力的平衡方程,即

$$(\sigma_r + \mathrm{d}\sigma_r)(r + \mathrm{d}r)\mathrm{d}\theta h - \sigma_r r \mathrm{d}\theta h - 2\sigma_\theta \sin\frac{\mathrm{d}\theta}{2}\mathrm{d}r h + 2\tau r \mathrm{d}\theta \mathrm{d}r = 0 \tag{6-5}$$

整理并略去高次项,得到平衡微分方程,即

$$\frac{\mathrm{d}\sigma_r}{\mathrm{d}r} + \frac{2\tau}{h} + \frac{\sigma_r - \sigma_\theta}{r} = 0 \tag{6-6}$$

可以证明,对于圆柱体压缩沿径向及环向的应变相等,即 $\varepsilon_r = \varepsilon_\theta$。根据塑性应力应变关系理论,若应变相等则相应方向的应力也相等,由此可得

$$\sigma_r = \sigma_\theta \tag{6-7}$$

将式(6-7)带入式(6-6)可得

$$\frac{\mathrm{d}\sigma_r}{\mathrm{d}r} + \frac{2\tau}{h} = 0 \tag{6-8}$$

2)列出屈服方程。由于关心的是 σ_z 的变化,还要找到式(6-8)中 σ_r 与 σ_z 的关系。根据屈服准则,塑性变形时各应力之间的关系必须满足一定的关系式,对于圆柱镦粗将 σ_z 及 σ_r 均视为主应力可以写出如下的近似屈服准则。即

$$\sigma_z - \sigma_r = Y \tag{6-9}$$

式中 Y——材料的流动应力。

将式(6-9)对 dr 微分可得

$$\frac{d\sigma_z}{dr} = \frac{d\sigma_r}{dr} \tag{6-10}$$

将式(6-10)代入式(6-8)式可得

$$\frac{d\sigma_z}{dr} + \frac{2\tau}{h} = 0 \tag{6-11}$$

应该指出的是,对于轴对称问题材料的最大切应力 $\tau_{\max}$,在使用 Tresca 屈服准则时 $\tau_{\max} = \frac{Y}{2}$,使用 Mises 屈服准则时 $\tau_{\max} = \frac{Y}{\sqrt{3}}$,其中 Y 为材料的流动应力。

3)带入边界条件求解。以上方程的求解取决于相应的边界摩擦条件。对于边界摩擦条件,工程上习惯有以下几种处理方法,得到的 $\sigma_z = f(r)$ 的分布情况也不相同。

对于冷成形,通常取 $\tau = \mu\sigma_z$,此时摩擦力取决于正压力的大小,相应的压力分布公式为

$$\sigma_z = Y\exp\frac{2\mu(0.5d - r)}{h} \tag{6-12}$$

对于热变形,通常采用剪切摩擦模型或 Tresca 摩擦模型 $\tau = m\frac{Y}{\sqrt{3}}$(式中 m 为摩擦因子),此时摩擦力取决于材料所允许的最大切应力 $\frac{Y}{\sqrt{3}}$。即

$$\sigma_z = Y\left[1 + \frac{2m(0.5d - r)}{\sqrt{3}h}\right] \tag{6-13}$$

当 $m = 1$ 时,摩擦力 $\tau = \frac{Y}{\sqrt{3}}$,这是摩擦力的极值,此时边界已经粘着,以近似边界处材料的剪切流动代替界面上的滑动。这时的库仑摩擦定律已不再适用。式(6-12)及式(6-13)所表示的压力分布可以由图 6-9 及图 6-10 表达。

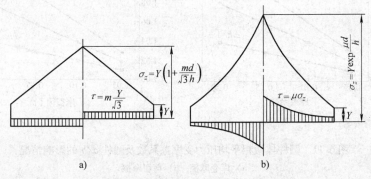

图 6-9 不同摩擦条件下镦粗单位压力分布

a) $\tau = m\frac{Y}{\sqrt{3}}$ b) $\tau = \mu\sigma_z$

　　由式（6-12）及式（6-13）及图 6-9
可见，压力分布曲线 σ_z 是从自由边界值 Y
起步，由表面向内部深入，σ_z 不断增大，
可以形象地说，离自由表面越远数值就越
大。图 6-10 形象地表示了对于同一工件高
度 h 值当 d 值变化时压力分布的变化情况。
由该图可见，对于同一摩擦条件、同一工
件高度，减小变形投影面积，也就是减小
直径（对于圆柱体），变形力无疑会随之
下降。

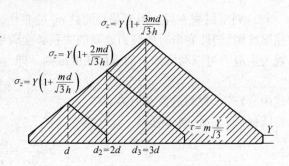

图 6-10　圆柱直径对压力的分布影响

　　4）总变形力及平均压力的计算。总变形力可以将式（6-12）或（6-13）中的 σ_z 沿接
触平面积分。工程上最关心的是平均单位压力，即将总变形力除以接触面积所得的力，即单
位面上的平均作用力，其表达式如下：

　　① 当 $\tau = \mu\sigma_z$ 经简化后的平均压力 $\bar{p}$ 的计算公式为

$$\bar{p} = Y\left(1 + \frac{\mu d}{h}\right) \tag{6-14}$$

　　② 当 $\tau = m\dfrac{Y}{\sqrt{3}}$（$m$ 的取值范围为 $0 \leqslant m \leqslant 1$），计算所得的平均压力计算公式为

$$\bar{p} = Y\left(1 + \frac{md}{3\sqrt{3}h}\right) \tag{6-15}$$

　　若将式（6-14）与式（6-15）以图形表示（见图 6-11），则可以很直观地看出影响圆
柱体镦粗变形力的主要因素，当材料一定、变形温度及应变速率也已知时，其流动应力 Y
也随之被确定，镦粗时平均压力（总变形力也如此）随着直径与高度的比值及摩擦系数 μ
及摩擦因子 m 的增大而显著增大。当摩擦系数 μ 及摩擦因子 m 的数值相同时，可以看出按
前者计算出的平均压力要大于按后者计算出的平均压力。

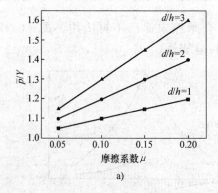 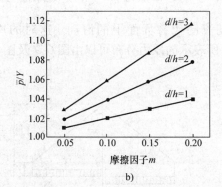

图 6-11　圆柱体镦粗平均压力受摩擦系数及圆柱 d/h 的影响情况
a）库仑摩擦　b）剪切摩擦

　　应当指出，若边界的摩擦力为零，镦粗的平均压力等于流动应力 Y，这从式（6-14）及
式（6-15）也可以看出。从图 6-11 还可以形象地看出，由于摩擦的存在，随着 d/h 增大而

使载荷急剧增大，当 $m = 0.2$，$\dfrac{d}{h} = 3$ 时，$\dfrac{\bar{p}}{Y} = 1.12$，也就是说 12% 的载荷是由摩擦所引起的，这些"多余载荷"还引起能耗的增加。因此，减少多余载荷是低载成形的主要任务。

（2）环形件压缩　环形件在无摩擦压缩时，内外径均增大，当摩擦力大时，由于金属外流受阻，少量金属内流，此时外径增大，内径缩小。圆环压缩金属流动情况如图 6-12 所示。圆环压缩时的内外径变化曾经作为标定摩擦系数或摩擦因子的依据，通过内外径尺寸的变化确定出摩擦因子。

图 6-13 给出了当圆环外径: 内径: 高度为 6: 3: 2 摩擦系数的圆环压缩理论计算出的曲线。将实验测得的压缩率和内径减少率数据在与图中的理论曲线进行比较，即可确定出摩擦系数 μ，试验研究用的圆环压缩量在 50% 左右较合适。对于超塑性材料也可用类似的方法标定摩擦系数，但此时要考虑应变速率的影响。由图 6-13 可以看出，随着摩擦力增加和压缩率增加

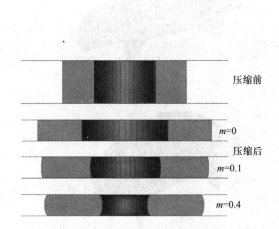

图 6-12　圆环压缩金属流动情况

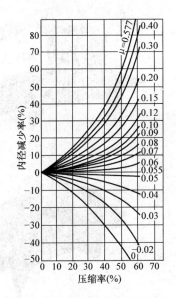

图 6-13　采用摩擦系数 μ 的圆环压缩理论曲线

（高度下降），圆环的内径减小很显著。由前面圆柱体压缩的压力分布曲线可以看出自由表面为压力分布的起点数值，等于材料的流动应力 Y，从自由表面向内深入 r 值在减少，压应力的绝对值逐渐增大。对于环形件的近外侧处，也有类似的情况，且由于在中性面两侧的金属，流动方向相反（见图 6-14），在该处对应于压力分布的峰值，由中性面向内压力下降直至在内表面处达到材料流动应力 Y 值，由于中性面偏内表面，所以压力分布曲线并不对称，近外侧处较平缓，近内侧处变化较陡。

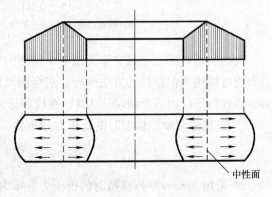

图 6-14　环形件与圆柱体压缩时
接触面上的压力分布

环形件压力分布的公式推证过程与圆柱体镦粗类似，不过对于后者，径向应力 σ_r 在自由表面处为零，柱体中心的压力最高，此处对应于压力分布的峰值，对于环形件有摩擦压缩，金属向内外流动，径向应力 σ_r 从内外表面向工件内部深入时，绝对值也在增大，到中性面（内外流动的分界面）时两者相等。

（3）闭式模锻　模锻时变形比较复杂，如图 6-15 所示，模锻可以分为三个阶段：第一阶段是圆柱体在模腔的平台之间镦粗；第二阶段是继续镦粗毛坯的同时，金属被压入深腔 B 部；第三阶段是当深腔 B 部被充满后，多余金属沿飞边外流。模锻件产生飞边的作用有二：一是造成阻力，使金属能充满型腔深部；二是起"安全阀"的作用，使多余金属在较大阻力下能从型腔排出，避免工件厚度超差（在锤上模锻时）或造成闷车使设备的零部件损坏（在曲柄压力机上模锻时）。但是由于飞边桥口起着"瓶颈"作用，使在模锻第三阶段的变形力迅速增大。

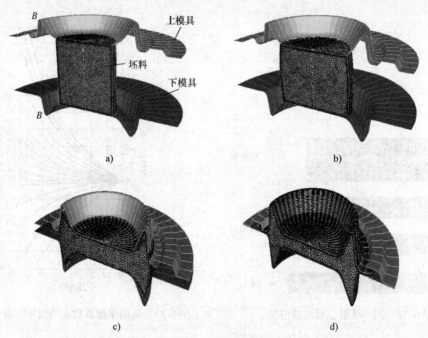

图 6-15　盘形件模锻过程的各个阶段
a）锻造起始　b）第一阶段　c）第二阶段　d）第三阶段

飞边的桥口部分金属变形类似一个很薄的环形件压缩，但此处金属都是外流的，正压力分布也可以用类似前面的方法获得。当金属流出飞边的桥口流入飞边的仓部时按自由表面处理，该处的压应力等于流动应力 Y，在模腔进入桥口处的压应力如下。

① 采用库仑摩擦模型时的正压力分布为

$$p = Y\left(1 + \frac{2\mu b}{h}\right) \tag{6-16}$$

② 采用 Tresca 摩擦模型时的正压力分布为

$$p = Y\left(1 + \frac{2mb}{\sqrt{3}h}\right) \tag{6-17}$$

在桥口部分的压力分布如图 6-16 中上部所示，随着所分析点的内移，模腔内置点外流向飞边桥口时，式（6-16）就变成新的"边界条件"，于是"水涨船高"压力值就会越来越高，直至工件在对称轴线上达到压力最大值。

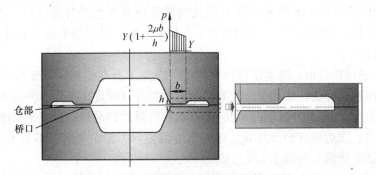

图 6-16　简单锻造桥口部分的压力分布

应当提到的是，此时在模腔内不是所有金属都参与变形，如图 6-17 所示，已充填入深腔的 I 区可视为"死区"，不参与变形流动。变形区仅发生在 II 区，与 II 区毗邻的 III 区是过渡区，它可以不断向 II 区补充金属。由图 6-17 还可看出，II 区的高度远小于工件的高度，且自中部至边缘高度在减少。对回转类锻件可采用席明诺夫公式来计算模锻时的总压力，即

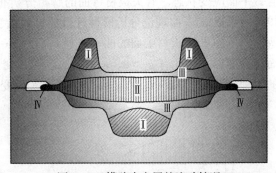

图 6-17　模腔内金属的流动情况

$$P = Y\left\{\left(2 + \frac{b}{2h_{\text{flash}}}\right)F'_{\text{flash}} + \left[2.5 + \frac{b}{h_{\text{flash}}} + 0.185\left(\frac{D_{\text{part}}}{h_{\text{flash}}} - 2\right)\right]F'_{\text{part}}\right\} \tag{6-18}$$

式中　F'_{flash}——飞边在水平面上的投影，$F'_{\text{flash}} = \left(\frac{\pi}{4}\right)\left[(D_{\text{part}} + 2b)^2 - D_{\text{part}}^2\right]$；

　　　F'_{part}——锻件在水平面上的投影，$F'_{\text{part}} = \frac{\pi}{4}D_{\text{part}}^2$；

　　　h_{flash}——飞边桥口高度；

　　　b——飞边桥口宽度；

　　　D_{part}——锻件的直径。

对于长轴类锻件，席明诺夫也给出了计算模锻力的公式，即

$$P = 1.15Y\left[\left(1 + \frac{b}{2h_{\text{flash}}}\right)F'_{\text{flash}} + \left(1 + \frac{b}{h_{\text{flash}}} + 0.1\frac{B}{h_{\text{flash}}}\right)F'_{\text{part}}\right] \tag{6-19}$$

式中　B——锻件的平均宽度；

其余符号的含义与前同。

式（6-19）右端系数 1.15 是因为按平面应变问题处理而带来的，由式（6-18）和式（6-19）可以看出，模锻力只考虑锻件的投影面积，而不考虑型腔的差异，这是因为在模锻后期（见图 6-17）型腔的深部已变成"死区"了，变形区集中在锻件分模面附近的一个棱镜状区域。式（6-18）和式（6-19）右端的第一项均代表作用在飞边上的力，第二项代表

作用在型腔上的力。由式（6-18）和式（6-19）可见，影响飞边力的 b/h_{part} 项不仅存在于式（6-18）和式（6-19）计算飞边力的第一项中，也包含在代表作用在型腔上力的第二项中，这是由于飞边的存在，也提高了作用在型腔边缘压力的起点值，这一点可以从图 6-18 中形象地表示出来。图 6-18 所示为模锻结束时模具所受压力的分布情况，值得注意的是，此时的模具所受压力分布与模具的形状无关，真正金属受力的变形区只在工件的中部即图 6-17 中的区域Ⅱ。

由图 6-18 还可以看出，飞边桥部材料的流动应力 Y 及摩擦系数对变形力的影响。由于飞边很薄，温度容易降低，流动应力较高，因此保持模具温度很重要。等温成形时模具的温度保持在锻造温度，有助于降低变形力，另外选取合适的润滑剂，对减小摩擦力和变形力起很大作用。再有，飞边桥口的尺寸 h_{part} 与 b 对模锻变形力影响很大，不是 b/h_{part} 越大越好，应该选取能保证充满模腔的最小 b/h_{part} 值。

（4）弯曲成形　板材弯曲过程中，当板材宽度远大于厚度时，板材在变形过程中可以看做平面应变状态。有关板材弯曲的解析分析很多学者都进行了研究。本章采用 Hosford 于 1983 年提出的弯曲理论分析模型进行板材弯曲变形的计算。板材弯曲的受力简图如图 6-19 所示，图中 R 为板材中面的曲率半径，Z 为任一微元到中面的距离。由于板材弯曲过程是平面应变变形，因此有 $\varepsilon_y = 0$，$\varepsilon_z = -\varepsilon_x$。通过变形前后弯曲物体的几何关系可知，沿 X 方向的工程应变 $\varepsilon_x = (L - L_0)/L_0 = z/R$，其真实应变为

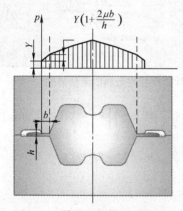

图 6-18　模锻后期模具压力分布

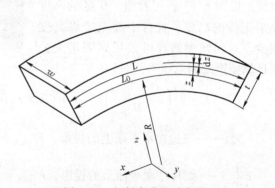

图 6-19　板材弯曲的受力简图

$$\varepsilon_x = \ln \left(1 + \frac{z}{R} \right) \tag{6-20}$$

为了计算出导致产生弯曲变形的弯矩 M，现假设板弯曲时在 X 方向没有外力作用，即 $\sum F_x = 0$。由于 dF_x 为作用于厚度方向每一个增量微元 wdz 上的内力，即 $dF_x = \sigma_x wdz$。又因为弯矩为力和力臂的乘积，于是微元体的弯矩为 $dM = zdF_x = z\sigma_x wdz$。

沿厚度方向总的弯矩 M 为

$$M = \int_{-t/2}^{t/2} \sigma_x wzdz = 2 \int_0^{t/2} \sigma_x wzdz \tag{6-21}$$

设弯曲结束时的板材厚度方向中间弹性区域的厚度为 t_{el}，塑性层厚度为 $t - t_{el}$，于是由式（6-21）可得

$$M = 2 \int_0^{t_{el}/2} w \frac{E'}{R} z^2 dz + 2 \int_{t_{el}/2}^{t/2} \sigma_x wzdz \tag{6-22}$$

式中，$E' = \dfrac{E}{(1 - \nu^2)}$，为平面应变模量。

弯曲件厚度方向的弹性应变为 $\varepsilon_x = \sigma_0 / E'$，其中 σ_0 为材料的初始屈服强度。又因为当弯曲变形较小时 $\varepsilon_x \approx z/R$。因此弹性区域的厚度为

$$t_{\mathrm{el}} = 2\varepsilon_x R = 2\sigma_0 R / E' \tag{6-23}$$

如果考虑材料的塑性硬化，且硬化规律符合指数变化 $\bar{\sigma} = k\bar{\varepsilon}^n$，则针对弯曲模型有

$$\sigma_x = k'\varepsilon_x^n = k'\left(\frac{z}{R}\right)^n \tag{6-24}$$

式中，$k' = k\left(\dfrac{4}{3}\right)^{(n+1)/2}$

将式（6-24）代入式（6-23）可得考虑材料硬化时的弯矩为

$$M = 2\int_0^{t_{\mathrm{el}}/2} w\,\frac{E'}{R}z^2\,\mathrm{d}z + 2\int_{t_{\mathrm{el}}/2}^{t/2} k'\left(\frac{z}{R}\right)^n wz\,\mathrm{d}z$$

$$= \frac{2wE'}{3R}\left(\frac{t_{\mathrm{el}}}{2}\right)^3 + \frac{2}{(n+2)R^n}K'w\left[\left(\frac{t}{2}\right)^{n+2} - \left(\frac{t_{\mathrm{el}}}{2}\right)^{n+2}\right] \tag{6-25}$$

在板材的弯曲过程中由模具所提供的外部弯矩和板材内部的抵抗弯矩是相等的，板材厚度增加，弯曲力会显著增加，弯曲角度增大，弯曲力减小。

（5）拉深成形　杯形件拉深是一个相对简单的成形工艺。杯形件拉深中有两个重要的区域：一个是法兰部位，其塑性变形最剧烈；另一个是杯壁，其起到传递拉深力的作用。根据 Whiteley 的前期工作可对杯形件的拉深成形进行解析分析，公式推导使用的坐标系如图 6-20 所示。所用的简单假设如下：

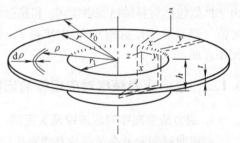

图 6-20　拉深过程解析分析所用坐标系

1）成形过程中所用的能量都用于法兰部位的变形，关于板材流入模具所受到的摩擦、弯曲所做的功将在后期通过等效因子来予以计算。

2）材料没有应变强化。

3）法兰部金属的流动属于平面应变，即 $\varepsilon_z = 0$，因此杯壁的厚度与板材的原始厚度相同。

由于法兰部位应变 $\varepsilon_z = 0$ 的假设，杯形件拉深前后表面积不变，因此可得

$$\pi\rho^2 + 2\pi r_1 h = \pi\rho_0^2$$
$$2\pi\rho\mathrm{d}\rho + 2\pi r_1\mathrm{d}h = 0$$
$$\mathrm{d}\rho = -r_1\mathrm{d}h/\rho \tag{6-26}$$

环向应变为 $\mathrm{d}\varepsilon_y = \mathrm{d}\rho/\rho$，由于 $\mathrm{d}\varepsilon_z = 0$，则

$$\mathrm{d}\varepsilon_x = -\mathrm{d}\varepsilon_y = -\mathrm{d}\rho/\rho = r_1\mathrm{d}h/\rho^2 \tag{6-27}$$

其中，$\mathrm{d}h$ 为冲头的进给位移增量。在环形单元 ρ 和 $\rho + \mathrm{d}\rho$ 所做的增量功与所包含的单元体积 $2\pi t\rho\mathrm{d}\rho$ 和单位增量功 $\sigma_x\mathrm{d}\varepsilon_x + \sigma_y\mathrm{d}\varepsilon_y + \sigma_z\mathrm{d}\varepsilon_z = (\sigma_x - \sigma_y)\mathrm{d}\varepsilon_x$ 的乘积相同。因此，在单元体的总功为 $\mathrm{d}W = (2\pi t\rho\mathrm{d}\rho)(\sigma_x - \sigma_y)(r_1/\rho^2)\mathrm{d}h$。尽管 σ_x 和 σ_y 在法兰区是变化的，但 $(\sigma_x - \sigma_y)$ 是不变的，并可以记为 $\sigma_x - \sigma_y = \sigma_{\mathrm{f}}$。因此总功为

$$\frac{\mathrm{d}W}{\mathrm{d}h} = \int_{r_1}^{r} \frac{2\pi r_1\sigma_{\mathrm{f}}\mathrm{d}\rho}{\rho} = 2\pi r_1 t\sigma_{\mathrm{f}}\ln\left(\frac{r}{r_1}\right) \tag{6-28}$$

拉深力 F_d，等于 dW/dh，在拉深开始时，即就是 $r = r_0$ 时，获得最大值

$$F_{d(max)} = 2\pi r_1 t \sigma_f \ln (d_0/d_1) \tag{6-29}$$

由式（6-29）可知拉深力受拉深坯料直径和拉深筒形件直径之比的影响，拉深力随该比值的增加呈对数倍增加，并且拉深力还随着板材厚度、材料径向和环向应力差，以及拉深筒形件半径的增加而增大。

（6）板料冲裁　冲裁是板材在模具作用下发生断裂分离的过程。冲裁力 P 的大小与冲裁周边长度、板材的厚度和抗拉强度相关，Timmer Heil 提出了冲裁力的经验计算公式为

$$P = fLtR_m \tag{6-30}$$

式中　f——系数，取决于材料的屈强比，可由图 6-21 求得，一般 f 为 $0.6 \sim 0.7$；

　　　L——冲裁内外周边的总长（mm）；

　　　t——材料厚度（mm）；

　　　R_m——材料的抗拉强度（MPa）。

上述方法由 Timmer Heil 提出。$f = 1 - \dfrac{t'}{t}$，t' 为出现最大冲裁力（即上述计算式中的冲裁力 P）时凸模压入材料的深度，它和材料的屈强比有关。采用上述计算公式计算得冲裁力比较符合实际，已被纳入德国标准。另外，原材料提供的力学性能包括材料的抗拉强度 R_m 和屈服强度 R_{eL}，用它们的比值（即屈强比）从图 6-21 中求得 f，进而可算出冲裁力，使用方便。

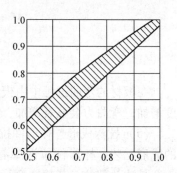

图 6-21　f 与材料屈强比的关系

6.1.2　应力应变顺序对应规律的证明和应用

1. 应力应变顺序对应规律及其证明

前述增量理论及全量理论都能直接给出应力偏量与应变增量或全量之间的定量关系，但是物体内的应力分布通常很难定量给出，即使知道了应力张量还要求出应力偏张量进而求出应变全量（按形变理论），计算是相当复杂的。如果按增量理论计算还需对已求出的应变增量进行积分，其计算量更大。当然，借助计算机和完善的分析软件还是可以实现的，但由于一些计算条件还不是很准确，如摩擦模型，受很多因素影响，适合于不同条件下的数学模型还未给出，要精确计算也很难办到。另一方面，从工程角度来看，对于一些繁杂的问题，即便能给出定性的结果也很可贵，具体的定量问题可以从试验中进一步探索。王仲仁考虑到塑性成形理论中应力应变关系阐述上存在的一些问题，吸取了增量理论及全量理论的共同点，提出了应力应变顺序对应规律，并使该规律的阐述逐渐简明和便于应用。

塑性变形时，当应力顺序 $\sigma_1 > \sigma_2 > \sigma_3$ 不变，且应变主轴方向不变时，则主应变的顺序

与主应力顺序相对应，即 $\varepsilon_1 > \varepsilon_2 > \varepsilon_3$（$\varepsilon_1 > 0$，$\varepsilon_3 < 0$）。当 $\begin{cases} \sigma_2 > \dfrac{\sigma_1 + \sigma_3}{2} \\ \sigma_2 = \dfrac{\sigma_1 + \sigma_3}{2} \\ \sigma_2 < \dfrac{\sigma_1 + \sigma_3}{2} \end{cases}$ 的关系保持不变时，

相应地有 $\begin{cases} \varepsilon_2 > 0 \\ \varepsilon_2 = 0 \\ \varepsilon_2 < 0 \end{cases}$。

这个规律的前一部分是"顺序关系",后一部分是"中间关系"。其实质是将增量理论的定量描述变为一种定性判断。它虽然不能给出各个方向的应变全量的定量结果,但可以说明应力在一定范围内变化时各方向的应变全量的相对大小,进而可以推断出变形体尺寸的相对变化。现证明如下:

在应力顺序始终保持不变的情况下,例如 $\sigma_1 > \sigma_2 > \sigma_3$,则偏应力分量的顺序也是不变的,即

$$(\sigma_1 - \sigma_m) > (\sigma_2 - \sigma_m) > (\sigma_3 - \sigma_m) \tag{6-31}$$

Lévy-Mises 应力应变方程对于主应力条件可以写成如下形式

$$\frac{d\varepsilon_1}{\sigma_1 - \sigma_m} = \frac{d\varepsilon_2}{\sigma_2 - \sigma_m} = \frac{d\varepsilon_3}{\sigma_3 - \sigma_m} = d\lambda \tag{6-32}$$

将式(6-32)代入式(6-34)可得

$$d\varepsilon_1 > d\varepsilon_2 > d\varepsilon_3 \tag{6-33}$$

对于初始应变为零的变形过程,可视为由几个阶段所组成,在时间间隔 t_1 中,应变增量为

$$d\varepsilon_1 \big|_{t_1} = (\sigma_1 - \sigma_m) \big|_{t_1} d\lambda_1$$
$$d\varepsilon_2 \big|_{t_1} = (\sigma_2 - \sigma_m) \big|_{t_1} d\lambda_1$$
$$d\varepsilon_3 \big|_{t_1} = (\sigma_3 - \sigma_m) \big|_{t_1} d\lambda_1$$

在时间间隔 t_2 中同理有

$$d\varepsilon_1 \big|_{t_2} = (\sigma_1 - \sigma_m) \big|_{t_2} d\lambda_2$$
$$d\varepsilon_2 \big|_{t_2} = (\sigma_2 - \sigma_m) \big|_{t_2} d\lambda_2$$
$$d\varepsilon_3 \big|_{t_2} = (\sigma_3 - \sigma_m) \big|_{t_2} d\lambda_2$$

在时间间隔 t_n 中也将有

$$d\varepsilon_1 \big|_{t_n} = (\sigma_1 - \sigma_m) \big|_{t_n} d\lambda_n$$
$$d\varepsilon_2 \big|_{t_n} = (\sigma_2 - \sigma_m) \big|_{t_n} d\lambda_n$$
$$d\varepsilon_3 \big|_{t_n} = (\sigma_3 - \sigma_m) \big|_{t_n} d\lambda_n$$

由于主轴方向不变,各方向的应变全量(总应变)等于各阶段应变增量之和,即

$$\varepsilon_1 = \sum d\varepsilon_1$$
$$\varepsilon_2 = \sum d\varepsilon_2$$
$$\varepsilon_3 = \sum d\varepsilon_3$$

$$\varepsilon_1 - \varepsilon_2 = (\sigma_1 - \sigma_2) \big|_{t_1} d\lambda_1 + (\sigma_1 - \sigma_2) \big|_{t_2} d\lambda_2 + \cdots + (\sigma_1 - \sigma_2) \big|_{t_n} d\lambda_n \tag{6-34}$$

由于始终保持 $\sigma_1 > \sigma_2$,故有 $(\sigma_1 - \sigma_2) \big|_{t_1} > 0$,$(\sigma_1 - \sigma_2) \big|_{t_2} > 0$,$\cdots$,$(\sigma_1 - \sigma_2) \big|_{t_n} > 0$,且因为 $d\lambda_1$,$d\lambda_2$,$\cdots$,$d\lambda_n$ 皆大于零,于是式(6-34)右端恒大于零,即 $\varepsilon_1 > \varepsilon_2$。同理有 $\varepsilon_2 > \varepsilon_3$,因此可得

$$\varepsilon_1 > \varepsilon_2 > \varepsilon_3$$

即"顺序对应关系"得到证明。又根据体积不变条件

$$\varepsilon_1 + \varepsilon_2 + \varepsilon_3 = 0 \tag{6-35}$$

因此，ε_1 必定大于零，ε_3 必定小于零。

至于沿中间主应力 σ_2 方向的应变 ε_2 的符号需根据 σ_2 的相对大小来定，在前述变形过程的几个阶段中，ε_2 的计算公式为

$$\varepsilon_2 = (\sigma_2 - \sigma_m)\big|_{t_1}\mathrm{d}\lambda_1 + (\sigma_2 - \sigma_m)\big|_{t_2}\mathrm{d}\lambda_2 + \cdots + (\sigma_2 - \sigma_m)\big|_{t_n}\mathrm{d}\lambda_n \tag{6-36}$$

若变形过程中保持 $\sigma_2 > \dfrac{\sigma_1 + \sigma_3}{2}$（即 $\sigma_2 > \sigma_m$）时，由于 $\mathrm{d}\lambda_1 > 0$，$\mathrm{d}\lambda_2 > 0$，$\cdots$，$\mathrm{d}\lambda_n > 0$，则式（6-36）右端恒大于零，即 $\varepsilon_2 > 0$。同理可证，当 $\sigma_2 < \dfrac{\sigma_1 + \sigma_3}{2}$（即 $\sigma_2 < \sigma_m$）时，$\varepsilon_2 < 0$。以及 $\sigma_2 = \dfrac{\sigma_1 + \sigma_3}{2}$（即 $\sigma_2 = \sigma_m$）时，$\varepsilon_2 = 0$。

汇总起来，即当 $\begin{cases} \sigma_2 > \dfrac{\sigma_1 + \sigma_3}{2} \\ \sigma_2 = \dfrac{\sigma_1 + \sigma_3}{2} \\ \sigma_2 < \dfrac{\sigma_1 + \sigma_3}{2} \end{cases}$（即 $\begin{cases} \sigma_2 > \sigma_m \\ \sigma_2 = \sigma_m \\ \sigma_2 < \sigma_m \end{cases}$），将有 $\begin{cases} \varepsilon_2 > 0 \\ \varepsilon_2 = 0 \\ \varepsilon_2 < 0 \end{cases}$。应当强调以上证明是根据增量理论导出的全量应变的定性表达式，不应误认为是从全量理论导出的。

进一步分析可以看出中间关系 $\begin{cases} \sigma_2 > \dfrac{\sigma_1 + \sigma_3}{2} \\ \sigma_2 = \dfrac{\sigma_1 + \sigma_3}{2} \\ \sigma_2 < \dfrac{\sigma_1 + \sigma_3}{2} \end{cases}$ 是决定变形类型的依据。现在来分析中间应力 $\begin{cases} \sigma_2 > \dfrac{\sigma_1 + \sigma_3}{2} \\ \sigma_2 = \dfrac{\sigma_1 + \sigma_3}{2} \\ \sigma_2 < \dfrac{\sigma_1 + \sigma_3}{2} \end{cases}$ 对应变类型的影响。所谓应变类型实际上就是前面所提的伸长类应变（$\varepsilon_1 > 0$，$\varepsilon_2 < 0$，$\varepsilon_3 < 0$）、平面应变（$\varepsilon_1 > 0$，$\varepsilon_2 = 0$，$\varepsilon_3 < 0$）及压缩类应变（$\varepsilon_1 > 0$，$\varepsilon_2 > 0$，$\varepsilon_3 < 0$）三种。

1）当 $\sigma_2 - \sigma_m = 0$ 时，即 $\sigma_2 = \dfrac{\sigma_1 + \sigma_3}{2}$ 时，$\varepsilon_2 = 0$，应变为平面应变。

2）当 $\sigma_2 - \sigma_m > 0$ 时，即 $\sigma_2 > \dfrac{\sigma_1 + \sigma_3}{2}$ 时，$\varepsilon_2 > 0$，应变状态为 $\varepsilon_1 > 0$，$\varepsilon_2 > 0$，$\varepsilon_3 < 0$，属于压缩类变形。

3）当 $\sigma_2 - \sigma_m < 0$ 时，即 $\sigma_2 < \dfrac{\sigma_1 + \sigma_3}{2}$ 时，$\varepsilon_2 < 0$，应变状态为 $\varepsilon_1 > 0$，$\varepsilon_2 < 0$，$\varepsilon_3 < 0$ 属于伸长类变形。

用罗德系数及应力莫尔圆也很容易说明中间应力的影响，例如 σ_2 在 $\sigma_1 \sim \dfrac{\sigma_1 + \sigma_3}{2}$ 范围内变化，即相对接近于 σ_1（见图 6-22），这时将有 $0 \leqslant \mu_\sigma \leqslant 1$，则不管 σ_2 数值如何，它仅影响应变增量的比例关系，并不改变应变类型为压缩类的性质。或者 σ_2 在 $\sigma_3 \sim \dfrac{\sigma_1 + \sigma_3}{2}$ 范围内变化，即相对接近于 σ_3（见图 6-23），这时 $-1 \leqslant \mu_\sigma \leqslant 0$，则不管 σ_2 的数值如何，它仅影响应变增量的比例，并不改变应变为伸长类的性质。因此，在同类应变状态下的积累并不改变应变类型。

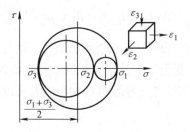

图 6-22　中间主应力接近 σ_1 时产生压缩类变形

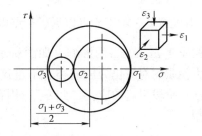

图 6-23　中间主应力接近 σ_3 时产生伸长类变形

从根本上来说，如果验证了增量理论，也就等于验证了应力应变顺序对应规律，但为了更充分说明此问题，王仲仁及朱宝泉专门做了针对性实验。实验是用 Sn – Pb 共晶合金的薄壁管进行的（见图 6-24），在管内通油压 p，沿管的轴向加拉力或压力 P，两者都通过传感器由应变仪放大并在 $x - y$ 记录仪上记录。轴向应变 ε_2 和环向应变 ε_3 用两套系统测量，小应变量利用贴在试件上的应变片测定，大应变通过弹性夹持引伸仪测定。

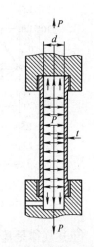

图 6-24　薄壁管内压和轴向加载试验

试验所得曲线如图 6-25 和图 6-26 所示。图 6-25 所示是拉压复合应力状态下所得的试验曲线，这时的应力顺序 $\sigma_\theta > \sigma_t > \sigma_z$（$\sigma_t = 0$），$\sigma_1 = \sigma_\theta$，$\sigma_2 = \sigma_t$，$\sigma_3 = \sigma_z$。试验时让切向应力 σ_θ 的绝对值也大于轴向应力，即 $|\sigma_\theta| > |\sigma_z|$。从图 6-25 中可以看出，不管应力的比例如何变化，甚至 $|\sigma_z|$ 曾出现过由增至减的情况，但应变全量 ε_θ 始终大于零，ε_z 总小于零，不仅代数值如此，而且绝对值也是 $|\varepsilon_z| < |\varepsilon_\theta|$，由体积不变条件 $\varepsilon_z + \varepsilon_\theta + \varepsilon_t = 0$，可见 ε_t 也为负号，其绝对值略小于 $|\varepsilon_z|$，于是存在对应关系：$\sigma_\theta > \sigma_t > \sigma_z$，相应地有 $\varepsilon_\theta > \varepsilon_t > \varepsilon_z$，而且如图 6-25 所示，从整个加载过程来看，中间主应力（$\sigma_t = 0$）在数值上相对更接近 σ_z，满足 $\sigma_t < \dfrac{\sigma_\theta + \sigma_z}{2}$ 的关系，所以 ε_t 也相应地接近 ε_z，即 $\varepsilon_t < 0$，$\varepsilon_z < 0$，$\varepsilon_\theta > 0$，故应变状态为伸长类（径向尺寸增加，高度减小，厚度减薄）。

图 6-26 所示为双向拉应力状态下的应力应变曲线。这时不仅 σ_θ 及 σ_z 不保持比例，而且出现了顺序急剧变化的情况，对比实际的塑性加工工序，这种变化是有些夸张的或相当于不同的两个过程。在 A 点以前，$\sigma_\theta > \sigma_z > \sigma_t$，这时 $\varepsilon_\theta > \varepsilon_z > 0$，由体积不变条件可知，$\varepsilon_t < 0$。于是有 $\varepsilon_\theta > \varepsilon_z > \varepsilon_t$，即顺序对应。在 A 点以后一个阶段，出现了 $\sigma_z > \sigma_\theta > \sigma_t$，但 $\varepsilon_z > \varepsilon_\theta$

$>\varepsilon_t$ 的情况并未随即发生，即应变全量的变化滞后于应力的变化。这是由于在 A 点所对应的 $\varepsilon_{zA} < \varepsilon_{\theta A}$，虽然这以后 $\sigma_z > \sigma_\theta$，起初一段时间，在逐渐缩小应变 ε_θ 与 ε_z 之间的差值，达到 B 点附近 $\varepsilon_z = \varepsilon_\theta$，此后才有 $\varepsilon_z > \varepsilon_\theta$，但若以 A 点作新的起点，取 $\varepsilon'_z = \varepsilon_z - \varepsilon_{zA}$ 及 $\varepsilon'_\theta = \varepsilon_\theta - \varepsilon_{\theta A}$，则仍然有对应关系 $\sigma_z > \sigma_\theta > \sigma_t$，$\varepsilon'_z > \varepsilon'_\theta > \varepsilon'_t$。即只要保持应力顺序不变，尽管应力比值变化，应变顺序也不变。如果发生应力顺序变化，则应分阶段来考虑，对于每一阶段务必使应力顺序保持不变。现在再来考察中间主应力对应变类型的影响，在 A 点以前这一段，中间主应力 $\sigma_z > \dfrac{\sigma_\theta + \sigma_t}{2}$，相应地有 $\varepsilon_z > 0$，即满足中间关系，应变 $\varepsilon_\theta > 0$，$\varepsilon_z > 0$，ε_t

<0，为压缩类。对于 A 点以后，B 点以前的阶段，σ_θ 为中间主应力且由于 $\sigma_\theta > \dfrac{\sigma_z + \sigma_t}{2}$，若除去初应变 ε_{zA} 及 $\varepsilon_{\theta A}$ 的影响，如图所示，$\varepsilon'_\theta > 0$，即应变类型（$\varepsilon'_z > 0$，$\varepsilon'_\theta > 0$，$\varepsilon'_t < 0$）与应力性质的对应仍为压缩类，不过这时 ε_t 已由 ε_θ 变为 ε'_z 了。可见对于每个阶段来说，若将前一阶段引起的应变"归零"，则在该阶段根据中间主应力的相对大小仍然可以判断应变类型。

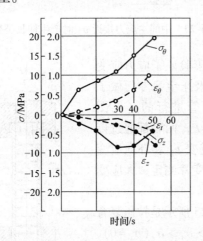　　　　　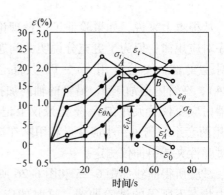

图 6-25　拉压应力状态下的应力应变曲线　　　图 6-26　双向拉应力状态下的应力应变曲线

　　上述规律是基于增量理论导出的，而且进行了初步实验验证，在某种程度上可以理解为对偏离简单加载、应力比例变化，但不引起应变类型变化而对应变全量的定性估测。这个规律并不以塑性加工为基础，因而其适用范围并不局限于塑性加工。为了便于工程实际的应用，建议用以下通俗的表达形式。

　　塑性变形时物体各部分（在每部分应力状态相似）的尺寸将在最大应力（按代数值，拉为正，压为负）的方向相对增加得最多，并在最小应力的方向相对减少得最多，沿中间主应力方向的尺寸变化趋势与该应力的数值接近于最大或最小应力相对应。这里所说的"尺寸相对变化"就是前述的应变全量。对于特定的条件，上述规律还可以简化，即在三向压应力状态下，沿应力绝对值最小的方向应变最大，或沿应力绝对值最小的方向尺寸相对增加得最多。

2. 应力应变顺序对应规律的应用

　　正像形变理论本应严格用于比例加载条件而实际上可以放宽使用范围一样，应力应变顺序对应规律作为一种定性描述有其推证的前提，即：①主应力顺序不变；②主应变方向不变。

但在实际应用时也可以适当地放宽，其检验标准就是实验数据。反过来说，如果离开前提太远，应用出入很大也是自然的，这属于运用不当。以下结合具体塑性成形工序进行分析，并给出实例。对于板料冲压，如拉深、缩口、胀形、扩口及薄管成形等工序，上述两个条件当然满足，所以能应用该规律分析应变及应力问题，对于三向应力在作适当简化以后也可以用该规律进行分析。顺序对应规律的应用无非是由应力顺序判断应变顺序及尺寸变化趋势，或由应变顺序判断应力顺序，前者将在以后专门叙述，现在先来阐述后一问题。

有些问题比较直观，根据宏观的变形情况可以直接推断应力顺序。例如在静液压力下的均匀镦粗（见图 6-27），在变形体中取一单元体，设其受径向压力 σ_r 及轴向应力 σ_z，这时 σ_r 及 σ_z 都是压应力。哪一个大呢？可以从产生变形的情况反推应力的顺序，因为应变为镦粗类，即轴向应变 $\varepsilon_z < 0$，对于实心体镦粗，可以证明径向应变与切向应变相等，即 $\varepsilon_r = \varepsilon_\theta > 0$，所以必有 $\sigma_\theta = \sigma_r > \sigma_z$。以上是就代数值而言，因为是三向压应力，所以就绝对值来说，$|\sigma_z| > |\sigma_r|$。

这时由于是单向压缩变形，罗德参数 $\mu_\sigma = 1$，中间主应力的影响系数 $\beta = 1$，应力顺序已知，对静液压下压缩（见图 6-27a）的屈服准则表达式则为

$$\sigma_r - \sigma_z = Y \tag{6-37}$$

如果在静液压包围下拉伸（见图 6-27b），则情况正相反。轴向应力的代数值 σ_z 大于径向应力的数值 σ_r，即

$$\sigma_z > \sigma_r, \ \sigma_r = \sigma_\theta$$

由于此时 $\mu_\sigma = -1$，对静液压拉伸的屈服准则表达式可以写成如下形式

$$\sigma_z - \sigma_r = Y \tag{6-38}$$

又如平冲头压入半无限大空间（见图 6-28）变形波及冲头附近的 A 点。A 点的各方向应力顺序也可由应变顺序反求。由于 A 点向上隆起，沿高度方向为伸长应变，与纸面垂直的方向为平面应变，冲头下金属沿水平方向横流，A 点横向为压缩应变，所以应力顺序为 $\sigma_h > \sigma_w > \sigma_l$，由于是三向压缩应变，其绝对值顺序为 $|\sigma_h| < |\sigma_w| < |\sigma_l|$。

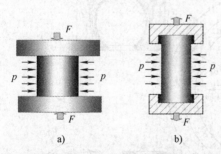

图 6-27　静液压力下的均匀镦粗和拉伸简图
a）镦粗　b）拉伸

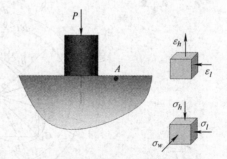

图 6-28　平冲头压入半无限大空间
时 A 点的应变和应力顺序

对于复杂变形过程，特别是三向压应力时区分应力的相对顺序是比较困难的。以往由于离开应变的顺序来分析应力，因此对同一变形过程如挤压往往有不同的分析。例如有人认为正挤压时，变形金属的任一点都是径向应力 $|\sigma_r|$ 小于轴向应力 $|\sigma_z|$（代数值是 $\sigma_r > \sigma_z$），也

有人认为应该$|\sigma_z|$小于$|\sigma_r|$，甚至还有人认为σ_z等于σ_r，笼统地分析就不易说清楚。对于类似的问题，可以采用以下步骤定性地得出应力顺序。

1）根据实际变形情况，将变形体粗略地分成几个区，在每个区内的各单元仅产生类似的应变（伸长类或压缩类）——用网格实验可以帮助达到这一目的。

2）根据变形特征可以定性地分析应力的相对大小。

3）如果变形过程中的不同阶段变形体某一部位发生性质不同的应变（例如由伸长类变压缩类），这时的应力顺序则宜分阶段进行。

6.1.3 平面应力屈服图形的分区及其省力成形范围

1. 平面应力屈服图形的分区

前面曾分别谈到屈服准则及应力应变关系理论，以下将讨论两者间的关系能否结合具体塑性加工工序从图形上表示出来。首先，根据特定工序的受力分析找出它在屈服表面上所处的部位，进而找出变形区中不同点在屈服面上所对应的加载轨迹；其次根据应力应变顺序对应规律将屈服轨迹上的应力状态按产生的应变（增量）类型进行分区，找出工件各部分尺寸变化的趋势。

现在先分析轴对称平面应力状态下屈服轨迹上的应力分区及典型平面应力工序的加载轨迹，以薄板成形为例进行研究。设板厚方向应力为零，即$\sigma_t = 0$。对于由径向应力σ_ρ、环向应力σ_θ为坐标轴所描述的应力椭圆方程为

$$\sigma_\theta^2 - \sigma_\rho\sigma_\theta + \sigma_\rho^2 = Y^2 \tag{6-39}$$

其图形如图6-29所示。该椭圆第Ⅰ象限$\sigma_\rho > 0$，$\sigma_\theta > 0$，与胀形工序及翻孔工序相对应；在第Ⅱ象限$\sigma_\rho > 0$，$\sigma_\theta < 0$，与拉拔及拉深工序相对应；第Ⅲ象限$\sigma_\rho < 0$，$\sigma_\theta < 0$，相当

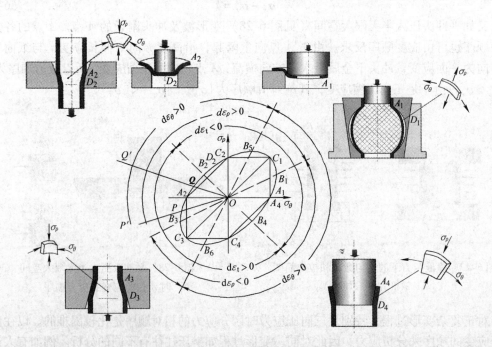

图6-29 平面应力状态屈服轨迹应力分区

于缩口工序；第Ⅳ象限 $\sigma_\theta > 0$，$\sigma_\rho < 0$，相当于扩口工序。根据应力应变顺序对应规律对屈服图形上的应变进行分区，进而可以判断工件在变形区中各处的变形倾向，即尺寸变化的趋势，以下作具体说明。例如对于拉拔工序凹模入口处 A_2 为 $\sigma_\theta = -Y$，$\sigma_\rho = 0$，随着变形的发展由椭圆上 A_2 出发沿椭圆向 C_2 前进，凹模出口处 D_2 所对应点在椭圆上的位置取决于 σ_ρ 值的大小。若变形量小、润滑好，则 σ_ρ 较小，D_2 可能落在 $A_2 B_2$ 区间；若变形量大，润滑效果差，则 D_2 落在 $B_2 C_2$ 区间。图中 B_2 点的应力状态按顺序为：$\sigma_1 = \sigma_\rho$，$\sigma_2 = \sigma_t = 0$，$\sigma_3 = \sigma_\theta = -\sigma_\rho$，此时中间主应力 $\sigma_2 = \dfrac{\sigma_1 + \sigma_3}{2}$，由此可见沿该方向的应变增量为零，即 $d\varepsilon_t = 0$，也就是说厚度不变，对于 $A_2 B_2$ 区间，恒满足 $\sigma_2 = \sigma_t > \dfrac{\sigma_1 + \sigma_3}{2}$。由应力应变顺序对应规律可以判断在 $A_2 B_2$ 区，$d\varepsilon_\rho > 0$，即长度增加；$d\varepsilon_t > 0$，即厚度增加；$d\varepsilon_\theta < 0$，即圆周缩小。如果轴向拉压力 σ_ρ 不大，例如薄壁管拉拔，变形以后壁厚总会增加。

对于 $B_2 C_2$ 区，σ_ρ 仍为最大主应力 σ_1，σ_θ 仍为最小主应力 σ_3，沿厚度方向主应力 $\sigma_2 = \sigma_t$ 仍为零，但此时 $\sigma_2 = \sigma_t < \dfrac{\sigma_\rho + \sigma_\theta}{2}$，由应力应变顺序对应规律可以判断在 $B_2 C_2$ 区，$d\varepsilon_\rho > 0$，$d\varepsilon_\theta < 0$，厚度方向从 B_2 点开始减薄，$d\varepsilon_t < 0$。同样可以说明在椭圆上还存在另外五个平面应变点 B_1、B_3、B_4、B_5、B_6，其中 B_4 与 B_2 相对，都是 $|\sigma_\rho| = |\sigma_\theta|$，但符号相反，都对应 $d\varepsilon_t = 0$，对于椭圆上 $B_2 B_3 B_6 B_4$ 区段总存在以下关系，即

$$\sigma_t = 0 > \frac{\sigma_\rho + \sigma_\theta}{2}, \ \ \sigma_t - \sigma_m > 0$$

由增量理论知：$\dfrac{d\varepsilon_t}{\sigma_t - \sigma_m} > 0$，所以 $d\varepsilon_t > 0$。可见在 $B_2 B_3 B_6 B_4$ 区间变形，则 $\varepsilon_t > 0$。对于 $B_2 B_5 B_1 B_4$ 区段与前述相反，即

$$\sigma_t = 0 < \frac{\sigma_\rho + \sigma_\theta}{2}$$

于是有

$$d\varepsilon_t < 0$$

如果在该区段变形，则 $\varepsilon_t < 0$。以上两种情况构成图 6-29 所示屈服图形的内圆。

对于缩口工序，属于双向压应力状态，B_3 点的 $\sigma_\rho = -\dfrac{Y}{\sqrt{3}}$，$\sigma_\theta = -\dfrac{2}{\sqrt{3}}Y$，而 $\sigma_t = 0$。可见此时存在下列关系，即

$$\sigma_\rho = \frac{\sigma_t + \sigma_\theta}{2} = -\frac{1}{\sqrt{3}}Y$$

与前类似，由 Lévy – Mises 方程可以断定 $d\varepsilon_\rho = 0$。

对于 B_1 点，$\sigma_\rho = \dfrac{1}{\sqrt{3}}Y$，$\sigma_\theta = \dfrac{2}{\sqrt{3}}Y$，$\sigma_t = 0$，同样存在以下关系，即

$$\sigma_\rho = \frac{\sigma_t + \sigma_\theta}{2} = \frac{1}{\sqrt{3}}Y$$

同理将有 $d\varepsilon_\rho = 0$。

在 $B_3B_2B_5B_1$ 段，$\sigma_\rho > \dfrac{\sigma_\theta + \sigma_t}{2}$，于是相应地有，$d\varepsilon_\rho > 0$。在该区段变形，$\varepsilon_\rho > 0$。在 $B_3B_6B_4B_1$ 段正相反，在该区变形将有 $\varepsilon_\rho < 0$。

也可用以上相同的方法求得 $d\varepsilon_\theta > 0$，$d\varepsilon_\theta = 0$，$d\varepsilon_\theta < 0$ 的分区。它对应于图 6-29 所示屈服图形外的外圆。汇总起来就得到图 6-29 所示的屈服轨迹外的应变增量变化图。该图是首次将屈服图形、应力分区、应变增量变化趋势与各平面应力成形工序给出统一的图解。利用该图还可以确定变形时工件尺寸变化的趋势。其大体步骤如下：

1）通过实测载荷（例如拉拔力、缩口力）算出工件中对应点的应力 σ_ρ 值。

2）针对具体材料及变形量选定 Y 值。

3）在椭圆对应于所分析的区间根据 $\dfrac{\sigma_\rho}{Y}$ 值求出一点 P。

4）作射线 OPP' 与椭圆外的表示应变增量的三个圆相交。

5）根据变形区所处的范围判断各方向尺寸变化的趋势。

2. 平面应力低载荷成形在屈服图形上的范围

从平面应力屈服图形（见图 6-29）上看，位于第 Ⅱ 象限及第 Ⅳ 象限均为异号应力，即 σ_ρ 与 σ_θ 的符号相反，根据屈服准则有

$$|\sigma_\rho| + |\sigma_\theta| = 1.1Y \tag{6-40}$$

因而其中的任一应力 σ_ρ 或 σ_θ 的绝对值均小于材料的流动应力 Y 的 1.1 倍。

在屈服图形上的第 Ⅰ 象限及第 Ⅲ 象限均为同号应力，必须在 $|\sigma_\rho| = 1.1Y$ 或 $|\sigma_\theta| = 1.1Y$ 时，方能产生塑性变形。

（1）管材拉拔　对于具体的金属成形工序而言，一般有一个加载轨迹，例如对于拉拔，入口端的 $\sigma_\rho = 0$，由入口向出口 σ_ρ 的数值不断增加，对于薄壁管拉拔当变形量不大（即 D/d 不大）时，σ_ρ 也不大，设其数值为 $\sigma_\rho = q$（见图 6-30），这时的加载轨迹就是从模具的入口到出口，相当于从屈服图形上的 A_2 点到 Q 点，原因是 A_2 点发生塑性变形必须满足屈服准则，对于拉拔 $\sigma_\theta < 0$，$\sigma_\rho > 0$，加载的必由之路就是沿屈服图形从 A_2 点出发走向 B_2 点，但终点取决于 σ_ρ 的数值。同理，对于厚壁管拉拔，由于变形力较大 σ_ρ 也增加，设 $\sigma_\rho = d$，它相当于拉拔出口处的应力在屈服椭圆上对应的点为 D 点，此时的加载轨迹在图 6-30 上是由 A_2 点沿椭圆上行至 D 点。

对于薄壁管拉拔，由于 σ_ρ 值相对较小，则 Q 点处于厚度分界 B_2 点之下，由原点作射线 OQQ' 交内圆于 Q' 点，此时工件由入口至出口，皆处于 $d\varepsilon_t > 0$ 的区间，累积起来，经过拉拔壁厚会略有增加。对于薄壁拉拔降低载荷，实际上就是降低 σ_ρ，使用减摩效果好的液体润滑将会降低 σ_ρ 值。应当顺便提到的是，控制 σ_ρ 也可调节所拉拔管材的厚度，例如，对于同样的总变形量 D/d，若采用多道次拉拔，则不仅载荷可以降低，而且厚度增加量可比单次大变形量拉拔时要大。对于厚壁管拉拔，如前所述，σ_ρ 值较大，同样的办法，自原点 O 作射线经过 D 点外延与厚度变化的圆相交于 D' 点，由图可见，该 D' 点处于 $d\varepsilon_t < 0$，即减薄区，说明壁厚一定减薄，同样，为了减少拉拔力可以通过改进润滑和采用多道次变形来实现。生产实践表明，对于铝合金管材的拉拔，当径厚比 $D/t > 5$ 时（相当于薄壁管），壁厚增加，当 $D/t < 5$ 时（相当于厚壁管），壁厚减少。

（2）板材拉深　以上分析的管材拉拔属于稳态变形过程，忽略了端头的变形分析，对

于非稳态变形过程，例如第Ⅱ象限的板材拉深工序，图 6-31 中的右上角表示拉深开始时的状态，拉深过程中坯料逐渐流入凹模形成如图 6-31 中右下角所示的筒形件。坯料的外缘为自由状态，径向应力 $\sigma_\rho = 0$，坯料中的质点自边缘向模口 σ_ρ 的数值是增加的，但必须满足屈服准则，即 σ_ρ 沿屈服椭圆 A_2M 线加载，当 σ_ρ 到达 M 点时，质点处于变薄区（$d\varepsilon_t < 0$），随着拉深过程的进行，工件外径逐渐减小，若不计加工硬化，则 σ_ρ 也减小。对应凹模口 M 处坯料中的径向应力 σ_ρ 值下降，这意味着 M 处的 σ_ρ 沿椭圆下移，于是变形区全部进入增厚区（$d\varepsilon_t > 0$）。因此法兰外缘增厚，但模口 M 处在拉深阶段前期处于减薄区。该处的金属变薄后通过凹模变成弹性的传力区，但仍保留了减薄状态。所以板料拉深件沿筒壁厚度是不均匀的，筒口厚、筒底圆角处最薄，且该处最易开裂。

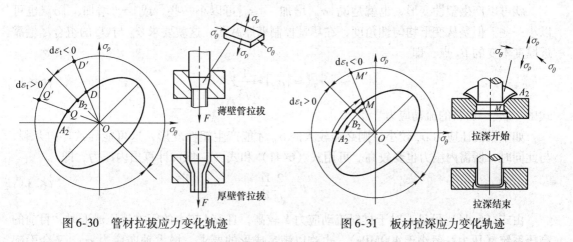

图 6-30　管材拉拔应力变化轨迹　　　　　图 6-31　板材拉深应力变化轨迹

减小拉深载荷的措施有很多，增加道次和将法兰部分加热（即差温拉深）都是有效的措施，实质就是使 σ_ρ 下降。

（3）内高压成形　内高压成形时，管件受轴向压应力，在管内受高压流体作用沿环向产生拉应力，应力状态也是异号，相当于 Mises 椭圆的第Ⅳ象限，如图 6-32 所示。

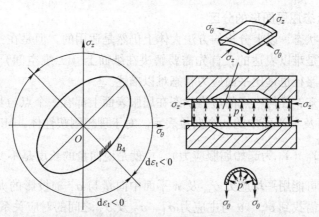

图 6-32　管材内高压成形应力变化最佳范围

管材所受环向应力 σ_θ 计算公式为

$$\sigma_\theta = \frac{pd}{2t} \tag{6-41}$$

式中　　d——管材内径（mm）；

　　　　t——管材壁厚（mm）。

　　轴向应力 σ_z 为

$$\sigma_z = \frac{F}{S} \tag{6-42}$$

式中　　F——轴向载荷（N）；

　　　　S——管材横截面积（mm²）。

　　从理论上说只要满足屈服方程为

$$|\sigma_z| + |\sigma_\theta| = 1.1Y$$

就可以产生塑性变形，也就是说 $|\sigma_\theta|$ 增加，$|\sigma_z|$ 可以小一些，或 $|\sigma_z|$ 增加，$|\sigma_\theta|$ 也可以小一些，但是从变形均匀性角度，在尽量控制壁厚减薄，这就要求 σ_θ 与 σ_z 的组合尽量靠近厚度不变的 B_4 点，即

$$|\sigma_\theta| \approx |\sigma_z| \approx \frac{1}{\sqrt{3}}Y \tag{6-43}$$

式中　　Y——材料的流动应力。

　　如果轴向压应力 σ_z 较小，则必需较大的 σ_θ 才能产生塑性变形，这可能导致环向开裂，与此同时，所需内压力也要较高。可用式（6-41）和式（6-43）计算出内压力，即

$$p = \frac{2}{\sqrt{3}} \frac{Yt}{d} \tag{6-44}$$

　　由式（6-44）可见，对于材料流动应力 Y 较高，且 t/d 较大的管材液压成形时，目前的高压系统（压力一般小于400MPa），也难以满足成形的要求，增大轴向应力 σ_z，又会引起管材的轴向起皱，因此要综合考虑内压和轴向力的关系，才能获得理想的成形效果。图6-32中 B_4 点附近的阴影区域表示内高压胀形阶段的最佳应力变化范围。

6.1.4　三向应力屈服图形的分区及其上低载荷成形范围

1. 三向应力状态屈服图形的分区

　　对于三向应力状态，以上分析的方法大体上仍然是适用的，但是在三向应力状态下典型工序在其上的部位是难以表达的，首先需要解决在纸面上（二维空间）如何描述三向应力的问题，其次加载路径也远比平面应力状态难以描述。

　　由前面分析可知，任何一点的应力状态在屈服表面上都有一个点与其对应。该点可以用其至 π 平面的距离及 π 平面中的一个向量表示。对于理想刚塑性体，Mises 圆柱面的半径是一常数，等于 $\sqrt{\frac{2}{3}}Y_0$（Y_0 为起始屈服应力），也就是说向量的长度是不变的，所变的仅是向量的角度，于是有可能用平均应力 σ_m 及 π 平面中向量与 σ_1 轴投影的夹角 θ 来描述一点的应力状态，但这时需找到 σ_m、θ 与主应力 σ_1、σ_2 及 σ_3 之间的对应关系。

　　由于空间任一坐标（a, b, c）可以看成三个与坐标轴平行的平面 $\sigma_1 = a$、$\sigma_2 = b$ 及 $\sigma_3 = c$ 的交点，但在以 π 平面为基面的圆柱展开面 $\sigma_\theta - \theta$ 平面中仅圆柱上的与 π 平面平行的圆周展开后的 σ_m 值为直线（见图6-33）。对于其他任何平面，例如 $\sigma_1 = a$ 及 $\sigma_1 = 0$ 两平面与圆柱面所交圆环在以 π 平面为基面上展开而得到的 $\sigma_\theta - \theta$ 平面中，就不是直线，按投影

几何应该是一个余弦或正弦曲线（两者在相位上差 $\frac{\pi}{2}$）。即

$$\sigma_{\mathrm{m}}\big|_{\sigma_1=0} = -r_0\cos\theta \qquad (6\text{-}45)$$

式中，$\sigma_{\mathrm{m}}\big|_{\sigma_1=0}$ 代表 $\sigma_1=0$ 平面与 Mises 圆柱面相交的轨线在 $\sigma_\theta-\theta$ 平面展开后所对应的 σ_{m} 值，对于任一 θ 值，相应的 σ_{m} 值可以代表 $\sigma_1=0$，也就是说可以将该曲线视为变量 σ_1 的基线，θ 从 σ_1 轴在 π 平面上的投影算起，r_0 为展开曲线的波幅，对于 $\sigma_1=a$ 平面其展开图形完全相似，仅起点提高了 $\sqrt{3}a$，于是将有

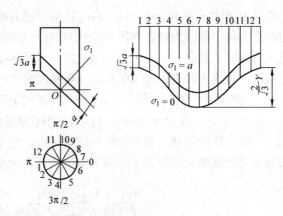

图 6-33　$\sigma_1=0$ 及 $\sigma_1=a$ 平面与 Mises 圆柱交线展开图

$$\sigma_{\mathrm{m}}\big|_{\sigma_1=a} = \sqrt{3}a - r_0\cos\theta \qquad (6\text{-}46)$$

式中，$\sqrt{3}a$ 相当于 σ_1 的变化使所截平面沿圆柱轴线的移动量，相当于使 σ_{m} 增值，从长度上看比例放大 $\sqrt{3}$ 倍，在一般情况下将有

$$\sigma_1 = \sigma_{\mathrm{m}} + r_0\cos\theta \qquad (6\text{-}47)$$

请注意此时的 σ_1 已经是 $\sigma_\theta-\theta$ 图中用 σ_{m} 高低表示的 "σ_1"，从 "$\sigma_1=0$" 线量起，并不是直接用主应力空间中 σ_1 轴度量，σ_{m} 值用该点到 π 平面的距离表示，比例尺比坐标轴上距离放大 $\sqrt{3}$ 倍。同理，由于问题的对称性，可以写出 σ_2 及 σ_3 的表达式汇总如下

$$\left.\begin{array}{l} \sigma_1 = \sigma_{\mathrm{m}} + r_0\cos\theta \\ \sigma_2 = \sigma_{\mathrm{m}} + r_0\cos\left(\theta+120^\circ\right) \\ \sigma_3 = \sigma_{\mathrm{m}} + r_0\cos\left(\theta+240^\circ\right) \end{array}\right\} \qquad (6\text{-}48)$$

式中　σ_{m}——平均应力；

r_0——平行于坐标面的任一平面与 Mises 圆柱交线随圆柱展开后所得余弦曲线的波幅，$r_0 = \frac{2}{3}Y$（若考虑放大 $\sqrt{3}$ 倍，则实际幅高为 $\frac{2}{\sqrt{3}}Y$）。

由式（6-48）可见，当 σ_{m} 及 θ 已知，则 σ_1、σ_2 及 σ_3 可求出，应力状态也就被确定。式（6-48）可用图 6-34 表示，若已知一点的 σ_{m} 及 θ 值可在图中找出一点。这时度量 σ_1、σ_2 及 σ_3 的大小是用图 6-34 中一点到 $\sigma_1=0$、$\sigma_2=0$ 及 $\sigma_3=0$ 的距离来表示的，这三根曲线是式（6-48）左端为零时得出的。它们可作为计量的起点。由于这些曲线每隔 120° 就出现相似图形，

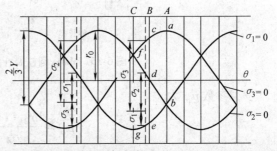

图 6-34　Mises 圆柱面交线的展开及主应力的表示方法

而且在每 120° 范围内，例如 0°~120°、120°~240°、240°~0° 区域内的图形是对称的。所以仅研究 1/6 圆周就可以反映最一般的情况，现在来研究 0°~60° 区间的情况（见图 6-35），

它相当于图中 π 平面上 $\sigma_1 > \sigma_2 > \sigma_3$ 区间，这时根据受拉受压情况的不同可以有以下四种应力状态，每一种应力状态在图 6-35 中都有一定的部位。$\sigma_1 = 0$ 以下各点为 $0 > \sigma_1 > \sigma_2 > \sigma_3$，是三向压应力状态；$\sigma_2 = 0$ 及 $\sigma_1 = 0$ 之间（即 beg 线与 fdb 线间）各点为 $\sigma_1 > 0 > \sigma_2 > \sigma_3$，是两压一拉应力状态；$\sigma_2 = 0$ 及 $\sigma_3 = 0$ 两曲线之间（即 fdb 与 acf 线之间）各点为 $\sigma_1 > \sigma_2 > 0 > \sigma_3$，是两拉一压应力状态；$\sigma_3 = 0$（$acf$ 线）以上为 $\sigma_1 > \sigma_2 > \sigma_3 > 0$，是三向拉应力状态。$\sigma_1 = 0$、$\sigma_2 = 0$ 及 $\sigma_3 = 0$ 三条曲线分别代表三种平面应力状态，即分别为双向压应力状态、一拉一压应力状态和双向受拉应力状态。它们是上述四种三向应力状态的过渡态。前已述及应力状态的类型取决于中间主应力的相对大小。

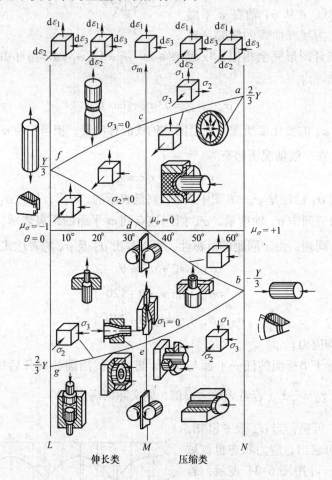

图 6-35　Mises 圆柱展开面上的应力应变分区

罗德参数 μ_σ 为

$$\mu_\sigma = \frac{2\sigma_2 - (\sigma_1 + \sigma_3)}{\sigma_1 - \sigma_3}$$

可以作为衡量应力状态的一个参数，例如简单拉伸，$\sigma_1 = Y$，$\sigma_2 = \sigma_3 = 0$，$\mu_\sigma = -1$，$\theta = 60°$；简单压缩，$\sigma_1 = 0$，$\sigma_2 = 0$，$\sigma_3 = -Y$，$\mu_\sigma = +1$，$\theta = 60°$；平面应变时 $\sigma_2 = \dfrac{(\sigma_1 + \sigma_3)}{2}$，$\mu_\sigma = 0$，$\theta = 30°$。角 ω 与 μ_σ 之间存在以下关系，即

$$\theta = 30° + \omega = \arctan\frac{\mu_\sigma}{\sqrt{3}} + 30° \tag{6-49}$$

其中，θ 与 ω 及 μ_σ 之间对应关系见表 6-1。鉴于 θ 与 μ_σ 有上述定量关系，后者又是决定应变状态或者应变类型的，所以可以将 θ 角简称为应变状态角。

表 6-1　θ 角与 ω 角及罗德系数 μ_σ 的关系

ω	$-30°$	$-25°$	$-20°$	$-15°$	$-10°$	$-5°$	$-0°$	$5°$	$10°$	$15°$	$20°$	$25°$	$30°$
θ	$0°$	$5°$	$10°$	$15°$	$20°$	$25°$	$30°$	$35°$	$40°$	$45°$	$50°$	$55°$	$60°$
μ_σ	-1	-0.77	-0.63	-0.45	-0.31	-0.15	0	0.15	0.31	0.46	0.63	0.77	1

在图 6-35 中，L 线为 $\sigma_3 = \sigma_2$，$\mu_\sigma = -1$ 属于"简单拉伸"类应力状态（意指产生的应变与简单拉伸相似）。M 线代表 $\sigma_2 = \dfrac{\sigma_1 + \sigma_3}{2}$，$\mu_\sigma = 0$ 属于平面应变。N 线代表 $\sigma_1 = \sigma_2$，$\mu_\sigma = +1$ 属于"简单压缩"类应力状态。对于 N 线与 M 线之间的各应力状态，位于 $\sigma_2 > \dfrac{\sigma_1 + \sigma_3}{2}$ 的区间，即 $\mu_\sigma > 0$，应变为压缩类。位于 M 线与 L 线之间的各应力状态，位于 $\sigma_2 < \dfrac{\sigma_1 + \sigma_3}{2}$ 的区间，即 $\mu_\sigma < 0$，应变为伸长类。因此由应力状态在圆柱或其展开面内的位置，即可判断此类应变是伸长类、压缩类或平面应变类。塑性加工中常见三向应力成形工序在 Mises 圆柱面上的位置可由图 6-35 看出。

由图 6-35 还可以看出，当塑性加工中的工序处于该图的位置越低，则压应力就越显著，塑性越高；反之，则塑性越差。

还应指出，同一种变形状态可以与不同应力状态对应。例如简单拉伸、棒料拉拔及静液挤压应力状态各不相同，但皆产生伸长类应变状态，其原因主要是由于 μ_σ 或 θ 相近，仅相差一个平均应力 σ_m，而前面已指出平均应力是不影响形状变化的。拉伸、拉拔及静液挤压应力偏量为同一类型，所以应变也为同类型。

应该指出，图 6-29 及图 6-35 两个图是首次给出平面应力及三向应力状态的各成形工序的应力、应变、屈服图形和尺寸变化趋势的统一结果。

2. 三向应力低载荷成形在屈服图形上的范围

从图 6-35 可以看出 σ_m、σ_1、σ_2 及 σ_3 的相对高低，通常所谓载荷是指工具作用到工件上的力，仅与某一个或两个主应力发生直接关系。例如，环形件闭式镦粗作用力载荷，仅是垂直于环的端面发生直接关系。当然由于模套的限制，也会产生来自侧壁的压力，对变形流动产生影响；对于带张力轧制，载荷主要是来自轧辊施加于轧件的压力和卷取机施加于轧件上的拉力。由于必须满足屈服准则，σ_m、σ_1、σ_2 及 σ_3 之间的差别并不是很大，以下分三种情况来进行分析。

（1）平面应变类　在图 6-35 中为 $\mu_\sigma = 0$，对应于 M 线，此时的应力摩尔圆，当 $0 > \sigma_1 > \sigma_2 > \sigma_3$ 时，即为三向压应力，如图 6-36a 所示，此时 $\sigma_\mathrm{m} = \dfrac{\sigma_1 + \sigma_3}{2} = \sigma_2 < 0$，应力摩尔圆处于原点左侧。应力摩尔圆大圆的直径 $\sigma_1 - \sigma_3$ 可根据 Mises 屈服准则求得，即当 $\mu_\sigma = 0$ 时其为

$$\sigma_1 - \sigma_3 = \frac{2Y}{\sqrt{3 + \mu_\sigma^2}} = \frac{2Y}{\sqrt{3}}$$

由于 $\sigma_1 - \sigma_3$ 为应力摩尔圆直径，此数值仅取决于材料流动应力 Y 与罗德系数 μ_σ，当 σ_m 变化时应力摩尔圆的形貌不变，仅改变其在 σ 轴上的位置。例如，图 6-36b、c 分别表示当 $\sigma_1 > 0 > \sigma_2 > \sigma_3$ 及 $\sigma_1 > \sigma_2 > 0 > \sigma_3$ 时的应力摩尔圆。

由图 6-36a、b、c 可见，σ_m 与 σ_1 及 σ_3 的差值均为应力摩尔圆大圆的半径 $\frac{Y}{\sqrt{3}}$，即

$$\sigma_1 = \sigma_m + \frac{Y}{\sqrt{3}} \tag{6-50}$$

及

$$\sigma_3 = \sigma_m - \frac{Y}{\sqrt{3}} \tag{6-51}$$

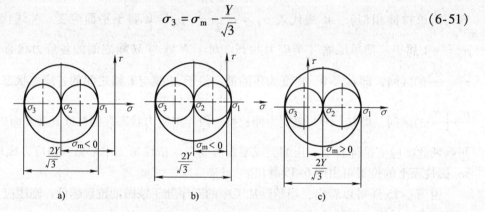

图 6-36　当 $\mu_\sigma = 0$ 时的应力摩尔圆

a) $0 > \sigma_1 > \sigma_2 > \sigma_3$　b) $\sigma_1 > 0 > \sigma_2 > \sigma_3$　c) $\sigma_1 > \sigma_2 > 0 > \sigma_3$

（2）拉伸类应变　对于简单拉伸类变形状态如图 6-35 中的 L 线，此时的 $\mu_\sigma = -1$，$d\varepsilon_1 > 0$，$d\varepsilon_2 = d\varepsilon_3 < 0$，应力摩尔圆大圆直径（$\mu_\sigma = -1$ 时）为

$$\sigma_1 - \sigma_3 = \frac{2Y}{\sqrt{3 + \mu_\sigma^2}} = Y$$

当应力状态不同时，应力摩尔圆有以下几种形式，当 $\sigma_1 > 0 = \sigma_2 = \sigma_3$，$0 > \sigma_1 > \sigma_2 = \sigma_3$，相应的摩尔圆如图 6-37a、b 所示。

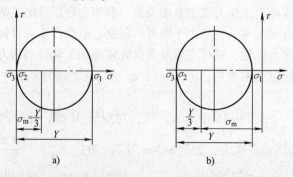

图 6-37　当 $\mu_\sigma = -1$ 时的应力摩尔圆

a) $\sigma_1 > 0 = \sigma_2 = \sigma_3$　b) $0 > \sigma_1 > \sigma_2 = \sigma_3$

这时 σ_m 为

$$\sigma_m = \frac{\sigma_1 + \sigma_2 + \sigma_3}{3} = \frac{\sigma_1 + 2\sigma_3}{3} \tag{6-52}$$

将屈服方程 $\sigma_1 - \sigma_3 = Y$ 代入式（6-52）可得

$$\sigma_m = \frac{\sigma_1 + 2\sigma_3}{3} = \frac{\sigma_1 + 2(\sigma_1 - Y)}{3} = \sigma_1 - \frac{2Y}{3}$$

也就是

$$\sigma_1 = \sigma_m + \frac{2Y}{3} \tag{6-53}$$

同时又可根据 $\sigma_1 - \sigma_3 = Y$ 和式（6-53）求出，即

$$\sigma_3 = \sigma_m - \frac{Y}{3} \tag{6-54}$$

（3）压缩类应变　对于简单压缩类变形，此时如图 6-35 中的 N 线。此时 $\mu_\sigma = +1$，$d\varepsilon_1 = d\varepsilon_2 > 0$，$d\varepsilon_3 < 0$，应力摩尔圆大圆半径（$\mu_\sigma = +1$ 时）为

$$\sigma_1 - \sigma_3 = \frac{2Y}{\sqrt{3 + \mu_\sigma^2}} = Y$$

当应力状态不同时，应力摩尔圆有以下几种形式，当 $\sigma_1 = \sigma_2 = 0 > \sigma_3$ 及 $\sigma_1 = \sigma_2 > \sigma_3 = 0$，此时的应力摩尔圆如图6-38 a、b 所示。由图可见

$$\sigma_1 = \sigma_2 = \sigma_m + \frac{Y}{3} \tag{6-55}$$

$$\sigma_3 = \sigma_m - \frac{2Y}{3} \tag{6-56}$$

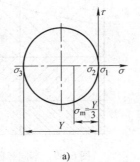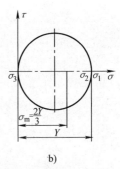

a)　　　　　　　　　b)

图 6-38　当 $\mu_\sigma = +1$ 时的应力摩尔圆

a) $\sigma_1 = \sigma_2 = 0 > \sigma_3$　b) $\sigma_1 = \sigma_2 > \sigma_3 = 0$

由图 6-36 ~ 图 6-38 及式（6-50）~ 式（6-56）可见：

1）应力摩尔圆的形貌取决于中间主应力 σ_2 偏离大圆圆心的程度，可利用 μ_σ 来表征，对于平面应变 $\mu_\sigma = 0$，对于简单拉伸类变形 $\mu_\sigma = -1$，对于简单压缩类变形 $\mu_\sigma = +1$。

2）应力摩尔圆在横轴 σ 上的位置主要取决于 σ_m 值，对于特定的 μ_σ 值，$\sigma_1 - \sigma_m$ 及 $\sigma_3 - \sigma_m$ 值也随之而定。

3）σ_m 值与 σ_1 及 σ_3 的最大差值为 $\frac{2}{\sqrt{3}}Y$（对于简单拉伸类应变和简单压缩类应变）或 Y（对于平面应变类）。

4）由此可见，图 6-35 可以作为衡量载荷高低的重要依据，因为对于任何一个 σ_{max} 或 σ_{min} 与 σ_m 的差值均小于 $\frac{2}{\sqrt{3}}Y$，所以尽管载荷的作用方式不同，当 $|\sigma_m|$ 越大，即平均压应力或平均拉应力越大时，都会导致成形载荷的上升。

根据上述分析，低载荷成形区为 $Y > \sigma_m > 2Y$，如图 6-39 所示。图 6-39 中下部无边界，而上部取 Y 为边界的原因是在现实成形工序中拉应力过大会导致破裂，而在三向压应力时，

尽管 σ_m 的绝对值很高也不至破裂。

　　图 6-39 根据 σ_m 值的不同，大致上分为：Ⅰ区，即最低载荷成形区；Ⅱ区与Ⅲ区，即稍低载荷成形区，分别对应于拉压不同应力状态；Ⅳ区，即高载荷成形区；Ⅴ区，即最高载荷成形区。

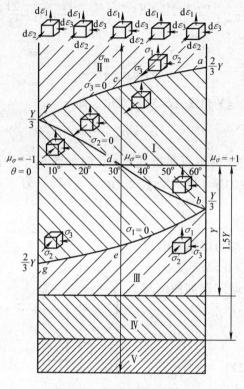

图 6-39　　不同载荷成形区域

<h1>6.2　　均匀成形及其影响因素</h1>

<h3>6.2.1　　均匀变形基本概念</h3>

　　金属成形中的变形均匀性是指工件内部各部分变形的均匀程度。在成形过程中工件的变形均匀性越好，其各部分的变形就越趋于均匀，有利于产生均匀的内部组织，降低内应力，提高工件的性能和质量。并且，工件变形均匀性的提高，还可以减少或避免工件因局部变形剧烈而产生的缺陷，如开裂和折叠等。在锻造成形中对于金属流动性的研究以往主要采用的是塑性泥叠层法，该方法是一种物理模拟的方法。它采用与金属变形性质类似的塑性泥，作为实际金属的替代材料进行成形，在成形前先将不同颜色的塑性泥进行均匀叠加，从而达到变形后观察金属流动情况的目的。随着有限元技术在金属成形中的广泛应用，可以直观地显示出金属的流动特点及相关物理量的大小。以下将采用有限元方法，对金属成形中的均匀变形和不均匀变形的情况进行介绍和分析。

　　首先，以板材性能测试中的单向拉伸试验为例。拉伸试件形状如图 6-40 所示，为了实

现变形区域内应变的准确测量，将试件的
两端和夹具连接的部位宽度加大，并且使
该区域通过光滑的圆弧和应变测量区相连。
当夹具施加拉力时，应变测量区的宽度较
窄，相应的截面积较小；在传递拉力时，
所承受的拉应力较大，容易发生塑性变形。

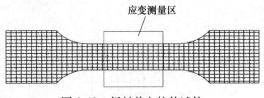

图 6-40　板材单向拉伸试件

由于应变的测量区内各质点所处的受力状态是相等的，因此应变也相等。

　　采用有限元方法对板材试件单向拉伸过程进行分析，并在试件表面设置均匀的长方形网格来观察金属的流动情况（见图 6-40），该方法与观察金属流动的塑性泥方法类似。图 6-41 所示为不同拉伸阶段的金属流动有限元分析结果，从图中可以看出，在拉伸的均匀变形阶段，应变测试区域内的金属流动均匀，即网格变化均匀，无畸变出现。当拉力继续增大达到某一数值时，试件中部产生不均匀变形，即出现局部变细的颈缩现象，并且可以看出在颈缩部位描述金属流动的网格发生了畸变。如果变形继续下去则在颈缩处试件的横截面积急剧减小，试件所能承受的拉力迅速下降，最后试件将在颈缩处被拉断。从图 6-42 所示不同拉伸阶段的金属等效应变分布可以看出，在拉伸的均匀变形阶段位于应变测试区内的等效应变分布均匀，而在颈缩阶段等效应变在应变测试区内的分布不均匀，最大值集中在颈缩部位。

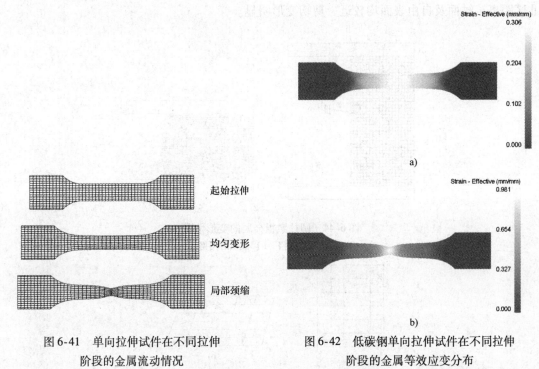

图 6-41　单向拉伸试件在不同拉伸
　　　　阶段的金属流动情况

图 6-42　低碳钢单向拉伸试件在不同拉伸
　　　　阶段的金属等效应变分布
　　　　a）均匀变形　b）局部颈缩

　　判断变形体中某个区域的变形是否变形均匀，可以抽象地在变形开始前将该区域划分成形状规则的网格，如矩形或长方形网格，如果区域内的每个网格在变形前是平行的，变形后仍然保持平行，这就是均匀变形，如图 6-43 所示。如若变形前后的网格不平行，则为不均匀变形。

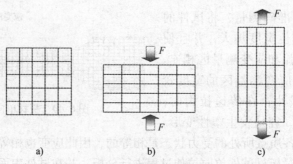

图 6-43　均匀变形的网格变化

a）变形前网格　b）压缩变形后网格　c）伸长变形后网格

　　镦粗是自由锻最基本的工艺，由于坯料和模具之间存在摩擦，镦粗后坯料的侧表面将凸起，造成坯料内部变形分布不均，而且还要增加修整工序。由此所引起的表面纵裂，对低塑性金属尤为敏感。有摩擦的镦粗是典型的不均匀变形。图 6-44 所示为直径和高度均为 40mm 的 08 碳素钢在摩擦因子为 0.2 的条件下的压缩变形情况，从图中可以看出坯料中部出现明显的鼓形。为了了解坯料变形是否均匀，对坯料的三个典型区域（见图 6-44a），进行网格变形的分析，如图 6-45 所示。从镦粗前后的网格的变形情况可以看出，在这三个区域金属的变形都是不均匀的，其中区域 Ⅱ 的网格畸变最严重，即变形均匀性最差，这是由于 Ⅱ 区距离接触面及自由表面均较近，剪切变形明显。

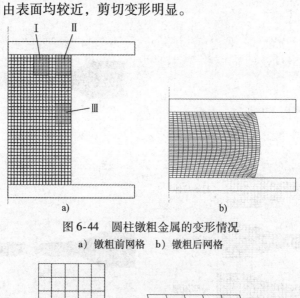

图 6-44　圆柱镦粗金属的变形情况

a）镦粗前网格　b）镦粗后网格

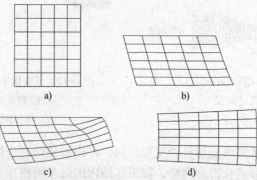

图 6-45　圆柱镦粗典型区域金属流动情况

a）变形前网格　b）变形后 Ⅰ 区网格　c）变形后 Ⅱ 区网格　d）变形后 Ⅲ 区网格

6.2.2　变形均匀性与省力成形的联系

金属的变形均匀性与成形所用载荷有着密切的关系，变形越均匀则成形所用载荷就越小。影响金属变形均匀性的因素很多，主要有模具形状、模具和成形金属的温度、变形速度和摩擦等。摩擦是影响变形均匀性的一个重要因素，因此下面将以不同摩擦条件下的圆柱压缩为例来说明变形均匀性对载荷的影响。对于圆柱体压缩常采用三种摩擦条件，相应的摩擦因子分别为 $m=0$、$m=0.2$ 和 $m=1$，所用圆柱的直径和高度均为 40mm，材料为 08 碳素钢。三种摩擦条件下变形前后的网格如图 6-46 所示，从图中可以看出随着摩擦因子的增加，变形后网格的畸变程度越大，变形越不均匀。图 6-47 所示为载荷随行程的变化曲线，从图中可以看出随着摩擦因子的增加，载荷逐渐增大。

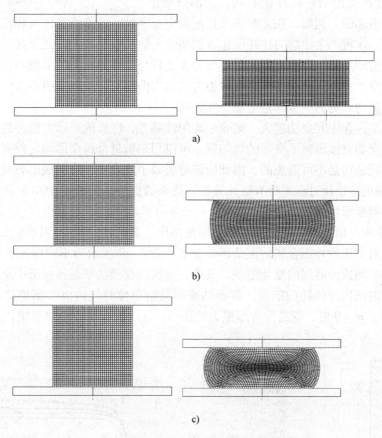

图 6-46　不同摩擦条件下圆柱体压缩的金属变形情况
a) $m=0$　b) $m=0.2$　c) $m=1$

由于在塑性成形过程中载荷和位移曲线的积分就是在成形过程中所做的功，因此也可以从功和能的角度来分析变形均匀性问题。

体积变形中单位体积所需要总功 W_t 为

$$W_t = W_i + W_f + W_r \tag{6-57}$$

其中，理想功（Ideal Work）W_i 是指通过理想成形条件下获得与实际成形出形状相同工件所

需要做的功。该理想成形条件不考虑摩擦且没有冗余
变形，例如对直径10mm的棒材拉拔为直径7mm的棒
材，理想功可以通过棒材的均匀拉伸获得。单位体积
所需理想功计算公式为

$$W_i = \int \sigma d\varepsilon \qquad (6-58)$$

对于没有加工硬化的刚塑性材料，则

$$W_i = \sigma \varepsilon \qquad (6-59)$$

摩擦功（Frictional Work）W_f 是指由于金属和工
件相接触产生的摩擦力做的功。冗余功（Redundant
Work）W_r 是超出理想功所额外做的功，该部分功是

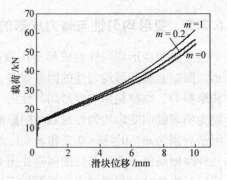

图 6-47　不同摩擦条件下圆柱体
压缩的载荷曲线

由变形不均匀引起的。例如，在无摩擦拉拔过程中金属材料的流线在进入和流出模具的时候
都要发生弯曲，这将产生比均匀拉伸所包含的塑性变形功数量增大的冗余功，并且还会导致
金属内部出现剪切变形。当摩擦力大时不仅增大工具与工件界面上的摩擦功，还由于大的摩
擦引起网格畸变严重，冗余功还会随着摩擦力的增大而增加，所以摩擦不仅引起工件与工具
接触面上的摩擦功，更为严重的是增加了冗余功。

如果在变形过程中冗余功越大，则变形均匀性越差，所需的变形力也将越大。这里需要
注意的是，冗余功直接影响了变形的均匀性，可以用来衡量金属变形均匀程度。在实际的金
属成形过程中冗余功是不可避免的，因此应该尽量减小冗余功，降低成形载荷和能量。以下
将对15低碳钢的冷挤压过程进行有限元分析，进而通过冲头所施加的功率和能量的角度来
衡量摩擦条件对变形均匀性的影响。

从图6-48中可以看出，摩擦因子的增加使挤压金属网格的畸变程度增加，变形均匀性
变差，特别是对挤压件外侧金属的流动影响显著。图6-49所示为不同摩擦条件下金属变形
功率和摩擦功率随成形时间的变化曲线。其中，金属的变形功率是指成形中金属的弹性和塑
性变形在单位时间内所消耗的能量，摩擦功率则是指单位时间内由于摩擦作用而消耗的能
量。当摩擦因子 $m=0$ 时，就是没有摩擦力的作用，这时的金属变形功率应该是保证金属变

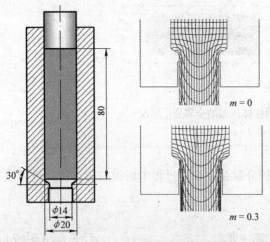

图 6-48　摩擦条件对冷挤压金属流动的影响

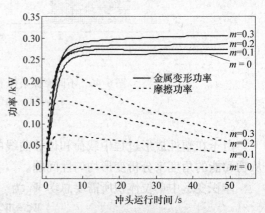

图 6-49　摩擦因子对挤压功率的影响

形所需的最小功率。随着摩擦因子的增加，可以看出摩擦功率明显增加，相应的金属的变形功率也随之增加。由金属变形过程中能量的关系可知，金属变形功率增加的部分是用来提供网格畸变所需的能量，也就是等于冗余功的增加量。因此，随着摩擦因子的增加，金属变形过程中的冗余功也增加，网格畸变程度变大，金属流动的均匀性则降低。

由于均匀变形是一个理想状态，在实际生产中很难实现，于是如果能采取措施来获得接近均匀的变形也是一个很好的选择。例如，在硬铝外包一个纯铝套，组成一个复合件，由于纯铝的流动应力在 450℃ 时仅为 7475 等超强铝合金的 1/2，这时的纯铝抗剪切能力很低，就相当于加上一个金属润滑剂外套，如图 6-50 所示。为了说明包套时内部金属的变形情况，对直径为 40mm、长度为 40mm 的 7475 铝合金及其外部包裹 1mm 厚的 1050 纯铝材料，进行 450℃ 下的压缩模拟，其中模具的温度为 250℃，压下速度为 5mm/s，压下量为 20mm，设坯料和模具之间的摩擦因子为 0.4。采用坯料包套方法压缩前后的金属变形情况，以及不采用坯料包套方法压缩前后的金属变形情况分别如图 6-51 和图 6-52 所示。从金属网格的畸变情况可以看出，采用包套的坯料镦粗过程中金属流动更均匀。从变形后铝合金坯料的等效应变分布情况可以看出，采用包套的等效应变小，其最大值为 1.01，小于没有包套压缩后金属的最大等效应变 1.36，如图 6-53 所示。同时，采用包套还可以使成形过程中坯料的温差变小，采用包套压缩后坯料的温差为 12℃，而不采用包套压缩后坯料的温差为 26℃ （见图 6-54）。这是由于包套材料直接和模具与外界进行热交换，从而形成保持坯料温度的一道有利"屏障"。

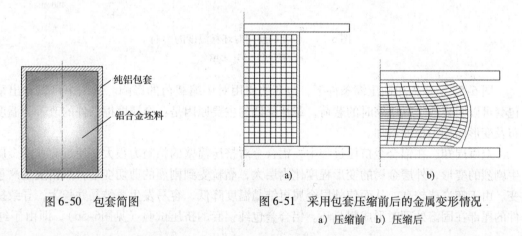

图 6-50 包套简图

图 6-51 采用包套压缩前后的金属变形情况
a）压缩前 b）压缩后

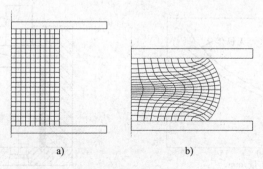

图 6-52 不采用包套压缩前后的金属变形情况
a）压缩前 b）压缩后

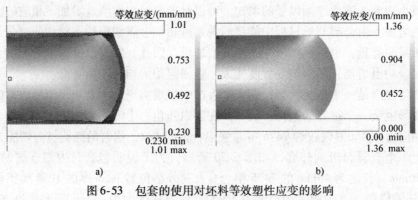

图 6-53　包套的使用对坯料等效塑性应变的影响

a）有包套　b）无包套

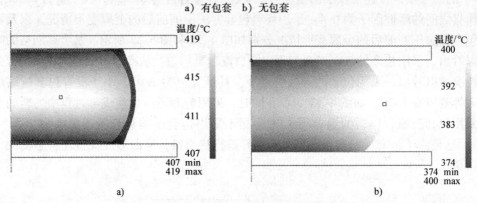

图 6-54　包套的使用对坯料温度的影响

a）有包套　b）无包套

图 6-55 所示为相同压缩条件下，包套的使用对压缩载荷的影响。从图中可以看出采用包套可以明显地降低压缩时的载荷。载荷降低的主要原因是：金属摩擦条件的改善、温度分布及变形的均匀程度增加。

众所周知，在铝合金挤压过程中，铝合金对挤压筒壁的粘附力很大，使近筒壁的金属产生剧烈的变形，外层金属的变形程度比内层大，晶粒受到剧烈的剪切变形，晶格发生严重畸变。由于畸变能较高，从而使外层金属再结晶温度降低，容易发生再结晶并长大，导致挤压件的尾部在固溶处理时形成粗晶环。铝合金包纯铝套的挤压试验（见图6-56），即由于纯铝

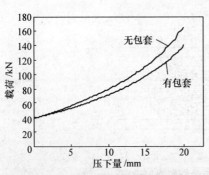

图 6-55　包套的使用对压缩载荷的影响

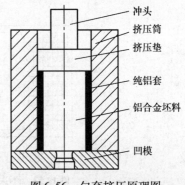

图 6-56　包套挤压原理图

相当于润滑剂，并能够改变铝合金的流动情况，使变形均匀，因此可避免出现粗晶环现象。图6-57所示为铝合金挤压时出现的粗晶环现象，由于粗晶环部位金属的性能很差，因此在使用时需将粗晶环机械加工掉，这样既浪费工时又浪费原材料。

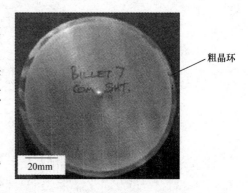

粗晶环

图 6-57　铝合金挤压时出现的粗晶环现象

图 6-58 所示为包套挤压金属的变形过程，从图中可以看出随着挤压过程的进行，纯铝包套无法从模口流出，因而在挤压模口附近产生堆积并插入到铝合金坯料中。在挤压过程继续进行时，纯铝逐渐将铝合金'刺穿'，即将模具底部坯料的刚性区（死区）和变形区进行分离，然后形成一层很薄的包覆层随铝合金一起被挤压出来，这样可以在很大程度上提高挤压变形的均匀程度，从而避免粗晶环现象的出现。这时如果没有纯铝包套，铝合金将在挤压模具底部金属死区和流动区的截面上产生剧烈的剪切变形，并且随着挤压的进行，剪切变形量将逐渐增大，金属流动不均匀网格畸变严重（见图 6-59a）。当采用包套挤压后，挤压中的死区和挤压工件被纯铝分离，这时的挤压件相当于在一个"光滑"的小挤压角的挤压模具中被挤出，并且挤压件的外侧还有纯铝润滑剂包裹着一同变形，因此，金属的变形较均匀，网格畸变也小（见图 6-59b）。有无包套对挤压中铝合金等效应变分布如图 6-60 所示，从图中可以看出采用包套挤压可以降低铝合金挤出部分的等效应变，进一步说明了包套挤压方法可以使金属流动均匀，避免粗晶环现象的出现。

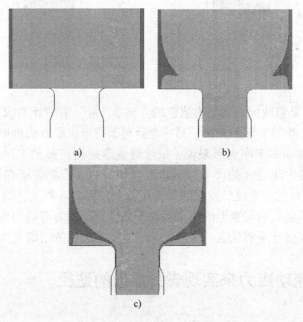

图 6-58　包套挤压金属的变形过程

a）挤压开始　b）纯铝在模口附近堆积　c）纯铝将铝合金与模具分离

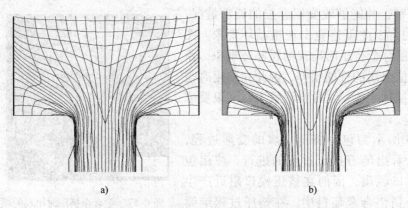

图 6-59　有、无包套对挤压中铝合金网格变形情况
a）无包套　b）有包套

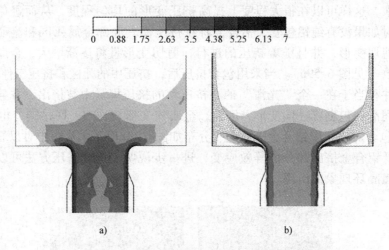

图 6-60　有、无包套挤压铝合金时的等效应变分布
a）无包套　b）有包套

　　"近均匀变形"是塑性加工者努力追求的方向。"近"有双重含义：一是从选择成形方法角度选择"接近"均匀变形的方案；另一个是对于特定成形方法也要使工件内部的分布力图"趋近"均匀。对于多工序成形来说，虽然终成形是出产品的工序，但这时的变形均匀性是与进入终成形的中间毛坯的尺寸、形状直接相关的，若要保证在终成形工序的"近均匀成形"，必须从控制进入终成形模腔的预制坯着手，因此对预制坯的形状优化已是非常受重视的问题。如前所述，均匀变形的意义远大于其自身，因为与均匀变形相应的成形载荷也较小。特别是对于高温合金涡轮盘，变形均匀也意味着锻件的组织与性能均匀。

6.3　降低流动应力来实现省力成形的途径

6.3.1　影响流动应力的因素

　　材料流动应力的高低既取决于原材料的化学成分及组织，还取决于变形温度、变形程度及变形速度（应变速率）。各因素对流动应力的影响很难用理论解析法求解与表达，大多采用从试验数据回归分析的方法得到材料的本构方程及方程内各影响系数的值，对于单道次成形可表示为

$$Y = K_{\mathrm{T}} K_{\varepsilon} K_{\dot{\varepsilon}} Y_0 \tag{6-60}$$

式中　Y_0——基准流动应力，即在一定条件下的流动应力；

　　　K_{T}——变形温度对流动应力的影响系数；

　　　K_{ε}——变形程度对流动应力的影响系数；

　　　$K_{\dot{\varepsilon}}$——应变速率对流动应力的影响系数。

对多道次热成形，还应考虑相邻工序间的温度变化，以及再结晶或回复等因素对流动应力的影响。还应强调的是，对于不同的原材料，由于成分及组织的不同，上述各系数的数值也不一样。

流动应力的测定，一般采用拉伸法、压缩法或扭转法。压缩法或扭转法通常适用于体积成形，而拉伸法通常适用于板材成形。

图 6-61 所示为低碳钢在不同温度和应变速率下的应力 – 应变曲线。

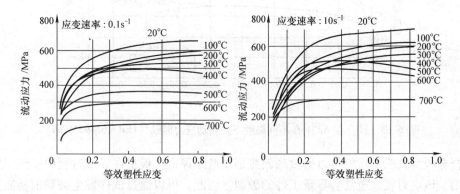

图 6-61　15 低碳钢在不同温度和应变速率下的应力 – 应变曲线

6.3.2　实现省力成形的途径

1. 坯料加热

在金属成形中采用加热的方法来降低成形载荷，增加材料的流动性能在古代就有应用，我国大约在距今 6000 年前就有了用锻造方法成形的黄金、红铜等有色金属制品。在体积成形时通常都会将坯料加热，如锻造、热挤压、温挤压、轧制、辗环等。值得一提的是，在锻造中等温锻造可以显著降低成形载荷，比如钛合金采用等温锻造成形力只为普通锻造时成形力的 25%，即采用 $5 \times 10^5 \mathrm{kN}$ 压力机进行等温锻造，就可以成形出需在 $2 \times 10^5 \mathrm{kN}$ 压力机上成形的普通锻件。

在板材成形中，坯料加热的方法也有应用，比如高强度板的热冲压、镁合金板的热冲压成形、复合材料板热冲压成形等。对于中厚板材在弯曲过程中的弯曲载荷过大，也可以将坯料加热到一定温度，然后再进行弯曲，来实现降低弯曲载荷的目的。图 6-62 所示为厚度为 25mm 的 Q235 板材在不同温度下的最大弯曲力曲线。由于低碳钢的时效现象，在 150 ~ 350℃时，弯曲成形力最大。

镁合金作为一种最轻的金属结构材料，具有极为广泛的应用前景。但由于镁合金多为密排六方结构，传统上被视为一种难以塑性变形的金属材料，其加工方式局限于铸造特别是压铸方面，这就大大限制了镁合金的使用性能和应用范围。图 6-63 所示为镁合金 AZ31 在不同温度下的流动应力曲线。由此可知，随着温度的升高，镁合金 AZ31 的密排六方晶格中的非基滑移系被激活，使该合金的塑性变形能力明显增强。

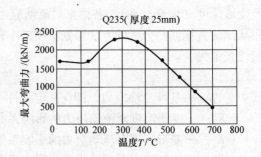

图 6-62　不同温度下的最大弯曲力曲线

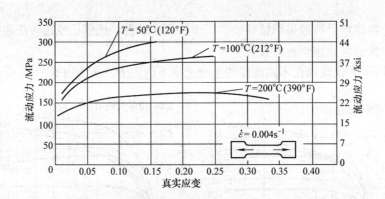

图 6-63　镁合金 AZ31 在不同温度下的流动应力曲线（1ksi = 6.895MPa）

镁合金板材的成形性能可以通过球面胀形试验来评定。板材在成形过程中受到双向拉应力的作用，该应力状态通常会导致工件的破裂。因此，可以通过试件发生破裂前所能达到的最高的胀形高度来表述材料的胀形性能。图 6-64 所示为三种不同温度（150℃、200℃ 和 250℃）下球面件的最大胀形高度。由图可知，随着温度的增加镁合金的胀形高度也随之增加。胀形出的工件如图 6-65 所示。

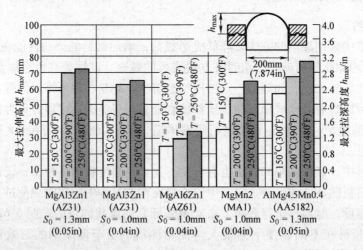

图 6-64　不同镁合金板材温度对最大胀形高度的影响规律（s_0 为板材厚度，1in = 25.4mm）

　　轻量和节能是当今世界汽车工业发展的主题，面对资源和环境问题日益严重的挑战，加快推进汽车轻量化以提高燃油效率已成为汽车工业的重要研究课题。当前，汽车轻量化的途径主要有材质轻量化和结构轻量化设计，采用纤维增强复合材料制成的零部件由于质轻、比强度高、模量大，因此备受汽车工业发展的青睐。目前，纤维增强复合材料已经成功地应用于兰博基尼 Aventador-LP700 – 4、宝马 M3 等车型，为人们提供了全新的驾乘乐趣。

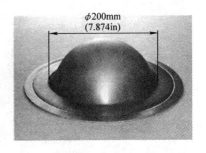

图 6-65　镁合金 250℃下的胀形试件

　　纤维增强树脂基复合材料是由增强纤维和基体热塑性树脂复合而成的特殊材料，兼有纤维的高强度和树脂在一定温度下软化的特点。碳纤维材料对温度变化不敏感，具有良好的热稳定性。基体树脂受热软化，温度升高其粘度下降。温度较低时，树脂呈玻璃态，当温度高于转化温度时，树脂流动性增强，易于成形。采用热成形可避免冷成形过程中出现的脆性断裂问题，为复合材料冲压成形提供了可能性。

　　图 6-66 所示为热冲压成形过程示意图，首先将制备好的复合材料板料置于加热模具间，完成定位工作；然后，加热模具到指定温度，利用模具与坯料之间的接触传热，加热坯料到基体软化温度；其次，起动压力机移动冲头，按照设计好的成形规律完成热冲压过程，并保温保压 30s，释放内应力；最后，停止加热，并起动冷却装置快速冷却工件，待基体树脂完全固化，取出工件。

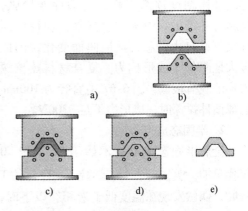

图 6-66　复合材料板热冲压成形示意图
a) 复合材料板　b) 送入加热模具间
c) 热冲压　d) 冷却固化　e) 成形零件

　　坯料加热方法具如下特点：

　　（1）成形效率高　通过合理布置热源位置，对成形过程中变形量大的重点变形区域进行局部加热，保证了复合材料板在局部变形位置被加热软化，而小变形区域则加热温度相对较低，从而缩短了模具加热和复合材料固化的时间。

　　（2）成形试件表面质量好　树脂基复合材料属于高分子材料，具有高温分解的特点。加热温度过高，会使复合材料基体树脂降解，从而影响材料和制件性能。采用局部加热成形，合理控制成形过程中的热源分布和温度分布，使得制件大部分区域在成形过程中温度相对较低，从而避免了温度过高对基体树脂性能的影响。

　　（3）成形试件精度高　热冲压成形具有一般冲压成形的特点，只要提高模具设计精度，加之成形过程中对扣模具的压制成形，能够很好地保证制件的形状精度。

　　（4）便于实现自动化生产　冲压成形技术已经广泛地应用于工业生产中，其工艺稳定性好，技术成熟，操作方便，易于进行流水线自动化生产。

　　按照上述试验过程，以 10mm/min 的冲压速率进行厚度为 0.8mm 的碳纤维复合材料板热拉深试验。图 6-67 所示为试件拉深变形过程示意图。

　　图 6-68 所示为不同成形温度下的热拉深过程载荷变化曲线。随着拉深深度增大，拉深

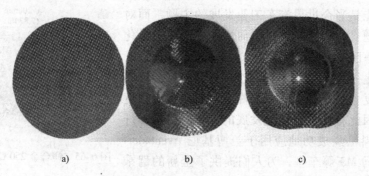

图 6-67　试件变形过程

a）成形前　b）成形中　c）成形件

载荷呈指数性增长；随着成形温度提高，拉深过程载荷减小。这是由于成形温度影响树脂的软化程度，随着成形温度升高，树脂基体粘度逐渐下降，流动性能增强，树脂对纤维的束缚大幅度降低，使得增强纤维可以自由偏移，适应曲面变化，因此极大地降低了成形抗力。复合材料热拉深成形的载荷很低，图 6-67 中直径为 100mm 的球面件拉深时，成形力不足 3300N。

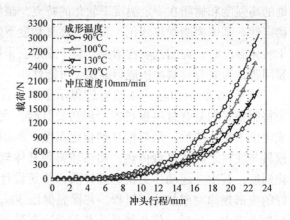

图 6-68　成形温度对冲压过程载荷的影响

2. 半固态成形

金属半固态成形技术始于 20 世纪 70 年代早期，美国麻省理工学院（MIT）的 D. B. Spencer 博士研究 Sn－15% Pb 合金的热裂现象时，偶然发现在温度低于液相线以下时，剪切力缓慢增加，而合金凝固组织呈非树枝晶状。这种偶然发现的金属的半固态非枝晶组织的流变性及其性能特点，引起了 M. c. Flemings 等 MIT 学者及世界各国科学家的高度重视。经过 30 多年的研究，这种工艺慢慢地发展成为现代的金属半固态成形新技术。

金属的传统成形工艺分为液态成形和固态成形。前者如铸造、液态模锻、液态轧制、连铸等，它是利用液态金属的良好流动性以完成成形时的充填、补缩，但它无法完全消除液态成形时金属内部的缺陷。后者如轧制、拉拔、挤压、锻造、冲压等，它是利用固态金属在一定温度下良好的塑性性能以完成成形时的形变或组织转变。其所得产品的内部质量高，但因固态金属变形抗力大，而能耗高，对复杂零件需要多道工序甚至无法成形。而金属的半固态成形是利用凝固或重熔过程中的金属处于液相与固相共存区时，采用一定手段使固相呈近球形均匀分布在液相中，此时即使金属具有较高的固相体积分数，仍具有较低的变形抗力这一特点而开发的成形技术。其加工温度比液态成形低，变形抗力比固态成形小，可获得内部质量高、形状复杂的零件。因此半固态金属成形被认为是 21 世纪最具发展前途的近净成形和新材料制备技术之一。

半固态成形技术与普通锻造（固态成形的典型代表）相比，其成形温度虽高，但因其变形抗力降低至 1/4～1/7，因而对模具的机械磨损显著降低，成形设备的公称压力显著减小，模具寿命延长；由于其良好的成形性能，可以一次成形，因而工艺流程明显缩短。

所谓半固态金属成形技术，就是当金属处在相图中固相线与液相线之间的温度时，对其施以强烈搅拌或扰动、或改变金属的热状态、或加入晶粒细化剂，即改变初生固相的形核和长大过程，得到一种液态金属母液中均匀地悬浮着一定球状初生固相的固－液混合浆料（固相组分一般为50%左右）。利用这种固－液混合浆料直接进行成形为零件的方法，或先将这种固－液混合浆料完全凝固成坯料；然后根据需要将坯料切分，再将切分的坯料重新加热至固液两相区，利用这种半固态坯料进行成形为零件的方法，前一种方法称为流变成形，后一种方法称为触变成形，这两种方法均称之为半固态金属成形技术。

图 6-69 所示为普通铸件的树枝晶与半固态坯料的球状晶的比较，可以看出经过搅拌，树枝晶被打碎成球状晶，晶粒圆整，半径小，且致密。图 6-70 所示为半固态成形过程的两种工艺路线，即流变成形和触变成形的过程。

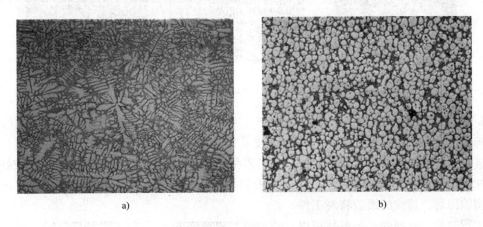

图 6-69　普通铸件的树枝晶与半固态坯料的球状晶的比较

a）普通铸件的树枝晶　b）半固态坯料的球状晶

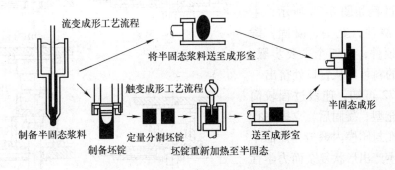

图 6-70　半固态成形工艺的工艺路线

图 6-71 所示为半固态挤压铸造连杆件不同位置的微观组织，其成形的工艺参数为：挤压压力为100MPa，浇注温度为575℃，模具温度为250℃。从图中可以看出，整个挤压铸造连杆件上面的组织都是非树枝晶，即使是在浇道上，铸件上各处的微观组织也很一致。这种现象说明了在模具充填完成以后，铸件的各个地方都未完全凝固。微观组织上主要有两种成分，一种是较大的 α－Al 球状晶（标记为 α_1－Al），晶粒的直径为 30～35μm，另外一种是

很小的 α－Al 球状颗粒（标记为 α_2－Al），晶粒的直径为 10μm 左右。

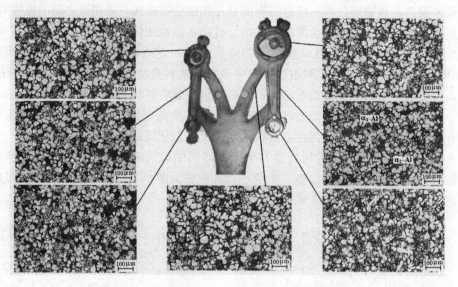

图 6-71　半固态挤压铸造连杆件各处的微观组织

3. 铸锻一体化成形

铸锻一体化成形技术（又称连铸连锻技术）是指在同一套模具内，先进行铸造，然后立即进行锻造的铸－锻联合先进工艺，此工艺在日本和美国已经得到应用并且取得较好的成效，如日本宇部公司和美国 SPX 公司。连锻的核心在于锻造，第一步的铸造只需保证顺利充满型腔即可，后续的锻造将对工件性能进行改善，合理的工艺参数可以将工件铸造的力学性能转换成锻造的力学性能。实际生产中所采用的连铸连锻的工作过程如图 6-72 所示，主要分合模、浇注，充型、凝固，锻造，开模、顶件，共四个主要步骤，锻造时多余的料可以从冒口处挤出。

由图 6-72 可知，连锻过程较简单，在工件充型、凝固后，立即进行锻造，由于在封闭模内锻造，产品十分优良，可生产出形状复杂而力学性能要求高的零件。封闭模内进行锻造的特点如下：

1）连锻所需要的锻造力比通常的锻造小。因为铸造、凝固后就立即在封闭模内进行锻造，始锻温度很高，工件的变形抗力小。

2）连锻件不易产生锻造裂纹。

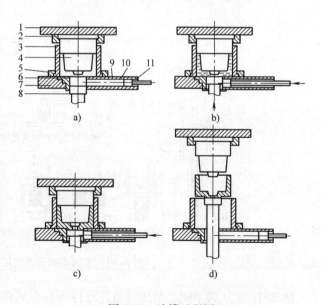

图 6-72　连锻过程图
a) 合模、浇注　b) 充型、凝固　c) 锻造　d) 开模、顶件
1—上模板　2—上模压板　3—下模　4—上模　5—下模压板
6—料筒　7—下模板　8—下压头　9—分流锥　10—输液管
11—定量勺

因为在封闭模内进行锻造，其塑性变形处于三向压应力状态。

3）连锻件的表面质量高，尺寸精确。因为锻造时在锻造力的作用下连锻件表面与模壁紧密相贴，故模具型腔越光洁，连锻件表面质量越好。尺寸精度可与一般精锻精度相当。

4）连锻件的力学性能与通常锻件一样，无明显方向性。

连锻的锻造工艺参数主要有锻造力、锻造时间、待锻时间、锻造量和模具温度。试验所用材料为铝合金 A356，在铸造充型、凝固后，参考连锻工艺设计主要锻造参数进行锻造。图 6-73 所示是成形出的铝合金轮毂；图 6-74 所示为试验设备——挤压铸造机。

图 6-73　加工出的铝合金轮毂图

图 6-74　试验挤压铸造机

对模具和工件的三维模型进行处理后，根据实际工况建立有限元模型，对工件凝固后锻造的过程进行有限元模拟。重点分析工件凝固过程的温度场变化和锻造过程的应力场及应变云图，此处取工件凝固时的温度场（见图 6-75），锻造完成后的应力场（见图 6-76）和应变场（见图 6-77）进行分析。

图 6-75　凝固时轮毂的温度场分布云图

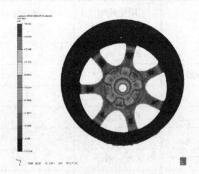

图 6-76　锻造后轮毂的应力云图

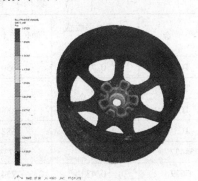

图 6-77　锻造后轮毂的应变云图

从图 6-75 中可以得出，凝固时工件壁厚部位温度较高、冷却慢、后凝固，壁薄的轮辋部位温度低、冷却快、先凝固，故在后凝固的部位可能产生缩松、缩孔等铸造缺陷，这些缺陷需要后续的锻造来改善。从图 6-76 中可以看到轮毂中心部位应力较大，而其余部位几乎为零，图 6-77 中更能直观地看出在轮毂中心凸台部位应变大，其余部位应变小。那么锻造只能改善轮毂中心部位的铸造性能，而轮辐及轮辐和轮辋交界部位的铸造缺陷不能改善。模拟分析和金相组织试验中的结果相一致。连铸连锻成形可对需要锻造的部位进行局部锻造，并且在金属凝固后就立即在封闭模内进行锻造，始锻温度较高，工件的变形抗力小，因此连铸连锻成形的载荷要比先铸造再锻造的分体式锻造载荷小很多。

4. 超塑性成形

超塑性成形分为板料成形与锻造两类，但这两类有共同点，就是材料具有超塑性，而超塑性有几种，目前实用的是细晶超塑性，获得细晶超塑性的条件通常有以下三个：

1）等轴细晶，晶粒尺寸 $\leqslant 10\mu m$，且在成形过程中能保持稳定。

2）成形的温度较高 $T \geqslant 0.5T_m$，T_m 为材料的熔点。

3）应变速率较低，且保证 $\dot{\varepsilon} \leqslant 10^{-4} \sim 10^{-2}s^{-1}$。

超塑性材料最主要的特征为极高的伸长率（一般大于 300%，个别达 10000%）和很低的流动应力（比同一成分的材料低一个数量级或更多），对于多数材料为获得超塑性需进行细晶化处理。表 6-2 及表 6-3 分别表示超塑锻造用部分铝合金及部分钛合金的工艺参数。

表 6-2　部分铝合金超塑锻造的参数

合　　金	应变速率敏感性指数 m 值	伸长率 A（%）	温度/℃	应变速率 $\dot{\varepsilon}/s^{-1}$	流动应力 σ/MPa
5A06	0.37	500	420 ~ 450	1.0×10^{-4}	18
2A12	0.36	330	430 ~ 450	$(1.67 \sim 8.33) \times 10^{-4}$	20
7A04	0.50	500	500 ~ 520	8.33×10^{-4}	
7A09	0.40	220	420	1.67×10^{-3}	30
Al – 6Cu – 0.5Zr	0.50	1000	430	1.3×10^{-3}	10 – 20
Al – 10Zn – 1Mg – 0.4Zr	0.63	1120	550	$(0.5 \sim 1.0) \times 10^{-3}$	2 – 6
Al – 5.5Ca	0.45	515	550	3.3×10^{-3}	2.9
Al – 5Ca – 5Zn	0.38	900 ~ 930	550	$(2.8 \sim 8.2) \times 10^{-3}$	
Al – 6Cu – 0.35Mn – 0.5Zn	0.47	1290	430 ~ 450	1.67×10^{-3}	

表 6-3　部分钛合金超塑锻造的参数

合　　金	应变速率敏感性指数 m 值	伸长率 A（%）	温度/℃	应变速率 $\dot{\varepsilon}/s^{-1}$	流动应力 σ/MPa
TC7	0.72	450	1100	6.0×10^{-5}	4.5
TC9			730 ~ 905	8.44×10^{-4}	
TC4	0.85	1000	950	1.5×10^{-4}	3.5
TC3		688	900	1.1×10^{-4}	
54422		1733	820	4×10^{-4}	
Ti679	0.43	734	800 ~ 850	6.7×10^{-4}	25
Ti431	0.8	1000	850	4.0×10^{-4}	10

作为实例可以用钛合金涡轮盘的超塑锻造进行说明。图 6-78 所示为钛合金涡轮盘锻造的模具，采用感应加热，上下模具各用一个感应器，模具开启时也可加热，图中序号 8 为工件，所用材料为 TC4，直径为 101.6mm，带有 72 个轴向小叶片，通道间隙为 1.8mm，叶片高度为 3.2mm，原工艺采用仿形铣，刀具消耗量大，废品率高，材料利用率为 25%。超塑性锻造所用原材料经大变形锻造后，晶粒尺寸小于 5μm，锻造温度为 900~950℃，试验中的压力机速度较低（0.1~1mm/min），在上述条件下所对应的钛合金材料单向拉伸的伸长率为 500%~1750%，金属流动应力为 10~40MPa，这是超塑性材料的主要特征，即高伸长率及低流动应力。对于超塑锻造，属于压缩类变形，伸长率并不重要，但低流动应力对模具寿命的提高和降低总变形力是有益的，对于前述的压力机速度下实际测得的成形压力为 500~1200kN，远低于常规锻造。

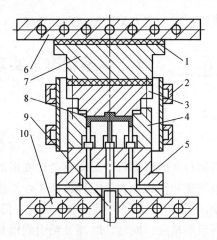

图 6-78　钛合金涡轮盘锻造模具结构
1—隔热垫　2—感应圈　3—凸模　4—凹模
5—隔热板　6—水冷板　7—模座　8—工件
9—顶杆　10—水冷板

5. 差温拉深

由前可知在理想条件下的板料拉深时，沿法兰部位的径向流动应力可由式（6-61）进行计算，环形件受径向拉应力示意如图 6-79 所示。

$$\sigma_\rho = Y\ln\frac{D}{d} \tag{6-61}$$

由式（6-61）可知，对于同一个尺寸及同一种材料的工件，如果将板材法兰部分加热，流动应力 Y 随之降低，可使该部位变形所需径向拉应力 σ_ρ 下降，因而可以减少拉深传力区的应力。图 6-80 所示为采用差温拉深成形的示意图，由图可见，除了坯料的法兰部分局部加热外，凸模内还通水冷却，以降低拉深件底部的温度，提高该处材料的流动应力，使拉深件底部不易产生开裂。

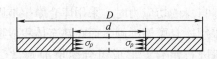

图 6-79　环形件受径向拉应力示意

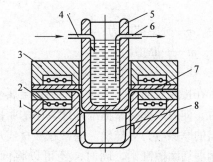

图 6-80　采用差温拉深成形的示意图
1—凹模　2—加热器　3—压边圈　4—进水管　5—凸模
6—出水管　7—毛坯　8—冷却器

褚家佑曾经做过不少研究工作，他指出对于铝合金一次差温拉深可以代替 3~4 次冷拉深。还应强调对于 Mg 合金，由于热态塑性变形可以增加其塑性，对法兰部分加热可以取得既降低流动应力又增加塑性的效果。

6.4 改变摩擦状态及实现省力成形的途径

6.4.1 影响摩擦的因素

金属变形过程中，待变形金属在模具的作用下发生形状与尺寸的变化。因此，金属和模具间存在的摩擦行为是影响金属变形的重要影响因素。变形过程中的摩擦与能耗有关，大多数摩擦功都转化为热能释放掉了。摩擦与成形件的精度和组织状态有关，摩擦影响金属的流动，"消极"摩擦将阻止金属流动，降低成形精度，而"积极"摩擦将有利于金属流动，提高成形精度，同时，摩擦又是引起模具磨损失效的主要原因，摩擦增加成形载荷。在摩擦影响金属流动时，将导致变形金属接触界面附近金属变形程度、位错密度等，从而，影响金属表面硬度、耐磨性和疲劳性能的变化。

金属成形中的摩擦准则主要包括库仑摩擦准则、剪切摩擦准则和组合摩擦准则。众所周知，若摩擦应力（单位表面积上的摩擦力）与接触面上的正应力成正比，则通常采用库仑摩擦准则，其表达式为

$$\tau = \mu p \tag{6-62}$$

式中　τ——摩擦应力；

　　　μ——摩擦系数；

　　　p——接触表面的正应力。

剪切摩擦准则认定最大摩擦应力是常量，且不应超过材料的纯切应力 $Y/\sqrt{3}$，也就是说单位摩擦力只随材料的屈服应力变化而变化。采用库仑摩擦准则时，所计算的金属表面的摩擦应力随正压力及摩擦系数增加而增大，以至于有可能超过材料所能承受的纯切应力，这与大变形状态下的金属变形情况不符，因此，当摩擦应力较大的情况下应采用剪切摩擦准则，其表达式为

$$\tau = mk = m\frac{Y}{\sqrt{3}} \tag{6-63}$$

式中　τ——摩擦应力；

　　　m——摩擦因子；

　　　Y——材料的流动应力。

在接触表面压强大时，特别是金属变形剧烈的成形中应采用剪切摩擦准则。当表面压强小时，即采用库仑摩擦准则计算出的摩擦力小于材料自身的切应力时，采用库仑摩擦准则计算出的摩擦应力更准确。通常在板材成形过程中，采用库仑摩擦准则，而在热态体积成形中采用剪切摩擦准则。同时，还可以将两种摩擦准则进行组合，形成组合摩擦准则（Combined Friction Law），其计算公式为

$$\begin{cases} \tau = \mu p & (\mu p < mk) \\ \tau = mk = m\dfrac{R_{\mathrm{eL}}}{\sqrt{3}} & (\mu p > mk) \end{cases} \tag{6-64}$$

组合摩擦准则使用中压强和摩擦应力之间的关系如图 6-81 所示，从图中可以看出在接

触压强大的情况下，采用剪切摩擦准则来计算摩擦应力；压强小时，采用库仑摩擦准则来计算摩擦应力。

在金属成形计算和仿真中，如何确定摩擦条件（摩擦系数 μ 和摩擦因子 m）成为获得精确计算结果的重要因素。摩擦条件通常采用计算或模拟结果与试验结果相对比的方法确定。由于金属成形中具有接触压强很高（可达到 2500MPa），摩擦和金属变形会导致接触表面的温度升高，变形后工件的表面伸长率大（可达 3000%）等特点，因此，为了使摩擦系数和摩擦因子的确定更准

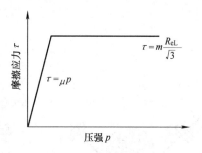

图 6-81　组合摩擦准则中压强和
摩擦应力的关系

确，一些类似金属成形方法可以用来进行摩擦条件的测量，如圆环压缩、正挤压、双杯挤压和镦挤锻造等，如图 6-82 所示。其中，圆环压缩和双杯挤压通过变形后试件的尺寸来判定摩擦条件，而正挤压采用成形力的方法来判定摩擦条件，镦挤锻造方法成形力和成形工件的形状都受摩擦条件影响，因此，两者都可用来判定摩擦条件。其中，需要说明的是双杯挤压是针对冷挤压的测试方法，圆环压缩是判断热锻成形的主要测试手段。板材变形中摩擦系数的测定可采用平板滑动试验、拉弯摩擦试验等，其测试原理为采用力传感器测出压力和摩擦力，然后根据摩擦力公式，求出摩擦系数，如图 6-83 所示。

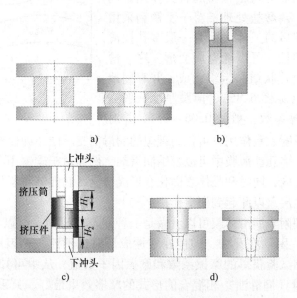

图 6-82　体积成形中摩擦因子的测试方法
a）圆环压缩　b）正挤压　c）双杯挤压　d）镦挤锻造

需要指出的是，不同的摩擦模型针对试件和润滑条件测试出的摩擦系数或摩擦因子可能不同，金属成形过程中相同的试样，不同的测试方法可得到不同的摩擦参数的数值。图 6-84 所示为针对表面磷化皂化处理后的试验件，进行正挤压、双杯挤压、划痕试验、T 形压缩试验四种不同冷挤压试验所获得的摩擦因子。研究结果表明摩擦因子受接触压强和成形过程中新表面生成率的增加而增大。因此，在针对不同金属成形工艺进行仿真计算时，尽量选取相近的新表面生成率及接触压强的摩擦试验进行参数确定。

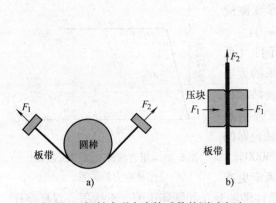

图 6-83　板材成形中摩擦系数的测试方法
a) 拉弯试验　b) 平板滑动试验

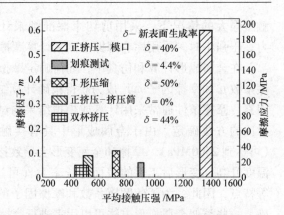

图 6-84　四种不同摩擦试验获得的摩擦因子

6.4.2　实现省力成形的途径

1. 表面镀层方法

由于摩擦力取决于工具与工件接触面的状态，于是改变工件表面的成分与结构将起很大作用。例如，钢的冷挤压采用磷酸盐处理，对于不锈钢采用草酸盐处理。经处理后的工件表面有一层多孔性薄膜，它具有良好的塑性，可以随金属变形。这一薄层是由多孔性的灰色片状结晶组织构成，并牢固地粘附在钢材表面上（见图 6-85），薄膜厚度一般为 $0.01 \sim 0.05mm$，摩擦系数一般为 $0.06 \sim 0.1$，并对

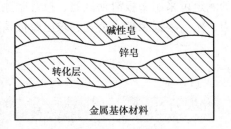

图 6-85　钢铁固态润滑层结构

润滑剂有相当高的吸附贮藏作用，可作为理想的润滑剂支承层，即使在塑性变形中的高压下该薄膜也不会剥落。多孔性薄膜中可以容纳润滑剂，例如对于碳钢用皂化液，皂脂深深地渗入到磷化层的毛细孔内，同时和晶体表面化合形成锌皂，它能够在制件与模具之间形成有润滑作用的非金属隔离层，以此起到润滑作用。

金属表面经处理附着润滑薄膜可以看做是一种固态润滑剂，可以实现很好的润滑效果，因为这些润滑剂被"困"在孔中，即使在塑性成形时也不流失，因而保持低的摩擦因子。表 6-4 为采用形压缩试验获得的摩擦系数和摩擦因子数值，从中可知固态润滑剂（磷化皂化薄膜）和液体润滑（润滑油）相混合的形式的摩擦效果最好。只采用固态润滑剂比混合形式摩擦效果稍差，这是因为在成形过程中金属表面的固态润滑层如变形太大发生破坏，此时润滑油可以起到一定降低摩擦的作用。如果只采用润滑油则可以看出润滑效果最差，这是由于在成形过程中模具和成形金属接触面的压力很大，将润滑油挤压出接触区域，这时润滑油起到的润滑效果就很有限。

表 6-4　三种润滑状态下的 T 形压缩试验的摩擦参数

润滑状态	摩擦系数 μ	摩擦因子 m
固态润滑	0.05	0.12
液态润滑	0.1	0.23
固态 + 液态润滑	0.04	0.09

2. 包套成形

为了减少高强度材料热变形时的摩擦力，通常采用低流动应力的镀层，这也是一个重要的措施。例如，对于高温合金叶片锻造，在锻造前先镀铜，锻造后再用化学方法将表层的铜清除。这种表面镀的方法不仅可以减少摩擦力，而且增加了变形均匀性，可以获得均匀的晶粒度，满足了产品的技术要求。从某种意义上讲，这比降低摩擦力和降低变形力显得更为重要。从实质上讲，所镀的低流动应力的材料薄层相当于一个金属润滑剂。同理，铝合金包套挤压，不仅可减少挤压力，而且可以避免粗晶环的出现。在难变形材料锻造和挤压过程中，在其表面施加玻璃润滑剂也类似增加了包套，不但可以降低金属材料和模具之间的摩擦力，使材料成形过程中变形均匀，同时，也可以阻止金属材料向模具传播热量，使其流动应力保持在较低范围内成形，从而降低载荷。

3. 激光织构化表面处理

激光织构化技术是在机械零件表面形成有规律的人造表面形貌，可以起到捕捉磨粒而减少犁沟形成、作为贮油器给接触表面提供润滑剂以防止咬合、产生流体动压效应以增加承载能力方面的作用。图6-86所示为激光表面织构化处理原理及表面形貌。目前最常用的激光织构化技术是在工件表面加工出圆形凹坑，在摩擦过程中，凹坑内会保留润滑剂，可以降低摩擦力。由图6-87可知，采用激光织构化技术处理后工件的摩擦系数比经抛光处理后工件的还低，特别是相对滑动速度小的情况下，摩擦系数降低显著。

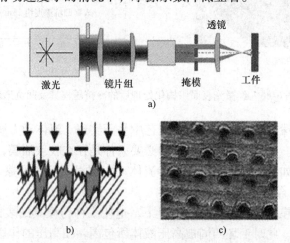

图6-86 激光表面织构化处理原理及表面形貌

a) 激光表面织构化处理原理 b) 润滑剂凹坑 c) 模具表面加工出的凹坑

为了减少冷挤压成形中模具的磨损，在模具表面进行激光织构化表面处理，成形过程中位于模具四周的润滑剂被挤出，而保留在凹坑中的润滑剂逐渐地释放产生润滑效果，凹坑的具体形貌如图6-88所示，其中深度约为 $1\mu m$，直径约为 $50\mu m$。尽管在成形中凹坑的形状会有所变化，但凹坑还存在，并起到保存润滑剂的作用。采用该方法挤压冲头的寿命可以提高到未处理前的 $100\% \sim 170\%$。最后模具的失效形式不再是磨损，而是疲劳开裂。

4. 液体润滑

流体润滑分为流体动力润滑与流体静力润滑。流体润滑在金属成形中的作用是使坯料的部分或全部不与模具直接接触，在模具与坯料之间始终存在一层液体薄膜，其摩擦力为液体

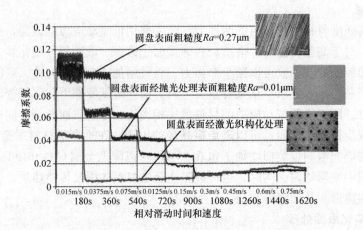

图 6-87　不同摩擦副表面状态下的圆盘摩擦测试结果

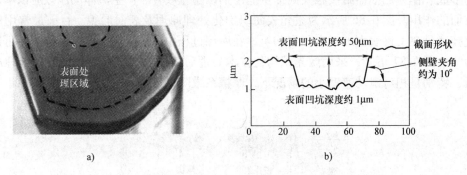

图 6-88　经激光表面织构化处理后的冷挤压模具及凹坑形貌

的流动粘性力,该润滑方法在挤压和拉拔工艺中易于实现。流体动力润滑一般是在工件运动速度很高时方可实现。流体动力润滑形成的必要条件是存在收敛油膜,即沿运动方向上油膜的厚度逐渐减少,比如流体动力润滑拉拔。流体动力润滑不仅使摩擦力下降 10 多倍,还可使模具寿命提高约 20 倍。

　　流体静力润滑是在流体压力较高的情况下,迫使工件与模具的表面分离。图 6-89 所示为静液挤压的示意图。此时毛坯四周被高压液体所包围,在高压的作用下,使工件与工具之间保持流体润滑。静液挤压作为一种少、无切屑的新型加工方法,与通常的挤压相比,其重要特性为:普通挤压时,锭坯需与挤压筒直接接触,变形时要产生很大的摩擦力,坯料表面在进入变形区前就会产生很大的剪切变形;而静液挤压时,坯料与挤压筒间充满传压介质,压力通过传压介质施加在坯料上,因而坯料在进入变形区前既不被镦粗也不发生剪切变形,坯料和挤压筒壁不接触,使金属在挤压过程中变形均匀,并且在静液挤压中,由于材料为受三向压应力状态,因此可以提高材料的塑性,增大挤压比。图 6-90 所示为正挤压、反挤压和静液挤压的载荷曲线,从图中可以看出静液挤压的挤压力最小,且挤压力在金属进入挤压模具后,基本保持不变。

5. 振动辅助金属成形

　　金属塑性成形中引入振动,最早起源于 20 世纪 50 年代奥地利的 Blaha F 和 Langenecker B,他们在单晶锌的静态拉伸试验时施加了辅助的超声振动,并首次观察到材料屈服应力和

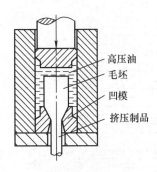

图 6-89　静液挤压的示意图

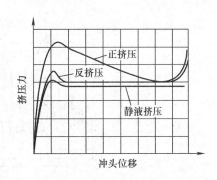

图 6-90　不同挤压工艺的位移 – 载荷曲线

流动应力降低的现象，同时，在金属塑性成形中，将具有一定方向、频率（低频、超声）、振幅的振源施加在模具或者金属上，可以显著降低成形力，减小模具与工件间的摩擦，扩大金属材料塑性成形加工范围，获得较好的产品表面质量和较高的尺寸精度。

　　在振动辅助金属塑性成形工艺中，超声振动拉拔的研究较多，应用也较为成熟。在常规拉拔过程中，金属棒料或线料与拉拔模具锥面之间产生很大的摩擦力，其方向与金属流动的方向相反，阻碍了金属流出模具，增大了拉拔力，并造成加工效率低、拉拔件变形不均匀且表面质量差等缺点。超声拉拔将超声振动施加到拉拔模具上，其振动方向与拉拔方向一致，使得棒料与模具的接触面产生瞬间分离，有助于润滑剂进入变形区，从而减小摩擦系数。此外，当模具振动的速度超过坯料的运动速度时，此时摩擦力与拉拔的方向一样，则有利于金属的流动，降低拉拔力。此外，超声振动也可使用于管材的拉拔成形，Pasierb 等将超声振动施加于铝管的拉拔，试验结果表明铝管从直径为 18mm、壁厚为 1.5mm 拉拔至直径为 16mm、壁厚为 1.45 ~ 1.0mm，拉拔力大约降低了 69%。超声辅助拉拔示意图如图 6-91 所示。超声挤压主要利用超声振动使得金属塑性增加，变形抗力下降，工件与模具接触面之间的摩擦系数减小，润滑效果增大，提高零件成形质量和模具寿命。超声挤压通过对挤压模或者变形金属施加振动来实现，在挤压铝或铜制品时，挤压速度可以提高 1.5 ~ 3 倍，挤压力减少一半，同时能够有效减少被挤压金属与挤压模具之间的摩擦力，改善金属流动及表面质量。

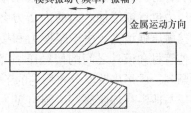

图 6-91　超声辅助拉拔示意图

　　振动方法也可用于轴类件的内、外齿加工中，德国 FELSS 公司在冷挤压成形加工中采用了具有振动的轴向挤压成形技术（Axial Forming），该方法直接成形出轴类件表面的齿，通过伺服振动缸的方法在挤压过程中提供振动，采用该方法可显著减低挤压力（见图 6-92），提高挤压齿的精度及模具寿命，成形出的典型零件如图 6-93 所示。

　　在板材成形中，振动也有应用。Pasierb 等在桶形件的拉深试验中，对凹模进行特殊的径向超声振动，并附加一个压边圈，通过铝、铜、锌和黄铜板的拉深试验表明，应用超声振动的拉深工艺，载荷明显下降。Jimma 等将超声振动应用于拉深工艺后，显著提高了材料的极限拉深比，压边圈和凹模超声振动方向沿冲压方向时，对材料极限拉深比的增加作用明显。

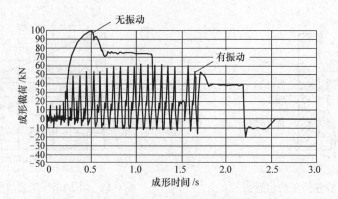

图 6-92　轴向挤压成形的载荷曲线

图 6-93　采用振动的轴向挤压成形出汽车轴类件——传动齿

在一些新的成形工艺中加入振动能产生理想的效果，如管材的内高压成形中所采用的脉动加载成形方式。管材内高压成形中，随着管材胀形过程的进行，内压力也逐渐增加。高的内压力会使管材和模具之间的接触压强增大。由于摩擦力和接触压强成正比，因此使管材和模具之间的接触压强降低，可以使金属流动顺利，成形出壁厚分布均匀的工件。图 6-94 所示为内压与冲头行程曲线，由图可见，此时的内压力是脉动的。压力波动的幅度约为压力平均值的 25%。

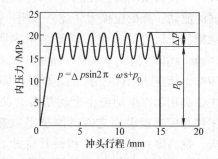

图 6-94　脉动液压成形试验时内压随行程变化曲线

为了测量脉动成形时进给区上模与下模之间的摩擦力，Mori 等人设计了专门的装置进行摩擦系数测试。经试验结果计算出的摩擦系数为 0.007，远小于无脉动时的情况。脉动加载的内高压成形可以有效地抑制或消除内高压成形过程中管材的破裂和起皱。采用脉动内压加载方式，管材变形所受摩擦阻力也会随之脉动变化，当摩擦力变小时金属更容易流入到模具型腔中。由图 6-95 可以看出，采用脉动加载可以避免工件圆角部位的胀裂现象。

6.4.3　积极摩擦

在金属成形中，摩擦力不一定总是引起阻碍作用，如果设计合理，可以消除摩擦的不利影响，甚至还可以利用摩擦力来改善金属的成形。如图 6-96 所示，在正挤压过程中，冲头运动速度为 v_2，挤压筒为浮动结构，其向下运动速度为 v_1，使 v_1 略大于 v_2，这时挤压筒壁

图 6-95　脉动的内压加载方式对工件成形的影响

a）非脉动加载　b）脉动加载

对工件的摩擦力 T 已经起积极作用，可使挤压力 P 下降，更重要的是可以使变形更均匀。避免与筒壁接触的金属产生剧烈剪切，对于提高制品的组织均匀性起很好的作用。例如，直径和高度均为 20mm 的 6063 铝合金板材挤压，挤压模口直径为 6mm，挤压温度为 430℃，摩擦因子为 0.2。当挤压冲头移动速度 $v_2 = 2mm/s$，挤压筒移动速度为 $v_1 = 3mm/s$ 时，经有限元模拟的挤压冲头载荷曲线如图 6-97 所示。由图可知，当挤压筒向下运动时作用在挤压冲头上的挤压力有明显下降。值得注意的是，由于挤压筒上下方为弹簧结构，如将挤压筒上作用的力和挤压冲头上作用的挤压力相加作为总挤压力，则积极摩擦挤压的总挤压力比普通挤压要大。

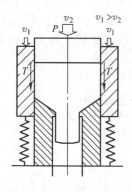

图 6-96　积极摩擦挤压受力图

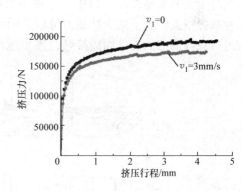

图 6-97　挤压筒运动速度对挤压冲头所受载荷的影响

积极摩擦对金属流动产生影响，在齿轮挤压中浮动凹模的运动速度 v_1 可改变齿顶金属充填效果，如图 6-98 所示，当浮动凹模不动时，齿顶中部充填完整，上角部有少许缺料，下角部缺料较多；当浮动凹模与压下冲头等速时，齿顶中部充填完整，上角部缺料较多；当浮动凹模速度等于上模速度一半时的充填情况，同样可以观察到中部充填完整，而上下角部充填情况基本上差不多。

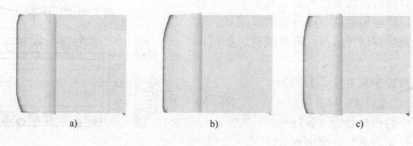

图 6-98　浮动凹模运动速度对挤压齿形充填的影响

a）$v_1 = 0mm/s$　b）$v_1 = 10mm/s$　c）$v_1 = 5mm/s$

金属成形中材料的变形伴随着摩擦力，衡量摩擦力大小的因素有接触压强和摩擦系数（因子），采用润滑方式是降低摩擦系数（因子）的有效措施。其中，在体积成形中固态润滑剂的效果要好于液体润滑剂，由于液体润滑剂在高的接触压强作用下，将被挤出变形接触区。同时，金属的新表面生成率和接触压强也将影响摩擦系数（因子）的数值，高的表面生成率和接触压强增加了接触表面的摩擦。

省力在金属成形中的意义重大，它不仅可以降低成形设备的公称压力，还可以明显增加成形模具的使用寿命。通过改变摩擦状态来实现省力成形的途径主要有表面镀层方法、包套挤压、激光织构化表面处理及振动辅助等方法。同时，还应注意摩擦力在一定条件下也可以有利于金属的变形，降低成形载荷，可以在实际生产中予以考虑。

6.5　减小承压面积来实现省力成形的途径

6.5.1　省力冲裁

在对于大型或厚板的冲裁中，采用平刃口模具进行冲裁时，整个工件的周边都受到压力，冲裁力很大。为了减少冲裁力可以采用斜刃口模具冲裁（见图6-99），采用该种模具其剪切刃口只与局部的工件周边接触，逐步地冲裁板料，可以显著降低冲裁力。由式（6-65）

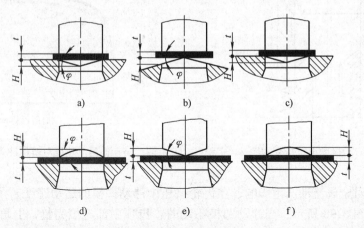

图 6-99　各种斜刃形式

可知采用斜刃冲裁可降低载荷 50% 左右，且减力程度与刃口的斜角相关。当然，对于大型板材的冲裁，可以将斜刃组成对称分布的波浪状，这样可以显著减少剪切接触面，降低载荷，如图 6-100 所示。

每个斜刃的冲裁力计算公式为

$$P_S = KP \qquad (6-65)$$

式中　P_S——斜刃冲裁力（N）；

　　　K——减力系数（见表6-5）；

　　　P——平刃冲裁力（N）。

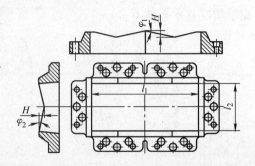

图 6-100　矩形件的斜刃冲裁模

表 6-5 斜刃冲裁减力系数 K

材料厚度/mm	斜刃高度 H /mm	斜角 φ /(°)	K
<3	2t	<5	0.3 ~ 0.4
3 ~ 10	t	<8	0.6 ~ 0.65

注：t 为材料的厚度。

6.5.2 局部锻造成形

钛合金大型整体筋板类构件（如隔框、梁等）对飞机减重、提高可靠性和性能效果显著，而整体成形此类构件成形设备的公称压力要求非常大。为解决钛合金大型复杂整体构件的成形制造能力问题，可采用局部加载等温成形方法，通过将断续局部加载与等温成形的结合，融合等温成形和局部加载成形两方面的技术优势，并与优化设计预成形坯料与成形参数相结合，实现对材料成形和组织性能的控制，为解决钛合金大型复杂整体构件成形制造能力不足问题提供了重要启示。杨合等在解决了钛合金筋板类构件局部加载材料的变形行为和不均匀变形机理、局部加载方式、局部加载参数对成形过程和成形质量的影响、局部加载等温成形组织演变机理以及局部加载等温成形对 TA15 钛合金组织演变和力学性能的影响等多项变形与组织控制的关键技术基础上，成功研制了满足航空锻件要求的目前国内最大的钛合金复杂隔框锻件。图 6-101 所示为钛合金复杂大件局部加载等温成形原理图。图 6-102 所示为局部加载等温成形大型钛合金部分隔框形状示意图。

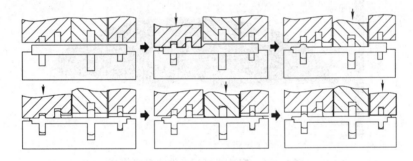

图 6-101　钛合金复杂大件局部加载等温成形原理图

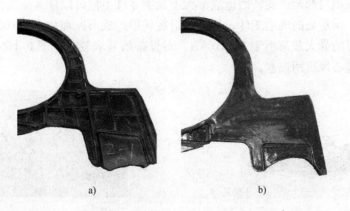

a)　　　　　　　　　　　　b)

图 6-102　局部加载等温成形大型钛合金隔框形状（部分）

a) 第一局部加载后　b) 第二局部加载后

轮盘是离心风机的主要组成部分（见图 6-103），其形状和加工制造质量将直接影响到风机的工作性能。传统的叶轮盖盘和轮盘制造时采用机械加工方法，该方法存在材料利用率很低（小于 10%），后续机械加工量大，制造成本高和周期长等问题。近净塑性成形是这类大型盘形零件的高效、高质量的成形方法。

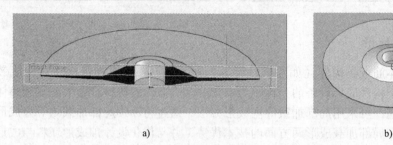

a)　　　　　　　　　　　　　　　　b)

图 6-103　典型轮盘构型（外径 1300mm）

对轮盘的整体模锻过程进行了分析，坯料始锻温度为 1150℃，模具的预热温度为 400℃。图 6-104 所示为模锻成形后工件的温度分布，从图中可以看出与模具相接触部位的金属温度下降快，成形工件的精度高。然而轮盘成形载荷最后达到了将近 10^6 kN，由于设备的限制无法进行整体模锻。

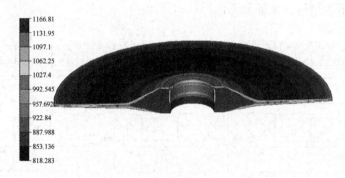

图 6-104　锻造成形后工件的温度分布

赵升吨等采用局部渐进旋转锻造成形大型盘类零件不但可以显著降低整体锻造的成形载荷，还可以获得质量高的成形工件。局部渐进旋转锻造成形原理如图 6-105 所示。采用该方法进行轮盘成形的最大载荷小于 2×10^4 kN，对设备的要求较低。图 6-106 所示为局部渐进旋转锻造出的离心风机用盖盘。

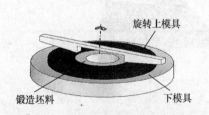

图 6-105　局部渐进旋转锻造成形原理

图 6-106　盖盘旋转锻造成形过程

6.5.3　旋压

旋压是用旋轮对旋转着的工件进给施压而加工薄壁空心回转体零件的一种成形方法。它又可分为普通旋压及变薄旋压两类。从力学角度看，前者属于平面应力状态，后者属于三向应力状态。旋压是一个渐进而连续的加工过程，对于每一瞬时由于旋轮与工件的接触面积很小，可视为点变形，因而旋压力很小，通常旋压机的公称压力可比冲压机低 80% ~ 90%。

图 6-107 所示为阶梯形工件多道次普通旋压动作原理图，该图标明工件 5 由芯模 1 带动旋转，成形旋压轮 3 的旋转是从动的，经过多道次拉深旋压可完成阶梯形工件成形，然后用切边轮 6 将筒体口部切齐，这些动作都是在工件的一次装夹中完成的。若用普通拉深法加工阶梯形工件，如图 6-108 所示，不仅需要在三套模具中冲压，而且冲压力很大，它可以由依据筒壁极限承载能力估算出来，公式为

$$P = \pi d t R_{\mathrm{m}} \tag{6-66}$$

式中　P——筒壁极限承载能力（kN）；

　　　d——筒壁直径（mm）；

　　　t——筒壁厚度（mm）；

　　　R_{m}——材料的抗拉强度（MPa）。

在三次拉深中，由于第一次拉深时工件的直径最大，按此计算，拉深力就很大。对比拉深与旋压，前者变形力大的原因是沿整个圆周同时受力，而后者的同一圆周并不同时受力，它是逐点变形积累成整体变形，瞬时变形力很小。

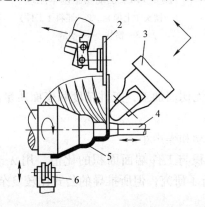

图 6-107　阶梯形工件多道次旋压动作原理图
1—芯模　2—反推盘　3—成形旋压轮
4—尾顶　5—工件　6—切边轮

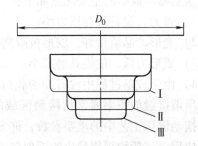

图 6-108　阶梯形工件多道次拉深工件
尺寸变化示意图

普通旋压的目的主要是改变形状，而对于变薄旋压（又称强力旋压），其目的主要是减少壁厚。图 6-109 所示为锥形件变薄旋压简图，从图中可以看出变薄旋压后的锥形件筒壁要比坯料的厚度小，采用该方法成形出的工件具有表面粗糙度值小、组织晶粒细化、强度高和抗疲劳性能好等特点。

6.5.4　摆动辗压

摆动辗压属于连续局部变形并经累积而达到整体成形的一种金属塑性加工方法，属于省

力增量锻造工艺。顾名思义，摆动辗压就是模具以某种形式进行摆动，并在坯料上连续辗压导致工件成形，其基本原理如图 6-110 所示。其中锥形上模的中心线 OO' 与机器主轴中心线 OZ 的夹角 γ（称为摆角），当主轴旋转时，OO' 绕 OZ 旋转，于是上模便产生了摆动。同时，滑块在油缸作用下上升，坯料受压，上模锥面辗过坯料表面并使其各处周期性地发生局部变形，最后达到整体成形的目的。俯视图中阴影为坯料与上模接触区投影，由图可见，该投影面积远小于坯料端部的面积，总压力等于平均单位压力乘以投影面积。由于相对接触面积的减少，可以大幅度减少平均单位压力，又由于摆动辗压时的实际接触面积率大幅度减少，所以摆动辗压的变形力仅为一般整体锻造的 1/5～1/20。

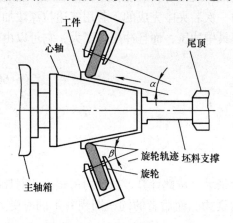

图 6-109　锥形件变薄旋压简图

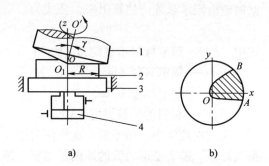

a)　　　　　　　　b)

图 6-110　摆动辗压基本原理
1—摆头（上模）　2—坯料（工件）
3—滑块　4—油缸

摆动辗压成形的主要优点如下：

1）省力，设备公称压力小。

2）变形产品质量好，成形极限高，可实现少、无切屑加工，工件精度和表面质量高。

3）成形力低，使模具磨损小。

4）由于成形过程中没有冲击载荷作用，因此振动和噪声小。

所谓接触面积率通常指接触区域的水平投影面积与工件端面面积的比值，用 λ 表示。这是摆动辗压工艺中的重要参数，许多学者对其进行了研究，但所推导的公式比较复杂，为便于应用，一般均采用简化的近似公式。

波兰的 Z. Marciniak 给出的近似公式为

$$\lambda = 0.45 \sqrt{\frac{S}{2R\tan\gamma}} \tag{6-67}$$

式中　S——每转进给量（mm/r）；

　　　R——工件变形半径（mm）；

　　　γ——摆头倾角（°）。

由式（6-67）可以看出，接触面积率 λ 随着摆头倾角 γ 的减少及每转进给量 S 的增加而增大。接触面积率增加，将导致成形载荷增大。

由于摆动辗压变形力低，因此该方法适合于薄而复杂的盘类及带长杆类法兰件的成形。众所周知，上述零件采用一般锻造方法是很难成形的。因为对一般锻造来说，锻件越薄，相对接触面积就越大，因而摩擦力对金属变形的阻碍作用就越大，变形区金属的屈服条件就越难满足，就需要更大的变形力，接触面上的压力峰值（处于坯料的中心）较锻厚件时大很多。而在摆动辗压过程中，锥模与坯料之间的接触面积小，不仅总变形力小而且压力峰值（不处于坯料的中心）也远低于圆柱体镦粗。

图 6-111 所示为采用摆动辗压方法进行工件法兰部成形的简图。图 6-112 所示为工件法兰部成形中摆动辗压模和工件表面的接触情况，由图可知，摆动辗压模和工件表面的接触面积随着变形过程的进行，逐渐增加，即成形力也逐渐增大。图 6-113 所示为摆动辗压过程中工件的变形情况。图 6-114 所示为采用摆动辗压成形出的套环和齿轮。

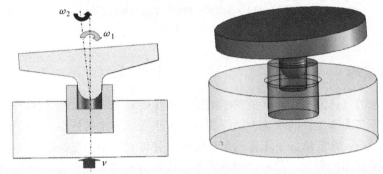

图 6-111　采用摆动辗压方法进行工件法兰部成形的简图

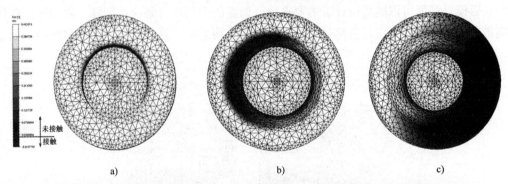

a)　　　　　　　　　　　b)　　　　　　　　　　　c)

图 6-112　工件法兰部摆动辗压过程中摆动辗压模和工件表面的接触情况
a) 成形开始　b) 成形中期　c) 成形后期

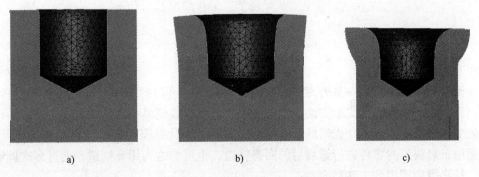

a)　　　　　　　　　　　b)　　　　　　　　　　　c)

图 6-113　工件法兰部摆动辗压过程中工件的变形情况
a) 成形开始　b) 成形中期　c) 成形后期

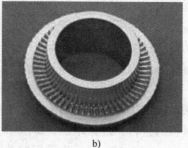

a)   b)

图 6-114　采用摆动辗压成形出的工件
a) 套环　b) 齿轮

6.5.5　多点成形

随着制造业的飞速发展，对于一些小批量高质量要求如飞机蒙皮、样车的板材件、船体及压力容器壁等多曲率工件的快速、经济的成形方法要求越来越强烈。对于传统的板材成形而言，模具的制造、修复增加了工件的制造周期，并且对于型面复杂的模具其加工费用也要占整个工件制造费用的很大一部分。当然，手工成形方法也是一种制造小批量零件的方法，但是，成形出的零件的精度低，制造效率低。如何才能省去在成形中模具的制造成本和时间？获得模具型面可以随着设计者的要求进行调整的模具就可解决该问题。将传统的整体模具离散成很多不同部分，且各部分又可以移动来重构形状，这样就产生了离散模具的成形方法，如图 6-115 所示。

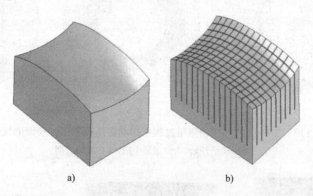

a)   b)

图 6-115　模具离散思想
a) 整体模具　b) 离散模具

在模具的离散中采用一系列离散、规则排列、高度可调的小冲头来组成传统模具的凸、凹模，即构成了多点柔性成形方法。成形中通过调节构成模具小冲头的高度，即可实现模具型面的变化。由于多点柔性成形成形模具的型面发生变化只需要调节各小冲头的高低即可，非常适用于对成形的零件进行卸载后的回弹补偿，也可称之为闭环制造，通过多次调解模具型面，最终得到理想的工件型面。

多点成形相对于其他工艺具有很高的柔性，因为它仅使用一套型面可调节的离散模具就可以成形出具有不同型面的工件。早在几十年前就有采用离散模具成形零件的方法，Williaam 于 1923 年申请的汽车用钢板弹簧成形设备就采用了该方法。钢板弹簧位于可通过螺纹调节高度的两排小冲头之间进行成形，由于钢板弹簧的高回弹特性，在一次成形后，又可对模具进行调整，进行工件形状的矫正。而后 1969 年日本的 Nakajima 制造了第一个可自动调节模具型面、垂直定向的多点模具，其模具由紧密排列的圆柱形小冲头组成。通过安装在数控模床机头上的量针来调节各小冲头的高度。到了 20 世纪 80 年代，日本的三菱重工制造了一个 3 列包含 30 个小冲头的板材弯曲成形机，并成功地用于船体的成形。在同一时期美国 MIT 大学的 Hardt 教授带领其学生 Robinson、Knapke 等人对多点成形进行了深入细致的研究。1993 年从日本留学回来的吉林工业大学李明哲教授，在国内继续了他在日立公司做博士后期间的多点柔性成形研究，目前其研制出了多点成形机已具有商业应用。1999 年美国研制了一个先进的多点拉伸成形机，应用于飞机蒙皮的拉伸成形，并且使用计算机控制的伺服系统对每个小冲头进行调解。2002 年哈尔滨工业

大学的王仲仁教授为了解决大型风洞收缩段形体的制造困难问题，发明了多点"三明治"成形工艺。事实证明该方法不仅能显著减小制造时间及费用，还能成形出质量高的工件。图 6-116 所示为吉林大学李明哲等人设计制造的公称压力为 2000kN 多点成形模具。模具的成形面积为 840mm × 600mm。一侧模具由 560（28 × 20）个冲头组成，该多点成形机的冲头可以通过计算机控制自动调节，现已应用于高速机车头部的蒙皮成形中。

图 6-116　传统多点成形模具

　　多点"三明治"成形的下模具由离散的多点模和金属护板组成，上模具是排列规则的聚氨酯板，因其在成形过程中有类似"三明治"的结构，于是称之为多点"三明治"成形，如图 6-117 所示。在成形过程中金属护板起到使离散模具连续的作用，它可以重复使用。由于金属护板直接和多点模具的小冲头接触，因此不可避免会出现压痕，为了让压痕不传播到所要成形的工件表面，在护板和板材中间放置一层聚氨酯板。该工艺与传统工艺因其成形相同尺寸工件所需的小冲头数量少，于是其调节所用时间和模具制造费用都相对较少。在成形始末，工件的上、下表面都与聚氨酯橡胶接触，因此所得工件表面质量好，无划痕等缺陷。

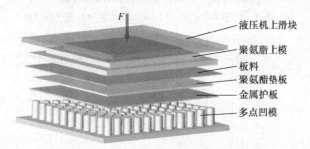

图 6-117　多点"三明治"成形原理简图

　　多点成形中小冲头和板材的局部发生接触，板材在相邻小冲头之间发生弯曲变形，最终当工件和下模具的冲头都发生接触时成形结束。相比而言，采用实体模具进行工件成形时，开始阶段板材也是发生弯曲变形，但在成形终了阶段模具的表面都和板材发生接触，接触面

积远远大于多点成形冲头的接触面积，因此成形力会显著增加。

为了对多点成形力进行分析，选取较长的板材进行成形，这时的模型可以近似为平面应变状态。成形用板材是厚度为 4mm、宽度为 400mm 的 Q235 热轧板。成形下模具形状为半径为 300mm、宽度为 300mm 的一段圆柱面。多点模具有 7 排冲头，且冲头的球面直径为 20mm。由于板材厚度较大，不容易出现压痕现象，因此在多点"三明治"成形中省去了护板和弹性垫板，多点模成形中也不使用弹性垫板。三种成形方式：多点"三明治"成形、多点模成形和整体模成形的有限元模型如图 6-118 所示。采用有限元分析软件 ABAQUS/Standard 进行有限元计算。三种成形方式的位移－载荷曲线如图 6-119 所示，从图中可以看出，整体模成形开始的力较小，成形结束时的力显著增加；多点模成形的力最小，约为整体模成形力的 1/3；多点"三明治"成形中弹性上模具的形状和多点模具是相配合的，因此在成形中弹性体的压缩变形均匀，则成形力也较小。图 6-120 所示为三种成形工艺下工件等效应力分布情况，可以看出整体模成形出的工件和模具接触部位的等效应力都比较大且数值相同，而多点"三明治"成形和多点模成形工件在多点冲头部位的应力较大。

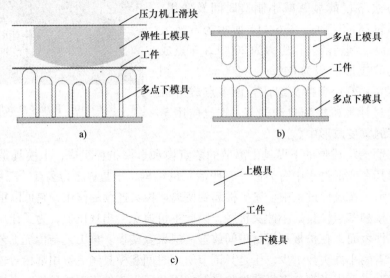

图 6-118 不同成形方式的有限元模型

a）多点"三明治"成形 b）多点模成形 c）整体模成形

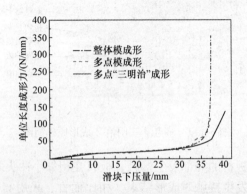

图 6-119 不同成形方式下的位移－载荷曲线

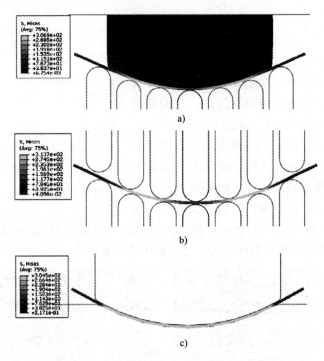

图 6-120　不同成形方式下工件的等效应力分布

a) 多点"三明治"成形　b) 多点模成形　c) 整体模成形

　　在模具为离散的多点冲头进行成形的时候，模具中冲头的数量也会对成形力产生影响。采用相同的板材和模具形状，不同的多点模具冲头数量进行有限元分析，即可对成形力进行研究。图 6-121 所示为冲头数量为 5 个、6 个和 7 个进行多点成形的有限元模型。图 6-122 所示为冲头数量对成形力的影响，由图可知随着冲头数量的增加，成形力也逐渐增加，并且载荷曲线呈现明显的台阶状。这是由于当板材在变形过程中逐渐和冲头相接触，成形力呈台阶状增加。

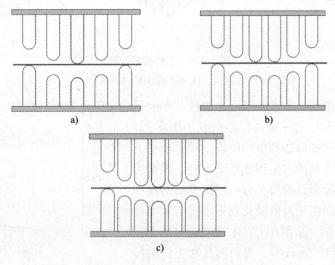

图 6-121　不同冲头数量进行多点成形的有限元模型

a) 5 个冲头　b) 6 个冲头　c) 7 个冲头

6.5.6　校平

校平是指把不平整的制造工件在校平模具中压平的校形工艺，主要用于消除或减少平板件的平直度误差。平板件校平通常采用的方法是：光面模具校平和齿形模具校平两种方法，如图 6-123 所示。

光面模具校平是指在上下两块光面平板模之间对零件进行压缩校平的，它适用于表面不许留有压痕、平直度要求不很高的冲压件。齿形模具校平可以获得平直度很高的零件，当作用力较大时工件表明会出现压痕。虽然校平时压力机的行程不大，但校平所需的力大，特别是光面模具校平时，由于模具和工件之间的接触面积大，导致校平力显著增大。

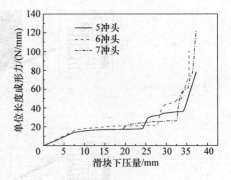

图 6-122　冲头数量对成形力的影响

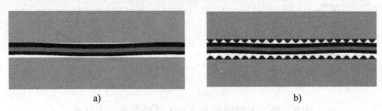

a)　　　　　　　　　　b)

图 6-123　平板件的校平方法

a) 光面模具校平　b) 齿形模具校平

为了对上述两种校平方法所需校平力进行分析，选取对相同形状的非平直工件进行校平，工件的长度和宽度均为 900mm、厚度为 8mm 的 20Mn 钢板，采用有限元计算后的工件校平过程如图 6-124 所示。从图中可以看出起始工件表面的存在凸凹不平现象，随着校平过

a)　　　　　　　　b)　　　　　　　　c)

图 6-124　工件校平过程

a) 校平开始　b) 校平进行中　c) 校平结束

程的进行，工件逐渐变得平直。选用光面模具和齿形模具进行校平后的校平力 - 模具位移曲线如图 6-125 所示。由图可知校平的起始和中间阶段，两种校平方法所需的校平力基本相同，但到成形结束时，校平力急剧增加，最终齿形模具的校平力比光面模具的校平力小了一半多。这是由于齿形模具校平中模具和工件的接触面积小的原因。从图 6-126 中可以看出当上模具压下量相同均为 16.6mm 时，光面模具和工件的接触面积要远大于齿形模具的接触面积。

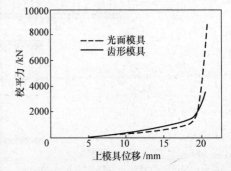

图 6-125　校平力 - 模具位移曲线

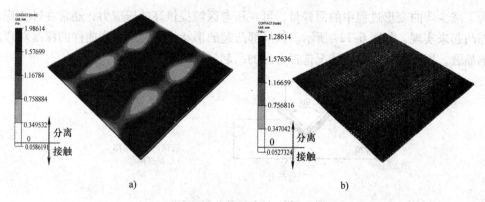

图 6-126　模具与工件表面的接触情况（冲头压下量为 16.6mm）

a）光面模具　b）齿形模具

6.5.7　弯曲成形

弯曲成形中板材放置在模具上方，在弯曲过程中由冲头提供弯曲力，直至弯曲结束，模具中只有两点来支承弯曲件，称为自由弯曲；而在弯曲结束时，弯曲件和模具贴合，冲头和模具对弯曲件施加一定的压力，称为带压料的弯曲。带压料的弯曲在成形结束时模具和板材的接触面积大，因此其成形载荷也大。弯曲成形时弯曲力的经验公式见表 6-6。

表 6-6　弯曲成形时弯曲力的经验公式

弯曲方式	简　图	经验公式	备　注
自由弯曲		$P = \dfrac{0.8Bt^2 R_m}{r+t}$	
		$P = \dfrac{0.9Bt^2 R_m}{r+t}$	P——总弯曲力（N）； B——弯曲件宽度（mm）； t——料厚（mm）； R_m——抗拉强度（MPa）； r——内弯曲半径（mm）
带压料的弯曲		$P = \dfrac{1.4Bt^2 R_m}{r+t}$	
		$P = \dfrac{1.6Bt^2 R_m}{r+t}$	

　　为了减少弯曲变形过程中的回弹量，可在压弯区域提供高的压应力，通常在冲头底部设置局部凸起来实现，如图 6-127 所示。该局部凸起的形状尺寸和压入弯曲件的深度对弯曲载荷影响显著，因此需根据设备情况选择合理的凸起形状。

图 6-127　冲头局部凸起示意图

　　在弯曲过程中板厚对弯曲力的影响最为显著。因此当结构允许时，在厚板弯曲中为了防止板材表面拉裂，降低弯曲力，可在弯曲部位加工出槽进行弯曲。可采取开槽后弯曲的方法提高成形性能，并降低弯曲载荷，如图 6-128 所示。

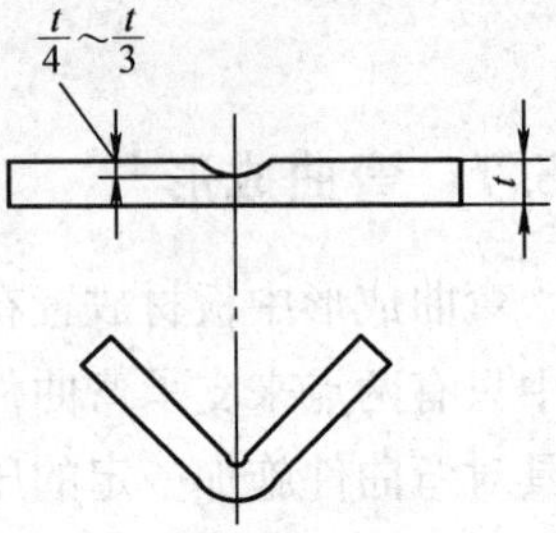

6.5.8　辊轧成形

　　辊轧成形是将长的金属带料放置在数组辊轮组成的辊轮排列中，带料在运动过程中，依次通过弯曲辊发生局部渐进的弯曲变形，最终成形出具有截面形状的型材或构件，如图 6-129

图 6-128　厚板弯曲成形中弯曲局部开槽

所示。辊轧适合于长度大、截面复杂的构件成形，由于其采用渐进式的局部弯曲成形，因此其成形载荷远小于构件的整体弯曲成形。

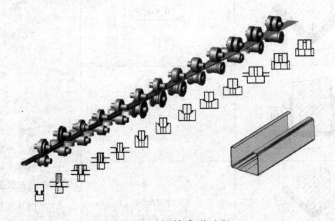

图 6-129　辊轧成形过程

　　辊轧成形具有成形效率高，可成形复杂截面零件，成形精度高以及每个轧辊载荷小等特点。图 6-130 所示为采用有限元对辊轧成形过程的分析结果，由图可知板材成形的局部区域应力较大，并且每一道次的变形是逐渐累加的，因此，将整体变形分配到单个轧辊的成形载荷较小。辊轧成形过程金属板材逐步进入轧辊，并从轧辊出来的过程是金属加载并卸载的过程，因此每一个过程都伴随着金属板材的弹性回复，在高强度板材辊轧成形中该现象特别突出。为了保证高强度板材的辊轧成形精度，需对轧辊进行优化设计，以实现模具型面的回弹补偿。图 6-131 所示为采用弧形轧辊来成形 U 形型材的模拟分析，结果表明采用弧形轧辊可对高强度板材弯曲进行回弹补偿，提高成形精度。

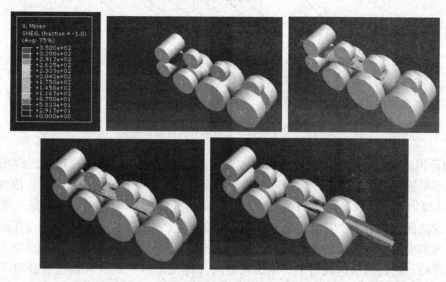

图 6-130　辊轧过程中板材的等效应力分布情况

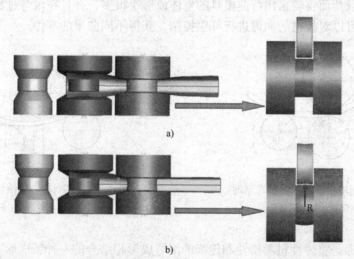

图 6-131　通过轧辊辊形优化来实现高强度板材的回弹补偿

a）无回弹补偿轧辊　b）具有回弹补偿的轧辊

辊轧成形中，辊轮组的数量，也就是弯曲的次数会对金属的变形产生影响，弯曲次数越多则板材的变形越均匀，但设备的投入量大；弯曲次数少则板材的变形剧烈，不均匀，容易产生扭曲现象，如图 6-132 所示。因此，合理分配变形量以及确定变形次数是辊轧成形的关键。

6.5.9　滚弯成形

滚弯是坯料在滚轮施加弯矩的作用下逐渐被弯曲成形的工艺过程，板材滚弯过程是由

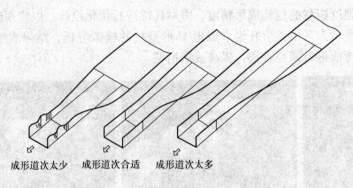

成形道次太少　　成形道次合适　　成形道次太多

图 6-132　辊轧成形道次对工件的影响

2~4 个滚轮组成的弯板系统，在送进板材的同时进行弯曲成形。滚弯过程广泛应用于圆筒形、圆锥形等板材产品的成形制造。近些年滚弯也开始用于型材的弯曲成形中，滚弯成形原理如图 6-133 和图 6-134 所示。四滚轮弯曲加工时，先将被加工坯料的一端送入滚弯机的上、下滚轮之间，然后左、右滚轮向上移动，使位于左、右滚轮之间的坯料因受压而产生一定的塑性弯曲变形。当上滚轮作回转运动时，由坯料与滚轮之间的摩擦力形成的啮入力矩使坯料实现进给；当坯料依次通过上、下滚轮之间（即变形区）时，坯料也就获得了沿其全长的塑性弯曲变形。滚弯成形是板材局部区域弯曲变形，并将弯曲变形逐渐扩展到整体的过程，因此就成形载荷而言较采用弯曲模具的整体成形小很多，并且在滚弯过程中滚轮的位置可以调整，于是可以对板材的回弹进行补偿控制，获得不同曲率的零件。

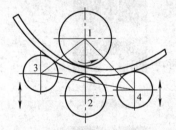

图 6-133　侧辊摆动式四辊滚弯原理
1、2—驱动轮　3、4—进给轮

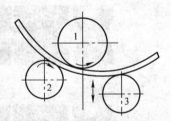

图 6-134　不对称三辊滚弯机原理图
1、2—驱动轮　3—进给轮

柔性滚弯成形是将弹性材料特性和传统的滚弯成形相结合的一种新成形工艺，它可以在单一设备上弯曲变曲率钣金和型材零件。柔性滚弯成形工作原理如图 6-135 所示，改变刚性滚的压下量，即可以改变弯曲件的曲率。板材通过刚性滚和弹性介质之间时，作用在板材上的正压力使之弯曲，摩擦力使之前进。由于采用了聚氨酯弹性材料，因此零件的成形精度和表面质量都有所提高。

6.5.10　单点数控增量成形

单点数控增量成形是在数控设备上利用单个冲头连续地进给实现零件加工的一种成形方法，加工过程中，可将数控铣床上的铣刀换成小冲头（顶部为球面）逐点连续压下，或采用工业机器人来实现逐点连续成形，实现在工件上产生局部塑性变形，对于每一个加工瞬

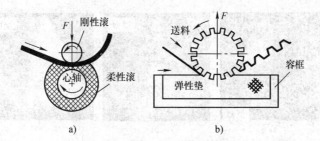

图 6-135　柔性滚弯成形工作原理

a) 双轴柔性滚弯　b) 单轴柔性滚弯

时，塑性变形仅发生在小冲头附近，在塑性加工力学中属"胀形类"塑性变形，其特点是厚度减小、表面积增大。塑性变形区虽小，但由于其是作连续的运动，累积起来实现工件整体上的成形。图 6-136 所示为单点数控增量成形的示意图。

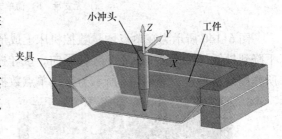

图 6-136　单点数控增量成形的示意图

考虑到加工深度较大工件的需要，图 6-136 中所示的夹具也可以做成能沿竖直方向自由移动的方式。夹具可移动的板料零件数控单点增量成形加工装置如图 6-137 所示，它的主要组成是：数控成形系统（主要控制冲头的运动轨迹）、冲头、可移动的夹具及其导向装置、模型和机床本体。冲头在数控系统的控制下进行运动，模型起支承板料的作用，对于形状复杂的零件，该模型又可以协助控制所需成形的三维工件外形。成形时，首先将被加工板料紧固于夹具中，然后将该装置固定在三轴联动的数控成形机的工作台上，该夹具可沿导柱上下滑动。图 6-137a 所示为成形的初始状态；图 6-137b 所示为成形的中间状态。加工时，成形冲头先移动到指定位置，并对板料按设定压下量成形，然后根据控制系统的指令，按照第一层轮廓的要求，以走等高线的方式，对板料进行单点渐进塑性加工。在形成所需的第一层截面轮廓后，成形工具又压下设定的高度，再按第二层截面轮廓要求运动，并形成第二层轮廓，如此重复，直到整个工件成形完成。图 6-138 所示为方锥形件单点数控增量成形过程示意图。成形过程中工件可以无支承、简单支承和全形支承，如图 6-139 所示，其中以全形支承所得到工件的形状精度最高。

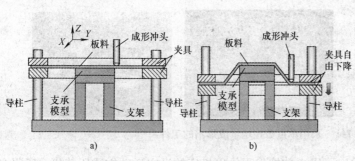

图 6-137　夹具可移动的板料零件数控单点增量成形示意图

a) 起始位置　b) 成形过程中

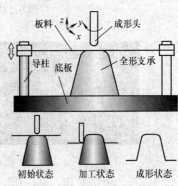

图 6-138　单点数控增量成形过程

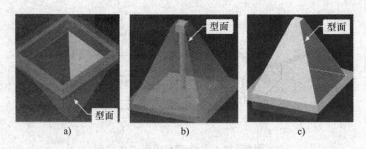

图 6-139　工件支承示意图

a）无支承　b）简单支承　c）全形支承

　　图 6-140 所示为在单点增量数控机床上成形复杂工件的过程，此时夹板已经由最高位置下降到最低位置，夹板由 4 个导柱导向，该导柱不仅保证上下的运动精度，还可平衡小冲头所作用的水平力。图 6-141 所示为采用单点数控增量成形出的工件。

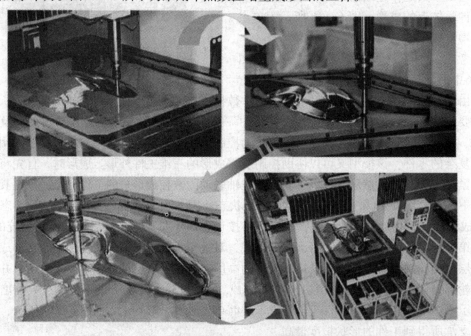

图 6-140　单点增量数控机床上成形复杂工件的过程

图 6-141　采用单点数控增量成形出的工件

　　前述靠工人手艺的成形方式，可以由数控编程给出机床的设定运动方式所替代，所得产品一致性好。由于单点数控增量成形不需要专用的模具就可以加工成形极限大、形状复杂的金属钣金件。因此，极大地降低了新产品的开发成本，缩短了研制周期，特别适合航空航天、汽车、家电等领域多品种小批量产品或新产品的开发与样件的试制。

Oleksik 等人采用单点数控增量成形和普通拉深方法成形方锥形件，两种方法的成形力如图 6-142 所示，可以看出单点数控增量成形力比普通拉深成形要小很多，增量成形最大成形力约为普通拉深最大成形力的 10%。

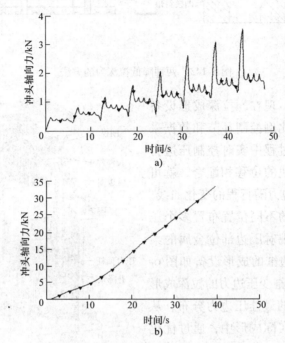

图 6-142　单点数控增量成形和普通拉深成形成形力的比较
a）单点数控增量成形　b）普通拉深成形

6.6　增大自由流动的可能性来实现省力成形的途径

6.6.1　省力拉深模具结构

在拉深成形过程中，通常可以通过增大模具圆角的方法来降低拉深力，还可以采用具有导向面的模具结构来实现省力拉深成形，如图 6-143 所示。图 6-143a 所示模具采用了圆锥面导向，由于模具表面高压强、摩擦力大的区域减小，这样可以有效地降低板材拉深过程中的摩擦阻力。图 6-143b 所示为板材在拉深成形最终形状之前，法兰部位板材先成形出圆锥形状。这样可以减少板材拉深过程和模具圆角部位的接触面积，其面积比例为 $\alpha / \frac{\pi}{2}$，α 为圆锥斜面和水平面之间的夹角，接触面积减小，拉深载荷也相应减少。

在板料拉深成形过程中通常需要压边装置，用来产生足够的摩擦力，以增加板料中的拉应力，从而控制材料的流动，同时，压边力也是避免板材起皱的重要工艺参数。一般来说，压边力过小无法有效控制材料的流动，板料很容易起皱，而压边力过大虽然可以避免起皱，但板料拉破的趋势会明显增加，同时模具和板料的表面受损可能性也增大，将影响模具寿命

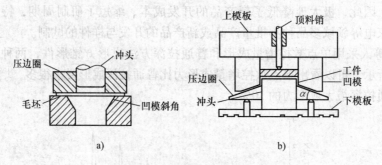

a)　　　　　　　　　　　　　　　　b)

图 6-143　两种降低拉深力的方法

和板料拉深成形质量。现在，拉深成形设备的液压垫系统上引入比例控制环节和数据采集系统使其能在拉深过程中实时控制压边力的变化，和压力机滑块的位移相配合，就可以设定拉深过程中压边力随行程的变化曲线。同时，通过在压边圈的不同位置布置多个压边力液压缸，可以实现对压边部位金属的柔性控制，具有多个压边缸的成形设备如图 6-144 所示。采用多压边缸变压边力的拉深成形可以获得有利于成形的最佳压边力分布，从而获得高质量零件。实际成形中，通过优化压边力也会降低成形载荷。

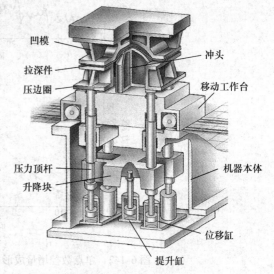

图 6-144　变压边力设备简图

6.6.2　板材拉深时坯料工艺孔的设计

　　板材拉深过程中坯料法兰部位通过冲头底部的小变形区和侧壁传力区成形出中空类零件。对于底部有孔的拉深件，可以在坯料的中部设置工艺孔来增加冲头底部板材的流动性，从而降低成形载荷。但工艺孔的大小要合适，如果工艺孔太大，则会使拉深变形转变为翻边变形，无法成形拉深工件。

　　图 6-145 所示为 15 低碳钢板材拉深成形过程有限元模拟模型，其中板厚为 2.4mm、直径为 126mm，中间带孔的板材孔直径为 11mm。拉深成形后两种坯料的厚度分布情况如图 6-146 所示，从图中可以看出，不带孔和带孔拉深件的最大减薄率相同。从图 6-147 中拉深件沿径向的位移分布可知带孔拉深件的孔径由 11mm 增加到 15.2mm，这说明圆孔附近的金属有向径向流动的趋势。同时，从载荷曲线上可以看出有中心孔的板材拉深成形力要小于无中心孔的板材拉深，如图 6-148 所示。

　　在复杂零件的拉深成形中，也可通过坯料工艺孔来实现对金属流动的调整和控制。如图 6-149 所示的车门内板成形，该零件整体轮廓形状不规则，几何形状起伏较大，成形深度较大且不均匀，容易引起应力不均。图中④处所示区域，其面积增加完全依靠材料胀形变形实现，易产生破裂缺陷。为了解决拉深破裂缺陷，可加大侧壁倾角并放大该处底部圆角半径，

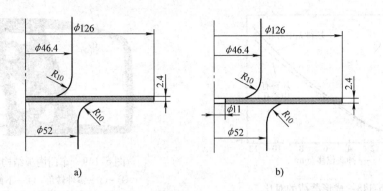

图 6-145　带圆孔筒形件拉深

a）平板　b）中间带孔板

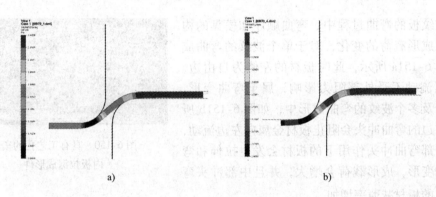

图 6-146　拉深后工件的厚度分布

a）平板　b）中间带孔板

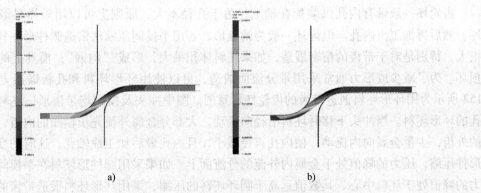

图 6-147　拉深沿径向位移分布情况

a）平板　b）中间带孔板

减小拉深变形阻力，并在此区域附近的工艺补充部分设置工艺孔或工艺切口，使工艺补充部分的金属容易向四周流动，从而使工艺孔以外的毛坯受到的径向拉应力减小，侧壁部分成形时内部的材料可以得到一定的材料补充，减小胀形变形量。图 6-150 所示为具有工艺孔的车门内板拉深成形件。

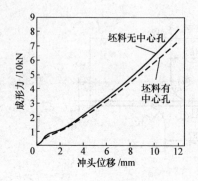

图 6-148　成形载荷的对比

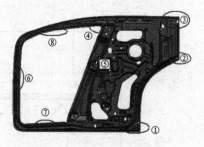

图 6-149　车门内板结构特征图
①~③—零件转角　④—下窗框转角
⑤—凹槽　⑥~⑧—门内板窗框合边面

6.6.3　弯曲步骤制订

在波纹板的弯曲过程中，弯曲顺序和模具的构型将导致成形载荷的变化，对于单个波纹的弯曲成形，如图 6-151a 所示，此时板材的左侧为自由边，板材金属流动不受外部阻力影响，属于弯曲变形。而在三个及多个波纹的弯曲成形中，如图 6-151b 所示，最右边的弯曲冲头会阻止板材金属向左边流动，因此，中部弯曲冲头作用下的板材会发生拉伸和弯曲复合的变形，成形载荷会增大，并且中部冲头弯曲成形出的板材减薄率增加。

图 6-150　具有工艺孔的车门
内板拉深成形件

6.6.4　分流面锻造

齿轮坯一般带有内孔供装配在轴上，由于孔径不大，原则上可以用短棒料锻出实心齿坯，然后再加工出内孔。但齿坯一般为薄盘形，若用平模间压缩法锻造圆柱形坯料则变形力很大，特别是对于带齿的精密锻造，如果坯料体积稍大，形成"闷锻"，模具上的牙齿很易损坏。为了减少成形力通常采用带分流面锻造，可以使用环形坯料和孔板锻造方法。图 6-152 所示为用环形坯料锻造带齿的齿轮坯示意图。图中冲头及模圈均带齿形，坯料为具有内孔的环形坯料。当冲头下移时坯料沿径向流动，大部分金属外流充填模圈的内齿，形成齿坯的外齿，少量金属向内流动，使内孔直径减小，且内孔最后加工成轴孔。这时的变形属于环形件压缩，压力的峰值处于金属内外流的分流面上。如果采用圆柱形坯料在平模间压缩，压力的峰值处于坯料中心，其数值远高于圆环坯料的压缩，采用环形坯料锻造带齿的齿轮坯的另一重要优点是当下料尺寸出现波动时，可以通过流入内孔金属的多少来调节。

图 6-153 所示为用带孔模板锻造齿轮坯示意图，此时冲头及模圈也均带齿形，但坯料为实心圆饼状。当冲头下移压缩坯料时，坯料沿径向流动，大部分金属外流充填模圈的内齿，形成齿坯的外齿，部分金属内流入模板的内孔中，但此时的流动阻力比用环形坯料锻造带齿的齿轮坯大，分流面也偏内侧，这种成形方法同样可以起到调节金属由于下料尺寸波动的作用。

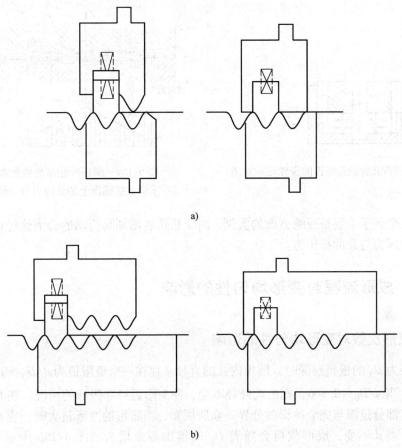

图 6-151　不同的弯曲形式

a）单冲头弯曲　b）多冲头弯曲

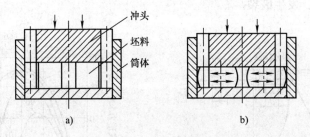

图 6-152　用环形坯料锻造带齿的齿轮坯示意图

a）锻造前 b）锻造后

人为地设置分流槽是锻造薄辐叶轮的一项重大革新，某厂在锻造大直径薄辐叶轮时受到设备能力的限制，通过采用分流槽使薄件的锻造力下降而成功地锻出满足设计要求的锻件。图 6-154 所示为薄辐叶轮的分流锻造示意图，图中左半侧为常规锻造方法的模具型腔和压力分布图，图中右半侧为带分流槽时锻造的模具型腔和压力分布图。由图可见，右侧的单位压力及总压力要比左侧的小很多，锻锤打击次数可节约一半以上，且锻件质量可以下降 10% ~ 14%，原因是分流锻造时面积很大的辐板厚度可减薄很多。

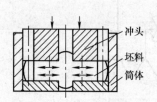

图 6-153　用带孔板锻造带齿的齿轮坯示意图

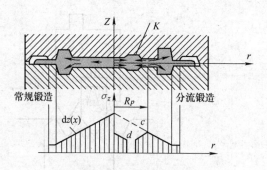

图 6-154　薄辐叶轮常规锻造和分流
锻造接触面上的正应力分布情况

　　以上几个例子主要是压缩方面的实例，对于挤压若增加易流动的分流途经也同样会大幅度降低单位压力与总的挤压力。

6.7　成形流程对变形均匀性的影响

6.7.1　成形次数对变形均匀性的影响

　　用直径为 D_0 的板料拉深时，凹模内孔的直径 d 存在一个极限值为 $d/D_0 \geq 0.366$（或 $D_0/d \leq 2.73$）。当 $d/D_0 \leq 0.366$，则出现外径不变，冲头附近局部胀形的情况。图 6-155 所示为局部胀形、部分拉深与完全拉深的分界。众所周知，当胀形的变形量大时，应变集中，厚度减薄严重。当 d 不变，成形载荷会随着 D_0 的增加逐渐增大。图 6-156 所示为不同直径、1.5mm 厚的黄铜 C27400 板材在直径 50mm 冲头作用下的拉深载荷曲线，图中的数字是板坯的直径。由图可知，随着板坯直径的增加，成形力逐渐增大，当板坯直径为 112mm 时，筒形件底部减薄量大，发生破裂。

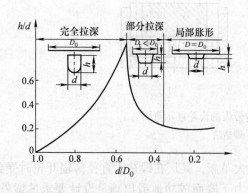

图 6-155　局部胀形与拉深的分界

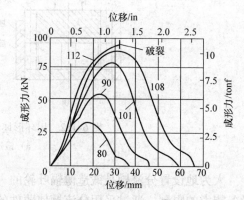

图 6-156　不同黄铜板坯直径对拉深载荷的影响

　　图 6-157 所示为一个带法兰边（直径为 76mm）的筒形件（直径为 30mm）成形工序，如果用直径为 115mm 的坯料直接冲压，则 $d/D_0 = 0.26 < 0.366$，成形为局部胀形，且胀形区域的深度很大，为 60mm，因此，胀形中筒形件底部肯定会破裂，但采用五个工序分步拉

深成形的方法就可以生产出壁厚比较均匀的工件。

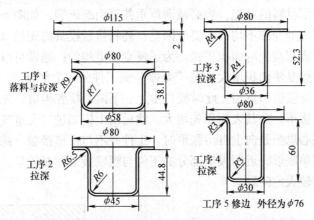

图6-157 带法兰筒形件的四道次拉深工序图

6.7.2 成形顺序对变形均匀性的影响

成形过程中的顺序会对工件变形产生影响，合理的成形顺序不仅能保证工件成形的顺利进行，还能获得变形均匀性高的工件。例如，图6-158所示为油封的内夹圈和外夹圈的零件图，两个零件外形相同，只是直边的高度不同，内夹圈为8.5mm，外夹圈为13.5mm，成形板材为厚度0.8mm的08钢。内夹圈的高度低，翻边系数为0.8，可以直接翻边成形。而外夹圈的高度大，翻边系数只有0.68，超过了圆孔翻边的极限变形程度，直接翻边无法成形，因此，在翻边工艺前加入了拉深工序，先成形出一定高度的凸台，降低了后续翻边工艺的翻边高度，保证了工件的顺利成形。因此，在进行金属成形前，先要通过理论计算或者有限元分析，从而确定变形顺序。

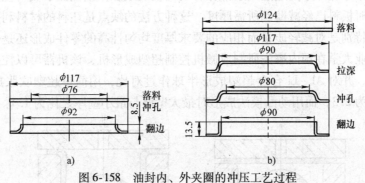

图6-158 油封内、外夹圈的冲压工艺过程

a）油封内夹圈 b）油封外夹圈

由于超塑性成形是典型拉伸很长的伸长率，因此壁厚不均匀性的可能性很大，因此，对于厚度的控制非常重要。超塑性成形中对于壁厚的控制方法主要是：采用摩擦因子m值高的超塑性材料，提高表面润滑，优化模具或零件形状来避免局部应力集中，采用类似塑料热塑性成形方法来控制局部减薄。热塑性成形时坯料的面积远小于工件面积，是一个增大面积的成形方法。通常各部位接触模具的部位是有先后顺序的，先是靠近凹模口部的坯料与模具的侧壁接触，一旦接触后在胀形内压作用下侧壁的摩擦力很大，坯料几乎与凹模侧壁黏着。坯料继续下行，厚度继续减薄，当盆底中部模具与坯料接触后，该处坯料又被黏着，此时仅

底部的圆角部分仍然未接触，该处的坯料在更大的气压下使坯料充填凹模圆角，由于应变集中，得不到侧壁及底部材料的补充，势必减薄严重甚至引起破裂，如图 6-159 所示。这种简单吹胀法造成凹模圆角处变形不均的主要原因是：坯料接触模具的先后顺序差别较大，导致后贴模的少量坯料完成相当大的面积扩张。为了使变形更均匀，通常可以采用反胀法和动凸模吹胀法，其核心思想是使面积增大首先"分摊"到工件的各个部分。

图 6-160 所示为反胀法示意图。此时模具由上、下两个模腔构成，先由下模中的气孔进气，使毛坯向上自由胀形，令其表面积先增大，然后由上模的进气孔进气将工件向下吹胀直至贴模。反胀法的核心思想是向上自由胀形时，工件并不与模壁接触，此时工件先整体较均匀变薄，这可避免简单胀形时近凹模口部分的工件与模壁接触相对较早，进而造成该处厚度大，导致工件壁厚差较大的问题。

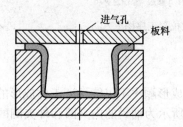 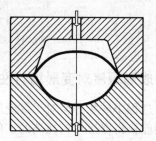

图 6-159　气压成形后的壁厚分布示意图　　　　图 6-160　反胀法示意图

对于半球形零件，若按简单吹胀法，半球的底部是最后接触模具的部位，该处最薄。图 6-161 所示为动凸模吹胀法示意图。即吹胀的同时凸模顶部（相当于半球件的底部）与板料先接触，然后沿半球面下移，半球件的口部最后接触坯料。这种变形顺序与简单的吹胀法正相反。为了不使半球底部厚度超过其余部分，动凸模的最上位置也低于板料位置，即在板料接触动凸模上方时板料已经减薄到所需厚度。这种方法的缺点是坯料的材料利用率较低，但对于重要零件，特别是对减轻质量而相应的要求厚度均匀性高的零件成形还是一种重要成形途径。哈尔滨工业大学在国内率先研制成微机控制超塑成形机，该机器可以控制温度、气压及动凸模的行程，并对 Al－Li 合金超塑成形半球作过对比，用简单超塑吹胀成形最大壁厚与最小壁厚之比为 2.3，而用动凸模法成形时最大壁厚与最小壁厚之比为 1.1。

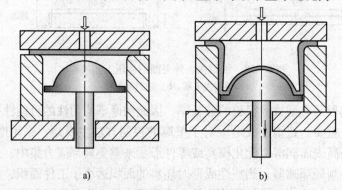

图 6-161　动凸模吹胀法示意图

a）气胀前　b）气胀后

图 6-162 所示为采用凸、凹动模具超塑成形筒形件的过程。由图可知，超塑性坯料上部受内压，先从上向下胀形，坯料和动模具接触的同时模具向下缓慢运行，直到动模具运行到一定程度停止。然后，去除超塑性坯料上部压强，在其下部施加压强，坯料向上变形然后和圆筒形模具型腔贴合。坯料和动模具贴合向下运动可增大坯料的表面积，减少成形筒形件的壁厚减薄率。Zn – 22Al – 0. 15Cu 在 250℃ 下采用凸、凹动模具超塑成形出筒形件的壁厚分布如图 6-163 所示，由图可知采用动凸模筒形件底部中间厚度最大为 0. 54mm，底部壁厚差达到 0. 32mm。侧壁厚度差达到 0. 26mm。相同情况下采用凹动模具成形出的筒形件壁厚分布较均匀，筒形件底部厚度最大为 0. 2mm，底部厚度差为 0. 07mm，侧壁厚度差为 0. 14mm。

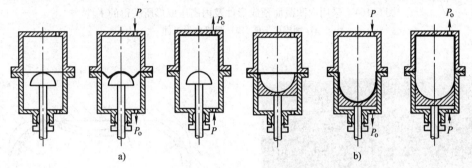

图 6-162　采用动模具超塑性成形筒形件的过程

a）采用凸动模具　b）采用凹动模具

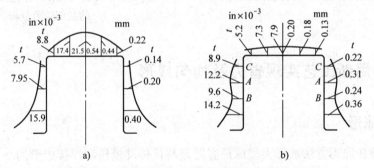

图 6-163　采用动模具超塑性成形筒形件的壁厚分布

a）采用凸动模具　b）采用凹动模具

6.7.3　采用合理预成形工艺实现均匀成形

在金属成形中，采用合理的预成形方案是获得高质量零件的关键。例如，在内高压成形中为了成形具有小圆角特征的零件，可以先预制备出花形凹陷的管件，如图 6-164 所示，然后再用该预成形管坯进行终成形，获得带四个直角的工件。但如果不采用预成形工艺，在模具内直接胀形管件，所得到的工件形状如图 6-165 所示，由该图可见，此时所成形出的圆角半径较大，如继续增大内压，圆角进一步胀形将发生剧烈减薄，但无法获得小圆角特征零件。这是由于采用内凹的预成形坯可促使金属向圆角部位流动，实质上是改变了受力方式或改变了成形机制，即"以推代胀"，可以实现在较低的内压力下制成成形工件。其工作原理如图 6-166 所示，该图形象地显示了内凹的工件在内压作用下，中部将被展平贴模，与此同时，产生推力将近圆角处的金属推向圆角，实现"以推代胀"方式充填圆角，此时所需压力比单纯胀形要小。

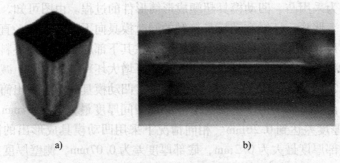

a)　　　　　　　　　　　　　　　b)

图 6-164　采用内凹截面预成形件及内高压成形所获得的工件
a) 预成形工件　b) 最终成形工件

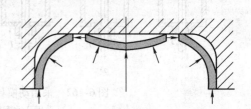

图 6-165　采用圆管直接胀形时得到的工件形状　　　图 6-166　内凹预制坯内高压成形开始时
　　　　　　　　　　　　　　　　　　　　　　　　　　　　　　　的截面受力分析

6.8　采用新工艺实现省力及均匀成形

6.8.1　液压胀形

采用无模液压胀形方法成形大型球形容器是替代传动模压和焊接成形的一种很好的省力成形方法。该方法是由王仲仁教授于 1985 年发明的，并已经在液化气球形贮罐、球形水塔和大型建筑装饰制造等领域得到了应用。用无模液压胀形法制造球形容器的主要工序流程如图 6-167 所示。液压胀球后无损检测仍然是需要的。

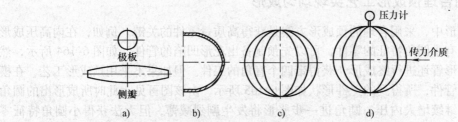

图 6-167　用无模液压胀形法制造球形容器的主要工序流程
a) 下料　b) 弯卷　c) 组装焊接　d) 液压胀形

采用无模液压胀形法制造球形容器的主要优点如下：

1）不用压力机，初投资少。

2）不用模具，成本低，生产周期短。

3）产品成形更容易。

4）不需要打压试验，因为球壳胀形压力远超过压力试验的数值。

图 6-168 所示为用无模液压胀形法制成的 $300m^3$ 球形贮水罐。该罐体的直径为 8.6m，所用材料为厚 6mm 的 Q235 钢板。

图 6-168　$300m^3$ 球形贮水罐（直径 8.6m，壁厚 6mm，Q235）

液压胀形中，作用于球壳内的压力是由液压泵供给的，如图 6-169 所示。被加压的液体送入密闭容器中后，随着液体压力逐渐增大，壳体由弹性变形逐步过渡到塑性变形，实现无模成形。

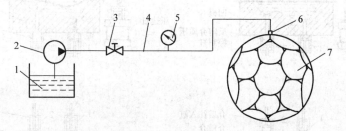

图 6-169　充液加载系统简图
1—水箱　2—压力泵　3—闸阀　4—管道　5—压力表　6—液体入口　7—被胀形壳体

液压胀形球壳成形所需压力仅与板厚及直径有关。液体压力 p 计算公式为

$$p = \frac{4tY}{d} \tag{6-68}$$

式中　p——液体压力（MPa）；

　　　t——板厚（mm）；

　　　Y——材料流动应力（MPa）；

　　　d——球壳直径（mm）。

由式（6-68）可见，壳体胀形压力随着板壳厚度增大而增高，随着直径增大而下降，

即随 d/t 增大而下降。从数量级上看，液压胀形时单位面积上的作用力远远低于材料的流动应力 Y，即 $p \ll Y$。因此，其成形所施加的载荷要比模压时作用在工件表面的压力小很多，并且球壳在相同内压力作用下胀形，壁厚分布均匀。

图 6-170 所示为直径 2m、厚度 2mm 的低碳钢 St13 篮球壳体胀形后壁厚减薄率的分布情况。由图可知，球壳整体厚度分布均匀，极板处最大减薄率约为 1.9%，赤道带瓣中心减薄率约为 0.73%。

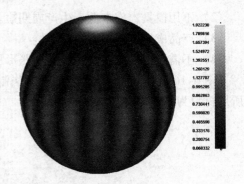

图 6-170　篮球壳体胀形后壁厚减薄率分布

6.8.2　粘性介质成形

粘性介质成形（Viscous Pressure Forming，VPF）过程如图 6-171 所示，将坯料置于凹模型腔上，粘性介质置于坯料的两侧（或某一侧），使之充满型腔，闭合型腔、压紧压边圈（见图 6-171a）；以一定的速度推动主动活塞内（上活塞）的粘性介质，同时推动粘性介质向上运动，以保证此段附近深处的板材下表面产生一定的压力使之暂缓变形，右模腔较深处先产生较大的变形，使该处的粘性介质排出（见图 6-171b）；当板材变形近似凹模的形状时降低浅模处活塞缸内的压力，使粘性介质同时排出（见图 6-171c）；继续推动活塞，使板材最终变形贴模，获得精确而满意的形状（见图 6-171d）。

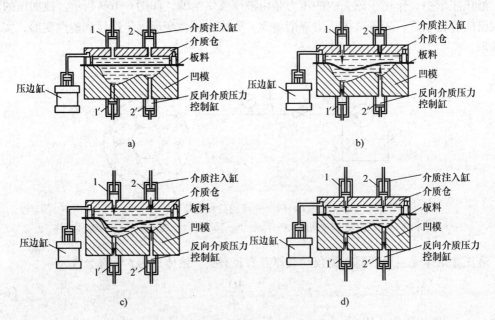

图 6-171　粘性介质成形过程
a）成形初始状态　b）、c）成形中间状态　d）成形结束状态

粘性介质成形过程中，板材不但受到沿表面法线方向粘性介质的正压力作用，还受到切向粘性介质的粘着力作用。该粘着力作用方向为粘性介质流动方向，对板材成形来说是在有

利的摩擦力作用下变形，因此可以提高板材的成形极限，减缓板材壁厚减薄和局部失稳。锥形件成形过程中粘着力作用如图 6-172 所示。

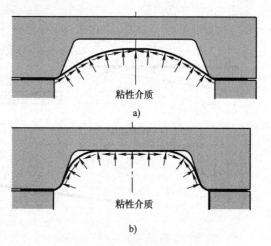

图 6-172　粘着力对成形的影响
a）胀形阶段　b）模具圆角充填阶段

对粘性介质成形壁厚均匀性进行分析，针对同一个板材零件采用刚性冲头和粘性介质成形两种成形方法进行有限元模拟，并对比成形后工件的壁厚变化情况。图 6-173 所示为零件用刚性凸模成形及用粘性介质成形的有限元模型。由图 6-174 可见，板材在刚性冲头成形过程中，只有局部和冲头或模具接触，在变形中期工件局部已出现减薄，后期减薄更严重。

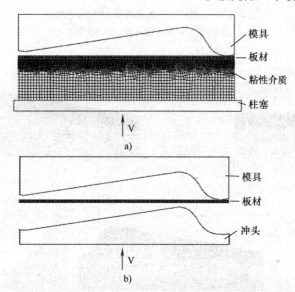

图 6-173　粘性介质成形与刚性冲头成形的有限元模型
a）粘性介质成形　b）刚性冲头成形

图 6-175 所示为粘性介质成形时板材的变形情况。由图可知，板料在整个成形过程中厚度较均匀，无局部严重变薄现象。原因是粘性介质具有应变速率敏感性，随着应变速率增加，其流动应力也相应增高，且它与工件之间的粘着力较大，一旦某处应变集中，出现局部变薄，即在该处应变速率迅速提高，相应地粘性介质也被"强化"，将牵制板料局部变薄，对应变集中起延缓作用。

6.8.3　板材/体积复合成形工艺

质量小且强度高零件的需求增加促使了新成形工艺的发展，其中，采用体积成形的方法对板料进行成形就是一种新的成形工艺。板材/体积复合成形是指在板材成形中具有体积成

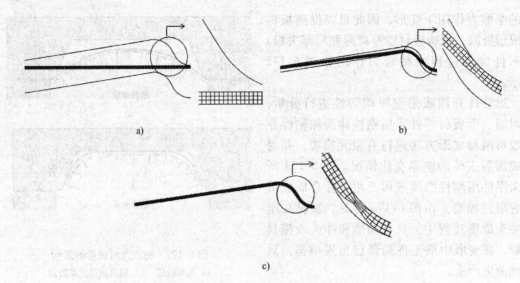

图 6-174　刚性冲头成形时板材的变形情况

a）成形初期　b）成形中期　c）成形终了

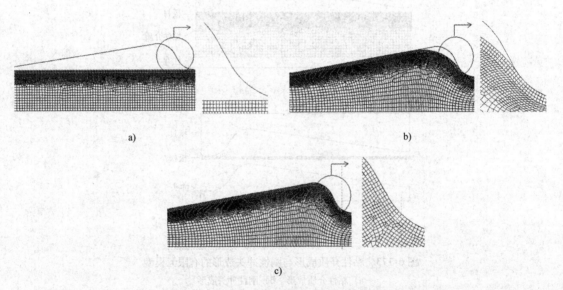

图 6-175　粘性介质成形时板材的变形情况

a）成形初期　b）成形中期　c）成形终了

形特征的三维金属流动。板材/体积复合成形工艺包括几种典型的板材和体积成形工艺，并且成形坯料为板材，其典型厚度为 1～5mm。大多数板材/体积成形的目的是对板材局部进行成形，成形后板材的厚度和原始板厚之间无显著变化。成形用模具可直线运动，也可旋转运动。

1. 板材镦粗成形

在筒形件拉深成形中底部圆角部位厚度减薄率大，使其强度下降。为了实现对拉深件圆角部位厚度的补偿，可采用两步成形的方法实现筒形件拉深。首先采用镦粗成形方法制备出圆角部位较厚的板材坯料，然后使用该坯料拉深出符合要求的零件。为了使板材局部增厚，可将圆形板材的增厚部位先拉深出环形凹陷，再用模具将该凹陷部位压平，这样就实现了板材局部的镦粗增厚。采用该方法可以使 1.6mm 厚的低碳钢板材局部环向增厚 12%，使 1.4mm 厚的高强度板材局部厚度增加 8.2%。

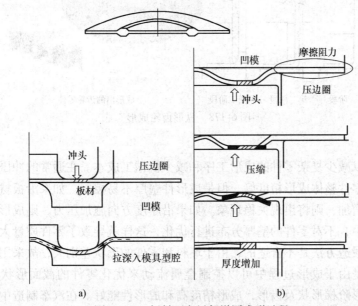

图 6-176　板材环向局部增厚成形过程

a）拉深　b）压缩

用在联轴器及汽车变速器中的鼓形齿轮可使用板材/体积复合成形，由于在该零件拉深成形中底部周边齿形的尖角部位减薄严重，因此在拉深前对板材坯料进行镦粗，使其中部壁厚薄，外侧壁厚大。在拉深过程中由于外侧壁厚较厚，金属变形为拉深与减薄拉深的复合成形，坯料位于拉深件底部周边厚度增加，于是可成形出满足要求的鼓形齿轮，如图 6-177 所示。

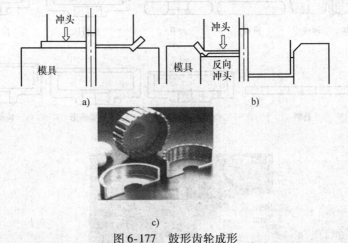

图 6-177　鼓形齿轮成形

a）压缩　b）拉深及减薄拉深　c）工件

同样在成形盘形齿轮时，为了增加齿部厚度，可采用局部镦粗的方法。首先对圆形坯料的外侧齿部进行翻边，然后用冲头将弯曲的齿部板材进行压缩，使其充填模具型腔，成形出齿形，这样即可获得齿部较厚的盘形齿轮，如图 6-178 所示。

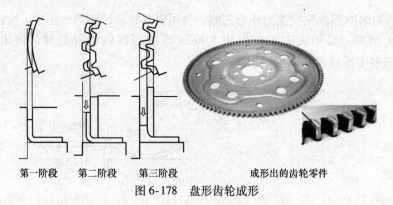

第一阶段　　第二阶段　　第三阶段　　　　　成形出的齿轮零件

图 6-178　盘形齿轮成形

2. 板材锻造

板材锻造可以减少复杂零件的成形工序和减少机械工成本。在通常的冲压过程中，板材主要承受拉力，零件整体成形精度好，但是成形件壁厚不易控制。如果沿板材长度方向施加压力，使其厚度增加，则将出现失稳现象。如果沿厚度方向施加压力，则成形载荷将显著增大。在产品设计中，不对零件的壁厚分布进行优化，这样就导致了零件质量太大。对于杯形件的成形，采用锻造方法是不合适的，由于坯料和零件的形状差别大，故采用板材锻造的方法比较合适。这是由于成形过程中可以控制金属流动来优化零件的截面形状，成形工序较少，并且也可成形阶梯形状及齿形，成形精度高和成形性能好。在汽车制造中板材锻造方法的使用正逐渐增加，它可以取代锻造、粉末冶金和铸造。图 6-179 所示为采用体积成形和板材锻造成形制造内齿圈件的流程对比，由图可知，采用体积成形坯料到零件的形状变化显著，而采用板材锻造成形方法板料到零件的形状变化不明显，这说明后一种方法金属的变形程度比前一种方法的变形小。

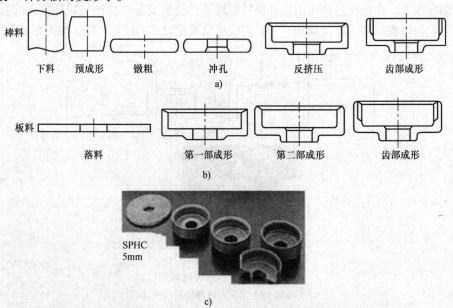

棒料　　下料　　预成形　　镦粗　　冲孔　　反挤压　　齿部成形
a)

板料　　落料　　第一部成形　　第二部成形　　齿部成形
b)

SPHC
5mm
c)

图 6-179　采用体积成形和板材锻造成形制造内齿圈件的流程
a) 体积成形　b) 板材锻造成形　c) 板材锻造成形出的零件

6.8.4 内高压省力成形方法

直轴线变径管件内高压成形的原理如图 6-180 所示。当管材放入模腔后上下模合紧，在轴向冲头内移的同时向管材内部施加液体，如图 6-180a 所示，在管端被密封后内压逐步增加，此时模腔内的管材直径增大，与此同时两端冲头实施轴向进给补料，以避免管壁严重减薄而导致破裂，此阶段称为成形阶段。成形阶段后期工件大部分（除圆角部分外）已经贴模，如图 6-180b 所示。最后的一个阶段是整形阶段，在此阶段冲头停止进给，内压继续增高直至圆角部分也贴模，如图 6-180c 所示。从横截面看可能有图 6-180d 所示的各种截面形状，这主要靠相应部位的模具形状保证。

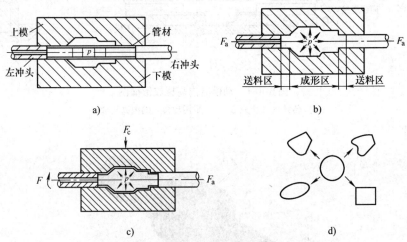

图 6-180 直轴线变径管件内高压成形的原理
a）初始阶段 b）成形阶段 c）整形阶段 b）截面变化

管材内高压成形所需的内压力是由制件最小曲率半径决定的。胀形所需压力随着管材厚度和其材料流动应力的增加而增加，随着圆角半径的增加而减小。当在管材给定的条件下，内高压所需成形的最小圆角半径决定了成形所需的压力。对于厚壁且直径较小的管材成形，即使内压很大，小圆角区域也达不到成形要求，且壁厚减薄显著。这是由于内高压成形过程中，由于内压作用（见图 6-181a），管材会不断胀大，模具和管材之间的摩擦会越来越大，阻碍了金属向圆角部位流动。为了解决该问题可以采用动模具结构，其原理如图 6-181b 所示。相对于传统的液压成形装置，其特点主要是在传统内高压成形装置两端冲头各套了一个动模具，成形过程中除了两端冲头实施轴向进给外，两端的动模具也将给予材料轴向进给。在动模具和上下模具之间给定一个合理的初始间隙 u，用来减少成形过程中模具间的摩擦阻力。尤其是在成形最后阶段，动模具的持续轴向运动将有助于阶梯管的小圆角部位成形。

对于图 6-182 所示偏心轴零件的内高压成形中，采用动模具技术可显著降低成形内压力及合模力。偏心曲轴材料为 St16 钢，管坯的外径和壁厚分别为 40mm 和 3.5mm，成形后的最大外径是 68mm，凸轮轴的偏心是 4mm，通过计算得到胀形率为 70%。

传统内高压成形模拟过程中使用的加载路径如图 6-183 所示。模拟过程由三个阶段组成：第 Ⅰ 阶段，主要是内压增大到成形压力 47MPa，同时伴随小量轴向进给以保证密封；第 Ⅱ 阶段，保持成形压力 47MPa 大小不变，在管件不产生缺陷的情况下推动冲头实施轴向补

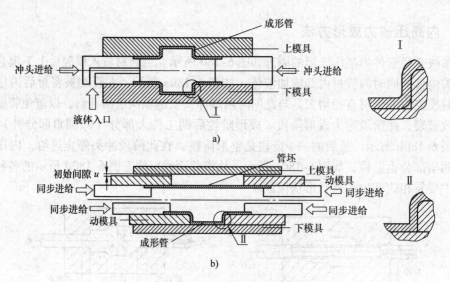

图 6-181　动模具内高压成形简图

a) 传统内高压成形　b) 采用动模具的内高压成形

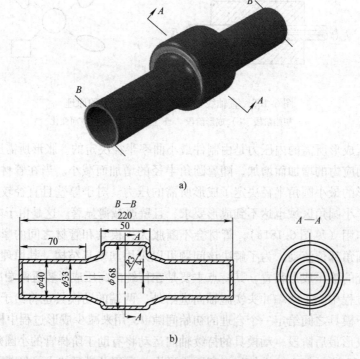

图 6-182　偏心轴零件

料；第Ⅲ阶段，为了实现圆角部位的较好成形，这一阶段使用快速增长的内压，使其最终达到 180MPa 并保压一段时间。整个成形过程中给定的总进给量为 23.5mm。

采用动模具的内高压成形模拟中使用的加载路径如图 6-184 所示。该成形过程也可划分成三个阶段：第Ⅰ阶段，主要是内压增大到成形压力 44MPa，同时伴随一定轴向进给以保证密封；第Ⅱ阶段，保持成形压力 44MPa 大小不变，在管件不产生缺陷的情况下推动冲头和动模具实施更多的轴向补料；第Ⅲ阶段，继续保持成形压力大小不变，动模具和冲头继续进行轴向进给实现圆角部位的较好成形，这一阶段有别于传统工艺靠采用快速增加的内压来成形圆角部位，冲头和动模具的总位移为 30mm。

从两种工艺模拟所加载的情况来看，可以发现新工艺所采用的最大内压远低于传统工艺加载的最大内压，相比传统工艺最大内压值降低了 75.6%，极大地降低了液压成形设备的公称压力，对实际生产具有很好的借鉴意义。

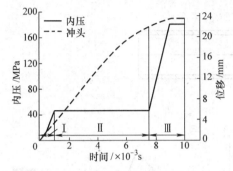 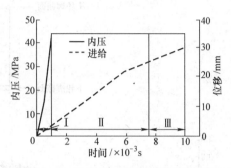

图 6-183　传统内高压成形加载路径　　　　　图 6-184　动模具内高压成形加载路径

图 6-185 和图 6-186 分别给出了采用动模具的内高压成形与传统内高压成形管材变形过程。经比较可发现，在第Ⅱ阶段由于动模具和冲头同时轴向材料进给，管材的流动情况比传统内高压成形好。到了第Ⅲ阶段，传统内高压成形采用增大的内压来成形圆角，从图中可以看出圆角部位半径较大，而采用动模具后，动模具沿轴向的运动，会推动金属向小圆角部位流动，从而促进了圆角部位的成形。

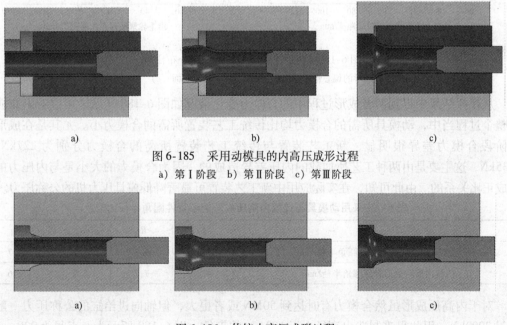

图 6-185　采用动模具的内高压成形过程
a）第Ⅰ阶段　b）第Ⅱ阶段　c）第Ⅲ阶段

图 6-186　传统内高压成形过程
a）第Ⅰ阶段　b）第Ⅱ阶段　c）第Ⅲ阶段

最大偏心面处上轮廓截面和下轮廓截面的壁厚分布情况如图 6-187 所示。由图可知，动模具成形管件的上、下轮廓截面均具有较均匀的壁厚分布，最小壁厚出现在管件上轮廓截面中间部位处，值为 2.75mm，最大减薄率为 21.4%。而传统工艺壁厚分布很不均匀，在管件右端过渡区处材料累积较多，最大壁厚接近 3.9mm，说明传统工艺在成形过程中材料进给相对困难。同时，动模具成形的管件圆角半径较小，见表 6-7，最小半径与最大半径分别为 3.1mm 和 4.7mm，与所要求的圆角半径 4mm 很接近，实际中可以更好地保证发动机中偏心轴的使用要求。

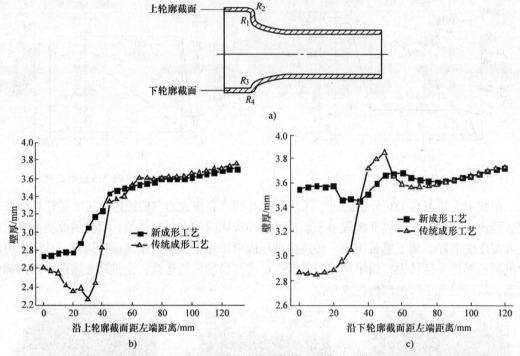

图 6-187　两种工艺成形管件壁厚分布比较

a）最终成形的偏心管件截面示意图　b）上轮廓截面　c）下轮廓截面

从模拟结果中得到两者成形过程中的合模力变化情况如图 6-188 所示。可以看出在成形的整个过程当中，动模具所需的合模力均比传统工艺装置所需的合模力小。尤其是在成形第Ⅲ阶段合模力差异很明显，新工艺装置与传统工艺装置所需的合模力分别为 227kN 和 1135kN，这主要是由两种工艺所加载的内压差异造成的，因为合模力的大小是与内压力的大小成正比关系的。由此可知，在实际应用中新工艺装置可显著降低模具压力机的公称压力。

表 6-7　采用动模具与传统内高压成形偏心管件圆角半径比较

	R_1	R_2	R_3	R_4
动模具内高压成形管件圆角半径/mm	3.2	5.3	3.1	4.7
传统内高压成形管件圆角半径/mm	4.2	7.2	5.0	8.6

对于内高压成形虽然合模力有时达到 50MN 或者更大，但轴向进给缸的公称压力一般不超过 2000kN，因此很难制造出直径大于 100mm 的工件。图 6-189 所示为一直径为 220mm 的不锈钢 Ω 接头内高压成形件，该件以往由管件焊接而成，因薄壁件焊接变形导致成形精度降

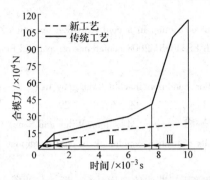

图 6-188　成形过程中合模力变化情况

图 6-189　不锈钢 Ω 接头

低。如果采用常规的内高压成形方法来设计模具，该零件成形难度很大，这是因为零件的直径大和成形压力高，于是进给缸的压力太大，超出设备许可范围。为了解决该问题使用了具有"省力柱"的内高压成形原理，如图 6-190 所示，成形过程中左右两个进给冲头互相结合构成"省力柱"，这样就会降低成形压力作用在进给缸方向上的面积，从而降低进给缸的压力。由于采用了这种方法，在实际的成形中轴向液压缸的进给力下降了 50% 多。

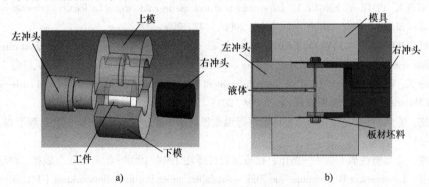

图 6-190　不锈钢 Ω 接头进给缸省力原理

参 考 文 献

[1] 国家自然科学基金委员会. 机械工程学科发展战略报告 [M]. 北京：科学出版社，2010.

[2] 王仲仁，张琦. 省力与近均匀成形原理及应用 [M]. 北京：高等教育出版社，2010.

[3] 王仲仁. 塑性加工力学基础 [M]. 北京：国防工业出版社，1989.

[4] 王仲仁，苑世剑，胡连喜，等. 弹性与塑性力学基础 [M]. 哈尔滨：哈尔滨工业大学出版社，2007.

[5] 苑世剑. 现代液压成形技术 [M]. 北京：国防工业出版社，2009.

[6] 王仲仁. 锻压手册：第 1 卷 [M].2 版. 北京：机械工业出版社 2004.

[7] 中国机械工程学会塑性工程学会. 锻压手册：锻造卷 [M].3 版. 北京：机械工业出版社，2008.

[8] ASM handbook committee. Metals handbook Vol. 6：Forging and casting [M]. 8th ed. American Society for Metals, Metala Park, Ohio, 1970.

[9] BAY N. The state of the art in cold forging lubrication [J]. Mater. Process. Technol, 1994, 46：19 – 40.

[10] PETERSEN S B, MARTINS P A F, BAY N. Friction in bulk metal forming：a general friction model vs. the law of constant friction [J]. Mater. Process. Technol, 1997, 66：186 – 194.

[11] TAN X. Comparisons of friction models in bulk metal forming [J]. Tribology International, 2002, 35：385 –

393.

[12] ZHANG Q, ARENTOF M, BRUSCHI S, et al Measurement of friction in a cold extrusion operation [C]/ Study by numerical simulation of four friction tests, Proc 11th ESAFORM2008 conference on material forming. Lyon, France, 2008.

[13] ZHANG Q, FELDER E, BRUSCHI S. Evaluation of friction condition in cold forging by using T – shape compression test [J]. Journal of materials processing technology, 2009, 209: 5720 – 5729.

[14] WAGONER R H, CHENOT Jean – Loup. Fundamentals of metal forming [M]. John Wiley and Sons, 1996.

[15] ZHANG Q, ARENTOF M, BRUSCHI S, et al On the results of friction benchmark in cold conditions [J]. Steel Research International, 2008 (2): 781 – 788.

[16] 王家安，赵振铎，王加莲. 磷化 – 皂化处理在低碳钢冷挤压工艺中的应用 [J]. 锻造与冲压, 2005 (9): 54 – 56.

[17] ALTAN T, NAGILE G, SHEN G. Cold and hot forging [R]. Fundamentals And Applications, ASM International, 2004.

[18] 赵家昌，王仲仁. 热挤铝合金棒材挤压力的实验验证 [J]. 重型机械, 1982 (10): 61 – 65.

[19] GEIGER M, POPP U, ENGEL U. Excimer laser micro texturing of cold forging tool surfaces influence on tool life [J]. CIRP Annals – Manufacturing Technology, 2002, 51: 231 – 234.

[20] WAGNER K, PUTZ A, ENGEL U. Improvement of tool life in cold forging by locally optimized surfaces [J]. Journal of Materials Processing Technology, 2006, 177: 206 – 209.

[21] KOVALCHENKO A, AJAYI O, ERDEMIR A, et al. The effect of laser surface texturing on transitions in lubrication regimes during unidirectional sliding contact [J]. Tribology International, 2005, 38: 219 – 225.

[22] Wagner K, Völkl R, Engel U. Tool life enhancement in cold forging by locally optimized surfaces [J]. Journal of Materials Processing Technology, 2008, 201: 2 – 8.

[23] 孙志超，杨合，孙念光. 钛合金整体隔框等温成形局部加载分区研究 [J]. 塑性工程学报, 2009, 16: 138 – 143.

[24] 马怀宪. 金属塑性加工学——挤压、拉拔与管材冷轧 [M]. 北京: 冶金工业出版社, 2008.

[25] Blaha F, Langenecker B. Dehnung von Zink – Kristallen under Untraschalleinwirkung [J]. Die Naterwissenschaften, 1955, 42 (20): 556.

[26] 张士宏. 金属材料的超声塑性加工 [J]. 金属成形工艺. 1994, 12 (3): 102 – 106.

[27] 曹凤国. 超声加工技术 [M]. 北京: 化学工业出版社. 2005.

[28] Pasierb A, Wojnar A. An experimental investigation of deep – drawing and drawing process of thin – walled products with utilization of ultrasonic vibration [J]. Journal of Materials Processing Technology, 1992, 34: 489 – 494.

[29] FELSS. shortcut technologies. Axial forming. [2011 – 10 – 26]. http: //www. felss. com/topic/ axial – forming.

[30] Jimma Takashi, Kasuga Yukio. An application of ultrasonic vibration to the deep drawing process [J]. Journal of Materials Processing Technology, 1998, 80 – 81: 406 – 412.

[31] MORI K, MAENO T, BAKHSHI – JOOYBARI M, et al Measurement of friction force in free bulging pulsating hydroforming of tubes [J]. International Journal of Machine Tools and Manufacture, 2007, 47: 978 – 984.

[32] 王仲仁，苑世剑，曾元松. 无模胀球技术原理与应用 [J]. 机械工程学报, 1999, 35 (4): 64 – 66.

[33] 苑世剑. 16MnR 多面壳体胀球的塑性工艺及胀后安全性分析 [D]. 哈尔滨: 哈尔滨工业大学, 1992.

[34] E 翁克索夫，W 约翰逊，工藤英明. 金属塑性变形理论 [M]. 王仲仁，汪涛，贺毓辛，等译. 北京: 机械工业出版社, 1992 年.

[35] 王晓燕，郭鸿镇，袁士翀，等. 等温锻造温度对 TC18 钛合金组织性能的影响 [J]. 锻压技术, 2008,

33 (3): 8 - 11.

[36] 史科，单德彬，吕炎. TC11 钛合金叶轮等温锻造过程三维有限元模拟 [J]. 锻压技术，2008，33 (2): 19 - 22.

[37] Zhao Zhanglong, Guo Hongzhen, Wang Xiaochen, et al Deformation behavior of isothermally forged Ti - 5Al - 2Sn - 2Zr - 4Mo - 4Cr powder compact [J]. Journal of Materials Processing technology, 2009, 209: 5509 - 5513.

[38] Jackson M, Jones N. G, Dyeb D, et al Effect of initial microstructure on plastic flow behaviour during isothermal forging of Ti - 10V - 2Fe - 3Al [J]. Materials Science and Engineering A, 2009, 501: 248 - 254.

[39] Zhang Yanqiu, Shan Debin, Xu Fuchang. Flow lines control of disk structure with complex shape in isothermal precision forging. Journal of Materials processing Technology, 2009, 209: 745 - 753.

[40] 吴华英，王永信，肖春辉，等. 轿车门内板成形工艺参数敏感性分析 [J]. 锻压技术，2012，37: 38 - 41.

[41] 王忠金. 粘性介质压力成形技术（VPF）研究——王仲仁教授指导的学术新方向 [J]. 塑性工程学报，2004（11): 41 - 53.

[42] 杨海峰，王忠金，王仲仁. 粘性介质成形新工艺 [J]. 机械工程师，1999 (3): 15 - 15.

[43] Iseki H. A strain distribution analysis in multi - stage incremental forming of cylindrical cup with flange [C]. Proc. of 9th International Conference on Technology of Plasticity, Gyeongju, Korea, 2008: 675 - 680.

[44] 莫健华，刘杰，黄树槐. 金属板材数控单点渐进成形加工轨迹优化研究 [J]. 中国机械工程，2003，14 (24): 2138 - 2139.

[45] 王仲仁，董国庆，滕步刚，等. 多点"三明治"成形及其在风洞收缩段形体制造中的应用 [J]. 航空学报，2006，37: 989 - 992.

[46] Zhang Q, Dean T A, Wang Z R. Numerical simulation of deformation in multi - point sandwich forming [J]. International Journal of Machine Tools & Manufacture, 2006, 46: 699 - 707.

[47] Zhang Q, Wang Z R, Dean T A. Multi - point sandwich forming of a spherical sector with tool - shape compensation [J]. Journal of Materials Processing Technology, 2007, 194: 74 - 80.

[48] 张琦. 金属板材多点"三明治"成形的数值模拟及实验研究 [D]. 哈尔滨：哈尔滨工业大学，2007.

[49] 张琦，王仲仁，宋鹏，等. 马鞍形板材件多点"三明治"成形实验研究 [J]. 塑性工程学报，2007，14: 108 - 111.

[50] Zhang QI, Wu Chun - dong, Zhao Sheng dun. Less loading tube hydroforming technology on eccentric shaft part by using movable die [J]. MATERIALS TRANSACTIONS, 2012, 53: 820 - 825.

[51] 张琦. 碳纤维复合材料板热冲压成形试验研究 [J]. 机械工程学报，2012，48: 72 - 77.

[52] M Merklein, J M Allwood, B A Behrens, et al. Bulk forming of sheet metal [J]. CIRP Annals - Manufacturing Technology, 2012, 61: 725 - 745.

第7章 冲压设备

7.1 冲压设备的分类

用于冲压工艺过程的设备统称为冲压设备。冲压设备是为冲压工艺服务的。随着冲压工艺的需求变化和制造与控制技术的进步，冲压设备的设计技术也在不断地发展。

1. 按我国行业标准分类

按照国家行业标准 JB/T 9965—1999《锻压机械 型号编制方法》，锻压机械分为八类，其类别与类代号分别为机械压力机（J）、液压机（Y）、自动锻压机（Z）、锤（C）、锻机（D）、剪切机（Q）、弯曲校正机（W）和其他（T）。

通用锻压机械型号表示方法如图 7-1 所示。

图 7-1　通用锻压机械型号表示方法

其中，类代号用汉语拼音正楷大写字母表示。组、型（系列）代号，由两位阿拉伯数字表示，具体含义可查阅标准。主参数采用公称实际数值或实际数值的 1/10（仅限于公称力⊖kN 和公称能量 kJ）来表示。系列或产品重大结构变化代号，按变化顺序分别以正楷大写字母 A、B、C……表示。通用特性代号以汉语拼音正楷大写字母表示，分别为：数控（K）、自动（Z）、液压（Y）、气动（Q）、高速（G）。

例如，JA31—160B 表示经第一次重大结构改变的 1600kN 闭式单点压力机，J92K—25 表示 250kN 数控转塔压力机。

应该指出，对于国内较早生产和使用的通用类型的锻压机械，原则上按国家行业标准进行型号编制。但随着改革开放、市场经济和技术引进，在锻压机械的类别和型号编制方面已

⊖　JB/T 9965—1999 采用"公称力"，其他相关标准也作"公称压力"。

发生重大变化，需根据设备制造商提供的样本资料来加以确定。

2. 按冲压工艺分类

按照冲压工艺过程，冲压生产常用设备可分为以下类型：板材、型材预处理类；板材下料类；板材切割类；板材校平、加工类；板材冲压类；型材下料、校直类。其中，板材冲压类和板材切割类设备可视为冲压生产的主要设备，其余可视为次要设备，但这些设备都是不可或缺的。

板材冲压设备是通过模具对金属（或非金属）坯料、半成品料进行压力加工（分离和成形），使之成为所需工件或工序件的设备。板材切割设备是以高能束流对金属（或非金属）坯料、半成品料进行切割（分离），使之成为所需工件或工序件的设备。

冲压设备主要包括各类机械压力机，冲压液压机，数控冲、剪、折机床，开卷校平线和自动化装置等，而伺服驱动的机械压力机和液压机，正在逐渐成为板材冲压生产的新一代冲压设备。

7.2　曲柄压力机

7.2.1　概述

1. 曲柄压力机的工作原理与组成

曲柄压力机是冲压成形设备中最主要的设备，是一种由电动机驱动的机械传动式压力机。曲柄压力机有多种形式和规格，但其工作原理与基本组成部分是相同的。图7-2所示为开式曲柄压力机，图7-3所示为曲柄压力机传动原理图。通常情况下，曲柄压力机由六大部分组成。

图7-2　两级减速传动的工作台
可倾式开式曲柄压力机

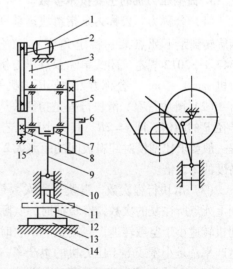

图7-3　三级传动的曲柄压力机传动原理图
1—电动机　2—小带轮　3—大带轮　4—小齿轮
5—大齿轮　6—离合器　7—曲轴　8—制动器
9—连杆　10—滑块　11—上模　12—下模
13—垫板　14—工作台

（1）工作机构　工作机构通常由曲柄、连杆和滑块组成，其作用是将曲柄的旋转运动变为滑块的往复运动。

（2）传动系统　传动系统通常由传动带、齿轮、离合器和制动器组成，通过传动带和齿轮传动将电动机的动能传递给工作机构。

（3）操纵系统　操纵系统通常是由离合器和制动器组成，其作用是在电动机经常开动、飞轮不断运转的条件下，控制工作机构的运动或停止。

（4）能源系统　包括电动机和飞轮两部分，其作用是提供压力机的标称能量。

（5）机身　机身的作用是将压力机的所有部分连接成一个整体，组成一台具有一定精度和刚度的完整机器。

（6）辅助及附属装置　一类是保证压力机正常运转的辅助装置，如电控系统、润滑系统、超载保护装置、滑块平衡装置等；另一类是方便工艺应用的附属装置，如顶件装置等。

2. 曲柄压力机的特点

（1）机械传动为刚性　曲柄压力机属于机械刚性传动，工作时机身形成一个封闭力系，对地面的冲击振动小；压力机所能承受的负荷（或工作能力）完全取决于所有受力零件的强度和刚度要求。

（2）运动规律严格　曲柄、连杆、滑块为刚性连接，滑块有严格的运动规律，有固定的下死点，因此，在曲柄压力机上便于实现机械化和自动化，生产效率高。

（3）机身刚度大、导向性能好　曲柄压力机的机身刚度大，滑块导向性能较好，冲压加工出的零件精度高，可以完成挤压、精压等精度较高的少无切削工艺。

（4）传动系统带有飞轮　曲柄压力机的传动系统带有飞轮。通常曲柄压力机承受的是短期高峰负荷，为提高工作的平稳性，降低电动机功率，减少对电网的冲击而设置飞轮。

3. 曲柄压力机的主要技术参数

（1）公称力　公称力是指滑块运动到距下死点前某一特定距离 s_P（公称力行程）或曲柄旋转到距下死点某一特定角度 α_P（公称力角）时，滑块上允许的最大作用力。JB/T 1647.1—2012 规定，闭式单、双点压力机的 $s_P = 3 \sim 15\text{mm}$。GB/T 14347—2009 规定开式压力机 $s_P = 1 \sim 3\text{mm}$。公称力为曲柄压力机的主参数。

（2）滑块行程　滑块行程是指滑块从上死点运动到下死点的距离。滑块行程 s 等于曲柄半径 R 的两倍，即 $s = 2R$。其大小随工艺用途和公称力的不同而不同。冲裁工序时的滑块行程一般要求比凹模对卸料板间的距离大 $2 \sim 3\text{mm}$，而拉深时的滑块行程一般不应小于拉深件高度的 2.5 倍。

（3）滑块行程次数　滑块行程次数是指滑块每分钟从上死点运动到下死点，然后再回到上死点所往复的次数。有负荷时，实际滑块行程次数小于空载次数，这是由于有负荷时电动机转速小于空载转速。自动上、下料时滑块的实际行程次数比手工上、下料时要高。实际生产率总是小于或等于压力机的生产率，这可由行程利用系数 C_n 表示。

（4）最大装模高度及装模高度调节量　装模高度是指滑块处于下死点时，滑块下表面到工作垫板上表面之间的距离 H（见图 7-4）。h 是指滑块处于下死点时，滑块下表面距离工作台面的距离。

当装模高度调整装置将滑块调整到最高位置时，装模高度达到最大值，称为最大装模高度 $H_{\max}$；反之，装模高度达到最小值，称为最小装模高度 $H_{\min}$。

装模高度调节量 ΔH 和封闭高度 Δh 是相等的，即

$$\Delta H = H_{\max} - H_{\min} = \Delta h = h_{\max} - h_{\min}$$

最大封闭高度和最大装模高度之间相差了一个工作台垫板的厚度 δ。由于曲柄压力机出厂时都带有工作垫板，所以最大装模高度和装模高度调节量，比最大封闭高度和封闭高度调节量更有用。

实际的模具闭合高度必须小于曲柄压力机的最大装模高度，否则会造成压力机损坏。而对于模具高度小于最小装模高度的情况，可在模具下增加垫板，使实际模具高度大于最小装模高度 $H_{\min}$。

此外其他基本参数，如工作台板尺寸、滑块底面尺寸、立柱间距离等，在设计和使用曲柄压力机时可查阅有关的手册及产品使用说明书。

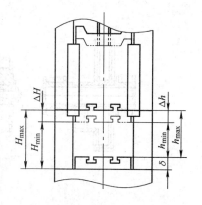

图 7-4　装模高度（封闭高度）及其调节量之间的关系

7.2.2　曲柄连杆滑块机构

1. 曲轴

（1）曲轴的结构形式及材料　曲轴（主轴）是曲柄压力机传递运动和动力的主要零件，它与滑块的行程和允许作用力有关。通用压力机的曲轴有四种基本形式，如图 7-5 和图 7-6 所示。

1）纯曲轴，如图 7-5a 所示。纯曲轴有两个对称的支承颈和一个曲柄颈，曲柄半径为 R，适用于滑块行程较大的压力机。按曲柄数目不同，又可分为单曲柄式和双曲柄式，后者适用于工作台面较大的压力机，如双点或四点压力机。纯曲轴的曲柄直径较小，传动效率高，广泛用于中小型压力机。

2）偏心轴，如图 7-5b 所示。曲柄颈短而粗，支座间距小，刚性好。缺点是偏心直径大，摩擦损耗多，制造困难。适用于行程小的压力机。该曲轴形式广泛用于热模锻压力机上。

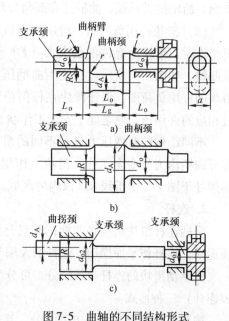

图 7-5　曲轴的不同结构形式
a）纯曲轴　b）偏心轴　c）曲拐轴

3）曲拐轴，如图 7-5c 所示。由于曲拐颈在轴的一端形成悬臂，故刚性较差，随着曲柄半径 R 的增大，摩擦损耗增大，但结构简单、易于制造、维修方便，适用于小行程的开式压力机，并且曲拐轴轴线垂直于机身正面，为纵向放置。

4）偏心齿轮和心轴，如图 7-6 所示。偏心齿轮通过心轴安装在机身上，心轴与大齿轮同心，大齿轮旋转起曲柄作用。偏心距等于曲柄半径。图 7-6 所示的三种不同的偏心齿轮和心轴结构，适合用于中大型板料成形的压力机，心轴在压力机工作时不传递转矩，仅承受弯矩作用，故心轴的受力情况有所改善。

5）曲柄压力机的曲轴结构尺寸较大，工作时承受巨大冲击力与高频疲劳载荷，一般用

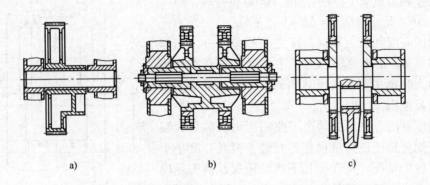

图 7-6　偏心齿轮与心轴复合而成的曲轴

a) 普通心轴　b) 组合整体细心轴　c) 两半悬臂心轴

45 钢锻造而成, 大型曲柄压力机的曲轴用合金钢 (如 40Cr、40CrMnMo) 锻造而成, 碳钢的锻造比为 2.5~3.0, 合金钢的锻造比大于 3.0。曲轴锻件在粗加工后调质处理并进行超声波检测。曲轴的支承颈、曲柄颈和圆角处均应进行磨光、滚压强化, 以提高使用寿命。

　　(2) 滑块许用负荷图　滑块许用负荷图是指曲柄压力机工作时, 滑块上允许的最大力 [F] 与曲柄转角 α 的关系曲线, 如图 7-7 所示。在使用曲柄压力机时, 需要了解滑块的许用负荷图, 保证滑块在任何位置上的作用力不超过相应的许用值, 使之处于安全工作状态。

　　不同结构的曲柄压力机有不同的滑块许用负荷图。要保证曲柄压力机安全工作, 滑块上作用的工件变形抗力 F 必须处于图 7-7 中折线 acd 以内的区域。

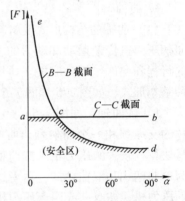

图 7-7　滑块许用负荷图

2. 连杆

　　曲柄连杆滑块机构将曲柄的旋转运动转换成滑块的直线运动, 连杆作平面摆动。连杆的大端与曲轴铰接, 小端与滑块铰接。

　　按驱动滑块的连杆个数划分, 可分为单点 (一根连杆)、双点 (两根连杆)、四点 (四根连杆) 三种形式。

　　按装模高度 H 的调节方式划分, 连杆可分为长度可调节和不可调节两种结构形式。

　　(1) 长度可调节的连杆　连杆长度是指连杆大小端铰接中心之间的长度。图 7-8 所示为长度可调节连杆结构。

　　该连杆由连杆体和调节螺杆组成。调节螺杆下端用球头 (见图 7-8a) 或柱销 (见图 7-8b) 与滑块连接。图 7-8 中的两种连杆结构均采用手动方式来调节装模高度。

　　对于大型压力机, 由于滑块尺寸大、质量大, 通常采用图 7-9 所示的蜗杆或齿轮机构进行装模高度的机动调节。

　　(2) 长度不可调节的连杆　为了保证连杆有足够的强度、刚度和尺寸精度, 受力较大的大中型曲柄压力机多采用长度不可调节的连杆, 如图 7-10、图 7-11 所示。

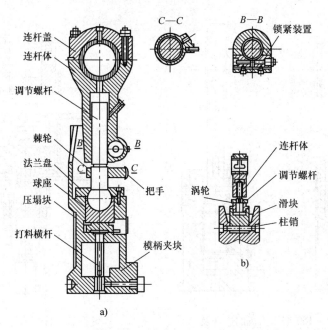

图 7-8 长度可调节的连杆结构

a) 球头式 b) 柱销式

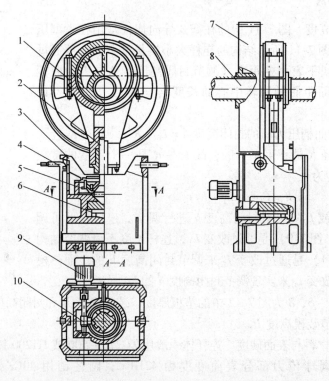

图 7-9 J31-315 型机械压力机连杆长度调节装置

1—连杆体 2—调节螺杆 3—滑块 4—拨块 5—蜗轮 6—过载保护装置 7—偏心齿轮
8—心轴 9—调模电动机 10—蜗杆

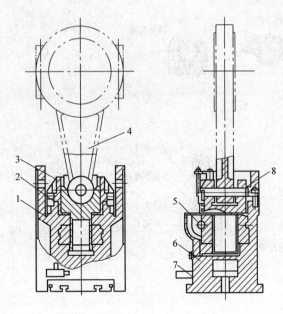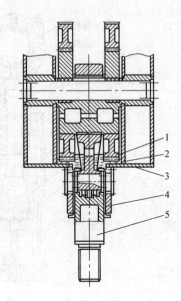

图 7-10　JA31-160 型压力机的连杆及
装模高度调节装置

1—蜗轮　2—调节螺杆　3—导套　4—连杆
5—蜗杆　6—滑块　7—顶料杆　8—连杆销

图 7-11　柱塞式导向连杆及装模
高度调节装置

1—偏心齿轮　2—连杆　3—上横梁
4—导套　5—调节螺杆

（3）调节装模高度　图 7-11 中的柱塞式导向连杆常用在大型压力机上。图 7-10、图 7-11 所示结构的连杆大小端长度不变，可通过调节连杆小端与滑块下表面的距离来调节封闭高度。这是因为曲柄压力机工作台上表面距曲轴回转中心的长度 L_0 = 常数，如图 7-12所示。

由图 7-12 可知曲柄压力机的封闭高度 $h = L_0 - R - (L_1 + L_2)$。

通常，曲柄半径 R 是不可调节的，故 $L_0 - R$ 是一个不变的常数 C。因此，封闭高度为

$$h = C - (L_1 - L_2)$$

显然，改变 L_1 或 L_2 均可对封闭高度 h 进行调节。连杆长度可调节结构（见图 7-8、图 7-9）是通过改变 L_1，连杆长度不可调节结构（见图 7-10、图 7-11）是通过改变 L_2 来调节封闭高度 h 的。而热模锻压力机则是通过改变 L_0 来实现调节封闭高度 h 的。

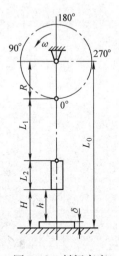

图 7-12　封闭高度

装模高度 $H = h - \delta$，δ 为图 7-12 中的垫板厚度，装模高度 H 和封闭高度 h 相差 δ。调节封闭高度 h 即是调节装模高度 H。

（4）连杆等的材料与表面硬度　连杆体一般用 ZG270-500 或 HT200 铸成，调节螺杆一般用 45 钢锻成，圆球传力部分表面硬度为 42HRC，圆柱销用 40Cr 锻成，表面硬度为 52HRC。

3. 滑块与导轨

滑块将连杆的摆动转变为直线往复运动，为模具提供初步的导向。所谓初步导向，是因

为冲压工艺要求的精确导向要进一步靠模具上的导向来保证。在工作时,滑块将连杆传递的作用力通过模具作用于工件,连杆产生的侧向力通过滑块导轨传至机身获得平衡。此外,在滑块上还要安装其他辅助装置,如打料杆、超载保护装置、装模高度调节装置等。

压力机的滑块结构一般为箱形件。滑块底面设有 T 形槽,小型压力机的滑块底面中心还有模柄孔,以便将上模与滑块相连。

常见的滑块导向形式如图 7-13 所示。

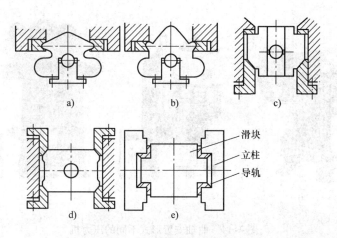

图 7-13　滑块导向形式
a) 双面 V 形导轨　b) 单面 V 形导轨　c) 后平面、前斜面导轨　d) 前后均斜面导轨　e) 八面均平导轨

图 7-13a 所示的滑块有两个 V 形导轨,一个固定,另一个可单面调节导轨间隙。图 7-13b 中滑块有两个带后面导向的导轨,一个固定,另一个可单面调节导轨间隙。图 7-13a、b 所示的导轨形式适用于曲轴横置的小型开式压力机。图 7-13c、d、e 所示的导轨形式适用于曲轴纵置的闭式压力机,因其滑块尺寸较大,故前后均应设置导向。

图 7-13c 所示的导轨有四个导向面,其中两个后面的固定,两个前面的成 45°,可通过螺栓来调节导轨间隙,这种结构形式多用于大中型闭式压力机。

图 7-13d 所示的导轨有四个成 45°的导向面,每个导向面均可调节导轨间隙。这种结构主要用于滑块比较重,又不能作水平移动的压力机。例如,带附加导向柱塞连杆的偏心齿轮压力机即采用这种结构形式。

图 7-13e 所示为一种新结构,有八个导向面,每个导向面都有一组推拉螺钉,进行单独调节,这种结构导向精度高,调节方便。

滑块是一个复杂的箱形结构,可用铸铁铸造而成或用钢板焊接而成,常用的材料有 HT200、Q235、Q345（16Mn）等。导轨滑动面常用的材料有 HT200、ZCuZn38Mn2Pb2 和酚醛层压布板等。

7.2.3　传动系统

1. 传动系统的布置类型

（1）曲轴纵置和横置　这是指曲轴中心线平行还是垂直于压力机正面。曲轴横置的压力机，其曲轴及传动轴尺寸较长，受力状况不佳，外形欠美观，但安装维修方便，部分小型开式压力机采用曲轴横置方式。曲轴纵置的压力机，其轴向尺寸较短，受力状况较好，便于将传动系统封闭在机身以内进行集中润滑，外形较美观。广泛用于大中型压力机，特别是多点压力机，部分新型开式压力机也大量采用曲轴纵置方式。图 7-14 所示为曲轴安置形式不同的压力机。

a)　　　　　　　　　　b)　　　　　　　　　　c)

图 7-14　曲轴安置形式不同的压力机
a) 曲轴横置的开式压力机　b) 曲轴纵置的开式双点压力机　c) 曲轴纵置的闭式单点压力机

（2）开式和闭式传动　传动齿轮安装在机身外面的称为开式传动，如图 7-14a 所示。开式传动齿轮的润滑效果欠佳，磨损较严重。闭式传动的传动齿轮常处于机身内的润滑油箱内，齿轮润滑效果良好，机床外形美观，如图 7-14c 所示。曲轴纵置的结构易于实现闭式传动，而曲轴横置的结构较难实现闭式传动。

（3）双边传动与单边传动　曲柄压力机的曲轴或传动轴，仅由一端的齿轮驱动的传动方式称为单边传动，由两端的齿轮同时驱动的传动方式称为双边传动。双边传动齿轮传递的转矩在理论上为单边的一半，可减小齿轮模数，改善轴的受力条件，但制造成本有所提高，安装调整不便。

（4）上传动和下传动　曲柄压力机的传动系统可置于工作台之上，如图 7-14 所示，也可置于工作台以下，如图 7-15 所示。前者为上传动，后者为下传动。采用下传动方式的压力机，其重心低，运转平稳，距地面高度较小；可增加滑块高度和导轨长度，以提高滑块的运动精度；由于连杆承受工作变形力，故机身立柱和上梁的受力情况得到改善。下传动方式的连杆在冲压工件阶段承受拉应力，上传动方式的连杆承受压应力而易造成失稳。但下传动方式的传动系统平面尺寸大，质量大，传动系统置于地坑之中，不便于检修传动部件。

2. 传动级数和各级速比分配

总传动比取决于选用的电动机转速和滑块的每分钟行程次数。滑块行程次数、电动机转速和传动级数对应关系见表 7-1。

图 7-15　下传动双动
拉深压力机

表 7-1　滑块行程次数、电动机转速和传动级数的对应关系

滑块行程次数/(次/min)	70 ~ 80	>80	70 ~ 80	30 ~ 10	<10
电动机转速/(r/min)	750	1000	1500 ~ 1000	1500 ~ 1000	1500 ~ 1000
传动级数	1	1	2	3	4

　　各级最大传动比有一定限制，带传动为 6 ~ 8，齿轮传动为 7 ~ 9。各级速比分配遵循"最大速比原则"和"速比递增原则"。即各级传动尽量用到允许的最大速比，从高速轴到低速轴，按 2.0 ~ 2.5、2.9 ~ 3.9、5.5 ~ 8.5 递增，并且各级传动比最好选为不循环小数，以避免部分轮齿持续受力。

3. 离合器和制动器的安放位置

　　由于曲柄压力机的传动系统属于减速方式，因此，离合器和制动器常安放在同一轴上，或者制动器放在比离合器安放轴转速更低的下一级轴上。

　　单级传动压力机的离合器和制动器只能置于曲轴上。采用造价低廉且结构简单的刚性离合器的压力机如图 7-16 所示。目前，图 7-16c 所示的大多数两级传动的小型开式压力机也采用刚性离合器。刚性离合器由于结构上的原因，不宜在高速下工作，只能置于曲轴上，制动器相应地也只能置于曲轴上。刚性离合器由于存在诸多弊端，已逐渐被淘汰。

a)　　　　　　　　　　b)　　　　　　　　　　c)

图 7 – 16　采用刚性离合器的小型压力机
a) 单级传动台式压力机　b) 单级传动开式压力机　c) 双级传动开式压力机

　　对于两级或两级以上传动的压力机，采用摩擦离合器时，离合器可置于转速较低的曲轴上，也可置于中间传动轴上。摩擦离合器通常与飞轮一起安装在同一传动轴上，而制动器位置总与离合器同轴。

　　对于带偏心齿轮的闭式传动压力机，离合器不能置于曲轴上，而是置于转速较高的传动轴上。尤其是用于板料冲压的闭式压力机，其离合器与制动器几乎全都与飞轮一起安放在高速轴上。

　　从曲柄压力机的能量消耗来看，当摩擦离合器安放在低速轴上时，由于从动系统零件数较少，离合器接合时的摩擦功值也较小，因而离合器磨损发热少，工作条件良好。由功率守恒原理可知，离合器在低速轴上需要传递的转矩较大，结构尺寸较大；而离合器置于较高速

轴上的情况与之相反。

通常，行程次数较高的压力机（图7-17所示的热模锻压力机），离合器最好安装在曲轴上。因从动系统的零部件数量较少，其转动惯量就小，离合器与制动器动作过程中产生的损耗功也较少，相应的摩擦面的磨损与发热少，有利于改善工作条件。这样可利用大齿轮的飞轮作用，使得能量损失较小，离合器工作条件也较好。特别是热模锻压力机，其公称力很大，工作时易发生"闷车"事故，更应设法改善离合器的工作条件，降低其发热磨损，以延长使用寿命。

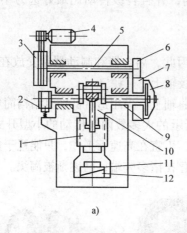

a)　　　　　　　　　　　　　　　　　b)

图7-17　离合器与制动器置于曲轴上的热模锻压力机

a）传动原理图　b）热模锻压力机

1—滑块　2—制动器　3—飞轮　4—电动机　5—高速传动轴　6—小齿轮　7—大齿轮　8—离合器
9—曲轴　10—连杆　11—工作台　12—楔形工作台

对于大中型板料成形曲柄压力机，离合器常放在高速轴上，且常放在设备顶部敞开的空间中。图7-18所示的闭式压力机，其离合器与制动器均安放在最高速的飞轮轴上。

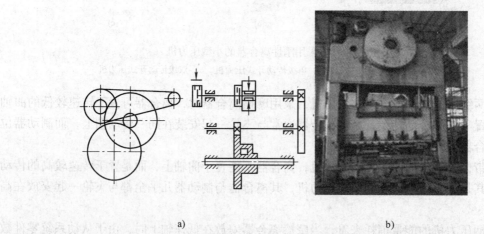

a)　　　　　　　　　　　　　　　　b)

图7-18　离合器与制动器置于高速轴上的板料冲压闭式压力机

a）传动原理图　b）板料冲压闭式压力机

4. 传动系统的布置与传动参数

曲柄压力机的传动系统通常由高速级带传动与（或）中低速级齿轮减速系统组成。传动系统的布置，是指传动轴的位置布放方式和齿轮的数量。传动轴的数量取决于传动级数，而传动级数取决于总传动比和各级传动比的允许最大值。曲柄压力机的传动系统有多种布置方式，传动布置影响传动系统的空间尺寸，进而影响曲柄压力机的轮廓尺寸及美观程度。因此，传动系统的布置对提高产品的市场竞争力，保证产品质量，方便维修和使用均至关重要。

传动系统的齿轮数量除取决于传动级数外，还取决于传动类型、旋转方向及齿轮模数。例如，为减小大齿轮模数，可采用双齿轮传动或双边传动；为调整双点（或四点）压力机偏心齿轮的转向，需要增加惰轮（过桥齿轮）等，这都需要增加齿轮和传动轴的数量。

现有的通用曲柄压力机，公称力不大于 160kN 的小规格开式压力机采用一级传动，公称力为 250~1600kN 的单点压力机采用两级传动，公称力为 1600~8000kN 的双点压力机采用三级传动。

图 7-19 所示为闭式双点压力机齿轮和传动轴的几种布置方式。图 7-19a 所示的方式可获得两曲轴同向旋转，图 7-19b 所示的方式可获得两曲轴逆向旋转。利用逆向旋转可抵消连杆施加于滑块上的侧向力。图 7-19c、d 所示的方式可以增大和减小两逆向旋转曲轴的间距，以分别适应不同台面尺寸的要求。其中图 7-19d 所示的方式要加大大齿轮模数，而图 7-19b、c 所示的方式均需增加传动轴和齿轮的数量，提高了制造费用。

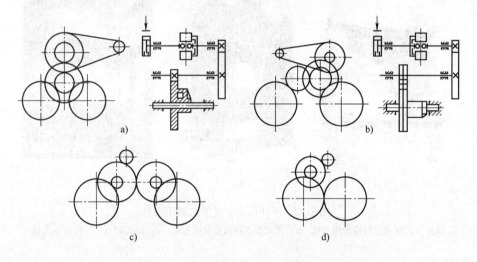

图 7-19　双点压力机传动系统的几种布置方式
a）两曲轴同向旋转　b）两曲轴逆向旋转　c）逆向旋转两曲轴间距较大
d）逆向旋转两曲轴间距较小

图 7-20 所示为四级传动的双边传动方式，驱动偏心齿轮绕心轴旋转的为两端的小齿轮，这样可减小大齿轮的模数。但双边传动如果制造装配精度不高，会造成传力不均匀等情况，使得某个齿轮受力情况恶劣，寿命降低。

图 7-21 所示为两种四点压力机的传动方式。其中，图 7-21a 所示为同向旋转的传动方式，两曲轴间距大，滑块尺寸大，两连杆在滑块上产生较大的侧向力；图 7-21b 所示为逆向

旋转的传动方式,两曲轴间距小,滑块尺寸小,两连杆产生的侧向力相互抵消,从而提高了滑块的导向精度。

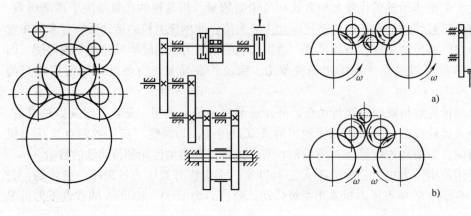

图 7-20　低速级采用双边齿轮的四级传动方式　　　图 7-21　曲轴旋转方向不同的传动方式

　　　　　　　　　　　　　　　　　　　　　　　　a) 同向且间距大　b) 逆向且间距小

图 7-22 所示为不同传动方式的机械压力机。

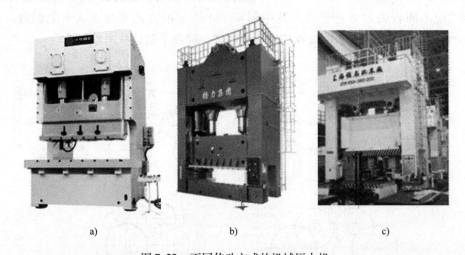

图 7-22　不同传动方式的机械压力机

a) 开式双点逆向传动压力机　b) 闭式双点逆向传动压力机　c) 闭式四点逆向传动压力机

7.2.4　离合器与制动器

曲柄压力机大部分在单次行程下工作,并且需用寸动行程调整模具,因此必须在传动部分中设置离合器与制动器操纵系统。

为保证压力机正常工作,离合器与制动器必须保持一定的接合和脱开顺序。在压力机起动时,制动器必须首先脱开,然后离合器才能接合;在压力机停止时,离合器必须首先脱开,然后接合制动器。

离合器与制动器是压力机中最重要的部件之一,其性能的好坏直接关系到压力机的能力能否充分发挥,对提高生产率、人身与设备安全和便于维修保养等有着极大的影响。

图 7-23 表明了离合器与制动器在曲柄压力机中的位置与相对整机的尺寸大小，从而显示了其重要性。

a)　　　　　　　　　　　　　　　　　　b)

图 7-23　采用气动摩擦离合器与制动器的大型机械压力机

a）热模锻压力机　b）板料冲压压力机

离合器与制动器有多种类型。通用曲柄压力机常采用刚性或摩擦的离合器与制动器，其中，刚性离合器仅用于小型开式压力机（公称力小于 1000kN），常与带式制动器配合使用，悬臂布置在曲轴的两端。刚性离合器存在诸多弊端，已逐渐被淘汰。

摩擦离合器和摩擦制动器的结构比较完善，过去普遍用于大中型压力机，现在也用于小型压力机。摩擦离合器传递的转矩大，工作平稳，没有冲击；可在滑块任意位置产生离合动作，便于调整模具；超负荷时，摩擦片之间出现的打滑可起到一定的保险作用。

摩擦离合器与摩擦制动器按照摩擦副所处的环境可分为干式（空气中）和湿式（液体中）两种。湿式摩擦离合器工作平稳、噪声小、寿命长，应用广泛。驱动摩擦盘运动的动力主要有气动力、液压力和电磁力，气动方式应用最为广泛。根据摩擦材料的形状及其是否轴向移动，摩擦离合器可分为圆盘式和浮动镶块式，浮动镶块式便于更换摩擦材料。

气动摩擦的离合器与制动器广泛用于曲柄压力机中。为使两者动作协调而不发生干涉，要求具有正确的联锁关系：在离合器接合前，制动器先脱开；在制动器制动前，离合器先脱开。为此有刚性和气阀两种联锁方式，刚性联锁常用于中小型压力机，气阀联锁常用于大中型压力机。

7.3　冲压液压机

液压机是根据静态下液体压力等值传递的帕斯卡原理制成的，是一种利用液体的压力势能通过液压缸来驱动滑块运动，以完成工件加工的机器。

液压机是锻压机械的一大类，在锻压机械中占有重要地位。液压机具有一系列特点：易于获得很大的工作力；可以长时间保压；容易得到较大行程；滑块能在全行程的任意位置上发挥出全部力，并且能够停留或返回；力、速度和行程可在一定范围内进行任意调节，传动平稳，安全可靠等。因此，它能适应各工业部门对工件成形的不同工艺要求。

液压机的应用非常广泛，既适于冲压、拉深、弯曲、校正等金属板材成形，也适于锻造、粉末冶金等金属材料的体积成形，管、线、型板挤压，以及多种非金属材料的压制成形工艺。液压机是与多品种、中小批量生产相适应的理想的压力成形设备。

本小节将着重介绍用于金属板材成形的冲压液压机。

7.3.1　液压机的主要技术参数

液压机的主要技术参数是根据液压机的工艺用途和结构类型来确定的，反映了液压机的工作能力及特点，同时也基本确定了液压机的轮廓尺寸、装机功率和总体质量。

液压机应通过系列化、通用化和标准化，以尽可能少的吨位规格和台面尺寸来满足多种冲压工艺的使用要求，同时也有利于简化设计制造、提高质量、降低成本和便于修配等。因此，应尽可能制订出各种液压机的标准系列参数。

1. 公称力 F_g

公称力 F_g 是液压机的主参数，为液压机的最大工作能力，在数值上等于液体最大工作压力 p_0 和工作活（柱）塞总面积 A_0 的乘积（取整数）。实际中，P_g 常用的单位为 t，而国际单位则用 kN。

2. 开口高度 H_m

开口高度 H_m 是指滑块停在上限位置时，滑块下表面到工作台上表面的距离。H_m 反映了液压机在高度方向上工作空间的大小，应根据模具及相应垫板的高度、工作行程，以及放入坯料、取出工件所需的空间等因素来确定。开口高度对液压机的总高、立柱长度、液压机稳定性以及厂房高度都有很大影响。

3. 最大行程 h_m

最大行程 h_m 为滑块移动的最大距离。最大行程应根据工件成形过程所要求的最大工作行程来确定，它直接影响工作缸的行程长度及整个机架的高度。

4. 回程力

回程力是滑块回程所需的力，它取决于活（柱）塞杆、滑块和上模的自重，以及回程时的拔模力、工作缸排液阻力和各缸密封处、各导向处的摩擦阻力等。

5. 顶出（或液压垫）力

在液压机下横梁底部装有顶出（或液压垫）缸，以顶出工件或拉深时进行压边。顶出（或液压垫）缸的力及行程由工艺要求来确定。

6. 最大允许偏心距 e

由于成形工件几何形状的变化，液压机工作时要承受偏心载荷。偏心载荷在液压机的宽边与窄边都会发生。最大允许偏心距 e 是指工件变形阻力接近公称力时所能允许的偏载力中心的最大偏移量。

7. 滑块速度

液压机的滑块速度分为空程下行、工作和回程三种速度。工作速度一般根据工艺要求来定，它的变化范围很大。空程下行和回程速度一般较高，以缩短辅助时间。但速度太快，会在停止或换向时引起冲击及振动，同时也需要增大液压泵的流量规格。

8. 工作台尺寸 $L_0 \times B_0$

液压机在实际使用时，允许安装模具的最大平面尺寸 $L_0 \times B_0$ 称为液压机的工作台尺寸。

7.3.2 冲压液压机的结构形式与动作方式

1. 结构形式

冲压液压机按照机身结构形式可分为梁柱式、组合框架式、整体框架式、单柱式等，如图 7-24 所示。

a) b) c)

图 7-24 冲压液压机的结构形式
a) 梁柱式 b) 整体框架式 c) 单柱式

梁柱式机身结构是一种典型形式，通过双柱或四柱将上下横梁用螺母联接起来，双柱或四柱兼作滑块导向。梁柱式结构可适应很大范围的公称力规格，有一定抗偏载能力，能满足多种冲压生产工艺需要，比较容易制造，造价相对较低。由于采用螺母联接，导致机器的精度和精度保持性弱化。

框架式即闭式机身结构有整体框架、预应力组合框架和框板组合框架等形式。框架式机身结构刚性较强，采用平面导轨导向，导轨间隙可调，机器的精度和精度保持性较好，抗偏载能力较强。整体框架限于制造和运输，适合的公称力规格有限。预应力组合框架采用拉杆通过方柱将上下横梁预紧连接，实际是将机身分解制造，并便于运输，所以预应力组合框架结构可适用于很大范围的公称力规格。框板组合结构则是将多片封闭的厚板叠连起来，这也是一种常用的较易制造的机身结构形式。

单柱式即开式机身结构多用于小型液压机，可三面接近工作台，使用非常方便。由于机身呈开式，影响了机身的结构刚性，在较大载荷下会出现线应变和角应变，将影响冲压件质量和模具寿命，因此多用于较小公称力规格的冲压液压机。

2. 动作方式

冲压液压机有单动、双动、三动三种基本的动作方式。在单动方式中，滑块作为运动部件单向运动完成压制过程，这种工作方式没有压边装置。单动式液压机主要用于薄板工件成形，适用于垛料和卷料。双动式液压机有两个运动部件：滑块和液压垫。其工作过程是：滑块自上而下拉深板料，液压垫通过压边杆作用于压边圈，在拉深成形后，液压垫将制件顶出，可根据材料和工件的特征参数来调整液压垫力。在三动式液压机中，压边外滑块和拉深内滑块自上而下运动，由于是外滑块压边，此时液压垫仅是将制件顶出；然而，将这种三动式液压机的内滑块和外滑块相连，将液压垫通过压边杆作用于压边圈，也可以作双动式液压机使用。因此，其拉深力和压边力合成为整台机器的公称力（总载荷）。

国内习惯上将单动、双动方式称为单动，将三动方式称为双动。按国家行业标准，单动冲压液压机为 Y27 系列，双动拉深液压机为 Y28 系列。近年来，采用单动液压机进行拉深成形已成为主流工艺方式。

7.3.3　液压机的发展水平和趋势

1. 提高速度和生产率

液压机曾由于速度慢和生产率低，影响了它的发展和应用。随着生产的日益发展，提高生产率已成为液压机发展的核心问题。目前这一问题已通过以下主要途径得到良好的解决：

1）通过改进液压系统的设计，采用快速缸或快速换向阀提高液压机的行程速度，特别是空程和回程速度，以缩短循环时间，提高行程次数。

2）提高液压机的自动化程度。采用上、下料装置，实现单机自动化；发展多工位液压机，实现在一台液压机上进行多工序加工，不但可以减少大量的辅助时间，还可减少工人、占地面积及简化生产组织等，从而可大大提高生产率。

3）缩短辅助操作时间，提高液压机的开动率。在现代液压机上都配有快速换模系统和快速夹紧系统。

2. 提高刚度和精度

现代化生产要求制件的尺寸和精度最大限度地接近成品零件；对于大批量生产的制件，则要求有较高的尺寸稳定性等。因此，对液压机的刚度和精度提出了越来越高的要求。从经济合理的角度出发，不同用途的液压机各有其不同的合理刚度和精度，所以采取的措施也是多种形式的，但总的趋势是不断提高液压机的结构刚度和精度，以提高制件的精度和模具的寿命。

3. 大型化和高压化

随着航空航天工业和汽车工业的迅速发展，冲压件的轮廓和零件自重都有所增加；随着挤压先进工艺的发展和推广，冷挤压零件的自重越来越大；随着精冲新工艺的发展和完善，精冲零件也在不断大型化，从而导致所需液压机的公称力日益增大。随着生产技术的不断发展，液压机正朝着大型化的方向发展；同时随着等静压和内高压等工艺的发展，高压化也是液压机发展的一个重要方向。

4. 控制系统的数控化

数控技术是一项综合利用了计算机技术、自动控制和精密测量方面的最新技术，可大大提高液压机的自动化程度，缩短加工时间和辅助时间，提高生产率；能适应各种不同的生产规模，具有较大的柔性；可储存加工用的优化程序，供随时调用，以实现最佳工艺过程。因此，采用 PLC 控制的液压机和计算机数字控制（CNC）的液压机都获得了很大的发展。CNC 多用于控制单机的工作程序和各种工艺参数，用于控制一条自动生产线或一个机群，用于自动换模和自动调节以及用于监控液压机的工况和进行诊断。

5. 液压系统的集成化

在液压机液压系统的设计中，近三十多年来相继发展了板式集成、块式集成和插装阀集成等多种形式。液压系统集成化的共同特点是：机构紧凑，体积小；可大大减少配管数量，缩短液压系统的设计和安装周期；减少系统的振动和漏油；元件的维修和更换较方便；易于更改和适应新的工作要求。其中尤以插装阀集成系统发展最为迅速，应用非常广泛。

6. 电液比例技术的应用

电液比例控制技术适应了液压机的发展要求。电液比例阀是介于普通液压阀和电液伺服阀之间的一种液压元件，能更简单地实现远距离控制，能实现连续地、按比例地控制液压系统的压力和自动连续控制。其控制精度能够满足液压机的需要。因此，电液比例控制技术在液压机及其配套设备工作过程的自动化方面已获得广泛应用。

7. 液压机的宜人化

随着液压机的高速化和自动化发展要求，限制噪声和振动、防止环境污染、消除人身事故、保证液压机安全可靠地进行自动生产就显得非常重要了。为此，许多国家都制定了有关液压机的安全标准与法规。我国也制定了相关的液压机安全技术条件和液压机噪声限制等行业标准。

7.3.4　国内具有代表性的冲压液压机

1. 覆盖件成形液压机生产线

图 7-25 所示为汽车覆盖件成形液压机生产线。该线由四台预应力组合框架单动液压机组成，主滑块为四角八面导轨，导向精确，抗偏载能力强。液压系统采用电液比例控制。滑块位移通过光栅尺检测和反馈实现闭环控制。动力系统采用比例泵和比例阀，实现对滑块、液压垫的压力与速度的电液比例控制。能够在触摸屏上设置和显示相关参数。设有冲裁缓冲装置，可进行落料或切边。设有左右侧移的工作台和模具自动识别与快速夹紧装置。

2. 双动薄板拉深液压机

图 7-26 所示为 Y28 系列双动薄板拉深液压机。该机型为预应力组合框架结构，运动部分分为压边滑块、拉深滑块和液压垫。外滑块为四角八面导轨，内滑块以外滑块内面导向。可进行双动拉深（外滑块压边，内滑块拉深，液压垫顶出，即为凸模在上、凹模在下的正置正拉深）或单动拉深（内、外滑块相连，液压垫压边，即为凹模在上、凸模在下的倒置正拉深）。设有前向移动工作台。

图 7-25　汽车覆盖件成形液压机生产线

图 7-26　Y28 系列双动薄板拉深液压机

3. 载货汽车纵梁压制液压机

图 7-27 所示为载货汽车纵梁压制液压机。该机型为预应力组合框架结构，配有冲裁缓冲系统，能够完成汽车纵梁的冲孔落料和弯曲成形。配有滑块同步和平行度控制系统，主液压缸采用数字泵直控同步，与比例阀同步控制相比，系统的发热小、效率高、能耗低，压力闭环控制精度达到 0.1MPa，滑块行程采用双位移传感器控制，已达到国际先进水平。

4. 船舶板材压制液压机

图 7-28 所示为船舶板材压制液压机，主要用于船舶蒙皮成形，压制槽型隔壁、船用罐体等。该机型为组合框架龙门式机身结构，压头和工作台可同步移动和回转，以满足压制工艺需要。液压系统采用比例泵和比例阀，压头速度和压制力在规定的范围内可任意调整。具有全行程的位置采集和检测装置，可对压制参数进行设定、存储等。还配有板材辊道输送装置。

图 7-27　载货汽车纵梁压制液压机　　　　　图 7-28　船舶板材压制液压机

5. 四柱式单动薄板冲压液压机

图 7-29 所示为 Y27 系列四柱式单动薄板冲压液压机。该系列液压机是在传统 Y32 系列四柱万能液压机的基础上改进所得的形式，配有液压拉深垫和冲裁缓冲装置，用于不锈钢水槽的拉深和切边。该机型与 Y27 系列框架式单动薄板冲压液压机有着相同的功能，对于成形精度要求不是很高的冲压件尤为适用，具有较好的性价比优势。

6. 数控伺服液压机

图 7-30 所示为新一代数控伺服液压机。该机型为整体框架结构，四角八面导轨导向，采用伺服电动机驱动，具有节能、降噪、工艺用途广等优点，适用于金属件的冲压、浅拉深、整形、折弯、挤压、压印、冷模锻、热模锻以及非金属压制成形。

其主要技术特点为：采用 AC 伺服电动机直接驱动液压泵，实现对滑块的驱动，速度转换平稳；简化了液压系统，取消了压力、速度控制等液压回路；通过检测传感器与伺服电动机形成闭环控制回路；采用工业 PLC 控制，具有高柔性工作方式与流程，各种参数可根据需要进行快速编程控制；压力、位置、速度、时间等参数均为全数字控制；配有人机界面，可实时监控各种参数及工作状态；与普通液压机相比，可节能 20% ~ 60%，液压油减少 50%，平均降低噪声 20dB 以上。

图 7-29　Y27 系列四柱式单动薄
板冲压液压机

图 7-30　数控伺服液压机

7.4 伺服压力机

数控塑性成形设备是先进机械装备的重要组成部分，其主要发展方向是采用先进的驱动与传动方式，采用伺服电动机驱动和数字化控制的伺服压力机，代表了先进塑性成形设备的发展方向。

7.4.1 交流伺服直接驱动技术

1. 机械装备的组成

机械装备主要由本体与控制两大部分组成。

本体部分主要由动力、传动、工作三大部分组成。动力部分主要包括电动机、内燃机等；传动部件是把原动机输出的能量和运动经过转换后提供给工作部件，如机械、液压、气动等传动方式，只有当动力装置输出的能量和运动不能满足工作部件的要求时，才需要设置传动部件这一中间环节；工作部件是执行机器规定功能的装置，如曲柄压力机中的曲柄连杆滑块机构，液压机中的液压缸，螺旋压力机中的螺旋部件。

控制部件是依据工作部分的功能要求，对动力和传动系统及工作部分的相关参数与状态进行设定、显示、检测、调节和操控的电气系统。

2. 交流异步电动机驱动的不足

机械装备在运行时会出现高能耗、可控性差等现象，原因之一是动力装置采用的交流异步电动机存在以下不足：①起动与停止耗时太长；②起动电流过大（是额定电流的 5 ~ 7 倍），若频繁起停，电动机发热严重；③输出的转矩小；④调速性能差。由此导致了电动机与工作部件之间的传动系统的复杂化和诸多问题。

所以一直以来，对机械传动环节的传动性能在进行不断的改进，并且获得了显著的效果，但并未从根本上解决问题。原动机的运动和动力特性越好，则传动部件越简单。现代原动机的综合性能越来越好，伺服直接驱动与近零传动已成为发展趋势。

3. 直接驱动与近零传动

"直接驱动与近零传动"的内涵，是指取消动力装置到工作机构间的机械传动环节，由电动机直接驱动工作部件，实现所谓"近零传动"。图7-31所示为采用高性能交流伺服电动机直接驱动负载，省掉了原来复杂的传动带与齿轮传动系统。

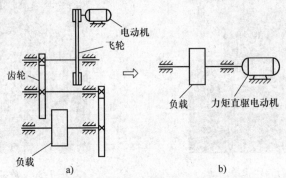

图7-31　原传动系统与直接驱动系统的原理示意图
a）原传动带与齿轮传动系统　b）直接驱动系统

在交流伺服直驱系统中，交流伺服电动机的驱动能力至关重要。对新型高性能交流伺服电动机的要求是：响应速度快、带载能力强（特别是低速大转矩）、输出线性好、耐高压、耐高温、可靠性高。目前可用的直驱电动机主要有：永磁同步电动机、交流变频电动机、步进电动机、直流力矩电动机、变磁阻电动机、开关磁阻电动机（SMR）、横向磁场电动机（TFM）、开关磁通电动机等。随着钕铁硼永磁材料的出现及其发展，永磁同步电动机已成为直驱形式常用的主流电动机。

"直接驱动与零传动"的外延是指通过对新型伺服电动机输出状态的自动调节控制，来代替传统的机械传动中的变速、变量、变向方式，进而通过相关的工作部件实现新型机电装备高效、精密、节能、柔性和可靠地运行。

4. 直接驱动与近零传动系统的特点

（1）定位精度高　直接驱动实现了电动机与负载间的刚性耦合，因此消除了原中间传动机构的传动误差、如齿轮误差、丝杠螺母误差等，从而提高了传动精度；从根本上消除了非线性摩擦力和弹性变形的影响，不存在爬行现象，也提高了定位精度和重复定位精度。

（2）高速大功率和低速大转矩　数控机床要求具有超高速运转的大功率精密主轴，并具有很高的加（减）速度，才能瞬时达到设定的高速状态，或在高速状态下瞬时准确停止，以保证加工要求的定位精度。数控冲压设备需要的驱动系统转速不高，但要有低速大转矩性能，也同样需要较高的加（减）速度。

（3）动态响应速度快　直接驱动的响应能力可高于机械变速驱动100倍以上，因为电磁时间常数远小于机械时间常数。这意味着直接驱动有更大的加（减）速度和更短的定位时间，以及更高的控制精度。传统的驱动方式不可避免地存在间隙死区、非线性摩擦力等，特别是细长的滚珠丝杠会产生弹性变形，这些都使系统的阶次变高，增加了非线性因素，限制了系统的带宽，降低了系统的动态性能，严重时可能产生机械谐振。

（4）机械刚度和可靠性高　由于取消了中间传动环节，不存在滞后，传动刚度可大为提高，保证了系统的传动精度和定位精度；并减少了机械磨损，提高了系统可靠性。

（5）噪声低、保养费用低 由于运动部件减少，降低了噪声；磨损部件只剩下旋转或直线轴承，保养费用大大降低。即使考虑到电气部分增加保养的费用，也低于原传动系统的保养费用。

7.4.2 伺服压力机的类型

伺服压力机主要有伺服机械压力机、伺服液压机、伺服螺旋压力机、伺服旋压机等类型。本小节着重介绍与板材成形相关的伺服机械压力机和伺服液压机。

1. 伺服机械压力机

传统的曲柄压力机采用交流异步电动机作为原动力，由于交流异步电动机输出转速一般不可调节，所以滑块每分钟的行程次数不变，并且滑块在整个行程中的速度位移曲线往往是正弦曲线，在上、下死点处速度为零，在行程中点处速度最大，一般在滑块运动至下死点前发挥最大公称力。滑块的行程固定不可调。

伺服机械压力机用交流伺服电动机作为原动机，并取消了离合器、制动器及飞轮。由于交流伺服电动机具有良好的调速性能、低速大转矩输出特性（额定转速下为恒转矩输出）、快速起停特性和正反转特性，使得伺服机械压力机可通过电动机进行控制，实现滑块的不同运动曲线，通过预先编程，将机械压力机和液压机的优点结合起来。可根据冲压工艺的需要，任意地调节曲柄滑块机构的运动速度和冲压力，使压力机的工作曲线与各种不同的应用要求相匹配。

国外企业生产的曲柄传动型伺服压力机，主要有日本小松（KOMATSU）公司生产的H1F系列复合伺服压力机、会田（AIDA）公司生产的NS1-D系列数控伺服压力机、山田（YAMADA）公司生产的Svo-5型与Mag-24型伺服压力机、网野（AMINO）公司生产的Servo Link型伺服压力机等。日本的会田、小松和网野等压力机制造企业相继推出了多种传动结构形式的伺服机械压力机。

2. 伺服液压机

伺服液压机分为以下两种形式：

1）利用伺服电动机驱动主传动定量液压缸，其原理如图7-32所示，图7-33所示为采用这一原理制作的实物照片。

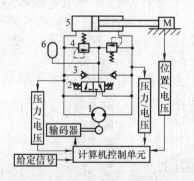

图 7-32 伺服驱动容积控制液压缸的原理
1—定量液压泵 2—二位三通电磁换向阀 3—单向阀
4—溢流阀 5—液压缸 6—充压油箱

图 7-33 伺服驱动容积控制液压缸部件

采用交流伺服电动机驱动双向定量液压泵，利用交流伺服电动机良好的调速特性、频繁起停与正反转特性，及额定转速下恒转矩、过额定转速下恒功率的输出特性，可使这类电动机液压泵组实现流体传动的流量、方向和压力的任意调节，而无需流量控制阀、方向控制阀和压力控制阀，使较复杂的节流控制系统简化为容积控制系统，在液压机不工作时，电动机和液压泵还可停止运转。

这种新型的伺服式液压机，液压系统简单，液压阀数量少，液压油发热降低，油箱尺寸减小，提高了能量利用率和传动效率，可节能 30% 左右。液压机滑块可通过对电动机的数字化控制，提供多种工作曲线，以适应和匹配多种成形工艺要求。伺服驱动液压机可以取代现有的大多数普通液压机。

2）利用伺服电动机驱动螺杆为液压缸增压，利用交流电动机的调速、恒转矩和恒功率特性，可使液压缸的运动速度、位置和输出力与工艺要求相匹配。日本网野公司就研发了这种伺服液压机，其公称力为 12 000kN，采用交流伺服电动机 + 减速器 + 螺杆 + 液压缸（不使用液压泵和液压阀）的驱动和传动方式。传动油仅为液压机的 1/10，消耗电力约为液压机的 1/3，发热少、噪声在 75dB（A）以下，振动也很小。我国目前仅有少数企业开展此类产品的研究，主要的关键技术尚未突破，还未形成成熟产品。

7.4.3　典型伺服机械压力机

采用普通交流电动机作为动力的机械压力机，主要由工作机构、传动系统、操纵系统、能源系统、机身、辅助及附属装置组成。

采用交流伺服电动机直接驱动的机械压力机，省掉了离合器与制动器操纵系统，以及复杂的减速传动系统，同时飞轮的作用也大大减弱，甚至取消。

按交流伺服电动机的运动方式，伺服机械压力机有直线式电动机驱动和旋转式电动机驱动两类。交流旋转式伺服电动机驱动的机械压力机是主要类型。

1. 交流直线式伺服电动机驱动的机械压力机

图 7-34 所示的交流直线式伺服电动机（以下简称为直线电动机）直接驱动的机械压力机，是传动链最简单的"零传动"机械压力机。由于现有直线电动机发热量大，能量利用率低，故这类压力机达到的公称力仅在 250kN 以下，实际中常称为"直线电动机压力机"。

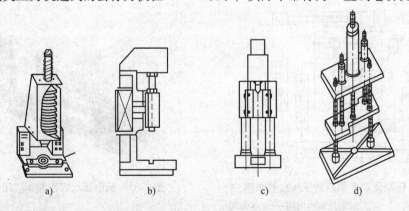

a)　　　　　　b)　　　　　　c)　　　　　　d)

图 7-34　不同结构和规格的由直线电动机直接驱动的压力机
a）公称力为 5kN　b）公称力为 31.5kN　c）公称力为 63kN　d）公称力为 100kN

这种"直线电动机压力机"的电动机动子就是压力机中作直线运动的滑块。与传统的机械压力机相比,无离合器与制动器,节能,振动、噪声小,无摩擦材料消耗;省去了带轮、齿轮、曲柄、连杆等中间传动机构,提高了机械效率;只需间歇通电,无传统压力机的单次行程中的离合器接合与飞轮空转所消耗的能量,故节省电能;传动零件磨损小,可以长期保持高精度;滑块不承受曲柄连杆机构的侧向力,工作时受力均匀,可提高产品的加工精度;利用电气伺服控制,操作方便,使用灵活,易于实现自动化生产;结构紧凑,体积小,重量轻。

目前,国内外在该领域开展的研究较少,设计理论不很完善,不少研究人员主要从事电动机方面的研究。由于大功率直线电动机的能量利用率较低,可控性还需进一步完善,因此,目前的研究重点是在直线电动机的改进与完善方面。

2. 交流旋转式伺服电动机驱动的机械压力机

(1) 工作原理与分类 交流旋转式伺服电动机如图 7-35 所示,这种伺服电动机发热量很小,其后部不带冷却风扇,而交流异步电动机后部必须安装风扇,其能耗可达电动机能耗的 10%。另外,这种伺服电动机内部的后端常装有检测电动机轴位置和速度的旋转编码器。

传统的机械压力机的工作原理如图 7-36 所示,为带离合器与制动器的强飞轮传动方式。强飞轮传动方式是指传统压力机工作过程所需的做功,几乎都要依靠飞轮的动能波动量 $\frac{1}{2}J_f$ $(\omega_1^2 - \omega_2^2)$ 来提供。而伺服压力机在工作过程所需的做功,主要依靠交流伺服电动机提供,飞轮的动能波动量所提供的能量较少,甚至为零,因此伺服压力机中的飞轮可认为是弱飞轮。

图 7-35 交流旋转式伺服电动机

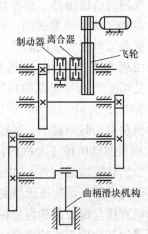

图 7-36 传统机械压力机的工作原理

考虑到伺服压力机的弱飞轮作用,与强飞轮压力机相比,伺服压力机所用电动机的功率要比后者大 2~4 倍。为减少交流伺服电动机频繁起停对电网的影响,以及鉴于大功率交流伺服电动机制造难度大、成本高,伺服压力机往往采用多个交流伺服电动机共同或分时驱动的方式,而传统的机械压力机常采用一台交流异步电动机驱动。

目前,大中型伺服机械压力机均采用旋转式永磁交流伺服同步电动机进行驱动,其传动方式主要有两种:

1）连续旋转式伺服压力机如图 7-37 所示。

连续旋转式伺服式压力机与传统压力机相比改动不大，仅取消了离合器与制动器，由于还保留着飞轮及齿轮减速系统，故所需的交流伺服电动机的功率和转矩改变不太大。日本小松公司的 H1F 系列伺服压力机即为这种传动方式。这种传动方式在滑块连续往复运动时，伺服电动机不必起动、停止以及改变转向，故对电网的冲击较小。

2）螺旋摆动式伺服压力机如图 7-38 所示。

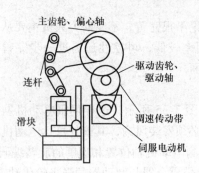

图 7-37　连续旋转式伺服压力机示意图

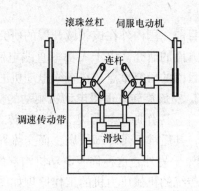

图 7-38　螺旋摆动式伺服压力机示意图

螺旋摆动式伺服压力机采用丝杠加肘杆的传动方式，与传统机械压力机的传动方式明显不同。丝杠传动是将旋转运动变为直线运动的一种简单方式，但滑动丝杠的摩擦损失大，滚动丝杠大径规格的造价很高。这种丝杠传动方式在滑块连续往复运动时，需要电动机频繁换向，对电网冲击较大，电动机的驱动器与控制器需承受较重的热负荷。肘杆工作机构对滑块的空程下行和回程有增速作用，对滑块在冲压时有减速增力作用。日本小松公司生产的 H2F 系列伺服压力机即为这种机构。与图7-39 所示的螺旋式伺服压力机相比，由于增加了肘杆机构，所需的电动机功率和转矩较小，可相应加大伺服压力机的规格。

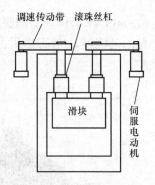

图 7-39　螺旋式伺服压力机示意图

（2）伺服驱动机械压力机的特点　交流伺服电动机在额定转速以下为恒转矩输出特性，在额定转速以上为恒功率输出特性，起动电流在额定电流之内，调速极为方便，可实现无级调节。由于伺服驱动压力机的电动机转速可实现无级调节，伺服电动机直接与偏心曲柄齿轮相连接，因此，伺服压力机与传统机械压力机相比，最突出的特点是可根据冲压工艺的需要，任意调节曲柄滑块机构的运动速度和冲压力，使压力机的工作曲线与不同的应用要求相匹配。伺服压力机是锻压设备为成形工艺服务的最佳机器形式之一。

综合目前各类伺服驱动机械压力机的工作特性，可见其主要具有以下优势和特点：

1）高柔性。滑块运动实现数字化控制。滑块运动曲线可根据不同生产工艺和模具要求进行数字优化设置，通过程序编制实现滑块"自由运动"，大大提高了压力机的智能化程度和适用范围，可以进行高难度、高精度加工。图 7-40 所示为伺服压力机滑块的部分运动曲线。

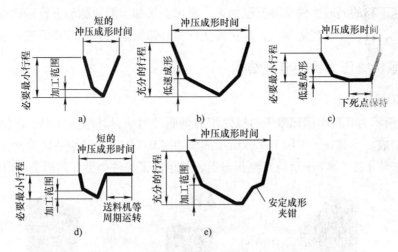

图 7-40 伺服压力机滑块的部分运动曲线
a) 冲压成形加工 b) 拉深成形加工 c) 板料锻造加工
d) 顺送加工 e) 自动化加工

2) 高生产率。滑块行程可根据生产工艺需要调整，可以根据工况和自动化生产线的需要，在较大范围内数字设定滑块行程次数，以提高生产率。如薄板冲裁，曲柄无需完成360°旋转，而仅进行一定角度的摆动即可完成冲压工作。伺服压力机在相同的循环时间内可降低 35% 的冲压速度进行成形；在相同的冲压速度下可提高 7.3% 的冲压次数。而小行程下的连续钟摆式运动曲线，可使生产率提高 2 倍。

3) 高精度。由线性传感器组成的全闭环控制系统能实现高精度的位置控制。可提高下死点的精度，补偿机身的变形和其他影响加工精度的间隙。因滑块工作的能量、速度和位置可实现准确数控，使工件精度和模具寿命显著提高。

4) 低噪声。由于没有飞轮、离合器等零件，简化了机械传动，因此可大大降低噪声。例如，气动摩擦离合器工作时的排气噪声最高达 125dB。另外，通过设定滑块的运动曲线同样有助于降低冲裁噪声。例如，伺服压力机的两步冲裁工艺（滑块在冲裁过程的中段停留一次，然后快速驱动完成冲裁过程），比传统压力机的冲裁噪声降低至少 15dB，如图 7-41 所示。

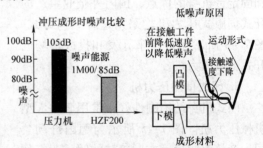

图 7-41 伺服压力机冲裁时的降噪效果与机理示意图

5) 节能降耗。由于简化了机械传动机构，润滑量减少了 60% 左右。避免了离合器的接合能耗和滑块停止后的系统空运行能耗。采用伺服拉深垫在拉深时实现功率回收，使公称力大幅降低。与传统机械压力机相比，电耗降低 40% 左右，节能降耗效果显著。

6) 适应新材料的工艺要求。伺服压力机的滑块运动曲线能很好地满足一些新材料的成形工艺要求。例如，在传统压力机上难以实现恒温压力成形，而采用伺服压力机成形时，滑块可适应慢速下移的同时工件持续升温的工艺要求。又如，滑块脉动下行运动曲线，可增大材料的拉深比，且使拉深变薄均匀，也使难变形的高强板新材料在冷态下成形成为可能。

7.4.4　伺服机械压力机的典型结构

1. 小型伺服压力机

图 7-42 所示为几种小型伺服压力机使用的伺服动力头，其结构简单，由伺服电动机和滚珠丝杠等组成。将其安装于图 7-42b 所示的模架或其他装置上，就可完成对工件的施力功能。若将其安装于图 7-43 所示的 C 型机身上，就组成了一种小型开式伺服压力机。

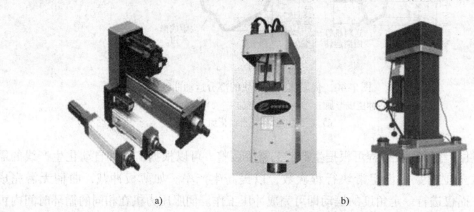

a)　　　　　　　　　　　　　　　　b)

图 7-42　小型伺服动力头

a) 一组伺服动力头实物　b) 伺服动力头安装在模架上

2. 开式伺服压力机

鉴于开式压力机曲轴纵置、闭式传动和固定台机身的优点，国内外企业生产的开式伺服式压力机均采用这种结构方式。图 7-44 所示为近年来开发和投放市场的开式伺服压力机。

3. 闭式伺服压力机

闭式机身结构刚性好，常用于中大型机械压力机。图 7-45 所示为德国舒勒公司生产的双曲柄反方向旋转的闭式双点伺服压力机，它属于曲轴连续旋转式的伺服压力机，与传统机械压力机的最大区别是

图 7-43　小型开式伺服压力机

没有离合器与制动器，采用交流伺服电动机而非交流异步电动机。

图 7-46 所示的伺服压力机属于曲轴连续旋转式伺服压力机，采用双边齿轮传动的驱动方式，每边有 3 台伺服电动机共同驱动同一个大齿轮，这样共有 6 台伺服电动机驱动曲轴旋转。从而可降低每台电动机的功率。工作时依据变形功大小的需要，让部分伺服电动机工作，其余伺服电动机不工作。当多个伺服电动机同时工作时，要控制好电动机相互间的动作协调性。

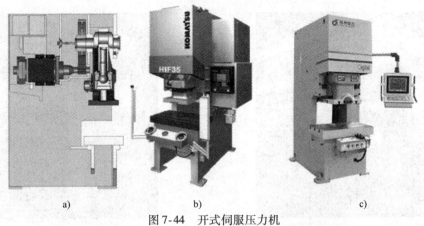

a)   b)   c)

图 7-44 开式伺服压力机

a）一级齿轮减速原理 b）日本小松公司的产品 c）扬州锻压集团有限公司的产品

图 7-45 曲柄反向旋转双点闭式伺服压力机

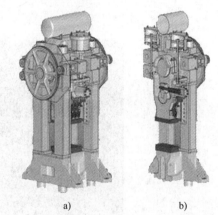

a)   b)

图 7-46 多台电动机共同驱动的闭式伺服压力机

a）整机及传动情况 b）左右半剖视图

图 7-47 所示为日本网野公司生产的公称力为 25MN 的大型闭式伺服压力机的原理示意图，该机型属于螺旋摆动式伺服压力机。在压力机顶部有 4 台交流伺服电动机同时驱动，使得机器中部的大螺杆旋转，从而带动对称布置的肘杆运动，以驱动滑块运动。这种螺旋摆动传动方式，需通过伺服电动机换向旋转，来实现滑块的上下运动。

图 7-48 所示为德国舒勒公司生产的闭式伺服压力机。图 7-49 所示为我国济南二机床集团有限公司生产的公称力为 10MN 的闭式伺服压力机。图 7-50 所示为日本网野公司生产的闭式伺服压力机生产线。

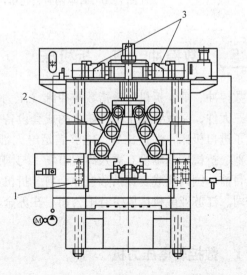

图 7-47 日本网野闭式伺服机械压力机原理示意图

1—平衡/安全装置 2—对称肘杆机构 3—特殊驱动装置

图 7-48　德国舒勒公司生产的闭式伺服压力机

图 7-49　济南二机床集团有限公司生产的公称力
　　　　　为 10MN 的闭式伺服压力机

图 7-50　日本网野公司生产的闭式伺服压力机生产线

7.5　数控冲、剪、折机床

　　数控冲、剪、折机床是指数控冲床（压力机）、数控剪板机、数控折弯机，俗称钣金加工的三大件，是钣金加工不可缺少的成套设备。目前，我国国产中低档数控冲、剪、折机床取代了进口机床，性价比高，能够满足绝大部分用户的要求，产销量逐年增长；我国数控冲、剪、折机床基本没有进入高端市场，与国外高端机床相比差距较大。

　　目前，国内能成套提供数控冲、剪、折机床的主要厂家有：济南铸造锻压机械研究所有限公司、江苏亚威机床股份有限公司、江苏金方圆数控机床有限公司、江苏扬力集团有限公司等。

7.5.1　数控转塔压力机

1. 数控转塔压力机简介

数控转塔压力机是指工作台可沿 X 方向、Y 方向送料定位，工作台在床身上实现一体化安装的一类压力机，带有单套或多套模具，可完成对板材的冲孔或起伏成形；加工程序通过自动编程软件生成。数控转塔压力机区别于普通压力机，它是一个独立的机种。数控转塔压力机是带有转塔式模具库的数控压力机，国内外产量均最大。通常情况下，在我国数控冲床等同于数控转塔压力机。数控转塔压力机的机身分为开式和闭式，冲压动力（主传动）装置安装在机身上部，转塔模具库安装在机身喉口内，送料工作台安装在机身上和转塔模具库相对，控制系统安装在机身一侧。转塔可分为上、下两个转盘，上转盘安装上模部分，下转盘安装凹模，上、下转盘旋转选模到位后有插销使转盘定位，上、下模在打击滑块下对中。送料工作台上的活动横梁由滚珠丝杠加伺服电动机驱动直线导轨导向相对于转塔作前后移动，活动横梁有溜板夹钳，溜板由滚珠丝杠加伺服电动机驱动直线导轨导向相对于机身作左右移动，夹钳夹持板材在上、下转盘间实现 X 方向、Y 方向定位。冲压装置打击模具完成对板料的冲制。

国产数控转塔压力机配用的模具是通用的，分为 A、B、C、D、E 五挡，其中 E 挡模具基本不用。自转模位可安装 C、D、E 挡模具，也可安装多子模模具来扩大模具容量。

数控转塔压力机的开式或闭式床身对机床的性能没有影响。冲压动力装置（主传动）分为机械式、液压式、伺服电动机式。控制轴分为：X 轴，板料左右运动；Y 轴，板料前后运动；T 轴，模具选择调用；C 轴，自转模具驱动；Z 轴，滑块行程控制。

衡量数控转塔压力机技术性能的主要参数如下：

1）能力参数。包括公称力、一次再定位可加工工件大小、模位数量、模具形式（长导向或短导向）。

2）效率参数。包括每分钟最高冲压次数、规定步距下的每分钟冲压次数（一般取送料步距 25mm）、板材送料速度、转盘转速、自转模数量、夹钳位置可编程。

3）精度参数。包括孔间距精度、重复定位精度、滑块行程精度。

4）环保指标。包括传动形式、整机功率。

在这些参数中，效率参数的提高具有较大的技术难度。

2. 国内数控转塔压力机的现状

国产数控转塔压力机的年产量已达 2000 多台，属中低档产品，可靠性较高，性能尚可，具有良好的性价比。国产数控液压转塔压力机占数控转塔压力机产量的绝大部分，但伺服电动机主传动的全电数控转塔压力机也已出现，但数量不多。伺服转塔压力机的技术逐渐成熟，取代液压机的趋势明显，估计近几年内会出现较大的发展。

国内多数厂家生产的数控转塔压力机的主要参数为：公称力以 300kN 为主导，200kN 次之；冲压次数为 1000 次/min，送进速度为 85m/min；加工板材最大尺寸以 1250mm × 2500mm 为主，板厚在 6mm 以内；模具数量为 30 套左右，一般带有 2 套自转模；孔间距精度为 0.1mm，滑块位置控制精度为 0.1mm；4 轴控制，液压主传动。目前，国产数控转塔压力机的先进指标是：冲压次数达 1800 次/min，送进速度为 120m/min；孔间距精度为 0.1mm，滑块位置控制精度为 0.01min；模具数量为 56 套，液压主传动，6 轴控制，滑块行程、速度、位置可编程；夹钳位置可编程。

我国数控转塔压力机生产厂家有近 20 家，其中具有代表性的是济南铸造锻压机械研究所有限公司、江苏金方圆数控机床有限公司、江苏扬力集团有限公司等，它们生产的产品具有完全知识产权，属国内先进技术水平，产销量占国内市场的 60% 以上。

在国产数控转塔压力机单机快速发展的同时，附属自动化装置及其延伸产品也取得了长足的进步。济南铸造锻压机械研究所有限公司、江苏金方圆数控机床有限公司研发了以数控转塔压力机为主机的加工中心、柔性加工单元（FMC）、柔性加工系统（FMS）。数控转塔压力机配置自动上、下料装置成为自动化的板材加工中心；加工中心再配置小型自动化仓库（一般为单列）成为柔性加工单元；以数控转塔压力机和直角剪板机或数控冲剪复合加工机为主机配置物流系统和大储量自动化立体仓库，成为板材柔性加工系统。

值得一提的是，国产数控冲压剪切复合加工机简称数控冲剪复合机是一个很好的平板钣金零件加工设备，它由数控转塔压力机和数控直角剪板机组合在一起，共用一套数控系统、一个工作台、一个液压站，其结构紧凑。通过自动编程软件在 1000mm×2000mm 或 1250mm×2500mm 甚至更大规格的板材上对工件进行排料，生成一体化冲压剪切程序。大板上料，先冲后剪，在板料上排好的工件冲完后被直角剪板机分离，并输出机床。数控冲剪复合机的加工效率高，工件精度高，节省材料，节省冲剪机床间的转运工序和场地。

但令人遗憾的是，由于国产配套件的性能有待提高，国产数控转塔压力机的数控系统、精密滚珠丝杠、直线导轨、液压动力头等关键配套件主要采用进口产品。数控转塔压力机的数控系统主要选用日本发那科（FANUC）公司、德国西门子（SIEMENS）公司的产品；精密滚珠丝杠、直线导轨选用德国、日本及我国台湾地区公司的产品。各模具供应商提供的各档模具外形尺寸相同。模具是消耗品，国外的供应商主要有美国的 Wilson 公司、MATE 公司，日本的 AMADA 公司；国内的供应商有广东启泰电子科技有限公司、北京兆维电子（集团）有限责任公司等。

3. 数控转塔压力机的发展趋势

数控转塔压力机的发展方向表现在高速、多功能、环保节能三个方面。高速是指加工效率的综合高效性，多功能是指机床自身功能的完善和多种加工功能，环保节能是指机床的噪声、污染、电能消耗明显降低。

冲压动力装置是数控转塔压力机技术进步速度最快的部分，最初的离合器、制动器加曲柄连杆机构已基本被淘汰，绝大部分数控转塔压力机主传动装置为液压动力头。数控液压机的冲压次数由 600 次/min 发展到 1800 次/min；由滑块行程有级控制、速度不可调整，发展到行程位置、速度可编程控制；数控转塔压力机的性能大大提高，功能有所增加；也从根本上消除了过载闷车的故障。在未来几年的时间内，数控液压机还将占据主导地位。

伺服电动机主传动数控转塔压力机（数控伺服压力机）以其控制更加灵活、更加节能环保的优势开始崭露头角。将大转矩伺服电动机的旋转运动通过曲柄连杆机构、或连杆机构、或凸轮机构转化为滑块的往复直线打击运动，滑块的运动速度和位置都可通过编程控制，不冲压时主传动机构静止不动，基本不消耗能量，运行噪声很小。这种数控转塔压力机比液压数控压力机的控制更灵活，更节能，也不会有油液消耗、泄漏、废油处理等污染问题，技术上更有优势，已成为数控转塔压力机的发展趋势。目前，我国数控伺服压力机的生产技术水平较低，还不能完全达到或超越液压机，与国外数控伺服压力机相比差距较大。

济南铸造锻压机械研究所有限公司领先研发了一种带激光切割功能的冲割复合转塔压力机，其特点是使用封离式激光器，能够切割 3mm 以下的碳钢板，经济实用，使用方便，运行成本较低，为这种复合机的推广应用提供了良好的基础。

4. 与国际先进水平的差距

国际著名品牌产品引领着数控转塔压力机的发展方向，在高速、多功能、环保节能三个方面我国的产品还有不小差距。以日本 AMADA 公司的 EM 系列产品为例，该系列压力机以专用大转矩盘式伺服电动机直接驱动曲轴，打击次数为 1800 次/min，25.4mm 步距时打击次数为 500 次/min，X 轴的送进速度为 100m/min、Y 轴的送进速度为 80m/min；模位数最多为 70 个；配用不同的模具可以实现切割、辊压、折弯、刻印等特殊加工，可以成为小钣金件加工中心；由于主电动机可编程控制，冲压噪声小，电动机制动能量可回馈储存；可靠性高。其生产的许多外围设备也具有很高的技术水平，例如 AMADA 公司还可提供机外模具库和机床原有模具库自动交换模具，实现模具数量不限的不停机加工。该公司在软件、网络控制方面也有独到之处。

国外著名厂商的板材柔性加工系统技术先进成熟。我国生产的伺服主传动转塔压力机的技术指标正逐步提高，正在接近国际领先水平，但尚无成熟、稳定的产品供应市场。

7.5.2 数控折弯机

1. 数控折弯机简介

板料折弯压力机简称折弯机，用于对板料进行各种角度的折弯，配用专用的上、下模具还可以对板料进行折叠压平、压制圆弧及圆锥形等，也可以冲孔。折弯机主要由机架、滑块、后挡料装置、滑块驱动系统、模具、控制系统等组成。根据驱动滑块的动力装置类型折弯机可分为机械折弯机、液压折弯机、伺服折弯机、复合驱动折弯机。机械折弯机早已被液压折弯机取代，目前国产折弯机基本上是液压折弯机，公称力从几百千牛到几万千牛。液压折弯机的优点在于有较大的工作行程，在行程的任一点都可以产生最大公称力；折弯行程、压力、速度可调，易于实现数控；可实现快速趋近、慢速折弯，符合工件折弯的工艺要求。伺服折弯机是指伺服电动机通过滚珠丝杠直接驱动滑块的折弯机，由于滚珠丝杠的承载能力有限，伺服折弯机还限于 630kN 以下（国外产品为 2000kN 以下）的小型折弯机。复合驱动折弯机是指伺服电动机直接驱动伺服液压泵，通过液压缸驱动滑块的折弯机，方便地实现了滑块在任意位置停止、以任意速度上下，这种折弯机可以满足较大吨位要求。

数控折弯机是指折弯机的一个或多个运动实现数字控制。折弯机的运动部分有：后挡料装置前后运动，定位板料的折弯位置为 X 轴；滑块的上下运动一般为双缸驱动，下行位置决定折弯角度，为 Y 轴或 $Y1/Y2$ 轴；后挡料装置左右运动可适应不同板宽，为 Z 轴；调节后挡料梁的高度，以适应下模高度，为 R 轴；工作台的挠度补偿轴为 V 轴。折弯机最基本的控制轴为 X 轴，其次为 Y 轴或 $Y1/Y2$ 轴，最多可以有 9 个数控轴。折弯机配用折弯角度实时检测装置，形成加工过程的闭环控制，能够不试折加工工件，剔出了材料不一致性的影响，可保证折弯角度的高精度。

滑块两端的下行同步性决定了工件折弯角度的一致性。同步有多种方式：平行连杆同步、液压分流阀同步、扭轴同步、电液伺服同步等。滑块同步过去一直是折弯机的技术难点，但由于数控技术和电液伺服控制技术的成熟，折弯机生产厂家只需成套采购带有电液同步控制功能的液压系统应用即可，无需自身掌握同步技术。扭轴同步折弯机由于成本较低仍在用于生产，平行连杆同步、液压分流阀同步以及缸内或缸外可调挡块的折弯机已被淘汰。

2. 国产数控折弯机现状

我国有众多折弯机生产厂家，年产量在 10000 台左右，其中数控折弯机在 4000 台以上。我国生产的折弯机已经达到国际先进水平，除满足国内需要外，正以较快的增长速度销往国际市场。我国生产的数控折弯机的公称力从几百千牛到数万千牛，单机折弯长度达 12.5m，双机联动机型的折弯长度可达 24m，如有需求也可以制造更大规格的折弯机。在数控液压折弯机中电液伺服同步折弯机约占一半。高端数控折弯机是指 8 轴及以上、高速、高精度、配有折弯专家系统的折弯机。我国可以生产高端折弯机，但和国际领先水平相比尚有一定差距，主要表现在速度和精度上。通过数控系统输入折弯件断面图形，数控系统能检查工件和模具的干涉情况，优化折弯顺序，自动生成折弯程序。

目前，我国数控电液伺服同步折弯机液压系统成套采购德国博世－力士乐公司或德国贺尔碧格公司的产品，数控系统采用荷兰 Delem 系统或瑞士 CYBELEC 公司的系统，滑块两侧行程检测主要使用德国 HEIDENHAIN 公司生产的光栅尺，这些性能优良的关键配套件保证了机床的性能。

我国折弯机制造分工越来越细，液压缸、机架、模具、电气控制系统都由专业厂家生产，制造越来越精细。我国企业不仅能制造通用数控折弯机，也能制造各种大型特种折弯机。

数控折弯机主要的制造厂家有湖北三环锻压设备有限公司、上海冲剪机床、江苏亚威机床股份有限公司、天水锻压机床（集团）有限公司、江苏金方圆数控机床有限公司、江苏扬力集团有限公司、济南铸造锻压机械研究所有限公司等。

3. 数控折弯机的发展趋势

扭轴同步折弯机结构复杂，可能出现问题的环节多，以电液伺服同步淘汰扭轴同步是数控折弯机发展的必然趋势，如果电液集成系统国产化，可降低制造成本，则淘汰的速度会更快。

数控折弯机在加工过程中工件的运动是空间的，简单的两轴送料装置不能满足要求。因此，为了实现折弯加工自动化，数控折弯机配用机器人来完成工件的夹持和取放。数控折弯机和机器人之间联合动作，无需人工干预，自动完成折弯加工，形成折弯中心。其局限性在于：由于折弯机模具不能随时组合或更换，有时不能连续完成一个工件多道折弯。目前，机器人的价格很高，限制了这种折弯中心的普及和发展，但是折弯自动化既是市场的需求也是技术发展的趋势。

日本村田公司开发了一种模具自动更换的折弯机，可预装三套模具。

为了实现折弯过程的自动化，意大利萨尔瓦尼尼公司率先成功研制出板料四边折边机。该机床的模具和压料能自动组合，工件在平面内运动，较好地实现了折弯自动化。该机床完全不同于传统的数控折弯机，具有很好的市场前景。

各生产厂家正在为提高折弯精度而不懈努力。影响折弯精度的因素较多，包括机床的制造精度、机架的刚性、滑块的刚性、滑块的同步性、滑块的行程精度、模具的制造精度、板材尺寸和材质等。带多点连续挠度补偿装置的数控折弯机较受用户欢迎。

在折弯效率、工件精度方面，我国生产的数控折弯机和国际先进水平尚存在差距。国外著名厂商的高端折弯机下模配有折弯角度实时测量装置，生产效率高，制件精度高。

7.5.3　数控剪板机

1. 数控剪板机简介

数控剪板机用于板料的裁切，按驱动上刀架的方式可分为机械剪板机和液压剪板机。液压剪板机是指刀架由液压系统驱动，可分为液压摆式剪板机和液压闸式剪板机。剪板机数控是指后挡料定位控制、刀片间隙调整、剪切角调整的数控控制。

机械剪板机采用曲柄连杆机构驱动刀架、飞轮储能、离合器与制动器控制，运行噪声大，不能过载，间隙调整困难；根据传动机构布置在上部或下部，分为上传动剪板机和下传动剪板机。由于机械剪板机剪切次数高，至今仍有一些厂家在生产，但已逐渐被液压剪板机淘汰。

摆式剪板机的刀架绕刀架安装轴旋转摆动，刀片上每一点的运动轨迹是一段圆弧，上刀片安装在刀架上，切削刃是圆柱面上的一段螺旋线，下刀片在工作台上沿直线安装；刀片间隙通过改变刀架偏心转轴的角度进行调整。后挡装置料安装在刀架上。摆式剪板机上刀片只有两个切削刃，刀片间隙的均匀度调整较为困难，刀片受力状态不好，容易磨损，剪切角不能调整。

闸式剪板机的刀架由前后导轨或滚轮约束，刀片间隙靠偏心滚轮使刀架前后摆动调整，剪切时刀架上下运动；刀片四个切削刃均可使用。闸式剪板机没有摆式剪板机的缺点，生产量越来越大。

2. 我国数控剪板机的现状

剪板机结构比较简单，技术含量不是很高，易于数控化。我国剪板机的年产量在 10000 台左右，液压剪板机占 80% 以上；数控剪板机年产量在 4000 台左右；闸式剪板机和摆式剪板机的比例约为 1:2，这一比例正在持续提高。国产剪板机完全能满足国内需求，并实现大量出口。国产剪板机可剪切板厚达 30mm 的碳钢板，剪切长度可达 12m。

为了提高数控剪板机的自动化程度，济南铸造锻压机械研究所有限公司率先开发了数控前送料剪板机，剪板机不用后挡料，而是在前面配置数控自动送料工作台，夹钳夹持板料按程序送进，送进步数最大为 100，每步送进尺寸可不同。

国产数控直角剪板机技术成熟性能良好。该机有沿 X 方向和 Y 方向成直角安装的上下刀片，滑块一次行程可裁剪一块长、宽最大可分别为刀片有效长度的长方形工件；上刀片在高度方向上是倾斜安装的，即 X 方向刀片的最低点到 Y 方向刀片的最高点刀片逐渐升高，如果滑块向下走一半行程，则只有 X 方向刀片剪切板料，称为半剪，连续半剪后可裁剪 X 方向任意长度的长方形工件。数控直角剪板机的优点是节省材料，裁剪灵活。目前，济南铸造锻压机械研究所有限公司和江苏金方圆数控机床有限公司已生产数控直角剪板机。

天水锻压机床（集团）有限公司为货车行业制造的 RDQC11K - 14 × 12000 型数控剪板中心可自动剪切厚度为 14mm、长为 12m 的 16MnL 钢板。

我国目前缺少数控剪板中心，这种剪板中心可实现板材的自动上料，工件品种多，剪切后的半成品能自动分类码垛。

7.6　冲压生产机械化、自动化设备与装置

7.6.1　板材开卷、校平机

1. 板材开卷、校平机的类型与用途

在冲压生产自动线中若使用卷料，则生产线应配备开卷机或开卷校平机，将板料开卷校

平、纵向剪切或横向剪切，加工成所要求的毛坯形状，如条料、块料或其他形状。

开卷、校平机适用于各种冷、热轧板材的开卷、校平。其操作方便、简单，应用范围广，是金属成形领域不可缺少的板材下料设备。

表 7-2 列出了板材开卷、校平剪切生产线的基本参数。

表 7-2　板材开卷、校平剪切生产线的基本参数

卷材厚度/mm	卷材宽度系列/mm	生产线速度/(m/min)			卷材内径系列/mm	卷材最大质量/kg	卷材最大外径范围/mm	剪板长度/mm
		横　剪		纵剪				
		飞剪	停机剪					
0.15 ~ 0.6						15000		
0.3 ~ 1.2	450	50 ~ 120	15 ~ 60	30 ~ 200				500 ~ 4000
0.5 ~ 2.0	650							
0.8 ~ 3.0	800				450			
1 ~ 4	1000				508	20000		
2 ~ 8	1300	40 ~ 80	15 ~ 50	30 ~ 150	610		1000 ~ 2200	
	1600				762			
3 ~ 12	1800							1000 ~ 16000
4 ~ 16	2000							
6 ~ 20	2200	20 ~ 60	10 ~ 40	—		40000		
8 ~ 25.4								

注：表中参数按卷材材料力学性能 $\sigma_s \leqslant 245\text{MPa}$、$R_m \leqslant 460\text{MPa}$ 计算。

2. 板材开卷、校平自动线

图 7-51 所示为德国某公司制造的宽卷料开卷落料自动线。宽卷料由带专用吊钩的起重机吊运到卷料送进装置 1 上，装夹在开卷装置 2、3 上进行开卷。卷料进入多辊校平机 4 进行校平，经过卷料补偿圈 10 再进入卷料自动拉推送进机构 6、7，至落料压力机 5 内进行落料。剪切的毛坯滑入码料装置。新卷料的端部尚未进入卷料自动拉推送进机构时，装在补偿圈地坑 9 两侧的门式框架 11 立即托起卷料端部，送入自动拉推送进机构。卷料自动拉推送进机构需要与落料压力机同步，并间歇地输送卷料，而开卷装置与校平机则连续输送卷料。两者之间的运转速度依靠光电控制系统调节。根据落料采样输出的反馈信号，送入计算机控制系统，控制连续输送的速度，由此构成闭环控制系统。连接开卷装置与校平机的卷料，依靠地坑内的补偿圈进行储存和补偿。

7.6.2　冲压自动送料装置

采用自动送料装置是冲压生产实现自动化的基本要求，是冲压生产自动化的主要内容，直接影响着冲压生产率、生产节拍以及冲压生产整体的自动化水平，并且可以显著提高压力机的利用率和生产率。

1. 普通压力机的送料机构

根据送料动力的不同，普通压力机的送料机构可分为机械、液压、气动三大类。在冲压加工中以机械与气动两类的应用较多。气动送料机构具有灵巧轻便、通用性强、送料长度和材料厚度可调整、机构反应迅速等优点。由于气动送料机构采用压差式气动工作原理，机构

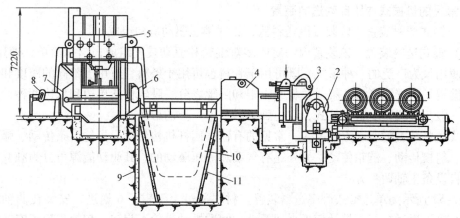

图 7-51 宽卷料开卷落料自动线

1—卷料送进装置 2、3—开卷装置 4—多辊校平机 5—落料压力机 6、7—卷料自动拉推送进机构
8—废料剪切装置 9—补偿圈地坑 10—卷料补偿圈 11—门式框架

的工作噪声较大，会影响冲压工作环境。主要用于冲压的前期送料和小批量、多品种的生产。机械送料机构尽管调整的难度相对较大并且机构尺寸较大，但具有送料准确可靠、机构冲击与振动少、噪声低、稳定性好等优点，仍是目前冲压加工中最常用的自动送料方式。

目前，广泛用于冲压生产线的配置方式有两种：一种方式是在单点压力机上加装辊轮送料机（或气动送料机），这种生产线可以实现单工序或多工序的连续冲压，操作性能良好；另一种方式是在双点压力机上加装多工位送料装置，搭配开卷装置、校平装置等组成多工位连续冲压生产线。由于这两种送料机构的占地面积和工序间的搬运都明显减少，所以在生产中的应用呈现逐渐增多的趋势。

2. 多工位压力机的自动化送料机构

多工位送料系统是一个类似移动臂的装置，其主要作用是把冲压件从一个工位移到另一个工位。一组模具内的每一副模具都在同一台压力机内完成冲压工作。多工位送料移动杆是主要结构件，沿着模具区移动，移动冲压件的端拾器就安装在这些结构件上。用于汽车车身冲压时，根据送料的传动方式，多工位送料系统主要有机械式送料、电子伺服送料和组合式送料系统。

（1）机械式送料 该系统是通过与压力机传动系统的直接连接，将冲压件从一个工位移动到另一个工位。压力机横梁上的动力输出装置将能量从压力机的顶部输送到地面，由随动器驱动的大型机械凸轮安装在送料机构上，凸轮旋转带动机械送料动作。使用较为可靠，但缺点有：机构磨损易影响送料精度；机械传送设计规格参数一旦确定，便不能更改；随着加工零件尺寸的增大，传送机构也将增大，机构零件的预期寿命就会缩短。

（2）电子伺服送料 该系统是指用伺服电动机单独驱动，借助齿轮箱和传动轴，伺服电动机与送料系统相连，并在计算机控制下工作，与压力机的动作协调是由压力机与控制器之间所交换的电子信号完成的。其运动轨迹由计算机程序确定，柔性较好，根据工件的需要可以提供任意的送料距离、夹紧行程、闭合行程和抬起行程。与机械送料相比，电子伺服送料具有以下优点：无需使用压力机的动力输出装置；各轴（包括行程长度和时间曲线）可以实现行程轨迹编程；在无需调整滑块位置的情况下，可以对送料装置进行微动调整，加、减速度快；机械部件数目少，故障率较低等。

3. 常见的机械式冲压自动送料装置

（1）钩式送料装置　该装置由送料钩、止回销、驱动机构组成。

（2）辊式送料装置　该装置由一对或多对辊轮和驱动装置组成，结构简单，通用性好，是目前使用最为广泛的一种形式，既可用于卷料也可用于条料，适用于不同的厚度和步距。

根据辊子的安装形式，辊式送料有立辊和卧辊之分。卧辊包括单边和双边两种，其中单边卧辊一般为推式，少数为拉式，双边卧辊为一推一拉的形式。

辊式送料装置的驱动方式较多，常见的有铰链四杆机构传动、齿轮齿条传动、弧齿锥齿轮传动、斜楔传动、链轮传动；另外还有气动和液压驱动的，其驱动能源可分为独立能源系统和来自设备主轴两种方式。

图 7-52 所示为单边推式卧辊送料装置。材料通过上下辊子 6 送进，安装在曲轴端部的可调偏心盘 1 通过拉杆 3 带动棘爪来回摆动，间歇推动棘轮 4 旋转，棘轮与辊子安装在同一轴上，产生间歇送料，冲压后的废料由卷筒 7 重新卷起。传送带张力不要太大，以免打滑。

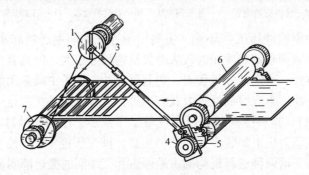

图 7-52　单边推式卧辊送料装置

1—可调偏心盘　2—传送带　3—拉杆　4—棘轮　5—齿轮　6—辊子　7—卷筒

（3）闸门式半成品送料装置　该装置主要用于片状或块状零件的输送。

闸门式送料装置结构简单、安全可靠、送料精度高，在生产中得到了广泛应用，如图 7-53 所示。闸门式送料装置要求毛坯的厚度不能太小，一般应大于 0.5mm，而且毛坯表面要平整，边缘应没有大的毛刺，否则会影响送料装置工作的可靠性。为了

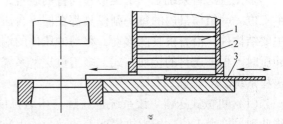

图 7-53　闸门式送料装置的工作原理图

1—片状或块状零件　2—料匣　3—推板（闸门）

保证能顺利将毛坯推出，且每次只推出一件，料匣出料高度应比毛坯厚度高 40% ~ 50%，而推板上表面比被推毛坯上表面低 30% ~ 40%。

推板行程由料匣的安装位置与模具工作部位间的距离、推料方式和压力机滑块行程的大小等因素决定。一般情况下，由推板一次行程把毛坯送入模具。当料匣与模具工作部位的距离较大而压力机滑块行程较小时，可以考虑采用多次行程送料，即推板把毛坯分级送进或毛坯在送进过程中为毛坯推毛坯的方式，仅最后的毛坯由推板推动。

（4）摆杆式送料装置　该装置由摆杆、抓件部分和驱动部分组成，利用摆杆的摆动实现抓件和送料过程。

（5）夹钳式送料装置　该装置由夹钳、连杆、滑板、料槽和堆料部分组成，主要用于圆形块料的送料。

（6）转盘式送料装置　这种送料装置的传动形式有摩擦式、棘轮式、槽轮式、蜗轮式和圆柱凸轮式等。

（7）多工位送料装置　该装置由夹板、夹钳、纵向送料机构和横向夹紧机构等组成。

在多工位冲压生产中，自动送料分为两向和三向送料。两向送料方式按"夹紧—送进—松开—退回"方式进行，冲压方法和冲压件的形状均受到限制；三向送料方式是在两向送给方式中加上"上升、下降"的动作，使夹板按"夹紧—上升—送进—下降—松开—退回"方式进行，扩大了多工位装置加工产品的范围。

4. 出件机构

出件机构的作用是把冲压下来的工件或废料及时送出，否则它们会在模具的周围堆积起来，影响送料机构的正常工作。按传动特点划分，出件机构可分为气动式和机械式两种。

（1）气动式出件装置　气动式出件装置主要有压缩空气吹件和气缸活塞推件两种。

压缩空气吹件装置结构简单，广泛用于小型冲压件的出件，但工件被吹出后的方位不能控制和定向，噪声也较大。

图 7-54 所示为气动出件装置的另一种方式，它是利用气缸活塞的推力把工件从模具中推出的。气缸工作由装在滑块上或曲轴端部的凸轮通过气阀进行控制。

当冲压工作完成滑块上行时，凸轮通过行程开关控制气源，使气缸左腔进气，活塞被推向右边，活塞杆的右端把工件从右方推出。当滑块下行时，滑块上的凸轮通过行程开关控制气阀，使气缸的右腔进气，活塞杆被推向左边，离开冲压工作区。

（2）机械式出件装置　其结构形式很多，有接盘式、弹簧式和托杆式等。

图 7-55 所示为机械接盘式出件机构，由杆 3、接盘 5 和下摆杆 6 等组成。杆 3 的上端与上模相连。接盘 5 和下摆杆 6 焊接成一个整体，焊后保持一个夹角 β；杆 3 和下摆杆 6 之间为铰接，接盘对准上模。其动作过程是：当压力机滑块带着上模上升时，工件也随上模上升。杆 3 在上模的带动下，使下摆杆 6 向上摆动，α 角由大变小，使接盘处于水平位置，工件在打料杆的推动下落在接盘上。滑块下行时，下摆杆 6 向下摆动，使接盘向外摆出，因为接盘在下摆杆的夹角固定为 β，因此，下摆杆摆到最低位置时，接盘有较大的倾斜度，可使工件自动滑下。

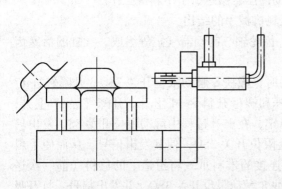

图 7-54　气缸活塞推件装置简图

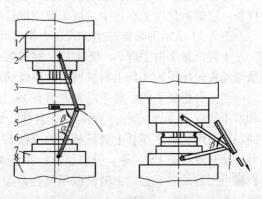

图 7-55　机械接盘式出件机构
1—压力机滑块　2—上模　3—杆　4—工件　5—接盘
6—下摆杆　7—下模　8—工作台

7.6.3　冲压机械手与机器人

1. 机械手和机器人简介

机器人自 20 世纪 60 年代初问世以来，经过多年的发展，已经广泛应用于各行各业。例如，娱乐机器人、服务机器人、水下机器人、军用机器人、仿人形机器人、农业机器人、医疗机器人、焊接机器人、搬运机器人等，已成为现代生活特别是制造业中不可分割的一部分。

机器人技术是力学、机构学、机械设计学、自动控制、传感技术、电液气驱动技术、计算机、人工智能、仿生学等多学科知识的综合与交叉所形成的一门跨学科的综合性高新技术。机器人作为高自动化、智能化的典型机电一体化设备，通过计算机编程能够自动完成目标操作或移动作业，具有较高的可靠性、灵活性以及巨大的信息储存、处理能力和快速反应能力。机械手的研究作为机器人研究中的一个重要分支，在现代制造业中具有极大的实用价值和战略意义。

最初的机械手常为装有固定程序或简单可变程序的专用机械手。这种机械手大多是根据特定的生产现场设计制作的，采用气动、液压或者电气驱动，用行程开关、机械挡块或由其他传感器来控制其工作位置。其工作对象单一，动作较少，结构简单，成本低廉。简单机械手的运动特征主要包括臂部的移动和手部的抓取、松开动作。如图 7-56 所示，假定机械手的初始运动状态为图中的工位一，则定位到工位一；然后小臂 3 带动腕部 2 和手部 1 下行抓取工件；下一步小臂 3 上升；之后大臂 4 右移，同时立柱 5 旋转到工位二，小臂 3 带动腕部 2

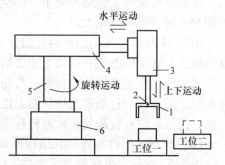

图 7-56　机械手基本形式示意图
1—手部　2—腕部　3—小臂
4—大臂　5—立柱　6—机架

和手部 1 下降并放下工件；最后机械手返回初始位置。至此完成一个工作节拍。

2. 冲压机械手的工作原理与结构

冲压机械手是在机械手的基础上，根据冲压生产特点，为实现冲压自动化而专门研发的设备。它能取代人工在各个冲压工位上进行辅助冲压、搬运、上下料等工作。

图 7-57 所示为某圆柱坐标式压力机自动上料机械手的结构。

上料机械手由手臂 7、吸盘 12、推料爪 6、齿轮轴、制动器气缸等组成。气缸的活塞齿条带动齿轮轴回转实现上料机械手的手臂回转。

当上料机械手的手臂 7 退到升料台 14 上面时，撞块 8 触动限位开关 7SQ，升降气缸 17 和棘爪气缸 16 同时动作。棘爪 18、棘轮、螺杆和螺母升料台 14 上升。升降气缸 17 上升，储料筐内的材料立即被上料机械手的吸盘 12 吸牢，在上升过程中触动限位开关 8SQ 发出信号，使升降气缸 17 下降，退回原位；并触动上限位开关 2SQ，使其发出信号，从而使上料机械手回到滑道 4 上。上料机械手与吸盘架相连接的推料爪 6 将滑道上的材料（前一次送料）推入压力机下模面上，同时手臂 7 上的撞块 8 触动限位开关 3SQ，并发出信号，打开吸盘的开关阀，使吸盘 12 与大气相通，被吸的工件落到滑道上，并被两块永久磁铁 5 吸住，防止工件被推料爪 6 带回。同时限位开关 3SQ 使中间继电器断电，经换向阀换向后，上料机械手反向回转。在回转 30°时，触碰限位开关 5SQ 并发出信号，进行一次冲压动作。在上料机械手转回到原位（即回到升料台 14 上面）时，撞块 8 触动限位开关 7SQ 并发出信号，上料机械手重复上述动作。

上料机械手的手臂向升料台上回转，当到达极限位置时，为使手臂减速以减小冲击，采用了制动器 10（即机械式制动装置）。制动器只对上料机械手手臂回转起单向缓冲制动作用。当手臂转向升料台时，安装在齿轮轴上的制动器松开，手臂的回转速度也随之渐增，使推料爪 6 有足够的动能推动材料到达压力机的模面上。

这种自动上料机械手装置可用在 600 ~ 1000kN 的压力机上。在一般压力机上，改装压力机曲轴，附加上料机械手、升料台和滑道等装置，即可使压力机自动连续工作，保证压力机有节奏地进行安全生产，简单方便。

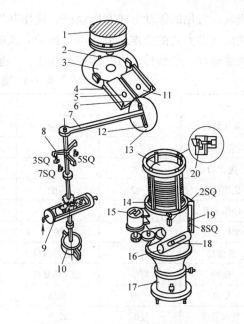

图 7-57 某型号自动上料机械手

1—冲头 2—挡销 3—下模 4—滑道 5—永久磁铁
6—推料爪 7—手臂 8—撞块 9—回转气缸
10—制动器 11—止导挡块 12—吸盘
13—工件 14—升料台 15—快速下降电动机
16—棘爪气缸 17—升降气缸 18—棘爪
19—行程挡块 20—分片爪

3. 冲压机械手的组成

冲压机械手主要由执行机构、驱动机构和控制系统三大部分组成。

（1）执行机构 又称操作机，是机器人完成其功能的机械实体，具有和人的手臂相类似的功能。一般可以分为末端执行器、腕部、手臂、机座四个部分。

1）末端执行器。冲压机械手的末端执行器通常具有夹持功能，因而又称为手部。直接接触冲压工件，并完成相应操作的部分称为手指。按照夹持方式和原理的不同，手部又分为夹钳式、气吸式、磁吸式和套圈式四类。比较常见的是夹钳式和吸盘式手部。手部常采用模块化设计，便于安装拆卸，同时也提高了机械手的适应性。

2）腕部。腕部用于支承和调整末端执行器的位置和速度，同时腕部的存在能够扩大手臂的动作范围，一般具有 2 ~ 3 个回转自由度以调整末端执行器的姿态。某些机械手也可能没有腕部结构而直接将末端执行器连接到小臂上。

3）手臂。通常由多个杆件和连接处的各个关节组成，且与系统主要动力源相连，传递动力，并配合调整末端执行器和手腕姿态。手臂常有多条，而且每条手臂也可以有多节。通常将靠近末端执行器的一节称为小臂，而靠近机座的称为大臂，大臂与机座间也采用关节连接，以扩大机械手整体的运动范围，增强其灵活性。

4）机座。它是机械手中相对固定并承受来自末端、腕部和手臂上的作用力的基础部件。可分为固定式和移动式两类。固定式不可以自由移动，常完成近距离的固定工位操作，而移动式机座的下部安装了轮子、履带等移动机构，使得机械手可以相对自由地移动。由于冲压机械手的功能大都比较简单，因此一般不必具备所有的部件。

（2）驱动机构 驱动机构为机械手提供动力和运动，由动力源、传动装置、检测元件等组成。常用的驱动方式有电动机、液压和气动装置或三者中的两个相互结合。由表7-3可以看出气动方式的成本最低，液压传动方式的传动力最大，电动机传动方式的精度最高，控制性能最好，机械传动方式的使用较少，一般不作考虑。

表 7-3　驱动方式的比较

项目	气压传动	液压传动	电动机传动	电气传动	机械传动
系统结构	简单	复杂	复杂	复杂	较复杂
安装自由度	大	大	大	中	小
输出力	稍大	大	一般	小	稍大
定位精度	一般	一般	高	很高	高
动作速度	大	稍大	大	大	小
响应速度	慢	快	快	快	中
清洁度	清洁	可能有污染	清洁	清洁	较清洁
维护	简单	比气动复杂	复杂	复杂	简单
价格	一般	稍高	高	高	一般
技术要求	较低	较高	高	高	较低
控制自由度	大	大	大	中	小

（3）控制系统　控制系统通常包含两部分：传感器电路和用作控制的中枢（PC、PLC和单片机等）及其控制电路。它能对人为的设备操作（开启、停机及示教等）进行反应，同时又能控制机器人按规定的要求动作。常采用的控制方法有不带返回信号检测的开环控制和带返回信号检测的闭环控制。

4. 冲压机械手的分类

关于机械手的分类。目前冲压机械手的分类方法较多，可按使用范围、驱动方式、用途、坐标形式、控制方法、搬运质量、运动轨迹等来划分。

（1）按使用范围分类　可分为专用机械手、通用机器人和示教型机械手。

1）专用机械手。这类机械手通常依据某种特定的机械现场设计，在固定程序或简单的可变程序的指导下产生特定的动作。其工作对象单一，动作较少，结构简单，成本较低。

2）通用机器人。为可编写程序的通用机械手，可适应不同的工作对象，通用性强，适用于以多品种、中小批量生产为特点的柔性制造系统。

3）示教型机械手。又称为示教再现型机械手，通过学习由人工导引机械臂的末端执行器（抓手、工具、焊枪等），或由人工操作导引机械模拟装置或用示教盒来使机器人记忆预期的动作，然后重复再现通过示教编程存储起来的作业程序。

（2）按驱动方式分类　可分为机械式机械手、液压式机械手、气动式机械手和电动式机械手等。

（3）按用途分类　可分为冲压机械手、焊接机械手、表面喷涂机械手、装卸机械手、装配机械手、无损检测机械手和医疗机械手等。

（4）按机械手运动控制方式分类　可分为点位控制机械手和连续轨迹控制机械手。

1）点位控制机械手。就是由点到点的控制方式，在关键点（目标点）处准确控制机器人末端执行器的位置和姿态，完成预定的操作要求。例如，上下料搬运机器人、点焊机器人等都属于点位控制方式的机械手。

2）连续轨迹控制机械手。该机械手的各部位协调运动，精确控制机器人末端执行器按预定的轨迹和速度运动，并能控制末端执行器沿曲线轨迹上各点的姿态。弧焊、喷漆和检测机械手等均属连续轨迹控制方式。

（5）按搬运质量分类　可分为微型机械手、小型机械手、中型机械手和大型机械手等。

（6）按机架结构分类　可分为立柱型、门架型、坐标型机械手和 Scara 型机械手等，如图 7-58～图 7-61 所示。

图 7-58　立柱型气动机械手

图 7-59　门架型气动机械手

图 7-60　坐标型气动机械手

图 7-61　Scara 型气动机械手

（7）按机械结构的坐标系分类　可分为直角坐标式机械手、圆柱坐标式机械手、球坐标式机械手和关节式机械手等，如图 7-62 所示。

1）直角坐标式机械手。又称为直移式机械手，如图 7-62a 所示。机械手的手臂可在直角坐标系的三个坐标轴方向作直线移动，即手臂的前后伸缩、上下升降和左右移动。这种形式的机械手结构简单，运动直观，精度较高，安全系数好，成本低廉。缺点是设备所需的空间较大，而工作范围相对较小。适用于工作位置成直线排列的情况，常用于抓取和传送带上下料。

2）圆柱坐标式机械手。又称为回转型机械手，如图 7-62b 所示。机械手的手臂可作前后伸缩、上下升降和水平面内摆动。具有直观性好，惯性比大，结构简单等优点，与直角坐标式机械手相比，设备占用的空间较小，而动作范围较大。圆柱坐标式机械手的特征是，在垂直导柱上装有滑动套筒，因而手臂可在竖直方向上作直线运动和在水平面内摆动，但因结构限制，不能抓取到地面上的物体。

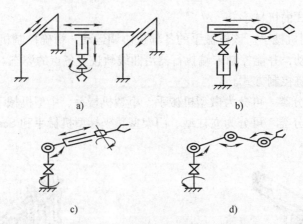

图 7-62　机械手按照坐标系分类

a）直角坐标式机械手　b）圆柱坐标式机械手　c）球坐标式机械手　d）关节式机械手

3）球坐标式机械手。又称为俯仰型机械手，如 7-62c 所示。其自由度较多，适用性较广。机械手的手臂可作前后伸缩、上下俯仰和左右摆动。与同尺寸的圆柱坐标式机械手相比，扩大了工作范围，并且可以抓取到地面上的物体。其运动惯性较小，但手臂越长，摆角误差对精度的影响越大。不足之处是运动关系复杂，成本较高。

4）关节式机械手。又称屈伸型机械手，如图 7-62d 所示。与人的手臂类似，关节式机械手由大臂、小臂和多个关节组成。它比上述三种机械手更具灵活性，甚至可以绕过障碍物进行工作，因而更适应拥挤或者狭窄空间的工作环境，通用性更好。但是多关节的同时动作，导致其运动直观性差，控制复杂，机械结构复杂，机械刚度小，运动精度低，成本高。

5. 冲压机械手的型号

目前国内各单位在编制机械手型号时，一般都遵循以下原则：

1）用汉语拼音字母表示机械手及其驱动方式。

2）用数字表明机械手的主要参数，如额定抓取质量等。

3）突出特征需要专门注明时，另用数字或拼音字母加注，如改型顺序等。

给机械手标注型号可以突出机械手的特征，至于机械手的其他特征参数可以在说明书中详细说明。表 7-4 为机械手型号的编制代号。

表 7-4　机械手型号的编制代号

表示内容	机械手	驱动方式				额定抓取质量/kg	改型顺序
		液压	气动	电动	机械		
采用代号	JS	Y	Q	D	J		
数　码						用数字表示	用数字表示

机械手的符号举例如图 7-63 所示，和型号实例如图 7-64 所示。

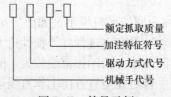

额定抓取质量

加注特征符号

驱动方式代号

机械手代号

图 7-63　符号示例

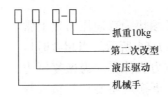

图 7-64　型号实例

6. 关节式机器人

关节式机器人因为其灵活性和通用性而备受青睐。日常所常见的焊接、喷涂等机器人都属于关节式机器人。

关节式机器人的结构形式类似于人的手臂，能够有效地确定三维空间中机器人的姿态，主要有回转和旋转两种运动，通过数学计算和轨迹控制能够拟合空间中的任意曲线；甚至轻易地避开障碍物，而到达空间中的任意目标位置。这一点对于采摘机器人来讲尤为重要。

关节式装配机器人又有平面关节式（即 SCARA 型）和垂直关节式（即空间关节型）两种。平面关节式机器人主要用于制作电路板时不规则芯片的装配，比垂直关节式机器人占用空间小，水平方向运动灵活，承载量轻，精度高，成本低；而垂直关节式机器人的工作面积更大，通用性更强，使用更加灵活。

按照关节的分布方式又可以分为串联和并联机械手。从关节驱动方式分，又可分为多电动机驱动和单电动机驱动机械手，如图 7-65 所示。多电动机驱动控制相对容易，机械结构简单；而单电动机驱动虽控制较难但设备占用空间小，使用更加灵活。对关节式机器人的研究仍然是当今研究的热点所在。

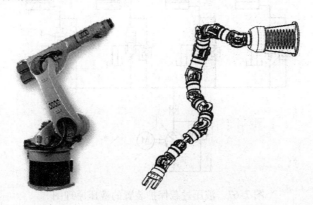

图 7-65　KUKA 多电动机驱动的涂胶机器人和单电动机驱动 20 自由度蛇形机器人

7.6.4　冲压安全保护装置

1. 超负荷保险装置

在压力机的使用过程中，由于设备选型不当、冲压件材质和料厚的误差、双料误送等原因，会导致滑块的工艺力超出允许范围，造成设备损坏，严重时甚至引发人身事故。为了设备和人身安全，压力机常采用各种过载保护装置。常用的过载保护装置分为两类：一类是破坏性的，如剪板式、压塌块式保护装置；另一类是非破坏性的，如液压式、机械式和电动仪表式过载保护装置等。

（1）压塌块式保护装置　压塌块为普通压力机上常用的一种破坏式保险装置，如图7-66所示。当超载时压塌块被破坏，触动行程开关，压力机停车。为恢复压力机的工作，要重新更换压塌块，更换后还要重新检查封闭高度，这样比较麻烦，并且浪费时间。对于破坏式的保险装置，由于绝大多数情况是其中一个先破坏，容易造成滑块偏转，使导轨承受约束滑块偏转的力，这会加剧导轨的磨损甚至损坏机件。因此，破坏式保险装置用于双点及四点压力机是不合适的。但由于其结构简单，制造成本较低，目前在小吨位单点压力机上仍有使用。

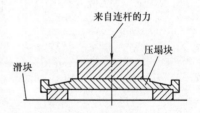

图7-66　压塌块式过载保护装置

（2）液压式过载保护装置　用液压垫代替压塌块作为过载保护装置。液压垫通过液压系统调压可获得准确的保护载荷。当压力机出现过载时，液压压力升高自动打开卸荷阀，液压垫内的液体被迅速排回液压系统，在滑块停止运动的状态下，连杆可继续向下运动，同时限位开关发出过载信号，控制离合器脱离。检查并排除超载原因后，液压系统自动恢复到保护压力，压力机可继续工作。所以，液压过载保护装置是非破坏性的。

图7-67所示为四点压力机上的液压过载保护装置的液压原理图。在每根连杆下端有一个液压垫4，每个液压垫由一个液压卸荷阀3控制。卸荷时阀芯可以通过限位开关2发出过载信号。液压系统由高压液压泵1供油。一般来说，液压过载保护装置的保护载荷准确，动作灵敏、可靠，但制造费用较高。该系统还有两个缺点：一是当压力机偏载时，保证各卸荷阀同时卸载相当困难；二是高压泵经常在高压溢流状态下工作，系统容易发热。

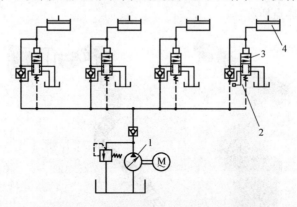

图7-67　液压过载保护装置的液压原理图
1—液压泵　2—限位开关　3—卸荷阀　4—液压垫

图7-68所示为采用气动泵供液的液压系统。该系统用气动泵1和气动卸荷阀2代替前面的高压泵和卸荷阀。气动泵是一种自动泵，系统压力降低时它能自动起动，达到调定的压力时能自动停止。压力机正常工作时，气动泵只起补压作用，因而寿命高，节约能源。该系统在J36-800型压力机上的应用效果良好。

（3）机械式与电动式读数仪表　压力机的过载保护装置还有机械式与电动式读数仪表。机械式读数仪表在日本企业生产的小型压力机上用得较多。它是采用机械式应变仪测量机身的变形，通过杠杆放大制成的指针式仪表。这种仪表不宜跟踪载荷变化很快的冲裁工序，而对于拉深等工序则非常适合，而且价格便宜，性能稳定。电动式读数仪表利用电阻应变片直接贴到机身上感受其工作变形，经过电路放大数字显示，当达到警戒值时给出报警信号并能保存最高压力值。它是一种自动化仪表，价格比较高，主要用在大型压力机上。

2. 人身安全保护装置

压力机人身安全保护装置是附属于压力机上的一种保障人身安全的装置。各种保护装置随其约束情况不同，在生产率的提高、省力、安全三方面的情况各不相同。此处提高率是指各种保护装置在使用中所允许的最大辅助时间的长短，省力是指各种保护装置在使用中由于安全距离的限制所引起的劳动强度降低，安全是指各种保护装置所控制压力机的部位及其本身的可取程度。

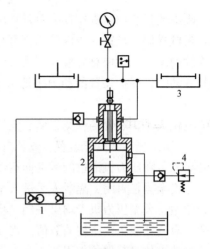

图 7-68 气动泵供液的液压系统
1—气动泵 2—气动卸荷阀
3—液压垫 4—调压阀

（1）手用工具安全保护装置 手用工具包括夹子、镊子、钳子、磁力吸盘、电磁吸盘、真空吸盘等。手用工具要根据冲压件的尺寸、形状、质量来选择。它主要代替操作者进行上、下料，避免操作者的手直接进入上、下模具之间。手用工具的安全保护装置主要以双手结合的方式为主。

双手结合式保护装置是指操作者必须用双手同时压下两个手柄，或一个手柄和一个电钮，或两个电钮等，滑块才能起动。这是为了滑块在下行程时，限制性地保证操作者的手离开危险区，以保障其安全。主要有双手柄联锁式、双手按钮、安全按钮等形式。

1）双手柄联锁装置。图 7-69 所示的装置中只有双手柄 1 的两侧同时被按下，才能将起动杆 2 压到底，起动装置才能结合。单独地按下手柄 1 的任何一侧都不能使起动杆 2 压到底，也就不能使起动装置结合。该装置一般用于小型压力机和台式压力机上。

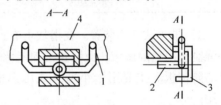

图 7-69 双手柄联锁装置
1—手柄 2—起动杆 3—罩壳 4—工作台

2）双手按钮（双手操作式安全装置）。用双手同时按住两个按钮或操作手柄，通过电磁力、弹簧力、空气压力或人力接近离合器，而使滑块下降。要求把操作按钮放在根据压力机急停性能而确定的安全距离以外，以便滑块下行时，强制操作手离开危险区，防止在起动后松开手柄又将手放入上下模之间取东西而发生事故。这种操作必须是双手按钮联锁，大多数用来控制仅配置一名操作员的机器。双手控制器常与其他安全设备一起安装，广泛用于各种生产设施。

双手按钮可分为单人操作和多人操作两种。其优点是：低投资，占用空间小，容易安装，便于起动。适用性限制是：只能提供手的保护，不提供第三方保护和重大潜在的人机控制冲突，如对于机械故障引起的滑块二次下落无效。

双手按钮适用于带有摩擦离合器或带有可动刚性离合器的压力机。如果在刚性离合器压力机上使用，则双手按钮的位置还要保证有安全距离。

（2）机械式保护装置 是指压力机滑块在下行程及下死点时，用机械结构的形式将危险区隔绝或强制地将操作者的手臂移出危险区，以保障其安全。

机械式保护装置的结构简单，可靠性强，特别是在防止压力机滑块的起动机构失灵而发生连续冲压，或滑块意外滑冲下来时，能很好地保障安全。因为机械式保护装置与压力机滑块是联动的，保护装置的动力来源于滑块，只要滑块向下移动，就会把操作者的手移出危险区。

机械式保护装置的种类繁多，大体上可分为防护栅栏式、推手式、拉手式等。

1）防护栅栏式安全装置。其原理是在操作者和危险区之间，或在被保护区的周围设置一套栅栏，随压力机滑块的运动而运动。滑块回程时，栅栏打开，可以装料、卸料，滑块下降时，安全栅栏封闭，隔断人手进入上、下模具之间。安全栅栏一般适用于连续行程，在小型、中型、大型压力机上均可采用，也用于单次行程操作。栅栏的设计，特别是固定栅栏的间隙，应遵守表 7-5 所列的数值。当压力机因故障误起动而引起滑块连冲时，因栅栏与滑块联锁运动，故可起保护作用。

表 7-5　栅栏间隙表

栅栏与模具边缘距离/mm	栅栏间隙/mm
0 ~ 40	6
>40 ~ 60	10
>60 ~ 90	13
>90 ~ 140	16
>140 ~ 160	20
>160 ~ 190	23
>190 ~ 210	30

2）推手式安全装置。在滑块上有连杆拉杆和凸轮等连接着手推杆，当滑块下降时，把手强制推出危险区域，此装置必须能调节手推杆的长度及摆幅，装有确保滑块运动中手的安全的防护板。主要用于小型开式压力机，当滑块二次下落时，也能准确动作，起到保护作用。

3）拉手式安全装置。滑块下降时，通过两根套在操作者双手上的绳索，将操作者的双手从模具中拉出到安全区域。只要调节好拉带和拉力，即使发生滑块二次下落，也可保障安全。

上述机械式保护装置动作可靠，结构简单，易于维修，可有效防止由于机械失灵而发生连冲。其缺点在于在操作者和上下模具之间，有一机械物体在运动，易影响操作者视线，引起疲劳，不便于送、卸料，主要用于老式压力机的安全改造。

（3）自动保护装置　在操作者与上下模具之间或危险区域周围，设置一种不影响视线和操作的光束、气流、电场等，当操作者的身体或手持某种物体进入危险区域时，能向压力机械的控制电路发出停止信号，使滑块立即停止下降，以保障安全。自动保护装置有光电保护、感应式保护等。

1）光电保护装置。是指操作者与上下模具之间或危险区域周围，设置光幕，形成具有检测能力的检测区域，当操作者的身体或手持某种物体进入检测区域遮断光幕时，控制机构发出停机信号，令滑块立即停止下降，达到保护的目的。这一装置主要用于双动拉深加工、连续加工及脚踏开关操作,而对于防止因压力机故障而引起的滑块二次下落无效。其优点是:具有较高的可靠性、较大的抗电气干扰能力。适用性限制是:占用空间,往往还需要添加固定式防护装置。

光电式保护按光源分类,可分为可见光式和红外光式两种;按光幕的形式分类,可分为直射式、反射式和扫描式等。

① 可见光式光电保护:可见光式一般由白炽灯作光源,灯丝在振动时易断,其寿命较短。但其电气回路简单,成本较低,维修容易,一般适用于中小型压力机。可见光式光电保护若用于完全自检,则困难较大。

② 红外式光电保护:红外式光电保护一般由红外发光管作光源,其寿命长,抗振性强,为半永久性。采用调制光,易于自检;但红外式光电保护的电气回路较复杂,成本较高。一般用于大中型压力机。目前比较先进的红外式光电保护装置配有安全光幕、激光扫描器等。

③ 安全光幕:由投光器和受光器组成,投光器发射出调制的红外光,由受光器接收,形成一束或多束光栅,将操作者与危险区隔离开来。当操作人员身体的一部分进入危险区域时,光线被遮断即发出电信号,此信号经放大后与滑块控制线路相联锁,使滑块停止运行。图 7-70 所示为装有一对安全光幕的压力机。光电式安全装置一般都是采用调制式红外发光二极管作为光源,在大型压力机上则采用红外激光二极管,其电路具有复杂、可靠的自检自保功能。

图 7-70 装有安全光幕的压力机

安全光幕一般分为对射式和反射式两种类型。对射式安全光幕是指发光单元、受光单元分别在发光器、受光器内,发光单元发出的光直射到受光单元,从而形成保护光幕的安全光栅装置。反射式安全光幕是指发光单元、受光单元都在同一传感器内,发光单元发出的光通过反射器反射回受光单元,从而形成保护光幕的安全光栅装置。

④ 激光扫描器:激光扫描器用于保护危险机器周围区域。只要检测到直径大于 70mm 的物体(例如脚、腿),设备就会启动机器安全控制系统的停机信号。此外,这类设备具有提前报警功能,使人们在进入危险区前,就可得到警告,从而避免不必要的停机。易于对形状复杂的保护区进行编程,可扩大保护面积,但对环境的污染程度敏感。

2)感应式保护装置。感应式保护装置是利用电磁幕把危险区围起来以保护人身安全的装置,有电容式、人体感应式等形式。人体感应式保护与人体有关,而每个人的条件不同,因此其适应性较差,需要经常调整,使可靠性降低,加之外界的电磁波太多,抗干扰能力也不理想,国内外一直很少使用。然而电磁幕的构成件比较容易装卸,有利于更换模具。如果感应式保护装置的可靠性与光电式相差不大,则它在中小型压力机上的应用前途还是较大的。

图 7-71 所示为压力机上使用的一种电容式保护装置,其敏感元件放在操作者与模具之间,上下料时必须通过敏感元件的空腔,在人手通过空腔时,压力机的滑块停止运动或不能起动,以保证操作者的安全。

人体感应式保护装置是在操作者与危险区域之间,设置一个对地构成一个有一定电容量的电容器作为敏感元件，通过人体上下料时靠近敏感元件的距离变化，来改变对地电容器的大小，再通过放大，就可使机器停止，或不能起动。由于感应式保护受人体各种因素和场地的影响（例如所穿鞋袜不同，所戴手套的新旧程度不同等）较大，使用极为不便。

3）气幕式保护装置。在操作者与危险区域之间设置气幕，一旦操作者的手、身体或其他物体遮断气幕时，则断开起动装置的控制线路，停止滑块的运动或起动。

上述各种自动保护装置对操作者不存在精神上和视线上的影响，从而可减少精神上的疲劳；但对于故障引起的滑块二次下落无效。

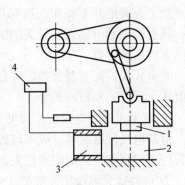

图 7-71　电容式保护装置
1—凸模　2—凹模
3—敏感元件　4—控制器

第8章 冲压生产设施

8.1 概述

8.1.1 冲压生产设施对冲压生产的重要性

冲压生产设施是冲压生产技术中一个关键环节，对保证实现冲压工艺、产品质量和取得好的经济效益起着决定性作用。

确定冲压生产设施是一门综合性的科学技术，就是将全部生产设施组织协调成为具有相互关联的整体。通常冲压生产设施包括对产品、生产深度和建设规模等方面的分析；对工艺、工艺装备、设备（包括非标设备和专用设备）、机械化和自动化设备、物流设施、土建公用、环保、消防、安全、生产组织和生活服务设施、投资概算和经济分析等部分进行设计。在确定生产设施的过程中，还要贯彻执行党和国家在基本建设项目中的方针、政策、有关法律、法规和规定。确定适合的生产设施对项目建设过程中节约投资和投产后取得好的经济效益起着重要的作用。

冲压生产基础设施复杂而且要求高。由于冲压设备高大，因此冲压厂房比较高大，大型冲压车间起重机轨顶高度达到 14m 以上，厂房高度达到 18m 以上，有的厂房超过 20m，厂房跨度通常在 24m 以上，最大跨度达到 36m。地下构筑物复杂而且很深，设备基础深度通常超过 5m，甚至达到 6.5m，地下废料输送带基础也较深。厂房建筑结构要求牢固，地面荷载要求高，通常为 $10t/m^2$，最高要求达到 $20t/m^2$。车间辅助面积比例较大，钢板库、冲压件库、模具存放区、毛坯存放区在车间所占面积超过生产设备所占面积。

冲压生产设备设施技术水平高、投资大。冲压设备比较昂贵，冲模制造技术比较复杂而且费用也高，因而工艺装备投资较高，占工厂建设成本比例高。这就要求专业化生产同一类型零件，有助于扩大生产规模和减少生产装备费用，而扩大生产规模又为采用自动化和机械化以及降低产品成本创造有利条件，因此在大批大量生产规模下才能体现出其经济效果。

8.1.2 冲压生产设施涵盖的内容

冲压生产设施包括生产设备设施和生产基础设施。它涵盖冲压设备、工艺装备、车间组成、车间区划、平面布置、厂房结构形式、厂房环境、动能供应、劳动保护及安全技术、环保要求及消防等诸多方面的内容。

8.1.3　确定冲压生产设施的基础

1. 车间任务、生产纲领与生产深度

车间任务是指车间所生产的产品内容，在一般情况下冲压车间任务包括薄板及厚板板料的冲压以及所需要的原材料存放、毛坯准备、冲模存放、机械化辅具存放、零件存放、生产废料处理、设备与冲模的日常维护和小修工作。

生产纲领是冲压车间生产产品品种（总成）及各品种（总成）冲压件的年生产数量（种数、件数）、质量（净质量、毛质量）、备品数（或备品率等），是确定生产设施的基础。它确定了车间的任务，体现了生产规模和生产类型，是计算设备、人员、面积及投资的依据，也是进行工艺分析，确定工艺水平以及计算各种材料消耗、确定车间运输量的主要依据。

年生产纲领、年产冲压件的种类和数量及质量等是工艺设计的重要依据，用以确定生产规模、生产方式、工厂或车间的组成、生产投入批次等。不同的生产纲领，其工艺设计原则不同；生产纲领较低的车间完全照搬高生产纲领车间的工艺，可能导致经济效果不佳的结果。从工艺和经济两方面考虑，应当认真地研究合理的生产纲领，即经济规模。通常同一企业内各工种的经济规模可能是不同的。由于冲压生产具有高生产率的特点，所以在整车厂的冲压车间，其合理生产纲领往往大于同一企业中其他工种或车间。

通常，轿车、货车、轻型客车类冲压件的年生产纲领低于 3 万辆为小批量生产，大于10 万辆的为大批量生产；大客车冲压件的年生产纲领低于 1000 辆的为小批量生产，大于1000 辆的为大批量生产。

确定生产纲领的方法随生产类型、生产规模和设计条件不同可划分为详细生产纲领和折合生产纲领。详细纲领是根据所生产产品的全部图样和总零件明细表编制的，可以具体表明车间所生产的全部零、部件的零件号，零件名称，毛坯材料和形式，零件质量及生产纲领。这种方法主要用于产品品种少的大批大量生产车间，因这种生产类型车间多采用流水生产方式，需要对所加工的全部零、部件编制工艺过程卡和进行精确的计算。折合生产纲领是将规定的纲领折合成一种或几种代表产品的纲领，通常在产品图样不全、总零件明细表及有关的原始资料不全或产品品种多而结构大体相似情况下采用折合纲领。

在生产纲领确定的前提下，生产深度对冲压车间的设计具有重要影响。对于生产纲领大的车身冲压车间，生产深度一般控制在 20～40 个大中型冲压件，其他中小型冲压件外部协作；对于生产纲领小的冲压车间，可考虑生产更多的大中型冲压件，通常可达到 100 个左右。

2. 工作制度与年时基数

工作制度是指工厂在组织生产时的生产班次和生产形式，按生产班次可分为一班制、二班制、三班制和四班制四种。冲压车间工作制度通常按二班制或三班制，三班制可以提高贵重的冲压设备的利用率。工作制度按组织生产的形式，可分为平行工作制、阶段工作制及连续工作制。平行工作制是指制造过程中各工序都是平行进行的工作制度；阶段工作制是指制造过程中各工序内容分段进行，同一时间内整个车间只进行一定工序的生产；连续工作制是指生产过程每天 24h 连续进行。冲压车间一般采用平行工作制。

根据国家行业标准规定工艺设备设计年时基数见表 8-1。

表 8-1　国家行业标准规定工艺设备设计年时基数

设备类型	工作性质	每周工作日/天	全年工作日/天	每班工作时间/h				公称年时基数的损失（%）				设计年时基数/h			
				第一班	第二班	第三班	第四班	一班制	二班制	三班制	四班制	一班制	二班制	三班制	四班制
中小型锻压、冲压机床	间断	5	250	8	8	6.5	—	2	5	7	—	1960	3800	5230	—
大型锻压、冲压机床及冲压自动线	间断	5	250	8	8	6.5	—	4	8	11	—	1920	3680	5010	—
重型稀有锻压设备及锻压自动线	间断	5	250	8	8	6.5	—	5	10	14	—	1900	3610	4840	—
	短期连续	5	250	8	8	8	—				14				5160
	长期连续	7	355	8	8	8	—				22				6630
	全年连续	7	365	8	8	8	—				22				6830

冲压车间工作环境属二类工作环境，工人设计年时基数见表 8-2。

表 8-2　工人设计年时基数

工作环境类别	每周工作日/天	全年工作日/天	每班工作时间/h					公称年时基数损失（%）	设计年时基数/h				
			第一班	第二班	第三班		第四班		第一班	第二班	第三班		第四班
					间断性生产	连续性生产					间断性生产	连续性生产	
二类	5	250	8	8	6.5	8	—	11	1780	1780	1450	1780	—

目前有一些企业也采用二班三组的方式生产，即每班工人每天工作 10h，每周工作 4 天，设备每天工作 20h。推荐工艺设备设计年时基数见表 8-3。

表 8-3　推荐工艺设备设计年时基数

设备类型	工作性质	每周工作日/天	全年工作日/天	每班工作时间/h				公称年时基数的损失（%）				设计年时基数/h			
				第一班	第二班	第三班	第四班	一班制	二班制	三班制	四班制	一班制	二班制	三班制	四班制
中小型锻压、冲压机床	间断	6	300	10	10	—	—		6	—	—		5700	—	—
大型锻压、冲压机床及冲压自动线	间断	6	300	10	10	—	—		10	—	—		5400	—	—
重型稀有锻压设备及锻压自动线	间断	6	300	10	10	—	—		12	—	—		5300	—	—

设计时应根据生产纲领确定合理生产班次，对于大型冲压线一般采用三班制或二班三组的方式生产，以提高设备开动率。

8.1.4　确定生产设施的原则

确定生产设施要满足生产产品和生产纲领的要求，做到投资省、建设速度快、效率高、获得良好经济社会效益。为达到这些目标，应遵循以下原则：

1）遵守国家和地方的法律、法规。贯彻执行国家经济建设的各项方针政策，特别是要以促进技术进步和提高经济效益为宗旨。

2）根据企业自身情况和项目特点，合理确定生产设施的标准，将工艺水平、设备选型、厂房形式及公用设施等做到先进、适用、可靠。以精益生产为目标是当今确定生产设施的发展趋势。

3）尽可能采用自主研发的工艺装备和基础设施，提高自主创新能力和制造水平。在国产设备和工艺装备达不到替代进口的情况下，可以引进关键的设备，杜绝盲目引进国外设备和设施。

4）以节能减排为目标是确定生产设施的重要因素。选用低能耗的设备和基础设施，利用余热等措施都是达到节能减排的重要手段。

5）确定生产设施还要考虑环境保护和职业安全卫生。对生产中产生有害废气、废水、废渣、噪声、辐射性物质及其他有害元素，要采取行之有效的综合治理措施，达到国家标准。对生产材料和基础设施，要选用无污染的材料，降低对人员的危害。

6）根据生产规模的计划，可分期分批增添生产设施，并要考虑到生产设施的预留和扩展。

8.2　冲压生产设备设施

8.2.1　生产设备设施涵盖的内容

冲压生产设备设施要包括冲压设备、冲模及机械化和自动化系统等。

1. 设备

冲压车间工艺设备按使用性质划分为：生产设备、辅助设备、起重运输设备等。

生产设备指直接完成产品工艺过程各工序的全部设备，例如，压力机、剪板机、开卷线等。

辅助设备指不直接参与产品制造工艺过程的设备及辅助部门的全部设备，例如，调试压力机、废料输送机、工件输送机等。

冲压车间使用的起重运输设备主要有梁式起重机、电动平板运输车、电动叉车等。

冲压设备水平的选择主要决定于生产批量。是否采用高效率的压力机和高效剪切设备，则要视设备的负荷率大小而定。在许多情况下，当设备负荷率很低时，不宜使用价格昂贵的高效率设备，否则会增加冲压件成本。通常，当产量较低时应尽量使用通用性较强的设备并减少使用压力机的种类，以提高设备负荷率。

一般来说，在大批大量生产情况下，宜选用机械压力机或进口的液压机生产线，开卷剪切（落料）线、多工位压力机等生产率高、专用性强的设备，对于覆盖件的生产宜采用机械化上下料或自动冲压线。小批量生产或产品本身要求不高的，可采用国产的专用液压机生产线或通用类型的机械压力机。

用于大批量生产的压力机生产线，特别是配置了自动上下料装置的冲压线，应选用左右移动的工作台，避免采用前移或 T 形工作台，节省冲模更换时间。

用于覆盖件生产的冲压生产线，第一台压力机宜选用单动拉深压力机，单动拉深工艺是冲压技术的发展趋势。

2. 冲模

冲模的类型与构造不但决定于它所完成的冲压工序，而且与生产批量密切相关。冲模的数量、种类、复杂程度和寿命等是直接影响冲压件成本的关键，尤其是生产纲领较小的工厂，冲模费用的摊销比例相当大。因此，必须根据冲压件的复杂程度和生产纲领，估算产品的销售寿命，以决定冲模的水平。

通常，在大量生产中，可以采用结构复杂的多工序冲模。虽然冲模费用昂贵，但是，由于生产率高，可以使冲压件的成本降低。还要考虑在大公称压力和台面的压力机上采用多套冲模联合安装的方案。在中小批量生产中，如果产品技术条件允许，多采用低熔点合金模具或其他简单的通用冲模等。在中小批量生产中也应尽量减少冲模套数或使用组合式冲模。

3. 机械化、自动化

冲压机械化、自动化是确保冲压安全生产的最根本措施，同时也是提高产品质量、改善劳动条件、提高劳动生产率、降低成本、减少生产面积和辅助面积的极有效途径。

实现冲压机械化、自动化，可以采取多种方法，如自动上下料装置、搬运机器人、冲压自动线、通用自动压力机、专用自动压力机、自动冲模等。

（1）选择机械化、自动化方案时主要考虑的因素

1）安全生产。必须确保操作工人的安全。

2）生产批量。批量较小时，应重点考虑通用性，更换冲模方便，以适应多品种生产；批量大时，自动化程度应提高。

3）工艺方案。冲压方案与机械化、自动化方案有密切关系。一般来说，在自动压力机上生产的零件从第一道落料工序开始到最后一道工序都应使用连续模生产。对于中小冲压件，即使批量很大，一般也不采用冲压线形式，而是在一台自动压力机上安装一套冲模或采用联合安装冲模的方式完成全部工作。

4）原材料规格。卷料、条料和板料的机械化、自动化装置各不相同，薄板和厚板的机械化、自动化装置也不一样。

5）压力机形式。在普通的压力机上，可以安装通用自动化送料装置，实现自动化，也可以安装自动冲模。对于大台面的压力机可以安装多工位自动化装置。大型覆盖件一般考虑采用冲压自动线。

（2）几种典型的冲压机械化、自动化

1）多工位压力机。多工位压力机是一种高效率、多功能、自动化、高精度的冲压设备。在滑块一次行程中，能按照设计要求，在不同的工位完成落料、冲孔、侧冲孔、拉深、弯曲、切边、整形等多种冲压工序。工位间制件的传送是借助各种形式的送料机构完成的。与普通压力机不同，多工位压力机上的滑块具有多个滑块，每个滑块可以独立调节闭合高度以满足不同冲压工艺的要求。多工位压力机的特点是：一台压力机代替多台普通压力机，节省占地面积及操作人员，生产率高；合理分散工序，使冲模结构简单，有利于冲模制造和提

高冲模寿命；生产安全，劳动条件好；综合技术经济效益显著。

大型多工位压力机由卷料开卷、校平机组，落料压力机机组，坯料堆垛机组，磁力（或气动）分层拆垛机组，清洗涂油机组，坯料输送机组，三坐标或横杆式传送机构的大型多工位压力机，以及制件堆垛机组组成。

2）大型冲压自动线。大型冲压自动线一般适用于加工冲压工序数为 4~6 的大型薄板覆盖件，如车身侧围板、顶盖、车门、发动机罩、仪表板、地板、行李箱盖、挡泥板等。整条自动线由 1~2 人监控，生产率高达 700~1200 件/h。

大型冲压自动线一般由一台双动或单动拉深压力机为首，后面加 4~5 台单动压力机组成。压力机前面配置连续式拆垛机组、清洗涂油机、带式输送机、板料对中装置、上料机械手或机器人、下料机械手或机器人、翻转器（在双动压力机拉深情况下，需要在第一台双动压力机与第二台压力机之间设置）、穿梭传送装置等。

3）开卷剪切或落料生产线。在经济规模生产中，板料毛坯的准备是以具有开卷、清洗、校平、剪切或落料、堆垛的开卷线提供的，生产中大量使用卷料。开卷线的优点是大大提高劳动生产率，减少原材料消耗、操作人员和钢材订货规格。

大型开卷线由前后卷料架（存放支撑卷料），卷料小车（承载卷料到开卷机），开卷机架、劈头机，液压剪（剪断卷料头），过渡台架（在劈头机与清洗机之间支撑板料），清洗机（由引料辊、清洗辊和挤干辊构成），过渡台架（在清洗机与校平机之间支撑板料），校平机（多辊校平），弧形过渡辊道（用以使板材引入和引出活套地坑），喂料机构，活套（起缓冲调节作用），尾部喂料装置（用于适用不同冲模需要），落料压力机，出料带式输送机，活门装置（控制板料进入不同的堆垛机），堆垛机（一般设 2 个堆垛机，连续生产），以及废料架（发现废板料时，废料进入废料架）组成。

8.2.2 生产设备设施的选用原则

1. 确定工艺水平的原则

制订正确的冲压工艺是冲压车间设计的关键。冲压工艺一经确定，则车间的生产设备、辅助设备、平面布置、动力设施、工艺投资、生产组织等随之而定，所以工艺过程选择得正确、先进与否，将会直接影响整个车间设计的质量和水平，同时也直接影响车间投产后的技术经济效果。

工艺水平是衡量冲压车间水平的重要标志，是决定冲压车间详细设计的主要依据。冲压车间根据产品要求和生产规模确定生产方式。一般大批量生产覆盖件的应采用自动化方式生产，毛坯准备宜采用自动化开卷、下料及清洗涂油的方式；而生产批量较小的中低档车型的覆盖件可采用手工操作方式生产，剪板机下料。品种单一、大批量生产的中小冲压件可考虑采用自动化方式。

工艺水平是确定冲压设备选型、生产组织、机械化和自动化程度的主要依据。确定工艺水平要考虑的因素如下：

1）生产纲领。

2）产品：轿车、载货汽车、客车及零部件的形状、尺寸、材料的厚度和性质、技术要求（包括质量、制造精度和使用要求等）。

3）投资的经济性。

4）国民经济发展规划。

5）项目投资是合资、地方还是国家。

6）专业化协作。

7）厂家现有工艺装备水平和原材料技术状态及供应条件。

8）生产准备的周期。

确定工艺水平具有较大的原则性和灵活性，应针对具体项目，经过对多个方案比较后才能保证技术经济合理。

对于车身覆盖件，大量生产时，冲压成形宜采用大型机械压力机或高速液压机组成的冲压线，配备拆垛、板料对中、清洗涂油、上下料机器人或机械手等；成批生产时，通常选择通用机械压力机或液压机组成的冲压线，送料和取件多采用人工方式；小批量生产时，往往采用单台液压机，一般只有拉深成形工序使用冲模，后续工序采用手工加工和机械加工，如钻孔、联合冲剪机、滚剪机等。

纵梁是汽车上最大、最长的零件，也是构成车架总成的主要零件，其工艺装备与生产批量的大小密切相关。在大批量生产中，车架纵梁都是采用钢板，利用金属冲模，在大型压力机（20000～60000kN，台面 8～12m）上冷冲压成形。小批量生产时，用样板在板料上划线，然后用气体切割或滚剪完成纵梁的下料，再按样板钻几个工艺孔；成形采用分段成形、滚压成形或联动压力机成形，分段成形即用 8000～12500kN 压力机分三段或四段成形，联动压力机指多个 5000kN 单缸液压机连成一个整体为 30000kN 或 40000kN 的压力机。

对于备料设备而言，大批量生产时，宜选用价格昂贵的开卷、校平、剪切（或落料）生产线，利用价格相对低廉的卷料生产毛坯。小批量生产时，应采用剪板机和气割对板材进行下料。当产量低时采用开卷校平剪切（或落料）线，将造成毛坯的生产费用很高；当产量很大时，使用剪板机和气割下料，不仅工时费用大，而且劳动强度高，耗费大量能源（氧气、乙炔），占用的工作场地也多，使工艺成本大大升高。

2. 工艺设计程序、内容和应注意的问题

当主要生产方式和工艺水平确定后，就要开展具体工艺设计工作，即进行工艺分析，确定工序数和工装系数，编制工艺过程卡、工序卡、下料卡、检查卡等。

（1）工艺设计主要程序和内容

1）审查零件结构的工艺性。冲压件的材料、厚度、几何形状和尺寸、精度要求等是制订冲压工艺过程的基本依据，在可能的情况下，可以考虑采用修改冲压件本身的结构形状或某些尺寸的办法，以求达到简化冲压工艺和冲模的目的。

2）确定最合理的工艺方案、工序数、顺序和工时定额。

3）确定毛坯的形状、外形尺寸和材料消耗定额。

4）初定冲模结构形式，主要是外形尺寸。

5）确定压力机型号、数量和生产流程。

6）确定零件的检查方法。

7）确定各工序所需操作者的人数和工位布置。

8）编写工艺文件。

（2）冲压工艺设计中应注意的问题

1）冲压方向。单动压力机拉深是冲压工艺的发展趋势。

2）成双冲压。对于左右对称的零件，或尺寸不太大的非对称形状零件，尽可能采用成双冲压，以提高生产率。

3）冲模联合安装。在一台压力机上安装两套或两套以上的冲模，可以使压力机在一次行程完成两个或两个以上的工序。

3. 设备水平的确定原则

冲压车间使用的设备主要有锻压设备、焊接设备、机械加工设备、清洗机、酸洗槽及抛丸机等，设备种类较多，水平参差不齐。根据冲压件的特点和生产规模，设备水平应根据下述原则来确定。

1）冲压设备水平的选择主要取决于生产批量，而且要与生产规模相匹配。是否采用高效率的压力机和高效剪切设备，则要视设备的负荷率多少而定。在许多情况下，当设备负荷率很低时，不宜使用价格昂贵的高效率设备，否则会使冲压件成本升高。通常，当产量较低时应尽量使用通用性较强的设备并减少使用压力机的种类，以提高设备负荷率。

2）大批量生产情况下，宜选用机械压力机或引进的液压机生产线，开卷剪切（落料）线、多工位压力机等生产率高、专用性强的设备，对于覆盖件的生产宜采用机械化上下料或自动冲压线。小批量生产或产品本身要求不高的，可采用国产的专用液压机生产线或通用类型的压力机。

3）大批量生产用的冲压设备功能要满足自动化生产的要求，如快速换模系统（快速夹紧模具机构、快速移动工作台）、冲模安装及生产调整参数自动寻找系统，同时要考虑互换生产的冲压线，以保证今后生产的正常进行。用于大批量生产的压力机生产线，特别是配置了自动上下料装置的冲压线，应选用左右移动的工作台，避免前移或 T 形工作台，以节省冲模更换时间。

4）用于覆盖件生产的冲压线，首台压力机宜选用单动拉深压力机，单动拉深是冲压的发展方向。

5）自动化水平的选择要与生产规模、产品质量要求和生产的零件类别相匹配，同时要结合所选择的冲压设备水平确定。

6）开卷落料设备和开卷剪切设备，应配备有钢板清洗涂油装置和毛坯自动堆垛装置。

7）剪切设备应有配套的防止剪切钢板时划伤钢板的承料台。

8）毛坯翻转设备主要用于左右对称毛坯的翻转工作，适用于需落料的大型覆盖件毛坯准备工作。

9）对于自动生产的冲压线，废料要采用地下废料输送系统。

10）车身覆盖件生产要考虑模具清洗设备，清除滞留在冲模上的油泥、灰尘等，用于表面质量要求较高的外覆盖件冲压生产。

11）自动化程度较高的冲压生产线要考虑配备调试压力机，调试压力机的规格型号以与大型冲压线的首台压力机一致为宜。

12）起重机的选择以地面操纵为主。

4. 冲模类型的确定原则

冲模的类型与构造不但决定于它所完成的冲压工序，而且与生产批量密切相关。冲模的数量、种类、复杂程度和寿命等是直接影响冲压件成本的关键，尤其是生产纲领较小的工厂，冲模费用的摊销比例相当大。因此，必须根据冲压件的复杂程度和生产纲领，估算产品的销售寿命，以决定冲模的水平。

通常，在大量生产中，可以采用结构复杂的多工序冲模。虽然冲模费用昂贵，但是，由于生产效率高，可以使冲压件的成本降低。还要考虑在大公称压力和台面的压力机上采用多套冲模联合安装的方案。在中小批量生产中，如果产品技术条件允许，多采用低熔点合金模具或其他简单的通用冲模等。在中小批量生产中也尽量减少冲模套数或使用组合式冲模。

另外，对于技术要求不高产品，尽量选用国内中等规模厂家的冲模，有利于节省投资；对于技术要求较高的产品，尽可能采用国内大型模具制造企业的冲模，在保证质量的前提下，可以做到投资少；对于合资企业的产品，因为其产品技术水平要求很高，通常要国际知名模具公司或合资方所在国的模具制造公司，即要高质量的产品，但投资也要很大。

5. 质量过程控制的原则

冲压件的质量控制也是工艺设计中一项重要内容。通常汽车冲压件生产都是大批量生产，冲压工艺、冲模和原材料是冲压生产质量控制的重点和关键。尽管原材料的性能、冲压设备和冲模的可靠较为稳定，没有必要进行逐件检查，但是，由于冲压设备生产率很高，一旦出现质量上的问题，而且不能及时采取措施，可能在极短的时间内造成大量的废品，造成经济上的重大损失。因此，在设计冲压工艺过程时，应有保证实现可靠的质量控制措施。在自动线上更要有在线检查的方法。

另外，汽车冲压件生产企业应建立健全自己的质量体系，编制质量手册、程序文件和第三层次文件，对所选定的质量保证模式中的每个质量要素做出具体规定。质量体系应明确并提供必要的质量要求，应针对特定产品进行质量策划、编制质量控制计划、规定专门的质量措施、资源和活动，以达到所要求的质量。通常，首、尾件必须经过严格检查，合格后才能确认该批次冲压件入库。大批量生产往往采用专用的检验夹具检验冲压件，最后一道工序结束后，通过有经验的工人做出外观检查后，才能装箱发送到库房。

过程质量控制包括：①冲压工艺设计质量控制；②模具设计与制造质量控制；③文件和资料控制；④原材料的控制；⑤毛坯准备过程控制；⑥冲压过程控制；⑦外协加工质量控制；⑧过程检验控制；⑨搬运、贮存、包装、防护和交付。

8.2.3　工艺设备的确定

1. 与工艺设备选择有关的因素

（1）零件投入批次　零件投入批量是指一批零件的投入数量，投入批次是指冲压的年生产纲领一年内分几次投入，两者是相对应的关系。零件投入批次与冲压工艺水平、生产纲领、设备负荷、贮存周期和仓库面积等有关。

生产批量确定后，投入批次越多，压力机及冲模调整所占用的时间就越多，压力机的有效工作时间就越少；而投入批次越少，则半成品贮存量就越大，占地面积也大，流动资金周转缓慢，而且造成冲压半成品易于锈蚀。因此，选择合理的投入批次非常重要。零件年投入批次见表8-4。

表 8-4　零件年投入批次

序号	年产量/辆份	零件类型	平均年投入批次
1	< 10000	大型 中小型	10 ~ 15 6 ~ 10
2	10000 ~ 50000	大型 中小型	18 ~ 48 15 ~ 30
3	50000 ~ 150000	大型 中小型	60 ~ 120 48 ~ 72
4	> 150000	大型 中小型	120 ~ 180 72 ~ 120

（2）时间定额　时间定额是按照制订的工艺过程，为完成每道生产工序所需要的时间。冲压车间采用的时间定额一般以平均生产率来表示，包括设备机动时间、辅助时间、上下料时间、准备和结束时间、工人自然需要的时间等，不包括冲模安装和调试时间。

1）备料时间定额。

① 开卷剪切线和开卷落料线的时间定额，见表 8-5。

表 8-5　开卷剪切线和开卷落料线的时间定额　　　（单位：t/班·线）

序号	生产线名称	卷料宽度/mm	
		800 ~ 2000	400 ~ 700
1	开卷剪切自动线	180 ~ 350	150 ~ 200
2	开卷落料自动线	150 ~ 240	100 ~ 150

② 剪板机时间定额。概略计算时，剪板机剪切薄板（3mm 以下）和中板（4 ~ 12mm）平均生产率按 8t/台·班、6.5t/台·班、5t/台·班计算，操作人数为 4 ~ 5 人/台，超过 12mm 板料可适当增大指标。剪板机平均生产率见表 8-6。

表 8-6　剪板机平均生产率　　　（单位：t/台·班）

序号	剪切板料		生产性质		
	种类	料厚/mm	大批生产	中批生产	小批生产
1	薄板	≤1.0	6	5	4
2		1.1 ~ 2.0	7	6	4.5
3		2.1 ~ 3.0	8	6.5	5
4	中厚板	3.1 ~ 4.0	9	7	6
5		4.1 ~ 5.0	10	8	7
6		5.1 ~ 6.0	11	9	8
7		≥6.1	12	10	9

③ 落料压力机时间定额，见表 8-7。落料分为普通压力机落料和专用压力机落料两种。

表 8-7 落料压力机的平均时间定额 （单位：件/h）

序号	设备名称	普通压力机		专用压力机	
		单点	双点	单点	双点
1	1600kN 压力机	—	500	—	700
2	3150kN 压力机	450	420	800	550
3	4000kN 压力机	—	420	—	480
4	5000kN 压力机	400	360	—	480
5	6300kN 压力机	—	300	—	420
6	8000kN 压力机	—	300	—	420

2）压力机的时间定额。压力机的时间定额是指压力机利用行程次数平均每次行程所需的时间。单台压力机生产定额见表 8-8。

表 8-8 单台压力机生产定额

序号	设备名称		手工生产平均单冲程定额/（件/h）	机械化生产线平均单冲程定额/（件/h）	冲模调整时间/（min/次）		
					固定工作台	前后移动工作台	左右移动工作台
1	四点双动压力机	15000 ~ 20000kN	240 ~ 270	300 ~ 480	60 ~ 90	30 ~ 60	10 ~ 30
		10000 ~ 13000kN	270 ~ 300	360 ~ 480	60 ~ 90	30 ~ 60	10 ~ 30
		5000 ~ 8000kN	300 ~ 350	360 ~ 480	45 ~ 90	30 ~ 45	10 ~ 30
2	单点双动压力机	6300kN	270 ~ 300		45 ~ 60	25 ~ 45	15 ~ 30
		4000kN	300 ~ 350		45 ~ 60	25 ~ 45	15 ~ 30
3	双动液压机	10000 ~ 13000kN	120 ~ 180		60 ~ 90	30 ~ 60	20 ~ 30
4	四点单动压力机	24000kN	180 ~ 270	300 ~ 600	90	45	10 ~ 20
		16000kN	240 ~ 300	300 ~ 600	75	30	10 ~ 20
		10000kN	200 ~ 230	360 ~ 600	60	30	10 ~ 20
		8000kN	230 ~ 270	360 ~ 600	45	30	10 ~ 15
		4000 ~ 6000kN	270 ~ 300	360 ~ 600	45	30	10 ~ 15
5	双点单动压力机	35000 ~ 40000kN	120 ~ 180		120 ~ 150	60 ~ 90	
		16000kN	180 ~ 240		90	45	
		8000kN	180 ~ 240		60	30	
		6300kN	210 ~ 270		60	30	
		4000kN	240 ~ 300		45	20	
		1600 – 2500kN	300 ~ 480		30	15	
6	单点单动压力机	16000kN	210 ~ 240		60	30	
		12500kN	210 ~ 270		60	30	
		8000kN	240 ~ 300		45	20	
		6300kN	270 ~ 330		45	20	
		2500 ~ 4000kN	360 ~ 480		40		
		1600kN	480 ~ 720		35		
		1000kN 以下	750 ~ 900		20 ~ 30		

注：压力机水平先进时，取上限值；反之，取下限值。

（3）设备负荷率　设备负荷率是指一台设备所承担的工作负荷量与设备可能承担的最大负荷的比值。它是衡量设备利用程度的指标，设备负荷率以百分数表示。即

$$设备负荷率 = \frac{设备计算台数}{设备选用台数} \times 100\%$$

冲压设备允许的最大负荷率见表 8-9。

表 8-9　冲压设备允许的最大负荷率

序号	设备名称	设备允许最大负荷率
1	自动线	90%
2	机械化流水线	90%
3	自动压力机、多工位压力机	90%
4	带有自动送料机构的通用压力机	90%
5	大型压力机	90%
6	中型压力机	88%
7	小型压力机	88%
8	专用设备	80%
9	备料设备	90%
10	其他设备	85%

注：设备开动率按照 75% ~ 80% 设计。

2. 生产设备选用

（1）设备台数计算方法

1）剪板机

$$N_{机计} = \frac{\sum 质量}{剪切量/(台 \cdot h) \times T_{机基}} \div 设备最大允许负荷率$$

2）压力机

$$N_{机计} = \frac{\sum t_{件} \times G_{总} + \sum t_{模}}{T_{机基}} \div 设备最大允许负荷率$$

式中　$N_{机计}$——计算需要的设备数（台）；

$\sum 质量$——总的需要剪切的材料质量（t）；

$\sum t_{件}$——每套产品劳动量（台·h）；

$\sum t_{模}$——调模时间总和（台·h）；

$G_{总}$——包括备品在内的生产纲领（件）；

$T_{机基}$——设备的年时基数（h）。

（2）压力机选用条件　设备选择与所采用的工艺方法、工艺水平及生产的经济效益密切相关，设备主要技术参数要根据所生产产品材料性能、来料形式和成品的规格和技术要求来确定。当主要工艺原则确定后，具体选择压力机时应注意压力机参数，包括公称压力、滑块每分钟行程次数、滑块行程长度、最大封闭高度、工作台及滑块底面尺寸等。

1）公称压力。压力机公称压力的确定一般是计算出零件需要冲压力，再乘以系数

1.2~1.35，另外，除计算出冲压力之外，还应考虑退料力、推料力和顶出力。

2）冲压功。选择压力机时，还应注意冲压的功率，特别是当压力机公称压力小时采用斜刃口冲模或连续冲压时，压力机所能完成有效功的数值都会变化很大，因此需要计算。

3）滑块行程长度与行程次数。压力机滑块行程长度对拉深件、弯曲件是很重要的，其滑块长度是拉深深度或弯曲高度的2.2~2.5倍，一般冲裁时，压力机的行程长度最好是滑块到上死点时，上模部分不与导柱分开。

滑块行程次数是决定生产率的重要因素，同时，滑块行程次数多少与操作水平有很大关系，因此，选择滑块行程次数应根据工艺水平而定。

4）最大封闭高度。压力机的最大封闭高度决定了冲模的封闭高度，并且，最大封闭高度应稍大于冲模的闭合高度。

5）工作台面尺寸。工作台面尺寸大小决定了设备加工零件的范围，一般情况下，冲模底板尺寸小于工作台面尺寸，大约为300mm。

6）压力机地面以上高度、整机质量、基础深度对于新建厂房来说，厂房设计应满足工艺要求需要，但对原有厂房来说，就应考虑其能否满足工艺要求。

7）双动压力机最大拉深深度和气垫行程长度。

机械压力机和液压机在使用性能上有很大差异，所以在设备选定后，必须按设备特点进行冲模设计。液压机可以在全行程范围内给出它的公称压力，用以完成变形工序。机械压力机受其本身传动系统强度的限制，可能给出的滑块力随曲轴的转角位置而变化，只在接近滑块的下死点位置时，才能给出公称压力的滑块力。机械压力机与液压机的比较见表8-10。压力机的主要技术参数见表8-11。

表 8-10 机械压力机与液压机的比较

序号	比较内容	机械压力机	液压机
1	行程调节	通常不可调	容易
2	滑块下死点位置	调节范围小	调节范围大
3	滑块力的调节	不可调	可调
4	滑块速度的调节	不可调	可调
5	超负荷损坏	可能	不可能、绝对安全
6	给出公称压力的滑块位置	接近下死点	全行程
7	生产率	高	较低
8	维修	简单	较复杂
9	工作环境	整洁	易油污

表 8-11 压力机的主要技术参数

序号	项 目	单位	主要技术参数
1	公称压力	kN	
2	驱动方式		
3	悬挂点数	点	
4	导向方式		

（续）

序号	项 目		单位	主要技术参数
5	工作台移动形式			
6	工作台数量		个	
7	公称压力行程		mm	
8	滑块行程		mm	
9	滑块行程次数	连续	次/min	
		断续	次/min	
		微动	次/min	
10	最大装模高度		mm	
11	装模高度调节量		mm	
12	滑块底面有效尺寸		mm	
13	工作台面有效尺寸		mm	
14	平衡缸平衡能力		kN	
15	工作台最大承载		kN	
16	拉深垫能力		kN	
17	拉深垫有效行程		mm	
18	拉深垫行程调节		mm	
19	最大拉深深度		mm	
20	最大拉深速度		m/min	
21	上气垫能力		kN	
22	上气垫行程		mm	
23	气动打料能力		kN	
24	打杆行程		mm	
25	立柱开间		mm	
26	工作台板上面距地面		mm	
27	工作台至地面高		mm	

（3）开卷落料自动生产线　开卷落料自动生产线由开卷校平机组、落料压力机和堆垛机三大部分组成。

1）开卷校平机组主要技术参数。材质、材料力学性能（抗拉强度、屈服强度）、材料厚度（mm）、材料宽度（mm）、卷料外径（mm）、卷料内径（mm）、卷料最大质量（t）、开卷校平线速度（m/min）、设备地坑最大深度（m）。

2）落料压力机结构形式及主要技术参数。落料压力机通常为四点上传动，偏心齿轮式，具有导向柱塞及移动工作台的结构形式。其主要参数包括：公称压力（下死点前13mm）（kN），滑块行程（mm），装模高度（mm），装模高度调节量（mm），行程次数（次/min），工作台面尺寸（左右×前后）(mm)，滑块下平面尺寸（左右×前后）(mm)，以及上模（包括附加垫板）允许质量（t）。

3）堆垛机结构形式及主要技术参数。堆垛机由磁性带式堆垛机、堆垛升降机、出料台车（2套）、料架等组成。其主要技术参数包括：堆垛机的料架尺寸（前后×左右）（mm），升降机承载质量（最大）（kg），板垛高度（最大）（mm），输送速度（m/min），连续运转时节拍（最小间距）（mm），最大调整角度（°），堆垛精度－板料位移（mm），板料运行高度（地面上）（mm），堆垛数量（个），以及堆垛工位（个）。

（4）板料清洗机选用条件　冲压生产使用的板料清洗机主要用于清洗汽车外表面件的薄钢板，按照使用方式可分为在线式和离线式。在线式清洗机通常布置在一条自动化冲压线的拆垛装置之后、板料对中装置之前；离线式清洗机布置在冲压线之外，配有自动上下料、柴垛、码垛及输送装置。

离线式清洗机由拆垛台、磁性分离器、拆垛机器人、端拾器、双料检测装置、输送机、钢板清洗机1套、码垛机器人、码垛台、气压系统、电气及控制系统，以及钢板清洗机（包括清洗机主机、清洗机泵站、气动控制系统、油雾收集器）组成。

钢板清洗机的主要技术参数包括：清洗板料厚度，清洗板料宽度，清洗板料长度，送料线速度，全线总长，全线最高处高度，升降台台面尺寸（宽度×长度），升降台距地面的最小高度，升降台的升降行程，升降台升降速度，升降台的承载能力，送料架台面尺寸（宽度×长度），送料台距地面高度，送料架的承载能力，接料架台面尺寸（宽度×长度），接料台距地面高度，接料架的承载能力，刷辊速度，清洗油流量，过滤精度，送进辊、挤干辊电动机功率，刷辊电动机功率，升降台油泵电动机，送料架输送电动机，接料架输送电动机，清洗机刷辊驱动电动机，以及整机质量。

（5）表面处理设备选用条件　毛坯板料的除锈，在大批大量生产中宜采用酸洗或抛丸工艺，单件及小批生产中只能采用手工除锈，否则，将使生产成本提高。

酸洗生产线采用脱脂、酸洗、磷化、浸水性漆等工艺，各槽均应设槽边吸气罩，将有害气体及时排至室外进行治理。

3. 辅助设备选用

（1）起重设备　冲压车间主要使用桥式起重机，起重机数量主要根据运输量及厂房长度确定。一般来讲，开间长度在60m之内选用一台起重机，开间长度超过60m选用两台起重机，但如果运输量少，开间长度超过60m而小于120m，也可选用一台起重机。在新建的冲压车间，应采用地面遥控操作的起重机，对改造的车间宜将司机室操纵的起重机改造为地面遥控操作，起重机轨顶高度一般计算公式为

$$H_{顶} > H_{机} + R_{轮} + h_{顶} + 0.5 \text{m}$$

式中　$H_{顶}$——起重机规定高度（m）；

　　　$H_{机}$——设备最大高度（m）；

　　　$R_{轮}$——压力机飞轮半径（m）；

　　　$h_{顶}$——主钩上止点至轨顶的距离（m）。

估算时计算公式为

$$H_{顶} > H_{机} + (1.5 \sim 2) \text{m}$$

起重设备的主要技术参数及性能指标包括：规格型号，起重机工作级别，主钩起升高度，副钩起升高度，大车行走速度，小车运行速度，主吊钩起升速度，以及副吊钩起升速度。

（2）平板车　平板车主要根据车间平面布置和运输物料的质量来配备。平板车分为手

动平板车和电动平板车两种，一般应采用电动平板车。

电动平板车的主要技术参数包括：载重量（t），台面尺寸（长×宽）（mm），底部离轨面间隙（mm），行走速度（m/min），车轮直径（mm），轨距（mm），轴距（mm），以及自身质量（t）。

（3）废料处理系统　废料输送系统由几条纵向废料输送带和多条横向输送带、称重装置、打包液压机及中央控制系统组成，此外还应包括压力机下部的废料滑槽和废料输送带之间的转卸滑槽及过桥。废料输送机由驱动装置、链板装置、张紧装置、机架和轨道等部分组成。金属打包机是将废料输送机输送到废料处理地的散废料经过称量、定量送入打包液压机挤压成长方体包块。由于国内一些小冲压件生产厂家利用主机厂的剪切废料生产冲压件，因此目前很多主机厂不采用金属打包机。

1）地下废料处理系统设计中要考虑的因素如下：

① 冲压下来的废料有两种：一种是有利用价值的废料，另一种由于废料尺寸较小不能被利用的废料。

② 有利用价值的废料在生产中，有两种收集方法：采用机构使废料被自动输出压力机外，不因为收集而影响正常作业；同无用废料一并流入能人工分拣的废料输送带中，进行人工分拣收集（机器分拣收集更好）。

③ 地下废料处理系统中，包括压力机在内，要考虑相互间的连锁。

④ 生产轿车用的钢板，有镀层钢板（如镀锌钢板）和非镀层钢板之分，它们的废料不能混合后送入炉中，应予以分别处理，包括废料分别输送或分别打包。

⑤ 废料输送系统中所用的打包机、打包块的尺寸应满足熔炼炉加料口的要求。

2）废料输送机的主要技术参数包括：链板宽度（mm），牵引链节距（mm），运行速度（m/min），爬升倾角（°），爬升高度（m），输送长度（m），以及输送机安装标高（m）。

3）金属打包机的主要技术参数包括：公称压力（kN），料箱尺寸（长×宽×高）（mm），包块尺寸（长×宽×高）（mm），包块质量（kg），包块密度（kg/m^3），单次循环时间（s），生产率（块/h），以及设备安装标高（m）。

8.2.4　冲模与检验夹具的确定

1. 冲模分类

冲压车间所用模具和夹具的数量是指完成年生产纲领中所有冲压件工序所需的模具和夹具数，较详细的数据需要根据冲压件图样编制冲压工艺过程卡后统计得出。概略计算是根据同等车型进行估算。冲模分类及适用设备见表 8-12。

表 8-12　冲模分类及适用设备

序号	冲模分类	适用压力机公称压力/kN			每套平均质量/t
		单点	多点	多工位	
1	小型	≤1600	≤2500	1600～4000	<1
2	中型	3150～6300	4000～8000	6000～20000	≥5
3	大型	8000～16000	10000～20000	30000～40000	≥10
4	特大型	≥25000	≥23000	≥40000	≥25

2. 冲模水平和数量确定及投资估算

（1）冲模水平　冲模的水平与制造冲模的材料、工艺设计、加工方式、热处理质量等因素有关，因此冲模的质量相差甚远。一般情况下，生产较高档次的汽车冲压件的特大型和大型模具需进行国际采购，因为国内模具行业起步较晚，目前制造、设计及调试水平与模具制造先进国家还有一定差距，中小型模具国内采购或自制比较经济。

目前国内汽车制造企业选用模具时仅能根据所生产产品（汽车）档次的高低进行比较合理的选择模具，见表 8-13。

表 8-13　模具水平选择

序号	产品分类／模具分类	高档车	中档车	低档车
1	特大型、大型模具	欧洲、日本采购	日本、韩国采购	国内大厂
2	中型模具	国内大厂	国内大厂	国内采购、自制
3	小型模具	国内大厂	国内采购、自制	国内采购、自制

（2）冲模数量的估算　冲模详细的数量计算需要根据冲压件图样编制冲压工艺过程卡后统计得出。概略计算可按冲压件种数乘以平均工装系数而得出。冲压工装系数见表 8-14。

表 8-14　冲压工装系数

序号	冲压件类型	平均工装系数	备　　注
1	特大型薄板件	4～4.5	左右侧围、顶盖等
2	大型薄板件	3～3.5	门、翼子板等
3	中型薄板件	2.5～3	各类加强梁等
4	特大型厚板件	2～2.5	左右纵梁、副车架纵梁等
5	大中型厚板件	2.5～3	各类横梁等
6	小型冲压件	1.5～2	

（3）冲模投资估算

1）模具价格经验计算方法为

模具价格 = 材料费 + 设计费 + 加工费与利润 + 增值税 + 试模费 + 包装运输费

在冲模价格中各项比例通常为：①材料及标准件占模具总费用的 15%～30%；②加工费与利润占 30%～50%；③设计费占模具总费用的 10%～15%；④大中型模具试模费可控制在 3% 以内，小型精密模具试模费控制在 5% 以内；⑤包装运输费可按实际计算或按 3% 计；⑥增值税为 17%。

2）模具价格的地区差与时间差。模具的估价及价格在各个企业、各个地区、国家，在不同的时期、不同的环境，其内涵是不同的，也就是存在着地区差和时间差。一般是较发达的地区，或科技含量高、设备投入较先进，比较规范的大型模具企业，他们的目标是质优而价高，而在一些消费水平较低的地区，或科技含量较低，设备投入较少的中小型模具企业，其相对估算的模具价格要低一些。另一方面，模具价格还存在着时间差，即时效差。不同的时间要求，产生不同的模具价格。这种时效差有两方面的内容：一是一副模具在不同的时间有不同的价格；二是不同的模具制造周期，其价格也不同。

3. 检具水平和数量的确定及投资估算

1）检验夹具的分类，见表 8-15。

表 8-15　检验夹具的分类

序号	夹具分类	夹具平面尺寸（长×宽）/mm
1	小型夹具	100×180～250×350
2	中型夹具	250×350～600×1200
3	大型夹具	600×1200～1500×2000
4	特大型夹具	≥1600×3500

2）夹具的数量估算，见表 8-16。

表 8-16　夹具的数量估算

序号	夹具类型	占模具总数量的百分比（%）
1	小型夹具	5～8
2	中型夹具	20～25
3	大型夹具	25～30
4	特大型夹具	25～30

详细设计时，夹具的数量和冲模一样，要按工艺过程卡进行统计。

3）夹具价格的估算。夹具订购时一般与模具统一由一个厂家进行加工，或由其委托其他专业厂家进行加工，完工时统一进行验收。其价格占模具总价格的 5%～10%。

8.3　车间部门设置及要求

8.3.1　车间类型及车间组成

冲压车间类型通常根据生产的产品、工艺特点、生产纲领等因素确定，车间类型不同，其车间组成也有所不同。在综合性的大批量生产规模的汽车工厂中，一般分大冲车间、中冲车间、小冲车间、车架车间及车厢车间等。大冲车间负责车身大型覆盖件的生产任务，中、小冲车间负责车身中小型冲压件的生产任务，车架车间负责车架纵梁、横梁及加强板等冲压件的生产任务，车厢车间负责车厢冲压件或滚压件的生产任务。

1. 车间类型

1）按年产冲压件的质量划分，见表 8-17。

表 8-17　冲压车间类型（按年产冲压件质量划分）

序号	车间类型	零件类型		
		小型	中型	大型
		年产量/t		
1	小型冲压车间	≤1000	≤5000	≥20000
2	中型冲压车间	≤5000	≤20000	≥100000
3	大型冲压车间	>5000	>20000	>100000

2）按冲压件的类型划分，见表 8-18。

表 8-18　冲压车间类型（按冲压件类型划分）

序号	零件类型		材料厚度/mm	零件展开面积/m²	零件净质量/kg
1	大型冲压车间	薄板	<4	2.5 ~ 8.0	4 ~ 30
		厚板	≥4	2.5 ~ 10	4 ~ 150
2	中型冲压车间	薄板	<4	0.6	0.3 ~ 3.5
		厚板	≥4	<0.6	0.3 ~ 5.0
3	小型冲压车间	薄板	<4	≤0.2	≤1.5
		厚板	≥4	≤0.2	≤1.5

2. 车间组成

冲压车间一般由生产部门、辅助部门、生活服务部门等组成。

（1）生产部门　生产部门是直接完成产品制造工艺过程的部门，通常包括备料（或下料）车间（或工段）和冲压车间（或工段）。

（2）辅助部门　辅助部门是指车间中那些不直接从事产品零件制造，而只为生产服务的部门和工作地。辅助部门一般由金属材料库、冲压模具库、冲压件库、工具库、劳保用品库、机模修备件库、油料用品库（贮存拉深油、润滑油、清洗液等）、机模修工段、模具清洗间、废料处理间、返修工作地、AUDIT 评审间及公用动力设施等组成。

（3）生活服务部门　生活服务部门包括车间更衣室、办公室、会议室、调度室、厕所及淋浴间等。

8.3.2　各部门的要求

1. 生产部门

生产部门包括备料（或下料）和冲压两部分。备料车间（或工段）完成从原材料入厂、开卷下料或落料、毛坯堆垛及清洗等工作；冲压车间（或工段）完成冲压件成形的工作。

对于大批量规模生产的部门，一般根据设备的平面布置及冲压件的分类等因素划分为多个冲压工段，一般年生产纲领小于 3 万辆份时仅需设置一个工段，反之则可考虑设置两个以上工段，以便于管理。这种情况下，生产部门主要由各种形式的冲压流水生产线组成，每条生产线生产若干冲压件，每条冲压线被划分为一个工段。中小批量生产规模情况下，生产部门按设备类型和零件特点划分为生产班组。

2. 辅助部门

车间生产类型不同，辅助部门的设置也不同。大批大量生产的车间或大型车间，由于车间规模大，设备多，为了方便管理，更好地为生产服务，辅助工作分工细，设置的辅助部门齐全。中小批量生产车间或中小型车间，由于服务设备少，通常将各种辅助部门合并为一个部门，或者由全厂性辅助部门承担，这样冲压车间的辅助部门相对少而简单。

（1）金属材料库（钢板库）　金属材料库用于存放生产冲压件的原材料，通常由汽车或火车将钢卷和钢板运入库房。通常年生产纲领小于 3 万辆份，可以将原材料全部贮存在毛坯下料工段，如果年生产纲领大于 3 万辆份时，将考虑另建一跨厂房存放原材料，距离冲压车间越近越好，要考虑安装大起重量桥式起重机（起重量 20t 以上）。

（2）冲模库（冲模存放地）　冲模库用于存放冲模及机械化辅具，通常布置在冲压车间生产线的两侧或两端，其布置形式为码放或架式存放。特大型模具如冲压汽车车架左右纵梁所需模具单层摆放，其他大型模具可码放 2 层，中小型模具可码放 3 层，比较小的模具可采用架式存放，模具架可设置 3~4 层。

模具存放区域的布置，主要应该考虑距离冲压生产线或冲压设备尽量近，以方便更换模具，如果模具数量较多，每垛模具之间要设置合理的通道，避免吊运时磕碰。

国际上也有一些汽车厂采用立体模具库来存放模具，在冲压车间旁或冲压车间厂房的一部分建立模具库，这种模具库一般造价较为昂贵，国内目前没有采用。

大批量生产通常采用冲压自动线方式，因此，机械化辅具如端拾器等的存放也需要考虑。其存放方式主要有两种：一是将机械化辅具存放在辅具运输车上，集中存放，通常需要占用的场地较大，但一次性投资较少；另一种是在厂房的柱间建立立体仓库，利用立体空间存放，投资较多。

（3）冲压件库　冲压件库一般用于自制冲压件的存放，冲压件库的规模取决于生产纲领的大小、生产冲压零件的数量、冲压工艺水平的高低、生产组织管理等多种因素。

薄板车身大中型冲压件采用工位器具装载后多层码放的形式，小型冲压件采用装箱后多层码放的形式。

厚板车架大中型冲压件采用工位器具或直接码放形式，小型冲压件采用工位器具码放形式。薄板大型车身覆盖件的工位器具要求比较高，要考虑零件之间设置防橡胶或相同材质的防撞垫块，避免零件之间磕碰。

冲压件库设置在焊装车间与冲压车间之间相连接的位置比较理想，物流合理，同时焊装厂房轨顶标高比冲压车间低许多，将冲压件库房建成与焊装车间厂房一致的形式可以节省工程造价。

（4）工具库　存放和分发车间生产所需设备及模具小修或日常维护时所需的专用工具，例如砂轮片、钻头、车刀等。设置在车间生活间或在车间端部用隔断形式进行半封闭（不封顶）的房间。

（5）劳保用品库　贮存车间工人劳动保护用品，如安全帽、保护镜、手套等物品。设置在车间生活间或由全厂统一设置。

（6）机模修备件库　贮存车间机修和模修所需的设备和模具的备件，例如轴承、垫片、冲头等。可以与工具库统一考虑。

（7）油料品库　贮存车间生产短期内所需的拉深油、润滑油、清洗液等化学用品。要采用单独封闭的建筑物，便于管理。设置在车间生活间或由全厂统一设置。

（8）机模修工段　机模修工段负责对冲压车间的机电设备和模具进行日常维护和修理，一般设置在冲压车间一端，距离冲压线尽量近一些，距离越短越好。机模修工段的规模及设备的配置与生产纲领有很大关系。生产纲领小，规模就小，反之，则大一些。

机模修工段的常用设备有卧式车床、摇臂钻床、铣床、外圆磨床等机加工设备，生产纲领较大时，还要考虑设置修模用的研配压力机，一般采用液压式的压力机，压力机公称压力的大小取决于冲压车间所生产的冲压件尺寸及所配置的生产设备的规格。一般情况下其公称压力选用 4000~6300kN。如果生产纲领很大，项目投资又很充足，选用公称压力 10000kN 甚至更大一些更好，既可以满足维修调试的需要，还可临时生产部分冲压件。

因为模具的维护和小修随时需要，应尽量减少运输距离。如果冲压生产线较多，并且分别布置在不同的厂房跨度内，如果没有特殊情况，模修工段尽量考虑设置在设备公称压力最大的跨度内，即大冲工段，因为其生产线所生产的冲压件尺寸最大，模具尺寸也最大，为其配备的起重机起重量也大，可以资源共享。如果将模修工段设置在其他跨内，必将还要重复设置大起重量的起重设备，不但增加设备投资，同时还将较大地增加大厂房的造价，还要增加模具转运设备的规格和价格。

（9）模具清洗间　通常在机模修区附近设置模具清洗间，用于定期清洗模具，以保证冲压件的质量。

模具清洗有两种方式。一种方式采用高压水清洗，并用压缩空气吹干，简称水洗。如果采用高压水清洗工艺，需要将其区域周围进行隔断，避免污染周围环境。另一种方式直接将清洗剂喷在模具型腔表面，然后用专用擦布人工擦拭，简称干洗。由于采用水洗工艺需要对清洗后的废水进行处理，占地面积较大，清洗环境较差等原因，目前国内外许多先进汽车企业采用干洗方法较多。

（10）废料处理间　车间生产规模比较小时，可以采用装箱废料然后用叉车运到厂区废料集中地统一处理。车间内不必设置废料处理间。规模比较大时，在冲压线地下安装废料输送系统，将各条冲压线产生的废料集中输送到专门设置的废料间后统一处理，包括地下废料输送带和地面废料输出系统。地下部分在冲压线的地沟内，地上部分在车间外墙接间坡屋。

（11）返修工作地　用于对检验后有缺陷零件的返修，使其达到合格标准后再运送到冲压件库，因此通常将返修工作地设置在距冲压件库较近的地方。

（12）AUDIT 评审间　用于对大型冲压件的外观质量进行抽检，并作质量分析和讲评，通常设置在冲压线尾部或冲压件库附近。

（13）公用动力设施　对于综合性的整车工厂的冲压车间通常仅设置专用的变电所和动力入口，配电所和空压站与其他部门联合设置或全厂集中设置；对于单一生产冲压件的工厂（或车间）通常设置较为齐全的配电所、变电所、空压站、动力入口等公用设施。

3. 生活服务部门

通常在冲压厂房的一端或内部靠边的地方修建一个相对独立的建筑作为生活间，现代企业为了方便现场管理，也将车间办公室设置在冲压生产线附近。

8.4　车间区划与平面布置

8.4.1　区划与平面布置的原则

区划是车间各部门（各部分）区域的划分。平面布置是车间安装的工艺设备在平面图中具体的排列。区划与平面布置是车间设计的重要组成部分，它对工艺流程、车间运输和车间面积大小以及建筑结构的处理有很重要的影响。

工厂设计按不同深度划分为三个阶段，其每个阶段由浅入深分为可行性研究、初步设计和施工图设计。

在可行性研究阶段出的图样为区划图，该图是对冲压车间内部作业区域进行总体布置设计。区划时一定要考虑物流合理、人流顺畅为主要条件，来确定车间、工段、辅助部门及生活服务部门的位置并绘制区划位置图，简称区划图。区划图的作用是使厂房内各车间、工段、生产线等作业区域相互协调，分析全厂的物流和人流路线，选择最佳的生产过程和车间内部运输路线，确定生产部门、辅助部门和生活服务部门的最佳布置方案。

初步设计阶段绘制的是车间工艺设备平面布置图，是将车间区划图加深，图中全部设备均应合理的定位，全部动力点和人员的操作位置详细绘出，并将有基础的设备绘出相应位置的剖面图及尺寸。

施工图设计阶段应绘制设备安装图，是将车间工艺设备平面布置图进一步深化，绘制出图中全部设备及动力点的坐标位置，核对设备基础图，配合土建各专业进行设备安装工作。

绘制冲压车间区划或平面图时一般应遵循以下原则：

1）车间物流体系要与总图专业及其他车间协调，尽量达到统一协调，避免输送路线迂回。

2）冲压件应保证最大限度的直线工艺路线，即从第一道工序至最后一道工序沿直线运转。

3）大中型模具库、机械化装置及检验工具库尽量布置在冲压生产线或大型冲压设备附近。

4）冲压件库布置在冲压生产线的尾端，尽量靠近冲压工段。最好直接设置在冲压车间与焊装车间之间。外协冲压件库可直接设置在焊装车间。

5）车间变电间的布置不应破坏工艺流程的直线性，最好布置在二层平台上，或布置在车间的端部及门的上方。

6）生活间的位置应使主要人流工位的往返路线最安全和方便。

7）废料处理工作地尽量布置在冲压车间毗邻的辅助房间内，与大型冲压线距离尽量近，如果年处理量在 5000t 以下，即生产纲领在 2.5 万辆以下，可考虑将其布置在车间内，但要靠近车间端部。

8.4.2　区划与平面布置的内容

不同的设计阶段，冲压车间区划图和平面图所包含的内容也不一样。

1）可行性研究阶段需画出车间区划图。其内容如下：

① 各生产线、生活间的区划。

② 原材料、半成品、成品存放地的区划。

③ 车间通道。

④ 预留区划（必要时）。

⑤ 厂房大门位置，宽度、高度尺寸。车间建筑物的墙、门、窗、柱及轴线编号。标注厂房的跨度、柱距、总长度、总宽度、标高等有关尺寸。

⑥ 起重设备的起重量、跨度、轨道线。说明起重机厂房高度（轨顶高度或屋架下弦高度）。

⑦ 说明车间是新建、扩建还是原有。

⑧ 当建筑物为多层时，应分层绘制车间平面区划图，各楼层平面绘制在一层旁边或上方，并注明层次及标高。

⑨ 指北针。

⑩ 如考虑发展，横向发展时应注明接建跨度、长度、轨顶高度（或屋架下弦高度）及最大起重量等，纵向发展时应注明发展长度等。

2）初步设计阶段需画出车间工艺平面布置图。其内容如下：

① 工艺设备（包括非标设备）位置，设备外形，每台设备编号。

② 原材料、半成品、成品堆放地和各种仓库及车间通道。

③ 工人操作位置。

④ 预留面积（需要时）。

⑤ 起重设备的起重量、跨度、司机室及爬梯位置，起重机检修段和修理起吊位置，起重设备的轨道线，平板车轨道、辊道、机械化运输悬链、单轨等的范围轨迹。

⑥ 水、气、汽、油供应点，电源进线，各种污水排出点以及局部通风和全室通风、空调等示意位置。

⑦ 各生产部分、辅助部分（包括车间内变配电间、通风平台热力入口等）、办公及生活部分的名称。

⑧ 车间建筑物的墙、门、窗、楼梯、电梯、隔断、柱及轴线编号，并标出跨度、柱距、总长度、总宽度、标高等有关尺寸。

⑨ 同其他专业确定与设计方案有关的大型设备基础、烟道平台、烟囱、地坑、地沟的位置及尺寸（如为估算应加以说明）。

⑩ 对地面荷重的要求。

⑪ 设备防振、隔振要求。预留安装门洞或吊装洞位置尺寸。

⑫ 当建筑物为多层时，应分层绘制车间平面图，注明层次及标高（工艺专业只绘制有工艺平面布置的层面，其他层面可仅以剖面图表示）。

⑬ 安全栏杆、地沟（坑）盖板等位置。

⑭ 注明易燃品种、类别、位置。

⑮ 图样说明，内容包括：车间是新建、扩建还是原有；如考虑发展，应注明接建跨度、长度、轨顶高度（或屋架下弦高度）及最大起重量等，纵向发展时应注明发展长度。

⑯ 对地坪物理、化学要求（如防腐蚀、防静电、耐磨、防滑等）。

⑰ 地坪荷载及使用条件要求（如车间内通行的最大车辆、起重机起重量、仓库或存放地按投影面积堆放物的质量等）。

⑱ 厂房屋架吊挂要求（吊挂范围与吊挂物质量）。

⑲ 剖面图中应标明工艺设备位置、高度。连续机械化运输设备（含辊道）区域位置，走向和相互关系。

⑳ 剖面图中应标明桥式、梁式起重机的轨顶高，悬挂起重机的轨底高、屋架下弦、平台的高度。

㉑ 剖面图中应标明最高设备示意图应注标高，同其他专业确定与设计方案有关的大型设备的基础深度、烟道、地沟、地坑位置和深度等有关尺寸（如为估算则应说明）。

㉒ 剖面图中应标明示意绘出墙、柱、屋架结构，天窗、轴线的编号及跨度。

㉓ 剖面图中应标明室内外地坪等标高，楼房、多层工业厂房每层标高。

3）施工图设计阶段要求画出车间工艺设备安装图。其内容如下：

① 在工艺平面布置图的基础上，对原方案进行必要的修改及补充。

② 标出所有设备的定位尺寸。

③ 标出所有公用点的准确位置、用量及标高。

④ 在剖面图上应该标出各层地面、屋架下弦、各种起重机轨顶标高。地面设备的最高点，影响装配和衔接的工艺和机械化运输设备的各部位标高。

⑤ 在平面图上应标出地下室、地坑、地沟底面标高，平台顶面标高，以及悬链轨顶

标高。

　　⑥ 画出各种起重机和有轨车的行走范围。

　　⑦ 起重机司机室位置及升降梯的位置。

　　⑧ 绘出工艺设备的独立基础。

　　⑨ 在标注定位尺寸时，应尽量以建筑物轴线为基线进行标注。

8.4.3　区划与平面布置的基本形式

1. 车间平面布置

　　冲压车间平面布置以物流流向为主线，以物流顺畅、物流路径最短为原则，划分区域布置。大型冲压线自动线或机械化生产线典型平面布置如图 8-1 所示。

图 8-1　大型冲压线典型平面布置

　　冲压车间内的冲压生产线通常采用平行布置，开卷线在冲压车间内的平面布置方式主要有两种：一种是与冲压生产线平行布置（即开卷线和冲压线的厂房跨度方向为并列排布），另一种是与冲压生产线垂直布置（即冲压线厂房为横跨，开卷线厂房为纵跨）。图 8-2 ~ 图 8-5 所示为大型冲压车间的几种典型平面布置形式。

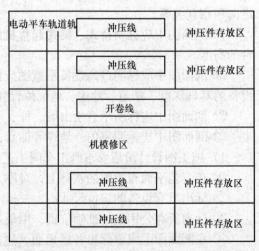

图 8-2　冲压车间平面布置形式（一）　　　　图 8-3　冲压车间平面布置形式（二）

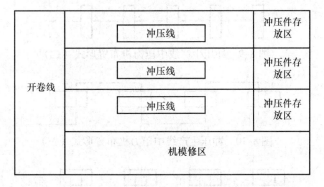

图 8-4　冲压车间平面布置形式（三）

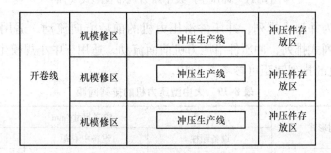

图 8-5　冲压车间平面布置形式（四）

2. 冲压生产线布置形式

1）小型压力机一般均以机群式排列，如图 8-6 和图 8-7 所示。

图 8-6　小型压力机布置形式（一）　　　　图 8-7　小型压力机布置形式（二）

说明：图 8-6 所示为倾斜排列形式，一般为 30°角或 45°角；图 8-7 所示为对立排列形式，操作人员采用背对背形式。

2）在大批大量生产中，压力机成线排列，形成冲压生产线，其基本形式如图 8-8 ~ 图 8-11 所示。

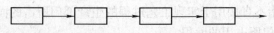

图 8-8　冲压生产线中压力机布置形式（一）

说明：图 8-8 所示为并列式排列，冲压件通过压力机侧窗口进行流动，多应用在开式压力机上，适用于大量的生产规模；图 8-9 所示为贯通式排列，冲压件沿压力机中心线由前向后贯通穿过，应用于大型闭式压力机生产线，是比较常用的排列方式，适用于中等规模生

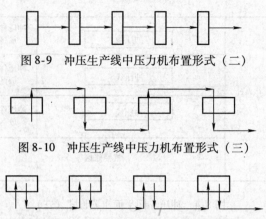

图 8-9　冲压生产线中压力机布置形式（二）

图 8-10　冲压生产线中压力机布置形式（三）

图 8-11　冲压生产线中压力机布置形式（四）

产；图 8-10 所示为并列式排列，冲压件沿压力机的前后方向流动，适用于中小规模生产；图 8-11 所示为并列式排列，冲压件沿压力机前面流动，适用于中小规模生产。

大中型压力机的排列间距可参考表 8-19。

表 8-19　大中型压力机的排列间距

序号	排列形式	参考尺寸/mm		
		设备距柱	设备中心距	设备之间通道
1	贯通式	5000～7000	6000～10000	1500～2000
2	并列式	5000～6000	5500～7500	1500～2000

冲压生产线的布置要求每台设备之间距离尽量紧凑，缩短每台设备之间的输送距离，节省占地面积。

8.4.4　车间面积分类及计算

1. 面积分类

车间总面积按使用功能分为生产面积、辅助面积和生活面积。

（1）生产面积　指直接用于实现工艺过程的基本生产部门所占的面积，包括下列内容：

1）全部生产设备所占面积。

2）生产设备之间小通道（不包括主要通道）。

3）生产工人操作生产设备占用的面积。

4）生产过程中必须占用的面积，如工序间检验地、冲压件修复地等。

5）生产设备周围待加工的毛坯、材料、半成品等占用的面积。

（2）辅助面积　指不直接用于实现工艺过程的生产部门所占的面积，包括下列内容：

1）车间内辅助部门所占用的面积。

2）车间主要通道面积。

3）各种库房和存放地。

（3）生活面积　为车间员工生活设置的面积，如车间办公室、会议室、更衣室、淋浴间、盥洗室及厕所等。

2. 面积计算方法

车间各类面积的准确计算应在车间工艺平面图完成后，根据各部门实际占用的面积进行统计计算而得。

1）计算面积要按照厂房墙内壁进行计算，不包括墙体所占面积。

2）当车间内有双层建筑物时，应计算展开面积。

3）单层建筑物内部有隔层时应按展开面积计算。

4）当冲压车间与其他车间共用主通道时，以主通道中心线作为界限划分，分别计算各自车间的面积。

5）车间办公室、生活间等一律计入生活面积。

3. 车间面积的计算指标

车间面积的计算指标见表8-20～表8-22。

表 8-20 冲压车间面积参考指标

序号	车　　型	每台设备占用面积/m²	
		生产面积	总面积
1	轻型车（≤2t）	50～100	150～230
2	中型车（2.5～7t）	50～100	150～230
3	重型车（≥7t）	50～65	100～230
4	小客车	50～60	100～120
5	大客车	55～80	110～150
6	轿车	60～70	150～200

注：1. 表中数据为平均数值。

2. 数值包括钢板存放地和冲压件存放。

3. 设备包括生产和辅助设备。

表 8-21 冲压车间各部门面积比例（%）

序号	名　　称		冲压件类型			
			大型	中型	小型	平均
1	一、生产面积	冲压工段	35～45	40～50	50～55	40～50
2		毛坯准备工段	5～10	5～10	5～10	5～10
		合计	40～55	45～60	55～65	45～60
1	二、辅助面积	金属材料库	5～10	5～10	5～10	5～10
2		毛坯存放地	5	4	4	4
3		冲压件存放地	10～15	6～8	3～5	6～9
4		模具及检具存放地	6～9	6～10	6～8	6～9
5		机模修部门	8～10	5～7	6～7	6～7
6		辅助材料库	1	1	1	1
		合计				
		总计	100	100	100	100

注：1. 金属材料库存放周期小时，取低值，反之取高值。

2. 大批量生产时，生产面积取低值，反之取高值。

表 8-22　冲压车间设备占地面积

序号	设备名称	每台设备占生产面积/m²
1	剪板机	30~50
2	自动送料剪板机	50~80
3	冲型剪切机	10~40
4	小型压力机	10~15
5	中型压力机	20~50
6	大型压力机	70~100
7	专用压力机	50~120
8	小型自动压力机	15~40
9	中型自动压力机	60~180
10	大型自动压力机	80~300
11	多工位压力机≤1600kN	55~90
12	多工位压力机≥1600kN	150~550
13	清洗机	50~150
14	抛丸机	120~180
15	喷丸机	120~300
16	金属切削设备及其他设备	5~20
17	液压打包机	160~280

4. 详细计算指标

（1）生产面积　根据设备明细表中的设备绘制出工艺平面布置图，按图中各区域的面积进行核算。

（2）修理部门　主要负责设备和模具的维护和小型修理工作（大中修由辅助车间负责），其面积可根据模具的大小和数量确定。

大中型模具修理工作地面积 = （2~3）× 模具套数

小型模具修理工作地面积 = （1~1.5）× 模具套数

（3）车间仓库　车间仓库包括金属材料库、毛坯库、冲压件库和模具库，各种仓库的贮存方法根据生产纲领、产品特点、存放方法来决定，主要应保证最大限度地利用厂房容积和厂房高度，可参考下列指标。

1）金属材料库（也称原材料库）或存放地。冲压车间主要材料是各种规格的钢板和卷料，板料采用成垛码放，底部放垫木，码放高度≤3.5m，每垛之间的距离，如果采用起重机运输时按1.5m计算，如果用叉车时按2.5~3m计算。卷料可存放于专用货架上或直接码放在地面上，根据其直径大小可码放2~3层，码放高度≤4m。

概略计算

$$F = Q/f$$

式中　Q——年金属材料消耗量（t）；

　　　F——仓库面积（m²）；

　　　f——平均每平方米地坪荷重（t），取2~3t。

详细计算

$$F = Q/qck$$

式中　Q——年金属材料消耗量（t）；

　　　F——仓库面积（m^2）；

　　　q——单位面积有效地坪荷重（t/m^2），见表8-23；

　　　c——金属材料年进货批次（次/年），见表8-24；

　　　k——金属材料面积利用系数，见表8-23。

表 8-23　金属材料指标

序号	材料类型	包装形式	存放高度 /m	单位有效面积荷重 /(t/m²)		面积利用系数	
			码垛存放	码垛	架放	码垛	架放
1	薄钢板	成包	2~3	10~15		0.5~0.6	
2	厚钢板	成包	2~3	10~15		0.6~0.7	
3	宽卷料	成卷	2~3	8~10		0.4~0.5	
4	带料	成卷	1.5~2	4~5	3~4	0.35~0.4	0.3
5	型材	成捆	1.5~2	4~5	3~4	0.5~0.6	0.4~0.5
6	剪后毛坯		1.0~2	4		0.4~0.5	

表 8-24　金属材料贮存周期

序号	存放材料质量/t	年进货批次/次	每次入库量/t	平均贮存周期/天
1	≤5000	4~6	1250	60~90
2	12000	12	1000	30
3	20000	12	1667	30
4	30000	15	2000	24
5	50000	18	2778	20
6	75000	24	3125	15
7	100000	30	3333	12
8	150000	36	4166	10
9	≥200000	48	≥4166	8

2）冲压件库。包括冲压件的临时存放和工序间的半成品存放。其存放方式为：大中型冲压件采用工位器具存放，小型冲压件采用箱装存放，均可多层存放。详细计算公式为

$$F = Qt/251qK = \frac{Q(t_{正} + t_{保})a}{251Qk}$$

式中　F——冲压件库面积；

　　　Q——年通过仓库零件总质量（t）；

　　　t——零件贮存周期，$t = t_{正} + t_{保}$；

　　　$t_{正}$——零件正常贮存周期；

　　$t_{保}$——零件保险贮存周期（1~3 天）；

　　q——单位面积有效荷重（t/m^2），见表 8-25；

　　K——仓库面积利用系数，见表 8-25；

　　a——零件入库不平衡系数，取 $a=1.1~1.2$。

表 8-25　冲压件存放指标

序号	零件种类	存放方法	存放高度/m		单位有效面积荷重/(t/m^2)		面积利用系数	
			垛放	架放	垛放	架放	垛放	架放
1	大型薄板件	专用器具	4	5	2	1.8	0.5~0.6	0.4~0.5
2	中型薄板件	专用器具	4	5	2~3	1.8~2	0.4~0.5	0.4~0.5
3	大型厚板件	专用器具	4	5	6	5	0.5~0.6	0.4~0.5
4	中型厚板件	专用器具	4	5	6	5	0.4~0.5	0.4~0.5
5	小型零件	零件箱装	4	5	7	5	0.4~0.5	0.4~0.5

注：存放高度越大，单位荷重越大，数值越高。

　　3）模具库。模具存放方式根据模具尺寸大小分别采用架存或直接在地面存放。小型模具存放在专用模具架上，模具架的规格为 3000mm×800mm×2000mm（长×宽×高），可存放三层。中型模具可直接存放在地面上，也可存放在专用平板上，平板尺寸为 1500mm×1000mm（长×宽），平板可以用槽钢或工字钢及钢板焊接。一般存放 2~4 层，高度小于 2.5m。

　　大型模具直接存放在地坪上，一般存放 1~3 层，高度小于 2.5m。

　　模具存放指标可参考表 8-26 和表 8-27。

表 8-26　零件尺寸分类模具存放指标

序号	零件分类	代表件	存放方法	平均每套模具占地面积/m^2
1	大型冲压件	驾驶室覆盖件等	垛放 1~2 层	5~10
		桥壳、横梁等	垛放 1~2 层	1.5~2.5
2	中型冲压件	汽油箱、油底壳	垛放 1~2 层	1~1.5
		各种支架	垛放 2~4 层	0.8~1.2
3	小型冲压件		架放 3~4 层	0.5~0.8
4	特大型冲压件	车架纵梁	垛放 1~2 层	8~12
5	发动机、底盘冲压件	离合器钢片、桥壳盖	垛放 2~4 层	0.45~0.6

表 8-27　压力机公称压力分类模具存放指标

序号	压力机类型		每类模具占模具存放总面积（%）	存放方法	每套模具所占面积/m^2
1	≤1000kN		5~10	架放 3~4 层	0.2~0.3
2	单点	1600~3150kN	8~12	垛放 2~4 层	0.4~0.5
		4000~6300kN	10~13	垛放 3~4 层	0.5~0.6
		≥8000kN	10~15	垛放 2~3 层	1~1.8

（续）

序号	压力机类型		每类模具占模具存放总面积（%）	存放方法	每套模具所占面积/m²
3	双点	1600～2500kN	5～10	垛放2～3层	0.45～0.7
		4000～6300kN	5～10	垛放2～3层	1.8～2.5
		≥8000kN	7～10	垛放2～3层	2～3
4	四点	1200kN	10～15	垛放1～2层	3～4
		≥1200kN	10～15	垛放1～2层	3～4
5	纵梁压力机		按实际	堆放1层	6～12

4）其他仓库。存放润滑脂、油料和擦料的油料库，存放劳动保护用品的劳保库及工具库等一般存放周期为1～3个月，具体应视生产的规模而定。以上这些仓库通常在全厂设置中心仓库或总库，车间仓库主要起缓冲和分发的作用，因此面积一般比较小，计算方法也比较简单，具体数值可参考表8-28。

表8-28 其他仓库的存放指标

序号	仓库类型或名称	存放方法	单位指数占面积指标	
			单位指数名称	占面积指标/m²
1	油料库	油料桶装，擦料捆放	大型压力机（台）	1.2
			中型压力机（台）	0.6
			小型压力机（台）	0.25
2	劳保用品库	架放、捆放、箱装	工人（人）	0.06
3	工具库	架放	工艺设备（台）	0.2

8.5 厂房建筑结构形式

8.5.1 对厂房建筑结构形式的一般要求

厂房的建筑结构形式要满足生产条件要求和建筑美学的要求，涉及厂房内部立体布置和色彩配置、生产工艺要求、合适的采光条件、合理布置的生产设施、公用动力管道、通风设备及照明等方面的内容。冲压车间的生产线特点是设备质量大，振动也大，设备基础深，它对厂房建筑的要求有下列几点：

1）首先保证生产工艺对面积的需求，在不增加建筑规模和造价的情况下，尽量考虑工艺设备布置形式变化的可能性。

2）生产线的布置及生产组织合理，生产流程顺畅。建筑物结构要为生产人员和生产组织创造有利条件。

3）要具备合理的厂房开间跨度和高度，满足设备的安装和使用。

4）压力机工作时振动较大，噪声大，对厂房和周围环境有影响的，要求厂房结构构造及邻近激振设备要考虑振动的影响，要采取相应的防振措施。

5）冲压设备的外形尺寸高大，生产和安装检修要求配备一定起重量的起重设备，要求厂房高度大。由于设备质量大，加上冲击荷载，设备基础的体积大，要注意设备基础与厂房基础及各种地下管道的相互位置，以免相碰；尽可能选择较好的基础，并注意地基的情况，防止不均匀沉降，以免对设备及厂房造成损失。

6）厂房通风、采光、保温、隔热等方面的要求。由于冲压厂房一般不考虑空调，对照度也没有特殊要求，因此，尽量考虑通风、采光要好。

7）压力机的基础采用独立基础或带状基础。基础地沟的形式根据地质情况、厂房造价和物流情况确定。

8）未来预留发展的可能。

9）建筑物的造价。

10）厂房建筑外形美观，与周围其他建筑物及环境协调，最好蕴含企业的文化。

8.5.2　厂房建筑的结构形式

1. 厂房选型

厂房的类型、跨度、宽度、高度、柱网尺寸等参数取决于很多因素。厂房结构有多种形式，大型冲压车间通常为单层多跨的矩形厂房，冲压线下面设置大型设备基础地沟，这种厂房适用于工艺过程为水平布置，而且采用大起重量起重设备、大跨度和高跨间的生产车间。在地质条件不好，建造防水可靠的地沟困难的情况下，也可采用双层厂房，将冲压生产线布置在双层厂房的二层，设备基础在一层内。但是这种形式的厂房二层楼板荷载很大，而且一层面积利用不充分，一层的金属材料库的板料运送到二层冲压线需要通过升降机或叉车通过坡道进行较长距离运输，二层大型冲压件运送到冲压件库也不方便。小型冲压车间可以布置在多层厂房内，多层厂房适用于对楼板荷载要求≤2.5t/m²、小型轻型设备的布置。厂房层数的选择要根据建设场地的特点和面积、建筑要求、建设的经济性等因素决定。当有不同高度的跨间时，一般将高跨集中在一起布置，最好是在所有跨间的中间。

冲压厂房有钢筋混凝土结构、钢结构和混合结构。通常冲压厂房柱采用钢柱或钢筋混凝土柱，屋架分为钢排架、门式钢架、桁架等几种形式，屋面为压型钢板或轻质屋面板，墙体采用双层压型钢板内夹超细玻璃丝棉保温层。建造金属结构的厂房是目前的一种趋势，因为其厂房柱截面尺寸比较小，有利于布置冲压生产线，厂房建造施工周期短，而且由于屋面和墙面板都是彩钢板，非常美观，但是建筑结构形式的选择要进行综合技术经济分析后来选择。车间建筑物的梁、柱、屋架等构件及尺寸应保证实现工艺过程，满足工艺设备和装置及输送设备的荷载要求。

现代冲压车间，尤其是大批量生产规模的车间，为了方便组织生产，缩短运输线路，常常将冲压车间与焊装车间组合成一个大型联合厂房，冲压件库布置在两个车间中间，如图 8-12 所示。

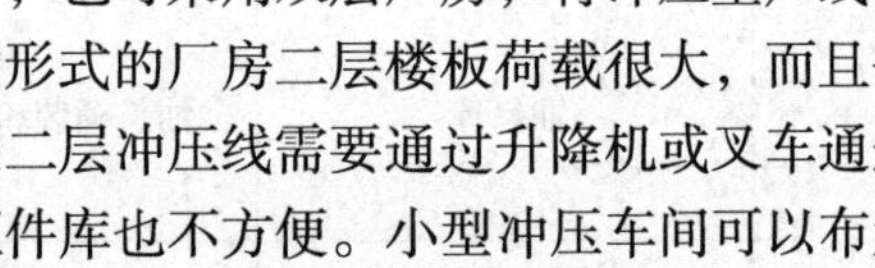

冲压车间	冲压件库	焊装车间

图 8-12　冲压焊装联合厂房示意图

2. 厂房主要参数

（1）跨间宽度　跨间宽度对于单跨厂房是指厂房墙内壁之间的距离；对于多跨厂房，边跨宽度是指从墙内壁到柱子中心线的距离，内跨宽度是指柱子中心线间的距离。

跨间宽度取决于设备、基础的轮廓尺寸，也取决于运输装置和工艺过程中的机械化输送装置的尺寸。

厂房跨间宽度一般为 3 的倍数，中小型车间为 18m、24m；大型车间为 24m、30m、36m，当工艺布置有明显优越性时也可采用 21m、27m 和 33m。

当布置不同外形尺寸设备必须采用多跨厂房时，为了使厂房建筑构件统一化，通常采用同一跨间宽度，以最大的跨间宽度为各跨宽度。

（2）跨间长度　跨间长度是根据平面布置时，由设备排列所需实际尺寸决定的。

厂房纵向上柱子的轴线间距（柱距）通常以 6m 为模数。确定柱网的各个数值时要与所采用的工艺过程相协调，并能适应车间各种类型运输设备的要求。同时要注意柱子基础和地下构筑物（地沟、设备基础等）之间的协调关系。

单跨厂房的柱距一般为 6m，多跨厂房柱柱距为 6m 或 8m。

冲压车间的长度应与工厂其他车间相协调，避免过长或过短给总图布置增加困难。另外，根据工艺本身的要求，车间太长会使运输路线增长，起重运输调度不便，给生产带来不良的影响。一般冲压车间的长度最好在 96 ~ 150m 之间比较理想。

（3）厂房高度　厂房的高度取决于安装设备的高度，要加工的零件和装配好的机器部件的质量和外形尺寸，跨间内的运输条件，有无铁路入口和起重机的外形尺寸等，一般情况下主要是根据安装设备的最大高度和起重机的安装高度等因素来决定的。

厂房的结构高度是指从地面到屋架下弦。而工艺高度是指从地平面到起重机轨顶的高度，即轨顶高。轨顶高除考虑设备的外形尺寸外，还需考虑拆修和安装设备时所需要的高度。

到屋架下弦的厂房总高度应为起重机轨顶高与轨面至起重机顶点距离之和再附加 200 ~ 250mm，该尺寸考虑屋架下弦和水平支承可能产生的弯曲的需要。一般情况下，工艺专业设计人员先提出工艺高度，即起重机轨顶高度，再由建筑专业设计人员确定屋架下弦高度。

（4）车间大门　厂房通向室外的门，有多种形式，其数量的大小，视其用途而有不同的要求。

1）冲压车间通常采用的厂房大门有以下几种形式：

① 平开门。结构简单，开启方便，密封性好，可作为疏散的门，通常厂房大门、安全门及防火门均应向外开启。

② 推拉门。不占用面积，但密封性不好，常用于非寒冷地区的厂房和厂房内朝向车间主通道开启的门；

③ 提升门、卷帘门。外形美观、时尚，不占用面积，但不能用作疏散门，通常需要另外设置车间的疏散门，是目前采用较多的大门形式。

④ 双向门。可向内、外开启，自动关闭，常作为人流过往频繁的室内门。

2）当确定车间门的类型和尺寸时，要分别按其用途，考虑下列因素：

① 要使运输车辆能顺利通行，当有个别零件和设备的外形尺寸超过土建所推荐的门洞高度时，可通过提高其中一个门洞的高度尺寸来解决。

② 尽可能满足一段设备的搬运，对大型设备设置一个设备安装大门，也可预留安装孔，以免门的尺寸过大。

③ 车间大门要满足消防规范的要求，应考虑消防车的进出，最好在厂房的中部有一个直通对开的大门。

④ 在具体选择厂房大门的尺寸时，除要满足工艺和车辆通行的要求外，还应考虑使用

建筑物构件标准的要求，应尽可能在建筑专业推荐的规格系列中选用。厂房大门宽度规格：宽度系列有 3000mm、3300mm、3600mm、3900mm、4200mm、4500mm；高度系列有 3300mm、3600mm、3900mm、4200mm、4800mm、5100mm。

⑤ 车间大门不允许套人行小门，在物流大门的一侧，应设人流小门。严禁物流和人流交叉。在风沙较大地区，物流入口应设有双层门。

⑥ 车间大门的数量，除要根据建筑形式，工艺平面布置、防火要求等因素外，还应考虑夏季的通风问题。

⑦ 对于物流运输频繁的车间主要大门，为节省人力和开启方便，通常采用电控或声控电动开启式大门。

（5）窗　窗是为通风和采光设置的，窗的形式要满足工艺要求。厂房的侧窗通常选用塑钢窗，可以设高低两条采光窗。尽量考虑设置天窗和采光通风屋脊。

8.5.3　车间通道

由于冲压车间是工艺专业的第一道工序，因此必须考虑原材料的运入和冲压件的运出。一般情况下，采用的原材料尺寸均很大，尤其生产汽车车架左右纵梁所需的中厚钢板，根据车型不同，其长度一般在 5～12m 之间，甚至更长，冲压件及工位器具的尺寸也比较大，因此车间的物流主通道宽度不得小于 3m，如果面积不是非常紧张的情况下，最好采用 4m 以上主通道。车间通道具体要求如下：

1）车间主通道 3000～4500mm，双向物流通道 4500mm，单向物流通道 3000mm。

2）大型压力机间通道 3000～4000mm。

3）中型压力机间通道 2500～3000mm。

4）小型压力机间通道 2000～2500mm。

5）从通道边界到厂房构件边缘的距离 >200mm。

6）从通道边界到设备边缘的距离 >800mm。

8.5.4　车间内的平台

（1）变压器平台　变压器平台尽量设置在冲压车间负荷中心，一般平台底标高不低于 4.5m，以保证物流叉车顺利通过。

（2）电控箱平台　对于大型冲压生产线，通常将压力机及机械化系统的电控柜布置在厂房柱间的钢平台上，平台底标高不低于 4.5m，宽度为 2400～3600mm，具体高度根据电控柜布置方式确定，荷载根据电控箱数量和质量计算确定。如果厂房的柱子是双柱，电控箱平台的边缘应距厂房柱子外侧 800mm。安全护栏采用插式结构。

8.5.5　地面

冲压车间的地面应采用抗机械作用性能好、易修理、可快速更换、无噪声和热容量小的材料制成。冲压车间地面材料选择时要考虑振动、摩擦、冲击、温度、水、酸、碱和油等因素的影响，地面的结构应承担静荷载及动荷载的影响。由于车间有大型、中型及小型冲压车间，车间各部分对地坪的要求也不一样，即地坪的荷重和地坪的结构形式也不相同。另外还要考虑工人操作特点、活动范围，经综合分析后确定。冲压车间常用的几种地面见表8-29。

表8-29 冲压车间常用的几种地面

部门名称	对地面的要求	推荐地面类型
金属材料库	抗振性、抗击性、耐磨性好，便于维修	钢筋混凝土+金属骨料耐磨地面
毛坯工段	抗击性、耐磨性好	钢筋混凝土+金属骨料耐磨地面
冲压工段	抗击性、耐磨性好	钢筋混凝土+金属骨料耐磨地面
冲压件库	耐磨性好	钢筋混凝土+金属骨料耐磨地面
机模修工段	耐磨性、耐油性好	钢筋混凝土+金属骨料耐磨地面

地面荷重是指单位面积地面能承受的最大载荷，冲压车间各区域的地面负荷见表8-30和表8-31。

表8-30 冲压车间各部门的地面荷重（一）

序号	部门名称	地坪荷重/(kN/m^2)	地坪形式	备 注
1	金属材料库	150	混凝土配钢筋	卷料、板料存放高度不超过2.5m
2	钢板存放地	150	混凝土配钢筋	卷料、板料存放高度不超过2m
3	毛坯存放地	80	混凝土	下料后毛坯
4	模具存放地	100	混凝土配钢筋	模具存放高度不超过2.5m
5	模具维修地	100	混凝土配钢筋	
6	零件存放地	50	混凝土	
7	压力机基础盖板	100	混凝土配钢筋或钢板	
8	主要通道	50	混凝土	

注：本表适用于载货汽车、轿车、轻型客车和微型车。

表8-31 冲压车间各部门的地面荷重（二）

序号	部门名称	地坪荷重/(kN/m^2)	地坪形式	备 注
1	金属材料库	100	混凝土配钢筋	卷料、板料存放高度不超过2m
2	钢板存放地	50	混凝土配钢筋	卷料、板料存放高度不超过2m
3	毛坯存放地	50	混凝土	下料后毛坯
4	模具存放地	50	混凝土	模具存放高度不超过2.5m
5	模具维修地	50	混凝土	
6	零件存放地	50	混凝土	
7	压力机基础盖板	50	混凝土或钢板	
8	主要通道	50	混凝土	

注：本表适用于大客车、中型客车、改装车，小型冲压车间地坪可采用混凝土或木砖。

冲压车间对地面的结构要求见表8-32。

表8-32 冲压车间对地面结构的要求

| 序号 | 车间部门 | 负荷 | | 输送工具荷载质量/t | 油水稳定性 | 对切削的粘附强度 | 不油性 | 无火性 | 不含尘性 | 路面形式 |
		负荷特性	最大单位面积平均负荷/(kN/m²)							
1	金属材料库	板料、卷料放地面托架上	150	载货汽车5~50	有	有	有		有	花岗岩杂石加混凝土
2	毛坯准备	毛坯放地面托架上	100	载货汽车5~20	有	有	有		有	花岗岩杂石加混凝土
3	压力机盖板		100	载货汽车5~20	有	有	有	有	有	花纹钢盖板或混凝土
4	通道		100	载货汽车5~50	有	有	有		有	铸铁板或钢盖板
5	压力机之间及柱子周围		100	载货汽车5~50	有		有		有	青木块或铸铁板、钢盖板
6	零件库	台架料垛	50-100	载货汽车5~50	有		有		有	混凝土或青木块
7	模具库	模具，机械化装置	100	载货汽车5~50	有		有		有	混凝土或青木块
8	小冲工作地	模具，零件箱及毛坯箱	50	载货汽车5~50	有		有		有	混凝土
9	其他厂房		50		有		有		有	混凝土

8.5.6 设备基础

1. 基础结构形式的应用条件及要求

设备基础设计应满足平面布置和牢固安装压力机的要求，并要有足够的强度和良好的稳定性，不能下沉和变形，避免影响邻近建筑物，此外还应考虑其经济性。

设备基础不应与邻近建筑物和设备有强烈的振动，因此，基础的质量和尺寸应使其振动不超过压力机械所规定的数值。机械基础本身以及与邻近的建筑物和构筑物，不允许有强烈的振动，要符合这个要求，是一件比较复杂的课题。考虑到上述要求，将基础做成一定尺寸及质量，使得振幅不超过根据压力机工作时的某一规定值。压力机工作时对邻近产生影响可采用缓冲装置解决。

由于基础结实，平面面积较小及形状简单，所以地基不均匀沉降的可能性实际可忽略不计。

　　设计基础的原始资料有：压力机及其冲模的最大质量、安装压力机支座的布置、地脚螺栓间距、动载系数、压力机之间的间距、各种动力管线引入设备基础的位置及土壤特征等。计算时，以最不理想的压力机布置条件来考虑。

2. 基础形式

　　压力机基础分为独立基础和组合基础，如图 8-13 所示。

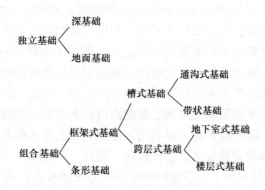

图 8-13　压力机基础形式

　　（1）独立基础

　　1）独立深基础适用于成批和小批生产零件时的压力机，一般为方形的混凝土结构。

　　2）地面基础用于土壤承受单位压力不大的压力机，通常为公称压力在 1000kN 以下的压力机。一般为普通的混凝土垫层做成。

　　（2）组合基础

　　1）框架式基础。框架式基础适用于大批大量生产时，冲压大型和中型零件的压力机。这种基础能够在必要时更换和调整压力机，甚至可将压力机转 90°，而且不影响零件的生产。

　　框架式基础主要分槽式基础和跨层式基础两类。

　　槽式基础适用于成批生产大型和中型零件时，双点或四点压力机组成的冲压线，在车间一个跨间内需要布置一条、两条或三条平行排列的冲压线。在槽式基础上安装压力机与在有地下室的车间内在框架式基础上安装压力机类似槽式基础又分为通沟式基础和带状基础两类。

　　带状基础用于大批及大量生产中，其优点是整条冲压生产线的设备基础采用贯通式，地下部分全部通开，便于设备维修和维护，同时可以将废料输送系统安装在地沟中，还可以根据需要重新调整压力机的布置，更换压力机等。带状基础的尺寸见表 8-33。

表 8-33　带状基础的尺寸

压力机台面尺寸/mm	带状基础主要尺寸/mm	
	基础沟深度	基础沟宽度（主体部分）
2000～2500	3000～4000	3500～4000
2500～3500	5000～6000	4500～5000
4000～5000	7000～7500	5500～6500

带状基础地沟内应设有集油沟和集油坑，要考虑含油污水的定期排放问题。

在地沟内应按安全规范的规定设置紧急出口和按消防规范规定设置消防设施，并在地沟入口设置安全护栏。

压力机基础盖板采用混凝土盖板，盖板上有内藏式吊环，以便吊装和拆卸。盖板周围设有角钢保护框。

跨层式基础适用于许多条冲压线布置在几个跨间里的情况下，在车间有地下室或底层时，在双层厂房的第二层安装压力机时才采用。跨层式基础又分为地下室式基础和楼层式基础两类。地下室式基础主要用于成批量生产时，大于或等于1600kN的机械压力机基础，通常做成单个地下室式的，采用钢筋混凝土结构，预埋紧固压力机的地脚螺栓。跨层式基础是一种双层结构，一层的建筑作为安装压力机基础，二层为工作面。采用此种方式的原因主要是由于地质情况很差、冲压设备基础太深、基础沟内渗水及地沟的施工均很难。但是采用此种方式也有相应的弊病，即一层面积不好利用，原材料、毛坯和模具如果放在一层，不方便运输；如果放在二层，地坪荷载很大，造价较高，因此，尽量不要采用这种形式。

2）条形基础。条形基础用于安装相同的单点压力机或双点压力机生产线，是在一个完整的长带上安装带有两个盒形截面的钢梁，梁上有供安装设备地脚螺栓的缺口，钢梁与条形基础是一个完整的结构。

选择设备基础取决于土壤地质特性、车间位置的地形、生产组织及邻近有无建筑物和构筑物、压力机的下部机构及经济合理性。

随着科学技术的不断进步，对环境保护的要求也随之不断提高，近几年新建的比较大型的汽车工厂均考虑在冲压设备基础上安装隔振垫，以便减少压力机工作时的振动，对设备本身和周边环境均能起到很好的保护作用。

8.6 厂房环境

8.6.1 采光与照度

冲压车间通常对照度没有特殊的要求，因此尽量采用自然采光，利用厂房侧窗和屋顶天窗大面积自然采光。人工照明可以用照明系统保证，照明系统装设高度通常比起重设备工作水平面高。冲压车间照度推荐值见表8-34。

表8-34　冲压车间照度推荐值

工作区域名称	照度/lx	
	混合照明	一般照明
冲压件检验区	1000	100
冲压线	300 ~ 500	50 ~ 75
开卷剪切线、剪板机	300 ~ 500	50 ~ 75
冲模维修区	500	50
毛坯及冲模存放地	—	100
地沟（整体带状基础）	—	30

8.6.2　通风采暖

冲压车间要求有良好的通风条件和正常的通风系统，对有外排放有害物质的工艺设备，如砂轮机、清洗机的烘干室、抛丸机等应采用局部风装置。冲压车间通风、吸尘量见表8-35。

表 8-35　冲压车间通风、吸尘量

序号	设备名称	用途	排气量/(m³/h)	说明
1	清洗机	驾驶室覆盖件	3500~5000	排潮
2	烘干机	驾驶室覆盖件	2000~3000	大部分循环使用
3	抛丸机	2000mm×1000mm 钢板	1780	吸尘
4	纵梁抛丸机	12000mm×600mm 零件	10000	吸尘

在需采暖地区要考虑室内采暖设施，一般情况下采用独立热源供热。生产工艺对室温无特殊要求的，冬季室内采暖设计计算温度可取：生产车间 12~18℃，库房 8~12℃。

目前，越来越多的工厂厂房采用燃气辐射型供暖。这种较为新型的采暖方式是利用天然气、液化石油气或人工煤气等可燃气体，在特殊的燃烧装置——辐射管内燃烧而辐射出各种波长的红外线进行供暖的，红外线是整个电磁波波段的一部分。由于辐射热不被大气所吸收，而是被建筑物、人体、设备等各种物体所吸收，并转化为热能。吸收了热的物体，本体温度升高，再一次以对流的形式加热周围的其他物体，如大气等。所以，建筑物内的大气温度，不会产生严重的垂直失调现象。因此其热能的利用率很高，并使人体感觉很舒适。因此，燃气辐射采暖是工业厂房较为理想的供暖方式。

8.6.3　清洁度

冲压车间的清洁度要求比较严格，应防止车间外部灰尘带入车间内，保持车间内部的清洁度，防止载货汽车进入车间时把灰尘带入车间内。在车间内部设计一个封闭防尘通道门，大门的一般尺寸宽为 6000~8000mm，长为 12000~15000mm，高为 5000mm，大门的地面铺设防尘胶垫，定期清理。确保车间内部的清洁度，对保证冲压件的表面精度大有好处。

8.7　动能供应

冲压车间使用的主要公用动力介质有：电力、压缩空气、生产用水、氧气、乙炔等。保证冲压车间这些介质的正常供应，是完成整个生产工艺过程的重要条件之一。因此，根据工艺设计的需要提出各种介质种类及其消耗量、技术要求是工艺设计的重要内容，也是管路设计、动力站房设计和供应方式设计的主要依据。

8.7.1　动能种类及要求

1. 电

冲压车间用电设施为照明用电和设备动力用电。耗电量根据需要的容量计算，需要容量通常低于设备安装容量，因为不是所有用电设备都同时满负荷工作。需要容量等于安装容量乘以需要系数，对于各种用电设备来说，需要系数是不一样的。

一般设备只带一般降压变压器的用电设备，安装容量以 kW 计，带专用变压器的用电设备，安装容量以 kVA 计。当设备安装容量以 kVA 计时，必须注明单位。

进行规划设计时，可将选用的全部设备按部门分别编写在设备明细表上，将每台设备的用电功率累加在一起，即统计出车间设备用电量。

车间用电的发展和预留容量应加以说明。

对于需要的特种电源，应将电源性质、频率、相数予以注明。如对供电质量有特殊要求，如电压、波形、波动频率应注明。

通常使用的交流电为电压 380（1 ± 10%）V，相位 3 相，频率 50（1 ± 2%）Hz。

2. 压缩空气

（1）概述　冲压车间压缩空气使用点有压力机、机械化装置、维修工作地等。

空气在压缩状态下占有的体积，称为压缩体积。压缩空气的体积随着温度与压力的变化而变化。空气在温度为 20℃、绝对压力为 101.3kPa 时占有的体积称为自由体积。压缩空气的用量，未特别注明时，均指空气自由体积的数量，单位为 m^3。设备的压缩空气工作压力，在未特别注明时，均指表压力。干空气在温度为 0℃、绝对压力为 101.3kPa 时，密度为 1.29kg/m^3。干空气在温度为 20℃、绝对压力为 101.3kPa 时，密度为 1.20kg/m^3。空气的自由体积与压缩体积的关系，在不考虑温度影响时，可近似表示为

$$V_1 = V_2(1 + p_0/100)$$

式中　V_1——空气的自由体积（m^3）；

      V_2——空气的压缩体积（m^3）；

      p_0——压缩空气表压力（kPa）。

冲压车间使用的压缩空气通常由工厂压缩空气站房提供，压缩空气在站房出口处的压力一般为 600 ~ 700kPa，温度低于 40℃，并含有灰尘、水和油。一般用途压缩空气品质分级见表 8-36。

表 8-36　一般用途压缩空气品质分级

项目	单位	1 级	2 级	3 级	4 级
灰尘浓度	mg/m^3	0.1	1	5	未规定
最大尘粒尺寸	μm	0.1	1	5	40
常压露点	℃	−40	−20	+2	+10
最大含油量	mg/m^3	0.01	0.1	1	5
适作对象		超干燥空气、提纯干燥空气、呼吸空气	过程控制仪表、射流或气动仪表	气动测量、气动轴承	气动传动、气动元件、阀、气缸、风动工具

当设备和仪表对压缩空气的品质有特殊要求时，应对压缩空气进行处理。干燥和净化装置可以安装有压缩空气站，也可以安装在用户处。

压缩空气正在管网内的经济流速，视管径大小和长度不同，通常为 8 ~ 12m/s。

压缩空气表压力为 0.6MPa 时，管径与压缩空气最大流量见表 8-37。

表 8-37　管径与压缩空气最大流量

公称直径/mm	15	20	25	32	40	50	65	80	100	125	150
最大流量/(m³/h)	40	64	100	170	270	500	900	1400	2100	3600	5200

（2）设备使用压缩空气的方式　一般使用压缩空气设备，按用气特点分为以下几种：

1）连续稳定用气设备。设备开动时，气流连续，用气量稳定不变。

2）不均衡用气设备。在设备的一个工作循环中气流不连续，在工作循环的各操作过程中用气量是变化的。

3）轮次用气设备。主要指带气缸的设备。其特点是间断性轮次用，每次用气量相同。有些轮次用气设备和不均衡用气设备为平均尖峰用气量，有时还带有贮气缸。

3. 生产用水

冲压车间主要用水点是压力机冷却循环水、模具清洗机、生活辅助部门及其他零星用水。提高水的重复使用率是节约水的主要途径，在设计中应充分重视水的重复使用。

（1）给水方式　冲压设备使用的水根据给水方式一般可分为直流水和循环水两种。

1）直流水是指由城市或工厂供水系统供给，经设备使用后直接排入下水道或生产过程消耗的水。

2）循环水是指设备使用过的水经设备外部的系统处理（如冷却、净化等）后，又供给该设备使用的水。循环水不仅要选用高效、低能耗、低噪声的冷却塔，而且要采取循环水处理工艺防止循环水恶化。循环水系统分为全厂性和局部性两种，冲压车间使用量较大时，采用局部性循环水系统，反之，采用全厂性循环水系统。

（2）用水量　设备的用水量是指在单位时间由外部进入设备的直流水和循环水的水量。水的用量以体积表示，小时平均或小时最大用水量的计量单位为 m³/h；班或年用水量的计量单位为 m³。

给水在管网内的流速与管径、管子材料及允许压降有关，一般取 0.8~1.2m/s，不高于 2m/s。钢质给水管在正常流速时的水流量见表 8-38。

表 8-38　钢质给水管在正常流速时的水流量

钢管公称直径/mm	10	15	20	25	32	40	50	70	80	100
水流量/(m³/h)	0.3~0.45	0.5~0.8	1.0~1.4	1.6~2.3	2.7~4.1	3.6~5.4	6.1~9.3	10~15	14~21	25~37

（3）水质　天然水中含有固体杂质、气体（如 CO_2、N_2、O_2 等）、盐类（主要是钙、镁、钠的化合物等），以及微生物和细菌。工业用水的硬度见表 8-39。

表 8-39　工业用水的硬度

水的种类		很软水	软水	中等硬度水	硬水	很硬水
总硬度	德国标准	0~4 度	4~8 度	8~16 度	16~30 度	>30 度
	以 CaO 含量/(mg/L) 计	0~40	40~80	80~160	160~300	>300

（4）供水水温　一般设备对供水水温无特殊要求，为防止可控硅设备表面结露，要求冷却水的温度高于 10℃，设备冷却水温应比被冷却部分的最高允许温度低 5℃以上，设备冷却水进出口温差应根据具体情况决定，一般可取 15~18℃。

影响供水水温的因素如下：

1）季节气候的影响。

2）地下水或地面水。地下水水温较稳定，而地面水水温受气温影响较大，我国南方地区，夏季地面水温达 25 ~ 32℃。

作为冷却用的循环水，水温与冷却系统及气温关系很大。冷却塔能提供的最低水温约高于湿球温度 3 ~ 5℃。

（5）供水压力　车间的设计供水压力（表压力）一般为 0.15 ~ 0.25MPa，相当于水头 15 ~ 25m，可满足一般设备的要求，对于水压要求较高的设备，应另提供可提高水压力的设备。

（6）循环水　水循环系统的补充水量视循环水损耗的具体情况而定，为用水量的 2% ~ 10%，个别情况下可达 25%。

（7）排水

1）排水温度。当排水温度超过 40℃时，应在给排水资料中注明。

为节约用水，冷却用水的排水温度不宜低于 40 ~ 45℃；在工艺、设备和水质许可时，宜适当提高排水温度。

未经处理的一般水质的水，当水温超过 45 ~ 50℃，会在冷却部位结垢，从而影响设备使用寿命。

水经软化处理后，可减少水垢的形成，对可控硅中频设备进行冷却，应采用软化水。

一般玻璃钢冷却塔允许的进水温度不高于 60 ~ 65℃。

2）排水量。一般设备排水量与给水量相同。

槽类设备小时平均排水量是指溢流的水量，比小时平均给水量略小，通常取小时平均给水量的数据；小时最大排水量是指槽放水时的水流量，单个槽可按设备的小时最大给水量的 2 ~ 3 倍考虑；对于多个槽，应考虑同时使用（排放）系数。

提到排水量时，应注明槽的有效容积、排水周期及几个槽同时排放的可能性。

地面洒水不考虑排水。

3）排水水质。设备的排水中，除了冷却用水外，一般均含有污染物质。为了保护环境，当排水中有害物质的含量高于国家或当地规定的工业"废水"最高容许排放浓度时，必须进行处理后才能排放。因此，在工厂设计时应在给排水资料表中注明设备排放的有害物含量或每次（日）的排放量。

8.7.2　各种介质耗量

1. 电

照明用电需要由工艺设计人员将用电范围和用电点以提资料的方式提交给电气专业设计人员，由他们核算用电功率，并配置用电设施。

用电设备主要提供用电设备的安装容量。设备用电分为标准设备和辅助设备。标准设备在设备规格书中已明确标明该设备的电力功率。辅助设备可参考相似设备进行估算。

2. 压缩空气

（1）连续用气设备

1）小时耗气量。在冲压车间常用有吹嘴、风动砂轮、风钻、风动扳手等，其小时耗气量是以用气时间来计算的。吹嘴的小时最大耗气量见表8-40。

表 8-40　吹嘴小时最大耗气量　　　　　　　（单位：m³/h）

吹　嘴		压缩空气压力（表压）/bar				
直径/mm	断面面积/mm²	2	3	4	5	6
3	7.07	17	21	24	30	33
4	12.57	30	35	45	54	60
5	19.64	42	60	70	85	90
6	28.27	70	85	100	120	140
7	38.48	90	116	140	165	186
8	50.26	120	150	180	210	240
9	62.62	150	186	225	270	300
10	78.54	190	240	280	330	380
11	95.03	225	294	350	400	450
12	113	270	340	410	480	540
13	132.73	320	400	480	560	630
14	153.94	360	450	540	640	720
15	176.71	380	498	630	762	870

注：1bar = 10⁵Pa。

各种风动工具小时最大耗气量见表8-41。

表 8-41　各种风动工具小时最大耗气量

工具名称	型号	规格	工作压力（表压）/bar	最大耗气量/（m³/h）	管径/mm
风锤	0.4 – 5		5 ~ 6	36	φ13
			6 ~ 7	42	φ13
	0.4 – 6		6 ~ 7	45	φ13
风钻	0.5 – 8	φ8mm	5 ~ 6	30	φ13
	0.5 – 22	φ22mm		102	φ16
	0.5 – 32	φ32mm	5 ~ 6	120	φ16
	ZS – 50	φ50mm	5 ~ 6	126	φ16
风动砂轮	0.6 – 60	φ60mm	5 ~ 6	36 ~ 42	φ13
	0.6 – 100	φ100mm	5 ~ 6	50	φ16
	0.6 – 150	φ150mm	5 ~ 6	102	φ16
风动扳手	B – 30	M10 ~ M30	5 ~ 6	87	φ16
		M27 ~ M30	5 ~ 6	48 ~ 72	

注：1bar = 10⁵Pa。

2) 使用系数。风动工具的使用系数决定于其工作性质，其数值如表8-42。

表 8-42　各种风动工具使用系数

工具名称	使用系数 K	工作范围
风钻	0.05	冲模维修或加工试制品
风动砂轮	0.3	设备及模具维修
风动扳手	0.5	设备及模具维修
吹嘴	0.01	清理工作地或其他

3）小时平均耗气量。其计算公式为

小时平均耗气量 = 小时最大耗气量 × 使用系数 K

（2）间断用气设备　间断用气设备在冲压车间常用的有机械压力机、剪板机、气动机械手、气动夹具等。小时耗气量是以接通一次的耗气量来计算的。

1）小时平均耗气量。其计算公式为

小时平均耗气量 = 接通一次耗气量 × 每小时平均接通次数

2）小时最大耗气量。间断用气设备分为带贮气罐和不带贮气罐，其小时最大耗气量计算方法不同。

带贮气罐的设备有机械压力机、剪板机、气动机械手等。其计算公式为

小时最大耗气量 = 接通一次耗气量 × 每小时最高接通次数

不带贮气罐的设备有气动夹具、气动铆接机等。其计算公式为

小时最大耗气量 = 接通一次耗气量／一次接通时间

机械压力机耗气量见表 8-43。冲压车间机械化装置耗气量见表 8-44。

表 8-43　机械压力机耗气量

设备名称及公称压力/kN		单次耗气量/m³	最大开动次数/（次/h）	平均开动次数/（次/h）	小时耗气量/（m³/h）		接管直径/mm
					最大	平均	
单点压力机	≤1000	0.01~0.015	1200	900	5~7	3~5	10
	1000~1600	0.01~0.02	900	600	8~12	4~6	10~20
	2000~4000	0.03~0.04	700	500	10~15	6~8	10~20
	6300~8000	0.05~0.06	540	420	15~20	8~10	10~20
	6300~8000	0.07~0.09	480	360	18~25	10~12	12~20
	≥8000	0.09~0.12	420	300	24~30	15~18	15~20
多点压力机	1600~2500	0.03~0.04	600	420	12~15	6~8	15~20
	4000~6300	0.05~0.06	540	360	15~20	8~10	15~20
	8000~12000	0.09~0.12	480	360	20~30	10~15	20~25
	≥12000	0.15~0.2	420	300	30~40	15~20	20~25
双动压力机	4000~8000	0.08~0.10	420	360	25~35	15~20	20~25
	8000~12000	0.12~0.15	360	300	30~40	15~20	20~25
	≥12000	0.15~0.2	360	300	35~45	18~25	20~25
折弯机		0.02~0.03	480	360	10~15	6~9	10
剪板机		0.01~0.02	600	500	8~10	4~6	10

注：1. 耗气量中包括离合器、制动器、气垫、滑块平衡器等系统的用气及其漏气损失。

2. 耗气量数值按设备能力大小选用，能力大选大值，反之选小值。

3. 冲压设备用压缩空气工作压力按 0.6MPa 计算。接管直径按照设备气源接口尺寸选择。

表 8-44　冲压车间机械化装置耗气量

装置名称	每次行程耗气量/m³
气动吹洗器	0.001 ~ 0.002
气动取料装置	0.01
条料堆积装置（厚度 4mm 以下）	0.01
带料堆积装置（最大外形尺寸 1500mm ×3000mm ×4mm）	0.025
机械手（输送小零件）	0.003
悬挂机械手（输送大零件）	0.01
升降工作台（起重量 0.2 ~ 3t）	0.04 ~ 0.45
翻转机	0.025
气动给料器	0.003 ~ 0.006

注：压缩空气工作压力为 0.6MPa。

3. 水

冲压车间生产用水的设备有清洗机和大型液压机。随着汽车工艺水平的不断提高，目前采用水洗的冲压件越来越少，较大批量的冲压车间均采用油洗。油洗的清洗效果好，减少占地面积，同时还能满足环保要求。但是也有一些较小生产纲领的企业还在用水洗工艺。规划设计时，需要掌握和了解该工艺所需用水量。清洗机耗水量见表 8-45。

表 8-45　清洗机耗水量

设备名称	最大耗水量/(m³/h)	平均耗水量/(m³/h)
汽车纵梁清洗机	6	0.5
底盘零件清洗机	4	0.3
车身零件清洗机	6	0.7

大型液压机用于冷却设备液压油，液压机的冷却方法分为水冷和风冷两种。液压机冷却水用量见表 8-46。

表 8-46　液压机冷却水用量

设备名称及公称压力/kN		循环水耗水量/(m³/h)	（进水温度/出水温度）/℃
单动液压机	≤4000	3	10 ~ 20/30 ~ 35
	4000 ~ 8000	5 ~ 8	10 ~ 20/30 ~ 35
	10000 ~ 12000	8 ~ 10	10 ~ 20/30 ~ 35
	13000 ~ 16000	12 ~ 15	10 ~ 20/30 ~ 35
	>16000	18	10 ~ 20/30 ~ 35
双动液压机	10000 ~ 12000	10 ~ 15	10 ~ 20/30 ~ 35
	13000 ~ 16000	15 ~ 18	10 ~ 20/30 ~ 35
	>16000	20	10 ~ 20/30 ~ 35

8.7.3　节约能源及合理利用能源

认真贯彻执行国家颁布的节能和合理利用能源的法律、法规及标准、规范和规定。设计过程中，应遵从的原则包括：设备选用国内名优产品，以保证产品加工精度，减少产品废品率和返修率，降低产品单耗；为了提高水的利用率，设备使用的冷却水采用循环水系统；为了提高电能利用率，采用节能型灯具；为了减少电能损耗，采用无功功率补偿，提高功率因数。具体措施如下：

1）大批量生产时，选用卷料，可提高材料利用率 3% ~6%。

2）冲压件的工艺应根据其批量、材质和成形的要求，选用下列工艺方法：

① 双排料、多排料、套裁或拼裁工艺可提高材料利用率，提高劳动生产率，节省工序分散而造成的动力损耗。

② 精密零件的冲制，采用精冲工艺，可一次达到精度要求，不需要多道工序来保证，并且零件质量稳定，生产效率高，综合能耗少。

③ 在保证工艺要求的前提下，尽量减少冲压件的成形次数，可提高生产效率。

3）大批量生产时，冲压设备的负荷率应符合下列要求：

① 小于 1000kN 的压力机负荷率应高于 65%。

② 1000 ~4000kN 的压力机负荷率应高于 70%。

③ 大于 6300kN 的压力机负荷率应高于 80%。

4）大批量生产时，宜采用自动化或半自动化的高效冲压设备。如多工位压力机、高速压力机、快速换模装置、自动送料装置、零件输出装置等，可以充分利用压力机的工作行程次数，减少辅助时间，从而提高生产率，减少空载能耗。

5）模具的选用。大批量生产时宜采用复合模具和级进模，小批量生产时，宜采用简易模具和低熔点合金模具。

8.8 劳动保护及安全技术

生产中应认真贯彻执行国家颁布的劳动保护及安全技术的法律、法规及标准、规范和规定。冲压车间一定要符合现行国家标准 GB 13887—2008《冷冲压安全规程》、GB/T 8176—2012《冲压车间安全生产通则》和 GB 6067.1—2010《起重机械安全规程 第 1 部分：总则》的规定。

1. 防机械伤害

在冲压生产中，由于操作者的手、臂、颈等部位都有可能进入冲压设备的危险区，造成危害人身安全的可能。

为了确保冲压工作的安全生产，除了制定合理的规章制度，加强安全生产教育外，还必须采取有效防护装置保证操作人员的安全。为了最大限度减少或杜绝冲压事故，在经济上合理、技术上可靠的情况下，尽可能采用机械化或自动化生产方式。消除在冲压设备工作时发生工伤事故或减少这种可能性的主要措施是工艺过程的自动化和机械化。

在生产过程中，压力机是否配备保护措施、压力机启动系统是否安全可靠，是事故产生的重要因素。所以，从确保人身安全的角度来看，应尽可能确保操作人员身体任何部位不进入到冲模危险区域内。在设备上设置防止工人的手进入冲模空间的装置，可大大减少发生工伤事故。

（1）在压力机上安装安全起动装置 主要包括内外转盘式安全起动装置、杠杆－挡块式安全起动装置、带辅助气缸的安全起动装置、光电安全装置、电容式保护装置、气幕保护装置、光栅保护装置、双手按钮起动保护装置或手脚并用起动保护装置、自动化线设置安全连锁装置。

（2）避离危险区的安全保护装置　主要包括在冲模上装设防护罩、在冲模结构设计上扩大安全操作空间、在冲模上装设代替手工操作的进退料机构、采用气动式液压推杆推件机构。

此外，车间应设置必要的安全通道和设备布置的安全距离，地下废料线设置监控系统，对激光切割、激光打孔、激光焊接等激光加工应按激光设备的类别采取相应的激光辐射安全保护措施。根据标准确定车间各部分的合理面积也可以降低工人的疲劳度和减少发生工伤事故的可能性。

2. 电气安全

1）与带电体保持必要的距离，导线与地面、建筑物等，均应按规定保持必要的距离。

2）变压器室应符合防火设计要求，通风应良好。

3）起重机的安全装置，应符合 GB 6067.1—2010 的规定。桥式起重机供电滑触线选用导管式滑触线，如采用角钢和电缆滑线时，应涂刷安全色，并设信号灯和防触电护板，大车供电滑线不应设在司机室同侧。同时应设置必要的防雷措施。

4）车间内要设置危险区域的警示牌、警示线，必要的区域要设置安全围栏。

8.9　环保、职业卫生要求及采取的措施

环境保护正确贯彻"安全第一，预防为主"的方针，加强劳动保护，改善劳动条件，做到安全可靠、保障健康。冲压车间必须按照 JBJ 16—2000《机械工业环境保护设计规范》有关内容执行。

冲压车间的污染源主要是振动和噪声，有时也有粉尘和废液。在设计时，必须要达到国家和当地的法律、法规及标准、规范和规定的要求，在老厂改造时，对达不到标准的，必须采取措施进行治理。

1. 工厂布局

车间平面及方向布置，对安全生产、工业卫生、提高劳动生产率、消除事故隐患有着密切的关系。布置不当，可能产生许多危害因素，从而需增加许多治理防护投资，必须予以足够重视。工厂设计应按其组成布局合理，使之各组成部分相互布置协调、工艺流程合理、运输方便，厂房高度、模具、设备布置符合各项法规的要求。车间在厂区的位置、车间朝向、车间工艺平面布置、厂房间距等，应有利于自然通风。厂房应设置工人的淋浴间、必要的更衣室及卫生间。

2. 设备选择及机械化、自动化水平

所选用冲压设备结构合理，安全性能好，有安全装置，噪声小，操作方便，生产效率高，尽可能提高机械化水平，有可能限制或排除人工操作，从而减少工伤事故。

3. 运输

冲压车间所用材料、零件、模具、工序间半成品以及废料、辅助材料等运输要选择合理的运输工具，保证运输效率高，吊运方便、安全，同时避免逆流、交叉，从而减少事故的发生。

4. 材料、零件、模具的存放

冲压车间各种存放地占用很大面积，因此一定要有足够场所和采取一定堆放方式，大中

型模具两层或三层叠放,小型模具采用架子存放。

5. 噪声

冲压车间主要污染为噪声,其噪声级为 95～105dB(A)。

冲压车间不应设在居民生活区、医疗区和文教区内。在厂区总平面设计时,冲压车间应设在噪声对周围环境影响最小的位置,同时应与厂内外要求安静的区域保持适当的距离。

(1)控制标准

1)GBJ 87—1985《工业企业噪声控制设计规范》。工业企业厂区内各类地点噪声标准见表 8-47。车间连续作业噪声标准见表 8-48。

表 8-47　工业企业厂区内各类地点噪声标准

序号	地点名称		噪声允许值/dB(A)
1	生产车间和工作场所(每天连续接触噪声 8h)		90
2	高噪声车间、站房设置的值班室、控制室或休息室(室内背景噪声级)	无电话通信要求	75
		有电话通信要求	70
3	精密装配线、精密加工车间、计算机房(正常工作状态)		70
4	车间所属办公室、试验室、设计室(室内背景噪声级)		70
5	主控制室、集中控制室、通信室、电话总机室、消防值班室(室内背景噪声级)		60
6	厂部所属办公室、会议室、设计室、中心试验室(包括试验、化验、计量室)(室内背景噪声级)		60
7	医务室、教室、哺乳室、托儿所、工人值班宿舍(室内背景噪声级)		55

表 8-48　车间连续作业噪声标准

每天接触噪声的时间/h	噪声限制值/dB(A)
8	90
4	93
2	96
1	99
最高不超过 115dB(A)	

2)GBZ 1—2010《工业企业设计卫生标准》。工作场所操作人员每天连续接触噪声 8h,噪声声级卫生限值为 85dB(A)。工作地点噪声声级的卫生限值见表 8-49。非噪声工作地点噪声声级的卫生限值见表 8-50。工作地点脉冲噪声声级的卫生限值见表 8-51。

表 8-49　工作地点脉冲噪声声级的卫生限值

每天接触噪声的时间/h	噪声限制值/dB(A)
8	85
4	88
2	91
1	94
1/2	97
1/4	100
1/8	103
最高不得超过 115dB(A)	

表 8-50　非噪声工作地点噪声声级的卫生限值

地点名称	卫生限值/dB（A）	工效限值/dB（A）
噪声车间办公室	75	不得超过 55
非噪声车间办公室	60	
会议室	60	
计算机室、精密加工室	70	

表 8-51　工作地点脉冲噪声声级的卫生限值

工作日接触脉冲次数	峰值/dB（A）
100	140
1000	130
10000	120

（2）控制措施

1）在车间布置时，首先在满足工艺流程和物流合理的前提下，高噪声设备宜集中布置，高噪声工段与低噪声工段宜分开布置；设备应设置隔声罩、隔声间、隔声屏障或隔声控制间等措施进行降噪处理。其金属隔声罩、隔声间的隔声量一般为 20～30dB（A）；砖石、混凝土的隔声间或隔声控制间的隔声量一般为 40～50dB（A）；隔声屏障的隔声量一般为 10dB（A）左右。

对于厂房吸声处理主要是降低反射声和混响声，一般降噪量为 3～5dB（A）；对于混响声较强的厂房一般降噪量为 6～10dB（A）。吸声处理方式通常有满铺式吸声顶棚、吸声墙壁、空间吸声板和空间吸声体。

2）工艺设计中采用低噪声的工艺和设备，从声源上降低噪声，这是最积极有效的办法，在满足工艺要求的条件下，优先选用噪声低、振动小的机器设备。用低噪声的工艺代替高噪声工艺，如以滚压成形代替冲压成形；以液压驱动代替机械传动等。

3）冲压设备做独立基础、加减振装置、设防振沟，在工艺条件允许的情况下，厂房尽量高大密封，改变建筑物的朝向、体型，以改变噪声辐射的方向，使噪声辐射的部位背向生活区或人员集中的地方。同时门窗的位置和开启方式对噪声的控制也很重要，高噪声的房间与要求安静的房间相邻时，应尽量避免开设门窗，如必须设置时，应设隔声门窗，门的开启方向应考虑避免噪声的直接传播。

4）提高生产设备的机械化和自动化的操作水平，采用密闭隔声措施或远离监控操作，这样可以减少噪声对操作人员的危害。

5）当采取降噪措施后仍超过限值时，应采用个人防护用品或缩短工作时间。个人防护用品有耳塞、耳罩及防噪声头盔等，其插入损失值为 10～30dB（A）。

6. 防振

1）大中型压力机的底座安装减振器，可降低工作中产生的噪声，使其达到 GBJ 87—1985 的要求。

2）冲压设备做独立基础，设防振沟。

3）在考虑冲压车间的区划图时，除了要注意工艺流程的因素以外，还要考虑冲压设备在工作时产生的振动对周边环境的影响。因此要保持一定的防振距离。参考数值见表 8-52。

表 8-52　防振距离参考数值

序号	压力机类型	防振距离/m				
		计量室	精密机床	一般机床	维修工段	居民住房
1	小型压力机	30～40	20～30	10～20	10～20	30～40
2	中型压力机	60～80	50～60	20～30	20～30	40～50
3	大型压力机	80～100	60～80	30～50	30～40	50～60
4	特大型压力机	100～120	70～90	40～60	40～50	60～80

7. 车间空气调节

工作场所每名工人所占容积小于 $20m^3$ 的车间，应保证每人每小时不少于 $30m^3$ 的新鲜空气量；若所占容积为 $20～40m^3$ 时，应保证每人每小时不少于 $20m^3$ 的新鲜空气量；所占容积超过 $40m^3$ 时允许由门窗渗入的空气来换气；采用空气调节的车间，其新风口应设置在空气清洁区，应保证每人每小时不少于 $30m^3$ 的新鲜空气量。

封闭式车间操作人员所需的适宜新鲜空气量为 $30～50m^3/h$。

当机械通风系统采用部分循环空气时，送入工作场所空气中有害气体、蒸汽及粉尘的含量，不应超过规定接触限值的 30%。

车间内有害因素的浓度（强度）不得超过 GBZ 2.1～2—2007《工作场所有害因素职业接触限值》的要求。

8. 车间温度

车间作业地点夏季空气温度应按车间内外温差计算。其室内外温差的限度，应根据实际出现的本地区夏季通风室外计算温度确定，不得超过表 8-53 中的规定。

表 8-53　车间内工作地点的夏季空气温度规定

夏季通风室外计算温度/℃	≤22	23	24	25	26	27	28	29～32	≥33
工作地点与室外温差/℃	10	9	8	7	6	5	4	3	2

当作业地点气温≥37℃时，应采取局部降温和综合防暑措施，并应减少接触时间。

凡近十年每年最冷月平均气温≤8℃的月份在三个月及三个月以上的地区应设集中采暖设施，出现≤8℃的月份在两个月以下的地区应设局部采暖设施。冬季工作地点的采暖温度见表 8-54。

表 8-54　冬季工作地点的采暖温度

劳动强度（分级）	采暖温度/℃
I	18～21
II	16～18
III	14～16
IV	12～14

凡采暖地区生活间的冬季室温不得低于表 8-55 中的规定。

表 8-55　冬季生活间的温度

生活间名称	气温/℃
厕所、盥洗室	12
食堂	18
办公室、休息室	18～20
技术资料室	20～22
存衣室	18
淋浴室	25～27
更衣室	25

设计热风采暖时，应防止强烈气流直接对人产生不良影响，送风风速应在 0.1～0.3m/s之间，送风的最高温度不得超过 70℃。

9. 生活间的基本卫生要求

（1）一般规定

1）根据车间生产特点、实际需要和使用方便的原则设置辅助用室、生产卫生室（浴室、更衣室、盥洗室等）、生活室（休息室、食堂、厕所）和妇女卫生室。

2）生活间应避开有害物质、病原体、高温等有害因素的影响，建筑物内部构造应易于清扫，卫生设备应便于使用。

3）车间办公室宜靠近厂房布置，且应满足采光、通风、隔声等要求。

4）根据车间的卫生特征设置浴室、存衣室、盥洗室。其卫生特征分级见表 8-56。虽易经皮肤吸收，但易挥发的有毒物质（如苯类）可按 3 级确定。

表 8-56　车间的卫生特征分级

卫生特征	1 级	2 级	3 级	4 级
有毒物质	极易经皮肤吸收引起中毒的剧毒物质（如有机磷、三硝基甲苯、四乙基铅等）	易经皮肤吸收或有恶臭的物质或高毒物质（如丙烯腈、吡啶、苯酚等）	其他毒物	不接触有害物质或粉尘，不污染或轻度污染身体（如仪表、金属冷加工、机加工等）
粉尘		严重污染全身或对皮肤有刺激的粉尘（如炭黑、玻璃棉等）	一般粉尘（棉尘）	
其他	处理传染性材料、动物原料（如皮毛等）	高温作业、井下作业	重作业	

卫生特征 1 级、2 级的车间应设车间浴室；3 级宜在附近或厂区设置集中浴室；4 级可在厂区或居住区设置集中浴室。浴室由更衣间、浴间和管理间组成。因生产事故可能发生化学性灼伤及经皮肤吸收引起急性中毒的工作地点或车间，应设事故淋浴并应设置不断水的供应设备。

根据冲压车间的卫生特征属于金属加工，不接触有害物质和粉尘及轻度污染身体，应属于 4 级。

（2）除尘　所选用的喷、抛丸设备、砂轮机等必须设置排风除尘装置。

（3）废液处理　板料清洗机和冲模清洗所产生的废液应集中到工厂内污水处理站统一处理后排放。

8.10 消防要求及采取的措施

冲压车间的火灾危险性属于戊类建筑，一般情况下如有特殊要求，设计时遵照国家颁布的消防法律、法规及标准、规范和规定。冲压车间必须按照 GB 50016—2006《建筑设计防火规范》的有关内容执行。冲压车间消防类别见表 8-57。建筑物构件的燃烧性能和耐火级限见表 8-58。

表 8-57　冲压车间消防类别

车间 \ 类别	火灾危险特征	火灾危险性类别	消防设计对策				
			建筑耐火等级	厂房结构			水消防、手提式灭火器
				轻钢	钢筋混凝土	钢管屋架	
冲压车间	常温下使用或加工非燃烧物质的生产	戊类	二级	根据 GB 50016—2006 可不刷防火涂料	已满足《建规》要求	根据 GB 50016—2006 可不刷防火涂料	室内外消火栓；干粉、二氧化碳灭火器

表 8-58　建筑物构件的燃烧性能和耐火极限

构件名称		燃烧性能和耐火极限/h \ 耐火等级			
		一级	二级	三级	四级
墙	防火墙	非燃烧体 4.00	非燃烧体 4.00	非燃烧体 4.00	非燃烧体 4.00
	承重墙、楼梯间、电梯井的墙	非燃烧体 3.00	非燃烧体 2.50	非燃烧体 2.50	非燃烧体 2.50
	非承重外墙、疏散走道两侧的隔墙	非燃烧体 1.00	非燃烧体 1.00	非燃烧体 0.50	非燃烧体 0.50
	房间隔墙	非燃烧体 0.75	非燃烧体 0.50	非燃烧体 0.50	非燃烧体 0.50
柱	支承多层的柱	非燃烧体 3.00	非燃烧体 2.50	非燃烧体 2.50	非燃烧体 0.50
	支承单层的柱	非燃烧体 2.50	非燃烧体 2.0	非燃烧体 2.0	燃烧体
梁		非燃烧体 2.00	非燃烧体 1.50	非燃烧体 1.00	难燃烧体 0.50
楼板		非燃烧体 1.50	非燃烧体 1.00	非燃烧体 0.50	燃烧体
屋顶承重构件		非燃烧体 1.50	非燃烧体 0.50	燃烧体	燃烧体
疏散楼梯		非燃烧体 1.50	非燃烧体 1.00	非燃烧体 0.50	燃烧体
吊顶（包括吊顶搁栅）		非燃烧体 0.25	难燃烧体 0.25	难燃烧体 0.15	燃烧体

注：1. 以木柱承重且以非燃烧材料作为墙体的建筑物，其耐火等级应按四级规定。

2. 高层工业建筑的预制钢筋混凝土装配式结构，其节点缝隙或金属承重构件节点的外露部位，应做防火保护层，其耐火极限不应低于本表相应构件的规定。

3. 二级耐火等级的建筑物吊顶，如采用非燃烧体时，其耐火极限不限。

4. 在二级耐火等级的建筑中，面积不超过 100m² 的房间隔墙，如执行本表的规定有困难时，可采用耐火极限不低于 0.3h 的非燃烧体。

5. 一、二级耐火等级民用建筑疏散走道两侧的隔墙，按本表规定执行有困难时，可采用 0.75h 非燃烧体。

具体设计应注意以下事项：

1）车间与其他厂房、库房等防火间距，应符合 GB 50016—2006 的要求。

2）车间周围设置宽度不小于 4m 的环形消防车道，如设置环形车道有困难，可沿其两个长边设置消防车道。

3）车间应设置消防栓。

4）车间通道及通向室外的大门应满足人员紧急疏散的要求。